유공압공학 이론과 응용

FLUID POWER with Applications

제7판

유공압공학 이론과 응용

FLUID POWER with Applications

제7판

Anthony Esposito 지음
강철구 · 장효환 · 조승호 · 황성호 옮김

성진미디어
SungJin Media Co.

유공압공학 이론과 응용 제7판

FLUID POWER with Applications, 7th Edition

저　자 | Anthony Esposito
역　자 | 강철구 장효환 조승호 황성호
발행인 | 채희선
발행처 | 성진미디어
발행일 | 2017년 2월 27일
등　록 | 제311-2010-23호

전　화 | 02)374-4363(대표)
팩　스 | 02)375-4362
주　소 | 서울시 은평구 증산동 248 중앙하이츠상가 B101호

ISBN 978-89-98308-26-1

값 38,000원

Perface 저자 머리말

서론

유공압공학 제 7판의 주목적은 전판에서와 같이 유공압의 다양한 분야에 대한 깊이 있는 지식을 학생들에게 제공하는데 있다. 이러한 목적을 위하여 유공압시스템의 설계, 해석, 작동, 유지관리 및 응용에 관련된 핵심 내용을 이 책에서 다룬다. 이 책은 2년제 및 4년제 대학의 학생들의 수준에 맞게 기술되어 있다.

전판과 같이, 필요한 곳에서 이론을 기술하기는 하지만, 유공압시스템의 작동원리와 응용을 중점적으로 설명한다. 이렇게 함으로써 학생들은 유공압시스템이 "왜" 작동하는지와 "어떻게" 작동되는지를 배울 수 있을 것이다.

제 7판에서 개정된 부분

6판을 사용한 학생들과 동료들의 지적에 따라 7판에서는 다음과 같은 부분을 개정하였다.

- 새로운 12.17절에는 오일 유압시스템에 비해 물 수압시스템의 장점과 단점을 기술하고 있다. 물 수압시스템의 가장 큰 장점은 친환경적이라는 것이다. 환경문제에 대한 관심이 점점 커져가고 있기 때문에 물 수압시스템의 적용분야는 점차 증가할 것으로 예상된다. 물 수압시스템이 사용되는 예로는 저압 시스템 뿐 아니라 식품가공 또는 종이가공 산업 등이 있다.
- 현재의 유공압 기술을 반영하여 많은 사진과 삽화를 변경하였다. 이렇게 함으로써, 학생들이 유공압시스템의 최근 발전 모습을 더 잘 알 수 있게 하였다.
- 최근 산업현장에서 응용되는 것들을 반영하여, 각 장의 예제와 연습문제를 많이 바꾸었다. 예제와 연습문제들은 넓은 주제에 걸쳐 다양한 난이도로 구성되어 있어서, 학생들이 발전하면서 차례로 풀어볼 수 있게 하였다.
- 신재생에너지 사용을 촉진하는 유공압시스템에 대한 새로운 내용은 공기오염을 줄이고 또한 지구온난화를 최소화하도록 온실가스를 줄이는 것을 강조하고 있다. 예를 들어, 옥수수나 대두와 같은 농작물을 좀더 효율적으로 수확하기 위하여 농기계에 유공압시스템을 적용하고 있다. 옥수수나 대두는 중요한 식량자원일 뿐 아니라 운송차량용 화석연료를 대체할 에탄올과 바이오디젤을 만드는데도 사용된다. 한편, 유공압시스템은 좀더 효율적으로 전력을 생산하도록 풍력터빈의 요와 피치를 제어하는데도 사용된다. 화석연료 대신에 깨끗한 풍력을 사용하여 전기를 발생함으로써 더 맑은 공기와 지구온난화를 가져오는 온실가스 배출을 줄일 수 있다.

- 새로운 3.5절은 유압시스템을 유압성형(hydroforming)이라고 불리는 제조과정에 적용하는 내용을 담고 있다. 유압성형은 유체를 사용하여 3차원 박판 패널을 성형(박판 유압성형)하거나, 단단한 튜브 구조물을 성형(튜브 유압성형)하는 것이다. 유압성형을 사용하면 기계적 가공 방법보다 더 복잡한 형상의 패널이나 더 가벼운 구조물 부분품을 생산할 수 있다.
- 새로운 5.2절은 유압시스템을 물분사절단(waterjet cutting)이라고 불리는 제조과정에 적용하는 내용을 담고 있다. 물분사절단시스템은 물을 약 60,000 psi까지 가압하여 음속의 3배 정도로 오리피스를 통해 분사시킴으로써, 다양한 재료를 경제적이고 정확하게 잘라내어 복잡한 형상의 부분품을 생산할 수 있게 한다.

교강사 자료

강의하시는 교수님들을 위한 교강사용 보조자료는 "Instructor's Manual"이 준비되어 있으며, www.pearsonhighered.com/ 또는 한국어판 발행회사인 성진미디어출판사를 통해서 받을 수 있다.

감사의 글

전판에서와 같이, 많은 사진과 삽화를 싣도록 허락해 준 유공압장비 제조회사들에게 감사를 드린다.

6판을 읽고 이 7판을 위해 좋은 제안과 조언을 해 준 Texas A&M University의 Jorge L. Alvarado, Indiana University-Purdue University Indianapolis의 Maurice Bluestein, College of DuPage의 Mark Meyer, University of Central Missouri의 Terry Nicoletti와 Scott B. Wilson에게 감사를 드린다. 7판의 출판을 담당해 준 Prentice Hall의 Nancy Kesterson에게도 감사를 드린다.

또한 건설적인 제안을 해 준 전판의 사용자들에게도 감사를 드린다. 그들의 제안은 이 책에 많이 수용되어 있다.

Anthony Esposito

Perface 역자 머리말

Fluid power technology로 불려지는 유압기술과 공압기술은 운동과 관련된 동력을 생성하고 이를 제어하는 기술로써, 현대 산업사회를 이끌어가는 데 없어서는 안 될 한 요소이다. 유압기술은 간단한 유압프레스에서 정밀한 제어가 필요한 항공기 조종면(control surface) 구동에 이르기까지, 공압기술은 임팩트렌치에서 가전제품 및 식품 제조라인 자동화에 이르기까지 널리 활용되고 있다. 이러한 유압과 공압 기술은 근본 작동원리 면에서는 유사한 점이 많으나, 작동유체의 압축성 차이로 인하여 실제적인 설계나 활용 면에서 상당한 차이가 있다.

산업 현장에서는 이러한 유압 및 공압 기술을 잘 이해하고 있는 엔지니어가 많이 필요한 반면, 대학에서 유압 및 공압 분야를 동시에 가르칠 수 있는, 또 최근 기술을 잘 반영하고 있는 교재가 많지 않은 실정이다. Anthony Esposito의 Fluid Power with Applications(7th ed.)은 유압과 공압(즉 유공압)의 이론적인 면과 현장 기술을 균형있게 잘 설명하고 있으며, 특히 최근 기술 발전을 잘 정리하여 기술하고 있다. 따라서 본 역자들은 4년제 및 2년제 대학 공학계열 학생들의 교재로 쓸 목적으로 번역에 착수하게 되었다. 본 역서는 가능한 한 복잡한 수식 전개를 피하고 작동원리와 응용을 강조하고 있기 때문에, 대학 2년차 이상이면 누구나 이해가 가능할 것으로 생각된다. 비록 본 역서가 대학 교재로 쓸 목적으로 만들어지긴 하였으나, 현장 엔지니어들에게는 자기 계발과 문제 해결의 실마리를 제공하는 훌륭한 참고서로서도 활용될 수 있을 것이다.

이 책의 번역과정에서 오역이나 오식이 없도록 각별히 노력하였으나, 혹시 잘못된 점이 있으면 독자들의 질책을 받아 수정하고자 한다. 학술용어의 번역은 한국과학기술한림원에서 발행한 "영한 · 한영 과학기술용어집", 대한기계학회에서 발행한 "기계용어집"과 "한국공업규격 KS B 0120"을 따르되 좋은 우리말을 사용하려고 노력하였으며, 외래어 표기는 "문교부 고시 제 85-11호"를 따르도록 노력하였다.

끝으로 본 역서를 출판하는데 여러 가지로 수고해 주신 성진미디어 여러분에게 감사를 드린다.

역자 씀

Contents 차례

Chapter 12
유압시스템의 유지관리 457

Chapter 13
공압: 공기 준비 및 구성요소 493

Chapter 14
공압: 회로 및 응용 551

Chapter 15
유공압회로의 기본 전기제어 587

01

Chapter

유공압 서론

학습 목표

이 단원을 공부하고 나면 다음과 같은 내용을 알아야 한다.

1. 유공압이 무엇인지 설명할 수 있어야 한다.
2. **유압**(hydraulics)과 **공압**(pneumatics)을 구별할 수 있어야 한다.
3. 유공압시스템과 유체수송시스템의 차이를 알아야 한다.
4. 유공압 산업의 역사를 개괄적으로 이해하여야 한다.
5. 유공압의 장점과 단점을 논의할 수 있어야 한다.
6. 유공압의 주요 적용분야를 기술할 수 있어야 한다.
7. 유공압시스템의 기본 구성부품을 열거할 수 있어야 한다.
8. 유공압 산업의 규모와 범위를 파악하여야 한다.
9. 유공압 산업에 종사하는 사람들의 부류를 알아야 한다.

1.1 유공압이란 무엇인가?

정의와 용어

유공압(fluid power)은 압축유체의 생성, 제어, 전송을 다루는 기술이다. 여기서 압축유체는 동력을 사용하여 얻어진다. 유공압은 산업을 움직이는 근육이라고 할 수 있다. 왜냐하면 현대 산업에서 대부분의 기계를 밀고, 당기고, 제어하고, 구동하는 것은 유공압이기 때문이다. 예를 들면, 유공압은 자동차의 조향과 제동을 수행하고, 우주왕복선을 발사시키고, 흙을 파고, 농작물을 수확하고, 공작기계를 구동하고, 항공기를 제어하고, 식품을 가공하는데 사용될 뿐 아니라, 심지어 이빨을 가는데도 사용된다. 사실 생산과 유통의 단계에서 어떤 식으로든지 유공압이 관여되지 않은 제품을 찾기란 거의 불가능하다.

유체(fluid)가 액체이면 유공압을 유압(hydraulics)이라고 하고, 유체가 기체이면 공압(pneumatics)이라고 한다. 따라서 유공압은 유압과 공압을 포함하는 일반적인 용어이다. 유압시스템(hydraulic system)은 석유계 오일, 합성 오일, 물과 같은 액체를 사용한다. 최초로 사용된 유체는 얻기가 쉬운 물이었다. 그러나 물은 오일에 비해 많은 결점을 가지고 있다. 물은 쉽게 얼고, 윤활성이 상대적으로 나쁠 뿐 아니라, 금속으로 된 유압부품을 녹슬게 한다. 이러한 결점에도 불구하고 물을 다시 사용하려는 노력이 있는데, 이는 물의 풍부성, 난연성, 그리고 환경적 청결성 때문이다. 물을 유체로 사용할 때는 윤활성과 방청성을 좋게 하고 어는 것을 방지하는 첨가제를 물에 섞어 사용한다. 오일로 된 유압유는 성능이 훨씬 우수하여 오늘날 물을 대신해 널리 사용되고 있으나, 환경오염 문제가 심각하여 점차 물을 쓰는 수압시스템이 늘어날 것으로 전망된다. 12.17절에서 오일보다 물을 쓰는 것이 나은 적용분야와 물을 썼을 때 환경에 미치는 긍적적 영향에 대해 논의한다. 공압시스템(pneumatic system)은 동력전달 기체로서 공기를 사용하는데, 공기는 매우 풍부하고, 사용 후 대기 중으로 쉽게 버릴 수 있다.

유체시스템(fluid system)에는 사실상 두 종류가 있는데, 하나는 **유체수송(fluid transport)시스템**이고 다른 하나는 **유공압(fluid power)시스템**이다.

유체수송시스템은 어떤 목적을 위하여 유체를 한 곳에서 다른 곳으로 수송하는 것이 유일한 목표인 시스템이다. 예로써, 물을 가정으로 보내주는 펌프장, 대륙횡단 가스관, 여러 가지 유체를 합쳐 화학반응을 일으키는 시스템 등을 들 수 있다.

유공압시스템은 어떤 특정한 일을 수행할 수 있도록 설계된 시스템이다. 일은 유체 실린더나 유체 모터를 작동시키는 압축유체에 의하여 수행된다. 유체 실린더는 힘을 생성하고, 반면에 유체 모터는 토크를 생성한다. 따라서 유공압시스템에서 실린더나 모터(이를 작동기라고 함)는 주어진 일을 수행하는 근육에 해당한다고 볼 수 있다. 물론 작업을 부드럽고, 정확하고,

그림 1-1 유압 체인톱(Courtesy of Greenlee Textron, Inc., Rockford, Illinois)

효율적이며 안전하게 수행하기 위하여 밸브와 같은 제어요소들도 필요하다.

유압 체인톱

액체는 동력을 전달하는 매체로서, 고압으로 작동시켜 높은 정확도와 정밀도를 유지하면서 부하를 움직이는 데 필요한 큰 힘과 토크를 제공할 수 있다. 그림 1−1은 나무 손질작업에 쓰이는 유압 체인톱(chain saw)을 보여주고 있다. 이 체인톱은 보통 전기동력을 사용하는데, 전기동력을 사용하는 것이 가솔린엔진을 사용하는 체인톱에 비해 가볍고, 믿을 수 있고, 조용하고 안전하다. 유압기어모터를 장착한 그림의 체인톱은 6.7 lb의 무게를 가지고 있으며, 4~8 gpm의 유량과 1000~2000 psi의 압력으로 작동된다.

공압 체인호이스트

반면에 공압시스템에서 사용되는 공기는 압축성 때문에 스펀지 같은 특성을 가진다. 하지만 공압시스템은 제작비와 운영비가 쌀 뿐 아니라, 부하를 움직이는 공압작동기의 작동을 제어하기가 쉽다. 따라서 공압시스템은 큰 힘을 요구하지 않아 낮은 압력을 사용할 수 있는 적용분야에 효과적으로 사용될 수 있다.

그림 1−2는 4,400 lb를 들어올릴 수 있는 공압 체인호이스트(chain hoist)를 보여주고 있다. 호이스트 모터는 90 psi 압력의 공기를 분당 최대 70 세제곱피트까지 받는다. 이 호이스트는 분당 최대 12 피트의 가변속도로 부하를 들어올리거나 분당 최대 24 피트의 가변속도로 부하를 내려놓을 수 있다. 동력 트롤리는 지지빔을 따라 분속 70 피트로 운행한다.

그림 1-2 공압 체인호이스트(Courtesy of Ingersoll-Rand Corp., Southern Pines, North Carolina)

1.2 유공압의 역사

초기 발전

유공압은 아마 문명의 역사만큼이나 오래되었다. 고대의 역사를 보면, 물은 수차로 동력을 발생시키기 위하여 수세기 동안 사용되었고, 공기는 풍차를 돌리거나 배를 움직이는 데 사용되었다. 그러나 이러한 초기의 유공압은 자연으로부터 얻을 수 있는 저압을 사용하였기 때문에 많은 양의 유체를 필요로 했다.

유공압 기술은 1650년에 파스칼의 법칙(Pascal's law)을 발견한 후 사실상 시작되었다고 볼 수 있다. 파스칼의 법칙은 밀폐된 용기 내에서 유체의 압력은 줄지 않고 그대로 전달된다는 것이다.

파스칼은 포도주로 가득 찬 병 속으로 코르크마개를 밀어넣을 때 병 바닥이 깨지면서 포도주가 쏟아지는 것을 발견하였다. 파스칼의 법칙은 병마개 쪽이나 병바닥 쪽의 압력이 같다는 것을 말해 준다. 하지만 병마개 쪽의 넓이는 작고 바닥의 넓이는 크다. 따라서 병바닥은 넓은 면적으로 인하여 큰 힘을 받게 된다.

1750년에 베르누이(Bernoulli)는 관로에 흐르는 유체에 대하여 에너지보존법칙을 발표하였다. 파스칼의 법칙과 베르누이의 법칙은 유공압의 작동에서 가장 기본이 되는 법칙이고, 유공압시스템의 해석에 사용된다. 그러나 1850년 영국에서 산업혁명이 일어난 후에 비로소 이 법칙들이 산업에 응용되기 시작하였다. 이 무렵에는 전기에너지가 아직 산업현장의 기계를 구동하도록 개발되지 않았다. 1870년까지는 유압을 사용하여 크레인, 프레스, 윈치, 압출기, 유압잭, 전단기, 리벳기 등의 유압장비를 구동하였다. 이 시스템들에서 증기기관은 물펌프를 구동하고, 물펌프는 적당한 압력의 물을 관을 통하여 공장에 있는 여러 기계에 보내 동력을 공급하였다. 이러한 초기의 유압시스템은 밀봉과 같은 많은 문제점을 지니고 있었다. 이 당시의 설계는 과학이라기보다는 기술(art)로부터 나왔다고 볼 수 있다.

그 후 19세기 후반에 전기가 주요 기술로 떠오르면서 개발 노력이 유공압에서 전기로 옮겨가게 되었다. 곧 먼 거리로 동력을 전달하는 데는 유압보다는 전기가 우수하다는 것이 알려졌다. 따라서 19세기의 마지막 10년 동안에는 유공압 기술의 발전이 거의 이루어지지 않았다.

현대적인 유공압의 시작

현대적인 유공압의 시작은 전함 버지니아(USS Virginia)호에서 대포를 들어올리고 제어하던 전기시스템을 대체할 유압시스템을 개발한 1906년이라고 볼 수 있다. 여기서 개발된 유압시스템에서 처음으로 물 대신 오일을 사용하였다. 유압작동 매체를 오일로 바꿈으로써 밀봉문제를 해결한 것은 유공압이 새로 태어나는 전기를 마련하였다.

1926년에 미국에서 처음으로 펌프, 제어기, 작동기로 패키지화된 유용한 유압시스템이 개발되었다. 2차대전 전까지 군사적 목적으로 상당한 수준의 유공압 기술이 개발되었다. 해군에서 사용되는 화물선적시스템, 윈치, 프로펠러 피치제어, 잠수함 제어시스템, 선상 항공기 엘리베이터 작동, 레이더와 잠수함탐지기의 구동시스템 등에서 유공압이 사용되었다.

2차대전중이나 후에는 항공 및 항공우주분야가 많은 유공압 기술의 발전을 촉진하였다. 예를 들면, 항공기의 유압 착륙기어, 화물칸 문, 총 구동부, 그리고 방향타, 보조익, 엘리본과 같은 비행제어장치를 위한 유압시스템이 개발되었다.

오늘날의 유공압

2차대전 이후 경제가 팽창되면서, 오늘날 유공압의 적용 예는 헤아릴 수 없을 정도로 많아졌다. 거의 모든 산업분야에 유공압이 사용되고 있다고 볼 수 있다. 몇 가지 전형적인 예를 살펴보면, 자동차, 트랙터, 항공기, 미사일, 배, 공작기계 등이 있다. 자동차 분야만 보더라도, 유압브레이크, 자동변속기, 동력조향, 동력브레이크, 공기조화, 윤활, 냉각수 펌핑과 연료 펌핑 시스템 등에서 유공압이 사용되고 있다. 오늘날의 혁신적인 기술인 전기유압 폐루프시스템, 마이크로프로세서, 신소재를 사용한 부품 등을 응용함으로써, 앞으로 유공압시스템의 성능은 계속적으로 향상될 것이다.

그림 1-3(a)는 박판(metal sheet)을 패널 형태로 구부리는 로봇 패널굽힘기시스템

(robotized panel bender system)의 사진을 보여주고 있다. 패널 생산은 들어오는 박판을 잡아서, 한 곳 또는 여러 곳에, 한 번 또는 여러 번 굽혀 이루어진다. 이 기계(프레스브레이크로도 불려짐)를 작동하는데 필요한 굽힘력은 150톤 용량의 유압프레스 실린더에 의하여 제공된다. 유압실린더의 피스톤은 14 in의 행정에, 분속 450 in의 빠른 속도로 작동이 가능하

(a) 로봇 패널굽힘기

(b) 완성된 패널들

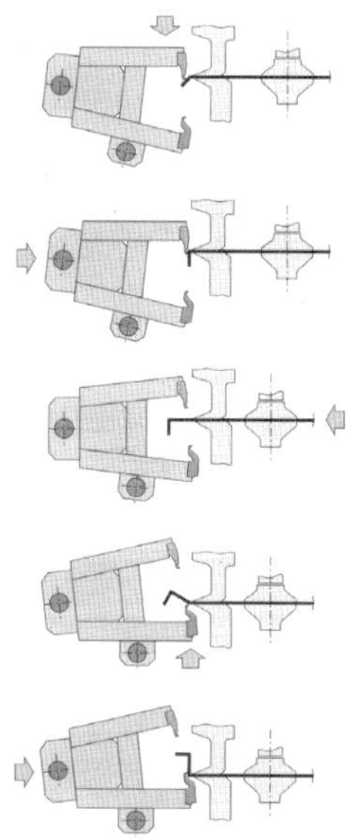

(c) 굽힘 작업 절차

그림 1-3 유압프레스와 공압 흡입컵이 부착된 그리퍼로 이루어진 로봇 패널굽힘기(Courtesy of Salvagnini America, Hamilton, Ohio)

며, 분당 최대 47 in의 굽힘 속도를 가지고 있다. 로봇을 포함한 이 시스템은 컴퓨터로 제어되고 있다. 로봇의 운동은 프레스브레이크의 운동과 일원화되어 있다. 즉, 로봇이 프레스브레이크에 박판을 자동으로 공급하여 성형이 이루어지도록 하고 있다. 또한 로봇은 완성된 패널을 내려 쌓음으로써, 사람의 간섭없이 무인 작동할 수 있게 한다. 굽힘 작업이 수행되는 기계 스테이션은 그림 1-3(a)의 컴퓨터 컨솔 바로 오른쪽에 위치해 있다.

그림 1-3(b)는 이 시스템에 의해 만들어진 완성품 패널의 모습을 보여주고 있다. 이 프레스브레이크는 0.02 in에서 0.12 in 두께의 박판을 다룰 수 있다. 이 프레스브레이크가 다룰 수 있는 박판의 길이와 폭은 각각 100 in와 60 in이다. 로봇 그리퍼에는 공압 흡입컵이 장착되어 있어 175 lb까지의 박판 또는 패널을 들 수 있다.

그림 1-3(c)는 프레스브레이크가 박판을 가지고 굽힘을 수행할 때 프레스브레이크 공구의 작동 모습을 5가지 보여주고 있다. 이 공구를 통해 박판을 270도까지 굽힐 수 있다. CAD/CAM 소프트웨어를 사용하여 원하는 패널의 3D 모델을 생성하고 굽힘과정을 시뮬레이션 할 수 있다. 온라인 그래픽스인터페이스를 통해 굽힘의 전 과정이 컴퓨터 스크린에 디스플레이 된다. 시뮬레이션과 모니터링에 사용되는 소프트웨어는 프레스브레이크 컴퓨터에서 실행된다.

그림 1-4(a)는 미 공군의 B-2 스텔스(stealth) 폭격기를 보여주고 있다. 이 폭격기는 첨단기술인 유압비행제어작동시스템을 통해 우수한 성능을 보유하고 있다. B-2는 관측이 잘 안되는, 즉 스텔스이면서, 장거리 중폭격기 특성을 가지고 있어서, 정교하고 밀집된 방공망을 뚫

(a) 비행중인 B-2

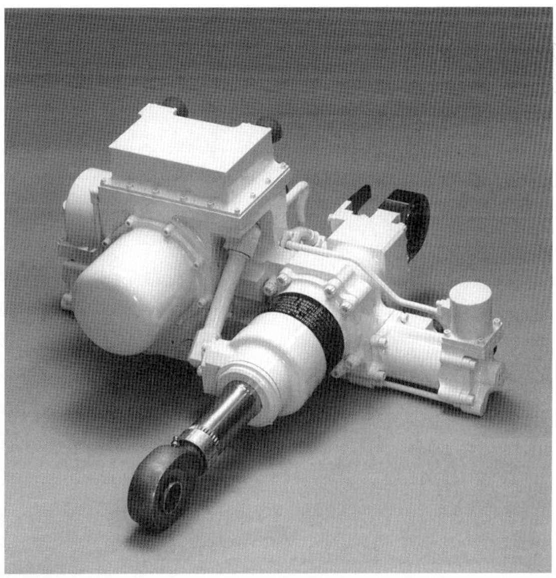

(b) 유압비행제어 서보작동기

그림 1-4 B-2 스텔스 폭격기(Courtesy of Moog, Inc., East Aurora, New York)

을 수 있다. 이 폭격기는 50,000 ft 까지의 모든 고도에서 임무 수행이 가능하며, 40,000 lb의 무기를 싣고, 최대속도 475 km/h로, 연료공급없이 6000 마일 이상을 날 수 있다. B-2의 독특한 날개모양과 레이더 흡수 코팅은 B-2의 은밀한 스텔스 기능을 가능하게 한다.

이 독특한 날개형상 때문에 우수한 조종특성을 갖기 위한 추가적인 요구조건이 필요하게 되는데, 이는 컴퓨터화된 유압비행제어 서보작동시스템에 의하여 달성된다. 그림 1-4(b)는 비행제어시스템의 주요 부품인 비행제어 서보작동기(servoactuator)를 보여주고 있다. 이 서보작동기는 항공기 날개의 공기역학을 제어하는데 필요한 직접구동 서보밸브를 장착한 유압작동기를 포함하고 있다.

1.3 유공압의 이점

동력을 전달하는 데는 기본적으로 전기, 기계, 유공압의 3가지 방법이 있다. 대부분의 경우에는 이 세 가지 방법을 조합하여 최적의 전체 시스템을 구성한다. 주 동력전달을 어느 것으로 선택한 것인지를 결정하기 위해서는 각 방법의 특성을 알아야 한다. 예를 들어, 유공압시스템은 기계시스템보다 동력을 더 멀리까지 경제적으로 전달할 수 있다. 하지만 전기시스템보다는 더 짧은 거리의 동력전달로 제한된다.

유공압이 널리 사용되게 된 성공의 비결은 다양성과 다루기 쉬움에 있다. 유공압은 기계시스템과는 달리 기계의 모양에 따른 제약을 받지 않는다. 또한 유공압은 거의 제한없이 큰 크기의 동력을 전달할 수 있다. 왜냐하면 유공압시스템은 전기시스템과는 달리 재료의 물리적 특성에 의하여 크게 제약을 받지 않기 때문이다. 예들 들자면, 전자기의 성능은 철의 포화한계에 의하여 제한되나, 유공압시스템에서 동력의 크기는 단지 철과 같은 부품 재료의 물리적 강도에만 제약을 받는다.

산업 현장에서는 생산성을 향상시키기 위하여 점점 더 자동화에 의존하고 있다. 이를 위하여 생산작업, 제조공정, 자재운반 등에 대한 원격제어와 직접제어 등이 필요하다. 유공압은 다음과 같은 4가지 부류의 이점 때문에 이러한 자동화에 적합한 수단이 되고 있다.

1. **제어의 용이성과 정확도:** 간단한 레버와 푸시버튼을 사용함으로써, 유공압시스템을 쉽게 기동, 정지, 증속 또는 감속시킬 수 있고, 또 1/10,000 인치의 허용오차로 어떤 목표동력도 달성하는 힘을 발생시킬 수 있다. 그림 1-5는 항공기 조종사로 하여금 랜딩기어를 올리거나 내리도록 하는 유압시스템을 보여주고 있다. 조종사가 작은 제어밸브를 한 방향으로 움직이면 고압유가 실린더의 한쪽으로 흘러들어가 랜딩기어를 내린다. 조종사가 제어밸브를 다른 방향으로 움직이면 유압유가 실린더의 다른 쪽으로 흘러 들어가 랜딩기어를 접어 올린다.

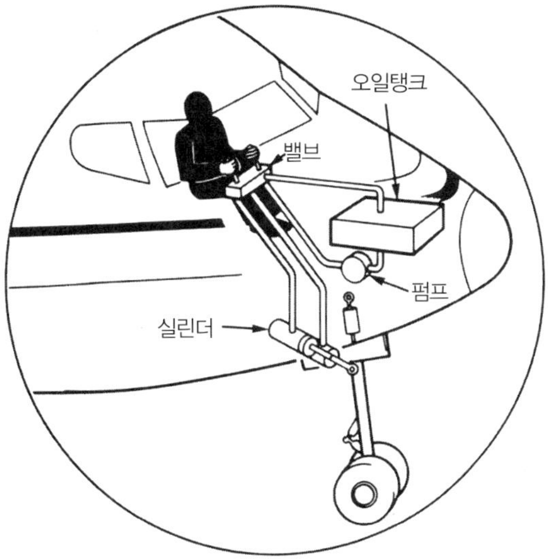

그림 1-5 항공기 랜딩기어의 유압 작동(Courtesy of National Fluid Power Association, Milwaukee, Wisconsin)

2. **힘의 증폭:** 유공압시스템은 간단하면서도 효율적으로(번거로운 기어, 풀리와 레버를 사용하지 않고) 몇 분의 1 온스의 힘을 수백 톤의 힘으로 증폭시킬 수 있다. 그림 1–6은 거대한 통나무를 다루기 위하여 거칠고 힘센 구동장치가 필요한 적용분야를 보여주고 있다. 이 그림에서 유압모터로 구동되는 회전대는 거친 작업환경하에서 20,000파운드의 부하를 10

그림 1-6 거대한 통나무를 다룰 수 있는 유압구동 회전대(Courtesy of Eaton Corp., Fluid Power Division, Eden Prairie, Minnesota)

피트 반경(200,000의 토크)으로 움직일 수 있다.

3. **일정한 힘과 토크:** 유공압시스템만이 속도변화에 관계없이 일정한 힘 또는 일정한 토크를 제공할 수 있다. 공작물이 시속 수 인치로 움직이든 분속 수백 인치로 움직이든 관계없이, 또 시간당 수 회전으로 움직이든 분당 수천 회전으로 움직이든 관계없이, 유공압시스템은 일정한 힘 또는 토크를 제공할 수 있다. 그림 1-7은 기어나 풀리 대신 정유압변속기(hydrostatic transmission)를 써서 주행속도를 변화시키는 상업용 잔디깎기기계(lawn mower)를 보여주고 있다. 정유압변속기는 유압펌프를 써서 유압모터를 요구각속도로 구동하는데 필요한 고압유를 생성하도록 되어 있다. 2단 정유압 구동제어는 최대 11 mph의 주행속도까지 부드러운 속도변화를 가능하게 해 준다. 이 잔디깎기기계는 제자리에서 회전이 가능하고 부드러운 가변속도제어가 가능하며, 72 in 덱(deck)에 29 hp의 개스엔진을 장착하고 있어서 넓은 지역의 잔디를 빠르게 깎을 수 있다.

그림 1-7 정유압변속기를 가진 상업용 잔디깎기기계(Courtesy of Deere & Company, Cary, North Carolina)

4. **단순성, 안전성, 경제성:** 일반적으로 유공압시스템은 기계시스템이나 전기시스템에 비하여 적은 개수의 움직이는 부품으로 구성되어 있다. 따라서 유공압시스템의 유지보수나 작동은 다른 시스템에 비하여 더 단순하다. 단순하기 때문에 안전성, 소형화와 신뢰성을 증대시킬 수 있다. 그림 1-8은 수송용 차량의 유압 조향제어장치를 보여주고 있다. 그림 1-8에서 운전대에 부착되어 있는 조향장치는 일체형의 수동조작 방향제어밸브와 계기로

되어 있다. 이 조향장치는 유압으로만 되어 있기 때문에, 기계적 링키지, 유니버설 조인트, 베어링, 감속기어 등이 사용되지 않았다. 따라서 간단하면서도 작게 만들어졌다. 뿐만 아니라 이 조향장치는 매우 작은 입력토크로 요구되는 조향제어를 수행하고 있다.

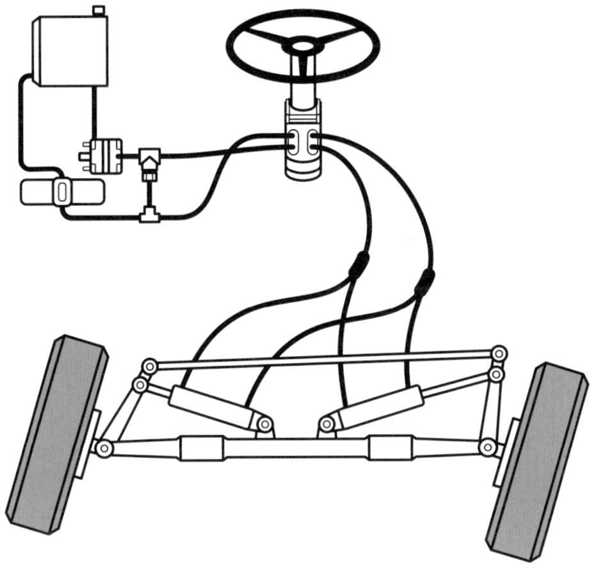

그림 1-8 수송용 차량을 위한 유압 조향제어시스템(Courtesy of Eaton Corp., Fluid Power Division, Eden Prairie, Minnesota)

유공압시스템의 다른 이점으로는 순간 역전동작, 과부하에 대한 자동보호, 무단변속제어 등이 있다. 또한 알려진 다른 어떤 동력원에 비하여 유공압시스템은 무게당 동력의 크기가 크다는 이점을 가지고 있다.

유공압의 결점

이상의 모든 장점에도 불구하고 유공압이 모든 동력전달문제에 대한 만병통치약은 아니다. 유공압시스템은 몇 가지 결점을 가지고 있다. 예를 들어, 유압부품은 유압시스템 주위로 유압유가 누설되지 않도록 적절히 설계되고 설치되어야 한다. 유압관로는 잘못 설계되었을 경우에 과도한 압력에 의해 파열될 수 있다. 공압시스템에서 압축공기탱크나 어큐뮬레이터와 같은 부품은 최대 압력에 견딜 수 있도록 적절히 선정되어야 한다. 뿐만 아니라, 유공압시스템의 펌프, 압축기, 관로 등에서 소음이 발생하므로, 주위 소음 수준을 적절히 조절할 수 있어야 한다. 이를 종합하면, 유공압시스템은 안전하고, 신뢰성있고, 효율적이며 저렴하게 운용될 수 있도록 적절히 설계되고, 설치되고, 유지관리 되어야 한다.

1.4 유공압의 적용

이 단원에서 이미 여러 종류의 유공압시스템을 설명하였지만, 다음의 예를 더 살펴봄으로써 오늘날 사용되고 있는 유공압의 적용에 대한 폭넓은 이해를 얻을 수 있을 것이다.

1. 유공압은 가선 오버헤드트램(high-wire overhead tram)을 구동한다. 대부분의 오버헤드트램은 견인케이블을 잡아당겨 가파른 경사면을 오르내린다. 그러나 그림 1-9에서 보여주고 있는 22인승, 12,000 lb 유압구동 및 유압제어 스카이트램(Sky-tram)은 좀 다르다. 이 트램은 자체추진기관에 의하여 정지된 케이블 위로 운행한다. 케이블 대신에 트램을 움직이기 때문에 운전자는 트램시스템의 각 차량(car)을 다른 차량과 무관하게 독립적으로 출발, 정지 및 후진시킬 수 있다. 8기통 가솔린엔진으로 구동되는 펌프를 스카이트램 구동부에 둠으로써 4개의 유압모터에 고압의 유압유를 공급하고 있다. 각 유압모터는 두 개의 마찰구동휠(friction drive wheel)을 구동한다.

케이블 위에 있는 8개의 구동휠은 트램 차량을 지지하고 추진한다. 가파른 경사면을 오를 때는 큰 구동토크가 필요하고, 내려올 때는 큰 제동토크가 필요하다.

그림 1-9 유압구동 스카이트램(Courtesy of Sky-tram Systems, Inc., Scottsdale, Arizona)

2. 유공압은 대두 수확에 이용된다. 그림 1-10은 농업에 유공압을 응용한 것으로서 콤바인(combine)이 대두(soybean)를 수확하는 모습을 보여주고 있다. 이 콤바인은 기계적 링키지를 사용하는 고정 절단플랫폼 대신에 수확성능을 30%까지 향상시킬 수 있는 유압제어 절단플랫폼을 사용하고 있다. 이 유압시스템은 유압실린더로 최적 운전제어하여 평탄하지 않은 지면에서 플랫폼의 절단봉이 부유하도록 하고 있다. 절단봉이 6 in 범위에서 부유함으로써 쓰러지거나 엉킨 작물의 수확시 수확손실을 줄이도록 되어 있다. 대두는 중요한 식량자원일 뿐 아니라 바이오디젤이라는 신재생연료를 생산하는데 사용된다. 마치 옥수수가 에탄올을 생산하는데 사용되듯이, 운송차량에서 화석연료 대신에 바이오디젤과 에탄올을 사용하면 온실가스를 줄여 지구온난화를 줄일 수 있다. 농업분야에서 유공압의 사용은 부족한 식량자원과 고갈되어가는 화석연료의 견지에서 볼 때 중요한 의미를 갖는다.

그림 1-10
유압제어 절단플랫폼을 가진 콤바인이 대두를 수확하는 모습(Courtesy of Deere & Company, Cary, North Carolina)

3. 유공압은 산업용 리프트트럭의 근육역할을 한다. 그림 1-11은 창고에서 판재를 쌓고 있는 6,500 lb 용량의 산업용 유압 리프트트럭(lift truck)을 보여주고 있다. 이 유압시스템은 2중작동 틸트(tilt) 실린더와 호이스트(hoist) 실린더를 포함하고 있다. 리프트트럭의 성능은 스위치로 빨리 변환될 수 있다. 이 스위치를 사용하여 운전자는 운전속도, 리프트속도, 틸트속도, 가속율, 제동과 같은 성능 파라미터를 조절할 수 있다.

그림 1-11
산업용 유압 리프트트럭(Courtesy of Mitsubishi Caterpillar Forklift America, Houston, Texas)

4. 유공압은 굴삭기를 구동한다. 그림 1-12는 유압구동 버킷을 가진 굴삭기(excavator)를 보여주고 있다. 이 굴삭기는 땅을 파고 흙을 건설용 덤프트럭에 싣고 있다. 이 굴삭기는 핀으로 연결된 붐(boom), 스틱(stick)과 버킷(bucket)이라 불리는 세 구성요소로 되어 있고, 4개의 유압실린더가 이 세 요소를 구동하고 있다. 붐은 캡 본체와 핀으로 연결되어 있고, 스틱은 가운데 요소로서 한 끝은 붐과 연결되고 다른 끝은 버킷과 연결되어 있다. 캡 본체와 붐은 두개의 실린더로 연결되어 있고, 세 번째 실린더가 붐과 스틱을, 그리고 네 번째 실린더가 스틱과 버킷을 연결하고 있다. 그림 1-12의 굴삭기는 4.2 세제곱야드의 최대 버킷크기와 지면에서 41,000 lb의 무게를 들 수 있는 용량을 가지고 있다.

그림 1-12 유압 굴삭기(Courtesy of John Deere Co., Moline, Illinois)

5. 유압 로봇은 인간을 구조한다. 그림 1-13은 6 ft 키의 210 lb 유압구동(무릎을 굽힌 자세 및 선 자세에서) 로봇을 보여주고 있다. 이 로봇은 위험한 환경에서 인간을 안전하게 들어올려서 안전한 장소까지 이동시킨 후 내려놓을 수 있도록 설계되어 있다. 이 로봇은 처음에 군인이나 사상자를 전장 밖으로 구조하기 위해 미군에서 사용할 목적으로 개발되었다. 이 로봇은 인간이 갈 수 있는 곳은 대부분 갈 수 있을 뿐 아니라, 화재, 산사태, 폭발 등으로 붕괴 위험이 있는 건물이나 생물학적 독극물 또는 방사선으로 오염된 지역에 가서 재난구조를 할 수 있도록 개발되었다. 그림 1-13(a)는 고출력 유압구동 팔을 보여주고 있는데,

이 자세에서 인간 또는 다른 물체를 400 lb까지 들어 올릴 수 있다. 이 로봇은 현재 건강관리 또는 노인관리를 위해 사용할 수 있도록 개발 중이다. 이는 건강관리 노무자들이 환자를 들어 올릴 때 주로 부상을 당하고 있기 때문이다.

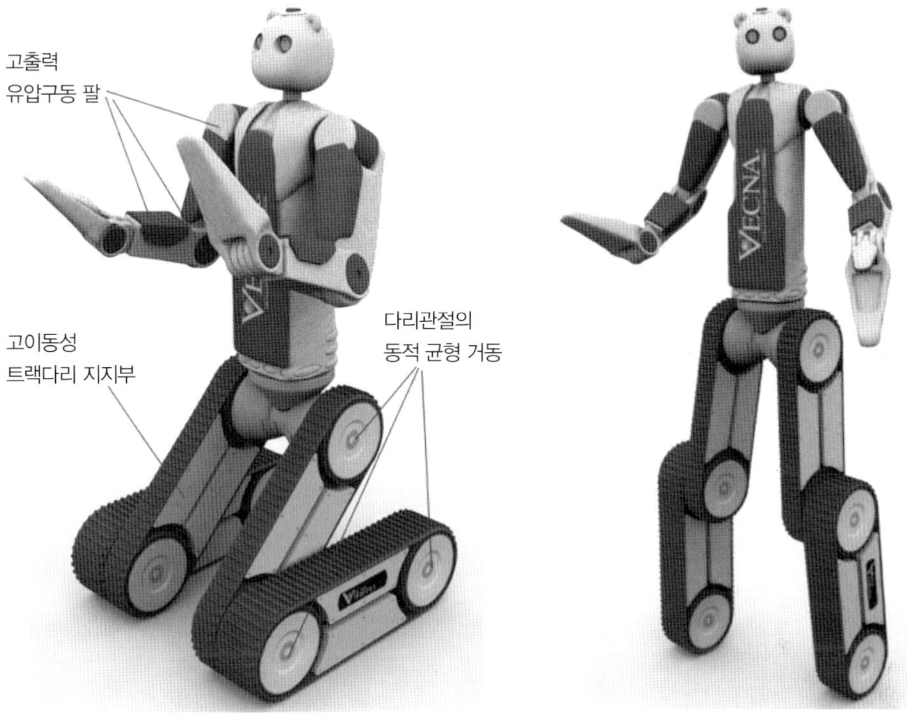

(a) 무릎을 굽힌 자세

(b) 선 자세

그림 1-13 BEAR: Battlefield Extraction-Assist Robot. (Courtesy of Vecna Technologies, Inc., Cambridge, Massachusetts)

6. 유압은 풍력터빈의 피치와 요를 제어한다. 지속가능한 전력생산은 인간이 직면한 가장 도전적인 과제 중의 하나이다. 왜냐하면 화석연료를 태울 때 나오는 온실가스가 지구온난화를 촉진하기 때문에 온실가스 배출을 줄여야 하기 때문이다. 즉, 에너지를 생산할 때 화석연료의 의존도를 낮추어야 한다. 풍력은 이 문제를 해결하는데 기대되는 신재생에너지원 중의 하나이다. 전력생산용 발전기를 구동하기 위한 풍력터빈(wind turbine)의 설치는 빠른 속도로 증가되고 있다. 그림 1-14(a)는 하늘을 배경으로 한 두 대의 풍력터빈을 보여주고 있다. 현재의 기술로는 375 ft 로터지름, 지상 400 ft 허브 높이, 5 메가와트 전력 생산이 가능한 풍력터빈의 설치가 가능하다. 5 메가와트 전력은 약 4,000가구가 충분히 쓸 수 있는 양으로서, 연간 15,000 ton의 석탄 연소를 대체할 수 있는 양이다.

풍력터빈 분야의 새로운 기술로서 풍력터빈의 피치(pitch)와 요(yaw)를 유압으로 제어하는 것이 있다. 전력을 효율적으로 생산하기 위해서는 풍속의 변화에 맞춰 로터 날개의 피치각을 정확히 제어할 필요가 있다. 로터가 회전하고 있는 정상적인 작동 하에서 유압제어시스템은 한번에 몇분의 1도 정도로 피치를 계속 변화시킨다. 한편, 전력생산과 효율을 최대로 하기 위하여 날개를 포함한 로터축은 바람의 방향과 평행하여야 한다. 이를 수행하는 것을 요 제어라고 한다.

그림 1-14(b)는 3개의 날개를 포함하는 풍력터빈 로터의 일부분을 보여주고 있다. 이 풍력터빈에서 각 날개의 각도는 유압실린더에 의하여 정확히 제어된다. 한편, 그림 1-14(c)는

(a) 하늘을 배경으로 한 두 대의 풍력터빈

(b) 유압 피치시스템

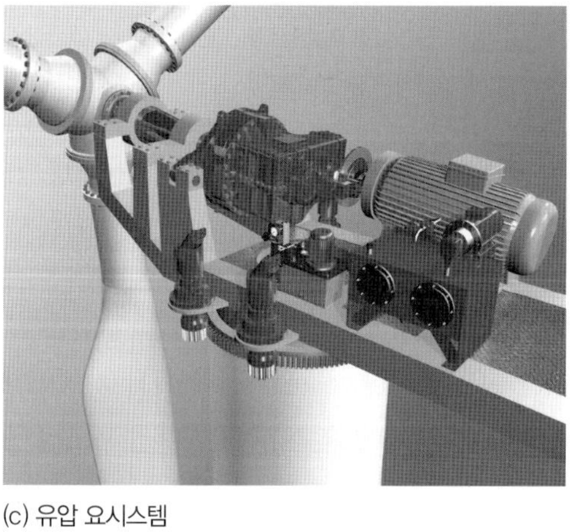

(c) 유압 요시스템

그림 1-14 유압으로 풍력터빈의 피치와 요를 제어(Courtesy of Bosch Rexroth Corporation, Hoffman Estates, Illinois)

풍력터빈 로터축의 방향이 항상 바람이 불어오는 방향과 일치하도록 해 주는 유압 요시스템을 보여주고 있다. 이러한 밀집된 피치와 요 유압시스템은 요구공간과 재료 사용을 최소화할 뿐 아니라 환경적 악화와 물리적 손상을 방지하는 우수한 성능을 제공한다.

1.5 유공압시스템의 구성요소

유압시스템

유압시스템에는 기본적으로 6가지의 구성요소가 있다(그림 1-15 참조).

1. 액체인 유압유를 담고 있는 오일탱크(tank 또는 reservoir)
2. 액체를 시스템으로 보내는 펌프
3. 펌프를 구동하는 전기모터 또는 다른 동력원
4. 액체의 방향, 압력과 유량을 제어하는 밸브
5. 오일의 압력을 기계적 힘 또는 토크로 바꾸어 일을 하게 하는 작동기(actuator). 작동기에는 그림 1-15와 같이 직선운동을 하는 실린더와 그림 1-16과 같이 회전운동을 하는 유압모터가 있다.
6. 한 곳에서 다른 곳으로 액체를 수송하는 관로

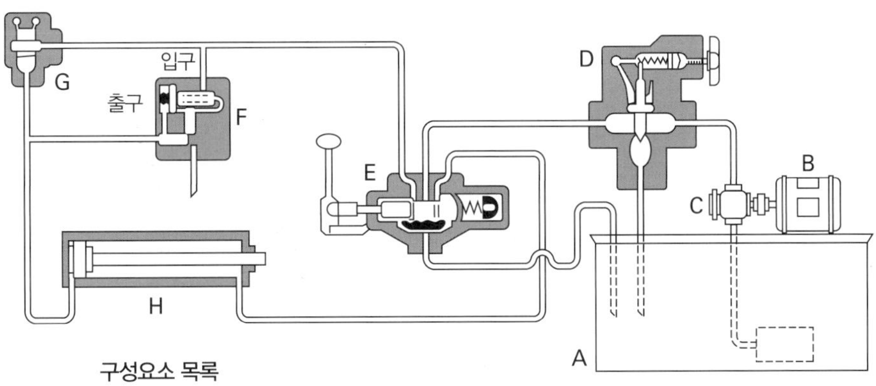

구성요소 목록

A – 오일탱크
B – 전기모터
C – 펌프
D – 최대압력(릴리프)밸브
E – 방향제어밸브
F – 유량제어밸브
G – 직각 첵밸브
H – 실린더

그림 1-15 선형 유압작동기(실린더)를 가진 기본 유압시스템(Courtesy of Sperry Vickers, Sperry Rand Corp., Troy, Michigan)

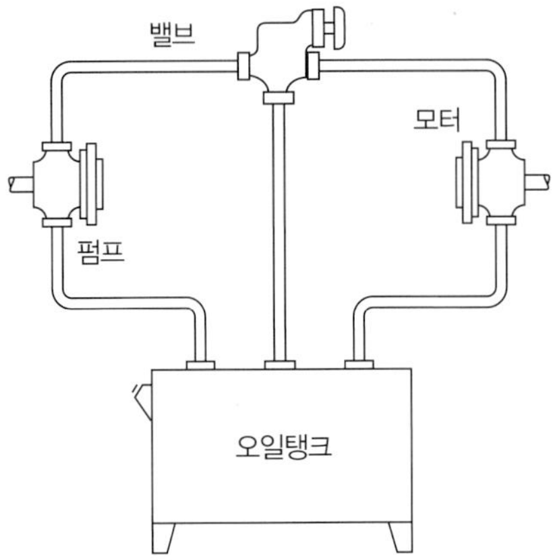

그림 1-16 회전 유압작동기(모터)를 가진 기본 유압시스템(Courtesy of Sperry Vickers, Sperry Rand Corp., Troy, Michigan)

물론 유압시스템의 복잡성과 크기는 적용분야에 따라 달라진다. 또 각 구성요소의 복잡성과 크기도 적용분야에 따라 달라진다. 예를 들어 그림 1-17을 보자. 이 그림은 서로 다른 용도에 사용되는 크기가 다른 두 유압동력장치(hydraulic power unit)를 보여주고 있다. 각 장치는 작동에 필요한 전기모터, 펌프, 축커플링, 오일탱크, 부속파이프, 압력계, 밸브 등을 모두 포함하고 있는 패키지화된 동력시스템이다. 앞으로 이 유압 구성요소들과 시스템을 자세히 공부할 것이다.

그림 1-17 크기가 다른 두 유압동력장치(Courtesy of Continental Hydraulics, Division of Continental Machines, Inc., Savage, Minnesota)

공압시스템

공압시스템은 유압시스템과 유사한 구성요소를 가지고 있다. 공압시스템은 다음과 같은 6가지의 구성요소를 필수적으로 요구한다.

1. 필요한 양의 압축공기를 저장하는 공기탱크(air tank)
2. 대기로부터 들어오는 공기를 압축하는 압축기(compressor)
3. 압축기를 구동하기 위한 전기모터 또는 다른 원동기(prime mover)
4. 공기의 방향, 압력과 유량을 제어하는 밸브
5. 유압작동기와 비슷한 작동을 하는 작동기
6. 한 곳에서 다른 곳으로 압축공기를 수송하는 관로

그림 1-18은 공기압축기를 가진 공압동력장치를 보여주고 있는데, 이 공기압축기는 13 hp 엔진에 의해 풀리로 구동되고 있다. 이 공기압축기는 최대 175 psi의 압력과 분당 19 세제곱피트의 유량을 공급할 수 있다. 이 장치는 30 gal의 압축공기탱크와 필드용에 적합한 트럭 베드마운팅을 가지고 있다.

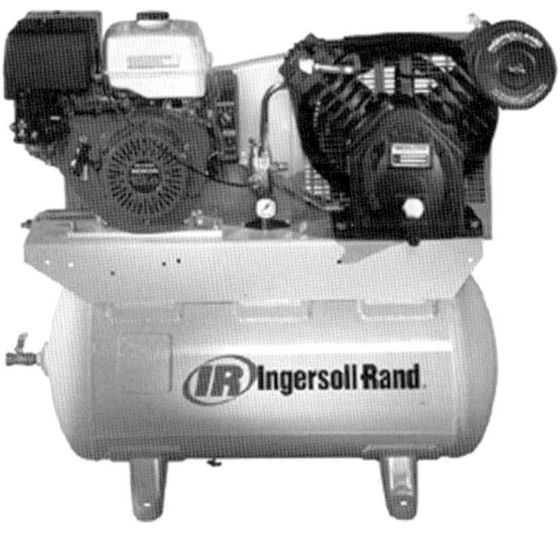

그림 1-18 엔진구동 압축기를 가진 휴대형 공압동력장치(Courtesy of Ingersoll-Rand Corp., Davidson, North Carolina)

그림 1-19(a)는 자동차의 볼트를 풀고 죄는데 사용되는 공압 충격렌치(pneumatic impact wrench)를 보여주고 있다. 2.4 lb 무게의 이 충격렌치는 분당 4 세제곱피트의 평균 공기소모량으로 최대 280 ft · lb 의 토크를 생성할 수 있다. 그림 1-19(b)는 사람이 이 충격렌치로 자동차의 볼트를 죄는 모습을 보여주고 있다. 이 충격렌치의 압축공기 공급원은 그림 1-18과 같은 공기압축기가 될 수 있다.

(a) 공압 충격렌치 (b) 공압 충격렌치의 작동 모습

그림 1-19 공압 충격렌치(Courtesy of Ingersoll-Rand Company, Montvale, New Jersey)

1.6 유공압 산업

규모와 범위

유공압 산업은 거대하고 또 전 세계적이다. 미국 유공압협회(National Fluid Power Association)의 통계에 의하면, 미국 회사에 의한 2006년도 유공압 제품의 연간 판매액은 127억 달러에 이른다. 이 큰 판매액은 미국의 거의 모든 제조공장에서 제품을 생산하는데 유공압을 사용한다는 사실을 반영하고 있다. 미국 공산품의 반 이상이 기본 설계의 일부분으로서 유공압시스템 또는 유공압부품을 가지고 있다. 유공압 판매액의 약 75 %는 유압이 차지하고, 25%는 공압이 차지한다.

인력

유공압에 종사하는 기술인력을 크게 세 부류로 나눌 수 있다.

1. **유공압 기능공(mechanics):** 이 부류의 기술인력은 유공압장비의 수리와 유지보수를 담당한다. 이들은 주로 기능훈련 프로그램을 이수한 고등학교 졸업생이다. 이 프로그램은 일반적으로 3년 또는 4년간의 현장훈련과 교실수업으로 이루어져 있고, 훈련기간 동안 보수를 지급받는다.

2. **유공압 기술자(technician):** 이 부류의 기술인력은 유공압시스템의 설계, 문제해결, 시험, 유지보수, 설치 등의 분야에서 공학자를 돕는 역할을 한다. 이들은 일반적으로 2년제 대학 졸업자로서, 기술관련 자격증을 소지하고 있다. 기술자는 판매, 제조, 서비스 분야의 관리자로 승진할 수 있다.

3. **유공압 공학자(engineer):** 이 부류의 기술인력은 새롭고 복잡한 유공압부품 또는 시스템의 설계, 개발, 시험 등을 수행한다. 유공압 공학자는 보통 4년제 대학 졸업자로서, 대부분 제조, 판매, 기계적 설계 등에 종사하고 있다. 이들은 설계, 제조, 판매 분야의 경영자로 승진할 수 있다.

미래의 전망

거의 모든 제품이 적어도 생산과정의 일부분에서 유공압을 사용한다는 것을 생각하면, 유공압 산업의 미래는 매우 밝다고 볼 수 있다. 따라서 취업의 전망도 매우 밝다. 유공압 산업의 눈부신 발전은 관리자, 공학자, 기술자, 기능공, 판매원, 작업인부 등 모든 사람에게 새로운 기회를 열어 놓았다.

그림 1-20 공학자 Jessica Reed와 로봇제품 매니저 Jamie Nichol이 Massachusetts에 있는 Vecna's Cambridge Research Laboratory에서 차세대 Battlefield Extraction-Assist Robot (BEAR)을 개발하는 모습. 뒤에 소프트웨어 공학자 Benjamin Bau가 일하는 모습이 보임(Courtesy of Vecna Technologies, Inc., Cambridge, Massachusetts)

그림 1-20은 여러 명의 공학자가 컴퓨터 기술을 사용하여 차세대 유압구동 로봇을 개발하는 모습을 보여주고 있다.

현재 잘 훈련되고 자격을 갖춘 유공압 교강사가 매우 부족한 실정이다. 이러한 교강사의 부족은 4년제 대학 뿐 아니라 2년제 대학도 마찬가지다. 이 책이 유공압 교육에 도움이 되었으면 하는 것이 저자의 바램이다.

연습문제

1-1 유공압(fluid power)을 정의하여라.

1-2 왜 무거운 작업을 수행할 때 특히 유압이 유용한가?

1-3 유공압(fluid power), 유압(hydraulics)과 공압(pneumatics)의 차이점은 무엇인가?

1-4 유공압을 기계시스템에 사용할 때 장점과 단점을 열거하여라.

1-5 유체수송시스템과 유공압시스템의 차이점은 무엇인가?

1-6 공압의 사용과 유압의 사용에서 차이점을 기술하여라.

1-7 부하를 밀고 당길 수 있는 힘을 발생하는 유압장치는 무엇인가?

1-8 축을 회전시킬 수 있는 토크를 발생하는 유압장치는 무엇인가?

1-9 유압장치가 빠른 응답성을 갖도록 하는 두 요인은 무엇인가?

1-10 왜 공기를 모든 유공압시스템에 사용할 수 없는가?

1-11 원동기(prime mover)란 무엇인가?

1-12 유압회로에 필요한 6가지 기본요소를 열거하여라.

1-13 공압회로에 필요한 6가지 기본요소를 열거하여라.

1-14 펌프, 실린더, 밸브, 모터와 같은 유공압 부품을 생산하는 공장을 견학하여라. 적어도 1개 이상의 부품에 대하여 생산 방법을 설명하는 보고서를 작성하여라. 그리고 그 부품의 성능규격과 가능한 적용분야를 기술하여라.

1-15 자동차산업에서 유공압을 적용한 예를 5가지 열거하여라.

1-16 운전자가 브레이크페달을 밟을 때 자동차의 유압브레이크는 왜 스펀지 같은 느낌을 주는지 그 이유를 한 가지 들어라.

1-17 유압을 적용한 예와 공압을 적용한 예를 5가지씩 열거하여라.

1-18 연간 유공압 판매액에서 유압과 공압은 대략 몇 퍼센트를 차지하는가?

1-19 세 부류의 유공압 기술인력은 각각 어떤 일을 수행하는가?

1-20 "유공압의 규모와 범위"에 대하여 논하여라. 유공압 제조업의 규모를 보여주는 두 가지 사실을 인용하여라.

1-21 유공압 산업기사 자격증을 얻기 위한 요구조건을 미국 유공압학회(Fluid Power Society, www.ifps.org)로부터 조사하여라.

1-22 유공압 공학자가 되기 위한 요구조건을 미국 유공압협회(National Fluid Power Association, www.nfpa.com)로부터 조사하여라.

02

Chapter

유압유의 물리적 성질

학습 목표

이 단원을 공부하고 나면 다음과 같은 내용을 알아야 한다.

1. 유압유(hydraulic fluid)의 주요 기능을 설명할 수 있어야 한다.
2. **유체**(fluid)를 정의할 수 있어야 한다.
3. 액체와 기체를 구별할 수 있어야 한다.
4. 유압유의 바람직한 성질들을 알고 있어야 한다.
5. **비중량**(specific weight), **밀도**(density), **비중**(specific gravity)을 정의할 수 있어야 한다.
6. **압력**(pressure), **수두**(head), **힘**(force)을 이해하고 있어야 한다.
7. 게이지압력(gage pressure)과 절대압력(absolute pressure)을 구별할 수 있어야 한다.
8. 압력에 의하여 생성되는 힘을 계산할 수 있어야 한다.
9. **동점도**(kinematic viscosity)와 **절대점도**(absolute viscosity)를 이해하여야 한다.
10. 점도의 단위들을 서로 변환할 수 있어야 한다.
11. 점도와 점도지수(viscosity index)의 차이를 설명할 수 있어야 한다.

2.1 서론

유압시스템에서 하나의 요소로서 가장 중요한 것은 유압유이다. 유압유의 특성은 장비의 성능과 수명에 지대한 영향을 준다. 유압시스템을 효율적으로 작동시키기 위해서는 깨끗하고 고품질인 유압유를 사용하여야 한다.

오늘날 사용되고 있는 대부분의 유압유는 복합화합물로서 여러 가지를 고려하여 만들어진다. 유압유가 필요한 특성을 갖도록 하기 위하여, 기본 유체에 특별한 첨가물을 섞곤 한다.

유압유는 다음과 같은 네 가지 주요 기능을 수행한다.

1. 동력 전달
2. 움직이는 부분에 대한 윤활
3. 맞물린 부위의 간극을 밀봉
4. 열 발산

유압유는 값이 싸고 쉽게 얻을 수 있어야 한다. 위의 네 가지 주요 기능을 수행하고, 또 안전성이나 가격 면에서 실질적이기 위하여, 유압유는 다음과 같은 성질을 가지고 있어야 한다.

1. 좋은 윤활성
2. 이상적인 점도
3. 화학적 안정성(stability)
4. 시스템 재질과의 적합성
5. 높은 비압축성(incompressibility)
6. 난연성(fire resistance)
7. 좋은 열전달 능력
8. 낮은 밀도
9. 소포성(foam resistance)
10. 무독성
11. 저휘발성

이 목록을 모두 만족시키는 것은 어려운 일로서, 어떤 유압유도 이 모든 특성을 다 만족시키지는 못한다. 특정 분야의 유압시스템을 설계할 때, 그 적용분야의 이상적인 유체에 가장 가까운 특성을 갖는 유압유를 선정하면 된다.

유압유는 정기적으로 교체되어야 하며, 그 주기는 유압유의 종류에 따라, 또 작동조건에 따라 달라진다. 유압유의 교체시기를 판단하는 가장 좋은 방법은 실험실에서 시험을 해 보

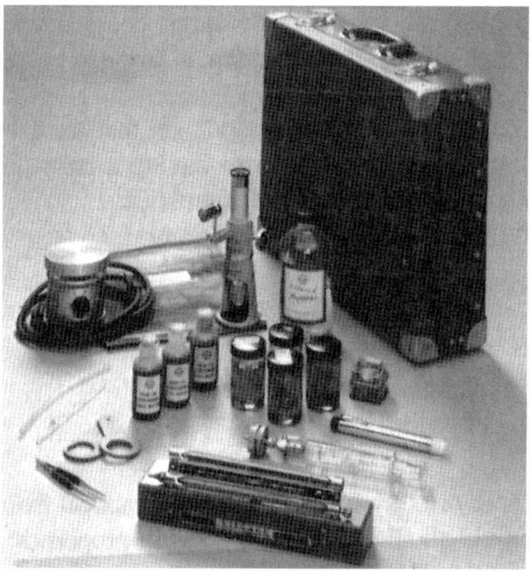

그림 2-1 유압유 검사장치(Courtesy of Gulf Oil Corp., Houston, Texas)

는 것이다. 일반적으로 말하면, 유압유의 변질이나 오염에 의하여 점도와 산도(acidity)가 증가한 때가 유압유를 교체해 주어야 할 시점이다. 유압유의 교체는 그 시스템의 작동온도에서 해 주는 것이 좋다. 이렇게 하면 대부분의 불순물이 밖으로 배출될 수 있기 때문이다.

과거에는 유압유가 오염되었을 가능성만으로 유압유를 버리곤 했다. 이것은 유압유를 검사하는 것이 교체하는 것보다 비쌌기 때문이다. 그러나 지금은 상황이 바뀌어 유압유를 보존해야할 필요성이 증가하였다. 그림 2-1은 유압유의 오염을 빠르고 쉽게 검사할 수 있는 유압유 검사장치를 보여주고 있다. 이 장치를 이용하면 작은 유압시스템의 유압유도 검사할 수 있다. 유압유를 계속 사용할 것인지 아닌지를 결정하기 위하여, 현장에서 이 장치를 사용할 수 있다. 유압유의 상태를 표시해 주는 세 가지 중요한 지표로는 점도, 물 함유량, 외부입자에 의한 오염수준이 있다.

이 단원에서는 유체역학과 관련된 유체의 물리적 성질을 공부한다. 이 성질에는 밀도, 압력, 압축성, 점도, 점도지수 등이 있다. 유압유의 유지보수와 관련된 유체의 화학적 성질은 12장에서 논의된다. 이 화학적 성질에는 산화율, 난연성, 소포성, 윤활 능력, 산도 등이 있다.

2.2 유체: 액체와 기체

유체

유체(fluid)라는 말은 기체와 액체 모두를 일컫는다. 질량이 일정하면 담긴 용기의 모양에 관계없이 부피가 일정한 유체를 액체(liquid)라고 한다. 용기의 모양이 주어지면, 액체는 자기 부피만큼 용기의 일부분을 채운다. 예를 들어, 물을 그릇에 부으면 그릇 전체를 채우는 것이 아니고, 그림 2-2(a)와 같이 자유표면을 형성한다. 자유표면은 대기에 노출된 호수의 물에서도 형성된다[그림 2-2(b)참조].

액체는 비압축성을 지닌 것으로 간주되어, 압력변화가 있어도 액체의 부피변화가 없다고 가정한다. 이 가정은 실제와 정확하게 일치하지는 않는다. 하지만, 압력변화에 따른 부피변화가 매우 작기 때문에, 대부분의 공학응용 시스템에서 부피변화를 무시해도 좋다. 비압축성과 관련한 다른 논의로서, 2.6절에서 파라미터 체적탄성계수(bulk modulus)를 정의한다.

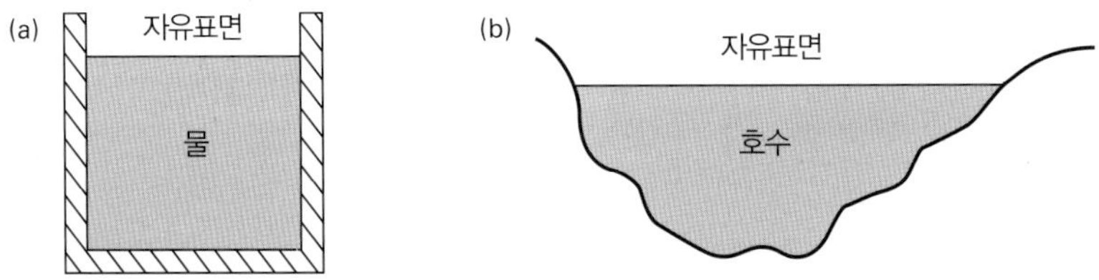

그림 2-2 액체의 자유표면

기체

기체(gas)는 액체와는 달리 쉽게 압축될 수 있는 유체이다. 뿐만 아니라 기체의 부피는 담긴 용기를 채우도록 변한다. 그림 2-3에서 보듯이 기체가 빈 용기에 들어가면 기체분자는 항상 용기 전체를 채운다. 일정 질량에 대한 액체의 부피는 정해진 반면, 기체의 부피는 용기를 채우도록 커진다. 기체의 부피는 작용하고 있는 압력에 크게 영향을 받는다. 압력이 증가하면 기체의 부피는 작아지고, 압력이 감소하면 부피는 커진다. 그림 2-4는 주어진 질량에 대해 액체와 기체의 물리적 차이점을 정리하고 있다.

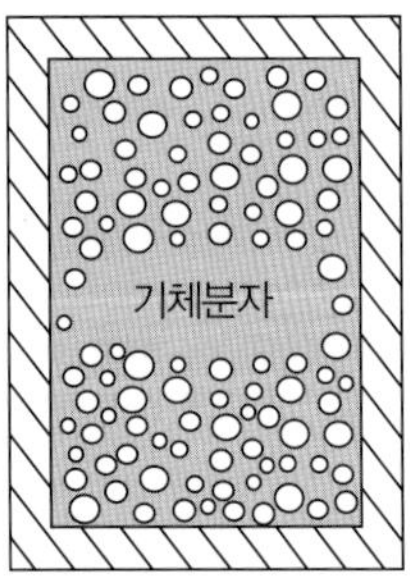

그림 2-3
용기를 항상 가득 채우는 기체

유공압시스템에서 사용되는 기체는 공기(air)이다. 공기는 값이 쌀 뿐 아니라 어디서든지 쉽게 얻을 수 있다. 공기는 동력전달매체로서 다음과 같은 이점을 가지고 있다.

파라미터	액체	기체
부피	일정한 부피를 가짐	부피는 용기에 의해 결정됨
모양	용기의 모양을 가지고, 부피는 일정	용기의 모양을 가지고, 용기를 채울 때까지 팽창
압축성	대부분의 공학 응용에서 비압축성으로 간주	압축성이 있음

그림 2-4 액체와 기체의 물리적 차이점

1. 난연성이다.
2. 지저분하지 않다.
3. 공기중으로 다시 배출할 수 있다.

유압유에 비해 공기의 단점은 다음과 같다.

1. 압축성 때문에, 정확하게 위치를 제어하거나 세게 잡아야 하는 곳에서는 사용될 수 없다.
2. 압축성 때문에, 응답속도가 느려지는 경향이 있다.
3. 공기는 산소와 물을 함유하고 있기 때문에 부식성이 있다.
4. 밸브와 작동기를 윤활하기 위하여 윤활유를 첨가하여야 한다.
5. 공기탱크 등의 폭발 위험성 때문에 보통 250 psi 이상의 압력은 사용되지 않는다. 이러한 위험성은, 기계적인 스프링에 많은 양의 에너지가 저장될 수 있듯이, 공기의 압축성 때문에 많은 양의 에너지가 저장될 수 있기 때문이다.

2.3 비중량, 밀도와 비중

무게와 질량

고체이든 유체이든 모든 물체는 지구의 인력에 의하여 지구 중심부로 잡아당겨지고 있다. 이 힘을 물체의 무게(weight)라고 한다. 이 힘은 다음과 같이 물체의 질량에 비례한다.

$$F = W = mg \tag{2-1}$$

이 식의 각 문자를 미국에서 많이 사용되는 영국단위로 설명하면 다음과 같다.

F = lb 단위의 힘
W = lb 단위의 무게

m = slug 단위의 물체 질량
g = 중력가속도라 불리는 비례상수, 32.2 ft/s^2

1 slug의 질량은 Washington, DC 가까이 있는 미국 국립표준기술원에서 백금-이리듐 막대로 정의되어 있다.

식 (2-1)로부터, m이 1 slug이면 W는 32.2 lb 임을 알 수 있다. 따라서 1 slug는 지표면에서 32.2 lb의 무게를 갖게 하는 질량이다. 또한, 식 (2-1)로부터 1 lb는 1 slug의 질량을 1 ft/s^2으로 가속할 수 있는 힘으로 정의될 수 있다.

예제 2-1

4 slug의 질량을 가진 물체의 무게를 구하여라.

풀이 식 (2-1)로부터

$$W = mg = 4\ \text{slugs} \times 32.2\ \text{ft/s}^2 = 129\ \text{lb}$$

비중량

그림 2-5는 유체의 **비중량**(specific weight)을 설명하기 위한 물이 가득 찬 정육면체를 보여주고 있다. 이 정육면체의 부피는 식 (2-2)와 같다.

$$\begin{aligned} \text{부피} &= (\text{밑면의 넓이}) \times (\text{높이}) \\ &= (1\ \text{ft} \times 1\ \text{ft}) \times (1\ \text{ft}) = 1\ \text{ft}^3 \end{aligned} \tag{2-2}$$

1 ft^3의 물의 무게를 측정하면 62.4 lb이다. 비중량은 다음과 같이 단위부피당 무게로 정의된다.

$$\text{비중량} = \frac{\text{무게}}{\text{부피}}$$

또는

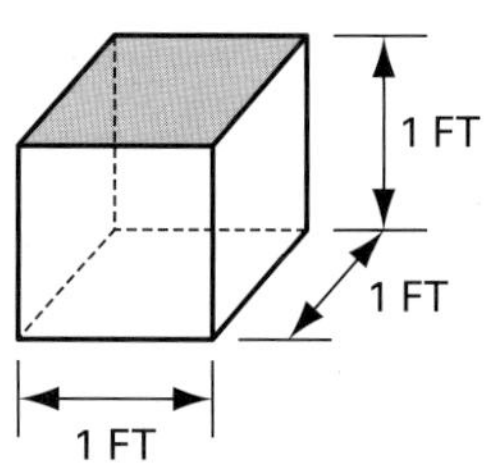

그림 2-5 물이 채워진 정육면체

$$\gamma = \frac{W}{V} \tag{2-3}$$

여기서 γ = 그리스문자 감마(gamma) = 무게/부피(lb/ft^3)

W = 무게(lb)

V = 부피(ft^3)

식 (2-3)으로부터 물의 비중량을 계산하면 다음과 같다.

$$\gamma_{\text{water}} = \frac{W}{V} = \frac{62.4\ \text{lb}}{1\ \text{ft}^3} = 62.4\ \text{lb/ft}^3$$

비중량을 lb/in3 단위로 변환하고자 한다면 다음과 같이 할 수 있다.

$$\gamma\left(\frac{\text{lb}}{\text{in}^3}\right) = \gamma\left(\frac{\text{lb}}{\cancel{\text{ft}^3}}\right) \times \frac{1\ \cancel{\text{ft}^3}}{1728\ \text{in}^3}$$

↑ 원하는 단위 ↑ 기존의 단위 ↑ 환산계수

환산계수 1/1728은 1 ft^3 = 1728 in^{3}로부터 온 값이다. 위 식에서 ft^{3}이 약분되어 다음과 같은 결과를 얻을 수 있다.

$$\gamma(\text{lb/in}^3) = \frac{\gamma(\text{lb/ft}^3)}{1728}$$

물의 비중량을 lb/in^3 단위로 표현하면 다음과 같다.

$$\gamma_{\text{water}}\ (\text{lb/in}^3) = \frac{62.4}{1728} = 0.0361\ \text{lb/in}^3$$

대부분의 유압유는 56 lb/ft^3 또는 0.0325 lb/in^{3}의 비중량을 가지지만, 유압유의 종류에 따라 55 lb/ft^{3}에서 58 lb/ft^3 사이의 값을 가질 수 있다.

예제 2-2

예제 2-1에서 물체의 부피가 1.8 ft^{3}일 때 비중량을 구하여라.

풀이 식 (2-3)으로부터

$$\gamma = \frac{W}{V} = \frac{129\ \text{lb}}{1.8\ \text{ft}^3} = 71.6\ \text{lb/ft}^3$$

비중

주어진 유체의 **비중**(specific gravity) SG는 그 유체의 비중량을 물의 비중량으로 나눈 값으로 정의된다. 따라서 물의 비중은 1이다. 오일의 비중은 다음과 같이 계산된다.

$$(SG)_{\text{oil}} = \frac{\gamma_{\text{oil}}}{\gamma_{\text{water}}} \tag{2-4}$$

가장 전형적인 오일에 대해, 수치를 대입하면 다음과 같다.

$$(SG)_{\text{oil}} = \frac{56\ \text{lb/ft}^3}{62.4\ \text{lb/ft}^3} = 0.899$$

비중은 무차원 파라미터임을 주목하라.

예제 2-3

대기압 하에서 68°F의 공기는 0.0752 lb/ft^{3}의 비중량을 갖는다. 이 공기의 비중을 구하여라.

풀이

$$(SG)_{\text{air}} = \frac{\gamma_{\text{air}}}{\gamma_{\text{water}}} = \frac{0.0752\ \text{lb/ft}^3}{62.4\ \text{lb/ft}^3} = 0.00121$$

따라서 68°F의 대기압 하에서 물은 공기보다 1/0.00121배, 즉 830배 무겁다. 공기는 압축성이 있기 때문에 0.00121이라는 비중은 68°F의 대기압하에서의 값이라는 점을 주목하라.

밀도

비중량과 더불어 유체특성의 하나인 밀도(density)에 대해 알아보자. 밀도는 단위부피당 질량으로 정의된다. 즉,

$$\rho = \frac{m}{V} \tag{2-5}$$

여기서 ρ = 그리스문자 로(rho) = 밀도(slugs/ft^3)
m = 질량(slugs)
V = 부피(ft^3)

무게는 질량에 비례($W = mg$로부터)하므로, 비중은 주어진 유체의 밀도를 물의 밀도로 나눈 값으로 정의될 수도 있다. 이 사실은 다음의 식들로부터 알 수 있다.

$$W = mg$$

로부터

$$\gamma V = \rho V g$$

이고, 따라서

$$\rho = \frac{\gamma}{g} \tag{2-6}$$

여기서 γ의 단위는 lb/ft^3
g의 단위는 ft/s^2
ρ의 단위는 slugs/ft^3

즉, 밀도는 비중량을 중력가속도로 나눈 값이다. 위 식으로부터 다음 결과를 얻을 수 있다.

$$SG = \frac{\gamma}{\gamma_{\text{water}}} = \frac{g\rho}{g\rho_{\text{water}}} = \frac{\rho}{\rho_{\text{water}}} \tag{2-7}$$

식 (2−6)으로부터 비중량이 $56\ \text{lb/ft}^3$인 오일의 밀도를 구하면 다음과 같다.

$$\rho_{\text{oil}} = \frac{56\,\dfrac{\text{lb}}{\text{ft}^3}}{32.2\,\dfrac{\text{ft}}{\text{s}^2}} = 1.74\,\frac{\text{lb}}{\text{ft}^3} \times \frac{\text{s}^2}{\text{ft}} = 1.74\ \text{lb}\cdot\text{s}^2/\text{ft}^4$$

$$= 1.74\ \text{slugs/ft}^3$$

식 (2−1), $W = mg$로부터 무게와 질량 단위 사이에 다음 관계식 $\text{lb} = \text{slugs} \times \text{ft/s}^2$이 성립함을 알 수 있다.

주어진 유체의 밀도와 비중은 압력과 온도에 따라 변한다. 대부분의 공학 적용분야에서, 압력과 온도에 따른 액체의 밀도 및 비중 변화는 무시할 수 있을 만큼 작다. 하지만 압력과 온도에 따른 공기의 밀도 및 비중 변화는 고려되어야 한다.

예제 2-4

예제 2-1과 예제 2-2에서 주어진 물체의 밀도를 구하여라.

풀이 식 (2-5)로부터

$$\rho = \frac{m}{V} = \frac{4 \text{ slugs}}{1.8 \text{ ft}^3} = 2.22 \text{ slugs/ft}^3$$

이다. 예제 2-2로부터 $\gamma = 71.6 \text{ lb/ft}^3$이므로 식 (2-6)을 사용하여 다음과 같이 ρ를 구할 수 있다.

$$\rho = \frac{\gamma}{g} = \frac{71.6 \text{ lb/ft}^3}{32.2 \text{ ft/s}^2} = 2.22 \frac{\text{lb} \cdot \text{s}^2}{\text{ft}^4} = 2.22 \text{ slugs/ft}^3$$

2.4 힘, 압력과 수두

힘과 압력

압력(pressure)은 단위넓이당 작용하는 힘으로 정의된다. 즉,

$$p = \frac{F}{A} \tag{2-8}$$

여기서

P = 압력 F = 힘 A = 넓이

F와 A의 단위가 각각 lb와 ft^2이면 p의 단위는 lb/ft^2이다.

A의 단위를 in^2로 바꾸면 p의 단위는 lb/in^2가 된다. 그림 2-5의 정육면체를 다시 고려해 보자. 정육면체 밑면의 넓이가 1 ft^2이고, 밑면이 받는 힘은 물의 무게인 62.4 lb이므로, 밑면에 작용하는 압력은 식 (2-8)로부터 다음과 같이 구해진다.

$$p = \frac{62.4 \text{ lb}}{1 \text{ ft}^2} = 62.4 \text{ lb/ft}^2 = 62.4 \text{ psf}$$

lb/ft^2의 단위는 보통 psf로 쓰여진다. 또 $1 \text{ ft}^2 = 144 \text{ in}^2$이므로 다음과 같이 표현될 수도 있다.

$$p = \frac{62.4 \text{ lb}}{144 \text{ in}^2} = 0.433 \text{ lb/in}^2 = 0.433 \text{ psi}$$

lb/in^{2}의 단위는 보통 psi로 쓰여진다.

수두

이제 1 ft 높이의 물기둥에서 아랫면이 받는 압력은 0.433 psi임을 알았다. 이 물의 높이 1 ft를 보통 **압력수두**(pressure head)라고 한다.

단면적이 1 ft^{2}이고 높이가 10 ft인 물기둥을 보여주고 있는 그림 2-6을 고려해 보자. 물의 부피가 10 ft^{3}이고, 1 ft^{3}의 무게가 62.4 lb이므로, 물의 전체 무게는 624 lb이다. 밑면의 압력은 다음과 같다.

$$p = \frac{F}{A} = \frac{624 \text{ lb}}{144 \text{ in}^2} = 4.33 \text{ psi}$$

따라서 10 ft 수두의 각 ft마다 0.433 psi의 압력을 증가시키고 있다.

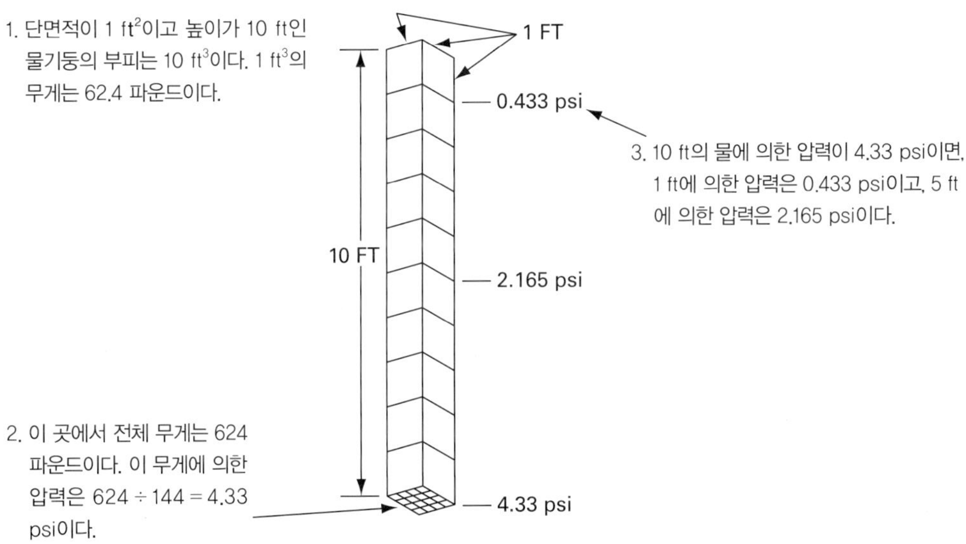

그림 2-6 10 ft 물기둥에 의하여 생성되는 압력(Courtesy of Sperry Vickers, Sperry Rand Corp., Troy, Michigan)

유체가 물이 아니라면 압력은 어떻게 될까? 그림 2-7은 1 ft^{3}의 부피를 갖는 오일을 보여주고 있다. 비중량을 57 lb/ft^{3}이라고 하면 밑면에서의 압력은 다음과 같다.

$$p = \frac{F}{A} = \frac{57 \text{ lb}}{144 \text{ in}^2} = 0.40 \text{ psi}$$

그러므로 그림 2-7에서와 같이 2 ft의 오일기둥에 의하여 생성되는 압력은 0.8 psi이다. 오일에 의한 압력은 물에 의한 압력보다 약간 작은 값을 갖는다. 그 이유는 오일의 비중량이 물의 비중량보다 약간 작기 때문이다. 식 (2-9)는 액체기둥의 밑면이 받는 압력을 계산하는 식이다.

$$p = \gamma H \tag{2-9}$$

여기서 p = 액체기둥 밑면에서의 압력
γ = 액체의 비중량
H = 액체기둥의 높이 또는 수두

식 (2-9)로부터 임의의 액체기둥의 밑면에 작용하는 압력을 계산할 수 있다. 이 식을 관찰해보면, 압력은 액체기둥의 밑면 넓이에는 무관하고, 단지 액체기둥의 높이와 비중량에만 의존한다는 것을 알 수 있다. 그 이유는 간단하다. 액체기둥의 단면적을 변화시키면 그에 비례해서 힘이 변화하므로, 압력 F/A는 일정한 값을 갖는다.

식 (2-9)에서 사용하는 γ와 H의 단위에 따라 압력은 적절한 단위를 갖는다.

$$p(\text{lb/in}^2) = p(\text{psi}) = \gamma(\text{lb/in}^3) \times H(\text{in})$$

또는

$$p(\text{lb/ft}^2) = p(\text{psf}) = \gamma(\text{lb/ft}^3) \times H(\text{ft})$$

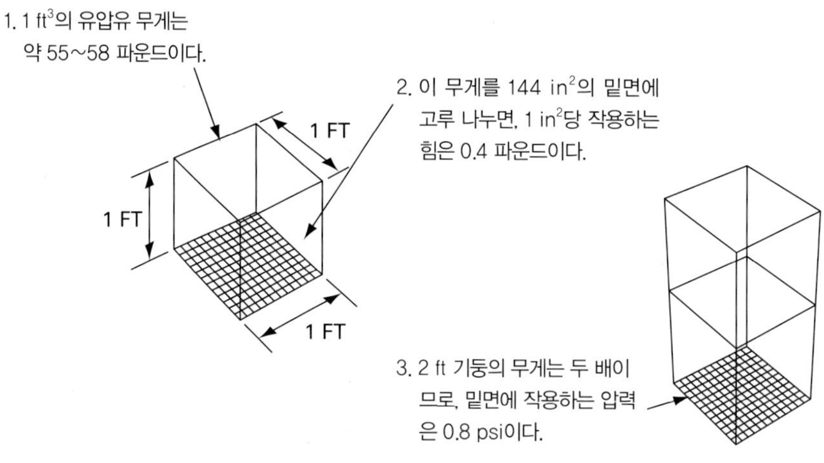

그림 2-7 1 ft와 2 ft의 오일기둥에 의하여 생성되는 압력(Courtesy of Sperry Vickers, Sperry Rand Corp., Troy, Michigan)

식 (2−9)의 유도과정은 부록 H를 참조하여라.

예제 2-5

민물 속으로 60 ft 깊이까지 내려간 스킨다이버가 받는 압력을 계산하여라.

풀이 식 (2−9)로부터

$$p(\text{lb/in}^2) = \gamma(\text{lb/in}^3) \times H(\text{in}) \quad = \quad 0.0361 \times (60 \times 12) = 26.0 \text{ psi}$$

대기압

대기와 지구의 인력에 의해 지표면에서 생성되는 압력은 어떻게 될까? 우리들은 위로 수백 마일 뻗쳐 있는 공기의 바다 밑바닥에 살고 있다고 간주할 수 있다. 공기의 압축성 때문에 식 (2−9)는 이 압력을 계산하는 데 사용될 수 없다. 왜냐하면 대기중의 공기 밀도는 일정하지 않기 때문이다. 지표면에서 공기의 밀도가 가장 높고, 위로 올라갈수록 밀도가 낮아진다.

그림 2−8과 같이 단면적이 1 in^2이고 대기권까지 뻗쳐 있는 공기기둥을 고려해보자. 이 공기기둥의 무게는 해수면에서 약 14.7 lb이다. 따라서 해수면에서의 압력은 약 14.7 lb/in^2이고, 이를 **대기압**(atmospheric pressure)이라고 한다. 14.7 lb/in^2의 값을 **표준대기압**(standard atmospheric pressure)이라고 한다. 왜냐하면 대기압은 공기의 밀도에 영향을 주는 날씨조건에 따라 조금씩 다르기 때문이다. 특별한 언급이 없는 한, 표준대기압을 실제 대기압으로 간주한다.

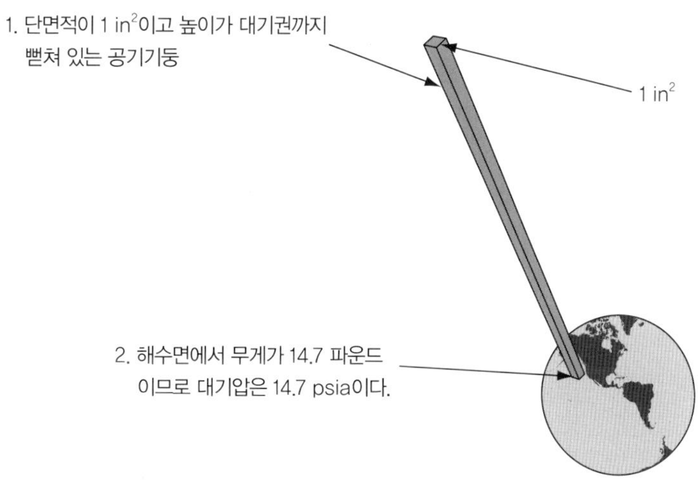

그림 2-8 압력수두로서의 대기(Courtesy of Sperry Vickers, Sperry Rand Corp., Troy, Michigan)

게이지압력과 절대압력

그런데 펑크가 난 자동차 타이어에 압력계(pressure gage)를 꽂으면 왜 14.7 psi가 아니고 0을 가리킬까? 그 답은 압력계가 읽는 압력이 절대압력(absolute pressure)이 아니고 게이지압력(gage pressure)이라는 데 있다. 게이지압력은 대기압에 대해 상대적으로 측정한 압력이고, 절대압력은 외계에 존재하는 완전 진공상태의 압력에 대해 상대적으로 측정한 값이다. 이들을 구별하기 위하여 게이지압력은 psig 또는 그냥 psi로 표기하고, 반면에 절대압력은 psi(abs) 또는 psia로 표기한다.

대기압은 14.7 psia 또는 0 psig이다. 대기압은 **기압계**(barometer)라 불리는 장치로 측정된다. 그림 2-9는 수은 기압계(mercury barometer)가 어떻게 작동되는지를 보여주고 있다. 이 그림에서 측정될 압력과 30.0 in의 수은주가 평형을 이루고 있고, 30 in의 수은주는 14.7 psi의 압력을 발생한다.

이 사실은 식 (2-9)와 수은의 비중량이 0.490 lb/in^{3}이라는 것으로부터 확인할 수 있다.

$$p = \gamma H$$

$$14.7\ \text{lb/in}^2 = 0.490\ \text{lb/in}^3 \times H(\text{in})$$

$$H = 30.0\ \text{in의 수은주}$$

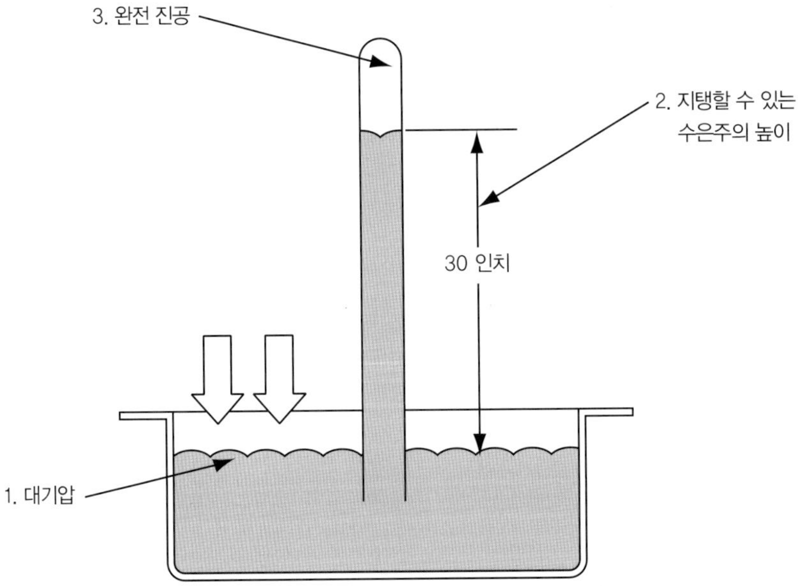

그림 2-9 수은 기압계의 작동(Courtesy of Sperry Vickers, Sperry Rand Corp., Troy, Michigan)

예제 2-6

수은 대신에 물을 사용한다면 기압계의 튜브 높이는 얼마가 되어야 하겠는가?

풀이 식 (2-9)로부터

$$p = \gamma H$$

$$14.7\ \mathrm{lb/in^2} = 0.0361\ \mathrm{lb/in^3} \times H(\mathrm{in})$$

$$H = 407\ \mathrm{in} = 34.0\ \mathrm{ft}$$

따라서 물로 된 기압계는 14.7 psi의 압력을 위해 34 ft의 물기둥을 필요로 하기 때문에 실제로 사용될 수는 없다.

그림 2-10은 게이지압력과 절대압력의 차이를 보여주고 있다. 완전진공에 대한 절대압력이 다음과 같은 두 압력 p_1과 p_2를 고려해보자.

$p_1 = 4.7$ psia(대기압보다 낮은 압력)
$p_2 = 24.7$ psia(대기압보다 높은 압력)

이 압력을 대기압에 상대적인 게이지압력으로 표시하면 다음과 같다.

$p_1 = 10$ psig 흡입(또는 진공) $= -10$ psig
$p_2 = 10$ psig

흡입(suction), **진공**(vacuum), 또는 −(minus) 기호는 압력 p_1이 대기압보다 낮은 압력이라는 것을 의미한다. psi와 psig는 같은 의미로 사용된다. 따라서 $p_1 = -10$ psi, $p_2 = 10$ psi로 쓸 수 있다.

그림 2-10으로부터 알 수 있듯이, 압력 사이에 다음과 같은 식이 성립한다.

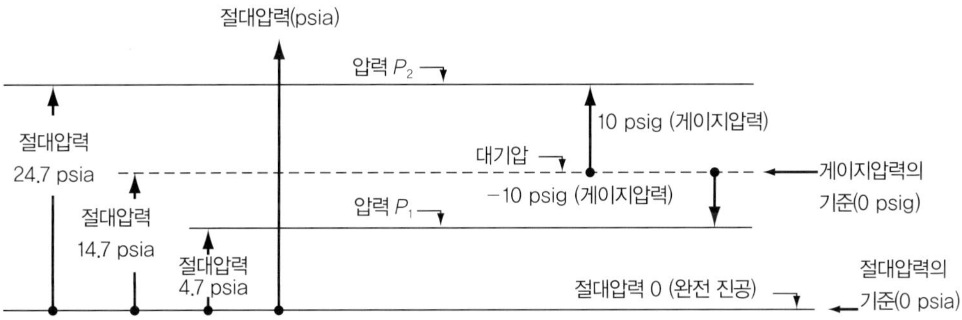

그림 2-10 절대압력과 게이지압력의 차이

$$p_{abs} = p_{gage} + p_{atm} \tag{2-10}$$

예제 2-7

−5 psi를 절대압력으로 변환하여라.

풀이

$$절대압력 = -5 + 14.7 = 9.7 \text{ psia}$$

예제 2-8

예제 2−5에서 스킨다이버에 작용하는 절대압력을 구하여라.

풀이

$$절대압력 = 26.0 + 14.7 = 40.7 \text{ psia}$$

진공압력이나 흡입압력은 유공압시스템의 어떤 특정부분(예를 들어 펌프의 흡입구 등)에서 존재할 수 있음을 주목해야 한다. 따라서 대기압 이하의 압력에 대한 충분한 이해가 필요하다. 흡입압력을 생성하는 한 가지 방법은 대기압하에서 닫힌 용기에 유체를 채운 다음 유체의 일부를 빼내면 된다.

2.5 SI 미터법

서론

SI 미터법(SI metric system)은 1960년에 세계표준기구(International Organization for Standardization)가 Le Système International d'Unités로 불리는 **미터법**을 승인하면서 표준화되었다. 약자 SI로 표기되는 이 미터법은 그 이전의 CGS(centimeter-gram-second) 미터법을 대체하게 되었고, 미국에서도 조만간 이 SI 미터법을 채택할 예정이다.

SI 미터법에서 측정의 단위는 다음과 같다.

- 길이의 단위는 미터(m)
- 질량의 단위는 킬로그램(kg)
- 힘의 단위는 뉴튼(N)

- 시간의 단위는 초(s)
- 온도의 단위는 캘빈(K)

1 kg의 질량은 프랑스 파리 근교에 있는 국제도량형국(International Bureau of Weights and Measures)에서 백금-이리듐 봉으로 정의되어 있다.

길이, 질량과 힘의 단위를 영국단위와 비교

미터법과 영국단위법(English system)에서 길이, 질량과 힘의 단위를 비교하면 다음과 같다.

- 1 m = 39.4 in. = 3.28 ft
- 1 kg = 0.0685 slugs
- 1 N = 0.225 lb

식 (2−1)에 의해 1 N은 1 kg의 질량을 1 m/s^{2}으로 가속하는 데 필요한 힘으로 정의된다. 수식으로 기술하면 다음과 같다.

$$1\ \text{N} = 1\ \text{kg} \times 1\ \text{m/s}^2$$

해수면에서 중력가속도가 9.80 m/s^{2}이므로, 1 kg의 질량은 해수면에서 9.80 N의 무게를 가진다. 또한 1 N = 0.225 lb이므로, 1 kg의 질량은 해수면에서 2.20 lb의 무게를 가진다.

압력 단위의 비교

SI 미터법에서 압력을 나타내는 단위는 파스칼(Pa)이다. 1 Pa의 압력은 1 m^{2}의 넓이에 1 N의 힘이 작용할 때의 압력으로서, 매우 작은 압력이다.

$$1\ \text{Pa} = 1\ \text{N/m}^2$$

파스칼과 psi 사이의 관계는 다음과 같다.

$$1\ \text{Pa} = 0.000145\ \text{psi}$$

대기압을 파스칼로 나타내기 위해서는 다음과 같이 14.7 psi를 1 파스칼에 해당하는 psi 압력으로 나누어 주면 된다.

$$p_{\text{atm}}(\text{Pa}) = 14.7\ \text{psi (abs)} \times \frac{1\ \text{Pa}}{0.000145\ \text{psi}} = 101{,}000\ \text{Pa (abs)}$$

따라서 대기압은 14.7 psia 일 뿐 아니라 절대압력으로 101,000 Pa이다.

파스칼은 매우 작은 단위이므로 보통 bar를 많이 사용한다.

$$1 \text{ bar} = 10^5 \text{ N/m}^2 = 10^5 \text{ Pa} = 14.5 \text{ psi}$$

따라서 대기압은 14.7/14.5 bar(abs), 즉 1.01 bar(abs)이다.

온도 단위의 비교

미터법에서 온도(T)의 단위는 섭씨(Celsius) 도(°C)이고, 영국단위법에서 온도의 단위는 화씨(Fahrenheit) 도(°F)이다. 그림 2-11은 68°F(20°C)의 실내온도를 가리키고 있는 두 가지 눈금의 수은 온도계(mercury thermometer)를 보여주고 있다.

그림 2-11에서 화씨온도의 눈금은 대기압에서 물의 끓는점을 212°, 어는점을 32°라 두고, 이 사이를 180 등분한 것이다. 섭씨온도의 눈금은 대기압에서 물의 끓는점을 100°, 어는점을 0°라하고, 이 사이를 100 등분한 것이다.

섭씨온도와 화씨온도 사이의 관계식은 다음과 같다.

$$T(°F) = 1.8T(°C) + 32 \tag{2-11}$$

따라서 실내온도 68°F에 해당하는 섭씨온도를 구하면 다음과 같다.

$$T(°C) = \frac{T(°F) - 32}{1.8} = \frac{68 - 32}{1.8} = 20°C$$

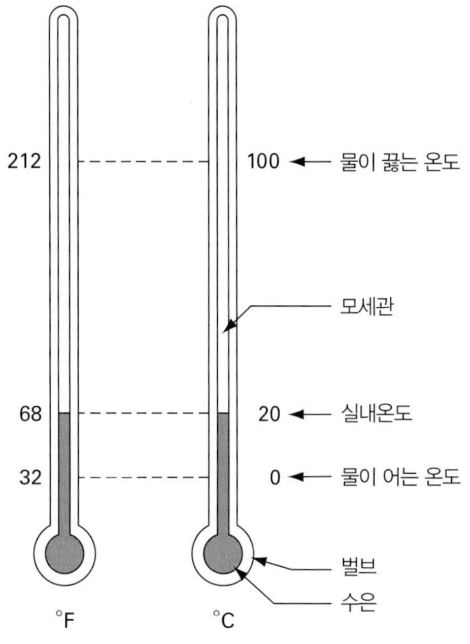

그림 2-11 섭씨온도와 화씨온도의 눈금 비교

절대온도(영국단위법에서는 Rankine 단위, 미터법에서는 Kelvin 단위)는 13장에서 기체법칙의 사용과 관련하여 설명된다.

SI 미터법의 접두사

미터법에서 10의 지수를 표현하기 위하여 그림 2-12와 같은 접두사를 사용한다.

접두사이름	SI 기호	배수
테라(tera)	T	10^{12}
기가(giga)	G	10^{9}
메가(mega)	M	10^{6}
킬로(kilo)	k	10^{3}
센티(centi)	c	10^{-2}
밀리(milli)	m	10^{-3}
마이크로(micro)	μ	10^{-6}
나노(nano)	n	10^{-9}
피코(pico)	p	10^{-12}

그림 2-12 미터법에서 10의 지수를 표현하기 위한 접두사

예를 들면,

$$1\ \text{kPa} = 10^3\ \text{Pa} = 1000\ \text{Pa}$$

그러므로 대기압은 절대압력으로 101 kPa 또는 1010 밀리바(millibar)이다.

예제 2-9

비중량이 56 lb/ft^{3}인 오일이 있다. 이 오일의 비중량을 N/m^{3}으로 표시하여라.

풀이 원하는 단위 = 주어진 단위 × 환산계수

$$\gamma\left(\frac{\text{N}}{\text{m}^3}\right) = \gamma\left(\frac{\text{lb}}{\text{ft}^3}\right) \times \left(\frac{1\ \text{N}}{0.225\ \text{lb}}\right) \times \left(\frac{3.28\ \text{ft}}{1\ \text{m}}\right)^3 = 157\gamma\left(\frac{\text{lb}}{\text{ft}^3}\right)$$

$$= 157 \times 56 = 8790\ \text{N/m}^3$$

예제 2-10

몇 도에서 섭씨온도와 화씨온도가 같아지는가?

풀이 주어진 문제의 조건으로부터

$$\mathrm{T}(^\circ\mathrm{F}) = \mathrm{T}(^\circ\mathrm{C})$$

이를 식 (2-11)에 대입하면

$$1.8\mathrm{T}(^\circ\mathrm{C}) + 32 = \mathrm{T}(^\circ\mathrm{C}) \text{ 또는 } \mathrm{T}(^\circ\mathrm{C}) = \frac{-32}{0.8} = -40^\circ$$

이다. 즉, −40℃ = −40℉이다.

2.6 체적탄성계수

유압시스템은 높은 동력 대 무게비와 높은 강성도(stiffness)를 가지고 있어서, 큰 동력을 요구하는 곳에 자주 이용된다. 유압시스템의 강성도는 오일의 비압축성과 직접적인 관련이 있다. **체적탄성계수**(bulk modulus)는 이 비압축성의 척도이다. 체적탄성계수가 클수록 유체는 더 큰 강성을 가지고 있어서 압축되기가 어렵다.

수학적으로 체적탄성계수는 식 (2-12)로 정의된다. 여기서 − 부호는 압력이 증가하면 부피가 작아진다는 사실을 고려하기 위한 것이다.

$$\beta = \frac{-\Delta p}{\Delta V/V} \tag{2-12}$$

여기서 β = 체적탄성계수(psi, kPa)
Δp = 압력 변화량(psi, kPa)
ΔV = 부피 변화량(in^3, m^3)
V = 초기 부피(in^3, m^3)

유압유의 체적탄성계수는 압력과 온도에 따라 다소 변하기는 하지만, 대부분의 유압시스템에서 작동범위 내의 이러한 변화량은 무시할 수 있을 정도로 작다. 전형적인 유압유의 체적탄성계수는 250,000 psi(1.72×10^6 kPa)이다.

예제 2-11

10 in^3의 유압유를 실린더에서 압축하여, 압력을 100 psi에서 2000 psi로 증가시켰다. 체적탄성계수가 250,000 psi일 때 유압유의 부피 변화량을 구하여라.

풀이 식 (2-12)를 ΔV에 대하여 정리하고, 수치를 대입하면 다음과 같다.

$$\Delta V = -V\left(\frac{\Delta p}{\beta}\right) = -10\left(\frac{1900}{250{,}000}\right) = -0.076 \text{ in}^3$$

그러므로 부피의 변화량은 단지 0.76%에 불과하다. 즉, 이 유압유는 높은 비압축성을 가지고 있다고 할 수 있다.

2.7 점도

서론

점도(viscosity)는 유압유의 성질 중에서 아마 가장 중요한 성질일 것이다. 점도는 유체가 얼마나 느리게 움직이는가를 나타내는 척도이다. 점도가 낮으면 유동이 쉽게 일어나고, 유체가 묽다. 점도가 높으면, 유체가 둔하게 움직이고 진하다. 주어진 유압시스템에 대하여 가장 이상적인 점도는 적절한 타협점에서 이루어진다. 점도가 너무 높으면,

1. 높은 유동저항으로 작동이 느려진다.
2. 마찰손실에 의하여 동력소모가 증가한다.
3. 밸브와 관로에서 압력강하가 커진다.
4. 마찰에 의하여 높은 온도를 유발한다.

반면에 점도가 너무 낮으면,

1. 오일누설이 증가한다.
2. 맞물려 움직이는 부분에서 유막(oil film)이 파괴되어 지나친 마모를 일으킨다. 이러한 현상이 일어날 수 있는 부분으로는 펌프의 내부 구성부품(피스톤펌프의 실린더 내부에서 왕복운동을 하는 피스톤 등)이나, 그림 2-13과 같은 밸브 몸체 내부에서 움직이는 스풀(spool) 등이 있다.

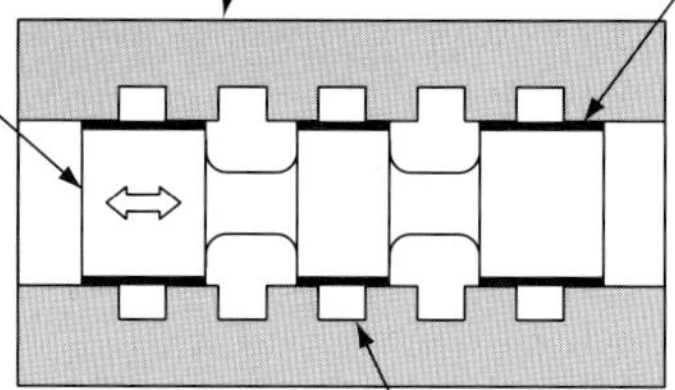

그림 2-13 유막은 움직이는 부분을 윤활하고 밀봉한다(Courtesy of Sperry Vickers, Sperry Rand Corp., Troy, Michigan)

절대점도

점도의 개념을 설명하기 위하여, 그림 2−14와 같이 두 평판 사이에 있는 두께 y의 유막을 고려해 보자. 하판은 정지해 있고, 상판은 힘 F를 받아 속도 v로 움직인다고 하자. 점도 때문에 오일은 상판과 하판에 달라붙을 것이다. 따라서 하판에 붙어 있는 유체층의 속도는 0이고, 상판에 붙어있는 유체층의 속도는 v이다. 유막의 내부에 있는 오일의 속도는 v/y인 기울기를 가지고 직선적으로 변할 것이다. 이 오일에 대한 절대점도(absolute viscosity)를 수학적으로 표현하면 다음과 같다.

$$\mu = \frac{\tau}{v/y} = \frac{F/A}{v/y} = \frac{\text{오일의 전단응력}}{\text{속도형상의 기울기}} \tag{2-13}$$

여기서 τ = 그리스문자 타우(tau) = 단위넓이당 작용하는 힘으로 정의되는 전단응력(lb/ft^2, N/m^2), 힘 F에 의하여 발생되는 전단응력은 인접한 오일층 사이에 미끄러짐을 일으킨다.

v = 움직이는 평판의 속도(ft/s, m/s)

y = 유막의 두께(ft, m)

μ = 그리스문자 뮤(mu) = 오일의 절대점도

F = 움직이는 평판에 작용하는 힘(lb, N)

A = 오일에 접촉하고 있는 움직이는 평판의 넓이(ft^2, m^2)

영국단위법으로 μ의 단위를 표시하면 다음과 같다.

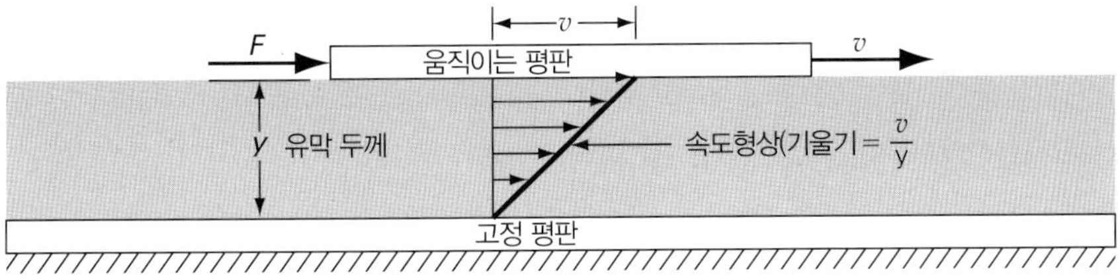

그림 2-14 두 평판 사이에서 점도에 기인한 유체의 속도형상

$$\mu = \frac{\mathrm{lb/ft^2}}{\mathrm{(ft/s)/ft}} = \mathrm{lb \cdot s/ft^2}$$

SI 미터법으로 의 단위는 $\mathrm{N \cdot s/m^2}$이다.

움직이는 평판의 넓이가 1이고, 속도와 유막의 두께가 각각 1이면, 식 (2−13)을 다음과 같이 쓸 수 있다.

$$\mu = \frac{F/A}{v/y} = \frac{F/1}{1/1} = F$$

그러므로 고정 평판에서 단위거리 떨어진 오일 위에 단위넓이를 가진 상판을 단위속도로 움직이는데 필요한 힘을 절대점도로 정의할 수 있다. 따라서 점도가 큰 유체를 사용하면 큰 힘을 필요로 하고, 점도가 작은 유체를 사용하면 작은 힘을 필요로 한다. 점도는 유체의 움직임을 둔하게 하는 척도이다.

점도는 가끔 CGS 미터법으로 표기된다. CGS 미터법에서 절대점도의 단위는 식 (2−13)으로부터 다음과 같이 주어진다.

$$\mu = \frac{\mathrm{dyn/cm^2}}{\mathrm{(cm/s)/cm}} = \mathrm{dyn \cdot s/cm^2}$$

여기서 1 다인(dyne)은 1 g의 질량을 1 $\mathrm{cm/s^2}$으로 가속하는 데 필요한 힘이다. 다인과 뉴튼 단위 사이의 관계는 다음과 같다.

$$1\ \mathrm{N} = 10^5\ \mathrm{dyn}$$

1 $\mathrm{dyn \cdot s/cm^2}$의 점도를 1 포아즈(poise)라 한다. 포아즈는 큰 점도의 단위이기 때문에, cP로 쓰는 센티포아즈가 더 많이 사용된다.

동점도

유압시스템의 계산을 하다보면 절대점도보다 동점도(kinematic viscosity)가 필요할 때가 많다. 동점도(ν)는 절대점도(μ)를 밀도(ρ)로 나눈 것이다.

$$\nu = \frac{\mu}{\rho} \tag{2-14}$$

여기서 ν = 그리스문자 뉴(nu) = 동점도

동점도의 단위는 다음과 같다. 영국단위: ft^2/s, SI 미터단위: m^2/s, 그리고 CGS 미터단위: cm^2/s.

1 cm^2/s의 점도를 1 스토크(stoke)라 한다. 스토크는 큰 점도의 단위이기 때문에 주로 센티스토크(cS)가 많이 사용된다.

세이볼트 점도계

유체의 점도는 보통 그림 2-15와 같은 세이볼트 점도계(Saybolt viscometer)에 의하여 측정된다. 기본적으로 이 장치는 검사할 오일 샘플을 담을 수 있는 내실을 가지고 있다. 이 내실은 다시 오일로 채워진 외실에 담겨 있고, 이 오일의 온도는 서머스탯(thermostat)과 히터에 의해 제어되고 있다. 내실 바닥에는 표준 오리피스가 설치되어 있다. 오일 샘플이 목표온도에 도달하면, 오리피스를 통해 흘러내린 오일이 60 cm^3의 용기를 채우는데 걸리는 시간을 측정한다. 초로 측정된 이 시간(t)이 세이볼트범용초(Saybolt Universal Seconds, SUS)라는 단위의 점도이다. 진한 액체는 느리게 움직이기 때문에, 묽은 액체에 비하여 SUS 점도가 높다.

SUS 단위와 cS 단위 사이의 관계식은 다음과 같다. 이 관계식은 경험적인 식이다.

$$\nu(\text{cS}) = 0.226t - \frac{195}{t}, \quad t \le 100\ \text{SUS} \tag{2-15}$$

$$\nu(\text{cS}) = 0.220t - \frac{135}{t}, \quad t > 100\ \text{SUS} \tag{2-16}$$

여기서 기호 ν는 cS 단위로 나타낸 점도이고, t는 SUS 또는 그냥 초로 나타낸 점도이다.

동점도는 절대점도를 밀도로 나눈 값으로 정의된다. CGS 미터법에서 밀도는 비중과 같으므로(왜냐하면 $\rho H_2O = 1\ g/cm^3$), 다음 식을 사용하여 cP로 주어진 절대점도를 cS 단위의 동점도로 바꿀 수 있고, 또 역으로도 바꿀 수 있다.

$$\nu(\text{cS}) = \frac{\mu(\text{cP})}{SG} \tag{2-17}$$

앞에서 언급하였듯이, SI 미터법에서 절대점도와 동점도의 단위는 각각 $N \cdot s/m^2$과 m^2/s

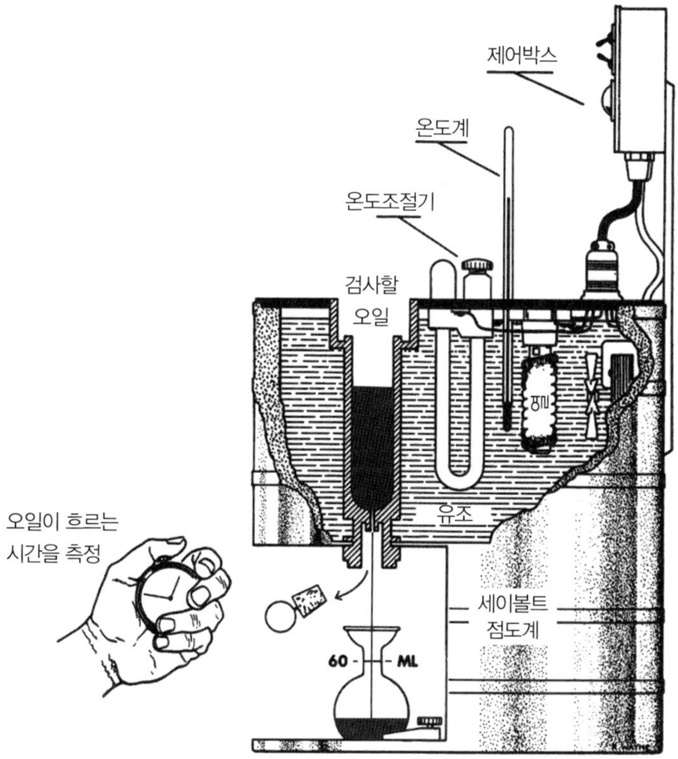

그림 2-15 세이볼트 점도계

이다. 이 단위들은 계산목적으로 편리하게 사용되지만, 실제 유공압 산업 현장에서 사용되는 점도의 단위는 보통 SUS 또는 cS이다.

예제 2-12

150°F에서 오일의 점도는 230 SUS이다. 이 점도를 센티스토크와 센티포아즈로 표현하여라. 오일의 비중은 0.9이다.

풀이

$$\nu(\text{cS}) = 0.220t - \frac{135}{t} = (0.220)(230) - \frac{135}{230} = 50\ \text{cS}$$

$$\mu(\text{cP}) = SG \times \nu(\text{cS}) = 0.9\nu(\text{cS}) = (0.9)(50) = 45\ \text{cP}$$

모세관 점도계

유체의 동점도를 cS 단위로 구하거나 절대점도를 cP 단위로 빨리 구하는 방법이 그림 2-16

에 주어져 있다. 이 시험에서는 일정한 온도에서 중력에 의하여 모세관(capillary tube)을 통하여 흐르는 유동시간을 측정한다. 초로 측정된 이 시간에 점도계의 보정상수를 곱해주면 샘플 오일의 동점도가 센티스토크로 구해진다. 센티포아즈의 절대점도는 식 (2-17)로부터 얻어진다.

예제 2-13

모세관 점도계을 사용하여 점도가 0.89 g/cm^{3}인 오일을 시험하였다. 주어진 일정량의 오일이 모세관을 흐르는 데 걸리는 시간이 250초이었다. 보정상수는 0.100이다. 동점도와 절대점도를 각각 cP와 cS로 구하여라.

풀이 동점도는 초로 나타낸 시간에 보정상수를 곱한 값과 같다.

$$\nu(\text{cS}) = (250)(0.100) = 25 \text{ cS}$$

CGS 미터법에서 밀도 값은 비중과 같다. 그러므로 SG = 0.89이다. 식 (2-17)로부터 다음과 같이 절대점도 μ를 구할 수 있다.

$$\mu(\text{cP}) = SG \times \nu(\text{cS}) = 0.89 \times 25 = 22.3 \text{ cP}$$

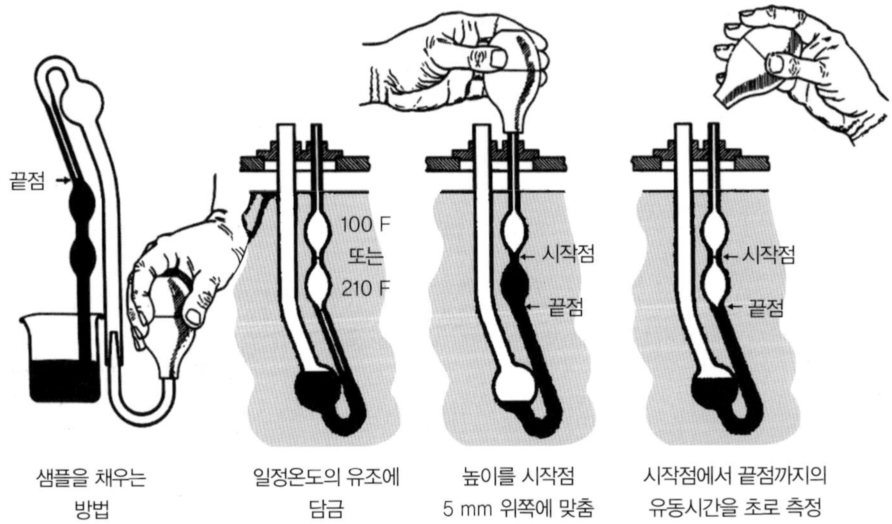

그림 2-16 모세관 점도계

2.8 점도지수

오일은 온도가 내려가면 진해지고 열을 가하면 묽어진다. 따라서 주어진 오일의 점도는 주어진 온도에서의 값으로 표현되어야 한다. 유압유의 점도는 대부분 100°F에서 150 SUS이다. 대략적으로 점도는 온도에 관계없이 50 SUS 이하로 떨어지지 않아야 하고, 또 4000 SUS를 넘지 않아야 한다. 그림 2-17은 여러 가지 석유제품에 대해 온도에 따른 점도 변화를 보여주고 있다. 온도에 따른 점도 변화를 미국 시험 및 재료학회(American Society for Testing and Materials, ASTM)의 표준 점도-온도 차트에 표시하면 그림 2-17과 같이 직선이 된다는 것에 주목하라. 대부분의 유압시스템에서 선호되는 점도와 온도의 범위가 그림 2-17에 표시되어 있다. 극심한 온도변화를 겪는 곳에서는 유체가 높은 **점도지수**(viscosity index, VI)를 가져야 한다.

점도지수는 온도변화에 대한 점도변화의 상대적인 척도이다. 작은 VI를 가진 오일은 온도변화에 대한 큰 점도변화를 보여준다. 큰 VI를 가진 오일은 온도변화에 대한 점도변화가 크지 않은, 상대적으로 안정된 점도의 오일이다. 원래의 VI 값은 0에서 100사이의 값이었다. 0은 그 당시에 알려진 것 중에서 가장 좋지 않은 유압유의 VI 값이었고, 100은 가장 좋은 유압유의 VI 값이었다. 오늘날에는 향상된 정제기술과 화학첨가물 덕분에 100보다 훨씬 큰 VI 값을 갖는 유압유가 존재한다. 높은 VI의 오일은 극심한 온도변화를 겪으면서 실외에서 작동되는 기계에 사용될 수 있는 전천후 오일이다. 이러한 환경에서는 점도지수가 특히 중요하다. 유압유의 온도변화가 심하지 않는 유압시스템에서는 유압유의 점도지수가 별로 중요하지 않다.

유압유의 VI는 다음과 같이 구해진다.

$$\mathrm{VI} = \frac{L - U}{L - H} \times 100 \qquad \textbf{(2-18)}$$

여기서 L = VI가 0인 오일의 100°F에서 SUS 단위의 점도
U = VI를 구하려는 오일의 100°F에서 SUS 단위의 점도
H = VI가 100인 오일의 100°F에서 SUS 단위의 점도

오일의 VI는 시험에 의하여 결정된다. 0 VI의 기준오일과 100 VI의 기준오일은 210°F에서 구하려는 오일과 동일한 점도를 갖는 오일로 선정한다. 그런 다음 이 세 오일의 점도를 100°F에서 측정하여 L, U, H 값을 구한다. 그림 2-18은 식 (2-18)의 L, U, H를 그림으로 보여주고 있다.

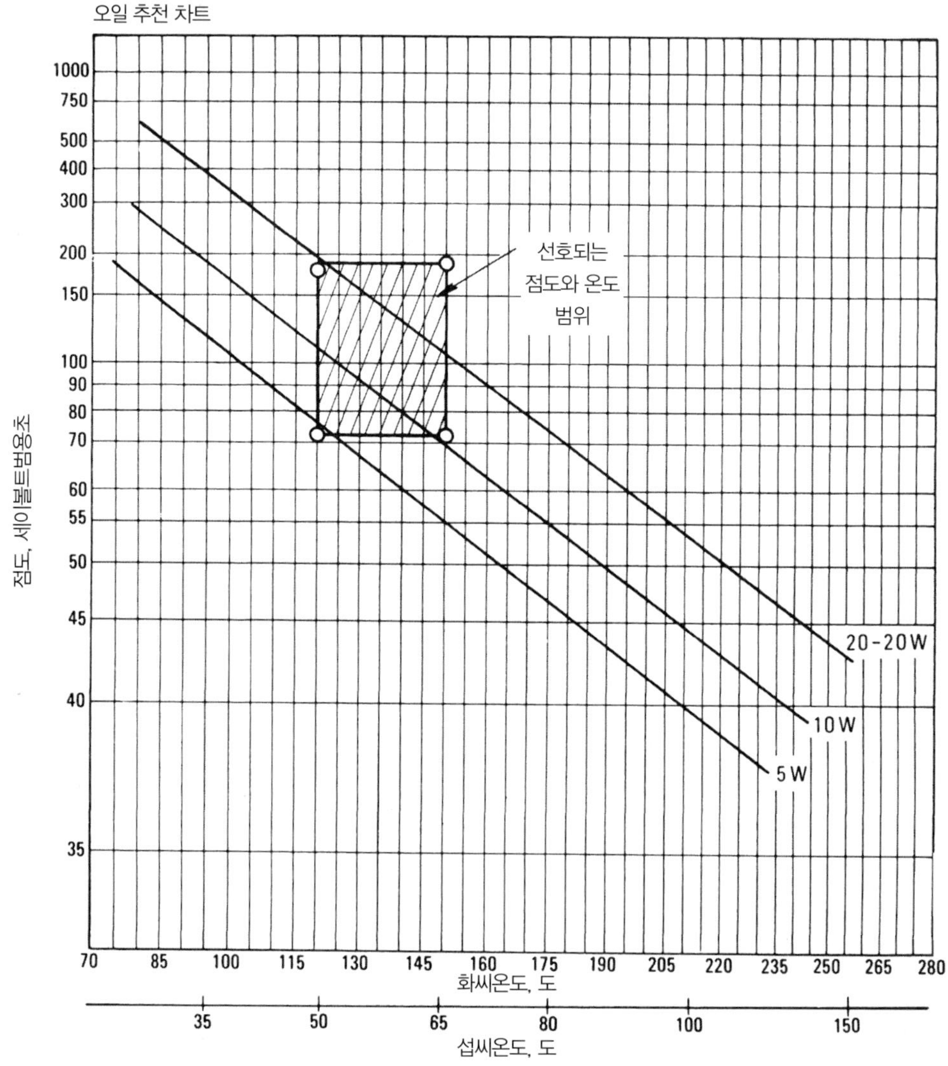

그림 2-17 오일의 선호되는 점도와 온도 범위

그림 2-19는 점도지수의 시험결과를 보여주고 있다. 여기에서 A는 VI가 0인 오일이고, C는 VI가 100인 오일이다. 오일 B와 D의 구하려는 VI 값은 각각 50과 140임을 알 수 있다. 예를 들어, 오일 B의 VI는 그림 2-19의 오일 A(L값), B(U값), C(H값)에 대한 100°F에서의 점도로부터 다음과 같이 구해진다.

$$\text{VI(오일 B)} = \frac{L - U}{L - H} \times 100 = \frac{2115 - 1551}{2115 - 986} \times 100 = 50$$

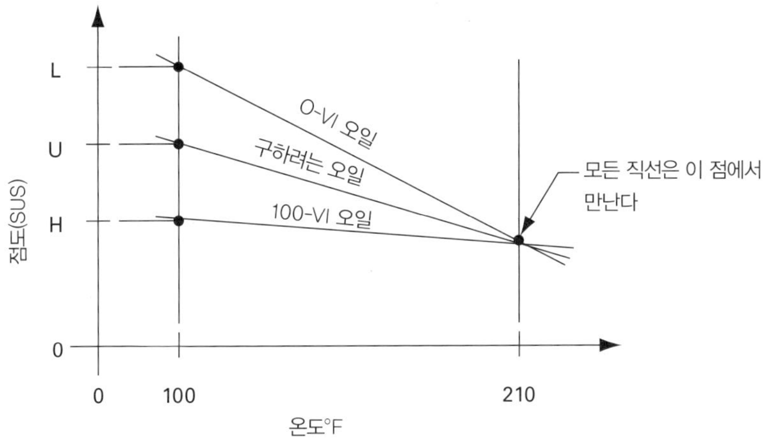

그림 2-18 점도지수 시험의 전형적인 결과

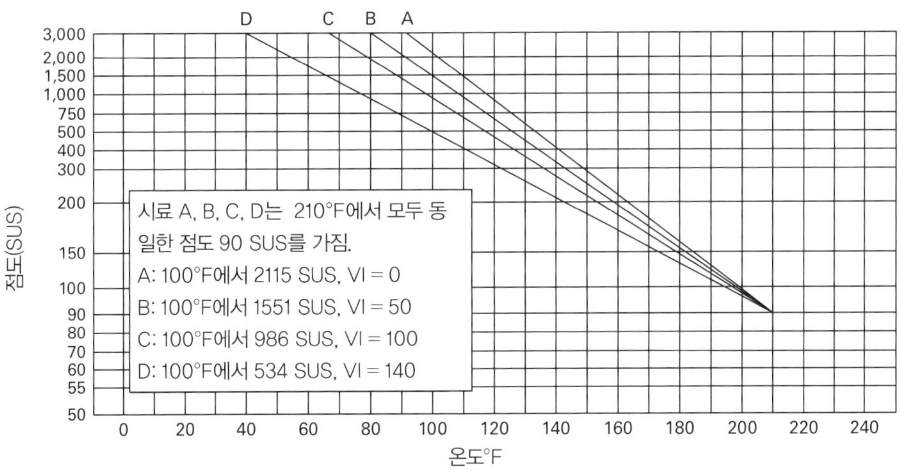

그림 2-19 석유제품에 대한 ASTM 표준 점도-온도 차트

점도와 관련된 다른 특성으로서 유동점(pour point)이 있다. 유동점은 유체가 흐를 수 있는 가장 낮은 온도이다. 이 특성은 유압시스템이 아주 낮은 온도에서 작동하도록 노출되어 있을 때 중요한 파라미터가 된다. 대략적으로 유동점은 유압시스템이 만날 수 있는 최저 온도보다 적어도 20°F는 낮아야 한다.

예제 2-14

100°F에서 점도가 각각 400 SUS와 150 SUS 인 0-VI 오일과 100-VI 오일을 사용하여, 오일 샘플의 VI를 시험하였더니 80이었다. 100°F에서 이 샘플오일의 점도를 SUS 단위로 표시하면 얼마일까?

풀이 식 (2-18)에 대입하면 다음과 같이 얻어진다.

$$\mathrm{VI} = \frac{L - U}{L - H} \times 100$$

$$80 = \frac{400 - U}{400 - 150} \times 100$$

$$U = 200\ \mathrm{SUS}$$

2.9 자동차 완충기: 작동중인 점도

그림 2-20(a)는 압축기체와 오일을 사용하는 자동차 완충기(shock absorber)의 단면도를 보여주고 있다. 이 완충기는 오리피스를 통한 오일의 유동과 실린더 내부에 있는 기체의 압축/팽창에 의해 작동된다. 완충기는 울퉁불퉁한 지면을 달릴 때 튀어오르는 현상을 억제하여 승차감과 안전성을 높여준다. 완충기는 자동차의 부드러운 운전을 돕도록 설계되어, 제동거리를 줄이고 조향감을 더 좋게 그리고 코너를 확실히 돌도록 도와 준다. 완충기가 없으면 에너지가 현가스프링에 저장되었다가 다시 자동차로 되돌아오기 때문에 자동차가 튀어오르면서 달리게 된다. 이 튀어오르는 작동으로 현가시스템의 허용범위를 넘어서는 운동이 발생할 수 있다.

그림 2-20(a)의 완충기는 피스톤로드(A)와 연결된 피스톤(E)을 내포하고 있는 내부실린더(B), 피스톤로드 가이드(D), 그리고 부유 피스톤(F)으로 구성되어 있다. 부유 피스톤 아래 공간에는 약 350 psi로 예압된 기체(K)가 채워져 있고, 두 피스톤 사이와 피스톤로드 가이드 아래 공간에는 오일(J)이 채워져 있다. 피스톤로드의 위쪽 끝은 완충기의 꼭대기 밖으로 연결되어 있어서 자동차의 현가시스템에 연결되어진다.

로드와 연결된 피스톤에는 작은 오리피스가 있어서, 이 오리피스를 통해 오일이 양 방향으로 흐를 수 있게 되어있다. 자동차 타이어가 범프나 구멍을 지나게 되면 피스톤로드는 실린더 아래 쪽으로 구동된다. 이것을 범프행정(bump stroke)이라고 한다. 이 범프행정에서 오일

(a) KONI 기체충전식 완충기의 단면도　　(b) KONI 완충기를 장착한 Dodge의 Viper

그림 2-20 자동차 완충기

은 피스톤 오리피스를 통해 위쪽으로 흐르게 되고, 부유 피스톤은 기체를 더 압축하도록 아래로 움직이게 된다. 부유 피스톤의 변위에 의한 기체의 부피변화는 범프행정동안 피스톤로드의 변위에 의한 오일의 부피변화와 같다. 오일의 유동시 발생하는 오리피스 저항은 에너지를 열로 방출하는 점성력을 제공한다.

그림 2-20(b)는 그림 2-20(a)의 완충기를 사용하고 있는 Dodge의 Viper ACR(American Club Racer) 사진이다. 피스톤이 범프행정과 리스트로크행정을 지날 때, 오리피스를 통해 흐르도록 한 오일과 압축/팽창하도록 한 기체의 의해, 현가스프링에 의한 진동을 흡수하고 방출하는 최적의 완충기 강성과 최적의 수단을 제공한다. 완충기는 더운 여름에서 추운 겨울로 또는 그 반대로의 기상조건 변화에 대해 오일의 점도가 크게 변하지 않도록 하기 위하여 고 VI 오일을 사용한다. 따라서 모든 기후조건에서 완충기는 사실상 동일한 감쇠특성을 갖는다.

2.10 SI 미터법을 사용한 예제

이 절에서는 미터법을 사용하여 여러 가지 예제를 풀어본다.

예제 2-15

민물($\gamma = 9800\ \text{N/m}^3$) 속으로 18.3 m 깊이까지 내려간 스킨다이버가 받는 압력을 계산하여라.

풀이 식 (2-9)로부터

$$p = \gamma h$$

일관된 단위를 사용하여 압력을 구하면 다음과 같다.

$$p = (9800\ \text{N/m}^3)(18.3\ \text{m})$$
$$= 179{,}000\ \text{Pa} = 179\ \text{kPa}$$

예제 2-16

−34,000 Pa의 압력을 절대압력으로 변환하여라.

풀이

절대압력 = 게이지압력 + 대기압

절대압력 = −34,000 + 101,000 = 67,000 Pa abs

여기에서 "abs"는 67,000 Pa이 절대압력(완전진공에 대해 상대적으로 측정한 값)이라는 것을 의미하기 위하여 사용되었다.

예제 2-17

164 cm^{3}의 유압유를 실린더에서 압축하여, 압력을 687 kPa에서 13,740 kPa로 증가시켰다. 체적탄성계수가 1,718 MPa일 때 유압유의 부피변화량을 구하여라.

풀이

$$\frac{\Delta V}{V} = \frac{-\Delta p}{\beta} = \frac{-(13{,}740 - 687)}{1{,}718{,}000} = -0.0076 = -0.76\%$$

예제 2-18

그림 2-14에서 한 변이 1 m인 정사각형 평판이 5 mm 두께의 유막 위에 접촉하고 있다. 이 평판을 1 m/s로 움직이기 위하여 10 N의 힘이 필요하다고 한다. 이 오일의 절대점도를 N · s/m²와 cP의 단위로 구하여라.

풀이 SI 미터단위를 식 (2-13)에 대입하면 다음과 같은 결과를 얻는다.

$$\mu = \frac{F/A}{v/y} = \frac{Fy}{vA} = \frac{10\ \text{N} \times 0.005\ \text{m}}{1\ \text{m/s} \times 1\ \text{m}^2} = 0.05\ \text{N}\cdot\text{s/m}^2$$

CGS 미터단위를 식 (2-13)에 대입하고, 1 N = 10^5 dyn임을 주목하면, 다음과 같은 결과를 얻을 수 있다.

$$\mu = \frac{Fy}{vA} = \frac{10 \times 10^5\ \text{dyn} \times 0.5\ \text{cm}}{100\ \text{cm/s} \times (100\ \text{cm} \times 100\ \text{cm})}$$

$$= 0.5\ \text{dyn}\cdot\text{s/cm}^2 = 0.5\ \text{poise} = 50\ \text{cP}$$

이 예제의 풀이로부터 0.05 N · s/m² = 50 cP임을 알 수 있고, 따라서 1 N · s/m² = 1000 cP이다.

2.11 중요한 식들

무게-질량 관계: $$F = W = mg \tag{2-1}$$

비중량: $$\gamma = \frac{W}{V} \tag{2-3}$$

밀도: $$\rho = \frac{m}{V} \tag{2-5}$$

밀도-비중량 관계: $$\rho = \frac{\gamma}{g} \tag{2-6}$$

비중: $$SG = \frac{\gamma}{\gamma_{\text{water}}} = \frac{\rho}{\rho_{\text{water}}} \tag{2-7}$$

압력-힘 관계: $$p = \frac{F}{A} \tag{2-8}$$

압력-수두 관계: $$p = \gamma H \tag{2-9}$$

절대압력-게이지압력 관계: $$p_{\text{abs}} = p_{\text{gage}} + p_{\text{atm}} \tag{2-10}$$

화씨온도-섭씨온도 관계: $$\mathrm{T}(°\mathrm{F}) = 1.8\mathrm{T}(°\mathrm{C}) + 32 \tag{2-11}$$

체적탄성계수: $$\beta = \frac{-\Delta p}{\Delta V/V} \tag{2-12}$$

절대점도: $$\mu = \frac{\tau}{v/y} \tag{2-13}$$

동점도: $$\nu = \frac{\mu}{\rho} \tag{2-14}$$

SUS를 cS로 변환

$t \leq 100$ SUS일 때: $$\nu = 0.226t - \frac{195}{t} \tag{2-15}$$

$t > 100$ SUS일 때: $$\nu = 0.220t - \frac{135}{t} \tag{2-16}$$

점도지수: $$\mathrm{VI} = \frac{L - U}{L - H} \times 100 \tag{2-18}$$

연습문제

질문, 개념과 정의

2-1 유압유의 네 가지 주요 기능을 설명하여라.

2-2 유압유가 가지고 있는 10가지 성질을 열거하여라.

2-3 일반적으로 말해서, 유압유는 언제 교체하여야 하는가?

2-4 액체와 기체의 차이점은 무엇인가?

2-5 오일 대신에 공기를 유공압시스템에 사용했을 때, 이점과 불리한 점을 각각 두 가지씩 열거하여라.

2-6 비중량, 밀도와 비중을 정의하여라.

2-7 압력과 힘의 차이는 무엇인가?

2-8 게이지압력과 절대압력을 구별하여라.

2-9 체적탄성계수는 무엇을 의미하는가?

2-10 점도와 점도지수를 구별하여라.

2-11 점도가 너무 높은 오일을 사용했을 때 발생할 수 있는 바람직하지 못한 결과를 두 가지 나열하여라.

2-12 점도가 너무 낮은 오일을 사용했을 때 발생할 수 있는 바람직하지 못한 결과를 두 가지 나열하여라.

2-13 점도 측정과 관련하여, 세이볼트범용초(SUS)란 무엇인가?

2-14 유동점을 정의하여라.

2-15 압력수두란 무엇인가?

2-16 압력계에서 수은주가 어떻게 지탱될 수 있는가?

2-17 유압유의 점도는 온도변화에 따라 어떤 영향을 받는가?

2-18 어떤 환경조건하에서 작동할 때 점도지수가 중요한가?

2-19 유체의 압축성이 더 커지면 체적탄성계수는 더 커질까 작아질까?

2-20 1년 내내 작동하는 유압전치로더를 위하여 적당한 점도지수를 갖는 유압유를 선정하려고 한다. 어떤 VI 특성을 명시하여야 할까? 그 이유는 무엇인가?

문제

주: 문제 번호 뒤의 E는 영국단위를 사용하고 있다는 것을 의미하고, M은 미터단위를 사용하고 있다는 것을 의미한다.

비중량, 밀도와 비중

2-21E 유압유의 비중량은 55 lb/ft^{3}이다. 이 유압유의 비중은 얼마이고, 밀도는 얼마인가?

2-22E 50 갤런의 유압유가 372 lb의 무게를 가진다. 이 유압유의 비중량을 lb/ft^3 단위로 표현하여라.

2-23M 밀도가 1.74 slugs/ft^{3}인 유압유가 있다. 이 유압유의 밀도를 kg/m^3 단위로 표현하여라.

2-24E 빈 용기의 무게가 3 lb이다. 이 용기에 물을 가득 채우면 53 lb, 글리세린을 가득 채우면 66 lb이라고 한다. 글리세린의 비중을 구하여라.

2-25M 대기압 하에서 20°C의 공기는 1.23 kg/m^{3}의 밀도를 갖는다.

a. 이 공기의 비중을 구하여라.

b. 20°C, 대기압하에서 물의 비중을 공기의 비중으로 나눈 값은 얼마인가?

c. b에서 구한 값의 중요성은 무엇인가?

2-26M 지름이 0.5 m이고 높이가 1 m인 원통용기가 있다. 비중량이 2000 N/m^{3}인 액체로 이 용기를 채우려면, 몇 kg의 액체가 필요한가?

2-27M 무게가 8.70 N인 SAE 30인 1 리터의 오일이 있다. 다음을 계산하여라.

a. 비중량

b. 밀도

c. 비중

2-28M 유조트럭에 비중이 0.9인 유압유가 125,000 리터 실려 있다. 이 유압유의 비중량, 밀도와 무게를 구하여라.

압력, 수두와 힘

2-29E 연습문제 2-21의 유압유로 된 30 ft의 유압유기둥이 있다. 이 기둥의 밑바닥에서 받는 압력을 구하여라.

2-30M 예제 2-5의 스킨다이버가 받는 절대압력을 Pa 단위로 표현하여라.

2-31M −2 kPa의 압력을 kPa의 절대압력으로 변환하여라.

2-32E 한 변이 2 ft인 정사각형 내에 100 갤런의 오일탱크를 설치하려고 한다. 오일탱크의 최소높이를 구하여라.

2-33E 100 ft 길이의 관을 수평면과 30° 각도가 되도록 기울였다. 이 관을 비중이 0.90인 오일로 채우고, 관의 위쪽을 대기에 노출시켰을 때, 관의 밑바닥에서 받는 압력은 얼마인가?

2-34M 그림 2-21과 같은 유압 자동차리프트시스템에서 유압피스톤의 직경이 250 mm이다. 13,300 N의 자동차를 들어올리기 위하여 몇 kPa의 오일압력이 필요한가?

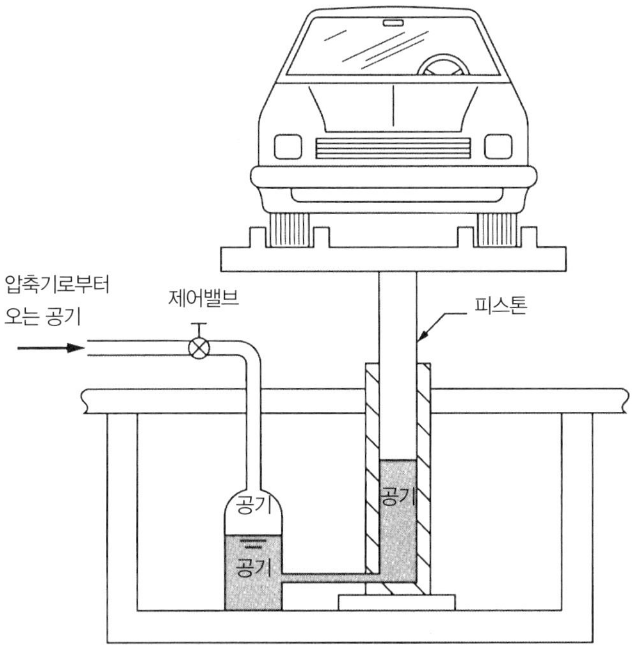

그림 2-21
연습문제 2-34의 시스템

체적탄성계수

2-35E 실린더에 들어 있는 20 in^3의 오일 샘플을 압력이 50 psi에서 1,000 psi가 되도록 압축하였다. 체적탄성계수가 300,000 psi일 때, 오일의 부피변화량을 구하여라.

2-36M 실린더에 들어 있는 500 cm^3의 오일 샘플을 압력이 1 atm에서 50 atm이 되도록 압축하였다. 체적탄성계수가 1,750 MPa일 때, 오일의 퍼센트 부피변화량을 구하여라.

2-37E 2 in 지름의 유압실린더에 작용하는 부하가 10,000 lb에서 15,000 lb로 증가하였다. 오일의 압축성으로 인하여 피스톤이 0.01 in 뒤로 움직였다. 압축오일의 부피가 10 in^3일 때, psi 단위로 이 오일의 체적탄성계수를 구하여라.

2-38M 연습문제 2−37의 데이터를 미터단위로 변환하고, MPa 단위로 이 오일의 체적탄성계수를 구하여라.

점도와 점도지수

2-39M 120°F에서 오일(SG = 0.9)의 점도는 200 SUS이다. 이 오일의 점도를 cS와 cP 단위로 표시하여라.

2-40E 100°F에서 점도가 각각 375 SUS와 125 SUS인 0 VI 오일과 100 VI 오일을 사용하여, 오일 샘플의 VI를 시험하였더니 70이었다. 100°F에서 이 샘플오일의 점도를 SUS 단위로 표시하면 얼마일까?

2-41 점도의 단위인 lb · s/ft^{2}과 N · s/m^2 사이의 환산계수를 구하여라.

2-42 점도의 단위인 ft^2/s와 m^2/s 사이의 환산계수를 구하여라.

2-43E 점도가 12.0 P이고 비중이 0.89인 유체가 있다. 이 유체의 동점도를 ft^2/s 단위로 구하여라.

2-44M 그림 2-14에서 한 변이 0.7 m인 정사각형 평판이 4 mm 두께의 유막 위에 접촉하고 있다. 이 평판을 1 m/s로 움직이기 위하여 6 N의 힘이 필요하다고 한다. 이 오일의 비중이 0.9일 때, 이 오일의 동점도를 cS 단위로 구하여라.

2-45E 그림 2-22와 같이, 1.0 lb의 힘을 실린더 내의 피스톤에 가하였더니 10 ft/s의 속도가 발생하였다. 4.0 in 지름의 피스톤이 4.004 in 지름의 실린더 중앙에서 움직이고 있다. 피스톤과 실린더는 유막에 의하여 분리되어 있다. 오일의 절대점도를 lb · s/ft^{2}의 단위로 구하여라.

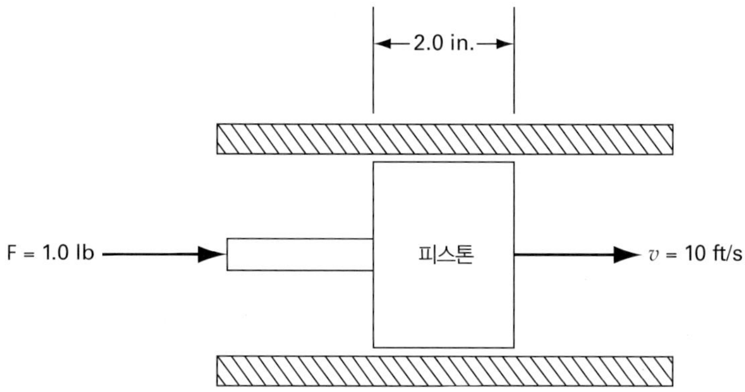

그림 2-22
연습문제 2-45의 시스템

03

Chapter

유압시스템의 에너지와 동력

학습 목표

이 단원을 공부하고 나면 다음과 같은 내용을 알아야 한다.

1. 유압에너지와 유압동력을 구별할 수 있어야 한다.
2. **효율**(efficiency)을 정의할 수 있어야 한다.
3. 공기-유압 압력 부스터(air-to-hydraulic pressure booster)를 설명할 수 있어야 한다.
4. 에너지보존법칙을 설명할 수 있어야 한다.
5. 연속방정식을 사용하여 유량과 유속을 계산할 수 있어야 한다.
6. 유압실린더에 공급되는 동력을 계산할 수 있어야 한다.
7. 유압실린더의 속도를 구할 수 있어야 한다.
8. 위치에너지(elevation energy), 압력에너지와 운동에너지를 구별할 수 있어야 한다.
9. 유압잭의 작동원리를 알아야 한다.
10. 베르누이 방정식을 적용하여 유압시스템의 에너지전달을 구할 수 있어야 한다.
11. **높이수두**, **압력수두** 및 **속도수두**를 이해하여야 한다.
12. **펌프수두**, **모터수두** 및 **수두손실**을 구별할 수 있어야 한다.

3.1 서론

에너지는 일을 할 수 있는 능력으로 정의된다. 따라서 에너지전달은 유압시스템의 작동에서 중요하게 고려해야 할 사항이다. 그림 3-1은 에너지가 유압시스템(점선으로 둘러싸인 부분)을 통해 어떻게 전달되는지를 보여주고 있다. 그림에서 보듯이, 원동기(전기모터나 내연기관)가 회전축을 통하여 유압시스템의 펌프에 입력에너지를 공급하고 있다. 펌프는 유체의 압력과 속도를 증가시킴으로써 기계적 에너지를 유압에너지로 변환한다. 이 유체는 유압회로를 통하여 작동기로 흘러들어간다. 유압회로는 밸브와 다른 제어부품을 포함한 관로로 구성되어 있어서, 유압시스템의 압력과 유량을 제어한다. 작동기(유압실린더 또는 유압모터)는 유체의 유압에너지를 다시 출력축을 통하여 외부 부하를 구동하는 기계적 에너지로 바꾼다.

유체의 유압에너지 중 일부는 관, 이음쇠나 제어부품을 통과할 때 마찰로 인해 손실된다. 마찰로 인한 에너지손실은 4장에서 자세히 다룬다. 이 에너지손실은 열에너지로 바뀌어 외부로 전달되거나 유체의 온도 상승을 일으킨다. 마찰로 인해 열로 바뀐 에너지는 손실이다. 왜냐하면 이 열에너지가 유용한 일을 하는 것이 아니기 때문이다.

이 모든 형태의 에너지를 에너지 보존법칙으로 설명할 수 있다. 에너지 보존법칙에 의하면 총 에너지는 생성되지도 않고 소멸되지도 않는다. 이것을 그림 3-1의 시스템에 대해 다음과 같은 식으로 표현할 수 있다.

$$\text{입력 } ME - \text{손실 } HE = \text{출력 } ME$$

여기서 ME = 기계적 에너지

HE = 열에너지

동력(power)은 일을 하는 율 또는 에너지를 소비하는 율로 정의된다. 따라서 원동기가 펌프에 에너지를 공급하는 율은 유압시스템의 입력동력과 같다. 또한, 작동기가 외부 부하에 에

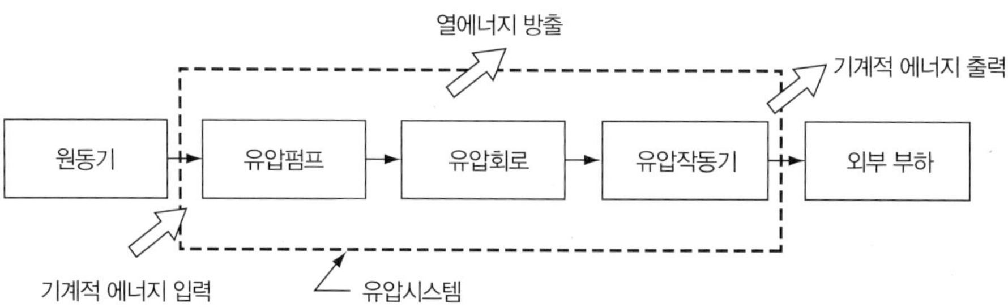

그림 3-1 주요 부품과 입력에너지 및 출력에너지를 보여주는 유압시스템의 블록선도

너지를 공급하는 율은 유압시스템의 출력동력과 같다. 외부 부하를 움직이는데 필요한 힘이나 토크가 클수록 또 필요한 속도가 빠를수록, 유압시스템의 출력동력은 커야 한다.

유압시스템은 에너지원이 아니다. 에너지원은 전기모터나 내연기관과 같은 원동기(prime mover)이고, 이 원동기가 펌프를 구동한다. 따라서 유압시스템은 단지 에너지전달시스템으로 간주될 수 있다. 그렇다면 왜 유압시스템을 제거하고 원동기를 직접 기계장치에 연결하지 않는가? 그 이유는 다음과 같다. 유압시스템이 동력을 더 자유자재로 전달할 수 있기 때문이다. 이러한 동력전달 능력으로는 가변속도, 역전, 과부하 보호, 질량당 높은 마력비, 정동조건(stalled condition)에서 시스템에 해를 끼치지 않는 것 등이 있다.

그림 3-2는 다양한 산업현장에서 길이나 마루를 청소하는데 사용되는 유압구동 브러시드라이브(brush drive)를 보여주고 있다. 앞면과 옆면의 브러시 허브에 직접 설치된 소형 유압모터는 동력이 필요한 곳에 바로 동력을 제공한다. 이렇게 함으로써 부피가 큰 기계적 링키지를 제거하고 효율적이고 가벼운 기계를 만들 수 있다. 이 기계의 간단한 밸브 조작으로, 연속적이고 거친 산업현장의 청소작업을 수행할 수 있다.

그림 3-2 유압 브러시드라이브(Courtesy of Eaton Corp., Fluid Power Division, Eden Prairie, Minnesota)

3.2 역학 복습

서론

유공압은 유용한 일을 하는 힘을 생성하는 것이기 때문에, 역학(mechanics)의 기본법칙을 이해해 둘 필요가 있다. 여기서 유공압시스템과 관련이 있는 역학에 대하여 간단히 복습해 보기로 한다.

일을 하기 위해서는 반드시 힘이 필요하다. 힘을 가하지 않고는 운동을 일으킬 수 없고, 따라서 동력을 전달할 수 없다. 17세기 후반에 아이삭 뉴튼(Isaac Newton) 경이 물체에 힘을 가했을 때 일어나는 운동에 관하여 다음과 같은 세 가지 운동법칙을 체계화하였다.

1. 물체의 운동을 변화시키기 위해서는 힘이 필요하다.
2. 물체에 힘을 가했을 때, 그 물체가 받는 가속도는 힘의 크기에 비례하고 물체의 질량에 반비례한다.
3. 한 물체가 두 번째 물체에 힘을 가하면, 두 번째 물체는 다시 처음 물체에 크기가 같고 방향이 반대인 힘을 가한다.

물체가 직선상을 움직이는가 또는 한 점 주위를 회전하는가에 따라 물체의 운동을 선운동(linear motion) 또는 각운동(angular motion)이라고 한다.

선운동

물체가 선운동을 하면 **선속도**(linear velocity)를 가진다. 선속도를 그냥 속도라고도 하며, 다음과 같이 정의한다.

$$v = \frac{S}{t} \tag{3-1}$$

여기서 영국단위로 S = 거리(in 또는 ft)
t = 시간(s 또는 min)
v = 속도(in/s, in/min, ft/s 또는 ft/min)

물체의 속도가 변하면 물체는 가속도를 가진다. 가속도는 속도변화량을 소요시간으로 나눈 값이다($a = \Delta v/\Delta t$). 속도변화를 일으키기 위해서는 뉴튼의 제1법칙에 의하여 힘이 필요하다. 뉴튼의 제2법칙에 의하여

$$F = ma \tag{3-2}$$

여기서 F = 힘(lb)
a = 가속도(ft/s^2)
m = 질량(slug)

에너지는 일을 할 수 있는 능력으로 정의된다. 물체에 힘을 가하여 힘을 가한 방향으로 일

정한 거리를 움직였다고 하자. 그러면 일(work)이 물체에 가해졌다고 하고, 그 일의 양은 같은 방향에서 측정된 힘과 거리의 곱으로 표현된다.

$$W = FS \tag{3-3}$$

여기서 F = 힘(lb)
S = 거리(in 또는 ft)
W = 일(in · lb 또는 ft · lb)

동력(power)은 일을 하는 율(즉, 일률) 또는 에너지를 소모하는 율로 정의된다. 즉, 동력은 일을 시간으로 나눈 값이다.

$$\text{동력} = \frac{FS}{t}$$

그런데 $S/t = v$이기 때문에 동력을 다음과 같이 표현할 수 있다.

$$\text{동력} = Fv \tag{3-4}$$

여기서 F = 힘(lb)
v = 속도(in/s, in/min, ft/s 또는 ft/min)
동력의 단위는 in · lb/s, in · lb/min, ft · lb/s, 또는 ft · lb/min임

동력은 본질적으로 일을 얼마나 빨리 할 수 있느냐 하는 척도이고, 보통 영국단위에서 마력(horse power, HP)이라는 단위를 사용한다. 정의에 의하여, 1 HP = 550 ft · lb/s 또는 33,000 ft · lb/min이다. 따라서

$$\text{마력} = \frac{F(\text{lb}) \times v(\text{ft/s})}{550} = \frac{F(\text{lb}) \times v(\text{ft/min})}{33{,}000} \tag{3-5}$$

마력의 단위는 19세기 말에 증기기관의 동력을 말 한 마리의 동력과 비교할 목적으로 제임스 와트(James Watt)에 의하여 창안되었다. 그는 실험을 통하여 말 한 마리가 150 lb의 무게를 3.67 ft/s의 평균속도로 들어올릴 수 있다(도르레장치를 사용하여)는 것을 알았다. 이 일률은 150 lb × 3.67 ft/s = 550 ft · lb/s이고, 이를 1 마력으로 정의하였다.

예제 3-1

어떤 사람이 손수레에 30 lb의 힘을 가하여 60 s 동안 100 ft의 거리를 움직였다.

a. 이 사람이 한 일의 양은 얼마인가?

b. 이 사람이 손수레에 전달한 동력은 얼마인가?

풀이

a.
$$W = FS = (30\ \text{lb})(100\ \text{ft}) = 3000\ \text{ft}\cdot\text{lb}$$

b.
$$\text{동력} = \frac{FS}{t} = \frac{(30\ \text{lb})(100\ \text{ft})}{60\ \text{s}} = 50\ \text{ft}\cdot\text{lb/s}$$

$$\text{HP} = \frac{50\ \text{ft}\cdot\text{lb/s}}{(550\ \text{ft}\cdot\text{lb/s})/\text{hp}} = 0.091\ \text{hp}$$

각운동

각운동은 선운동과 마찬가지로 힘을 가했을 때 일어난다. 예를 들어, 그림 3-3과 같이 렌치에 힘 F를 가하여 볼트를 조인다고 하자. 힘 F는 볼트의 중심에 대하여 모멘트팔 R을 가지고 있다. 따라서 힘 F는 볼트의 중심에 대한 모멘트 T를 생성한다. 렌치를 돌려서 볼트를 조이도록 하는 것은 바로 이 토크 T이다. 모멘트팔은 볼트 중심(회전 중심)에서 힘의 작용선까지의 수직거리이다. 이 토크에 의하여 볼트는 그림과 같이 시계방향으로 회전한다. 이 토크의 크기는 힘 F와 모멘트팔 R의 곱과 같다.

$$T = FR \tag{3-6}$$

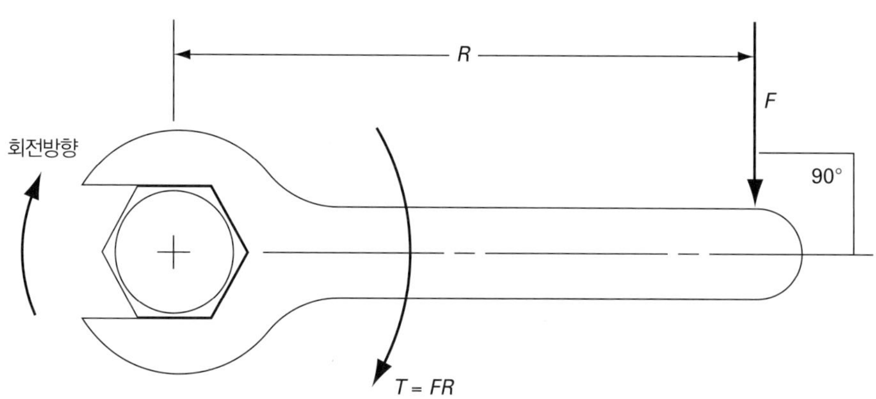

그림 3-3 힘 F를 렌치에 가하여 볼트를 조이는 토크 T를 생성한다.

여기서 F = 힘(lb)
R = 모멘트팔(in 또는 ft)
T = 토크(in · lb 또는 ft · lb)

각운동에 대한 두 번째 예로서 그림 3-4를 살펴보자. 축에 설치된 풀리의 벨트에 힘 F가 작용하고 있다. 이 축은 베어링으로 지지되어 있고, 펌프축을 구동하고 있다. 힘 F에 의하여 발생되는 토크 T의 크기는 힘 F에 풀리 반지름에 해당하는 모멘트팔 R을 곱한 것과 같다. 이 토크에 의하여 풀리가 회전하고 따라서 축이 어떤 각속도로 회전하게 된다. 각속도는 rpm (revolutions per minute) 단위로 측정된다.

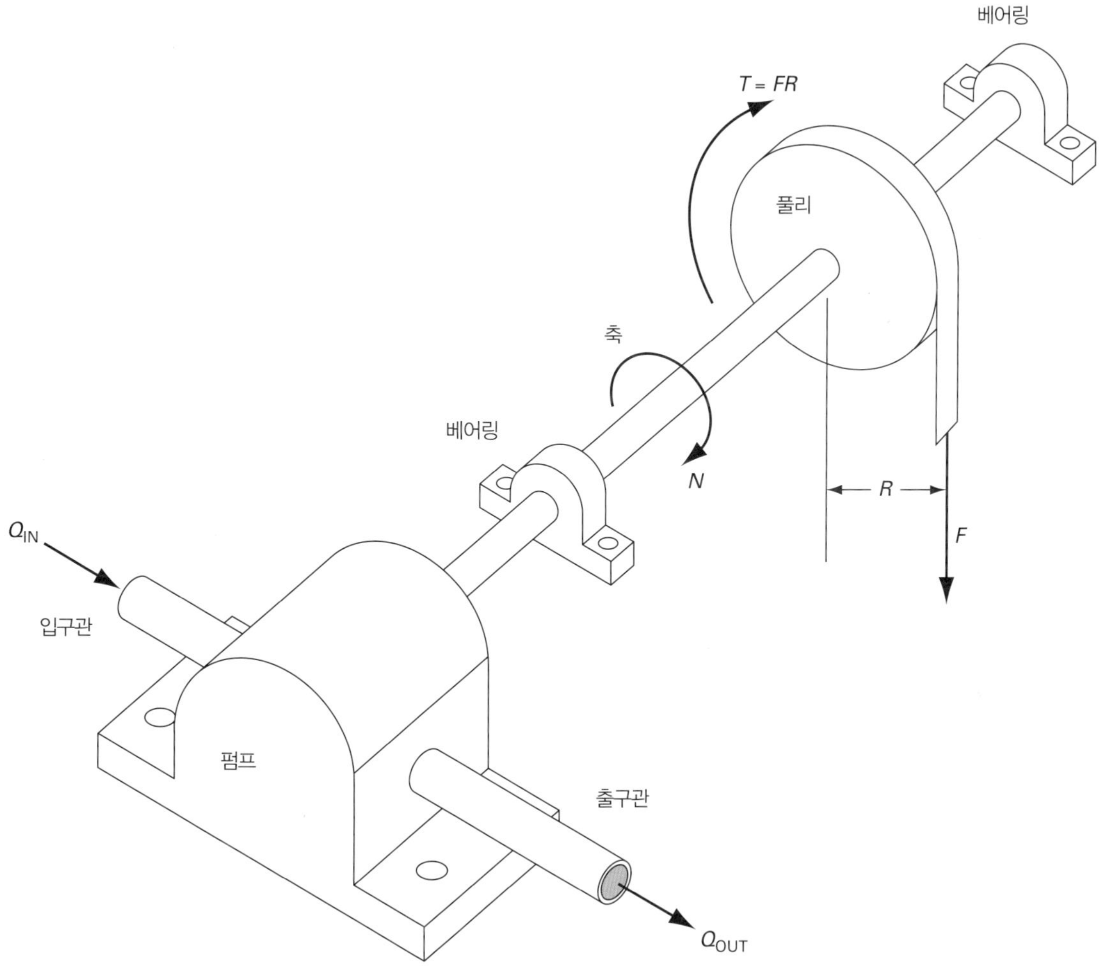

그림 3-4 풀리에 작용하는 힘 F는 펌프를 회전속도 N으로 구동할 수 있는 토크 T를 생성한다. Q는 펌프에 의해 생성되는 오일의 유량(단위의 부피)이다.

이 토크의 방향은 그림과 같이 시계방향이다. 축이 펌프의 부하 저항을 이기고 회전하게 되면, 일이 행해지면서 동력이 전달된다. 전달되는 마력의 크기는 다음 식으로부터 구해진다.

$$HP = \frac{TN}{63{,}000} \tag{3-7}$$

여기서 T = 토크(in · lb)

N = 회전속도(rpm)

HP = 토크마력 또는 제동마력

유공압 응용에서, 식 (3–7)은 펌프를 구동하기 위해 원동기(예를 들어 전기모터)에 의해 공급되는 마력을 구하거나, 외부 부하를 구동하기 위해 유압모터가 제공해야 할 마력을 구할 때 사용된다. 그림 3–4의 시스템은 평벨트와 풀리를 가지고 있어서, 힘이 회전축을 통해 식 (3–7)에 해당하는 토크를 어떻게 생성할 수 있는지를 보여주고 있다. 여기서 벨트와 풀리의 조합이 원동기가 된다.

식 (3–7)의 마력은 회전축에서 토크에 의해 전달되는 마력이기 때문에 **토크마력**(torque horsepower)이라고 한다. 또한 이 마력을 제동마력(brake horsepower, BHP)이라고도 한다. 왜냐하면 기계적 장치인 프로니 브레이크(prony brake)를 사용하여, 토크 구동 회전축에 의하여 전달되는 마력을 측정할 수 있기 때문이다.

식 (3–7)에서 숫자 63,000은 토크 T의 단위가 in · lb이고 회전속도 N의 단위가 rpm일 때만 적용된다. 식 (3–7)의 유도과정은 부록 H를 참조하라.

예제 3–2

2 HP, 1,800 rpm의 유압모터에 의하여 얼마만큼의 토크를 전달할 수 있는가?

풀이

$$HP = \frac{TN}{63{,}000}$$

주어진 값을 대입하면 다음과 같다.

$$2 = \frac{T(1800)}{63{,}000}$$

$$T = 70 \text{ in} \cdot \text{lb}$$

효율

효율(efficiency)은 출력동력을 입력동력으로 나눈 값으로 정의된다. 수학적으로,

$$\eta = \frac{\text{출력동력}}{\text{입력동력}} \times 100 \quad \textbf{(3-8)}$$

여기서 η = 그리스문자 이터(eta) = 효율

시스템 또는 부품의 효율은 항상 100% 보다 작다. 효율은 동력손실을 구할 때 사용된다. 유압시스템에서 동력손실은 유압유의 누설, 유체 내부의 마찰, 맞물린 부위의 기계적 마찰 등에 기인한다. 효율은 받은 동력으로부터 실제로 전달한 동력이 얼마인지를 결정한다. 동력차이(출력동력−입력동력)는 바로 동력손실이며, 마찰열 등으로 변환된다. 입력동력은 보통 원동기의 소요동력이다. 출력동력은 보통 부하의 힘과 선속도(또는 토크와 각속도)로 계산된다. 입력동력은 보통 원동기와 동일한 파라미터를 가지고 계산된다.

예제 3-3

어떤 엘리베이터가 3,000 lb의 부하를 10초에 50 ft 끌어올린다고 한다. 이 시스템의 효율이 80%라면, 엘리베이터 호이스트 모터에 요구되는 입력마력은 얼마인가?

풀이

$$\text{출력동력} = \frac{FS}{t} = \frac{(3000\ \text{lb})(50\ \text{ft})}{(10\ \text{s})} = 15{,}000\ \text{ft}\cdot\text{lb/s}$$

$$\text{출력 HP} = \frac{15{,}000}{550} = 27.3\ \text{hp}$$

$$\eta = \frac{\text{출력동력}}{\text{입력동력}}$$

$$0.80 = \frac{27.3\ \text{HP}}{\text{입력동력}}$$

$$\text{입력동력} = 34.1\ \text{HP}$$

3.3 힘의 증폭(파스칼의 법칙)

서론

파스칼의 법칙(Pascal's law)은 유체의 동력전달을 이루어 주는 기본 원리이다. 파스칼의 법칙은 **밀폐된 용기 내에서 유체의 압력은 줄지 않고 그대로 모든 방향으로 전달되고, 유체와 접촉하고 있는 면에 수직으로 작용한다**는 것이다. 액체로 가득 찬 유리병에서 병마개를 병 속으로 밀어넣을 때 병이 깨지는 것을 파스칼의 법칙으로 설명할 수 있다. 병마개에 의하여 발생된 압력은 액체에 의하여 그림 3–5와 같이 병 속의 모든 방향으로 전달된다. 병마개의 단면적을 1 in^2라 하고 병바닥의 넓이를 20 in^2라 하자. 그러면 10 lb의 힘이 병마개에 작용할 때 10 psi의 압력이 발생할 것이다. 이 압력은 20 in^2의 병바닥으로 줄지 않고 그대로 전달되어 병바닥에 200 lb의 힘을 발생할 것이다. 그러므로 보통의 힘으로 병마개를 밀었는데도 병바닥이 깨질 수 있다.

간단한 유압잭에 적용된 파스칼의 법칙

그림 3–5의 유리병 예제는 파스칼의 법칙에 의하여 작은 넓이에 작용하는 작은 힘이 큰 넓이에 전달되어 비례적으로 큰 힘을 발생할 수 있음을 보여주고 있다. 그림 3–6(a)는 무거운 짐을 들어올리는 데 사용되는 간단한 유압잭(hydraulic jack)에서 파스칼의 법칙에 의하여 출력힘이 어떻게 증폭되는지를 보여주고 있다. 10 lb의 입력힘이 1 in^2의 넓이를 가진 피스톤에 작용하고 있다. 이 힘은 유압잭 하우징 내의 오일에 10 psi의 압력을 발생시킨다. 이 압력이

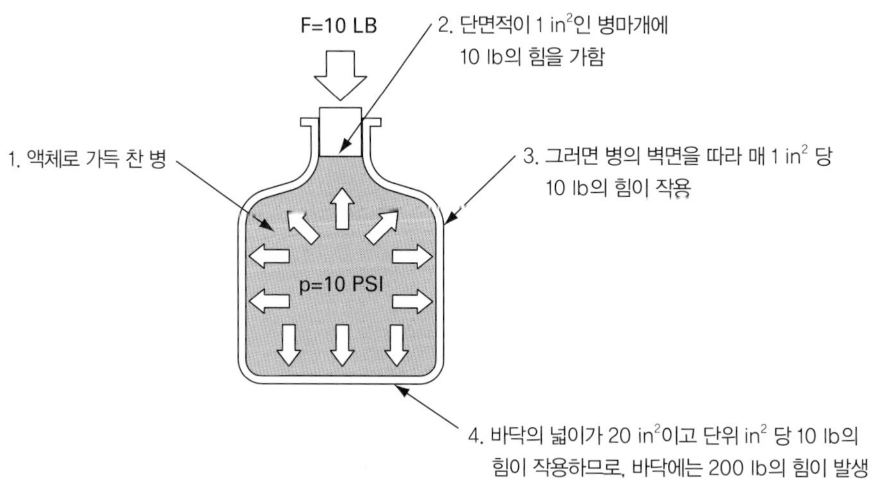

그림 3-5 파스칼의 법칙에 대한 설명(Courtesy of Sperry Vickers, Sperry Rand Corp., Troy, Michigan)

10 in^{2}의 넓이를 가진 피스톤에 전달되어 100 lb의 출력힘을 생성한다. 이 출력힘에 의하여 100 lb의 짐을 들어올리는 유용한 일을 하게 된다.

그림 3-6(a)의 간단한 유압잭과 그림 3-6(b)의 기계적 레버시스템 사이에 유사성이 있다는 것은 흥미롭다. 그림 3-6(b)에서 10 lb 입력힘의 모멘트팔(힘과 피봇 사이의 거리)은 출력힘의 모멘트팔보다 10배 길다. 따라서 출력힘은 입력힘보다 10배 큰 100 lb이다. 기계시스템에서 레버에 의한 힘의 증폭은 유공압시스템에서 파스칼의 법칙에 의한 힘의 증폭과 유사하다.

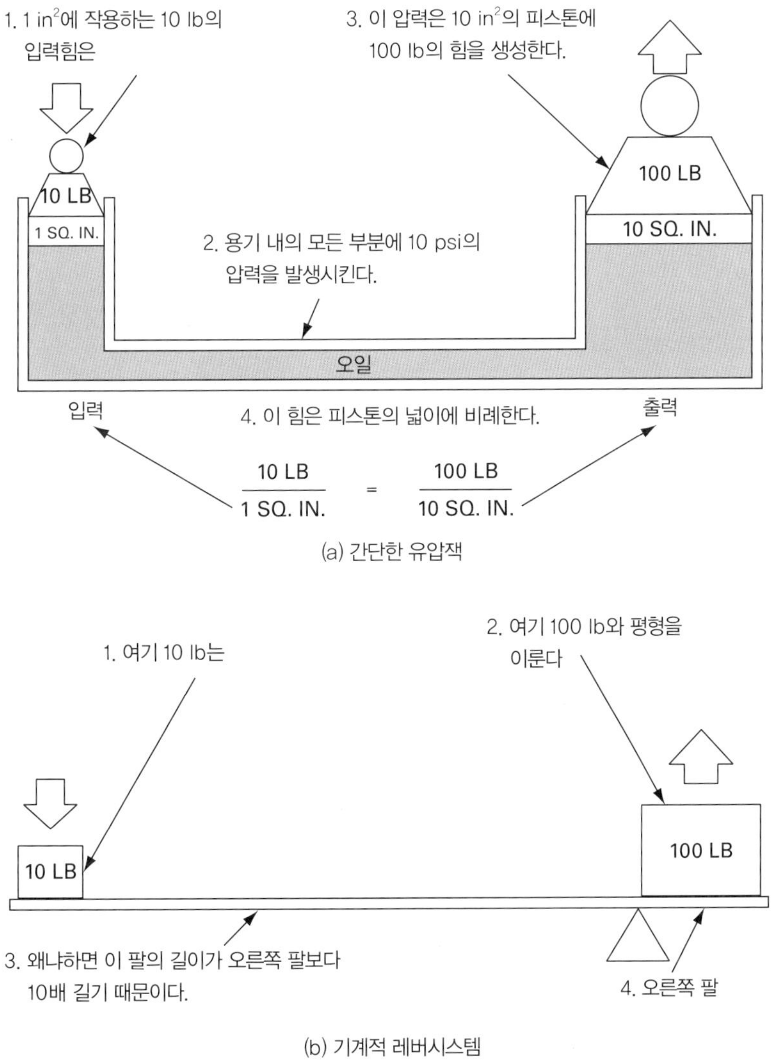

그림 3-6 간단한 유압잭과 기계적 레버시스템에서 힘의 증폭(Courtesy of Sperry Vickers, Sperry Rand Corp., Troy, Michigan)

간단한 유압잭의 해석

그림 3-6(a)의 유압잭과 관련된 흥미있는 질문은 무로부터 유를 얻을 수 있느냐 하는 것이다. 즉, 유압잭에서 입력에너지보다 더 많은 출력에너지를 얻을 수 있느냐 하는 것이다. 다른 동력시스템과 마찬가지로 유공압시스템은 동력을 생성할 수 없다. 이것은 3.6절에서 설명할 에너지 보존법칙과 관련이 있다. 위 질문에 답하기 위하여 그림 3-7과 같은 유압잭을 해석해 보자.

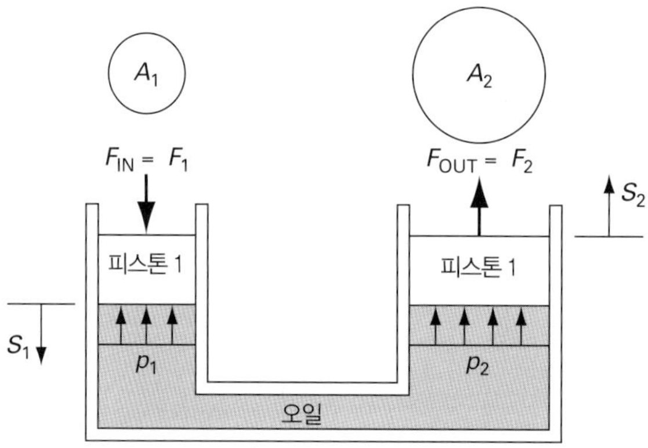

그림 3-7 간단한 유압잭의 작동

그림과 같이, 아랫방향의 입력힘 F_1을 단면적이 A_1인 작은 지름의 피스톤 1에 가하면, 피스톤 1의 아래쪽에 p_1의 오일압력이 생성된다. 이 압력은 오일을 통해 단면적이 A_2인 큰 지름의 피스톤 2에 전달된다. 피스톤 2에서의 압력 p_2는 출력힘 F_2를 생성하고 피스톤을 위로 밀어올린다.

파스칼의 법칙에 의하여 $p_1 = p_2$이다. 압력은 힘을 넓이로 나눈 것이므로

$$\frac{F_1}{A_1} = \frac{F_2}{A_2}$$

또는

$$\frac{F_2}{F_1} = \frac{A_2}{A_1} \tag{3-9}$$

그러므로 출력 피스톤의 넓이가 입력 피스톤의 넓이보다 크면, 유압잭에서 입력힘을 큰 출력힘으로 증폭할 수 있다. 힘의 비 F_2/F_1는 피스톤의 넓이 비 A_2/A_1와 같다. 그러나 출력 피스톤이 움직인 거리는 입력 피스톤이 움직인 거리보다 짧다. 피스톤이 움직인 거리를 구하기

위하여 비압축성 오일이라고 가정하자. 그러면 입력 피스톤이 배제한 부피는 출력 피스톤이 배제한 부피와 같다고 볼 수 있다. 즉

$$V_1 = V_2$$

실린더의 부피는 단면적에 움직인 거리를 곱한 것과 같으므로

$$A_1S_1 = A_2S_2$$

여기서 S_1 = 피스톤 1이 아래쪽으로 움직인 거리
S_2 = 피스톤 2가 위쪽으로 움직인 거리

그러므로

$$\frac{S_2}{S_1} = \frac{A_1}{A_2} \tag{3-10}$$

식 (3−10)으로부터 큰 출력 피스톤은 작은 입력 피스톤보다 작게 움직인다는 것을 알 수 있다. 피스톤이 움직인 거리의 비 S_2/S_1는 피스톤의 넓이 비 A_1/A_2과 같다. 즉 피스톤의 넓이 비가 2이면 출력힘은 2배가 되는 대신에 움직인 거리는 1/2로 줄어든다. 따라서 유압잭을 이용하여 무로부터 유를 얻을 수 있는 것은 아니다. 출력힘은 입력힘보다 커지지만 출력 피스톤의 움직인 거리가 입력 피스톤보다 작아진다. 식 (3−9)와 식 (3−10)을 결합하면 다음과 같은 식을 얻을 수 있다.

$$\frac{F_2}{F_1} = \frac{S_1}{S_2}$$

따라서

$$F_1S_1 = F_2S_2 \tag{3-11}$$

힘과 움직인 거리의 곱은 에너지이다. 따라서 식 (3−11)은 유압잭의 입력에너지와 출력에너지가 같다는 것을 의미한다. 그러나 실제의 유압잭에서는 피스톤과 실린더 내벽의 마찰에 의하여 에너지 손실이 존재하므로, 출력에너지는 입력에너지보다 약간 작아진다. 이 에너지 손실은 4장에서 유압시스템의 에너지방정식을 다룰 때 고려하기로 한다.

예제 3-4

그림 3-6의 유압잭에 대하여 다음과 같은 데이터가 주어져 있다.

$$A_1 = 2\ \text{in}^2 \quad A_2 = 20\ \text{in}^2$$
$$S_1 = 1\ \text{in}$$
$$F_1 = 100\ \text{lb}$$

다음의 각각을 구하여라.

a. F_2

b. S_2

c. 입력에너지

d. 출력에너지

풀이

a. 식 (3-9)로부터 다음과 같이 구할 수 있다.

$$F_2 = \frac{A_2}{A_1} \times F_1 = \frac{20}{2} \times 100 = 1000\ \text{lb}$$

b. 식 (3-10)으로부터 다음과 같이 구할 수 있다.

$$S_2 = \frac{A_1}{A_2} \times S_1 = \frac{2}{20} \times 1 = 0.1\ \text{in}$$

c. 입력에너지 $= F_1S_1 = (100\ \text{lb}) \times (1\ \text{in}) = 100\ \text{in} \cdot \text{lb}$

d. 출력에너지 $= F_2S_2 = (1000\ \text{lb}) \times (0.1\ \text{in}) = 100\ \text{in} \cdot \text{lb}$

3.4 파스칼의 법칙 응용

이 절에서는 파스칼의 법칙을 응용한 두 가지 예로서, 수동 유압잭(hand-operated hydraulic jack)과 공기-유압 압력 부스터(air-to-hydraulic pressure booster)를 공부해 보기로 한다.

수동 유압잭

수동 유압잭은 그림 3-8과 같이 피스톤형 수동펌프를 사용하여 부하를 들어올리는 유압 부하실린더를 작동하는 시스템이다. 이 시스템의 작동은 다음과 같다.

C점에 피봇을 둔 핸들 ABC의 A점에 손으로 힘을 가한다. 펌프 실린더의 피스톤로드(piston rod)는 입력핸들의 B점에 연결되어 있다. 펌프실린더는 상하 자유로이 움직이는 작은 직경의 피스톤을 가지고 있다. 피스톤과 로드가 연결되어 있어서, 핸들을 위로 올리면 피스톤이 위로 올라가고 피스톤 아래 부분에 진공이 생긴다. 따라서 대기압의 힘으로 오일이 오일탱크로부터 첵벨브 1을 거쳐 펌프피스톤으로 밀려올라간다. 이 과정이 흡입과정이다. 첵밸브는 화살표 방향의 일방향으로만 유동이 일어나게 하는 밸브이다.

핸들을 아래로 밀면 오일은 작은 직경의 펌프실린더로부터 첵밸브 2를 거쳐 큰 직경의 부하실린더의 아래쪽으로 들어간다. 부하실린더는 펌프실린더와 같이 피스톤과 로드로 구성되어있다. 펌프로부터 오일이 배출되면 부하피스톤의 아래쪽 압력이 증가한다. 파스칼의 법칙에 의하여 부하피스톤에 작용하는 압력은 펌프에서 발생하는 압력과 같다. 펌프피스톤에서 발생하는 압력은 펌프피스톤로드에 작용하는 힘을 펌프피스톤의 넓이로 나눈 값이다. 들어올릴 수 있는 부하의 크기는 이 압력에 부하피스톤의 넓이를 곱한 값과 같다. 따라서 입력핸들을 아래위로 움직일 때마다 일정량의 오일이 펌프로부터 부하 실린더로 배출되고, 부하저항에 대항하여 일정거리만큼 부하를 들어올리게 된다. 블리드밸브(bleed valve)는 수동조작밸브로서, 이 밸브를 열면, 부하실린더의 오일을 오일탱크로 되돌려주고, 부하를 내려주는 역할을 한다.

각 실린더에서 오일은 한 구멍으로 출입하는 것을 주목할 필요가 있다. 이러한 실린더를 **단동**(single-acting) 실린더라고 한다. 왜냐하면 이러한 실린더는 한 방향으로만 유압으로 구동되기 때문이다. 그림 3-8의 유압잭에서 부하피스톤의 복귀는 블리드밸브를 열 때 부하 자체의 무게에 의하여 이루어진다.

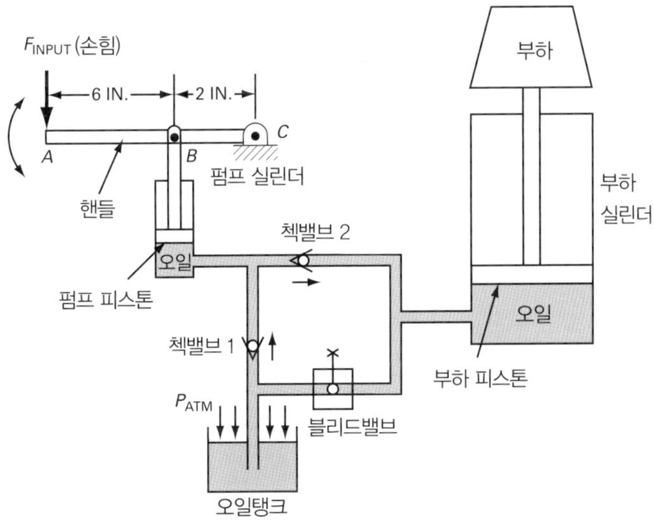

그림 3-8 수동 유압잭

그림 3-9는 정격부하용량이 각각 12, 20, 30 ton인 세가지 크기의 수동 유압잭을 보여주고 있다. 손잡이에서 요구되는 정격부하용량은 각각 60, 70, 50 lb이다. 잭 피스톤 행정은 각각 3¾, 3⅜, 3⅛ in이고, 이 피스톤 행정을 위해 요구되는 펌프행정의 수은 각각 26, 22, 35이다. 들어올리거나 미는 등의 다양한 작업에 사용될 수 있도록 이 잭은 수평 또는 수직으로 작동된다. 그림 3-10은 펌프와 실린더가 호스로 연결된 별개의 장치로 된 수동 유압잭을 보여주고 있다. 이 유압잭의 행정은 14¼ in이고 정격부하용량은 100 ton이다.

그림 3-9
세가지 크기의 수동 유압잭(Courtesy of SPX Fluid Power, Rockford, Illinois)

그림 3-10
별개의 펌프와 실린더로 구성된 수동 유압잭(Courtesy of SPX Fluid Power, Rockford, Illinois)

예제 3-5

그림 3-8의 유압잭을 1초에 한 사이클씩 작동하고 있다. 각 사이클은 펌프실린더의 두 행정(흡입과 동력)으로 구성되어 있다. 펌프실린더는 지름이 1 in인 피스톤을 가지고 있고, 부하실린더는 지름이 3.25 in인 피스톤을 가지고 있다. 동력행정시 손으로 가하는 평균힘이 25 lb라고 할 때, 다음 물음에 답하여라.

a. 들어올릴 수 있는 부하는 얼마인가?
b. 부하를 10 in 들어올리기 위해서는 몇 사이클이 필요한가? 펌프피스톤의 행정은 2 in이고, 오일의 누설은 없다고 가정한다.

c. 효율이 100%라면 출력 HP는 얼마인가?

d. 효율이 80%라면 출력 HP는 얼마인가?

풀이

a. 먼저 입력핸들에 의하여 펌프실린더의 로드에 작용하는 힘을 구한다.

$$F_{\text{rod}} = \frac{8}{2} \times F_{\text{input}} = \frac{8}{2}(25) = 100 \text{ lb}$$

다음에는 펌프실린더의 배출압력 p를 계산한다.

$$p = \frac{\text{rod force}}{\text{piston area}} = \frac{F_{\text{rod}}}{A_{\text{pump piston}}} = \frac{100 \text{ lb}}{(\pi/4)(1)^2\text{in}^2} = 127 \text{ psi}$$

파스칼의 법칙에 의하여 이것과 동일한 압력이 부하피스톤에 작용한다. 따라서 들어 올릴 수 있는 부하의 크기는 다음과 같다.

$$F_{\text{load}} = pA_{\text{load piston}} = (127)\text{lb/in}^2\left[\frac{\pi}{4}(3.25)^2\right]\text{in}^2 = 1055 \text{ lb}$$

b. 부하의 변위를 구하기 위하여 오일을 비압축성이라고 가정한다. 그러면 펌프로부터 배출되는 오일의 부피는 부하실린더의 부피변화와 같다.

$$(A \times S)_{\text{pump piston}} \times (\text{사이클 수}) = (A \times S)_{\text{load piston}}$$

따라서

$$\frac{\pi}{4}(1)^2\text{in}^2 \times 2 \text{ in} \times (\text{사이클 수}) = \frac{\pi}{4}(3.25)^2 \text{ in}^2 \times 10 \text{ in}$$

$$1.57 \text{ in}^3 \times (\text{사이클 수}) = 82.7 \text{ in}^3$$

$$\text{사이클 수} = 52.7$$

c.

$$\text{동력} = \frac{\text{FS}}{\text{t}} = \frac{(1055 \text{ lb})\left(\frac{10}{12}\text{ ft}\right)}{52.7 \text{ s}} = 16.7 \text{ ft} \cdot \text{lb/s}$$

$$\text{HP} = \frac{16.7}{550} = 0.030 \text{ hp}$$

이 동력은 인간으로부터 나오기 때문에 예상한 대로 HP 출력이 작다.

d.

$$\text{HP} = (0.80)(0.03) = 0.024 \text{ hp}$$

공기-유압 압력 부스터

공기-유압 압력 부스터(air-to-hydraulic pressure booster)는 공압라인의 공기압을, 작거나 보통 크기의 유압실린더를 구동하는 데 필요한 고압의 유압으로 변환할 때 사용된다. 이 장치는 작은 지름의 유압실린더와, 이를 구동하는 큰 지름의 공압실린더로 구성되어 있다(그림 3-11 참조). 공압라인이 설치된 공장에서는 공기-유압 압력 부스터를 사용하여 부드럽고 효율적인 유압동력을 얻을 수 있다. 유압동력을 얻는 다른 방법으로는 고가의 펌프와 밸브로 구성된 유압발생장치를 사용하는 것이다. 공기-유압 압력 부스터의 다른 이점은 공간을 절약하고 운영 및 유지관리 비용을 절감하는 것이다.

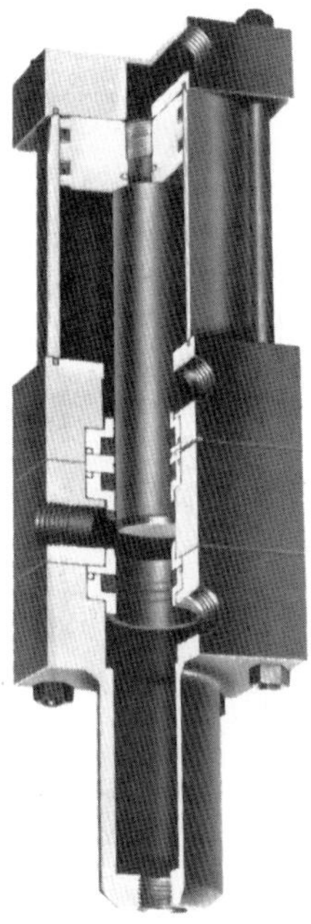

그림 3-11 공기-유압 압력 부스터(Courtesy of the S-P Manufacturing Corp., Cleveland, Ohio)

그림 3-12는 공기-유압 압력 부스터를 사용하여, 고압의 유압유를 유압실린더에 공급하고, 이 유압실린더가 공작물을 공작기계 테이블에 고정하는 적용 예를 보여주고 있다. 공압라인의 공기압은 보통 100 psi 정도이기 때문에, 공압작동 클램프로 가공중인 공작물을 꽉 잡고 있기 위해서는 아주 큰 공압실린더가 필요할 것이다.

공기-유압 압력 부스터의 작동은 다음과 같다(그림 3-12 참조). 공기피스톤의 넓이가 10 in^{2}이고, 100 psi의 압력을 받고 있다고 하자. 이 압력은 유압실린더 피스톤에 1,000 lb의 힘을 발생한다. 따라서 유압피스톤의 넓이가 1 in^{2}이면 유압유의 압력은 1,000 psi가 된다. 파스칼의 법칙에 의하여 이 1,000 psi의 압력은 공작기계 테이블 위의 클램핑 실린더에 그대로 전달된다.

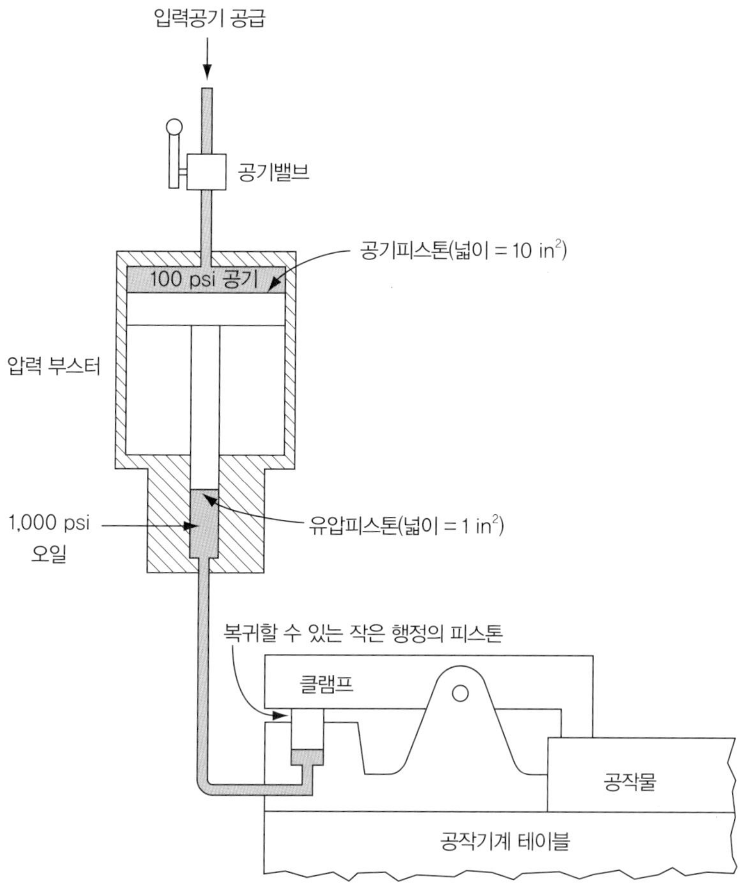

그림 3-12 공기-유압 압력 부스터의 적용 예

공기-유압 압력 부스터의 압력비는 다음과 같이 주어진다.

$$\text{압력비} = \frac{\text{출력오일의 압력}}{\text{입력오일의 압력}} = \frac{\text{공기피스톤의 넓이}}{\text{유압피스톤의 넓이}} \tag{3-12}$$

식 (3−12)를 그림 3−12의 부스터에 대입하면 다음과 같다.

$$\text{압력비} = \frac{1000\ \text{psi}}{100\ \text{psi}} = \frac{10\ \text{in}^2}{1\ \text{in}^2} = 10$$

클램핑 실린더의 피스톤 넓이가 0.5 in^2(지름 = 0.789 in)이므로, 클램핑 힘은 1,000 $\text{lb/in}^2 \times 0.5\ \text{in}^2 = 500$ lb이다. 부스터 없이 500 lb의 클램핑 힘을 발생시키기 위해서는 100 psi의 공기압을 사용할 경우 클램핑 실린더의 피스톤 넓이가 5 in^2(지름 = 2.52 in)이어야 한다.

다양한 압력비를 가진 공기-유압 압력 부스터가 현재 팔리고 있으며, 100 psi의 공기압을 15,000 psi까지의 유압으로 바꾸어 줄 수 있다. 공기-유압 압력 부스터의 적용 회로는 11.5절에서 소개된다.

예제 3-6

그림 3-13은 유압실린더로 부하 F를 구동하는 공기-유압 압력 부스터 시스템을 보여주고 있다. 다음과 같은 데이터가 주어져 있다.

입력공기압력$(p_1) = 100$ psi
공기피스톤 넓이$(A_1) = 20$ in^2
오일 피스톤 넓이$(A_2) = 1$ in^2
부하피스톤 넓이$(A_3) = 25$ in^2(지름 = 5.64 in)

이 시스템이 발생할 수 있는 부하 F의 크기를 구하여라.

풀이 먼저 부스터의 배출압력 p_2를 구한다.

$$\text{부스터 입력힘} = \text{부스터 출력힘}$$

$$p_1 A_1 = p_2 A_2$$

$$p_2 = \frac{p_1 A_1}{A_2} = (100)\left(\frac{20}{1}\right) = 2000 \text{ psi}$$

파스칼의 법칙에 의하여, $p_3 = p_2 = 2{,}000$ psi이다.

$$F = p_3 A_3 = (2000)(25) = 50{,}000 \text{ lb}$$

100 psi의 공기압력으로부터 부스터 없이 이 힘을 발생하기 위해서는 500 in^{2}의 부하피스톤 넓이(지름 = 25.2 in)가 필요하다.

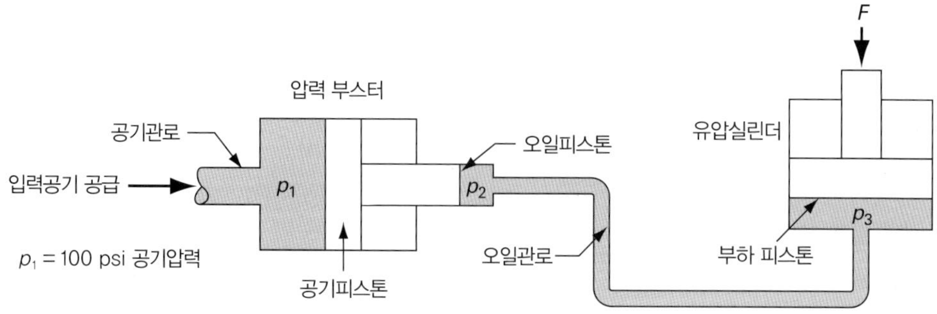

그림 3-13 공기-유압 압력 부스터 시스템

3.5 금속부품의 유압성형

서론

금속가공 공장은 보통 유압성형(hydroforming)이라는 과정을 통하여 박판 패널이나 단단한 튜브 구조물과 같은 금속부품을 생산한다. 유압성형은 유압유를 사용하여 박판 패널이나 튜브구조물을 성형한다. 유압성형에는 박판 패널이냐 튜브구조물이냐에 따라 두 가지 유압성형 방법이 있다. 그 두 가지는 다음과 같다.

1. 박판 유압성형(sheet hydroforming)
2. 튜브 유압성형(tube hydroforming)

박판 유압성형

그림 3-14(a)~(f)는 박판 유압성형의 기본 작동 과정을 보여주고 있다. 그림 3-14(a)에서 보듯이, 이 시스템은 서로 분리되어 있는 윗 부분과 아랫 부분으로 구성되어 있다. 윗 부분(다이라 불려짐)에는 내부 공간이 있어서 꼭대기의 관을 통해 액체가 흘러들어올 수 있다. 다이의 아래 쪽은 유연부재(고무격막)로 되어 있다. 그림 3-14(a)의 아랫 부분은 인발링(draw ring) 또는 블랭크홀더라 불리는 부재위에 둥글고 편평한 박판 블랭크를 올려둔 모습이다. 인발링의 중앙에는 구멍이 뚫려 있고, 이 구멍을 통해 펀치가 위쪽으로 올라가면서 박판 블랭크를 밀어낸다. 그림 3-14(b)에서는 고무격막이 블랭크(blank)에 닿을 때까지 다이를 내려서 다이가 고정되는 모습을 보여주고 있다. 그림 3-14(c)는 고무격막 위쪽에 정해진 값까지 유체 압력이 형성된 것을 보여주고 있다. 그림 3-14(d)에서는 펀치가 박판 블랭크와 고무격막을 향해 위로 미는 모습을 보여주고 있다. 펀치가 위로 움직이면, 유체 압력은 변형되는 블랭크의 표면을 따라 일정하게 고무격막 아래쪽으로 밀게 된다. 이렇게 하여 처음에 편평했던 블랭크가 펀치의 모양을 가지게 된다. 그림 3-14(e)는 다이를 위로 올려 고무격막이 완성품으로부터 분리된 모습을 보여주고 있다. 마지막으로 그림 3-14(f)와 같이 반구 형태의 완성품으로부터 펀치를 내린다. 그런 다음 완성품을 꺼낸다.

그림 3-15는 뒤에 보이는 유압성형기계에서 생산된 펌프고정덮개를 기술자가 검사하는 모습을 찍은 사진이다. 이 유압성형기계는 최대 10,000 psi 압력으로 작동된다. 이 기계는 ⅜ in 이하 두께의 강철, 1 in 이하 두께의 알루미늄 블랭크를 다룰 수 있고, 또한 스테인레스강, 구리, 티타늄, 니켈 합금 등의 재료로 만들어진 블랭크도 다룰 수 있다. 이 기계는 깊이 14 in, 지름 27 in의 부품을 성형할 수 있도록 최대 32.5 in 크기의 블랭크를 수용할 수 있다. 그림 3-16은 여러 가지 재료의 블랭크를 가지고 그림 3-15의 유압성형기계에서 생산한 다양한 부품들을 보여주고 있다.

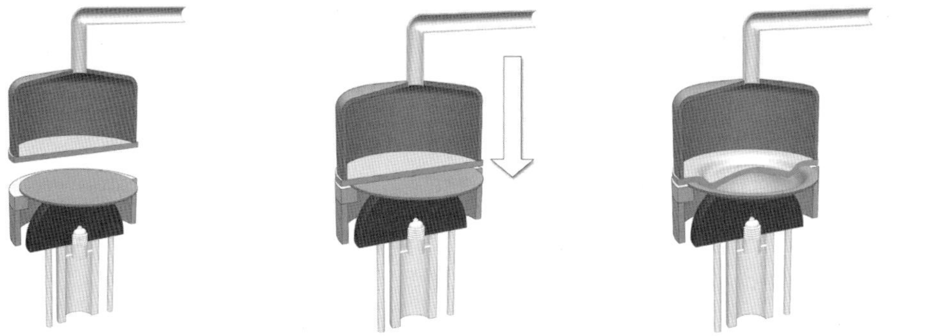

(a) 블랭크를 인발링 위에 올린다.

(b) 유연 다이부재를 내려 고정시킨다.

(c) 유연 다이부재의 내부 압력을 정해진 값까지 올린다.

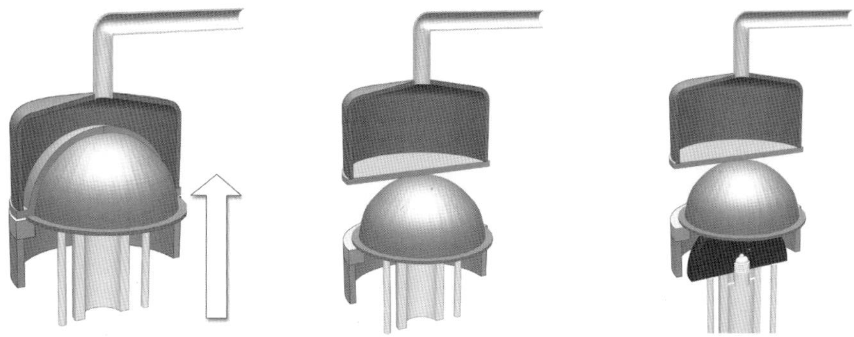

(d) 펀치를 유연 다이부재를 향해 위쪽으로 밀어 올린다.

(e) 유연 다이부재를 들어 올린다.

(f) 펀치를 완성품으로부터 분리시킨다.

그림 3-14 박판 유압성형의 기본 작동 과정(Courtesy of Jones Metal Products Company, West Lafayette, Ohio)

그림 3-15 뒤에 보이는 유압성형기계에서 생산된 펌프 고정 덮개를 기술자가 검사하는 모습(Courtesy of Jones Metal Products Company, West Lafayette, Ohio)

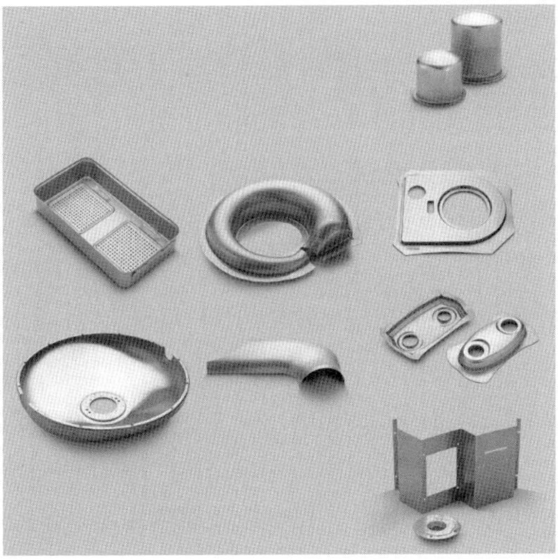

그림 3-16 여러 가지 재료의 블랭크로 그림 3-15의 유압성형기계에서 생산한 부품들(Courtesy of Jones Metal Products Company, West Lafayette, Ohio)

튜브 유압성형

튜브 유압성형은 두 번째 형태의 유압성형 방법으로서, 금속 튜브를 가볍고 구조적으로 딱딱하면서 강한 부품으로 성형하는데 사용된다. 전형적인 튜브 유압성형시스템의 구성을 그림 3-17에서 보여주고 있다. 그림 3-17(a)는 원래의 금속 튜브를 보여주고 있다. 그림 3-17(b)는 원하는 형태의 다이 내부에서 변형된 금속 튜브의 모습을 보여주고 있다. 그림에서 보듯

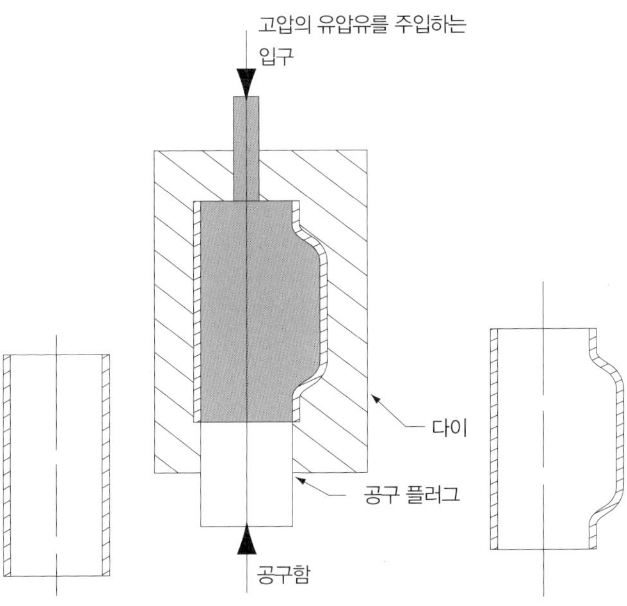

그림 3-17 튜브 유압성형시스템의 구성

이, 유압유는 다이 위쪽의 구멍을 통해 튜브 내부로 들어온다. 다이 아래쪽에는 큰 구멍을 통해 공구 플러그가 버티고 있어서, 튜브 내부로 분사되는 유압유의 압력에 의해 성형되는 동안 튜브를 잡아준다. 그림 3-17(c)는 다이로부터 분리된 완성품을 보여주고 있다. 대부분의 튜브 유압성형에서 요구되는 최대 유압은 대략 50,000 psi이다.

튜브 유압성형이 사용되는 분야로 자동차 산업을 들 수 있다. 자동차의 복잡한 일체형 몸체를 더 강하고, 더 가볍고, 더 단단하게 만들기 위해 유압성형을 사용한다. 자동차를 가볍게 만듦으로서, 재료 및 에너지를 절약할 수 있고, 따라서 친 환경적일 수 있다. 특히, 튜브 유압성형은 최고의 스포츠카를 생산하는데 널리 사용되고, 또한 알루미늄 튜브 자전거 프레임을 만드는데도 자주 사용된다. 이러한 스포츠카의 한 예로써, 그림 3-18과 같은 Corvette이 있다. Corvette의 유압성형된 알루미늄 레일은 민첩한 운전의 기초가 된다. 왜냐하면 유압성형 알루미늄 레일은 비유압성형 알루미늄 레일에 비해 더 가볍고 더 단단하기 때문이다.

그림 3-18
Corvette 접이덮개형 스포츠카(Courtesy of General Motors Corp., Detroit, Michigan)

그림 3-19
튜브 유압성형에 의해 생산된 Corvette의 알루미늄 프레임 레일(Courtesy of General Motors Corp., Detroit, Michigan)

그림 3-19는 튜브 유압성형에 의해 공장에서 생산된 Corvette의 알루미늄 프레임 레일을 보여주고 있다. 그림 3-20은 Corvette의 앞뒤 차축에 대해 유압성형 프레임 레일의 상대적인 위치를 보여주고 있다. 그림 3-21은 유압성형 프레임 레일을 포함한 Corvette의 전체 섀시를 보여주고 있다.

그림 3-20 Corvette의 앞뒤 차축에 대한 유압성형 프레임 레일의 상대적인 위치(Courtesy of General Motors Corp., Detroit, Michigan)

그림 3-21 유압성형 프레임 레일을 포함한 Corvette의 전체 섀시(Courtesy of General Motors Corp., Detroit, Michigan)

3.6 에너지 보존

에너지는 생성되지도 소멸되지도 않는다는 것이 에너지 보존법칙이다. 즉 시스템의 총 에너지는 항상 같다는 것이다. 시스템의 총 에너지는 높이차(elevation)와 압력에 의한 포텐셜에너지(potential energy)와 속도에 의한 운동에너지(kinetic energy)를 포함하고 있다. 다음과 같은 세 가지 형태의 에너지를 고려해 보자.

1. **높이차에 의한 포텐셜에너지(EPE):** 그림 3-22는 무게가 W이고 기준면에 대한 높이가 Z인 유체덩어리를 보여주고 있다. 기준면에 대해 이 유체덩어리를 Z만큼 위로 움직이기 위해서는 일을 해주어야 하기 때문에, 이 유체덩어리는 기준면에 대해 다음과 같은 포텐셜에너지(EPE)를 가지고 있다.

$$\text{EPE} = \text{WZ} \tag{3-13}$$

EPE의 단위는 ft · lb임을 주목하라.

2. **압력에 의한 포텐셜에너지(PPE):** 그림 3-22에 있는 유체덩어리의 압력이 P이면, 이 유체덩어리는 다음과 같은 압력에너지를 가지고 있다.

$$\text{PPE} = W\frac{p}{\gamma} \tag{3-14}$$

여기서 γ는 유체의 비중량이다. PPE는 ft · lb의 단위를 가진다.

3. **운동에너지(KE):** 그림 3-22에 있는 유체덩어리가 속도 v로 움직이고 있다면, 이 유체덩어리는 다음과 같은 운동에너지를 가진다.

$$\text{KE} = \frac{1}{2}\frac{W}{g}v^2 \tag{3-15}$$

여기서 g = 중력가속도.
KE는 ft · lb의 단위를 가진다.

에너지 보존법칙에 의해 그림 3-22의 W lb 유체덩어리가 유압시스템의 관로를 통해 흐를 때 유체덩어리의 총 에너지 E_T는 항상 같다(펌프에 의해 유체에 에너지가 더해지거나, 유압모터나 마찰에 의해 유체로부터 에너지가 제거되지 않는 한). 수학적으로 다음과 같이 표현할 수 있다.

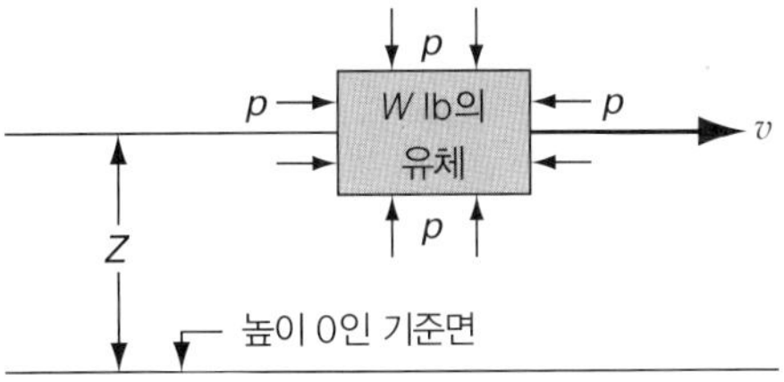

그림 3-22 높이(Z), 압력(p), 속도(v)에 의한 세가지 형태의 에너지

$$E_T = WZ + W\frac{p}{\gamma} + \frac{1}{2}\frac{W}{g}v^2 = \text{상수} \tag{3-16}$$

물론 에너지의 형태는 한 형태에서 다른 형태로 바뀔 수 있다. 예를 들어, 유체덩어리의 높이가 낮아지면, 높이에 의한 포텐셜에너지는 작아지지만 압력에 의한 포텐셜에너지나 운동에너지는 증가한다. 에너지방정식(3.9절 참조)은 유체가 유압시스템을 흐를 때 펌프에 의해 유체에 에너지가 첨가되거나, 모터나 마찰에 의해 유체의 에너지가 제거되는 것을 고려한다.

3.7 연속방정식

무게유량의 사용

연속방정식(continuity equation)은 정상유동의 관로에서 모든 단면의 무게유량(weight flow rate)이 같다는 것이다. 무게유량은 단위시간당 주어진 단면을 통과하는 유체의 무게이다. 연속방정식의 중요성을 설명하기 위하여, 그림 3-23과 같은 무게유량이 w인 관로를 생각해 보자. 이 관로의 단면 1과 단면 2에서 무게유량은 같아야 한다.

$$w_1 = w_2$$

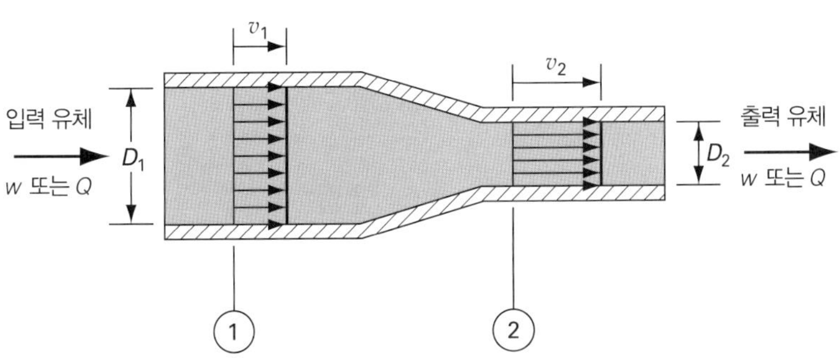

그림 3-23 유동의 연속성

즉,

$$\gamma_1 A_1 v_1 = \gamma_2 A_2 v_2 \tag{3-17}$$

여기서 γ = 유체의 비중량(lb/ft^3)
A = 관의 단면적(ft^2)
v = 유체의 속도(ft/s)

단위를 확인해 보면 다음과 같다.

$$(\text{lb/ft}^3)(\text{ft}^2)(\text{ft/s}) = (\text{lb/ft}^3)(\text{ft}^2)(\text{ft/s})$$

즉,

$$\text{lb/s} = \text{lb/s}$$

연속방정식 (3−17)의 유도과정은 부록 H를 참조하라.

부피유량의 사용

유체가 액체이면 연속방정식에서 비중량을 소거할 수 있다. 왜냐하면 액체는 비압축성을 가지고 있어서, $\gamma_1 = \gamma_2$이기 때문이다. 따라서 유압시스템에 대한 다음과 같은 연속방정식을 얻을 수 있다.

$$Q_1 = A_1 v_1 = A_2 v_2 = Q_2 \tag{3-18}$$

여기서 Q는 부피유량(단위시간당 주어진 단면을 통과하는 유체의 부피)이다. 단위는 다음과 같다.

$$(\text{ft}^2)(\text{ft/s}) = (\text{ft}^2)(\text{ft/s})$$

즉,

$$\text{ft}^3/\text{s} = \text{ft}^3/\text{s}$$

따라서 유압시스템의 관로에서 부피유량은 항상 일정하다.
연속방정식을 다음과 같이 쓸 수도 있다.

$$\frac{v_1}{v_2} = \frac{A_2}{A_1} = \frac{(\pi/4)D_2^2}{(\pi/4)D_1^2}$$

여기서 D_1과 D_2는 각각 1, 2에서 관의 지름이다. 그러므로

$$\frac{v_1}{v_2} = \left(\frac{D_2}{D_1}\right)^2 \tag{3-19}$$

식 (3−19)는 관이 작을수록 유체의 속도가 커진다는 것을 말해준다. 여기서 관의 지름과 넓이는 관의 두께를 포함하지 않는 관의 안지름과 안넓이임을 주목하라.

예제 3−7

그림 3−23의 관에 대하여 다음과 같은 데이터가 주어져 있다.

$$D_1 = 4 \text{ in} \quad D_2 = 2 \text{ in}$$
$$v_1 = 4 \text{ ft/s}$$

다음을 구하여라.

a. 부피유량 Q

b. 단면 2에서 유체의 속도

풀이

a.
$$Q = Q_1 = A_1 v_1$$
$$A_1 = \frac{\pi}{4} D_1^2 = \frac{\pi}{4}\left(\frac{4}{12}\text{ ft}\right)^2 = 0.0873 \text{ ft}^2$$
$$Q = (0.0873 \text{ ft}^2)(4 \text{ ft/s}) = 0.349 \text{ ft}^3/\text{s}$$

b. v_2에 대해 식 (3−19)를 풀면 다음과 같다.

$$v_2 = v_1\left(\frac{D_1}{D_2}\right)^2 = 4\left(\frac{4}{2}\right)^2 = 16 \text{ ft/s}$$

3.8 유압동력

유압실린더의 예

지금까지 유량과 압력의 개념을 정립하였으므로, 이제 유압유에 의하여 유압실린더와 같은 부하구동장치에 전달되는 동력(power)을 구할 수 있다. 이 동력을 **유압동력**(hydraulic power)

이라고 한다. 다음의 3가지 질문에 답하기 위하여, 그림 3-24와 같은 유압실린더를 해석해 보기로 한다.

1. 요구되는 실린더의 피스톤 지름을 어떻게 구할 것인가?
2. 정해진 시간에 정해진 행정만큼 실린더를 구동하기 위하여 필요한 펌프유량은 얼마인가?
3. 유체가 실린더에 전달하는 유압마력(hydraulic horsepower)은 얼마인가?

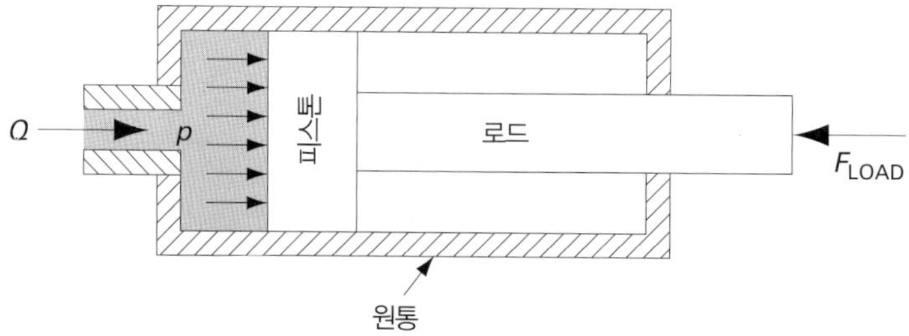

그림 3-24 유압마력을 구하는 실린더 예

유체가 실린더에 전달하는 마력을 유압마력(hydraulic horsepower, HHP)이라고 한다. 실린더가 부하에 전달하는 출력마력은 유압마력에서 피스톤과 실린더 내벽의 마찰이나 누설 등에 의한 손실마력을 뺀 것과 같다. 실린더가 부하에 전달하는 마력을 **출력마력**(output horsepower, OHP)이라고 한다. 출력마력은 마찰손실이나 누설손실에 의하여 항상 유압마력보다 작다. 이 사실은 유압부품의 효율이 100%보다 작다는 것과 같은 의미이다.

■ **질문 1에 대한 답:** 펌프 입구측의 유체 압력은 거의 대기압(0 psig)과 같고, 출구측의 압력 p는 부하를 이길 수 있도록 충분히 높다. 이 압력 p가 피스톤 넓이 A에 작용하여 부하를 이길 수 있는 힘을 생성한다.

$$pA = F_{\text{load}}$$

이 식으로부터 피스톤 넓이 A는 다음과 같이 구해진다.

$$A = \frac{F_{\text{load}}}{p} \qquad \textbf{(3-20)}$$

부하의 크기는 적용분야의 요구조건으로부터 주어지고, 최대 허용압력은 펌프로부터 주어진다. 따라서 피스톤과 실린더 내벽의 마찰을 무시할 수 있다면, 식 (3-20)으로부터 요구되는 피스톤 넓이를 구할 수 있다.

■ **질문 2에 대한:** 유압실린더의 부피변화량 V_D는 피스톤이 거리 S 만큼 움직일 때 밀려나간 유체의 부피와 동일하다.

$$V_D(\mathrm{ft}^3) = A(\mathrm{ft}^2) \times S(\mathrm{ft})$$

피스톤과 실린더 내벽 사이의 누설을 무시할 수 있다면, 요구되는 펌프의 부피유량 Q는 실린더의 부피변화량을 시간 t로 나눈 값과 동일하다.

$$Q(\mathrm{ft}^3/\mathrm{s}) = \frac{V_D(\mathrm{ft}^3)}{t(\mathrm{s})}$$

그런데 $V_D = AS$이므로,

$$Q(\mathrm{ft}^3/\mathrm{s}) = \frac{A(\mathrm{ft}^2) \times S(\mathrm{ft})}{t(\mathrm{s})} \tag{3-21}$$

행정 S와 시간 t는 적용분야의 요구조건으로부터 주어지기 때문에, 식 (3–21)을 이용하여 요구되는 펌프유량을 계산할 수 있다.

앞에서 유압관에 대하여 $Q = Av$이었음을 상기하자. 여기서 v는 유체의 속도이다. 위 식에서 S/t를 v로 바꾸어 주면 유압실린더에 대해서도 동일한 식을 얻게 되는데, 이는 유압실린더도 기본적으로 피스톤을 가진 유압관으로 볼 수 있기 때문이다. 즉, 유압실린더에 대하여

$$Q(\mathrm{ft}^3/\mathrm{s}) = A(\mathrm{ft}^2) \times v(\mathrm{ft}/\mathrm{s}) \tag{3-22}$$

여기서 v = 피스톤 속도.

피스톤의 넓이나 속도가 커지면 펌프유량도 커짐에 주목하라.

■ **질문 3에 대한 답:** 에너지는 힘과 거리의 곱으로 표현될 수 있다는 것을 앞에서 공부하였다.

$$\text{에너지} = (F)(S) = (pA)(S)$$

동력은 일률이므로,

$$\text{동력} = \frac{\text{에너지}}{\text{시간}} = \frac{(pA)(S)}{t} = p(Av)$$

그런데 $Q = Av$이므로 다음과 같은 결과를 얻을 수 있다.

$$\text{유압동력}(\mathrm{ft} \cdot \mathrm{lb/s}) = p(\mathrm{lb/ft}^2) \times Q(\mathrm{ft}^3/\mathrm{s}) \tag{3-23}$$

1 hp = 550 ft · lb/s이므로, 유압마력은 다음과 같이 주어진다.

$$유압마력 = HHP = p(\text{lb/ft}^2) \times Q(\text{ft}^3/\text{s}) \times \frac{1\text{ hp}}{550\text{ ft}\cdot\text{lb/s}}$$

따라서 단위를 약분하고 정리하면 다음과 같은 결과를 얻는다.

$$HHP = \frac{p(\text{lb/ft}^2) \times Q(\text{ft}^3/\text{s})}{550} \quad \textbf{(3-24)}$$

psi와 gpm 단위로 표시한 유압마력

psi(lb/in^2)와 gpm(gallons per minute)은 유압시스템의 압력과 유량을 표시하는 가장 흔히 사용되는 영국단위이므로, 이 단위를 사용하여 유압마력에 대한 식을 구해보자. 유압동력은 압력과 부피유량의 곱이므로

$$유압동력 = p \times Q$$

$$= p\left(\frac{\text{lb}}{\text{in}^2}\right) \times Q\left(\frac{\text{gal}}{\text{min}}\right) \times \frac{231\text{ in}^3}{1\text{ gal}} \times \frac{1\text{ min}}{60\text{ s}} \times \frac{1\text{ ft}}{12\text{ in}} \times \frac{1\text{ hp}}{550\text{ ft}\cdot\text{lb/s}}$$

HP 외의 모든 단위를 약분하면 다음과 같은 결과를 얻을 수 있다.

$$HHP = \frac{p(\text{psi}) \times Q(\text{gpm})}{1714} \quad \textbf{(3-25)}$$

식 (3−24)와 (3−25)에서 상수 550과 1714는 두 식의 우변이 HP의 단위를 갖도록 하기 위한 값이다.

기계시스템, 전기시스템 및 유압시스템의 동력은 다음과 같이 표현될 수 있음에 주목하라.

$$\begin{aligned} 기계적\ 동력 &= 힘 \times 선속도 \\ &= 토크 \times 각속도 \\ 전력 &= 전압 \times 전류 \\ 유압동력 &= 압력 \times 부피유량 \end{aligned}$$

세 가지 형태의 동력(기계적 동력, 전력, 유압동력)은 그림 3−25에서 보듯이 일반적으로 유압시스템에 모두 포함되어 있다. 이 그림에서 펌프를 구동하는 원동기로서 전기모터를 사용하였다. 이 전기모터는 전력을 회전축의 기계적 동력으로 바꾸어 준다. 펌프는 이 기계적 동력을 유압동력으로 변환한다. 마지막으로 유압실린더 또는 유압모터가 유압동력을 다시 부하를 구동하는 기계적 동력으로 변환해 준다. 유압실린더는 힘을 전달하여 부하가 선속도를 가지고 직선상에서 움직이도록 한다. 반면에 유압모터는 토크를 전달하여 부하가 각속도를 가지고 회전운동을 하도록 한다.

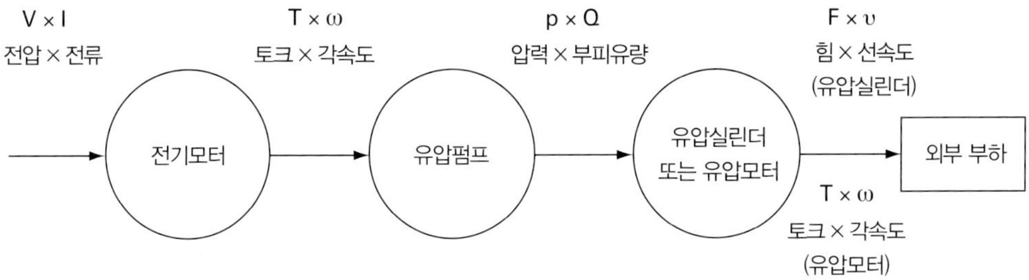

그림 3-25 유압시스템에서 동력의 변환

예제 3-8

유압실린더를 사용하여 차체를 10초 동안 짐짝으로 압착하고 있다. 이 작업은 10 ft의 행정과 8,000 lb의 힘을 필요로 한다. 실린더의 효율을 100%라고 가정하고, 1,000 psi의 펌프를 사용한다고 할 때, 다음을 구하여라.

a. 요구되는 피스톤 넓이
b. 필요한 펌프유량
c. 실린더에 전달되는 유압마력
d. 실린더로부터 부하에 전달되는 출력마력

풀이

a.
$$A = \frac{F_{\text{load}}}{p} = \frac{8000\ \text{lb}}{1000\ \text{lb/in}^2} = 8\ \text{in}^2$$

b.
$$Q(\text{ft}^3/\text{s}) = \frac{A(\text{ft}^2) \times S(\text{ft})}{t(\text{s})} = \frac{\left(\frac{8}{144}\right)(10)}{10} = 0.0556\ \text{ft}^3/\text{s}$$

부록 E로부터 1 ft^3 = 449 gpm이므로

$$Q(\text{gpm}) = 449Q(\text{ft}^3/\text{s}) = (449)(0.0556) = 24.9\ \text{gpm}$$

c.
$$\text{HHP} = \frac{(1000)(24.9)}{1714} = 14.5\ \text{hp}$$

d.
$$\text{OHP} = \text{HHP} \times \eta = 14.5 \times 1.0 = 14.5\ \text{hp}$$

즉, 실린더 효율이 100%라면(즉, 손실이 거의 없다면), 유압마력과 출력마력은 같다.

예제 3-9

100 lb의 마찰력과 0.2 gpm의 누설을 가정하고, 예제 3-8을 다시 풀어라.

풀이

a.
$$A = \frac{F_{\text{load}} + \text{F}_{\text{friction}}}{p} = \frac{8000 \text{ lb} + 100 \text{ lb}}{1000 \text{ lb/in}^2} = 8.10 \text{ in}^2$$

b.
$$Q_{\text{theoretical}} = \frac{A(\text{ft}^2) \times S(\text{ft})}{t(\text{s})} = \frac{\left(\frac{8.10}{144}\right)(10)}{10} = 0.0563 \text{ ft}^3/\text{s} = 25.2 \text{ gpm}$$

$$Q_{\text{actual}} = Q_{\text{theoretical}} + Q_{\text{leakage}} = 25.2 + 0.2 = 25.4 \text{ gpm}$$

c.
$$\text{HHP} = \frac{1000 \times 25.4}{1714} = 14.8 \text{ hp}$$

d.
$$\text{OHP} = \frac{F(\text{lb}) \times v(\text{ft/s})}{550} = \frac{8000 \times 1}{550} = 14.5 \text{ hp}$$

그러므로 14.5 출력마력으로 부하를 구동하기 위해서는, 14.8 유체마력이 실린더에 전달되어야 한다는 것을 알 수 있다. 이 실린더의 효율은 다음과 같다.

$$\eta = \frac{\text{OHP}}{\text{HHP}} = \frac{14.5}{14.8} = 0.980 = 98.0\%$$

3.9 베르누이 방정식

베르누이 빙정식의 유도

베르누이 방정식(Bernoulli's equation)은 유압회로를 해석할 때 가장 많이 사용되는 식 중의 하나이다. 베르누이 방정식을 사용하면 적절한 시스템 동작을 위한 펌프, 밸브, 관과 같은 부품의 크기를 결정할 수 있다. 이 베르누이 방정식은 그림 3-26과 같은 유압관로의 에너지 보존법칙으로부터 유도될 수 있다. 1지점에서 높이가 Z_1, 압력이 p_1, 속도가 v_1인 W lb의 유체가 있다. 이 W lb의 유체가 2지점에 도달하면 높이, 압력, 속도는 각각 Z_2, p_2, v_2가 된다고 한다.

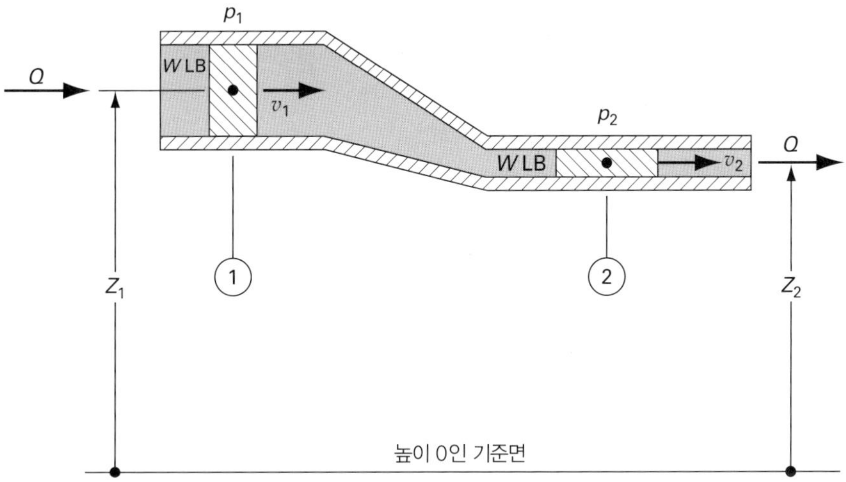

그림 3-26 베르누이 방정식을 유도하기 위한 관로

높이 0인 공통의 기준면에 대하여 각 에너지 항은 다음과 같다.

에너지 형태	1지점	2지점
높이	WZ_1	WZ_2
압력	$W\frac{p_1}{\gamma}$	$W\frac{p_1}{\gamma}$
운동	$\frac{Wv_1^2}{2g}$	$\frac{Wv_2^2}{2g}$

18세기 스위스 과학자인 대니얼 베르누이(Daniel Bernoulli)는 관로의 마찰손실을 무시할 수 있다면 1지점과 2지점에서 W lb의 유체가 가지는 총 에너지는 같다는 것으로부터 베르누이 방정식을 유도하였다. 즉,

$$WZ_1 + W\frac{p_1}{\gamma} + \frac{Wv_1^2}{2g} = WZ_2 + W\frac{p_2}{\gamma} + \frac{Wv_2^2}{2g} \tag{3-26}$$

식 (3−26)의 양변을 W로 나누어주면, 1 lb에 대한 에너지 식을 얻게 된다. 이 식은 마찰이 없는 이상적인 시스템에서, 1지점과 2지점 사이에 펌프와 유압모터가 없는 경우에 대한 다음과 같은 원래의 베르누이 방정식이 된다. **1지점에서 유체 1 파운드의 총 에너지는 2지점에서 유체 1 파운드의 총 에너지와 같다.**

$$Z_1 + \frac{p_1}{\gamma} + \frac{v_1^2}{2g} = Z_2 + \frac{p_2}{\gamma} + \frac{v_2^2}{2g} \tag{3-27}$$

단위를 조사해보면 각 항은 다음과 같이 길이의 단위(ft)라는 것을 알 수 있다. 이것은 각 항이 유체의 단위 파운드당 에너지를 표시하기 때문에 예측된 것이다.

$$Z = \text{ft}$$

$$\frac{p}{\gamma} = \frac{\text{lb/ft}^2}{\text{lb/ft}^3} = \text{ft}$$

$$\frac{v^2}{2g} = \frac{(\text{ft/s})^2}{\text{ft/s}^2} = \text{ft}$$

베르누이 방정식의 각 항은 길이의 단위를 가지므로, 수두(head)라는 표현을 많이 사용한다.

Z는 높이수두(elevation head)라고 한다.
p/γ는 압력수두(pressure head)라고 한다.
$v^2/2g$는 속도수두(velocity head)라고 한다.

에너지방정식

1지점과 2지점 사이의 마찰손실(H_L)을 고려하여 베르누이 방정식을 수정할 수 있다. H_L(수두손실이라고 함)은 유체 1 파운드가 1점에서 2점으로 흐를 때 마찰에 의한 에너지손실을 나타낸다. 뿐만 아니라 1지점과 2지점 사이에, 유체의 에너지를 증가시키는 펌프와 유체의 에너지를 감소시키는 유압모터가 있을 수 있다. H_p(펌프수두)는 펌프에 의하여 유체 1파운드당 더해지는 에너지를 나타내며, H_m(모터수두)은 유압모터에 의하여 유체 1파운드당 제거되는 에너지를 나타낸다.

이들을 고려하여, 유체 1 lb 덩어리가 관로의 1지점에서 2지점으로 흐를 때, 수정된 베르누이 방정식(에너지방정식이라고도 함)을 얻을 수 있다. 이 에너지방정식(energy equation)을 다음과 같이 기술할 수 있다.

유체 1 lb의 덩어리가 1지점에서 가지고 있는 총 에너지에서 펌프에 의해 가해지는 에너지를 더하고, 유압모터에 의해 제거되는 에너지를 빼고, 마찰 손실에 의한 에너지를 빼면, 이 유체가 2지점에 도달했을 때의 총 에너지와 같다.

이 에너지방정식을 길이의 단위인 수두로 표현하면 다음과 같다.

$$Z_1 + \frac{p_1}{\gamma} + \frac{v_1^2}{2g} + H_p - H_m - H_L = Z_2 + \frac{p_2}{\gamma} + \frac{v_2^2}{2g} \qquad \textbf{(3-28)}$$

구체적인 적용분야에서 수두손실 H_L을 구하는 방법은 4장에서 설명된다. 펌프수두(H_p)를 구하는 식은 다음과 같은 식 (2−9)로부터 유도될 수 있다.

$$p = \gamma H$$

따라서 $p = \gamma H_p$이다. 부록 I에서 보듯이, $p = \gamma H_p$를 식 (3−25)에 대입하면 다음과 같은 식을 얻을 수 있다.

$$H_p(\text{ft}) = \frac{3950 \times (\text{HHP})}{Q(\text{gpm}) \times \text{SG}} \quad \textbf{(3-29)}$$

모터수두도 식 (3−29)로부터 구해지는데, 단지 H_p를 H_m으로 고치면 된다. 여기서 HHP와 Q는 각각 모터의 유압마력과 gpm 유량을 나타낸다. 펌프의 유압마력은 펌프가 유체에 전달하는 동력이지만, 모터의 유압마력은 유체가 모터에 전달하는 동력임을 유의하라.

벤추리의 응용

자동차 엔진의 기화기는 베르누이 방정식을 응용한 것이다.

그림 3−27은 벤추리(venturi)를 보여주고 있다. 벤추리는 지름이 점점 작아져서 작은 지름의 목을 형성한 다음 원래의 지름이 될 때까지 점점 지름이 커지는 특수한 관이다. 입구측 1지점의 속도는 연속방정식에 의하여 2지점의 속도보다 작다. 즉, v_2는 v_1보다 크다.

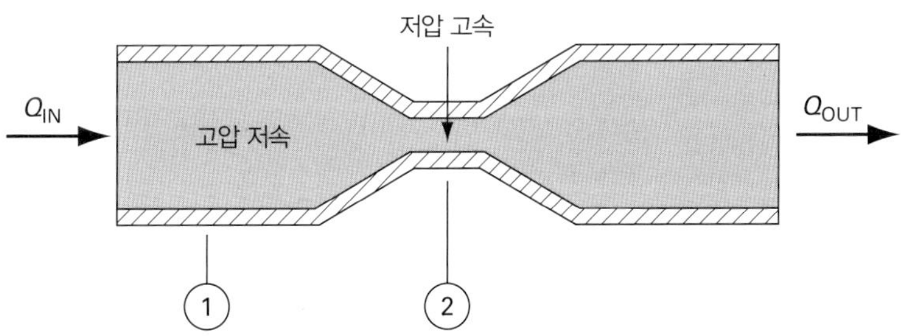

그림 3-27 벤추리에서 압력강하

높이가 같은 이상유체라 가정하고 1지점과 2지점 사이의 베르누이 방정식을 쓰면 다음과 같다.

$$\frac{p_1}{\gamma} + \frac{v_1^2}{2g} = \frac{p_2}{\gamma} + \frac{v_2^2}{2g}$$

$p_1 - p_2$에 대해 풀면 다음과 같다.

$$p_1 - p_2 = \frac{\gamma}{2g}(v_2^2 - v_1^2)$$

v_2가 v_1보다 크기 때문에 p_1은 p_2보다 커야 한다. 그 이유는 간단하다. 1지점에서 2지점으로 움직임에 따라, 유체는 연속성에 의하여 운동에너지가 증가한다. 반면에 유체의 총 에너지는 변하지 않기 때문에, 압력에너지가 감소해야 한다. 이 벤추리 효과를 보통 베르누이의 원리(Bernoulli's principle)라고 한다.

그림 3-28은 자동차의 기화기에서 벤추리 효과를 어떻게 이용하는지를 보여주고 있다. 공기흐름의 양은 나비밸브(butterfly valve)를 여는 정도에 따라 결정된다. 공기가 벤추리를 통해 흐르게 되면, 공기의 속도는 증가하는 반면 압력은 감소한다. 연료탱크의 압력은 벤추리 상류측의 압력과 같다. 연료탱크와 벤추리 목 사이의 압력 차이에 의하여 가솔린이 벤추리 목으로 흘러들어간다. 벤추리 목의 낮은 압력은 가솔린의 기화를 도와준다.

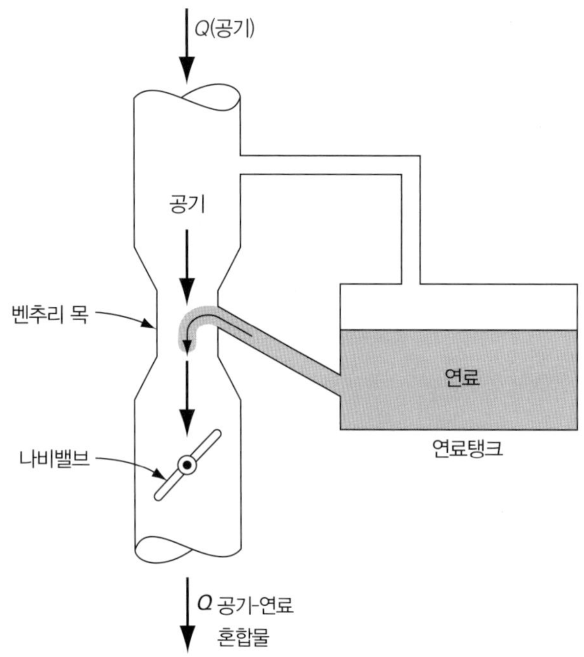

그림 3-28 베르누이 효과를 이용한 자동차 기화기의 벤추리

예제 3-10

그림 3-29의 유압시스템에 대한 다음과 같은 데이터가 주어져 있다.

a. 펌프는 유체에 5 HP를 가하고 있다(펌프의 유압마력 = 5).

b. 펌프유량은 30 gpm이다.

c. 관의 안지름은 1 in이다.

d. 오일의 비중은 0.9이다.

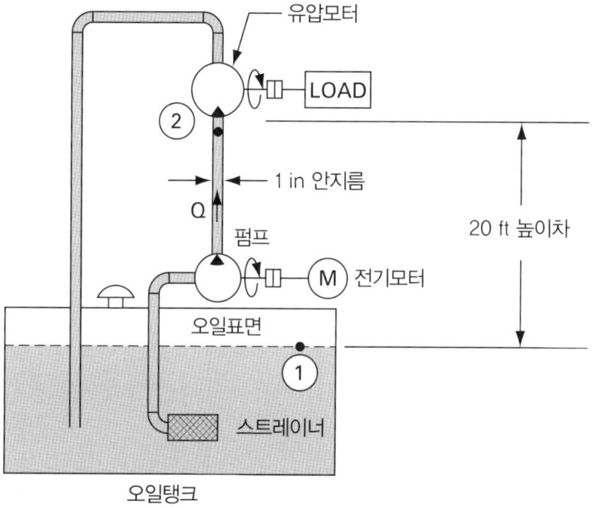

그림 3-29 예제 3-10의 유압시스템

유압모터의 입구(2지점)에서의 압력을 구하여라. 오일탱크의 1지점에서 압력은 대기압 (0 psig)이고, 1지점과 2지점 사이의 마찰에 의한 손실수두 H_L은 오일로 30 ft라고 한다.

풀이 1지점과 2지점에 대한 베르누이 방정식을 쓰면 다음과 같다.

$$Z_1 + \frac{p_1}{\gamma} + \frac{v_1^2}{2g} + H_p - H_m - H_L = Z_2 + \frac{p_2}{\gamma} + \frac{v_2^2}{2g}$$

1지점과 2지점 사이에 유압모터가 없으므로 $H_m = 0$이다. 또 오일탱크의 단면적이 크므로 $v_1 = 0$이다. 즉, 오일표면의 속도는 무시할 수 있을 정도로 작다. 그림 3-29로부터 $Z_1 - Z_2 = 20$ ft이고, 주어진 데이터로부터 $H_L = 30$ ft, $p_1 = 0$이다.

이 값들을 위 식에 대입하면 다음과 같다.

$$Z_1 + 0 + 0 + H_p - 0 - 30 = Z_2 + \frac{p_2}{\gamma} + \frac{v_2^2}{2g}$$

p_2/γ에 대해 풀면

$$\frac{p_2}{\gamma} = (Z_1 - Z_2) + H_p - \frac{v_2^2}{2g} - 30$$

$Z_1 - Z_2 = 20$ ft이므로

$$\frac{p_2}{\gamma} = H_p - \frac{v_2^2}{2g} - 50$$

식 (3−29)로부터 다음을 얻을 수 있다.

$$H_p = \frac{(3950)(5)}{(30)(0.9)} = 732 \text{ ft}$$

그리고

$$Q(\text{ft}^3/\text{s}) = \frac{30}{449} = 0.0668$$

$$v_2(\text{ft/s}) = \frac{Q(\text{ft}^3/\text{s})}{A(\text{ft}^2)}$$

$$A(\text{ft}^2) = \frac{\pi}{4}(D \text{ ft})^2 = \frac{\pi}{4}\left(\frac{1}{12}\text{ ft}\right)^2 = 0.00546 \text{ ft}^2$$

$$v_2 = \frac{0.0668}{0.00546}\frac{\text{ft}^3/\text{s}}{\text{ft}^2} = 12.2 \text{ ft/s}$$

$$\frac{v_2^2}{2g} = \frac{(12.2 \text{ ft/s})^2}{64.4 \text{ ft/s}^2} = 2.4 \text{ ft}$$

이 값을 대입하면 다음을 얻을 수 있다.

$$\frac{p_2}{\gamma} = 732 - 2.4 - 50 = 679.2 \text{ ft}$$

그러므로 p_2는 다음과 같다.

$$p_2(\text{lb/ft}^2) = (679.2 \text{ ft})\ \gamma\ (\text{lb/ft}^3)$$

여기서 $\gamma = (\text{SG})\ \gamma_{\text{water}}$

$\gamma = (0.9)(62.4) = 56.2 \text{ lb/ft}^3$

$p_2 = (679.2)(56.2) = 38{,}200 \text{ lb/ft}^2$

psi 단위로 고치면 다음과 같다.

$$p_2 = \frac{38{,}200}{144} = 265 \text{ psig}$$

p_2에 대한 답 265는 게이지압력이다. 왜냐하면 에너지방정식에서 p_1을 게이지압력 0으로 두었기 때문이다.

3.10 토리첼리의 정리

토리첼리의 정리(Torricelli's theorem)는 이상적인 유체의 자유분사속도가 중력가속도와 수두의 곱의 2배에 제곱근을 취한 것과 같다는 것이다. 토리첼리의 정리는 그림 3-30과 같은 시스템에 대한 베르누이 방정식의 특수한 경우이다. 이 시스템에서 내벽의 아래 부분에 구멍이 나 있고, 구멍의 중심선에서 높이 h 만큼 유체가 탱크를 채우고 있다. 이 구멍으로 유체가 분사되고 있다.

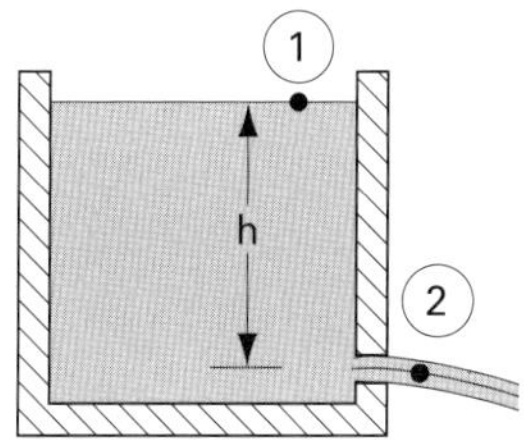

그림 3-30 토리첼리의 정리에 대한 시스템

토리첼리의 정리를 유도하기 위하여, 탱크내 유체표면의 한 점 1과 구멍 바로 바깥쪽의 한 점 2를 고려해 보기로 한다. 유체가 대기로 분사되기 때문에 '자유분사(free jet)'라고 한다.

점 1과 2 사이에 베르누이 방정식을 쓰면 다음과 같다.

$$Z_1 + \frac{p_1}{\gamma} + \frac{v_1^2}{2g} + H_p - H_m - H_L = Z_2 + \frac{p_2}{\gamma} + \frac{v_2^2}{2g}$$

그림 3-30의 시스템에 대하여 다음과 같은 관찰을 할 수 있다.

1. $p_1 = p_2 =$ 대기압 $= 0$ psig.
2. 탱크 내 액체표면의 넓이가 커서, 속도 v_1은 거의 0이다.
3. 펌프와 모터가 중간에 없다($H_p = H_m = 0$).
4. 이상유체이어서 마찰손실이 없다($H_L = 0$).
5. Z_2를 높이가 0인 기준면으로 간주할 수 있다($Z_2 = 0$).

이 값들을 위 식에 대입하면 다음과 같다.

$$h + 0 + 0 + 0 - 0 - 0 = 0 + 0 + \frac{v_2^2}{2g}$$

v_2에 대하여 풀면 다음과 같은 결과를 얻을 수 있다.

$$v_2 = \sqrt{2gh} \quad \textbf{(3-30)}$$

여기서 v_2 = 분사속도(ft/s)
g = 중력가속도(ft/s^2)
h = 압력수두(ft)

이상유체라고 가정하지 않으면, 마찰에 의한 수두손실이 존재하고 H_L은 0이 아니다. 이 경우에 분사속도는 다음과 같이 주어진다.

$$v_2 = \sqrt{2g(h - H_L)} \quad \textbf{(3-31)}$$

이상유체가 아니면 구멍으로 밀어내는 순수한 압력수두가 작아져서 분사속도가 줄어든다. 즉, 실제의 분사속도는 유체의 점도에 영향을 받는다.

예제 3-11

그림 3-30의 시스템에서, h = 36 ft이고, 구멍의 지름은 2 in이다. 이상유체라고 가정하고, 다음을 구하여라.

a. ft/s 단위의 분사속도
b. gpm 단위의 유량
c. H_L = 10 ft일 때, 질문 a, b에 대한 답

풀이

a. 식 (3−30)으로부터

$$v_2 = \sqrt{(2)(32.2\ \text{ft/s}^2) \times (36\ \text{ft})} = 48.3\ \text{ft/s}$$

b. Q에 대하여 풀면 다음과 같다.

$$Q(\text{ft}^3/\text{s}) = A(\text{ft}^2) \times v(\text{ft/s}) = \frac{\pi}{4}\left(\frac{2}{12}\ \text{ft}\right)^2 \times 48.3\ \text{ft/s} = 1.05\ \text{ft}^3/\text{s}$$

$$Q(\text{gpm}) = 449Q(\text{ft}^3/\text{s}) = 449 \times 1.05 = 471\ \text{gpm}$$

c. 식 (3−31)로부터

$$v_2 = \sqrt{(64.4)(36 - 10)} = 40.9\ \text{ft/s}$$

유량은 속도에 비례하므로

$$Q = \frac{40.9}{48.3} \times 471 \text{ gpm} = 399 \text{ gpm}$$

예상한대로 이상유체의 유량이 점도를 가진 실제 유체의 유량보다 크다는 것을 알 수 있다.

3.11 사이펀

사이펀(siphon)은 친숙한 유압장치이다. 사이펀은 한 용기의 유체를 장애물을 거쳐 낮은 곳의 용기로 옮길 때 사용된다. 그림 3-31에서 보듯이, 사이펀은 U자형 튜브의 한 끝을 용기내의 액체표면 아래로 담그고, 튜브의 중간부분을 액체표면 위로 올린 다음, 튜브의 다른 한 끝(자유단)을 액체표면보다 낮게 둔 것이다.

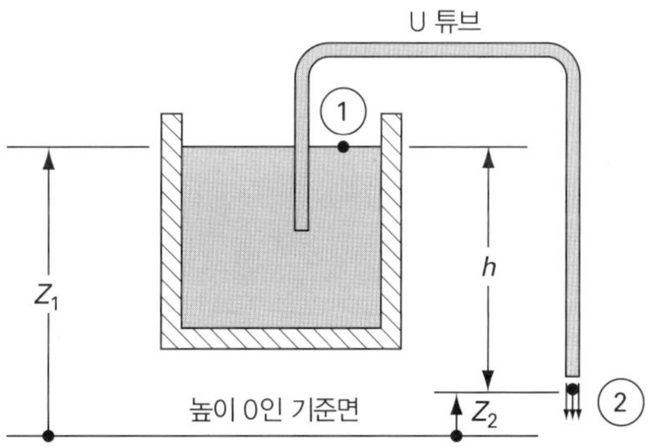

그림 3-31 사이펀

유체가 자유단으로 계속 흘러내리기 위해서는 다음의 두 조건이 만족되어야 한다.

1. 자유단의 높이가 용기 내의 액체표면의 높이보다 낮아야 한다.
2. 처음에는 강제로 유체가 용기로부터 U튜브의 중간부분으로 흐르도록 해주어야 한다. 이렇게 하는 한 가지 방법으로서, 사이펀의 자유단에 일시적으로 흡입압력을 만들어 주면 된다. 예를 들어, 자동차의 연료탱크로부터 가솔린을 뽑아내기 위하여, 사람이 호스의 자유단을 빨아 순간적으로 흡입압력을 만든다. 그러면 탱크 내의 대기압이 가솔린을 U튜브의 위쪽으로 밀어올리게 된다. 흐름을 계속 유지하기 위해서는 U튜브 호스의 자유단이 탱크의 가솔린 유면 아래에 있어야 한다.

그림 3−31의 점 1과 2 사이에 다음과 같은 베르누이 방정식을 적용하여, 사이펀의 유동을 해석할 수 있다.

$$Z_1 + \frac{p_1}{\gamma} + \frac{v_1^2}{2g} + H_p - H_m - H_L = Z_2 + \frac{p_2}{\gamma} + \frac{v_2^2}{2g}$$

이 사이펀에 대하여 다음과 같은 관찰을 할 수 있다.

1. $p_1 = p_2 =$ 대기압 $= 0$ psig.
2. 용기내 액체표면의 넓이가 커서, 속도 v_1은 거의 0이다.
3. 펌프와 모터가 중간에 없다($H_p = H_m = 0$).
4. $Z_1 - Z_2 = h =$ 액체면과 U튜브 자유단의 높이.

이 값들을 위 식에 대입하면 다음과 같다.

$$Z_1 + 0 + 0 + 0 - 0 - H_L = Z_2 + 0 + \frac{v_2^2}{2g}$$

v_2에 대하여 풀면 다음과 같다.

$$v_2 = \sqrt{2g(Z_1 - Z_2 - H_L)} = \sqrt{2g(h - H_L)} \tag{3-32}$$

식 (3−32)는 토리첼리의 정리와 같다. 사이펀 튜브 내에서의 속도는 점도에 의한 수두손실 H_L 만큼 감소한다. 사이펀의 유량은 연속방정식으로부터 구할 수 있다.

예제 3−12

그림 3−31의 사이펀에 대한 다음과 같은 데이터가 주어져 있다.

$h = 30$ ft
$H_L = 10$ ft
U 튜브 안지름 $= 1$ in

사이펀에서 유동의 속도와 유량을 구하여라.

풀이 주어진 값들을 식 (3−32)에 대입하면

$$v_2 = \sqrt{(2)(32.2)(30 - 10)} = 35.8 \text{ ft/s}$$

이고, 유량은 다음과 같이 구해진다.

$$Q(\mathrm{ft^3/s}) = A(\mathrm{ft^2}) \times v(\mathrm{ft/s}) = \frac{\pi}{4}\left(\frac{1}{12}\mathrm{ft}\right)^2 \times 35.8\ \mathrm{ft/s} = 0.195\ \mathrm{ft^3/s}$$

$$Q(\mathrm{gpm}) = 449Q(\mathrm{ft^3/s}) = 449 \times 0.195 = 87.6\ \mathrm{gpm}$$

3.12 SI 미터법에서 에너지, 동력과 유량

이 절에서는 SI 단위로 에너지, 동력, 유량을 계산하는 것을 공부한다.

에너지

SI 미터법에서, 1 줄(joule, J)은 1 N의 힘으로 1 m 움직이는데 소요되는 일이다. 즉,

$$1\ \mathrm{J} = 1\ \mathrm{N} \times 1\ \mathrm{m} = 1\ \mathrm{N \cdot m}$$

따라서

$$\text{에너지}(\mathrm{J}) = F(\mathrm{N}) \times S(\mathrm{m}) \tag{3-33}$$

동력

동력은 일률이다. SI 미터법에서, 1 와트(W)의 동력은 초당 1 J의 일을 하는 일률이다.

$$\text{동력} = \frac{\text{일}}{\text{시간}}$$

$$1\ \mathrm{W} = \frac{1\ \mathrm{J}}{\mathrm{s}} = 1\mathrm{N \cdot m/s}$$

따라서

$$\text{동력}(\mathrm{W}) = \frac{\text{일}(\mathrm{N \cdot m})}{\text{시간}(\mathrm{s})} \tag{3-34}$$

$$\text{유압동력}(\mathrm{W}) = p(\mathrm{N/m2}) = Q(\mathrm{m^3/s}) \tag{3-35}$$

SI 미터법에서 모든 형태의 동력은 와트로 표시된다. 따라서 전기모터의 전기적 입력동력과 기계적 출력동력은 모두 와트로 표시된다. 단위 환산계수를 정리해 놓은 부록 E로부터 1 hp = 746 W = 0.746 kW임을 알 수 있다.

미터단위의 펌프수두 H_p와 와트단위의 펌프동력 사이의 관계는 식 (2−9)로부터 $p = \gamma H$임을 알 수 있다. 이 식을 식 (3−35)에 대입하면 다음과 같은 식을 얻을 수 있다.

$$H_p(\text{m}) = \frac{\text{펌프 유압동력(W)}}{\gamma(\text{N/m}^3) \times Q(\text{m}^3/\text{s})} \tag{3-36}$$

식 (3−36)은 에너지방정식에서 펌프수두를 계산할 때 사용될 수 있다. 모터수두도 식 (3−36)으로부터 구할 수 있는데, 단지 H_p를 H_m으로 바꾸고, 펌프 유압동력을 모터 유압동력으로, Q를 모터유량으로 바꾸어 주면된다.

유압모터에 의하여 전달되는 기계적 출력동력(제동동력 또는 토크동력)은 식 (3−37)로부터 계산할 수 있다. 여기서 T는 토크이고, ω와 N은 각속도이다.

$$\text{동력(kW)} = \frac{T(\text{N}\cdot\text{m}) \times \omega(\text{rad/s})}{1000} = \frac{T(\text{N}\cdot\text{m}) \times N(\text{rpm})}{9550} \tag{3-37}$$

식 (3−37)의 유도과정은 부록 H를 참조하라.

유량

부피유량은 관의 단면적에 유속을 곱한 것과 같다. 즉,

$$Q(\text{m}^3/\text{s}) = A(\text{m}^2) \times v(\text{m/s}) \tag{3-38}$$

1 m^3/s의 유량은 매우 큰 유량(1 m^3/s = 15,800 gpm)이므로, 보통 Lps(liters per second) 또는 Lpm(liters per minute) 단위의 유량이 많이 사용된다. 1 L = 0.001 m^{3}이므로,

$$Q(\text{LPS}) = Q(\text{L/s}) = 1000\ Q(\text{m}^3/\text{s})$$

3.13 SI 미터법을 사용한 예제

이 절에서는 SI 미터단위를 사용한 예제를 풀어본다.

예제 3 13

그림 3−7의 유압잭에 대한 다음과 같은 데이터가 주어져 있다.

A_1 = 25 cm^2 A_2 = 100 cm^2

F_1 = 200 N

S_1 = 5 cm

다음을 구하여라.

a. F_2

b. S_2

풀이

a.
$$F_2 = \frac{A_2}{A_1} \times F_1 = \frac{100}{25} \times 200 = 800 \text{ N}$$

b.
$$S_2 = \frac{A_1}{A_2} \times S_1 = \frac{25}{100} \times 5 = 1.25 \text{ cm}$$

예제 3-14

오일이 분당 60 리터(60 Lpm)씩 30 mm 지름의 관을 흘러가고 있다. 오일의 속도를 구하여라.

풀이 식 (3-38)로부터

$$v(\text{m/s}) = \frac{Q(\text{m}^3/\text{s})}{A(\text{m}^2)}$$

여기서 $Q(\text{m}^3/\text{s}) = Q(\text{L/min}) \times \frac{0.001 \text{ m}^3}{1 \text{ L}} \times \frac{1 \text{ min}}{60 \text{ s}} = 0.0000167\ Q\ (\text{Lpm})$

$$A = \frac{\pi D^2}{4} = \frac{\pi}{4}(0.03 \text{ m})^2 = 0.000707 \text{ m}^2$$

이 값들을 위 식에 대입하면 다음과 같은 결과를 얻는다.

$$v = \frac{0.0010}{0.000707} = 1.41 \text{ m/s}$$

예제 3-15

50 Lpm, 10,000 kPa의 유압유를 발생하는 유압펌프가 있다. 이 펌프가 발생하는 유압 동력은 얼마인가?

풀이 식 (3-35)로부터

$$\text{유압동력(kW)} = \frac{p(\text{Pa}) \times Q(\text{m}^3/\text{s})}{1000} = p(\text{kPa}) \times Q(\text{m}^3/\text{s})$$

여기서 $Q(\text{m}^3/\text{s}) = Q(\text{L/min}) \times \frac{0.001\ \text{m}^3}{1\ \text{L}} \times \frac{1\ \text{min}}{60\ \text{s}} = 0.0000167Q\ (\text{Lpm})$

$$= 0.0000167 \times 50 = 0.000835\ \text{m}^3/\text{s}$$

이 값을 위 식에 대입하면 다음과 같은 결과를 얻는다.

$$\text{유압동력(kW)} = 10{,}000 \times 0.000835 = 8.35\ \text{kW}$$

예제 3-16

유압모터의 속도가 1,450 rpm이고 기계적 출력동력이 10 kW일 때 유압모터에 의하여 전달되는 토크를 구하여라.

풀이 식 (3-37)로부터

$$\text{T(N} \cdot \text{m)} = \frac{9550 \times \text{동력(kW)}}{\text{N(rpm)}} = \frac{9550 \times 10}{1450} = 65.9\ \text{N} \cdot \text{m}$$

예제 3-17

그림 3-29의 시스템에 대한 다음과 같은 SI 단위의 데이터가 주어져 있다.

a. 펌프는 유체에 3.73 kW를 가하고 있다(펌프의 유압동력 = 3.73 kW).
b. 펌프유량은 0.001896 m3/s이다.
c. 관의 안지름은 0.0254 m이다.
d. 오일의 비중은 0.9이다.
e. 1지점과 2지점의 높이차는 6.096 m이다.

유압모터의 입구(2지점)에서 가능한 압력을 구하여라. 오일탱크의 1지점에서 압력은 대기압(게이지 압력으로 0 Pa 또는 0 N/m^2)이고, 1지점과 2지점 사이의 마찰에 의한 손실수두 H_L은 오일로 9.144 m라고 한다.

풀이 1지점과 2지점에 대한 베르누이 방정식을 쓰면 다음과 같다.

$$Z_1 + \frac{p_1}{\gamma} + \frac{v_1^2}{2g} + H_p - H_m - H_L = Z_2 + \frac{p_2}{\gamma} + \frac{v_2^2}{2g}$$

1지점과 2지점 사이에 유압모터가 없으므로 $H_m = 0$이다. 또 오일탱크의 단면적이 크므로 $v_1 = 0$이다. 그리고 주어진 데이터로부터 $H_L = 9.144$ m, $p_1 = 0$이다.

이 값들을 위 식에 대입하면 다음과 같다.

$$Z_1 + 0 + 0 + H_p - 0 - 9.144 = Z_2 + \frac{p_2}{\gamma} + \frac{v_2^2}{2g}$$

p_2/γ에 대해 풀면

$$\frac{p_2}{\gamma} = (Z_1 - Z_2) + H_p - \frac{v_2^2}{2g} - 9.144$$

$Z_2 - Z_1 = 6.096$ m이므로

$$\frac{p_2}{\gamma} = H_p - \frac{v_2^2}{2g} - 15.24$$

식 (3−36)으로부터 펌프수두를 얻을 수 있다.

$$H_p(\text{m}) = \frac{\text{펌프 유압동력(W)}}{\gamma(\text{N/m}^3) \times Q(\text{m}^3/\text{s})}$$

여기서

$$\gamma_{\text{oil}} = (\text{SG})\ \gamma_{\text{water}} = 0.9 \times 9797\ \text{N/m}^3 = 8817\ \text{N/m}^3$$

$$H_p(\text{m}) = \frac{3730}{8817 \times 0.001896} = 223.1\ \text{m}.$$

다음에는 v_2와 $v_2^2/2g$을 구한다.

$$v_2(\text{m/s}) = \frac{Q(\text{m}^3/\text{s})}{A(\text{m}^2)} = \frac{0.001896}{(\pi/4)(0.0254\ \text{m})^2} = 3.74\ \text{m/s}$$

$$\frac{v_2^2}{2g} = \frac{(3.74\ \text{m/s})^2}{(2)(9.80\ \text{m/s}^2)} = 0.714\ \text{m}$$

이 값을 대입하면 다음 식을 얻을 수 있다.

$$\frac{p_2}{\gamma} = 223.1 - 0.714 - 15.24 = 207.1 \text{ m}$$

그러므로 p_2는 다음과 같다.

$$p_2(\text{N/m}^2) = (207.1 \text{ m})\gamma(\text{N/m}^3)$$

$$p_2 = (207.1)(8817) = 1{,}826{,}000 \text{ Pa} = 1826 \text{ kPa gage}$$

3.14 중요한 식들

뉴튼의 운동법칙: $F = ma$ (3-2)

일: $W = FS$ (3-3)

기계적 동력(직선운동): $\text{동력} = Fv$ (3-4)

기계적 마력(직선운동): $\text{HP} = \dfrac{F(\text{lb}) \times v(\text{ft/s})}{550}$ (3-5)

토크: $T = FR$ (3-6)

기계적 동력(회전운동)

제동마력: $\text{HP} = \dfrac{T(\text{in} \cdot \text{lb}) \times N(\text{rpm})}{63{,}000}$ (3-7)

제동동력(미터단위) $\text{동력(kW)} = \dfrac{T(\text{N} \cdot \text{m}) \times \boldsymbol{\omega}(\text{rad/s})}{1000}$

$= \dfrac{T(\text{N} \cdot \text{m}) \times N(\text{rpm})}{9550}$ (3-37)

효율: $\eta = \dfrac{\text{출력동력}}{\text{입력동력}}$ (3-8)

유압잭에서 힘의 증폭비: $\dfrac{F_2}{F_1} = \dfrac{A_2}{A_1}$ (3-9)

높이차에 의한 포텐셜에너지: $$\text{EPE} = WZ \tag{3-13}$$

압력에 의한 포텐셜에너지: $$\text{PPE} = W\frac{p}{\gamma} \tag{3-14}$$

운동 에너지: $$\text{KE} = \frac{1}{2}\frac{W}{g}v^2 \tag{3-15}$$

연속 방정식: $$Q_1 = A_1 v_1 = A_2 v_2 = Q_2 \tag{3-18}$$

유압동력

영국단위: $$\text{유압동력}(\text{ft} \cdot \text{lb/s}) = p(\text{lb/ft}^2) \times \text{Q}(\text{ft}^3\text{/s}) \tag{3-23}$$

미터단위: $$\text{유압동력}(\text{W}) = p(\text{N/m}^2) \times \text{Q}(\text{m}^3\text{/s}) \tag{3-35}$$

유압마력: $$\text{HHP} = \frac{p(\text{psi}) \times Q(\text{gpm})}{1714} \tag{3-25}$$

베르누이 방정식: $$Z_1 + \frac{p_1}{\gamma} + \frac{v_1^2}{2g} = Z_2 + \frac{p_2}{\gamma} + \frac{v_2^2}{2g} \tag{3-27}$$

에너지방정식(수정된 베르누이 방정식): $$Z_1 + \frac{p_1}{\gamma} + \frac{v_1^2}{2g} + H_p - H_m - H_L = Z_2 + \frac{p_2}{\gamma} + \frac{v_2^2}{2g} \tag{3-28}$$

펌프수두

특별한 영국단위: $$H_p(\text{ft}) = \frac{3950 \times (\text{HHP})}{Q(\text{gpm}) \times (\text{SG})} \tag{3-29}$$

미터단위: $$H_p(\text{m}) = \frac{\text{펌프 유압동력}(\text{W})}{\gamma(\text{N/m}^3) \times Q(\text{m}^3\text{/s})} \tag{3-36}$$

유체속도: $$v = \frac{Q}{A} \tag{3-22 와 3-38}$$

에너지: $$\text{에너지} = FS \tag{3-33}$$

연습문제

질문, 개념과 정의

3-1 파스칼의 법칙을 기술하여라.

3-2 베르누이 방정식의 의미를 설명하여라. 그리고 베르누이 방정식이 유압회로에서 유체의 흐름에 대하여 무엇을 설명해 주는가?

3-3 연속방정식은 무엇인가? 그리고 유동에 대한 연속방정식의 의미는 무엇인가?

3-4 토리첼리의 정리를 기술하여라.

3-5 사이펀의 작동을 설명하여라.

3-6 에너지보존법칙을 기술하여라.

3-7 자동차의 기화기에서 베르누이 효과를 얻기 위하여 벤추리를 어떻게 사용하는지 설명하여라.

3-8 높이수두, 압력수두와 속도수두란 무엇인가?

3-9 뉴튼의 세 가지 운동법칙을 기술하여라.

3-10 에너지와 동력을 구별하여라.

3-11 토크를 정의하여라.

3-12 효율이란 무엇인가?

3-13 기계시스템, 전기시스템 및 유압시스템의 동력 사이에는 상사성이 있다. 이 상사성을 설명하여라.

3-14 에너지방정식의 각 항이 의미하는 것은 무엇인가?

문제

주: 문제 번호 뒤의 E는 영국단위를 사용하고 있다는 것을 의미하고, M은 미터단위를 사용하고 있다는 것을 의미한다.

파스칼의 법칙

3-15M 그림 3-32와 같은 유압잭에서, 작은 피스톤에 100 N의 힘을 가하였다. 큰 피스톤에 발생하는 위쪽 방향의 힘을 구하여라. 작은 피스톤의 넓이는 50 cm^2이고, 큰 피스톤의 넓이는 500 cm^2이다.

3-16M 연습문제 3-15의 시스템(그림 3-32의 시스템)에서, 작은 피스톤이 10 cm움직이면 큰 피스톤은 얼마나 움직이겠는가? 비압축성 오일로 가정하여라.

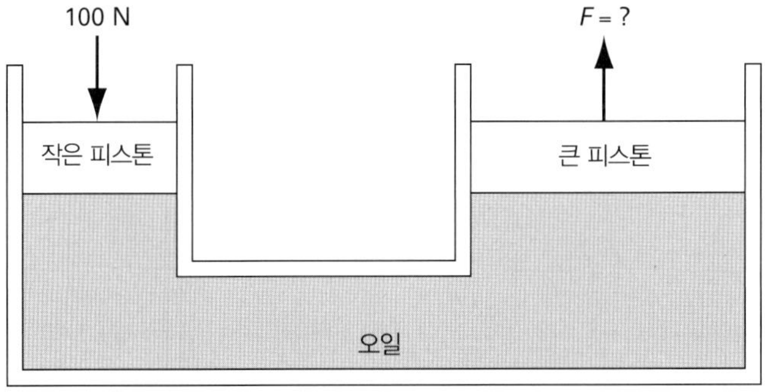

그림 3-32 연습문제 3-15의 시스템

3-17M 그림 3−33은 부하를 들어올리는데 사용되는 공압/유압시스템을 나타낸다. 입구 공기압력이 500 kPa일 때 들어올릴 수 있는 최대 부하는 얼마인가?

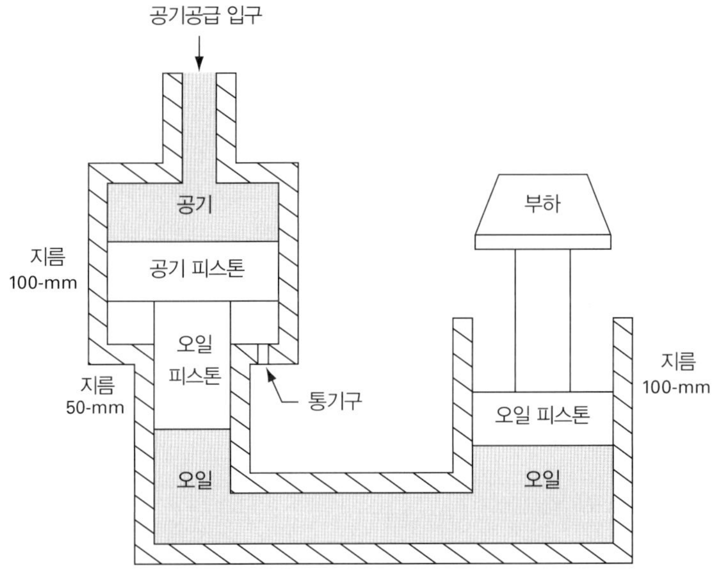

그림 3-33 연습문제 3-17의 시스템

3-18E 그림 3−34와 같이, 펌프가 원통 저장탱크에 오일을 공급하고 있다. 펌프구동 전기모터를 제어하는 전기압력스위치가 잘못 작동되어, 펌프가 이 탱크를 완전히 채워버렸다. 따라서 탱크 바닥에 가까운 p_1 압력이 15 psig까지 상승되었다. 이 때 탱크의 윗면이 받는 힘은 얼마인가? 탱크의 위면과 점 1의 압력차이는 파스칼의 법칙에 대하여 무엇을 말해주고 있는가? 유압시스템에서 높이차에 의한 압력차이를 무시한다면, 시스템 압력은 어느 정도 맞겠는가?

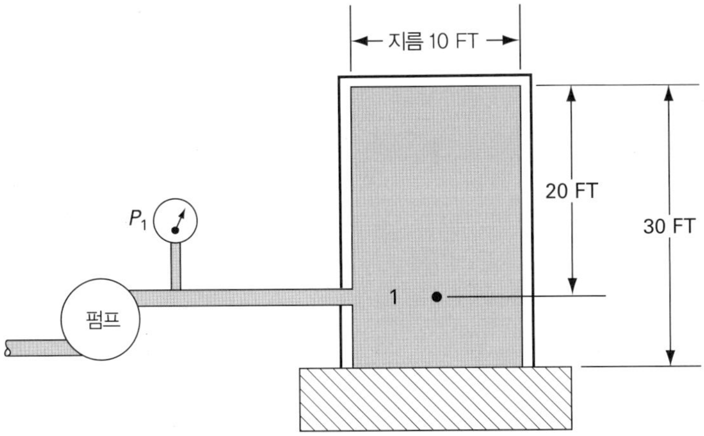

그림 3-34 연습문제 3-18의 시스템

3-19E 그림 3−32의 유압잭에서, 작은 피스톤에 100 lb의 힘을 가하였다. 큰 피스톤에 발생하는 위쪽 방향의 힘을 구하여라. 작은 피스톤의 지름은 2 in이고, 큰 피스톤의 지름은 6 in이다.

3-20E 연습문제 3−19의 시스템(그림 3−32의 시스템)에서, 작은 피스톤이 1.5 in 움직이면 큰 피스톤은 얼마나 움직이겠는가? 비압축성 오일로 가정하여라.

3-21M 그림 3−35와 같은 유압 자동차리프트시스템에서, 공기압력은 게이지압력으로 550 kPa이다. 유압피스톤의 지름이 250 mm일 때, 들어올릴 수 있는 최대 자동차 무게는 얼마인가? 오일의 비중은 0.90이다. 공기-오일 접촉면과 피스톤 하단과의 높이차이 1 m를 무시하면, 최종 답에는 몇 퍼센트의 오차가 발생하겠는가?

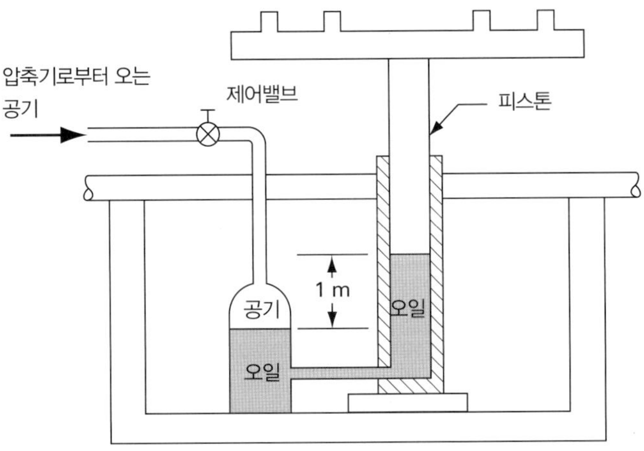

그림 3-35 연습문제 3-21의 시스템

3-22E 두 개의 유압실린더가 서로 관으로 연결되어 있다. 실린더 A의 지름은 2 in이고 실린더 B의 지름은 4 in이다. 실린더 A의 피스톤 로드에 500 lb의 힘을 가했을 때, 다음을 구하여라.

a. 실린더 A의 압력

b. 실린더 B의 압력

c. 연결관의 압력

d. 실린더 B의 출력힘

3-23E 그림 3-8의 수동펌프를 15초 동안에 20사이클 작동시켰다. 각 사이클은 두 펌프행정(흡입과 동력)으로 구성되어 있다. 펌프는 2 in 지름의 피스톤을 가지고 있고, 부하 실린더는 4 in 지름의 피스톤을 가지고 있다. 각 동력행정 동안의 평균힘은 20 lb이라고 한다.

a. 들어올릴 수 있는 부하는 얼마까지인가?

b. 오일누설이 없다고 가정하고, 15초 동안에 부하가 움직인 거리를 계산하여라. 펌프피스톤의 행정은 3 in이다.

c. 효율이 90%일 때, 출력 HP를 구하여라.

3-24M 연습문제 3-23에서 주어진 데이터를 미터단위로 바꾸고, a, b, c를 다시 풀어라.

3-25E 그림 3-13의 압력 부스터에 대하여 다음과 같은 데이터가 주어져 있다.

$$입력공기압력(p_1) = 125 \text{ psi}$$
$$공기피스톤\ 넓이(A_1) = 20 \text{ in}^2$$
$$오일피스톤\ 넓이(A_2) = 1 \text{ in}^2$$
$$부하용량(F) = 75{,}000 \text{ lb}$$

요구되는 부하피스톤의 넓이 A_3을 구하여라.

3-26M 연습문제 3-25에서 주어진 데이터를 미터단위로 바꾸고, 요구되는 부하피스톤의 넓이 A_3을 다시 구하여라.

3-27M 그림 3-13의 압력 부스터에 대하여 다음과 같은 데이터가 주어져 있다.

$$입력공기압력(p_1) = 1 \text{ MPa}$$
$$공기피스톤\ 넓이(A_1) = 0.02 \text{ m}^2$$
$$오일피스톤\ 넓이(A_2) = 0.001 \text{ m}^2$$
$$부하용량(F) = 300{,}000 \text{ N}$$

요구되는 부하피스톤의 넓이 A_3을 구하여라.

3-28E 그림 3−36의 유압시스템은 펌프 위쪽에 100 gal의 오일탱크를 설치하여 펌프 입구측에 양의 압력(대기압 이상)을 생성하고 있다. 양의 압력을 생성하는 이유는 펌프 기동 시에 캐비테이션을 막기 위한 것이다. 펌프를 켜기 전에 펌프 입구측의 압력이 5 psi이고, 오일의 비중이 0.90이라면, 펌프 입구로부터 오일의 높이는 얼마인가?

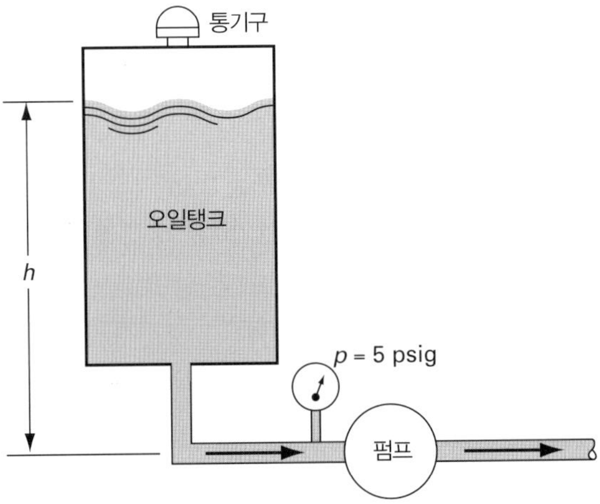

그림 3-36 연습문제 3-28의 시스템

3-29E 그림 3−37의 유압시스템에서, 오일탱크가 펌프 입구 아래쪽 4 ft 위치에 설치되어 있다면, 펌프 입구에서의 압력은 얼마일까? 오일의 비중은 0.90이다. 마찰손실과 운동에너지 변화를 무시하여라. 마찰손실과 운동에너지 변화는 펌프 입구의 압력에 어떤 영향을 미치는가? 그 이유는 무엇인가? 그리고 이것은 펌프 캐비테이션의 가능성을 증가시키는가 아니면 감소시키는가? 왜 그런가?

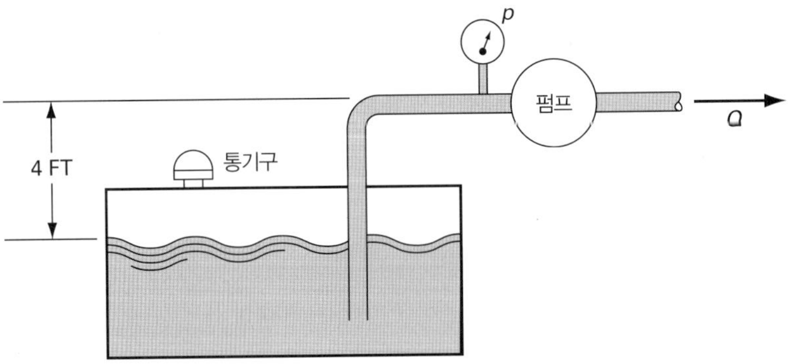

그림 3-37 연습문제 3-29의 시스템

3-30E 오일로 채워진 그림 3−38과 같은 유압잭이 있다. 큰 피스톤과 작은 피스톤의 지름은 각각 3 in와 1 in이다. 2,000 lb의 부하를 들어올리기 위하여 필요한 핸들의 힘 F를 구하여라. 힘 F가 아래로 5 in 움직이면 부하는 위로 얼마나 움직이겠는가?

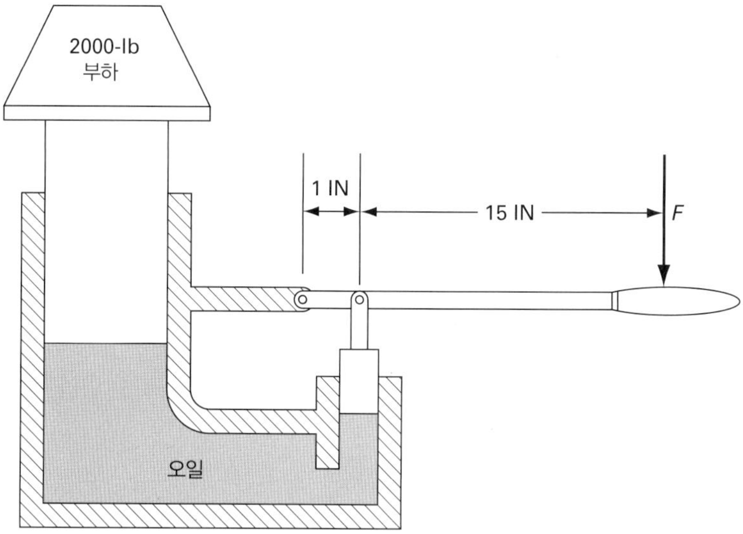

그림 3-38 연습문제 3-30의 시스템

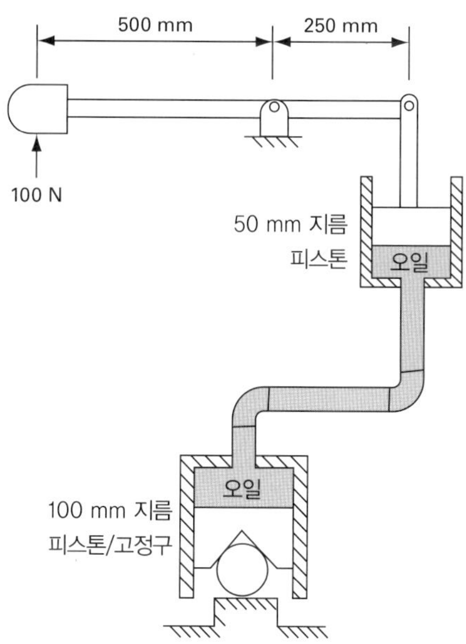

그림 3-39 연습문제 3-32의 시스템

3-31M 연습문제 3-30의 시스템(그림 3-38의 시스템)에 대한 데이터를 미터단위로 바꾸어라. 그리고 힘 F를 N 단위로 구하고, 부하가 위로 움직이는 거리를 cm 단위로 구하여라.

3-32M 그림 3-39는 기계가공 동안 원통형 공작물을 고정하는데 사용되는 기계/유압시스템을 보여주고 있다. 기계 운전자가 그림과 같이 레버에 100 N의 힘을 가하면 공작물을 고정하는 힘은 얼마나 발생하겠는가?

연속방정식

3-33E 유체가 10 ft/s의 속도로 안지름이 1 in인 관을 따라 흐르고 있을 때, 유량을 gpm 단위로 구하여라.

3-34E 유량이 20 gpm일 때, 유체의 속도를 15 ft/s로 유지하기 위한 관의 안지름을 구하여라.

3-35M 연습문제 3-34의 단위를 미터단위로 바꾸고, 이 문제를 다시 풀어라.

3-36M 유압펌프가 40 Lpm의 유체를 지름 25 mm인 관으로 공급하고 있다. 유체의 속도를 구하여라.

3-37M 미터단위로 표시된 다음 식은 식 (3-38)과 유사하다.

$$v(\mathrm{m/s}) = \frac{\mathrm{CQ(m^3/s)}}{[\mathrm{D(m)}]^2}$$

이 식에서 C 값을 구하여라. 이 C 값을 사용하여 예제 3-17의 v_2를 다시 구하여라.

3-38M 유체가 3 m/s의 속도로 안지름이 0.10 m인 관을 따라 흐르고 있을 때, 유량을 $\mathrm{m^3/s}$ 단위로 구하여라.

3-39E 20 gpm의 펌프를 사용하여 지름이 4 in인 실린더를 20 in 행정만큼 움직이는데 소요되는 시간을 구하여라.

3-40E 연습문제 3-39에서, 로드의 지름이 2 in라면, 실린더를 복귀시키는 데 걸리는 시간은 얼마인가?

3-41E 양로드(double-rod) 실린더는 실린더의 양쪽 방향으로 로드가 있는 실린더이다. 이 실린더의 피스톤 지름은 3 in이고 로드 지름은 2 in이다. 이 실린더를 10 in 행정으로 분당 60 사이클 작동시키기 위하여 요구되는 펌프의 크기를 gpm으로 구하여라.

3-42M 피스톤 지름이 8 cm이고 로드 지름이 3 cm인 유압실린더 내로 30 Lpm의 유체가 흘러들어오고 있다. 실린더 행정이 35 cm일 때, 분당 가능한 최대 사이클은 얼마인가?

3-43M 비중이 0.9인 오일이 $v_1 = 5$ m/s의 속도로 그림 3-40과 같은 티(tee)로 흘러 들어오고 있다. 1지점의 지름은 10 cm, 2지점의 지름은 7 cm이고, 3지점의 지름은 6 cm이다. 2지점과 3지점의 유량이 동일할 때 속도 v_2와 v_3을 구하여라.

유압동력

3-44M 50 Lpm, 10,000 kPa의 유체를 생성하는 유압펌프가 있다. 이 펌프가 발생할 수 있는 유압동력은 얼마인가?

3-45E 5 hp의 모터로 구동되는 유압시스템이 있다. 1,000 psi로 작동할 때, 이 시스템의 유량을 gpm 단위로 표시하면 얼마인가? 에너지손실이 없다고 가정하여라.

3-46E 유압실린더를 사용하여 차체를 8초만에 짐짝으로 압착하고 있다. 이 작업은 8 ft의 행정과 10,000 lb의 힘을 필요로 한다. 실린더의 효율을 100%라고 가정하고, 1,000 psi의 펌프를 사용한다고 할 때, 다음을 구하여라.

a. 요구되는 피스톤 넓이

b. 필요한 펌프유량

c. 실린더에 전달되는 유압마력

d. 실린더로부터 부하에 전달되는 출력마력

e. 100 lb의 마찰력과 0.3 gpm의 누설이 있을 경우에, 문제 a, b, c, d를 다시 풀어라. 이 경우에 실린더의 효율은 얼마인가?

3-47M 식 (3−36)을 다음과 같이 다시 쓸 수 있음을 보여라.

$$H_p(\text{m}) = \frac{0.102 \times \text{펌프 유압동력(kW)}}{Q(\text{m}^3/\text{s}) \times (\text{SG})}$$

3-48E 유압실린더(전진방향)의 동력과 부하용량은 각각 10 hp와 5,000 lb라고 한다. 피스톤의 속도를 ft/s 단위로 구하여라.

3-49M 유압실린더(전진방향)의 동력과 부하용량은 각각 10 kW와 20,000 N이라고 한다. 피스톤의 속도를 m/s 단위로 구하여라.

3-50M 5 kW의 모터로 구동되는 유압시스템이 있다. 10 MPa로 작동할 때, 이 시스템의 유량을 m^3/s 단위로 구하여라. 에너지손실이 없다고 가정한다.

3-51M 유압실린더를 사용하여 차체를 8초만에 짐짝으로 압착하고 있다. 이 작업은 3 m의 행정과 40,000 N의 힘을 필요로 한다. 실린더의 효율을 100%라고 가정하고, 10 MPa의 펌프를 사용한다고 할 때, 다음을 구하여라.

a. 요구되는 피스톤 넓이(m^2)

b. 필요한 펌프유량(m^3/s)

c. 실린더에 전달되는 유압동력(kW)

d. 실린더로부터 부하에 전달되는 출력동력(kW)

e. 400 N의 마찰력과 1.0 Lpm의 누설이 있을 경우에, 문제 a, b, c, d를 다시 풀어라. 이 경우에 실린더의 효율은 얼마인가?

3-52E 자동차 리프트가 3,500 lb의 차를 바닥에서 7 ft 들어올린다. 유압실린더의 피스톤 지름이 8 in이고 로드 지름이 4 in일 때, 다음을 구하여라.

a. 차를 들어올리는 데 필요한 일

b. 요구되는 압력

c. 차를 10초에 들어올리기 위한 동력

d. 10 gpm의 유량으로 리프트를 내리는 속도

e. 차를 10초에 내리기 위한 유량

3-53M 연습문제 3-52의 단위를 미터단위로 바꾸고, 문제 a~e를 다시 풀어라.

베르누이 방정식

3-54E 유체가 그림 3-41과 같이 수평방향으로, 2 in 지름의 관에서 1 in 지름의 관으로 100 gpm 흐르고 있다. 1지점의 압력이 10 psi일 때, 2지점의 압력을 구하여라. 유체의 비중은 0.9이다.

3-55M 연습문제 3-54의 단위를 미터단위로 바꾸고, 2지점의 압력을 다시 구하여라.

3-56E 1,000 gal의 물이 100 ft의 높이에 있을 때 포텐셜에너지는 얼마인가?

3-57E 1 gal의 물이 20 ft/s의 속도로 움직일 때 운동에너지는 얼마인가?

3-58E 안지름이 1 in인 관으로 된 사이펀을 사용하여, 20 ft 깊이 탱크의 유체 높이를 일정하게 유지하려고 한다. 유체의 높이가 탱크 윗면에서 아래로 5 ft이고, 사이펀이 탱크 윗면에서 아래로 30 ft 지점에서 유체를 배출하고 있다면, 유량은 얼마이겠는가?

3-59M 연습문제 3-58의 단위를 미터단위로 바꾸고, 유량을 다시 구하여라.

3-60E 그림 3-29의 유압시스템에 대한 다음과 같은 데이터가 주어져 있다.

1. 펌프는 유체에 4 hp를 가하고 있다.
2. 펌프유량은 25 gpm이다.
3. 관의 안지름은 0.75 in이다.
4. 오일의 비중은 0.9이다.
5. 오일탱크는 대기와 통기되어 있다.
6. 1지점과 2지점 사이의 수두손실 H_L은 오일로 40 ft이다.

유압모터의 입구(2지점)에서 가능한 압력을 구하여라.

3-61E 그림 3-42에서 오일탱크 내의 공기는 10 psig로 압축되어 있다. 펌프 입구는 유면 아래 10 ft에 위치해 있고, 펌프 유량은 30 gpm이다. 다음의 경우에 2지점의 압력을 구하여라.

a. 1지점과 2지점 사이의 수두손실이 없을 경우

b. 1지점과 2지점 사이의 수두손실이 25 ft일 경우

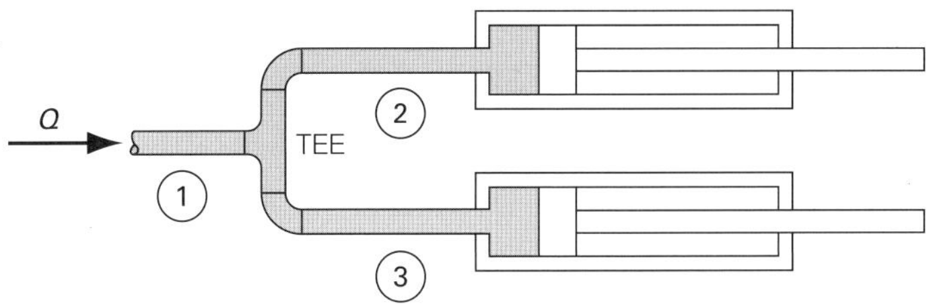

그림 3-40 연습문제 3-43의 시스템

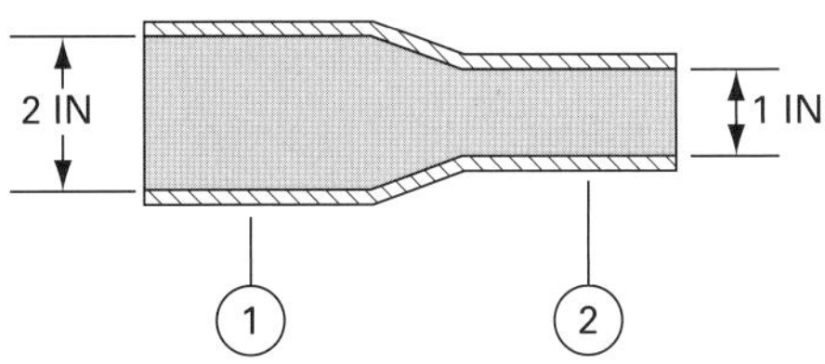

그림 3-41 연습문제 3-54의 시스템

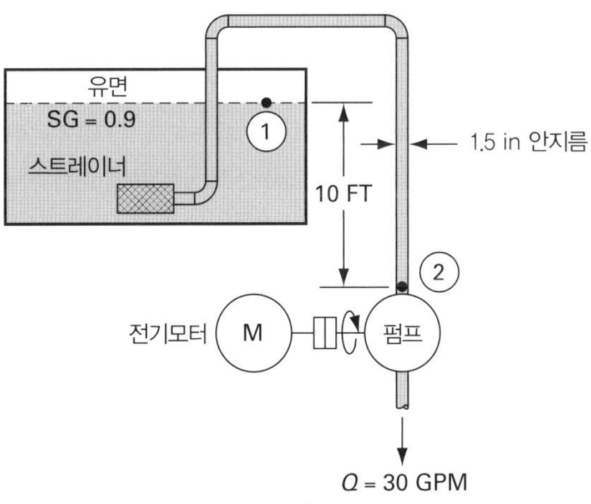

그림 3-42 연습문제 3-61의 유압시스템

3-62M 미터단위를 사용하여 연습문제 3−60을 다시 풀어라. 주어진 데이터를 미터단위로 표시하면 다음과 같다.

1. 펌프는 유체에 2.984 kW를 가하고 있다.
2. 펌프유량은 0.00158 m^3/s이다.
3. 관의 안지름은 0.01905 m이다.
4. 오일의 비중은 0.9이다.

5. 오일탱크는 대기와 통기되어 있다.
6. 1지점과 2지점 사이의 수두손실 H_L은 오일로 12.19 m이다.
7. 1지점과 2지점 사이의 높이차는 6.096 m이다.

유압모터의 입구(2지점)에서 가능한 압력을 구하여라.

3-63M 미터단위를 사용하여 연습문제 3−61을 다시 풀어라. 주어진 데이터를 미터단위로 표시하면 다음과 같다.

1. 펌프유량은 0.001896 m^3/s이다.
2. 오일탱크의 1지점에서 공기압력은 게이지압력으로 68.97 kPa이다.
3. 펌프 입구는 유면 아래 3.048 m에 위치해 있다.
4. 관의 안지름은 0.0381 m이다.

다음의 각 경우에 대해 2지점의 압력을 구하여라.

a. 1지점과 2지점 사이의 수두손실이 없을 경우
b. 1지점과 2지점 사이의 수두손실이 7.622 m일 경우

3-64E 그림 3−43의 펌프에서, 비중이 0.9인 오일로 $Q_{out} = 30$ gpm이다. 점 A와 B가 같은 높이를 갖는다고 할 때, Q_{in}은 얼마인가? 펌프 효율이 100%라 할 때 다음의 두 경우에 대해 A점과 B점 사이의 압력차이를 구하여라.

a. 펌프가 꺼져 있을 경우
b. 펌프의 입력동력이 2 hp일 경우

3-65M 연습문제 3−64의 단위를 미터단위로 바꾸고, 문제 a, b를 다시 풀어라.

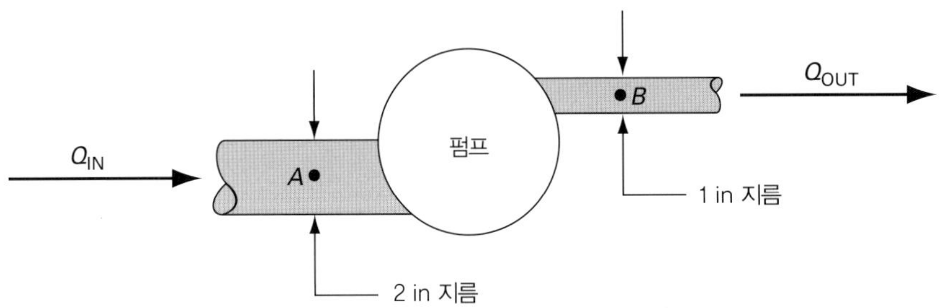

그림 3-43 연습문제 3-64의 시스템

04

Chapter

유압관로에서의 마찰 손실

학습 목표

이 단원을 공부하고 나면 다음과 같은 내용을 알아야 한다.

1. 층류와 난류를 구분할 수 있어야 한다.
2. 레이놀즈수의 중요성을 이해하여야 한다.
3. 관로의 임의의 위치에서 레이놀즈수를 구할 수 있어야 한다.
4. **마찰인자**의 의미를 알아야 한다.
5. 층류와 난류에 대한 마찰인자를 구할 수 있어야 한다.
6. 관로에서 층류 또는 난류의 수두손실을 구할 수 있어야 한다.
7. 밸브와 이음쇠에서 마찰손실을 계산할 수 있어야 한다.
8. K **인자**의 의미를 설명할 수 있어야 한다.
9. **등가길이**의 중요성을 논할 수 있어야 한다.
10. 전체 유압회로에 대한 에너지 해석을 수행할 수 있어야 한다.

4.1 서론

아직 우리는 관로 안에서의 유체유동 시 마찰 때문에 생기는 에너지손실(energy loss)의 메커니즘을 살펴보지 않았다. 물과 가솔린 같은 액체가 오일보다 더 쉽게 흐른다는 사실은 직관적으로 알 수 있다. 유동저항은 본질적으로 유체의 점성 때문에 일어난다. 유체의 점성이 클수록 유체가 흐르기 더 어렵고, 유체를 움직이는데 더 많은 에너지가 필요하다. 이 에너지는 열로 사라지기 때문에 손실 에너지가 되고, 따라서 낭비되는 에너지이다.

에너지 손실은 밸브와 이음쇠(fitting)에서도 일어난다. 이음쇠는 유체를 운반하는데 사용되는 (직관 이외의) 부품으로서, 곡관(bend), 커플링(coupling), 티(tee), 엘보(elbow), 필터, 스트레이너 등이 있다. 밸브와 이음쇠를 통한 유동경로의 상태는 에너지 손실의 양을 결정한다. 일반적으로 경로가 더 복잡할수록 더 많은 손실이 생긴다. 많은 유압응용분야에서 이음쇠로 인한 에너지손실은 관에서의 점성유동으로 인한 에너지손실보다 크다.

유공압시스템에서 모든 에너지손실을 최소화하는 것이 매우 중요하다. 따라서 시스템을 구성하는 관, 밸브와 이음쇠를 적절하게 선택해야 한다. 일반적으로 관의 지름이나 밸브와 이

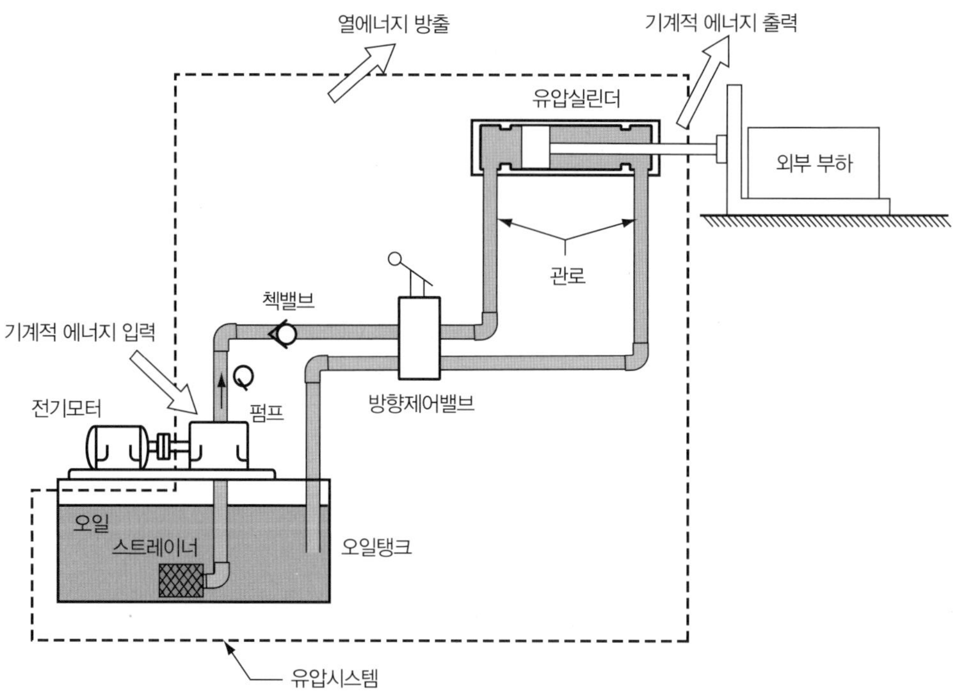

그림 4-1 관, 밸브와 이음쇠에서의 마찰유동에 의한 에너지 손실이 유압시스템의 에너지전달에 포함되어 있다.

음쇠의 크기가 작을수록 손실은 크다. 그러나 큰 지름의 관, 밸브와 이음쇠를 사용하면 돈이 많이 들고 공간을 많이 차지하게 된다. 그러므로 구성요소들의 크기를 선택할 때는 에너지 손실, 부품들의 가격, 그리고 공간 사용을 모두 고려하여 결정하여야 한다.

관, 밸브와 이음쇠의 유동저항은 실험으로 얻어지는 경험적인 공식으로부터 결정된다. 이 유동저항을 사용하면 시스템 요소의 에너지손실을 계산할 수 있다. 그리고 완전한 유공압시스템의 해석을 위해서는 에너지방정식과 연속방정식을 사용할 수 있다. 그러면 유공압시스템의 모든 요소에서 압력강하, 유량과 동력손실을 얻을 수 있다.

그림 4-1은 유압시스템(점선으로 둘러싸인 부분)을 보여주고 있다. 유압시스템의 펌프는 전기모터로부터 기계적 에너지를 공급받는다. 유압시스템은 유압실린더를 통하여 외부 부하에 기계적 에너지를 공급하고 있다. 이 동안에 유압시스템은 또한 관, 밸브와 이음쇠의 마찰유동에 의하여 발생한 열에너지를 대기중으로 방출하고 있다. 유압시스템 내에서 펌프는 오일탱크의 저압 오일을 받아 고압 오일을 만든 다음 유압실린더로 보낸다. 유압실린더는 이 고압 오일을 받아 외부 부하를 구동한 다음 저압 오일을 오일탱크로 되돌려 보낸다.

그림 4-2는 최적 성능을 위해 가변용량이면서 압력보상형인 액시얼피스톤 펌프를 사용하는 굴삭기를 보여주고 있다. 굴삭기의 백호(backhoe) 부분은 도랑파기 같은 작업을 수행한다. 굴삭기의 앞 로더(loader) 부분은 백호의 도랑파기에서 나온 흙을 덤프트럭에 싣는 역할을 한다. 펌프는 요구되는 압력으로 유압실린더에 필요한 유량을 공급함으로써 이 작동을 구현한다. 여기서 사용되는 펌프는 2,200 rpm의 작동속도에서, 3,300 psi(22,700 kPa)의 시스템 압력으로 최대 43 gpm(163 Lpm)의 유량을 공급한다.

그림 4-2 유압 굴삭기(Courtesy of Caterpillar Inc., Peoria, Illinois)

4.2 층류와 난류

3장에서 관 유동을 논의할 때, 관의 단면상의 모든 점에서 일정한 속도를 가진다고 가정하였다(그림 3-23 참조). 그러나 유체가 관을 통과하여 흐를 때, 벽면에서 유체의 속도는 0이다. 이것은 유체입자를 벽에 달라붙게 하는 점도 때문이다. 관의 벽면으로부터 멀리 떨어질 수록 유체의 속도는 커지고, 그림 4-3에서 보듯이 관의 중심선에서 가장 큰 속도를 가진다.

관에서는 두 가지 형태의 유동이 있다. 첫 번째 형태는 그림 4-4와 같이 매끄러운 층의 형태로 흐르는 특징을 가진 **층류**(laminar flow)이다. 이러한 형태의 유체 운동은 유체의 모든 입자가 평행한 경로를 따라 움직이기 때문에 **유선유동**(streamline flow)이라고 한다. 그러므로 층류에서는 입자들의 충돌하지 않고 부드럽게 흐르게 된다. 층류에서 마찰은 하나의 층이나 유체입자가 다른 층이나 유체입자에 대해 부드럽고 연속적으로 미끄러지면서 발생한다.

유동의 속도가 충분히 커지면 유동은 층류에서 벗어나 **난류**(turbulent flow)가 된다. 그림

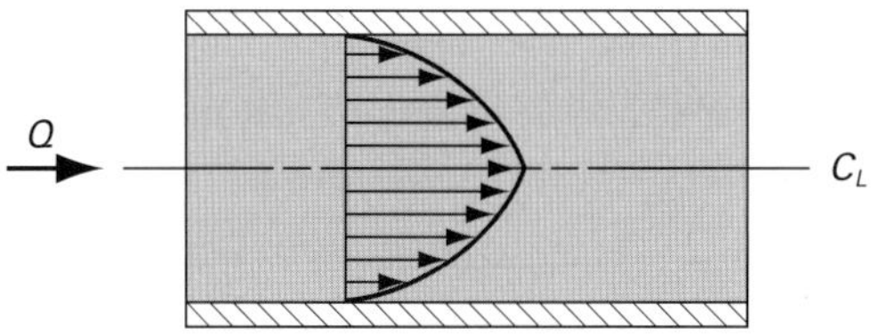

그림 4-3 관에서의 속도선도

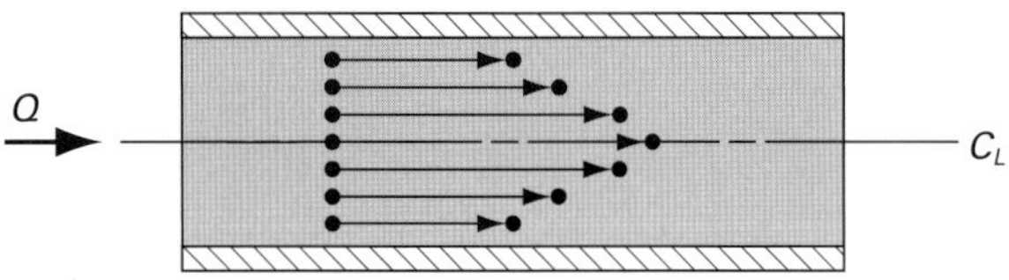

그림 4-4 층류에서 유체입자들의 직선경로

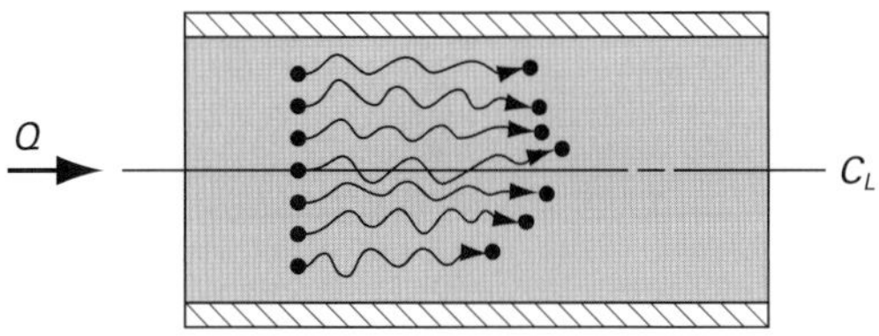

그림 4-5 난류에서 유체입자들의 불규칙한 움직임

4-5에서 보듯이 난류에서 입자 움직임은 불규칙적이고 유동방향에 평행한 방향뿐 아니라 수직한 방향으로도 움직인다. 이렇게 복잡한 운동 때문에 유체입자들이 충돌하게 되어 난류가 나타나게 된다. 따라서 난류에서 유동저항은 더 커지고 그 결과 층류보다 더 큰 에너지손실이 나타나게 된다.

층류와 난류의 이러한 차이는 수도꼭지를 사용할 때 볼 수 있다. 수도꼭지를 조금 열면, 그림 4-6(a)와 같이 적은 양의 물이 흐르면서, 그 유동의 형태는 층류가 된다. 그러나 수도꼭지를 많이 열면, 유동이 섞이면서 그림 4-6(b)와 같은 난류가 나타난다.

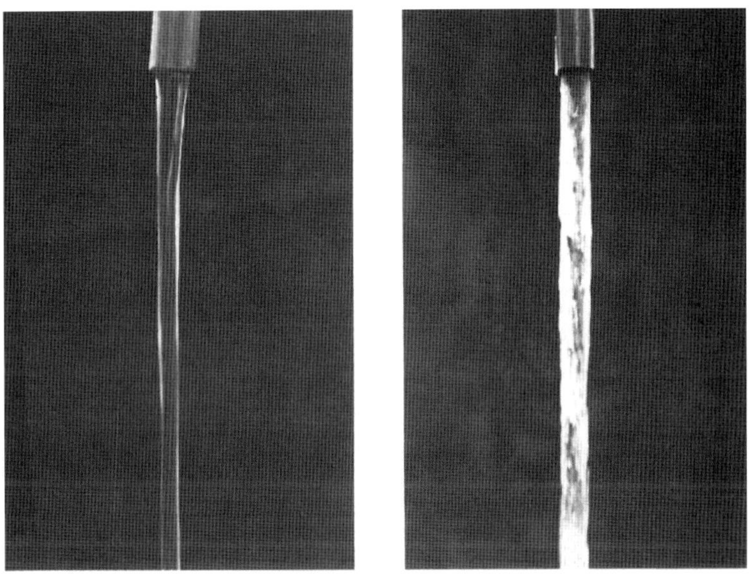

(a) (b)

그림 4-6 수도꼭지에서 유동의 형태. (a) 층류, (b) 난류(Reprinted from Introduction to Fluid Mechanics by J. E. John and W. L. Haberman, Prentice Hall, Englewood Cliffs, NJ, 1988.)

4.3 레이놀즈수

관 안에서 유동의 형태가 층류인지 난류인지를 아는 것은 중요하다. 1833년에 오스번 레이놀즈(Osborn Reynolds)는 층류에서 난류로의 천이를 지배하는 조건을 결정하기 위하여 다음과 같은 실험을 하였다. 레이놀즈는 그림 4-7과 같은 시험장치를 사용하여 큰 탱크에 있는 유체가 종 모양의 입구를 갖는 유리관을 통해 흐르게 하였다. 그는 관 끝에 있는 밸브로 유량을 조절하였다. 염료통에 연결된 모세관을 통하여 염료가 가는 유선을 그리도록 하였다.

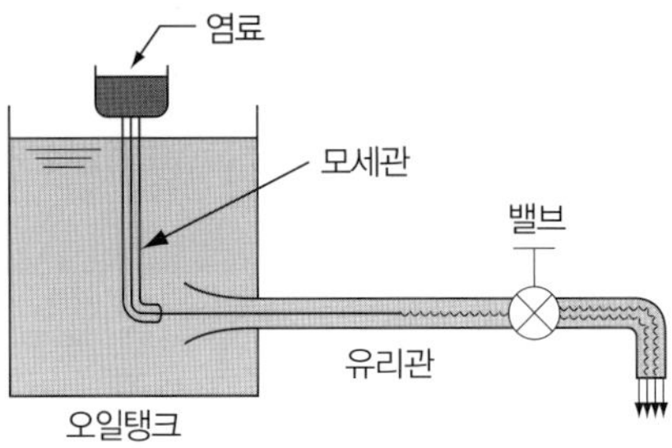

그림 4-7 레이놀즈의 실험

관의 유동이 층류일 경우에 염료는 가는 유선을 그리며 매끄럽게 흘렀다. 그러나 난류가 발생했을 때 염료는 유체와 혼합되었다.

레이놀즈는 이 실험의 결과로부터 다음과 같은 매우 중요한 결론에 도달하였다. **유동의 형태는 무차원 파라미터 $v\,D\rho/\mu$에 따라 달라진다.** 여기서 v = 유체속도, D = 관의 안지름, ρ = 유체의 밀도, 그리고 μ = 절대점도이다.

이 파라미터는 **레이놀즈수**(Reynolds number, N_R)이라고 불려지며, 레이놀즈가 실험으로부터 발견했듯이 다음과 같은 의미를 갖는다.

1. N_R이 2000보다 작으면 그 유동은 층류이다.
2. N_R이 4000보다 크면 그 유동은 난류이다.
3. 레이놀즈수가 2000에서 4000 사이의 값을 가지면 유동은 층류와 난류 사이의 임계영역에 속한다.

임계영역에서 유동의 형태를 예측하는 것은 가능하지 않다. 따라서 레이놀즈수가 임계영역에 속한다면 난류로 가정하여야 한다. 그러나 난류는 큰 손실을 야기하기 때문에, 유압시스템은 평상시 층류영역에서 작동하도록 설계되는 것이 좋다.

무차원 파라미터인 레이놀즈수($N_R = v\,D\rho/\mu = vD/\nu$)는 변수들($v$, D, ρ, μ, ν)의 단위에 따라 여러 가지로 계산될 수 있다. 이는 다음의 식으로부터 알 수 있다. 여기서 문자 M은 미터 단위를 뜻한다.

$$N_R = \frac{v(\text{ft/s}) \times D(\text{ft}) \times \rho(\text{slugs/ft}^3)}{\mu(\text{lb}\cdot\text{s/ft}^2)} = \frac{v(\text{ft/s}) \times D(\text{ft})}{\nu(\text{ft}^2/\text{s})} \quad \textbf{(4-1)}$$

$$N_R = \frac{v(\text{m/s}) \times D(\text{m}) \times \rho(\text{kg/m}^3)}{\mu(\text{N}\cdot\text{s/m}^2)} = \frac{v(\text{m/s}) \times D(\text{m})}{\nu(\text{m}^2/\text{s})} \quad \textbf{(4-1M)}$$

cP 단위의 절대점도를 사용하면 다음과 같다.

$$N_R = \frac{7740v(\text{ft/s}) \times D(\text{in}) \times \text{SG}}{\mu(\text{cP})} \tag{4-2}$$

$$N_R = \frac{1000v(\text{m/s}) \times D(\text{mm}) \times \text{SG}}{\mu(\text{cP})} \tag{4-2M}$$

cS 단위의 동점도를 사용하면 다음과 같다.

$$N_R = \frac{7740v(\text{ft/s}) \times D(\text{in})}{\nu(\text{cS})} \tag{4-3}$$

$$N_R = \frac{1000v(\text{m/s}) \times D(\text{mm})}{\nu(\text{cS})} \tag{4-3M}$$

식 (4−2), (4−2M), (4−3)과 (4−3M)에서 상수는 레이놀즈수가 무차원이 되게 하는 적당한 단위를 포함하고 있다.

난류가 존재하면, 큰 에너지손실 때문에 유체의 온도가 상승한다. 따라서 높은 온도 때문에 어려움을 겪는 난류 시스템에서는 관의 지름을 증가시켜 층류를 형성함으로써 좋아질 수 있다.

예제 4−1

유압유의 동점도는 100cS이다. 유압유가 지름 1 in의 관을 10 ft/s로 흐른다면 레이놀즈수는 얼마가 되겠는가?

풀이 식 (4−3)에 직접 대입하면

$$N_R = \frac{(7740)(10)(1)}{100} = 774$$

예제 4−2

오일($\nu = 0.001\ \text{m}^2/\text{s}$)이 지름 50 mm인 관에서 5 m/s의 속도로 흐르고 있다. 레이놀즈수는 얼마인가?

풀이 식 (4−1M)으로부터

$$N_R = \frac{5 \times 0.050}{0.001} = 250$$

4.4 다시 방정식

마찰은 유공압시스템에서 에너지손실(energy loss)의 주된 원인이다. 마찰 때문에 일어나는 에너지손실은 열로 바뀌고, 이 열은 주위의 대기로 방출된다. 그 결과 시스템의 포텐셜에너지(potential energy)는 감소하며, 이것은 압력 또는 수두에서의 손실로 나타난다. 3장에서 이 수두손실(head loss)을 항목 H_L로 표시하여 에너지방정식에 포함하였다. 그러나 이 손실수두의 크기를 어떻게 구해지는지에 대해서는 논의하지 않았다. 시스템에서 수두손실(H_L)은 크게 두 가지로 구성되어 있다.

1. 관에서의 손실
2. 밸브와 이음쇠에서의 손실

관에서의 수두손실은 다시 방정식(Darcy's equation)을 사용하여 구할 수 있다.

$$H_L = f\left(\frac{L}{D}\right)\left(\frac{v^2}{2g}\right) \quad \textbf{(4-4)}$$

여기서 f = 마찰인자(무차원)
L = 관의 길이(ft, m)
D = 관의 안지름(ft, m)
v = 유체의 평균속도(ft/s, m/s)
g = 중력가속도(ft/s^2, m/s^2)

다시 방정식으로부터 층류와 난류 모두에 대해 관에서 마찰 때문에 생기는 수두손실을 계산할 수 있다. 층류와 난류에서 다시 방정식의 차이는 단지 마찰인자(friction factor) f에 있다. 4.5절과 4.6절에서 이 각각을 논의한다.

4.5 층류에서의 마찰손실

다시 방정식은 층류의 관에서 발생하는 마찰손실(frictional loss)을 구하는 데 사용될 수 있다. 층류에 대해 다시 방정식의 마찰인자는 64를 레이놀즈수로 나눈 값과 같다.

$$f = \frac{64}{N_R} \quad \textbf{(4-5)}$$

식 (4−5)를 식 (4−4)에 대입하면, 층류에서만 유효한 하겐포아젤 방정식(Hagen-Poiseuille equation)이 얻어진다.

$$H_L = \frac{64}{N_R}\left(\frac{L}{D}\right)\left(\frac{v^2}{2g}\right) \tag{4-6}$$

예제 4−3과 4−4에서 하겐포아젤 방정식의 사용에 대해 설명한다.

예제 4−3

예제 4−1의 시스템에서 관의 길이가 100 ft일 때, 마찰 때문에 일어나는 수두손실을 psi 단위로 구하여라. 오일의 비중은 0.90이다.

풀이 식 (4−6)으로부터 피트 단위로 오일의 수두손실을 구할 수 있다.

$$H_L = \frac{64}{774}\left(\frac{100}{\frac{1}{12}}\right)\left(\frac{10^2}{64.4}\right) = 154\ \text{ft}$$

H_L의 단위가 ft · lb/lb 임을 주의하라. 그러므로 100 ft 길이의 관을 통과할 때 오일 1 파운드 당 154 ft · lb의 에너지가 손실됨을 알 수 있다.

식 (2−9)를 이용하여 피트 단위의 수두손실을 psi 단위의 압력손실로 바꿀 수 있다.

$$p_L = \gamma H_L = (\text{SG} \times \gamma_{\text{H}_2\text{O}}) \times H_L = (0.9 \times 0.0361)\text{lb/in}^3$$
$$\times (12 \times 154)\text{in} = 60\ \text{psi}$$

그러므로 오일이 100 ft 길이의 관을 통과할 때 60 psi의 압력손실이 발생한다. 이 압력손실은 마찰로 인하여 생긴 것이다.

예제 4−4

예제 4−2의 시스템에서 50 m의 길이를 가진 관에서 마찰로 인한 수두손실을 구하여라. $\gamma_{\text{oil}} = 8800\ \text{N/m}^3$이다.

풀이 식 (4−6)으로부터

$$H_L = \frac{64}{250}\left(\frac{50}{0.050}\right)\left(\frac{5^2}{2 \times 9.80}\right) = 326\ \text{m of oil}$$

압력강하는 다음과 같다.

$$\Delta p = \gamma(\text{N/m}^3) \times H_L(\text{m}) = 8800 \times 326 = 2{,}870{,}000\ \text{Pa} = 2870\ \text{kPa}$$

4.6 난류에서의 마찰손실

관 거칠기의 영향

다시 방정식은 난류에서 에너지손실을 계산하는 데도 사용될 수 있다. 그러나 마찰인자는 층류에서처럼 간단한 식으로 표현되지 않는다. 이것은 유체입자의 불규칙하며 맥동적인 움직임 때문이다.

난류의 경우에 마찰인자는 레이놀즈수뿐만 아니라 관의 상대거칠기(relative roughness)의 함수임이 실험을 통해 알려져 있다. 상대거칠기는 관 안쪽면의 표면거칠기 ε(그리스 문자 입실론)을 관의 안지름 D로 나눈 값으로 정의된다:

$$\text{상대거칠기} = \frac{\varepsilon}{D} \tag{4-7}$$

그림 4-8은 관 내면의 절대거칠기(absolute roughness)라고도 하는 표면거칠기 ε의 물리적인 의미를 보여주고 있다.

관의 거칠기는 제조방법뿐 아니라 관의 재질에도 관련이 있다. 그림 4-9는 다양한 형태의 관에 대한 절대거칠기의 일반적인 값을 보여주고 있다.

그림 4-9에 주어진 값은 새 관에 대한 평균값이라는 것을 유의하라. 여러 번 사용한 관의 거칠기는 내벽에 쌓인 침전물로 인하여 상당히 다를 수 있다.

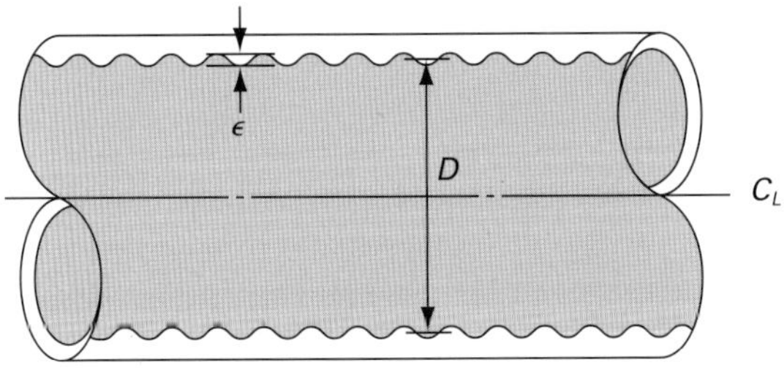

그림 4-8 관의 절대거칠기(ε)

관의 종류	절대거칠기	
	ε(in)	ε(mm)
유리 또는 플라스틱	매끈함	매끈함
인발튜브	0.00006	0.0015
상용 강철 또는 연철	0.0018	0.046
아스팔티드 주철	0.0048	0.12
함석	0.006	0.15
주철	0.0102	0.26
리벳이음한 철	0.072	1.8

그림 4-9 절대거칠기의 일반적인 값

무디선도

다시 방정식에서 사용되는 마찰인자를 구하기 위하여, 그림 4-10과 같은 무디선도(Moody diagram)를 이용할 수 있다. 이 선도는 무디(L. F. Moody)가 실험을 통하여 얻은 것이다. 이 선도는 마찰인자를 레이놀즈수와 상대거칠기의 함수로 표시하고 있다. 그러므로 레이놀즈수와 상대거칠기를 안다면 곧바로 이 무디선도로부터 마찰인자를 구할 수 있다.

다음은 주목해야 할 무디선도의 중요한 특성들이다:

1. 넓은 범위의 f와 N_R의 값을 표현하기 위하여 로그눈금으로 그려져 있다.
2. 선도의 왼쪽 부분(레이놀즈수가 2000보다 작은 부분)은 층류에 대한 직선 관계식을 나타낸다. $f = 64/N_R$.
3. 임계 영역($2000 < N_R < 4000$)에서는 유동이 층류인지 난류인지 예상이 불가능하기 때문에 곡선이 그려져 있지 않다.
4. 4000보다 큰 레이놀즈수를 가지는 영역에서 각각의 곡선은 특별한 ε/D 값에 대한 것이다. ε/D의 중간값에 대해서는 보간법(interpolation)으로 구할 수 있다.
5. 일단 완전 난류(점선의 오른쪽 부분)에 도달하면, N_R의 값이 증가하더라도 f의 값에는 영향이 없다.

예제 4-5는 무디선도로부터 층류와 난류에 대한 마찰인자 f를 구하는 것을 보여준다.

예제 4-5

유압유의 동점도는 50 cS이다. 이 유압유가 1 in의 지름을 가진 상용 강관을 따라 흐른다면, 다음의 경우에 대해 마찰인자를 구하여라.

a. 속도가 10 ft/s일 때

b. 속도가 40 ft/s일 때

풀이

a. 식 (4-3)으로부터 N_R을 구할 수 있다.

$$N_R = \frac{(7740)(10)(1)}{50} = 1548 = 1.548 \times 10^3$$

유동이 층류이므로 상대거칠기를 알 필요가 없다. f를 구하기 위하여 무디선도에서 N_R이 1.548×10^3(약 1.5×10^3)인 점을 찾는다. 그 점에서 수직으로 올라가면 직선($f = 64/N_R$)과 만나는 점을 찾을 수 있다. 만나는 점에서 다시 수평으로 따라가면 f축과 만나는 점이 0.042임을 알 수 있다.

b. $$N_R = \frac{(7740)(40)(1)}{50} = 6192 = 6.192 \times 10^3$$

유동이 난류이므로 ε/D의 값이 필요하다. 상대거칠기(무차원수)는 그림 4-9의 절대거칠기 ε으로부터 다음과 같이 구한다.

$$\frac{\varepsilon}{D} = \frac{0.0018 \text{ in}}{1 \text{ in}} = 0.0018$$

이제 N_R축에서 6.192×10^3(약 6.2×10^3)에 해당하는 점을 찾는다. 이 점에서 수직 위로 올라가 ε/D의 값이 0.0010에서 0.0020사이에서 약 0.0018인 곳까지 간다. 그리고 다시 수평으로 따라가면 f축과 만나는 점 0.036을 얻을 수 있다.

무디선도를 활용할 때, N_R의 근사값과 ε/D의 보간값을 사용하기 때문에 구해진 f 값에 약간의 차이가 있을 수 있다. 하지만 이 차이는 보통 0.001 범위 이내에 있으므로 관의 마찰손실을 계산하는데 별 지장이 없다. 4.9절에서 완전한 시스템에 대해 이러한 해석을 수행할 것이다.

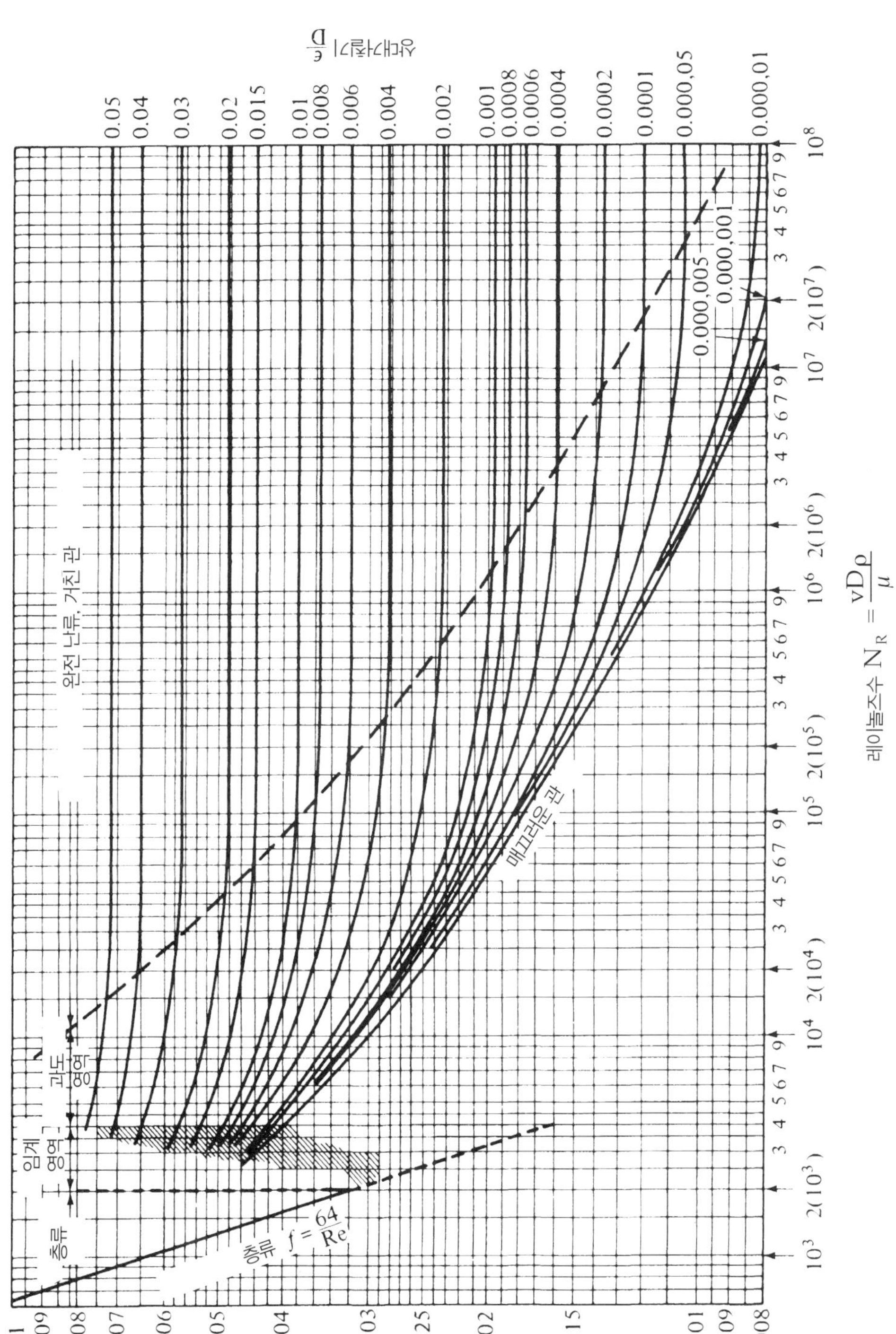

그림 4-10 무디선도(Reprinted from Introduction to Fluid Mechanics by J. E. John and W. L. Haberman, Prentice Hall, Englewood Cliffs, NJ, 1998.)

4.7 밸브와 이음쇠에서의 손실

K 인자

관에서의 마찰손실뿐 아니라 밸브와 티, 엘보, 곡관(bend)과 같은 이음쇠에서도 에너지손실이 존재한다. 많은 유공압 응용분야에서, 에너지 손실의 대부분은 유로의 단면적 변화나 유동 방향의 변화 등이 있는 밸브와 이음쇠에서 일어난다. 따라서 밸브나 이음쇠를 지나는 유동의 특성은 매우 복잡하다.

그렇기 때문에 손실을 결정하기 위하여 실험적인 방법을 많이 사용한다. 밸브와 이음쇠에서의 수두손실은 유체속도의 제곱에 비례한다는 것이 실험적으로 알려져 있다.

$$H_L = K\left(\frac{v^2}{2g}\right) \tag{4-8}$$

이 식에서 비례상수(K)를 밸브나 이음쇠의 K 인자(K factor)라고 부른다. 그림 4-11에서 여러 가지 밸브와 이음쇠에 대한 전형적인 K 인자 값을 보여주고 있다.

밸브 또는 이음쇠	*K* 인자
글로브밸브: 완전히 열렸을 때	10.0
1/2 열렸을 때	12.5
게이트밸브: 완전히 열렸을 때	0.19
3/4 열렸을 때	0.90
1/2 열렸을 때	4.5
1/4 열렸을 때	24.0
되돌림곡관	2.2
표준 티	1.8
표준 엘보	0.9
45° 엘보	0.42
90° 엘보	0.75
볼첵밸브	4.0

그림 4-11 일반적인 밸브와 이음쇠에 대한 *K* 인자

일반적인 밸브와 이음쇠

여기서 몇 가지 일반적인 밸브와 이음쇠에 대하여 설명한다.

1. **글로브밸브(globe valve):** 그림 4−12를 보라. 이 밸브는 글로브와 시트(seat) 사이에 유동이 일어날 때 유동의 방향을 바꾸게 한다. 따라서 이러한 구조는 유동저항을 증가시키지만, 유동량의 미세한 조절이 가능하다. 그림 4−12는 글로브밸브가 완전히 닫힌 상태를 보여주고 있다. 회전손잡이가 붙어 있는 글로브밸브의 이송용 축은 글로브를 올리거나 내리게 하고, 또 글로브를 시트로 안내하는 역할을 한다.

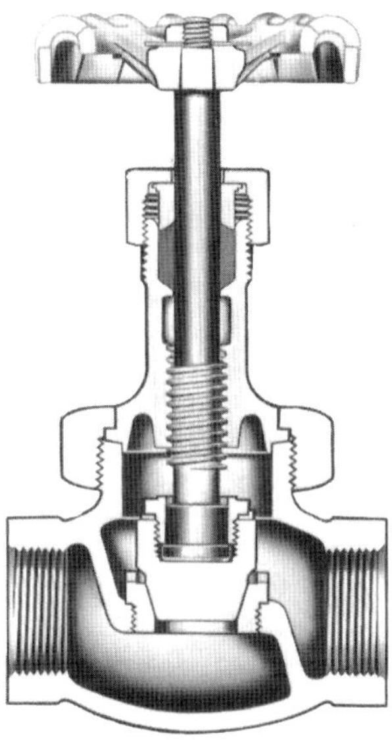

그림 4-12 글로브밸브(Courtesy of Crane Co., New York, New York)

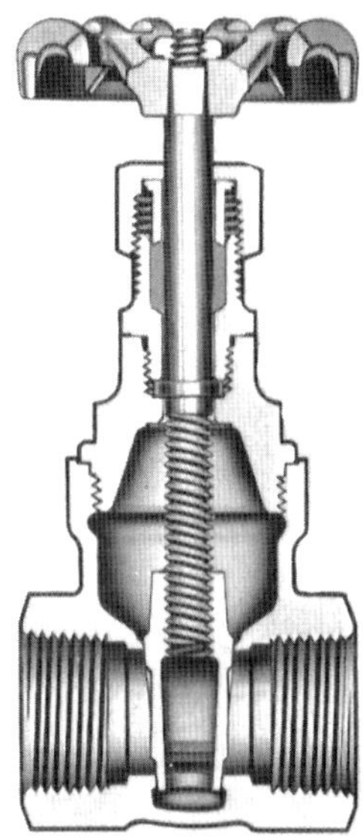

그림 4-13 게이트밸브(Courtesy of Crane Co., New York, New York)

2. **게이트밸브(gate valve):** 그림 4−13을 참조하라. 유체는 게이트밸브를 통해 직선적으로 흐른다. 그러므로 작은 유동저항이 발생하고, 그 결과 압력강하는 작다. 게이트처럼 생긴 디스크(이송용 스크루와 회전손잡이에 의해 작동)는 유동경로에 수직하게 위아래로 움직이고, 이 디스크가 양쪽 시트에 닿으면 유동을 막게 된다. 게이트밸브는 빈번한 조작이 이루어지지 않으면서 완전히 열거나 닫아 사용하는 경우에 가장 좋은 성능을 보인다. 따라서 게이트밸브는 스로틀용(throttling)으로는 적합하지 않다. 보통의 게이트밸브는 미세한 조작이 불가능하다. 디스크가 부분적으로 열린 경우에, 유동의 속도는 진동과 소음을 유발할 수 있으며 이로 인하여 디스크 시트에 손상을 입힐 수도 있다.

3. 45° 엘보(45° elbow): 그림 4-14를 보라.

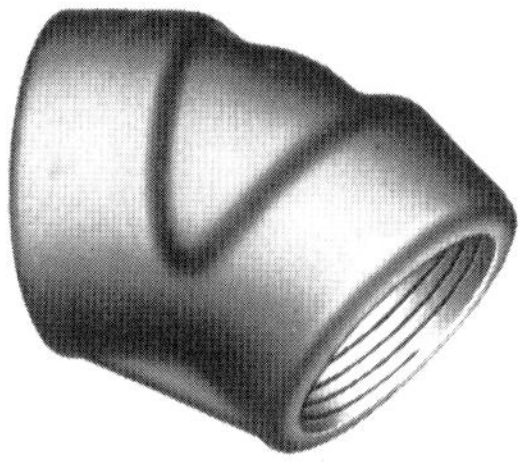

그림 4-14 45° 엘보(Courtesy of Crane Co., New York, New York)

4. 90° 엘보(90° elbow): 그림 4-15를 보라.

그림 4-15 90° 엘보(Courtesy of Crane Co., New York, New York)

5. 티(tee): 그림 4-16을 보라.

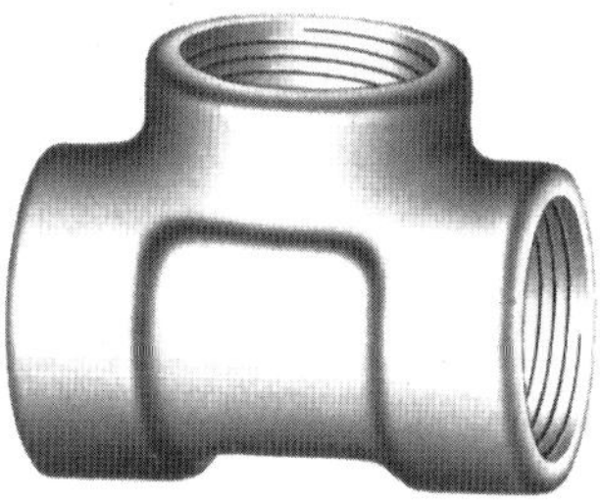

그림 4-16 티(Courtesy of Crane Co., New York, New York.)

6. 되돌림곡관(return bend): 그림 4-17을 보라.

7. 볼첵밸브(ball check valve): 그림 4-18을 보라. 첵밸브의 기능은 유체를 단지 한 방향으로만 흐르게 하는 것이다. 그러므로 첵밸브는 유압관로에서 역류를 방지하는 데 사용된다.

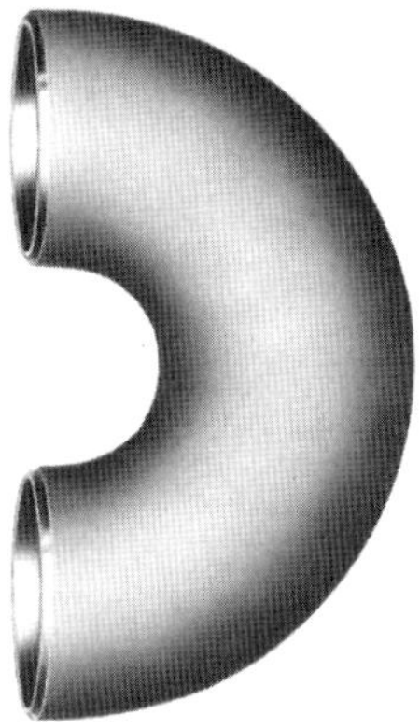

그림 4-17 되돌림곡관(Courtesy of Crane Co., New York, New York)

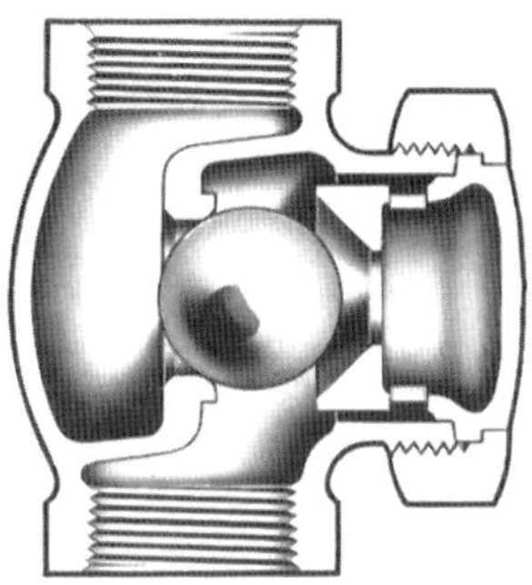

그림 4-18 볼첵밸브(Courtesy of Crane Co., New York, New York)

압력강하–유량 곡선

밸브 제조업체에 의해 유공압 밸브의 K 인자 뿐 아니라 압력강하 대 유량의 경험적인 선도가 제공되기도 한다. 그러므로 밸브를 통과하는 유량을 안다면 압력강하는 그 선도를 통해서 결정된다. 방향제어밸브와 유량제어밸브에 대해, 여러 가지 밸브위치에 대한 압력강하 대 유량 곡선이 보통 주어져 있다.

그림 4–19는 방향제어밸브의 단면도를 보여주고 있으며, 그림 4–20은 이 밸브의 K 인자 뿐 아니라 압력강하 대 유량 곡선을 보여주고 있다. 식 (4–8)로부터 알 수 있는 바와 같이, 이 곡선은 압력강하가 유량의 제곱에 비례하여 증가함을 보여주고 있다.

대부분의 유공압밸브(그림 4–19의 밸브 포함)는 스풀형 구조를 가지고 있다. 스풀(spool)은 축에 원통 랜드(land)를 달고 있는 부품으로서, 랜드가 밸브 본체의 보어(bore)에 거의 끼여 미끄러지도록 랜드 지름이 가공되어 있다. 랜드 사이의 그루브(groove)는 특정한 스풀위치에서 원하는 유동경로를 제공해 준다. 유압밸브의 구조와 작동에 대해서는 8장에서 다시 상세히 설명한다.

그림 4-19 방향제어밸브의 단면도(Courtesy of Continental Hydraulics, Division of Continental Machines, Inc., Savage, Minnesota)

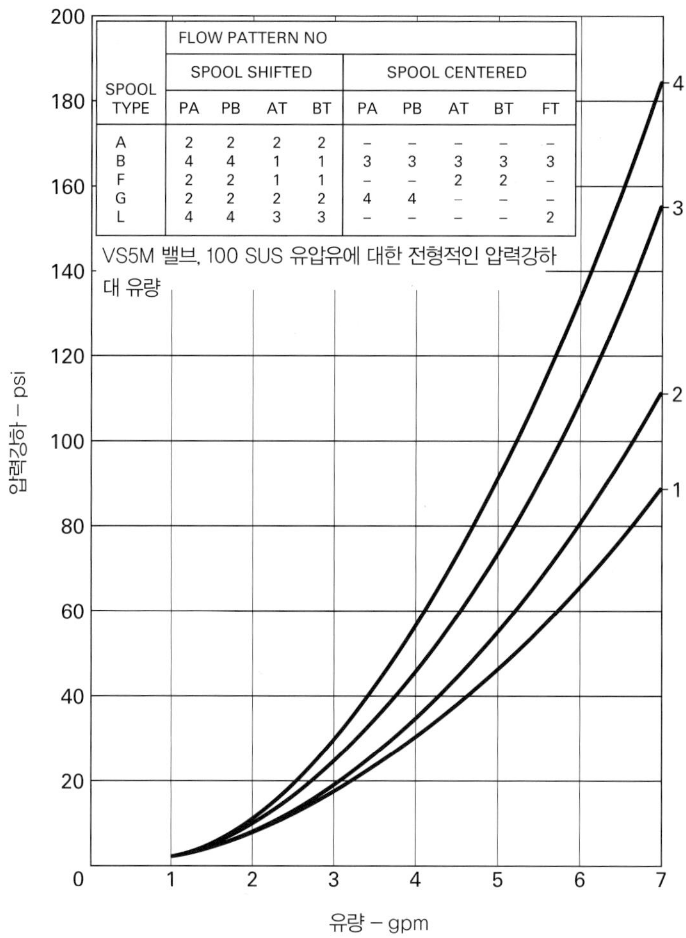

SPOOL TYPE	FLOW PATTERN NO								
	SPOOL SHIFTED				SPOOL CENTERED				
	PA	PB	AT	BT	PA	PB	AT	BT	FT
A	2	2	2	2	–	–	–	–	–
B	4	4	1	1	3	3	3	3	3
F	2	2	1	1	–	–	2	2	–
G	2	2	2	2	4	4	–	–	–
L	4	4	3	3	–	–	–	–	2

그림 4-20 방향제어밸브의 압력강하 대 유량 곡선(Courtesy of Continental Hydraulics, Division of Continental Machines, Inc., Savage, Minnesota)

예제 4-6

완전히 열린(wide open) 1 인치 글로브밸브에 30 gpm의 오일(SG = 0.9)이 흐를 때 수두손실은 얼마인가?

풀이 식 (3-22)를 이용해 유체의 속도를 구한다.

$$v(\text{ft/s}) = \frac{Q(\text{ft}^3/s)}{A(\text{ft}^2)} = \frac{30/449}{\frac{\pi}{4}(1/12)^2} = 12.2\ \text{ft/s}$$

그림 4-11로부터, 완전히 열린 글로브밸브의 K는 10임을 알 수 있다. 따라서 식 (4-8)로부터 수두손실을 다음과 같이 구할 수 있다.

$$H_L = \frac{(10)(12.2)^2}{64.4} = 23.1\ \text{ft 오일}$$

밸브 양단의 압력강하(Δp)는 다음과 같다.

$$\Delta p = \gamma H_L = (SG \times \gamma_{H_2O}) \times H_L = (0.9 \times 0.0361)\ \text{lb/in}^3$$
$$\times (12 \times 23.1)\ \text{in} = 9.01\ \text{psi}$$

예제 4-7

오일($v = 0.001\ \text{m}^2/\text{s}$, $\gamma = 8800\ \text{N/m}^3$)이 $0.02\ \text{m}^3/\text{s}$의 유량으로 완전히 열린 50 mm 게이트밸브를 통과할 때의 수두손실은 얼마인가?

풀이 먼저 유체의 속도를 구하면 다음과 같다.

$$v(\text{m/s}) = \frac{Q(\text{m}^3/\text{s})}{A(\text{m}^2)} = \frac{0.02}{\frac{\pi}{4}(0.050)^2} = 10.2\ \text{m/s}$$

그림 4-11로부터 $K = 0.19$이다. 따라서 식 (4-8)로부터 수두손실을 다음과 같이 구할 수 있다.

$$H_L = \frac{0.19(10.2)^2}{2 \times 9.80} = 1.01\ \text{m 오일}$$

밸브 양단의 압력강하는 다음과 같다.

$$\Delta p(\text{N/m}^2) = \gamma(\text{N/m}^3) \times H_L(\text{m}) = 8800(1.01) = 8890 \text{ Pa} = 8.89 \text{ kPa}$$

4.8 등가길이법

다시 방정식(Darcy's equation)으로부터 유체마찰에 의한 관내 수두손실은 유체속도의 제곱과 관의 길이에 비례한다는 것을 알았다. 다시 방정식과 식 (4−8)의 유사점은, 밸브나 이음쇠에서의 수두손실이 유체속도의 제곱에 비례한다는 사실이다.

이를 이용해, 같은 유량에 대해 밸브나 이음쇠를 통과할 때와 동일한 수두손실을 발생시키는 관의 길이를 구할 수 있다. 밸브 또는 이음쇠의 **등가길이**(equivalent length)라 불리는 이 관의 길이는, 밸브 또는 이음쇠에서의 수두손실과 관에서의 수두손실을 같게 놓음으로써 구할 수 있다.

$$H_{L(\text{valve or fitting})} = H_{L(\text{pipe})}$$

윗 식에 수식을 대입하면, 다음과 같은 식을 얻을 수 있다.

$$K\left(\frac{v^2}{2g}\right) = f\left(\frac{L_e}{D}\right)\left(\frac{v^2}{2g}\right)$$

속도가 같으므로 양변의 $v^2/2g$ 항을 소거하면 다음과 같은 결과를 얻을 수 있다.

$$L_e = \frac{KD}{f} \tag{4-9}$$

여기서 L_e를 K 인자값이 인 밸브 또는 이음쇠의 등가길이라 한다. 파라미터 K와 f는 무차원 값이며, 따라서 L_e와 D의 차원은 같다. 예를 들어 D의 단위가 피트이면 L_e의 단위 역시 피트로 계산된다.

식 (4−9)로부터 유공압시스템에서의 밸브나 이음쇠를 L_e라는 등가길이를 가진 관으로 생각할 수 있으므로 계산과정이 편리해 진다. 이는 마찰에 의한 에너지 손실을 고려하여야 하는 유압회로를 해석할 때 유용하게 사용된다. 4.9절에서 이러한 형태의 문제를 다룬다. 예제 4−8은 유압부품의 등가길이를 구하는 방법을 보여준다.

예제 4-8

$v = 100$ cS인 유압유가 지름 1인치의 상업용 강관을 통해 30 gpm으로 흐르고 있다. 이 관에 설치된 완전히 열린 1인치 글로브밸브의 등가길이를 구하여라.

풀이 마찰인자 f를 구하기 위하여, 먼저 식 (3-22)를 써서 속도 v를 구한다.

$$v(\text{ft/s}) = \frac{Q(\text{ft}^3/\text{s})}{A(\text{ft}^2)} = \frac{30/449}{\frac{\pi}{4}(1/12)^2} = 12.2\ \text{ft/s}$$

식 (4-3)으로부터 레이놀즈수를 구한다.

$$N_R = \frac{7740(12.2)(1)}{100} = 944$$

유동이 층류이므로 마찰인자를 구할 때 상대거칠기를 알 필요는 없다.

$$f = \frac{64}{N_R} = \frac{64}{944} = 0.0678$$

마지막으로, 식 (4-9)를 이용하여 다음과 같이 등가길이를 구할 수 있다.

$$L_e = \frac{KD}{f} = \frac{(10)(\frac{1}{12}\ \text{ft})}{0.0678} = 12.3\ \text{ft}$$

따라서, 유량이 30 gpm일 때, 길이가 12.3 피트인 1인치 지름의 관은 완전히 열린 1인치 글로브밸브와 동일한 마찰 에너지손실을 유발함을 알 수 있다.

4.9 유압회로 해석

이제 마찰에 의한 에너지 손실을 고려한, 전체 유압회로의 해석을 수행할 준비가 되었다. 예제 문제를 통해 그림 4-21의 유압시스템을 해석해보자.

예제 4-9

그림 4-21의 유압시스템에 대해 다음과 같은 데이터가 주어져 있다.

a. 펌프는 유체에 5마력의 일을 공급한다(펌프 유압마력 = 5).
b. 펌프유량은 30 gpm이다.
c. 관 안지름은 1인치이다.
d. 오일의 비중은 0.9이다.
e. 오일의 동점도는 100 cS이다.

유압모터의 입구(②지점)에서의 사용가능 압력을 구하여라. 오일탱크에서 오일표면 압력은 대기압(0 psig)이다. ①과 ②지점 사이의 마찰에 의한 수두손실 H_L은 주어져 있지 않다.

풀이 ①과 ②지점 사이에 에너지방정식을 적용하면 다음과 같다.

$$Z_1 + \frac{p_1}{\gamma} + \frac{v_1^2}{2g} + H_p - H_m - H_L = Z_2 + \frac{p_2}{\gamma} + \frac{v_2^2}{2g}$$

①과 ②지점 사이에는 유압모터가 없으므로, $H_m = 0$이다. $v_1 = 0$이고, 오일탱크의 윗면이 공기에 접해 있으므로 $p_1/\gamma = 0$이다. 그리고 그림 4-21로부터 $Z_2 - Z_1 = 20$ ft이다.

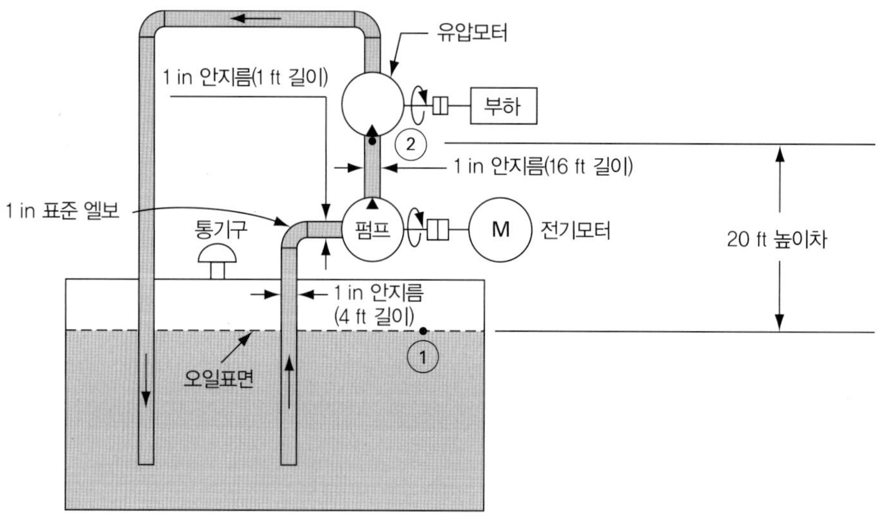

그림 4-21 예제 4-9의 유압시스템

에너지방정식을 이용하기 위해 먼저 식 (3−22)로부터 v_2를 구한다.

$$v_2(\text{ft/s}) = \frac{Q(\text{ft}^3/\text{s})}{A(\text{ft}^2)} = \frac{30/449}{\frac{\pi}{4}(1/12)^2} = 12.2\ \text{ft/s}$$

다음에는 ②지점에서 속도수두(velocity head)를 구한다.

$$\frac{v_2^2}{2g} = \frac{(12.2)^2}{64.4} = 2.4\ \text{ft}$$

레이놀즈수는 다음 식으로부터 얻어진다.

$$N_R = \frac{7740v(\text{ft/s}) \times D(\text{in})}{\nu(\text{cS})} = \frac{7740(12.2)(1)}{100} = 944$$

유동이 층류이므로, 레이놀즈수로부터 마찰인자를 바로 구할 수 있다.

$$f = \frac{64}{N_R} = \frac{64}{944} = 0.0678$$

①과 ②지점 사이에서 마찰에 의한 수두손실은 다음과 같이 구할 수 있다.

$$H_L = f\left(\frac{L_{e\text{TOT}}}{D}\right)\frac{v^2}{2g}$$

여기서

$$L_{e\text{TOT}} = L_{\text{TOT}} + L_e(\text{표준엘보})$$

$$L_{e\text{TOT}} = 16 + 1 + 4 + \left(\frac{KD}{f}\right)_{\text{표준엘보}}$$

$$L_{e\text{TOT}} = 21 + \frac{(0.9)(\frac{1}{12}\ \text{ft})}{0.0678} = 21 + 1.1 + 22.1\ \text{ft}$$

값을 대입하면 수두손실은 다음과 같다.

$$H_L = (0.0678)\frac{(22.1)}{\frac{1}{12}}(2.4) = 43\ \text{ft}$$

p_2/γ를 구하기 위해 위에서 구한 값들을 에너지방정식에 대입하면 다음과 같다.

$$\frac{p_2}{\gamma} = (Z_1 - Z_2) + H_p + \frac{p_1}{\gamma} - H_L - \frac{v_2^2}{2g}$$

$$\frac{p_2}{\gamma} = -20 + H_p + 0 - 43 - 2.4$$

$$\frac{p_2}{\gamma} = H_p - 65.4$$

식 (3−29)를 이용해 펌프수두(pump head)를 구한다.

$$H_p(\text{ft}) = \frac{3950(\text{HHP})}{Q(\text{gpm}) \times (\text{SG})} = \frac{(3950)(5)}{(30)(0.9)} = 732\ \text{ft}$$

따라서 ②지점에서의 압력수두를 아래와 같이 구할 수 있다.

$$\frac{p_2}{\gamma} = 732 - 65.4 = 667\ \text{ft}$$

그러므로 ②에서의 압력은 다음과 같이 주어진다.

$$p_2(\text{lb/ft}^2) = (667\ \text{ft}) \times \gamma(\text{lb/ft}^3)$$

여기서

$$\gamma = (\text{SG})\gamma_{\text{water}} = (0.9)(62.4) = 56.2\ \text{lb/ft}^3$$

그러므로

$$p_2 = (667)\,(56.2) = 37{,}500\ \text{lb/ft}^2 = 260\ \text{psi}$$

펌프에 의한 압력증가(입구에서 출구 사이)는 다음과 같이 얻어진다.

$$\Delta p_{\text{pump}} = \gamma H_p = 56.2\ \text{lb/ft}^3 \times 732\ \text{ft} = 41{,}100\ \text{lb/ft}^2 = 286\ \text{psi}$$

따라서 유압모터의 입구에 260 psi의 압력을 제공하기 위하여 펌프는 286 psi의 압력(입구에서 출구 사이)을 증가시켜야 한다.

4.10 SI 미터법을 사용한 회로해석

이 절에서는 SI 단위를 사용하여 마찰에 의한 에너지손실을 고려하는 전체 유압회로의 해석을 수행한다.

예제 4-10

그림 4-21의 유압시스템에 대해, 다음과 같은 미터단위의 데이터가 주어져 있다.

a. 펌프는 유체에 3.73 kW를 가한다.
b. 펌프유량은 0.00190 m^3/s이다.
c. 관 안지름은 0.0254 m이다.
d. 오일의 비중은 0.9이다.
e. 오일의 동점도는 100 cS이다.
f. ①과 ②지점의 높이차는 6.10 m이다.
g. 관의 길이는 다음과 같다: 펌프 입구측의 관 길이 = 1.53 m, 펌프 출구에서 유압모터까지의 관 길이 = 4.88 m.

유압모터의 입구(②지점)에서 사용가능 압력을 구하여라. 오일탱크에서 오일표면 압력은 대기압(0 psig)이다. ①과 ②지점 사이의 마찰에 의한 수두손실 H_L은 주어져 있지 않다.

풀이 SI 미터법에서 절대점도는 $N \cdot s/m^2$의 단위로 주어진다. 즉, 절대점도의 단위는 $\mu(N \cdot s/m^2) = Pa \cdot s$이다. 여기서 주어진 cS 단위의 점도를 적절한 SI 미터단위의 점도로 변환하여야 한다. 이를 위하여 먼저 $dyn \cdot s/m^2$ 또는 포아즈(Poise) 단위와 $N \cdot s/m^2$ 사이의 변환이 이루어져야 한다.

$$\mu(N \cdot s/m^2) = \mu(dyn \cdot s/cm^2) \times \frac{1N}{10^5\ dyn} \times \left(\frac{100\ cm}{1\ m}\right)^2$$

따라서 절대점도에 대한 다음과 같은 변환식을 얻을 수 있다.

$$\mu(N \cdot s/m^2) = \frac{\mu(dyn \cdot s/cm^2)}{10} = \frac{\mu(poise)}{10} \qquad \textbf{(4-10)}$$

센티포아즈(centipoise)는 포아즈의 1/100이므로, $N \cdot s/m^2$와 센티포아즈 사이의 변환식은 다음과 같다.

$$\mu(\mathrm{P}) = \frac{\mu(\mathrm{cP})}{100} \tag{4-11}$$

식 (4−11)을 식 (4−10)에 대입하면 N · s/m² 단위의 점도가 얻어진다.

$$\mu(\mathrm{N \cdot s/m^2}) = \frac{\mu(\mathrm{cP})}{100(10)} = \frac{\mu(\mathrm{cP})}{1000} \tag{4-12}$$

하지만, 이 문제에서는 절대점도가 아닌 동점도 값이 주어져 있으므로, cS단위의 동점도를 적절한 SI 미터단위의 동점도로 변환하여야 한다. 동점도의 SI 미터단위는 $\nu = \mathrm{m^2/s}$이다. cm²/s 또는 스토크(stokes) 단위와 m²/s 단위 사이의 관계는 아래와 같다.

$$\nu(\mathrm{m^2/s}) = \nu(\mathrm{cm^2/s}) \times \left(\frac{1\ \mathrm{m}}{100\ \mathrm{cm}}\right)^2 = \frac{\nu(\mathrm{cm^2/s})}{10{,}000} = \frac{\nu(\mathrm{stokes})}{10{,}000} \tag{4-13}$$

센티스토크(centistoke)는 스토크의 1/100이므로

$$\nu(\mathrm{stokes}) = \frac{\nu(\mathrm{cS})}{100} \tag{4-14}$$

단위와 센티포아즈 단위 사이의 관계식은 식 (4−14)를 식 (4−13)에 대입하면 얻어진다.

$$\nu(\mathrm{m^2/s}) = \frac{\nu(\mathrm{stokes})}{10{,}000} = \frac{\nu(\mathrm{cS})}{10{,}000 \times 100} = \frac{\nu(\mathrm{cS})}{1{,}000{,}000} \tag{4-15}$$

본래의 문제로 되돌아가서, ①과 ②지점 사이에 에너지방정식을 적용하면 다음과 같다.

$$Z_1 + \frac{p_1}{\gamma} + \frac{v_1^2}{2g} + H_p - H_m - H_L = Z_2 + \frac{p_2}{\gamma} + \frac{v_2^2}{2g}$$

①과 ②지점 사이에는 유압모터가 없으므로, $H_m = 0$이다. $v_1 = 0$이고, 오일탱크의 윗면이 공기와 접해있으므로 $p_1/\gamma = 0$이다. 그리고 주어진 데이터로부터 $Z_2 - Z_1 = 6.10$ m이다. 에너지방정식을 이용하기 위해 먼저 v_2를 구한다.

$$v_2(\mathrm{m/s}) = \frac{Q(\mathrm{m^3/s})}{A(\mathrm{m^2})} = \frac{0.00190}{(\pi/4)(0.0254)^2} = 3.74\ \mathrm{m/s}$$

다음에는 ②지점에서 속도수두를 구한다.

$$\frac{v_2^2}{2g} = \frac{(3.74\ \mathrm{m/s})^2}{2(9.80\ \mathrm{m/s^2})} = 0.174\ \mathrm{m}$$

레이놀즈수는 다음과 같이 얻어진다.

$$N_R = \frac{v(\mathrm{m/s}) \times D(\mathrm{m})}{\nu(\mathrm{m^2/s})} = \frac{(3.74)(0.0254)}{100/1{,}000{,}000} = 944$$

유동이 층류이므로, 레이놀즈수로부터 마찰인자를 바로 구할 수 있다.

$$f = \frac{64}{N_R} = \frac{64}{944} = 0.0678$$

①과 ②지점 사이에서 마찰에 의한 수두손실은 다음과 같이 구해진다.

$$H_L = f\left(\frac{L_{\mathrm{eTOT}}}{D}\right)\frac{v^2}{2g}$$

여기서

$$L_{\mathrm{eTOT}} = 4.88 + 1.53 + \left(\frac{KD}{f}\right)_{\text{std elbow}}$$

$$L_{\mathrm{eTOT}} = 6.41 + \frac{(0.9)(0.0254)}{0.0678} = 6.41 + 0.34 = 6.75\ \mathrm{m}$$

$$H_L = (0.0678)\frac{(6.75)}{0.0254}(0.714) = 12.9\ \mathrm{m}$$

p_2/γ를 구하기 위해 위에서 구한 값들을 에너지방정식에 대입하면 다음과 같다.

$$\frac{p_2}{\gamma} = (Z_1 - Z_2) + H_p + \frac{p_1}{\gamma} - H_L - \frac{v_2^2}{2g}$$

$$\frac{p_2}{\gamma} = -6.10 + H_p + 0 - 12.9 - 0.714 = H_p - 19.7$$

식 (3-36)을 이용해 펌프수두를 구한다.

$$H_p(m) = \frac{\text{펌프 유압동력(W)}}{\gamma(\mathrm{N/m^3}) \times Q(\mathrm{m^3/s})}$$

여기서 $\gamma = (\mathrm{SG})\ \gamma_{\mathrm{water}} = 0.9 \times 9800\ \mathrm{N/m^3} = 8820\ \mathrm{N/m^3}$

$$H_p(\mathrm{m}) = \frac{3730}{8820 \times 0.00190} = 223.1\ \mathrm{m}$$

따라서 ②지점에서의 압력수두를 아래와 같이 구할 수 있다.

$$\frac{p_2}{\gamma} = 223.1 - 19.7 = 203.4 \text{ m}$$

p_2에 대해 풀면 다음과 같다.

$$p_2(\text{N/m}^2) = (203.4 \text{ m}) \times \gamma(\text{N/m}^3)$$

$$p_2(\text{N/m}^2) = 203.4 \times 8820 = 1{,}790{,}000 \text{ Pa} = 1790 \text{ kPa}$$

4.11 중요한 식들

레이놀즈수

영국단위 혹은 미터단위: $$N_R = \frac{vD\rho}{\mu} = \frac{vD}{\nu} \quad \textbf{(4-1)}$$

cP를 사용한 영국단위: $$N_R = \frac{7740v(\text{ft/s}) \times D(\text{in}) \times \text{SG}}{\mu(\text{cP})} \quad \textbf{(4-2)}$$

cP를 사용한 미터단위: $$N_R = \frac{1000v(\text{m/s}) \times D(\text{mm}) \times \text{SG}}{\mu(\text{cP})} \quad \textbf{(4-2M)}$$

cS를 사용한 영국단위: $$N_R = \frac{7740v(\text{ft/s}) \times D(\text{in})}{\nu(\text{cS})} \quad \textbf{(4-3)}$$

cS를 사용한 미터단위: $$N_R = \frac{1000v(\text{m/s}) \times D(\text{mm})}{\nu(\text{cS})} \quad \textbf{(4-3M)}$$

다시(Darcy) 방정식: $$H_L = f\left(\frac{L}{D}\right)\left(\frac{v^2}{2g}\right) \quad \textbf{(4-4)}$$

층류 마찰인자: $$f = \frac{64}{N_R} \quad \textbf{(4-5)}$$

하겐포아젤(Hagen-Poiseuille) 방정식: $$H_L = \frac{64}{N_R}\left(\frac{L}{D}\right)\left(\frac{v^2}{2g}\right) \quad \textbf{(4-6)}$$

상대거칠기: $$\text{상대거칠기} = \frac{\varepsilon}{D} \quad \textbf{(4-7)}$$

이음쇠와 밸브에서의 수두손실: $$H_L = K\left(\frac{v^2}{2g}\right) \quad \textbf{(4-8)}$$

이음쇠와 밸브의 등가길이: $$L_e = \frac{KD}{f} \quad \textbf{(4-9)}$$

연습문제

질문, 개념과 정의

4-1 유압시스템에서 관, 밸브와 이음쇠의 크기를 적당하게 선정하는 것이 왜 중요한가?

4-2 층류와 난류의 물리적 차이점은 무엇인가?

4-3 레이놀즈의 실험으로부터 나온 중요한 결론은 무엇인가?

4-4 상대거칠기를 정의하여라.

4-5 밸브나 이음쇠의 K 인자는 무엇을 의미하는가?

4-6 밸브나 이음쇠의 등가길이는 무엇을 의미하는가?

4-7 압력손실을 최소화하기 위해 밸브의 K 인자는 가능한 한 작게 해야 한다. 이 말은 사실인가 거짓인가?

4-8 유체의 흐름에 있어서 난류가 발생하는 원인을 두 가지 말하시오.

문제

주: 문제 번호 뒤의 E는 영국단위를 사용하고 있다는 것을 의미하고, M은 미터단위를 사용하고 있다는 것을 의미한다.

레이놀즈수

4-9E 오일의 동점도가 75 cS이다. 이 오일이 지름이 1.5 in인 관을 20 ft/s의 속도로 지날 때 레이놀즈수는 얼마인가? 이 유동은 층류인가 난류인가?

4-10M 유압유의 동점도가 0.0001 m^2/s이다. 지름이 30 mm인 관을 6 m/s의 속도로 지날 때 레이놀즈수는 얼마인가? 이 유동은 층류인가 난류인가?

4-11 유압시스템이 레이놀즈수 1000에서 작동되고 있다. 만약 온도가 올라가서 점성이 감소하였다면 레이놀즈수는 증가하겠는가 감소하겠는가? 아니면 변화하지 않겠는가?

관로에서의 마찰손실

4-12E 연습문제 4–9의 시스템에서 100 ft의 매끄러운 관을 사용하였을 때 psi 단위로 마찰로 인한 수두손실을 구하여라. 단 오일의 비중은 0.9이다.

4-13E 유체의 동점도가 100 cS이다. 이 유체가 3/4인치 상용 강관을 흐를 때 다음 각 경우에 대하여 마찰인자를 구하여라.

a. 속도가 15 ft/s일 때

b. 속도가 45 ft/s일 때

4-14M 연습문제 4−10의 시스템에서 100 m길이의 매끄러운 관을 사용하였을 때 마찰로 인한 bar 단위의 수두손실을 구하여라. 오일의 비중은 0.9이다.

4-15M 유압유의 동점도가 0.0001이다. 지름이 20 mm인 상용 강관을 이 유압유가 흐를 때, 다음 각 경우에 대하여 마찰인자를 구하여라.

a. 속도가 2 m/s일 때

b. 속도가 10 m/s일 때

4-16 관 내에서 층류의 마찰 압력손실은 액체속도에 ________한다.

4-17 관 내에서 완전한 난류의 마찰 압력손실은 속도의 ________에 따라 변한다.

밸브와 이음쇠에서의 손실

4-18E 비중이 0.9인 오일이 100 gpm의 유량으로 완전히 열린 1.5 in 게이트밸브(gate value)를 지날 때 수두손실은 얼마인가?

4-19M 비중이 0.9인 오일이 0.004의 유량으로 완전히 열린 30 mm 게이트밸브를 지날 때 수두손실은 얼마인가?

4-20 밸브를 지나는 부피유량이 두 배로 증가 될 때, 어떤 요인에 의해 압력강하가 증가하는가?

4-21E 0.5 in^2의 유효단면적을 갖는 방향제어밸브가 60 gpm에서 40 psi의 압력강하를 나타낸다. 유체의 비중이 0.9일 때, 밸브의 유량계수와 K 인자를 구하여라.

4-22M 연습문제 4−21의 방향제어밸브에 대하여 위의 수치들을 미터단위로 바꾸어 유량계수와 K 인자를 계산하고, 영국단위를 사용하여 구한 값과 비교하여라. 왜 그런지 설명하여라.

등가길이법

4-23E 지름이 0.75 in인 상용 강관에 30 gpm으로 오일이 흐르고 있다. 이 관로에 완전히 열린 0.75 in 게이트밸브가 설치되었을 경우에 등가길이는 얼마인가? 오일의 비중은 0.9이고, 동점도는 75 cS이다.

4-24M 지름이 20 mm인 상용 강관에 0.002 m^3/s로 오일이 흐르고 있다. 이 관로에 완전히 열린 20 mm 게이트밸브가 설치되었을 경우에 등가길이는 얼마인가? 오일의 비중은 0.9이고, 동점도는 0.0001 m^2/s이다.

유압회로 해석

4-25E 그림 4−21의 유압시스템에 대하여 다음과 같은 데이터가 주어져 있다.

1. 펌프는 유체에 4 hp를 가한다(펌프 유압마력 = 4).
2. 펌프 유량은 25 gpm이다.
3. 관의 안지름은 0.75 in이다.
4. 오일의 비중은 0.9이다.
5. 오일의 동점도는 75 cS이다.

이 유압모터 입구(②지점)에서 이용 가능한 압력을 구하여라.

4-26E 그림 4-22의 유압시스템에서 오일탱크에 10 psig의 공기가 들어 있다. 펌프 입구는 오일의 수위보다 10 ft 아래에 있다. 펌프유량은 30 gpm이다. ②지점에서의 압력을 구하여라. 오일의 비중은 0.90이고 동점도는 100 cS이다. 스트레이너에서의 압력강하는 1 psi로 가정한다.

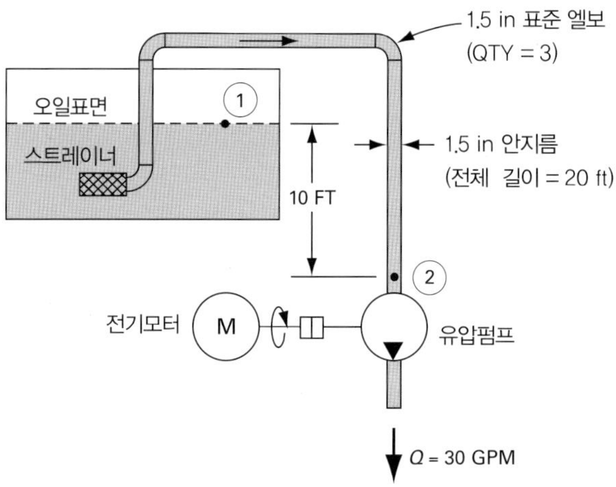

그림 4-22 연습문제 4-26의 유압시스템

4-27M 연습문제 4-25를 미터단위를 이용하여 풀어라. 미터단위 데이터는 아래와 같다.

1. 펌프는 유체에 2.984 kW를 공급한다(펌프 유압동력 = 2.984 kW).
2. 펌프 유량은 0.00158 m^3/s이다.
3. 관의 안지름은 19.05 mm이다.
4. 오일의 비중은 0.9이다.
5. 오일의 동점도는 75 cS이다.
6. ①지점과 ②지점 사이의 높이차는 6.096 m이다.
7. 관의 길이는 다음과 같다. 1ft = 0.305 m, 4ft = 1.22 m, 그리고 16 ft = 4.88 m.

이 유압모터 입구(②지점)에서 이용 가능한 압력을 구하여라.

4-28M 연습문제 4−26을 미터단위를 이용하여 풀어라. 미터단위 데이터는 아래와 같다.

1. 오일탱크는 68.97 kPa 게이지압력의 공기로 차 있다.
2. 펌프의 입구는 오일표면으로부터 3.048 m 아래에 있다.
3. 펌프 유량은 0.001896 m^3/s이다.
4. 오일의 비중은 0.90이다.
5. 동점도는 100 cS이다.
6. 스트레이너에서의 압력강하는 6.897 kPa이라 가정한다.
7. 관의 안지름은 38.1 mm이다.
8. 관의 전체 길이는 6.097 m이다.

②지점에서의 압력을 구하여라.

4-29E 그림 4−23의 시스템에 대하여, psi 단위로 $p_2 - p_1$의 값을 계산하여라. 오일의 동점도(ν)는 100 cS이고, 비중(SG)은 0.90이다.

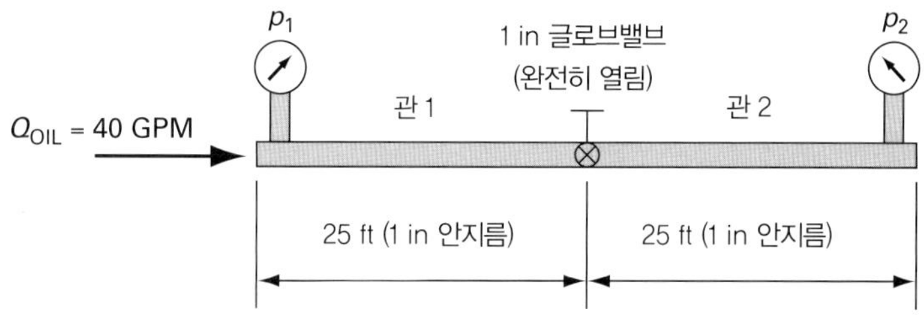

그림 4-23 연습문제 4-29의 유압시스템

4-30M 연습문제 4−29의 시스템에 대하여, 다음과 같은 새로운 데이터가 주어져 있다.

관 1 : 길이 = 8 m, 안지름 = 25 mm

관 2 : 길이 = 8 m, 안지름 = 25 mm

25 mm 크기의 글로브밸브는 완전히 열려 있다.

비중 = 0.90, 동점도 = 0.0001 m^2/s, 유량 = 0.0025 m^3/s

이 때 bar 단위로 $p_2 - p_1$의 값을 구하여라.

4-31E 그림 4−24의 시스템에서, $p_1 = 100$ psi일 때 p_2를 psi 단위로 계산하여라. 관 길이는 45 ft이고, 안지름은 1.5 in이다. 그리고 관은 수평면에 놓여 있다. 유량은 30 gpm이다(SG = 0.90, υ = 100 cS).

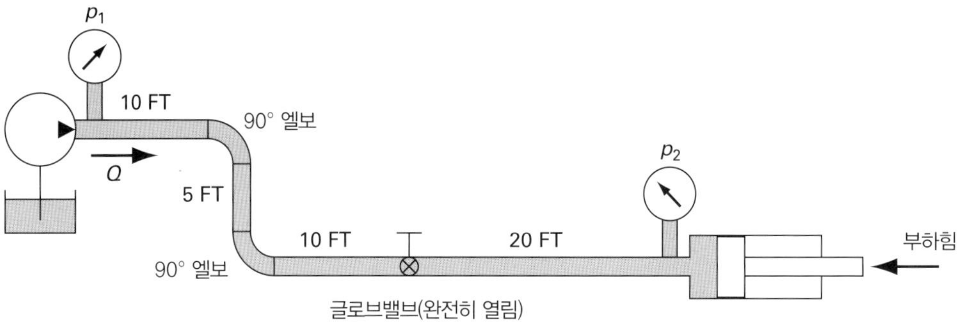

그림 4-24 연습문제 4-31의 유압시스템

4-32M 연습문제 4-31의 시스템에 대해 다음과 같은 새로운 데이터가 주어져 있다.

$$p_1 = 7 \text{ bar},\ Q = 0.002 \text{ m}^3/\text{s}$$

관: 총길이 = 15 m, 안지름 = 38 mm

오일: 비중 = 0.9, 동점도 = 0.0001 m^2/s

bar 단위로 p_2를 계산하여라.

4-33E 그림 4-25의 유압시스템에서 실린더가 늘어나는 방향으로 움직이는 동안 유압실린더에 걸리는 외부 부하 F를 구하여라. 마찰에 의한 압력손실을 고려하여라. 펌프는 입구쪽에 비해 출구쪽 압력을 1,000 psi 증가시키며, 40 gpm의 유량을 공급하고 있다. 또 다음과 같은 데이터가 주어져 있다.

오일의 동점도 = 0.001 ft^2/s

오일의 비중량 = 50 lb/ft^3

실린더 피스톤의 지름 = 8 in

실린더 로드의 지름 = 4 in

모든 엘보는 90°이고 K 인자는 0.75이다. 관의 길이와 안지름은 그림 4-25에 주어져 있다.

4-34E 연습문제 4-33의 시스템(그림 4-25)에 대하여, 마찰 압력손실로 인한 열 발생률을 계산하여라.

4-35E 연습문제 4-33의 시스템(그림 4-25)에 대하여, 실린더의 전진속도와 후진속도를 계산하여라.

4-36M 연습문제 4-33의 시스템(그림 4-25)에 대하여, 데이터를 미터단위로 바꾸고, 실린더가 늘어나는 방향으로 움직이는 동안 유압실린더에 걸리는 외부 부하 F를 구하여라.

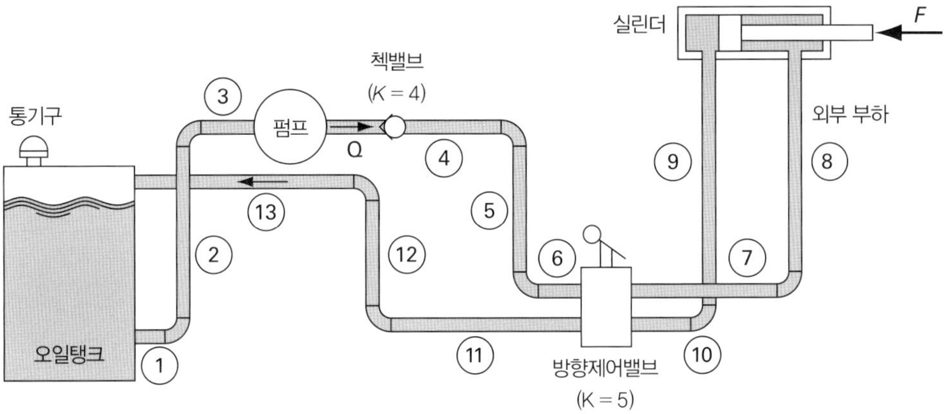

관 번호	길이(ft)	지름(in)	관 번호	길이(ft)	지름(in)
1	2	1.5	8	5	1.0
2	6	1.5	9	5	0.75
3	2	1.5	10	5	0.75
4	50	1.0	11	60	0.75
5	10	1.0	12	10	0.75
6	5	1.0	13	20	0.75
7	5	1.0			

그림 4-25 연습문제 4-33의 시스템

4-37M 연습문제 4-36의 시스템에 대하여, 열 발생률을 계산하여라.

4-38M 연습문제 4-36의 시스템에 대하여, 실린더의 전진속도와 후진속도를 계산하여라.

05

Chapter

유압펌프

학습 목표

이 단원을 공부하고 나면 다음과 같은 내용을 알아야 한다.

1. 용적식 펌프와 비용적식 펌프를 구분할 수 있어야 한다.
2. 펌프의 작동을 설명할 수 있어야 한다.
3. 기어펌프, 베인펌프 및 피스톤펌프의 작동을 설명할 수 있어야 한다.
4. 용적식 펌프에 의하여 공급될 수 있는 설계 유량을 결정할 수 있어야 한다.
5. 액시얼 피스톤펌프와 레이디얼 피스톤펌프를 구별할 수 있어야 한다.
6. 정용량형 펌프와 가변용량형 펌프를 구별할 수 있어야 한다.
7. 압력보상 펌프의 작동을 설명할 수 있어야 한다.
8. 사축식 피스톤펌프와 사판식 피스톤펌프를 구별할 수 있어야 한다.
9. 내접 기어펌프와 외접 기어펌프의 차이를 이해하여야 한다.
10. 용적 효율, 기계적 효율, 전효율을 통해 펌프의 성능을 평가할 수 있어야 한다.
11. 펌프 캐비테이션 현상을 설명하고, 캐비테이션 발생을 방지할 수 있는 방법을 알아야 한다.
12. 기어펌프, 베인펌프, 피스톤펌프의 여러 가지 성능지수를 비교할 수 있어야 한다.
13. 데시벨 단위로 표현된 소리 강도의 중요성을 이해하여야 한다.
14. 펌프 소음의 원인을 설명하고, 소음 크기를 줄이는 방법을 알아야 한다.
15. 주어진 응용 사례에 대하여, 펌프를 선정하는 과정을 순차적으로 기술할 수 있어야 한다.

5.1 서론

유압시스템의 심장과도 같은 펌프는 기계적 에너지를 유압 에너지로 변환시킨다. 기계적 에너지는 전기모터와 같은 원동기에 의해 펌프로 전달된다. 기계적인 운동에 의해 펌프 입구측에 부분적인 진공상태가 만들어진다. 이는 대기압으로 하여금 유체를 입구측 관로를 통해 펌프로 밀어넣도록 하며, 펌프는 유체를 유압시스템으로 밀어넣는다.

유공압 산업에서는 펌프를 크게 두 부류로 구분한다.

1. **동적(비용적식) 펌프:** 비용적식 펌프(nonpositive displacement pump)는 대개 저압, 대유량 용도로 쓰인다. 이러한 펌프에는 고압을 견딜 수 있는 능력이 없기 때문에 유압분야에서는 거의 쓰이지 않는다. 최대 압력용량은 보통 250~300 psi이다. 이러한 펌프는 한 지점에서 다른 지점으로 유체를 이동시키는 데 주로 쓰인다. 다이나믹 펌프의 가장 일반적인 두 가지 타입은 원심펌프와 액시얼 프로펠러 펌프이다.

2. **용적식 펌프:** 용적식 펌프(positive displacement pump)는 유압시스템에서 광범위하게 사용된다. 이름에서도 알 수 있듯이, 용적식 펌프는 펌프축이 한 번 회전할 때마다 일정한 양의 유체를 유압시스템에 공급한다. 이러한 펌프는 마찰로 인한 유동저항과 시스템에 가해지는 기계적 부하로부터 발생하는 압력을 극복할 수 있다. 이 두 가지는 유압펌프에 필요한 특성이다. 이러한 펌프는 비용적식 펌프와 비교할 때 다음과 같은 이점이 있다.

   a. 고압 특성(12,000 psi까지)
   b. 작고 간결한 크기
   c. 높은 용적 효율
   d. 설계 압력범위에서 작은 효율 변화
   e. 성능의 큰 유연성(넓은 압력범위와 속도범위에 대해서 작동한다.)

용적식 펌프는 크게 기어펌프, 베인펌프, 피스톤펌프의 세 가지 형태가 있다. 이 세 가지 형태의 설계에 기초하여 많은 변종들이 있을 수 있다. 예를 들면, 베인펌프와 피스톤펌프는 정용량형일 수도 있고 가변용량형일 수도 있다. 정용량형 펌프는 1회전당 토출되는 유량이 변하지 않는 펌프이다. 가변용량형 펌프는 여러 가지 펌프 부품들의 물리적인 관계를 변화시킴으로써 용적을 변화시킬 수 있는 펌프이다. 펌프 용적을 변화시킴으로써, 펌프속도를 고정하고도 펌프의 출력유량을 변화시킬 수 있다.

펌프는 압력을 생성하는 것이 아니라 유량을 생성한다는 것을 이해하여야 한다. 유압시스템에서 발생하는 이 유동저항이 압력을 결정한다. 예를 들어, 용적식 펌프의 토출관을 대기중으로 열어 놓았다면, 유동은 있겠지만 유동에 대한 저항이 없기 때문에 대기압 이상의 토출 압력은 발생하지 않는다. 그러나 만약 토출관이 막혀 있다면, 이론적으로 무한대 크기의 저항이 유동에 가해질 것이다. 유체가 갈 수 있는 곳이 없기 때문에, 압력의 배출이 없다면 일부 부품이 부서질 때까지 압력은 증가할 것이다. 이것은 용적식 펌프를 사용했을 때 압력릴리프 밸브가 필요한 이유이다. 압력이 설정값에 도달하면 릴리프밸브가 열려서 유량이 다시 오일 탱크로 빠지도록 한다. 따라서 압력릴리프밸브는 부하저항의 크기에 관계없이 시스템이 접하게 되는 최대 압력을 결정한다. 압력릴리프밸브와 같은 유압 제어부품에 대한 논의는 8장에서 한다.

일부 펌프는 가변용량 능력과 압력보상 능력을 가지고 있다. 이러한 펌프는 압력이 높아지면 유량이 감소하도록 설계되어 있다. 결국 미리 설정한 최대 압력 수준에서는 펌프의 배제용적이 0이 되어, 출력유량이 0으로 접근한다. 이러한 방법으로 추가적인 압력상승을 막을 수 있다. 압력보상펌프를 사용할 때는 압력릴리프밸브가 필요 없다.

펌프에 의해 만들어진 유압동력은 다시 유압실린더와 모터에 의해 기계적 에너지로 변환되며, 유압실린더와 모터는 유용한 출력 일을 한다. 유압실린더와 모터는 각각 6장과 7장에서 다룬다.

5.2 물분사 절단

5.3절부터 5.12절에서 다루고 있는 유압펌프의 설계와 작동원리에 대한 설명에 들어가기 전에 본 절에서는 유압펌프의 사용을 포함하는 유압의 제조업 응용에 대해 살펴본다. 그림 5-1은 물분사 절단(waterjet cutting)이라 불리는 유압의 응용 예를 보여준다. 간단히 설명하면, 물분사 절단 시스템은 물을 60,000 psi 이상 가압시키고, 다이아몬드 오리피스와 노즐을 통해 고압의 물이 분사될 수 있도록 한다. 오리피스와 노즐은 정교한 물분사(0.005에서 0.010 in 사이의 직경)가 노즐 팁에서 음속의 세 배 이상의 속도로 이루어질 수 있게 한다. 물분사의 고속 · 고정밀 위치제어를 통하여 마무리 부품(finished parts)을 만들어내기 위한 원재료 절단을 쉽고 정밀하게 작업할 수 있게 된다. 철, 알루미늄, 고무, 유리, 복합재 그리고 세라믹과 같은 균일한 밀도를 갖는 재료는 어떠한 것이든 절단될 수 있다. 티타늄과 같은 매우 단단한 재료를 절단하려면 노즐의 절단 스트림(stream)에 미세한 그물망 연마재를 더해야 한다.

시스템의 유압 부분에는 2,000에서 3,000 psi 범위의 압력으로 증압기에 오일을 전달하는 주 펌프가 포함된다. 증압기에는 직경이 큰 왕복 피스톤이 있는데, 그 피스톤에는 직경이 작은 양 로드 끝단이 있다. 반복운동은 오일이 피스톤의 다른 쪽에 반복적으로 들어가고 나감

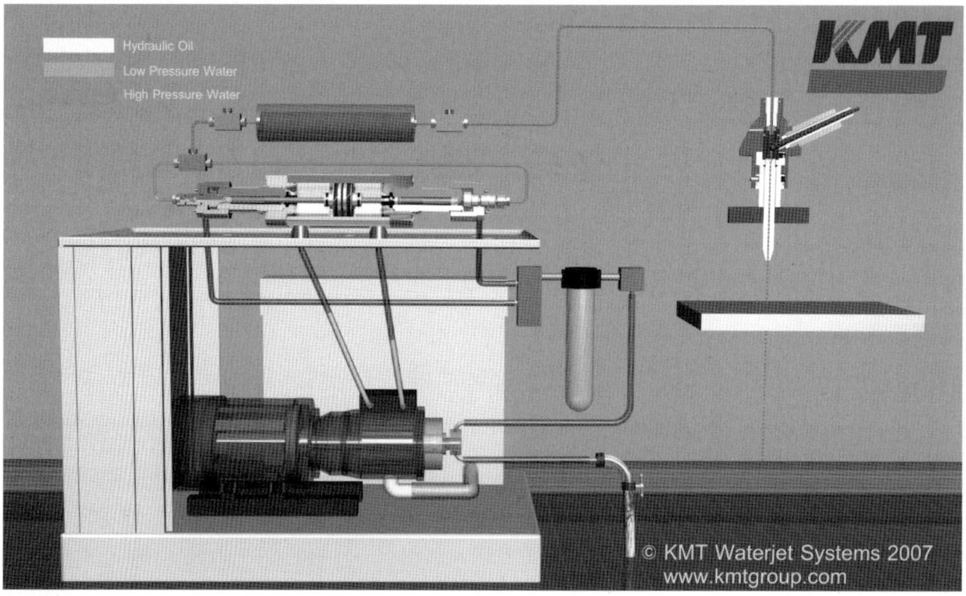

그림 5-1 물분사 시스템의 작동 부품(Courtesy of KMT Waterjet Systems Inc., Baxter Springs, Kansas.)

으로써 발생된다. 오일 압력은 피스톤 면적에서 로드 단면적을 뺀 면적에 대해 피스톤에 작용된다. 로드의 반복 작동의 결과로 초고압의 물은 로드 끝단에서 토출된다. 이것은 반대편 로드 끝단의 면적이 증압기 반대편 로드 끝단 근처의 진공상태로 들어가는 낮은 압력의 물을 밀때 동작된다. 그림 5-1의 증압기 위에 보이는 큰 베셀은 충격 흡수장치로, 절단부에서 나가는 물이 안정적이고 일관되도록 물의 압력 변동을 감쇠시키는 역할을 한다.

증압기 입구측에서 오일 압력을 변환시킨 증압기 출구측의 초고 수압의 비는 로드측 면적에 대한 피스톤 면적에서 로드측 면적을 뺀 값의 비와 동일하다. 그리하여 20대 1의 면적 비에 대하여 60,000 psi의 수압을 생성시키기 위해서 펌프는 오일 압력이 3,000 psi가 되도록 토출하여야 한다. 역으로 같은 면적 비에 대하여 오일의 유량은 물의 양에 비하여 20배가 될 것이다. 따라서 물분사 수량 1gpm을 생성시키기 위해서 펌프는 20 gpm의 오일을 전달해야 한다.

그림 5-2는 금속판으로부터 물분사 절단 가공되고 있는 기어를 보여준다. 절단 헤드가 절단할 재료에 매우 가까이 있을 필요가 있음에 주의하라. 그림 5-3은 절단될 원재료가 설치되는 절단 테이블을 포함한 실제 물분사 시스템을 보여주는 사진이다. 절단 헤드는 테이블의 오른쪽에 보이는 컴퓨터에 의해 주어지는 출력에 따라 움직인다. 헤드의 절단 속도와 작동 방향은 다양한 형태와 재료에 대한 부품의 최적화가 이루어질 수 있게 프로그램된다.

그림 5-2
금속판으로부터 물분사 절단 가공되고 있는 기어(Courtesy of KMT Waterjet Systems Inc., Baxter Springs, Kansas.)

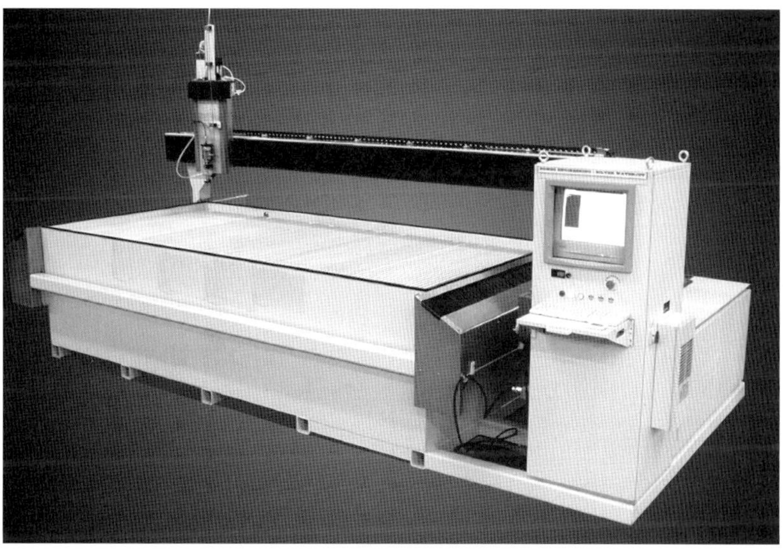

그림 5-3 절단 테이블과 컴퓨터로 함께 구성된 물분사 시스템(Courtesy of KMT Waterjet Systems Inc., Baxter Springs, Kansas.)

5.3 펌프 이론

펌프는, 펌프의 내부 작동에 의해 펌프 입구측에 부분진공을 만든다는 원리에 의해 동작한다. 이로써 대기압이 유체를 오일탱크(저장기)로부터 펌프의 입구(intake)로 밀어넣는다. 펌프는 유체를 기계적으로 토출관으로 밀어내게 된다.

이런 동작은 그림 5-4의 간단한 피스톤펌프로 도시할 수 있다. 이 펌프는 두 개의 볼첵밸브를 가지고 있으며 다음과 같이 작동된다.

- 첵밸브 1은 펌프의 흡입관에 연결되어 있어, 유체가 이곳을 통해서만 펌프로 들어가도록 한다.
- 첵밸브 2는 펌프의 토출관에 연결되어 있어, 유체가 이곳을 통해서만 펌프에서 나가도록 한다.

피스톤이 왼쪽으로 당겨지면, 피스톤과 실린더의 작은 공차 혹은 피스톤 링 실로 인해 공동 4에 있던 공기가 공동 3으로 이동하는 것이 어렵기 때문에, 부분진공이 펌프의 공동 3에 발생한다. 만약 공기가 이동한다면 진공상태는 사라질 것이다. 이 진공상태는 첵밸브 2의 볼을 낮은 위치로 고정시키고, 대기압이 유체를 저장기로부터 첵밸브 1을 통해 펌프로 밀어올리도록 한다. 유입유동은 유체의 힘이 첵밸브 1의 볼을 제자리에서 밀어내기 때문에 발생한다.

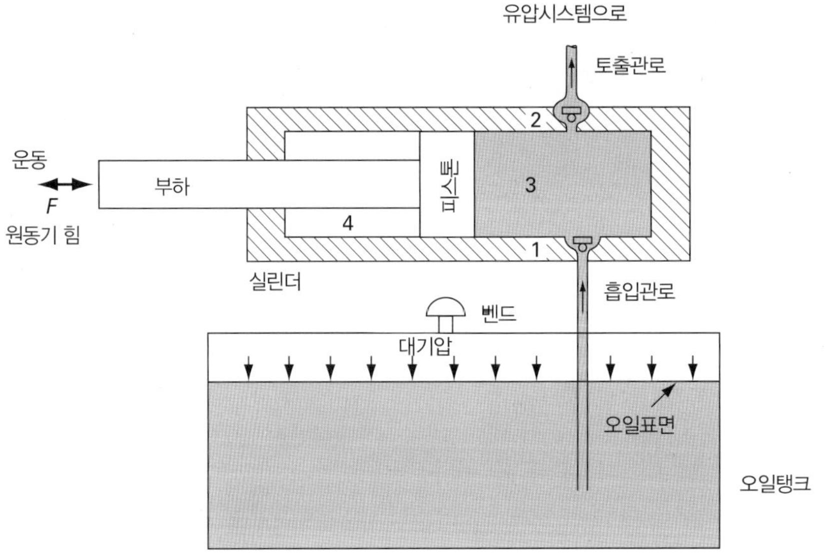

그림 5-4 간단한 피스톤 펌프의 작동

피스톤이 오른쪽으로 밀리면, 유체의 움직임으로 인해 유입밸브 1이 닫히고 출력밸브 2가 열린다. 피스톤으로 인해 이동한 유체의 양은 토출관을 통해 강제로 배출되어 유압시스템으로 들어간다. 토출행정 동안 피스톤에 의해 이동된 오일의 부피는 펌프의 **용적 부피**(displacement volume)라고 한다.

5.4 펌프의 분류

동적 펌프

동적 펌프(dynamic pumps)의 가장 일반적인 형태는 그림 5-5와 같은 원심(임펠러)펌프나 액시얼(프로펠러)펌프이다. 이 펌프들은 부드럽고 연속적인 유량을 만들어내지만, 출력유량은 회로저항이 커짐에 따라 줄어들어 유압시스템에서는 거의 사용되지 않는다. 동적 펌프에서 회전 임펠러 또는 프로펠러와 고정 하우징 사이에는 큰 간극이 있다. 따라서 외부시스템의 저항이 커짐에 따라 유체의 일부는 간극을 통해 거꾸로 스며들어, 토출유량의 감소를 초래한다. 이 유량 감소는 최소 저항을 따라 유체가 흐르기 때문이다. 외부시스템의 저항이 무한히 클 때(예를 들면 밸브를 닫아 출구를 막는 경우), 펌프는 유량을 전혀 생성하지 않으며 용적 효율은 0이 된다.

이 펌프는 일반적으로 저압에서 많은 유량이 필요한 곳에 쓰인다. 또한 회전부분과 고정부분 사이의 간극이 크기 때문에, 용적식 펌프와 달리, 이런 동적 펌프는 마중물 없이 혼자서는 작동되지 않는다. 이것은 펌프가 최초로 작동될 때 큰 간극으로 인해 입력포트에 흡입 압력이 발생하지 않기 때문이다. 따라서 만일 펌프 아래에 위치한 저수지에서 양수를 시작한다면

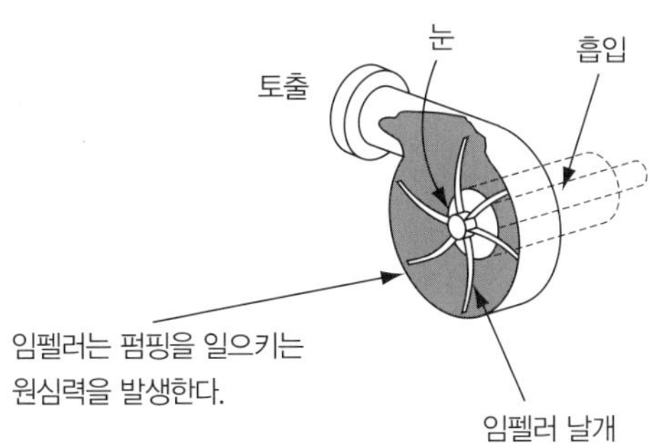

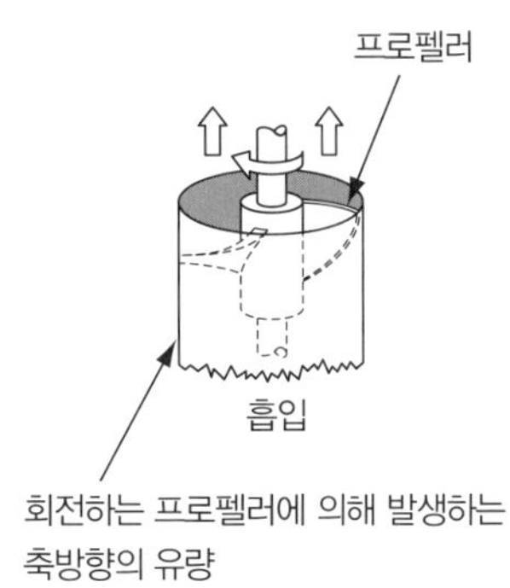

그림 5-5 동적(비용적식)펌프(Courtesy of Sperry Vickers, Sperry Rand Corp., Troy, Michigan.)

마중물이 필요하다. 마중물은 펌프가 처음으로 유체를 끌어들여 효과적으로 펌프질을 할 수 있게 하기 위해 펌프 하우징과 입력 파이프에 유체를 미리 채우는 것이다.

그림 5−6(a)는 동적 펌프 중 가장 일반적으로 사용되는 원심펌프의 구조 그림이다. 원심펌프의 작동원리는 다음과 같다. 유체는 임펠러의 중앙으로 들어간 뒤, 회전하는 임펠러에 의해 반경 바깥 방향으로 움직인다. 따라서 유체는 하우징의 출력포트로 흐르게 된다. 원심펌프의 재미있는 성질 중 한 가지는 유체가 필요 없을 때의 작동이다. 이러한 경우에 펌프는 아무 해를 입지 않고 작동될 수 있으며, 따라서 펌프의 손상을 막기 위한 안전장치가 필요 없다. 임펠러 날개 끝은 유체를 밀쳐내므로, 회전속도에 상응하는 원심력에 의하여 유압을 유지한다.

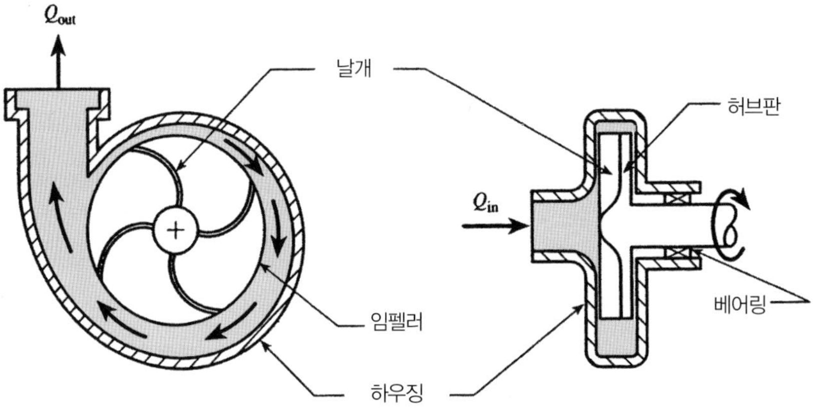

(a) 구조

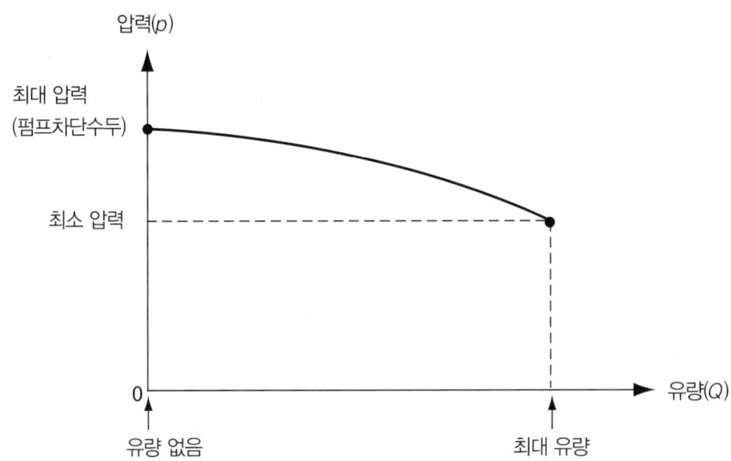

(b) 압력 대 유량 곡선

그림 5-6 원심펌프

누출을 막기 위한 내부 실(seal)이 없기 때문에 요구유량이 없을 경우에는 원심펌프가 유량을 생성하지 않을 수 있다. 유체가 필요할 때(예를 들면 밸브를 여는 일) 압력은 유체를 필요한 곳으로 이동시킨다. 그래서 가정이나 공장으로 용수를 운반하는 펌프장에서는 원심펌프를 쓰는 것이 매우 바람직하다. 야간에는 물의 사용량이 아주 적다가 주간에는 최대값에 달하여도 원심펌프는 이러한 유량의 큰 변화도 쉽사리 처리할 수 있다.

유체동역학 펌프가 부드럽고 연속적인 유동을 만들어내지만(요구유량이 있을 때), 펌프의 유량은 유동에 대한 저항이 커짐에 따라 감소한다. 펌프유동에 대해 펌프압력을 표시한 그림 5-6(b)는 이 사실을 보여주고 있다. 이 그림에서 압력의 최대값을 차단수두(shutoff head)라 한다. 왜냐하면 이 때 회로의 밸브가 닫혀 있고 유동이 차단되었기 때문이다. 외부 저항이 감소함에 따라 압력은 작아지지만 유량은 증가한다.

용적식 펌프

이러한 펌프는 펌프축이 한 번 회전할 때마다 일정한 양의 유체를 배출한다. 그 결과, 작은 내부 누설량을 무시하면 펌프의 출력유동은 일정하며 시스템압력에 관계하지 않는다. 이런 특성 때문에 용적식 펌프는 유압시스템에 아주 적합하다. 그러나 용적식 펌프는 유동에 대한 저항이 매우 커지거나 무한대가 될 때, 발생되는 지나치게 높은 압력으로부터 보호되어야 한다. 이런 현상은 밸브가 완전히 닫혀서 유체가 움직일 물리적인 공간이 없을 때 발생한다. 이런 현상에 대한 원인은 용적식 펌프가 계속하여 유체를 배출하여(유체가 갈 곳이 없음에도), 유체가 압축되면서 급격히 압력이 축적되기 때문이다. 압력릴리프밸브는 펌프유량을 오일탱크로 되돌려 보냄으로써, 펌프를 이 지나치게 높은 압력으로부터 보호하는 데 사용된다.

용적식 펌프를 내부 요소들의 작동 형태에 따라 다시 분류할 수 있다. 내부 요소의 작동은 회전운동이 아니면 왕복운동일 것이다. 이러한 펌프에는 매우 다양한 종류의 디자인이 있지만, 본질적으로 다음의 세 가지 기본적인 형태로 분류할 수 있다.

1. 기어펌프(기하학적인 구조에 의하여 정용량형임)
   a. 외접 기어펌프
   b. 내접 기어펌프
   c. 로브펌프
   d. 스크루펌프

2. 베인펌프
   a. 불평형 베인펌프(정용량형 혹은 가변용량형)
   b. 평형 베인펌프(정용량형만 있음)

3. 피스톤펌프(정용량형 혹은 가변용량형)
   a. 액시얼형
   b. 레이디얼형

그리고, 베인펌프는 평형 디자인일 수도 있고, 불평형 디자인일 수도 있다. 불평형 디자인은 압력보상 능력을 갖고 있는데, 이는 지나친 압력으로부터 자동적으로 펌프를 보호해 준다. 5.5, 5.6, 5.7절에서 기어펌프, 베인펌프, 피스톤펌프의 구조와 작동을 자세히 설명한다.

5.5 기어펌프

외접 기어펌프

그림 5-7은 외접 기어펌프의 작동을 나타낸다. 외접 기어펌프는 두 개의 맞물린 기어치 사이로 유체를 옮김으로써 유동을 형성시킨다. 두 개의 기어 중 하나는 원동기에 연결된 구동축에 연결되어 있다. 두 번째 기어는 구동 기어와 맞물림으로써 움직인다. 오일 챔버(oil chamber)는 기어치와 펌프 몸체, 측면 마찰판 사이에 형성된다. 흡입측은 맞물린 기어치가 풀리는 쪽이며, 이곳에서 체적이 늘어나 대기압보다 압력이 낮아진다. 오일탱크가 대기로 열려 있기 때문에, 유체는 대기압에 의해 이 빈 공간으로 밀려들어간다. 토출측은 기어치가 맞물려 들어가는 쪽이며, 여기서 맞물리는 기어치 사이의 체적이 줄어든다. 펌프는 누유에 대비하여 내부 실(seal)이 있기 때문에, 오일은 출력포트로 능동적으로 배출된다.

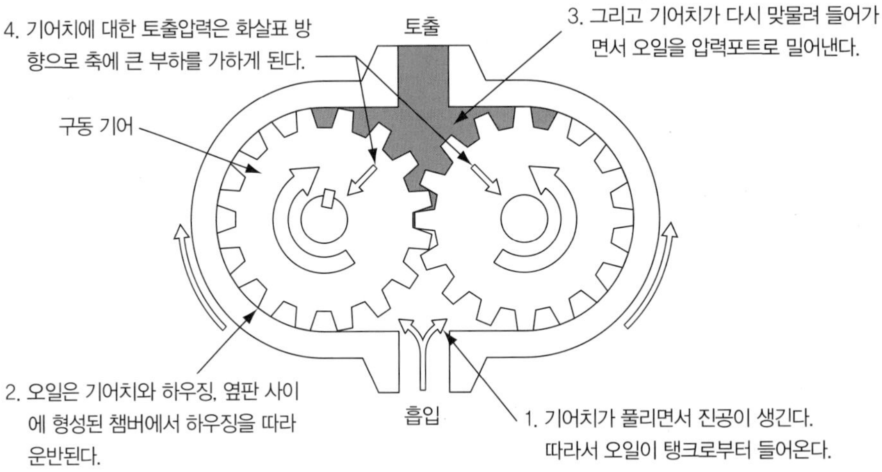

그림 5-7 외접 기어펌프의 작동(Courtesy of Sperry Vickers, Sperry Rand Corp., Troy, Michigan.)

배제용적과 이론유량

다음의 기호를 사용하여 기어펌프의 이론유량을 계산할 수 있다.

D_o = 기어치의 바깥지름(in, m)
D_i = 기어치의 안지름(in, m)
L = 기어치의 폭(in, m)
V_D = 펌프의 배제용적(in^3/rev, m^3/rev)
N = 펌프의 분당 회전수
Q_T = 펌프의 이론유량

기어펌프의 배제용적은 원통의 바깥지름이 D_o, 안지름이 D_i이고 길이가 L인 속이 빈 원통의 볼륨을 계산하여 얻을 수 있다. 기어치가 없다면 실질적으로 펌프의 안쪽을 오일로 채운 (두 개의 기어가 있기 때문에) 두 개의 실린더 체적이 존재한다. 그러나 이들 두 체적의 반은 양쪽 기어치로 채워진다. 따라서 배적용적은 식 (5−1)처럼 표현될 수 있다. 기어의 형태로부터, 배제용적은 다음과 같이 주어진다.

$$V_D = \frac{\pi}{4}(D_o^2 - D_i^2)L \qquad \textbf{(5-1)}$$

그리고 이론유량(영국단위)은 다음과 같이 결정된다.

$$Q_T(\text{in}^3/\text{min}) = V_D(\text{in}^3/\text{rev}) \times N\ (\text{rev}/\text{min})$$

1 gal = 231 in^3이므로,

$$Q_T(\text{gpm}) = \frac{V_D(\text{in}^3/\text{rev}) \times N(\text{rev}/\text{min})}{231} \qquad \textbf{(5-2)}$$

이다. 미터단위로 표시하면 다음과 같다.

$$Q_T(\text{m}^3/\text{min}) = V_D(\text{m}^3/\text{rev}) \times N(\text{rev}/\text{min}) \qquad \textbf{(5-2M)}$$

식 (5−2)와 (5−2M)은 펌프유량이 속도에 따라 직접적으로 변한다는 것을 보여준다 [그림 5−8(a) 참조]. 따라서 그림 5−8(b)에 실선으로 나타난 바와 같이, 이론유량은 주어진 속도에서는 일정하다.

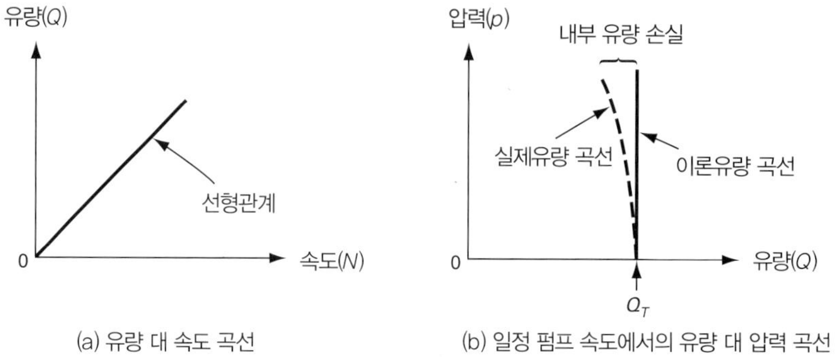

그림 5-8 용적식 펌프의 Q 대 N 곡선과 P 대 Q 곡선

용적 효율

기어치 끝과 펌프 하우징 사이에는 작은 간극(대략 0.001 in.)이 있어야 한다. 그 결과로, 토출포트의 오일 일부가 다시 흡입포트 쪽으로 누출되어 되돌아올 수 있다. 이것은 실제유량 Q_A가 이론유량 Q_T보다 작다는 것을 뜻한다. 이론유량은 배제용적과 펌프속도로부터 얻어진다. 펌프 슬리피지(pump slippage)라고 불리는 이 내부 누유는 **용적 효율**(volumetric efficiency) η_v라는 용어로 나타낼 수 있다. 용적 효율은 용적식 펌프의 경우 설계 압력에서 작동할 때 대략 90%에 달한다.

$$\eta_v = \frac{Q_A}{Q_T} \tag{5-3}$$

내부 누유가 압력에 비례하여 증가하기 때문에, 토출압력이 클수록 용적 효율은 낮아진다. 이것은 그림 5-8(b)에 점선으로 나타나 있다. 펌프 생산업체들은 흔히 펌프의 정격압력에서의 용적 효율을 표시해 놓는다. 용적식 펌프의 정격압력은 그 이하의 압력에서는 과도압력으로 인하여 펌프에 기계적인 손상이 발생하지 않으며 오랜 작동수명을 보장하는 압력이다. 너무 높은 압력은 지나친 누유를 일으킬 뿐 아니라, 몸체를 뒤틀거나 축 베어링에 과도한 부하를 주어 펌프에 손상을 입힐 수 있다. 이런 사실은 과도압력에 대한 보호를 해야 할 필요성을 다시 일깨워 준다. 높은 압력은 작동기의 큰 부하나 펌프출구측의 밸브닫힘시에 발생하는 큰 유동저항이 있을 때 발생한다.

예제 5-1

바깥지름이 3 in, 안지름이 2 in이고 1 in의 폭을 가진 기어펌프가 있다. 1800 rpm, 정격 압력의 작동조건에서 실제 펌프유량이 28 gpm이라면, 용적 효율은 얼마인가?

풀이 식 (5−1)을 이용하여 배제용적을 구한다.

$$V_D = \frac{\pi}{4}[(3)^2 - (2)^2](1) = 3.93 \text{ in}^3$$

다음에는 식 (5−2)를 이용하여 이론유량을 구한다.

$$Q_T = \frac{V_D N}{231} = \frac{(3.93)(1800)}{231} = 30.6 \text{ gpm}$$

따라서 식 (5−3)을 이용하면 용적 효율은 다음과 같다.

$$\eta_v = \frac{28}{30.6} = 0.913 = 91.3\%$$

예제 5-2

바깥지름이 75 mm, 안지름이 50 mm이고, 25 mm의 폭을 가진 기어펌프가 있다. 만약 정격압력에서 용적 효율이 90%라면, 이때의 유량은 얼마인가? 펌프의 속도는 1000 rpm 이다.

풀이 1 L = 0.001 m^3, V_D = 0.0614 L이므로 배제용적은 다음과 같이 주어진다.

$$V_D = \frac{\pi}{4}[(0.075)^2 - (0.050)^2](0.025) = 0.0000614 \text{ m}^3/\text{rev}$$

다음에는 식 (5−2M)과 (5−3)으로 부터 실제유량을 구하면 다음과 같다.

$$\begin{aligned} Q_A &= \eta_v Q_T = \eta_v V_D(\text{m}^3/\text{rev}) \times N(\text{rev/min}) \\ &= 0.90 \times 0.0000614 \times 1000 = 0.0553 \text{ m}^3/\text{min} \end{aligned}$$

1 L = 0.001 m^3이므로,

$$Q_A = 55.3 \text{ Lpm}$$

이다.

그림 5-9는 외접 기어펌프의 자세한 형상을 보여주고 있다. 유압회로에서 정용량형 펌프를 표시하는 도면기호도 나타나 있다. 외접 기어펌프는 스퍼 기어(기어치가 기어축과 평행한 기어)를 사용하는데, 높은 속도에서는 시끄럽다. 소음을 줄이고 부드러운 작동을 위해서 헬리컬 기어(기어치가 기어축에 대해 작은 각도로 기울어진 기어)를 사용하기도 한다. 그러나 헬리컬 기어펌프는 헬리컬 기어의 작용으로 인해 과도한 끝단 추력을 생성하기 때문에 저압(200 psi 이하)의 경우에만 사용할 수 있다. 헤링본(herringbone) 기어펌프는 끝단 추력 작용을 없앨 수 있어서 고압(3000 psi 이상)을 생성하는 데 쓰일 수 있다. 헤링본 기어는 기본적으로 한 개의 기어에 두 줄의 헬리컬 기어치를 둔 것이다. 기어의 기어치 중 한 줄은 오른쪽으로 감겨 있으며, 다른 한 줄은 왼쪽으로 감겨 있어서, 축방향 추력을 상쇄시키게 된다. 헤링본 기어펌프는 헬리컬 기어펌프만큼 부드럽게 동작하며, 큰 유량을 생성하는 데도 상당히 작은 맥동을 일으킨다.

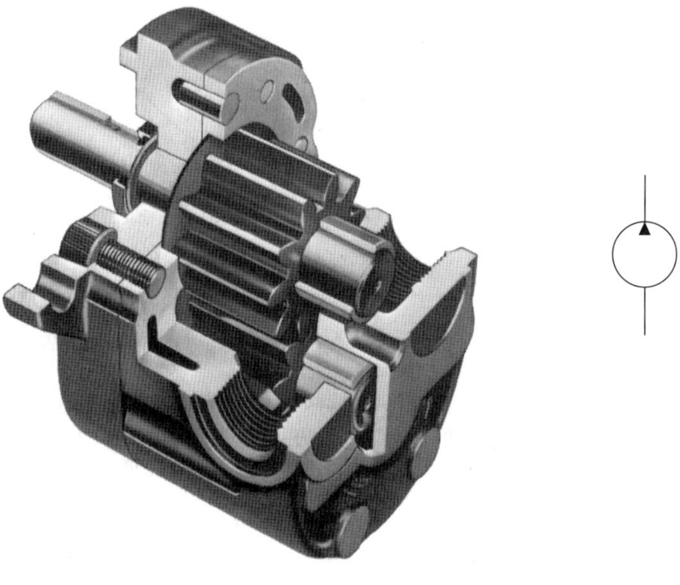

그림 5-9 외접 기어펌프의 상세 그림(Courtesy of Webster Electric Company, Inc., subsidiary of STA-RITE Industries, Inc., Racine, Wisconsin.)

내접 기어펌프

그림 5-10은 내접 기어펌프(interner gear pump)의 구성과 동작을 보여주고 있다. 내접 기어펌프는 내접 기어, 일반 스퍼 기어, 초승달 모양의 실, 외부 하우징 등으로 구성되어 있다. 각 기어에 동력이 공급되면, 기어가 움직여 오일탱크로부터 유체를 흡입하여, 초승달 모양 실의 양쪽 면 주위로 밀어낸다. 초승달 모양 실은 흡입포트와 토출포트 사이의 밀봉 역할을 한다.

초승달 모양 실 반대편에 있던 기어치가 서로 다시 맞물릴 때, 유체는 펌프의 토출포트로 밀려나간다.

그림 5-11은 안전 릴리프밸브가 내재된 내접 기어펌프의 단면도를 보여주고 있다.

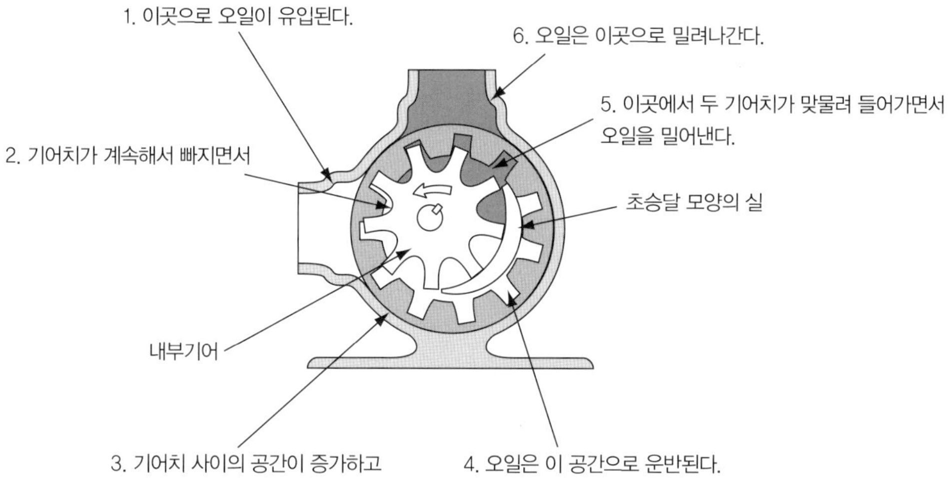

그림 5-10 내접 기어펌프의 작동(Courtesy of Sperry Vickers, Sperry Rand Corp., Troy, Michigan.)

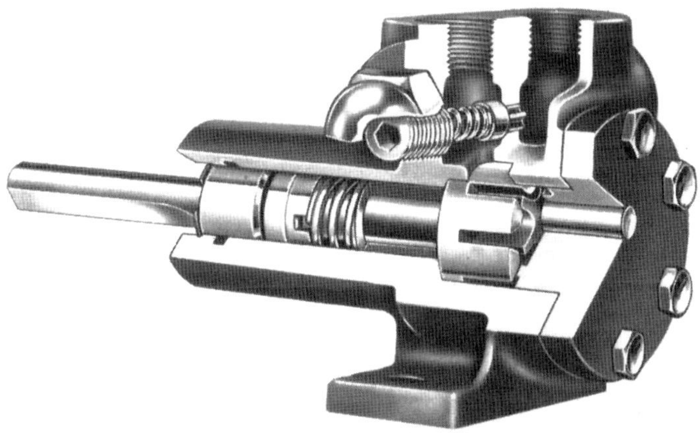

그림 5-11 안전 릴리프밸브가 내재된 내접 기어펌프의 단면도(Courtesy of Viking Pump Division of Houdaille Industries Inc., Cedar Falls, Iowa.)

로브펌프

그림 5-12의 로브펌프(lobe pump)도 기어펌프의 일종으로 볼 수 있다. 로브펌프는 외접 기어펌프와 유사한 형태로 동작한다. 그러나 외접 기어펌프와는 달리, 양 로브가 외부적으로 구

동되어 두 로브가 서로 닿지 않는다. 그래서 다른 종류의 기어펌프보다 조용하다. 로브펌프의 배제용적이 다른 종류의 기어펌프보다 일반적으로 크지만, 짝지워진 부품의 수가 적기 때문에 로브펌프의 출력은 다소 큰 맥동을 나타낸다.

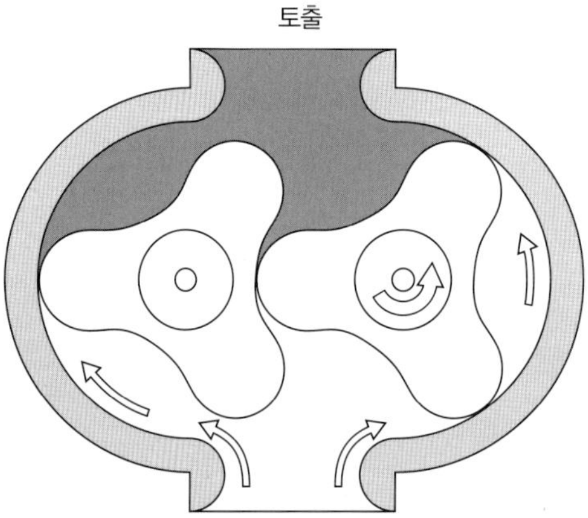

그림 5-12
로브펌프의 작동(Courtesy of Sperry Vickers, Sperry Rand Corp., Troy, Michigan.)

제로터펌프

그림 5-13의 제로터펌프(gerotor pump)는 내접 기어펌프와 매우 비슷하게 작동한다. 내부 기어 로터(제로터 요소)는 동력으로 구동되며, 외부 기어 로터와 맞물려 돌아간다. 이러한 동작은 두 로터 로브 사이에 흡입과 토출 펌핑 챔버를 형성시킨다. 안쪽 로터의 끝과 바깥쪽 로터가 서로 접촉하여 각각의 펌핑 챔버를 서로 밀봉한다. 안쪽 기어는 바깥쪽 기어보다 한 개 적은 기어치를 갖고 있어서 배제용적은 바깥쪽 로터의 기어치 하나로 만들어지는 공간으로 결정된다.

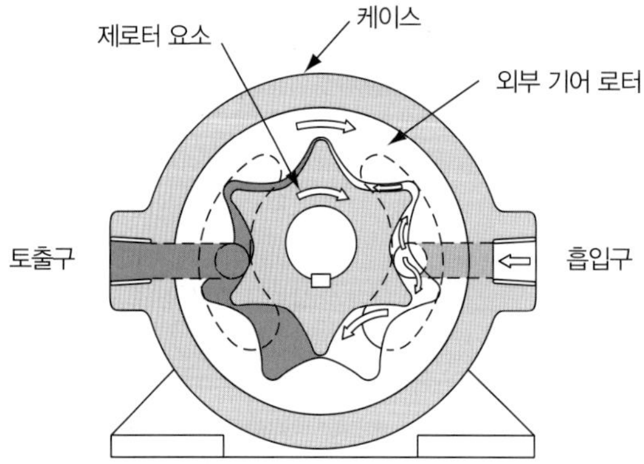

그림 5-13
제로터펌프의 작동(Courtesy of Sperry Vickers, Sperry Rand Corp., Troy, Michigan.)

그림 5-14는 실제 제로터펌프를 보여주고 있다. 보는 바와 같이 움직이는 부품이 두 개 뿐이어서 제로터펌프는 간단한 구조의 펌프라 할 수 있다.

그림 5-14 제로터펌프(Courtesy of Brown & Sharp Mfg. Co., Manchester, Michigan.)

스크루펌프

그림 5-15에서 구조와 명칭을 보여주는 스크루펌프(screw pump)는 축방향으로 유동을 만들어내는 용적식 펌프이다. 꼭 맞는 하우징 안에서 서로 맞물려진 세 개의 고정도 연마스크루는 맥동이 없는 유동을 조용하고도 효율적으로 만들어낸다. 서로 대칭으로 마주보고 있는 두

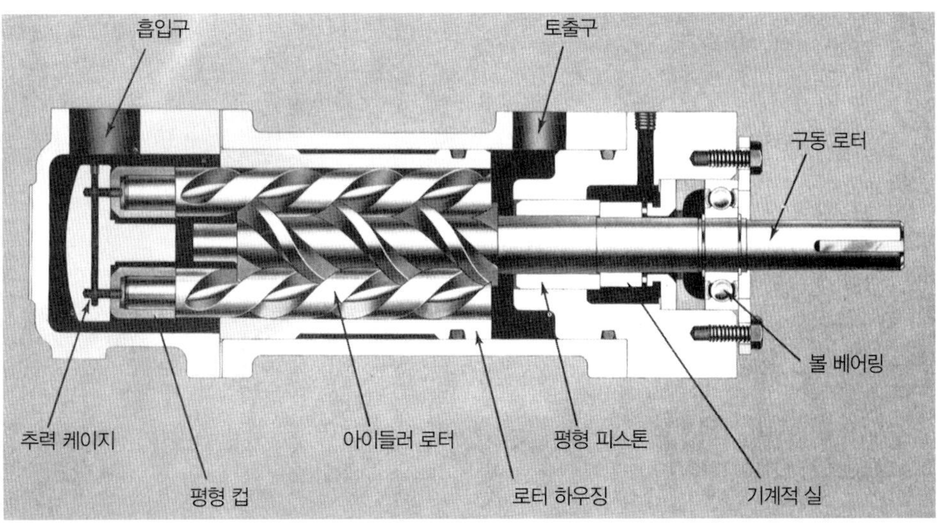

그림 5-15 스크루펌프의 명칭(Courtesy of DeLaval, IMO Pump Division, Trenton, New Jersey.)

개의 아이들러 로터(idler rotor)는 연속적으로 밀폐공간에 유체를 가둠으로써 회전하는 실로서 작용한다. 아이들러 로터는 중앙의 구동 로터와 구름 접촉 상태에 있으며 하우징 내에서 유체동적인 오일막으로 자유로이 떠 있는 상태이다. 반경방향의 굽힘 부하는 없으며, 로터들에 가해지는 축방향 유압력은 평형이 잡혀 있어서 추력 베이링이 필요 없다.

그림 5-16은 실제 스크루펌프의 단면도를 보여주고 있다. 이 펌프는 500 psi의 압력으로 123 gpm을 토출할 수 있다. 고압설계된 것은 3500 psi의 압력으로 88 gpm까지 토출할 수 있는 것도 있다.

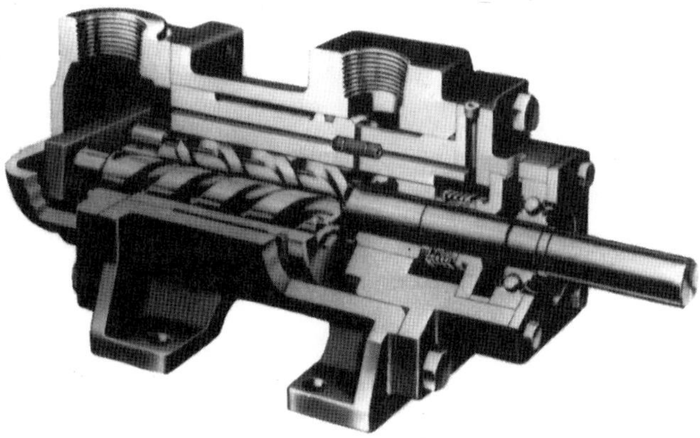

그림 5-16 스크루펌프(Courtesy of DeLaval, IMO Pump Division, Trenton, New Jersey.)

5.6 베인펌프

기본 설계와 작동

그림 5-17은 베인펌프(vane pump)의 작동원리를 설명하고 있다. 반경방향의 슬롯을 갖는 로터가 스프라인 가공된 구동축에 끼워져 캠링(cam ring) 안에서 회전하다. 각각의 슬롯은 로터가 회전함에 따라 캠링의 표면과 밀착되도록 설계된 베인을 갖고 있다. 베인은 원심력에 의하여 캠링의 표면에 바깥으로 밀착된다. 로터가 회전하는 동안 로터와 캠링 사이의 부피는 증가한다. 이로 인한 부피의 증가는 압력의 감소를 가져온다. 따라서 유체가 흡입구로 흘러 들어와 빈 공간을 채우게 된다. 이것이 흡입과정이다. 로터가 나머지 반회전을 하는 동안 캠링의 표면은 베인을 슬롯 안쪽으로 되밀어낸다. 따라서 로터와 캠링 사이의 부피는 감소하고 이로 인해 가두어진 유체는 토출구로 배출된다.

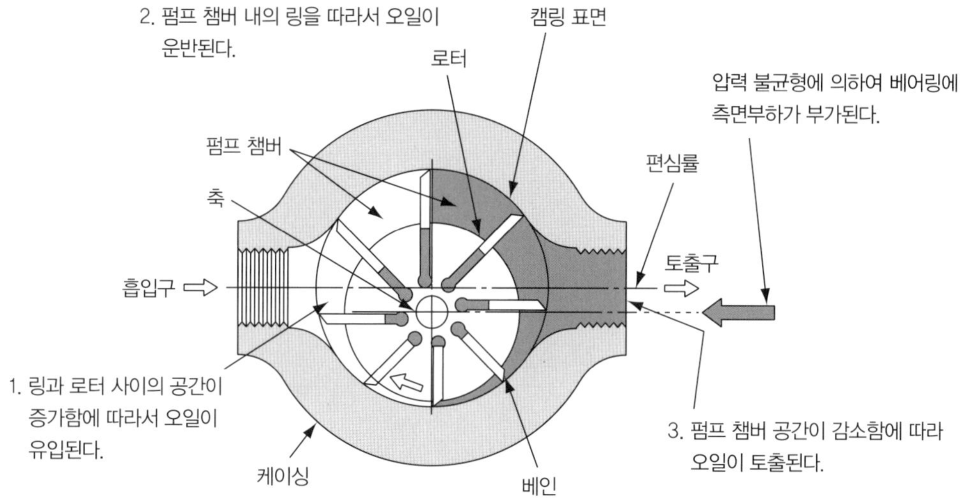

그림 5-17 베인펌프의 작동(Courtesy of Sperry Vickers, Sperry Rand Corp., Troy, Michigan.)

배제용적의 해석

그림 5-17을 잘 관찰해 보면 로터의 중심축과 캠링의 중심축이 편심되어 있는 것을 알게 된다. 만약 편심률이 0이면 유동은 발생하지 않는다. 다음의 용어와 해석은 베인펌프에 적용되는 것이다.

D_C = 캠링의 지름(in, m)
D_R = 로터의 지름(in, m)
L = 로터의 너비(in, m)
V_D = 펌프의 배제용적(in^3, m^3)
e = 편심률(in, m)
e_{max} = 최대가능 편심률(in, m)
V_{Dmax} = 최대가능 배제용적(in^3, m^3)

기하학으로부터 최대가능 편심률을 계산할 수 있다.

$$e_{max} = \frac{D_C - D_R}{2}$$

이 최대 편심률로부터 최대 배제용적을 구한다.

$$V_{D_{max}} = \frac{\pi}{4}(D_C^2 - D_R^2)L$$

이 식을

$$V_{D_{\max}} = \frac{\pi}{4}(D_C + D_R)(D_C - D_R)L$$

로 쓸 수 있고, $e_{\max}$로 표현하면 다음과 같다.

$$V_{D_{\max}} = \frac{\pi}{4}(D_C + D_R)(2e_{\max})L$$

실제의 배제용적은 $e_{\max} = e$일 때 발생한다.

$$V_D = \frac{\pi}{2}(D_C + D_R)eL \quad \textbf{(5-4)}$$

일부의 베인펌프는 기계적으로 편심률을 변화시킬 수 있게 되어 있다. 이러한 펌프를 **가변용량형 펌프**(variable displacement pump)라고 하고, 그 모양이 그림 5-18에 도시되어 있다. 이 그림에서 핸드휠 혹은 압력보상기는 편심률을 변화시키기 위하여 캠링을 움직이는 데 사용된다. 펌프를 통과하는 유체의 방향은 센터로부터 어느 한쪽으로 캠링이 움직임에 따라 바뀔 수 있다.

압력보상 베인펌프

그림 5-18의 펌프는 (보이지는 않지만) 오른쪽 면에 있는 유압피스톤을 통하여 시스템압력이 캠링에 직접 작용하는 압력보상(pressure-compensated) 베인펌프이다. 이 유압피스톤은 캠링을 캠링 왼쪽 면 위에 있는 보상기의 스프링 달린 피스톤방향으로 민다. 토출압력이 충분히 크면 보상기 스프링 힘을 이기고 캠링을 왼쪽으로 이동시킨다. 이것은 편심률을 줄인다. 편심률은 토출압력이 0일 때 최대가 된다. 토출압이 계속 증가함에 따라 결국 편심률은 0이 되고 펌프유량이 0이 된다. 이러한 펌프는 그림 5-19에서 볼 수 있는 것처럼 기본적으로 과도한 압력의 생성에 대비해 자신의 보호장치를 갖고 있다. 압력이 p_{cutoff}라고 불리는 값에 도달하면 보상기 스프링력은 유압피스톤력과 같게 된다. 압력이 점차 증가함에 따라 보상기 스프링은 편심률이 0이 될 때까지 압축된다. 이 최대 압력은 더 이상 유량을 발생시킬 수 없는 펌프 보호압력이라는 의미의 p_{deadhead}라고 불린다. 이 결과 동력손실이 없으며 발열도 감소하게 된다.

그림 5-20은 실제 압력보상 베인펌프의 내부 모습을 보여주고 있다. 이 설계는 작동 중에 약간의 회전이 있는 캠링을 갖고 있으며, 캠링이 약간 회전함으로써 링의 내부 원주면에 고루 마모를 가져오게 한다.

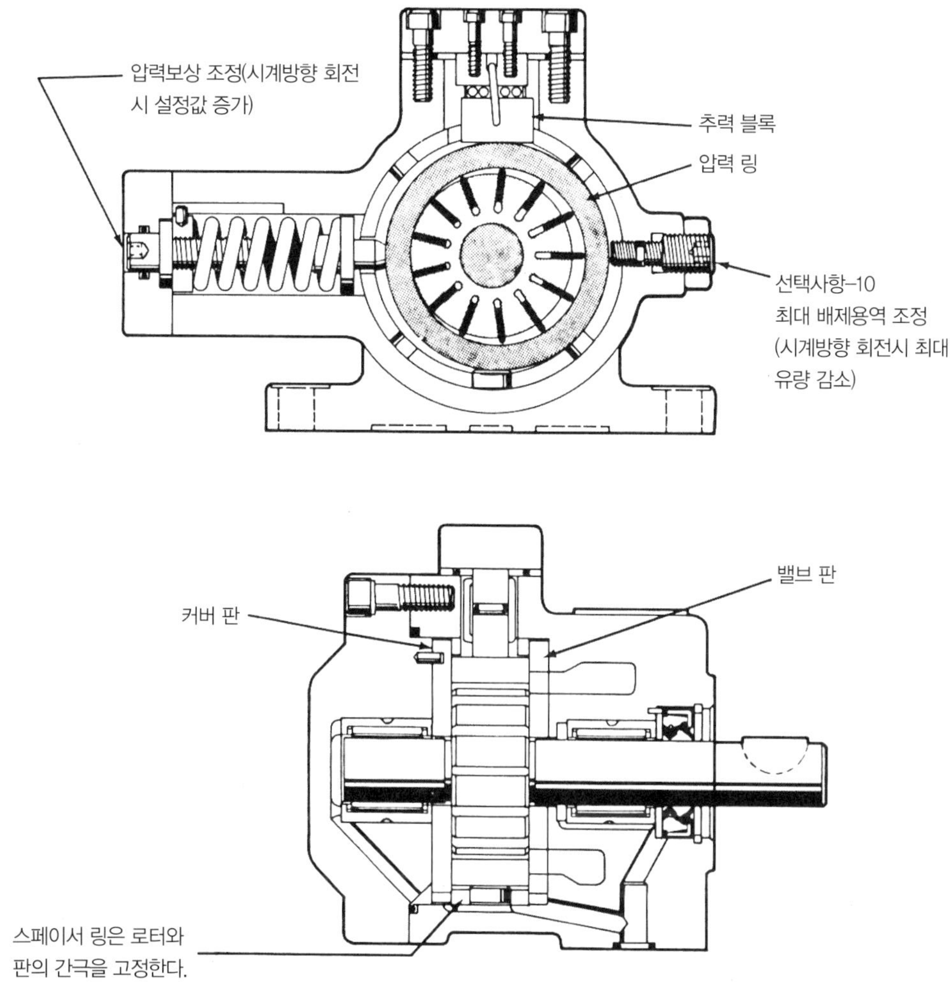

그림 5-18 가변용량형, 압력보상 베인펌프(Courtesy of Brown & Sharp Mfg. Co., Manchester, Michigan.)

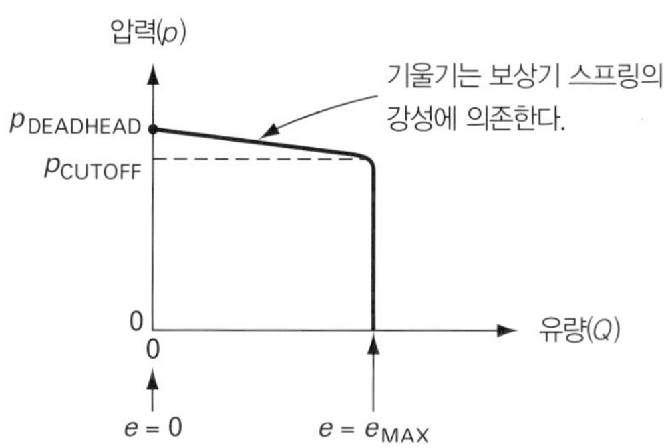

그림 5-19 압력보상 베인펌프의 압력 대 유량선도

그림 5-17, 5-18에서 압력의 불평형 때문에 베인펌프의 베어링에 측면방향의 힘이 가해지는 것을 볼 수 있다. 이와 같은 바람직하지 않은 측면방향의 힘은 그림 5-7의 기어펌프에도 존재한다. 이러한 펌프는 유압적으로 불평형하다.

그림 5-20 압력보상 베인펌프의 단면 사진(Courtesy of Continental Hydraulics, Division of Continental Machines, Inc., Savage, Minnesota.)

평형 베인펌프

평형(balanced) 베인펌프는 직경상에 방향이 서로 반대인 2개의 흡입구와 2개의 토출구를 갖고 있다. 따라서 압력포트가 반대방향이므로 완벽한 유압 평형이 이루어진다. 평형 베인펌프의 한 가지 단점은 가변용량형 펌프로 설계할 수 없다는 점이다. 원형 캠링 대신에 평형 베인펌프는 로터 반대편에 두 개의 분리된 펌프 챔버를 구성하는 타원형의 하우징을 갖고 있다. 이것은 베어링방향의 하중을 제거하고, 따라서 높은 작동압력을 버틸 수 있다. 그림 5-21은 평형 베인펌프의 작동원리를 설명하고 있다.

그림 5-22는 12개의 베인과 스프링으로 압축된 엔드판으로 구성된 평형 베인펌프의 단면도이다. 흡입구는 몸체에 있고 토출구는 커버에 있는데, 배관의 편의상 네 곳 중 임의의 위치로 조립할 수 있다.

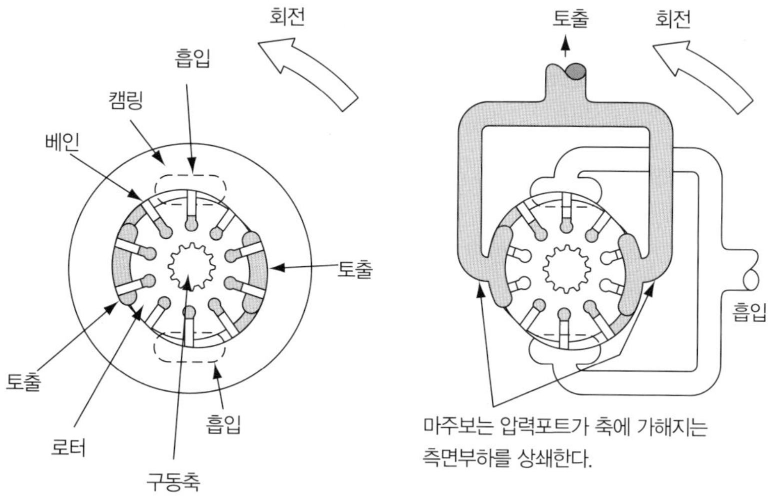

그림 5-21 평형 베인펌프의 원리(Courtesy of Sperry Vickers, Sperry Rand Corp., Troy, Michigan.)

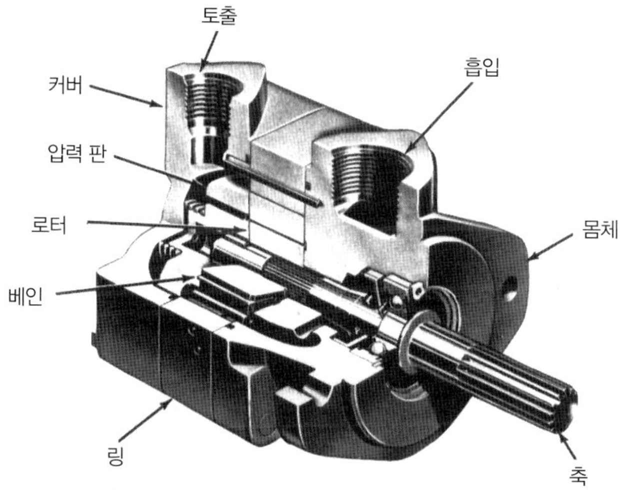

그림 5-22 평형 베인펌프의 단면도(Courtesy of Sperry Vickers, Sperry Rand Corp., Troy, Michigan.)

예제 5-3

배제용적이 5 in^3인 베인펌프가 있다. 이것의 로터 지름은 2 in이고 캠링의 지름은 3 in, 베인의 폭은 2 in이다. 이 펌프의 편심률은 얼마인가?

풀이 식 (5-4)로부터

$$e = \frac{2V_D}{\pi(D_C + D_R)L} = \frac{(2)(5)}{\pi(2+3)(2)} = 0.318 \text{ in}$$

예제 5-4

로터 지름이 50 mm, 캠링 지름이 75 mm, 베인 폭이 50 mm인 베인펌프가 있다. 만약 편심률이 8 mm라면 이 펌프의 배제용적은 얼마인가?

풀이 주어진 값들을 식 (5-4)에 대입하면 다음과 같은 결과를 얻는다.

$$V_D = \frac{\pi}{2}(0.050 + 0.075)(0.008)(0.050) = 0.0000785 \text{ m}^3$$

또, 1 L = 0.001 m^3이므로, V_D = 0.0785 L이다.

예제 5-5

정용량형 베인펌프가 20 gpm의 유량으로 1000 psi의 오일을 팽창하는 유압실린더로 보내고 있다. 실린더가 완전히 팽창했을 때 피스톤을 지나는 누유는 0.7 gpm이다. 릴리프밸브의 설정압력이 1200 psi이다. 만약 압력보상 베인펌프가 사용된다면, 실린더를 완전히 팽창시켰을 때, 릴리프밸브의 설정압력인 1200 psi에서 누유에 대비하여, 압력보상 베인펌프는 펌프유량을 20 gpm에서 0.7 gpm으로 낮출 수 있다. 압력보상펌프를 사용하면 얼마나 많은 유압마력이 절약되는가?

풀이 정용량형 펌프는 실린더가 완전히 팽창했을 때 1200 psi에서 20 gpm의 유량을 토출한다(실린더를 통해 0.7 gpm, 릴리프밸브를 통해 19.3 gpm). 따라서 유압마력 손실은 다음과 같다.

$$\text{유압 마력 손실} = \frac{pQ}{1714} = \frac{1200 \times 20}{1714} = 14.0 \text{ hp}$$

압력보상펌프는 실린더가 최대 팽창했을 때 1200 psi에서 0.7 gpm만을 토출한다. 이 경우의 유압마력 손실은 다음과 같다.

$$\text{유압 마력 손실} = \frac{pQ}{1714} = \frac{1200 \times 0.7}{1714} = 0.49 \text{ hp}$$

따라서 유압마력은 14.0 − 0.49 = 13.51 hp 절약된다. 마력절약은 오직 실린더가 완전히 팽창했을 때만 일어나는데, 그 이유는 각각의 펌프가 실린더가 팽창하고 있을 때에는 20 gpm, 1000 psi의 오일을 토출하기 때문이다.

5.7 피스톤펌프

서론

피스톤펌프는 실린더 내부에서 왕복동식 피스톤(reciprocating piston)이 수축하면 유체를 빨아들이고 팽창하면 유체를 밀어낸다는 원리에 의해 작동한다. 기본적인 문제는 어떻게 일련의 왕복동 피스톤들을 구성할 것인가 하는 것이다. 피스톤펌프에는 두 가지 종류가 있다. 한 가지는 실린더 블록의 축과 평행한 피스톤을 갖는 액시얼(axial) 피스톤펌프이다. 액시얼 피스톤펌프는 다시 사축(bent axis)식과 사판(swash plate)식으로 나눌 수 있다. 다른 한 가지는 실린더 블록 안에 반경방향으로 설치된 피스톤을 갖는 레이디얼(radial) 피스톤펌프이다.

액시얼 피스톤펌프(사축식 설계)

그림 5-23은 구동축과 함께 회전하는 실린더 블록을 가진 액시얼 피스톤펌프(사축식)를 보여주고 있다. 그러나 실린더 블록의 중심선과 구동축의 중심선은 오프셋 각도를 가지고 있다. 실린더 블록은 원을 따라 정렬된 다수의 피스톤을 갖고 있다. 피스톤 로드는 볼소켓 조인트로 구동축 플랜지와 연결되어 있다. 그 피스톤은 구동축 플랜지와 실린더 블록의 거리가 변함에 따라 구멍 속에서 왕복운동을 하게 된다. 유니버설 링크는 정렬과 한방향 회전을 위해 블록과 구동축을 연결한다.

펌프의 배제용적은 그림 5-24에서처럼 오프셋 각도 θ에 따라 달라진다. 실린더 블록의 중심축과 구동축이 평행하면 유량이 생성되지 않는다. θ는 0°에서 최대 약 30°까지 변할 수 있다. 정용량형의 경우 보통 23°나 30°의 오프셋 각도를 갖는다.

스트로킹(stroking) 실린더와 같이 오프셋 각도를 변화시키기 위한 요크(yoke)와 외부 조절 장치를 갖는 가변용량형 펌프도 가능하다. 어떤 설계에서는 중심축 위/아래로 요크를 움직여 유동의 방향을 바꾸어 줄 수 있는 경우도 있다.

그림 5-25는 원하는 오프셋 각도를 만들어 주는 외부 핸드휠이 있는 가변용량형 피스톤펌프의 단면도이다. 또한 유압회로에서 가변용량형 펌프를 나타내는 도면기호도 주어져 있다.

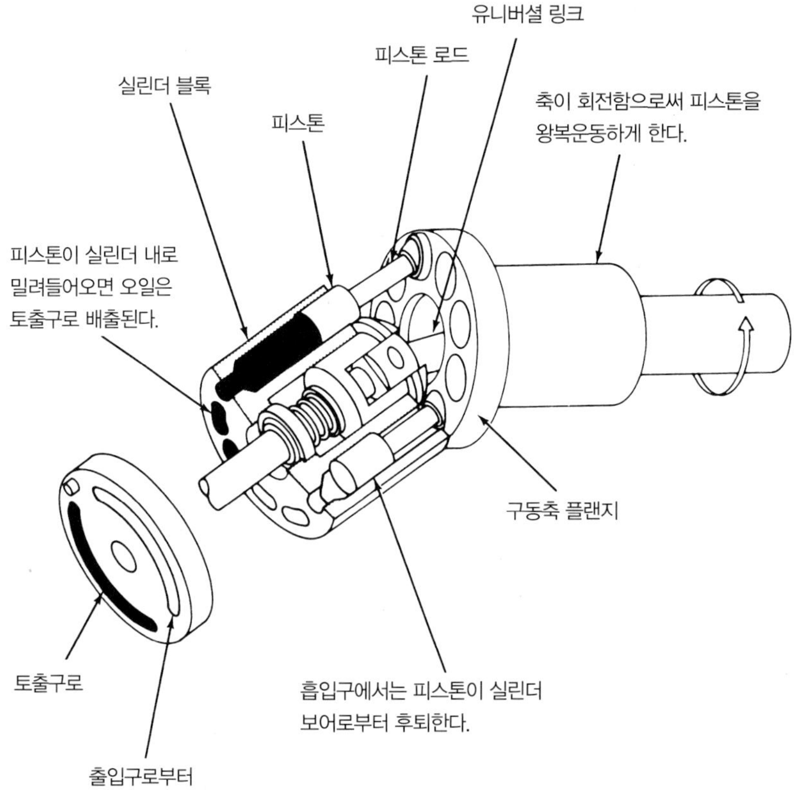

그림 5-23 액시얼 피스톤펌프(사축식)(Courtesy of Sperry Vickers, Sperry Rand Corp., Troy, Michigan.)

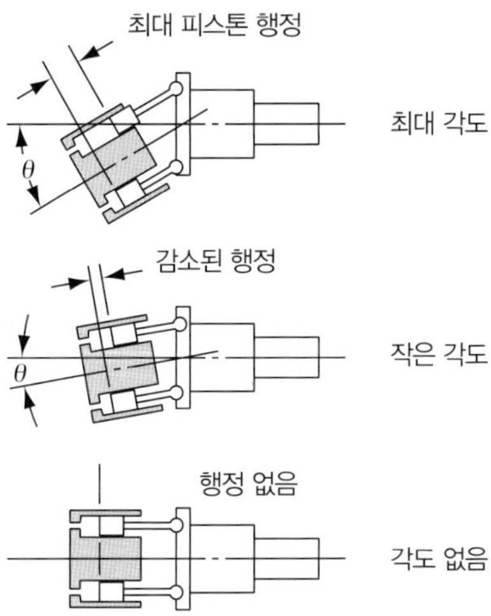

그림 5-24 오프셋 각도에 따라 배제용적이 변한다(Courtesy of Sperry Vickers, Sperry Rand Corp., Troy, Michigan.)

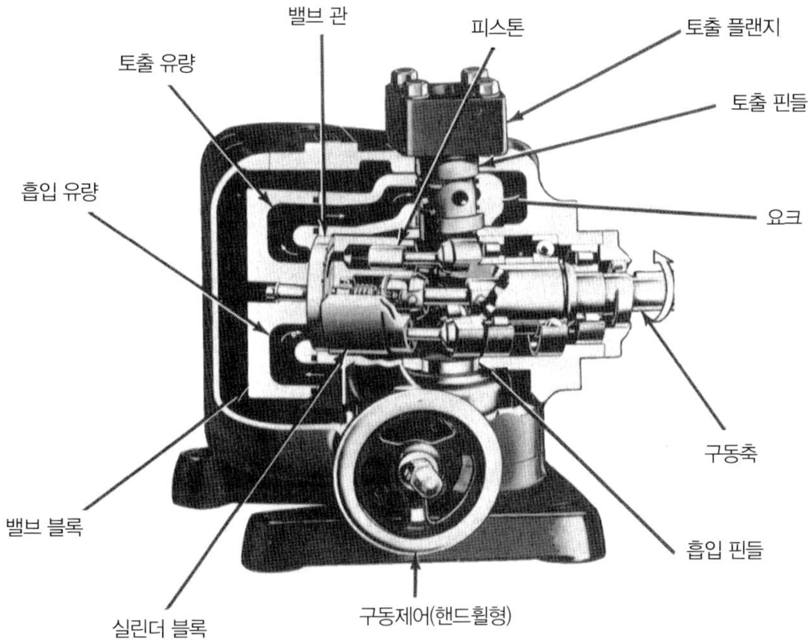

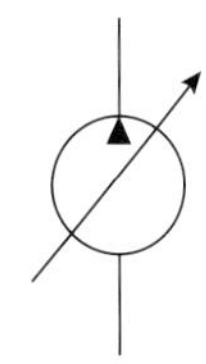

그림 5-25 핸드휠이 있는 가변용량형 피스톤펌프(Courtesy of Sperry Vickers, Sperry Rand Corp., Troy, Michigan.)

배제용적과 이론유량

다음의 용어들과 해석은 액시얼 피스톤펌프에 적용되는 것이다.

θ = 오프셋 각도(°)
S = 피스톤 행정(in, m)
D = 피스톤 지름(in, m)
Y = 피스톤 수
A = 피스톤 단면적(in^2, m^2)
N = 펌프속도(rpm)
Q_T = 이론유량(gpm, m^3/min)

삼각법으로부터,

$$\tan(\theta) = \frac{S}{D}$$

또는

$$S = D \tan(\theta)$$

전체 배제용적은 피스톤 하나당 용적에 피스톤의 수를 곱한 값이다.

$$V_D = YAS$$

S를 대입하면 다음과 같다.

$$V_D = YAD \tan(\theta) \tag{5-5}$$

식 (5−2)와 식 (5−5)로부터 영국단위를 이용한 이론 유량식을 얻을 수 있다.

$$Q_T(\text{gpm}) = \frac{DANY \tan(\theta)}{231} \tag{5-6}$$

같은 방법으로 식 (5−2M)과 식 (5−5)로부터 미터단위의 이론 유량식을 얻을 수 있다.

$$Q_T(\text{m}^3/\text{min}) = DANY \tan(\theta) \tag{5-6M}$$

예제 5−6

3000 rpm의 속도로 16 gpm의 유량을 토출하는 액시얼 피스톤펌프의 오프셋 각도를 구하여라. 펌프는 5 in 지름의 피스톤원 위에 9개의 0.5 in 지름의 피스톤이 정렬되어 있고, 용적 효율은 95%이다.

풀이 식 (5−3)으로부터 이론유량을 계산할 수 있다.

$$Q_T = \frac{Q_A}{\eta_v} = \frac{16 \text{ gpm}}{0.95} = 16.8 \text{ gpm}$$

따라서 식 (5−6)으로부터,

$$\tan(\theta) = \frac{231 Q_T}{DANY} = \frac{231 \times 16.8}{5[\pi/4(1/2)^2] \times 3000 \times 9} = 0.146$$

$$\theta = 8.3^\circ$$

예제 5-7

1000 rpm의 회전하는 액시얼 피스톤펌프의 유량을 L/s 단위로 구하여라. 펌프는 125 mm 지름의 피스톤원 위에 9개의 15 mm 지름의 피스톤이 정렬되어 있고, 오프셋 각도는 10°이며 용적 효율은 94%이다.

풀이 식 (5-6M)에 직접 대입하면 이론유량은 다음과 같다.

$$Q_T(\text{m}^3/\text{min}) = D(\text{m}) \times A(\text{m}^2) \times N(\text{rev/min}) \times Y \tan(\theta)$$

$$= 0.125\left(\frac{\pi}{4} \times 0.015^2\right) \times 1000 \times 9 \times \tan 10^\circ = 0.0351\ \text{m}^3/\text{min}$$

식 (5-3)으로부터 실제유량은 다음과 같이 주어진다.

$$Q_A = Q_T\eta_v = 0.0351\ \text{m}^3/\text{min} \times 0.94 = 0.0330\ \text{m}^3/\text{min}$$

유량을 L/s 단위로 다음과 같이 환산할 수 있다.

$$Q_A(\text{L/s}) = Q_A(\text{m}^3/\text{min}) \times \frac{1\ \text{min}}{60\ \text{s}} \times \frac{1\ \text{L}}{0.001\ \text{m}^3}$$

$$= 0.0330 \times \frac{1}{60} \times \frac{1}{0.001} = 0.550\ \text{L/s}$$

인라인 피스톤펌프(사판식 설계)

그림 5-26은 사판식 인라인 피스톤펌프(in-line piston pump)를 설명하는 사진과 개략도를 보여주고 있다. 이 형태에서는 실린더 블록과 구동축이 같은 중심선을 가지고 있다. 피스톤들은 경사진 사판(swash plate)을 누르고 있는 슈판(shoe plate)에 연결되어 있다. 실린더가 회전함에 따라(그림 5-27 참조), 피스톤들은 피스톤 슈가 사판의 기울어진 표면을 따라가기 때문에 왕복운동을 하게 된다. 출구포트와 입구포트는 피스톤들이 바깥으로 밀려날 때는 입구포트를 지나고 안쪽으로 밀려들어올 때는 출구포트를 통과하도록 밸브판 안에 위치하고 있다.

이와 같은 형태의 펌프도 가변용량 능력을 갖게 설계될 수 있다. 이러한 설계에서는 그림 5-28에서와 같이 사판을 움직이는 요크에 설치한다. 핀틀(pintle) 위에 요크를 피봇함으로써 사판의 각도를 변화시킬 수 있다(피스톤 스트로크에 대한 사판각의 효과는 그림 5-29 참조). 요크의 위치조정은 그림 5-28에서처럼 수동조작이나 서보제어, 또는 보상기 제어에 의하여 이루어질 수 있다. 최대 사판의 각도는 17.5° 이내로 규정되어 있다.

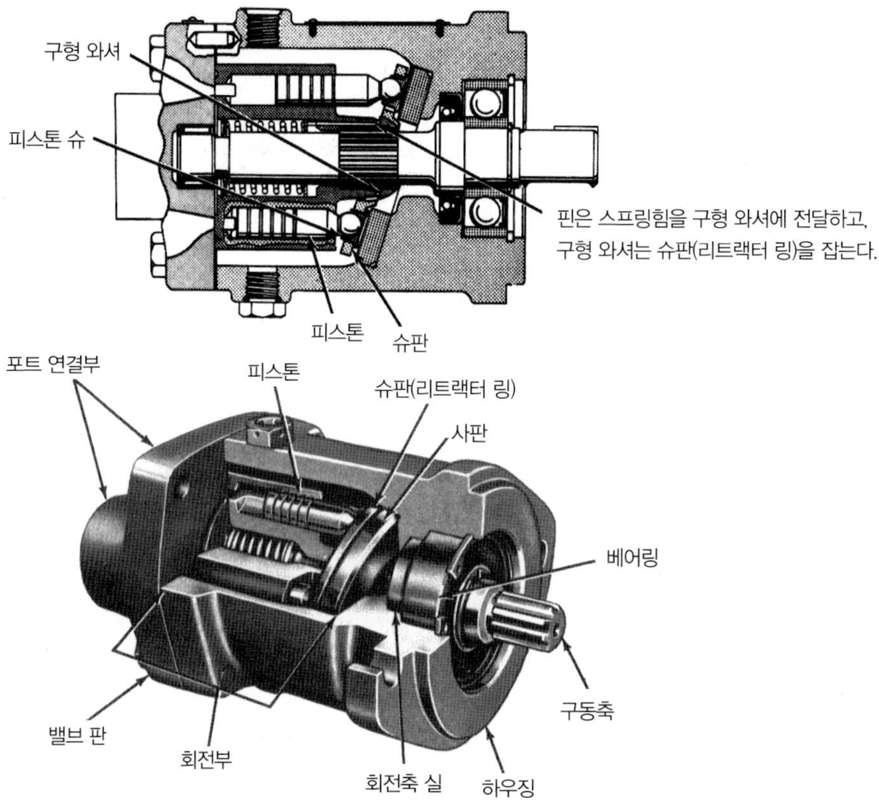

그림 5-26 인라인 피스톤펌프(Courtesy of Sperry Vickers, Sperry Rand Corp., Troy, Michigan.)

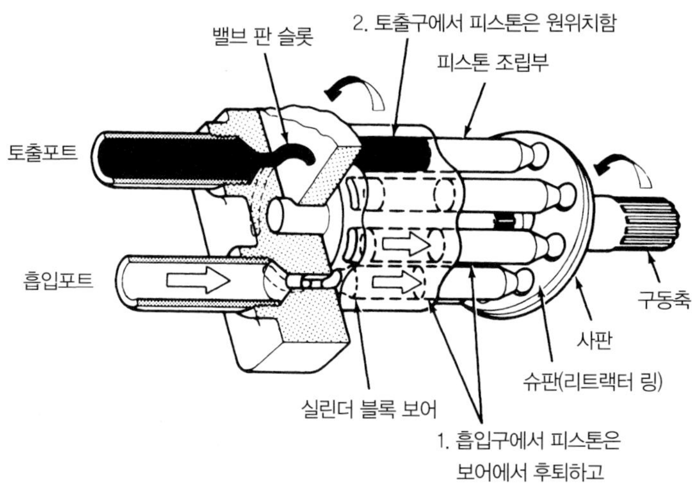

그림 5-27 사판은 피스톤을 왕복운동하게 한다(Courtesy of Sperry Vickers, Sperry Rand Corp., Troy, Michigan.)

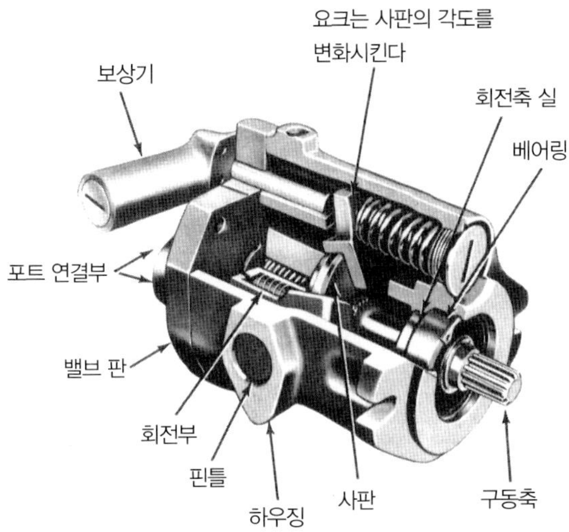

그림 5-28 가변용량형 인라인 피스톤펌프(Courtesy of Sperry Vickers, Sperry Rand Corp., Troy, Michigan.)

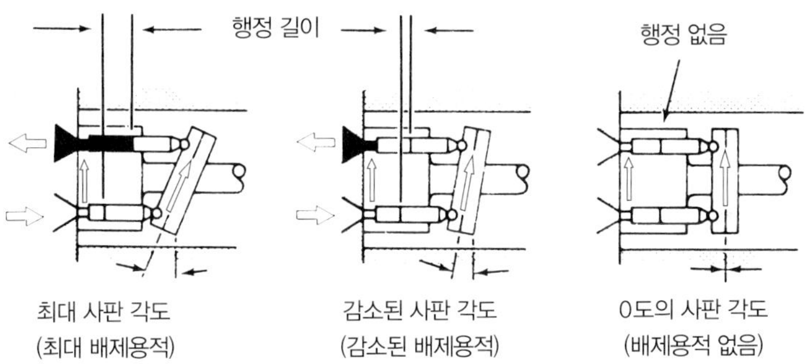

그림 5-29 펌프 배제용적의 변화(Courtesy of Sperry Vickers, Sperry Rand Corp., Troy, Michigan.)

레이디얼 피스톤펌프

레이디얼 피스톤펌프의 작동과 구조가 그림 5-30에 설명되어 있다. 이것은 유체를 실린더 내부에 출입시키는 핀틀, 여러 개의 피스톤이 있는 실린더 배럴과, 리액션링(reaction ring)을 포함한 로터로 구성되어 있다. 피스톤에 작용하는 압력과 원심력 때문에 피스톤은 항상 리액션링과 접촉을 유지하고 있다. 펌핑 작용시 리액션링은 핀틀이나 구동축에 대해 편심되어 움직인다. 실린더 배럴이 회전함에 따라 한쪽의 피스톤들은 바깥쪽으로 움직인다. 그러면 각 실린더가 핀틀의 흡입포트를 지날 때 유체를 안쪽으로 흡입하게 된다. 피스톤이 최대 편심점을 지나면 리액션링에 의해 안쪽으로 힘을 받고, 따라서 유체를 핀틀의 토출포트로 밀어내게 된다. 어떤 모델에서는 피스톤 행정을 변화시키는 리액션링을 움직여 배제용적을 변화시키기도 한다.

그림 5-31은 가변용량형이고 압력보상형인 실제 레이디얼 피스톤펌프의 단면도를 보여주고 있다. 이 펌프는 세 경우의 용적(2.40, 3.00, 4.00 in^3)을 가지는 것이 가능하고, 대략 60 lb 정도의 무게를 가지고 있다. 가변용량은 기계적인 방법보다는 유압적인 방법으로 잘 이루어지며, 배출관로의 압력에 반응한다.

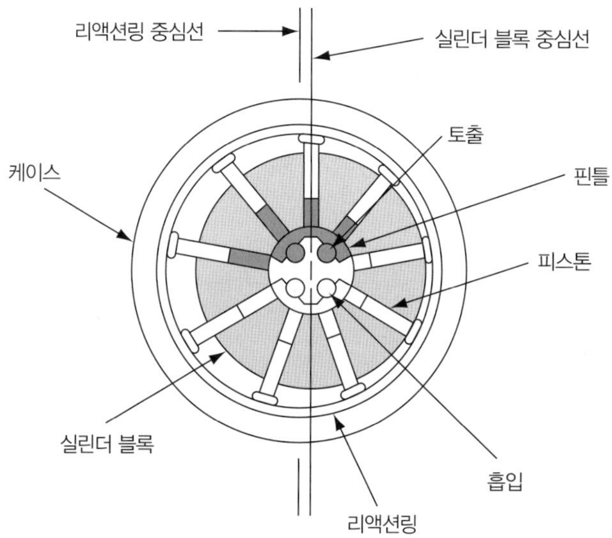

그림 5-30 레이디얼 피스톤펌프의 작동(Courtesy of Sperry Vickers, Sperry Rand Corp., Troy, Michigan.)

그림 5-31 레이디얼 피스톤펌프의 단면도(Courtesy of Deere & Co., Moline, Illinois.)

5.8 펌프의 성능

서론

펌프의 성능은 주로 생산시의 정확도에 의해 좌우된다. 부품은 공차가 엄밀하게 만들어져야 하고 그 공차는 펌프 작동시 그대로 유지되어야 한다. 이러한 엄밀한 공차를 계속 유지하기 위해서는 기계적으로 결함이 없으며, 평형된 압력을 갖도록 설계해야 한다.

이론적으로 이상적인 펌프는 모든 맞물리는 부품 사이의 간극이 0인 펌프이다. 비록 이것은 가능하지 못할지라도, 마찰되는 부품 사이의 윤활을 위해 적당한 오일막을 유지시킬 수 있는 한도 내에서 될 수 있는 한 간극은 작아야 한다.

펌프 효율

펌프 생산자는 그들이 생산한 여러 형태의 펌프에 대한 성능 자료를 얻기 위해 시험을 수행한다. 펌프의 전효율(overall efficiency)은 펌프에서 출력되는 유압동력과 원동기에 의해 입력되는 기계적 동력을 비교해서 결정한다. 전효율은 **용적 효율**(volumetric efficiency)과 **기계적 효율**(mechanical efficiency)이라는 두 가지로 나누어 생각할 수 있다. 다음은 각각에 대한 설명이다.

1. **용적 효율(η_v):** 용적 효율은 펌프 내에 발생하는 누유량의 척도이다. 이것은 제조시의 공차와 설계된 작동 압력하에서의 펌프 케이싱의 변형에 대한 영향을 포함하고 있다.

$$\eta_v = \frac{\text{펌프에 의해 생성되는 실제유량}}{\text{펌프가 생성해야 하는 이론유량}} = \frac{Q_A}{Q_T} \tag{5-7}$$

전형적으로 기어펌프는 80~90%, 베인펌프는 82~92%, 피스톤펌프는 90~98% 정도의 용적 효율을 갖는다. 효율을 식에 대입할 경우 % 대신 소수값을 사용한다. 예컨대 90%의 효율은 0.90으로 표시한다.

2. **기계적 효율(η_m):** 기계적 효율은 누유외의 다른 이유로 발생하는 에너지 손실량을 표시한다. 이것은 주로 베어링의 마찰과 서로 맞물리는 부분의 마찰을 포함한다. 그리고 유체의 난류흐름에 의한 에너지손실도 포함한다. 기계적 효율은 전형적으로 90~95%가 된다.

$$\eta_m = \frac{\text{누설이 없다고 가정할 때의 펌프 출력동력}}{\text{펌프에 전달되는 실제동력}}$$

영국단위와 마력을 사용하면

$$\eta_m = \frac{pQ_T/1714}{T_A N/63,000} \tag{5-8}$$

이고, 미터단위와 와트를 사용하면 다음과 같다.

$$\eta_m = \frac{pQ_T}{T_A N} \tag{5-8M}$$

식 (5−8)과 식 (5−8M)의 파라미터들은 그림 5−32와 관련하여 다음과 같이 정의된다.

P = 펌프의 토출압력(psi, Pa)
Q_T = 펌프의 이론유량(gpm, m^3/s)
T_A = 펌프에 전달되는 실제토크(in.lb, N · m)
N = 펌프속도(rpm, rad/s)

기계적 효율은 토크의 견지에서 다음과 같이 표현될 수 있다.

$$\eta_m = \frac{\text{펌프를 작동시키기 위해 필요한 이론토크}}{\text{펌프에 전달되는 실제토크}} = \frac{T_T}{T_A} \tag{5-9}$$

여기서 펌프를 작동시키기 위해 필요한 이론토크(T_T)는 누유가 없다는 가정하에서 필요한 토크이다.

이론토크와 실제토크는 다음과 같이 계산된다.

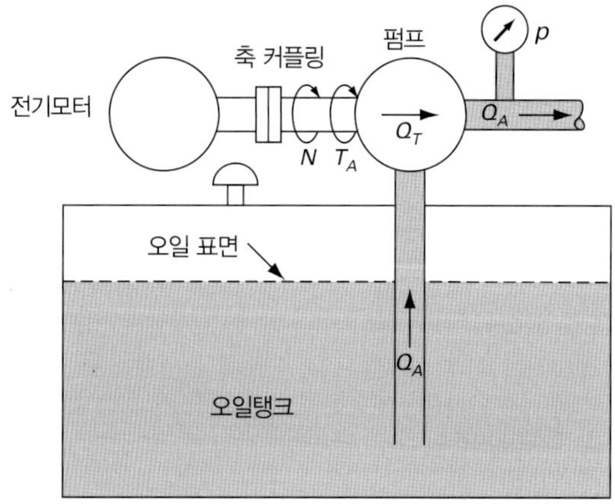

그림 5-32 펌프의 기계적 효율에 관련된 것들

■ **이론토크**

$$T_T(\text{in} \cdot \text{lb}) = \frac{V_D(\text{in}^3) \times p(\text{psi})}{2\pi} \quad \textbf{(5-10)}$$

또는

$$T_T(\text{N} \cdot \text{m}) = \frac{V_D(\text{m}^3) \times p(\text{Pa})}{2\pi} \quad \textbf{(5-10M)}$$

■ **실제토크**

$$T_A = \frac{\text{펌프에 전달되는 실제마력} \times 63{,}000}{N(\text{rpm})} \quad \textbf{(5-11)}$$

또는

$$T_A = \frac{\text{펌프에 전달되는 실제동력(W)}}{N(\text{rad/s})} \quad \textbf{(5-11M)}$$

여기서

$$N(\text{rad/s}) = \frac{2\pi}{60} N\ (\text{rpm})$$

이다.

3. 전효율(η_o): 전효율은 모든 에너지손실을 고려하여 다음과 같이 정의된다.

$$\text{전효율} = \frac{\text{펌프에 의해 출력되는 실제동력}}{\text{펌프에 전달되는 실제동력}} \quad \textbf{(5-12)}$$

전효율은 수학적으로 다음과 같이 표현될 수도 있다.

$$\eta_o = \eta_v \times \eta_m \quad \textbf{(5-13)}$$

식 (5−13)에 식 (5−7), (5−8)을 대입하면 영국단위로 다음과 같이 표현된다.

$$\eta_o = \eta_v \times \eta_m = \frac{Q_A}{Q_T} \times \frac{pQ_T/1714}{T_A N/63{,}000}$$

같은 항을 소거하면, 식 (5−12)와 식 (5−13)이 같음을 보여주는 다음과 같은 결과를 얻는다.

$$\eta_o = \frac{pQ_A/1714}{T_AN/63{,}000} = \frac{\text{펌프에 의해 출력되는 실제마력}}{\text{펌프에 전달되는 실제마력}} \quad \textbf{(5-14)}$$

미터단위에 대해서 식 (5−7), (5−8M), (5−13)을 이용하면 다음과 같은 결과를 얻는다.

$$\eta_o = \frac{pQ_A}{T_AN} = \frac{\text{펌프에 의해 출력되는 실제동력}}{\text{펌프에 전달되는 실제동력}} \quad \textbf{(5-14M)}$$

회전축을 통해 원동기로부터 펌프에 전달되는 실제동력을 "**제동동력**(brake power)"이라 하고, 펌프에 의해 유체로 전달되는 실제동력을 "**유압동력**(hydraulic power)"이라 한다.

예제 5−8

어떤 펌프가 배제용적 5 in^3을 갖고 1000 rpm, 1000 psi에서 20 gpm을 전달하고 있을 때

a. 이 펌프의 전효율은 얼마인가?

b. 이 펌프를 작동시키기 위한 이론토크는 얼마인가?

풀이

a. 식 (5−2)를 이용하여 이론유량을 구한다.

$$Q_T = \frac{V_DN}{231} = \frac{(5)(1000)}{231} = 21.6 \text{ gpm}$$

다음에는 용적 효율을 구한다.

$$\eta_v = \frac{Q_A}{Q_T} = \frac{20}{21.6} = 0.926 = 92.6\%$$

기계적 효율은 다음과 같이 얻어진다.

$$\eta_m = \frac{pQ_T/1714}{T_AN/63{,}000} = \frac{[(1000)(21.6)]/1714}{[(900)(1000)]/63{,}000} = 0.881 = 88.1\%$$

그러면 전효율은 다음과 같다.

$$\eta_o = \eta_v\eta_m = 0.926 \times 0.881 = 0.816 = 81.6\%$$

b. 이론적 토크에 대하여 풀기 위하여 식 (5−9)를 이용하면 다음과 같이 얻을 수 있다.

$$T_T = T_A\eta_m = 900 \times 0.881 = 793 \text{ in} \cdot \text{lb}$$

따라서 펌프의 기계적 손실 때문에 793 in.lb가 아니고 900 in.lb만큼의 토크가 펌프 구동시 필요하다.

펌프의 성능곡선

펌프 생산자는 펌프 성능 특성을 그래프 형태로 나타낸다. 시험자료는 초기에 표로 작성되지만 좀 더 해석하기 쉽게 그래프를 작성한다. 그림 5-33은 최대 용적에서 작동하는 6 in^3의 가변용량형 펌프에 대한 전형적인 성능곡선을 나타낸다. 위에 있는 그래프는 전효율과 용적 효율을 3000 psi와 5000 psi의 압력에 대해 펌프속도 (rpm)의 함수로 표현한 것이다. 아래의 그래프는 3000 psi와 5000 psi의 압력에 대해 펌프 입력마력(hp)과 펌프 출력유량 (gpm)을 펌프속도에 대해 나타내었다.

그림 5-31의 레이디얼 피스톤펌프에 대한 성능곡선은 그림 5-34와 같다. 이 펌프는 다음과 같은 세 가지 크기로 나와 있다.

PR24: 2.40 in^3의 용적
PR30: 3.00 in^3의 용적
PR40: 4.00 in^3의 용적

그러므로 두 그래프에는 세 개의 곡선이 있다. 우리는 여기서 토출유량 (gpm)과 펌프속도 (rpm)의 선형관계를 관찰할 수 있다. 그리고 이 펌프들의 토출유량은 넓은 압력범위에서 거의 일정하다. 토출유량이 일정한 직선부분을 지나면 변곡점으로부터 유량이 0인 점까지 토출유량은 계속적으로 변화한다. 그림 5-34의 용적 효율과 전효율은 2000 psi 펌프압력에 대한 것이다.

펌프 성능 비교 인자

그림 5-35는 유압 펌프에 대해 다양한 성능 인자를 비교하고 있다. 일반적으로 기어펌프는 가장 저렴하나 성능수준은 최하이다. 게다가 기어펌프 효율은 마모에 의해 급속도로 감소되고 결국은 유지비가 상당히 커지게 된다. 용적 효율은 다음과 같은 누유손실에 의해 큰 영향을 받는데, 마모에 의해 효율 저하가 가속화된다.

1. 기어 바깥 주위로의 누유
2. 기어면을 통한 누유
3. 기어치가 접촉하는 부분에서의 누유

기어펌프는 설계하기가 쉽고 크기가 작다. 그러므로 유압시스템에 가장 많이 사용된다. 이러한 기어펌프는 특히 이동 기구나 공작기계 분야에서 많이 이용된다.

베인펌프의 효율과 비용은 기어펌프와 피스톤펌프 효율 및 비용의 중간에 있다. 베인펌프는 효율이 좋고 내구성이 좋다. 그러나 계속해서 만족스러운 성능을 얻으려면 좋은 윤활제와

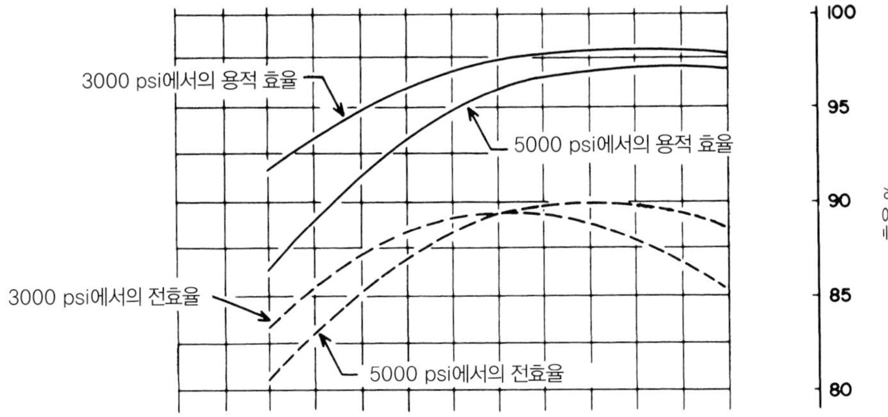

이 곡선은 서보/충전 펌프와 변속 밸브 패키지로부터의 손실의 포함하고 있다.

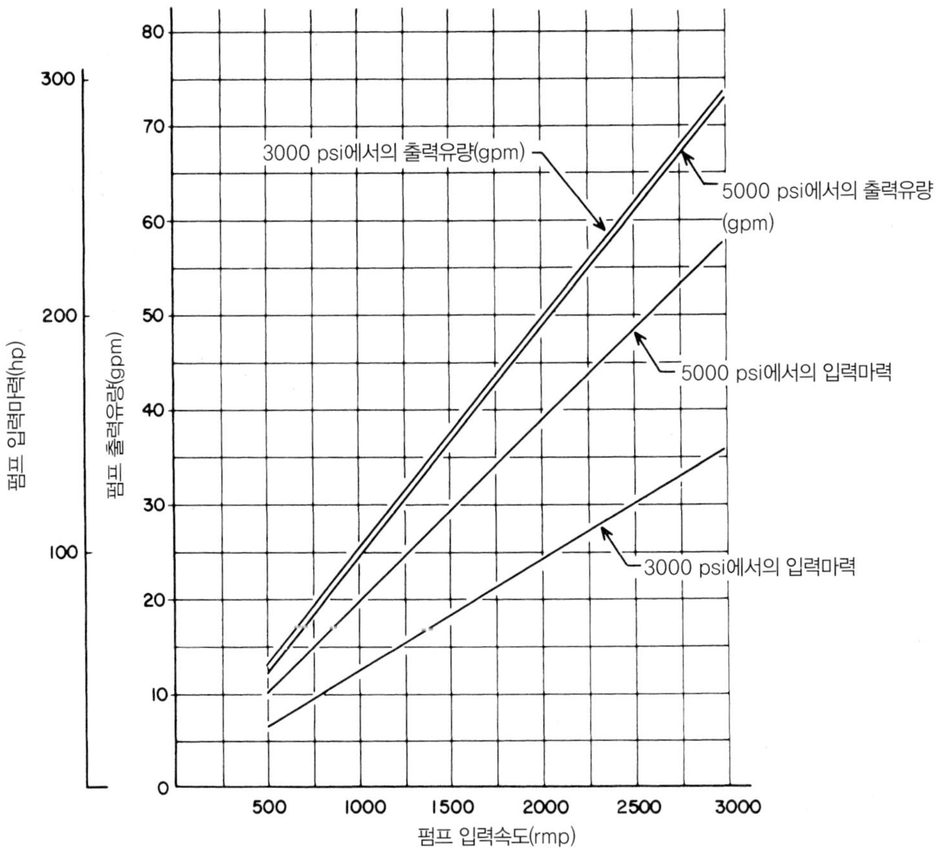

그림 5-33 6 in^3 가변용량형 피스톤펌프의 성능곡선(Courtesy of Abex Corp., Dennison Division, Columbus, Ohio.)

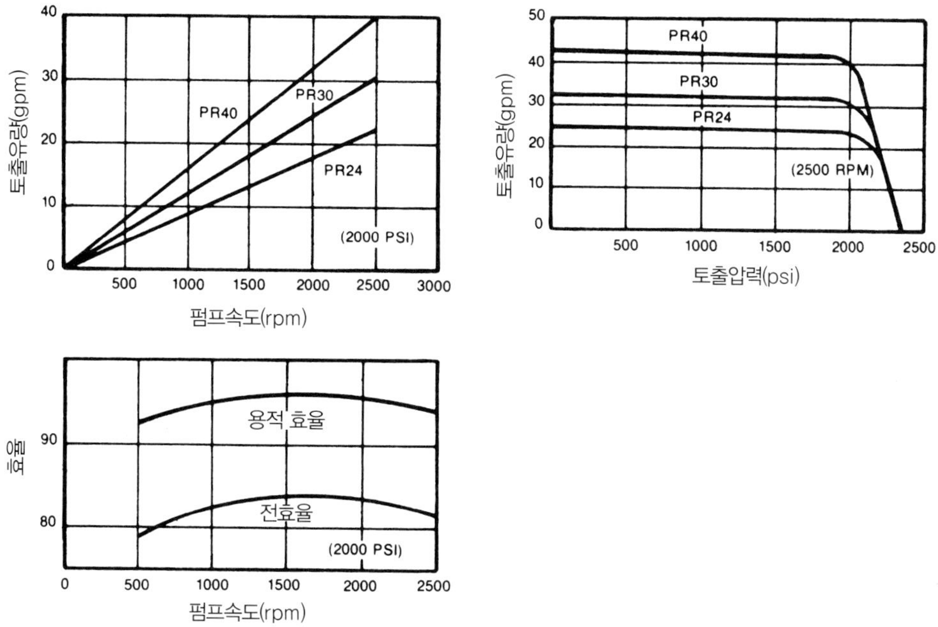

그림 5-34 레이디얼 피스톤펌프의 성능곡선(Courtesy of Deere & Co., Moline, Illinois.)

펌프형태	정격압력 (psi)	정격속도 (rpm)	전효율 (%)	마력/무게 (hp/lb)	유량 (gpm)	비용 (dollars/hp)
외접기어	2000~ 3000	1200~ 2500	80~90	2	1~150	4~8
내접기어	500~ 2000	1200~ 2500	70~85	2	1~200	4~8
베인	1000~ 2000	1200~ 1800	80~95	2	1~80	6~30
엑시얼 피스톤	2000~ 12,000	1200~ 3000	90~98	4	1~200	6~50
레이디얼 피스톤	3000~ 12,000	1200~ 1800	85~95	3	1~200	5~35

그림 5-35 펌프 형태에 따른 다양한 성능 인자 비교

함께 깨끗한 오일을 사용해야 한다. 너무 빠른 회전속도는 문제를 일으킬 수 있다. 베인펌프에서 누유손실은 로터면을 통해서, 또 청동 내구판(wear plates)과 압력링(pressure ring) 사이에서 발생한다.

피스톤펌프는 가장 비싸나 가장 높은 전효율을 갖는다. 피스톤펌프는 5000 rpm까지의 고속 운전이 가능하고 무게 대 마력 비도 상당히 높은 수준이다. 또한 피스톤펌프는 본질적으로 맥동하지 않는 유량을 공급하고 가장 높은 압력에서 작동할 수 있다. 그리고 이음새가 매우 밀착되어서 효율이 가장 높다. 피스톤에 측면부하가 없기 때문에 펌프 기대 수명은 적어도 수년은 된다. 그러나 설계가 복잡하기 때문에 현장에서 손쉽게 수리할 수가 없는 단점이 있다.

5.9 펌프 소음

서론

소음이란 사람들에게 바람직하지 않은 소리이다. 예를 들어 큰 소음에 계속해서 노출된다면 청력을 잃을 수도 있다. 또한 소음은 사람들이 들어야 하는 소리를 못 듣게 한다. 다시 말해서 소음 때문에 안전장치로부터 발생하는 경고신호를 못 들을 수도 있는 것이다.

소리는 주위 공기를 매개로 압력파 형태로 전달된다. 진폭과 주파수를 갖는 압력파는 펌프나 유압모터, 관로와 같이 진동하는 물체에 의해 발생하게 된다. 사람의 귀는 음파를 받아들여 전기신호로 변환한 후 뇌에 전달한다. 그러면 뇌는 이 전기신호를 소리라는 감각으로 이해하게 된다.

소리의 강도(dB)

음파의 세기는 압력파의 진폭에 영향을 받는데 **강도**(intensity)로 표현된다. 강도는 단위면적에 전달되는 소리에너지의 비율로 정의된다. 이것은 단위면적당 동력의 정의임을 주목하라. 따라서 소리의 강도는 W/m^2으로 표현될 수 있다. 그러나 이 에너지전달률을 데시벨(dB) 단위로 표현하는 것이 일반적이다. 데시벨은 사람이 들을 수 있는 가장 약한 소리 강도에 대한 주어진 소리 강도의 상대적인 크기를 나타낸다. 1 B(= 10 dB)은 소리 강도의 큰 변화를 나타낸다. 따라서 소리의 강도를 데시벨 단위로 표시하는 것이 관행이다.

여기서 강도와 소리크기(loudness)는 다르다는 것을 주목하자. 왜냐하면 소리크기는 사람의 청력에 따라 달라지기 때문이다. 즉, 소리의 크기는 같은 음원을 들더라도 서로 옆에 앉아 있는 사람에 따라 달라질 수 있는 것이다. 그러나 소리가 지니는 에너지의 양을 나타내는 소리의 강도는 측정되는 것이기 때문에 듣는 사람에 따라 달라지지 않는다.

1데시벨은 일반적인 사람들이 감지할 수 있는 가장 작은 강도의 변화이다. 사람이 들을 수 있는 가장 약한 소리의 강도는 0 dB로 잡혀 있다. 반대로 120 dB 이상의 소리는 듣기에 고통

스럽고 청력을 영원히 잃게 할 수 있다.

그림 5-36은 일반적인 소리와 그에 해당하는 데시벨 단위의 강도를 보여주고 있다. 그림 5-36에서 보는 바와 같이 90 dB의 소리는 아주 큰 소리로서 시끄러운 공장에서 나는 정도의 소리이다. 미국의 직장안전보건국(Occupational Safety and Health Administration, OSHA)은 90 dB(A)을 사람이 작업시 8시간 동안 노출될 수 있는 최대한의 소리 수준으로 규정해 놓았다. 여기서 dB 뒤 문자 A는 소리측정장치로 인간 귀의 민감도와 더욱 근사한 필터링 시스템을 사용했음을 의미한다.

	140	가까운 거리에서 제트기 이륙
	130	유압 프레스
고통의 시작	120	가까운 리벳기
귀가 먹을 정도	110	증폭된 록 밴드
	100	시끄러운 도시 교통
매우 큰 소리	90	시끄러운 공장, 기어펌프
	80	진공 청소기, 베인펌프
큰 소리	70	시끄러운 사무실, 피스톤펌프
	60	평균적인 공장, 스크루펌프
보통 소리	50	평균적인 사무실
	40	개인 사무실
희미한 소리	30	조용한 대화
	20	나뭇잎이 스치는 소리
매우 희미한 소리	10	속삭이는 소리
	0	최소 가청치

그림 5-36 일반적인 소리 수준(dB)

소리 강도 수준의 계산

데시벨의 소리 수준은 가청 강도에 대한 대상 강도의 비를 밑을 10으로 한 로그를 취해서 얻는다. 로그를 사용하는 것은 사람에게 적당한 소리의 강도(50 dB)가 사람이 감지할 수 있는 최소 강도(0 dB)의 100,000배나 되기 때문이다(그림 5-36 참고). 로그스케일을 사용하면 다음 식에서 보는 바와 같이, 매우 큰 인자를 이해하기 쉽게 축소할 수 있다.

$$I(\mathrm{B}) = \log \frac{I}{I(\text{hear. thrsh.})} \tag{5-15}$$

여기서 I = W/m²으로 표현한 대상 소리의 강도
I(hear. thrsh.) = W/m²으로 표현한 가청 소리 문턱값의 강도
I(B) = 벨단위로 표현한 대상 소리의 강도

그러므로 적당한 소리의 강도를 벨단위로 표현하면 다음과 같다.

$$I(\text{적당한 소리}) = \log 10^5 = 5\ \text{B}$$

이것은 벨을 사용하면 가청 소리에서 듣기에 고통스러운 소리까지의 범위가 단지 0에서 12까지로 표현된다는 것을 의미한다. 이것은 매우 제한된 범위이다. 이 범위를 넓히기 위하여 다음 식과 같이 10을 곱해서 dB을 사용한다.

$$I(\text{dB}) = 10 \log \frac{I}{I(\text{hear. thrsh.})} \tag{5-16}$$

따라서 사람에게 적당한 소리의 수준은 데시벨로 다음과 같다.

$$I(\text{적당한 소리}) = 10 \log 10^5 = 50\ \text{dB}$$

마찬가지로 가청 소리를 데시벨로 표현하면 다음과 같다.

$$I(\text{가청 소리}) = 10 \log 1 = 0\ \text{dB}$$

이 값을 그림 5-36에 나타난 것들과 비교해 보라.

식 (5-16)으로부터 소리의 강도가 W/m^2 단위로 주어진 인자만큼 증가할 때 dB 단위로는 얼마나 증가할지 다음과 같이 결정할 수 있다.

$$\text{dB 증가} = 10 \log \frac{I(\text{최종})}{I(\text{초기})} \tag{5-17}$$

예를 들어, W/m^2 단위로 소리 강도가 두 배가 되면 dB 증가는 다음과 같다.

$$\text{dB 증가} = 10 \log 2 = 3.01\ \text{dB}$$

이로부터 소리의 강도가 3.01 dB만큼 증가하면 W/m^2 단위로 두 배가 됨을 알 수 있다. 그러므로 약간의 dB 강도 변화도 그 영향이 크다.

소음 수준의 제어

소음 수준을 제어하는 것은 청력 보호뿐만이 아니라 소음가림(noise masking)으로 발생하는 사고를 막기 위해 상당히 중요하다. 소음가림이란 인간의 귀가 안전경고신호 같은 소리를 못

듣게 하는 소음의 능력을 의미한다. 일반적으로 다음과 같은 방법으로 소음을 감소할 수 있다.

1. 시끄러운 펌프 같은 소음의 원천을 점검한다. 여기서는 어긋난 펌프/모터 커플링, 부적절하게 설치된 펌프/모터 받침판, 펌프 캐비테이션, 과도한 펌프속도와 압력 등이 문제될 수 있다.
2. 소음의 원천에 직접적으로 연결된 부품을 점검한다. 특정한 위치에서 지지하는 유압관로의 클램핑이 한 예이다.
3. 칸막이 근처에 소음 흡수 소재를 사용한다. 이렇게 하면 발생하는 소음이 다른 곳으로 전달되는 것을 막을 수 있다.

성능 인자로서의 펌프 소음

소음은 펌프 성능을 결정하는 중요한 인자이다. 소음 수준이 증가한다는 것은 일반적으로 마모가 증가되고 곧 펌프가 고장이라는 것을 나타낸다. 펌프는 좋은 소음 발생기이지만 안 좋은 소음 라디에이터(radiator)이다. 따라서 펌프는 유압시스템에서 소음 발생의 주원인이다. 그러나 우리가 듣는 소음은 단지 펌프로부터 직접적으로 나오는 소리만이 아니다. 그것은 펌프에 의한 진동과 유체의 맥동에 의한 소음을 포함한다. 펌프는 구조가 조밀하고 상대적으로 크기가 작기 때문에 특히 저주파수에서 안 좋은 소음 라디에이터이다. 오일탱크, 전기모터,

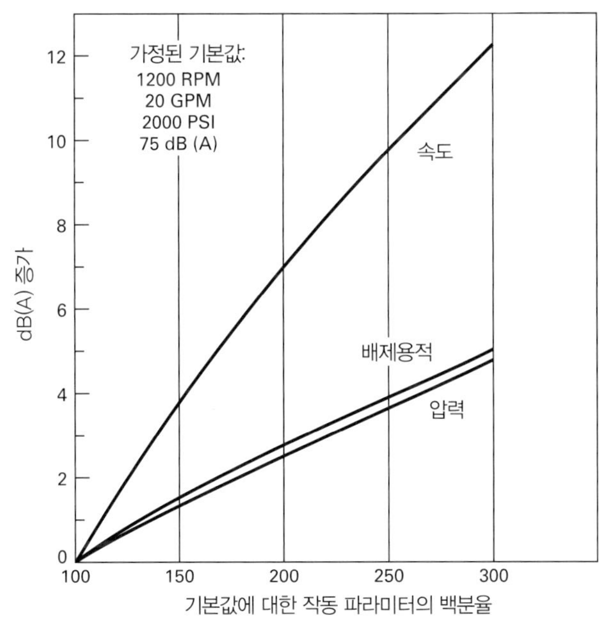

그림 5-37 크기, 압력, 속도 변화가 소음에 주는 영향(Courtesy of Sperry Vickers, Sperry Rand Corp., Troy, Michigan.)

관로는 클수록 더 좋은 소음 라디에이터이다. 그러므로 펌프가 유도하는 진동이나 맥동이 펌프로부터 나오는 것보다 더 큰 소음을 발생시킨다. 일반적으로 더 견고한 구조를 가진 정용량형 펌프는 가변용량형 펌프보다 소음이 적다.

그림 5-37에 표시한 바와 같이, 펌프속도는 소음에 큰 영향을 주는 반면, 압력이나 펌프 크기는 비슷하게 작은 영향을 준다. 이러한 세 가지 요인이 마력을 결정하기 때문에 소음을 줄이기 위해서는 세 가지 요인 간에 적절한 타협이 필요하다. 가장 낮은 소음을 유지하기 위해서는 가장 낮은 실제 속도(1000 또는 2000 rpm의 전기모터 사용, 원동기 사용시는 감속기어 사용)를 사용하고, 필요한 마력을 제공하기 위해 가장 유리한 크기와 압력을 선택하여야 한다.

펌프 캐비테이션

이 외에도 유압유의 혼입공기 방울이나 유압유의 기체화에 의한 **펌프 캐비테이션**(pump cavitation)이라는 소음 문제가 있다. 이것은 펌프의 흡입력이 과도하여 펌프 유입압력이 유체의 증기압 (대개 약 5 psi 흡입압력) 이하로 떨어질 때 발생한다. 결과적으로 펌프입구의 낮은 압력에서 형성된 공기나 증기 방울이 높은 압력의 배출 지역에 도달하면 파괴된다. 이것은 높은 유체속도와 충격력을 생성해서 금속 부식을 일으키고 펌프 수명을 단축시킨다.

다음의 규칙을 따르면 흡입압력이 유체의 포화압력 이상으로 유지되어 펌프 캐비테이션을 감소시키거나 제거시킬 것이다.

1. 흡입라인의 속도를 4 ft/s(1.2 m/s) 이하로 유지한다.
2. 펌프 흡입라인을 가능한 한 짧게 한다.
3. 흡입라인에서 이음쇠 개수를 최소화한다.
4. 펌프를 가능한 한 오일탱크에 가깝게 둔다.
5. 압력강하가 작은 흡입 필터나 스트레이너를 사용한다. 지시형 필터나 스트레이너를 사용하여 적당한 주기로 교체하도록 한다.
6. 펌프 생산자에 의해 추천된 적당한 유압유를 사용한다. 온도가 증가하면 공기나 증기방울의 운동을 가속시키므로 온도 조절이 중요하다. 그러므로 유압유 온도는 120°F에서 150°F(50°C에서 60°C) 정도로 유지시켜 최적의 점성을 갖게 하고 공기나 증기 방울의 운동을 최대한 억제시켜 캐비테이션을 줄인다.

펌프 소음은 내부 회전 요소들이 흡입구부터 토출구까지 갑작스럽게 유체압력을 증가시킬 때 발생한다. 압력의 갑작스런 변화는 펌프 소음의 강도에 굉장히 큰 기여를 한다. 그러므로 펌프작동시 소음은 펌프 설계에 크게 의존한다. 기어나 베인펌프는 스크루펌프보다 더 큰 소음을 발생한다. 그림 5-38은 다양한 펌프 설계에 대한 대략적인 소음 수준을 보여주고 있다.

펌프 디자인	소음 수준(dB-A)
기어	80～100
베인	65～85
피스톤	60～80
스크루	50～70

그림 5-38 여러 가지 펌프 종류에 따른 소음 수준

5.10 펌프 선정

펌프는 특정한 용도의 전체 유압시스템에 대한 여러 가지 사항을 고려하여 선정된다. 고려할 사항 중에는 유량(gpm), 작동속도(rpm), 정격압력(psi), 성능, 신뢰도, 유지관리, 비용, 소음 등이 있다. 펌프의 선정은 일반적으로 다음의 절차를 따른다.

1. 부하에 적당한 작동기(유압실린더 또는 모터)를 선정한다.
2. 필요한 유량을 결정한다. 즉, 주어진 시간에 정해진 거리만큼 부하를 움직이기 위하여 필요한 작동기 유량을 계산한다.
3. 시스템압력을 선정한다. 이것은 작동기의 크기와 외부 부하에 의하여 시스템에 가해지는 저항력의 크기에 따라 달라진다. 펌프에 의해 전달되는 총 동력도 여기에서 결정된다.
4. 펌프속도를 결정하고 원동기를 결정한다. 유량계산과 이것으로부터 펌프 크기(배제용적)를 결정한다.
5. 용도에 맞는 펌프 형태(기어, 베인, 또는 피스톤펌프, 그리고 고정 또는 가변용량형 펌프)를 선정한다.
6. 오일탱크와 관련 배관을 선정한다. 관련 배관에는 관로, 밸브, 유압실린더, 모터, 기타 부품 등이 포함된다.
7. 소음 수준, 동력손실, 열 발생에 따른 열교환기의 필요성, 펌프 마모, 그리고 전체 시스템의 수명을 위한 유지보수 스케줄 등을 고려한다.
8. 시스템의 전체 비용을 계산한다.

보통 이 절차는 부품의 크기나 형태를 바꿔가면서 여러 번 반복해야 한다. 몇 가지 대안에 대해 이 절차를 반복한 후 주어진 용도에 대한 최상의 전체 시스템을 구성한다. 이러한 과정을 최적화(optimization)라고 한다. 이것은 주어진 용도에 맞게 최소의 비용으로 가장 효율적인 전체 시스템을 구성하는 부품을 선정하는 것을 의미한다.

5.11 미터단위의 정격 펌프 성능

유압펌프의 성능은 영국단위뿐만 아니라 미터단위로 측정되고 표시될 수 있다. 그림 5-39는 1200 rpm에서 작동하는 가변용량형 압력보상 베인펌프인 Vickers Model VVB20에 대한 실제적인 성능곡선을 보여주고 있다. 이 곡선들은 출력압력(psi와 bar)에 대한 유량(gpm), 효율과 동력(HP와 kW)을 나타낸다. 이 펌프(그림 5-39 참조)는 1000 rpm과 1800 rpm 사이의 속도로, 2540 psi(175 bar)의 정격압력, 1.22 in^3/rev(20 cm^3/rev 또는 0.02 L)의 공칭 배제용적으로 작동한다. 비록 이 곡선들은 gpm 단위의 유량을 표시하고 있지만, 분당 리터(Lpm)인 미터단위 유량도 자주 표시된다.

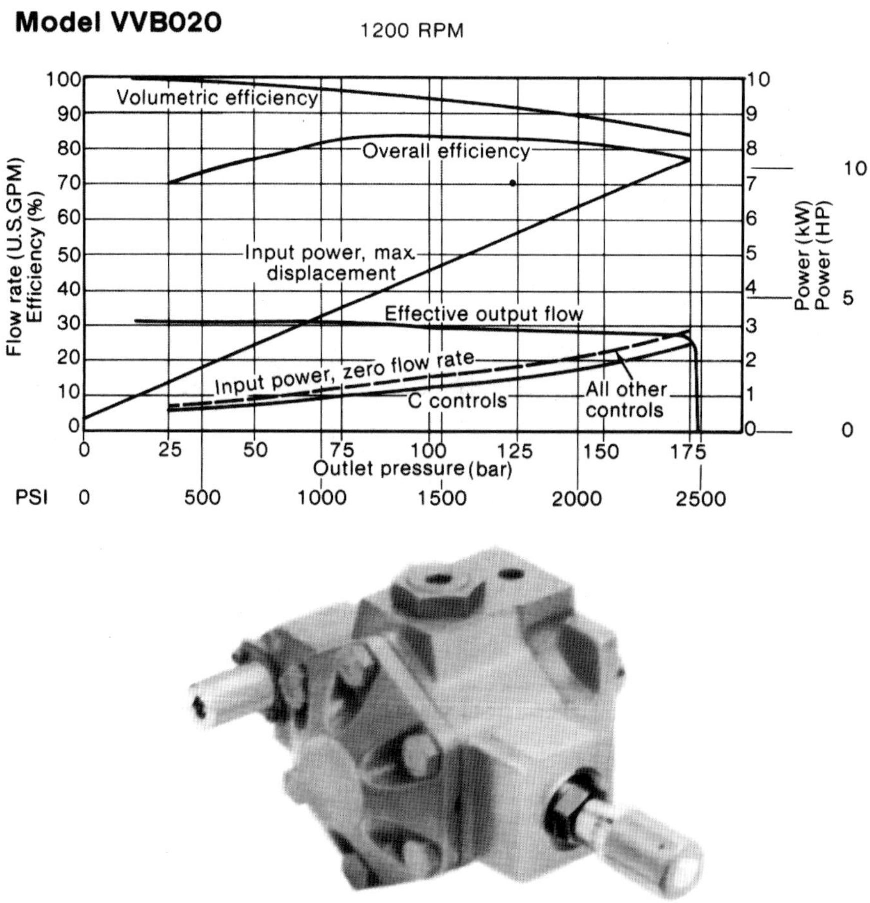

그림 5-39 1200 rpm으로 작동하는 가변용량형 압력보상 베인 펌프의 영국/미터 단위 성능 곡선(Courtesy of Vickers, Inc., Troy, Michigan.)

예제 5-9

배제용적이 100 cm^3인 펌프가 1000 rpm, 70 bar에서 0.0015 m^3/s를 공급하고 있다. 만약 원동기의 입력토크가 120 N · m이면,

a. 이 펌프의 전효율은 얼마인가?

b. 이 펌프를 작동시키기 위해 필요한 이론토크는 얼마인가?

풀이

a. 식 (5−2M)으로부터 배제용적은 다음과 같다.

$$V_D = 100\ \text{cm}^3/\text{rev} \times \left(\frac{1\ \text{m}}{100\ \text{cm}}\right)^3 = 0.000100\ \text{m}^3/\text{rev}$$

따라서

$$Q_T = V_D N = (0.000100\ \text{m}^3/\text{rev})\left(\frac{1000}{60}\ \text{rev/s}\right) = 0.00167\ \text{m}^3/\text{s}$$

다음에는 용적 효율을 구한다.

$$\eta_v = \frac{Q_A}{Q_T} = \frac{0.0015}{0.00167} = 0.898 = 89.8\%$$

다음에는 기계적 효율을 구한다.

$$\eta_m = \frac{pQ_T}{T_A N} = \frac{(70 \times 10^5\ \text{N/m}^2)(0.00167\ \text{m}^3/\text{s})}{(120\ \text{N}\cdot\text{m})\left(1000 \times \dfrac{2\pi}{60}\ \text{rad/s}\right)}$$

$$\eta_m = \frac{11{,}690\ \text{N}\cdot\text{m/s}}{12{,}570\ \text{N}\cdot\text{m/s}} = 0.930 = 93.0\%$$

주목할 것은 T_A와 N의 곱이 N · m/s(W) 단위의 동력을 나타내고, 여기서 토크(T_A)는 N · m의 단위를, 축 속도는 rad/s의 단위를 갖는다. 그러므로 전효율은 다음과 같다.

$$\eta_o = \eta_v \eta_m = 0.898 \times 0.930 = 0.835 = 83.5\%$$

b. $$T_T = T_A \eta_m = (120)(0.93) = 112\ \text{N}\cdot\text{m}$$

즉, 펌프 내의 기계적 손실로 인하여, 112 N · m 대신에 120 N · m의 토크가 펌프를 구동하기 위하여 필요하다.

예제 5-10

예제 5-9의 펌프가 85%의 전효율을 갖는 전기모터에 의하여 구동된다. 유압시스템은 하루에 12시간, 1년에 250일 동작한다. 전기료는 kWh당 \$0.11이다. 다음을 결정하여라.

a. 유압시스템을 동작시키기 위한 연간 전기료

b. 전기모터와 펌프의 효율손실로 인한 연간 전기료

풀이

a. 우선 전기모터에서 펌프로 전달되는 기계적 입력동력을 계산한다. 식 (3-37)로부터

$$\text{펌프 입력동력}(\mathbf{kW}) = \frac{T_A(\mathrm{N \cdot m}) \times N(\mathrm{rpm})}{9550} = \frac{120 \times 1000}{9550} = 12.6\ \mathrm{kW}$$

다음에는 전기모터가 받는 전기적 입력동력을 계산한다.

$$\text{전기모터 입력동력} = \frac{\text{전기모터의 출력동력}}{\text{전기모터의 전효율}}$$

전기모터의 출력동력이 펌프의 입력동력과 같으므로

$$\text{전기모터 입력동력} = \frac{12.6\ \mathrm{kW}}{0.85} = 14.8\ \mathrm{kW}$$

따라서 연간 전기료는 다음과 같다.

$$\text{연간 전기료} = \text{동력률} \times \text{연간 사용시간} \times \text{단위 전기료}$$

$$= 14.8\ \mathrm{kW} \times 12\ \frac{\text{시간}}{\text{일}} \times 250\ \frac{\text{일}}{\text{년}} \times \frac{\$0.11}{\mathrm{kW\ hr}} = \$4884/\text{년}$$

b. 총 kW 손실은 전기모터의 kW 손실과 펌프의 kW 손실의 합이므로,

$$\text{총 손실 } \mathbf{kW} = (1 - 0.85) \times 14.8 + (1 - 0.835) \times 12.6$$
$$2.22 + 2.08 = 4.30\ \mathrm{kW}$$

$$\text{효율손실로 인한 연간 비용} = \frac{4.3}{14.8} \times \$4884/\mathrm{yr} = \$1419/\mathrm{yr}$$

4.3/14.8 = 0.29이므로 총 전기료의 29%가 모터와 펌프의 효율손실로 인한 것이다. 이것은 전기모터로 들어가는 71%만 펌프의 출구포트의 유압동력으로 전해지는 것을 뜻한다.

5.12 중요한 식들

기어펌프의 배제용적: $V_D = \frac{\pi}{4}(D_o^2 - D_i^2)L$ (5-1)

펌프의 이론유량
(누설이 없는 펌프가 전달하는 유량)

영국단위 또는 미터단위: $Q_T = V_D N$ (5-2)

영국단위: $Q_T(\text{ft}^3/\text{min}) = V_D(\text{ft}^3/\text{rev}) \times N(\text{rev/min})$ (5-2)

특별한 영국단위: $Q_T(\text{gpm}) = \frac{V_D(\text{in}^3/\text{rev}) \times N(\text{rpm})}{231}$ (5-2)

미터단위: $Q_T(\text{m}^3/\text{min}) = V_D(\text{m}^3/\text{rev}) \times N(\text{rev/min})$ (5-2M)

펌프 배제용적: $\eta_v = \frac{Q_A}{Q_T}$ (5-3)

베인펌프 배제용적: $V_D = \frac{\pi}{2}(D_C + D_R)eL$ (5-4)

피스톤펌프 배제용적: $V_D = YAD \tan(\theta)$ (5-5)

피스톤펌프 이론유량

특별한 영국단위: $Q_T(\text{gpm}) = \frac{D(\text{in}) \times A(\text{in}^2) \times N(\text{rpm}) \times Y \tan(\theta)}{231}$ (5-6)

미터단위: $Q_T\left(\frac{\text{m}^3}{\text{min}}\right) = D(\text{m}) \times A(\text{m}^2) \times N\left(\frac{\text{rev}}{\text{min}}\right) \times Y \tan(\theta)$ (5-6M)

펌프의 기계적 효율

특별한 영국단위: $\eta_m = \frac{p(\text{psi}) \times Q_T(\text{gpm})/1714}{T_A(\text{in} \cdot \text{lb}) \times N(\text{rpm})/63{,}000}$ (5-8)

미터단위: $\eta_m = \frac{p(\text{Pa}) \times Q_T(\text{m}^3/\text{s})}{T_A(\text{N} \cdot \text{m}) \times N(\text{rad/s})}$ (5-8M)

영국단위 또는 미터단위: $$\eta_m = \frac{T_T}{T_A} \tag{5-9}$$

펌프의 이론토크
(마찰이 없는 펌프가 원동기로부터 요구하는 입력토크)

특별한 영국단위: $$T_T(\text{in}\cdot\text{lb}) = \frac{V_D(\text{in}^3) \times p(\text{psi})}{2\pi} \tag{5-10}$$

미터단위: $$T_T(\text{N}\cdot\text{m}) = \frac{V_D(\text{m}^3) \times p(\text{Pa})}{2\pi} \tag{5-10M}$$

펌프가 원동기로부터 받는 실제토크

특별한 영국단위: $$T_A(\text{in}\cdot\text{lb}) = \frac{\text{펌프에 전달되는 실제마력} \times 63{,}000}{N(\text{rpm})} \tag{5-11}$$

미터단위: $$T_A(\text{N}\cdot\text{m}) = \frac{\text{펌프에 전달되는 실제동력(W)}}{N(\text{rad/s})} \tag{5-11M}$$

펌프의 전효율

정의: $$\eta_o = \frac{\text{펌프로부터 전달되는 실제동력}}{\text{펌프에 전달되는 실제동력}} \tag{5-14}$$

특별한 영국단위: $$\eta_o = \frac{p(\text{psi}) \times Q_A(\text{gpm})/1714}{T_A(\text{in}\cdot\text{lb}) \times N(\text{rpm})/63{,}000} \tag{5-14}$$

미터단위: $$\eta_o = \frac{p(\text{Pa}) \times Q_A(\text{m}^3/\text{s})}{T_A(\text{N}\cdot\text{m}) \times N(\text{rad/s})} \tag{5-14M}$$

단위없음: $$\eta_o = \eta_v \times \eta_m \tag{5-13}$$

소리의 강도: $$I(\text{dB}) = 10\log\frac{I(\text{W/m}^2)}{I(\text{hear. thrsh.})(\text{W/m}^2)} \tag{5-16}$$

소리의 강도 증가: $$\text{dB 증가} = 10\log\frac{I\,\text{final}(\text{W/m}^2)}{I\,\text{initial}(\text{W/m}^2)} \tag{5-17}$$

연습문제

질문, 개념과 정의

5-1 용적식 펌프의 대표적인 세 가지 형태를 열거하여라.

5-2 용적식 펌프란 무엇인가? 원심펌프와 어떤 점에서 다른가?

5-3 용적식 펌프의 펌핑 작동은 어떻게 이루어지는가?

5-4 용적식 펌프의 용적 효율은 어떻게 결정되는가?

5-5 용적식 펌프의 기계적 효율은 어떻게 결정되는가?

5-6 용적식 펌프의 전효율은 어떻게 결정되는가?

5-7 대기압은 펌프의 입구포트에 유압유를 어떻게 밀어 올리는지 설명하여라.

5-8 정용량형 펌프와 가변용량형 펌프의 차이는 무엇인가?

5-9 외접 기어펌프의 세 가지 형태를 열거하여라.

5-10 내접 기어펌프의 두 가지 형태를 열거하여라.

5-11 스크루펌프가 조용히 작동하는 이유는 무엇인가?

5-12 특정 용도에 사용하기 위해 펌프를 선정할 때, 고려해야 할 주요 사항은 무엇인가?

5-13 압력보상 베인펌프는 무엇이며, 어떻게 작동하는가?

5-14 펌프 캐비테이션은 무엇이며, 발생원인은 무엇인가?

5-15 유압시스템에서 압력은 어떻게 형성되는가?

5-16 펌프의 흡입수두가 5 psi를 넘지 않도록 하는 이유는 무엇인가?

5-17 용적식 펌프는 왜 릴리프밸브로 보호되어져야 하는가?

5-18 왜 원심펌프가 유압시스템에 잘 쓰이지 않는가?

5-19 유압펌프의 평형 디자인은 무엇을 의미하는가?

5-20 피스톤펌프의 2가지 기본적인 형태를 열거하여라.

5-21 용적식 펌프의 소음 수준에 영향을 미치는 인자에는 어떤 것이 있는가?

5-22 용적식 펌프의 정격압력은 무엇을 의미하는가?

5-23 펌프 캐비테이션을 제거하기 위한 4가지 규칙을 나열하여라.

5-24 기어펌프, 베인펌프, 피스톤펌프의 성능을 상대적으로 비교하여라.

5-25 펌프의 크기를 표현하는 두 가지 방법은 무엇인가?

5-26 어떤 형태의 펌프가 가변용량형으로 유용한가?

5-27 평형 베인펌프의 원리를 설명하여라.

5-28 액시얼 피스톤펌프의 배제용적은 어떻게 변화될 수 있는가?

5-29 가변용량형 베인펌프에서 펌핑 챔버의 크기는 어떻게 변화될 수 있는지 설명하여라.

5-30 가변용량형 펌프의 능력은 압력보상의 추가로 인하여 어떻게 영향을 받는가?

5-31 소리(sound)와 소음(noise)이라는 용어는 어떤 차이가 있는가?

5-32 소리의 강도(sound intensity)와 소리 크기(sound loudness) 사이에는 어떤 차이가 있는가?

5-33 데시벨은 무엇인가? 소리의 강도를 측정하는 데 벨 대신 데시벨을 사용하는 이유는 무엇인가?

5-34 과도한 소음 수준으로 인한 두 가지 인간적 안전의 관심사는 무엇인가?

5-35 소음을 줄일 수 있는 3가지 중요한 방법을 열거하여라.

문제

주: 문제 번호 뒤의 E는 영국단위를 사용하고 있다는 것을 의미하고, M은 미터단위를 사용하고 있다는 것을 의미한다.

펌프유량

5-36E 2000 rpm에서 작동하는 9개 보어 실린더를 가진 정용량형 액시얼 피스톤펌프의 이론유량은 얼마인가? 각 보어의 지름은 0.5 in, 행정은 0.75 in이다.

5-37E 베인펌프가 7 in^3의 배제용적을 갖게 하려고 한다. 이 펌프는 2.5 in의 로터 지름과, 3.5 in의 캠링 지름, 2 in의 베인 폭을 갖는다. 편심은 얼마이어야 하는가?

5-38E 3000 rpm에서 30 gpm을 전달하는 액시얼 피스톤펌프의 오프셋 각도를 구하여라. 용적 효율은 96%이다. 5 in 원주상에 9개의 $\frac{5}{8}$in 지름의 피스톤이 배치되어 있다.

5-39M 2000 rpm에서 작동하는 9개 보어 실린더를 가진 정용량형 액시얼 피스톤펌프의 이론유량은 얼마인가? 각 보어는 지름 15 mm, 행정은 20 mm이다.

5-40M 베인펌프가 115 cm^3의 배제용적을 갖게 하려고 한다. 이 펌프는 63.5 mm의 로터 지름과, 88.9 mm의 캠링 지름, 50.8 mm의 베인 폭을 갖는다. 편심은 얼마이어야 하는가?

5-41M 3000 rpm에서 0.0019 m^3/s를 전달하는 액시얼 피스톤펌프의 오프셋 각도를 구하여라. 용적 효율은 95%이다. 127 mm 원주상에 9개의 15.9 mm 지름의 피스톤이 배치되어 있다.

5-42M 96%의 용적 효율을 가진 펌프가 1000 rpm에서 29 Lpm의 오일을 공급하고 있다. 이 펌프의 배제용적은 얼마인가?

5-43 미터단위를 사용하면 다음 식은 어떻게 표현되는가?

$$Q_T = \frac{V_D N}{231}$$

펌프 효율

5-44 용적식 펌프의 전효율은 88%이고, 용적 효율은 92%이다. 기계적 효율은 얼마인가?

5-45E 기어펌프가 바깥지름 3¼in, 안지름 2¼ in, 폭 1 in를 갖는다. 만약 1800 rpm, 정격압력에서 실제펌프유량이 29 gpm이면, 용적 효율은 얼마인가?

5-46M 기어펌프가 바깥지름 82.6 mm, 안지름 57.2 mm, 폭 25.4 mm를 갖는다. 만약 1800 rpm, 정격압력에서 실제펌프유량이 0.00183 m^3/s이면, 용적 효율은 얼마인가?

5-47E 8 HP를 소모하는 펌프의 전효율이 88%이고, 용적 효율이 92%이다. 기계적 효율과 마찰마력을 구하여라.

5-48M 펌프가 10 MPa의 압력하에서 40 Lpm의 유체를 공급하고 있을 때, 10 hp의 원동기로 구동되는 펌프의 전효율을 구하여라.

5-49 소음의 강도(단위 W/m^2)가 케비테이션에 의해 10배 증가하였다. 데시벨 단위로는 얼마 증가하는가?

펌프 동력

5-50E 2000 psi에서 10 gpm을 공급하는 펌프는 얼마의 유압마력을 생성하는가? 만약 펌프의 전효율이 85%이면 펌프를 구동하기 위해 몇 마력의 전기모터가 선정되어야 하는가?

5-51E 배제용적이 6 in^3인 펌프가 1000 rpm, 1000 psi에서 24 gpm을 공급하고 있다. 원동기의 입력토크는 1100 in · lb이다.

a. 펌프의 전효율은 얼마인가?

b. 펌프를 작동하기 위해 필요한 이론토크는 얼마인가?

5-52M 140 bar에서 0.001 m^3/s을 공급하는 펌프는 얼마의 유압마력을 생성하는가? 만약 펌프의 전효율이 85%이면 펌프를 구동하기 위해 정격동력이 얼마인 전기모터가 선정되어야 하는가?

5-53M 배제용적이 98.4 cm^3인 펌프가 1000 rpm, 70 bar에서 0.0152 m^3/s를 공급하고 있다. 원동기의 입력토크는 124.3 N · m이다.

a. 펌프의 전효율은 얼마인가?

b. 펌프를 작동하기 위해 필요한 이론토크는 얼마인가?

5-54E 3000 psi에서 5 gpm을 공급하는 펌프가 있다. 이 펌프를 구동하기 위해서는 10 hp

가 필요하다. 펌프의 전효율을 구하여라. 만약 펌프가 1000 rpm에서 구동되면, 펌프의 입력토크는 얼마인가?

5-55E 배제용적이 6 in^3인 펌프가 1200 rpm, 500 psi에서 29 gpm을 공급하고 있다. 펌프의 전효율이 88%일 때, 펌프를 구동하기 위하여 필요한 실제토크를 계산하여라.

5-56E 배제용적이 1.5 in^3/rev인 펌프가 2000 psi의 압력에서 10 gpm을 공급하고 있다. 전효율이 100%이라면 마력과 속도가 얼마인 원동기가 필요한가?

시스템 문제

5-57E 그림 5–40의 유체동력시스템에 대하여 다음과 같은 데이터가 주어져 있다.

실린더의 피스톤 지름 = 8 in
실린더의 로드 지름 = 4 in
실린더의 팽창속도 = 3 in/s
실린더상의 외부 부하 = 40,000 lb
펌프의 용적 효율 = 92%
펌프의 기계적 효율 = 90%
펌프의 속도 = 1800 rpm
펌프의 입구압력 = −4.0 psi

펌프의 송출포트로부터 실린더의 블랭크 앤드까지 관로에서의 총 압력강하가 75 psi이다. 실린더의 로드 앤드로부터 되돌아오는 관로의 총 압력강하가 50 psi이다. 다음을 구하여라.

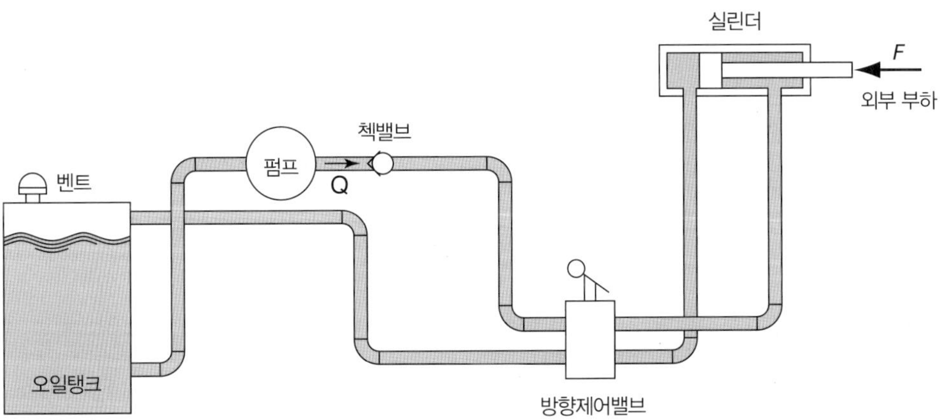

그림 5-40 연습문제 5-57의 시스템

a. 펌프의 배제용적

b. 펌프를 구동하기 위한 입력 HP

c. 펌프를 구동하기 위한 입력토크

d. 펌프 입력동력이 부하에 전달되는 %

5-58M 연습문제 5-57의 시스템에 대하여, 데이터를 미터단위로 바꾸고, a, b, c, d의 문제를 다시 풀어라.

5-59E 연습문제 5-57의 시스템에는 정용량형펌프와 설정압력 1000 psi의 압력릴리프 밸브가 포함되어 있다. 이 시스템이 하루 20시간, 연간 250일 작동한다. 실린더는 가동시간의 70% 동안 완전히 전진된 위치에서 멈춘다. 실린더가 완전히 전진하였을 때, 피스톤 부위에서 0.1 gpm의 누설이 발생한다.

a. 펌프를 구동하는 전기모터의 효율이 85%이고, 전기료가 1 kWh당 $0.10이면, 이 시스템을 구동하는 데 소요되는 연간 전기료는 얼마인가?

b. 정용량형 펌프를 $2,500 더 비싼 압력보상펌프(보상기 설정압력 1000 psi)로 대체하려고 한다. 압력보상펌프의 전효율이 정용량형 펌프와 같다면, 압력보상펌프를 얼마 동안 사용해야 그 댓가를 회수하게 되는가?

5-60E 연습문제 5-59의 시스템에 대한 데이터를 미터단위로 고치고 a, b의 문제를 다시 풀어라.

06

Chapter

유압실린더와 완충장치

학습 목표

이 단원을 공부하고 나면 다음과 같은 내용을 알아야 한다.

1. 유압실린더의 구조와 설계 특징을 기술할 수 있어야 한다.
2. 다양한 형태의 유압실린더 설치대와 동력을 전달하기 위한 기계적 연결기구를 식별할 수 있어야 한다.
3. 팽창과 수축 행정 동안 부하 수행 능력, 속도, 유압실린더 동력을 계산할 수 있어야 한다.
4. 유압실린더 끝단에 있는 완충장치(cushion)에 의하여 생성된 최고 압력을 결정할 수 있어야 한다.
5. 양 로드 실린더와 텔리스코프 실린더의 작동과 특성을 설명할 수 있어야 한다.
6. 유압 완충기의 목적, 구조, 그리고 동작에 대해 기술할 수 있어야 한다.
7. 다양한 기계적 연결기구들을 사용하여 외부 부하를 구동할 때 발생하는 유압실린더의 피스톤 로드 힘을 해석할 수 있어야 한다.

6.1 서론

펌프는 어떤 출력위치로 동력을 전달하기 위해서 유압시스템의 유체에 에너지를 가하는 기능을 수행한다. 반면에 유압실린더(이번 장에서 다룬다)와 유압모터(7장에서 다룬다)는 그 반대의 기능을 수행한다. 그것은 유체로부터 에너지를 끌어내고, 유용한 일을 수행하기 위해 그 에너지를 기계적 에너지로 변환한다.

유압실린더(또는 **선형 작동기**라고 함)는 직선경로를 따르는 외부 부하를 움직이기 위한 미는 힘과 당기는 힘을 제공하기 위해 피스톤 로드를 팽창하고 수축한다. 반면에 **유압모터**(또는 **회전 작동기**라고 함)는 회전경로를 따르는 부하를 움직이기 위한 토크(torque)를 제공하기 위해 축을 회전시킨다.

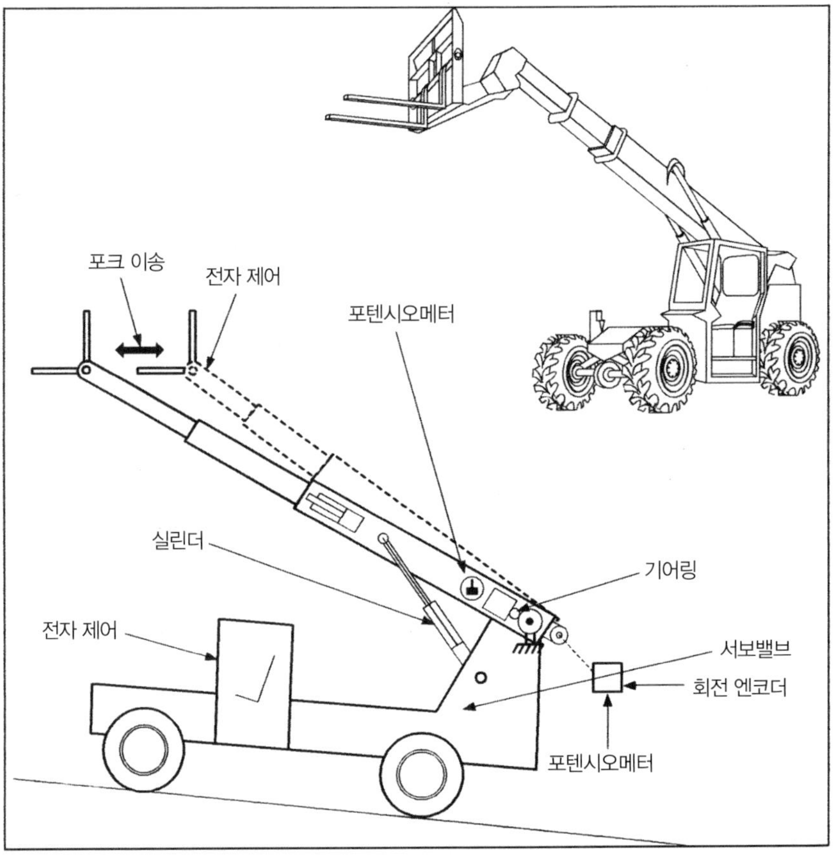

그림 6-1 유압실린더에 의해 작동되는 험로용 포크리프트(Courtesy of National Fluid Power Association, Milwaukee, Wisconsin.)

그림 6-1은 유압실린더에 의해 붐이 조정되는 험로용 포크리프트 트럭을 도시하고 있다. 빌딩건설현장 주변의 거친 지역에서 포크리프트 트럭의 운전은 높은 수준의 기술과 주의를 필요로 한다. 이런 상태에서의 가장 어려운 작동 중의 하나는 발판 위에 수평으로 적재 물을 삽입하는 것이다. 이 시스템에서 포크의 자동 높이 조절과 삽입은 컴퓨터로 제어되는 전기유압에 의해 이루어진다. 포크의 수평운동은 연속적으로 붐의 각도와 길이를 변화시키는 유압실린더에 의해 이루어진다. 이것은 붐에 위치한 위치센서들에 의해 이루어진다. 이 센서들은 유압실린더로의 유량을 조절하는 서보밸브 제어를 위한 내장컴퓨터로 신호를 전달한다.

유압완충기는 계량된 유압유를 사용하여 이동부하를 부드럽게 멈추게 하는 장치이다. 전형적인 유압완충기는 이동부하를 일정하고 부드럽게 감속하기 위해 내부 오일의 유량을 조절하기 위한 오리피스를 이용한다. 유압완충기의 두 가지 대표적인 적용 예는 움직이는 크레인과 자동차 서스펜션 시스템이다.

6.2 유압실린더 작동 특성

선형 작동기의 가장 간단한 형태는 그림 6-2(a)와 같은 단동 실린더(single-acting cylinder)이다. 이것은 배럴(barrel)이라 불리는 원통형 하우징 안쪽의 피스톤으로 구성되어 있다. 피스톤 한쪽 끝에 로드(rod)가 붙어 있고, 이것이 실린더의 한쪽 끝(로드 끝) 밖까지 팽창한다. 다른 끝단(블랭크 엔드)은 오일의 입구와 출구를 위한 포트가 있다. 단동 실린더는 펌프로부터 유체가 실린더의 블랭크 엔드 쪽으로 들어갈 때만, 팽창하는 방향으로 힘을 발휘한다. 단동 실린더는 수축시 유체의 힘을 이용하지 않는다. 수축은 로드 끝에 있는 압축스프링이나 중력을 이용하여 이루어진다. 그림 6-2(b)는 단동 실린더의 도면기호를 보여주고 있다.

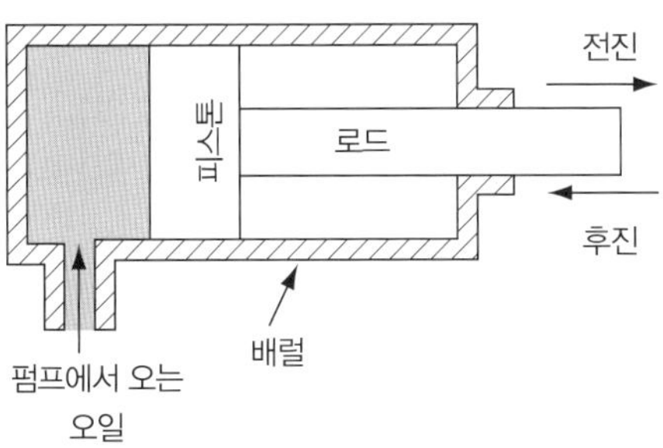

(a) 개략도

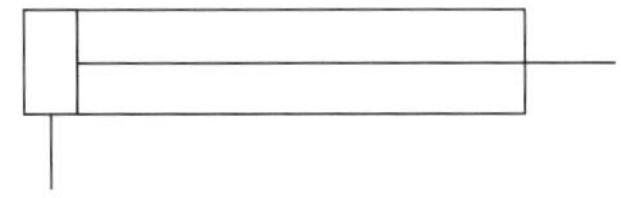

(b) 도면기호

그림 6-2 단동 유압실린더

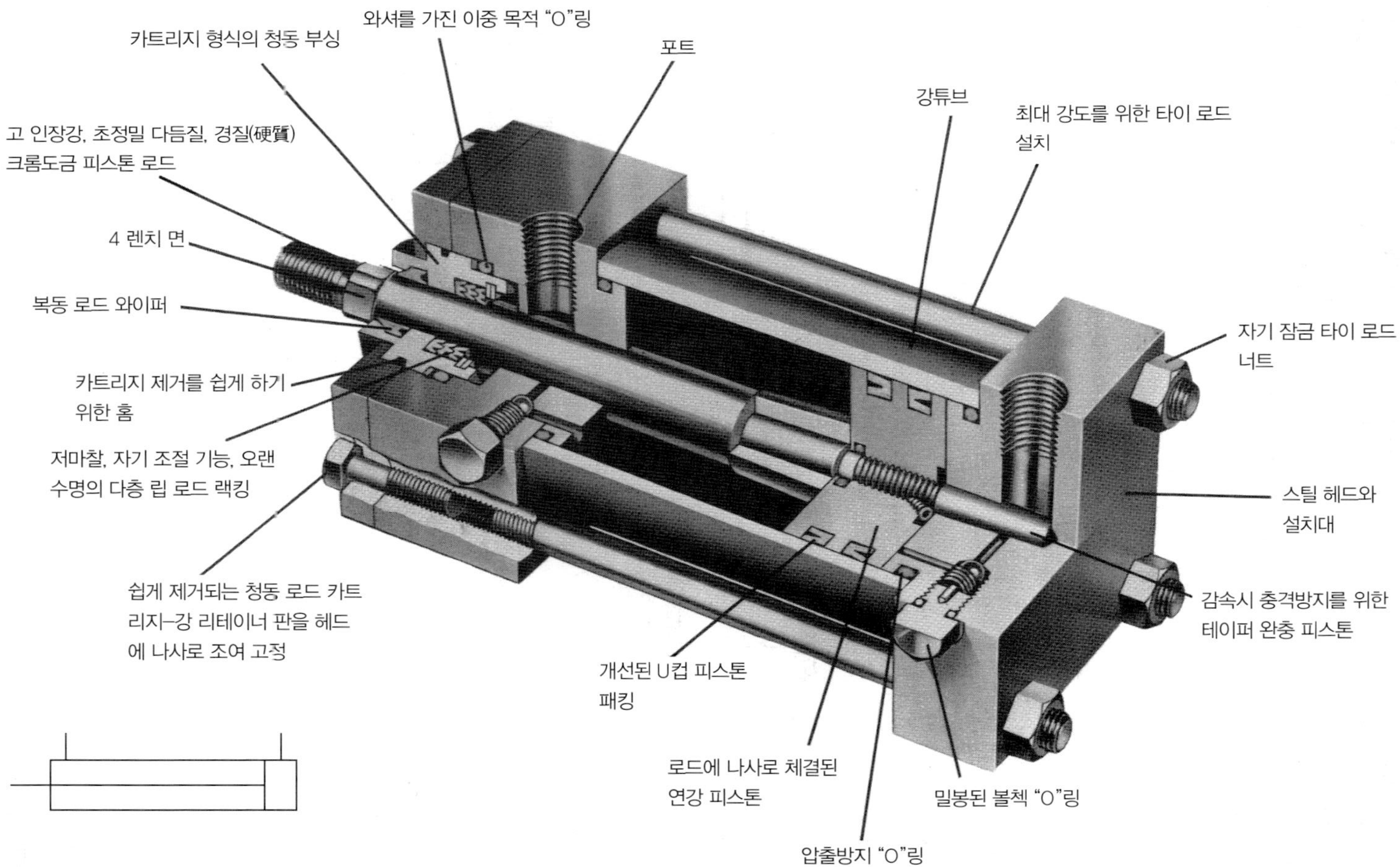

그림 6-3 복동실린더 구조(Courtesy of Sheffer Corp., Cincinnati, Ohio.)

도면기호는 구성요소의 구조에 대한 자세한 묘사보다는 그것이 어떻게 작동하는가를 나타낸다. 유압회로(9장)를 그릴 때에는 모든 구성요소의 도면기호가 사용된다. 이것은 회로의 해석과 이상 발견을 손쉽게 한다. 원, 사각형, 선 등 매우 단순한 기하학 그림의 조합으로 이루어진 기호는 구성요소의 내부 구성을 자세하게 보여줄 필요가 없다. 하지만, 기호는 반드시 각 요소의 기능을 명확히 보여줘야 한다.

그림 6-3은 복동 유압실린더의 모양을 보여주고 있다. 이러한 실린더는 유압으로 팽창과 수축을 한다. 그러므로 두 방향 (팽창과 수축)으로 출력 힘이 작용할 수 있다. 이 특별한 실린더는 2000 psi의 작동압력을 갖는 가장 작은 1 in의 보어 크기에서 800 psi의 작동압력을 갖는 가장 큰 8 in 보어 크기를 갖는 것이 있다.

그림 6-3에 복동 실린더의 명칭이 주어져 있다. 이 그림에서 배럴은 이음매가 없는 강튜브로 만들어지고, 안쪽은 끝 마무리로 호닝하였다. 연성철로 만들어진 피스톤은 피스톤과 배럴 사이의 누설을 방지하기 위한 U-컵형 패킹을 포함하고 있다. 포트는 엔드 캡에 위치하고, 엔드 캡은 타이로드에 의하여 배럴을 보호하고 있다. 테이퍼 완충장치 플런저는 행정의 양끝에서 부드러운 감속을 하게 한다. 따라서 유압실린더에 손상을 입힐 수 있는 과도한 충격으로 엔드 캡이 부딪히는 것을 막아 준다. 그림 6-3에 복동 실린더의 도면기호가 표시되어 있다.

6.3 실린더 설치대와 기계적 연결기구

그림 6-4에서 예를 든 것처럼 다양한 실린더 설치대(mounting)가 존재한다. 따라서 실린더의 설치를 다양하게 할 수 있다. 일반적으로 로드 끝에는 나사가 나 있어서, 부하나, 클레비스(clevis), 요크(yoke) 등과 연결할 수 있게 되어 있다.

다양한 기계적 연결기구들이 마련되어 있기 때문에, 유압실린더의 응용은 단지 유공압 설계자의 창의적 능력에 달려 있다. 그림 6-5에서 예를 든 것처럼, 연결기구를 사용하여 선형운동을 요동운동이나 회전운동으로 변환할 수 있다. 뿐만 아니라 이러한 연결기구들은 실린더의 행정과 힘을 늘리거나 줄일 수 있다.

유압실린더 제조업자들은 정렬이 잘 맞지 않아서 나타나는 실린더의 횡방향 하중을 감소 또는 제거시키기 위해 많은 노력을 기울여 왔다. 정렬이 유압실린더의 수명에 직접적인 영향을 미친다 하더라도 완벽하게 정렬을 이루는 것은 거의 불가능하다.

그림 6-6은 정렬 문제를 줄이기 위해 고안된 만능정렬설치대(universal alignment mounting) 부속품을 보여주고 있다. 실린더 양단에 이와 같은 부속품과 클레비스를 사용하면(그림 6-6 참조), 다음과 같은 이점을 얻을 수 있다.

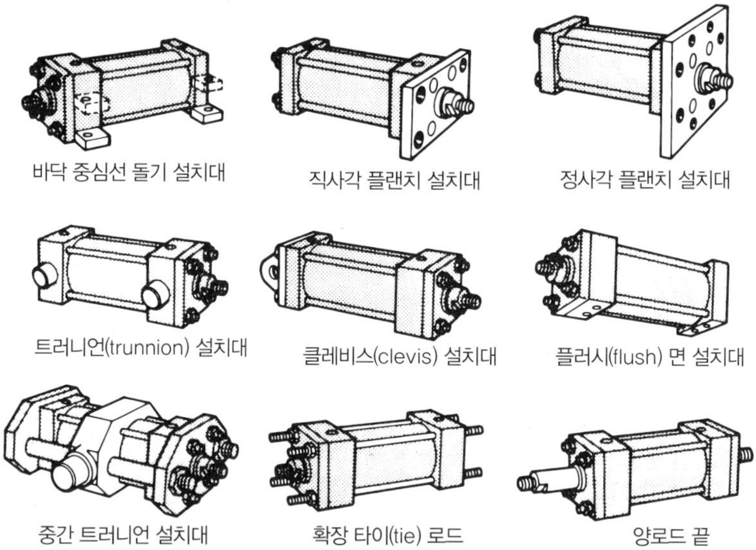

그림 6-4 여러 가지 실린더 설치대(Courtesy of Sperry Vickers, Sperry Rand Corp., Troy, Michigan.)

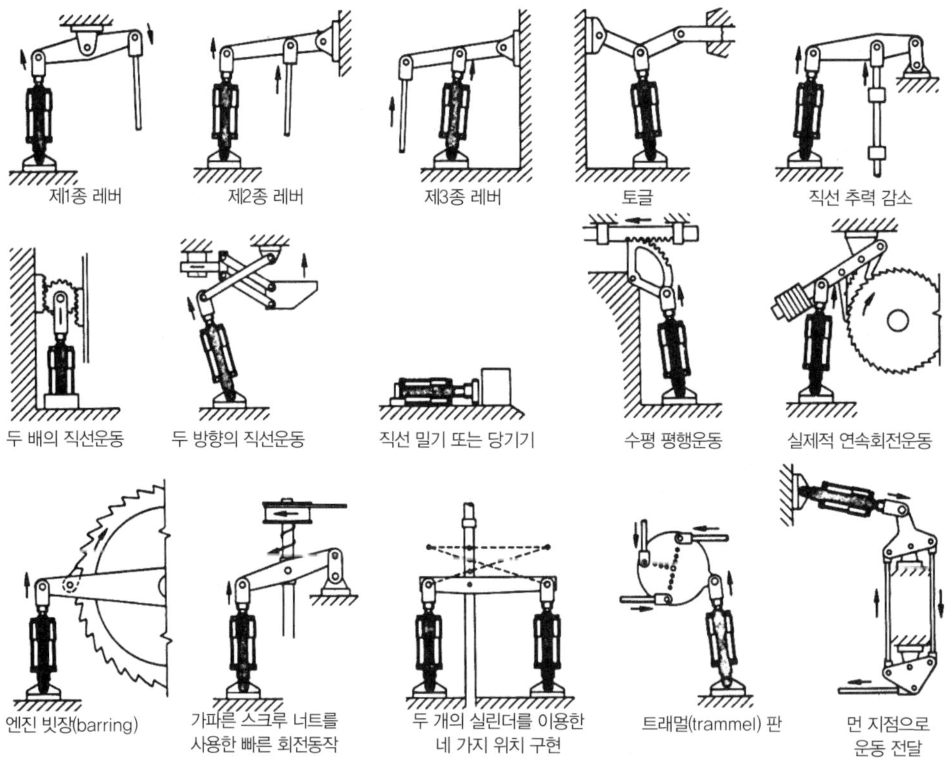

그림 6-5 유압실린더에 사용할 수 있는 전형적인 연결기구들(Courtesy of Rexnord Industries, Hydraulic Components Division, Racine, Wisconsin.)

그림 6-6 유압실린더를 위한 만능정렬설치대 부속품(Courtesy of Sheffer Corp., Cincinnati, Ohio.)

1. 설치위치의 자유로움
2. 실린더 연결 하중과 횡방향 하중의 감소
3. 각방향 선회가 가능
4. 베어링과 튜브의 마모 감소
5. 정렬이 맞지 않아 발생하는 피스톤 옆 새는 것 방지

6.4 실린더의 힘, 속도와 동력

복동 실린더의 출력힘(F)과 피스톤 속도(v)는 전진행정에서와 후진행정에서 같지 않다. 이것은 다음 사실로 설명된다. 전진행정 동안 유체는 피스톤의 전체 원통면적(A_p)을 통해 실린더의 중심부에 들어간다. 그러나 후진행정 동안 유체는 로드와 실린더 구멍 사이의 원고리모양의 좁은 면적($A_p - A_r$)을 통해 로드 끝으로 들어간다. 여기에서 A_p는 피스톤 면적이고 A_r은 로드 면적이다. 이러한 단면적의 차이는 피스톤 속도에서의 차이를 일으킨다. A_p는 $(A_p - A_r)$보다 더 크므로, 같은 유입유량에 대하여 후진속도는 전진속도보다 커진다.

또한 전진행정 동안 유압은 피스톤의 전체 원통면적에 작용하고 있으나, 후진행정 동안 유압은 단지 피스톤 로드와 실린더 구멍 사이의 고리모양의 좁은 면적에 작용한다. 이러한 면적의 차이 때문에 전진행정과 후진행정에서 발생하는 힘에 차이가 생긴다. A_p는 $(A_p - A_r)$보

다 더 크므로, 같은 작동압력에 대해 팽창력은 수축력보다 커진다.

식 (6−1)에서 (6−4)는 100% 효율 복동 실린더의 전진, 후진행정에서 출력 힘과 속도의 계산식이다.

■ **전진행정**

$$F_{ext}(\text{lb}) = p(\text{psi}) \times A_p(\text{in}^2) \tag{6-1}$$

$$F_{ext}(\text{N}) = p(\text{Pa}) \times A_p(\text{m}^2) \tag{6-1M}$$

$$v_{ext}(\text{ft/s}) = \frac{Q_{in}(\text{ft}^3/\text{s})}{A_p(\text{ft}^2)} \tag{6-2}$$

$$v_{ext}(\text{m/s}) = \frac{Q_{in}(\text{m}^3/\text{s})}{A_p(\text{m}^2)} \tag{6-2M}$$

■ **후진행정**

$$F_{ret}(\text{lb}) = p(\text{psi}) \times (A_p - A_r)\text{in}^2 \tag{6-3}$$

$$F_{ret}(\text{N}) = p(\text{Pa}) \times (A_p - A_r)\text{m}^2 \tag{6-3M}$$

$$v_{ret}(\text{ft/s}) = \frac{Q_{in}(\text{ft}^3/\text{s})}{(A_p - A_r)\text{ft}^2} \tag{6-4}$$

$$v_{ret}(\text{m/s}) = \frac{Q_{in}(\text{m}^3/\text{s})}{(A_p - A_r)\text{m}^2} \tag{6-4M}$$

주어진 행정 동안 유압실린더에 의해 발생하는 동력은 힘과 속도의 곱과 같다. 이 관계와 전진행정에 대한 식 (6−1)과 (6−2), 후진행정에 대한 식 (6−3)과 (6−4)를 이용하여 다음과 같은 결과를 얻을 수 있다. 동력 $= p \times Q_{in}$. 그러므로 전진행정과 후진행정 동안 실린더에서 생성된 동력은 압력과 입력유량의 곱과 같다.

전진 또는 후진행정 동안 유압실린더에 의하여 생성되는 마력은 다음 식 (6−5)로 나타낼 수 있다.

$$\text{동력(HP)} = \frac{v_p(\text{ft/s}) \times F(\text{lb})}{550} = \frac{Q_{in}(\text{gpm}) \times p(\text{psi})}{1714} \tag{6-5}$$

미터단위를 사용하여 전진 또는 후진행정 동안 생성되는 kW 동력을 표시하면 다음 식 (6−5M)과 같다.

$$동력(kW) = v_p(m/s) \times F(kN) = Q_{in}(m^3/s) \times p(kPa) \qquad \textbf{(6-5M)}$$

식 (6−5)와 식 (6−5M)에서 입력인 유압동력과 출력인 기계적 동력이 같다는 것은 유압실린더의 효율을 100%로 가정한 것임을 유의할 필요가 있다.

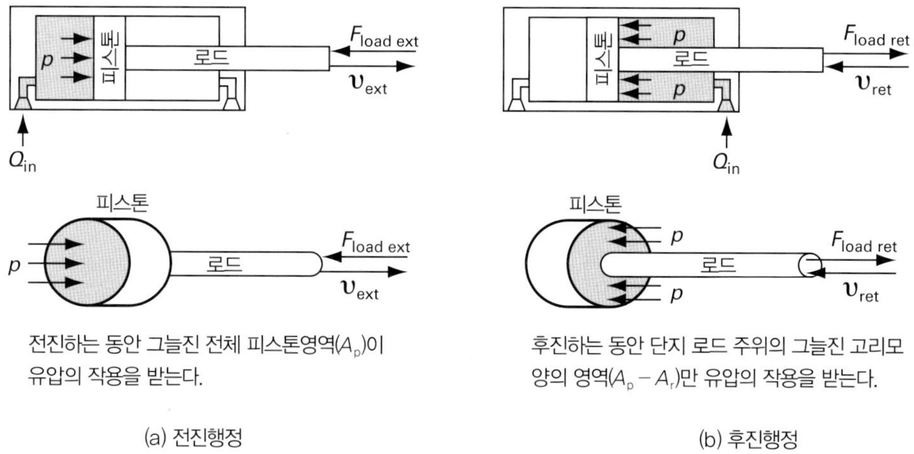

그림 6-7 복동 실린더의 유효면적은 전진행정일 때가 후진행정일 때보다 더 크다

예제 6−1

지름이 2 in인 복동 유압실린더에 20 gpm의 오일을 공급하는 펌프가 있다. 하중이 1000 lb (전진 및 후진)이고, 로드 지름이 1 in일 때 다음 질문에 답하여라.

a. 전진행정 동안의 압력
b. 전진행정 동안 피스톤의 속도
c. 전진행정 동안 실린더의 마력
d. 후진행정 동안의 압력
e. 후진행정 동안 피스톤의 속도
f. 후진행정 동안 실린더의 마력

풀이

a. $$p_{ext} = \frac{F_{ext}(lb)}{A_p(in^2)} = \frac{1000}{(\pi/4)(2)^2} = \frac{1000}{3.14} = 318 \text{ psi}$$

b. $$v_{ext} = \frac{Q_{in}(\text{ft}^3/\text{s})}{A_p(\text{ft}^2)} = \frac{20/449}{3.14/144} = \frac{0.0446}{0.0218} = 2.05\ \text{ft/s}$$

c. $$\text{HP}_{ext} = \frac{v_{ext}(\text{ft/s}) \times F_{ext}(\text{lb})}{550} = \frac{2.05 \times 1000}{550} = 3.72\ \text{hp}$$

또는 $$\text{HP}_{ext} = \frac{Q_{in}(\text{gpm}) \times p_{ext}(\text{psi})}{1714} = \frac{20 \times 318}{1714} = 3.72\ \text{hp}$$

d. $$p_{ret} = \frac{F_{ret}(\text{lb})}{(A_p - A_r)\text{in}^2} = \frac{1000}{3.14 - (\pi/4)(1)^2} = \frac{1000}{2.355} = 425\ \text{psi}$$

그러므로, 예상한 대로, 로드의 영향으로 같은 하중을 전진시킬 때보다 후진시킬 때 더 큰 압력이 필요하다.

e. $$v_{ret} = \frac{Q_{in}(\text{ft}^3/\text{s})}{(A_p - A_r)\text{ft}^2} = \frac{0.0446}{2.355/144} = 2.73\ \text{ft/s}$$

그러므로, 예상한 대로(같은 펌프유량에 대해), 로드의 영향으로 피스톤의 후진속도는 전진속도보다 크다.

f. $$\text{HP}_{ret} = \frac{v_{ret}(\text{ft/s}) \times F_{ret}(\text{lb})}{550} = \frac{2.73 \times 1000}{550} = 4.96\ \text{hp}$$

또는 $$\text{HP}_{ret} = \frac{Q_{in}(\text{gpm}) \times p_{ret}(\text{psi})}{1714} = \frac{20 \times 425}{1714} = 4.96\ \text{hp}$$

두 행정 동안 하중은 같으나 피스톤 속도가 후진행정에서 더 크기 때문에, 후진행정 동안 실린더에 의해 더 큰 마력이 공급된다. 이것은 물론 후진행정 동안 압력이 더 높기 때문에 달성된다. 펌프의 출력유량은 20 gpm으로 일정하다는 것을 상기하라.

6.5 하중 이동에 의한 실린더 부하

실린더가 생성해야 하는 힘은 실린더가 이겨내야 할 부하와 같다. 많은 경우에 부하는 실린더가 움직이려는 물체의 무게에 의해 생긴다. 수직 실린더의 경우 부하는 간단히 대상의 무게와 동일하다. 왜냐하면, 중력이 수직하게 작용하기 때문이다.

때때로 실린더는 수평면을 따라 물체를 움직여야 한다. 이런 경우에 실린더 부하는 이론적으로 영이 된다. 왜냐하면 실린더 축 방향(수평방향)으로 작용하는 대상의 무게가 없기 때문이다. 그러나 물체는 수평면을 미끄러지기 때문에 실린더는 물체와 수평면 사이에서 생기는 마찰력을 이겨야만 한다. 이 마찰력은 실린더에 작용하는 부하와 같으며, 물체가 움직이는 방향과 반대이다.

만약 실린더가 수직 또는 수평방향이 아닌 임의의 방향으로 동작한다면 실린더 부하는 실린더 축을 따라 작용하는 물체의 무게 성분과 물체가 기울어진 표면을 미끄러진다면 마찰력을 더한 것과 같다. 따라서 기울어진 실린더인 경우, 만약 물체가 기울어진 표면을 미끄러지지 않는다면 실린더가 견뎌야 하는 부하는 움직여야 할 물체의 무게보다 작다.

앞서 기술한 실린더 부하는 물체가 일정한 속도로 움직인다는 사실에 기초한 것이다. 그러나 주어진 속도로 움직여지는 물체도 처음에는 정지해 있다. 그러므로 물체는 속도 0에서부터 실린더로 들어가는 펌프유량에 의해 결정되는 정상상태(일정한) 속도까지 가속되어야 한다. 이 가속은 무게 성분과 마찰력에 더해지는 부가적인 힘(관성력이라 불림)을 나타낸다.

예제 6-2, 6-3과 6-4는 움직임 마찰력과 가속도를 고려하여 어느 주어진 방향으로 물체를 움직이는 실린더에 작용하는 부하를 어떻게 결정하는지 나타내고 있다.

예제 6-2

일정한 속도로 수평면을 따라 무게 W가 6000 lb인 물체를 움직이는 데 필요한 실린더 힘 F를 구하여라. 수평면과 물체 사이에 작용하는 지지면의 마찰력 계수(CF)는 0.14이다.

풀이

물체와 그것의 수평지지 표면 사이의 마찰력 f는 $CF \times W$와 같다. 그러므로

$$F = f = (CF) \times W = 0.14 \times 6000 \text{ lb} = 840 \text{ lb}$$

예제 6-3

그림 6-8(a)에 나타난 것처럼 수평으로부터 30° 방향을 따라 예제 6-2의 6000 lb 물체를 올리는 데 요구되는 실린더 힘 F를 구하여라. 물체는 일정한 속도로 움직인다.

풀이 그림 6-8(b)에 나타난 것처럼 실린더 힘 F는 실린더의 중앙선을 따라 작용하는 무게의 성분과 같다. 그러므로 우리는 직각삼각형의 빗변 W와 60°인 옆면 F를 갖는 오른쪽 삼각형을 얻게 된다. 삼각법에 의해 $\sin 30° = F/W$이다. F에 대하여 풀면

$$F = W \sin 30° = 6000 \text{ lb} \times \sin 30° = 3000 \text{ lb}$$

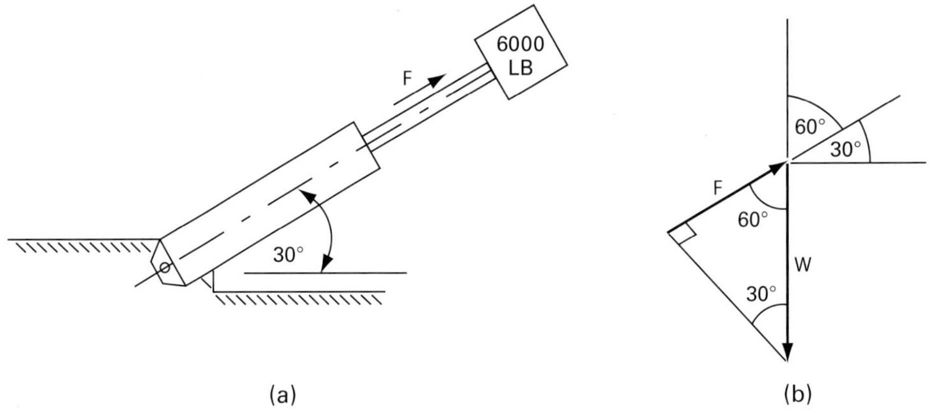

그림 6-8 예제 6-3의 부하를 올리는 기울어진 실린더

예제 6-4

예제 6-2의 6000 lb인 물체는 수직방향 위로 올려 진다. 다음 조건에서 필요한 실린더 힘을 구하여라.

a. 8 ft/s의 일정한 속도로 물체를 움직여라.

b. 속도 0에서 8 ft/s의 속도로 0.50초에 물체를 가속시켜라.

풀이

a. 일정한 속도이기 때문에 실린더 힘은 단순히 물체의 무게 6000 lb와 같다.

b. 뉴턴의 운동법칙으로부터, 질량 m을 가속하기 위해 필요한 힘은 질량 m과 그것의 가속도 a의 곱과 같다. 질량은 무게를 중력가속도 g로 나눈 것과 같다.

$$a = \frac{8\ \mathrm{ft/s} - 0\ \mathrm{ft/s}}{0.50\ \mathrm{s}} = 16\ \mathrm{ft/s^2}$$

그러므로 물체를 가속시키기 위해 필요한 힘은

$$F_{\mathrm{accel}} = \frac{6000\ \mathrm{lb}}{32.2\ \mathrm{ft/s^2}} \times 16\ \mathrm{ft/s^2} = 2980\ \mathrm{lb}$$

이다. 요구되는 실린더 힘 F_{cyl}는 무게와 가속력의 합과 같다.

$$F_{\mathrm{cyl}} = 6000\ \mathrm{lb} + 2980\ \mathrm{lb} = 8980\ \mathrm{lb}$$

6.6 특수 실린더의 설계

그림 6-9는 실린더의 양끝에 로드를 지닌 양로드 실린더를 보여주고 있다. 이러한 실린더에서 전진, 후진이라는 말은 의미가 없다. 힘과 속도가 각 끝에서 같으므로, 이런 종류의 실린더는 양끝에서 같은 일을 수행해야 할 때 사용된다. 각 끝에는 같은 크기의 로드가 달려 있으므로, 피스톤의 속도는 두 가지 행정의 경우 모두 동일하다.

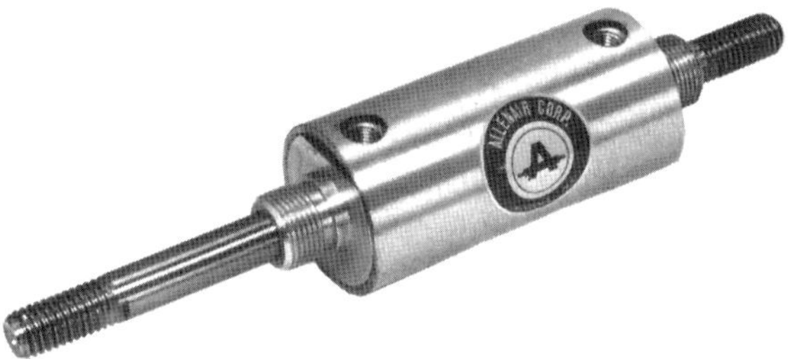

그림 6-9 양로드 실린더(Courtesy of Allenair Corp., Mineola, New York.)

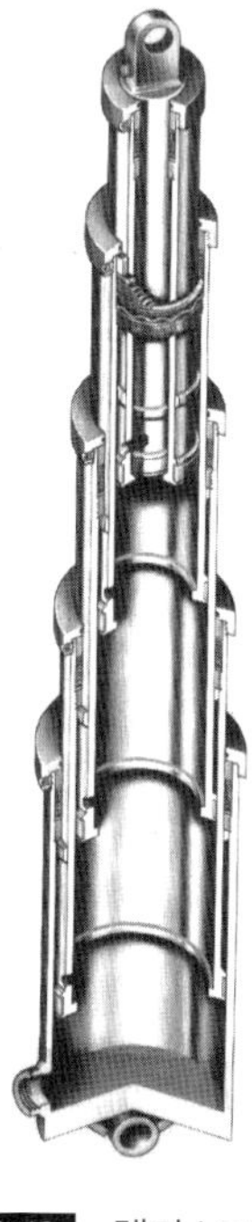

그림 6-10 텔리스코프 실린더(Courtesy of Commercial Shearing, Inc., Youngstown, Ohio.)

그림 6-11 하이리프트 트럭(Courtesy of Mitsubishi Caterpillar Forklift America, Houston, Texas.)

그림 6−10은 텔리스코프 실린더(telescopic cylinder)의 내부 모습을 보여주고 있다. 텔리스코프 실린더는 서로 미끄러지는 다중 실린더로 구성되어 있다. 텔리스코프 실린더는 긴 운동 행정이 필요하나 수축되었을 때 전체 길이를 최소화시켜야 될 때 쓰인다. 이러한 텔리스코프 실린더가 사용되는 예는 그림 6−11과 같이 높은 위치까지 화물을 들어 올리는 지게차에서 볼 수 있다.

6.7 기계적 링크를 거친 실린더의 부하

많은 제품에서 유압실린더가 받는 하중은 실린더 축과 같은 방향으로 작용하지 않는다. 이 절에서는 축방향이 아닌 방향으로 작용하는 하중을 구동하기 위해 필요한 힘을, 제1종, 제2종, 제3종 레버시스템(그림 6−5)을 이용하여 결정하는 방법을 설명한다. 제1종, 제2종, 제3종 레버시스템에서, 실린더 로드와 하중 로드는 고정된 힌지에 대하여 회전하는 레버에 의하여 핀으로 연결되어 있다. 이러한 방법의 분석은 그림 6−5에 나타낸 다른 형태의 연결기구에 대해서도 가능하다.

제1종 레버시스템

그림 6−12는 제1종 레버시스템을 나타낸다. 이것은 실린더 로드 핀과 하중 로드 핀 사이의 레버에 고정 힌지 핀이 있다는 특징을 가지고 있다. 여기에서 실린더 로드 핀으로부터 고정 힌지까지의 거리는 L_1이고, 하중 로드 핀으로부터 고정 힌지까지의 거리는 L_2이다.

하중 F_{load}를 작동하기 위해 필요한 실린더 힘 F_{cyl}를 결정하기 위하여, 레버의 회전축인 고정 힌지에 대한 모멘트를 계산한다. 실린더 힘은, 축을 중심으로 레버를 반시계방향으로 회전시키려 하고, 이것은 반시계방향의 모멘트를 발생시킨다. 반면에 하중은 시계방향의 모멘트를 발생시킨다. 평형상태에서 이 두 모멘트의 크기는 같다.

$$\text{반시계방향의 모멘트} = \text{시계방향의 모멘트}$$

$$F_{\text{cyl}}(L_1 \cos\theta) = F_{\text{load}}(L_2 \cos\theta)$$

즉,

$$F_{\text{cyl}} = \frac{L_2}{L_1} F_{\text{load}} \tag{6-6}$$

레버가 고정 힌지 핀을 중심으로 회전하는 동안, 실린더의 로드 핀 끝이 원형의 자취를 따라 움직이도록 클레비스 설치대(그림 6−4 참조)로 구성되어 있다는 사실에 주목하라. 만약 유

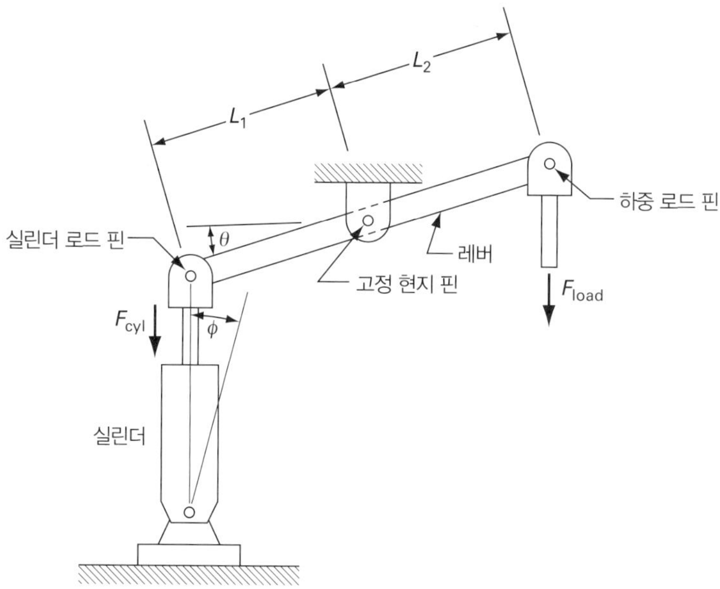

그림 6-12 부하를 구동하기 위한 제1종 레버의 사용

압실린더의 중심축이 그림 6-12와 같이 수직에서 ϕ의 각을 이루고 있다면 그 관계는 다음과 같이 주어진다.

$$F_{cyl}(L_1 \cos\theta \times \cos\phi) = F_{load}(L_2 \cos\theta)$$

즉,

$$F_{cyl} = \frac{L_2}{L_1 \cos\phi} F_{load} \tag{6-7}$$

식 (6-6)에서 L_1이 L_2보다 크다면 실린더의 힘은 하중힘보다 작다. 물론 이것은 에너지 보존법칙에 의해 요구되듯이 실린더 행정보다 작은 하중 행정을 발생시킨다. ϕ가 10° 이하일 경우 cos ϕ의 값은 1에 거의 근접하며(cos 0° = 1, cos 10° = 0.985), 근사적으로 식 (6-7) 대신 식 (6-6)을 사용할 수 있다. 실린더 힘 또는 하중힘에 대한 모멘트팔의 길이는 힌지 핀으로부터 힘이 작용하는 선까지의 수직거리이다. 그러므로 식 (6-6)의 위 식에서 모멘트팔의 길이는 L_1, L_2가 아니라 $L_1 \cos\theta$, $L_2 \cos\theta$이다. 또 식 (6-7)의 위 식에서 실린더 힘에 대한 모멘트팔은 $L_1 \cos\theta$(이것은 $\phi = 0°$으로 가정했을 때의 길이임)가 아니라 $L_1 \cos\theta \times \cos\phi$이다.

제2종 레버시스템

그림 6-13은 제2종 레버시스템을 보여주고 있다. 이것은 레버의 고정 힌지 핀과 실린더 로드

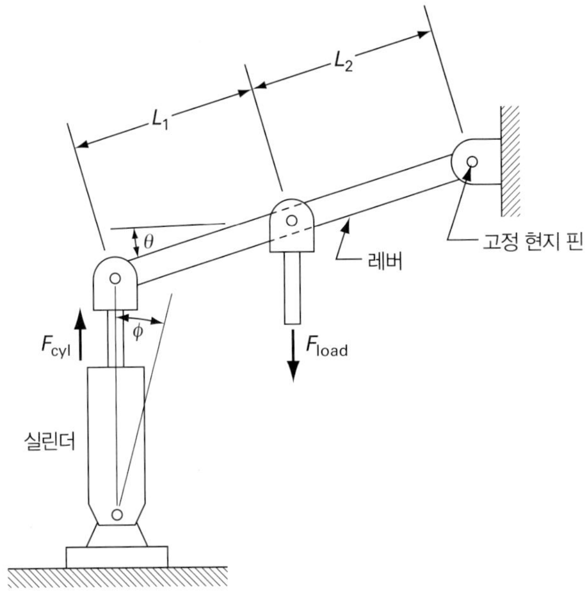

그림 6-13 부하를 구동하기 위한 제2종 레버의 사용

핀 사이에 하중 로드 핀이 있다는 특징을 가지고 있다.

고정 힌지 핀을 중심으로 모멘트를 계산하면 다음과 같다.

$$F_{\text{cyl}} \cos\phi (L_1 + L_2)\cos\theta = F_{\text{load}}(L_2 \cos\theta)$$

즉,

$$F_{\text{cyl}} = \frac{L_2}{(L_1 + L_2)\cos\phi} F_{\text{load}} \tag{6-8}$$

식 (6-7)과 식 (6-8)을 비교하면, 제1종 레버 대신에 제2종 레버를 사용할 경우, 동일한 길이의 레버에 대해 주어진 하중힘을 구동하기 위해서 더 작은 실린더 힘이 필요하다는 것을 알 수 있다. 따라서 제1종 레버 대신 제2종 레버를 사용하면 실린더의 피스톤 면적을 줄일 수 있다. 물론 제2종 레버를 사용하면 동일한 실린더 행정에 대해 더 작은 부하 행정을 얻게 된다.

제3종 레버시스템

그림 6-14에서 보는 바와 같이 제3종 레버시스템은 실린더 로드 핀이 하중 로드 핀과 고정 힌지 핀 사이에 있다.

고정 핀을 중심으로 모멘트를 계산하면 다음과 같다.

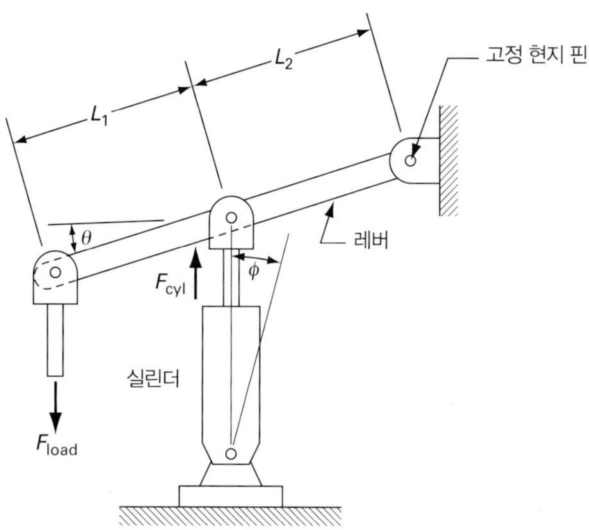

그림 6-14 부하를 구동하기 위한 제3종 레버의 사용

$$F_{cyl}\cos\phi(L_2\cos\theta) = F_{load}(L_1 + L_2)\cos\theta$$

즉,

$$F_{cyl} = \frac{L_1 + L_2}{L_2\cos\phi}F_{load} \tag{6-9}$$

식 (6−9)로부터 제3종 레버에서는 실린더 힘이 하중힘보다 더 크다는 것을 알 수 있다. 제3종 레버시스템을 사용하는 것은 반경이 큰 실린더를 사용하더라도 실린더 행정보다 큰 하중 행정을 얻기 위해서이다.

예제 6−5

그림 6−12, 그림 6−13, 그림 6−14의 제1종, 2종, 3종 레버시스템에 대하여 다음과 같은 데이터가 주어졌다.

풀이

$$L_1 = L_2 = 10 \text{ in}$$
$$\phi = 0°$$
$$F_{load} = 1000 \text{ lb}$$

다음의 각 레버에 대해 하중힘을 극복하기 위한 실린더 힘을 구하여라.

a. 제1종 레버
b. 제2종 레버
c. 제3종 레버

풀이

a. 식 (6-7)에 의해

$$F_{\text{cyl}} = \frac{L_2}{L_1 \cos\phi} F_{\text{load}} = \frac{10}{10 \times 1}(1000) = 1000 \text{ lb}$$

b. 식 (6-8)에 의해

$$F_{\text{cyl}} = \frac{L_2}{(L_1 + L_2)\cos\phi} F_{\text{load}} = \frac{10}{(10 + 10) \times 1}(1000) = 500 \text{ lb}$$

c. 식 (6-9)에 의해

$$F_{\text{cyl}} = \frac{L_1 + L_2}{L_2 \cos\phi} F_{\text{load}} = \frac{(10 + 10)}{10 \times 1}(1000) = 2000 \text{ lb}$$

위의 결과는 예상처럼 제2종 레버가 가장 작은 실린더 힘을 필요로 하고, 제3종 레버가 가장 큰 힘을 필요로 한다.

그림 6-15는 공사현장에서 굴삭기가 유압으로 구동되는 버킷과 연결된 체인을 통하여 거대한 콘크리트 파이프를 올리는 것을 보여준다. 그 굴삭기는 기계적 결합을 통해 유압실린더의 파워를 이용하는 산업기계의 좋은 예이다. 핀으로 연결된 붐(boom), 스틱(stick) 그리고 버킷(bucket), 이들 세 부재를 움직이기 위해 사용된 총 4개의 유압실린더가 있는 것을 잘 보아라. 붐은 운전석 프레임 한쪽 끝 부분에 핀으로 고정된 부재이다. 스틱은 버킷 끝단과 붐 끝단에 핀으로 연결된 중앙 부재이다. 2개의 실린더는 붐과 운전대 프레임을 연결한다. 세 번째 실린더는 붐을 스틱에, 그리고 네 번째 실린더는 스틱을 버킷에 연결한다.

문제는 붐, 스틱 그리고 버킷의 주어진 위치에서의 각 실린더 부하를 결정하는 것이다. 이를 위하여, 기계적인 링크 형상과 버킷에 작용하는 외부 부하를 이용한 힘의 분석이 필요하다. 모든 네 실린더의 부하를 결정하기 위해서는 무게와 붐, 스틱 그리고 버킷의 중력 중심을 알아야 한다. 그림 6-15의 굴삭기에서 버킷의 최대 크기는 1.1입방야드이고, 최대 상승력은 16,000 lb이다.

그림 6-15 굴삭기는 기계적 연결에 의해 힘을 낼 수 있는 유압실린더를 가지고 있다(Courtesy of Caterpillar, Inc., Peoria, Illinois.)

6.8 유압실린더 완충장치

복동 실린더는 종종 실린더 양단에 완충장치(cushion)를 두어, 행정의 끝에서 피스톤의 속도를 줄여준다. 완충장치는 그림 6–16에서와 같이, 피스톤이 엔드 캡(end cap)에 의하여 멈추어질 때 과도한 충격력을 방지해 준다. 그림에서와 같이 테이퍼진 플런저(plunger)가 캡의 입구로 들어갈 때 감속되기 시작한다. 이것은 배럴에서 포트로 흐르는 배출유량을 제한하기 때문이다. 행정의 마지막 짧은 부분 동안 오일은 가변 통로를 통해 배출되어야 한다. 그리고 완충장치는 첵밸브와 결합하여 피스톤의 역방향 운동을 자유롭게 해준다.

과도한 압력은 실린더를 파열시킬 수 있으므로, 실린더 끝의 완충장치에 의해 발생하는 최대 압력을 신중히 고려해야 한다. 예제 6–6은 전진과 후진행정의 끝에서 피스톤을 감속시키는 이러한 압력을 어떻게 계산하는지를 보여주고 있다.

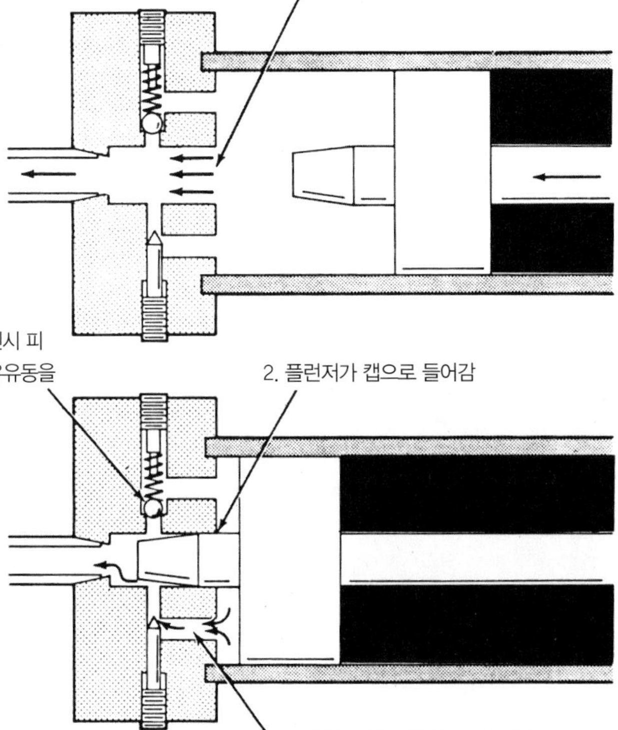

그림 6-16 실린더 완충장치의 작동(Courtesy of Sperry Vickers, Sperry Rand Corp., Troy, Michigan.)

예제 6-6

펌프는 18.2 gpm으로 그림 6−17과 같은 3 in 지름의 유압실린더의 한 끝에서 오일을 공급하고 있다. 이 피스톤은 지름이 1 in이고 길이가 0.75 in인 완충 플런서를 포함하고 있다. 따라서, 피스톤은 전진행정의 마지막 0.75 in 동안 감속한다. 실린더는 1500 lb의 부하를 구동하고 있다. 이 부하는 마찰계수(CF)가 0.12인 수평면에서 미끄러지고 있다. 펌프의 압력릴리프밸브는 750 psi로 설정되어 있다. 그러므로 완충장치가 피스톤을 감속시키는 동안 실린더 끝에서의 최대 압력(p_1)은 750 psi이다. 완충장치에 의해 발생하는 최대 압력(p_2)을 구하여라.

풀이

1단계: 감속되기 전의 정상상태 피스톤 속도 v를 계산한다.

$$v = \frac{Q_{\text{pump}}}{A_{\text{piston}}} = \frac{(18.2/449)\text{ft}^3/\text{s}}{[(\pi/4)(3)^2/144]\text{ft}^2} = \frac{0.0406}{0.049} = 0.83 \text{ ft/s}$$

2단계: 다음 식을 사용하여 0.75 in 변위 S 동안 피스톤의 감속도 a를 계산한다.

$$v^2 = 2aS$$

감속도에 대해 풀면 다음과 같다.

$$a = \frac{v^2}{2S} \tag{6-10}$$

알고 있는 값을 대입하여 다음과 같이 감속도 값을 얻는다.

$$a = \frac{(0.83 \text{ ft/s})^2}{2(0.75/12 \text{ ft})} = 5.51 \text{ ft/s}^2$$

3단계: 뉴턴의 운동법칙을 적용한다. 뉴튼의 운동법칙은 다음 식과 같이 질량 m에 작용하는 모든 외력의 합 ΣF는 질량 m과 가속도(또는 감속도) a의 곱과 같다는 것이다.

$$\Sigma F = ma$$

뉴턴의 운동방정식에서 피스톤을 감속시키는 힘을 양의 힘이라 가정한다. 또한 질량 m은 움직이는 모든 부품(피스톤, 로드, 부하)의 총 질량이라고 한다. 피스톤과 로드의 무게는 부하의 무게보다 상대적으로 작으므로 피스톤과 로드의 무게는 무시할 수 있다. 또한 질량 m은 무게 W를 중력가속도 g로 나눈 것과 같다는 것을 주목하라. 부하 W와 수평면 사이의 마찰력 f는 CF와 W의 곱과 같다.

뉴턴의 운동방정식에 대입하면 다음과 같다.

$$p_2(A_{\text{piston}} - A_{\text{cushion plunger}}) + (\text{CF})W - p_1(A_{\text{piston}}) = \frac{W}{g}a$$

p_2에 대해 정리하면 다음과 같은 식을 얻는다.

$$p_2 = \frac{(W/g)a + p_1(A_{\text{piston}}) - (\text{CF})W}{A_{\text{piston}} - A_{\text{cushion plunger}}} \tag{6-11}$$

주어진 값들을 대입하면 원하는 결과값을 얻을 수 있다.

$$p_2 = \frac{[(1500)(5.51)/32.2] + 750(\pi/4)(3)^2 - (0.12)(1500)}{(\pi/4)(3)^2 - (\pi/4)(1)^2}$$

$$p_2 = \frac{257 + 5303 - 180}{7.07 - 0.785} = \frac{5380}{6.285} = 856 \text{ psi}$$

따라서 유압실린더는 설정된 릴리프 밸브압력 750 psi보다 856 psi의 작동압력에 견딜 수 있도록 설계되어야 한다.

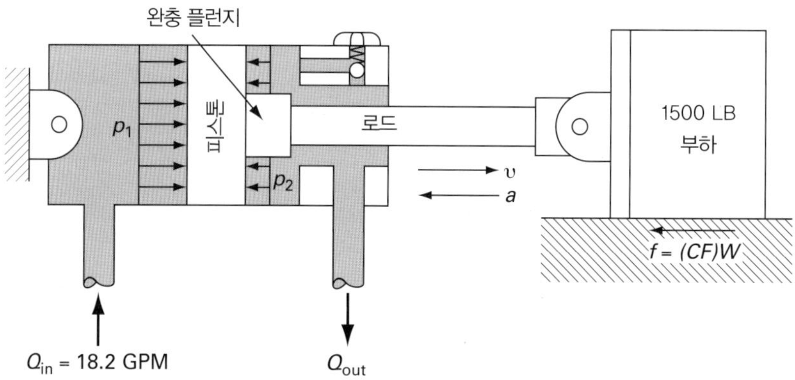

그림 6-17 예제 6-6에 대한 실린더 완충장치 문제

6.9 완충기

서론

유압완충기(hydraulic shock absorber)는 계량된 유압유를 사용하여 이동부하를 부드럽게 멈추게 하는 장치이다. 그림 6-18은 25 lb부터 25,000 lb까지의 어떠한 이동부하이거나 속도와 무게의 곱이 3300 in · lb인 부하를 균일하고 부드럽게 감속시킬 수 있는 유압완충기를 나타낸다. 부하용량이 1.1×10^7 in · lb 이상이고 행정이 20 in에 이르는 대부하용 유압완충기도 있다.

구조와 작동 형태

그림 6-18에 도시된 완충기의 구조와 작동방식은 다음과 같다.

그림 6-18 유압완충기(Courtesy of E.G.D Inc., Glenview, Illinois.)

이 완충기는 완전히 오일로 채워져 있고, 어떠한 위치나 각도로 설치할 수 있다. 스프링 복귀형 완충기는 외부 호스, 밸브, 또는 이음쇠들이 필요 없는 매우 집적된 형태이다. 이러한 스프링 복귀 형태에서는 내장된 세포형 어큐뮬레이터가 피스톤 로드가 안쪽으로 움직일 때 배제된 오일을 수용한다. 그림 6-19의 단면도를 참조하여라. 완충기는 항상 오일로 가득 차 있기 때문에 출렁거리거나 혹은 오작동의 원인이 되는 공기 주머니가 생기지 않는다.

이러한 완충기들은 다중-오리피스 유압장치이다. 오리피스는 유체가 흐를 수 있는 간단한 구멍이다. 이동부하가 완충기의 범퍼에 충돌할 때, 로드와 피스톤은 운동을 시작한다. 이 때 움직이는 피스톤은 안쪽의 고압력 방에서부터 바깥쪽의 저압력 방으로 일련의 구멍을 통하여 오일을 밀어낸다.

구멍(저항)들로 인하여 야기된 오일유동의 저항은 압력을 발생시켜 피스톤이 이동부하에 대항하도록 한다. 구멍들은 행정의 처음부터 거의 끝까지 부하에 대항하는 피스톤에 일정한 압력을 형성하는 입증된 공식에 따라 기하학적으로 배치되어 있다. 피스톤과 로드가 안쪽으로 움직임에 따라 피스톤은 점진적으로 이 오리피스들을 닫는다. 따라서 오리피스 전체 면적은 연속적으로 감소하고 부하는 일정하게 감속된다. 행정의 끝에서, 부하는 부드럽게 멈추고 압력은 대기압으로 떨어진다. 이로 인하여 일정하게 감속하고, 부드럽게 정지하며 반동도 없게 된다. 움직이는 부하를 정지시키는 동안 완충기는 일과 운동에너지를 열로 변환시키며, 그 열은 주위에나 또는 열교환기를 통하여 소산된다.

그림 6-20은 동일한 질량을 동일한 구간에서 동일한 속도로부터 감속하는 여러 가지 방법들을 나타낸다. 각각의 곡선 아래의 면적은 흡수된 에너지를 나타낸다. 스너버(snubber) 혹은 대시포트(dashpot)는 행정이 시작할 때 가장 높은 힘을 발생한다. 그리고 나머지 정지거리에서는 저항이 급격히 감소한다. 스너버는 단일-오리피스 장치이므로 균일하지 않은 감속

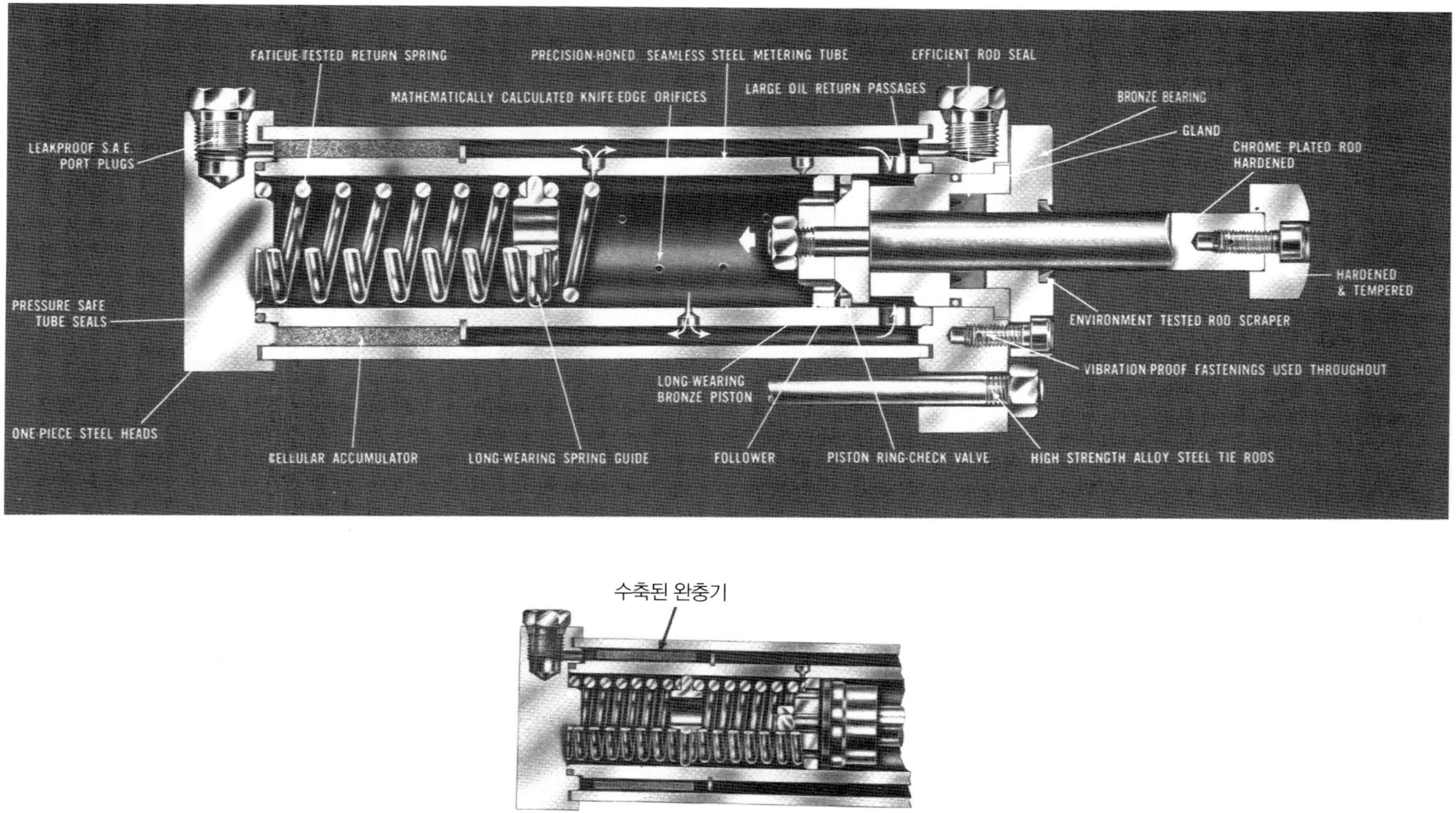

그림 6-19 유압완충기의 단면도(Courtesy of E.G.D. Inc., Glenview, Illinois.)

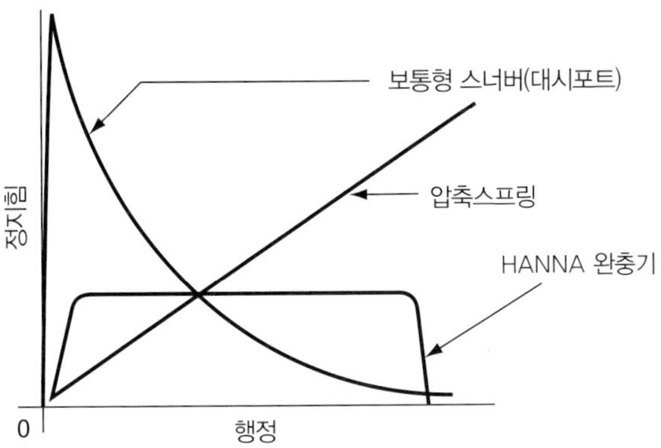

그림 6-20 유압완충기는 균일한 정지힘을 생성한다(Courtesy of E.G.D. Inc., Glenview, Illinois.)

을 하고, 초기의 최대 힘은 이동부하와 구조물에 손상응력을 가할 수 있다. 압축스프링은 초기에는 정지힘이 작고, 행정의 끝에서는 최대가 된다. 스프링은 압축하는 동안 에너지를 저장하고, 나중에 방출하여 역으로 튀어오른다. 상승하는 힘처짐곡선은 주어진 최대의 감속힘 아래에 머물기 위하여 이동거리가 길어짐을 요구한다. 유체스프링은 유압유의 경미한 압축성을 활용한다. 유체스프링의 반작용은 기계스프링의 반작용과 유사하다.

크레인과 자동차에의 응용

완충기에 대한 한 가지 응용 예는 그림 6-21에 도시된 것과 같은 이동크레인의 에너지 분산이다. 완충기는 가교나 트롤리(trolley)가 역으로 튀어 오르는 것을 방지하므로, 운전자, 크레인, 그리고 건물 구조를 보호할 수 있다.

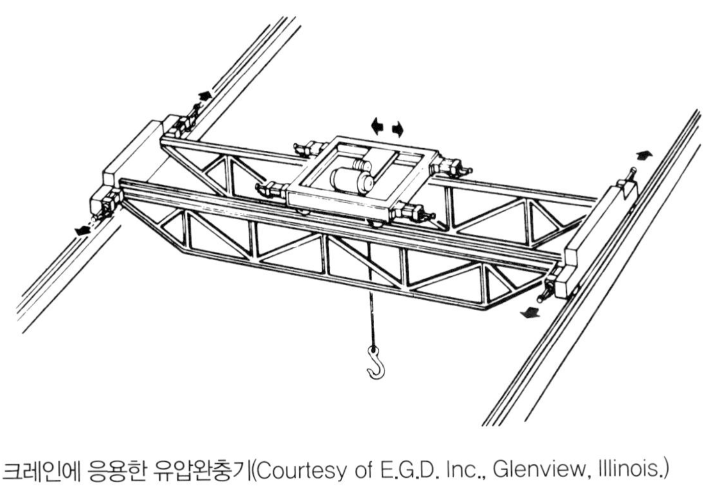

그림 6-21 크레인에 응용한 유압완충기(Courtesy of E.G.D. Inc., Glenview, Illinois.)

완충기에 대한 가장 일반적인 응용 예는 자동차의 현가시스템이다.

그림 6-22(a)와 그림 6-22(b)는 각각 실제 설계된 외부모습과 단면형상을 나타낸다. 자동차 타이어가 범프(bump)나 웅덩이(pothole) 같은 불규칙 노면을 만났을 때, 완충기의 위쪽으로 팽창되어있던 피스톤 로드는 실린더 하우징 안쪽으로 들어가는 작동을 한다. 이것을 범프 또는 수축행정(compression stroke)이라 부른다. 피스톤 로드가 반대방향(팽창행정(rebound stroke)이라 불린다)으로 움직이는 동안, 자동차 현가장치 스프링에 저장되었던 에너지는 완충기에 의해서 열로 방출된다. 그림 6-22(c)는 이 완충기의 힘-속도 다이아그램을 나타낸다. 다이아그램에 있는 곡선은 작동하는 동안 피스톤 로드의 감쇠력과 속도 사이의 관계를 보여준다. 여기서 힘(수직축)과 속도(수평축)의 단위는 각각 N과 m/s이다. 다이아그램의 곡선은 승객이 느끼는 자동차 승차감 측면에서 얼마나 딱딱(stiff)하고 부드러운지(soft)를 나타낸다. 아래쪽 곡선은 수축행정에 대한 감쇠특성을 나타낸다. 위쪽 네 개의 곡선(라벨 0, −1, −2, −3)은 요구되는 승차감에 따른 팽창행정에 대하여 네 개의 각기 다른 감쇠특성을 보여주고 있다. 이것은 다이아그램에서 가리키는 범위 안에서 팽창 감쇠특성을 제공할 수 있도록 요구되는 각도로 조절 노브를 돌림으로써 조절된다.

(a) 외부모습

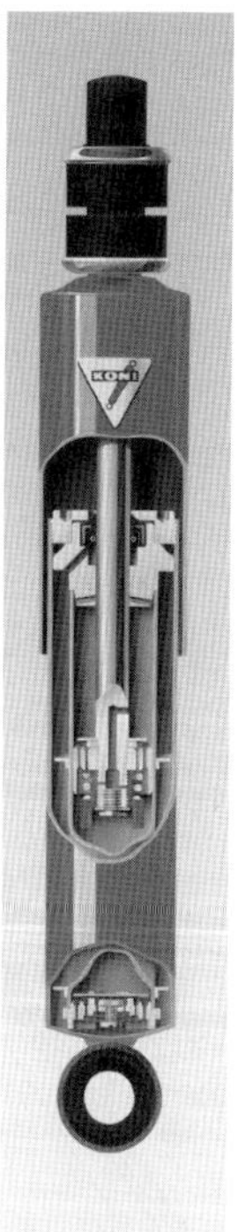

(b) 단면형상

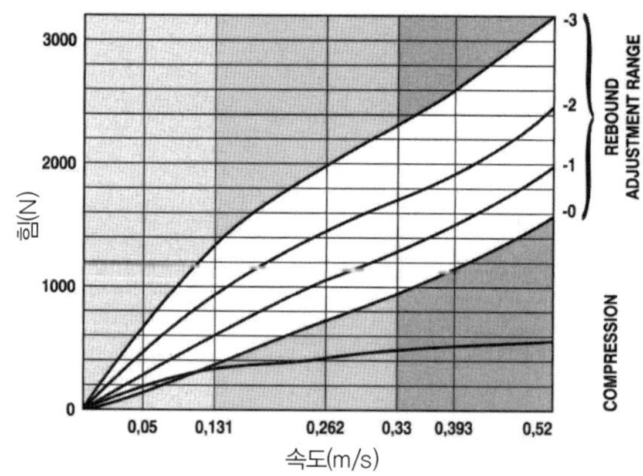

(c) 힘-속도 선도

그림 6-22 자동차 유압 완충기(Courtesy of KONI North America, Hebron, Kentucky.)

6.10 중요한 식들

실린더 팽창력: $F_{\text{ext}} = pA_p$ **(6-1)**

실린더 팽창속도: $v_{\text{ext}} = \dfrac{Q_{in}}{A_p}$ **(6-2)**

실린더 수축력: $F_{\text{ret}} = p\,(A_p - A_r)$ **(6-3)**

실린더 수축속도: $v_{\text{ret}} = \dfrac{Q_{in}}{A_p - A_r}$ **(6-4)**

팽창, 수축행정시 실린더 동력

영국단위: $\text{HP} = \dfrac{v(\text{ft/s}) \times F(\text{lb})}{550} = \dfrac{Q_{in}(\text{gpm}) \times p(\text{psi})}{1714}$ **(6-5)**

미터단위: $\text{kW동력} = v(\text{m/s}) \times F(\text{kN}) = Q_{in}(\text{m}^3/\text{s}) \times p(\text{kPa})$ **(6-5M)**

제1종 레버: $F_{\text{cyl}} = \dfrac{L_2}{L_1 \cos\phi} F_{\text{load}}$ **(6-7)**

제2종 레버: $F_{\text{cyl}} = \dfrac{L_2}{(L_1 + L_2)\cos\phi} F_{\text{load}}$ **(6-8)**

제3종 레버: $F_{\text{cyl}} = \dfrac{L_1 + L_2}{L_2 \cos\phi} F_{\text{load}}$ **(6-9)**

완충장치에 의한 실린더
피스톤 감속도: $a = \dfrac{v^2}{2S}$ **(6-10)**

완충장치에 의해 발생되는
최대 실린더 압력: $p_2 = \dfrac{(W/g)a + p_1(A_{\text{piston}}) - (\text{CF})W}{A_{\text{piston}} - A_{\text{cushion plunger}}}$ **(6-11)**

연습문제

질문, 개념과 정의

6-1 단동 유압실린더와 복동 유압실린더의 차이는 무엇인가?

6-2 네 가지 다른 형태의 유압실린더 설치대를 열거하여라.

6-3 실린더 완충장치란 무엇인가? 이것의 목적은 무엇인가?

6-4 양로드 실린더는 무엇인가? 이것은 보통 언제 사용되는가?

6-5 텔리스코프 실린더란 무엇인가? 이것은 보통 언제 사용되는가?

6-6 같은 입력유량에 대해서 복동 실린더의 로드가 전진할 때보다 후진할 때 더 큰 속도로 움직이는 이유를 설명하여라.

6-7 단동 실린더는 어떻게 수축하는가?

6-8 유압실린더로 부하를 구동하는 데 사용되는 제1종 레버시스템, 제2종 레버시스템, 제3종 레버시스템을 구별하여라.

6-9 기계적 레버시스템에 대하여, 모멘트를 정의하여라.

6-10 기계적 레버시스템에 대하여, 모멘트팔을 정의하여라.

6-11 유압실린더를 가진 레버시스템에서, 실린더에 클레비스 설치대를 사용하는 이유를 설명하여라.

6-12 예제에서처럼 레버시스템에 실린더 부하의 역학을 사용하여 토크와 모멘트의 차이점을 설명하여라.

6-13 완충기의 목적은 무엇인가? 두 가지 응용 예를 나열하여라.

문제

주: 문제 번호 뒤의 E는 영국단위를 사용하고 있다는 것을 의미하고, M은 미터단위를 사용하고 있다는 것을 의미한다.

유압실린더의 힘, 속도, 그리고 동력

6-14 전기모터가 일정한 속도로 펌프를 구동시키고, 일정한 율로 펌프에 동력을 전달한다. 펌프는 유압실린더에 오일을 전달한다. 다음과 같이 조건이 변한다면, 어떠한 인자에 의해서 팽창하는 동안 실린더 힘과 전행정 이동시간이 변화되겠는가?

a. 실린더 행정이 두 배가 되고, 피스톤과 로드 직경이 동일하게 남아 있을 때

b. 피스톤과 로드 직경이 모두 두 배가 되고 행정이 동일하게 남아 있을 때

c. 행정, 피스톤 직경, 로드 직경이 모두 두 배가 되었을 때

6-15 연습문제 6-14를 수축행정에 대해서 반복하라.

6-16M 직경 4 cm의 로드를 가진 직경 8 cm 유압실린더가 있다. 만약 100 Lpm, 12 Mpa인 유체가 실린더에 가해진다면, 다음을 구하여라.

a. 전진속도와 후진속도

b. 팽창력과 수축력

6-17E 직경 1.5 in 로드를 가진 직경 3 in 유압실린더가 있다. 8 gpm의 유량 (flow-rate)으로 들어갈 때 실린더가 운반하는 유량을 찾아라.

6-18E 펌프가 지름 1.5 in의 복동 유압실린더에 25 gpm의 오일을 공급하고 있다. 전진 및 후진시 부하가 1200 lb이고 로드 지름이 0.75 in일 때 다음을 구하여라.

a.전진행정시 유압

b.전진행정시 피스톤 속도

c.전진행정시 실린더 마력

d.후진행정시 유압

e.후진행정시 피스톤 속도

f.후진행정시 실린더 마력

6-19M 펌프가 지름 40 mm의 복동 유압실린더에 0.0016 m^3/s의 유량으로 오일을 공급하고 있다. 전진 및 수축시 부하가 5000 N이고 로드 지름이 20 mm일 때 다음을 구하여라.

a.전진행정시 유압

b.전진행정시 피스톤 속도

c.전진행정시 실린더 kW 동력

d.후진행정시 유압

e.후진행정시 피스톤 속도

f.후진행정시 실린더 kW 동력

6-20 유압실린더의 속도를 결정하는 다음 식에서 상수 C_1과 C_2의 값을 구하여라.

$$v(\text{in/min}) = \frac{C_1 Q(\text{gpm})}{A(\text{in}^2)} \qquad v(\text{m/s}) = \frac{C_2 Q(\text{m}^3/\text{s})}{A(\text{m}^2)}$$

6-21 로드 지름이 피스톤 지름의 반인 유압실린더가 있다. 압력이 일정할 때 전진과 후진시 하중운반용량의 차이를 구하여라.

6-22 연습문제 6-21의 실린더에서 압력이 실린더 양쪽에 동시에 주어진다면 무슨 일이 생기는가?

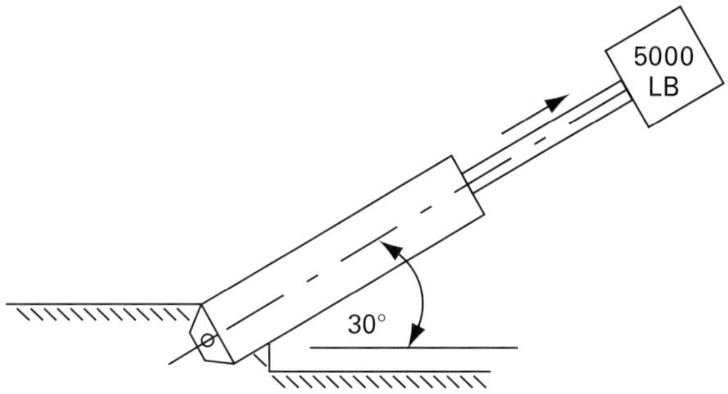

그림 6-23 연습문제 6-23의 시스템

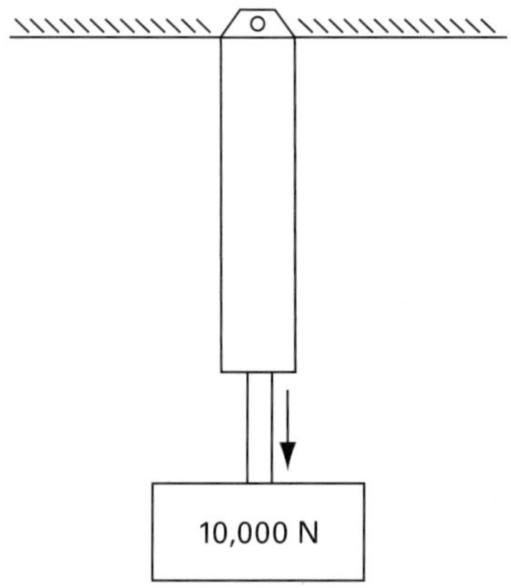

그림 6-24 연습문제 6-24의 시스템

물체 운동에 의한 실린더 부하

6-23E 그림 6-23의 기울어진 실린더는 피스톤의 직경이 3 in이다. 5000 lb의 물체를 전진시킬 때 요구되는 압력을 결정하라.

6-24M 10,000 N의 물체는 그림 6-24에서처럼 수직 실린더 밑에 있다. 실린더는 75 mm 직경의 피스톤과 50 mm 직경의 로드를 갖고 있다. 물체는 100 m/min에서 0.5초에 정지 상태로 감속한다. 감속운동 동안 실린더의 로드 끝에 요구되는 압력을 결정하여라.

6-25E 6000 lb의 물체는 그림 6-25에서처럼 실린더에 의해 일정한 속도로 경사진 면을 밀려올라가고 있다. 물체와 경사면 사이의 마찰계수는 0.15이다. 1000 psi의 압력이 가해지는 동안 필요한 피스톤 직경을 결정하라.

6-26E 만약 물체가 속도 0에서 5 ft/s 속도까지 0.5초에 가속되어질 때, 연습문제 6-25의 문제를 풀어라.

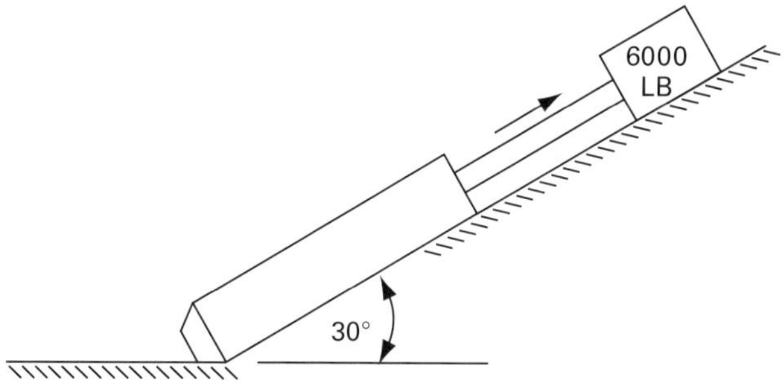

그림 6-25 연습문제 6-25의 시스템과 연습문제 6-26의 시스템

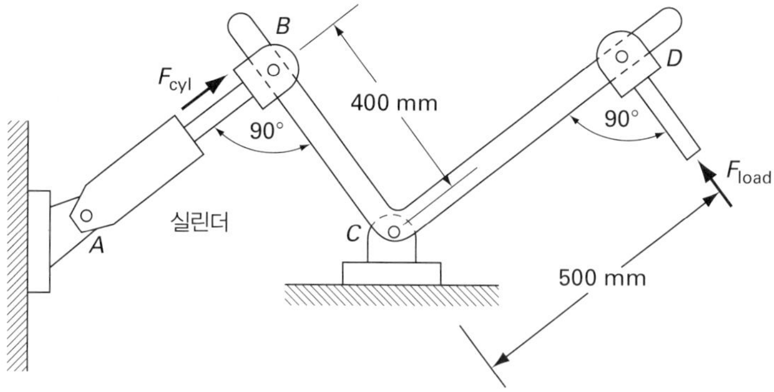

그림 6-26 연습문제 6-28의 시스템

기계적 링크를 거친 실린더 부하

6-27M 예제 6−5의 데이터를 미터단위로 바꾸고 다음 문제를 풀어라.

a. 제1종, 제2종, 제3종 레버시스템에 대해 부하력을 이기기 위해 필요한 실린더 힘을 구하여라.

b. $\theta = 10°$일 때 a를 다시 구하여라.

c. $\phi = 5°$와 $20°$일 때 a를 다시 구하여라.

6-28M 그림 6−26의 시스템에서, 1000 N의 부하를 구동시키는 데 필요한 유압실린더 힘을 구하여라.

6-29E 그림 6−27의 크레인 시스템에서, 2000 lb의 부하를 들어 올리는 데 필요한 유압실린더 힘을 구하여라.

6-30E 그림 6−28의 토글 기구에서, 1000 lb의 유압실린더 힘으로 생성되는 부하힘을 구하여라.

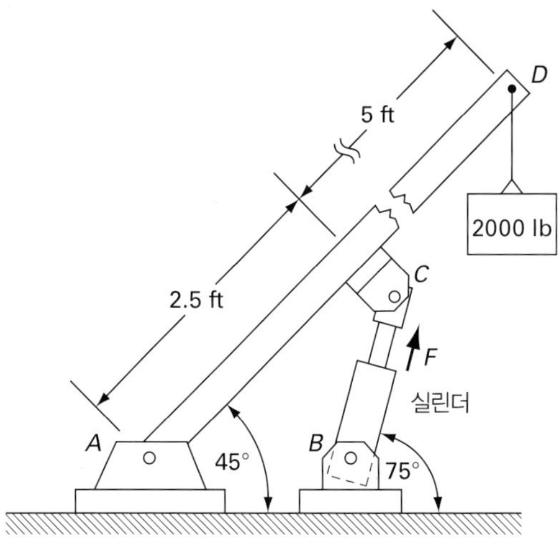

그림 6-27 연습문제 6-29의 시스템

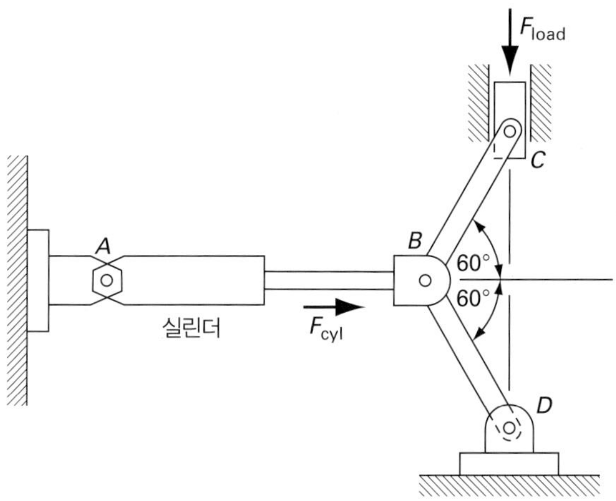

그림 6-28 연습문제 6-30의 시스템

유압실린더 완충장치

6-31E 그림 6−17과 같이 지름 2 in인 유압실린더의 한쪽에 20 gpm의 유량으로 오일을 공급하고 있다. 피스톤은 길이가 1 in이고 지름이 0.75 in인 완충 플런저를 가지고 있다. 실린더는 1000 lb의 부하를 구동하고 있고, 부하는 0.15의 마찰계수를 가진 편평한 면에서 미끄러지고 있다. 펌프 릴리프밸브의 설정압은 500 psi이다. 이 때 완충장치에 의해 발생하는 최대 압력을 구하여라.

6-32M 연습문제 6−31의 데이터를 미터단위로 바꾸고 완충장치에 의해 발생하는 최대 압력을 구하여라.

07

Chapter

유압모터

학습 목표

이 단원을 공부하고 나면 다음과 같은 내용을 알아야 한다.

1. 제한된 회전 유압 모터에 대해서 토크-압력-변위 관계를 평가할 수 있어야 한다.
2. 기어, 베인, 피스톤 유압모터의 작동을 설명할 수 있어야 한다.
3. 용적 효율, 기계적 효율, 전효율을 구함으로써 유압모터의 성능을 평가할 수 있어야 한다.
4. 기어, 베인, 피스톤 유압모터의 다양한 성능 인자를 비교할 수 있어야 한다.
5. 유압모터에 의해 전달되는 토크와 동력을 결정할 수 있어야 한다.
6. 정유압변속기의 작동과 성능을 분석할 수 있어야 한다.

7.1 서론

유압실린더의 경우처럼, 유압모터도 유체로부터 에너지를 끌어내고 유용한 일을 수행하기 위하여 그 에너지를 기계적 에너지로 변환한다. 유압모터는 제한회전형이거나 연속회전형일 수 있다. **회전 작동기**(rotary actuator) 또는 **요동 모터**(oscillating motor)라고 불리는 제한된 회전 모터는 완전한 1회전보다 적지만 시계방향과 반시계방향으로 회전할 수 있다. 간단히 **유압모터**(hydraulic motor)라고 불리는 연속회전 유압모터는 모터의 입력유량에 의해 결정되는 분당회전수로 연속적으로 회전할 수 있다. 유압모터는 모터 응용시에 나타나는 다양한 힘을 이겨내기 위하여 재설계된 펌프이다. 따라서 유압모터에도 기어, 베인, 피스톤 형식이 있다.

그림 7-1은 드릴링(drilling), 풀기(loosening) 그리고 조이기(tightening) 작업에 적합한 유압 충격 렌치(hydraulic impact wrench)이다. 이것은 속도와 토크를 각각 5400 rpm과 400 ft · lb(1900 N · m)의 넓은 범위까지 조절할 수 있다. 이 렌치는 7.1 lb(3.2 kg)이고 기어모터를 사용한다. 이것은 4~12 gpm(15~45 Lpm)의 유량범위와 1000~2000 psi(70~140 bars)의 압력범위에서 작동한다.

그림 7-1 유압 임팩트 렌치(Courtesy of Greenlee Textron, Inc., Rockford, Illinois.)

정유압변속기(hydrostatic transmission)는 펌프로 하여금 유압모터를 직접 구동하도록 특수하게 설계된 유압시스템이다. 그러므로 정유압변속기는 기계적 동력을 유체동력으로 변환하고, 유체동력을 다시 축동력으로 변환한다. 정유압변속기의 장점으로는 먼 곳으로의 동력전달, 무단변속 제어, 자동 과부하 방지, 역전 능력, 동적 제동과 높은 마력 대 무게비 등이 있다. 용도로는 자재 운반 장비, 농장 트랙터, 철도 기관차, 버스, 잔디 깎는 기계, 공작기계 등이 있다.

7.2 제한된 회전 유압모터

서론

제한된 회전 유압모터(요동 모터 또는 회전 작동기)는 한정된 각도범위 내에서 회전운동을 한다. 이 장치는 어느 방향으로든 순간적으로 큰 토크를 발생시킬 수 있고, 설치공간이 작고 설치가 간단하다. 회전 작동기는 작동유를 담고 있는 하나 또는 여러 개의 챔버와 유체가 작용하는 가동 면으로 이루어져 있다. 가동 면은 출력동작을 하는 출력축과 연결되어 있다. 직접구동 베인형 작동기가 그림 7-2에 도시되어 있다. 유압유는 움직이는 베인을 회전시키면서 베인의 한쪽 방향으로 흐른다. 이 형태는 약 280의 회전을 제공한다. 이 장치의 용량범위는 3에서 1백만 in · lb이다.

회전 작동기는 5000 psi까지의 압력에서 사용 가능하다. 회전 작동기는 주로 바닥설치대, 플랜지 설치대, 끝 설치대로 연결된다. 그리고 대부분의 디자인에서 충격흡수장치를 사용할

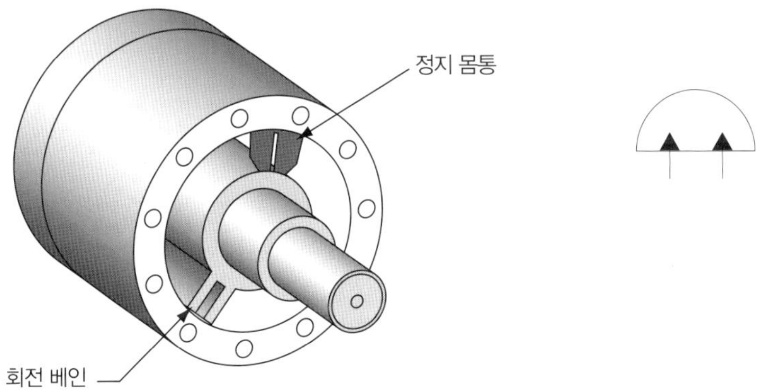

그림 7-2 회전 작동기(Courtesy of Rexnord Inc., Hydraulic Components Division, Racine, Wisconsine.)

수 있다. 그림 7–3은 그림 7–2와 비슷한 실제 회전 작동기의 모습이다. 이것은 두 개의 베인을 가지고 있기 때문에 회전 최대 각도는 약 100°로 작아진다. 그러나 토크전달용량은 단일 베인 디자인의 두 배이다. 이 장치는 1000 psi까지의 압력에서 오일 또는 공기로 작동이 가능하다.

그림 7-3 회전 작동기(Courtesy of Ex-Cell-O Corp., Troy, Michigan.)

토크용량 해석

아래의 명칭과 해석은 단일 회전 베인을 가진 제한된 회전 유압모터에 대한 것이다.

R_R = 회전자의 바깥 반지름(in, m)
R_V = 베인의 바깥 반지름(in, m)
L = 베인의 폭(in, m)
p = 압력(psi, Pa)
F = 베인에 작용하는 유압 힘(lb, N)
A = 오일과 접촉하는 베인의 면적(in^2, m^2)
T = 토크용량(in · lb, N · m)

베인에 작용하는 힘은 압력과 베인면적의 곱과 같다.

$$F = pA = p(R_V - R_R)L$$

토크는 베인에 작용하는 힘과 평균 반지름의 곱과 같다.

$$T = p(R_V - R_R)L\frac{(R_V + R_R)}{2}$$

이것을 정리하면 다음과 같다.

$$T = \frac{pL}{2}(R_V^2 - R_R^2) \tag{7-1}$$

배제용적 V_D에 관한 다음 식을 대입하면, 토크에 관한 두 번째 식을 얻을 수 있다.

$$V_D = \pi(R_V^2 - R_R^2)L \tag{7-2}$$

식 (7−1)과 식 (7−2)를 합치면 다음과 같다.

$$T = \frac{pV_D}{2\pi} \tag{7-3}$$

식 (7−3)에서 토크는 압력, 배제용적 또는 두 가지가 모두 증가함에 따라 증가할 수 있다.

예제 7−1

다음과 같은 데이터를 가진 단일 베인 회전 작동기가 있다.

회전자의 바깥 반지름 = 0.5 in
베인의 바깥 반지름 = 1.5 in
베인의 폭 = 1 in

부하 토크가 1000 in · lb일 때 부하를 이기기 위해서는 얼마의 압력이 필요한가?

풀이

식 (7−2)를 이용하여 배제용적을 구한다.

$$V_D = \pi(1.5^2 - 0.5^2)(1) = 6.28\ \text{in}^3$$

식 (7−3)을 이용하여 다음과 같이 압력을 구할 수 있다.

$$p = \frac{2\pi T}{V_D} = \frac{2\pi(1000)}{6.28} = 1000\ \text{psi}$$

그림 7−4에서 보듯이, 회전 작동기는 컨베이어 분류, 밸브 여닫기, 공기 벤딩 작업, 작업대 사이의 플립오버(flipover), 그리고 용접 자리잡기, 들어올리기, 회전, 덤핑(dumping) 등에 사용된다. 요동 작동기의 도면기호는 그림 7−4의 우측 하단과 같다.

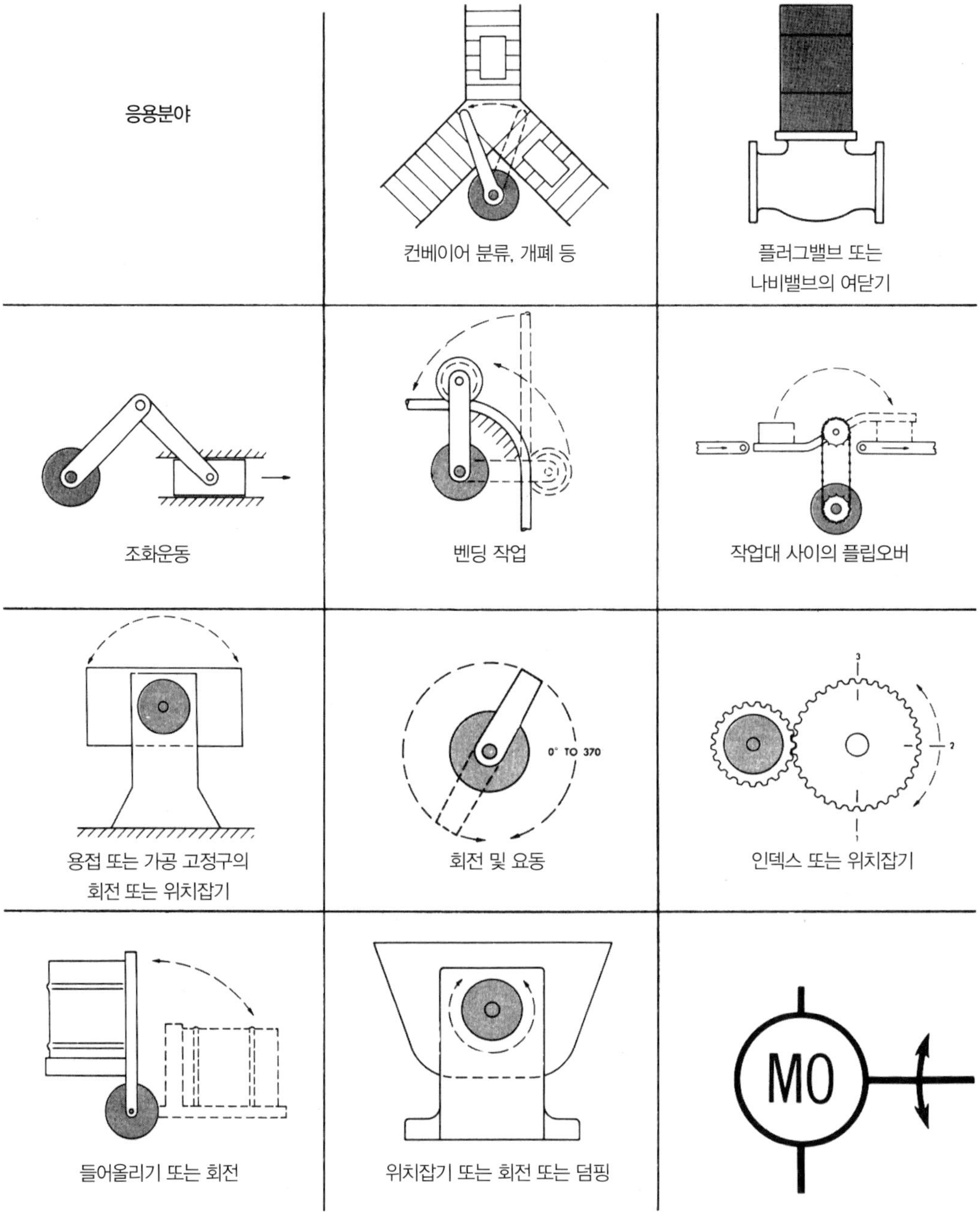

그림 7-4 회전 작동기의 응용(Courtesy of Carter Controls, Inc., Lansing, Illinois.)

7.3 기어모터

유압모터는 연속적으로 회전하는 작동기로서 기본 형상은 펌프와 같다. 그러나 펌프는 유체를 밀어내는 반면에 모터는 유체의 의해서 밀려서 작동하게 된다. 이런 방식으로 유압모터는 토크를 발생시키고 연속적인 회전운동을 발생시킨다. 유압모터의 케이싱은 외부 동력원으로부터 압력을 받고 있기 때문에, 대부분의 유압모터는 축의 밀봉을 보호하기 위하여 케이싱 드레인(casing drains)을 가지고 있다. 유압모터는 기본적으로 기어, 베인, 피스톤모터의 세 종류가 있다. 먼저 기어모터(gear motor)의 작동과 형상에 대해서 알아보자.

기어모터는 그림 7-5에서 알 수 있듯이 기어치의 표면에 작용하는 유압에 의하여 토크를 발생시킨다. 모터의 회전방향은 유체의 흐름을 바꿈으로써 역전시킬 수 있다. 기어 펌프의 경우와 마찬가지로 기어모터의 배제용적은 고정되어 있다. 그림 7-5의 기어모터는 압력부하의 견지에서 평형을 이루지 못하고 있다. 입구에서의 고압과 출구에서의 저압으로 인하여 축과 베어링 쪽에 큰 측면부하가 발생한다. 기어모터는 일반적으로 2,000 psi, 2,400 rpm까지를 작동 한계영역으로 가진다. 또한 최대 유량은 150 gpm까지 가능하다.

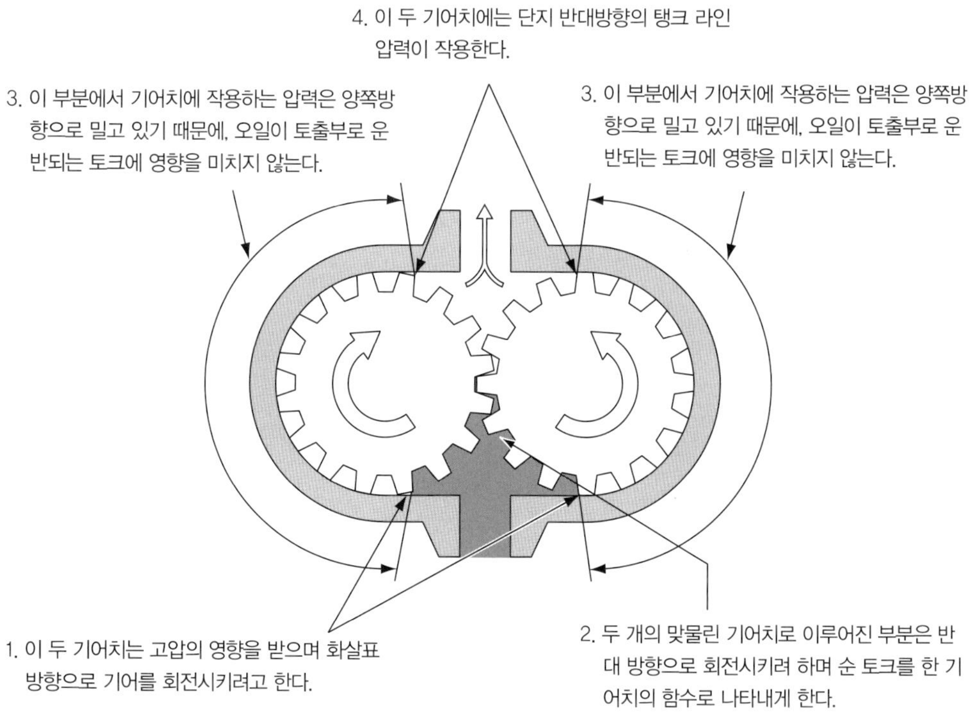

그림 7-5 기어모터에 의한 토크 발생 (Courtesy of Sperry Vickers, Sperry Rand Corp., Troy, Michigan.)

기어모터의 가장 큰 장점은 간단한 설계구조와 이에 따른 낮은 가격이다. 그림 7–6은 실제 기어모터의 단면도와, 유압회로에서 정용량 모터를 나타내는 유압도면기호를 보여주고 있다.

또한 내접 기어로 설계된 기어모터도 있다. 이 형식은 더 높은 압력과 속도에서 작동이 가능하고 외접 기어모터에 비해서 더 큰 배제용적을 갖는다.

펌프의 경우에서처럼 스크루형 유압모터에는 맞물려 있는 세 개의 스크루 (하나의 출력 로터와 두 개의 아이들 로터)가 존재한다. 그림 7–7은 이러한 모터를 보여주고 있다. 스크루 세트의 구름으로 인하여 매우 조용한 운전이 가능하다. 토크는 스크루 세트의 나사면에 작용하는 차압에 의하여 발생된다. 모터 토크는 스크루 세트의 양쪽 차압에 비례한다. 이 모터는 3,000 psi까지의 압력에서 작동하고 13.9 in^3까지의 배제용적을 가진다.

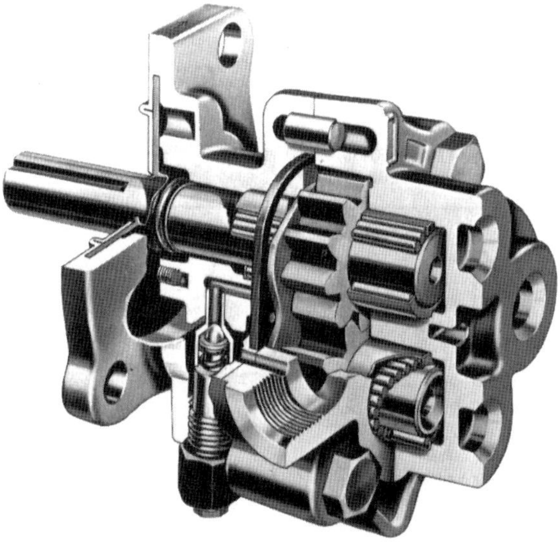

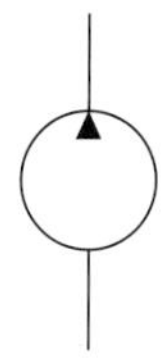

그림 7-6
외접 기어모터(Courtesy of Webster Electric Company, Inc., subsidiary of STA–RITE Industries, Inc., Racine, Wisconsin.)

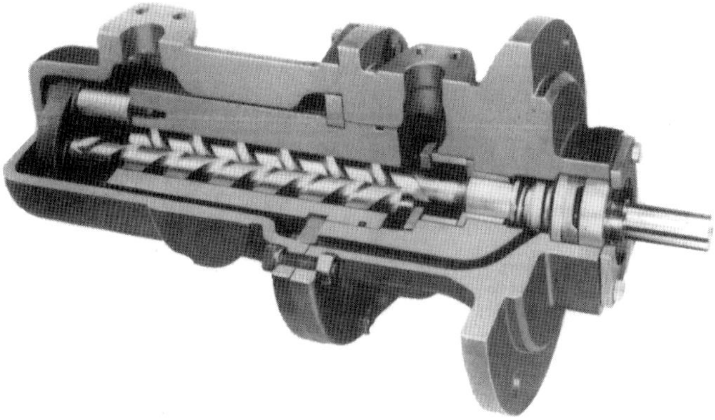

그림 7-7
스크루모터(Courtesy of DeLaval, IMO Pump Division, Trenton, New Jersey.)Wisconsin.)

7.4 베인모터

베인모터(vane motor)는 베인 면에 작용하는 유압에 의해서 토크를 발생시킨다. 베인은 구동축에 연결된 로터의 반경방향으로 미끄러진다[그림 7–8(a) 참조]. 로터가 회전할 때 장착된 스프링(그림 7–8에는 나타내지 않았음)이 베인을 반경방향의 바깥으로 밀어내기 때문에 베인은 캠링(cam ring)의 표면에 압착하여 움직인다. 로터가 회전하기 전에는 원심력이 작용하지 않는다. 따라서 원심력이 아닌 다른 수단으로 베인을 캠링에 압착할 수 있는 방법을 강구하여야 한다. 이 수단으로서 스프링을 사용할 수도 있고, 압력이 가해진 베인을 사용할 수도 있다. 베인이 캠링을 따라 미끄러지면서 밀봉된 챔버를 만들고, 이 챔버에 의하여 유체를 입구에서 출구로 이동시킨다.

베인모터는 그림 7–8B와 같은 평형 설계가 보편적이다. 평형 설계에서, 각 포트에 형성된 압력은 서로 연결되어 있으며, 180° 떨어진 공동으로 향하고 있다. 따라서 발생된 측면부하는 서로 상쇄된다. 베인모터는 유압적으로 평형상태에 있으며, 정용량형 모터가 된다.

그림 7–9는 피봇된 로커 암(rocker arm)을 로터에 부착하여, 베인을 타원형의 캠링에 압착하는 스프링 역할을 하도록 한 것을 보여주고 있다. 이러한 형식의 모터는 2500 psi 까지의 압력과 4000 rpm까지의 속도에서도 작동이 가능하다. 최대 전달유량은 250 gpm 정도이다.

그림 7–10(a)에 보이는 배에 장착된 외륜(paddle wheel)을 구동하기 위하여 네 개의 유압 베인모터가 사용되고 있다. 그림 7–10(b)는 압력 5,000 psi에서 정격이며, 250 in3의 배제 용량을 가진 이 모터들 중에 하나의 단면도를 보여준다.

7.5 피스톤모터

인라인 피스톤모터(사판식 설계)

피스톤모터(piston motor)는 정용량형일 수도 있고 가변용량형일 수도 있다. 피스톤모터는 실린더 블록 안에서 왕복운동하는 피스톤의 끝에 압력이 작용하여 토크를 발생시킨다. 그림 7–11은 모터의 구동축과 실린더 블록의 중심선이 일직선상에 있는 인라인(in-line) 설계를 보여주고 있다. 피스톤 끝에 작용하는 압력은 경사된 사판(swash plate)에 힘을 발생시킨다. 그러면 실린더 블록이 피스톤 단면적에 비례하는 토크를 가지고 회전하게 된다. 발생된 토크는 또한 사판 각도의 함수이다. 인라인 피스톤모터(in-line piston motor)는 정용량형, 가변용량형 어느 쪽으로든 설계가 가능하다(그림 7–12 참조). 그림 7–13에서 보듯이 사판 각도를 변

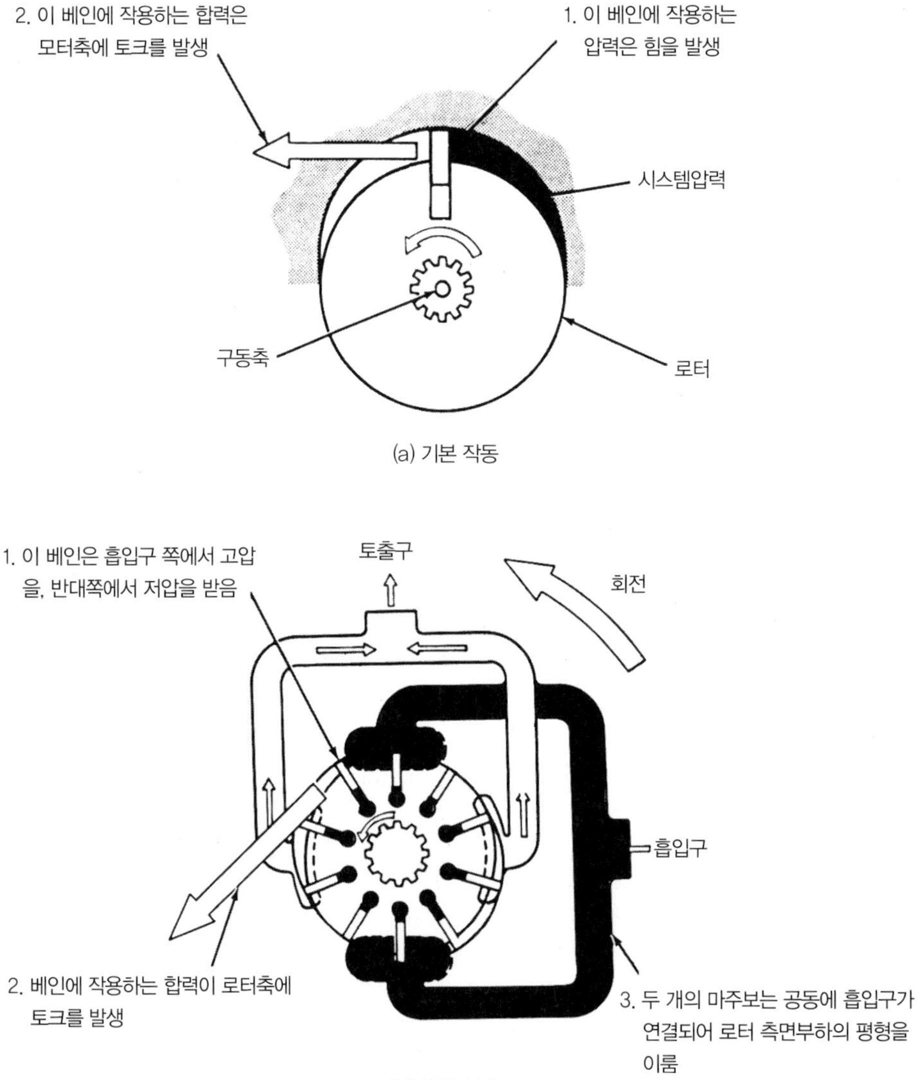

(a) 기본 작동

(b) 평형 설계

그림 7-8 베인모터의 작동(Courtesy of Sperry Vickers, Sperry Rand Corp., Troy, Michigan.)

화시켜 배제용적을 변화시킬 수 있다.

가변용량형 모터에서 사판은 회전할 수 있는 요크에 설치되어 있다. 사판 각도는 레버, 핸드휠(handwheel), 서보 제어 등 다양한 방법으로 변경이 가능하다. 사판 각도가 증가하면 토크용량은 증가하지만 구동축 속도는 감소한다. 토크와 속도의 용량을 지정된 한계 내에 제한하기 위하여 보통 기계적 멈춤장치를 함께 사용한다.

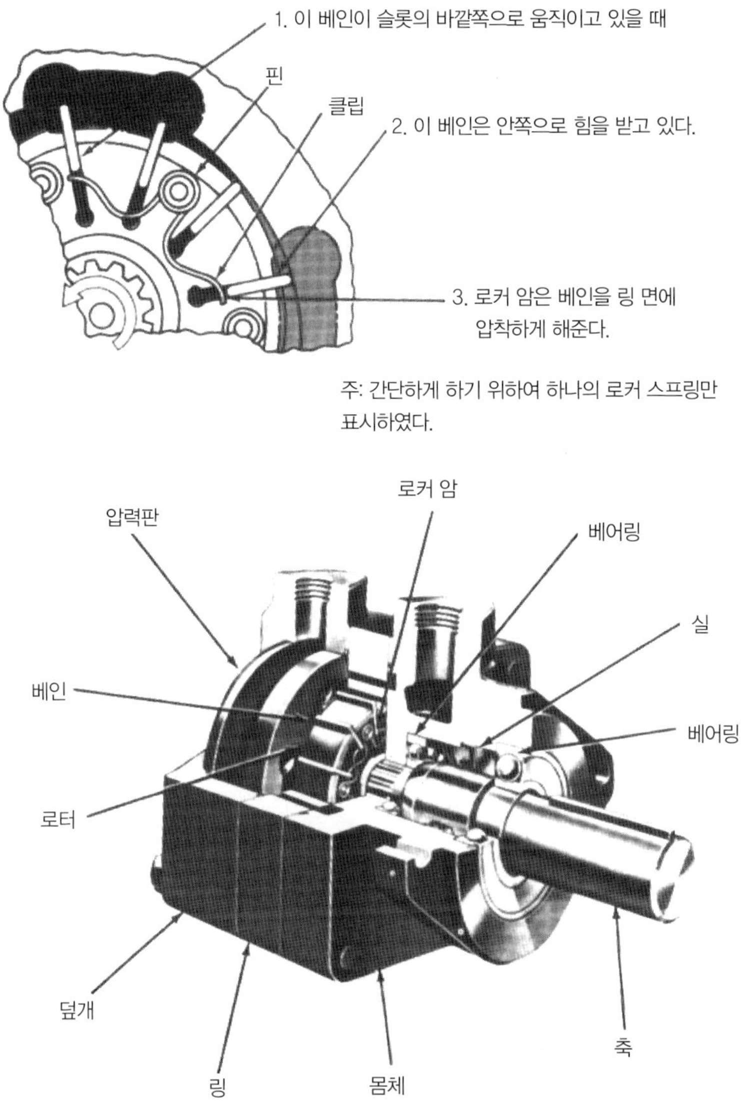

그림 7-9 스프링 장착 베인을 가진 베인모터(Courtesy of Sperry Vickers, Sperry Rand Corp., Troy, Michigan.)

엑시얼 피스톤모터(사축식 설계)

그림 7–14는 사축식 피스톤모터(bent-axis piston motor)를 보여주고 있다. 이 방식의 모터도 왕복피스톤에 작용하는 압력에 의하여 토크를 발생한다. 그러나 이 방식은 실린더 블록과 구동축이 서로 일정한 각도를 이루고 있어서, 힘이 구동축 플랜지에 작용하게 된다.

(a) 외륜으로 구동되는 배

(b) 유압 베인모터

그림 7-10 유압모터-외륜으로 구동되는 배(Courtesy of Rineer, Hydraulics, Inc., San Antonio, Texas.)

회전속도와 토크는 실린더 블록과 구동축 간의 경사각도에 의하여 결정된다. 각도가 클수록 배제용적과 토크는 커지고 회전속도는 작아진다. 이 각도는 최소 7.5°에서 최대 30°까지 변한다. 그림 7-15는 정용량형 사축식 모터를 보여주고 있고, 그림 7-16은 핸드휠에 의해 배제용적을 변화시킬 수 있는 가변용량형 사축식 모터를 보여주고 있다.

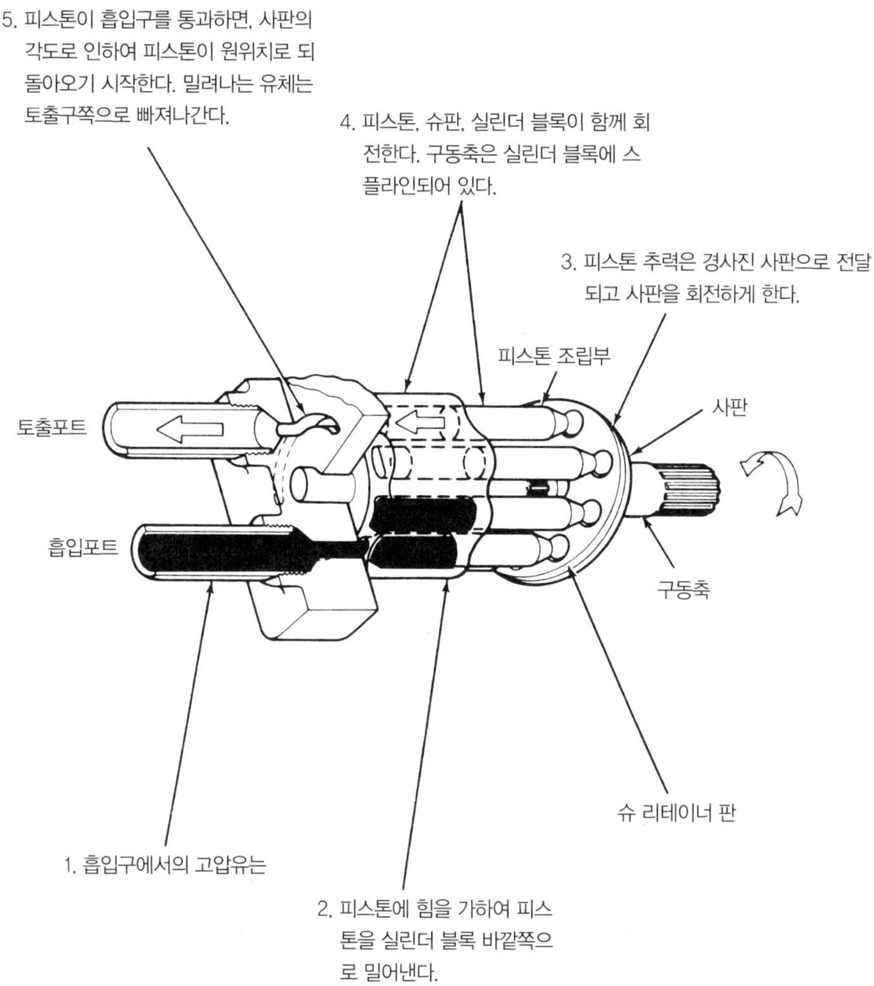

그림 7-11 인라인 피스톤모터의 작동(Courtesy of Sperry Vickers, Sperry Rand Corp., Troy, Michigan.)

피스톤모터는 세 가지의 기본 형식 중에서 가장 높은 효율을 가지고 있으며, 제일 빠른 속도와 최고의 압력으로 작동이 가능하다. 12,000 rpm의 작동속도와 5,000 psi의 작동압력도 피스톤모터에서는 가능하다. 큰 피스톤모터는 450 gpm까지의 유량도 가능하다.

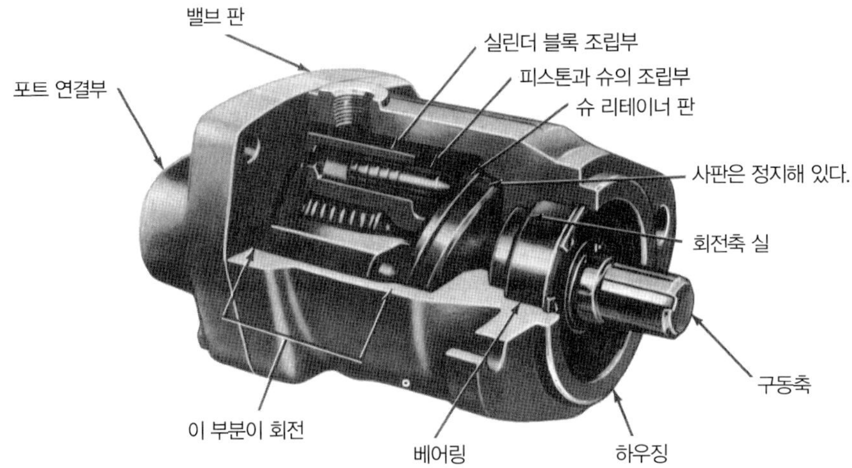

(a) 정용량형

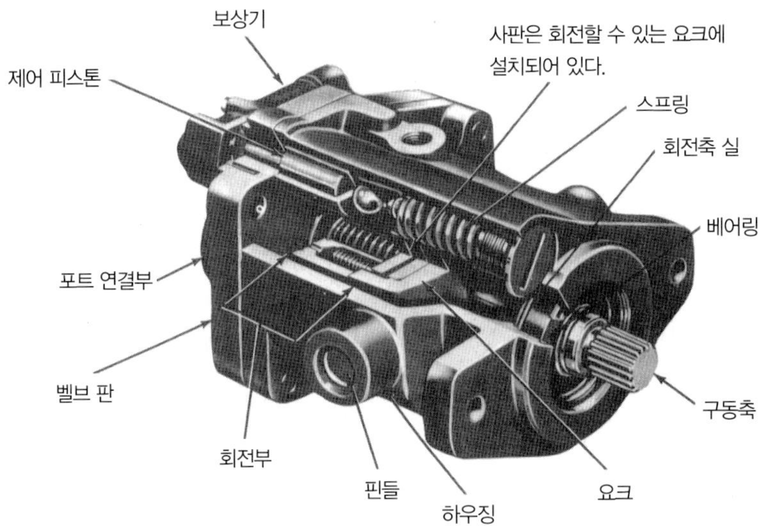

(b) 가변용량형

그림 7-12 인라인 피스톤모터의 두 가지 종류(Courtesy of Sperry Vickers, Sperry Rand Corp., Troy, Michigan.)

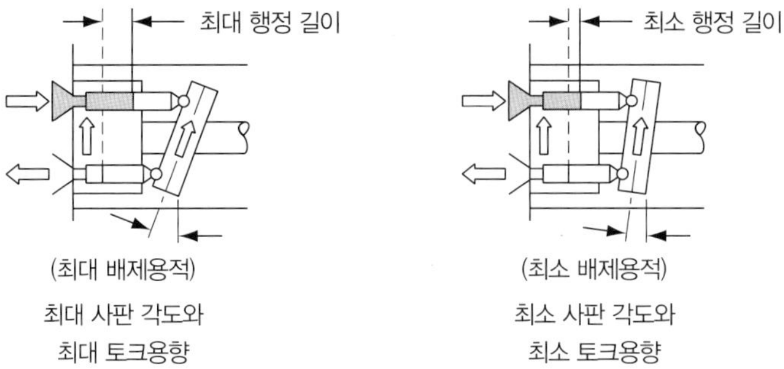

그림 7-13 모터 용적은 사판 각도에 따라 변한다(Courtesy of Sperry Vickers, Sperry Rand Corp., Troy, Michigan.)

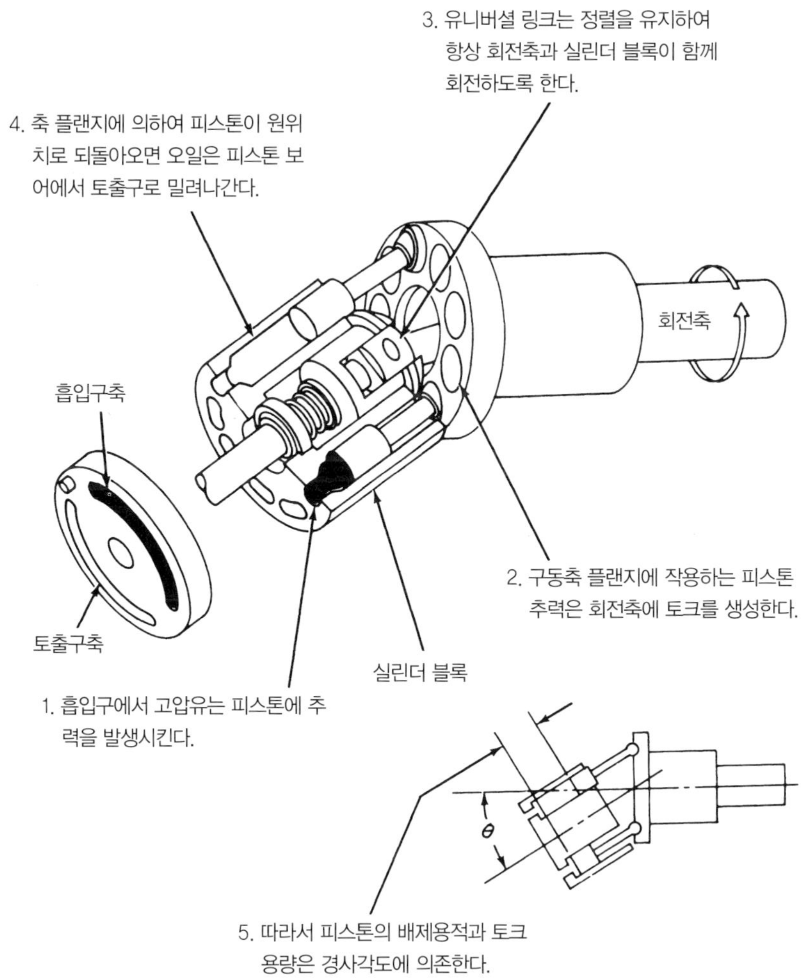

그림 7-14 사축식 피스톤모터(Courtesy of Sperry Vickers, Sperry Rand Corp., Troy, Michigan.)

그림 7-15 정용량형 사축식 피스톤모터(Courtesy of Sperry Vickers, Sperry Rand Corp., Troy, Michigan.)

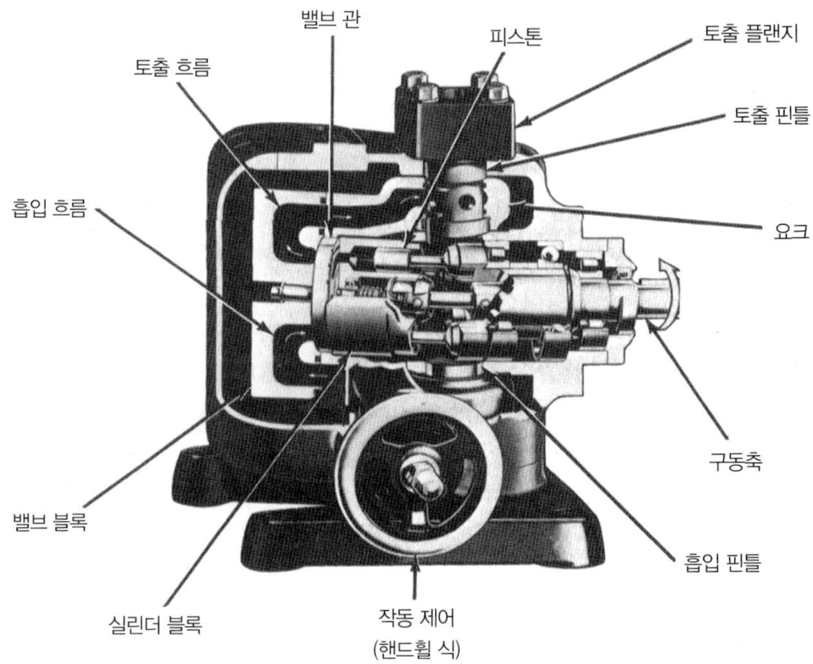

그림 7-16 핸드휠 제어기구를 가진 가변용량형 사축식 피스톤모터(Courtesy of Sperry Vickers, Sperry Rand Corp., Troy, Michigan.)

7.6 유압모터의 이론토크, 출력, 유량

마찰손실로 인하여 유압모터는 이론적으로 전달할 수 있는 토크보다 적은 토크만을 전달하게 된다. 이론토크 (마찰이 없는 유압모터가 전달하는 토크)는 7.2절의 제한된 회전 유압작동기에 대해 전개했던 다음과 같은 식으로 결정될 수 있다.

$$T_T(\text{in}\cdot\text{lb}) = \frac{V_D(\text{in}^3/\text{rev}) \times p(\text{psi})}{2\pi} \tag{7-4}$$

미터단위를 사용하면 다음과 같다.

$$T_T(\text{N}\cdot\text{m}) = \frac{V_D(\text{m}^3/\text{rev}) \times p(\text{Pa})}{2\pi} \tag{7-4M}$$

이와 같이 이론토크는 압력뿐만 아니라 배제용적에 대해서도 비례한다.

이론마력(마찰이 없는 유압모터가 발생하는 마력)은 수학적으로 다음과 같이 표현된다.

$$\text{HP}_T = \frac{T_T(\text{in}\cdot\text{lb}) \times N(\text{rpm})}{63{,}000}$$

$$= \frac{V_D(\text{in}^3/\text{rev}) \times p(\text{psi}) \times N(\text{rpm})}{395{,}000} \tag{7-5}$$

미터단위를 사용하면 다음과 같다.

$$\text{이론출력(W)} = T_T(\text{N}\cdot\text{m}) \times N(\text{rad/s})$$

$$= \frac{V_D(\text{m}^3/\text{rev}) \times p(\text{Pa}) \times N(\text{rad/s})}{2\pi} \tag{7-5M}$$

또한 누유 때문에 유압모터는 이론유량보다 더 많은 유량을 소모하게 된다. 이론유량은 누유가 없다고 가정한 유압모터의 소요유량이다. 펌프의 경우와 마찬가지로 다음 식은 회전속도, 배제용적, 이론유량 간의 관계를 제공한다.

$$Q_T(\text{gpm}) = \frac{V_D(\text{in}^3/\text{rev}) \times N(\text{rpm})}{231} \tag{7-6}$$

또는

$$Q_T(\mathrm{m^3/s}) = V_D(\mathrm{m^3/rev}) \times N(\mathrm{rev/s}) \quad \textbf{(7-6M)}$$

다음 예제는 식 (7−4), (7−5), (7−6)을 사용하는 예를 보여주고 있다.

예제 7−2

5 $\mathrm{in^3}$의 배제용적을 가지는 유압모터가 있다. 만약 압력이 1000 psi이고 10 gpm의 이론 유량을 가진 펌프로부터 오일을 받는다고 할 때 다음을 구하여라.

a. 모터의 회전속도

b. 모터의 이론토크

c. 모터의 이론마력

풀이

a. 모터의 회전속도는 식 (7−6)으로부터

$$N = \frac{231Q_T}{V_D} = \frac{(231)(10)}{5} = 462 \text{ rpm}$$

b. 모터의 이론토크는 식 (7−4)를 이용하여

$$T_T = \frac{V_D p}{2\pi} = \frac{(5)(1000)}{2\pi} = 795 \text{ in} \cdot \text{lb}$$

c. 모터의 이론마력은 식 (7−5)로부터

$$\text{HP}_T = \frac{T_T N}{63{,}000} = \frac{(795)(462)}{63{,}000} = 5.83 \text{ HP}$$

7.7 유압모터 성능

서론

유압모터의 성능은 제조상의 정밀도뿐만 아니라 설계 작동조건과의 가까운 공차 유지에 의하여 좌우된다. 펌프의 경우와 마찬가지로 흡입구와 토출구 사이의 내부누설은 유압모터의 용적효율을 감소시킨다. 한편, 접촉부의 마찰과 유체의 난류성에 의한 마찰은 유압모터의 기계적 효율을 감소시킨다.

기어모터는 일반적으로 70%에서 75%의 전효율을 가지는 데 반해 베인모터는 75%에서 85%의 전효율을, 피스톤모터는 85%에서 95%의 전효율을 가진다.

어떤 시스템에서는 유압모터가 부하를 받은 상태로 기동해야 하는 경우도 있다. 그러한 시스템은 설계 계산시에 스톨-토크(stall-torque) 인자를 고려해야 한다. 예를 들어, 모터가 부하를 받은 상태로 기동하거나 500 rpm 이하의 속도에서 작동하게 되면 최대 토크의 약 80%만을 기대할 수 있을 것이다.

모터 효율

유압모터의 성능은 유압펌프와 마찬가지로 세 가지 효율(용적, 기계적, 전)로 나타낼 수 있다. 그들은 다음과 같이 정의된다.

1. 용적 효율(η_v): 유압모터의 용적 효율은 펌프의 경우의 역수이다. 왜냐하면 펌프에서는 누설로 인하여 이론유량보다 작은 유량을 만들어내지만, 모터는 누설로 인하여 이론유량보다 더 많은 유량을 사용하기 때문이다. 따라서

$$\eta_v = \frac{\text{모터가 소모할 이론유량}}{\text{모터가 소모하는 실제유량}} = \frac{Q_T}{Q_A} \tag{7-7}$$

용적 효율을 구하기 위해서는 7.6절의 식 (7−6), (7−6M)에서 정의한 이론유량을 계산하여야 한다. 계산된 이론유량과 실제유량을 식 (7−7)에 대입하면 주어진 모터의 용적 효율을 얻을 수 있다.

2. 기계적 효율(η_m): 유압모터의 기계적 효율은 펌프의 경우의 역수이다. 왜냐하면 펌프는 마찰로 인하여 이론토크보다 더 큰 토크를 요구하는 반면, 모터는 마찰로 인하여 이론토크보다 더 적은 토크를 생성하기 때문이다. 그러므로

$$\eta_m = \frac{\text{모터가 생성하는 실제토크}}{\text{모터가 생성할 이론토크}} = \frac{T_A}{T_T} \tag{7-8}$$

다음 식 (7−9)와 (7−10)은 각각 T_T와 T_A의 계산을 가능하게 한다.

$$T_T(\text{in}\cdot\text{lb}) = \frac{V_D(\text{in}^3/\text{rev}) \times p(\text{psi})}{2\pi} \tag{7-9}$$

또는

$$T_T(\mathrm{N \cdot m}) = \frac{V_D(\mathrm{m^3/rev}) \times p(\mathrm{Pa})}{2\pi} \quad \textbf{(7-9M)}$$

$$T_A(\mathrm{in \cdot lb}) = \frac{\text{모터가 생성하는 실제 HP} \times 63{,}000}{N(\mathrm{rpm})} \quad \textbf{(7-10)}$$

또는

$$T_A(\mathrm{N \cdot m}) = \frac{\text{모터가 생성할 실제 와트}}{N(\mathrm{rad/s})} \quad \textbf{(7-10M)}$$

3. 전효율(η_o): 펌프의 경우와 같이, 유압모터의 전효율은 용적 효율과 기계적 효율의 곱으로 나타낼 수 있다.

$$\eta_o = \eta_v \eta_m = \frac{\text{모터로부터 생성되는 실제동력}}{\text{모터에 공급되는 실제동력}} \quad \textbf{(7-11)}$$

영국단위로 표시하면 다음과 같다.

$$\eta_o = \frac{\dfrac{T_A(\mathrm{in \cdot lb}) \times N(\mathrm{rpm})}{63{,}000}}{\dfrac{p(\mathrm{psi}) \times Q_A(\mathrm{gpm})}{1714}} \quad \textbf{(7-12)}$$

미터단위로 표시하면 다음과 같다.

$$\eta_o = \frac{T_A(\mathrm{N \cdot m}) \times N(\mathrm{rad/s})}{p(\mathrm{Pa}) \times Q_A(\mathrm{m^3/s})} \quad \textbf{(7-12M)}$$

유체가 모터에 전달하는 실제동력을 **유압동력**(hydraulic power)이라고 하고, 모터가 회전축을 거쳐 부하에 전달하는 실제동력을 **제동동력**(brake power)이라고도 함에 유의하라.

그림 7-17은 최대 용적에서 작동하는 6 $\mathrm{in^3}$ 가변용량형 모터의 전형적인 성능곡선을 보여준다. 위쪽 그래프는 3,000 psi와 5,000 psi의 압력에서 용적 효율과 전효율을 모터회전수(rpm)의 함수로 나타낸 것이다. 그리고 아래쪽 그래프는 같은 압력에서 모터의 입력유량(gpm)과 출력토크(in · lb)를 모터출력속도(rpm)의 함수로 나타낸 것이다.

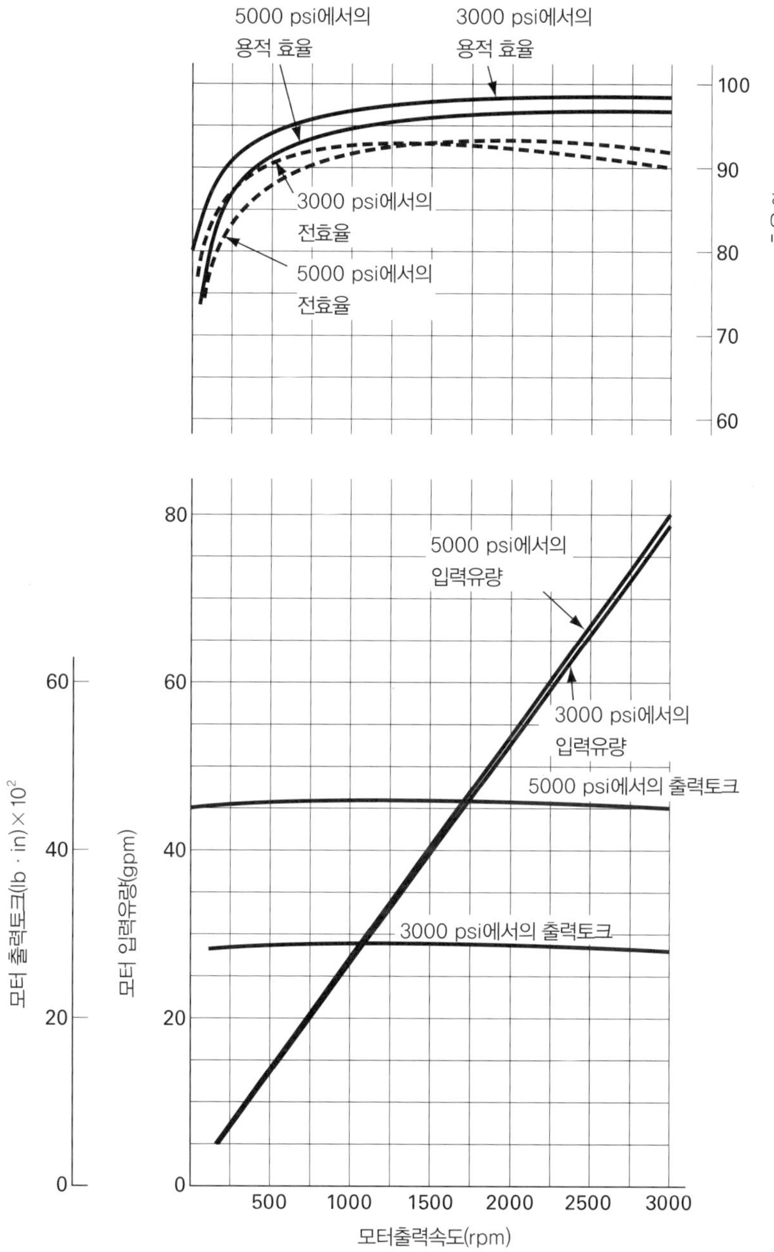

그림 7-17 6 in³ 가변용량형 모터의 성능곡선(Courtesy of Abex Corp, Denison Division, Columbus, Ohio.)

예제 7-3

10 in³의 배제용적을 가지고 1000 psi의 압력과 2000 rpm의 속도로 작동하는 유압모터가 있다. 모터에 의하여 소모되는 실제유량이 95 gpm이고 모터가 생성하는 실제토크가 1500 in · lb일 때 다음을 구하여라.

a. η_v

b. η_m

c. η_o

d. 모터에 의해서 생성되는 실제마력

풀이

a. 먼저 이론유량을 계산한다.

$$Q_T = \frac{V_D N}{231} = \frac{(10)(2000)}{231} = 86.6 \text{ gpm}$$

$$\eta_v = \frac{Q_T}{Q_A} = \frac{86.6}{95} = 0.911 = 91.1\%$$

b. η_m을 구하기 위하여 먼저 이론토크를 계산한다.

$$T_T = \frac{V_D p}{2\pi} = \frac{(10)(1000)}{2\pi} = 1592 \text{ in}\cdot\text{lb}$$

$$\eta_m = \frac{T_A}{T_T} = \frac{1500}{1592} = 0.942 = 94.2\%$$

c. $$\eta_o = \eta_v \eta_m = 0.911 \times 0.942 = 0.858 = 85.8\%$$

d. $$HP_A = \frac{T_A N}{63{,}000} = \frac{(1500)(2000)}{63{,}000} = 47.6 \text{ hp}$$

7.8 정유압변속기

유압펌프, 유압모터, 그리고 적절한 밸브와 관으로 구성된 유압시스템은 많은 응용 분야에서 속도조절이 손쉬운 구동장치로 사용될 수 있다. 이러한 시스템을 정유압변속기(hydrostatic transmission)라고 한다. 물론 이런 장치는 전기모터나 가솔린 엔진과 같은 원동기를 필요로 한다. 응용분야는 트랙터, 롤러, 프론트-엔드 로더(front-end loader), 제초기, 리프트 트럭 등이 있다. 정유압변속기의 장점은 다음과 같다.

1. 속도 및 토크의 전체 운전구간에서 양방향으로 무단 속도 및 토크 변화가 가능
2. 매우 높은 단위중량당 출력비
3. 손상 없이 스톨(stall)할 수 있는 능력

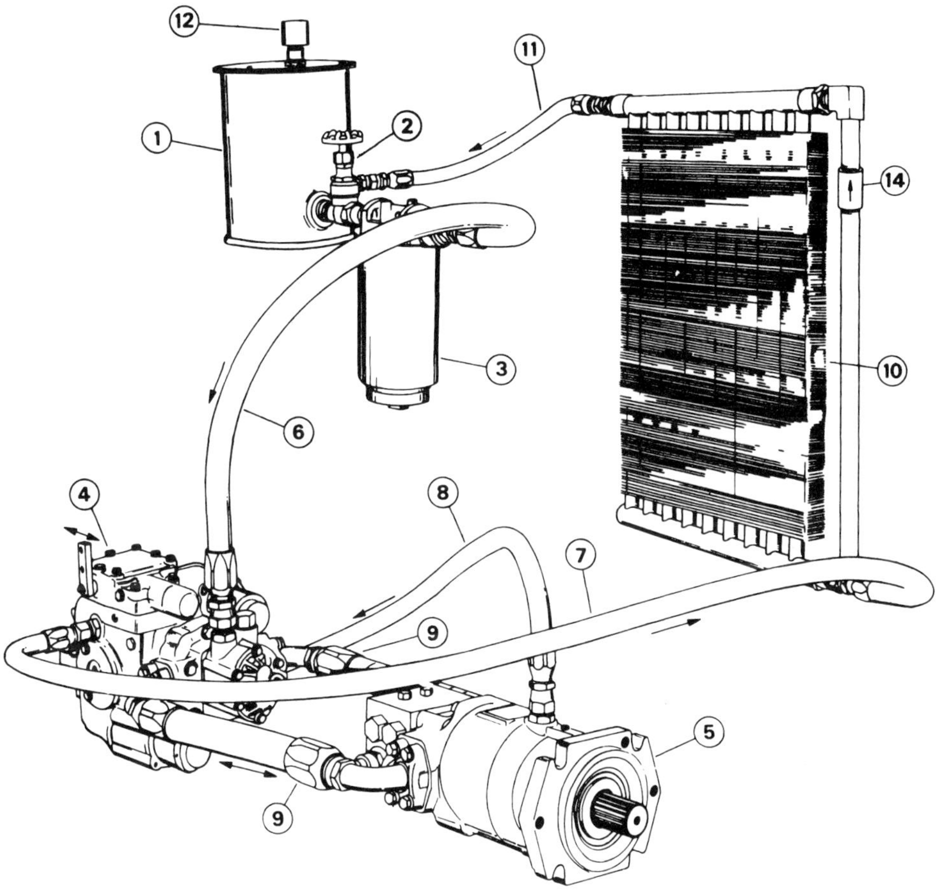

1. 오일탱크
2. 차단밸브
3. 필터
4. 가변용량형 펌프
5. 정용량형 모터
6. 흡입 관로
7. 펌프 케이스 누유관로
8. 모터 케이스 누유관로
9. 고압 관로
10. 열교환기
11. 오일탱크 귀환관로
12. 오일탱크 마개 또는 통기구
14. 열교환기 바이패스밸브

그림 7-18 정유압변속기 시스템(Courtesy of Sundstrand Hydro-Transmission Division, Sundstrand Corp., Ames, Iowa.)

4. 회전부의 관성이 작아서 부드럽고 정확하게 빠른 출발 및 정지가 가능
5. 설계의 유연성과 단순성

그림 7-18은 대용량 정유압변속기를 보여주며 가변용량형 피스톤 펌프와 정용량형 피스톤모터를 사용하고 있다. 펌프와 모터 둘 다 사판식 인라인 피스톤 설계로 되어 있다. 이러한 형태의 정유압변속기는 주로 농업, 건설, 자재취급, 정원 트랙터, 여가용 차량분야와 산업분야에서 주로 사용된다.

그림 7-18의 변속기를 사용할 경우, 운전자는 출발, 정지, 전진, 후진을 하나의 레버로 완전히 제어할 수 있게 된다. 가변용량형 펌프의 제어는 차량 제어의 핵심요소이다. 원동기 마력은 펌프로 전달된다. 운전자가 제어레버를 움직이면, 펌프의 사판은 중립위치에서 기울어진다. 펌프 사판이 기울어지면 피스톤에 양의 행정이 발생한다. 그러면 주어진 입력속도에서 펌프로부터 일정 유량이 생성된다. 이 유량은 모터의 고압라인으로 전달된다. 펌프의 유동체적에 대한 모터 배제용적의 비는 모터의 회전속도를 결정한다. 제어레버를 중립위치에서 반대쪽으로 움직이면 펌프로부터 나오는 유동의 방향이 바뀐다. 그러면 모터의 회전방향도 바뀌게 된다. 출력축의 속도는 펌프의 배제용적(유량)을 조정함으로써 제어할 수 있다. 부하(작동 압력)는 외부 조건(경사도, 지면 상태 등)으로 결정되고, 이 부하가 시스템의 요구조건을 설정하게 된다.

예제 7-4

1000 psi 압력에서 작동되고 있는 정유압변속기는 다음과 같은 특성을 가지고 있다.

펌프	모터
$V_D = 5\ \text{in}^3$	$V_D = ?$
$\eta_v = 82\%$	$\eta_v = 92\%$
$\eta_m = 88\%$	$\eta_m = 90\%$
$N = 500$ rpm	$N = 400$ rpm

다음을 구하여라.
a. 모터의 배제용적
b. 모터의 출력토크

풀이

a. 펌프의 이론유량 $= \dfrac{\text{펌프의 배제용적} \times \text{펌프속도}}{231} = \dfrac{(5)(500)}{231} = 10.8$ gpm

펌프의 실제유량 = 펌프의 이론유량 × 펌프의 용적 효율 = (10.8)(0.82) = 8.86 gpm

모터의 실제유량은 펌프의 실제유량과 같으므로

모터의 이론유량 = 펌프의 실제유량 × 모터의 용적 효율 = (8.86)(0.92) = 8.15 gpm

$$\text{모터의 배제용적} = \frac{\text{모터의 이론유량} \times 231}{\text{모터속도}} = \frac{(8.15)(231)}{400} = 4.71\ \text{in}^3$$

$$\text{b. 모터에 전달되는 유압마력} = \frac{\text{시스템압력} \times \text{모터에 전달되는 실제유량}}{1714}$$

$$= \frac{(1000)(8.86)}{1714} = 5.17\ \text{HP}$$

모터로부터 생성되는 제동마력 = 5.17 × 0.92 × 0.90 = 4.28

$$\text{모터로부터 생성되는 토크} = \frac{\text{모터로부터 생성되는 제동마력} \times 63{,}000}{\text{모터속도}}$$

$$= \frac{4.28 \times 63{,}000}{400} = 674\ \text{in} \cdot \text{lb}$$

7.9 미터단위에서의 유압모터 성능

펌프의 경우와 마찬가지로, 유압모터에서의 성능 데이터는 영국단위뿐만 아니라 미터단위로도 측정되고 표시될 수 있다. 예제 7-5, 7-6, 7-7은 미터단위를 사용해 유압모터와 정유압 변속기의 성능을 어떻게 해석하는지를 보여주고 있다.

예제 7-5

82 cm^3(0.082 L)의 배제용적을 가진 유압모터가 있다. 모터의 정격압력이 70 bar이고, 이론유량이 0.0006 m^3/s(0.60 Lps 또는 36.0 Lpm)인 펌프로부터 오일을 공급받는다고 할 때, 다음을 구하여라.

a. 모터속도

b. 모터의 이론토크

c. 모터의 이론동력

풀이

a. 식 (7-6M)으로부터 모터속도를 구할 수 있다.

$$N = \frac{Q_T}{V_D} = \frac{0.0006\ \text{m}^3/\text{s}}{0.000082\ \text{m}^3/\text{rev}} = 7.32\ \text{rev/s} = 439\ \text{rpm}$$

b. 식 (7-4M)으로부터 이론토크를 구할 수 있다.

$$T_T = \frac{V_D p}{2\pi} = \frac{(0.000082\ \text{m}^3)(70 \times 10^5\ \text{N/m}^2)}{2\pi} = 91.4\ \text{N}\cdot\text{m}$$

c. 이론동력은 다음과 같이 구해질 수 있다.

$$\begin{aligned}\text{이론동력} &= T_T N = (91.4\ \text{N}\cdot\text{m})(7.32 \times 2\pi\ \text{rad/s})\\ &= 4200\ \text{W} = 4.20\ \text{kW}\end{aligned}$$

예제 7-6

164 cm^3의 배제용적을 가진 유압모터가 70 bar의 압력과 2000 rpm의 속도로 작동하고 있다. 모터에 의해 소모되는 실제유량이 0.006 m^3/s이고, 모터에 의해 생성되는 실제토크가 170 N · m일 때, 다음을 구하여라.

a. η_v

b. η_m

c. η_o

d. 모터에 의해 생성되는 실제 kW

풀이

a. 먼저 이론유량을 구한다.

$$Q_T = V_D N = (0.000164\ \text{m}^3/\text{rev})\left(\frac{2000}{60}\ \text{rev/s}\right) = 0.00547\ \text{m}^3/\text{s}$$

$$\eta_v = \frac{Q_T}{Q_A} = \frac{0.00547}{0.006} = 0.912 = 91.2\%$$

b. η_m을 구하기 위하여 먼저 이론토크를 계산한다.

$$T_T = \frac{V_D p}{2\pi} = \frac{(0.000164)(70 \times 10^5)}{2\pi} = 182.8\ \text{N} \cdot \text{m}$$

$$\eta_m = \frac{T_A}{T_T} = \frac{170}{182.8} = 0.930 = 93.0\%$$

c. $$\eta_o = \eta_v \eta_m = 0.912 \times 0.930 = 0.848 = 84.8\%$$

이론동력은 다음과 같이 구해질 수 있다.

d. $$\text{실제동력} = T_A N = (170)\left(2000 \times \frac{2\pi}{60}\right) = 35{,}600\ \text{W} = 35.6\ \text{kW}$$

예제 7-7

70 bar의 압력에서 작동하는 정유압변속기는 다음과 같은 특성을 가지고 있다..

펌프	모터
$V_D = 82\ \text{cm}^3$	$V_D = ?$
$\eta_v = 82\%$	$\eta_v = 92\%$
$\eta_m = 88\%$	$\eta_m = 90\%$
$N = 500$ rpm	$N = 400$ rpm

다음을 구하여라.

a. 모터의 배제용적

b. 모터의 출력토크

풀이

a. 펌프의 이론유량 = 펌프의 배제용적 × 펌프속도

$$= (0.000082)\left(\frac{500}{60}\right) = 0.000683\ \text{m}^3/\text{s}$$

펌프의 실제유량 = 펌프의 이론유량 × 펌프의 용적 효율

$$= (0.000683)(0.82) = 0.000560\ \text{m}^3/\text{s}$$

모터의 실제유량은 펌프의 실제유량과 같으므로

$$\text{모터의 이론유량} = \text{펌프의 실제유량} \times \text{모터의 용적 효율}$$
$$= (0.000560)(0.92) = 0.000515 \text{ m}^3/\text{s}$$

$$\text{모터의 배제용적} = \frac{\text{모터의 이론유량}}{\text{모터속도}}$$
$$= \frac{0.000515}{400/60} = 0.0000773 \text{ m}^3 = 77.3 \text{ cm}^3$$

b. $\text{모터에 공급되는 유압동력} = \text{시스템압력} \times \text{모터에 공급되는 실제유량}$
$$= (70 \times 10^5)(0.000560) = 3920 \text{ W}$$

$$\text{모터에 의해 생성된 제동동력} = (3920)(0.92)(0.90) = 3246 \text{ W}$$

$$\text{모터에 의해 생성된 토크} = \frac{\text{모터에 의해 생성된 동력}}{\text{모터속도}}$$
$$= \frac{3246}{400 \times 2\pi/60} = 77.5 \text{ N} \cdot \text{m}$$

7.10 중요한 식들

유압모터 또는 회전 작동기의 이론토크(마찰없는 유압모터 또는 회전 작동기가 생성하는 토크)

영국단위:
$$T_T(\text{in} \cdot \text{lb}) = \frac{V_D(\text{in}^3/\text{rev}) \times p(\text{psi})}{2\pi} \quad \textbf{(7-4와 7-9)}$$

미터단위:
$$T_T(\text{N} \cdot \text{m}) = \frac{V_D(\text{m}^3/\text{rev}) \times p(\text{Pa})}{2\pi} \quad \textbf{(7-4M과 7-9M)}$$

유압모터의 이론동력(마찰없는 유압모터가 생성하는 동력)

영국단위:
$$\text{HP}_T = \frac{T_T(\text{in} \cdot \text{lb}) \times N(\text{rpm})}{63{,}000} = \frac{V_D(\text{in}^3/\text{rev}) \times p(\text{psi}) \times N(\text{rpm})}{395{,}000} \quad \textbf{(7-5)}$$

미터단위: $$이론동력(W) = T_T(N \cdot m) \times N(rad/s) = \frac{V_D(m^3/rev) \times p(Pa) \times N(rad/s)}{2\pi} \quad (7\text{-}5M)$$

유압모터의 이론유량(누설이 없는 유압모터가 소모하는 유량)

특별한 영국단위: $$Q_T\,(gpm) = \frac{V_D(in^3/rev) \times N(rpm)}{231} \quad (7\text{-}6)$$

미터단위: $$Q_T\,(m^3/s) = V_D(m^3/rev) \times N(rev/s) \quad (7\text{-}6M)$$

유압모터의 용적 효율: $$\eta_v = \frac{모터가\ 소모할\ 이론유량}{모터가\ 소모하는\ 실제유량} = \frac{Q_T}{Q_A} \quad (7\text{-}7)$$

유압모터의 기계적 효율: $$\eta_m = \frac{모터가\ 생성하는\ 실제토크}{모터가\ 생성할\ 이론토크} = \frac{T_A}{T_T} \quad (7\text{-}8)$$

유압모터에 의해 생성되는 실제토크

영국단위: $$T_A(in \cdot lb) = \frac{모터가\ 생성하는\ 실제\ HP \times 63{,}000}{N(rpm)} \quad (7\text{-}10)$$

미터단위: $$T_A(N \cdot m) = \frac{모터가\ 생성할\ 실제\ W}{N(rad/s)} \quad (7\text{-}10M)$$

유압모터의 전효율

단위 없음: $$\eta_o = \eta_v\,\eta_m \quad (7\text{-}11)$$

정의: $$\eta_o = \frac{모터로부터\ 생성되는\ 실제동력}{모터에\ 공급되는\ 실제동력} \quad (7\text{-}12)$$

특별한 영국단위: $$\eta_o = \frac{T_A(in \cdot lb) \times N(rpm)/63{,}000}{p\ (psi) \times Q_A(gpm)/1714} \quad (7\text{-}12)$$

미터단위: $$\eta_o = \frac{T_A(N \cdot m) \times N(rad/s)}{p(Pa) \times Q_A(m^3/s)} \quad (7\text{-}12M)$$

연습문제

질문, 개념과 정의

7-1 제한된 회전 유압작동기란 무엇인가? 이것은 유압모터와 어떻게 다른가?

7-2 기어모터의 주요 장점들은 어떤 것인가?

7-3 베인모터는 왜 정용량형 모터인가?

7-4 베인모터가 베인펌프와 다른 점을 한 가지 설명하여라.

7-5 피스톤펌프가 피스톤모터로 사용될 수 있는가?

7-6 유압모터에 대하여, 용적 효율, 기계적 효율, 그리고 전효율을 정의하여라.

7-7 유압모터는 왜 이론적으로 필요한 유량보다 더 많은 유량을 소모하는가?

7-8 정유압변속기란 무엇인가? 이것이 전형적으로 가지고 있는 네 가지 장점을 열거하여라.

7-9 유압모터는 왜 이론적으로 생성해야 하는 것보다 더 적은 토크를 생성하는가?

7-10 일정한 압력에서 작동하는 정용량형 유압모터의 토크출력은 이론적으로 속도변화에 무관한 이유를 설명하여라.

7-11 일정한 압력에서 작동하는 정용량형 유압모터의 토크출력은 속도변화에 관계없이 일정하다. 사실인가, 거짓인가? 그 이유를 설명하여라.

7-12 유압작동기의 속도를 결정하는 것은 무엇인가?

7-13 유압모터의 배제용적과 정격토크를 정의하여라.

7-14 고성능 베인모터에서 베인이 어떻게 캠링에 압착되어 있는지 설명하여라.

7-15 인라인형 피스톤모터에서 토크는 어떻게 발생되는가?

7-16 압력보상형 유압모터에서 작동부하가 증가하면 어떤 영향이 있는가?

7-17 어떤 형태의 유압모터가 일반적으로 가장 효율이 좋은가?

7-18 유압모터의 배제용적과 속도를 알고 있을 때 유압모터를 통과하는 gpm 유량을 어떻게 계산하는가?

문제

주: 문제 번호 뒤의 E는 영국단위를 사용하고 있다는 것을 의미하고, M은 미터단위를 사용하고 있다는 것을 의미한다.

제한된 회전 유압모터

7-19E 다음과 같은 물리적 데이터를 가진 회전 작동기가 있다.

로터의 바깥 반지름 = 0.4 in

베인의 바깥 반지름 = 1.25 in

베인의 폭 = 0.75 in

토크부하가 750 in · lb라면, 이 부하를 이기기 위해 필요한 압력은 얼마인가?

7-20M 다음과 같은 물리적 데이터를 가진 회전 작동기가 있다.

로터의 바깥 반지름 = 10 mm

베인의 바깥 반지름 = 32 mm

베인의 폭 = 20 mm

토크부하가 85 N · m라면, 이 부하를 이기기 위해 필요한 압력은 얼마인가?

유압모터의 토크, 동력, 그리고 유량

7-21E 유압모터는 1800 psi 압력에서 20 gpm의 유량을 받는다. 만약 모터속도가 800 rpm이면 100% 효율을 가진 모터에 의해 전달되는 실제토크를 결정하여라.

7-22M 유압모터는 12,000 kPa 압력에서 72 Lpm의 유량을 받는다. 만약 모터속도가 800 rpm이면 100% 효율을 가진 모터에 의해 전달되는 실제토크를 결정하여라.

7-23E 유압모터가 6 in^3의 배제용적을 가지고 있다. 이 유압모터가 2000 psi의 정격압력으로 15 gpm의 이론유량을 가진 펌프로부터 오일을 공급받는다고 할 때 다음을 구하여라.

a. 모터의 속도

b. 모터의 이론토크

c. 모터의 이론마력

7-24M 유압모터가 100 cm^3의 배제용적을 가지고 있다. 이 유압모터가 140 bar의 정격압력으로 0.001 m^3/s의 이론유량을 가진 펌프로부터 오일을 공급받는다고 할 때 다음을 구하여라.

a. 모터의 속도

b. 모터의 이론토크

c. 모터의 이론 kW 동력

7-25E 유압시스템에서 구성부품의 정격압력은 1000 psi이다. 이 시스템은 그림 7-19와 같이 1000 lb의 무게를 들어올리기 위하여 10 in 반지름의 드럼을 30 rpm으로 돌릴 수 있는 유압모터를 포함하고 있다. 100% 효율의 모터로 가정하고, gpm 단위의 유량과 제동마력을 구하여라.

7-26M 그림 7-19와 같은 연습문제 7-25의 시스템은 다음과 같은 미터단위의 데이터를 가지고 있다.

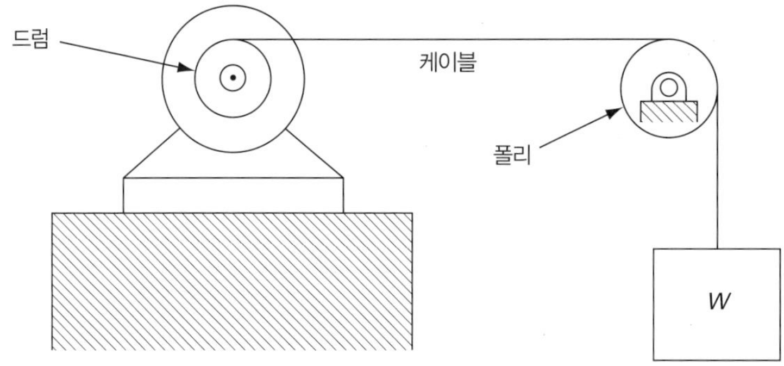

그림 7-19 연습문제 7-25의 시스템

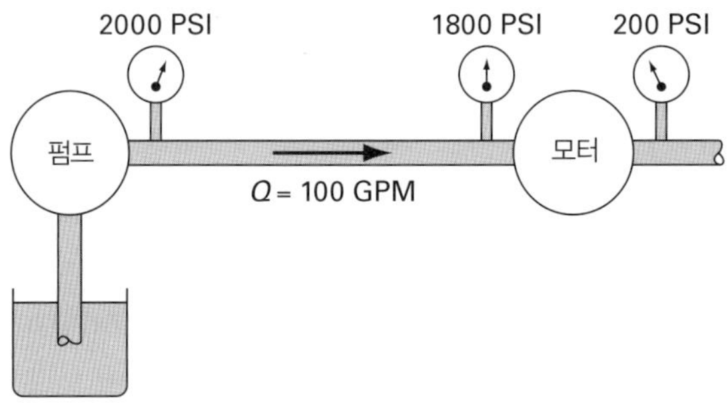

그림 7-20 연습문제 7-27의 시스템

압력 = 1×10^5 kPa
드럼 반지름 = 0.3 m
모터속도 = 30 rpm
부하의 무게 = 4000 N
100% 효율의 모터로 가정하고, m^3/s 단위의 유량과 kW 단위의 제동동력을 구하여라.

7-27E 그림 7-20에서와 같이 유압펌프가 2000 psi, 100 gpm의 오일을 유압모터에 공급하는 유압시스템이 있다. 모터 흡입구에서의 압력은 라인에서의 압력강하 때문에 1800 psi이다. 모터에서 배출되는 오일 압력이 200 psi일 때, 효율이 100%인 모터에 의해 생성되는 제동동력을 구하여라.

7-28M 연습문제 7-27의 데이터를 미터단위로 바꾸고, 효율이 100%인 모터에 의해 생성되는 제동동력을 구하여라.

7-29E 연습문제 7-27에서 펌프와 모터 사이의 관로가 수평이고 일정한 지름을 가지고 있다면, 200 psi의 압력강하의 원인은 무엇인가?

7-30M 연습문제 7-29의 데이터를 미터단위로 바꾸고 펌프출구로부터 모터입구까지의 관로에서 압력강하의 원인을 설명하여라.

7-31E 유압모터가 4 BHP(제동마력)를 생성한다면, 1750 rpm에서 유압모터가 생성하는 토크는 얼마인가?

7-32E 연습문제 7-31에서 압력은 2000 psi로 일정하다.

a. 속도를 두 배로 해주면 토크에 어떤 영향을 미치는가?

b. 속도를 반으로 줄이면 토크에 어떤 영향을 미치는가?

유압모터의 효율

7-33E 유압모터는 1800 psi 압력에서 20 gpm의 유량비를 받는다. 모터속도는 800 rpm이다. 만약 모터가 4 HP의 마력손실이 있다면, 다음을 구하여라.

a. 실제 출력토크

b. 전체 효율

7-34M 유압모터는 12,000 kPa 압력에서 72 Lpm의 유량비를 받는다. 모터속도는 800 rpm이다. 만약 모터가 3 kW의 일률 손실이 있다면, 다음을 구하여라.

a. 실제 출력토크

b. 전체 효율

7-35E 8 in^3의 배제용적을 가진 유압모터가 1500 psi의 압력과 2000 rpm의 속도로 작동하고 있다. 모터에 의해 소모되는 실제유량이 75 gpm이고 모터에 의해 생성되는 실제토크가 1800 in · lb일 때 다음을 구하여라.

a. η_v

b. η_m

c. η_o

d. 모터에 의해 생성되는 마력

7-36M 130 cm^3의 배제용적을 가진 유압모터가 105 bar의 압력과 2000 rpm의 속도로 작동하고 있다. 모터에 의해 소모되는 실제유량이 0.005 m^3/s이고 모터에 의해 생성되는 실제토크가 200 N · m일 때 다음을 구하여라.

a. η_v

b. η_m

c. η_o

d. 모터에 의해 생성되는 kW 동력

7-37E 90%의 용적 효율을 가진 유압모터가 1000 psi의 압력과 1750 rpm의 속도로 작동하고 있다. 모터에 의해 소모되는 실제유량이 75 gpm이고 모터에 의해 생성되는 실제 토크가 1300 in · lb일 때 모터의 전효율을 구하여라.

7-38E 기어모터의 전효율이 84%이고, 포트 양쪽의 압력강하가 3000 psi이다. 속도에 대한 유량의 비가 0.075 gpm/rpm일 때, 이 모터의 토크와 배제용적을 구하여라.

정유압변속기

7-39E 1500 psi의 압력에서 작동하고 있는 정유압변속기가 다음과 같은 특성을 가지고 있다.

펌프	모터
$V_D = 6\ \text{in}^3$	$V_D = ?$
$\eta_v = 85\%$	$\eta_v = 94\%$
$\eta_m = 90\%$	$\eta_m = 92\%$
$N = 1000$ rpm	$N = 600$ rpm

다음을 구하여라.

a. 모터의 배제용적

b. 모터의 출력토크

7-40M 105 bar의 압력에서 작동하고 있는 정유압변속기가 다음과 같은 특성을 가지고 있다.

펌프	모터
$V_D = 100\ \text{cm}^3$	$V_D = ?$
$\eta_v = 85\%$	$\eta_v = 94\%$
$\eta_m = 90\%$	$\eta_m = 92\%$
$N = 1000$ rpm	$N = 600$ rpm

다음을 구하여라.

a. 모터의 배제용적

b. 모터의 출력토크

08

Chapter

유압밸브

학습 목표

이 단원을 공부하고 나면 다음과 같은 내용을 알아야 한다.

1. 여러 가지 방향제어밸브들의 목적, 구조, 그리고 작동을 설명할 수 있어야 한다.
2. 2방향, 3방향, 그리고 4방향 제어밸브를 구별할 수 있어야 한다.
3. 방향제어밸브, 압력제어밸브, 그리고 유량제어밸브에 대한 도면 기호를 알아야 한다.
4. 수동조작, 기계조작, 유체 파일럿조작, 그리고 전기 솔레노이드조작 밸브들의 작동방법을 설명할 수 있어야 한다.
5. 여러 가지 압력제어밸브들의 목적, 구조, 그리고 작동을 설명할 수 있어야 한다.
6. 압력릴리프밸브, 감압밸브, 순서밸브, 그리고 무부하밸브를 구별할 수 있어야 한다.
7. 압력릴리프밸브의 크래킹압력과 최대 펌프 유동압력을 계산할 수 있어야 한다.
8. 압력릴리프밸브와 무부하밸브에서의 동력손실을 계산할 수 있어야 한다.
9. 여러 가지 유량제어밸브들의 목적, 구조, 작동을 설명할 수 있어야 한다.
10. 유량제어밸브가 유압실린더의 속도를 어떻게 제어하는가를 해석할 수 있어야 한다.
11. 무보상형 유량제어밸브와 보상형 유량베어밸브를 구별할 수 있어야 한다.
12. 기계-유압 서보밸브와 전기유압 서보밸브의 목적, 구조, 작동을 설명할 수 있어야 한다.
13. 카트리지밸브의 목적, 구조, 작동을 논의할 수 있어야 한다.

8.1 서론

유압시스템에서 가장 중요한 사항 중의 하나가 제어이다. 제어 부품을 올바로 선정하지 못하면 전체 시스템은 원하는 기능을 발휘할 수 없다. 유압은 우선 밸브라고 부르는 제어장치를 사용하여 제어한다. 이러한 제어장치의 선택에는 형태뿐만 아니라 크기, 작동기술, 그리고 원격-제어 능력이 포함된다. 제어장치의 세 가지 기본 형태로서 (1) 방향제어밸브, (2) 압력제어밸브, (3) 유량제어밸브가 있다.

방향제어밸브는 주어진 회로에서 유체가 이동하는 경로를 결정한다. 예를 들면 유압실린더나 모터의 운동방향을 결정한다. 이러한 유체경로는 주로 첵밸브, 셔틀밸브, 그리고 2방향, 3방향, 4방향 방향제어밸브들에 의하여 제어된다.

압력제어밸브는 작동기 부하가 과다하던가 밸브의 닫힘으로 인하여 발생되는 과도한 압력으로부터 시스템을 보호한다. 일반적으로 압력제어는 압력릴리프밸브, 감압밸브, 순서밸브, 무부하밸브, 그리고 카운터밸런스밸브에 의하여 수행된다.

그리고 유압회로의 여러 관로에서 유량이 제어되어야 한다. 예를 들면 작동기의 속도를 제어하기 위해서는 유량을 제어하여야 한다. 이러한 형태의 제어는 유량제어밸브를 사용함으로써 성취될 수 있다. 정확한 속도제어가 요구되지 않는 곳에서는 유량이 유량제어밸브에서의 압력강하에 따라 변하는 무보상형 유량제어밸브가 사용된다. 압력강하의 변화에 자동적으로

그림 8-1 유압제어밸브를 이용한 용접기계(Courtesy of Owatonna Tool Co., Owatonna, Minnesota.)

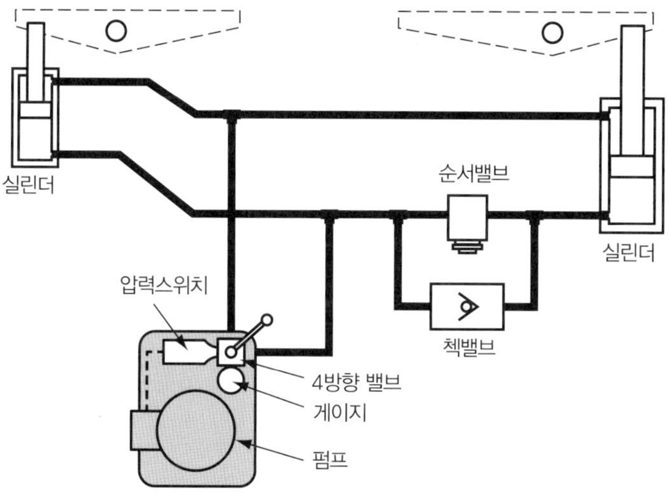

그림 8-2 용접장치에 사용된 제어밸브를 보여주는 유압회로(Courtesy of Owatonna Tool Co., Owatonna, Minnesota.)

조절되어 일정한 유량을 공급해야 하는 곳에서는 압력보상형 유량제어밸브가 사용된다. 본 단원에서 다루는 밸브들을 이용하는 유압회로는 9장에 제시되어 있다.

그림 8-1과 8-2에서 방향제어밸브, 첵밸브 그리고 순서밸브를 사용하여 용접하는 동안 부품을 위치시키고 고정하기 위한 유압회로장착 용접기계를 볼 수 있다. 이 장치는 부품들을 빠르고 안전하게 고정하기 위해서 순서 시스템(sequencing system)을 필요로 한다. 이를 위하여 그림 8-2처럼 두 개의 유압실린더 중 두 번째 실린더로 향하는 유로에 순서밸브를 설치한다. 4방향제어밸브가 작동하면 첫 번째 실린더를 스트로크의 끝으로 밀어내어 '포지셔닝(positioning)' 사이클이 완료된다. 그러면 순서밸브의 초기 설정치보다 높은 오일압력이 생성된다. 이로 인하여 순서밸브가 열리고, 오일이 두 번째 실린더로 흘러서 유지(hold)과정을 완수할 수 있도록 실린더를 전진시킨다. 4방향밸브가 오일이 각 실린더의 로드 끝으로 흐르도록 변환되면 첫 번째 실린더와 함께 첵밸브를 통하여 두 번째 실린더가 후진하게 된다.

8.2 방향제어밸브

서론

명칭이 의미하는 것처럼 방향제어밸브는 유압회로에서 유량의 방향을 제어하는 데 사용된다. 어떠한 밸브에나 연결된 관로를 거쳐 유체가 들어오고 나갈 수 있는 외부구멍, 즉 포트들이 있다. 방향제어밸브(Directional Control Valve, DCV)의 포트수는 방향이란 용어를 사용하여 표시한다. 예를 들면 네 개의 포트를 가진 밸브는 4방향밸브이다.

첵밸브

방향제어밸브의 가장 간단한 형태는 첵밸브(check valve)이다(그림 8-3 참조). 이 밸브는 두 개의 포트를 가지고 있기 때문에 2방향밸브이다. 첵밸브의 목적은 한쪽 방향으로는 자유유동을 허용하지만, 반대방향으로의 유동은 차단하기 위한 것이다.

그림 8-4에 포핏첵밸브의 내부 작동(하나는 흐름이 없고, 하나는 자유흐름이 있는)이 도시되어 있다. 포핏은 스프링에 의해 시트(밸브몸체 안에서 유동간극을 둘러싸는 표면)에 앉

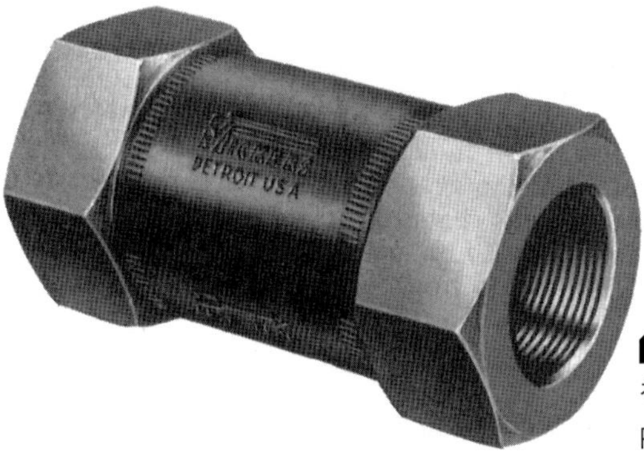

그림 8-3 첵밸브(Courtesy of Sperry Vickers, Sperry Rand Corp., Troy, Michigan.)

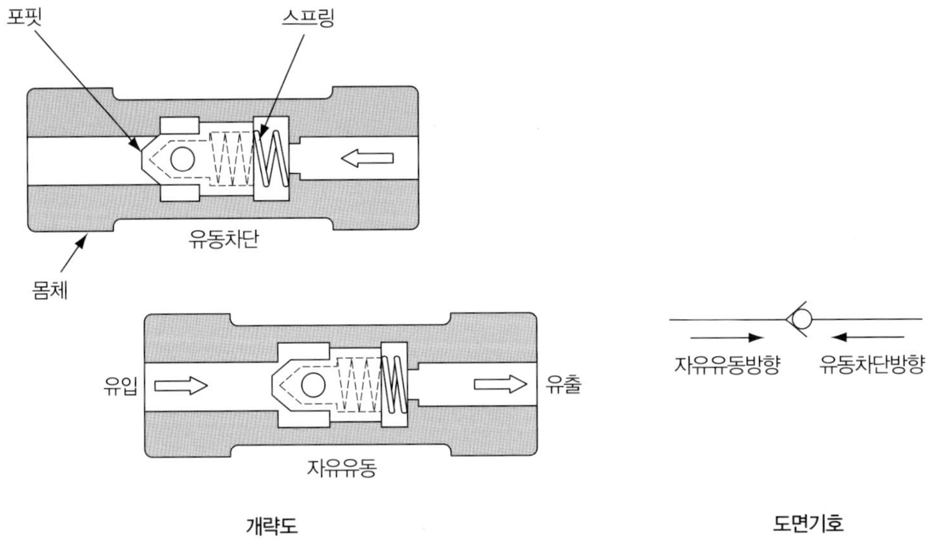

그림 8-4 첵밸브의 작동(Courtesy of Sperry Vickers, Sperry Rand Corp., Troy, Michigan.)

아 있는 특별하게 생긴 마개이다. 유체는 시트와 포핏 사이의 공간을 통하여 흐른다. 도시되어 있듯이 닫힌 위치에서는 포핏이 연한 스프링에 의하여 지지되어 있다. 자유유동방향에서는 유체가 약 5 psi의 압력으로 스프링 힘을 극복한다. 만약 유동이 반대방향으로 흐르려고 하면, 유체압력이 포핏(스프링 힘도 함께)을 닫힌 위치로 밀 것이다. 따라서 유체가 흐르지 못한다. 압력이 더 높아지면 포핏을 시트에 미는 힘이 더 커질 것이다. 따라서 압력이 증가할지라도 이 방향의 유동은 허용되지 않는다.

또한 그림 8-4에는 유동차단 및 자유유동방향을 보여주는 첵밸브의 도면기호가 나타나 있다. 첵밸브의 기능을 명확하게 보여주는 (상세하게 도면을 그리지 않고) 이 기호는 전체 유압회로를 그릴 때 사용될 것이다. 첵밸브는 전기회로에서의 다이오드와 유사함에 주목할 필요가 있다.

파일럿조작 첵밸브

첵밸브의 두 번째 형태는 파일럿조작 첵밸브로서, 기호와 함께 그림 8-5에 도시되어 있다. 이 첵밸브는 한쪽 방향으로의 자유유동은 항상 허용하지만, 파일럿 압력이 밸브의 파일럿 압력포트로 공급되면 보통 차단되어 있는 반대방향의 유동을 허용한다. 그림 8-5의 설계에서 첵밸브 포핏에는 너트에 의하여 나사가 난 포핏 스템(stem)에 부착된 파일럿 피스톤이 있다. 연한 스프링이 파일럿 피스톤을 밀므로 포핏을 유동차단방향에 유지시킨다. 별개의 드레인포트는 피스톤 바닥부분에 오일압력이 형성되는 것을 막는다. 점선(그림 8-5에 도시된 기호의 일부)은 밸브의 파일럿 압력포트에 연결된 파일럿 압력 관로를 나타낸다. 파일럿 첵밸브는 유압실린더의 위치를 고정시키기 위하여 자주 사용된다.

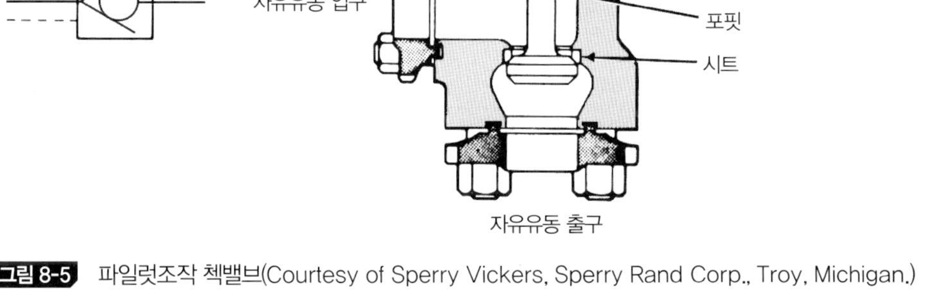

그림 8-5 파일럿조작 첵밸브(Courtesy of Sperry Vickers, Sperry Rand Corp., Troy, Michigan.)

3방향밸브

세 개의 포트가 있는 3방향제어밸브는 포핏형 설계라기보다 전형적으로 스풀형 설계이다. 스풀은 밸브 몸체의 구멍과 거의 틈새 없이 맞추어져 미끄러질 수 있도록 가공된 큰 직경의 랜드(land)가 있는 원통형의 부재이다. 반경 틈새는 일반적으로 0.001 in 이하이다. 랜드들 사이의 그루브(groove)는 유체가 포트들 사이를 통과할 수 있도록 한다. 이 밸브는 스풀이 둘 또는 세 개의 정해진 위치에 놓일 때만 작동한다. 스풀의 위치는 파일럿 압력이나 전기 솔레노이드를 이용하여 수동 또는 기계적으로 조절할 수 있다.

그림 8-6은 두 가지의 정해진 스풀 위치를 가지는 3방향밸브의 유동경로를 보여준다. 이런 밸브를 3방향, 2위치 방향제어밸브라고 부른다. 유동경로는 개략도(각각의 스풀 위치에 대한 것)와 도면기호(두 개의 인접한 사각형을 갖는)로 보여준다. 이 밸브들의 기능을 논의할 때 사각형은 흔히 '엔빌로프 (envelopes)'라고 한다.

다음은 그림 8-6의 3방향밸브를 통과하는 유동경로에 대한 설명이다.

- **스풀 위치 1:** 왼쪽 엔빌로프 안에 있는 직선과 화살표 방향에 따라 유동은 펌프포트 *P*(펌프로 향하는 관에 연결된 포트)에서 출구포트 *A*로 흐를 수 있다. 이 스풀위치에서는 포트 *T*(오일탱크로 향하는 관에 연결된 포트)가 차단되어 있다.

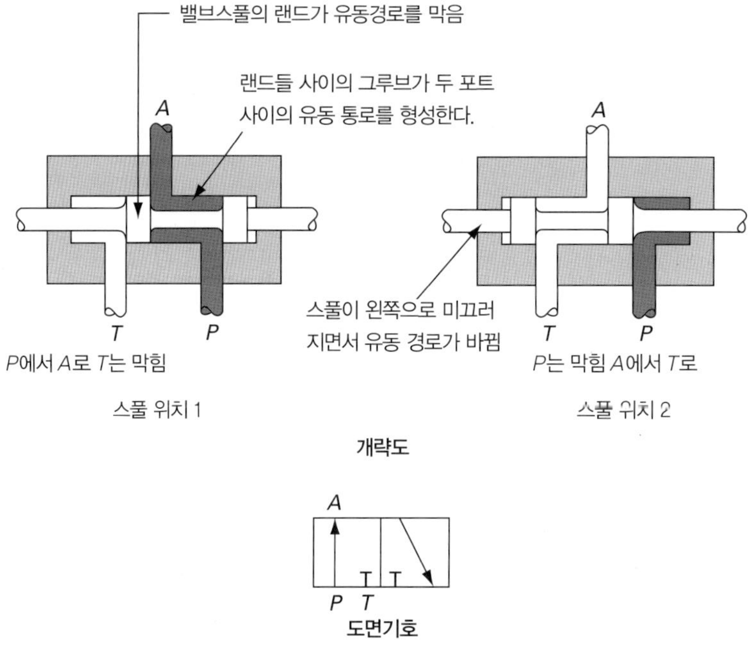

그림 8-6 3방향밸브 내부의 두 개의 스풀 위치

■ **스풀 위치 2:** 유동은 포트 *A*에서 포트 *T*로 흐를 수 있다. 포트 *P*는 스풀에 의해 막혀 있다.

3개의 포트명칭은 도면기호의 두 엔빌로프 중 오직 하나에만 표시되어 있음에 유의하여 독자는 두 번째 엔빌로프에 있는 포트를 구별할 수 있어야 한다.

3방향밸브는 보통 그림 8-7에서 보여준 것처럼 단동 실린더로 들어오거나 나가는 유동방향을 제어하기 위해 사용된다. 실린더는 유압(왼쪽 엔빌로프)에 의하여 전진하고 오일이 오일탱크(오른쪽 엔빌로프)로 흐르면 스프링의 반발력으로 인하여 후진한다. 세 방향 밸브의 펌프포트로 들어오는 유체는 오직 단일 출구포트(이 경우 포트 *A*)로 향할 수 있다.

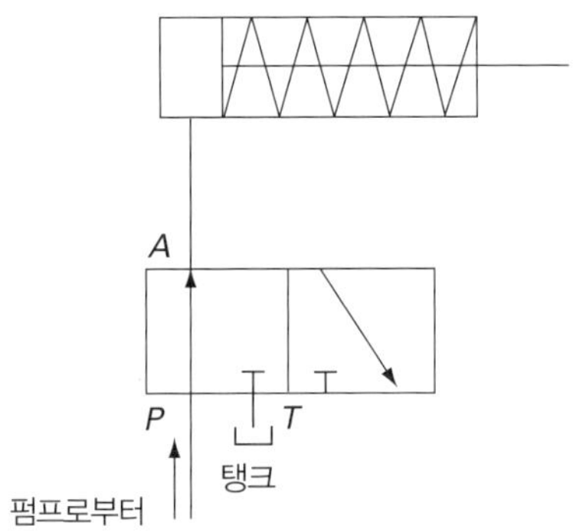

그림 8-7 단동 실린더로의 유로를 제어하는 3방향 DCV

4방향밸브

그림 8-8은 4방향, 2위치 방향제어밸브를 통하여 흐르는 유동경로를 보여준다. 펌프 포트를 통하여 밸브로 들어오는 유체는 출구포트 *A*나 *B*로 향할 수 있다.

다음은 4방향밸브로 흐르는 유동경로를 나타낸다.

■ **스풀 위치 1:** 유체는 *P*에서 *A*로 그리고 *B*에서 *T*로 흐를 수 있다.

■ **스풀 위치 2:** 유체는 *P*에서 *B*로 그리고 *A*에서 *T*로 흐를 수 있다.

비록 개략도에서와 같이 실제 밸브에 두 개의 탱크포트가 있더라도 도면기호에서는 오직 하나의 탱크포트 *T*(전체 네 개의 포트에 대하여)만을 나타낸다. 그러나 각각의 탱크포트는 기능이 같으므로, 기능적인 관점에서 오직 네 개의 서로 다른 포트만이 존재하는 것이다. 탱크로 향하는 두 내부 유동경로는 실제 밸브의 내부에서 합쳐져 단일 탱크포트로 연결될 수 있다. 도면기호는 밸브 내부 설계가 아닌 요소의 기능을 다룬다는 것을 상기하라.

4방향밸브는 보통 그림 8-9처럼 복동 실린더로 들어오거나 나가는 유동방향을 제어하는데 사용된다. 그림처럼 4방향밸브로 실린더는 가압상태에서 (왼쪽 엔빌로프로) 전진하거나 (오른쪽 엔빌로프로) 후진할 수 있다.

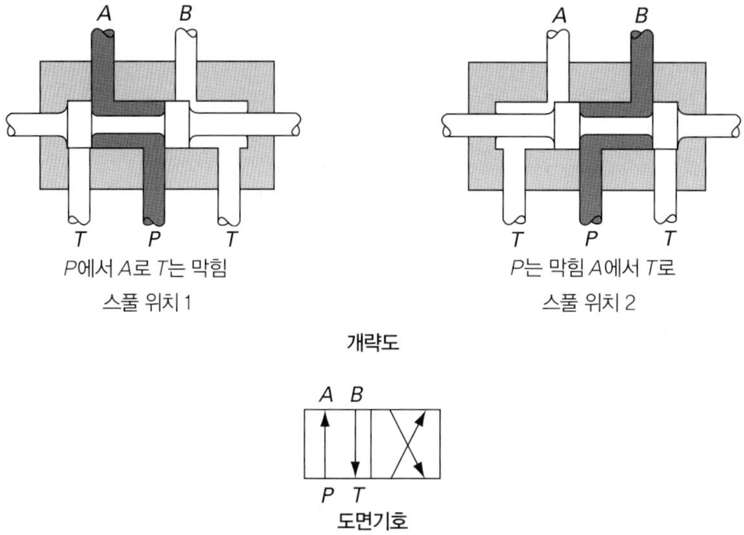

그림 8-8 4방향밸브 내부의 두 개의 스풀 위치

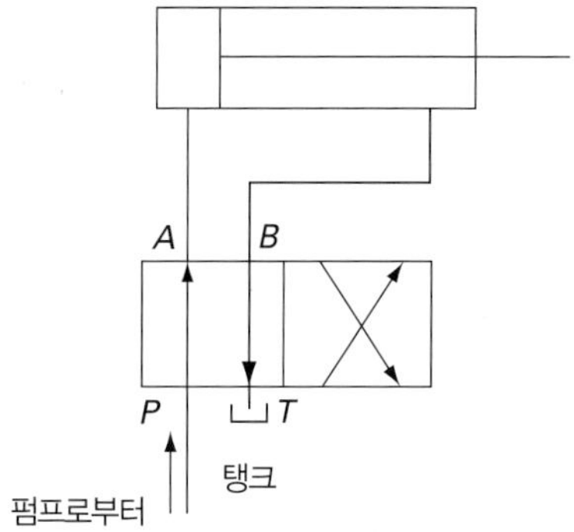

그림 8-9 복동 실린더로의 유로를 제어하는 4방향 DCV

수동조작밸브

그림 8-10에는 4방향밸브의 단면도가 도시되어 있다. 이것이 수동조작 (핸드 레버를 참조)임을 주목할 필요가 있다. 스풀이 양끝에서 스프링부하를 받고 있기 때문에, 스프링중립, 3위치, 방향제어밸브이다. 따라서 밸브를 조작하지 않을 때(레버에 손의 힘을 가하지 않은 상태), 밸브는 마주 작용하는 평형 스프링의 힘 때문에 중립위치에 머무르게 된다. 4방향밸브의 도면기호도 그림 8-10에 도시되어 있다.

도면기호에서 포트명칭들은 스풀의 스프링중립위치에서의 유동경로 형태를 나타내는 중앙 엔벨로프에만 나타나 있음에 주목해야 한다. 또한 스프링과 레버의 조작기호가 오른쪽과

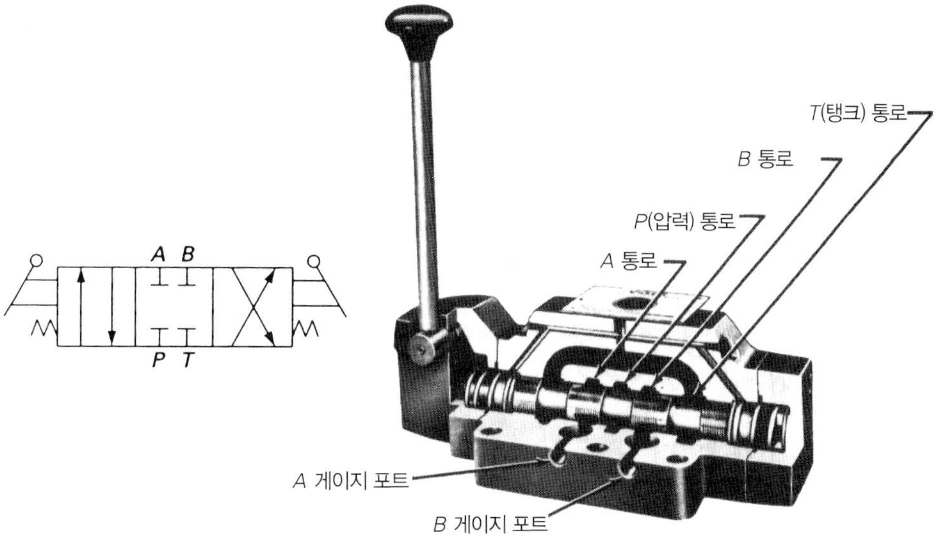

그림 8-10 수동조작, 스프링중립, 3위치, 4방향 밸브(Courtesy of Sperry Vickers, Sperry Rand Corp., Troy, Michigan.)

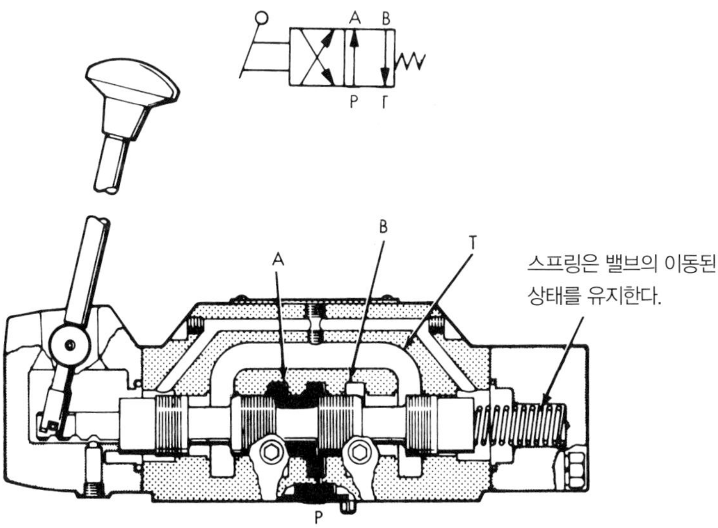

그림 8-11 수동조작, 2위치, 스프링옵셋, 4방향 밸브(Courtesy of Sperry Vickers, Sperry Rand Corp., Troy, Michigan.)

왼쪽 엔빌로프의 끝에 사용되었음을 주목할 필요가 있다. 이는 스프링중립, 수동조작밸브를 의미한다. 3위치 밸브는 전체 행정범위 내에서 임의의 지점에서 유압작동기를 멈추거나 유지시킬 때 사용됨을 주목할 필요가 있다.

그림 8-11에는 스프링옵셋의 수동조작 2위치, 4방향밸브가 도시되어 있다. 이 경우 레버가 스풀을 움직이고, 레버를 놓을 때 스프링은 스풀을 원래 위치로 복귀시킨다. 도면기호에서 알 수 있는 바와 같이 단지 두 개의 고유 작동위치만을 가진다. 포트들의 명칭은 중립(스프링옵셋 또는 복귀) 또는 스풀이 조작되지 않은 위치에서 붙여졌음을 주목할 필요가 있다.

기계조작 밸브

그림 8-10과 8-11의 방향제어밸브들은 레버를 사용하여 수동으로 조작된다. 그림 8-12에는 기계적으로 조작되는 2위치, 4방향, 스프링옵셋밸브가 도시되어 있다. 이 밸브는 단면도 방식으로 묘사되었으며, 스풀 끝단에 캠형태의 메커니즘에 의하여 조작되는 롤러가 부착되어 있다. 기본적인 도면기호는 같으나 조작방법 기호가 수동보다 기계적(원은 캠으로 구동되는 롤러를 나타낸다)으로 이루어짐을 주목할 필요가 있다.

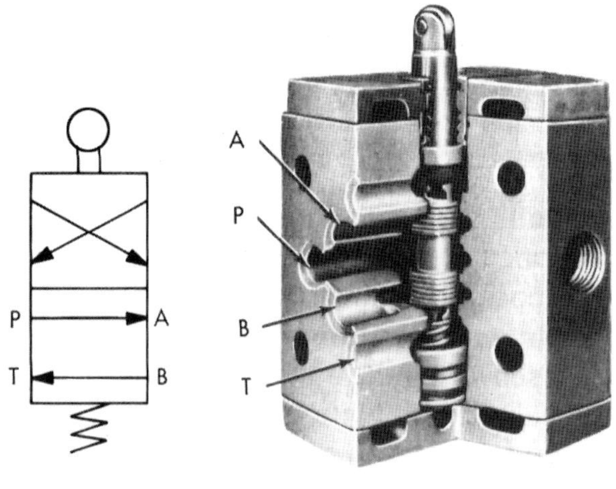

그림 8-12
기계적으로 작동되는 스프링옵셋, 2위치, 4방향 밸브(Courtesy of Sperry Vickers, Sperry Rand Corp., Troy, Michigan.)

파일럿조작 밸브

방향제어밸브는 밸브 스풀의 양쪽 끝 중 어느 한쪽의 피스톤에 공기압을 공급하여 이동시킬 수 있다. 그러한 설계가 그림 8-13에 단면도로 도시되어 있다. 그림에서 보는 바와 같이 스프링(스풀의 양 끝단에 위치)은 공기의 공급이 중단될 때 스풀이 중앙에 위치하도록 중심와셔를 민다. 공기가 왼쪽 끝 통로로 유입될 때, 그 압력은 피스톤을 밀므로 스풀은 오른쪽으로 이동한다. 왼쪽 끝 공기공급을 중단하고 오른쪽 끝 통로를 통하여 공기가 유입되면 스풀은 왼쪽으로 이동한다. 따라서 이 밸브는 4방향, 3위치, 스프링중립, 공기 파일럿조작 방향제어밸브이다. 그림 8-13에 있는 도면기호의 점선은 파일럿 압력 관로를 나타낸다.

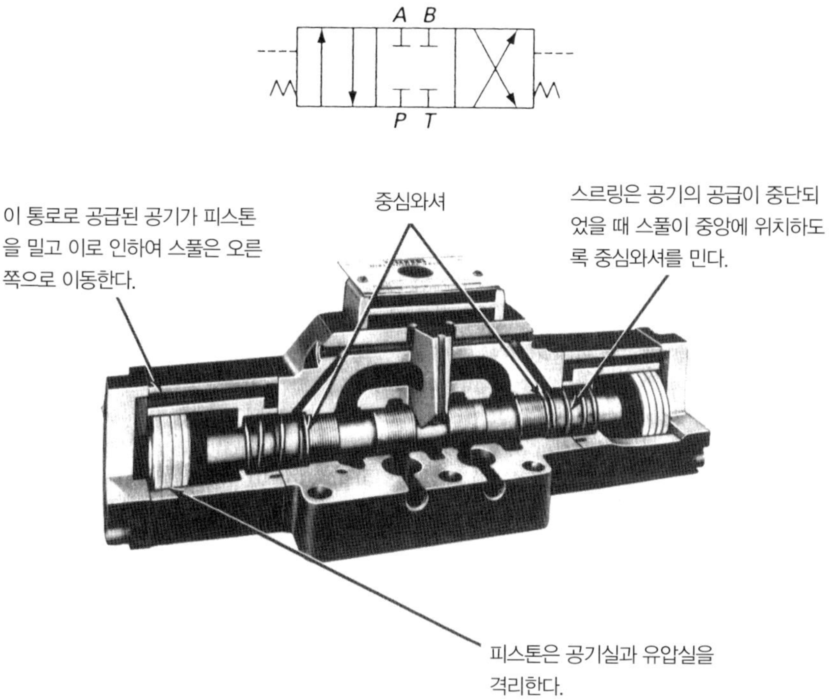

그림 8-13 공기 파일럿조작, 3위치, 스프링옵셋, 4방향 밸브(Courtesy of Sperry Vickers, Sperry Rand Corp., Troy, Michigan.)

솔레노이드조작 밸브

스풀 밸브를 조작하는 매우 일반적인 방법은 그림 8-14에 도시되어 있는 솔레노이드를 사용하는 것이다. 그림에서와 같이 전선코일(솔레노이드)이 통전되면, 코일 쪽으로 전기자를 끌어당기는 자기력이 생성된다. 이 자기력으로 인하여 전기자가 푸시 핀(push pin)을 밀고, 이로 인하여 밸브의 스풀이 움직인다.

솔레노이드는 그림 8-15의 밸브와 같이, 밸브의 하우징(housing)에 결합되어 있는 조작기이다. 이 그림은 실제 솔레노이드로 조작되는 방향제어밸브의 단면도이다. 기계적 또는 파일럿 조작기와 같이 솔레노이드는 오일의 누유를 막기 위하여 봉합되어 있는 푸시 핀에 일을 한다. 코일의 전선에 흐르는 전류에 의하여 발생되는 열을 방출하기 위하여 두 종류의 솔레노이드 형식이 있다. 첫 번째 형식은 **공극 솔레노이드**(air gap solenoid)로 주위 공기로 열을 방출한다. 두 번째 형식은 **습식 핀 솔레노이드**(wet pin solenoid)로 그것의 푸시 핀은 솔레노이드의 하우징과 밸브의 하우징 사이에 탱크포트 오일이 흐르도록 내부 통로를 가지고 있다. 습식 핀 솔레노이드는 오일이 솔레노이드로부터 열을 흡수하기 때문에 효율적으로 냉각된다. 흡수된 열은 오일이 순환하면서 유압장치로 전달되어 쉽게 처리된다.

그림 8-15의 솔레노이드 밸브는 유량용량이 12 gpm이며 최대 작동압력은 3,500 psi이다. 이 밸브는 습식 핀 솔레노이드를 갖고 있으며, 전기자가 밸브의 탱크 공동에 노출된 튜브 속에서 움직이는 것을 의미한다. 전기자 주위의 유체는 전기자를 냉각시키고 응답시간에 큰 영향을 주지 않으면서 행정에 쿠션을 준다. 이 전기자 주위에는 마모되거나 혹은 전기자의 움직임을 제한하는 시일이 없다. 이 때문에 솔레노이드에 의하여 형성된 모든 힘은 시일마찰력 없이 밸브 스풀로 전달된다. 흔히 솔레노이드의 초기 고장을 일으키는 충격부하는 이러한 구조에 의하여 제거될 수 있다. 이 밸브는 스풀의 각 끝단에 솔레노이드가 있다. 구체적으로 이 밸브는 솔레노이드조작, 4방향, 3위치, 스프링중립 방향제어밸브이다. 스풀의 양끝에 있는 솔레노이드를 나타내기 위하여 사용된 기호를 주목할 필요가 있다.

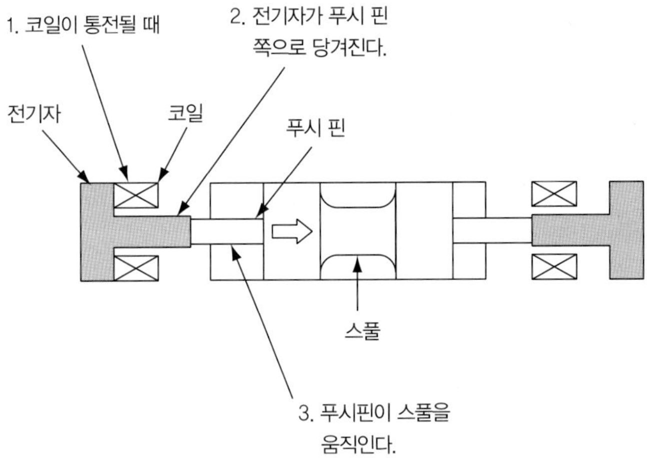

그림 8-14 밸브의 스풀을 이동시키기 위한 솔레노이드의 작동(Courtesy of Sperry Vickers, Sperry Rand Corp., Troy, Michigan.)

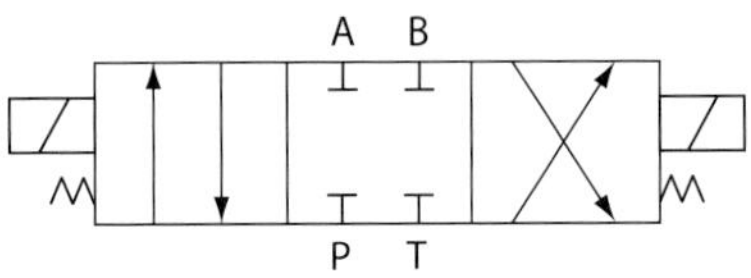

그림 8-15 솔레노이드조작, 3위치, 스프링중립, 4방향 방향제어밸브(Courtesy of Continental Hydraulics, Division of Continental Machine Inc., Savage, Minnesota.)

그림 8-16에는 단일 솔레노이드조작, 4방향, 2위치, 스프링옵셋 방향제어밸브가 도시되어 있다. 이것의 도면기호가 그림 8-16에 주어져 있다.

그림 8-17에는 솔레노이드제어, 파일럿작동 방향제어밸브가 나타나 있다. 여기에서 파일럿밸브가 주 밸브 몸체의 위쪽에 설치되었음을 주목하여라. 솔레노이드에 의하여 조작되는 파일럿 단의 스풀이 파일럿 압력을 제어하고, 이 압력은 주 단 스풀의 양끝 중 어느 한 곳으로 공급된다. 이 35 gpm, 3,000 psi 밸브는 4방향, 3위치, 스프링중립 형태이고 고장 수리시 파일럿 단을 기계적으로 이동시키기 위하여 수동 오버라이드(override)가 있다.

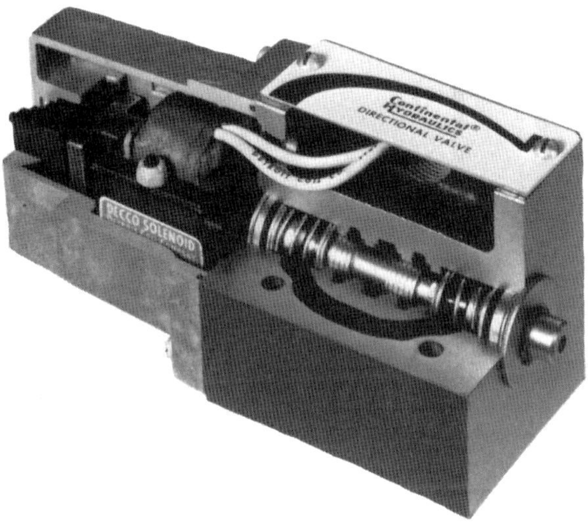

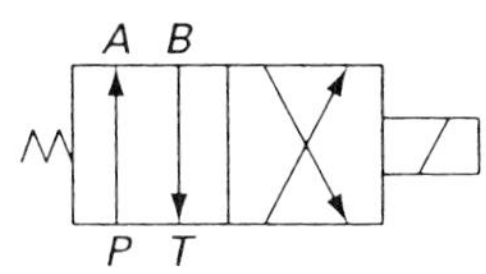

그림 8-16 단일 솔레노이드조작, 4방향, 2위치, 스프링옵셋 방향제어밸브(Courtesy of Continental Hydraulics, Division of Continental Machine Inc., Savage, Minnesota.)

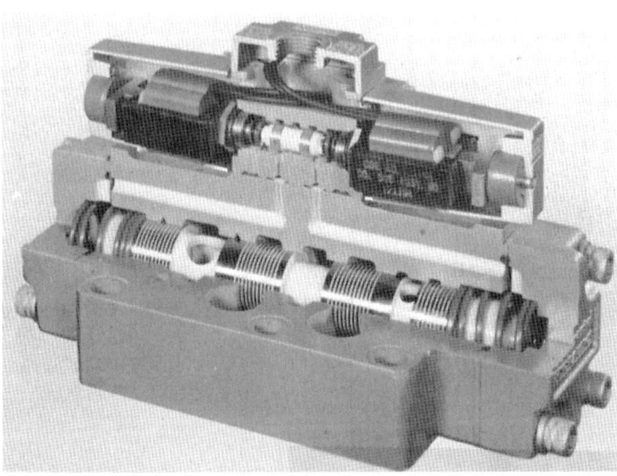

그림 8-17 솔레노이드제어, 파일럿조작, 방향제어밸브(Courtesy of Continental Hydraulics, Division of Continental Machine Inc., Savage, Minnesota.)

3위치, 4방향밸브의 중립 유동경로 형태

대부분의 3위치밸브는 다양한 유동경로 형태를 가질 수 있다. 각각의 4방향밸브는 작동된 위치에서의 유동경로 형태는 동일하나, 스프링중립위치에서의 유동경로 형태는 다르다. 이것이 그림 8-18에 도시되어 있다.

개방중립형에서는 모든 포트들이 서로 연결되었음을 주목할 필요가 있다. 이 설계에서 펌프유량은 실제로 대기압상태에서 탱크로 직접 귀환할 수 있다. 동시에 작동기(실린더 또는 모터)는 외력에 의하여 자유로이 움직일 수 있다.

폐쇄중립설계에서는 모든 포트가 그림 8-10과 8-13의 밸브의 경우와 같이 막혀 있다. 이러한 방식에 있어 펌프유량은 회로의 다른 부분에 사용될 수 있다. 동시에 포트 *A*와 *B*에 연결된 작동기는 유압으로 고정된다. 이는 외력의 작용으로 작동기가 움직일 수 없음을 의미한다.

탠덤(tandem)설계에서도 역시 작동기가 고정된다. 그러나 이 방식에서도 역시 실제로 대기압상태에서 펌프가 무부하된다. 예로서 폐쇄중립설계에서는 압력릴리프밸브의 고압설정상태에서 펌프가 유량을 공급하게 된다. 특히 중립위치에서 오랜 동안 작동된다면 펌프설계마력이 낭비될 뿐만 아니라, 마모를 증진시키고 펌프수명을 단축시킨다. 또 다른 요인은 소모된 마력이 열로 바뀌어 오일의 온도를 상승시키게 된다. 이는 오일의 산화를 촉진하고, 그 결과 오일의 산성이 증가한다. 그러한 오일은 펌프뿐만 아니라 작동기와 밸브의 중요한 금속부분을 부식시키는 경향이 있다. 또한 오일의 점도도 영향을 받는다. 온도가 더 높아지면 점도는 더 낮아지는데, 이는 누설을 증가시키고 오일의 윤활성을 감소시킨다. 온도를 안전한 수준으로 유지하려면 고가의 오일 냉각기가 필요하다.

셔틀밸브

셔틀밸브는 방향제어밸브의 또 다른 형태이다. 이 밸브는 시스템이 두 개의 유압원 중 어느 하나로부터 공급받도록 한다. 하나의 응용 예로서 주펌프가 비상장치를 작동시키기 위한 유압을 공급할 수 없는 경우에 안전을 위하여 사용된다. 셔틀밸브는 제2의 예비펌프로부터의 유량이 흐를 수 있도록 전환된다. 그림 8-19에서와 같이 셔틀밸브는 피스톤의 어느 쪽이 더 높은 압력을 받느냐에 따라 밸브의 양쪽으로 움직일 수 있는 유동 피스톤으로 구성되어 있다. 셔틀밸브는 한쪽의 공급원에 유리하게 한 방향으로 스프링부하(그림 8-19에서와 같이 한쪽으로 치우침)를 받거나 혹은 회로의 상태에 따라 밸브를 통과하는 유량의 방향이 결정되도록 어느 한쪽으로 치우치지 않을 수도 있다. 그림 8-19의 도면기호에서 볼 수 있듯이 셔틀밸브는 본래 교차-블리드(cross-bleed)를 갖춘 직동형 복동 첵밸브이다. 도면기호의 양방향 화살표로부터 알 수 있듯이 역류가 허용된다.

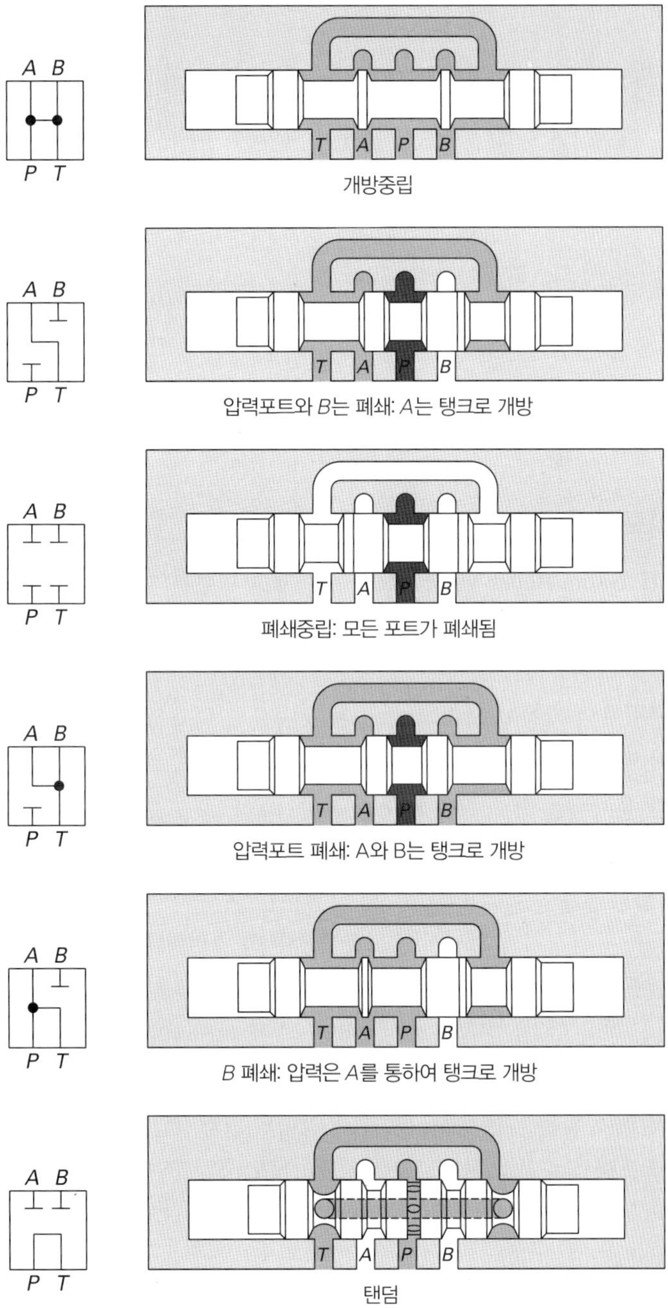

그림 8-18 3위치, 4방향 밸브에 대한 다양한 중립 유동경로(Courtesy of Sperry Vickers, Sperry Rand Corp., Troy, Michigan.)

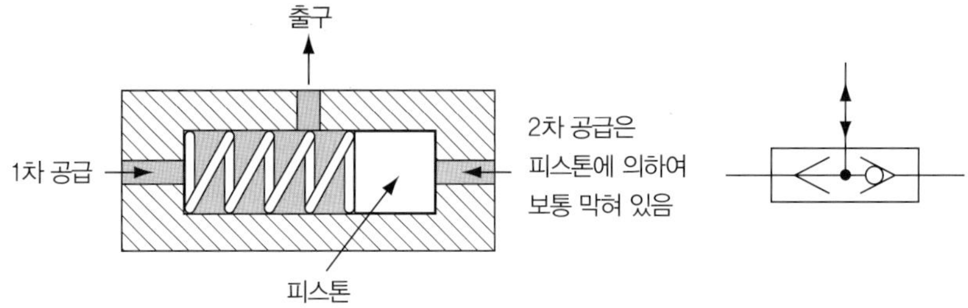

그림 8-19 셔틀밸브(개략도와 도면기호)

8.3 압력제어밸브

단순 압력릴리프밸브

압력릴리프밸브(Pressure Relief Valve, PRV)는 실제로 대부분의 유압시스템에서 볼 수 있기 때문에, 가장 널리 사용되는 형태의 압력제어밸브이다. 평상시에는 닫혀 있으며, 펌프유량을 탱크로 귀환시켜 시스템압력을 설정된 최고값으로 제한하는 기능을 갖고 있다. 그림 8-20에 단순 압력릴리프밸브의 작동이 도시되어 있다. 포핏은 압력스프링에 의하여 밸브 내부에서 시트에 안착되어 있다. 시스템압력이 충분히 높은 값에 이르면 포핏은 시트에서 밀려난다. 이러한 고압상태가 유지되는 한 유량은 출구를 통하여 탱크로 흐른다. 외부조정나사가 스프링 힘을 변경시켜, 밸브가 열리기 시작할 때의 압력(크래킹압력)을 변화시킬 수 있다. 또한 그림 8-20에는 단순 압력릴리프밸브의 도면기호도 나타나 있다.

전체 펌프유량을 통과시키기 위해서는 포핏이 충분히 열려야 함을 주목할 필요가 있다. 전체 펌프유량이 흐를 때의 압력은 크래킹압력보다 상당히 더 높을 수 있다. 이것이 그림 8-21에 나타나 있으며, 릴리프밸브를 통과하는 유량에 대한 시스템압력이 도시되어 있다. 스프링의 탄성계수(스프링을 1 in 또는 1 cm 압축할 때 필요한 힘)와 전체 펌프유량을 통과시키기 위하여 포핏이 열려야 되는 양은 전체 펌프유동압력과 크래킹압력의 차이를 결정한다. 스프링의 단단함은 스프링 상수라고 불리고 lb/in 또는 N/cm의 단위를 갖는다. 전체 펌프유량에서의 압력은 릴리프밸브의 압력설정을 정할 때 명시되는 압력크기이다. 이것은 릴리프밸브에서 허용되는 최대 압력크기이다.

그림 8-22에는 기호로 표현된 펌프와 압력릴리프밸브가 포함된 유압회로의 일부가 도시되어 있다. 만일 유량이 유압시스템(도시되지 않았음)에 유입되지 않는다면, 모든 펌프유량은 릴리프밸브를 거쳐 탱크로 귀환하여야 한다. 압력릴리프밸브는 유압시스템에서 작동기에 작용하는 과부하를 막는다. 명백히 압력릴리프밸브의 중요한 기능은 유압실린더와 모터에 의하여 생성되는 힘 또는 토크를 제한하는 것이다.

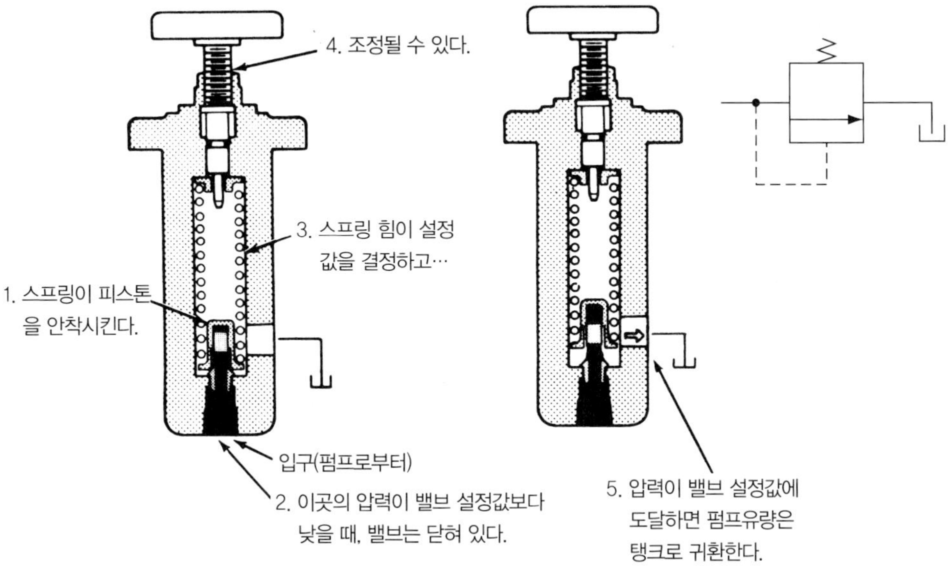

그림 8-20 단순 압력릴리프밸브(Courtesy of Sperry Vickers, Sperry Rand Corp., Troy, Michigan.)

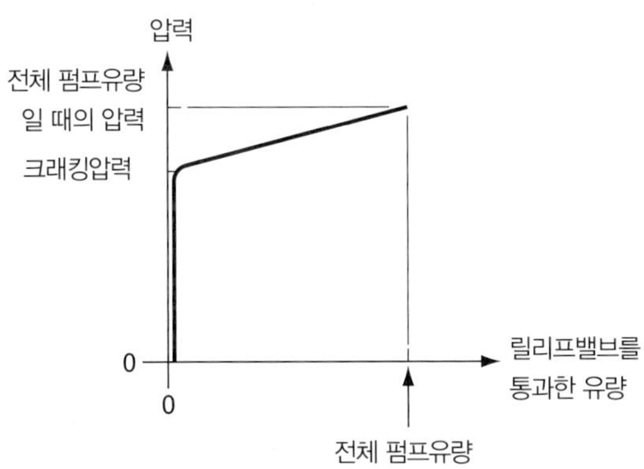

그림 8-21
단순 릴리프밸브의 압력 – 유량 곡선

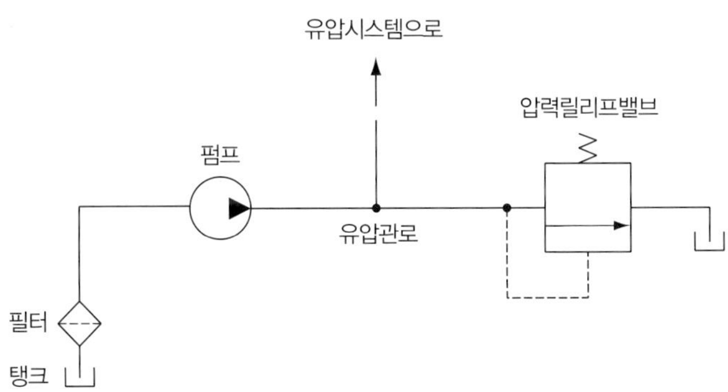

그림 8-22
부분 유압회로의 기호 표현

예제 8-1

압력릴리프밸브는 시스템압력이 작용하는 면적이 0.75 in^2인 포핏을 가지고 있다. 조립 과정에서 스프링 상수 2500 lb/in인 스프링이 포핏을 고정하도록 설치되어 있다. 그런 다음 스프링이 원래 길이에서 0.2 in 압축되도록 조절한다. PRV 설정 압력에서 밸브를 통하여 전체 펌프유량을 통과시키기 위하여 포핏은 완전히 닫힌 위치에서 0.1 in 움직이어야 한다. 이 때 다음을 결정하여라.

a. 크래킹압력

b. 전체 펌프유량압력(PRV 설정 압력)

풀이

a. 힘(F)은 스프링이 원래 길이에서 변형된 길이(S)와 스프링 상수(k)의 곱이다. 완전히 닫혔을 때 포핏에 작용하는 스프링 힘은

$$F = kS = 2500 \text{ lb/in} \times 0.20 \text{ in} = 500 \text{ lb}$$

포핏을 열리게 하기 위해서(크래킹), 유압 힘은 500 lb 스프링 힘과 같아야 한다.

$$\text{유압 힘} = \text{스프링 힘}$$

$$p_{\text{cracking}}A = 500 \text{ lb}$$

$$p_{\text{cracking}}(0.75 \text{ in}^2) = 500 \text{ lb} \quad \text{또는} \quad p_{\text{cracking}} = 667 \text{ psi}$$

시스템압력이 667 psi보다 조금 커지면 포핏은 들어올려져서 유체가 밸브를 통하여 흐를 수 있게 된다.

b. 포핏이 완전히 닫힌 위치에서 0.10 in 움직일 때, 스프링은 원래 길이에서 0.30 in 압축된다. 따라서 전체 펌프유량을 통과시키기 위하여 포핏에 가해지는 스프링 힘은 포핏이 0.10 in 열렸을 때

$$F = kS = 2500 \text{ lb/in} \times 0.30 \text{ in} = 750 \text{ lb}$$

이다. 포핏이 완전히 닫힌 위치에서 0.10 in 움직이기 위하여 유압 힘은 750 lb 스프링 힘과 같아야 한다.

$$\text{유압 힘} = \text{스프링 힘}$$

$$p_{\text{full pump flow}}A = 750 \text{ lb}$$

$$p_{\text{full pump flow}}(0.75 \text{ in}^2) = 750 \text{ lb} \quad \text{또는} \quad p_{\text{full pump flow}} = 1000 \text{ psi}$$

시스템압력이 1000 psi에 도달할 때, 포핏은 0,10 in 들어올려지고 밸브를 통과하는 유량은 펌프유량과 같아진다. 이는 PRV 압력 설정치가 1000 psi이고 크래킹압력보다 333 psi(또는 50%) 높다는 것을 의미한다.

복합 압력릴리프밸브

복합 압력릴리프밸브(compound pressure relief valve)는 2단으로 작동한다. 이 밸브의 실제 외관과 단면도는 그림 8-23과 같다. 그림 8-23에 도시된 바와 같이 파일럿 단은 밸브 몸체 위쪽에 위치하고, 그 속에 포함된 압력제한 포핏은 조정가능 스프링에 의하여 시트에 안착되어 있다. 몸체의 밑에는 포트 연결부가 있다. 전체 펌프유량의 변환은 몸체의 하부에 있는 평형 피스톤에 의하여 이루어진다.

작동과정은 다음과 같다(그림 8-24 참조): 정상작동에서 평형 피스톤은 유압적 평형상태에 있다. 입구포트의 압력이 이 피스톤 하부에 작용하며, 또한 오리피스가 이 피스톤의 랜드(land)를 통하여 뚫려 있기 때문에 피스톤 상부에도 작용하며 파일럿밸브에서 감지된다. 밸브 설정값보다 낮은 압력상태에서 평형 피스톤은 연한 스프링에 의하여 시트에 유지된다. 압력이 파일럿밸브의 조절 스프링의 설정값에 도달하면 포핏은 시트에서 밀려난다. 이는 상부방의 압력을 제한한다. 오리피스를 통과하여 상부방으로 들어가는 유량의 제한으로 인하여 하부방의 압력이 상부보다 높아진다. 이로 인하여 유압의 불균형이 야기되고, 피스톤이 시트로부터 들어올려지게 된다. 상부방과 하부방의 압력차가 약 20 psi에 도달하면, 평형 피스톤은 시트로부터 올려져 유량이 탱크로 직접 흐르게 된다. 만약 밸브를 통과하는 유량이 증가하면 이 피스톤은 시트로부터 더 멀리 올려진다. 그러나 이것은 단지 연한 스프링을 압축하므로, 압력상승(오버라이드)은 거의 일어나지 않는다. 복합 릴리프밸브는 피스톤 위에 있는 방의 출구포트를 사용하여 원격작동될 수 있다. 예로서 이 방은 솔레노이드 방향제어밸브를 거쳐 탱크로 통기될 수 있다. 이 밸브가 압력릴리프밸브를 탱크로 통기시키면 하부방의 20 psi의 압력은 연한 스프링을 밀치고 펌프를 무부하시킨다.

그림 8-25에는 이러한 원격조정 기능을 갖는 복합 압력릴리프밸브가 도시되어 있다. 이 특수한 모델에는 주 밸브의 뚜껑(cap)과 몸체 사이에 솔레노이드조작 2방향 통기밸브가 내장되어 있다. 솔레노이드 복귀 스프링의 수동 오버라이드(override)가 표준 특징이다. 압력릴리프밸브는 솔레노이드가 단전되었을 때 통기하고, 통전되었을 때 통기하지 않게 된다. 이 릴리프밸브는 최대 유동용량이 53 gpm이며 시스템압력을 5,000 psi까지 제한하도록 조정될 수 있다. 육각 고정너트를 시계방향으로 조임으로써 손잡이 사용으로 유발되는 우연한 설정값 변화를 막을 수 있다.

감압밸브

압력제어밸브의 두 번째 형태로서 감압밸브가 있다. 이 형태의 밸브(평상시 개방됨)는 유압시스템의 특정 위치에서 감소된 압력을 유지하는 데 사용된다. 이 밸브는 하류압력에 의하여 조작되고, 압력이 밸브 설정값에 이르렀을 때 닫힌다. 그림 8-26에는 하류압력을 제어하기 위하여 스프링에 지지된 스풀을 사용한 감압밸브의 작동방식이 도시되어 있다. 만약 하류압

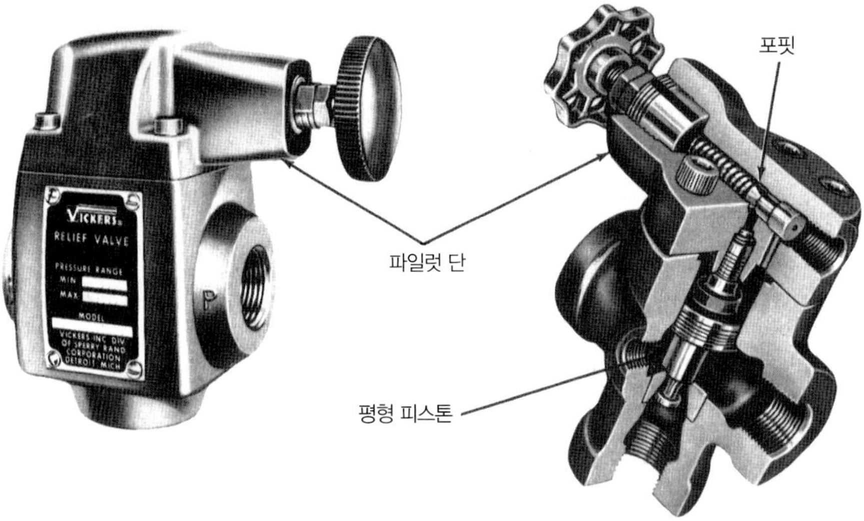

그림 8-23 실제 복합 릴리프밸브의 외형과 단면도(Courtesy of Sperry Vickers, Sperry Rand Corp., Troy, Michigan.)

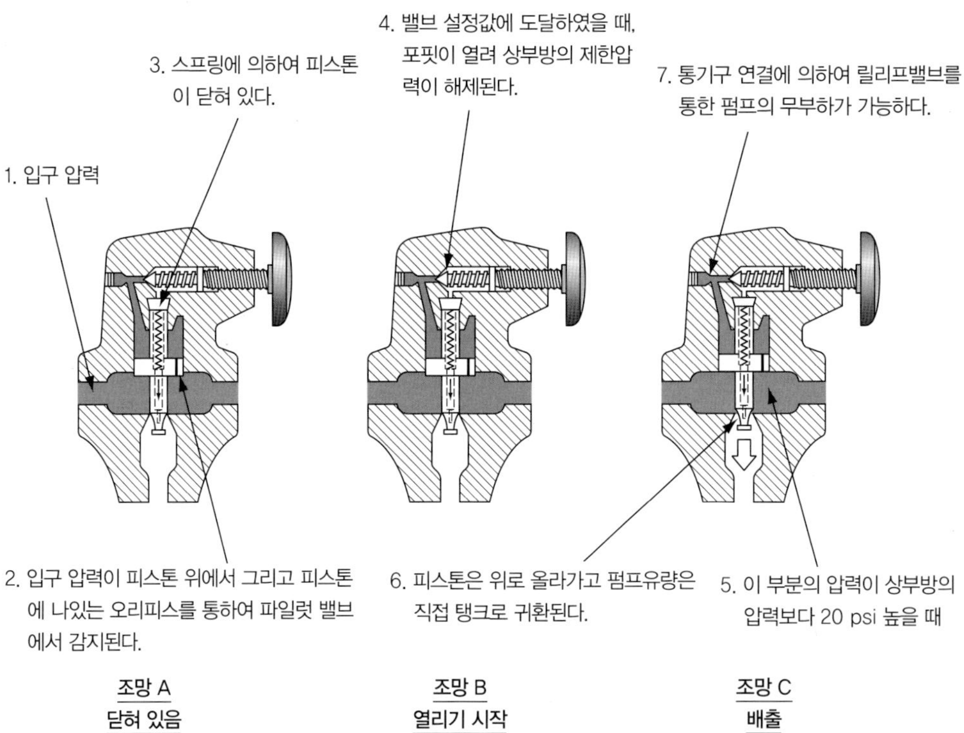

그림 8-24 복합 압력릴리프밸브의 작동(Courtesy of Sperry Vickers, Sperry Rand Corp., Troy, Michigan.)

그림 8-25 집적 솔레노이드조작, 2방향 통기밸브가 내장되어 있는 복합압력릴리프밸브(Courtesy of Abex Corp., Denison Division, Columbus, Ohio.)

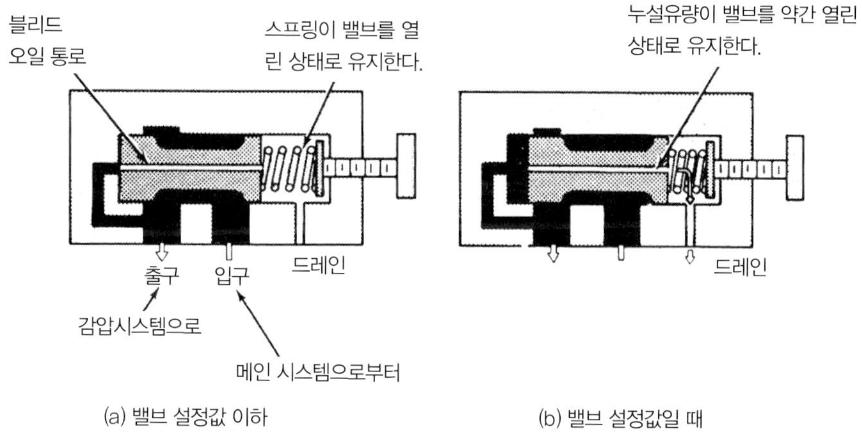

그림 8-26 감압밸브의 작동(Courtesy of Sperry Vickers, Sperry Rand Corp., Troy, Michigan.)

력이 밸브 설정값보다 낮으면, 유체는 입구에서 출구로 자유로이 흐른다. 출구압력을 스프링 반대편의 스풀 끝단으로 전달하는 내부 통로가 출구로부터 연결되어 있음에 주목할 필요가 있다. 출구 (하류)압력이 밸브 설정값까지 증가하면, 그림 8-26(b)에 도시된 것과 같이 스풀이 오른쪽으로 이동하여 출구포트를 부분적으로 막는다. 단지 미리 설정된 압력수준을 유지할 정도의 유량만이 출구를 통하여 흐른다. 밸브가 완전히 닫히면, 스풀을 통과한 누유가 하류압력을 밸브 설정값 이상으로 상승시킬 수 있다. 별도의 누유관로를 거쳐 탱크로의 기름빼기가 연속적으로 발생되고 있으므로 이 현상은 방지된다. 그림 8-26에 감압밸브에 대한 도면기호가 주어져 있다. 스프링 공동을 통하여 탱크로 누설되는 것을 기호가 나타내고 있다.

무부하밸브

또 다른 압력제어장치로서 무부하밸브(unloading valve)가 있다. 이 밸브는 펌프압력을 적절한 압력설정값까지 조절하다가, 원격지로부터 파일럿압력이 밸브에 작용하는 동안 거의 압력이 없는 상태에서 탱크로 오일을 배출한다. 따라서 펌프는 거의 무부하상태이고, 이로 인하여 최소의 마력을 필요로 한다. 압력이 실제적으로 영인 상태에서 펌프가 전체 펌프유량을 이송하기 때문이다. 릴리프밸브의 경우에는 펌프가 압력릴리프밸브 설정값에서 전체 펌프유량을 이송하고, 따라서 최고 마력상태에서 작동하기 때문에, 무부하밸브와 릴리프밸브는 다르다.

그림 8-27은 무부하밸브의 개략도를 나타낸다. 여기에서 포트 *X*의 압력이 밸브 설정값 이상으로 유지될 때, 포트 *A*에 연결된 펌프는 무부하된다. 고유량 주 포핏은 스프링부하형 볼과 포트 *X*에 가해진 압력에 의하여 제어된다. 저압력상태에서 포트 *A*로 유입되는 유량은 주 포핏에 의하여 막힌다. *A*로부터의 압력신호는 주 포핏의 오리피스를 통하여 포핏의 상부면적과 볼로 전하여진다. 압력이 스프링부하형 볼에 조절된 최대값으로 상승할 때까지 밸브의 주 포핏을 통과하는 유량은 없다. 허용된 최대압력에 도달하면 포핏은 상승하고 유량은 포트 *A*로부터 탱크로 연결된 포트 *B*로 흐른다. 포트 *X*에 작용하는 원격지 압력신호는 제어 피스톤을 밀어내고 볼을 시트로부터 떨어지게 한다. 이로 인하여 *X*에 압력신호가 유지되는 동안 주 포핏의 상부 압력이 낮은 값으로 되며, 유체는 거의 저항을 받지 않으면서 *A*에서 *B*로 흐르게 된다. 포트 *X*의 압력이 스프링부하형 볼의 최대 압력설정값의 약 90%로 떨어지면 볼은 원위치로 돌아오고, 주 포핏은 빠른 동작으로 닫힌다. 그림 8-27에는 무부하밸브의 도면기호가 나타나 있다. 그림 8-28은 실제의 무부하밸브를 보여주고 있다.

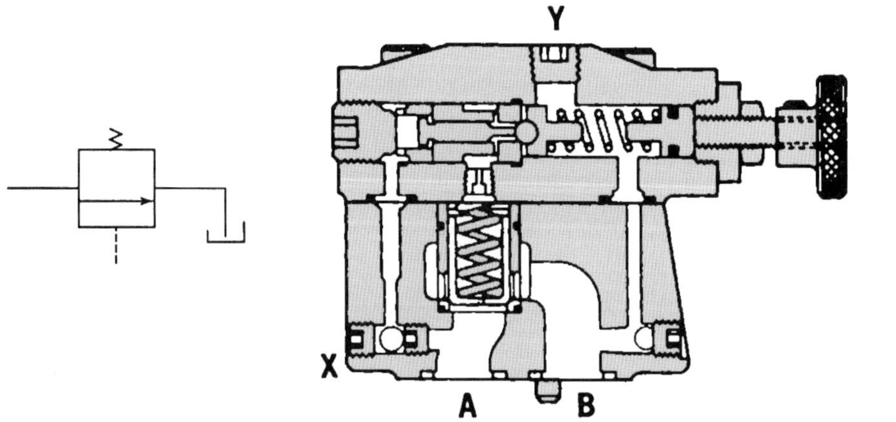

그림 8-27 무부하밸브의 개략도(Courtesy of Abex Corp., Denison Division, Columbus, Ohio.)

그림 8-28
무부하밸브(Courtesy of Abex Corp., Denison Division, Columbus, Ohio.)

예제 8-2

압력릴리프밸브는 1000 psi 압력으로 설정되어 있다. 만약 모든 유량이 20 gpm 펌프로부터 탱크로 되돌아간다면 이 밸브를 통한 마력손실을 구하라.

풀이

$$HP = \frac{pQ}{1714} = \frac{(1000)\,(20)}{1714} = 11.7\ \text{hp}$$

예제 8-3

부하가 없는 밸브는 예제 8-2의 무부하펌프에 사용된다. 만약 (무부하 동안) 펌프압력이 25 psi로 된다면 얼마나 많은 유압마력이 없어지는가?

풀이

$$HP = \frac{pQ}{1714} = \frac{(25)\,(20)}{1714} = 0.29\ \text{hp}$$

순서밸브

또 다른 압력제어장치인 순서밸브(sequence valve)는 유압시스템을 압력순서대로 작동시키기 위하여 설계되었다. 포트 A에 연결된 부품(그림 8-29 참조)이 순서밸브의 조정된 압력에 도달한 후에, 이 순서밸브는 시스템의 다른 부분에서 일을 할 수 있도록 포트 B를 통하여 유체를 통과시킨다. 순서밸브의 고유량 포핏은 스프링부하형 원추에 의하여 제어된다. 저압상태에서 포트 *A*로 유입되는 유량은 포핏에 의하여 막힌다. *A*로부터의 압력신호는 오리피스를 통하여 포핏의 상부와 원추로 전해진다. *A*에서의 압력이 스프링부하형 원추에 조정된 최대값에 도달할 때까지 주 포핏을 통과하는 유량은 없다. *A*에서의 압력이 설정값에 도달하면 주 포핏은 상승하고, 포트 *B*로 유량을 보낸다. 주 포핏은 B에서의 압력이 동일한 값으로 상승할 때까지 포트 *A*에 조정된 압력을 유지한다. 이 때 작은 파일럿유량(약 1/4 gpm)이 제어피스톤을 통과하고 파일럿 원추를 지나 외부로 누설된다. *B*에서의 압력이 *A*에서의 압력까지 상승하면 제어피스톤은 안착되고 더 이상의 파일럿유량 손실을 막는다. 주 포핏이 완전히 열려, *A*와 *B*에서의 압력이 함께 높은 값으로 증가한다. 이 때 유량은 어느 쪽으로도 흐를 수 있다. 제어 원추의 스프링 공동은 포트 *Y*로부터 탱크로 누설된다. 이 순서밸브는 통기포트 *X*로부터 원격 조정될 수 있다. 그림 8−29에 순서밸브의 도면기호가 나타나 있다. 파일럿 관로는 회로의 어느 곳으로부터 나올 수 있고, 도시된 것과 같이 직접 상류로부터만 올 수 있는 것은 아니다.

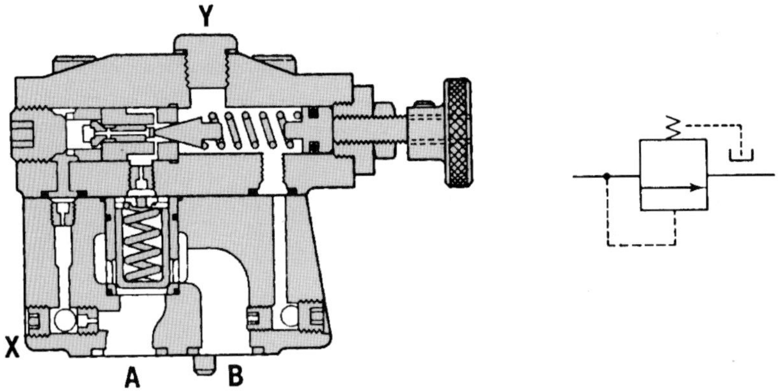

그림 8-29 순서밸브의 개략도(Courtesy of Abex Corp., Denison Division, Columbus, Ohio.)

카운터밸런스밸브

여기에서 제시할 마지막 압력제어밸브는 카운터밸런스밸브이다. 카운터밸런스밸브(Counterbalance Valve, CBV)의 목적은 외부 하중으로 인해 수직실린더가 하강하는 것을 막기 위한 실린더 제어에 있다. 그림 8−30에 도시된 것과 같이 이 밸브의 첫 번째 포트는 실린더 바닥에 연결되어 있고 두 번째 포트는 방향제어밸브(DCV)에 연결되어 있다. 카운터밸런스밸브의 압력설정값은 실린더부하가 낙하하는 것을 막기 위하여 필요한 압력보다 약간 더 높다. 그림 8−30(a)에 도시된 것과 같이 펌프유량이 실린더의 상부로 유입될 때(DCV를 거쳐), 실린더 피스톤은 아래쪽으로 밀린다. 이로 인하여 제1포트의 압력이 올라가고, 카운터밸런스밸브에 설정된 압력 이상으로 상승하면 따라서 CBV의 스풀이 밀려올라간다. 이로 인하여 제2포트를 통과하여 DCV를 거쳐 탱크로 토출하는 유로가 열린다.

실린더를 상승시킬 때[그림 8-30(b) 참조], 집적 첵밸브(integral check valve)가 열려서 실린더를 후진시키기 위한 자유유동이 허용된다. 그림 8-30(c)에 카운터밸런스밸브의 도면기호가 나타나 있다. 9.7절에 카운터밸런스밸브의 응용을 위한 전체 회로도가 제시되어 있다.

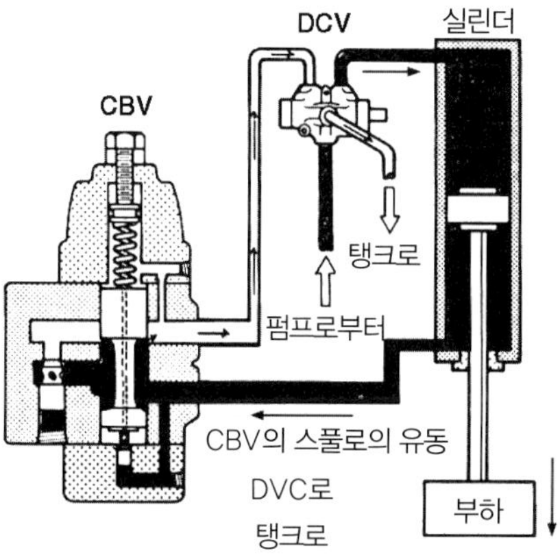

(a) 오일이 실린더 피스톤을 아래방향으로 민다

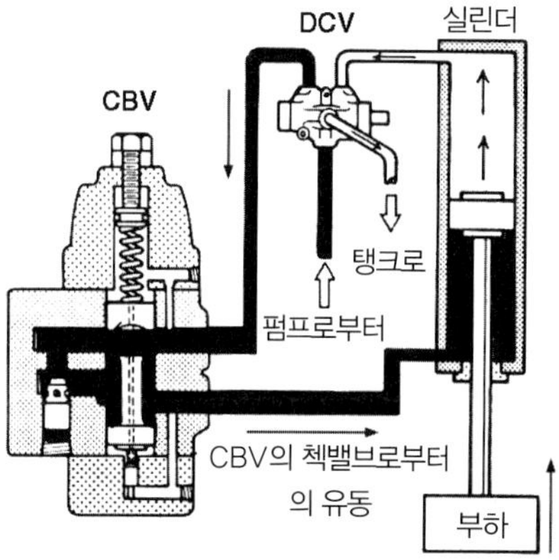

(b) 오일이 실린더 피스톤을 위방향으로 민다

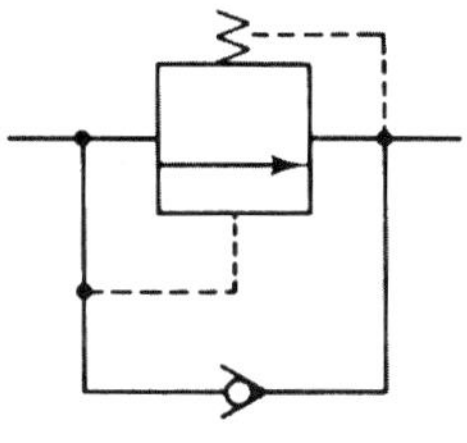

(c)

그림 8-30 카운터밸런스밸브의 응용(Courtesy of Sperry Vickers, Sperry Rand Corp., Troy, Michigan.)

8.4 유량제어밸브

유량계 또는 유량제어장치로서의 오리피스

그림 8-31은 관에 설치된 오리피스(유체가 흐를 수 있는 구멍이 뚫린 원판)를 보여주고 있다. 이 장치는 오리피스에서의 압력강하를 측정함으로써 유량을 측정할 수 있다. 그 이유는 주어진 오리피스에 대하여 Δp와 Q(오리피스를 통과하는 유량, 즉 관 내에서의 유량) 사이에 유일한 관계가 존재하기 때문이다. 액체의 유량을 측정하기 위하여 관 내에 설치된 오리피스에 대하여 Δp와 Q 사이의 관계를 나타내는 영국단위의 식은 아래와 같다.

$$Q = 38.1\, CA\sqrt{\frac{\Delta p}{SG}} \tag{8-1}$$

미터단위로 표시하면 다음과 같다.

$$Q = 0.0851\, CA\sqrt{\frac{\Delta p}{SG}} \tag{8-1M}$$

여기서 Q = 유량(gpm, Lpm)

C = 유량계수[날카로운 모서리를 가진(sharp-edged) 오리피스의 경우 $C = 0.80$, 직각모서리를 가진(squared-edged) 오리피스의 경우 $C = 0.60$]

A = 오리피스의 개구 면적(in^2, mm^2)

$\Delta p = p_1 - p_2$ = 오리피스 양단의 압력강하(psi, kPa)

SG = 유체의 비중량(specific gravity)

주어진 오리피스에 대하여 유량이 증가할수록 압력강하가 커지고, 아울러 그 역도 성립한다. 예제 8-4는 오리피스 유량계를 이용하여 유량을 구하는 예를 보여준다.

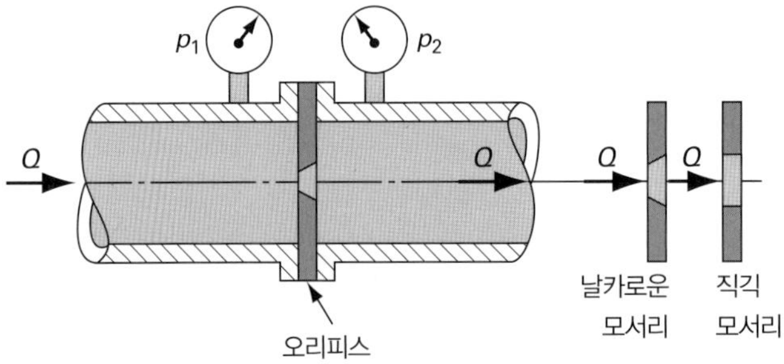

그림 8-31 오리피스 유량계

예제 8-4

그림 8-31에서, 날카로운 모서리를 가진 오리피스 양단의 압력강하는 100 psi이다. 오리피스의 지름은 1 in이며 유체의 비중은 0.9이다. 유량을 gpm 단위로 구하여라.

풀이

식 (8-1)에 대입하면 다음 결과를 얻을 수 있다.

$$Q = (38.1)(0.80)\left(\frac{\pi}{4} \times 1^2\right) \times \sqrt{\frac{100}{0.9}} = 252 \text{ gpm}$$

오리피스는 유량제어장치로서 이용될 수 있다. 식 (8–1)에서 알 수 있듯이, 주어진 압력강하에 대하여 면적이 작을수록 유량이 작고, 아울러 그 역도 성립한다. 이는 유량제어밸브의 논의로 이르게 된다.

니들밸브

유량제어밸브는 유압실린더와 모터로 가는 유량을 제어함으로써 속도를 조절하는 데 사용된다. 간단한 유량제어밸브로는 고정오리피스 니들밸브(needle valve) 또는 가변오리피스 니들밸브가 있다. 니들밸브는 직경이 작은 관로에서 정밀한 유량의 미세한 제어가 이루어지도록 설계되었다. 그림 8–32에 도시된 것과 같이, 그 명칭은 날카롭고, 뾰족한 원추디스크와 시트에서 유래되었다. 니들밸브(가변오리피스)의 도면기호가 그림 8–32에 나타나 있다.

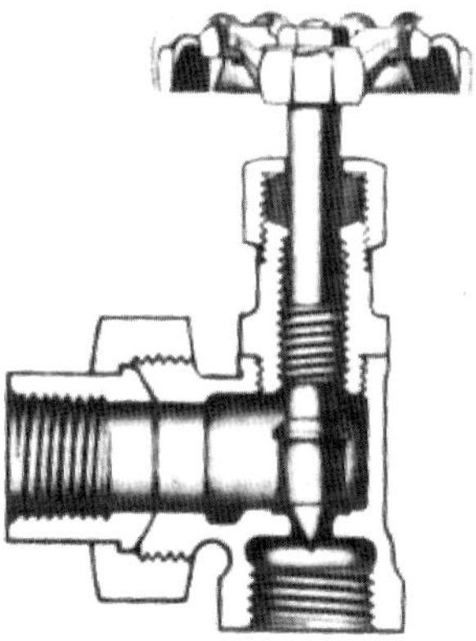

그림 8-32 니들밸브(Courtesy of Crane Co., Chicago, Illinois.)

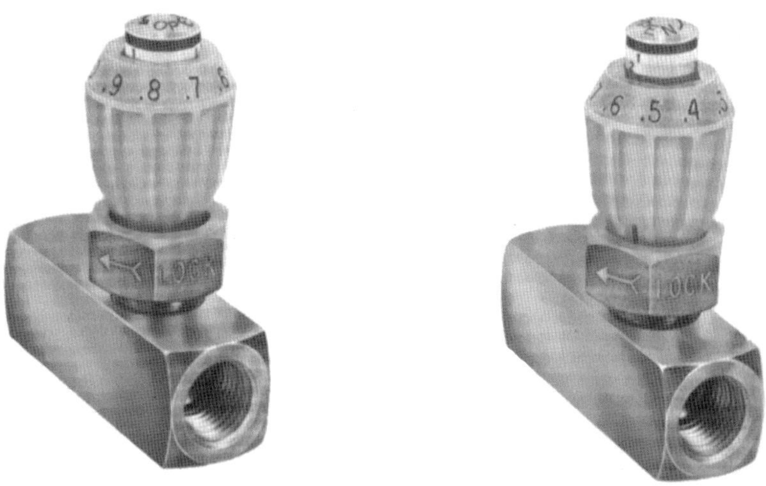

그림 8-33 읽기와 조정이 용이한 유량제어밸브(Courtesy of Deltrol Corp., Bellwood, Illinois.)

그림 8-33은 읽기와 조절이 용이한 유량제어밸브를 보여주고 있다. 스템(stem)에는 여러 개의 색깔을 한 링이 있어, 숫자가 새겨진 손잡이와 결부되어 도시되어 있는 것처럼 주어진 밸브의 열린 양을 읽을 수 있게 한다. 주어진 밸브의 설정과 압력강하에 대하여 제어유량을 신속히 결정할 수 있는 도표도 이용가능하다. 고정나사는 원치 않는 유동변화를 방지한다.

주어진 열린 위치에서 니들밸브는 오리피스처럼 작동한다. 오리피스와 달리 니들밸브에서는 유동단면적 A가 변할 수 있다. 따라서 니들밸브에 대하여 식 (8-1)은 압력강하 대 유량을 나타낼 수 있도록 다음과 같이 변형될 수 있다.

$$Q = C_v\sqrt{\frac{\Delta p}{SG}} \tag{8-2}$$

여기서 Q = 부피유량(gpm, Lpm)
C_v = 용량계수(gpm/$\sqrt{\text{psi}}$, Lpm/$\sqrt{\text{kPa}}$)
Δ_p = 밸브에서의 압력강하(psi, kPa)
SG = 액체의 비중

영국단위에서 용량계수는 1 psi의 압력강하시 밸브를 통하여 흐르는 gpm 단위의 물의 유량으로 정의된다. 미터단위에서 용량계수는 1 kPa의 압력강하시 밸브를 통하여 흐르는 물의 Lpm (liters per minute) 유량으로 정의된다. 각각의 형태의 밸브에 대하여 C_v 값은 밸브가 완전히 열린 위치에서 실험적으로 결정되며, 제조회사의 카탈로그에는 "정격 C_v"로 표시되어 있다.

예제 8-5는 유량과 압력강하에 대하여 등가의 영국단위법과 미터단위법을 사용하여 유량제어밸브의 용량계수를 계산하는 방법을 보여준다. 예제 8-6은 원하는 유압실린더 속도를 내기 위하여 유량제어밸브에서 필요한 용량계수 결정방법을 설명하고 있다.

예제 8-5

25 gpm(94.8 Lpm)의 유량에 대하여 100 psi(687 kPa)의 압력강하가 발생하는 유량제어밸브의 용량계수를 결정하여라. 단, 유체는 비중이 0.90인 유압유이다.

풀이

식 (8-2)를 용량계수에 대하여 풀면

$$C_v = \frac{Q}{\sqrt{\Delta p/SG}}$$

가 된다. 영국단위로 계산하면 다음과 같다.

$$C_v = \frac{25}{\sqrt{100/0.9}} = 2.37 \text{ gpm}/\sqrt{\text{psi}}$$

미터단위로 계산하면 결과는 다음과 같다.

$$C_v = \frac{94.8}{\sqrt{687/0.9}} = 3.43 \text{ Lpm}/\sqrt{\text{kPa}}$$

예제 8-6

니들밸브가 유압실린더의 전진속도를 제어하기 위하여 사용된다. 그림 8-34에 도시된 것과 같이 니들밸브가 유압실린더의 출구관로에 위치한다. 다음과 같은 데이터가 주어져 있다.

1. 원하는 실린더 속도 = 10 in/s
2. 실린더 피스톤 지름 = 2 in(면적 = 3.14 in^2)
3. 실린더 로드 지름 = 1 in(면적 = 0.79 in^2)
4. 실린더 부하 = 1,000 lb
5. 오일의 비중 = 0.90
6. 압력릴리프밸브 설정값(PRV 설정값) = 500 psi

니들밸브의 필요한 용량계수를 구하여라.

풀이

니들밸브가 완전히 열릴 때, 펌프로부터의 모든 유량이 유압실린더로 유입되어 유압실린더의 속도는 최대가 된다. 니들밸브가 부분적으로 닫히면, 압력강하가 증가한다. 이로 인하여 역압력 p_2가 증가되고, 그 결과 실린더 로드부분의 저항력이 더 커진다. 이 역압력 힘이 실린더의 전진운동을 방해하기 때문에, 그 결과 피스톤 헤드부분의 압력 p_1이 상승한다. 니들밸브가 더 닫히게 되면 결국 압력 p_1은 압력릴리프밸브의 크래킹압력에 도달하게 된다. 그 결과 펌프유량의 일부가 압력릴리프밸브를 통하여 오일탱크로 귀환하기 때문에 실린더 속도는 더욱 느려진다. 실린더 속도가 원하는 값에 도달할 때, p_1은 대략 PRV 설정값과 같아지고, 실린더에 필요치 않은 펌프유량은 압력릴리프밸브를 통하여 흐른다. 이 때 실린더에는 필요한 유량만이 유입되는데, 이는 펌프유량에서 압력릴리프밸브를 통과하는 유량을 뺀 값과 같다.

먼저 피스톤 헤드부분의 압력 p_1이 PRV 설정값과 같아지게 하는 로드부분의 압력 p_2를 구한다. 이는 유압실린더에 작용하는 힘들을 더함으로써 구해진다.

$$p_1A_1 - F_{\text{load}} = p_2A_2$$

여기서 A_1 = 피스톤면적
A_2 = 피스톤면적 − 로드면적

수치들을 대입하면 다음과 같다.

$$500 \text{ lb/in}^2 \times 3.14 \text{ in}^2 - 1000 \text{ lb} = p_2(3.14 - 0.79)\text{in}^2 = p_2(2.35 \text{ in}^2)$$

$$p_2 = 243 \text{ psi}$$

다음에는 원하는 유압실린더 속도에 기초하여 니들밸브를 통과하는 유량을 계산한다.

$$Q = A_2 v_{\text{cylinder}} = 2.35 \text{ in}^2 \times 10 \text{ in/s} = 23.5 \text{ in}^3\text{/s}$$

$$= 23.5 \text{ in}^3\text{/s} \times \frac{1 \text{ gal}}{231 \text{ in}^3} \times \frac{60 \text{ s}}{1 \text{ min}} = 6.10 \text{ gpm}$$

니들밸브로부터 배출된 유량은 직접 오일탱크로 흐르므로, 압력 $p_3 = 0$이다. 따라서 p_2는 니들밸브에서의 압력강하와 같아지므로 C_v를 구할 수 있다.

$$C_v = \frac{Q}{\sqrt{\Delta p/SG}} = \frac{6.10}{\sqrt{243/0.90}} = 0.37 \text{ gpm}/\sqrt{\text{psi}}$$

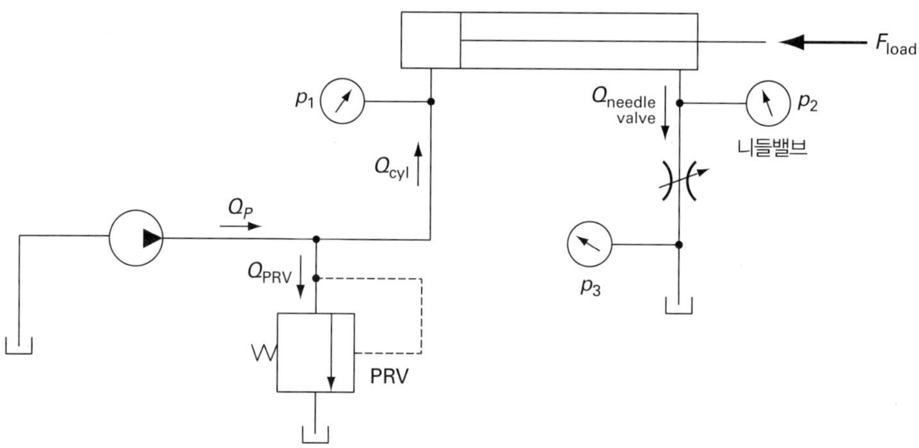

그림 8-34 예제 8-6에 대한 시스템

압력무보상밸브

유량제어밸브에는 압력무보상(non-pressure-compensated)형과 압력보상(pressure-compensated)형의 두 가지 기본 형태가 있다. 압력무보상 형태는 시스템압력이 비교적 일정하고 운전속도가 매우 민감하지 않아도 될 경우에 사용된다. 이 밸브는 만약 압력강하가 일정하게 유지되면 오리피스를 통과하는 유량은 일정하다는 원리로 작동한다. 그림 8-35에 압력무보상 유량제어밸브의 단면도와 도면기호가 나타나 있다. 도시된 설계에는 유량제어방향과 반대방향으로의 자유유동을 허용하는 첵밸브가 포함되어 있다.

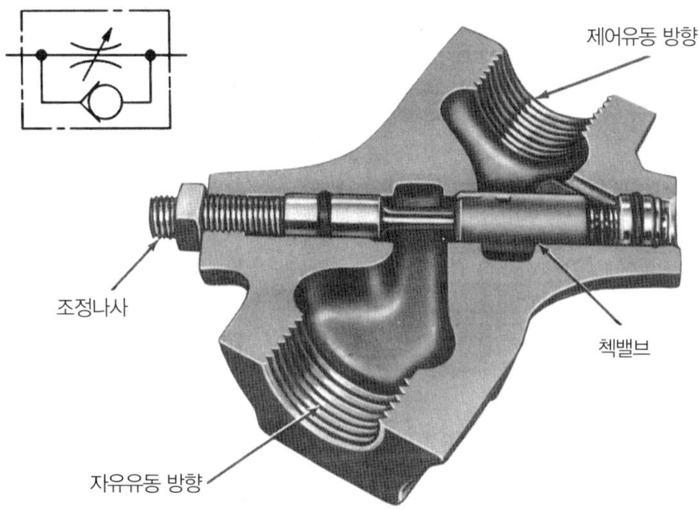

그림 8-35 압력무보상 유량제어밸브(Courtesy of Sperry Vickers, Sperry Rand Corp., Troy, Michigan.)

압력보상밸브

작동기에 작용하는 부하가 심하게 변하면, 시스템압력도 크게 변한다. 따라서 동일한 유량설정에 대하여 압력무보상밸브를 통과하는 유량은 변한다. 그림 8-36은 압력보상밸브의 작동을 설명하고 있다. 이 설계에서는 스로틀에서 일정한 압력차 20 psi를 유지하여 주는 하이드로스탯(hydrostat)이 결합되어 있으며, 여기에서 스로틀은 외부 손잡의 설정으로 면적이 조절될 수 있는 오리피스이다. 오리피스 면적의 설정으로 제어유량이 결정된다. 하이드로스탯은 연한 스프링에 의하여 보통은 열려 있다. 그러나 입구압력이 증가하여 연한 스프링 힘보다 커지면 닫히기 시작한다. 이로 인하여 하이드로스탯을 통한 개구부가 닫히고, 스로틀 설정을 초과하는 모든 유량은 차단된다. 결과적으로 밸브를 통과하는 오일은 20 psi의 압력으로 스로틀을 통과할 수 있는 양에 불과하다. 이 양을 초과하는 유량은 회로의 다른 곳에서 사용되거나 압력릴리프밸브를 거쳐 탱크로 귀환할 수 있다. 또한 그림 8-36에는 압력보상 유량제어밸브에 대한 도면기호가 포함되어 있다.

그림 8-37에는 실제 압력보상 유량제어밸브의 투명모델이 나타나 있다. 여기에서 정격압력은 3000 psi이다. 압력보상으로 인하여 기본유량의 1%에서 5% 이내 오차범위에서 사전 설정된 유량이 유지된다. 다이얼은 유량설정을 쉽게 반복적으로 할 수 있도록 눈금이 매겨져 있다. 밸브의 전체 용량 12 gpm에 걸친 조정이 270°의 호 안에서 이루어진다. 다이얼키 잠금은 밸브 설정을 함부로 바꿀 수 없게 한다.

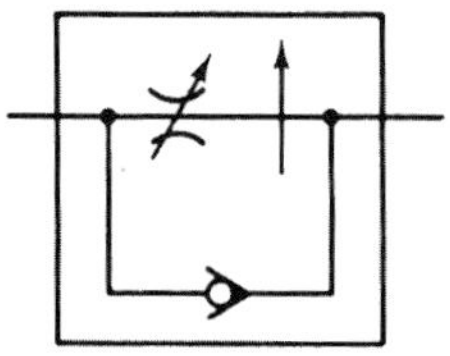

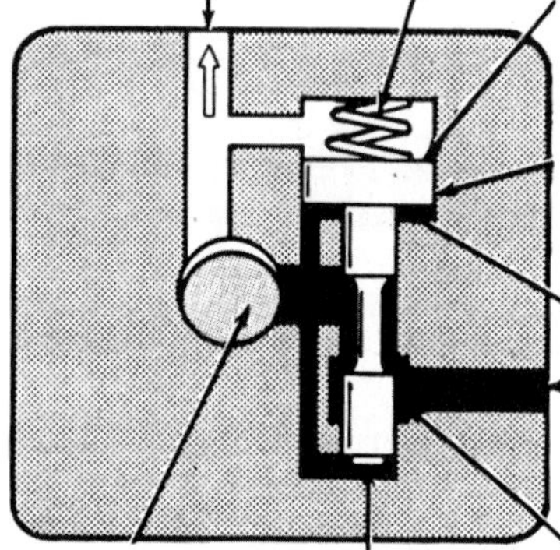

그림 8-36 압력보상 유량제어밸브의 작동(Courtesy of Sperry Vickers, Sperry Rand Corp., Troy, Michigan.)

그림 8-37 압력보상 유량제어밸브(Courtesy of Continental Hydraulics, Division of Continental Machines Inc., Savage, Minnesota.)

8.5 서보밸브

서론

서보밸브는 무한의 가변적 위치결정 능력을 갖춘 방향제어밸브이다. 따라서 서보밸브는 유체 유동의 방향과 양을 제어할 수 있다. 서보밸브는 되먹임 감지장치와 결합되어 있으므로, 작동기의 위치, 속도 그리고 가속도를 매우 정확하게 제어할 수 있다.

기계-유압 서보밸브

그림 8-38은 기계-유압 서보밸브(mechanical-type servo valve)를 나타낸다. 이는 실질적으로 위치제어를 위하여 사용되는 힘 증폭기이다. 이 설계에서, 작은 입력힘은 서보밸브의 스풀을 정해진 양만큼 오른쪽으로 이동시킨다. 오일이 포트 p_1으로 유입되어, 유압실린더는 오른쪽으로 후진한다. 되먹임 링크는 슬라이딩 슬리브가 유압실린더로 흐르는 유량을 차단할 때까지 슬라이딩 슬리브를 오른쪽으로 이동시킨다. 따라서 주어진 입력운동에 대하여 특정한 제어된 양의 출력운동이 발생한다. 입력을 변화시키기 위하여 출력이 되먹임되는 이러한 시스템을 폐루프시스템(closed-loop system)이라고 부른다. 이러한 기계식유압 서보밸브의 가장 일반적인 응용 예 중의 하나는 자동차와 그 외 수송차량의 유압 조향시스템이다.

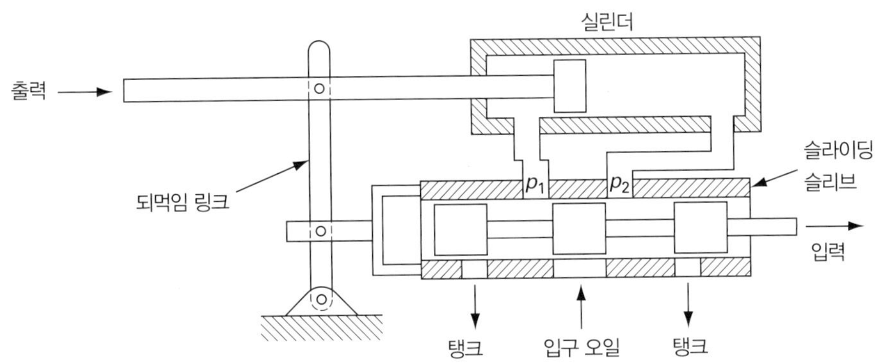

그림 8-38 기계-유압 서보밸브

전기유압 서보밸브

전형적인 전기유압 서보밸브(electrohydraulic servo valve)에서는 전기 토크모터, 이중노즐 파일럿 단(stage), 그리고 슬라이딩 스풀 제2단이 사용된다. 그림 8-39는 전기유압 서보밸브의 단면도를 나타낸다. 이 서보밸브는 전기적으로 제어되는 비례 유량조정밸브로서, 토목차량, 관절 팔(arm)장치, 하역크레인, 리프트 트럭, 벌목장비, 농업기계, 강압연기 제어, 부대설비공사, 소방차, 그리고 서비스 차량과 같은 다양한 이동차량 및 산업제어 응용에 적합하다.

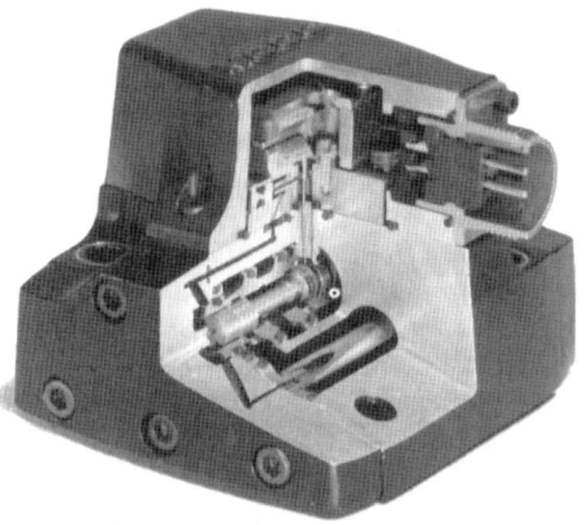

그림 8-39 전기유압 서보밸브(Courtesy of Moog Inc., Industrial Division, East Aurora, New York.)

전기유압 서보밸브의 구조와 작동 특징은 그림 8-40의 단면도를 참고함으로써 파악할 수 있다. 토크모터는 코일, 자극편, 자석, 그리고 전기자를 포함하고 있다. 전기자는 휨관(flexure tube)에 의하여 제한된 운동을 하도록 유지된다. 또한 휨 관은 밸브의 유압과 전자석 부분 사이에 유체밀봉을 한다. 플래퍼는 휨 관 내부에서 전기자의 중앙에 부착되어 아래로 뻗어 있다. 노즐이 플래퍼 양쪽에 위치하고 있으므로 플래퍼 운동은 노즐의 열림을 변화시킨다. 입구의 가압된 유압유가 여과되어 필터의 끝에 위치한 입구 오리피스를 통하여 각각의 노즐로 공급된다. 스풀의 양끝 압력차는 노즐 사이의 플래퍼 운동에 의하여 변한다.

4방향밸브 스풀은 스풀 변위에 비례하는 유량을 공급압력포트로부터 부하로 가는 두 개의 출구포트 중 어느 한 곳으로 보낸다. 스풀운동에 의하여 드러나는 제어랜드(control land)에는 유량조정 슬롯(slot)이 포함되어 있다. 스풀이 움직이면 전기자/플래퍼에 토크를 가하는 되먹임선이 휘게 된다. 토크모터 코일에 전기가 흐르면 전기자에 시계 또는 반시계방향의 토크가 발생된다. 이 토크는 두 개의 노즐 사이에 있는 플래퍼를 변위시킨다. 노즐유동의 차는 스풀을 오른쪽 또는 왼쪽으로 움직인다. 스풀은 되먹임 토크가 전자석 토크를 상쇄할 때까지 계속 움직인다. 그 시점에 다다르면 전기자/플래퍼는 중앙으로 돌아오고, 따라서 스풀은 멈추고 전기적 입력이 새로운 수준으로 변할 때까지 변위된 채로 유지된다. 따라서, 밸브 스풀 위치는 전기신호에 비례한다.

밸브에서 부하로 흐르는 실제유량은 부하압력에 의존한다. 정격유량은 1100% 또는 2100%의 전기신호에 의하여 얻어지며, 이 때 정격유량의 양은 밸브압력강하(입구압력 – 부

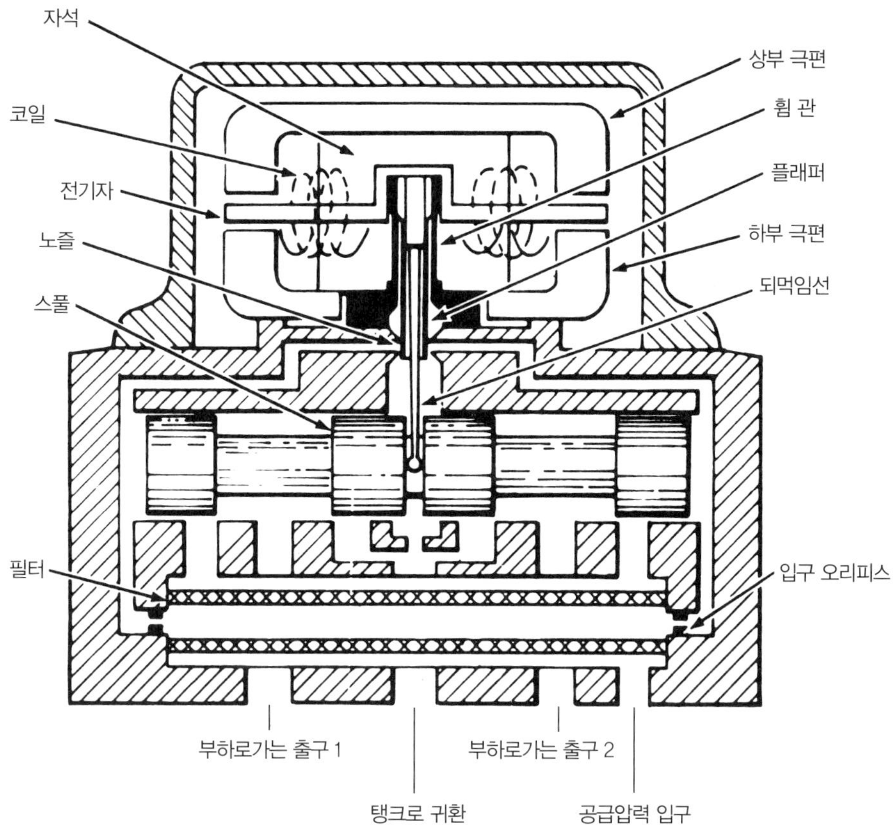

그림 8-40 전기유압 서보밸브의 도식적 단면도(Courtesy of Moog Inc., Industrial Division, East Aurora, New York.)

하압력)에 의존한다. 전체 전기–유압 서보시스템의 작동은 17장에서 다루어진다.

8.6 비례제어밸브

비례제어밸브(proportional control valve)는 또한 **전기유압 비례밸브**라고 불리는데, 전기적으로 제어되므로 전기 유압서보밸브와 유사하다. 그러나 이러한 두 가지 형태의 밸브 사이에는 많은 차이점이 있다. 예를 들어 비례밸브가 개회로시스템에 사용되는 데 반하여 서보밸브는 폐회로시스템에 사용된다. 서보밸브에서는 토크모터 코일에서의 전류가 전기자에 시계방향 또는 반시계방향의 토크를 발생시켜 스풀의 운동을 제어한다. 반면에 비례밸브에서는 코일에 흐르는 전류에 비례하여 힘을 발생시키는 솔레노이드가 사용된다. 따라서 솔레노이드 코일에서의 전류를 제어함으로써 스프링부하를 받는 스풀의 위치가 제어된다. 이는 표준의 솔레노이드밸브와 달리 비례밸브는 하나의 밸브로 방향과 유량제어능력을 모두 갖추고 있음을 의미한다.

비례제어밸브는 또한 압력제어용으로도 설계되나, 비례방향제어밸브가 가장 널리 사용된다. 그림 8-41에는 4방향 비례방향제어밸브의 외형도가 도면기호와 함께 나타나 있다. 도면기호에는 두 개의 수평선(한 개는 기호의 상부에 그리고 다른 한 개는 기호의 하부)이 포함되어 있어 스풀의 위치결정능력이 무한대임을 가리키고 있다. 그림 8-42와 8-43은 이와 동일한 밸브의 도식적 단면도와 사진상의 단면도를 각각 나타낸다. 이러한 세 개의 그림으로부터 알 수 있듯이 비례방향제어밸브는 보통의 솔레노이드 작동형 방향제어밸브와 유사하다. 그러나 비례밸브 스풀은 실린더와 모터의 양호한 속도제어를 위한 오일의 정밀한 유량조정을 위하여 특별히 설계된다. 이러한 정밀제어를 이루기 위하여 스풀 랜드와 상대 밸브 내경 사이의 간극은 대단히 작다(대략 0.0005 in). 정밀도를 증가시키기 위하여 유량조정 노치가 스풀 랜드상에 만들어져 있어, 랜드가 밸브포트를 열기 전에 약간의 오일유동이 발생된다. 그림 8-41의 밸브는 공급전압 24 VDC로 작동할 때, 압력강하 145 psi에서 최대 유량 7.9 gpm을 공급한다.

그림 8-41 4방향 비례 방향제어밸브의 외형도(Courtesy of Bosch Rexroth Corp., Bethlehem, Pennsylvania.)

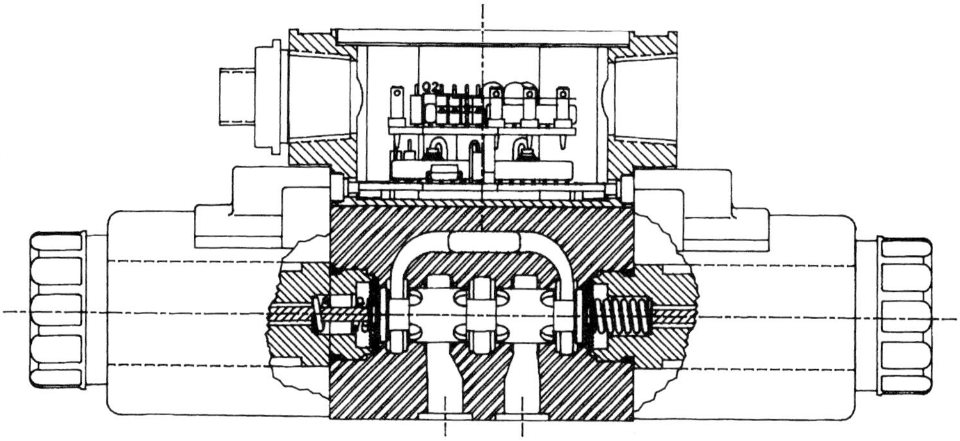

그림 8-42 4방향 비례 방향제어밸브의 도식적 단면도(Courtesy of Bosch Rexroth Corp., Bethlehem, Pennsylvania.)

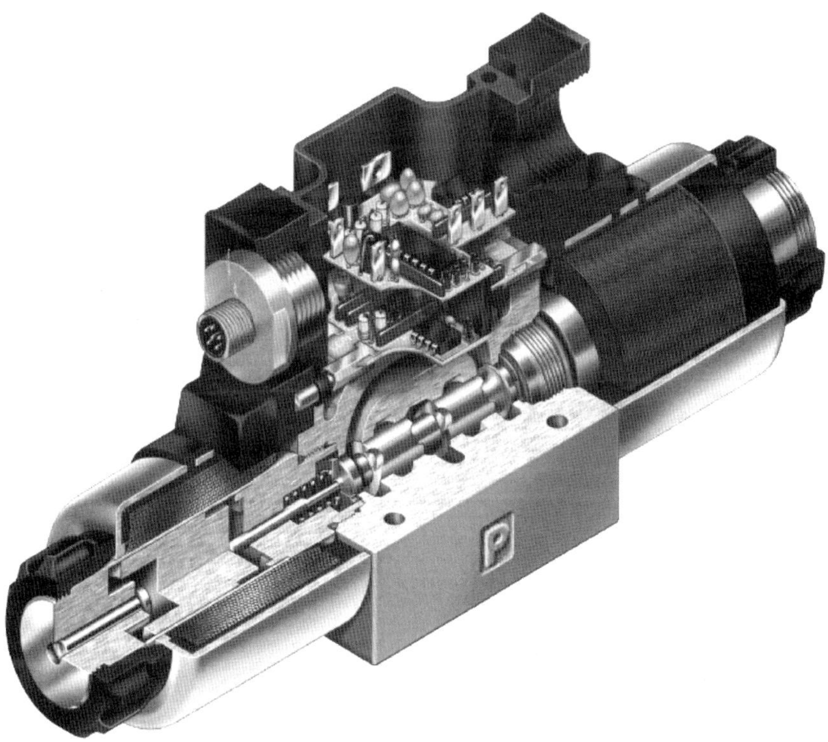

그림 8-43 4방향 비례 방향제어밸브의 사진상의 단면도(Courtesy of Bosch Rexroth Corp., Bethlehem, Pennsylvania.)

8.7 카트리지밸브

서론

시장의 압력과 세계적 경쟁으로 인하여 보다 효율적이고 경제적인 유압시스템의 필요성이 전보다 더욱 증대되었다. 집적유압회로는 이러한 향상을 이룩할 수 있는 검증된 방법을 제시한다. 집적유압회로는 여러 가지 카트리지밸브(cartridge valve)와 그 밖의 부품들을 하나의 가공된 포트형 매니폴드블록 속에 통합하여 이루어진 집적된 유압시스템이다.

카트리지밸브는 목표하는 기능을 수행할 수 있도록 포트형 매니폴드블록의 공간 속에(단독으로 또는 다른 카트리지밸브와 유압 부품이 함께) 조립되도록 설계되었다(그림 8-44에 도시된 여러 개의 나사형 카트리지밸브의 단면도를 참조할 것). 카트리지밸브는 스크루 나사(나사형 설계) 또는 볼트형 덮개(슬립-인 설계)에 의하여 매니폴드블록 안에 조립되어 있다. 그림 8-45는 다수의 카트리지밸브와 그 밖의 유압부품들을 포함하고 있는 매니폴드블록을 나타낸다. 집적유압회로의 '세계'로 진입을 나타내기 위하여 매니폴드블록의 바깥 표면에 세계지도가 식각되어 있다.

그림 8-44 나사형 카트리지밸브의 단면도(Courtesy of Parker Hannifin Corp., Elyria, Ohio.)

그림 8-45 카트리지밸브를 포함한 매니폴드블록(Courtesy of Parker Hannifin Corp., Elyria, Ohio.)

장점과 다양한 밸브 기능

포트형 매니폴드블록에 있는 카트리지밸브를 사용하면 유압시스템 관로의 여러 위치에 설치되어 있는 분산된, 기존의 포트를 갖춘 밸브에 비하여 많은 장점이 있다. 장점은 다음과 같다.

1. 시스템에서 여러 부품들 사이의 유압관로를 연결하는 이음쇠의 수가 줄어든다.
2. 이음쇠 수가 줄게 되므로 오일의 누설과 오염이 감소한다.
3. 시스템 설치시간과 비용이 줄어든다.
4. 고장난 카트리지밸브는 이음쇠를 분해할 필요 없이 쉽게 교체될 수 있기 때문에 보수하는 시간이 줄어든다.
5. 전체 시스템의 필요공간이 보다 작아진다.

다양한 여러 가지 밸브 기능들이 카트리지밸브를 사용하여 제공될 수 있다. 여기에는 방향제어, 압력릴리프, 감압, 무부하, 카운터밸런스 그리고 순서 및 유량제어능력이 포함된다. 그림 8-46은 왼쪽에서 오른쪽으로 다음과 같은 다섯 개의 서로 다른 솔레노이드조작 방향제어 카트리지밸브들을 보여주고 있다.

1. 2방향, 스풀형, 정상폐쇄(normally closed, N.C.) 또는 정상개방 (normally open, N.O.)
2. 2위치, 3방향, 스풀형
3. 2위치, 4방향, 스풀형
4. 2방향, 포핏형, 정상폐쇄 또는 정상개방
5. 3위치, 4방향, 스풀형

그림 8-46 솔레노이드조작 방향제어 카트리지밸브(Courtesy of Parker Hannifin Corp., Elyria, Ohio.)

그림 8-47 카트리지 압력릴리프밸브(Courtesy of Parker Hannifin Corp., Elyria, Ohio.)

그림 8-47과 8-48에는 카트리지 압력릴리프밸브, 첵밸브, 그리고 솔레노이드조작 유량제어(비례)밸브가 각각 도시되어 있다. 카트리지 압력릴리프밸브 내부의 기계적 설계와 유체유동 작동특징이 그림 8-49에 도시되어 있다.

그림 8-48
카트리지 솔레노이드조작 유량제어밸브(Courtesy of Parker Hannifin Corp., Elyria, Ohio.)

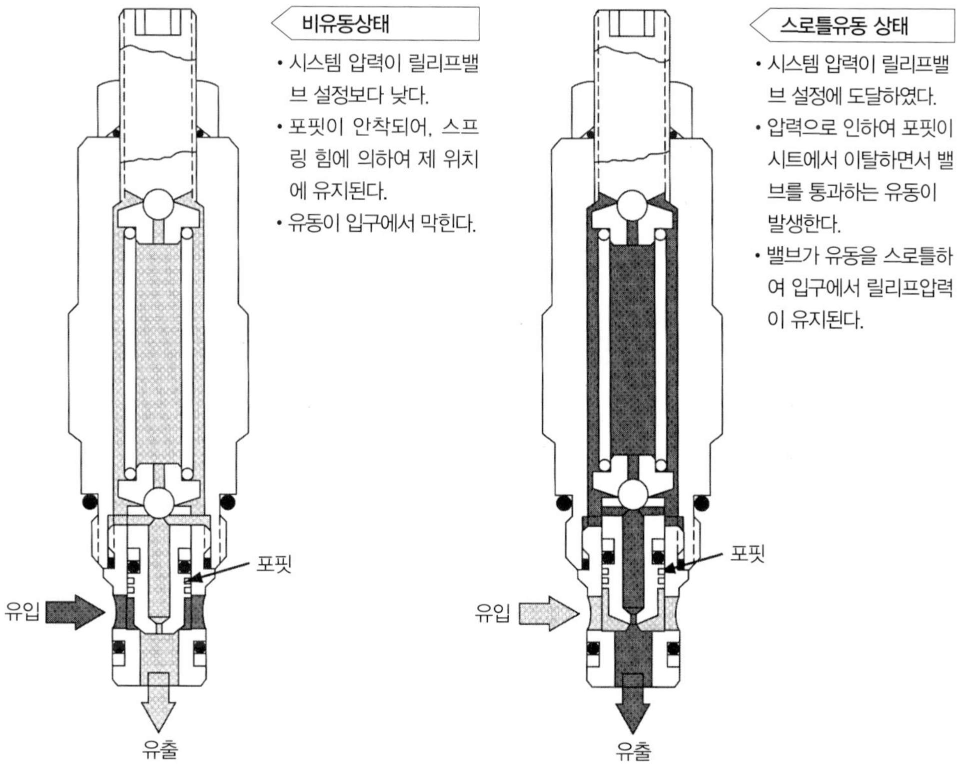

그림 8-49 카트리지 압력릴리프밸브(Courtesy of Parker Hannifin Corp., Elyria, Ohio.)

집적유압기술

집적유압기술은 유압이 다양하게 응용될 수 있도록 설치와 보수가 보다 용이하고, 신뢰성이 보다 더 높고, 누설이 감소하고, 설계의 유연성이 확장되고, 아울러 더욱 가볍고 단정한 유압 패키지를 제공한다. 그림 8-50은 집적유압시스템 전체를 나타내기 위하여 기호 유압회로선도 위에 여러 개의 매니폴드블록들이 놓여 있는 것을 보여주고 있다.

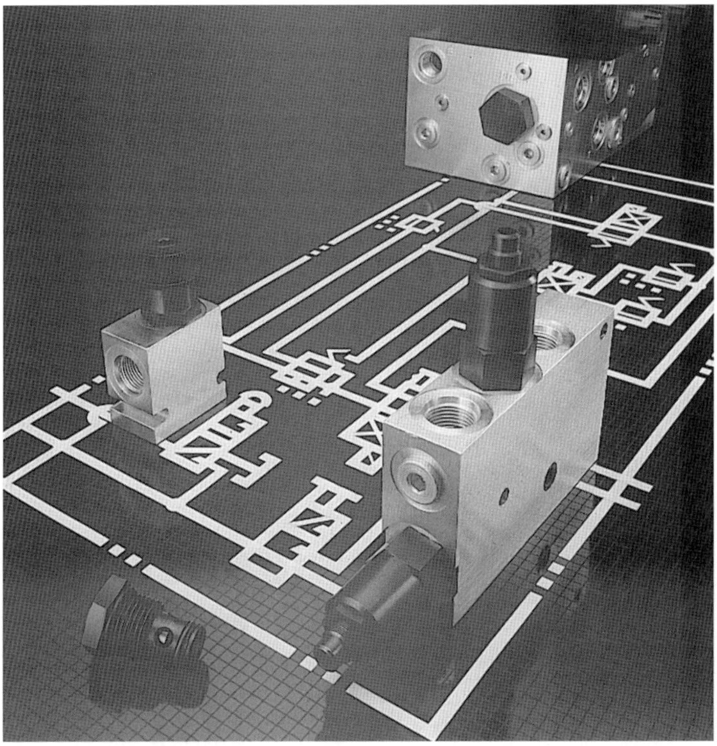

그림 8-50 집적유압회로(Courtesy of Parker Hannifin Corp., Elyria, Ohio.)

8.8 유압퓨즈

그림 8-51(a)는 전기퓨즈와 유사한 유압퓨즈의 개략도이다. 이는 회로의 부품들이 손상되는 것을 막기 위하여 유압이 허용치를 초과하지 못하게 한다. 유압이 설계치를 초과할 때, 얇은 금속판이 파열되어 오일이 오일탱크로 귀환함으로써 압력이 낮아진다. 파열된 후, 작동을 다시 시작하기 전에 새로운 금속판이 삽입되어야 한다. 유압퓨즈는 펌프의 보상기 제어가 작동

하지 않는 경우 고장-안전 과부하방지를 위하여 주로 압력보상펌프와 같이 사용된다. 그림 8-51(b)는 압력보상펌프와 유압퓨즈로 구성된 부분회로의 기호표현이다. 유압퓨즈는 1회용 부품이라는 점에서 전기퓨즈와 유사하다. 반면에 압력릴리프밸브는 재설정이 가능한 부품이라는 점에서 전기회로 차단기와 유사하다.

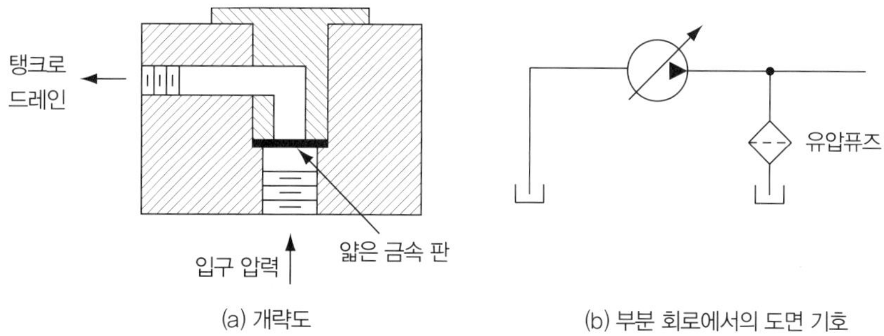

그림 8-51 유압퓨즈

8.9 중요한 식들

오리피스 유량 대 압력강하

특별한 영국단위: $$Q(\text{gpm}) = 38.1\, CA(\text{in}^2)\sqrt{\frac{\Delta p\,(\text{psi})}{SG}} \quad \textbf{(8-1)}$$

미터단위: $$Q(\text{Lpm}) = 0.0851\, CA(\text{mm}^2)\sqrt{\frac{\Delta p\,(\text{kPa})}{SG}} \quad \textbf{(8-1M)}$$

유량제어밸브 유량 대 압력강하

특별한 영국단위: $$Q(\text{gpm}) = C_v\left(\frac{\text{gpm}}{\sqrt{\text{psi}}}\right)\sqrt{\frac{\Delta p\,(\text{psi})}{SG}} \quad \textbf{(8-2)}$$

미터단위: $$Q(\text{Lpm}) = C_v\left(\frac{\text{Lpm}}{\sqrt{\text{kPa}}}\right)\sqrt{\frac{\Delta p\,(\text{kPa})}{SG}} \quad \textbf{(8-2M)}$$

연습문제

질문, 개념과 정의

8-1 방향제어밸브의 목적은 무엇인가?
8-2 첵밸브란 무엇인가? 또 그것이 수행하는 것은 무엇인가?
8-3 파일럿 첵밸브가 단순 첵밸브와 어떻게 다른가?
8-4 4방향제어밸브란 무엇인가?
8-5 4방향, 스프링중립, 3위치밸브란 무엇인가?
8-6 방향제어밸브가 작동되는 세 가지 방향의 이름을 나열하여라.
8-7 솔레노이드란 무엇인가? 또 그것이 어떻게 작동하는가?
8-8 방향제어밸브의 개방중립과 폐쇄중립 형태의 차이점은 무엇인가?
8-9 셔틀밸브란 무엇인가? 한 가지 응용 예를 들어라.
8-10 압력릴리프밸브의 목적은 무엇인가?
8-11 감압밸브란 무엇인가? 또 그것의 목적은 무엇인가?
8-12 무부하밸브가 수행하는 것은 무엇인가?
8-13 순서밸브란 무엇인가? 또 그것의 목적은 무엇인가?
8-14 카운터밸런스밸브의 한 가지 응용 예를 들어라.
8-15 유량제어밸브의 목적은 무엇인가?
8-16 유량제어밸브에 관하여, 용어 용량계수를 정의하여라.
8-17 용량계수의 영국과 미터단위는 무엇인가?
8-18 압력보상 유량제어밸브란 무엇인가?
8-19 서보밸브란 무엇인가? 또 어떻게 작동하는가?
8-20 기계-유압과 전기유압 서보밸브의 차이점은 무엇인가?
8-21 유압퓨즈란 무엇인가? 또 그것과 유사한 전기장치는 무엇인가?
8-22 오일이 오리피스를 통과하여 흐를 때 오리피스(따라서 밸브) 상류와 하류측 압력에 대하여 어떠한 결론을 내릴 수 있는가?
8-23 그림 8-5에 도시된 파일럿조작 첵밸브가 어떻게 작용하는지 설명하여라.
8-24 파일럿조작 첵밸브의 한 가지 응용 예를 들어라.
8-25 그림 8-8에 도시된 4방향 방향제어밸브가 어떻게 작동하는지 설명하여라.
8-26 단순 압력릴리프밸브와 복합릴리프밸브는 작동방식이 어떻게 다른지 설명하여라.
8-27 기계적인 구조에 있어서 무부하밸브는 순서밸브와 어떻게 다른지 설명하여라.

8-28 그림 8-36에 도시된 압력보상 유량제어밸브의 작동 특성을 설명하여라.

8-29 스프링옵셋 밸브는 몇 개의 위치를 가지는가?

8-30 스프링중립 밸브는 몇 개의 위치를 가지는가?

8-31 솔레노이드가 밸브에서 가장 자주 사용되는 이유는 무엇인가?

8-32 유압작동기로 가는 유량을 조절하는 두 가지 방법을 나열하여라.

8-33 크래킹압력이란 무엇인가?

8-34 릴리프밸브의 포트들은 어디에 연결되는가?

8-35 밸브의 세 가지 기본 기능을 나열하여라.

8-36 기능 면에서 압력릴리프밸브와 유압퓨즈의 차이점은 무엇인가?

8-37 방향제어밸브에 관하여 위치, 방향, 그리고 포트를 구별하여라.

8-38 카트리지밸브란 무엇인가?

8-39 슬립-인(slip-in)과 스크루형 카트리지밸브의 차이점은 무엇인가?

8-40 카트리지밸브를 사용할 때의 장점 다섯 가지를 나열하여라.

8-41 카트리지밸브를 사용함으로써 얻을 수 있는 다른 밸브 기능 다섯 가지를 나열하여라.

8-42 카트리지밸브의 사용에 관하여, 집적유압회로란 무엇인가?

문제

주: 문제 번호 뒤의 E는 영국단위를 사용하고 있다는 것을 의미하고, M은 미터단위를 사용하고 있다는 것을 의미한다.

압력릴리프밸브 설정

8-43E 릴리프밸브에 시스템압력이 작용하는 면적이 0.65 in^2인 포핏이 포함되어 있다. 조립시 스프링상수 2000 lb/in의 스프링이 밸브 내부에 설치되어 포핏을 시트에 유지한다. 스프링이 초기에 자유길이로부터 0.15 in 압축되도록 조정 메커니즘이 설정된다. PRV 설정 압력에서 전체 펌프유량이 밸브를 통과하도록 하기 위하여, 포핏은 완전히 닫힌 위치로부터 0.10 in 이동해야 한다. 다음을 구하여라.

a. 크래킹압력

b. 전체 펌프유량압력(PRV 설정 압력)

8-44E 전체 펌프유량압력이 크래킹압력보다 40% 이상 크다면, 연습문제 8-43에서 PRV의 스프링 초기 압축량은 얼마인가?

8-45M 릴리프밸브에 시스템압력이 작용하는 면적이 4.20 cm^2인 포핏이 포함되어 있다. 조립시 스프링 상수 3200 N/cm의 스프링이 밸브 내부에 설치되어 포핏을 시트에 유지한다. 스프링이 초기에 자유길이로부터 0.50 cm 압축되도록 조정 메커니즘이 설

정된다. PRV 설정 압력에서 전체 펌프유량이 밸브를 통과하도록 하기 위하여, 포핏은 완전히 닫힌 위치로부터 0.30 cm 이동해야 한다. 다음을 구하여라.

a. 크래킹압력

b. 전체 펌프유량압력(PRV 설정 압력)

8-46M 전체 펌프유량압력이 크래킹압력보다 40% 이상 크다면, 연습문제 8−45에서 PRV의 스프링 초기 압축량은 얼마인가?

밸브에서의 동력손실

8-47E 압력릴리프밸브의 설정 압력이 2,000 psi이다. 만약 이 밸브가 25 gpm 펌프로부터의 모든 유량을 탱크로 귀환한다면 이 밸브를 통과할 때 생기는 마력손실을 계산하여라.

8-48E 연습문제 8−47의 펌프를 무부하시키기 위하여 무부하밸브가 사용되었다. 만약 무부하 동안의 펌프토출압력이 30 psi이면, 소모되는 유압마력은 얼마인가?

8-49M 압력릴리프밸브의 설정 압력이 140 bar이다. 만약 이 밸브가 0.0016 m^3/s 펌프로부터의 모든 유량을 탱크로 귀환한다면 이 밸브를 통과할 때 생기는 kW 동력손실을 계산하여라.

8-50M 연습문제 8−49의 펌프를 무부하시키기 위하여 무부하밸브가 사용되었다. 만약 무부하 동안의 펌프토출압력이 2 bar이면, 소모되는 유압 kW 동력은 얼마인가?

오리피스의 유량 측정

8-51E 지름이 2 in인 날카로운 모서리(sharp-edged)를 갖는 오리피스가 유량을 측정하기 위하여 관로에 놓여 있다. 만약 측정된 압력강하가 50 psi이고 유체의 비중이 0.90일 때 유량을 gpm 단위로 계산하여라.

8-52M 지름이 55 mm 날카로운 모서리(sharp-edged)를 갖는 오리피스가 유량을 측정하기 위하여 관로에 놓여 있다. 만약 측정된 압력강하가 300 kPa이고 유체의 비중이 0.9일 때 유량을 m^3/s 단위로 계산하여라.

8-53 주어진 오리피스와 유체에 대하여, Δ_p와 Q의 관계를 나타내는 그래프를 그릴 수 있다. 연습문제 8−51와 연습문제 8−52의 오리피스와 유체에 대하여 그래프를 그리고 수학적으로 구한 답을 확인해 보아라. 그래프는 방정식에 비해 어떤 이점이 있는가? 그래프의 단점은 무엇인가?

유량제어밸브의 용량계수

8-54E 4장의 그림 4−20은 유체 비중이 0.9일 때 4개 밸브에 대한 유량 대 압력강하 곡선을 보여준다. 5gpm의 유량일 때 곡선 번호 1에서 규정된 밸브의 용량계수는 무엇인가?

8-55E 어떤 계산과정 없이, (그림 4−20에서 곡선 번호 1, 2, 3, 4로 규정된) 4개 밸브 중 어느 것이 가장 큰 용량계수를 갖는지 결정하라. 그리고 그 대답을 설명하라.

8-56E 용량계수가 1.5 gpm/$\sqrt{\text{psi}}$이고 압력강하가 100 psi인 유량제어밸브를 통과하는 유량을 결정하여라. 유체는 비중이 0.90인 유압유이다.

8-57M 용량계수가 2.2 Lpm/$\sqrt{\text{kPa}}$이고 압력강하가 687 kPa인 유량제어밸브를 통과하는 유량을 결정하여라. 유체는 비중이 0.90인 유압유이다.

8-58E 그림 8−52에 도시된 시스템에는 현수부하 *W*를 받고 있는 유압실린더가 있다. 실린더의 피스톤과 로드의 직경은 각각 2 in와 1 in이다. 압력릴리프밸브의 설정은 750 psi로 되어 있다. 다음과 같은 조건하에서 일정한 실린더 속도를 위한 압력 p_2를 계산하여라.

a. W = 2,000 lb

b. W = 0(부하가 제거되었음)

8-59E 연습문제 8−58의 시스템에서, 만약 유량제어밸브의 용량계수가 0.5 gpm/$\sqrt{\text{psi}}$이라면 (a)와 (b)에 대한 실린더 속도를 계산하여라.

8-60M 연습문제 8−58의 데이터를 미터단위로 바꾸어서 (a)와 (b)를 구하여라.

8-61M 연습문제 8−60의 시스템에서, 만약 유량제어밸브의 용량계수가 0.72 Lpm/$\sqrt{\text{kPa}}$이라면 (a)와 (b)에 대한 실린더 속도를 계산하여라. 유체는 비중이 0.90인 유압유이다

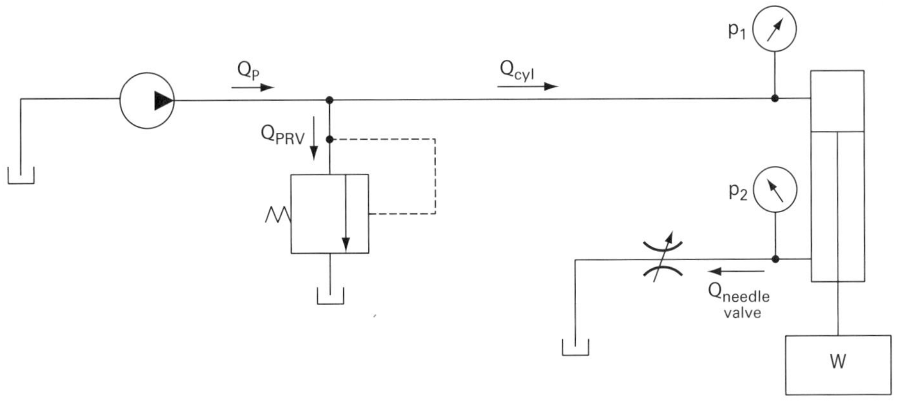

그림 8-52 연습문제 8-58에 대한 시스템

09

Chapter

유압회로 설계와 해석

학습 목표

이 단원을 공부하고 나면 다음과 같은 내용을 알아야 한다.

1. 모든 부품들을 그래픽 기호로 나타낸 전체 유압회로의 작동을 설명할 수 있어야 한다.
2. 유압회로의 문제를 해결하고 작동불량의 원인을 찾아내야 한다.
3. 재생실린더의 작동속도와 부하운반용량을 결정할 수 있어야 한다.
4. 공기-오일회로의 작동을 토의할 수 있어야 한다.
5. 기계-유압 서보시스템의 작동을 이해할 수 있어야 한다.
6. 작동의 안전을 평가하기 위하여 유압회로를 해석할 수 있어야 한다.
7. 원하는 기능을 수행하는 유압회로를 설계할 수 있어야 한다.
8. 마찰손실의 효과를 포함하여 유압회로작동의 해석을 수행할 수 있어야 한다.
9. 유압실린더의 속도제어를 해석할 수 있어야 한다.

9.1 서론

유압회로의 정의

앞의 장들에서는 기본사항들과 유압시스템 부품들을 다루었다. 본 장에서는 푸시버튼 스위치,압력스위치, 리미트스위치, 솔레노이드, 릴레이, 그리고 타이머와 같은 기본적인 전기제어장치를 주로 사용하지 않는 유압회로를 다룬다. 이와 유사하게 14 장에서 기본적인 전기제어장치를 주로 사용하지 않는 공압회로를 다룬다. 기본적인 전기제어장치(유공압회로와 사다리선도로 불리는 별도의 전기회로에 모두 도시된)를 사용하는 유공압회로는 15장에 제시되어있다. 전기 유압서보시스템이나 프로그램가능 논리제어기와 같은 고급의 전기제어를 사용하는 유공압 응용예는 17장에 제시되어있다. **유압회로**란 펌프, 작동기, 제어밸브, 그리고 배관들이 유용한 일을 수행하도록 배열된 부품들의 그룹을 말한다. 유압회로를 해석하거나 설계할 때, 다음과 같은 세 가지 중요한 항목을 고려하여야 한다.

1. 작동의 안전
2. 원하는 기능의 성능
3. 작동 효율

유공압기술자 또는 설계자에게 부품들의 사용지식과 아울러 회로 내에서 작동방식의 숙지는 매우 중요하다. 유압회로는 모든 부품들에 대한 그래픽 기호를 사용하여 전개된다. 유압회로를 이해하기 전에 이러한 유공압기호를 숙지할 필요가 있다. 부록 G에는 미국국립표준협회(American National Standards Institute, ANSI)규격에 따른 기호들의 표가 제시되어있다. 이 기호들 중의 대다수는 앞의 단원들에서 설명된 것들이며, 이 책 전체를 통하여 ANSI기호가 사용되었다. 그래픽 기호들을 모두 암기할 필요성은 없지만, 기호들에 익숙해지기 위하여 부록 G를 학습하여야 한다. 이어서 기본적인 유압기술을 나타내는 회로를 다룬다. 관례적으로 회로선도에서의 모든 부품들은 작동되지 않은 상태에서 표현된다.

그림 9−1(a)는 정유압변속기의 사진을 나타내며, 해당 유압회로가 그림 9−1(b)에 주어져 있다. 이 정유압변속기는 전기모터에 의하여 구동되며 모든 제어장치와 밸브 계통이 하나의 컴팩트(compact)한 하우징 내에 완전히 통합되어 있다. 그림 9−1(b)의 유압회로에는 전기모터, 유압펌프, 유압모터, 오일 저장장치, 필터, 그리고 여러 제어밸브를 포함하여, 정유압 변속기의 모든 유압부품들을 위한 그래픽 기호가 사용되는 것을 주목하여라.

(a) 사진

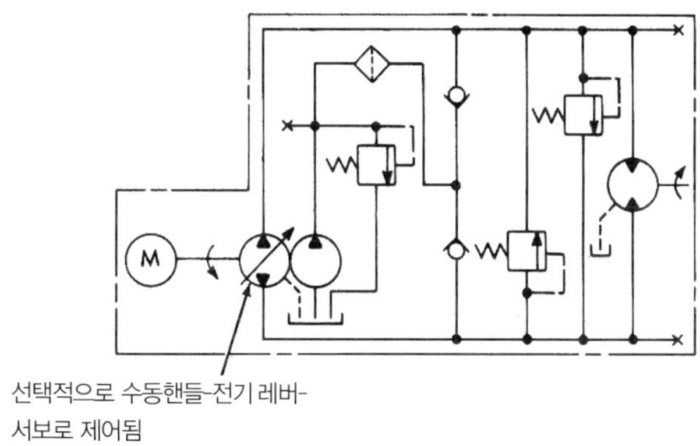

(b) 전체 유압회로

그림 9-1 정유압 변속기(Courtesy of Sperry Vickers, Sperry Rand Corp., Troy, Michigan.)

유공압 시스템의 컴퓨터 해석 및 시뮬레이션

유공압 시스템 문제들을 해결하기 위하여 사용 가능한 컴퓨터 소프트웨어에는 기본적으로 두 가지 형태가 있다. 첫 번째 형태는 유공압 시스템의 부품들 특성을 정의하는 방정식들을 다루므로 오직 수학적 해석만을 수행한다. 두 번째 형태는 포함된 전체 유공압시스템의 구성 형태를 인식하므로, 그 결과 수학적 해석뿐만 아니라 시스템의 시뮬레이션도 제공할 수 있다.

첫 번째 형태의 소프트웨어는 전형적으로 유공압 시스템의 성능을 정의하는 수식들의 프로그래밍 기능을 포함한다. 각 부품의 특성을 정의하는 방정식들을 알고 있으므로, 시스템의 작동과 각 부품의 시스템 내에서 상호 작용 방식이 수학적으로 정의되어 진다. 방정식들은 베이직(BASIC) 그리고 매스캐드(Mathcad™)와 같은 컴퓨터 소프트웨어를 사용하여 프로그래밍 되어진다. 원하는 데이타를 컴퓨터에 입력하면, 출력결과가 프린트되어 유공압 시스템의 거동을 나타내게 된다. 이러한 소프트웨어를 사용함으로써 펌프유량, 펌프토출압력, 그리고 실린더 직경과 같은 매개변수 값들을 최적시스템 성능이 성취될 때까지 반복해서 변화시킬 수 있다. 유공압시스템을 전문적으로 다루는 해석형 소프트웨어 패키지들도 사용가능하다. 하나의 예를 들자면 하이드캘시(HydCalc)가 있으며, 사용자가 식들을 프로그램하지 않고도 수학적 해석을 수행할 수 있다.

두 번째 형태의 컴퓨터 소프트웨어는 각 부품의 특성과 더불어 전체 유공압 회로의 형상을 인식한다. 이 컴퓨터 소프트웨어는 사용자가 컴퓨터 화면에 생성하는 회로를 인식한다. 사용자는 컴퓨터 라이브러리(library)로부터 부품들을 선정하고 클릭(click), 드랙(drag) 그리고 드롭(drop) 과정을 거쳐 부품들을 연결한다. 회로 시뮬레이션과 더불어 수학적 해석이 컴퓨터 화면에 그래픽 하게 도시된다. 최적의 적합한 작동시스템이 얻어질 때까지 회로설계를 수월하게 변화시킬 수 있다. 부품과 시스템 방정식들은 필요하지 않다. 컴퓨터 소프트웨어는 수학적 해석뿐만 아니라 유공압 회로의 작동 시뮬레이션도 제공한다.

9.2 단동 유압실린더의 제어

그림 9-2는 단동 실린더(single-acting cylinder)의 작동을 제어하기 위하여 2위치, 3방향, 수

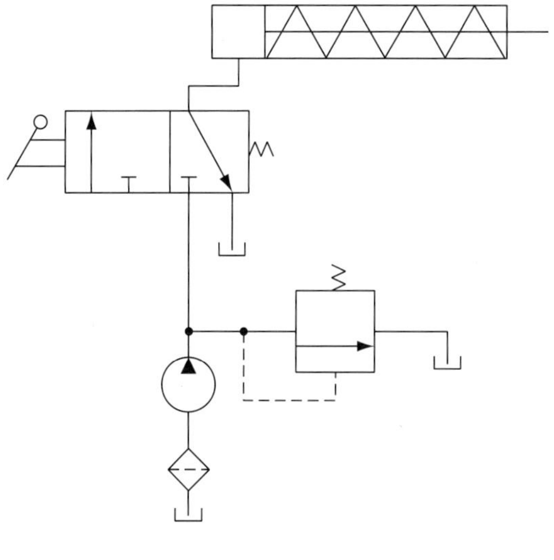

그림 9-2
단동 유압실린더의 제어

동작동, 스프링옵셋 방향제어밸브(DCV)가 이용되는 예를 보여준다. 스프링옵셋 모드 상에서 전체 펌프유량은 압력릴리프밸브를 거쳐 저장탱크로 귀환한다. 실린더 로드부분의 스프링은 오일이 블랭크엔드(blank end)로부터 저장탱크로 누설될 때 피스톤을 후진시킨다. 밸브 위치가 수동으로 작동되어 왼쪽의 유동경로 형태가 될 때 펌프유량은 실린더를 전진시킨다. 완전히 전진되었을 때, 펌프유량은 릴리프밸브를 통하여 나간다. DCV가 작동하지 않을 때 DCV는 스프링옵셋 모드로 이동함으로 실린더는 후진한다.

9.3 복동 유압실린더의 제어

복동 유압실린더(double-acting hydraulic cylinder)를 제어하기 위하여 사용되는 회로가 그림 9–3에 도시되어 있다.

작동원리는 다음과 같다.

1. 4방향밸브가 스프링중립 위치(탠덤 설계)에 있을 때, 실린더는 유압에 의하여 고정된다. 또한 펌프유량은 무부하상태로 사실상 대기압상태의 저장탱크로 귀환한다.
2. 4방향밸브가 왼쪽 유동경로형태와 같이 작동될 때, 오일이 포트 *P*에서 포트 *A*로 흐르게 되므로 실린더는 부하 힘 F_{load}에 대항하여 전진한다. 또한 실린더 로드부분의 오일은 자유로이 4방향밸브의 포트 *B*로부터 포트 *T*를 거쳐 저장탱크로 귀환한다. 만일, 이 오일이 실린더의 로드부로부터 밖으로 유출되지 못하면 실린더가 전진할 수 없음을 주목하여라.

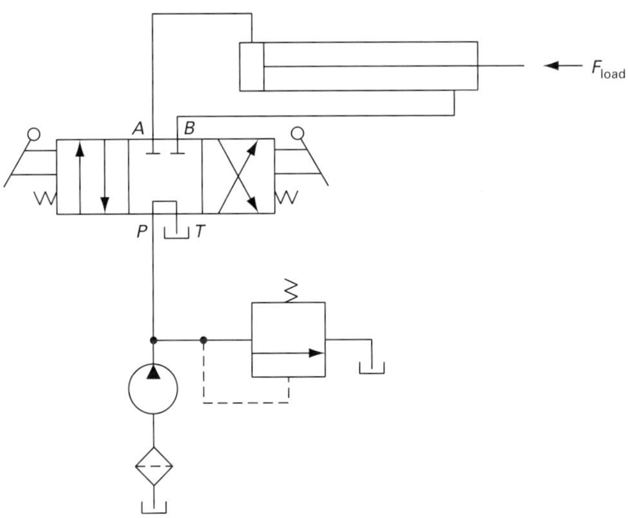

그림 9-3
복동 유압실린더의 제어

3. 4방향밸브에 입력이 가하여지지 않을 때는 스프링 중립형이 되어 실린더는 다시 한 번 유압적으로 고정된다.
4. 4방향밸브가 오른쪽 엔빌로프(envelope)형태로 작동할 때, 오일이 포트 *P*로부터 포트 *B*를 통하여 흐르므로 실린더는 후진한다. 블랭크엔드에 있는 오일은 포트 *A*로부터 포트 *T*를 거쳐서 저장탱크로 귀환한다.
5. 행정의 끝에 이르면 시스템에서 오일을 필요로 하지 않는다. 따라서 4방향밸브에 입력이 가하여지고 있는 한 펌프유량은 설정된 압력수준에서 릴리프밸브를 통하여 흐른다. 어떠한 경우에도 시스템은 실린더의 과부하로부터 보호된다.

9.4 재생회로

작동

복동 유압실린더의 전진속도를 높이기 위하여 사용되는 재생회로가 그림 9-4에 도시되어 있다. 유압실린더의 양끝으로 이어진 관로가 평행한 것과 4방향밸브의 한 개 포트가 폐쇄된 것을 주목할 필요가 있다. 밸브포트를 봉쇄하기 위하여 사용되는 공통의 방법으로서 간단히 나사형 플러그를 포트구멍에 삽입한다. 후진행정 동안의 실린더 작동은 일반적인 복동실린더와 같다. 후진하는 동안에 유체는 DCV의 오른쪽 엔빌로프를 통하여 흐른다. 이 모드에서 유체는 펌프로부터 DCV를 우회해서 실린더 로드부로 들어간다. 실린더가 후진함에 따라 블랭크엔드의 유체는 DCV를 통해 저장탱크로 돌아간다.

DCV가 왼쪽 엔빌로프형태로 이동되면, 실린더는 그림9-4(b)에 도시된 것과 같이 전진한다. 전진속도는 일반적인 복동실린더보다 더 빠르다. 왜냐하면 로드부분의 유량(Q_R)이 재생되어 펌프유량(Q_P)과 합류됨으로써 전체 공급유량(Q_T)이 실린더의 블랭크엔드로 가는 펌프유량보다 많기 때문이다.

실린더 진진속도

전진속도 방정식은 다음과 같이 구할 수 있다(그림 9-4 참조). 실린더의 블랭크엔드에 유입하는 들어가는 전체 유량(Q_T)은 펌프유량(Q_P)에 실린더 로드부분에서 귀환하는 재생유량(Q_R)을 더한 것과 같다:

$$Q_T = Q_P + Q_R$$

펌프유량에 대하여 풀면

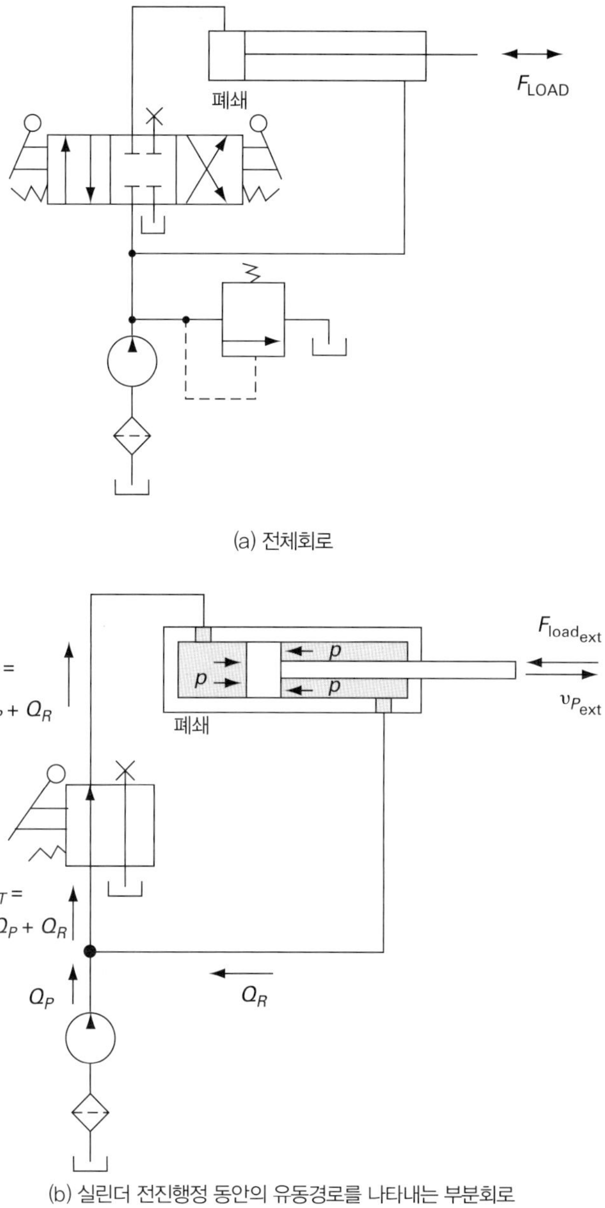

그림 9-4 재생실린더 회로

$$Q_P = Q_T - Q_R$$

이다. 전체 유량은 피스톤 면적에 피스톤의 전진속도($v_{p_{ext}}$)를 곱한 것과 같다. 마찬가지로 재생유량은 피스톤 면적에서 로드면적을 뺀 면적($A_P - A_r$)에 피스톤의 전진속도를 곱한 것과 같다. 이 두 가지의 관계를 앞 식에 대입하면 다음과 같은 결과를 얻는다.

$$Q_P = A_P v_{P_{ext}} - (A_P - A_r) v_{P_{ext}}$$

피스톤의 전진속도에 대하여 풀면 다음과 같다.

$$v_{P_{ext}} = \frac{Q_P}{A_r} \tag{9-1}$$

식 (9−1)로부터 전진속도는 펌프유량을 로드면적으로 나눈 것과 같음을 알 수 있다. 따라서, 로드면적이 작으면(많은 재생유량을 만들어낼 수 있으면) 전진속도가 빠르다. 사실상 로드면적을 충분히 작게 할 수 있다면 전진속도는 후진속도보다 더 커질 수 있다

전진과 후진속도의 비

어떠한 조건에서 전진속도와 후진속도가 같아지는가를 결정하기 위하여 전진과 후진속도의 비를 알아보면, 후진속도($v_{P_{ext}}$)는 펌프유량을 피스톤면적에서 로드면적을 뺀 면적으로 나눈 값과 같다:

$$v_{P_{ret}} = \frac{Q_P}{A_P - A_r} \tag{9-2}$$

식 (9−1)을 식 (9−2)로 나누면 다음과 같다.

$$\frac{v_{P_{ext}}}{v_{P_{ret}}} = \frac{Q_P/A_r}{Q_P/(A_P - A_r)} = \frac{A_P - A_r}{A_r}$$

더 간단하게 하면 원하는 식을 얻게 된다.

$$\frac{v_{P_{ext}}}{v_{P_{ret}}} = \frac{A_P}{A_r} - 1 \tag{9-3}$$

식 (9−3)으로부터 피스톤면적이 로드면적의 두 배일 때 전진속도와 후진속도가 같아짐을 알 수 있다. 일반적으로 로드면적 대 피스톤면적의 비가 클수록, 전진속도 대 후진속도의 비도 크다.

예제 9-1

그림 9-4(a)의 재생회로에 복동실린더가 연결되어있다. 릴리프밸브의 크래킹압력은 1000 psi 이다. 피스톤 면적은 25 in^2이고 로드면적은 7 in^2이다. 펌프유량은 20 gpm이다. 다음의 경우에 실린더 속도, 부하-운반 능력, 그리고 부하로 전달되는 동력(부하가 실린더 부하 운반능력과 같다고 가정한다)을 구하여라.

a. 전진행정

b. 후진행정

풀이

a.
$$v_{P_{ext}} = \frac{Q_P}{A_r} = \frac{(20\text{ gpm})(231\text{ in}^3/1\text{ gal})(1\text{ min}/60\text{ s})}{7\text{ in}^2} = 11.0\text{ in/s}$$

$$F_{load_{ext}} = pA_r = 1000\text{ lb/in}^2 \times 7\text{ in}^2 = 7000\text{ lb}$$

$$\text{Power}_{ext} = F_{load_{ext}} v_{P_{ext}} = 7000\text{ lb} \times 11.0\text{ in/s} = 77{,}000\text{ in}\cdot\text{lb/s} = 11.7\text{ hp}$$

b.
$$v_{P_{ret}} = \frac{Q_P}{A_p - A_r} = \frac{20 \times \frac{231}{60}}{25 - 7} = 4.28\text{ in/s}$$

$$F_{load_{ret}} = p(A_P - A_r) = 1000\text{ lb/in}^2 \times (25 - 7)\text{ in}^2 = 18{,}000\text{ lb}$$

전진과 후진행정 동안에 펌프에 의하여 공급되는 유압마력은 다음과 같이 구할 수 있다.

$$HP_{pump} = \frac{p(\text{psi}) \times Q_{pump}(\text{gpm})}{1714} = \frac{1000\text{ psi} \times 20\text{ gpm}}{1714} = 11.7\text{ hp}$$

따라서, 예상했던 대로 펌프에 의하여 공급된 유압동력은 전진과 후진행정 동안에 부하에 전달된 동력과 같다.

전진하는 동안 부하운반능력

전진하는 동안 재생실린더의 부하운반능력은 정상적인 복동실린더의 부하운반능력에 못 미친다. 재생실린더의 부하운반능력(F_{load})은 압력에 피스톤 면적을 곱한 것이 아니라 압력에 로드 면적을 곱한 것과 같다. 이는 그림 9-4(b)에 도시된 것과 같이 재생실린더의 전진행정이 이루어지는 동안 피스톤 양쪽에 동일한 시스템 압력이 작용하기 때문이다. 이것은 파스칼의 법칙과 일치한다.

$$F_{\text{load}_{\text{ext}}} = pA_r \tag{9-4}$$

따라서, 부하운반용량의 저하를 감수하고 전진속도가 증가되기 때문에, 전진속도가 증가하면 재생실린더로부터 보다 큰 동력을 얻지 못한다.

드릴머신 용도

그림 9-5는 저장탱크포트가 닫히고 압력포트가 출구포트 A와 B에 개방된 스프링중립형 4방향밸브를 사용한 용도를 나타낸다.

이는 드릴머신용으로서 다음과 같이 작동 한다.

1. 스프링중립 위치에서 스핀들이 빠르게 전진 한다(전진).
2. 왼쪽 엔빌로프 모드는 드릴이 가공물을 가공하기 시작할 때 천천히 이송(전진)되게 한다.
3. 오른쪽 엔빌로프 모드는 피스톤을 후진시킨다.

스프링중립 위치가 어떻게 실린더(드릴 스핀들)의 빠른 전진을 가능하게 하는가? 그 이유는 간단하다. 로드부분의 오일이 블랭크엔드로 유입하는 펌프유량으로 재생되기 때문이다. 이는 스프링중립 모드로 작동할 때 실린더의 블랭크엔드로 가는 펌프유량을 실제로 증가시킨다. 재생실린더의 효과를 재차 확인할 수 있다. 재생회로에서 사용되는 실린더는 실제로 일반적인 복동실린더임을 주목하여라. 그리고 회로구성 방법에 따라 재생실린더 역할을 수행한다. 재생실린더의 전진 행정동안에는 블랭크엔드와 로드엔드는 평행하게 연결되어 있다. 후진방법은 일반적인 복동실린더와 같다.

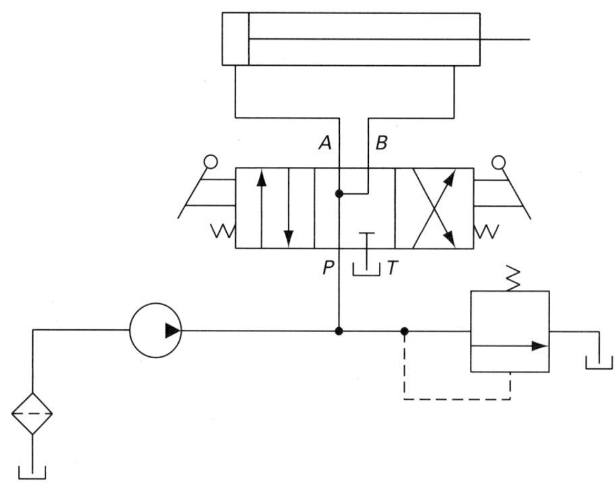

그림 9-5 드릴머신 용도

9.5 펌프 무부하회로

그림 9-6에는 펌프를 무부하시키기 위하여 무부하밸브를 사용한 회로가 도시되어 있다. 실린더가 전진행정의 끝에 이르면, 첵밸브가 무부하밸브의 파일럿 라인에 고압의 오일을 유지하기 때문에 무부하밸브는 열린다. 실린더가 후진하도록 DCV가 이동되면 피스톤의 운동은 무부하밸브 파일럿 라인의 압력을 감소시킨다. 이로 인하여 무부하밸브는 실린더가 완전히 후진할 때까지 리셋(reset)되고, 실린더가 완전히 후진하면 무부하밸브는 펌프를 무부하시킨다. 따라서, 무부하밸브는 DCV의 스프링중립위치 뿐만 아니라 전진과 후진행정의 끝에서도 펌프를 무부하시킨다.

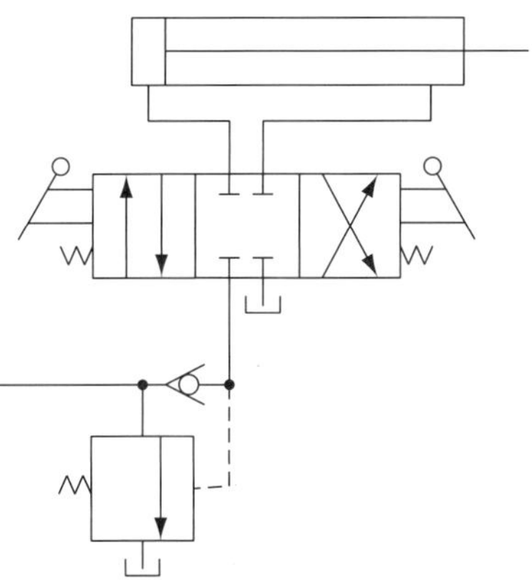

그림 9-6 펌프 무부하회로

9.6 이중펌프 유압시스템

그림 9-7에는 고압, 소유량 펌프가 저압, 대유량 펌프와 함께 사용된 회로가 도시되어 있다. 전형적인 응용예로서, 판금 펀치프레스에서는 램(ram)이 매우 낮은 압력상태에서 먼 거리를 빠르게 전진해야 하므로 많은 유량이 요구된다. 실린더의 이러한 빠른 전진은 펀칭공구(실린더 피스톤로드의 끝에 연결된)가 펀치대상 판금스트립(strip)에 접근할 때 외부부하가 없는 상태에서 발생한다 그러나 펀칭작업을 할 때의 짧은 움직임 동안에는 펀칭부하 때문에 압력이 높아야 한다. 그리고 펀칭작업 동안에는 실린더의 움직임이 작으므로 요구되는 유량도 적다.

도시된 회로를 사용하면 매우 비싼 고압, 대유량 펌프가 필요하지 않다. 펀칭작업이 시작되면 증가된 압력은 무부하밸브를 열어 저압펌프를 무부하시킨다. 릴리프밸브의 목적은 실린더 행정이 끝날 때 과도압력으로부터 고압펌프를 보호하기 위한 것이다. 첵밸브는 펀칭 작업 동안, 실린더 행정의 끝에 도달하였을 때 발생하는 높은 압력과 그리고 DCV가 스프링중립 모드에 있을 때 발생하는 높은 압력으로부터 저압펌프를 보호한다.

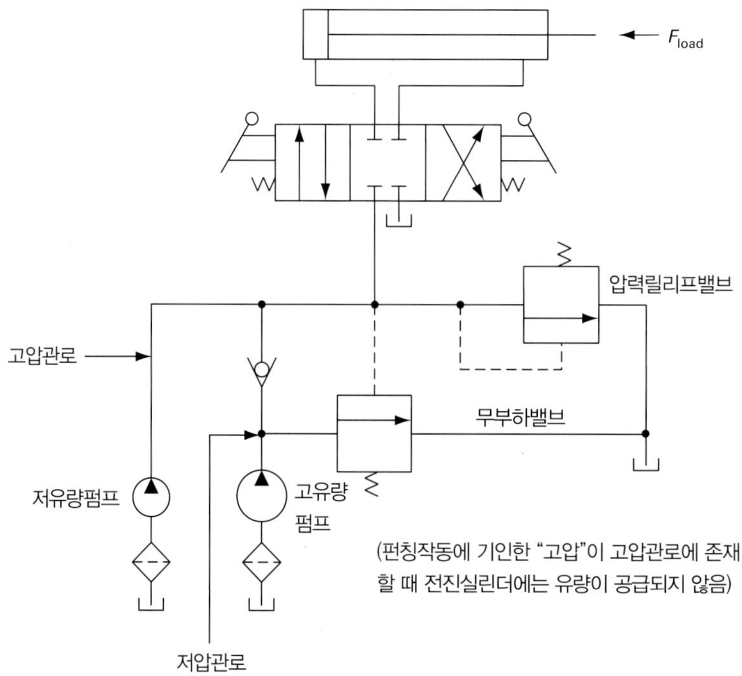

그림 9-7 이중펌프 유압시스템

예제 9-2

그림 9-7의 이중 펌프시스템에 대하여, 다음과 같은 조건하에서 무부하밸브와 압력릴리프 밸브의 압력설정값은 얼마인가 ?

a. 판금펀칭 작업에서 2000 N의 힘이 요구된다.

b. 유압실린더의 피스톤 직경은 1.5 in 그리고 로드 직경은 0.5 in이다.

c. 실린더의 빠른전진 동안에 고유량 펌프로부터 실린더의 블랭크엔드(blank end)까지의 관로에서 100 psi의 마찰압력손실이 발생한다. 동일한 시간동안에 실린더의 로드엔드(rod end)로 부터 오일탱크까지의 귀환관로에서 50 psi의 압력손실이 발생한다. 펀칭작동 동안에 이들 관로에서의 마찰압력손실은 무시할 수 있을 정도로 작다.

d. 무부하밸브와 릴리프밸브의 설정압력(전체 펌프유량 조건에 대하여)은 마찰압력손실을 극복하는데 필요한 압력과 실린더 펀칭부하보다 각각 50%이상 높다고 가정한다.

풀이

무부하밸브

실린더에 작용하는 역-압력(back-pressure)힘은 귀환관로에서의 압력손실과 실린더 유효단면적($A_p - A_r$)의 곱과 같다.

$$F_{\text{back pressure}} = 50\,\frac{\text{lb}}{\text{in}^2} \times \frac{\pi}{4}(1.5^2 - 0.5^2)\text{in}^2 = 78.5\text{ lb}$$

역-압력 힘을 극복하는 데 필요한 실린더 블랭크 엔드에서의 압력은 역-압력 힘을 실린더 피스톤 단면적으로 나눈 값과 같다.

$$p_{\text{cyl blank end}} = \frac{78.5\text{ lb}}{\frac{\pi}{4}(1.5\text{ in})^2} = 44.4\text{ psi}$$

따라서, 무부하밸브에서의 설정압력은 1.50(100 + 44.4)psi = 217 psi이다.

압력릴리프밸브

펀칭작동을 극복하는 데 필요한 압력은 펀칭부하를 실린더 피스톤 단면적으로 나눈 값과 같다.

$$p_{\text{punching}} = \frac{2000\text{ lb}}{\frac{\pi}{4}(1.5\text{ in})^2} = 1132\text{ psi}$$

따라서, 압력릴리프밸브에서의 설정압력은 1.50 × 1132 psi = 1698 psi이다.

예제 9-3

예제 9-2의 시스템에서, PRV 설정(전체 펌프유량 압력)에서 전체 펌프유량이 밸브를 통과하려면 포펫은 완전히 닫힌 위치로부터 0.10 in 이동해야 한다. 시스템압력이 작용하는 포펫면적은 0.75 in^2이다. 릴리프밸브 크래킹압력은 유압실린더 펀칭작동을 극복하는 데 필요한 압력보다 10% 이상 높다고 가정하고, 다음을 구하여라.

a. 밸브내 압축스프링의 스프링상수

b. PRV의 스프링-조정메카니즘(포펫은 스프링에 의하여 시트에 안착되어 있음)에 의하여 설정되는 스프링의 자유-길이로부터 초기압축.

풀이

a. 전체 펌프유량 압력(PRV 설정)에서, 스프링힘은 포펫에 작용하는 유압힘과 같다.

$$\text{스프링 힘} = \text{유압 힘}$$

$$kS = p_{\text{PRV setting}} A_{\text{poppet}} = 1698 \frac{\text{lb}}{\text{in}^2} \times 0.75\ \text{in}^2 = 1274\ \text{lb}$$

여기에서

k = 스프링상수(lb/in)
S = 전체 스프링 압축(in)
= 스프링 초기 압축(l) + 전체 포펫행정
= $l + 1.10$

S에 대한 표현을 앞의 식에 대입하면 두개의 힘의 식 중 첫 번째가 된다.

$$k(l + 0.10) = 1274\ \text{lb}$$

즉,
$$k(l + 0.10) = 1274\ \text{lb}$$

릴리프밸브의 크래킹압력에서 스프링힘은 포펫에 작용하는 유압힘과 같다는 것을 우리는 역시 알고 있다. 이것이 두 번째 힘의 식이 된다.

$$kl = p_{\text{cracking}} A_{\text{poppet}} = (1.10 \times 1132\ \text{lb/in}^2) \times 0.75\ \text{in}^2$$

즉,
$$kl = 934\ \text{lb}$$

kl 값 934 lb를 첫 번째 힘의 식에 대입하면 다음과 같이 된다.

$$934 + 0.10k = 1274 \quad \text{즉, } k = 3400\ \text{lb/in}$$

b. 스프링 상수값을 두 번째 힘의 식에 대입하면 스프링의 초기압축을 구할 수 있다.

$$3400\ \text{lb/in} \times l(\text{in}) = 934\ \text{lb} \quad \text{즉, } l = 0.275\ \text{in}$$

9.7 카운터밸런스밸브 용도

그림 9–8은 카운터밸런스 또는 배압밸브의 용도를 보여주는 예로서, 펌프가 공회전하고 있는 동안에 수직으로 설치된 실린더의 상승된 위치를 유지하여 준다. 카운터밸런스밸브(CBV)는 피스톤위치를 유지하는 데 필요한 압력보다 약간 높을 때 열리도록 설정된다. 이로 인하여 압력이 블랭크엔드쪽에 가하여질 때 실린더는 아래쪽으로 밀린다. 개방중립형 방향제어 밸브는 펌프를 무부하시킨다. DCV는 솔레노이드로 작동되고 개방중립 유동경로형태를 가진 스프링중립형 밸브이다.

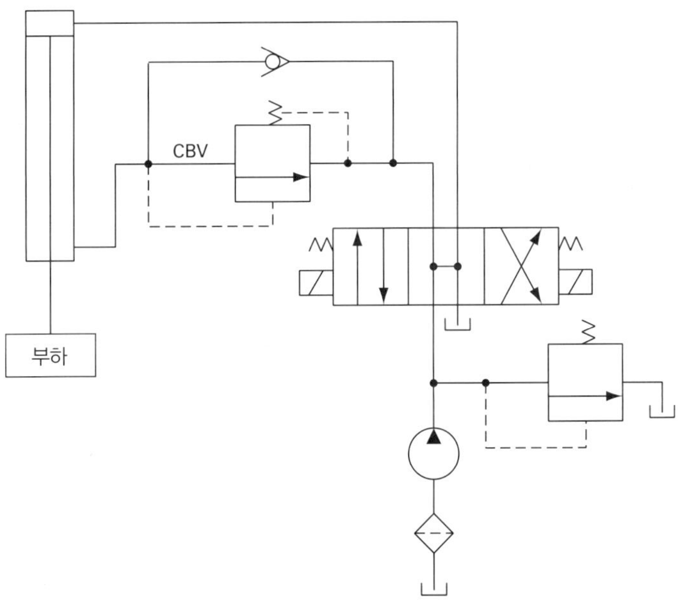

그림 9-8 카운터밸런스밸브 응용

9.8 유압실린더 순서회로

앞에서 기술한 바와 같이 순서밸브는 유압회로가 순서대로 작동되도록 한다. 그림 9–9은 두 개의 순서밸브가 두 개의 복동실린더의 작동 순서를 제어하기 위하여 사용된 예이다. DCV가 왼쪽 엔빌로프 모드로 이동되면 왼쪽 실린더가 완전히 전진한 다음 오른쪽 실린더가 전진한다. DCV가 오른쪽 엔빌로프 모드로 형태로 이동되면 오른쪽 실린더가 완전히 후진한

다음 왼쪽 실린더가 후진한다. 실린더 작동의 이러한 순서는 순서밸브에 의하여 제어된다. DCV가 스프링중립 위치에 오게 되면 양쪽 실린더는 그 자리에 고정된다.

이 회로의 한 가지 응용분야는 생산공정이다. 예를 들어, 왼쪽 실린더는 전진하여 바이스에 힘을 가함으로써 가공물을 고정할 수 있다. 그 다음에 오른쪽 실린더는 전진하여 가공물에 구멍을 뚫기 위한 스핀들을 구동한다. 그리고 나서 오른쪽 실린더는 드릴 스핀들을 후진시키고, 그 다음에 왼쪽 실린더가 후진하여 가공물을 치울 수 있도록 한다. 이러한 가공작업은 회로에서 순서밸브에 의하여 정해진 올바른 순서로 이루어져야 한다.

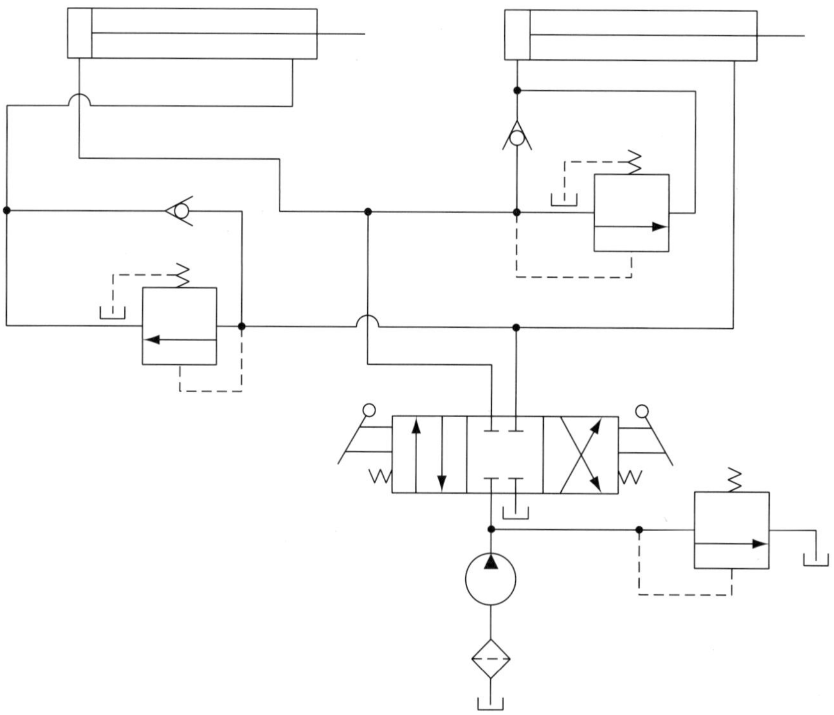

그림 9-9 유압실린더 순서회로

9.9 자동 실린더 왕복시스템

그림 9-10은 유압실린더가 연속된 왕복운동을 하도록 구성된 회로이다. 왕복운동은 두 개의 순서밸브를 이용함으로써 이루어지며, 이 밸브들 각각은 행정의 완성을 상응하는 형성된 압력으로 감지한다. 각각의 첵밸브와 상응하는 파일럿 라인은 실린더의 특수한 행정이 종결될

때까지 4방향밸브의 움직임을 막는다. 첵밸브는 파일럿 압력이 DCV의 한쪽 끝 부분에 작용하는 동안 파일럿 오일이 DCV의 반대쪽 끝에서 빠져나가도록 하기 위하여 필요하다. 이렇게 하여 DCV의 스풀은 원하는 대로 이동된다.

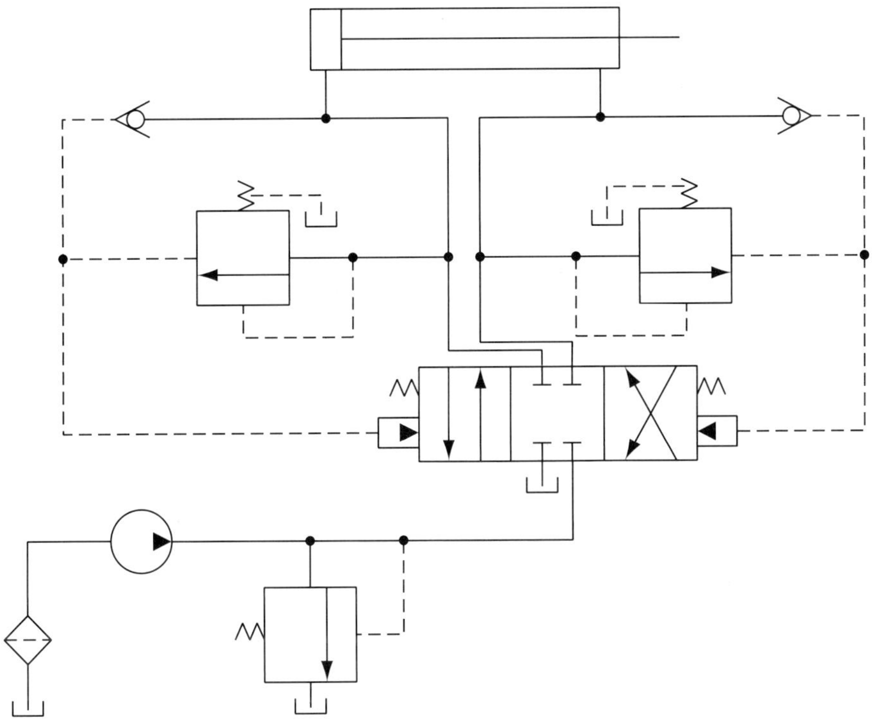

그림 9-10 자동 실린더 왕복시스템

9.10 파일럿 첵밸브를 이용한 실린더의 고정

실린더의 많은 용도 가운데, 피스톤 로드에 외력이 작용하더라도 피스톤이 움직이지 않도록 실린더를 고정할 필요가 있다. 이러한 경우에 실린더를 고정하는 한 가지 방법으로서 그림 9-11에서 보여 주는 것처럼 파일럿 첵밸브를 이용할 수 있다. 실린더는 방향제어밸브의 동작에 의하여 보통 행하여지는 것처럼 전진, 후진할 수 있다. 만약 일반적인 첵밸브가 이용되었다면, DCV의 작동으로 실린더를 전진 혹은 후진시킬 수 없었을 것이다. 피스톤 로드에 작용하는 외력은 어떠한 방향으로도 피스톤을 움직이지 못한다. 왜냐하면 이러한 상황에서는 어느 첵밸브를 통하여도 역류가 허용되지 않기 때문이다.

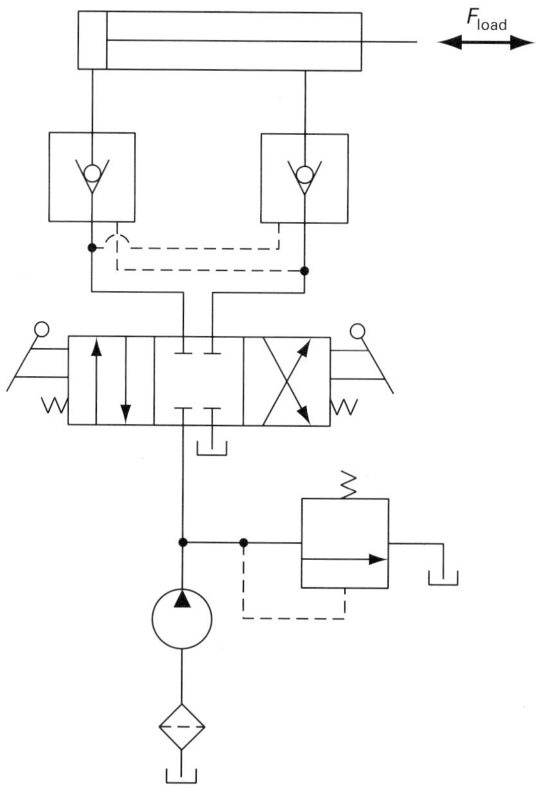

그림 9-11 파일럿 첵밸브를 이용한 실린더의 고정

9.11 실린더 동기회로

병렬연결 실린더

그림 9-12는 매우 흥미로운 회로로서, 두 개의 동일한 실린더를 병렬로 연결하여 동기화 시킬 수 있는가를 보여준다. 그러나 두 개의 실린더가 동일하다고 할지라도, 정확히 동시에 전진하기 위하여는 실린더 부하도 동일해야 한다. 만약 부하가 정확히 동일하지 않으면(대부분 이러한 경우이다), 부하가 작은 실린더가 보다 낮은 압력수준에서 움직이기 때문에 먼저 전진한다. 이 실린더가 행정을 완전히 끝낸 후에 시스템 압력은 큰 부하를 받고 있는 실린더를 전진시킬 수 있는 높은 압력수준까지 증가한다. 실제로는 어떤 두 개의 실린더도 정확하게 동일할 수는 없다는 것을 주목하여야 한다. 예로서, 실린더마다 패킹 마찰의 차이가 다르다. 이러한 패킹 마찰의 차이만으로도 그림 9-12 회로에서 실린더의 동기화를 이룰 수 없다.

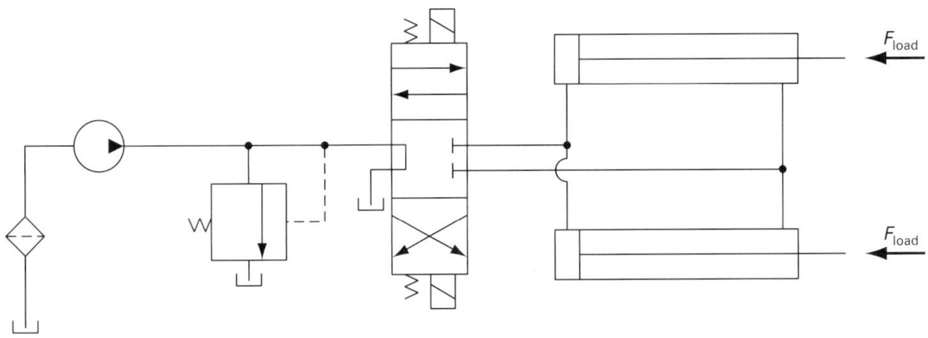

그림 9-12 병렬연결된 실린더는 동기화되어 작동하지 않는다

직렬연결 실린더

그림 9-13의 회로는 두 개의 실린더를 직렬로 연결하는 것이 두 개의 실린더를 동기화시킬 수 있는 간단한 방법이라는 것을 보여주고 있다. 예를들어 실린더의 전진행정 동안, 펌프로부터의 작동유체는 DCV의 상부엔빌로프에 도시된 유동경로를 거쳐 실린더 1의 블랭크엔드로 공급된다. 실린더 1이 전진함에 따라, 로드부분의 작동유체는 실린더 2의 블랭크엔드로 공급된다. 실린더들의 양쪽 끝 부분과 실린더들 사이의 관로전체가 작동유체로 채워져 있음을 주목하여라. 작동유체는 실린더 2의 로드부분으로부터, 실린더 2가 전진함에 따라, DCV를 거쳐 저장탱크로 돌아온다. 두 개의 실린더를 동기화시키기 위하여 실린더 2의 피스톤 면적은 실린더 1의 피스톤 면적과 로드 면적의 차이와 같아야 한다. 이는 실린더 1의 로드끝 부분에서 유출하는 유량이 실린더 2에 유입하는 유량과 일치한다는 연속방정식을 적용하여 증명된다. 따라서 유압유에 대하여 다음식이 성립한다.

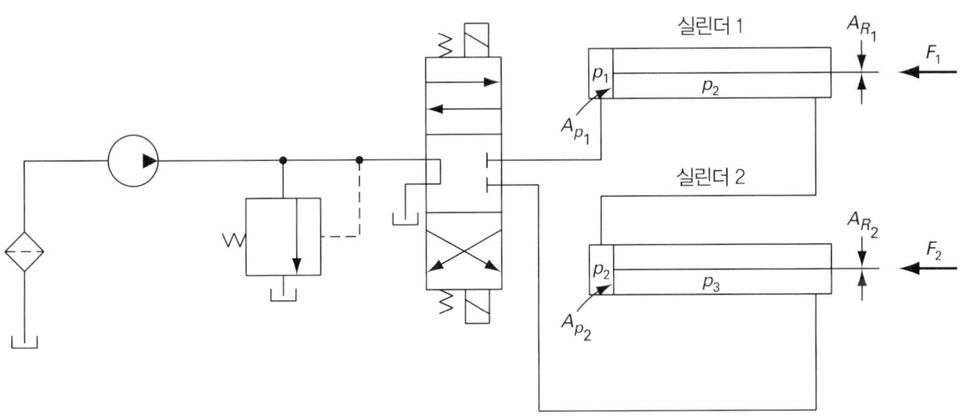

그림 9-13 직렬연결된 실린더는 동기화되어 작동한다

$$Q_{\text{out(cyl 1)}} = Q_{\text{in(cyl 2)}}$$

$Q = Av$(여기에서 A는 유체가 흐르는 유효단면적)이므로 다음식이 성립한다.

$$(A_{\text{eff}}v)_{\text{cyl 1}} = (A_{\text{eff}}v)_{\text{cyl 2}}$$

따라서

$$(A_{P_1} - A_{R_1})v_1 = A_{P_2}v_2$$

동기시키기 위하여는 $v_1 = v_2$이므로, 원하는 결과가 얻어진다:

$$A_{P_1} - A_{R_1} = A_{P_2}$$

펌프는 양쪽의 전진하는 실린더에 작용하는 부하를 실린더 1의 피스톤이 단독으로 극복하는 데 필요한 압력을 공급할 수 있어야 함을 주목해야 한다. 파스칼 법칙에 의하여 실린더 2의 블랭크엔드와 실린더 1의 로드엔드의 압력이 같음을 주목하면, 이는 다음과 같이 나타낼 수 있다(면적, 부하, 압력 식별을 위하여 그림 9−13을 참고할 것):

실린더 1에 작용하는 힘들을 합하면

$$p_1A_{P_1} - p_2(A_{P_1} - A_{R_1}) = F_1$$

실린더 2에 대하여 이러한 힘의 합을 반복하면

$$p_2A_{P_2} - p_3(A_{P_2} - A_{R_2}) = F_2$$

위의 두 식을 같이 더하고, $A_{P_2} = A_{P_1} - A_{R_1}$, $P_3 = 0$(저장탱크로의 누설관로이기 때문)임을 고려하면, 원하는 결과가 얻어진다:

$$p_1A_{P_1} = F_1 + F_2 \tag{9-5}$$

9.12 고장안전회로

부주의에서 오는 실린더 전진으로부터의 보호

고장안전회로는 운전자에게 상해를 입히거나 장치에 손상 주는 것을 막기 위하여 설계되었다. 일반적으로 그 회로는 시스템이 우발적으로 운전자를 다치지 못하게 방지하고, 아울러 시스템의 과부하를 막는다. 그림 9−14는 유압관로가 파열되는 사고 또는 펌프가 작동하고 있지 않을 때 사람이 부주의하게 파일럿 조작 방향제어밸브의 수동보조장치를 작동시키는 경우에 실린더의 우발적인 낙하를 방지하는 고장안전회로를 보여준다. 실린더를 하강시키기 위하여는 블랭크엔드의 파일럿 압력은 로드 끝 부분의 첵밸브를 반드시 열어 오일이 DCV을 통해 저장탱크로 복귀하도록 해야 한다. 이러한 것은 푸시버튼 밸브가 DCV의 파일럿 압력작동이 가능하도록 작동할 때, 혹은 펌프가 작동되고 있는 동안 DCV가 직접 수동작동될 때 일어난다. 파일럿 조작형 DCV가 스프링옵셋 모드로 되었을 때 반대방향으로 자유유동이 허용되어 실린더는 후진한다.

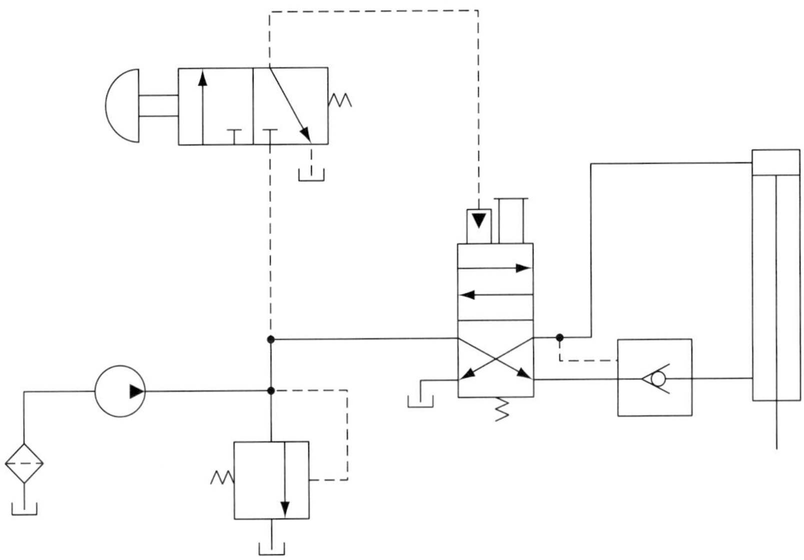

그림 9-14 고장안전회로

과부하방지 고장 안전시스템

그림 9-15에는 시스템 부품의 과부하를 방지하는 고장 안전회로가 도시되어 있다. 방향제어밸브 1은 푸시버튼 3-방향밸브 2에 의해 제어된다. 과부하밸브 3이 스프링옵셋 모드에 있을 때, 밸브 1의 파일럿 라인은 드레인된다. 만약 실린더가 전진 행정을 하는 동안 과도한 저항을 받게 된다면, 순서밸브 4는 과부하밸브 3을 파일럿 작동시킨다. 이로 인하여 밸브 1의 파일럿 관로가 드레인되어 스프링옵셋 모드로 복귀한다. 그러면 만약 사람이 푸시버튼밸브 2를 작동시키더라도 과부하밸브 3이 수동으로 폐쇄포트형태로 이동하지 않으면 아무 현상도 발생하지 않는다. 따라서, 시스템 부품들은 전진행정 동안에 과도한 실린더 부하 때문에 생기는 과도압력으로부터 보호된다.

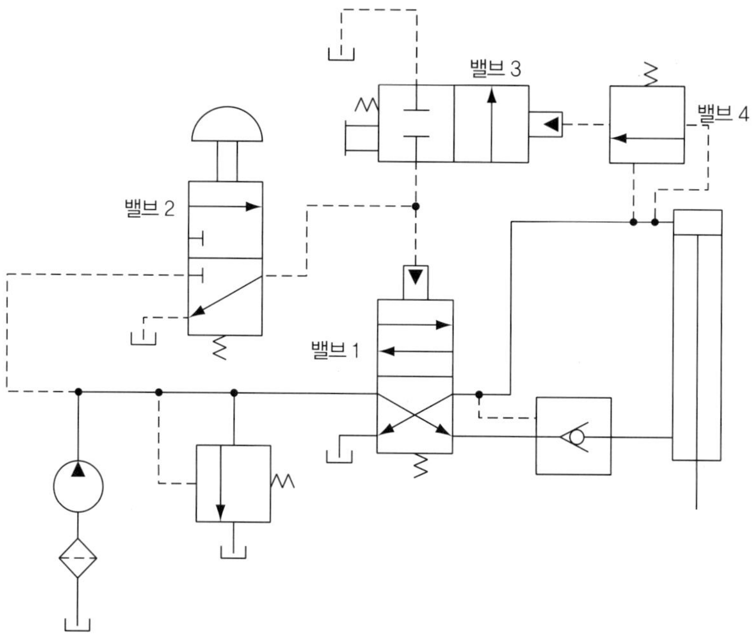

그림 9-15 과부하방지 고장안전회로

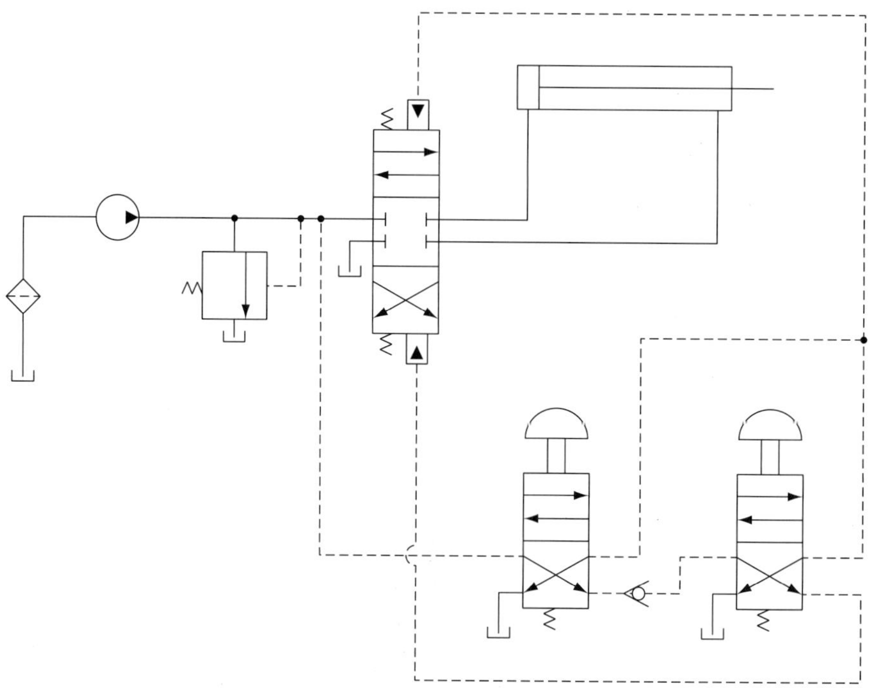

그림 9-16 두손 안전회로

두손 안전시스템

그림 9-16의 안전회로는 운전자를 상해로부터 보호하기 위하여 설계되었다. 회로가 기능(실린더의 전진과 후진)을 수행하기 위해서는 운전자가 양쪽의 푸시버튼에 의하여 수동조작밸브를 작동시켜야 한다. 더욱이 운전자가 하나의 푸시밸브만 작동시켜서는 실린더가 작동하지 않는다. 왜냐하면 실린더가 후진하기 위하여서는 양쪽버튼을 모두 놓아주어야 하기 때문이다. 양쪽 버튼을 모두 누를 때, 메인 3위치 방향제어밸브가 파일럿 작동되어 실린더를 전진시킨다. 양쪽 버튼을 모두 놓아줄 때 실린더는 후진한다.

9.13 유압실린더의 속도제어

작동

그림 9-17은 유량제어밸브를 사용하여 전진행정 동안 유압실린더의 속도제어가 수행되는 회로이다. 작동방식은 다음과 같다.

1. 방향제어밸브가 작동되면, 오일이 유량제어밸브를 통하여 흐르고 실린더를 전진시킨다. 실린더의 전진속도는 유량제어밸브(FCV)의 설정값(완전히 열렸을 때에 대한 퍼센트)에 의존한다.
2. 방향제어밸브가 스프링옵셋 모드로 복귀하면, 오일이 실린더로부터 유량제어밸브 뿐만 아니라 첵밸브를 통하여 오일탱크로 귀환함으로써 실린더가 후진한다.

전진속도제어의 해석

전진행정 동안에 유량제어밸브가 완전히 열리면 펌프로부터의 모든 유량은 실린더로 유입되어 실린더 속도가 최대가 된다. 유량제어밸브가 부분적으로 닫혀짐에 따라 압력 강하가 증가한다. 이로 인하여 압력 p_1이 증가한다. 유량제어밸브가 계속 닫히면 결국에는 압력 p_1이 압력 릴리프밸브(PRV)의 크래킹압력을 초과하게 된다. 그 결과 펌프유량이 PRV를 통하여 저장탱크로 들어가기 때문에 실린더 속도가 느려진다. 원하는 실린더 속도를 내기 위하여, 압력 p_1은 PRV 설정과 거의 같고 실린더에 필요하지 않은 펌프 유량의 대부분은 PRV를 통하여 유출된다. 전진속도를 결정하기 위한 해석은 다음과 같다:

실린더로 가는 유량은 펌프유량에서 PRV를 통과하는 유량을 뺀 값과 같다.

$$Q_{\text{cyl}} = Q_{\text{pump}} - Q_{\text{PRV}} \qquad \textbf{(9-6)}$$

유량제어밸브를 통과하는 유량은 식 (9−7)에 의하여 결정된다.

$$Q_{\mathrm{FCV}} = C_v\sqrt{\frac{\Delta p}{SG}} = C_v\sqrt{\frac{p_1 - p_2}{SG}} \tag{9-7}$$

여기서 Δp = FCV에서의 압력강하

C_v = FCV의 용량계수

SG = 오일의 비중

압력 $p_1 = p_{\mathrm{PRV}}$ = PRV 설정값

또한, 압력 $p_3 = 0$이다(실린더의 로드 끝에서 오일탱크까지의 누설관로에서 마찰에 의한 압력강하는 작으므로 무시).

압력 p_2는 유압실린더에 작용하는 힘을 합하여 구할 수 있다.

$$p_2 A_{\mathrm{piston}} = F_{\mathrm{load}} \quad \text{또는} \quad p_2 = F_{\mathrm{load}}/A_{\mathrm{piston}} \tag{9-8}$$

역시, 실린더의 전진속도는 다음과 같이 유량제어밸브를 통과하는 유량의 함수로 표현될 수 있다.

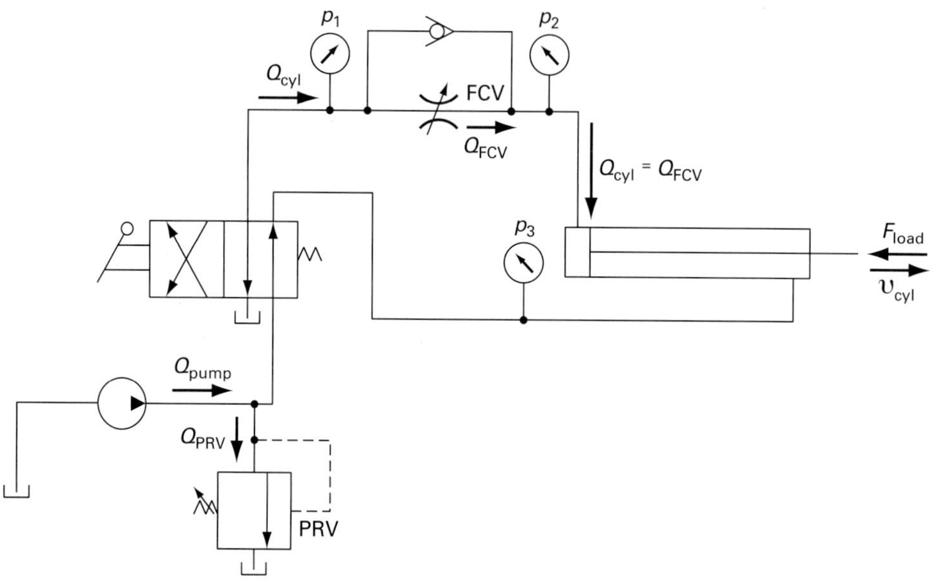

그림 9-17 유량제어밸브를 사용한 전진행정 동안 유압실린더의 미터-인 속도제어(DCV는 수동으로 작동된 위치에 있음)

$$v_{\text{cyl}} = Q_{\text{cyl}}/A_{\text{piston}} = Q_{\text{FCV}}/A_{\text{piston}}$$

앞의 식을 식 (9-7)과 (9-8)과 결합시키면 최종결과가 얻어진다.

$$v_{\text{cyl}} = \frac{C_v}{A_{\text{piston}}}\sqrt{\frac{p_{\text{PRV}} - F_{\text{load}}/A_{\text{piston}}}{SG}} \tag{9-9}$$

식 (9-9)에서 볼 수 있는 바와 같이 유량제어밸브의 설정을 변화시키고, 그리고 C_v 값에 의하여, 실린더의 원하는 전진속도를 얻을 수 있다.

미터-인 대 미터-아웃 유량제어밸브시스템

그림 9-17의 회로는 미터-인(meter-in) 유량제어시스템을 나타낸다. 여기에서 유량제어밸브는 실린더의 입구포트로 연결되는 관로에 위치하고 있다. 그러므로, 미터-인 유량제어시스템은 실린더로 유입하는 유량을 제어한다. 반대로, 미터-아웃(meter-out) 유량제어시스템은 유량제어밸브가 유압실린더의 출구 관로에 위치한다. 그림 9-18에 도시되었듯이, 미터아웃 유량제어시스템은 실린더에서 유출하는 유량을 제어한다.

미터-인 시스템은 외부부하가 유압실린더의 운동방향에 반대로 작용할 때 주로 이용된다. 그 반대 상황의 예는 부하가 수직 실린더의 피스톤 로드를 아래쪽으로 끌어내리는 경우이다.

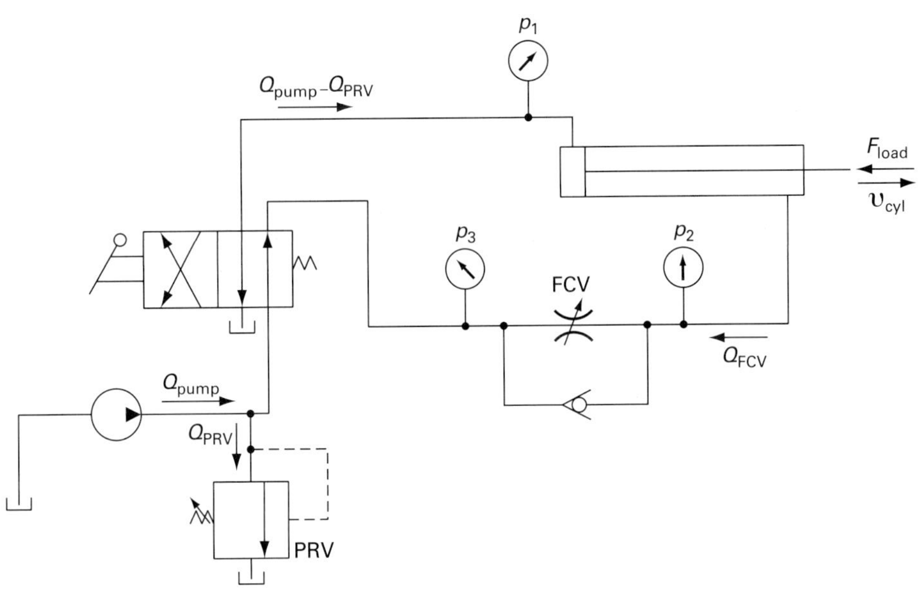

그림 9-18 유량제어밸브를 사용한 전진행정 동안 유압실린더 미터-아웃 속도제어(DCV는 수동으로 작동된 위치에 있음)

만약, 이러한 경우 미터-인 시스템을 사용한다면 유량제어밸브가 완전히 닫혔음에도 불구하고 부하가 피스톤 로드를 아래로 당겨 부하가 갑자기 떨어질 것이다. 따라서, 일반적으로 미터-아웃 시스템이 미터-인 형태보다 더 선호된다. 미터-아웃시스템의 한 가지 결점으로서 실린더가 전진하는 동안 실린더의 로드부에 과도한 압력이 형성될 가능성이 있다. 이는 유량제어밸브가 생성할 수 있는 배압의 크기에 기인하며, 그 배압은 외부부하의 크기 뿐만 아니라, 유량제어밸브가 어느 정도로 완전히 닫혔는가 그리고 실린더의 피스톤과 로드 면적비에 따라 결정된다. 더욱이 실린더의 로드부에 형성되는 과잉압력으로 인하여 유량제어밸브에서 압력강하가 크게 된다. 이로 인하여 열발생률이 크게 되고, 오일온도가 상승하는 바람직하지 못한 결과가 발생한다.

예제 9-4

그림 9-17의 미터-인 시스템에 대하여 다음의 데이터가 주어졌을 때:

밸브 용량계수 = 1.0 gpm/$\sqrt{\text{psi}}$

실린더 피스톤 직경 = 2 in(면적 53.14 in^2)

실린더 부하 = 4000 lb

오일의 비중 = 0.90

압력릴리프밸브 설정 = 1400 psi

실린더 속도를 구하여라.

풀이 식(9-9)에서 항 들의 단위는 다음과 같다.

$$C_v = \text{gpm}/\sqrt{\text{psi}}$$
$$Q = v_{\text{cyl}} A_{\text{piston}} = \text{gpm}$$
$$p_{\text{PRV}} = \text{psi}$$
$$F_{\text{load}}/A_{\text{piston}} = \text{psi}$$

따라서, 식(9-9)로부터 다음과 같이 된다.

$$(v_{\text{cyl}} A_{\text{piston}})_{\text{gpm}} = C_v\sqrt{\frac{p_{\text{PRV}} - F_{\text{load}}/A_{\text{piston}}}{SG}} = 1.0\sqrt{\frac{1400 - 4000/3.14}{0.9}} = 11.8\ \text{gpm}$$

$$= 11.8\frac{\text{gal}}{\text{min}} \times \frac{231\ \text{in}^3}{1\ \text{gal}} \times \frac{1\ \text{min}}{60\ \text{s}} = 45.4\ \text{in}^3/\text{s}$$

실린더 속도에 대하여 풀면 다음과 같이 된다.

$$v_{cyl} = \frac{45.4 \text{ in}^3/\text{s}}{A_{piston}(\text{in}^2)} = \frac{45.4}{3.14} = 14.5 \text{ in/s}$$

실린더 속도가 유량제어밸브의 용량상수에 직접 비례함을 주목할 필요가 있다. 따라서, 예를 들어, 유량제어밸브가 현 위치로부터 용량상수가 반이 될 때 까지(1.0부터 0.5로) 부분적으로 닫힌다면, 실린더 속도는 반이 된다(14.5 in/s로 부터 7.25 in/s로).

예제 9-5

현수부하(suspended load)를 사용하는 그림 9-19의 미터-아웃 시스템에 대하여, 다음의 조건 하에서 실린더의 등속전진 동안 각각의 압력게이지에 작용하는 압력을 결정하여라.

a. 무부하일 때
b. 20,000N 부하일 때

실린더 피스톤과 로드(rod) 직경은 각각 50 mm, 25 mm이고 PRV 설정은 10 MPa이다.

풀이

a. 전진동안(부하는 하강), 원하는 실린더 속도를 달성하기 위한 유량제어밸브의 작동에 기인하여, 실린더로 흐르는 유량은 펌프유량보다 적다. 여분의 유량은 PRV를 통하여 흐른다. 따라서 전진동안의 압력 p_1은 압력릴리프밸브 설정치 10 MPa와 거의 동일하다(DCV에서의 압력강하와 펌프와 실린더 블랭크 엔드를 연결하는 관로에서의 압력강하가 무시할 정도로 작다는 가정 하에). 이는 실린더 피스톤에 작용하는 하방 유압힘은 압력 릴리프밸브 설정치 10 MPa에 실린더 피스톤 면적을 곱한 것과 일치한다는 것을 의미한다.

$$F = 10 \times 10^6 \frac{\text{N}}{\text{m}^2} \times \frac{\pi}{4}(0.050 \text{ m})^2 = 19{,}600 \text{ N}$$

등속운동 실린더를 위한 피스톤과 로드 결합체에 작용하는 전체의 순수 힘은 영이다. 따라서 무부하 조건에서,

$$p_1 A_p = p_2 (A_p - A_r)$$

$$19{,}600 \text{ N} = p_2 \times \frac{\pi}{4}(0.050^2 - 0.025^2)\text{m}^2$$

$$p_2 = 13.3 \text{ MPa}$$

최종적으로, 압력 p_3는 근사적으로 0이 된다. 이유는 그 위치가 오일이 방향제어밸브를 거쳐 탱크로 드레인 되는 관로에 해당하기 때문이다. (DCV에서의 압력강하와 복귀 오일을 탱크로 보내는 관로에서의 압력강하가 무시할 정도로 작다는 가정하에)

b. 부하가 20,000 N인 경우, 압력 p_1과 p_3는 무부하인 경우에 구한 압력 p_2와 동일하다. 그러나 압력 p_2는 피스톤과 로드 결합체에 작용하는 전체의 순수 힘은 영이라는 점을 다시 한번 주목하여 구해진다. 따라서. 20,000 N의 부하가 작용하는 경우

$$19{,}600\ \text{N} + 20{,}000\ \text{N} = p_2 \times \frac{\pi}{4}(0.050^2 - 0.025^2)\text{m}^2$$
$$p_2 = 26.9\ \text{MPa}$$

가 된다.

이 예제는 유압실린더 로드 엔드에서의 압력이 PRV 설정치보다 2.69배 크다는 것을 보여준다. 이러한 큰 압력은 시스템 부품을 손상시킬 수 있는 자체 잠재성의 관점에서 고려되어야 한다. 역시 유량제어밸브에서의 큰 압력강하 26.9 MPa도 높은 열 발생과 이로 인한 오일 온도 상승의 잠재성이 고려되어야 한다.

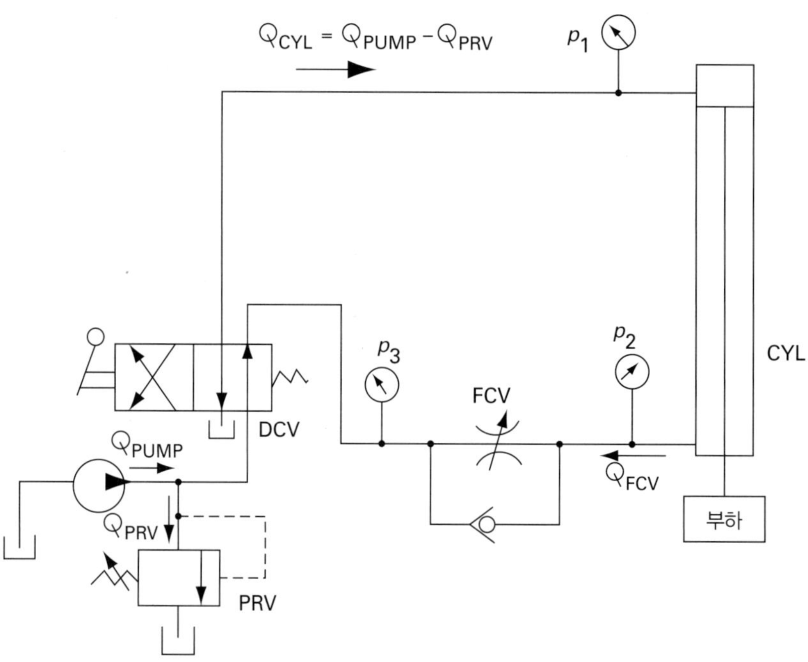

그림 9-19 예제 9-5를 위한 시스템

9.14 유압모터의 속도제어

그림 9–20은 압력보상형 유량제어밸브를 이용한 유압모터 속도제어 회로를 보여준다. 작동은 다음과 같다:

1. 탠덤 4–방향밸브가 스프링중립 위치일 때, 모터는 유압에 의하여 고정된다.
2. 4–방향밸브가 왼쪽 엔빌로프 모드로 작동될 때, 모터는 한 방향으로 회전한다. 그 속도는 유량제어밸브의 스로틀 설정값에 따라 변한다. 과잉의 오일은 압력릴리프밸브를 통하여 유출되므로 이러한 방식으로 속도는 무한히 변화할 수 있다.
3. 4–방향밸브가 작동하지 않을 때, 모터는 갑자기 멈추고 고정된다.
4. 4–방향밸브가 오른쪽 엔빌로프 모드로 작동될 때, 모터는 반대방향으로 회전한다. 예를 들어, 모터에 과잉의 토크부하를 받으면, 압력릴리프밸브가 과부하를 방지한다.

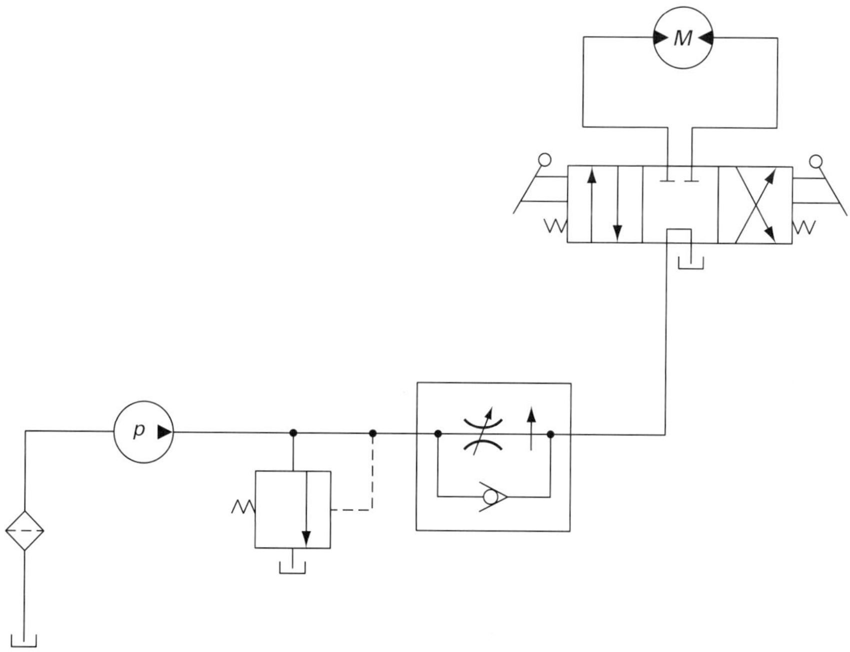

그림 9-20 압력보상형 유량제어밸브를 사용한 유압모터의 속도제어

9.15 유압모터 제동시스템

유압시스템에서 유압모터를 사용할 때, 모터에 가해지는 부하 형태를 고려하여야 한다. 유압모터가 관성이 큰 기계를 구동하는 경우, 관성으로 인하여 모터에 플라이휠 효과가 야기되고, 아울러 모터로 가는 유체유동의 멈춤은 모터가 펌프처럼 작동하는 원인이 된다. 이와 같은 상황에서, 펌프작동을 하고 있는 동안 모터가 공기를 빨아들이지 않도록 하기 위하여 모터에 작동유체가 공급되도록 회로가 설계되어야 한다. 뿐만아니라, 모터에서 유출되는 유량이 제한받지 않고 혹은 릴리프밸브를 거쳐 저장탱크로 돌아오도록 대책이 마련되야 한다. 그러면 시스템에 손상을 주지 않고 모터를 신속히 멈출 수 있다. 그림 9-21은 모터가 어느 방향으로 회전하던지 이와같은 바람직한 특성을 갖는 모터회로를 나타낸다.

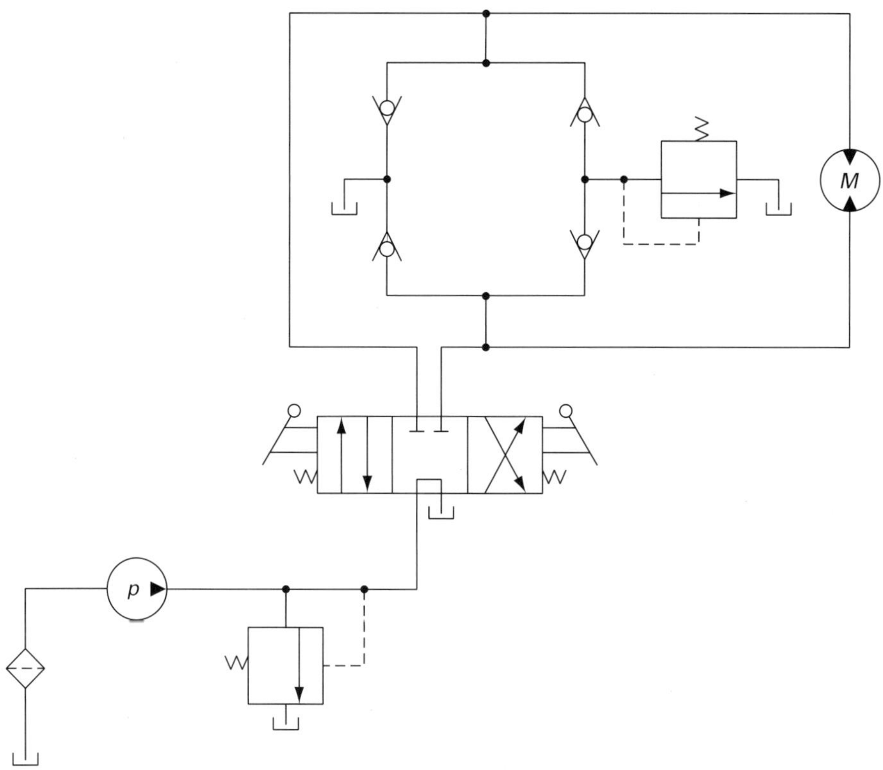

그림 9-21 유압모터 제동시스템

9.16 정유압 변속기 시스템

그림 9-20과 9-21은 실제로 정유압 변속기이다. 그리고 펌프가 유체를 저장탱크로부터 빨아들이기 때문에 개회로 구동장치라고 불린다. 펌프출력은 유압모터로 향하고, 그리고 모터에서 저장탱크로 배출된다. 폐회로 구동장치에서는 모터로부터 배출된 오일은 펌프입구로 직접 돌아간다. 그림 9-22은 모터가 단일방향으로만 회전할 수 있는 폐회로 구동회로이다. 모터속도는 펌프의 배제용적 변화에 따라 변한다. 모터의 토크용량은 릴리프밸브의 압력설정값에 의하여 조정된다. 폐루프로부터의 누설을 보충하기 위한 보충오일은 저장탱크로부터 관로를 거쳐 회로의 저압쪽으로 흐른다.

대부분의 정유압 변속기는 가변용량형의 역회전이 가능한 펌프를 이용하는 역회전 가능한 폐회로 구동장치이다. 이는 모터가 어떤 방향으로도 회전할 수 있게 하고, 펌프 배제용적제어의 위치에 따라 무한히 다양한 속도가 가능하다. 그림 9-23은 고정된 배제용적의 유압모터를 이용한 시스템회로이다. 내부 누설손실은 보충 펌프에 의하여 채워지고, 여기에서 보충 펌프는 시스템의 저압쪽이 양(positive)의 압력이 되게 유지한다. 양쪽방향의 유체유동과 모터회전을 조절하기 위하여 두 개의 첵밸브와 두 개의 릴리프밸브가 사용되었다.

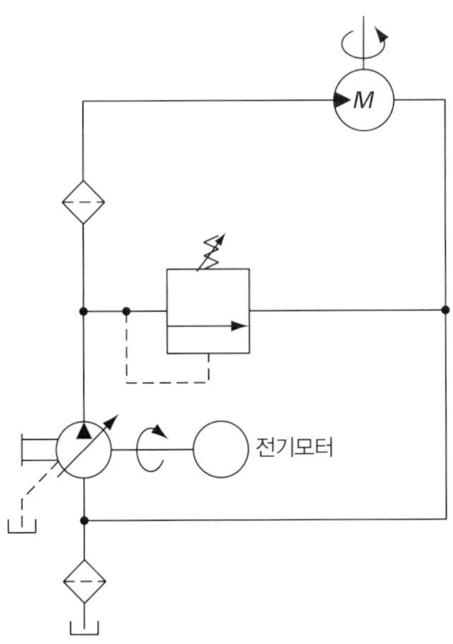

그림 9-22 폐회로 단일방향의 정유압 변속기

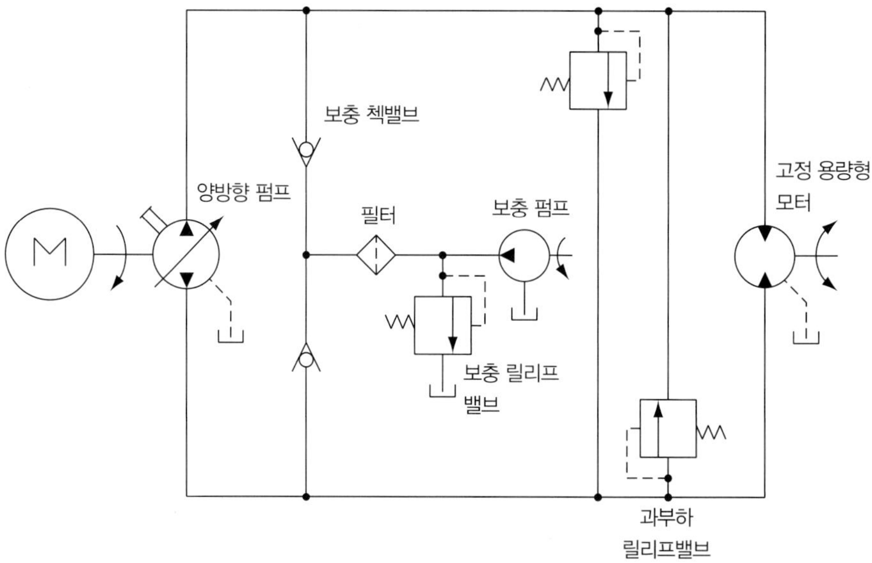

그림 9-23 폐회로 양방향의 정유압 변속기(Courtesy of Sperry Vickers, Sperry Rand Corp., Troy, Michigan.)

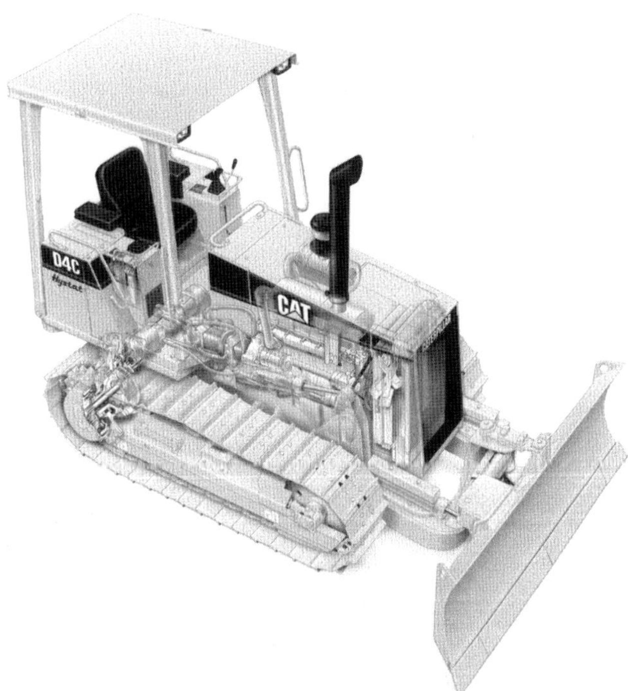

그림 9-24 두 개의 정유압 변속기에 의하여 구동되는 트랙형 트랙터(Courtesy of Caterpillar, Inc., Peoria, Illinois.)

그림 9-24는 두개의 폐회로, 가역-방향 정유압 변속기에 의하여 구동되는 트랙-형 트랙터의 단면도를 나타낸다. 두개의 트랙은 각각 자체의 독립된 유압회로를 갖고 있다. 두개의 가변용량형 피스톤 펌프가 직접 디젤엔진 플라이휠 하우징(flywheel housing)에 장착되어 있다. 두개의 펌프는 각각 정격속도 2400 rpm, 압력 1000 psi(6,900 kPa)에서 유량 17.6 gpm(66.7 Lpm)을 공급한다. 두개의 피스톤 모터(두개의 트랙을 위한 구동스프로켓(sprockets)에 동력을 공급)가 메인 프레임의 안쪽에 장착된다. 두 개의 모터들은 서로 다른 배제용적으로 작동될 수 있으며, 운전자에 의하여 제어되어 이단의 속도 범위를 제공한다. 단일 조이스틱에 의하여 운전자는 속도, 기계 방향, 그리고 조향을 제어할 수 있다. 정면 가변 피치(pitch)와 경사 블레이드(blade)는 유압 실린더에 의하여 구동되어, 최대 생산능력을 위하여 필요로 하는 하강 힘, 캐내는 힘, 그리고 블레이드(blade) 제어를 제공한다. 이러한 트랙터의 용도에는 마무리 정지 작업, 도랑 역-메꿈(back-filling), 조경, 보통규모의 토양 제거, 그리고 헤비(heavy) 고르기 작업이 포함된다.

9.17 공기-오일회로

공기와 오일을 모두 사용하는 회로가 때로는 각 매체들의 장점들을 얻기 위하여 이용된다. 그림 9-25는 카운터밸런스 시스템을 보여주며, 공기-오일회로이다. 압축된 공기는 필터, 조

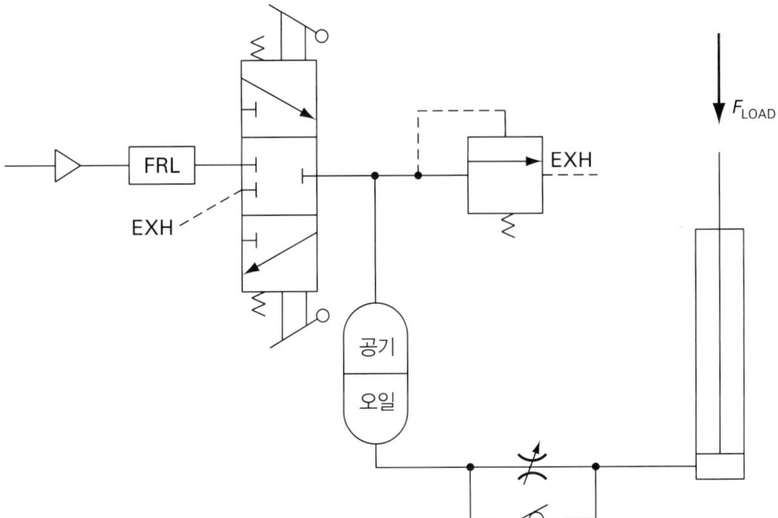

그림 9-25 공기-오일회로

절기, 윤활장치(FRL)를 통과하여 방향제어밸브(상부유동경로 모드)를 거쳐 서지탱크로 들어간다. 따라서, 서지탱크는 압축된 공기에 의하여 가압된다. 이는 오일을 서지탱크 바닥으로부터 첵밸브와 그리고 평행하게 설치된 오리피스를 통하여 유압실린더로 밀어낸다. 이로 인하여 실린더가 전진하여 부하를 들어 올린다. 방향제어밸브가 아래쪽 유동경로 모드로 이동되면 실린더는 제어된 비율로 후진한다. 이는 공기가 서지탱크를 떠나 방향제어밸브를 거처 대기로 방출되는 동안에 가변오리피스가 귀환 오일유량을 제어함으로써 발생한다. 방향제어밸브의 스프링중립위치에 의하여 부하를 어떠한 임의 위치에서도 멈출 수 있다. 이 시스템은 값비싼 유압펌프와 저장탱크장치를 필요로 하지 않는다.

9.18 마찰손실을 고려한 유압시스템 해석

예제 9-6은 마찰손실을 고려한 전체 유압시스템의 해석기법을 설명한다.

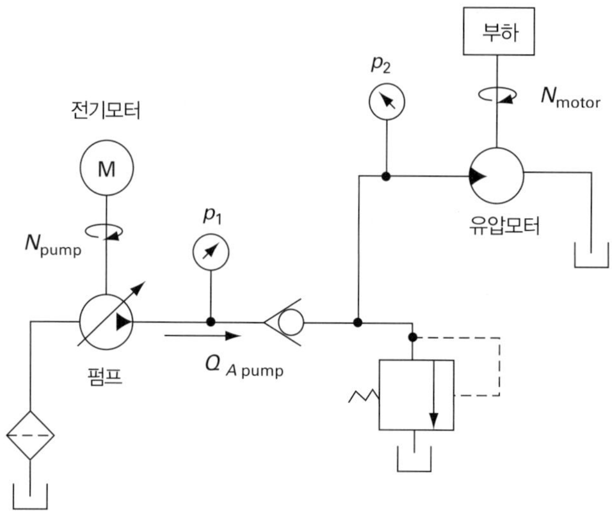

그림 9-26 예제 9-6에 대한 시스템

예제 9-6

그림 9-26에 도시된 시스템에는 고압 오일을 유압 모터로 이송하는 펌프가 포함되어 있다. 그리고 유압모터는 회전축을 거쳐 외부부하를 구동한다. 주어진 데이터는 다음과 같다.

펌프

$$\eta_m = 94\%$$
$$\eta_v = 92\%$$
$$V_D = 10 \text{ in}^3$$
$$N = 1000 \text{ rpm}$$
$$\text{입구압력 } p_2 = -4 \text{ psi}$$

유압모터

$$\eta_m = 92\%$$
$$\eta_v = 90\%$$
$$V_D = 8 \text{ in}^3$$
$$\text{부하를 구동하는데 필요한 입구압력 } p_2 = 500 \text{ psi}$$
$$\text{모터 토출압력} = 5 \text{ psi}$$

펌프 토출 관로:

관로: 1 in. 규격 40, 50 ft 길이(지점 1에서 지점 2까지)

이음쇠: 90°엘보 2개(각 엘보에 대하여 $K = 0.75$), 첵밸브 한개($K = 4.0$)

오일

$$\text{점도} = 125 \text{ cS}$$
$$\text{비중} = 0.9$$

만약 유압모터가 펌프로부터 20 ft 위에 있다면, 다음을 구하여라.

a. 펌프 유량
b. 펌프 토출 압력 p_1
c. 펌프를 구동하는데 필요한 입력 hp
d. 모터 속도
e. 모터 출력 hp
f. 모터 출력 토크
g. 시스템의 전체효율

풀이

a. 펌프의 실제 유량을 계산하기 위하여 먼저 펌프의 이론 유량을 계산해야 한다.

$$(Q_T)_{\text{pump}} = \frac{(V_D)_{\text{pump}} \times N_p}{231} = \frac{10\ \text{in}^3 \times 1000\ \text{rpm}}{231} = 43.3\ \text{gpm}$$

$$(Q_A)_{\text{pump}} = (Q_T)_{\text{pump}} \times (\eta_v)_{\text{pump}} = 43.3 \times 0.94 = 40.7\ \text{gpm}$$

b. 펌프의 토출압력 p_1을 구하기 위하여 펌프 토출관로에서의 마찰로 인한 압력손실 $(p_1 - p_2)$를 계산할 필요가 있다. 지점 1과 지점 2사이에 에너지 방정식을 쓰면, 다음과 같다.

$$Z_1 + \frac{p_1}{\gamma} + \frac{v_1^2}{2g} + H_p - H_m - H_L = Z_2 + \frac{p_2}{\gamma} + \frac{v_2^2}{2g}$$

지점 1과 지점 2사이에는 유압모터나 펌프가 없기 때문에 $H_m = H_P = 0$이다. 또한 $v_1 = v_2$ 그리고 $Z_2 - Z_1 = 20$ ft이다. 또한, 그림 10-2에 의하면 1 in. 규격 40 관로의 내경은 1.040 in이다. 다음으로 레이놀즈 수, 마찰 계수, 그리고 마찰에 의한 수두손실을 계산하여야 한다.

$$v = \frac{(Q_A)_{\text{pump}}}{A} = \frac{40.7/449\ \text{ft}^3/\text{s}}{\frac{\pi}{4}\left(\frac{1.040}{12}\text{ft}\right)^2} = \frac{0.0908\ \text{ft}^3/\text{s}}{0.00590\ \text{ft}^2} = 15.4\ \text{ft/s}$$

$$N_R = \frac{7740 v(\text{ft/s}) \times D(\text{in})}{\nu(\text{cS})} = \frac{7740 \times 15.4 \times 1.040}{125} = 992$$

유동이 층류이기 때문에 마찰계수는 레이놀즈 수로부터 직접 구할 수 있다.

$$f - \frac{64}{N_R} - \frac{64}{992} - 0.0645$$

또한

$$H_L = f\left(\frac{L_{\text{eTOT}}}{D}\right)\frac{v^2}{2g}$$

여기서

$$L_{eTOT} = 50 + 2\left(\frac{KD}{f}\right)_{90^{\circ}\text{ elbow}} + \left(\frac{KD}{f}\right)_{\text{check valve}}$$

$$= 50 + \frac{2 \times 0.75 \times 1.040/12}{0.0645} + \frac{4.0 \times 1.040/12}{0.0645} = 50 + 2.02 + 5.37 = 57.39\text{ ft}$$

따라서,

$$H_L = 0.0645 \times \frac{57.39}{1.040/12} \times \frac{(15.4)^2}{2 \times 32.2} = 157.3\text{ ft}$$

다음으로 $(p_1 - p_2)/\gamma$을 구하기 위하여 에너지 방정식에 대입한다.

$$\frac{p_1 - p_2}{\gamma} = (Z_2 - Z_1) + H_L = 20\text{ ft} + 157.3\text{ ft} = 177.3\text{ ft}$$

따라서

$$p_1 - p_2 = 177.3\text{ ft} \times \gamma\left(\frac{\text{lb}}{\text{ft}^3}\right) = 177.3\text{ ft} \times 0.9 \times 62.4\frac{\text{lb}}{\text{ft}^3} = 9960\frac{\text{lb}}{\text{ft}^2} = 69\text{ psi}$$

$$p_1 = p_2 + 69 = 500 + 69 = 569\text{ psi}$$

c. $$\text{펌프로 전달되는 hp} = \frac{\text{펌프 유압마력}}{(\eta_o)_{\text{pump}}}$$

$$= \frac{(569 + 4)\text{psi} \times 40.7\text{ gpm}}{1714 \times 0.94 \times 0.92} = 15.7\text{ hp}$$

d. 모터속도를 구하기 위하여 먼저 모터의 이론 유량을 결정할 필요가 있다.

$$(Q_T)_{\text{motor}} = (Q_A)_{\text{pump}} \times (\eta_v)_{\text{motor}} = 40.7 \times 0.90 = 36.6\text{ gpm}$$

$$N_{\text{motor}} = \frac{(Q_T)_{\text{motor}} \times 231}{(V_D)_{\text{motor}}} = \frac{36.6 \times 231}{8} = 1057\text{ rpm}$$

e. 모터 출력 hp를 구하기 위하여 먼저 모터 입력 hp를 결정할 필요가 있다.

$$\text{모터 입력 hp} = \frac{(500 - 5)\text{psi} \times 40.7\text{ gpm}}{1714} = 11.8\text{ hp}$$

따라서,

$$\text{모터출력 hp} = \text{모터입력 hp} \times (\eta_o)\text{motor} = 11.8 \times 0.92 \times 0.90 \times 9.77 \text{ hp}$$

f. 모터출력토크 $= \dfrac{\text{모터출력 hp} \times 63{,}000}{N_{\text{motor}}}$

$$= \frac{9.77 \times 63{,}000}{1057} = 582 \text{ in} \cdot \text{lb}$$

g. 시스템의 전체효율은

$$(\eta_o)_{\text{overall}} = \frac{\text{모터출력 hp}}{\text{펌프입력 hp}} = \frac{9.77}{15.7} = 0.622 = 62.2\%$$

따라서 전기모터에 의하여 펌프에 전달된 동력의 62.2%가 유압모터에 의하여 부하로 전달된다.

9.19 기계-유압 서보시스템

그림 9-27은 기계-유압 서보시스템이 자동차의 동력조향에 사용된 예를 보여주고 있다(폐루프시스템). 작동방식은 다음과 같다.

1. 입력 또는 명령신호로서 조향핸들을 회전시킨다.
2. 이로 인하여 밸브 슬리브가 움직이고, 그 결과 오일이 작동기(조향실린더) 쪽으로 흐른다.
3. 피스톤 로드가 조향링크를 거쳐 바퀴를 움직인다.
4. 밸브스풀은 링크에 부착되어 있어 링크와 함께 움직인다.
5. 밸브스풀이 충분히 멀리 이동하면, 실린더로 유입하는 오일이 차단되어 작동기가 멈추게 된다.
6. 따라서, 기계적 되먹임에 의하여 밸브(실제로 서보밸브)가 다시 중립(영점)위치에 오게 되고, 그 결과 조향핸들의 위치에 의하여 결정된 원하는 위치에서 동작을 멈춘다. 출력바퀴를 더 움직이려면 조향핸들의 추가적인 동작이 필요하다.

전기유압 서보시스템은 17장에서 다룬다.

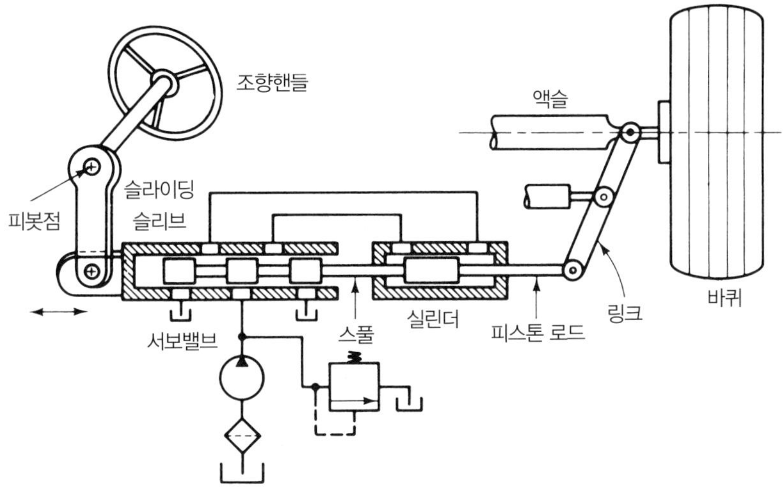

그림 9-27 자동차에서 기계-유압 서보시스템의 예

9.20 중요한 식들

재생실린더의 전진속도: $$v_{P_{\text{ext}}} = \frac{Q_P}{A_r} \tag{9-1}$$

재생실린더의 후진속도: $$v_{P_{\text{ret}}} = \frac{Q_P}{A_P - A_r} \tag{9-2}$$

재생실린더의 전진 대 후진 속도비: $$\frac{v_{P_{\text{ext}}}}{v_{P_{\text{ret}}}} = \frac{A_p}{A_r} - 1 \tag{9-3}$$

재생실린더의 전진 부하 운반용량: $$F_{\text{load}} = pA_r \tag{9-4}$$

직렬로 연결된 두 개의 실린더가 동기화되어 전진할 때의 전체 부하 운반용량: $$p_1 A_{p_1} = F_1 + F_2 \tag{9-5}$$

유량제어밸브를 통과하는 유량: $$Q_{\text{FCV}} = C_v \sqrt{\frac{\Delta p}{SG}} \tag{9-7}$$

미터-인 유량제어밸브가 설치된 실린더의 전진속도: $$v_{\text{cyl}} = \frac{C_v}{A_{\text{piston}}} \sqrt{\frac{p_{\text{PRV}} - F_{\text{load}}/A_{\text{piston}}}{SG}} \tag{9-9}$$

연습문제

질문, 개념 및 정의

9-1 유압회로를 해석하고 설계할 때, 고려해야할 가장 중요한 세 가지는 무엇인가?

9-2 재생회로의 목적이 무엇인가?

9-3 재생실린더에서 피스톤 로드의 면적이 작다면, 왜 부하 운반용량도 작은가?

9-4 고장안전회로란 무엇인가?

9-5 유압모터 제동시스템은 어떤 조건하에 있는 것이 바람직한가?

9-6 폐회로 정유압변속기와 개회로 정유압변속기 사이의 차이점은 무엇인가?

9-7 공기-오일 시스템이란 무엇인가?

9-8 기계-유압 서보시스템이란 무엇인가? 한 가지 응용을 나열하여라.

9-9 그림 9-7에서 첵밸브의 목적은 무엇인가?

9-10 동일한 펌프유량에 대하여 전후진 속도가 같게 되도록 유압실린더를 설계할 수 있을까? 여기에 대하여 답하여라.

9-11 기계-유압 서보시스템에서 서보밸브의 어느 부분이 부하와 함께 움직이는가? 또 어느 부분이 입력과 함께 움직이는가?

9-12 그림 9-13의 회로에서 두 실린더의 운동은 전진행정에서 동기화 된다. 후진행정에서 두 실린더의 운동이 동기화 되는가? 여기에 대하여 답하여라.

문제

주: 문제 번호 뒤의 E는 영국단위를 사용하고 있다는 것을 의미하고, M은 미터단위를 사용하고 있다는 것을 의미한다.

재생회로

9-13E 그림 9-5의 시스템에 있는 방향제어밸브가 중립위치로 복귀하였을 때, 실린더 로드는 주어진 방향으로 이동한다. 이 방향이 전진인가? 또는 후진인가? 이 운동기간 동안에 힘과 속도를 결정하여라. 피스톤과 로드 직경은 각각 3 in 그리고 1 in이다. 펌프유량은 2 gpm이고 시스템압력은 1000 psi 이다.

9-14M 다음의 미터단위 데이터를 이용하여 연습문제 9-13을 반복하여라.

피스톤 직경 = 75 mm

로드 직경 = 25 mm

펌프유량 = 8 Lpm

시스템압력 = 7 MPa

9-15E 복동실린더가 그림 9-4(a)의 재생회로에 연결 되어있다. 릴리프밸브 설정은 1500 psi이다. 피스톤면적은 20 in이고 로드면적은 10 in이다. 만일 펌프 유량이 25 gpm 이라면, 다음의 경우에 대하여 실린더 속도와 부하-운반용량을 구하여라.

a. 전진행정

b. 후진행정

9-16M 복동실린더가 그림 9-4(a)의 재생회로에 연결 되어있다. 릴리프밸브 설정은 105 bar이다. 피스톤면적은 130 cm^2이고 로드면적은 65 cm^2이다. 만일 펌프 유량이 0.0016 m^3/s 이라면, 다음의 경우에 대하여 실린더 속도과 부하-운반용량을 구하여라.

a. 전진행정

b. 후진행정

회로의 문제해결

9-17 그림 9-28의 회로선도를 올바로 완성하여라. 클램프 실린더가 먼저 전진하고, 그 다음에 방향제어밸브(DCV)의 작용에 의하여 작업실린더가 전진한다. DCV의 다음 작용으로 인하여 작업실린더가 후진하고, 그 다음에 클램프 실린더가 후진한다.

9-18 그림 9-29의 회로에서 무엇이 잘못되었는가?

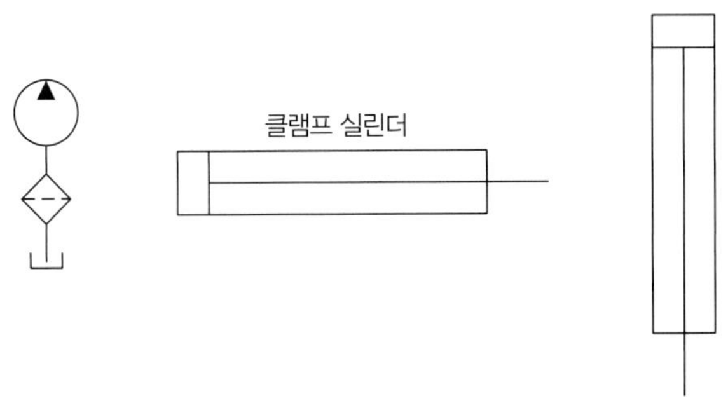

그림 9-28 연습문제 9-17에 대한 부분회로

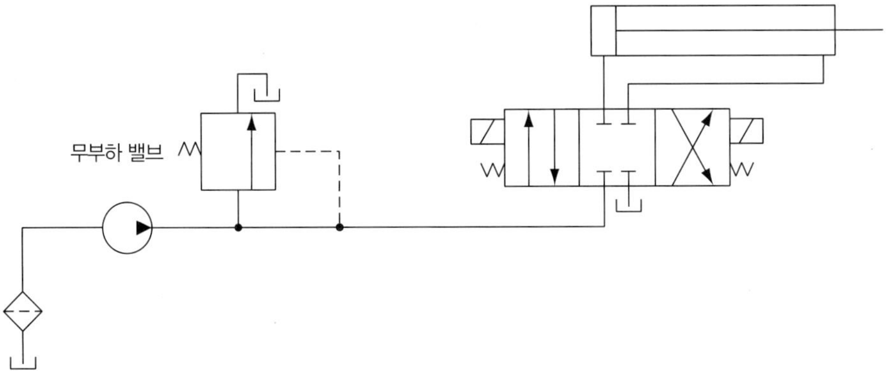

그림 9-29 연습문제 9-18에 대한 회로

회로의 작동

9-19 그림 9−30의 회로에 대하여, 다음 중 옳은 것은? 답을 설명하여라.

a. 실린더 1이 전진하면, 실린더 2도 전진한다.

b. 실린더 1이 전진하면, 실린더 2는 후진한다.

c. 실린더 1이 전진하면, 실린더 2는 움직이지 않는다.

9-20 그림9−31의 회로는 유압실린더의 작동에서 어떤 유일한 특징을 제공하는가?

9-21 그림 9−32의 회로에서, 펌프가 시동 되었을 때 실린더 1과 2의 작동순서를 서술하여라. 초기에 양쪽 실린더가 모두 완전히 후진한 것으로 가정한다.

9-22 압력릴리프밸브 이외에 그림 9−33의 회로에는 또 어떠한 안전특성이 있는가?

9-23 그림 9−34에서 두 개의 양로드 실린더가 동일하다면, 이 회로에 있는 유일한 특징은 무엇인가?

9-24 그림 9−35에 도시된 것과 같은 연습문제 9−33의 시스템에 대하여 실린더 1의 부하가 실린더 2의 부하보다 훨씬 크다면, DCV가 전진 또는 후진모드로 이동될 때 실린더는 어떻게 움직이는가? 그 이유는 무엇인가?

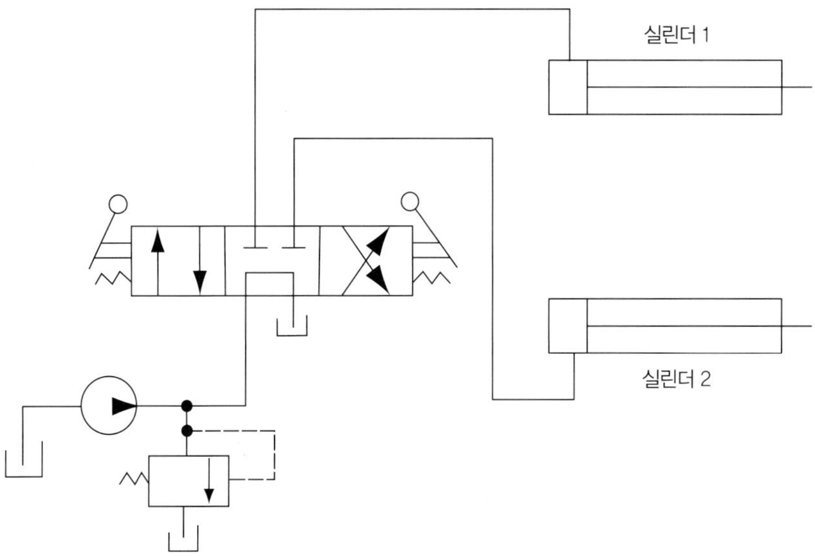

그림 9-30 연습문제 9-19에 대한 회로

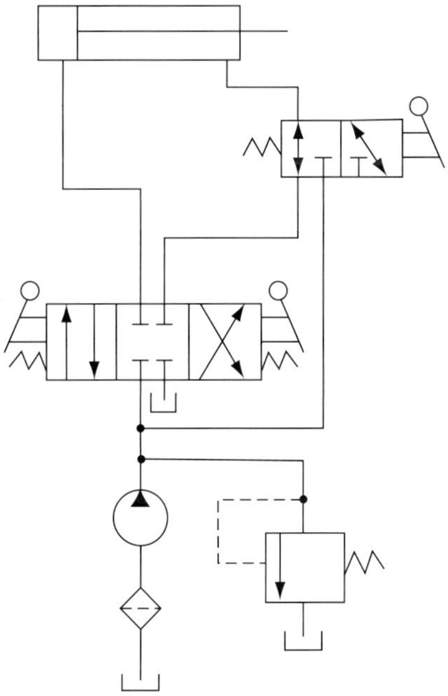

그림 9-31 연습문제 9–20에 대한 회로

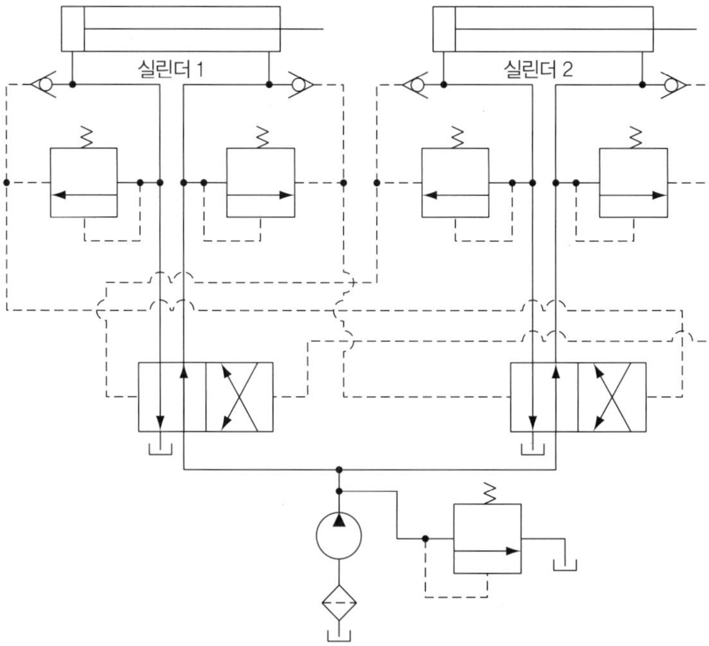

그림 9-32 연습문제 9-21에 대한 회로

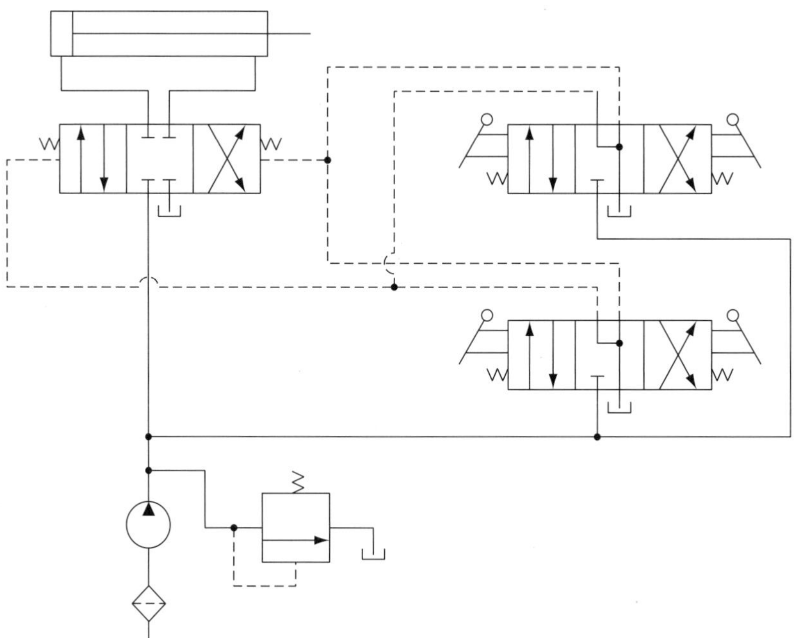

그림 9-33 연습문제 9-22에 대한 회로

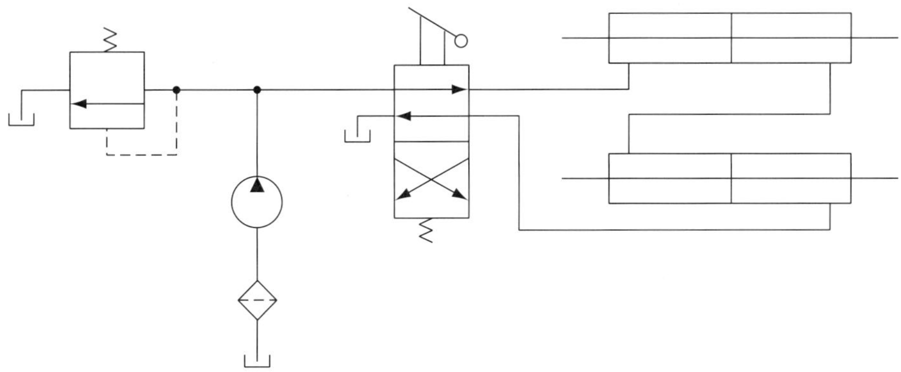

그림 9-34 연습문제 9-23에 대한 회로

직렬 연결된 동기실린더의 해석

9-25E 그림 9−13의 시스템에 대하여(실린더의 전진행정에 대하여), 실린더부하가 각각 5,000 lb이고 실린더 1의 피스톤면적이 10 in^2이라면 펌프압력은 얼마나 요구되는가?

9-26E 실린더의 후진행정에 대하여(부하가 오른쪽으로 당김) 연습문제 9−25를 반복하여라. 실린더 2의 피스톤과 로드면적은 각각 8 in^2, 2 in^2이다.

9-27E 배압 p_3가 0 대신에 50 psi일 때 연습문제 9−25를 풀어라. 실린더 2의 피스톤과 로드 면적은 각각 8 in^2와 2 in^2이다.

9-28M 그림 9−13의 시스템에 대하여(실린더의 전진행정에 대하여), 실린더 부하가 각각 22,000 N이고 실린더 1의 피스톤면적이 65 cm^2이라면 펌프압력은 얼마나 요구되는가?

9-29M 실린더의 후진행정에 대하여(부하가 오른쪽으로 당김) 연습문제 9−28을 반복하여라. 실린더 2의 피스톤과 로드면적은 각각 50 cm^2와 15 cm^2이다.

9-30M 배압 p_3가 0 대신에 300 kPa일 때 연습문제 9−28를 풀어라. 실린더 2의 피스톤과 로드 면적은 각각 50 cm^2와 15 cm^2이다.

압력릴리프밸브의 압력과 스프링설정의 해석

9-31M 그림 9−7의 이중 펌프시스템에 대하여 다음과 같은 조건하에서 무부하밸브와 압력릴리프 밸브의 압력설정값은 얼마인가 ?

a. 판금펀칭 작업에서 8000 N의 힘이 요구된다.

b. 유압실린더의 피스톤 직경은 3.75 cm 그리고 로드 직경은 1.25 cm이다.

c. 실린더의 빠른전진 동안에 고유량 펌프로부터 실린더의 블랭크엔드까지의 관로에서 675 kPa의 마찰압력손실이 발생한다. 동일한 시간동안에 실린더의 로드엔드

로 부터 오일탱크까지의 귀환관로에서 350 kPa의 압력손실이 발생한다. 펀칭작동 동안에 이들 관로에서의 마찰압력손실은 무시할수 있을 정도로 작다.

d. 무부하밸브와 릴리프밸브의 설정압력은 각각 마찰압력손실을 극복하는데 필요한 압력과 실린더 펀칭부하보다 50%이상 높다고 가정한다.

9-32E 릴리프밸브에 시스템압력이 작용하는 면적이 0.60 in^2인 포펫이 포함되어 있다. PRV 설정(전체 펌프유량 압력)에서 전체 펌프유량이 밸브를 통과하려면 포펫은 완전히 닫힌 위치로부터 0.15 in 이동해야 한다. 외부부하를 극복하는 데 필요한 압력은 1000 psi이다. PRV설정은 외부부하를 극복하는 데 필요한 압력의 50 %이상 높다고 가정한다. 다음을 구하여라.

a. 밸브 내 압축스프링의 스프링상수

b. PRV의 스프링–조정메카니즘에 의하여 설정되는 스프링의 자유–길이로부터 초기 압축량(포펫은 스프링에 의하여 시트에 안착되어 있음)

마찰손실을 고려한 회로해석

9-33E 그림 9–35의 유압시스템에 대하여, 전진방향으로 움직이는 동안에 각각의 유압실린더가 지탱할 수 있는 외부부하(F_1과 F_2)를 계산하여라. 마찰압력손실을 고려하여라. 펌프는 입구포트에서 출구포트까지 1,000 psi의 압력상승을 가져오고, 유량은 40 gpm이다. 적용가능한 데이터들은 다음과같다:

오일의 동점도 = $0.001\ ft^2/s$
오일의 비중량 = $50\ lb/ft^3$
실린더의 피스톤직경 = 8 in
실린더의 로드직경 = 4 in
모든 엘보는 90°이고, K 인자 = 0.75

관 길이와 내경은 다음과 같다.

관번호	길이(ft)	내경(in)	관번호	길이(ft)	내경(in)
1	6	2.0	6	10	1.0
2	30	1.25	7	10	1.0
3	20	1.25	8	40	1.25
4	10	1.0	9	40	1.25
5	10	1.0			

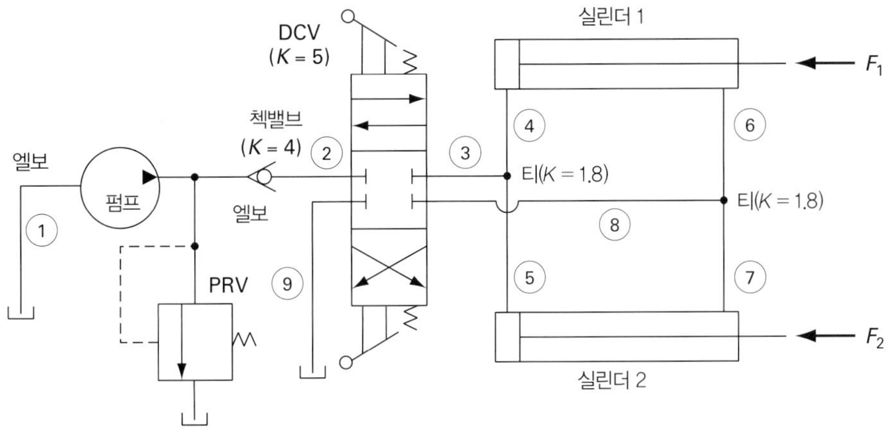

그림 9-35 연습문제 9-24와 9-33에 대한 시스템

9-34M 그림 9-35에 도시된 것과 같은, 연습문제 9-33의 시스템에 대하여 데이터들을 미터단위로 환산하고 후진하는 동안 각각의 실린더가 지탱할 수 있는 외부부하를 계산하여라.

9-35E 그림 9-35에 도시된 것과 같은, 연습문제 9-33의 시스템에 대하여 마찰압력손실 때문에 발생하는 열발생률을 구하여라.

9-36E 그림 9-35에 도시된 것과 같은, 연습문제 9-33의 시스템에 대하여 양쪽 실린더의 전진과 후진속도를 구하여라. 실제 실린더부하는 동일하고 움직이는 동안 지탱할 수 있는 부하보다 작다고 가정한다.

9-37M 그림 9-35에 도시된 것과 같은, 연습문제 9-34의 시스템에 대하여 마찰압력손실 때문에 발생하는 열발생률을 구하여라.

9-38M 그림 9-35에 도시된 것과 같은, 연습문제 9-34의 시스템에 대하여 양쪽 실린더의 전진과 후진속도를 구하여라. 실제 실린더부하는 동일하고 움직이는 동안 지탱할 수 있는 부하보다 작다고 가정한다.

9-39E 그림 9-36은 25 hp 전기모터가 90% 효율의 펌프를 구동하는 재생시스템을 나타낸다. 유압실린더가 재생모드(DCV의 스프링 중립위치)에서 지탱할 수 있는 외부 부하 F를 구하여라. 펌프의 토출압력은 1,000 psi이다. 마찰압력손실을 고려하여라. 적용가능한 데이터들은 다음과 같다.

$$동점도 = 0.001\ \text{ft}^2/\text{s}$$
$$오일의\ 비중량 = 50\ \text{lb/ft}^3$$
$$실린더의\ 피스톤직경 = 8\ \text{in}$$

$$\text{실린더의 로드직경} = 4 \text{ in}$$
$$\text{모든 엘보는 } 90°\text{이고, } K \text{ 인자} = 0.75$$

관 길이와 내경은 다음과 같다.

관번호	길이(ft)	내경(in)
1	2	2
2	20	1.75
3	30	1.75
4	30	1.75
5	20	1.75

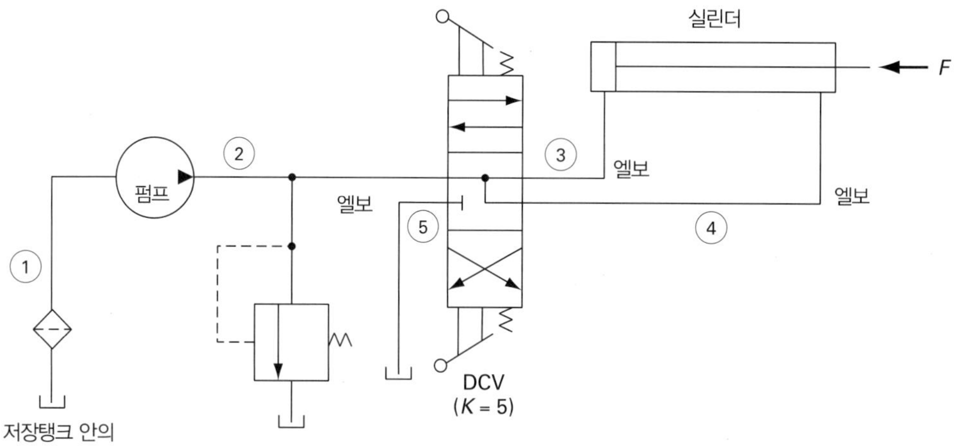

그림 9-36 연습문제 9-39에 대한 시스템

9-40M 그림 9–36에 도시된 것과 같은, 연습문제 9–39의 시스템에 대하여 데이터들을 미터단위로 환산하고, 유압실린더가 재생모드에서 지탱할 수 있는 외부부하 F를 구하여라.

9-41E 그림 9–36에 도시된 것과 같은, 연습문제 9–39의 시스템에 대하여 재생모드에서 마찰압력손실 때문에 발생하는 열발생률(영국단위)을 구하여라.

9-42M 그림 9-36에 도시된 것과 같은, 연습문제 9-40의 시스템에 대하여 재생모드에서 마찰압력손실 때문에 발생하는 열발생률(미터단위)을 구하여라.

9-43E 그림 9-36에 도시된 것과 같은, 연습문제 9-39의 시스템에 대하여 DCV의 각각의 위치에서 실린더속도를 계산하여라.

9-44M 그림 9-36에 도시된 것과 같은, 연습문제 9-40의 시스템에 대하여 DCV의 각각의 위치에서 실린더속도를 구하여라.

미터인 유량제어 밸브시스템의 해석

9-45E 그림 9-37의 미터-인 유량제어 밸브시스템에 대하여, 다음의 데이터들이 주어졌을 때

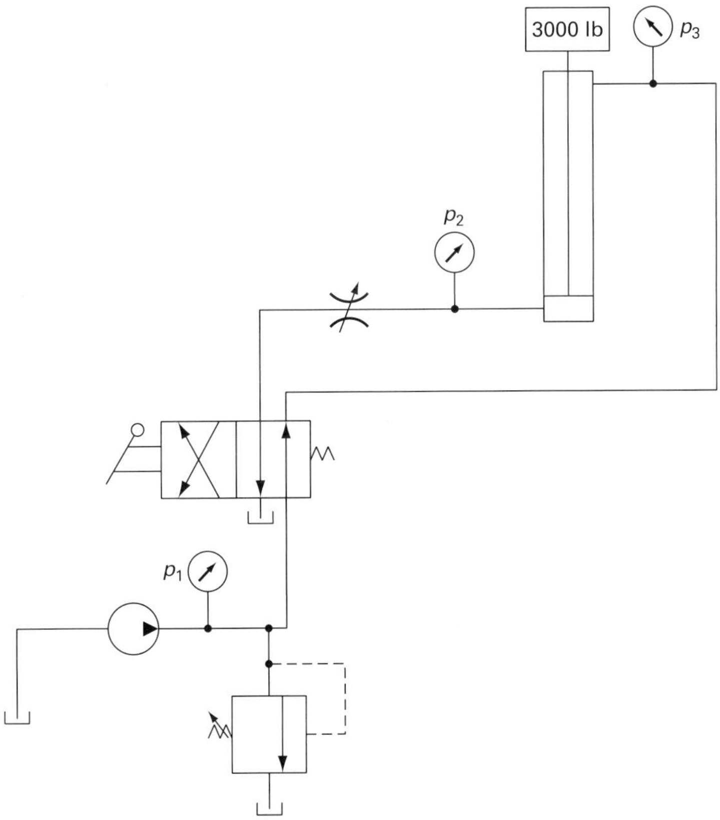

그림 9-37 연습문제 9-45에 대한 시스템

원하는 실린더속도 = 10 in./s
실린더의 피스톤직경 = 2 in(면적 = 3.14 in^2)
실린더 부하 = 3,000 lb
오일의 비중 = 0.90
압력릴리프밸브의 설정 = 1,000 psi

유량제어밸브의 필요한 용량계수를 구하여라.

9-46M 연습문제 9–45의 데이터를 미터단위로 바꾸고, 유량제어밸브의 필요한 용량계수를 구하여라.

미터–아웃 유량제어 밸브시스템의 해석

9-47E 예제 9–5의 시스템에 대하여, 다음의 경우에 실린더의 등속전진 동안 각 압력게이지에 작용하는 압력을 구하여라.

a. 무부하

b. 6000 lb 부하

실린더 피스톤과 로드직경은 각각 2.5 in와 1.5 in이고 PRV설정은 1600 psi이다.

9-48M 펌프출구로부터 실린더 블랭크 엔드 까지의 관로에서 압력강하가 300 kPa일 때 예제 9–5의 해를 구하라. 역시, 실린더 로드 엔드로 부터 탱크까지의 오일 귀환관로에서 압력강하가 200 kPa이다.

10

Chapter

유압도관과 이음쇠

학습 목표

이 단원을 공부하고 나면 다음과 같은 내용을 알아야 한다.

1. 유량조건을 만족하는 **도관**(conductor)의 크기를 선정할 수 있어야 한다.
2. **도관의 정격압력**(pressure rating)에 대한 중요성을 이해하여야 한다.
3. **파열압력**과 **사용압력**을 구별할 수 있어야 한다.
4. 도관 벽에 작용하는 인장응력을 그림으로 표시할 수 있고, 또, 인장응력이 유체의 압력, 관의 지름 및 벽두께에 따라 어떻게 변하는지를 이해하여야 한다.
5. 작동압력 하에서 도관의 파열을 방지할 수 있는 벽두께를 계산할 수 있어야 한다.
6. 강관과 강튜브의 표준 상용크기를 식별하여야 한다.
7. 유압부품을 도관에 연결할 때 사용하는 다양한 이음쇠(fitting)를 알고 있어야 한다.
8. 유연호스의 기능과 구조상 특징을 이해하여야 한다.
9. 급속분리 커플링의 구조상 특징과 기능을 토의할 수 있어야 한다.

10.1 서론

유압시스템에서 유체는 도관(conductor)과 이음쇠(fitting)로 구성된 분배시스템을 통하여 오일탱크에서 작동부품으로, 그리고 다시 오일탱크로 흐른다. 동력은 도관 라인(시스템 부품을 연결하는 도관과 이음쇠)을 통하여 전달되기 때문에, 전체 시스템이 적절히 작동하도록 도관 라인을 잘 설계하여야 한다.

유압시스템은 주로 네 가지 형태의 도관을 사용한다.

1. 강관(steel pipe)
2. 강튜브(steel tubing)
3. 플라스틱튜브(plastic tubing)
4. 유연호스(flexible hose)

어떤 형태의 도관을 사용할 것인가는 주로 시스템의 작동압력과 유량에 달려있다. 또, 유체의 종류, 작동온도, 진동, 연결된 부품 사이의 상대운동 여부에 따라서도 도관의 선정이 달라진다.

도관 라인은 12,000 psi 작동압력까지 다룰 수 있는 것이 있다. 일반적으로 강튜브를 사용하면, 강관보다 배관이 더 자유롭고, 외관이 깨끗하며, 더 적은 개수의 이음쇠가 소요된다. 하지만 강튜브를 사용하는 것은 강관을 사용하는 것보다 비싸다. 플라스틱튜브는 산업용으로 점점 더 많이 사용되는데, 이는 값이 싸고, 유연성으로 인하여 회로구성이 쉽기 때문이다. 유연호스는 주로 부품 사이의 상대운동이 있을 경우에 사용된다. 유연호스는 탄성(고무같은)복합재료로 만들어지고, 12,000 psi까지의 압력을 견딜 수 있는 것도 있다.

녹이 많이 발생할 수 있는 환경에서는 스테인레스 도관과 이음쇠를 사용한다. 하지만 이들은 매우 비싸기 때문에 꼭 필요한 곳에서만 사용하여야 한다. 구리 도관은 유압시스템에서 사용되지 않는다. 왜냐하면 구리가 석유계 유압유의 산화를 촉진시키기 때문이다. 아연, 마그네슘, 카드뮴 도관도 사용되지 않는다. 아연, 마그네슘, 카드뮴은 물-글리콜 유압유에 의하여 급속히 부식되기 때문이다. 아연도금된 도관도 사용되지 않는다. 아연도금 표면이 벗겨져 유압유와 섞일 수 있기 때문이다. 강관이나 강튜브를 사용할 때, 입구부, 귀환부, 드레인관로를 제외한 부분에서는 강으로 만든 이음쇠를 사용하여야 한다. 입구부, 귀환부, 드레인관로 부분에서는 주로 가단철(malleable iron) 이음쇠를 사용한다.

도관이나 이음쇠는 인간의 안전을 고려하여 설계되어야 한다. 이들은 정상상태 시스템 압력을 견딜 수 있어야 할 뿐 아니라, 유압충격에 의한 순간적인 압력 스파이크를 견딜 수 있어야 한다. 제어밸브가 갑자기 닫히면, 큰 운동에너지를 가진 유체가 갑자기 멈추게 되고, 정상

압력의 네배까지의 충격파가 발생한다. 또 충격파는 부하의 갑작스런 기동이나 정지로부터도 발생한다. 적당한 안전율을 고려함으로써, 이 고압의 충격파를 견딜 수 있도록 설계하여야 한다.

10.2 유량조건으로부터 도관의 치수결정

지나치게 큰 유속을 방지하기 위하여, 도관의 단면적은 충분히 커야 한다. 여기서 말하는 도관의 유속은 평균속도(average velocity)를 말한다. 단면의 각 부분에서 속도가 다르기 때문에, 평균속도의 개념은 중요하다. 4장에서 설명되듯이, 관벽에서 속도는 0이고(유압유 입자가 점성으로 인하여 접촉표면에 달라붙는다), 관의 중앙에서 최대속도를 갖는다. 평균속도는 다음과 같이 부피유량을 관의 단면적으로 나눈 값으로 정의된다.

$$v = v_{\text{avg}} = \frac{Q}{A} \tag{10-1}$$

다시 말하면, 관의 넓이에 그 속도를 곱했을 때 부피유량이 되는 속도를 평균속도라고 한다. 여기서 지름이라고 하면 관의 내경(inside diameter; ID)을 의미하고, 넓이라고 하면 관의 내경에 의한 넓이를 의미한다. 펌프의 흡입관로에서 추천되는 최대속도는 지나치게 낮은 압력으로 인한 펌프 캐비테이션을 방지하기 위하여 4 ft/s(1.2 m/s) 정도이다(6장에서 논의되었듯이). 펌프의 압력관로에서 추천되는 최대속도는 지나친 난류로 인한 수두손실과 유온상승을 방지하기 위하여 20 ft/s(6.1 m/s) 정도이다(5장에서 논의되었듯이). 이 최대 권장 값들도 평균속도임을 유의하라.

예제 10-1

30 gpm의 유량이 흐르는 관이 있다. 유체의 평균속도가 20 ft/s를 넘지 않도록 하는 관의 최소내경을 구하여라.

풀이

우선 유량을 ft^3/s 단위로 변환한다.

$$Q(\text{ft}^3/\text{s}) = \frac{Q(\text{gpm})}{449} = \frac{30}{449} = 0.0668\ \text{ft}^3/\text{s}$$

다음에 식 (3-22)을 이용하여 필요한 관의 최소단면적을 구한다.

$$A(\text{ft}^2) = \frac{Q(\text{ft}^3/\text{s})}{v(\text{ft/s})} = \frac{0.0668}{20} = 0.00334\ \text{ft}^2 = 0.481\ \text{in}^2$$

최종적으로 원형 단면적에 대하여

$$D(\text{in}) = \sqrt{\frac{4A(\text{in}^2)}{\pi}} = \sqrt{\frac{4 \times 0.481}{\pi}} = 0.783\ \text{in}$$

예제 10-2

0.002 m^3/s의 유량이 흐르는 관이 있다. 유체의 평균속도가 6.1 m/s를 넘지 않도록 하는 관의 최소 안지름을 구하여라.

풀이 먼저 요구되는 관의 최소 넓이를 구하면 다음과 같다.

$$A(\text{m}^2) = \frac{Q(\text{m}^3/\text{s})}{v(\text{m/s})} = \frac{0.002}{6.1} = 0.000328\ \text{m}^2$$

따라서 관의 최소 안지름은 다음과 같이 구해진다.

$$D = \sqrt{\frac{4A(\text{m}^2)}{\pi}} = \sqrt{\frac{4 \times 0.000328}{\pi}} = 0.0204\ \text{m} = 20.4\ \text{mm}$$

10.3 도관의 정격압력

인장응력

도관 벽에 발생하는 인장응력(tensile stress)[후프응력(hoop stress)으로 불려짐]에 의하여 관이 파열되는 것을 방지하기 위하여, 도관은 충분한 강도를 가져야 한다. 이 인장응력의 크기는 그림 10-1로부터 구해질 수 있으며, 도관 재질이 이 인장응력을 지탱해 주어야 한다. 그림 10-1(a)에서 길이가 L인 원관의 내벽에 법선방향으로 유압 P가 작용하고 있다고 하자. 관의 외경(outside diameter, OD)은 D_o, 내경은 D_i, 그리고 벽두께는 t이다. 유압이 관의 내벽에 법선방향으로 작용하고 있기 때문에, 관의 반쪽을 다른 반쪽으로부터 분리하려는 힘이 발생한다.

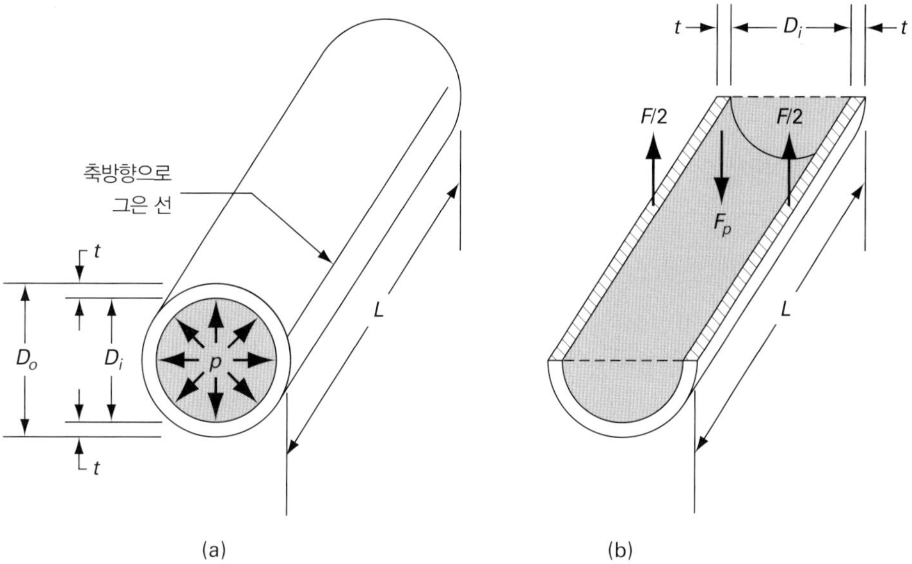

그림 10-1 유압에 의하여 관벽에 발생하는 힘

그림 10−1(b)에서 관의 아래 반쪽을 아래로 미는 힘 F_p를 보여주고 있다. 관의 아래 반쪽이 위 반쪽으로부터 분리되는 것을 막기 위하여, 위 반쪽은 아래 반쪽을 인장력 F로 당기고 있다. 이 힘의 반(즉 $F/2$)이 그림과 같이 벽의 각 단면 넓이(tL)에 작용하고 있다.

압력에 의한 힘 F_p와 벽의 인장력 F는 크기가 같아야 한다.

$$F = F_p = pA$$

여기서 A는 아래 반쪽의 내벽면을 수평면 상에 투영한 넓이이다. 즉, A는 그림 10−1(b)와 같이, 폭이 D_i이고 길이가 L인 직사각형의 넓이이다. 따라서,

$$F = pA = p(LD_i)$$

관에 작용하는 인장응력은 인장력을 벽의 단면 넓이로 나눈 값이다. 벽에 작용하는 힘이 인장력(F)이기 때문에 인장응력(tensile stress)이라고 한다.

$$\text{인장응력} = \frac{\text{관 벽을 당기는 힘}}{\text{힘이 작용하는 관 벽의 넓이}}$$

따라서

$$\sigma = \frac{F}{2tL} = \frac{pA}{2tL} = \frac{p(LD_i)}{2tL} = \frac{pD_i}{2t} \tag{10-2}$$

여기서 σ = 그리스문자 시그마 = 인장응력.

식 (10−2)로부터 알 수 있듯이, 관에 작용하는 인장응력은 유압이 클수록, 관의 내경이 클수록, 그리고 벽두께가 작을수록 커진다. 관의 길이는 인장응력에 아무런 영향을 미치지 않는다.

파열압력과 작동압력

파열압력(burst pressure, BP)은 관의 파열을 일으키는 유체의 압력이다. 관의 파열은 인장응력(σ)이 관재료의 인장강도(S)보다 클 때 일어난다. 재료의 인장강도는 그 재료가 파단될 때의 인장응력이다. 그림 10−1(a)의 관 외벽에 축방향으로 그은 선이 있음을 주목하라. 인장응력이 관재료의 인장강도와 같아지면, 이 선을 따라 균열이 시작되어 파열될 수 있음을 보여주고 있다. 파열은 유압(p)이 BP에 이를 때 일어난다. 따라서 파열압력은 식 (10−2)로부터 다음과 같이 주어진다.

$$\text{BP} = \frac{2tS}{D_i} \tag{10-3}$$

사용압력(working pressure, WP)은 안전하게 작동할 수 있는 유체의 최대압력으로서, 파열압력을 적당한 안전계수(factor of safety, FS)로 나눈 값으로 정의된다.

$$\text{WP} = \frac{\text{BP}}{\text{FS}} \tag{10-4}$$

안전계수는 안전하게 사용할 수 있는 작동압력의 최대값을 지정함으로써 도관의 안전을 보장하기 위한 것이다. 산업현장에서는 사용하는 압력에 따라 다음과 같은 표준값을 추천하고 있다.

FS = 4(0~1,000 psi의 압력)
FS = 6(1,000~2,500 psi의 압력)
FS = 8(2,500 psi 이상의 압력)

심한 압력충격이 예상되는 시스템에서는 안전계수 10을 추천하고 있다.

유량과 압력으로부터 도관의 치수결정

주어진 적용분야에 알맞은 도관의 치수는 다음과 같이 결정된다.

1. 유량조건에 따라 가능한 내경(D_i)의 최소값을 구한다.
2. 유량조건에 따라 구한 내경보다 크거나 같은 표준 도관을 선정한다.

3. 선정된 표준 도관의 벽두께(t)를 다음 식으로부터 구한다.

$$t = \frac{D_o - D_i}{2} \tag{10-5}$$

4. 도관의 재질과 시스템의 작동압력(p)으로부터 인장강도(S)와 안전계수(FS)를 구한다.
5. 식 (10−3)과 (10−4)로부터 파열압력(BP)과 사용압력(WP)을 계산한다.
6. 계산된 사용압력이 작동압력보다 크면, 선정된 도관을 사용할 수 있다. 그렇지 않으면 더 큰 벽두께를 가진 표준 도관을 선정하여 평가해 보아야 한다. 사용할 수 있는 도관이 되기 위해서는 유량조건을 만족해야 할 뿐 아니라, 사용압력이 시스템의 작동압력보다 크거나 같아야 한다.

식 (10−2), (10−3), (10−4)와 (10−5)에서 각 파라미터의 명칭과 단위는 다음과 같다.

BP = 파열압력(psi, MPa)
D_i = 도관의 내경(in, m)
D_o = 도관의 외경(in, m)
FS = 안전계수(무차원)
P = 시스템의 작동압력(psi, MPa)
S = 도관 재질의 인장강도(psi, MPa)
t = 도관의 벽두께(in · m)
WP = 사용압력(psi, MPa)
σ = 인장응력(psi, MPa)

예제 10−3

바깥지름이 1.250 in이고 안지름이 1.060 in인 강튜브가 있다. 이 강튜브의 재질은 인장강도가 55,000 psi인 SAE 1010 냉간압연강이라고 한다. 안전계수를 8이라고 가정할 때, 이 튜브의 안전한 사용압력은 얼마인가?

풀이 먼저, 식 (10−5)를 사용하여 튜브의 벽두께를 계산한다.

$$t = \frac{1.250 - 1.060}{2} = 0.095 \text{ in}$$

다음에는 식 (10−3)을 사용하여 이 튜브의 파열압력을 구한다.

$$\text{BP} = \frac{(2)(0.095)(55{,}000)}{1.060} = 9860 \text{ psi}$$

마지막으로 식 (10−4)를 사용하여 안전하게 작동할 수 있는 사용압력을 구하면 다음과 같다.

$$\text{WP} = \frac{9860}{8} = 1{,}230 \text{ psi}$$

두꺼운 도관의 사용

식 (10−2)와 (10−3)은 D_i/t가 대략 10보다 큰 얇은 도관에서만 사용이 가능하다. 왜냐하면 식 (10−2)를 유도할 때, 벽두께를 따라 일정한 인장응력이 작용하고 있다고 가정하였으나, 두꺼운 도관($D_i/t \le 10$)에서는 식 (10−2)의 유도에서 가정하였던 것처럼 튜브의 벽두께에 작용하는 인장응력이 일정하지 않기 때문이다. 두꺼운 실린더에 대해서는 일정하지 않은 인장응력을 고려하여 식(10−6)을 사용하여야 한다.

$$\text{BP} = \frac{2tS}{D_i + 1.2t} \tag{10-6}$$

즉, 사용하고 있는 도관이 얇은 도관이 아니면, 식 (10−6)을 사용하여 계산하여야 한다. 예상한 바와 같이, 식 (10−6)을 사용하여 얻은 파열압력과 사용압력은 식 (10−3)을 사용하여 계산한 값보다 작아진다. 이 사실은 식 (10−6)의 분모에 $1.2t$가 더 더해진 것으로부터 알 수 있다.

예제 10−3의 강튜브는 $D_i/t = 1.060 \text{ in}/0.095 \text{ in} = 11.2 > 10$이므로 얇은 도관에 속한다. 따라서 예제 10−3의 강튜브는 안전율 8로 계산한 사용압력 1,230 psi에서 안전하게 작동할 수 있다. 이 동일한 강튜브와 안전율에 대하여 식 (10−6)을 사용하면 다음과 같이 된다.

$$\text{WP} = \frac{\text{BP}}{8} = \frac{tS}{4(D_i + 1.2t)} = \frac{0.095 \times 55{,}000}{4(1.060 + 1.2 \times 0.095)} = 1110 \text{ psi}$$

예상한 대로, 식 (10−6)을 사용하여 계산된 사용압력 1,110 psi는 식 (10−3)을 사용한 예제 10−3에서 계산된 1,230 psi보다 작다.

10.4 강관

치수표시

강관과 강관 이음쇠는 그림 10−2와 같이 호칭치수(nominal size)와 스케줄번호(schedule

number)에 의하여 분류된다. 제시된 스케줄은 40, 80, 160 으로서 유압시스템에서 가장 많이 사용된다. 각 호칭치수에서 외경은 변하지 않음을 주목하라. 벽두께를 증가시키려면 다음의 더 큰 스케줄번호를 사용하면 된다. 그리고 호칭치수는 외경도 아니고 내경도 아님을 유의하라. 강관의 호칭치수는 연결부위의 나사 크기를 표시한다. 그림 10-2에 주어진 관 치수는 인치 단위이다.

그림 10-3은 스케줄번호가 40, 80, 160인 관의 상대적인 단면 크기를 보여주고 있다. 주어진 호칭 강관 치수에 대하여 나타낸 것과 같이, 스케줄번호가 커질수록 벽두께가 증가함을 알 수 있다.

호칭 치수	바깥지름	안지름		
		스케줄 40	스케줄 80	스케줄 160
1/8	0.405	0.269	0.215	-
1/4	0.540	0.364	0.302	-
3/8	0.675	0.493	0.423	-
1/2	0.840	0.622	0.546	0.466
3/4	1.050	0.824	0.742	0.614
1	1.315	1.049	0.957	0.815
1-1/4	1.660	1.380	1.278	1.160
1-1/2	1.900	1.610	1.500	1.338
2	2.375	2.067	1.939	1.689

그림 10-2 일반적인 관의 치수

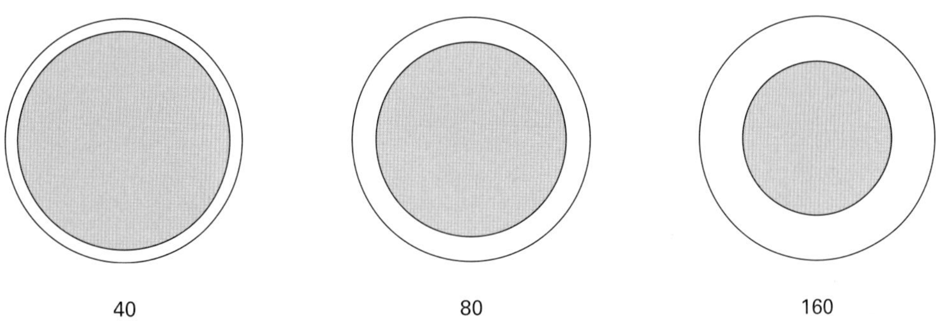

그림 10-3 스케줄번호가 40, 80, 160인 관의 상대적인 단면 크기

나사 설계

튜브나 호스 이음쇠는 평행나사를 가진데 반하여, 관은 테이퍼나사(tapered thread)를 가지고 있다. 그림 10-4에서 보는 바와 같이, 관을 조이면 암나사와 수나사 사이에 죔쇠끼워맞춤(interference fit)이 일어나 밀봉된다. 관을 사용할 때 주로 일어나는 문제는 이 나사 이음쇠 부분에서 발생한다. 이 이음쇠를 풀었다가 다시 밀봉하려면 더 많이 조여야 한다. 따라서 나사부가 약간 더 긴 관으로 교체하여야 할 경우가 종종 발생한다. 가끔은 테플론테이프(Teflon tape)를 감아서 이 문제를 해결하는 경우도 있다. 유압 관용나사(pipe thread)는 건조밀봉(dry-seal)형이다. 건조밀봉형 나사가 표준 관용나사와 다른 점은 나사면이 접촉되기 전에 나사산과 골이 먼저 접촉한다는 것이다. 이렇게 함으로써 나선형의 간극이 생기는 것을 방지할 수 있다.

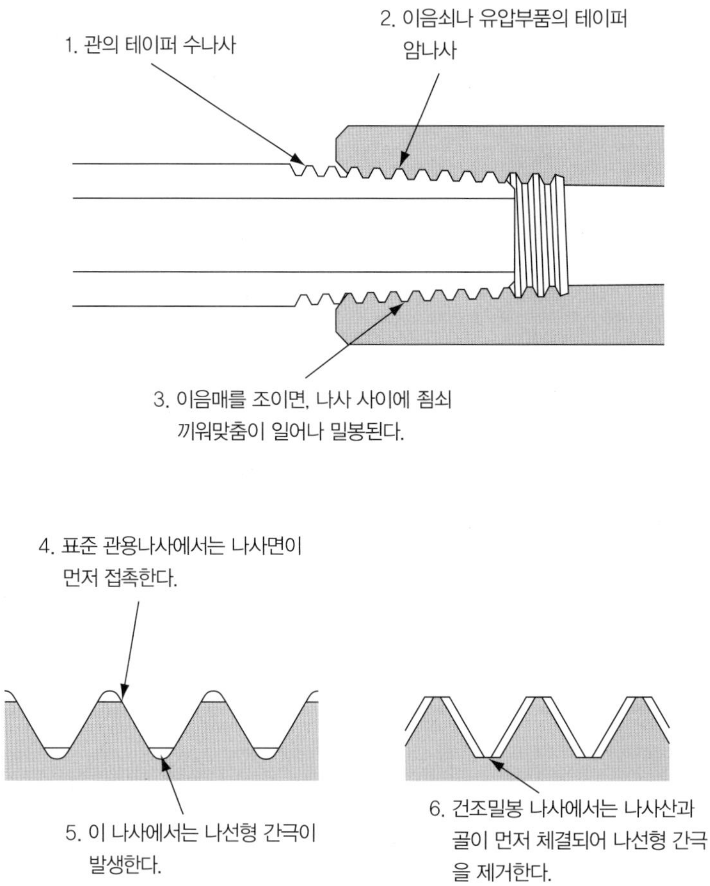

그림 10-4 유압 관용나사는 건조밀봉 테이퍼형이다(Courtesy of Sperry Vickers, Sperry Rand Corp., Troy, Michigan.)

강관은 오직 나사만으로 연결되며, 장애물을 피해 구부릴 수 없다. 물론 여러 종류의 이음쇠가 있어서 그림 10-5와 같은 말단연결을 하거나 방향을 바꿀 수 있다. 유압회로에서 관 이음쇠를 많이 사용하면 압력이 증가할 경우에 누설이 발생할 가능성이 증가한다. 나사형 이음쇠는 관지름이 1.25 in 이하일 때 사용된다. 관지름이 더 커지면 그림 10-6과 같이 플랜지(flange)를 관에 용접한다. 플랜지 이음쇠의 누설을 방지하기 위하여 그림과 같이 평 가스킷이나 O링을 사용한다.

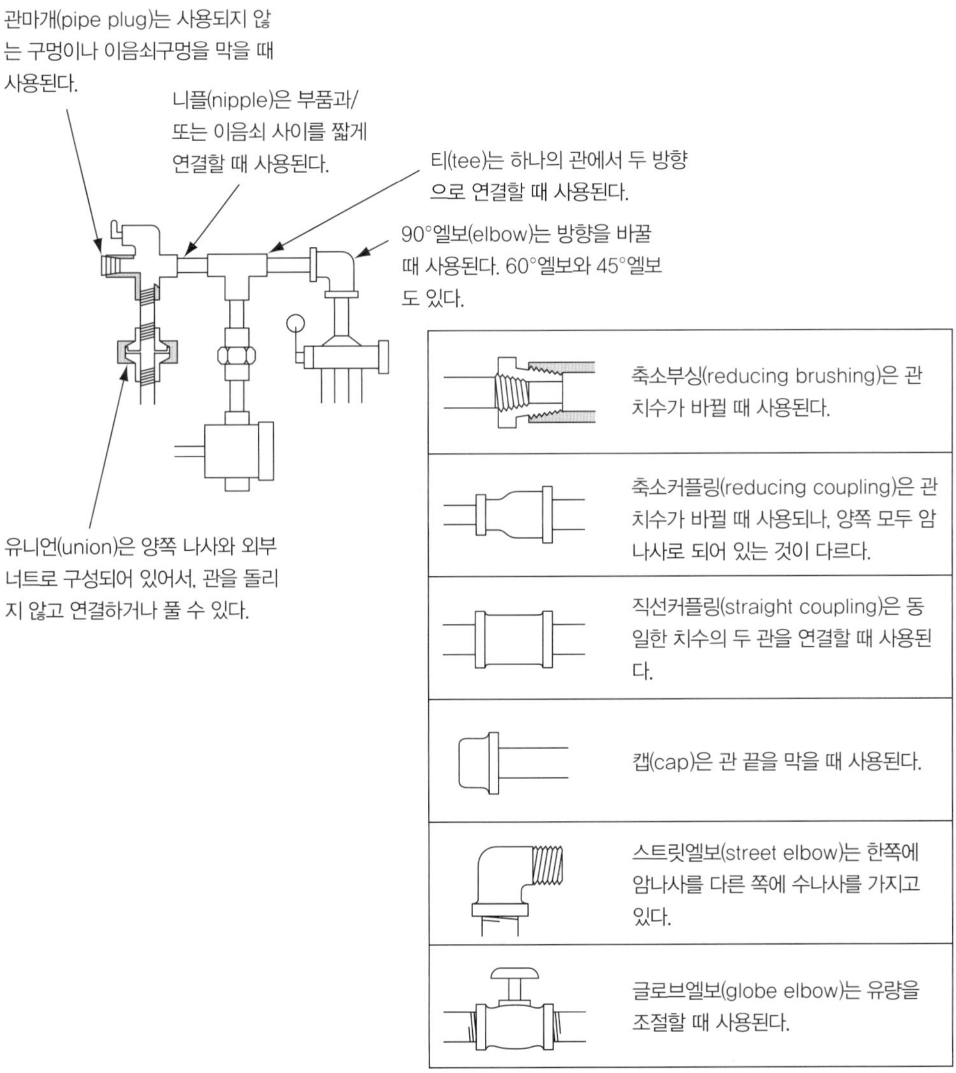

그림 10-5 이음쇠는 관과 부품을 연결(Courtesy of Sperry Vickers, Sperry Rand Corp., Troy, Michigan.)

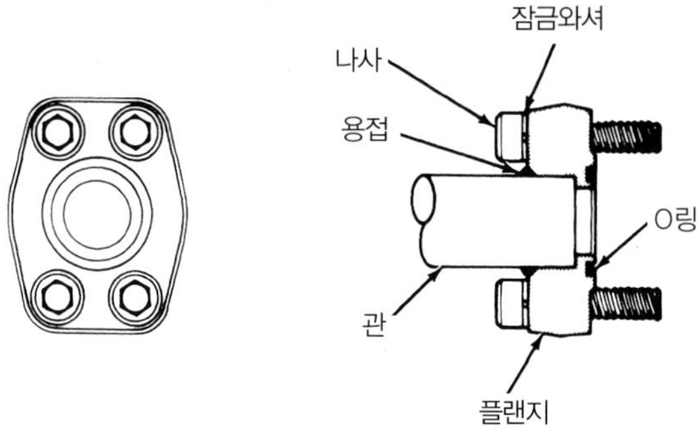

소켓용접 관이음 직선형

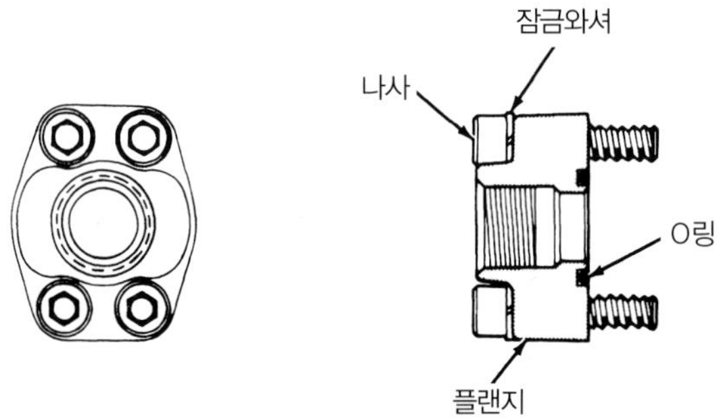

나사 관이음 직선형

그림 10-6 큰 관의 플랜지 이음(Courtesy of Sperry Vickers, Sperry Rand Corp., Troy, Michigan.)

파이프나 강튜브에 의하여 펌프를 연결하는 것은 좋지 않다. 펌프의 고유진동이, 시간이 흐르면서, 연결부위를 손상시킬 수 있다. 파이프를 사용한 연결은 펌프소음을 또한 증폭시킨다. 펌프의 압력 토출포트 연결에 호스를 사용하면, 특히 피스톤 펌프에서, 오일 맥동의 감쇠에 도움이 될 수 있다. 펌프의 모든 연결에 유연호스가 사용되어야 한다.

10.5 강튜브

치수표시

이음매 없는 강튜브(steel tubing)는 유압시스템에서 가장 널리 사용되는 도관의 형태이다. 강튜브는 강관에 비하여 상당한 이점을 가지고 있다. 강튜브는 거의 모든 형태로 구부릴 수 있기 때문에, 이음쇠의 수를 줄일 수 있다. 강튜브는 다루기가 쉽고, 아무런 밀봉문제 없이 재사용이 가능하다. 작은 규모의 시스템에서 강튜브를 사용하면, 작은 부피와 무게로 압력과 유량 조건을 맞출 수 있다. 그러나 강튜브와 강튜브 이음쇠는 강관과 강관 이음쇠에 비하여 값이 비싸다. 강튜브의 치수표시는 항상 외경을 기준으로 한다. 구할 수 있는 치수로는 외경이 1/8 in에서 3/8 in까지는 1/16 in씩 증가하는 모든 치수, 3/8 in에서 1 in까지는 1/8 in씩 증가하는 모든 치수, 1 in 이상은 1/4 in씩 증가하는 치수가 있다. 그림 10-7은 유공압시스템에서 많이 사용되는 강튜브의 치수(단위는 인치)를 보여주고 있다.

튜브 OD(in)	벽두께 (in)	튜브 ID (in)	튜브 OD(in)	벽두께 (in)	튜브 ID (in)	튜브 OD(in)	벽두께 (in)	튜브 ID (in)
1/8	0.035	0.055	1/2	0.035	0.430	7/8	0.049	0.777
3/16	0.035	0.118		0.049	0.402		0.065	0.745
1/4	0.035	0.180		0.065	0.370		0.109	0.657
	0.049	0.152		0.095	0.310	1	0.049	0.902
	0.065	0.120	5/8	0.035	0.555		0.065	0.870
5/16	0.035	0.243		0.049	0.527		0.120	0.760
	0.049	0.215		0.065	0.495	1-1/4	0.065	1.120
	0.065	0.183		0.095	0.435		0.095	1.060
3/8	0.035	0.305	3/4	0.049	0.652		0.120	1.010
	0.049	0.277		0.065	0.620	1-1/2	0.065	1.370
	0.065	0.245		0.109	0.532		0.095	1.310

그림 10-7 일반적인 튜브의 치수

강튜브로 가장 널리 사용되는 재료는 SAE 1010 냉간압연강이다. 이 재료는 작업하기가 쉽고, 55,000 psi의 인장강도를 가지고 있다. 더 큰 강도가 요구되는 곳에서는 인장강도가 75,000 psi인 AISI 4130 강으로 된 튜브를 사용할 수 있다.

강튜브 이음쇠

강튜브의 밀봉은 나사에 의하여 이루어지는 것이 아니고, 그림 10-8과 같은 특수한 형태의 이음쇠에 의하여 이루어진다. 이 이음쇠의 일부는 압축이음쇠(compression fitting)로 알려져 있다. 압축이음쇠는 금속과 금속의 접촉에 의하여 밀봉이 이루어지는 것으로서, 플레어(flare)형일 수도 있고 비플레어(flareless)형일 수도 있다. 금속과 금속의 접촉에 의하지 않는 이음쇠로는 O링을 사용하는 것이 있다. 강튜브의 연결에 가장 많이 사용되는 것은 37°플레어 이

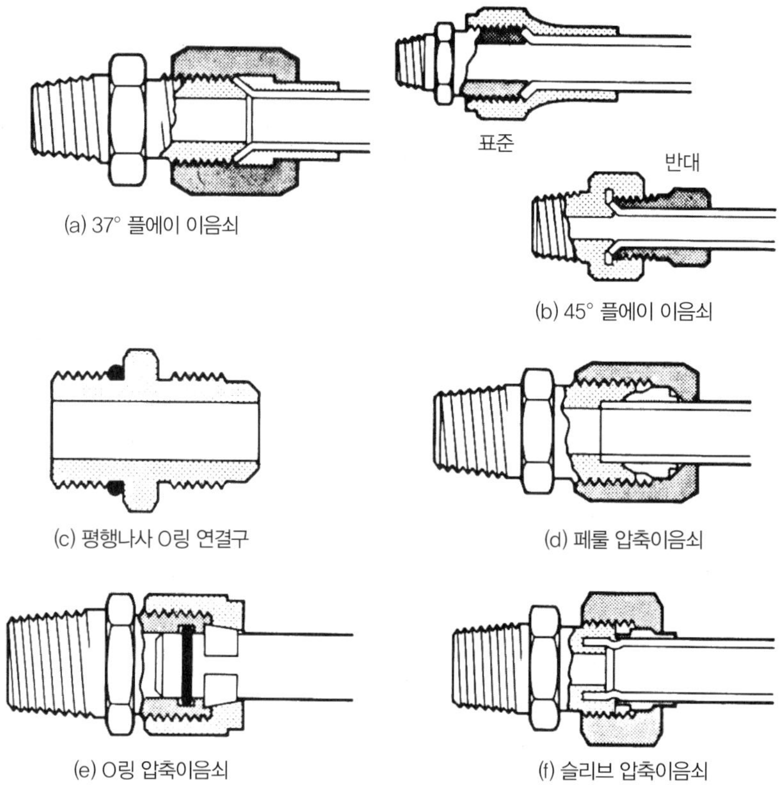

그림 10-8 강튜브에 사용되는 나사 이음쇠와 연결구(Courtesy of Sperry Vickers, Sperry Rand Corp., Troy, Michigan.)

음쇠이다. 그림 10-8(a)와 (b)의 플레어 이음쇠는 압축너트를 조임에 따라 튜브의 플레어 끝을 실(seal)에 압착하여 밀봉을 이룬다. 너트 내부의 슬리브(sleeve)는 진동을 감쇠하도록 튜브를 지지한다. 표준 45°플레어 이음쇠는 아주 높은 압력에 사용된다. 표준 플레어 이음쇠와는 반대로 압축너트에 수나사를 낸 것도 있다. 유압부품이 평행나사 구멍을 가지고 있다면, 그림 10-8(c)와 같은 평행나사 O링 이음쇠를 사용할 수 있다. 이 형태는 압력이 증가할수록 실(seal)이 더 꽉 끼기 때문에 고압에 알맞다.

플레어 이음쇠를 조립할 때 다음의 두 가지 사항을 주의하여야 한다.

1. 강튜브를 나팔꽃 모양으로 플레어하기 전에 압축너트를 강튜브에 미리 끼워 넣어야 한다.
2. 너트를 너무 강하게 조이지 말아야 한다. 너무 큰 토크를 가하면 밀봉면을 해쳐서 누설을 일으킬 수 있다.

플레어를 할 수 없거나 금지된 강튜브에 대해서는 페룰(ferrule) 압축 이음쇠, O링 압축 이

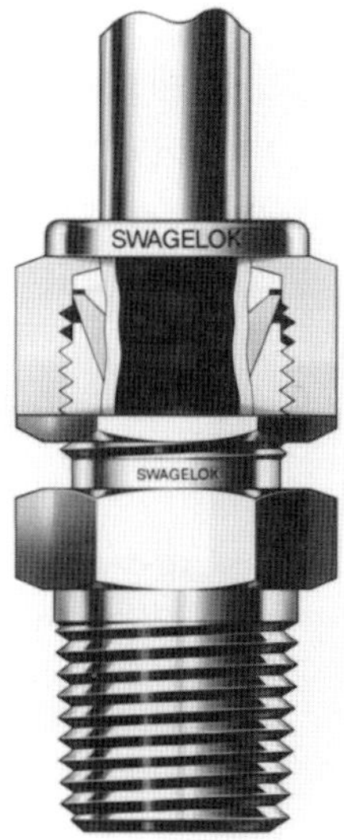

그림 10-9 스웨이지락 튜브 이음(Courtesy of Swagelok Co., Solon, Ohio.)

음쇠, 또는 슬리브 압축 이음쇠를 사용할 수 있다[그림 10-8(d), (e), (f) 참조]. O링 이음쇠는 튜브 끝의 길이나 직각성에 상당한 오차가 있어도 밀봉이 된다.

그림 10-9는 누설없이 강튜브의 파열압력까지 견딜 수 있는 스웨이지락(Swagelok) 튜브 이음쇠를 보여주고 있다. 이 이음쇠는 분리와 조립을 여러 번 반복하더라도 완벽한 밀봉을 보장한다. 일반 공구로 이 이음쇠를 분리하거나 조립할 수 있다. 그림의 강튜브는 페룰 앞에서 이음쇠 몸체에 의하여 지지되고 있다. 두 개의 페룰은 벽면을 손상하지 않으면서 강튜브의 주위를 꽉 잡아준다. 사실상 내벽의 수축이 거의 없기 때문에 이로 인한 유동 방해는 거의 없다. 많은 반복실험을 해본 결과, 스웨이지락 튜브 이음쇠에서 누설이 발생하기 전에 먼저 강튜브가 파괴된다는 것이 판명되었다. 스웨이지락 이음쇠의 비밀은 이음쇠의 모든 작동이 회전방향 대신에 튜브의 축방향으로 일어나고 있다는데 있다. 이음쇠로부터 강튜브로 토크가 전달되지 않기 때문에, 강튜브를 약화시킬지도 모를 초기 변형률이 없다. 이중의 페룰이 상호 작용함으로써, 튜브재질, 벽두께 및 경도의 변화에 대처할 수 있다.

그림 10-10은 45°플레어 이음쇠를 보여주고 있다. 플레어 이음쇠는 압축이음쇠보다 먼저

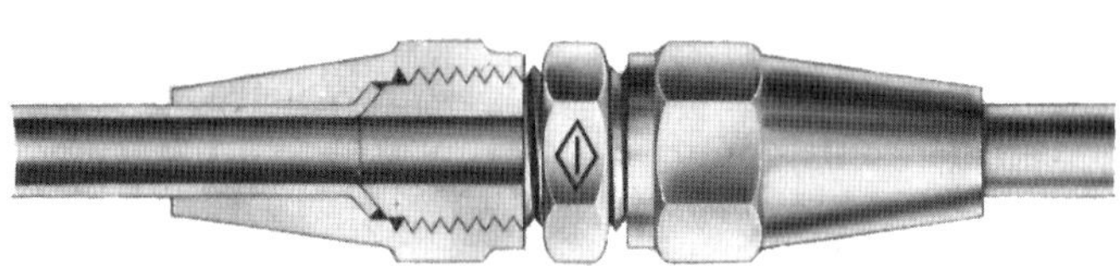

그림 10-10 45° 플레이 이음쇠(Courtesy of Gould, Inc., Valve and Fittings Division, Chicago, Illinois.)

개발되었으며, 이것이 한동안 고압에서 성공적으로 밀봉할 수 있는 유일한 방법이었다.

강튜브 이음쇠의 다른 네 가지 형태로는 그림 10-11의 (a) 유니언 엘보, (b) 유니언 티, (c) 유니언, (d) 45°숫엘보(male elbow)가 있다. 이 이음쇠들을 사용하면, 강튜브를 설치하거나 보수를 위해 분해하기가 쉽다.

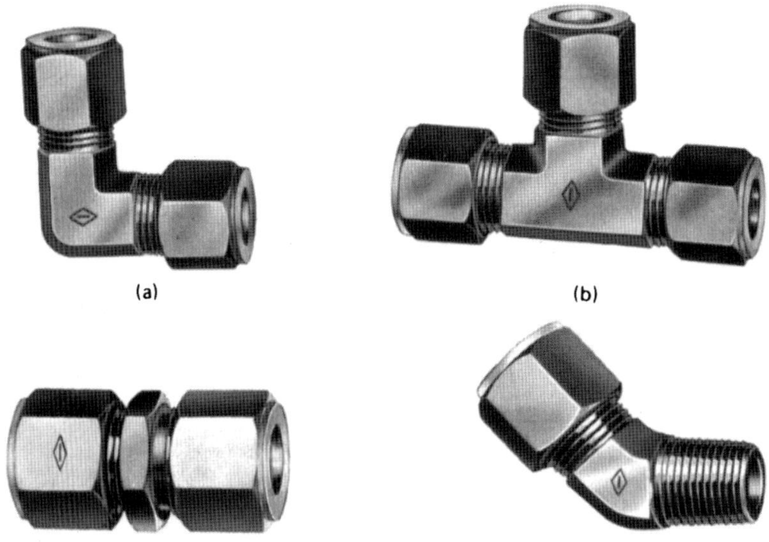

그림 10-11 여러 가지 강튜브 이음쇠: (a) 유니언 엘보, (b) 유니언 티, (c) 유니언, (d) 45° 숫엘보(Courtesy of Gould, Inc., Valve and Fittings Division, Chicago, Illinois.)

예제 10-4

30 gpm의 유량과 1,000 psi의 작동압력에 사용할 수 있는 적당한 치수의 강튜브를 선정하여라. 최대 추천속도는 20 ft/s이고, 튜브재질은 인장강도가 55,000 psi인 SAE 1010 냉간압연강이라고 한다.

풀이 유체의 제한속도 20 ft/s로부터 안지름의 최소값을 구하면 예제 10-1의 결과 (0.783 in)와 같다.

유량조건에 기초하여, 그림 10-7로부터 사용가능한 가장 작은 튜브를 두 개 고르면 다음과 같다.

바깥지름 1 in, 벽두께 0.049 in, 안지름 0.902 in
바깥지름 1 in, 벽두께 0.065 in, 안지름 0.870 in

먼저 벽두께가 0.049 in인 튜브를 조사해 보자. 이 경우는 다른 경우에 비하여 더 작은 속도를 발생한다.

$$BP = \frac{(2)(0.049)(55,000)}{0.902} = 5980 \text{ psi}$$

$$WP = \frac{5980}{8} = 748 \text{ psi}$$

이 사용압력은 적당하지 않다. 따라서 벽두께가 0.065 in인 튜브를 고려해 보자.

$$BP = \frac{(2)(0.065)(55,000)}{0.870} = 8220 \text{ psi}$$

$$WP = \frac{8220}{8} = 1030 \text{ psi}$$

$$D_i/t = 0.870 \text{ in}/0.065 \text{ in} = 12.9$$

이 결과는 적당하다. 왜냐하면 1,030 psi의 사용압력은 시스템의 작동압력인 1,000 psi보다 크고, 또 $D_i/t > 10$이기 때문이다.

10.6 플라스틱튜브

플라스틱튜브는 값이 싸기 때문에 유공압 산업에서 사용이 급속히 늘고 있다. 이 튜브는 장애물을 피하도록 쉽게 구부릴 수 있을 뿐 아니라, 다루기 쉽고, 릴(reel)에 저장할 수도 있다. 다른 장점으로는 다양한 색깔이 가능하기 때문에, 회로의 각 부분에 다른 색깔의 튜브를 사용하여 구분을 쉽게 할 수 있다. 플라스틱튜브는 유연하기 때문에 강튜브보다 진동에 의한 해를 입을 가능성이 적다.

플라스틱튜브에서 사용하는 이음쇠는 강관에서 사용하는 이음쇠와 대동소이하다. 실제로 그림 10-9의 스웨이지락 이음쇠와 같은 강관 이음쇠의 많은 것들이 플라스틱튜브에 그대로 사용된다. 다른 형태의 플라스틱 이음쇠로서 그림 10-12와 같은 폴리플로 플레어리스 튜브 이음쇠(Poly-Flo Flareless Tube Fitting)라는 것이 있다. 이 이음쇠는 압축력을 받는 부분에서 부서지는 것을 방지하기 위하여 튜브 내에 슬리브를 넣도록 되어 있다. 깜빡 잊고 슬리브를 빠뜨리는 것을 방지하기 위하여, 슬리브를 이음쇠에 고착시켜 제조한다.

플라스틱튜브는 공압시스템에서도 널리 사용되고 있다. 왜냐하면 공압시스템은 보통 100

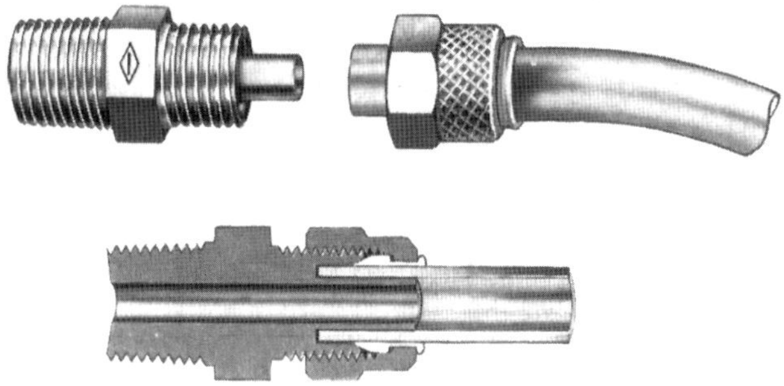

그림 10-12 폴리플로 플레어리스 튜브 이음쇠(Courtesy of Gould, Inc., Valve and Fittings Division, Chicago, Illinois.)

psi 이하의 낮은 압력에서 작동하기 때문이다. 물론 플라스틱튜브는 유압유와 아무런 문제를 일으키지 않기 때문에, 저압의 유압시스템에서도 사용된다.

플라스틱튜브의 재질로는 폴리에틸렌, 폴리염화비닐, 폴리프로필렌, 나일론 등이 있다. 각 재질은 서로 다른 성질을 가지고 있기 때문에, 제조업자의 카탈로그를 보고 적용분야에 알맞은 재질을 선정하여야 한다.

10.7 유연호스

설계와 치수표시

네 번째 중요한 유압도관으로서 유연호스(flexible hose)가 있다. 유연호스는 작동기와 같은 유압부품에 움직임이 있을 때 사용된다. 예를 들면, 이동식 유압장치, 이동장비, 유압공작기계 등에서 사용된다. 유연호스는 인조고무(elastomer)와 꼰철선(또는 꼰직물)을 층으로 쌓아 고압을 견디도록 제조된다.

그림 10-13에서 보는 바와 같이, 보통 바깥층은 인조고무로 되어 있어서 꼰철선(braided wire)층을 보호하고 있다. 유연호스는 단지 세층(하나의 꼰철선층)으로 제조된 것에서부터, 고압을 견디도록 여러 층으로 제조된 것이 있다. 여러 층의 꼰철선을 사용하는 경우에, 꼰철선층과 인조고무층을 번갈아가며 쌓기도 하고, 또는 꼰철선층만을 쌓기도 한다.

그림 10-14는 단일 꼰철선층과 이중 꼰철선층을 사용한 전형적인 호스의 치수와 그것의 크기를 보여주고 있다. 단일 꼰철선층 호스의 치수는 비슷한 내경을 가진 표준 강튜브의 외경으로 표시하되 1/16 인치의 배수로 표시한다. 예를 들어, 크기 8인 단일 꼰철선층 호스의 내경은 8/16 in. 또는 1/2 in. 표준 강튜브의 내경과 매우 유사하다. 이중 꼰철선층 호스의 치

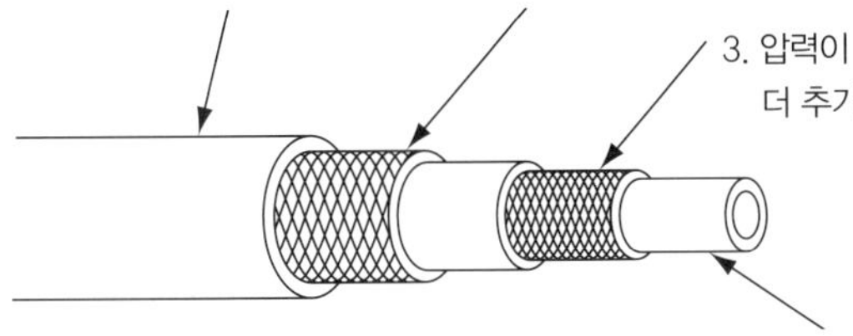

그림 10-13 유연호스는 층으로 구성되어 있다(Courtesy of Sperry Vickers, Sperry Rand Corp., Troy, Michigan.)

호스 치수	OD 튜브 치수(in)	단일 꼰철선층			이중 꼰철선층		
		호스 ID (in)	호스 OD (in)	최소 곡부반지름(in)	호스 ID (in)	호스 OD (in)	최소 곡부반지름(in)
4	1/4	3/16	33/64	1-15/16	1/4	11/16	4
6	3/8	5/16	43/64	2-3/4	3/8	27/32	5
8	1/2	13/32	49/64	4-5/8	1/2	31/32	7
12	3/4	5/8	1-5/64	6-9/16	3/4	1-1/4	9-1/2
16	1	7/8	1-15/64	7-3/8	1	1-9/16	11
20	1-1/4	1-1/8	1-1/2	9	1-1/4	2	16

그림 10-14 전형적인 호스의 치수

수는 호스 내경으로 표시하되 1/16 인치의 배수로 표시한다. 예를 들어, 크기 8인 이중 꼰철선층 호스의 내경은 1/2 in.이다. 최소 곡부반지름(bend radius)은 호스에 지나친 변형률을 가하지 않고, 유체의 흐름을 방해하지 않으면서 구부릴 수 있는 최소 반지름을 의미한다.

그림 10-15는 서로 다르게 만들어진 다섯 가지의 유연호스를 보여주고 있다. 그 다섯 가지는 다음과 같다.

a. FC 194: 인조고무 내부튜브, 단일 꼰철선층 강화, 그리고 인조고무 껍질. 사용압력은 크기에 따라 375 psi에서 2,750 psi 까지이다.
b. FC 195: 인조고무 내부튜브, 이중 꼰철선층 강화, 그리고 인조고무 껍질. 사용압력은 크기에 따라 1,125 psi에서 5,000 psi 까지이다.
c. FC 300: 인조고무 내부튜브, 폴리에스테르 내부층, 단일 꼰철선층 강화, 그리고 폴리에스테르 껍질. 사용압력은 크기에 따라 350 psi에서 3,000 psi 까지이다.

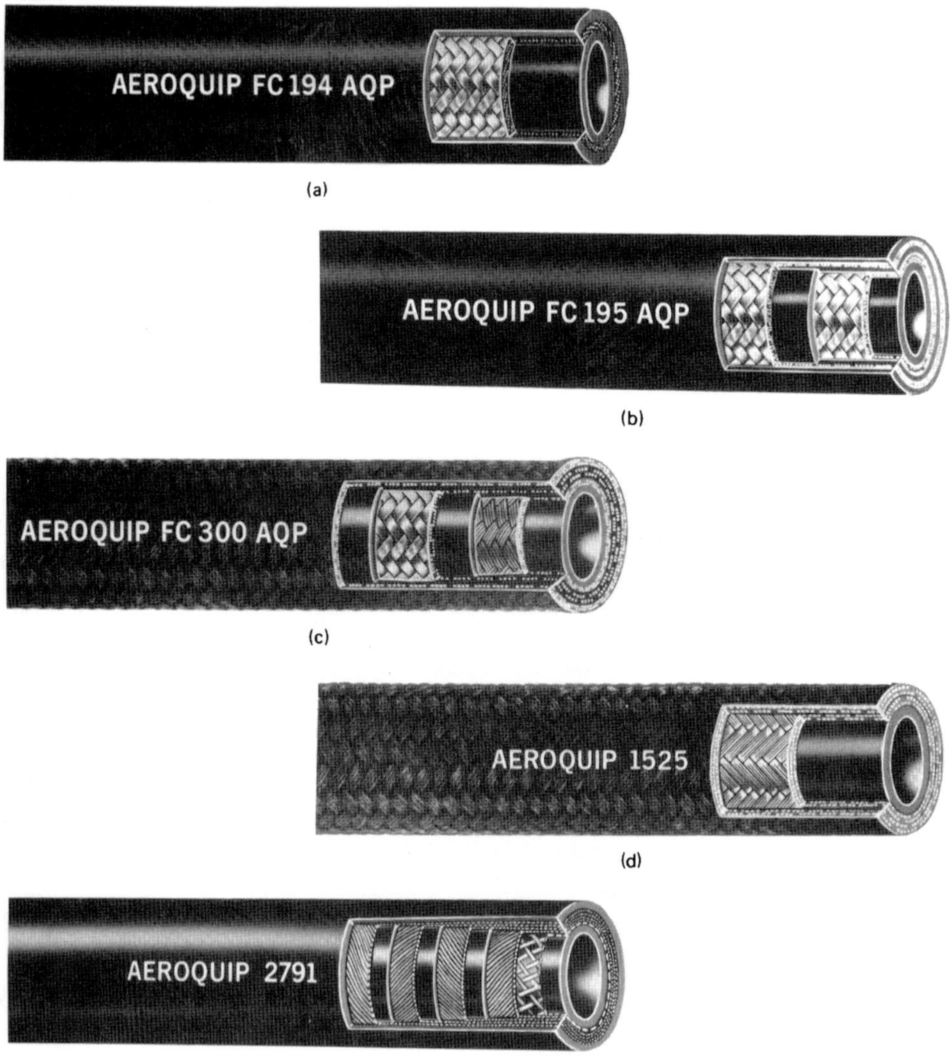

그림 10-15 여러 가지 유연 호스: (a) FC 194: 단일 꼰철선층, (b) FC 195: 이중 꼰철선층, (c) FC 300: 단일 꼰철선층, 폴리에스테르 내부층, (d) 1525: 단일 꼰직물층, (e) 2791: 4겹의 굵은 나선형 철선, 부분 꼰직물층(Courtesy of Aeroquip Corp., Jackson, Michigan.)

d. 1525: 인조고무 내부튜브, 꼰직물층 강화, 오일 내구제 및 곰팡이 방지제, 그리고 꼰직물 껍질. 사용압력은 모든 크기에 대해 250 psi이다.
e. 2791: 인조고무 내부튜브, 부분 꼰직물층, 4겹의 굵은 나선형 철선 강화, 그리고 인조고무 껍질. 사용압력은 모든 크기에 대해 2,500 psi이다.

호스 이음쇠

여러 가지 말단 이음쇠를 가진 다양한 길이의 호스가 제조업자들에 의하여 제공되고 있다. 그림 10-16은 말단 이음쇠를 영구적으로 부착한 세 가지 호스의 예, 즉 (a) 직선 이음쇠, (b) 45°엘보 이음쇠, (c) 90°엘보 이음쇠를 보여주고 있다.

엘보형 이음쇠는 연결이 어려운 곳의 이음을 가능하게 해 줄 뿐 아니라, 굽힘작업을 보다 용이하게하여 시스템의 외관을 보기좋게 해준다.

그림 10-17은 재사용이 가능한 세 가지 말단 이음쇠를 보여주고 있다. 이 이음쇠와 연결된 호스가 손상되었으면, 이 이음쇠를 풀고 새 호스로 교체하여 끼우면 된다. 이와 같은 재사

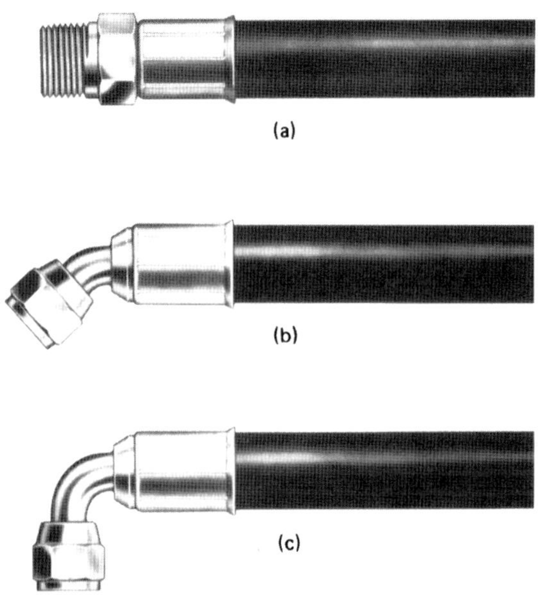

그림 10-16 말단 이음쇠를 영구적으로 부착한 유연호스: (a) 직선 이음쇠, (b) 45° 엘보 이음쇠, (c) 90° 엘보 이음쇠(Courtesy of Aeroquip Corp., Jackson, Michigan.)

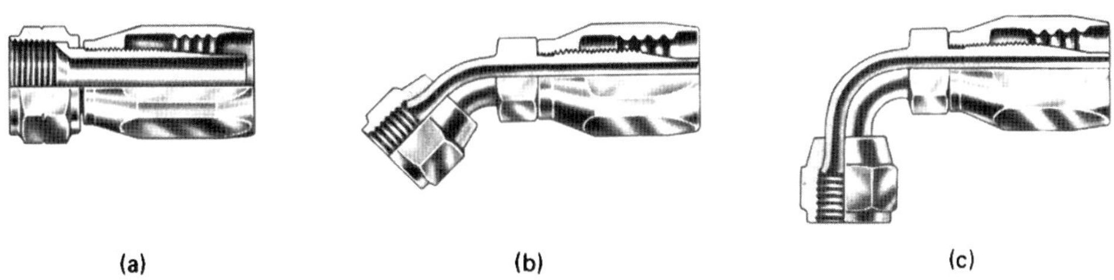

그림 10-17 재사용이 가능한 말단 이음쇠를 가진 유연호스: (a) 직선 이음쇠, (b) 45° 엘보 이음쇠, (c) 90° 엘보 이음쇠(Courtesy of Aeroquip Corp., Jackson, Michigan.)

용 이음쇠에 대한 아이디어는 1941년에 시작되었다. 2차대전의 발발로 항공기의 유압관로가 파손되었을 때 가능한 한 빨리 복구하는 것이 필요하였다.

호스의 경로선택과 설치

호스와 유압유가 공존할 수 있어야 하기 때문에, 유압유를 교체할 때 주의를 기울여야 한다. 유연호스를 설치할 때 작동중 호스의 꼬임이 없도록 설치해야 한다. 또 호스를 약간 느슨하게 하여 어느 정도의 변형과 압력서지(pressure surge)를 흡수할 수 있도록 해야 한다. 호스를 비틀거나 긴 루프로 만드는 것은 좋지 않다. 움직이는 부분과 호스가 부딪히거나 꼬일 가능성이 있으면 클램프를 사용하는 것이 좋다. 호스가 비벼지는 곳에서는 보호 슬리브(sleeve)에 넣어 설치하는 것이 좋다. 그림 10-18은 호스의 경로선택과 설치에 관한 정보를 보여주고 있다.

10.8 급속분리 커플링

다른 형태의 이음쇠로서, 플라스틱튜브와 유연호스에 다 사용되는 급속분리 커플링(quick disconnect coupling)이 있다. 급속분리 커플링은 도관을 부품으로부터 자주 분리할 필요가 있을 경우에 사용된다. 이 형태의 이음쇠를 사용하면, 1초 또는 2초만에 연결과 분리를 수행할 수 있다. 급속분리 커플링에는 기본적으로 다음과 같은 네 가지 형태가 있다.

1. **직관통:** 이 설계 방식은 유동저항을 최소화 할 수 있으나, 커플링을 분리하였을 때 유압유의 손실을 막을 수 없다.

2. **일방향 차단:** 이 설계 방식은 커플링을 분리하였을 때, 유압원 쪽을 차단해 주지만, 작동기 쪽을 차단해 주지 않는다. 짧은 시간동안에 시스템으로부터 유압유의 누설은 많지 않겠으나, 커플링의 열린 구멍 쪽으로 이물질이 들어가 시스템을 오염시킬 수 있다. 특히 작업장의 이동장비에서 그런 일이 일어날 수 있다.

3. **양방향 차단:** 이 설계 방식은 커플링을 분리하였을 때, 압력관로 양쪽 끝을 확실하게 차단해 준다. 이러한 형태의 급속분리 커플링의 단면도를 나타내는 그림 10-19를 보아라. 이 커플링은 유압유의 손실을 막아준다. 잠금 슬리브를 풀어 커플링을 분리하면, 소켓과 플러그 양쪽의 밸브가 즉시 닫히면서 유동이 차단된다. 다시 커플링을 연결하면, 플러그가 소켓의 O링을 밀어붙여 밀봉을 달성한다. 연결이 덜 되어 유압유가 흘러나올 가능성은 없다. 플러그가 완전히 들어가야만 밸브가 열릴 수 있기 때문이다.

호스의 경로선택과 설치

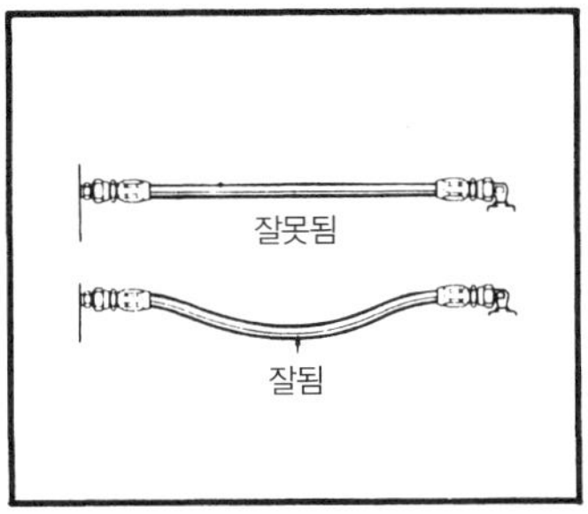

압력에 의하여 호스의 길이가 24%에서 12%까지 변할 수 있다. 호스의 길이를 약간 느슨하게 설치하여, 이러한 길이변화에도 문제가 발생하지 않도록 해야 한다(하지만 길이를 너무 길게 하면 외관이 보기 싫어진다.)

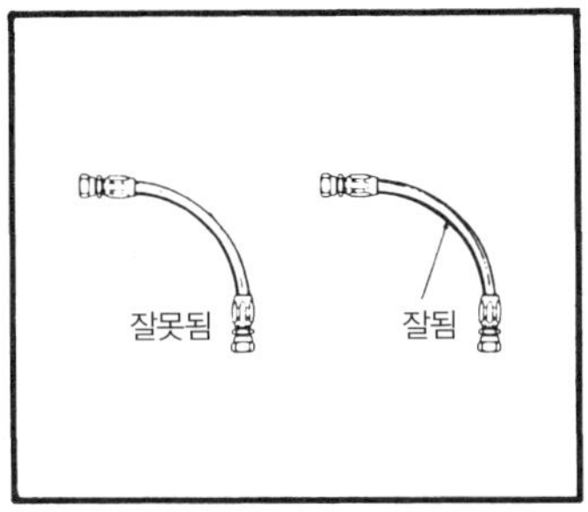

호스가 꼬인 채로 설치되었을 때 고압이 작용하면, 호스를 바로 펴려는 힘이 작용하여 이음쇠 너트를 헐겁게 하거나 호스를 파열시킬 수 있다.

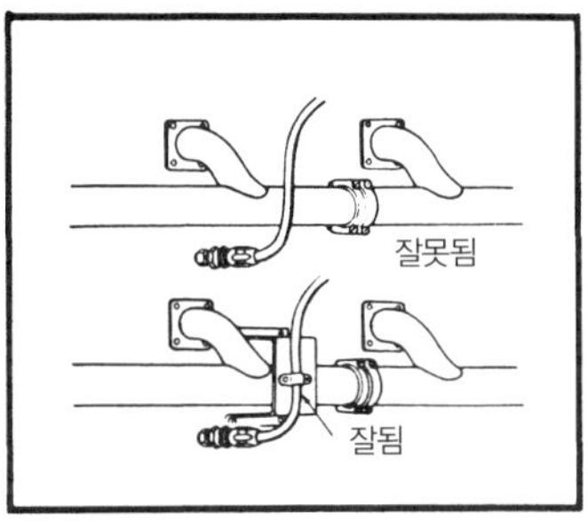

호스라인이 배기 매니폴드나 다른 열원이 가까이 지나갈 경우에, 내열 슬리브나 격막으로 단열하여야 한다. 브래킷과 클램프를 사용하면, 어느 경우에나 호스를 제 위치에 잡아둘 수 있고, 마모를 줄일 수 있다.

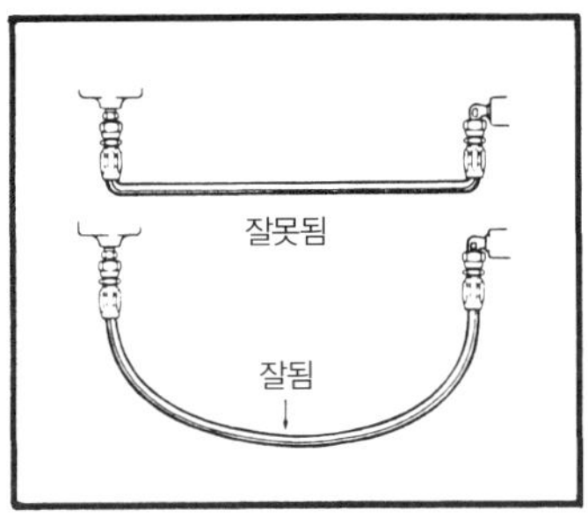

곡부에서 호스가 큰 반지름의 호를 그리도록 길이를 넉넉히 둔다. 반지름이 너무 작도록 구부리면 호스가 가늘어져서 유동을 방해한다. 심지어 꼬여서 흐름을 완전히 막을 수도 있다. 많은 경우에 올ㄹ바른 이음쇠나 어댑터를 사용하면 곡부를 제거할 수 있다.

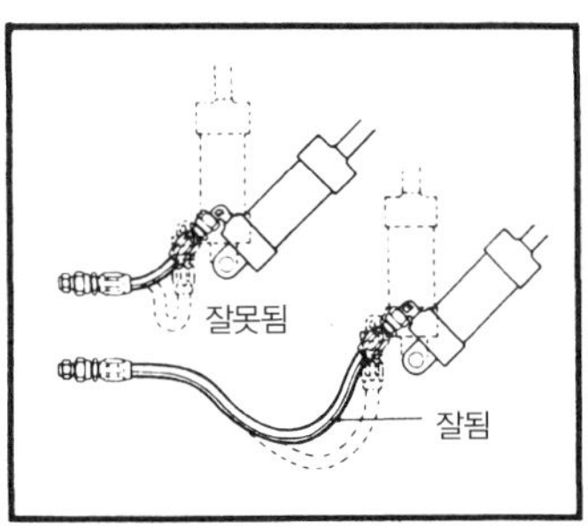

진동이나 움직임이 있는곳에서의 호스길이를 더 길게 해야 한다. 금속 이음쇠는 유연하지 않기 때문에, 바르게 설치되지 않으면 금속부에 큰 응력이 걸리거나 호스가 손상될 수 있다.

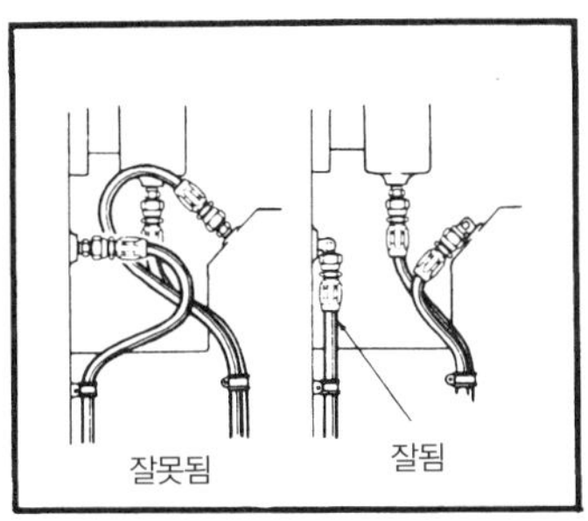

90° 어댑터를 사용하면, 이 경우에 더 깔끔하게 보이고 관리하기도 쉽다. 물론 호스 길이도 짧아진다.

네 가지 기본 어댑터 기능

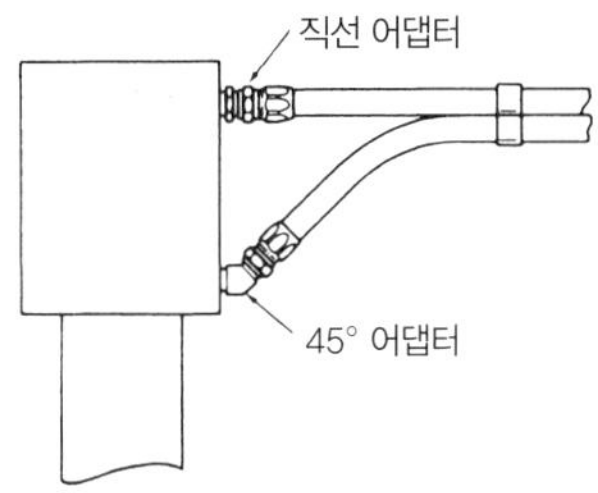

1. 호스를 부품에 연결한다. 이 예에서, 밸브는 1/2″ 관용 암나사를 가지고 있고, 호스는 3/4″ S.A.E. 37° 스위블너트를 가지고 있는데, 적당한 Aeroquip 어댑터를 사용하여 양쪽을 연결하고 있다.

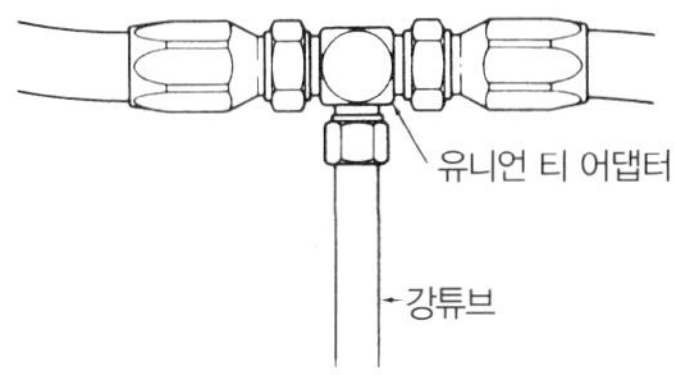

2. 둘 이상의 호스나 튜브를 연결한다. 이 예에서, T자형 어댑터를 사용하여 두 호스와 한 개의 강튜브를 연결하고 있다. 어댑터의 각 끝은 서로 다른 나사를 가질 수 있다.

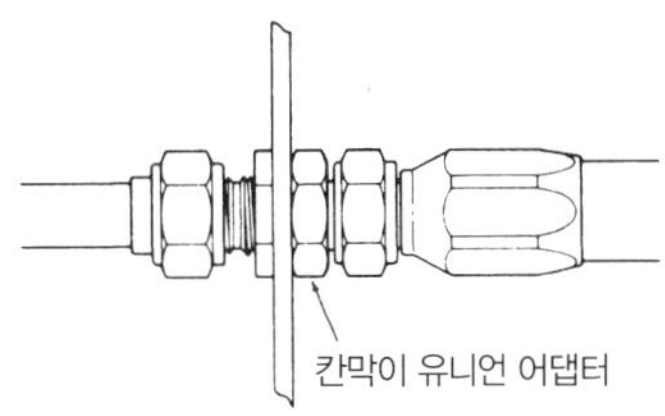

3. 칸막이에서 연결과 고정을 동시에 수행한다. 이 예에서 어댑터는 호스를 튜브에 연결할 뿐 아니라 칸막이에 고정하고 있다.

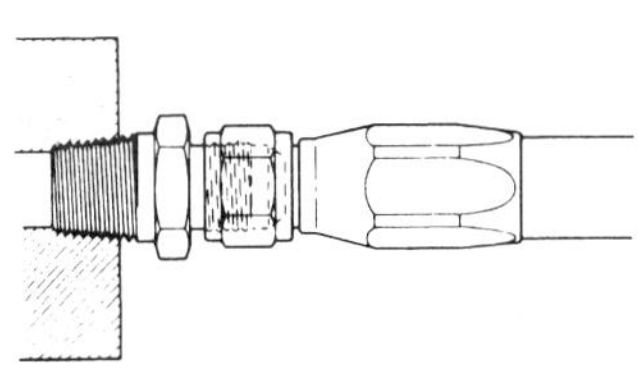

4. 부상의 필요성을 제거한다. 이 예에서, 어댑터의 한 끝은 3/4″ 관용나사로서 어셈블리에 연결되어 있고, 다른 한 끝은 1/2″ S.A.E. 37° 플레어로서 37° 스위블 이음쇠에 연결되어 있다. 이 어댑터가 부싱을 대신하고 있다.

그림 10-18 호스의 경로선택과 설치에 관한 정보(Courtesy of Aeroquip Corp., Jackson, Michigan.)

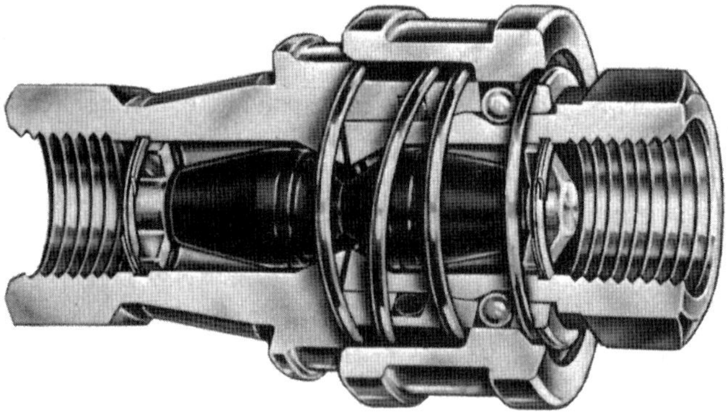

그림 10-19 금속분리 커플링 단면도(Courtesy of Hansen Manufacturing Co., Cleveland, Ohio.)

10.9 미터단위의 강튜브

이 절에서는 미터단위의 튜브 치수를 알아보고, 유량과 강도 조건으로부터 적절한 치수의 튜브를 선정하는 방법을 공부한다.

튜브 OD(mm)	벽두께 (mm)	튜브 ID (mm)	튜브 OD(mm)	벽두께 (mm)	튜브 ID (mm)	튜브 OD(mm)	벽두께 (mm)	튜브 ID (mm)
4	0.5	3	14	2.0	10	25	3.0	19
6	1.0	4	15	1.5	12	25	4.0	17
6	1.5	3	15	2.0	11	28	2.0	24
8	1.0	6	16	2.0	12	28	2.5	23
8	1.5	5	16	3.0	10	30	3.0	24
8	2.0	4	18	1.5	15	30	4.0	22
10	1.0	8	20	2.0	16	35	2.0	31
10	1.5	7	20	2.5	15	35	3.0	29
10	2.0	6	20	3.0	14	38	4.0	30
12	1.0	10	22	1.0	20	38	5.0	28
12	1.5	9	22	1.5	19	42	2.0	38
12	2.0	8	22	2.0	18	42	3.0	36

그림 10-20 미터단위의 일반적이 튜브 치수

그림 10−20은 유공압시스템에서 사용되는 일반적인 튜브 치수를 보여주고 있다. 가장 작은 OD 치수는 4 mm(0.158 in)이고 가장 큰 OD 치수는 42 mm(1.663 in)임을 주목하라. 이 값들은 일반적인 영국단위 튜브 치수인 그림 10−7의 0.125 in, 1.500 in와 비슷하다.

작동압력에 따른 안전계수는 다음과 같다.

FS = 8(0~1,000 psi, 또는 0~7 MPa, 또는 0~70 bar의 압력)
FS = 6 (1,000~2,500 psi, 또는 7~17.5 MPa, 또는 70~175 bar의 압력)
FS = 4 (2,500 psi, 또는 17.5 MPa, 또는 175 bar 이상의 압력)

SAE 1010 냉간압연강과 AISI 4130 강의 인장강도는 다음과 같다.

SAE 1010	55,000 psi, 또는 379 MPa
AISI 4130	75,000 psi, 또는 517 MPa

예제 10−5

0.00190 m3/s의 유량과 70 bar의 작동압력에 사용할 수 있는 적당한 치수의 미터단위 강튜브를 선정하여라. 최대 추천속도는 6.1 m/s이고, 튜브재질은 인장강도가 379 MPa인 SAE 1010 냉간압연강이라고 한다.

풀이 유체의 제한속도 6.1 m/s로부터, 안지름의 최소값을 구한다. 다음 식 (3−38)

$$Q(\mathrm{m}^3/\mathrm{s}) = A(\mathrm{m}^2) \times v(\mathrm{m/s})$$

로부터, A는

$$A = Q/v$$

로 표현된다. $A = \frac{\pi}{4}(\mathrm{ID})^2$이므로

$$\mathrm{ID} = \sqrt{\frac{4Q}{\pi v}} \qquad \textbf{(10-7)}$$

이고, 따라서 다음과 같은 안지름을 얻을 수 있다.

$$\mathrm{ID} = \sqrt{\frac{(4)(0.00190)}{\pi(6.1)}} = 0.0199\ \mathrm{m} = 19.9\ \mathrm{mm}$$

그림 10−20으로부터, 사용할 수 있는 가장 작은 OD 튜브를 선정하면 다음과 같다.

22 mm OD, 1.0 mm 벽두께, 20 mm ID

식 (10−3)으로부터 파열압력을 구하면 다음과 같다.

$$\text{BP} = \frac{2tS}{D_i} = \frac{(2)(0.001\text{m})(379\ \text{MN/m}^2)}{0.020\ \text{m}} = 37.9\ \text{MN/m}^2 = 37.9\ \text{MPa}$$

식 (10−4)를 이용하여 사용압력을 구하면 다음과 같다.

$$\text{WP} = \frac{\text{BP}}{\text{FS}} = \frac{37.9\ \text{MPa}}{8} = 4.74\ \text{MPa} = 47.4\ \text{bars}$$

이 압력은 작동압력인 70 bar보다 낮으므로 적당하지 않다. 따라서 필요한 ID를 가지면서 다음으로 큰 OD 튜브를 조사해 보자.

28 mm OD, 2.0 mm 벽두께, 24 mm ID

$$\text{BP} = \frac{(2)(0.002)(379)}{0.024} = 63.2\ \text{MPa}$$

$$\text{WP} = \frac{63.2}{8} = 7.90\ \text{MPa} = 79.0\ \text{bars}$$

$$D_i/t = 24\ \text{mm}/2\ \text{mm} = 12 > 10$$

이 결과는 위의 조건을 만족하므로 답으로 적당하다.

10.10 중요한 식들

유체속도: $$v = v_{\text{avg}} = \frac{Q}{A} \quad \textbf{(10-1)}$$

관의 인장응력: $$\sigma = \frac{pD_i}{2t} \quad \textbf{(10-2)}$$

관의 파열압력: $$\text{BP} = \frac{2tS}{D_i} \quad \textbf{(10-3)}$$

관의 사용압력: $$\text{WP} = \frac{\text{BP}}{\text{FS}} \quad \textbf{(10-4)}$$

연습문제

질문, 개념 및 정의

10-1 유체 분배시스템의 주목적은 무엇인가?

10-2 펌프의 배출구 쪽에서 일반적으로 추천되는 유체의 속도는 얼마인가?

10-3 펌프의 입구 쪽에서 일반적으로 추천되는 유체의 속도는 얼마인가?

10-4 도관과 이음쇠는 왜 구리로 만들지 않는가?

10-5 물-글리콜 유압유와 함께 사용될 수 없는 금속은 무엇인가?

10-6 유압충격은 시스템 압력에 어떤 영향을 미치는가?

10-7 특별한 작동압력에서 도관의 벽두께와 안전계수를 결정하는 변수는 무엇인가?

10-8 왜 도관의 강도는 시스템의 작동압력이 요구하는 것보다 커야 하는가?

10-9 강관의 주요 결점을 열거하여라.

10-10 도관의 네 가지 형태를 열거하여라.

10-11 유체의 평균속도란 무엇인가?

10-12 왜 강관 이음쇠에 가끔 가단철이 사용되는가?

10-13 강튜브가 강관보다 왜 널리 이용되는가?

10-14 플라스틱튜브는 강튜브에 비하여 어떤 주요 이점을 가지고 있는가?

10-15 급속분리 커플링의 목적을 설명하여라.

10-16 나사 이음쇠의 단점은 무엇인가?

10-17 플레어 이음쇠와 압축이음쇠의 차이점은 무엇인가?

10-18 유연호스는 주로 어떤 조건의 유압시스템에서 사용되는가?

10-19 유연호스를 설치할 때 유의해야 할 사항을 세 가지 열거하여라.

10-20 유연호스의 기본적인 구성요소는 무엇인가?

10-21 호칭치수가 정해진 강관에서, 스케줄번호가 커지면 벽두께는 증가하는가 감소하는가?

10-22 강관의 치수는 어떻게 분류되는가?

10-23 표준 강관의 스케줄번호란 무엇인가?

10-24 얇은 도관과 두꺼운 도관을 구별하여라.

10-25 플레어 이음쇠를 조립할 때 주의하여야 할 두 가지 사항을 열거하여라.

문제

주: 문제 번호 뒤의 E는 영국단위를 사용하고 있다는 것을 의미하고, M은 미터단위를 사용하고 있다는 것을 의미한다.

유량조건으로부터 도관의 치수결정

10-26E 20 gpm의 펌프에 사용할 흡입관로로 어떤 치수를 선정하겠는가?

10-27E 20 gpm의 펌프에 사용할 배출관로로 어떤 치수를 선정하겠는가?

10-28M 0.002 m^3/s의 펌프에 사용할 흡입관로로 어떤 미터단위 치수를 선정하겠는가?

10-29M 0.002 m^3/s의 펌프에 사용할 배출관로로 어떤 미터단위 치수를 선정하겠는가?

10-30E 펌프가 75 Lpm의 유량을 생성하고 있다. 배출관로에서 유체의 속도는 6 m/s에서 7.5 m/s 사이에 있어야 한다. 사용할 수 있는 관의 최소 내경과 최대 내경을 구하여라.

10-31 관에 액체가 흐를 때, 액체의 속도는 관 내경의 ___________에 반비례한다.

10-32 관에 액체가 흐를 때, 관 내경을 두 배로 늘리면 유체의 속도는 ___________배로 줄어든다.

10-33 관의 유동에 대한 다음 식에서 상수 C_1과 C_2를 구하여라.

$$A(\text{in}^2) = \frac{C_1 Q(\text{gpm})}{v\left(\frac{\text{ft}}{\text{s}}\right)} \qquad A(\text{m}^2) = \frac{C_2 Q\left(\frac{\text{m}^3}{\text{s}}\right)}{v\left(\frac{\text{m}}{\text{s}}\right)}$$

10-34E 30 gpm 펌프의 입구속도와 출구속도는 각각 5 ft/s와 20 ft/s로 제한되어 있다. 이 펌프의 입구와 출구에서 요구되는 최소 상용 튜브치수는 얼마인가? 벽두께는 0.095 in로 하고, 그림 10-7을 참조하여라.

10-35M 연습문제 10-34의 데이터를 미터단위로 고치고, 이 펌프의 입구와 출구에서 요구되는 최소 상용 튜브치수를 다시 구하여라. 그림 10-20을 참조하여라.

10-36M 70 Lpm 펌프의 입구속도와 출구속도는 각각 1.2 m/s와 6.1 m/s로 제한되어 있다. 이 펌프의 입구과 출구에서 요구되는 최소 상용 튜브치수를 구하되, 벽두께를 2.0 mm로 하여라. 그림 10-20을 참조하여라.

도관의 정격압력

10-37E 외경이 1.250 in이고 내경이 1.060 in인 강튜브가 있다. 이 강튜브의 재질은 인장강도가 75,000 psi인 AISI 4130 강이다. 안전계수를 8이라고 할 때, 이 강튜브가 안전하게 작동할 수 있는 압력은 얼마인가?

10-38E 연습문제 10−37의 도관에서, 작동압력이 1,000 psi일 때 인장응력을 구하여라.

10-39E 20 gpm의 유량과 1,000 psi의 작동압력에 사용할 수 있는 적당한 치수의 강튜브를 선정하여라. 최대 추천속도는 20 ft/s이고 안전계수는 8이라고 한다.

a. 인장강도가 55,000 psi인 SAE 1010 재질을 사용할 경우.

b. 인장강도가 75,000 psi인 AISI 4130 재질을 사용할 경우.

10-40M 외경이 30 mm이고 내경이 24 mm인 강튜브가 있다. 이 강튜브의 재질은 인장강도가 517 MPa인 AISI 4130 강이다. 안전계수를 8이라고 할 때, 이 튜브가 안전하게 작동할 수 있는 bar 단위의 압력은 얼마인가?

10-41M 연습문제 10−40의 도관에서, 작동압력이 10 MPa일 때 인장응력을 구하여라.

10-42M 0.001 m^3/s의 유량과 70 bar의 작동압력에 사용할 수 있는 적당한 치수의 강튜브를 선정하여라. 최대추천속도는 6.1 m/s이고 안전계수는 8이라고 한다.

a. SAE 1010 재질을 사용할 경우.

b. AISI 4130 재질을 사용할 경우.

10-43E 1 in ID를 가진 강튜브의 파열압력은 8,000 psi이다. 튜브재질의 인장강도가 55,000 psi일 때, 사용할 수 있는 최소 OD를 구하여라.

10-44M 25 mm ID를 가진 강튜브의 파열압력은 50 MPa이다. 튜브재질의 인장강도가 379 MPa일 때, 사용할 수 있는 최소 OD를 구하여라.

11

Chapter

보조 유압장치

학습 목표

이 단원을 공부하고 나면 다음과 같은 내용을 알아야 한다.

1. 여러 종류의 어큐뮬레이터의 목적, 구조 그리고 작동을 설명할 수 있어야 한다.
2. 어큐뮬레이터 회로의 작동을 설명할 수 있어야 한다.
3. 증압기의 작동을 이해하고, 적용사례를 들 수 있어야 한다.
4. 저장탱크의 기본 설계특성을 설명할 수 있고, 주어진 유압시스템에 적당한 저장탱크 치수를 결정할 수 있어야 한다.
5. 열교환기에 의한 유압시스템의 유압유 온도제어 방법을 설명할 수 있어야 한다.
6. 유압유가 압력릴리프밸브와 같은 저항요소를 통과할 때 유압유의 온도상승을 계산할 수 있어야 한다.
7. 가장 광범위하게 사용되는 시일장치의 설계문제와 작동특성을 설명할 수 있어야 한다.
8. 로터미터(rotameter)나 터빈유량계 같은 유량 측정장치의 작동을 설명할 수 있어야 한다.
9. 부르동게이지(Bourdon gage)나 슈래더게이지(Schrader gage) 같은 압력 측정장치의 작동을 설명할 수 있어야 한다.

11.1 서론

보조유압장치는 펌프, 밸브, 작동기, 도관, 그리고 이음쇠와 같은 주요 범주에 속하지는 않으면서도 중요한 부품들이다. 본 단원에서는 저장탱크, 어큐뮬레이터, 증압기, 시일링장치, 열교환기, 압력게이지, 그리고 유량계를 포함한 보조유압장치를 다룬다. 두가지의 예외는 필터와 스트레이너로 불리는 부품들로서 12장, '유압시스템의 유지관리'에서 다룬다. **필터**와 **스트레이너**가 12장에 포함된 이유는 이 두 부품은 유압시스템의 성공적인 유지보수를 증진시키기 위하여 특별히 설계되었기 때문이다.

11.2 저장탱크

구조와 설계특성

유압시스템에 적합한 저장탱크의 올바른 설계는 전체 성능과 각 부품들의 수명에 중요하다. 저장탱크는 시스템에서 사용된 유압유를 저장하는 공간으로서 뿐만 아니라, 유압유 상태가 양호하게 조절되는 주요한 장소로서의 역할을 수행한다. 저장탱크는 슬러지, 물, 그리고 금속조각이 정화되고 아울러 오일 속에 포함된 공기가 제거될 수 있는 장소이다. 올바로 설계된 저장탱크에 의하여 또한 열의 방출도 이루어진다.

그림 11-1에는 산업체 표준규격을 만족시키는 저장탱크의 구조특성이 나타나 있다. 이 저장탱크는 용접된 철판으로 구성되었다. 내부 표면은 응축된 습기 때문에 발생할 수 있는 녹을 방지하기 위하여 밀봉제로 페인트칠 되었다. 이 저장탱크가 유압유 유지관리를 용이하게 함을 주목할 필요가 있다. 바닥 평판은 접시 모양으로, 필요할 때 저장탱크를 완전히 비울 수 있도록 가장 낮은 곳에 누설 플러그가 설치되어 있다. 청소를 쉽게 할 수 있도록 조립형 덮개가 포함되어 있다. 유체의 수위를 시각적으로 체크할 수 있도록 가시유리(sight glass)가 역시 포함되었다. 통기호흡캡이 또한 포함되었으며 공기 필터링 막이 내장되었다. 이를 통하여 시스템의 수요에 따라 오일의 수위가 변할 때 저장탱크가 호흡할 수 있다. 이러한 방식으로 저장탱크는 항상 대기에 통기되어 있다.

그림 11-2에 나타나 있듯이 격판은 저장탱크의 센터를 가로질러 길이 방향으로 뻗어있다. 그 높이는 오일 수위의 높이의 대략 70% 정도이다. 격판의 목적은 동일한 유체가 저장탱크안에서 연속적으로 재순환하지 못하도록 펌프 입구관로와 귀환관로를 분리시키기 위한 것이다. 이러한 방식으로 모든 유체는 시스템에 균일하게 사용되어 진다.

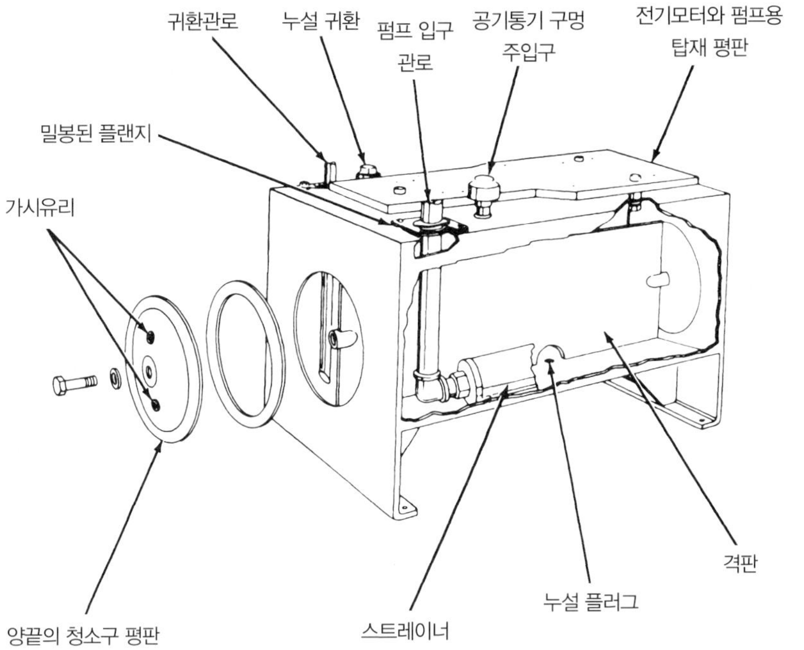

그림 11-1 저장탱크 구조(Courtesy of Sperry Vickers, Sperry Rand Corp., Troy, Michigan.)

격판은 본질적으로 다음의 기능을 수행한다.

1. 외부 물질이 바닥에 가라앉게 한다.
2. 혼입공기가 오일으로부터 빠져나가게 한다.
3. 저장탱크 안의 국부적 난류를 방지한다.
4. 저장탱크 벽을 통하여 열의 방출을 촉진한다.

그림 11−1에 도시되었듯이 저장탱크는 펌프와 구동모터가 맨 위의 표면에 설치될 수 있도록 구성되었다. 표면은 두 유니트의 배열을 지지하고 유지할 수 있는 적당한 강도를 갖추고, 매끄럽게 가공되어있다.

귀환관로는 펌프 흡입관로 반대편의 격판 쪽으로 저장탱크에 유입하여야 한다. 오일의 거품을 방지하기 위하여 저장탱크의 바닥으로부터 파이프 직경의 두 배 이내의 범위에 설치되어야 한다. 펌프 흡입 스트레이너는 저장탱크의 정상오일 수위보다 충분히 아래에 그리고 바닥으로부터 적어도 1인치의 곳에 설치되어야 한다. 만일 스트레이너가 너무 높이 위치하면 와류(vortex)나 크레이터(crater)가 야기되고, 흡입관로에 공기 유입을 허용하게 될 것이다. 더욱이 오일 수위 상부에서의 흡입관로 연결은 공기가 시스템에 유입하지 못하도록 단단히 밀봉되어야 한다.

저장탱크의 치수결정

저장탱크의 치수결정은 다음의 척도에 기초하고 있다.

1. 부유물이나 칩(chip)을 침전시키고 공기가 빠져나가게 하여야 한다.
2. 시스템으로부터 저장탱크로 누설되는 모든 오일을 저장할 수 있어야 한다.
3. 펌프 입구관로 개구(opening) 부위에서의 소용돌이(whirlpool) 효과를 방지하기 위하여 오일 수위를 충분히 높게 유지하여야 한다. 그렇지 않으면 공기가 펌프에 빨려 들어올 수 있다.
4. 시스템에서 발생된 대부분의 열을 방출시킬 수 있도록 표면적이 충분히 커야 한다.
5. 오일의 열팽창을 허용할 수 있도록 적당한 공기공간을 확보하여야 한다.

펌프유량(1분당 부피 단위)의 세 배 용량을 갖는 저장탱크가 평균기대치의 대부분 유압시스템에 적합한 것으로 밝혀졌다. 그 관계는 다음과 같다.

$$\text{저장탱크 치수(gal)} = 3 \times \text{펌프유량(gpm)} \qquad \textbf{(11-1)}$$

$$\text{저장탱크 치수}(m^3) = 3 \times \text{펌프유량}\ (m^3/min) \qquad \textbf{(11-1M)}$$

따라서, 10 gpm 펌프를 사용하는 유압시스템은 30 gal 저장탱크가 필요하고 0.1 (m^3/min) 펌프는 0.3 m^3 저장탱크가 필요하다. 그러나 차량이나 항공기에 적용하는 경우 무게나 공간의 제약 때문에 큰 저장탱크가 갖는 이점이 보통 희생된다.

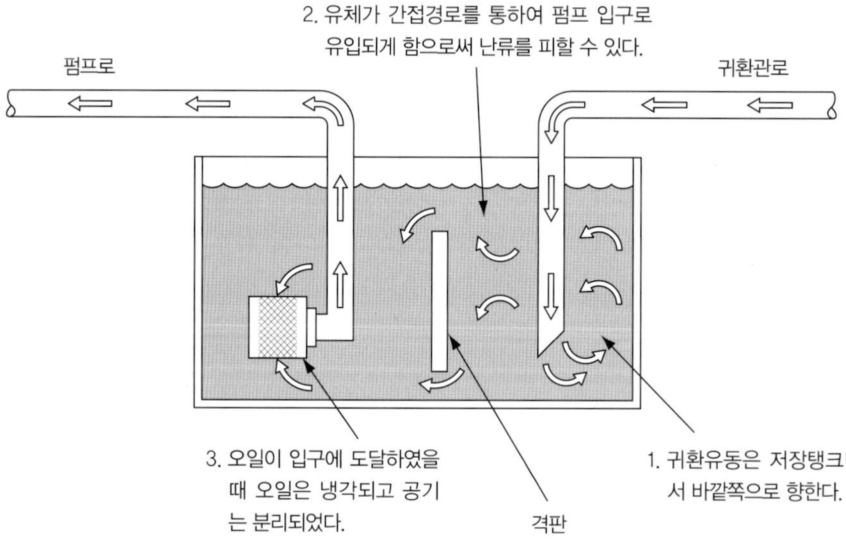

그림 11-2 격판은 저장탱크에서 유동의 방향을 제어한다(Courtesy of Sperry Vickers, Sperry Rand Corp., Troy, Michigan.)

11.3 어큐뮬레이터

어큐뮬레이터의 정의

어큐뮬레이터(accumulator)는 중력, 기계적 스프링, 혹은 압축기체를 수단으로 위치에너지를 저장하는 장치이다. 어큐뮬레이터에 저장된 위치에너지는 시스템이 필요로 하는 수준의 유용한 일을 할 수 있는 신속한 보조유압원이다.

유압시스템에 이용되는 어큐뮬레이터에는 다음과 세 가지의 기본형태가 있다.

1. 중량형
2. 스프링형
3. 기체형

중량형 어큐뮬레이터

중량형 어큐뮬레이터는 역사적으로 가장 오래된 것이다. 이 형태는 수직으로, 두꺼운 벽의 강철 실린더로 구성되어 있으며, 누설을 방지하기 위하여 패킹이 되어 있는 피스톤이 실린더와 결합되어 있다. 무거운 물건이 피스톤 윗 부분에 놓여 있고(그림 11-3을 참조할 것), 그 중력 힘으로 인하여은 어큐뮬레이터에 위치에너지가 생성된다. 이러한 형태의 어큐뮬레이터는 출

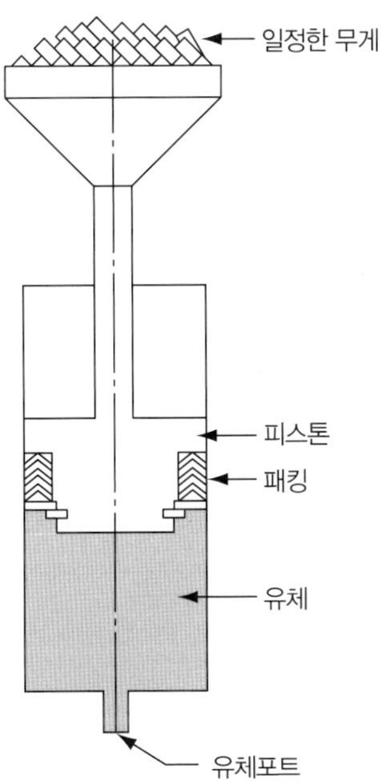

그림 11-3
중량형 어큐뮬레이터(Courtesy of Greer Olaer Products Division/Greer Hydraulics Inc., Los Angeles, California.)

력 부피유량의 크기에 관계없이 전체 출력부피에 걸쳐 일정한 압력을 생성한다. 다른 형태의 어큐뮬레이터에서는 유체 출력압력이 어큐뮬레이터의 출력부피의 함수로 감소한다. 이러한 어큐뮬레이터의 주요한 단점은 크기가 상당히 크고 무겁다. 따라서 이동장비에는 부적합하다.

스프링형 어큐뮬레이터

스프링형 어큐뮬레이터는 그림 11-4에 도시된 것과 같이 피스톤이 조립시 스프링부하 상태에 있는것을 제외하고는 중량-부하형과 유사하다. 스프링은 피스톤에 작용하는 에너지원이며, 유체를 유압시스템으로 밀어넣는다. 이러한 형태의 어큐뮬레이터에 의해 생성되는 압력은 스프링의 치수와 조립시 스프링 부하크기에 의존한다. 더욱이 유체에 가해지는 압력이 일정하지 않다. 스프링부하형 어큐뮬레이터는 보통 낮은 압력으로 비교적 작은 양의 오일을 공급한다. 따라서, 고압력, 부피가 큰 시스템에 사용하려면 무겁고 커지게 된다. 이러한 형태의 어큐뮬레이터는 고주파수의 사이클이 요구되는 용도에 사용되어서는 안된다. 그 이유는 스프링 피로로 인하여 어큐뮬레이터가 작동불능이 될 수 있기 때문이다.

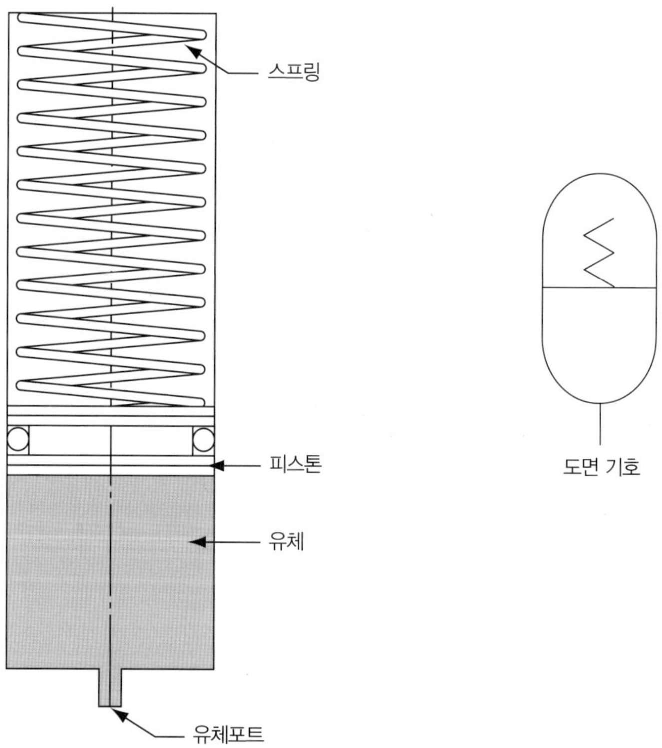

그림 11-4 스프링형 어큐뮬레이터(Courtesy of Greer Olaer Products Division/Greer Hydraulics Inc., Los Angeles, California.)

기체형 어큐뮬레이터

기체형 어큐뮬레이터(gas-loaded accumulator, 흔히 유공압 어큐뮬레이터라고 불리는)는 중량형과 스프링형보다 더 실용적이다. 기체형은 등온공정에서 기체압력이 부피에 반비례하는 보일법칙에 따라 작동한다. 따라서, 예를 들면 압력이 두 배가 된다면 어큐뮬레이터의 기체 부피는 반이 된다. 기체 압축성은 위치에너지의 저장을 의미한다. 예로써, 작동기가 부하를 급히 가동할 때, 시스템 압력의 감소로 인하여 기체가 팽창하면 위치에너지가 오일을 어큐뮬레이터 밖으로 밀어낸다. 어큐뮬레이터에 사용되는 기체는 질소인데, 그 이유는 공기와 달리 습기를 포함하지 않기 때문이다. 주어진 용도에 대한 기체형 어큐뮬레이터의 치수결정은, 기체의 보일법칙이 논의된 후, 14장에서 다루어진다.

기체형 어큐뮬레이터는 크게 두 가지 종류로 구분된다.

1. 비분리형
2. 분리형

비분리형 어큐뮬레이터 비분리형 어큐뮬레이터는 바닥에는 오일 포트, 꼭대기에는 기체충전밸브가 포함된 완전 밀봉쉘로 구성되어 있다(그림 11-5를 참조). 기체는 쉘의 위쪽에 제한되고 오일은 쉘의 바닥에 제한된다. 기체와 오일사이에는 물리적인 칸막이가 없다. 따라서 기체는 오일을 직접 밀어낸다. 이 형태의 주요 장점은 큰 부피의 오일을 다룰 수 있는 것이다. 그러나 주요 단점은 칸막이가 없기 때문에 기체가 오일 속으로 흡수되는 것이다. 이 형태는 기체가 쉘의 꼭대기에 제한되도록 수직으로 설치되어야 한다. 이 형태는 오일 속에 포함된 기체가 캐비테이션을 일으켜 펌프를 손상시킬 수 있기 때문에 고속펌프에서는 피해야 한다. 기체가 오일 속에 흡입되면 오일이 압축성을 갖게 되어, 결과적으로 유압작동기의 스폰지 작동을 초래한다.

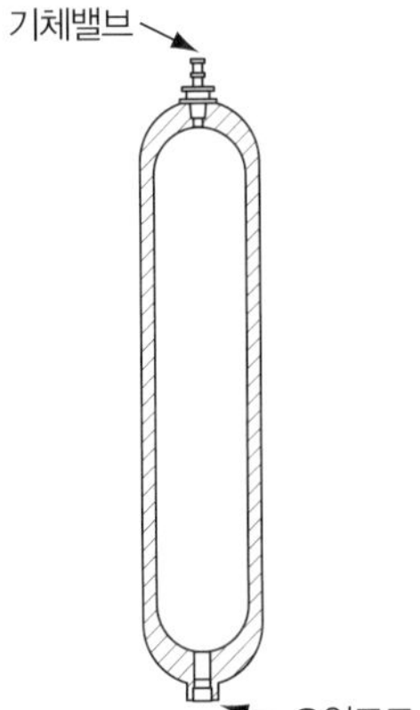

그림 11-5
비분리형 어큐뮬레이터(Courtesy of Greer Olaer Products Division/Greer Hydraulics Inc., Los Angeles, California.)

분리형 어큐뮬레이터 일반적으로 공인된 기체-부하형 어큐뮬레이터는 분리형이다. 이러한 형태에는 기체와 오일 사이에 물리적인 가로막이가 있다. 이 가로막이는 기체의 압축성을 효과적으로 활용한다. 주로 사용되는 세 가지의 분리형 어큐뮬레이터는 다음과 같다.

1. 피스톤형
2. 다이어프램형
3. 블래더형

피스톤형 어큐뮬레이터 피스톤형 어큐뮬레이터는 그림 11-6에 도시된 것과 같이 실린더로 구성되었으며, 적합한 시일을 갖춘 피스톤이 자유롭게 부유하고 있다. 피스톤은 기체와 오일 사이에 가로막이 역할을 한다. 나사형 고정링은 충전되어 있는 동안 운전자가 장치를 분해하지 못하게 하는 안전역할을 한다. 피스톤형 어큐뮬레이터의 주요한 단점은 가격이 너무 비싸고 실제적인 크기가 제한되어 있다는 것이다. 또한 피스톤과 시일의 마찰은 저압력 시스템에

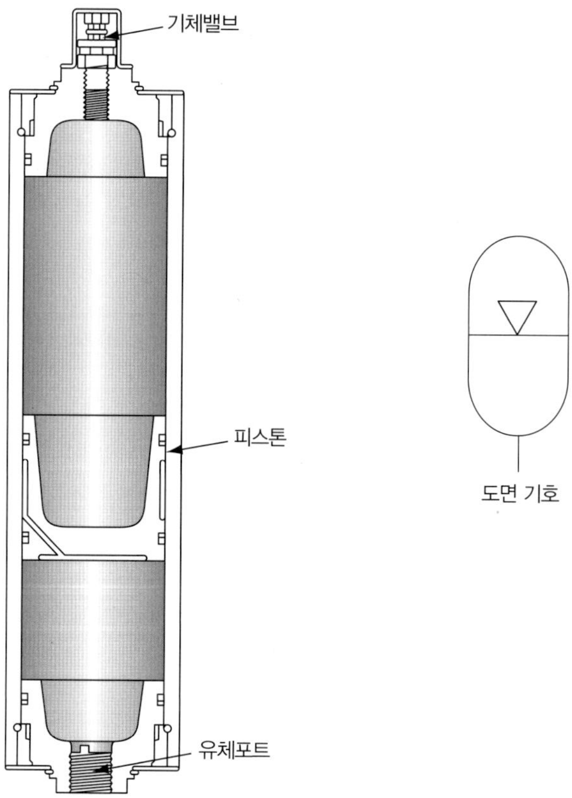

그림 11-6 피스톤형 어큐뮬레이터(Courtesy of Greer Olaer Products Division/Greer Hydraulics Inc., Los Angeles, California.)

서는 문제가 된다. 또한, 오랜 기간에 걸쳐 상당한 누설이 발생하고 충전이 자주 요구된다. 피스톤형 어큐뮬레이터는 피스톤의 관성과 실의 마찰 때문에 압력 진동완충장치 또는 충격완충장치로는 사용되지 말아야 한다. 피스톤형 어큐뮬레이터의 근본적인 장점은 적합한 O-링 실을 사용하여 고온 혹은 저온의 시스템 유체에 사용될 수 있다는 데 있다.

다이어프램형 어큐뮬레이터 다이어프램형 어큐뮬레이터는 다이어프램으로 구성되어 있고, 다이어프램은 쉘 안에서 보호되어 오일과 기체 사이에서 탄성적인 가로막이 역할을 한다(그림 11-7을 참조). 다이어프램 바닥에 숨겨진 셧오프 버튼(shutoff button)은 막이 완전히 팽창했을 때, 관로 연결부의 입구를 막는다. 이로 인하여 예비 충전 동안에 다이어프램이 구멍 속으로 눌리는 것이 방지된다. 충전기구에 의하여 기체쪽의 나사 플러그를 조절함으로써 충전압력과 어큐뮬레이터의 충전을 제어할 수 있다.

그림 11-8에는 다이어프램형 어큐뮬레이터의 작동이 도시되어 있다. 유압펌프로부터 오일이 어큐뮬레이터 속으로 유입되면 다이어프램이 변형된다. 압력이 증가함에 따라, 기체의 부피는 감소하고, 따라서 에너지가 저장된다. 반대의 경우, 회로에서 추가오일이 필요할 때, 시스템압력이 떨어짐에 따라 상응하는 양 만큼의 추가오일이 어큐뮬레이터로부터 공급된다. 이러한 어큐뮬레이터 형태의 주요 장점은 무게 대 부피비가 작은 것이며, 이로 인하여 공수(airborne)용도에 특히 적합하다.

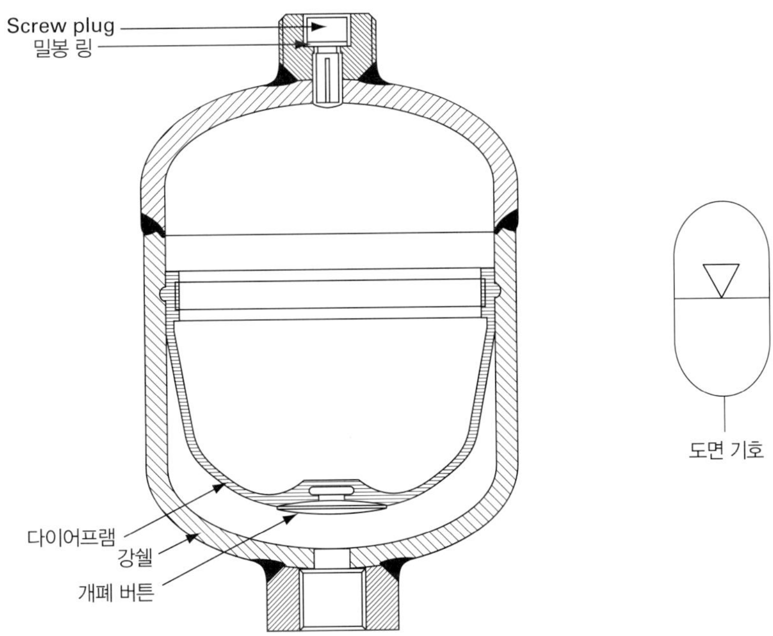

그림 11-7 다이어프램형 어큐뮬레이터(Courtesy of Robert Bosch Corp., Broadview, Illinois.)

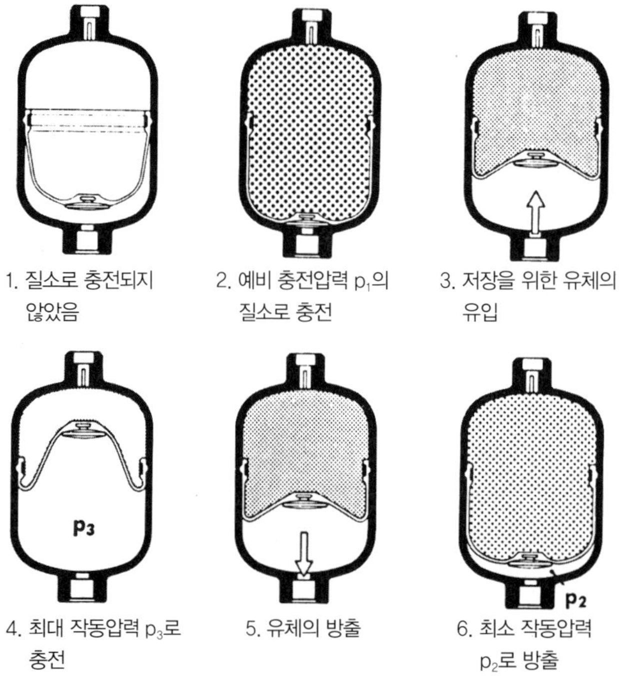

그림 11-8
다이어프램형 어큐뮬레이터의 작동
(Courtesy of Robert Bosch Corp., Broadview, Illinois.)

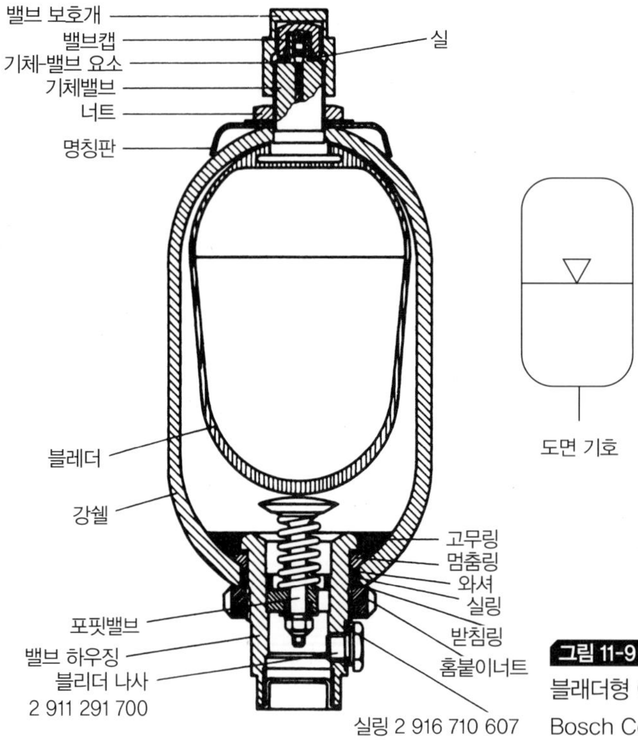

그림 11-9
블래더형 어큐뮬레이터(Courtesy of Robert Bosch Corp., Broadview, Illinois.)

블래더형 어큐뮬레이터 그림 11-9에 도시되어 있는 것과 같이 블래더형 어큐뮬레이터에는 오일과 기체 사이에 탄성가로막이(블래더)가 있다. 그 블래더는 가황처리된 기체-밸브 요소에 의하여 어큐뮬레이터 안에 맞추어져 있으며, 포핏밸브 부분에서 쉘을 열어 설치 또는 제거할 수도 있다. 포핏 밸브는 어큐뮬레이터 블래더가 완전히 팽창하였을 때 입구를 닫는다. 그리고 블래더가 압력을 받아 열리는 것을 방지한다. 충격흡수장치는 밸브가 급속히 열릴 때 갑작스런 충격으로부터 밸브를 보호한다. 이 형태의 어큐뮬레이터에서 최고의 장점은 기체와 오일 방 사이가 완전히 밀봉된 것이다. 블래더가 가볍기 때문에 압력조절, 펌프 맥동, 그리고 충격완화 용도에 대하여 빠른 응답을 한다.

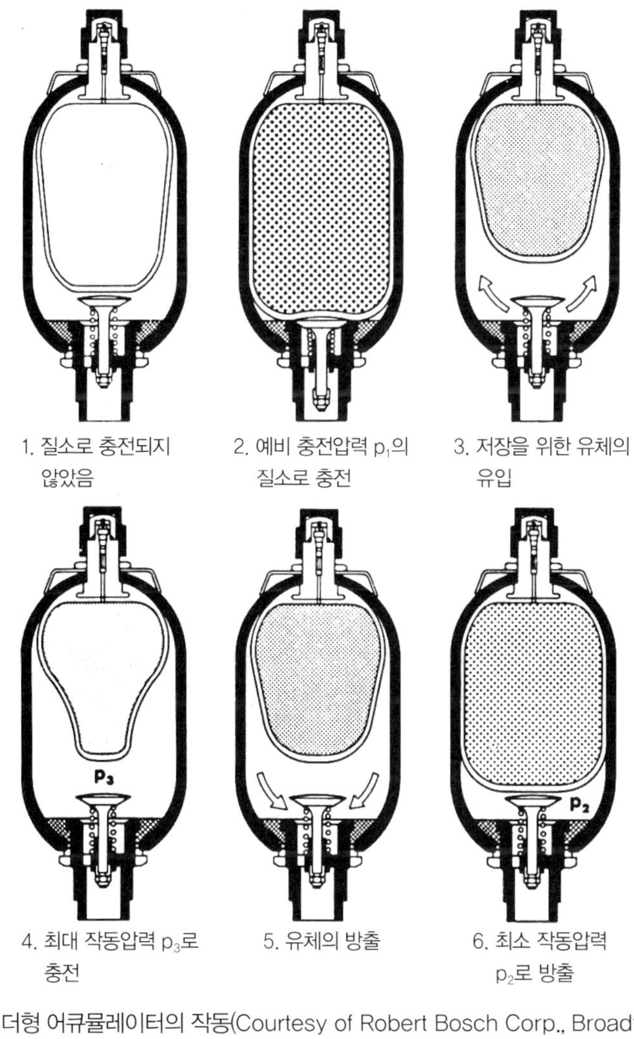

그림 11-10 블래더형 어큐뮬레이터의 작동(Courtesy of Robert Bosch Corp., Broadview, Illinois.)

그림 11-10에 블래더형 어큐뮬레이터의 작동이 도시되어 있다. 유압펌프는 오일을 어큐뮬레이터로 이송하고 블래더를 변형시킨다. 압력이 증가함에 따라 기체의 부피는 감소하며, 따라서 에너지가 저장된다. 반대의 경우, 회로에서 추가오일이 필요할 때, 시스템압력이 떨어짐에 따라 상응하는 양 만큼의 추가오일이 어큐뮬레이터로부터 공급된다.

11.4 어큐뮬레이터의 용도

기본용도

유압시스템에서 어큐뮬레이터가 사용되는 네 가지 기본 용도는 다음과 같다.

1. 보조동력원
2. 누설보상기
3. 비상동력원
4. 유압완충기

네가지 용도의 각각에 대한 설명과 동반 회로선도는 다음과 같다.

보조 동력원으로서의 어큐뮬레이터

어큐뮬레이터의 가장 일반적인 용도중의 하나가 보조동력원으로서의 사용이다. 이 용도에 있어서 어큐뮬레이터의 목적은 작업 사이클이 이루어지고 있는 중에 펌프에 의하여 이송된 오일을 저장하는 것이다. 그 후에 어큐뮬레이터는 필요할 때 사이클을 완성시킬 수 있도록 이 저장된 오일을 방출함으로써 펌프를 보조하는 제2차 동력원으로서의 역할을 한다. 간헐적으로 작동하는 시스템에서 어큐뮬레이터를 이용하면 보다 작은 크기의 펌프를 이용할 수 있다.

이 용도가 그림 11-11에 도시되어 있고, 여기에서 4방향밸브가 어큐뮬레이터와 함께 이용되었다. 4방향밸브를 수동으로 작동시킬 때 오일은 어큐뮬레이터로부터 실린더의 블랭크 엔드(blank end)로 유입된다. 이로 인하여 피스톤은 행정 끝까지 피스톤을 전진시킨다. 원하는 작업이 일어나고 있는 동안(실린더가 완전히 전진한 상태), 어큐뮬레이터는 펌프에 의하여 충전된다. 그 후 실린더를 후진시키기 위하여 4방향밸브가 오프된다. 실린더를 빠르게 후진시키기 위하여 오일이 펌프와 어큐뮬레이터로부터 유입된다. 어큐뮬레이터 치수는 후진행정 동안 적당한 오일을 공급할 수 있도록 선정된다. 보조동력원으로서 기체-부하형 어큐뮬레이터의 치수결정은 14장에 제시되어 있다.

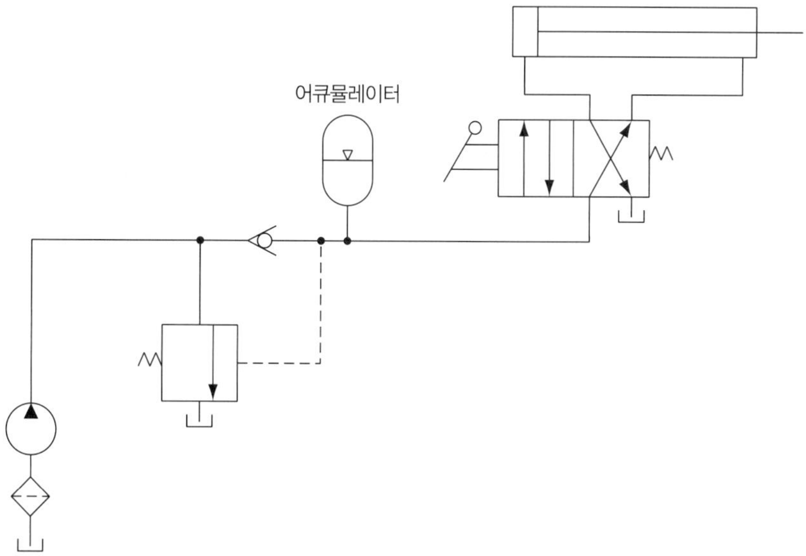

그림 11-11 보조동력원으로서의 어큐뮬레이터

누설 보상기로서의 어큐뮬레이터

어큐뮬레이터의 두 번째 용도로서, 시스템이 압력을 받고 있는 상태에서 작동하지 않는 시간이 길어질 때 내부 혹은 외부누설을 보상하는 것이다. 그림 11−12에 도시된 것과 같이, 이러한 용도를 위하여 펌프는 압력스위치에 설정된 최고압력에 이르기까지 어큐뮬레이터와 시스템을 충전한다. 그 다음에 압력스위치의 접점이 열려 펌프를 구동하는 전기모터가 자동으로 멈춘다. 그 다음 어큐뮬레이터는 긴 시간동안 시스템에 누설오일을 공급한다. 마지막으로, 시스템압력이 압력스위치의 최소 설정압력으로 떨어지면, 압력스위치는 시스템이 재충전 될 때까지 펌프모터(도시되지 않았음)의 전기회로를 통전시킨다. 어큐뮬레이터를 누설 보상기로 사용함으로써 전력을 아끼고 시스템의 열을 감소시킨다. 이 용도에서 펌프모터를 제어하기 위하여 이용된 전기회로 선도는 15장에 제시되어 있다.

비상동력원으로서의 어큐뮬레이터

어떤 유압시스템에서는, 펌프 또는 전력이 차단되어 오일 압력의 정상적인 공급이 이루어지지 않아도 안전상 실린더가 반드시 후진하여야 한다. 그러한 용도에서는 그림 11−13에 도시된 것과 같이 비상동력원으로서 어큐뮬레이터의 사용이 필요하다. 이 회로에서는 솔레노이드 조작형 3−방향밸브가 어큐뮬레이터와 함께 사용된다. 3−방향밸브가 작동하면 오일은 실린더의 블랭크 엔드, 그리고 첵밸브를 통하여 어큐뮬레이터와 실린더 로드 엔드(rod end)로 유

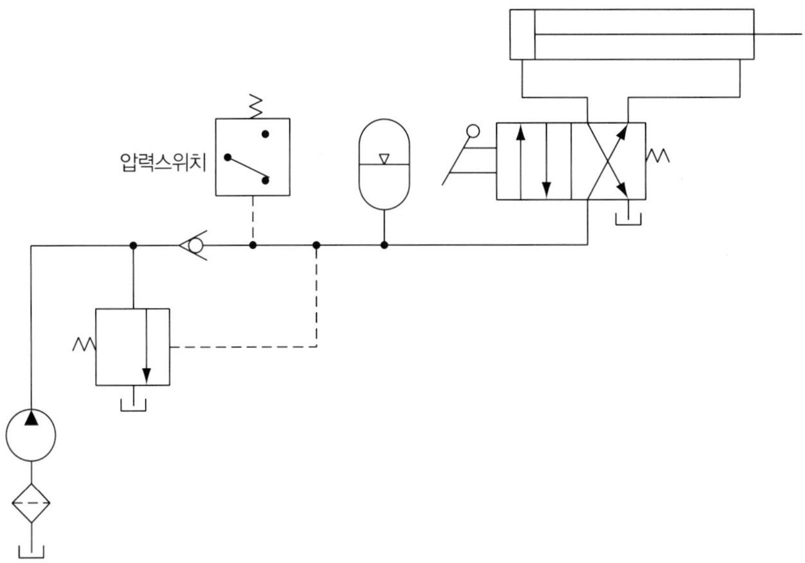

그림 11-12 누설보충기로서의 어큐뮬레이터

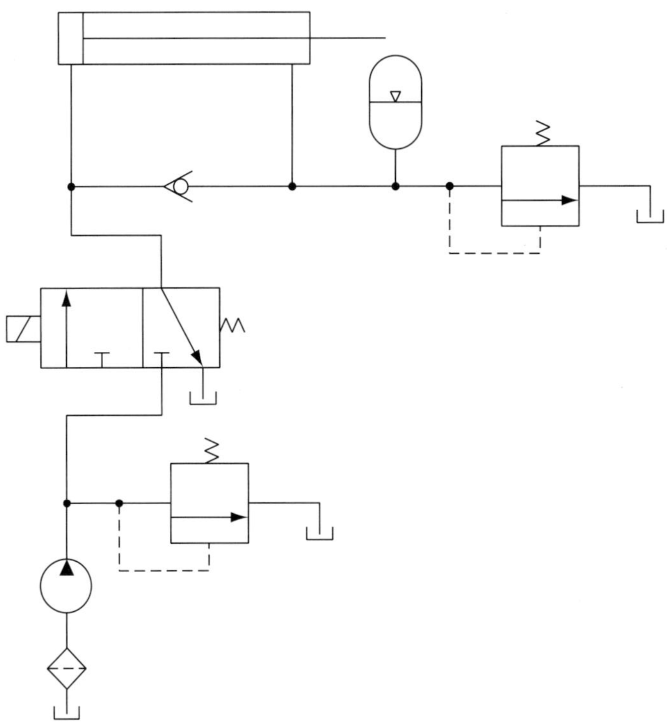

그림 11-13 비상동력원으로서의 어큐뮬레이터

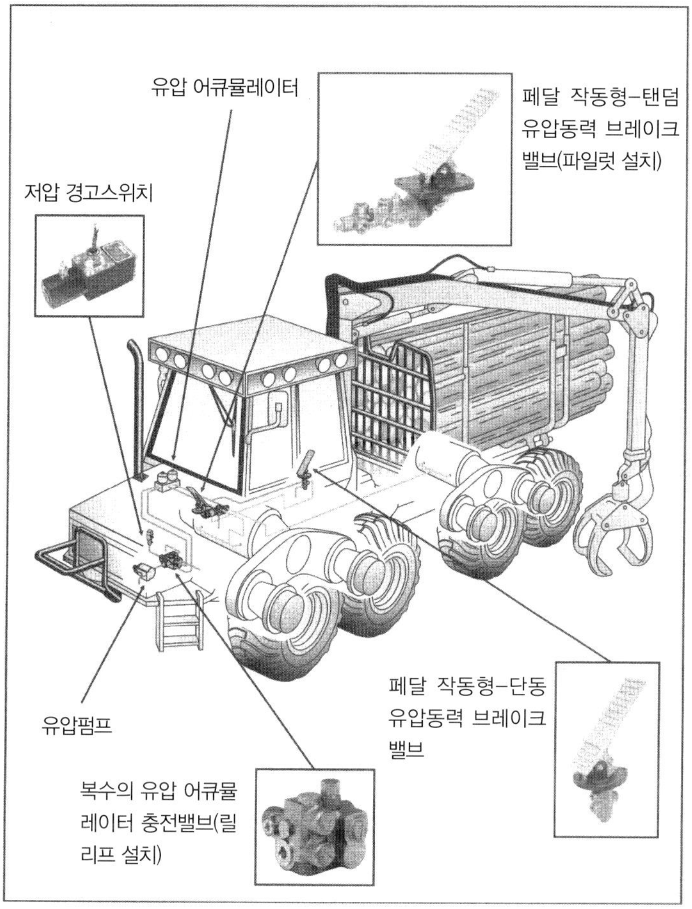

그림 11-14 통나무 수송 · 처리 기계(Courtesy of MICO, Incorporated, North Mankato, Minnesota.)

입된다. 실린더가 전진함에 따라 어큐뮬레이터는 충전된다. 그러나, 전기가 차단되어 펌프가 작동하지 않는다면, 솔레노이드가 비작동되어 밸브는 스프링옵셋 모드로 이동된다. 그 다음에는 일정한 압력하에 오일이 어큐뮬레이터로부터 실린더의 로드엔드로 유입된다. 이로 인하여 실린더는 시작위치로 후진한다.

그림 11-14는 거대한 통나무들을 수송하고 다루는 기계를 포함한 어큐뮬레이터용도를 나타낸다. 이 기계의 유압 제동시스템을 위한 회로가 그림 11-15에 주어져있다. 이 회로는 오일압력이 낮은 경우에, 저-압 경고 스위치에 의하여 감지되면, 기체-충전 어큐뮬레이터로부터 적합한 압력의 오일이 확실히 유압제동 밸브로 이송될 수 있다는 것을 보여준다. 이로 인하여 바퀴에 적합한 유압 제동작동이 발생하여 기계의 이동이 정지한다. 운전자가 페달 작동형 유압동력 제동밸브의 페달을 밀면 제동이 발생한다.

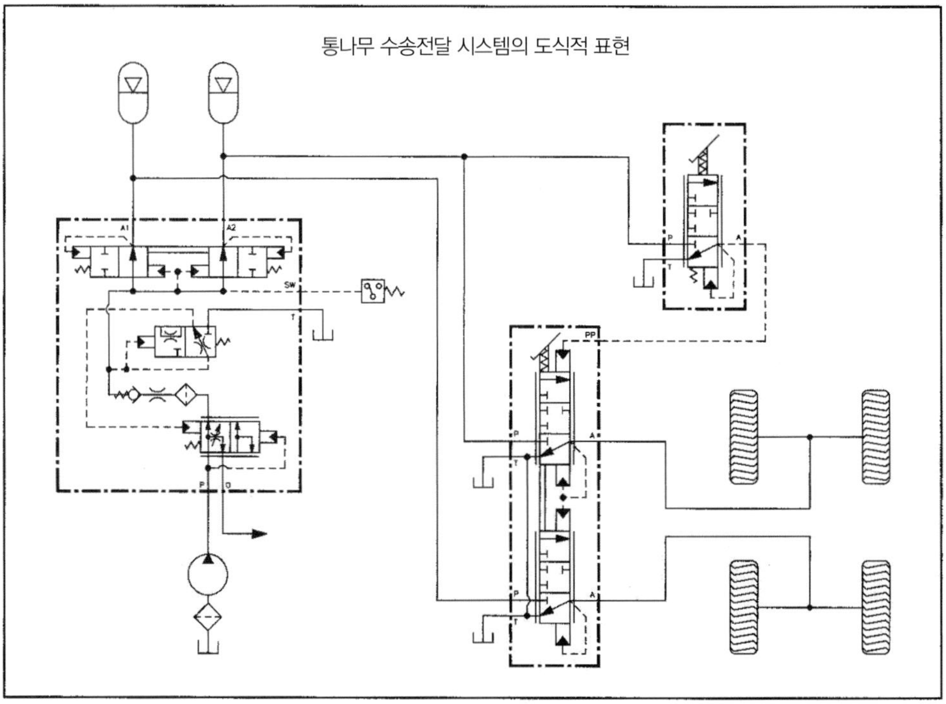

그림 11-15 그림 11-14의 통나무 수송 처리 기계를 위한 유압제동 시스템(Courtesy of MICO, Incorporated, North Mankato, Minnesota.)

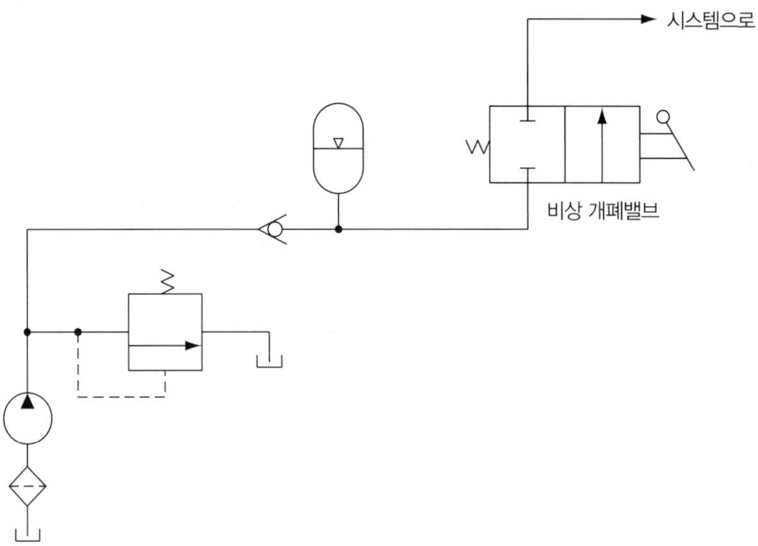

그림 11-16 유압완충기로서의 어큐뮬레이터

유압완충기로서의 어큐뮬레이터

어큐뮬레이터의 가장 중요한 산업적 용도 중의 하나는 고압의 맥동 또는 유압쇼크를 없애거나 감소시키는 기능이다. 유압쇼크(또는 수격작용, 흔히 이렇게 부름)는 관로에서 비교적 빠른 속도로 흐르는 유압유 흐름을 갑자기 멈추거나 감속함으로써 발생한다. 이 유압쇼크는 갑자기 닫힌 밸브가 위치한 곳으로부터 압력파를 만들어낸다. 이 압력파는 음속으로 상류의 관로 끝에까지 그리고 다시 뒤로 전파되어 관로의 압력이 증가하는 원인이 된다. 이 파동은 에너지가 마찰에 의하여 소진될 때까지 관 전체를 따라 전후로 움직인다. 그 결과로 발생하는 빠른 압력맥동 또는 고압서지는 유압시스템의 부품을 손상시킨다. 그림 11-16에 도시된 것처럼 어큐뮬레이터가 급히 닫히는 밸브 가까이 설치되면, 압력맥동 또는 고압서지가 억제된다.

11.5 증압기

서론

비록 펌프가 유압시스템에서 주동력원이지만, 보조장치들이 특정한 목적을 위하여 자주 사용된다. 그러한 것 중의 하나가 증압기(pressure intensifier) 또는 압력부스터(pressure booster)이다.

증압기는 유압시스템의 압력을 펌프 토출압력 이상으로 증가시킬 때 사용된다. 증압기는 큰 부피의 유량을 상대적으로 낮은 펌프 압력에서 받아들여 이 유량의 일부를 높은 압력으로 만들어준다.

그림 11-17은 라신(Racine) 압력부스터의 단면도를 보여주고 있다. 내부 구조를 살펴보면 두 개의 작은 로드 엔드를 갖고 자동 왕복운동하는 큰 피스톤으로 구성되어 있다(그림 11-18 참조). 이 피스톤은 저압력 펌프에서 나오는 압력에 노출된 넓은 면적(피스톤 총 면적)을 가지고 있다. 저압 오일의 힘은 피스톤을 움직이고, 따라서 피스톤 로드의 작은 면적이 오일을 증압된 고압으로 밀어내게 된다. 이 장치는 세로 중심선에 대해 대칭이다. 그러므로 큰 피스톤이 왕복함에 따라 부품의 왼쪽과 오른쪽 반은 피스톤이 매번 운동하는 동안 서로를 두 배로 만든다.

압력 증가량은 피스톤 면적과 로드 면적의 비에 정비례한다. 체적출력은 같은 비율로 반비례한다.

$$\frac{\text{높은 토출압력}}{\text{낮은 흡입압력}} = \frac{\text{피스톤 면적}}{\text{로드 면적}} = \frac{\text{높은 흡입유량}}{\text{낮은 투출유량}} \tag{11-2}$$

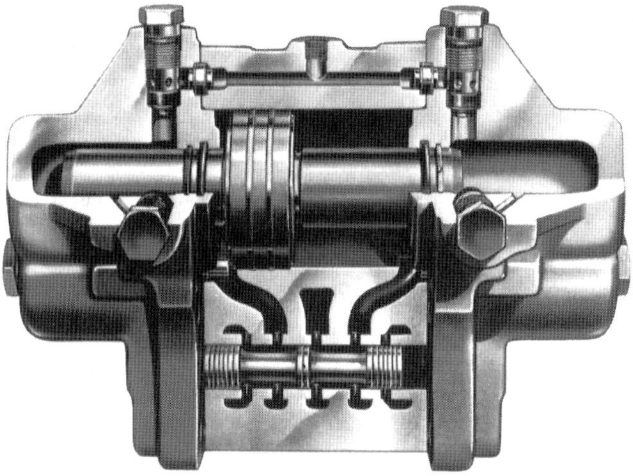

그림 11-17 증압기 단면도(Courtesy of Rexnord Inc., Hydraulic Components Division, Racine, Wisconsin.)

라신 압력부스터는 5000 psi까지의 압력과 7 gpm까지의 유량을 생성할 수 있으며 3:1, 5:1, 7:1 등의 면적비를 가진다. 증압기의 용도로서 저압/고유량 펌프와 함께 사용되는 고압/저유량 펌프를 대신하는 기능을 한다. 펀치 프레스 같은 용도에서, 램을 가능한 한 빨리 금속판조각에 도달시키기 위하여 작은 압력으로 유압실린더를 빠르게 밀어내는 것이 필요하다. 그 다음에는 실린더가 매우 작은 유량으로 큰 힘을 발생하여야 한다. 이 큰 힘은 금속판 조각으로부터 공작물을 펀치하는 데 필요하다. 금속판은 얇기 때문에, 단지 작은 유량이 짧은 시간 내에 펀칭 작업을 수행하기 위하여 필요하다. 이러한 용도로 증압기를 사용하면 상당한 비용을 줄일 수 있다. 왜냐하면 증압기는 이런 경우 대개 요구되는 고가의 고압 펌프를 대체할 수 있기 때문이다.

예제 11-1

20 gpm, 500 psi 의 오일이 저압의 5:1 라신 부스터 흡입구로 들어간다. 토출유량과 토출압력을 구하여라.

풀이 식 (11−2)에 대입하면 다음과 같다.

$$\frac{\text{높은 토출압력}}{500\ \text{psi}} = \frac{5}{1} = \frac{20\ \text{gpm}}{\text{낮은 투출유량}}$$

이 식으로부터 미지량을 구하면 다음과 같다.

$$\text{높은 토출압력} = 5(500\text{ psi}) = 2500\text{ psi}$$

$$\text{낮은 토출유량} = \frac{20}{5} = 4\text{ gpm}$$

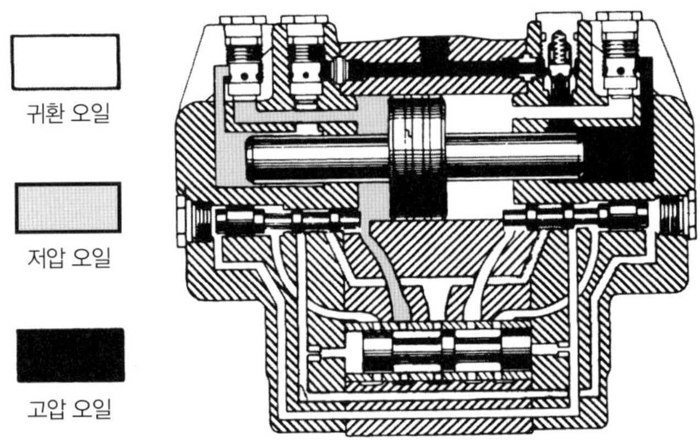

그림 11-18 증압기 오일 관로(Courtesy of Rexnord Inc., Hydraulic Components Division, Racine, Wisconsin.)

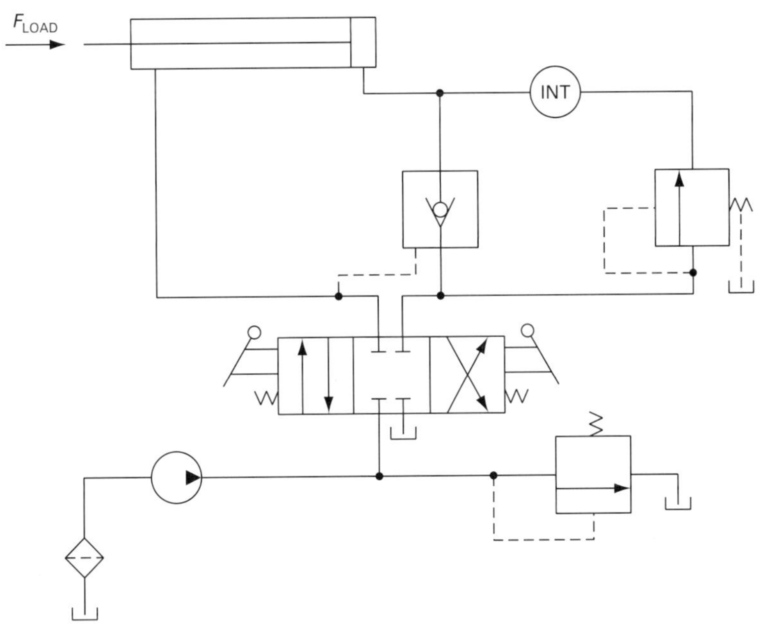

그림 11-19 증압기 회로

증압기 회로

그림 11–19에 도시되어 있는 펀치프레스 용도회로에서는 증압기가 고압/저유량 펌프의 필요성을없애는 데 사용되고 있다. 이 회로에는 또한 파일럿 첵밸브와 순서밸브가 포함되어 있다. 작동방식은 다음과 같다. 실린더 압력이 순서밸브 설정압력에 이르면 증압기는 작동하기 시작한다. 증압기의 고압출력은 파일럿 첵밸브를 닫고 펀칭 작업을 수행할 수 있도록 실린더의 블랭크엔드에 압력을 가한다. 실린더가 후진할 수 있도록 하기 위하여 일반적인 첵밸브 대신 파일럿첵밸브가 사용된다. 저압 펌프로 작동하는 증압기에 의하여 매우 높은 압력이 공급될 수 있다. 증압기는 고압라인을 가능한 한 짧게 하기 위하여 실린더 가까이 설치되어야 한다.

공기–오일 증압기 시스템

그림 11–20에 공기–오일 증압기회로가 도시되어 있다. 이 회로는 실린더를 저압으로 먼 거리를 구동한 다음, 고압으로 짧은 거리를 구동한다. 사이클의 저압 부분동안 작업장공기가 실

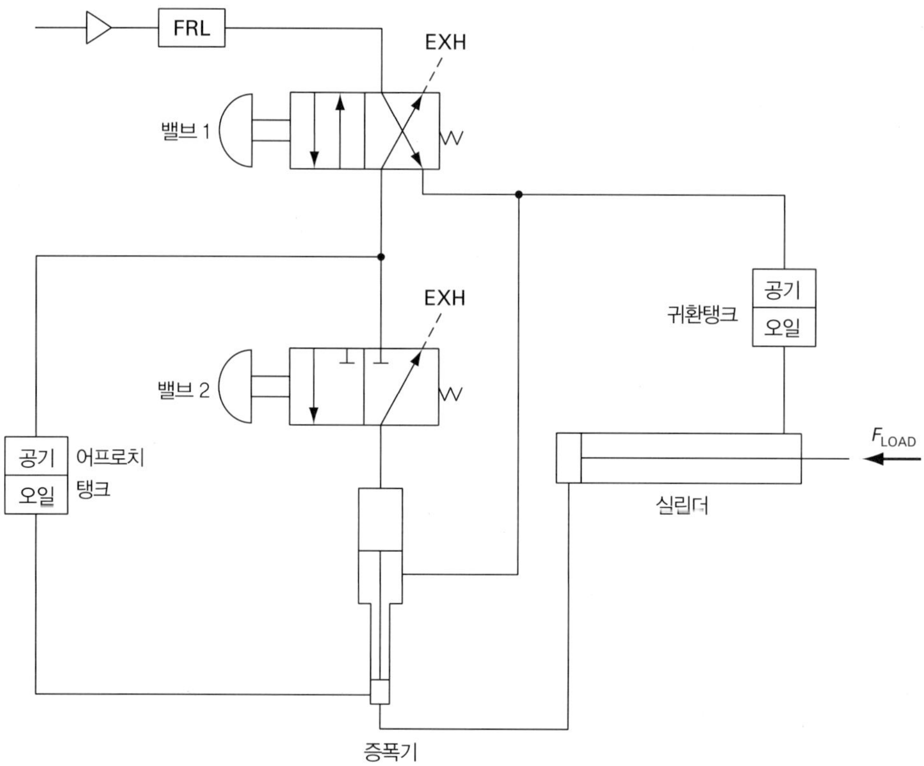

그림 11-20 공기–오일 증압기 회로

린더를 전후진시키기 위하여 이용된다. 시스템은 다음과 같이 작동한다: 밸브 1은 대략 80 psi의 작업장 공기를 이용하여 실린더를 전후진시킨다. 밸브 2는 유압증압기의 윗부분에 공압을 가한다. 이로 인하여 증압기 바닥부분에서는 높은 유압이 형성된다. 밸브 1이 작동하면 공기가 어프로치 탱크(approach tank)로 유입된다. 이로 인하여 오일은 80 psi로 증압기의 바닥부분을 통하여 실린더의 블랭크엔드로 들어간다. 실린더가 부하를 받았을 때(예로써, 펀치 프레스에서 펀칭 작업을 하는 경우), 밸브 2가 작동된다. 이로 인하여 작업장-공기는 증압기의 윗부분으로 들어간다. 고압오일은 어프로치탱크로 돌아갈 수 없다. 왜냐하면 이 포트는 증압기 피스톤의 하강운동에 의하여 막히기 때문이다. 따라서, 실린더는 부하를 감당할 수 있도록 블랭크엔드에 고압오일을 공급받는다. 밸브 2를 대기로 열면 작업장공기는 차단되고 증압기 윗 부분은 대기로 통기된다. 이것으로 고압부분 순환은 끝난다. 밸브 1을 대기로 열면 어프로치 탱크에 있는 공기는 배출되고, 작업장공기는 귀환탱크로 유입된다. 이는 오일을 작업장압력으로 실린더의 로드엔드로 이송하여 실린더를 후진시킨다. 오일은 증압기의 바닥부분으로 들어가서 어프로치탱크로 돌아간다. 이것으로 전체 사이클이 완성된다. 그림 11-21는 공기-오일 증압기와 그래픽기호를 보여준다. 이 형태의 증압기는 3000 psi까지의 출력유압을 만들어 낼 수 있다.

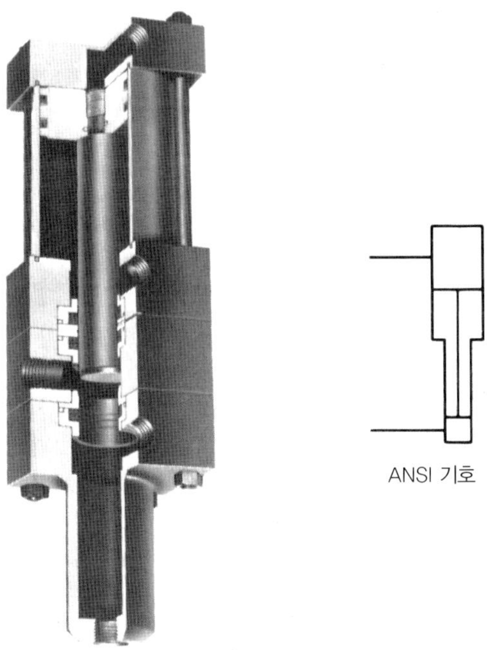

그림 11-21 공기-오일 증압기의 단면도(Courtesy of the S-P Manufacturing Corp., Cleveland, Ohio.)

11.6 실링장치

서론

유압시스템의 모든 곳에 존재하는 오일누설은 효율을 감소시키고 동력손실을 증가시킨다. 내부누설은 유체가 저장탱크로 귀환하므로 시스템으로부터의 유체손실로 간주되지 않는다. 대부분의 유압부품에는 작은 양의 내부누설을 허용하는 틈새가 있다. 결합부 사이의 부품간극이 마모로 인하여 증가할수록 마모는 증가한다. 만일 전체 시스템의 누설이 충분히 커지면, 펌프 출력의 대부분이 새나가서 작동기가 올바로 작동하지 않는다. 외부누설은 시스템으로부터 유체의 손실을 의미한다. 더욱이 이는 눈에 드러나지 않으므로 안전사고를 의미한다. 파이프 이음쇠들의 부적절한 조립이 외부누설의 가장 공통된 원인에 해당한다. 이음쇠들을 과도하게 조이면 손상을 입을 수 있고, 진동으로 인하여 올바로 조여진 이음쇠들이 헐거워질 수 있다. 잘못된 배치나 과도한 압력으로 인하여 펌프와 실린더의 축 실이 손상을 입을 수 있다.

실(seal)은 유압시스템에서 과도한 내부 및 외부누설을 방지하고 오염을 제거하기 위하여 사용된다. 실에는 양의(positive) 형태 혹은 음의(nonpositive) 형태가 있으며, 정적인 혹은 동적인 용도를 목적으로 설계된다. 양의 실은 어떠한 누설(외부 혹은 내부)도 허용하지 않는다. 음의 실(밸브스풀과 하우징 내경 사이의 윤활막을 제공하는 데 사용되는 간극과 같은)은 작은 양의 내부 누설을 허용한다.

정적 실은 서로 상대편에 대하여 이동하지 않는 결합부 사이에 사용된다. 플랜지 개스킷과 실이 포함된 몇몇의 전형적인 예가 그림 11-22에 도시되어 있다. 이 실들이 두 개의 견고하게 연결된 부분품 사이에서 압축되어 있음을 주목하여라. 이들은 비교적 간단하고 마모되지 않는 조인트를 나타내며 올바로 조립되면 고장을 일으키지 않는다. 그림 11-23에는 플랜지형 조인트에 사용되는 여러 개의 다이컷(die-cut)된 개스킷들이 나타나 있다.

동적 실은 서로 상대방에 대하여 이동하는 결합부 사이에서 조립된다. 따라서 동적 실은 결합부의 한쪽이 실에 접촉되어 문지르기 때문에 마모된다. 가장 널리 이용되는 실의 형태는 다음과 같다.

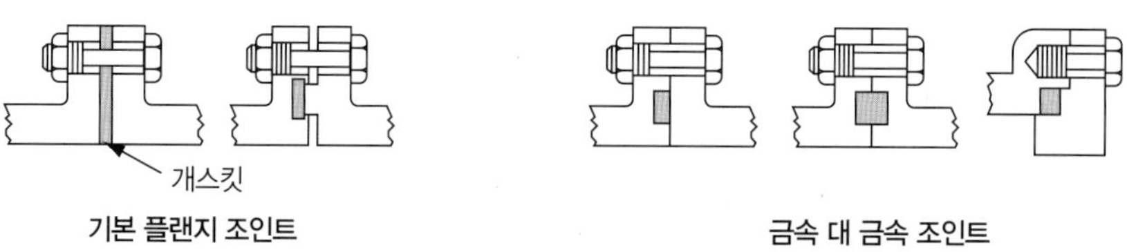

그림 11-22 정적 실 플랜지 조인트 응용(Courtesy of Sperry Vickers, Sperry Rand Corp., Troy, Michigan.)

그림 11-23 플랜지 조인트에 사용되는 다이컷 개스킷(Courtesy of Crane Packing Co., Morton Grove, Illinois.)

1. O링
2. 압축패킹(V와 U의 형태)
3. 피스톤컵 패킹
4. 와이퍼링

O링

O링(O-ring)은 유압시스템에 가장 널리 이용되는 실의 하나이다. 이는 자유상태에서 단면적이 둥근, 성형된 합성고무이다. 대부분의 정적 및 동적 조건들에 사용 가능한 여러 다른 크기의 O링들이 그림 11-24에 도시되어 있다. 이러한 O링들은 넓은 범위의 압력, 온도, 동작에 대하여 효과적인 실링 역할을 할 뿐만 아니라, 부수적인 이득으로써 양쪽방향으로 실링 압력

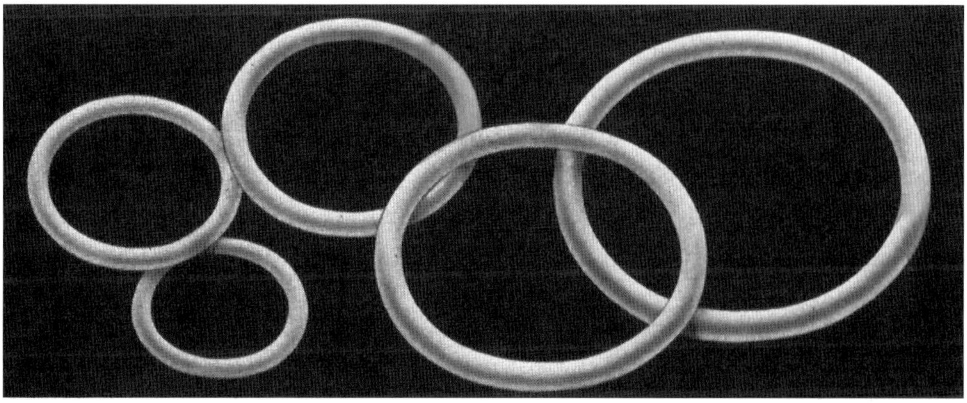

그림 11-24 여러 가지 다른 크기의 O링(Courtesy of Crane Packing Co., Morton Grove, Illinois.)

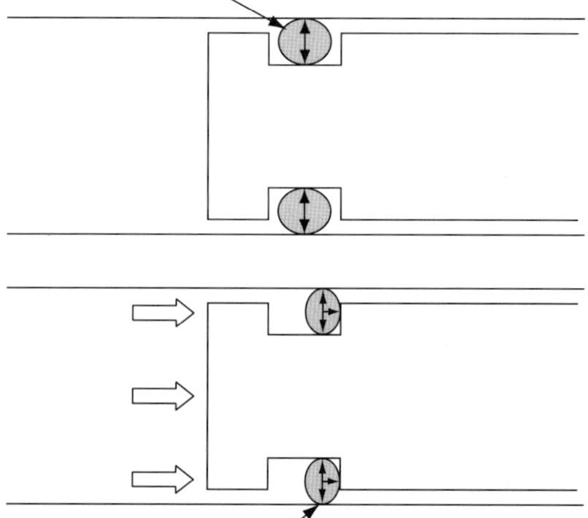

그림 11-25 O링의 작동(Courtesy of Sperry Vickers, Sperry Rand Corp., Troy, Michigan.)

을 받고 운동부위의 운동 마찰을 작게한다.

그림 11-25에 도시되어 있는 것과 같이 O링은 결합부위의 한쪽에 가공되어진 원환의 홈 속에 설치된다. 처음 설치되었을 때, O링은 안쪽과 바깥쪽 직경에 압축힘을 받는다. 압력이 가하여지면 O링은 세 번째 표면에 압착되어 양의 실 역할을 한다. 작용된 압력은 역시 O링에 힘을 가하여 내경과 외경 직경에 접촉된 표면에 대해 더욱 세게 민다.

결과적으로 O링은 높은 압력에 대한 실링 능력이 있다. 그러나 O링은 회전축 또는 진동이 문제가 되는 곳의 실링에는 일반적으로 적합지 않다.

그림 11-26에 도시되어 있는 것처럼 압력이 높을 때 O링은 결합부 사이의 틈새공간으로 돌출할 수 있다. 이로 인하여 실이 급격히 마모할 수 있기 때문에 동적인 용도에는 적합하지 않다. 이 돌출은 그림 11-26에 도시된 것처럼 백업링을 설치함으로써 방지될 수 있다. 만일 압력이 양쪽 방향에서 작용하면 백업링을 O링의 양쪽에 모두 설치하여야 한다.

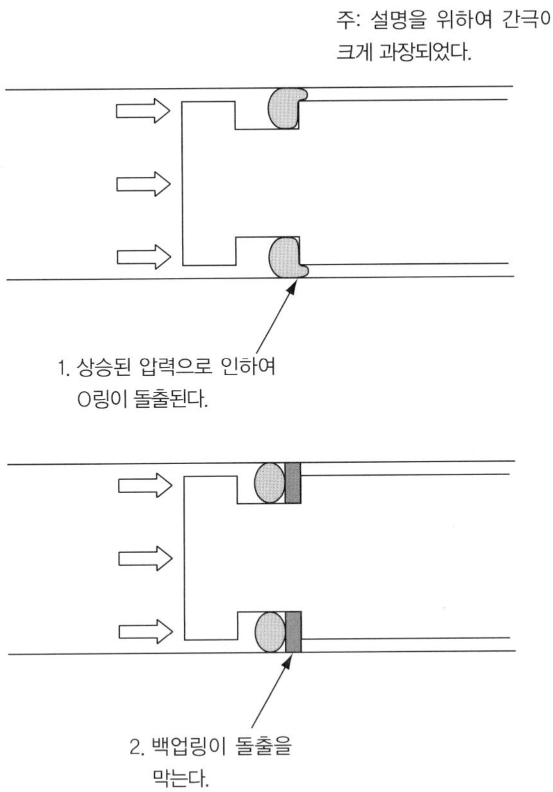

그림 11-26 백업링은 O링의 돌출을 방지한다(Courtesy of Sperry Vickers, Sperry Rand Corp., Troy, Michigan.)

압축패킹

V링 패킹은 사실상 모든 형태의 왕복운동 용도에 사용되는 압축식 실이다. 여기에는 유공압 실린더, 프레스 램(ram), 잭(jack)의 로드 및 피스톤 실 그리고 왕복펌프의 플런저와 피스톤에 있는 실이 포함된다. 압축패킹은 밸브스템(stem)과 같은 저속 회전용도에 매우 적합하다. 이러한 패킹들(V-형태뿐만 아니라 U-형태로 성형될 수 있는)은 보다 효과적인 밀봉을 위하여 흔히 복합으로 설치된다. 그림 11-27에 도시된 것과 같이 이 패킹들은 플랜지형 추종링(flanged follower ring)을 조임으로써 압축된다. 과도하게 조이면 마모가 촉진되므로 적당한 조절이 중요하다.

많은 용도에 있어 이러한 패킹들은 스프링 부하를 받고 있어서 마모가 발생함에 따라 교정힘을 제어한다. 그러나 스프링은 왕복용도에서 고속이나 빠른 역방향운동에는 권장되지 않는다. 그림 11-28(a)는 여러 개의 서로 다른 크기의 V링 패킹을 보여주고 있고, 그림 11-28(b)는 두 개의 크기가 다른 결합형 V링 패킹을 보여주고 있다.

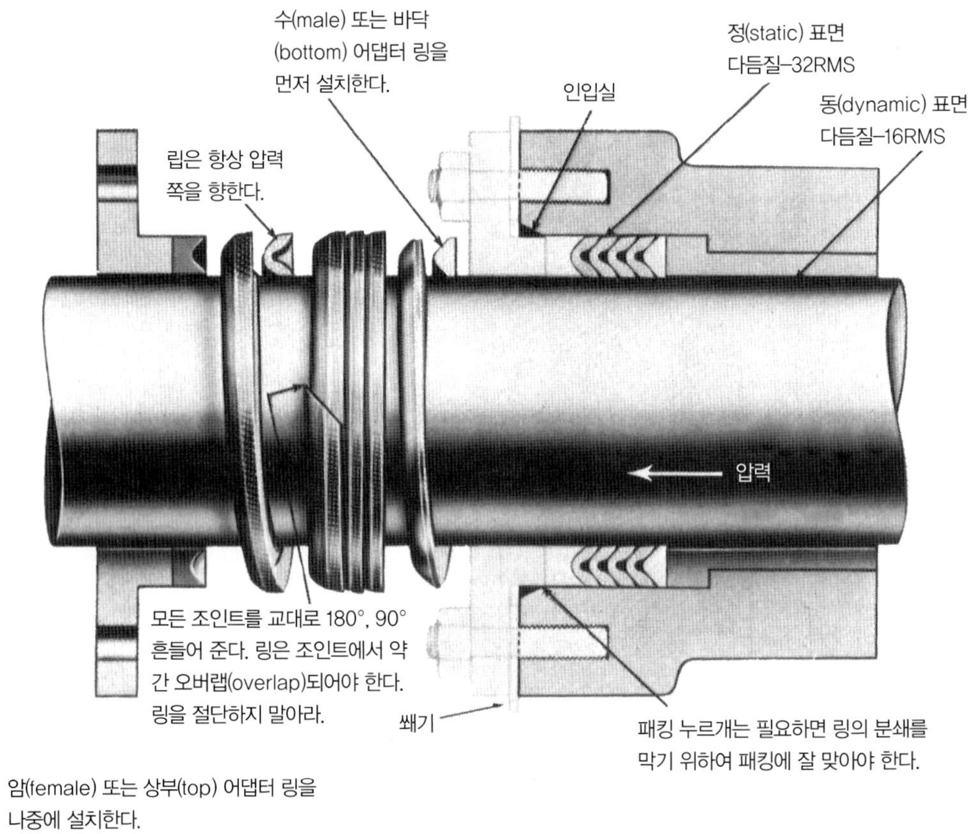

그림 11-27 V링 패킹의 응용(Courtesy of Crane Packing Co., Morton Grove, Illinois.)

(a)

(b)

그림 11-28 V링 패킹: (a) 여러 가지 다른 크기, (b) 결합형 배열로 이루어진 두 종류의 크기(Courtesy of Crane Packing Co., Morton Grove, Illinois.)

피스톤컵 패킹

피스톤컵 패킹(piston cup packing)은 왕복 펌프, 공압실린더, 유압실린더의 피스톤용으로 특별히 설계되었다. 피스톤컵 패킹은 이러한 형태의 용도에서 최상의 역할을 수행하고, 최저의 유격(recess)공간과 최저의 유격가공을 필요로 하고, 간단히 빠르게 설치될 수 있다. 그림 11-29은 단동 및 복동작동을 위한 전형적인 설치 예를 보여준다. 압력이 작용하여 컵립(cup lip)이 실린더 몸통으로 밀릴 때 실링이 이루어진다. 지지평판과 리테이너(retainer)가 컵 패킹을 제자리에 고정시켜 대단히 높은 압력을 취급할 수 있도록 한다. 그림 11-30은 여러 개의 다른 크기의 피스톤컵 패킹을 보여주고 있다.

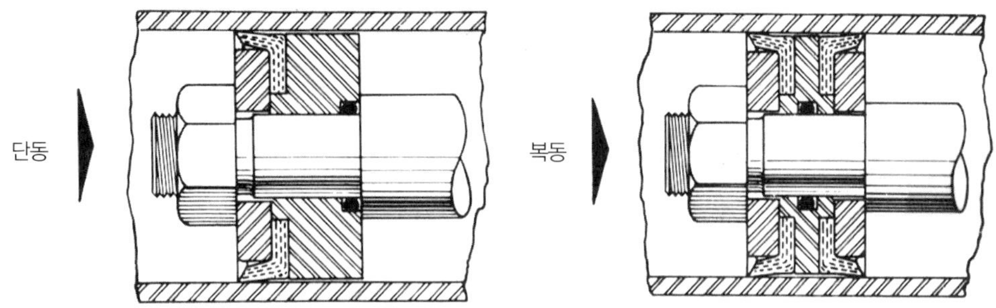

그림 11-29 피스톤 컵 패킹의 전형적인 응용(Courtesy of Crane Packing Co., Morton Grove, Illinois.)

그림 11-30 여러 다른 크기의 피스톤컵 패킹(Courtesy of Crane Packing Co., Morton Grove, Illinois.)

피스톤링

피스톤링은 그림 11-31에 도시된 것과 같이 실린더 피스톤에 광범위하게 사용되는 실이다. 금속 피스톤링은 주철 혹은 강철로 구성되어 있고 일반적으로 도금되거나 혹은 녹이나 부식을 방지하기 위하여 인산아연 또는 인산망간을 사용하여 외부 코팅이 되어 있다. 피스톤링은 실제적으로 합성고무실보다 운동에 대한 저항이 적다. 그림 11-31에 도시되어 있는 것처럼 고압에 대한 밀봉은 여러 개의 링을 사용하면 쉽게 다룰 수 있다.

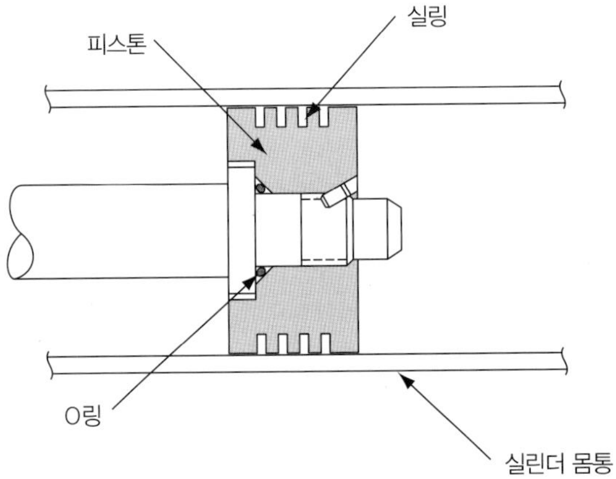

그림 11-31 실린더 피스톤을 위한 피스톤링의 사용(Courtesy of Sperry Vickers, Sperry Rand Corp., Troy, Michigan.)

그림 11-32 TFE 비금속 피스톤링(Courtesy of Crane Packing Co., Troy, Michigan.)

그림 11−32에는 화학적으로 불활성이고, 강인하고, 찰(waxy) 고체인 테트라플루우오르 에틸렌(tetrafluoroethylene, TFE)으로 만들어진 다수의 비금속 피스톤링들이 도시되어 있다. 마찰계수가 매우 낮으므로(0.04) 완전히 건조한 상태에서도 사용될 수 있고 동시에 실린더 벽의 마찰 흠을 방지한다. 이러한 형태의 피스톤링은 윤활상태가 오히려 해롭거나 위험한 많은 경우에 대하여 이상적인 해결방안이다. 예를 들어 산소 압축기에서는 오일의 흔적만 있어도 화재나 폭발의 재난이 발생할 수 있다.

와이퍼링

와이퍼링(wiper ring)은 외부의 마모 또는 부식재료가 실린더로 유입하는 것을 방지하기 위하여 설계된 실이다. 이는 압력을 밀봉하기 위하여 설계되지 않았다. 이는 로드 마찰 흠을 막아주고 패킹 수명을 실질적으로 증가시킨다. 그림 11−33(a)는 여러 다른 크기의 와이퍼링을 보여주고 있고, 그림 11−33(b)는 전형적인 설치 배열을 보여준다. 와이퍼링은 합성고무를 사용하여 성형되었으며 합성고무는 정돈을 충분히 유지할 수 있을 정도로 유연하게 로드로부터 모든 먼지나 부유물을 씻어 낼 수 있는 충분한 강성을 지니고 있다. 링은 패킹누르개의 가공된 홈속에 찰칵하고 쉽게 설치된다. 따라서 별도의 멈춤 링의 필요성과 비용이 없다.

자연고무는 오일과 함께 있으면 부풀고 시간이 경과함에 따라 부패하므로 실 재료로써 잘 사용되지 않는다. 이와는 대조적으로 합성고무 재료는 대부분의 오일에 적합하다. 실을 위하

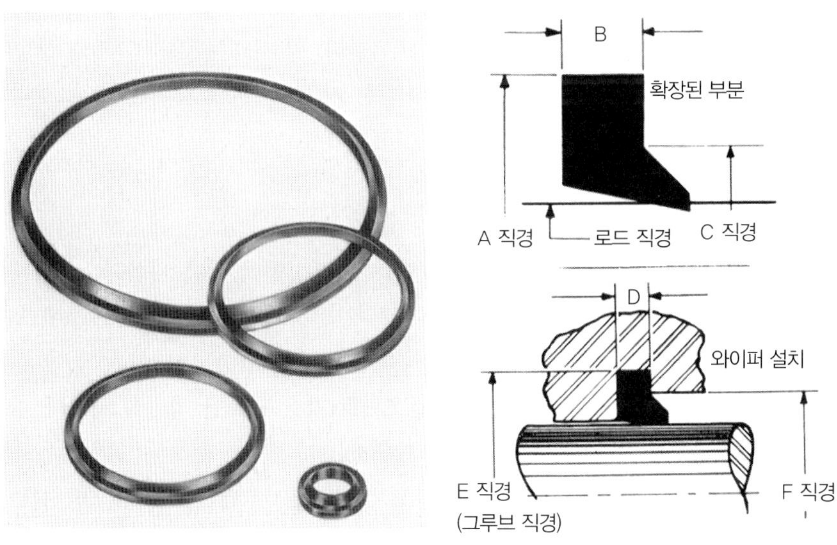

(a) (b)

그림 11-33 와이퍼링: (a) 여러 가지 크기 (b) 설치 배열(Courtesy of Crane Packing Co., Morton Grove, Illinois.)

여 사용되는 가장 공통적인 형태의 재료에는 가죽, 부나-엔(Buna-N), 실리콘(silicone), 네오프렌(neoprene), 테트라 플루오르 에틸렌, 바이톤(viton), 그리고, 물론, 금속이 있다.

1. **가죽:** 이 재료는 튼튼하고 저렴하다. 그러나 건조할 때 울기 쉽고 200°F 이상에서는 작동할 수 없으므로 많은 유압시스템에 대하여 부적합하다. 가죽은 대략 −60°F 정도의 저온 상태에서는 잘 작동하지 않는다.
2. **부나-엔:** 이 재료는 튼튼하고, 저렴하고 잘 마모된다. 작동 온도 범위가 넓고(−50°F부터 230°F), 그 사이에서는 양호한 실링 특성을 유지한다.
3. **실리콘:** 이 탄성중합체(elastomer)는 작동 온도 범위(−50°F부터 450°F)가 매우 넓다. 따라서 작동 온도 범위가 넓은 회전축 실과 정적 실에 광범위하게 사용된다. 실리콘은 인열저항(tear resistance)이 낮기 때문에 왕복 실 용도에는 사용되지 않는다.
4. **네오프렌:** 이 재료의 온도 범위는 −60°F부터 250°F 사이이다. 고무를 경화하는 경향이 있으므로 250°F 이상에는 부적합하다.
5. **테트라 플루오르 에틸렌:** 이 재료는 유압시스템의 실을 위하여 가장 널리 사용되는 플라스틱이다. 오직 압축성형과 소결에 의하여 가공될 수 있는 강인하고, 화학적으로 불활성이고, 찰 고체이다. 온도 700°F까지 화학적 파괴에 대한 저항이 우수하다. 그리고 마찰계수가 매우 낮다. 주요한 단점은 압력을 받으면 유동하여 얇은 새털(feathery) 막을 형성하는 것이다. 이 유동의 경향은 흑연, 금속선(metal wire), 유리섬유, 석면과 같은 충전(filler)재료의 사용에 의하여 상당히 저감될 수 있다.
6. **바이톤:** 이 재료는 약 65%의 플루오린을 포함한다. 이 재료는 500°F까지의 상승된 온도에서 사용할 수 있는 탄성중합체-형 실을 위한 거의 표준재료가 되었다. 이것의 최저작동온도는 −20°F이다.

듀로미터 경도시험기

탄성중합체의 거동을 설명하는데 자주 사용되는 물리적인 성질은 다음과 같다. 경도, 마찰계수, 부피변화, 압축세트, 인장강도, 인장계수, 인열강도(tear strength), 스퀴즈 스트레치(squeeze stretch), 열팽창계수, 그리고 투자율(permeability). 이러한 물리적 성질 가운데 경도는 성능을 발휘하는 데 직접 관계가 있으므로 가장 중요한 성질에 속한다. 듀로미터(durometer)는 고무나 고무같은 재료의 압흔(indentation)경도를 측정하는 데 사용되는 기구이다(그림 11-34 참조). 도시된 것과 같이 경도 스케일은 0부터 100까지의 범위를 갖는다. 듀로미터가 평평한 유리 위를 굳게 눌렀을 때 100을 가리킨다. 듀로미터 수치가 높으면 누르는 힘에 대한 저항이 큰 것을 나타내며 따라서 경질재료이다. 듀로미터 경도 70은 실 재료들의 가장 공통된 값이다. 경도 80은 홈에서의 측면 운동과 번칭(bunching) 경향을 제거시키기 위하여 일반적으로 회전운동에 적합하다. 50과 60 사이의 값은 거친 표면의 정적 실에 사용된다. 경질의 실 재료(80과 90 사이의 값)는 변형하여 표면의 불규칙한 곳으로 유동하는 경향이 큰 연질의 재료보다 시동마찰이 적다. 따라서 보다 경질의 재료가 동적 실을 위하여 사용된다.

그림 11-34 듀로미터(Courtesy of Shore Instruments & Mfg. Co., Jamaica, New York.)

11.7 열교환기

서론

유압시스템에서는 어느 부품도 효율 100%로 작동할 수 없으므로 열이 발생된다. 중요한 열원에는 펌프, 압력릴리프밸브, 그리고 유량제어밸브가 포함된다. 열로 인하여 유압유 온도가 정상 작동 범위 110~150°F를 초과할 수 있다. 과도한 온도는 유압유의 산화를 촉진하고 유압유를 매우 묽게 한다. 이로 인하여 실과 패킹의 열화가 촉진되고 밸브, 펌프 그리고 작동기와 같은 유압부품들의 밀착된 이음쇠부분 사이의 마모를 가속시킨다.

유압시스템 유체의 정상상태 온도는 시스템의 열-발생률(heat-generation rate)과 열-방출율(heat-dissipation rate)에 의존한다. 만일 유압시스템의 유체작동온도가 지나치게 높아지면, 이는 열-발생률이 열-방출율에 비하여 지나치게 큰 것을 의미한다. 합리적으로 효율적인 시스템이라고 가정하면, 열-방출율을 증가시켜 해결할 수 있다. 이는 보통 열교환기라고 불리는 냉각기(cooler)의 사용에 의해 이루어진다. 어떤 용도에서는 만족스러운 점도값이 되도록 유체가 가열되지 않으면 안된다. 이는 예를 들어 차량 유압 장치가 −0℉ 온도 이하에서 작동할 경우에 일반적으로 시행된다. 이러한 경우에 있어 열교환기는 히터로 불리운다. 그러나 대부분의 유압시스템에 있어 초기의 예열기간이 끝난 후 자연적 열-발생률로 인하여 충분히 높은 온도에 도달하므로 적절한 냉각을 위한 열교환기의 사용이 문제가 된다.

열-방출 열교환기에는 공기냉각기(air cooler)와 물냉각기(water cooler)의 두 가지 기본형태가 있다. 그림 11−35은 유압유가 핀에 부착된 관을 통하여 송출되는 공기냉각기를 보여주고 있다. 이 형태에서는 200 gpm 까지의 오일 유량을 취급할 수 있으며, 열전달률을 증가시키기 위하여 팬을 사용한다.

도시되어 있는 공기냉각기에서는 열전달을 촉진시키기 위하여 따뜻한 오일과 차가운 오일을 혼합시킬 목적으로 특별한 장치인 난류기(turbulator)를 포함한 관이 사용된다. 그 이유는

그림 11-35 공기냉각형 열교환기(Courtesy of American Standard, Heat Transfer Division, Buffalo, New York.)

관의 중앙 근처에 있는 오일은 벽 근처의 오일보다 따뜻하기 때문이다. 가벼운 중공(hollow), 금속 구(spheres)가 관속에 임의로 삽입되어 있다. 이러한 구들은 오일 자체를 뒤섞어 완전히 혼합시킴으로써 보다 가볍고 양호한 냉각기가 만들어 진다.

그림 11-36에는 물냉각기가 도시되어 있다. 이러한 형태의 물교환기에서는 물이 유압유가 포함된 관 주위를 유동함으로써 장치를 순환하게 된다. 도시되어 있는 설계에서는 강한 연성(tough ductile)의 적색 황동 쉘(red-brass shell), 단일플랜지의 노란색 황동 배플(yellow-brass baffles), 이음매 없는 비철관, 주철 본넷을 갖추고 있다. 그리고 이 냉각기의 열전달 표면적은 124 ft^2(11.5 m^2)에 이른다.

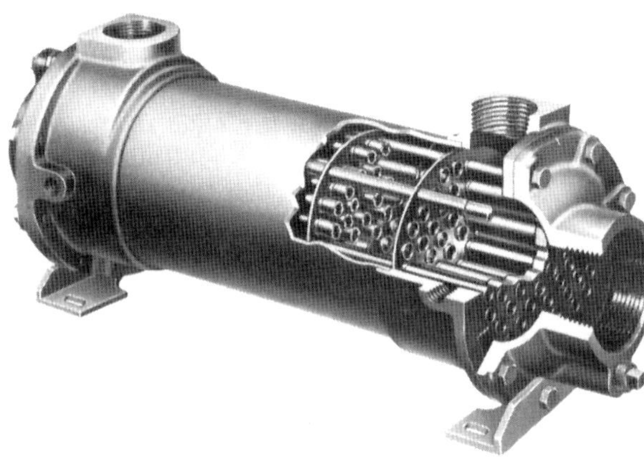

그림 11-36 물냉각형 쉘 및 관 열교환기(Courtesy of American Standard, Heat Transfer Division, Buffalo, New York.)

압력릴리프밸브에서의 유체온도 상승

다음의 식을 통하여 유체가 압력릴리프밸브와 같은 저항요소를 통과할 때 유체온도상승을 계산할 수 있다.

$$\text{온도상승}(^\circ\text{F}) = \frac{\text{열발생률(Btu/min)}}{\text{오일비열(Btu/lb/}^\circ\text{F)} \times \text{오일유량(lb/min)}} \tag{11-3}$$

$$\text{온도상승}(^\circ\text{C}) = \frac{\text{열발생률(kW)}}{\text{오일비열(kJ/kg/}^\circ\text{C)} \times \text{오일유량(kg/s)}} \tag{11-3M}$$

$$\text{오일비열} = 0.42\ \text{Btu/lb} \cdot {}^\circ\text{F} \tag{11-4}$$

$$\text{오일비열} = 1.8\ \text{kJ/kg} \cdot {}^\circ\text{C} \tag{11-4M}$$

$$\text{오일유량(lb/min)} = 7.42 \times \text{오일유량(gpm)} \tag{11-5}$$

$$\text{오일유량(kg/s)} = 895 \times \text{오일유량(m}^3\text{/s)} \quad \textbf{(11-5M)}$$

예제 11−2와 11−3은 압력릴리프밸브에서의 유체온도 상승을 구하는 방법을 나타낸다.

예제 11−2

120°F, 1,000 psi의 오일이 10 gpm으로 압력릴리프밸브를 통과하여 흐르고 있다. 하류의 오일온도는 몇 도가 되겠는가?

풀이 우선 마력손실을 계산하고 열발생률을 Btu/min 단위로 변환하면 다음과 같다.

$$\text{HP} = \frac{p\,(\text{psi}) \times Q\,(\text{gpm})}{1714} = \frac{(1000)(10)}{1714} = 5.83$$

1 HP = 42.4 Btu/min이므로

$$\text{Btu/min} = 5.83 \times 42.4 = 247$$

다음에 오일유량을 lb/min 단위로 계산하고 온도상승을 구한다.

$$\text{오일유량} = 7.42(10) = 74.2\ \text{lb/min}$$

$$\text{온도상승} = \frac{247}{0.42 \times 74.2} = 7.9°\text{F}$$

$$\text{하류 오일온도} = 120 + 7.9 = 127.9°\text{F}$$

예제 11−3

50°C, 70 bar의 오일이 0.000632 m³/s로 압력릴리프밸브를 통과하여 흐르고 있다. 하류의 오일 온도는 몇 도가 되겠는가?

풀이 우선 열발생률을 kW 단위로 계산하면 다음과 같다.

$$\text{kW} = \frac{p\,(\text{Pa}) \times Q(\text{m}^3/\text{s})}{1000} = \frac{(7 \times 10^6)(632 \times 10^{-6})}{1000} = 4.42\ \text{kW}$$

다음에 오일유량을 kg/s 단위로 계산하고 온도상승을 구한다.

$$\text{오일유량} = (895)(0.00632) = 0.566\ \text{kg/s}$$

$$\text{온도상승} = \frac{4.42}{(1.8)(0.566)} = 4.3°\text{C}$$

$$\text{하류 오일온도} = 50 + 4.3 = 54.3°\text{C}$$

열교환기의 치수결정

영국단위로 열교환기의 치수를 결정할 때, 전체 시스템에 대한 열부하 값이 Btu/hr 단위로 계산된다. 시스템 열부하의 계산은 1 hp = 2,544 But/hr 관계를 이용하여 쉽게 계산될 수 있다. 미터단위로 열교환기의 치수를 결정할 때도 유사하게 계산된다.

예제 11-4와 11-5는 유압시스템의 열부하를 결정하고 아울러 발생된 모든 열을 방출시키는데 필요로 하는 열교환기의 정격을 결정하는 방법을 보여준다.

예제 11-4

유압펌프가 1,000 psi로 작동하면서 오일을 20 gpm으로 유압작동기로 이송한다. 오일은 사이클타임의 50% 기간 동안 압력릴리프밸브(PRV)를 통하여 토출된다. 펌프의 전체 효율은 85%이고 동력의 10%는 유압관로에서 마찰압력손실로 소요된다. 발생된 전체 열을 방출시키기 위하여 필요로 하는 열교환기 정격은 얼마인가?

풀이

$$\text{펌프 HP 손실} = \text{HP}_{\text{input}} - \text{HP}_{\text{output}} = \frac{\text{HP}_{\text{output}}}{\eta_o} - \text{HP}_{\text{output}}$$

$$= \left(\frac{1}{\eta_o} - 1\right)\text{HP}_{\text{output}} = \left(\frac{1}{\eta_o} - 1\right)\frac{p(\text{psi}) \times Q(\text{gpm})}{1714}$$

$$= \left(\frac{1}{0.85} - 1\right) \times \frac{1000 \times 20}{1714} = 0.1765 \times \frac{1000 \times 20}{1714} = 2.06 \text{ hp}$$

$$\text{PRV 평균 HP 손실} = 0.50 \times \frac{1000 \times 20}{1714} = 5.83 \text{ hp}$$

$$\text{관로 평균 HP 손실} = 0.50 \times 0.10 \times \frac{1000 \times 20}{1714} = 0.58 \text{ hp}$$

$$\text{전체 HP 손실} = 8.47$$

$$\text{열교환기 정격} = 8.47 \times 2544 = 21{,}500 \text{ Btu/hr}$$

예제 11-5

유압펌프가 70 bar로 작동하면서 오일을 0.00126 m^3/s로 유압작동기로 이송한다. 오일은 사이클타임의 50% 기간 동안 압력릴리프밸브를 통하여 토출된다. 펌프의 전체 효율은 85%이고 동력의 10%는 유압관로에서 마찰압력손실로 소요된다. 발생된 전체 열을 방출시키기 위하여 필요로 하는 열교환기 정격은 얼마인가?

풀이 예제 11-4의 풀이에 따라,

$$\text{펌프 kW 손실} = \left(\frac{1}{\eta_o} - 1\right) \times \text{펌프 kW 출력}$$

$$= \left(\frac{1}{\eta_o} - 1\right) \times \frac{p(\text{Pa}) \times Q(\text{m}^3/\text{s})}{1000}$$

$$= 0.1765 \times \frac{(7 \times 10^6) \times (1260 \times 10^{-6})}{1000} = 1.56\ \text{kW}$$

$$\text{PRV 평균 kW 손실} = 0.50 \times \frac{7 \times 10^6 \times 1260 \times 10^{-6}}{1000} = 4.41\ \text{kW}$$

$$\text{관로 평균 kW 손실} = 0.50 \times 0.10 \times \frac{7 \times 10^6 \times 1260 \times 10^{-6}}{1000} = 0.44\ \text{kW}$$

$$\text{전체 kW 손실} = 6.41\ \text{kW}$$

$$\text{열교환기 정격} = 6.41\ \text{kW}$$

11.8 압력게이지

압력 측정장치는 다수의 이유로 인하여 유압회로에 필요하다. 시험이나 고장점검의 용도 외에 압력제어밸브의 압력설정, 유압실린더에 의하여 가해진 힘, 유압모터에 의하여 전달된 토크를 결정하는 데 사용된다.

가장 널리 쓰이는 압력 측정장치로는 부르동게이지(Bourdon gage)가 있다(다양한 측정범위를 갖는 부르동게이지가 그림 11-37에 도시되어 있다). 부르동게이지에는 원호모양의 밀봉된 튜브가 있는데(그림 11-38 참조), 압력이 게이지의 입구 측에 작용하면 그 압력에 의해 원호모양의 튜브가 곡률반경이 증가하는 방향으로의 변형을 하게 된다. 이 변형이 링크-기어시스템에 전달되고, 이로 인해 지시자는 해당압력을 가리키게 되는 것이다. 보통 압력게이지는 대기압이나 게이지압 이상의 압력을 측정하게 되어 있으므로, 대부분의 부르동게이지의 단위는 대기압에서 0이 되도록 맞추어져 있다. 몇몇 부르동게이지는 펌프의 유입구에서 생기는 대기압보다 낮은 압력이나 진공압력을 측정할 수도 있다. 완전한 진공상태를 나타내는 진공상태의 측정범위는 수은주 0 에서 30 in를 말한다.

두번째로 많이 사용되는 압력측정장치로 슈래더게이지(Schrader gage)가 있다. 그림 11-39에서 볼 수 있듯이, 스프링이 달려 있는 슬리브와 피스톤에 압력이 가해진다. 압력이 슬리브의 운동을 일으키고, 슬리브의 운동이 기계적 링크를 통해 지시자를 움직이게 한다.

그림 11-37 다양한 압력범위를 갖는 부르동게이지

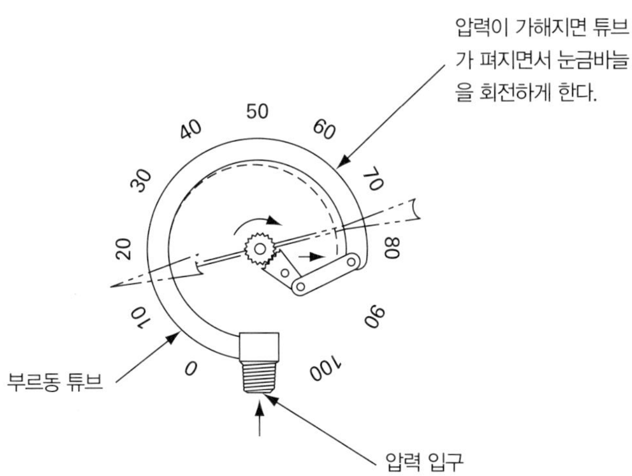

그림 11-38 부르동게이지의 작동(Courtesy of Sperry Vickers, Sperry Rand Corp., Troy, Michigan.)

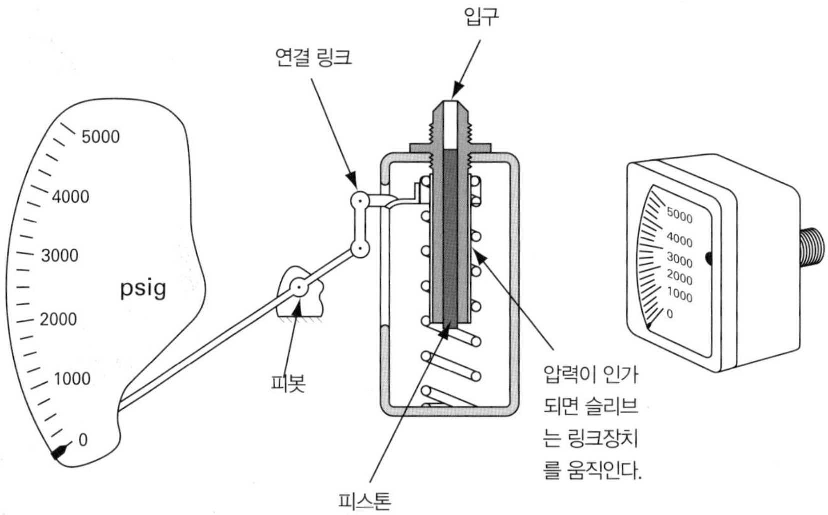

그림 11-39 슈레더게이지의 작동(Courtesy of Sperry Vickers, Sperry Rand Corp., Troy, Michigan.)

11.9 유량계

서론

유량측정은 유압구성요소의 성능평가와 유압시스템의 고장진단에 자주 사용된다. 또한 펌프 용적 효율의 검사와 유압회로내에서의 누출경로 검출에도 사용된다.

로터미터

로터미터(rotameter)는 유량계의 가장 일반적인 형태를 말하며, 이는 그림 11-40에 보이는 바와 같이 눈금이 매겨진 수직형 튜브 내의 계측용 부표(metering float)로 이루어져 있다. 로터미터의 작동원리는 다음과 같다(그림 11-41 참조).

계측용 부표는 테이퍼진 유리관 속을 수직으로 움직일 수 있다. 유체는 유리관의 아래쪽에서부터 위쪽으로 흐른다. 유체가 흐르지 않을 때는 부표가 테이퍼진 관의 아래쪽에 머물면서, 부표의 최대지름 부분이 유리관의 아래쪽을 거의 막게 된다. 유체가 파이프라인을 통해 흐르면, 로터미터의 아래쪽으로 유체가 들어오면서 부표를 들어 올린다. 부표가 올라가면, 평형에 도달할 때까지 부표와 유리관 사이의 유동면적은 증가하게 된다. 이 평형점에서 부표의 무게는 유체가 부표를 밀어올리는 힘과 균형을 이루는 것이다. 유량이 증가할수록 유리관 내에서 부표는 더 올라간다. 유리관에는 눈금이 매겨져 있어 유량을 직접적으로 읽을 수가 있다.

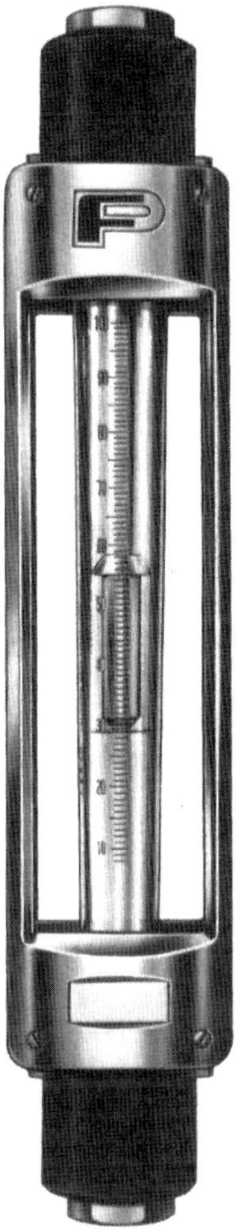

그림 11-40 로터미터(Courtesy of Fischer & Porter Co.,Worminster, Pennsylvania.)

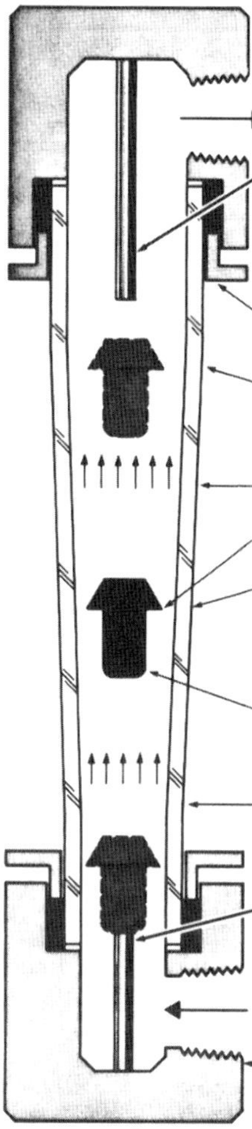

그림 11-41 로터미터의 작동(Courtesy of Fischer & Porter Co.,Worminster, Pennsylvania.)

그림 11-42 가시유동표시기(Courtesy of Fischer & Porter Co., Worminster, Pennsylvania.)

가시유동표시기

유체가 파이프라인 내를 흐르고 있는지 확인하기 위해, 흐르는 유체를 직접 눈으로 관찰하는 방법을 사용하는 경우가 있다. 이러한 용도에 **가시유동표시기**(sight flow indicator)가 사용된다. 이것은 유량을 측정하는 것이 아니라, 유동의 존재 유무를 확인하기 위함이다. 그림 11-42의 가시유동표시기는 내부를 잘 들여다 볼 수 있도록 하기 위해 이음쇠의 양쪽 마주보는 면에 두 개의 창이 나 있다.

원판피스톤

그림 11-43은 원판피스톤(disk piston)이 내장된 유량계의 구조를 보여준다. 유체가 측량부로 흘러 들어가면 원판피스톤이 회전운동을 하게 되고, 이 운동이 기어를 통해 유량계의 눈금바늘로 전달된다.

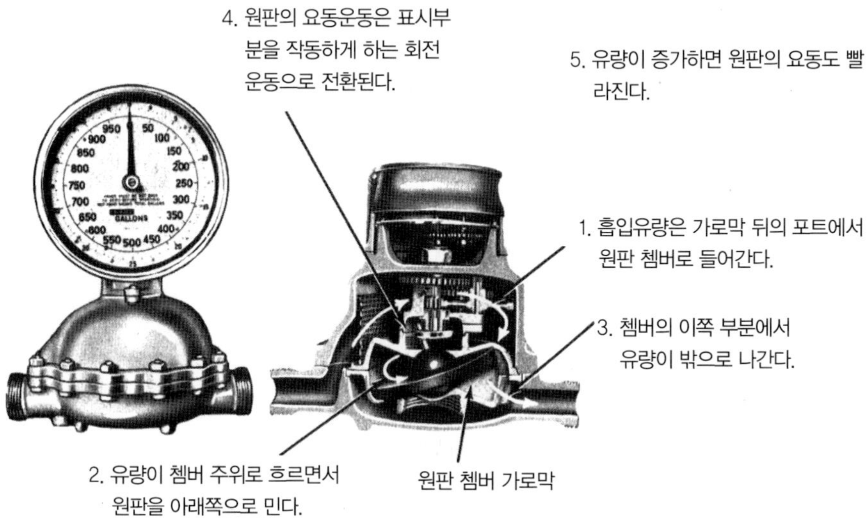

그림 11-43 원판피스톤 유량계(Courtesy of Sperry Vickers, Sperry Rand Corp., Troy, Michigan.)

터빈유량계

그림 11-44는 터빈유량계(turbine flowmeter)를 보여주고 있다. 터빈유량계는, 유량을 측정할 파이프라인에 연결되어 있는 하우징에 부착된 터빈회전자를 내장하고 있다. 유체가 흐르면 유량에 비례해서 터빈이 회전하게 되고, 이 회전으로 인해 터빈날이 센서를 통과할 때마다 전기적인 임펄스를 발생시키는 원리이다. 센서에 연결된 전기장치가 이 펄스를 유량정보로 변환한다.

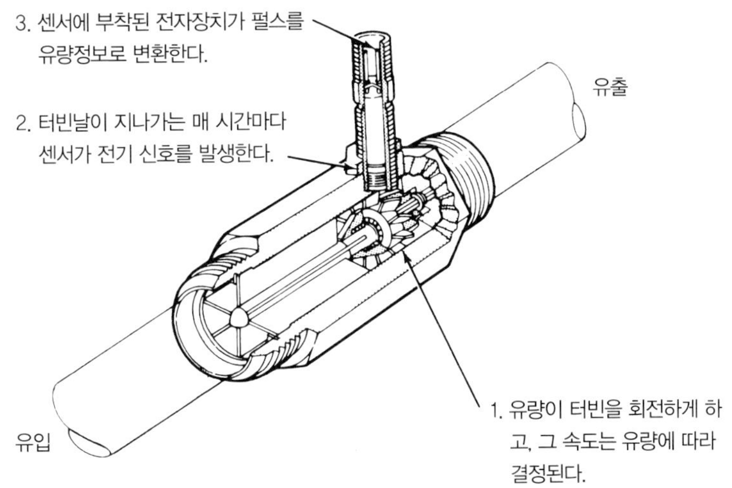

그림 11-44 터빈유량계(Courtesy of Sperry Vickers, Sperry Rand Corp., Troy, Michigan.)

디지털 전자검출장치

그림 11-45은 압력, 유량, 속도를 ±0.15%의 정확도로 유효숫자 다섯자리까지 측정할 수 있는 디지털 전자검출장치이다. 스케일은 gpm, L/min, psi, Pascals, bars, rpm, in/min, m/min 등과 같은 단위의 값을 표시하기 위하여 공장에서 보정될 수 있다. 데이터는 초당 2번 갱신되며 측정가능범위를 넘어가면 이를 알려준다.

그림 11-45 디지털 전자검출장치(Courtesy of Flo-Tech, Inc., Mundelein, Illinois.)

11.10 중요한 식들

적합한 저장탱크 치수

영국단위: $$저장탱크\ 치수(gpl) = 3 \times 펌프유량(gpm) \tag{11-1}$$

미터단위: $$저장탱크\ 치수(m^3) = 3 \times 펌프유량(m^3/min) \tag{11-1M}$$

압력릴리프밸브에서의 온도상승

영국단위: $$온도상승(°F) = \frac{열발생률(Btu/min)}{오일비열(Btu/lb/°F) \times 오일유량(lb/min)} \tag{11-3}$$

미터단위: $$온도상승(°C) = \frac{열발생률(kW)}{오일비열(kJ/kg/°C) \times 오일유량(kg/s)} \tag{11-3M}$$

연습문제

질문, 개념 및 정의

11-1 저장탱크의 치수를 결정하는 네 가지 기준을 나열하여라.

11-2 가장 일반적인 저장탱크 설계방식 세 가지는 무엇인가?

11-3 저장탱크 통기구멍의 목적은 무엇인가?

11-4 저장탱크 격판을 사용하는 목적은 무엇인가?

11-5 어큐뮬레이터의 세 가지 기본형태를 나열하여라.

11-6 기체형 어큐뮬레이터의 주요 세 가지 형태를 나열하여라. 각 형태의 한 가지 장점을 나열하여라.

11-7 어큐뮬레이터의 네 가지 용도 예를 기술하여라.

11-8 증압기란 무엇인가? 적용예를 하나 들어라.

11-9 양의 실과 음의 실 사이의 차이점은 무엇인가?

11-10 내부누설과 외부누설의 차이점을 예를 들어 설명하여라.

11-11 정적 실과 동적 실의 차이는 무엇인가?

11-12 백업링이 가끔 O링과 함께 사용되는 이유는 무엇인가?

11-13 O링 외의 세 가지 형태의 실을 나열하여라.

11-14 와이퍼 실은 압력을 밀봉하기 위하여 설계되었는가? 설명하여라.

11-15 실에 사용되는 재료의 형태를 네 가지 나열하여라.

11-16 듀로미터의 목적은 무엇인가?

11-17 열교환기의 목적은 무엇인가?

11-18 열교환기를 선택할 때 고려하여야 할 중요한 요인들을 나열하여라.

11-19 유량 측정장치의 두 가지 형태를 나열하라.

11-20 압력 측정장치의 두 가지 형태를 나열하라.

11-21 유압시스템에서 압력과 유량을 측정하는 것이 왜 바람직한가?

11-22 디지털형 유체 파라메타-측정장치가 아날로그 장치에 비하여 갖는 이점은 무엇인가?

11-23 가시유동 표시기는 무엇인가? 그리고 그 목적은 무엇인가?

문제

주: 문제 번호 뒤의 E는 영국단위를 사용하고 있다는 것을 의미하고, M은 미터단위를 사용하고 있다는 것을 의미한다.

회로 문제해결

11-24 그림 11−46의 회로에서 무엇이 잘못되었는가?

11-25 그림 11−47의 회로에서 무엇이 잘못되었는가?

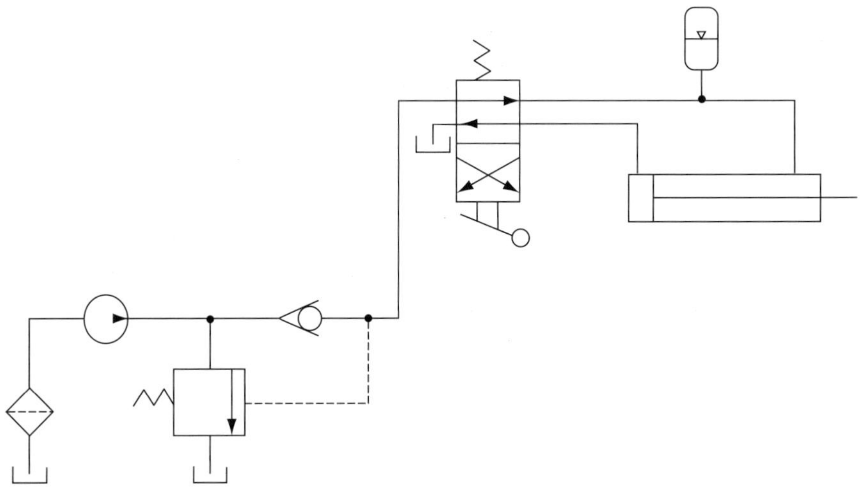

그림 11-46 연습문제 11−24에 대한 회로

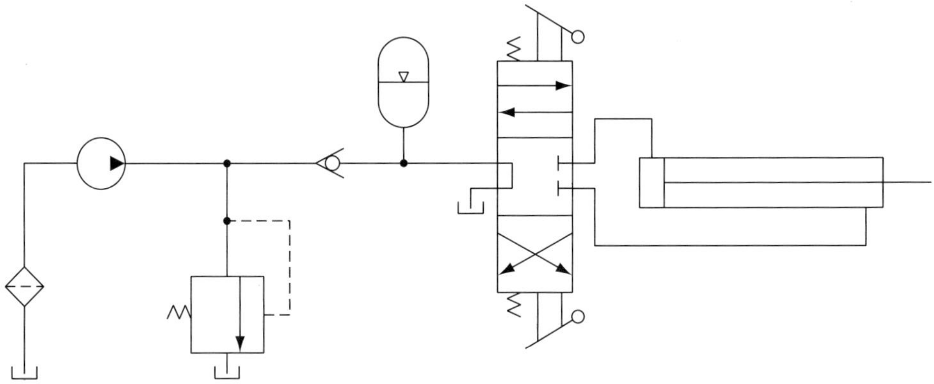

그림 11-47 연습문제 11−25에 대한 회로

저장탱크 치수결정

11-26E 15 gpm 펌프를 사용하는 유압시스템을 위하여 적합한 저장탱크 치수는 얼마인가?

11-27M 0.001 m^3/s 펌프를 사용하는 유압시스템을 위하여 적합한 저장탱크 치수는 얼마인가?

증압기

11-28E 21 gpm, 1000p si의 오일이 3:1 라신(Racine)증압기의 저압-입구로 들어간다. 토출유량과 압력을 구하여라.

11-29M 0.001 m^3/s, 70 bar의 오일이 3:1 라신(Racine)증압기의 저압-입구로 들어간다. 토출유량과 압력을 구하여라.

압력릴리프밸브에서 오일의 온도상승

11-30E 130°F, 2000 psi의 오일이 15 gpm으로 압력릴리프밸브를 통과하여 흐르고 있다. 하류의 오일 온도는 얼마인가?

11-31M 60°C, 140 bar의 오일이 0.001 m^3/s으로 압력릴리프밸브를 통과하여 흐르고 있다. 하류의 오일 온도는 얼마인가?

열교환기 정격 용량

11-32E 유압펌프가 2000 psi로 작동하면서 유압작동기에 15 gpm의 오일을 이송한다. 오일이 사이클 타임의 60% 동안 압력릴리프밸브(PRV)를 통하여 배출된다. 펌프의 전체 효율은 82%이고 동력의 15%가 유압관로에서의 마찰압력손실로 인하여 소모된다. 발생된 모든 열을 방출시키는데 필요한 열교환기 정격용량은 얼마인가?

11-33M 유압펌프가 140 bar로 작동하면서 유압작동기에 0.001 m^3/s의 오일을 이송한다. 오일이 사이클 타임의 60% 동안 압력릴리프밸브를 통하여 배출된다. 펌프의 전체 효율은 82%이고 동력의 15%가 유압관로에서의 마찰압력손실로 인하여 소모된다. 발생된 모든 열을 방출시키는 데 필요한 열교환기 정격용량은 얼마인가?

열-발생률

11-34 1 BTU는 1 lb의 물을 1°F 만큼 높이는 데 필요한 열량이다. BTU와 joule 사이의 환산계수를 구하여라.

11-35E 12 hp의 전기모터에 의하여 구동되는 유압변속기가 10 hp를 출력축에 전달한다. 동력 손실의 75%는 열손실에 기인한 것으로 가정하고, 5시간 동안의 전체 BTU 열손실을 계산하여라.

11-36E 12 gpm의 펌프로 작동하는 유압프레스가 매 6분마다의 주기운동을 한다. 사이클의 고압부분인 2분 동안에 오일이 3,000 psi 상태로 고압릴리프밸브를 통하여 배출된다. 사이클의 저압부분인 4분 동안에 오일이 600 psi 상태로 저압릴리프밸브를 통하여 배출된다. 만일 실린더의 이동시간이 무시할 수 있을 정도로 작다면, 양쪽 릴리프밸브를 통하여 오일을 배출함으로써 발생되는 시간당 전체 BTU 열손실을 계산하여라.

11-37M 펌프가 오일을 15 MPa, 20 L/min 상태에서 유압모터로 공급한다. 만일 모터가 4 kW의 동력을 전달하고, 동력손실의 80%가 내부누설에 기인한 것으로 그 결과 오일이 가열된다면, 이 때의 열-발생률(kJ/min)을 계산하여라.

12

Chapter

유압시스템의 유지관리

학습 목표

이 단원을 공부하고 나면 다음과 같은 내용을 알아야 한다.

1. 유압시스템 공통의 고장원인을 파악할 수 있어야 한다.
2. 유압시스템에서 산화와 부식 방지의 중요성을 이해하여야 한다.
3. 여러 가지 형태의 난연성 유체에 대하여 토의할 수 있어야 한다.
4. 소포성 유체의 중요성을 깨달아야 한다.
5. 유압유의 중성수의 중요성을 이해하여야 한다.
6. 유압유의 올바른 유지관리 · 폐기 문제의 환경적인 중요성을 설명할 수 있어야 한다.
7. 필터와 스트레이너의 작동원리를 설명하고 유압회로에서 필터와 스트레이너가 위치할 장소를 지정할 수 있어야 한다.
8. 필터의 입자트랩(trap)능력과 관계된 매개변수 **베타비**(beta ratio)의 중요성을 이해하여야 한다.
9. 필터의 베타비와 베타효율을 계산할 수 있어야 한다.
10. 여러가지 유압부품에 필요한 유압유 청정도 수준을 정하는 개념을 이해하여야 한다.
11. 유체의 고체–입자 오염에 기인한 유압부품 가동부의 마모 메카니즘을 토의할 수 있어야 한다.
12. 유압유 내부의 기체에 의하여 야기된 문제를 설명할 수 있어야 한다.
13. 문제에 포함된 증후에 따라 유압회로를 효과적으로 수리하는 방법을 설명할 수 있어야 한다.
14. 안전의 중요성을 이해하고 아울러 유압시스템이 설계, 설치, 작동 그리고 유지관리되는 과정에서 안전문제의 타협은 존재할 수 없다는 것을 깨달아야 한다.
15. 유압시스템과 관계된 핵심 환경 쟁점을 이해하여야 한다.

12.1 서론

유압시스템 문제들의 원인

초창기의 유압시스템에 있어 유지관리는 흔히 시행착오 방식으로 시행되었다. 시스템이 고장났을 때 문제를 해결하는 것이 관례였다. 그러나 오늘날 기계장치가 고도로 정교하여지고 대량생산이 출현함에 따라, 산업체에서는 이러한 방식으로 운영할 여건이 못되었다. 즉, 정지시간중의 비용이 감당할 수 없을 정도가 되었다.

유압시스템 고장의 가장 공통된 원인은 아래와 같다.

1. 오일필터의 막힘 혹은 오염
2. 저장탱크에 부적합한 오일 공급
3. 시일의 누설
4. 펌프의 입구관로가 헐거워서 공기를 흡입하게 되는 경우
5. 오일 선택의 오류
6. 과도한 오일온도
7. 과도한 오일압력

예방차원의 유지관리

이러한 종류의 문제들 중 대다수는 예방차원의 유지관리 프로그램을 계획적으로 추진함으로써 제거될 수 있다. 이는 유압 설계자가 고성능의 적당한 크기의 부품을 선정하는 일로부터 시작된다. 다음 단계는 여러 부품들의 올바른 조립이다. 여기에는 누설을 방지하기 위한 여러 관 이음쇠에 적당한 크기의 토크를 가하고, 동시에 이음쇠가 비틀리지 않도록 하는 것도 포함된다. 각 부품들은 깨끗한 상태에서 조립되어야 하고, 시스템이 사용되기 전에 깨끗한 오일로 완전히 플러싱(flushing)하여야 한다. 필터, 스트레이너, 게이지, 드레인 및 충전플러그, 유량계, 그리고 압력과 온도게이지와 같은 정기적인 검사가 필요한 부품들을 쉽게 접근할 수 있도록 전체 시스템을 설계하는 것이 중요하다.

유압시스템 문제들의 과반수 이상이 오일과 직접 연관되어 있다. 유체의 샘플링 및 시험이 취할 수 있는 가장 중요한 예방 유지관리 방책인 이유가 여기에 있다. 그림 12-1은 유압시스템 오염을 신속하고 쉬운 방법으로 검사할 수 있는 유압유 시험기를 나타낸다. 소형의 유압시스템까지도 체크가 가능하다. 이 시험기구는 유체의 상태를 현장에서 체크하여 계속 사용여부를 결정하는 데 사용될 수 있다. 시험 가능한 항목에는 점도, 수분함량의 결정과 입자오염수준이 포함된다. 점도는 점도계의 점도비교를 통하여 측정한다. 수분함량은 열판(hot plate)방법에 의하여 결정된다. 오염의 평가는 우선 측정된 유압유를 필터링한 다음, 현미경으로 필터에 걸린 입자들을 검사하고 오염수준을 나타내주는 일련의 사진과 함께 비교함으로써 평가된다. 완전한 시험에 대략 10분 정도 소요된다.

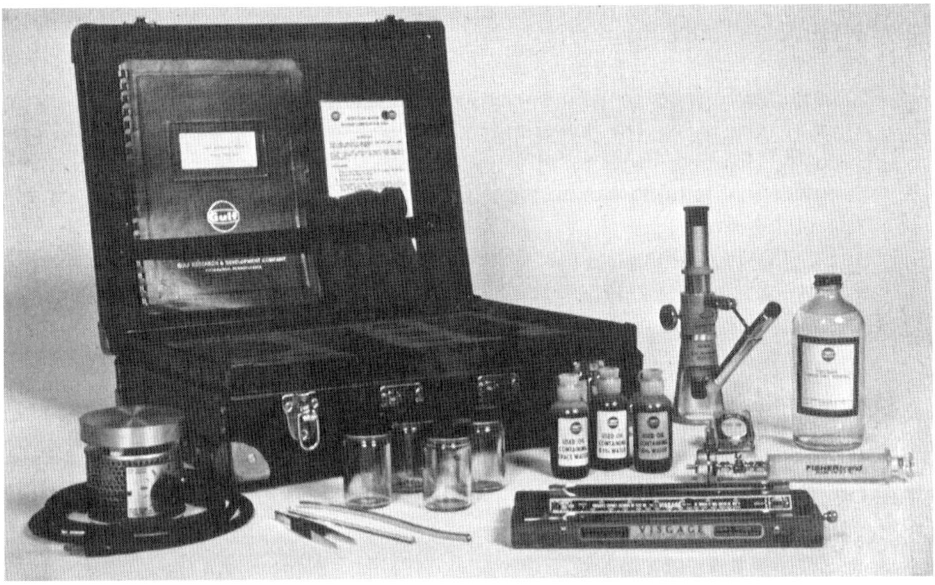

그림 12-1 유압유 시험기(Courtesy of Gulf Oil Corp., Houston, Texas.)

정비사의 훈련과 기록 보관

잠재되어 있는 유압문제점들의 징후를 초기에 알아낼 수 있도록 정비사와 기계공들을 훈련시키는 일이 매우 중요하다. 예를 들어 펌프소음은 입구필터가 막혀서 발생한 캐비테이션 때문에 발생할 가능성이 있다. 이는 또한 흡기 이음쇠가 헐거워서 공기가 펌프에 빨려들어가 발생할 수도 있다. 만일 캐비테이션 소음이 그러한 공기구멍에 기인한다면 저장탱크 안의 오일은 거품으로 덮힐 것이다. 공기가 오일 속에 유입하면 유압작동기의 작동이 스폰지처럼 된다. 작동기의 작동이 느린 것은 유체의 점도가 너무 높거나 혹은 작동기나 제어밸브의 과도한 내부누설에 기인한다.

예방차원의 유지관리기술이 효과를 발생하기 위하여는 우수한 보고 및 기록시스템을 구비할 필요가 있다. 이러한 보고에는 다음 사항들이 포함되어야 한다.

1. 발견된 징후의 형태와 이를 감지한 방법과 날짜
2. 유지관리 수리의 수행 기록. 여기에는 부품의 교체, 고장상태로 경과된 시간 및 날짜가 포함되어야 한다.

3. 오일을 시험하고, 추가하고, 변경한 날짜, 필터를 교환한 날짜가 역시 기록되어야 한다.

안전과 환경 쟁점

외부 오일누설에 대한 올바른 유지관리 과정이 또한 중요하다. 오일이 바닥과 기계주위에 누설되어 발생하는 안전사고를 반드시 예방하여야 한다. 몇몇 공정산업체에서는 최종제품의 오염 때문에 외부 오일누설이 금지되어 있다. 마운팅 볼트나 브라켓이 헐거 우면 작동기나 펌프의 축이 어긋나게 되고 축 누설 혹은 패킹손상을 초래하므로 발견한 즉시 조여야 한다. 너무 일찍 외부오일누설이 발생하여 고장수리를 위하여 기계를 가동하지 못하는 비싼 대가를 치를 수도 있다.

유압시스템의 작동과 관련하여 환경법규와 규제들이 수립되었다. 유압산업체에서는 이러한 규제들을 만족시키는 효과적인, 투자 비용가치가 있는 방법을 개발함으로써 이에 대응해 나가고 있으며, 여기에 관계된 네가지 쟁점들은 다음과 같다.

1. 생분해성 작동유의 개발
2. 유압유의 유지보수와 폐기
3. 오일누설 저감
4. 소음수준 저감

12.2 유압유의 산화와 부식

공기중의 산소와 오일의 입자가 화학적으로 반응하여 발생하는 산화는 유압유의 사용수명을 상당히 단축시킨다. 산소가 탄소와 수소분자와 쉽게 결합하기 때문에 석유계 오일은 특히 산화하기 쉽다. 대부분의 산화물은 오일에 용해될 수 있고 본질적으로 산성이므로 시스템 전체에 걸쳐 부속들을 부식시킬 수 있다. 산화물에는 불용해성 고무, 슬러지(sludge), 그리고 바니시(banish)가 포함되며 오일의 점성을 증가시킨다.

일단 산화가 시작되면 산화율을 높이는 많은 매개변수들이 있다. 열, 압력, 오염물질, 물, 그리고 금속표면이 여기에 포함된다. 그러나 산화는 온도의 영향을 가장 많이 받는다. 산화속도는 140°F 이하에서는 매우 느리지만 20°F씩 온도가 증가할 때마다 두 배가 된다. 대부분의 유압유에서는 산화를 방지하기 위하여 첨가제가 결합된다. 이로 인하여 가격이 비싸지므로 첨가제는 온도와 다른 환경조건에 따라 필요한 경우에만 지정 사용되어야 한다.

녹과 부식은 양쪽 모두 시스템을 부식시키고 마모를 촉진함에도 불구하고 서로 다른 현상이다. 녹은 쇠 혹은 강철과 산소 사이의 화학적 반응이다. 유압시스템에 존재하는 습기는 필요한 산소를 제공한다. 습기의 제일 첫 번째 원천은 대기의 공기에서 오고 공기는 통기구를 통하여 저장탱크로 유입한다. 그림 12-2는 오일의 습기로 인하여 녹이 생긴 강철 부분을 보여주고 있다.

반면에 부식은 금속과 산 사이의 화학반응이다. 녹이나 부식은 결과적으로 유압부품의 금속표면을 손상시킨다. 그렇게 되면 손상된 부분의 시일링 표면을 거쳐 과도한 누설이 발생할 수 있다. 그림 12-3에는 새 밸브스풀과 이미 사용된 밸브스풀이 도시되어 있다. 이미 사용된

그림 12-2 오일 속의 수분에 기인한 녹(Courtesy of Sperry Vickers, Sperry Rand Corp., Troy, Michigan.)

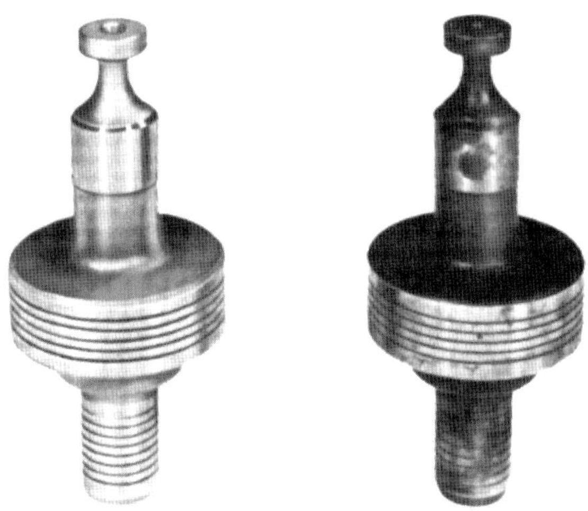

그림 12-3 유압 오일속의 산 생성에 기인한 부식(Courtesy of Sperry Vickers, Sperry Rand Corp., Troy, Michigan.)

밸브스풀은 유압유 내부에서의 산 발생에 의하여 그 표면이 부식되어있다. 화학반응을 방지하기 위하여 금속표면에 씌우는 첨가제를 결합시킴으로써 녹과 부식을 억제할 수 있다.

12.3 난연성 유체

유압유는 불을 일으키거나 유지시켜서는 절대로 안된다. 그러나 대부분의 유압유는 특정 조건 하에서는 연소한다. 사람의 안전상 난연성 유체 사용을 필요로 하는 응용분야가 많다. 예로써 석탄탄광, 고온의 금속 공정 장비, 항공기 그리고 선박의 유압시스템이 여기에 속한다.

난연성 유체는 점화는 일어날 수 있으나 점화의 근원이 제거되면 계속하여 연소하지 않는다. 화염능력은 점화의 용이성 그리고 화염전파능력으로 정의된다. 유압유의 점화능력을 결정하기 위하여 시험되는 일반 특성들을 나열하면 다음과 같다.

1. **인화점**: 오일 표면으로부터 증기가 충분이 발산되어 화염이 그 위를 통과할 때 점화할 수 있는 온도
2. **발화점**: 화염이 오일 표면을 통과할 때 증기가 충분히 발산되어 5초 동안 계속하여 연소할 수 있는 온도
3. **자가점화온도(AIT)**: 점화가 자동적으로 발생하는 온도

난연성 유체는 화재위험을 감소시키기 위하여 개발되었다. 기본적으로 서로 다른 네 종류의 난연성 유압유가 일반적으로 사용된다.

1. **물-글리콜 용액**(water-glycol solution): 이 형태는 대략 물 40 %와 글리콜 60 %의 용액으로 구성되어 있다. 이 용액은 점도지수가 높고 물이 증발함에 따라 점도가 증가한다. 작동온도범위는 −10°F로부터 대략 180°F 사이이다. 대부분의 새로운 합성 시일재료는 물-글리콜 용액에 적합하다. 그러나 아연, 카드뮴, 그리고 마그네슘과 같은 금속은 물-글리콜 용액과 반응을 일으키므로 사용되어서는 안된다. 부가적으로 특수한 페인트가 사용되어야 한다.
2. **유중물 유화액**(water-in-oil emulsion): 이 형태는 특별한 오일을 기저로 대략 40%의 물을 완전히 분산시켜 이루어진다. 따라서 작은 물방울이 오일에 의하여 완전히 둘러 싸인 것이 특징이다. 물은 훌륭한 냉각제 성질을 부여하지만 유체를 좀더 부식시키는 경향이 있다. 따라서 보다 많은 양의 부식방지 첨가제가 필요하다. 작동온도범위는 −20°F부터 175°F까지이다. 물-글리콜 용액의 경우와 마찬가지로 적당한 점도를 유지하기 위하여 증류수를 보충하는 것이 필요하다. 오일에 물이 섞인 형태의 유화액은 석유계에 적합하다.

3. **순 합성물**(straight synthetics): 이 형태는 연소를 방지할 수 있도록 화학적으로 구성되었으며 일반적으로 난연온도가 가장 높다. 이 계열에 속하는 전형적인 유체에는 인산에스테르나 염화하이드로카본이 있다. 순 합성물의 단점은 점도지수가 낮고, 대부분의 자연 혹은 합성고무실에 부적합하고 고비용이라는 데 있다. 특히 인산 에스테르는 페인트, 파이프 나사 화합물, 그리고 전기 절연체들을 쉽게 분해시킨다.
4. **고수분함유 유체**(high-water-content fluid): 이 형태는 90%의 물과 10%의 내용물로 구성되어 있다. 내용물은 점도, 윤활, 녹방지, 그리고 박테리아 성장방지기능을 촉진하는 유체 첨가제로 구성되어 있다. 고수분함유 유체의 장점은 난연성이 높고, 냉각특성이 탁월하고 그리고 석유계 유압유 비용의 대략 20% 정도로 저렴하다는 데 있다. 최대 작동 온도는 증발을 최소화하기 위하여 120°F로 유지되어야 한다. 석유계 유압유에 비하여 밀도가 더 높고 점도는 더 낮으므로, 펌프입구의 관로는 캐비테이션의 원인이 되는 증기 거품의 형성을 방지하기 위하여 유체속도가 충분히 낮게 유지되도록 크기가 정해져야 한다. 고수분함유 유체는 대부분의 고무 실 재료에 적합하나 가죽, 종이, 코르크 재료는 물속에서 부패하기 쉬우므로 사용되어서는 안된다.

12.4 소포성 유체

공기가 유압유에 분해되거나 포함될 수 있다. 예를 들어 저장탱크로 귀환하는 관로가 오일 속에 잠겨 있지 않으면 액체 표면에 유입하는 오일에 공기가 혼입된다. 이로 인하여 오일속에 기포가 형성된다. 그 기포가 표면으로 서서히 올라오면 펌프흡입구로 빨려 들어가게 된다. 5장에서 기술된 것처럼 이는 캐비테이션에 기인한 펌프손상을 가져온다.

유사한 방식으로 흡입관로의 작은 틈새는 대기로부터 많은 양의 공기가 오일 속으로 들어오게 한다. 이런 형태의 틈새는 오일이 새나가기보다는 공기가 새어 들어오기 때문에 발견하기가 어렵다. 혼입되어 분해된 공기가 미치는 다른 역효과로써 유압유의 체적탄성계수가 크게 감소된다. 이는 유압작동기의 강성과 정확성 측면에서 심각한 결과를 가져올 수 있다. 오일저장탱크에서 많은 양의 공기가 제거되기 때문에 저장탱크를 올바로 설계하면 용해 공기가 상당히 감소될 수 있다.

다른 방법으로써 소포성 첨가제가 포함된 특별한 등급의 유압유를 사용할 수 있다. 이러한 첨가제들은 화학복합제로써 저장탱크 안에 있는 동안 혼입공기를 깨뜨려서 오일로부터 공기를 분리시킨다.

12.5 유체 윤활능력

유압유는 밀착되어 작동하는 가동부 사이에 마모를 방지하기위하여 윤활성이 양호하여야한다. 그림 12-4에 도시되어 있듯이 금속 대 금속의 직접적인 접촉은 적당한 점도를 갖는 막의 강도에 의하여 피할 수 있다. 영향을 받는 유압부품에는 펌프베인, 밸브스풀 피스톤링 그리고 로드베어링이 포함된다.

마모는 두 개의 결합된 표면들 사이의 마찰력에 의하여 표면이 사실상 제거되는 것을 말한다. 이로 인하여 부품치수의 변화가 올 수 있고 헐거워져서 결과적으로 부적당한 작동이 초래될 수 있다.

마찰력 F는 서로 상대방에 대하여 미끄러지는 두 개의 결합된 평면에 평행인 힘이다. 이 마찰력은 두 평면 사이의 미끄러지는 운동을 사실상 방해한다. 마찰력이 클수록 마모와 열발생이 더욱 커진다. 이것이 다음에는 동력손실과 수명감소를 초래하므로 결국 유지관리비용이 증가하게 된다.

마찰력 F는 두 개의 평면에 같이 작용하는 수직력 N에 비례한다. 비례상수는 **마찰계수**(coefficient of friction, CF)라고 불린다.

$$F = (\mathrm{CF}) \times N \tag{12-1}$$

따라서 마찰계수와 수직력의 크기가 커질수록 마찰력이 커지고, 따라서 마모가 커진다. 수

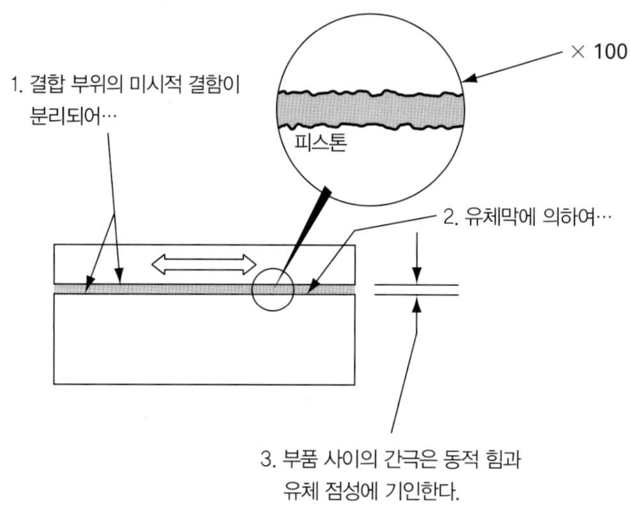

그림 12-4 윤활막은 금속 대 금속의 접촉을 방지한다(Courtesy Sperry Vickers, Sperry Rand Corp., Troy, Michigan.)

직력의 크기는 전달되는 동력과 힘의 크기에 의존하고 유압유의 성질과는 무관하다. 그러나 마찰계수는 서로 가까이 결합되어 있는 부품 사이의 금속대 금속의 접촉을 방지하는 유체의 능력에 의존한다.

식 (12−1)을 무차원 매개변수인 마찰계수에 대하여 표현하면 다음과 같다.

$$\mathrm{CF} = \frac{F}{N} \tag{12-2}$$

만일 F와 N을 측정할 수 있다면 CF는 유체의 반마모성의 척도로써 실험적으로 결정될 수 있다.

12.6 유체 중화수

중화수(neutralization number)는 유압유의 상대적인 산성 혹은 알칼리성을 나타내는 척도로써 pH에 의하여 정해진다. 고산성 혹은 알칼리성은 실(seal)과 패킹의 파괴뿐만 아니라 금속 부분의 부식을 초래하므로 중성수가 작은 유체가 추천된다.

산성유체에 대하여, 중화수는 유체 1g 시료의 산을 중화시키는 데 필요한 수산화칼륨의 mg 수와 같다. 알칼리성 유체의 경우, 유체 1g 시료의 알칼리를 중화시키는데 필요한 알코올 염산의 양(상응하는 칼륨의 밀리그램 수로써 표현된)과 동일하다. 유압유는 사용할수록 보통 염기가 되기보다는 산으로 된다. 산의 생성을 막기 위하여 첨가제 처리가 된 유압유의 경우 유체 중화수를 보통 0과 0.1 사이의 낮은 값으로 유지할 수 있다.

12.7 석유계 유체 대 난연성 유체

석유계 유체는 가장 널리 사용되는 형태로서 선별된 원유로 부터 정제된다. 정제과정에서 양호한 윤활, 고점도지수, 그리고 내산화성/소포성의 요구조건을 만족시키기 위해서 첨가제가 포함된다. 석유계 유체는 열을 잘 방출하고, 대부분의 실재료에 적합하고, 아울러 150°F이하의 작동온도에서 내산화성이 강하다.

석유계 유체의 첫 번째 단점은 연소이다. 그 결과로 두 번째 범주의 유체인 난연성 유체가 개발되었다. 이로 인하여 화재의 위험이 감소되었다. 그러나 난연성 유체는 일반적으로 석유계 유체보다 비중이 높다. 이는 적절한 설계조치가 없으면 펌프입구 관로에서의 과도한 진공압력 때문에 캐비테이션 문제를 야기할 수 있다. 역시 대부분의 난연성 유체는 가격이 비싸고 실 재료와의 적합성 문제가 있다. 따라서 난연성 유체는 위험한 작동조건이 존재할 때만 사용되어야 한다. 석유계 유체로부터 난연성 유체로 변경할 때나 혹은 그 반대의 경우에 제조업자의 추천을 매우 조심스럽게 따라야 한다. 보통, 완벽한 드레이닝(draining), 클리닝(cleaning), 그리고 플러싱(flushing)이 요구된다. 여러 가지 유압부품들의 실과 개스킷을 교환하여야 할 필요가 있을 수도 있다.

12.8 유체의 유지관리 및 폐기

오염을 제어하고 천연자원을 보존하는 일은 사회복지를 이룩하기 위한 중대한 목표이다. 따라서 폐 유압유의 발생을 최소화하고 환경적으로 안전하게 이를 폐기하는 일이 중요하다. 이와 같은 결과들은 다음과 같은 올바른 유체-폐기과정과 아울러 유체-제어와 예방차원의 유지관리 프로그램을 실천함으로써 성취될 수 있다.

유압유를 올바르게 유지관리하고 폐기하기 위하여는 다음의 추천사항들을 반드시 지켜야 한다.

1. 적용대상에 대하여 최적 유체를 선정한다. 여기에는 원하는 유체의 비중, 점도, 윤활성, 내산화성 그리고 체적탄성계수뿐만 아니라, 시스템 작동압력과 온도의 고려도 포함된다.
2. 오염을 감소시키고 유체의 가용 수명을 증가시키기 위하여 훌륭하게 설계된 필터시스템을 사용한다. 필터작용은 연속적이어야 하고, 정기적으로 필터를 교환하여야 한다.
3. 사용되지 않은 유체를 저장할 때는 올바른 저장과정을 따라야 한다. 예를 들어 옥외저장은 바람직하지 않다. 특히 유체를 드럼에 저장하여서는 안된다. 드럼마킹과 라벨은 나쁜 날씨의 영향으로 판독할 수 없을 지도 모른다. 또한 드럼 접합선이 팽창과 수축으로 약해져서 유체의 누설과 오염을 초래할 수 있다. 실내저장시설에는 우연한 재해로부터 드럼을 적절히 보호할 수 있는 랙과 선반이 구비되어야 한다. 저장탱크는 리벳이나 용접의 접합방식을 사용한 강판으로 만들어져야 한다.
4. 오염의 기회가 취급과 더불어 증가하기 때문에 저장탱크로부터 유압시스템으로의 수송은 주의를 요한다. 저장드럼이나 저장탱크로부터 유압시스템으로 유체를 전달하는데 사용되는 전달용기에는 라벨이 분명하게 부착되어야 한다. 이러한 전달 용기는 사용하지 않을 때는 덮개를 씌워야 하고, 다른 생성물과의 오염을 방지하기 위하여 매번 사용한 후에는 유체-저장장소로 옮겨져야 한다.
5. 정기적으로 작동유체의 점도, 산도, 체적탄성계수, 비중, 수분, 색깔, 첨가제 수준, 금속

의 농도 그리고 입자오염을 점검하여야 한다.

6. 펌프, 타이핑, 접속장치, 밸브, 솔레노이드, 필터, 작동기 그리고 저장탱크를 포함한 전체의 유압시스템은 제조업체의 사양에 따라 유지관리되어야 한다.
7. 작동중인 유압시스템으로부터 누설을 줄이거나 제거하기 위하여 교정조치를 취하여야 한다. 전형적으로 누설은 실(seal)이 마모되거나 이음쇠가 헐거워져서 발생한다. 누설에 영향을 주는 실, 이음쇠, 그리고 다른 장치의 작동조건을 점검하기 위하여 예방 유지관리 프로그램이 정기적으로 시행되어야 한다.
8. 유압시스템에서 유압유는 더 이상 사용할 수 없을 정도로 부패했을 때 폐기물로써 간주되기 때문에 유압유의 폐기는 올바르게 시행되어야 한다. 환경보호협회(EPA; Environmental Protection Agency)에서는 해로운 폐기물(예를 들어 솔벤트)과 폐기 유압유와의 혼합물을 버리지 못하도록 하는 규정을 제정하였다. 이러한 폐기유체는 반드시 산업용 보일러를 사용하여 태우도록 되어 있다. 유체를 폐기하는 승인된 방법으로서 폐기유압유 수집이 정관에 규정되어 있는 폐기회사를 이용하는 방법이 있다.

오염제어와 천연자원의 보존은 사회를 위한 중대한 환경적 관심사이다. 유압유를 올바로 유지관리하고 폐기하는 일은 천연자원을 보존하면서 보다 깨끗한 환경을 만드는 투자비용 가치가 있는 일이다.

12.9 필터와 스트레이너

개요

현대의 유압시스템은 신뢰성이 있고 동시에 높은 정확성을 제공하여야 한다. 따라서 초정밀 가공된 부품이 요구된다. 정밀하게 가공된 유압부품의 최대의 적은 유체의 오염이다. 본질적으로 오염은 시스템 부품의 해로운 작동을 초래하는 유압유에 있는 이물질이다. 오염은 액체, 기체, 혹은 고체의 형태로서 존재하며 다음의 요인에 의하여 발생된다.

1. **부품의 유지관리와 조립중에 시스템에 유입:** 여기에서의 오염은 금속조각, 파이프 나선줄 조각, 배관 버(burr), 파이프 도프(dope), 플라스틱 테이프의 쉬레드(shreads), 실재료의 조각, 용접비드, 호스조각, 그리고 먼지를 포함한다.
2. **작동하는 동안 시스템 내부에서 발생:** 유압시스템의 작동중에 많은 오염의 원인들이 존재한다. 여기에는 저장탱크 내에서의 물의 응축에 기인한 습기, 혼입 기체, 부식에 의한 녹, 마모된 실 재료 조각, 마모에 의한 금속 입자 그리고 오일의 산화에 기인한 바니시

(varnish)가 포함된다.

3. **외부 환경으로부터 시스템에 유입**: 여기에서 오염의 주원인은 더러운 유지관리 장비의 사용에 기인한 것으로서 깔때기, 걸레, 공구가 해당될 수 있다. 분해된 부품들은 조립되기 전에 깨끗한 유압유를 사용하여 세척되어야 한다. 시스템에 추가된 오일에는 반드시 오염물질이 없어야 하고 깨끗한 용기로부터 주입되어야 한다.

스트레이너

11.2절에 언급되었듯이, 저장탱크는 유압유를 깨끗하게 유지하는데 도움을 준다. 사실상 몇몇 저장탱크에서는 바닥에 자석 플러그가 설치되어 있어 쇠나 강철입자들을 걸러준다(그림 12-5 참조). 그러나 이것으로 충분하지 않고, 사실상 작동유체를 깨끗이 유지하는 일은 필터와 스트레이너에 의하여 수행된다. 필터와 스트레이너는 오염물질을 걸러주는 장치이다. 특별히, 필터의 주기능은 기공성 매체를 사용하여 용해되지 않는 오염물질을 유체로부터 포집하는 일이다. 기본적으로 스트레이너(그림 12-6 참조)는 거친 필터이다. 스트레이너는 100 메시(U.S. Sieve No.) 이하의 개구는 거의 포함하고 있지 않은 망사문(wire screen)으로 구성되어 있다. 막(screen)이 금속 후레임(frame)주위에 감겨 있다. 그림 12-7에 도시되었듯이, 100 메시 막은 개구가 0.0059 in.이므로 스트레이너는 이보다 큰 입자들을 제거한다. 메시 번호가 작을수록 막이 거칠게 된다. 스트레이너에서는 압력강하가 낮으므로, 일반적으로 펌프에 손상을 입힐 정도로 크기가 큰 오염물질을 제거하기 위하여 펌프 흡입 관로에 설치된다.

그림 12-5 자석 플러그는 철과 강입자들을 트랩(trap)한다(Courtesy of Sperry Vickers, Sperry Rand Corp., Troy, Michigan.)

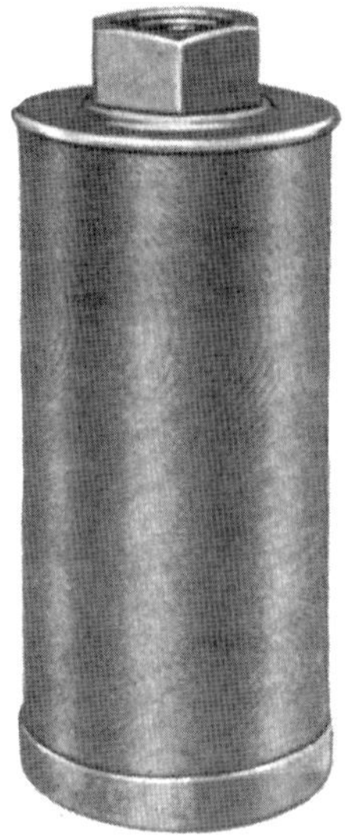

그림 12-6 입구 스트레이너(Courtesy of Sperry Vickers, Sperry Rand Corp., Troy, Michigan.)

압력게이지는 보통 펌프와 스트레이너 사이에 설치되어 스트레이너의 상태를 나타낸다. 압력이 하강하면 스트레이너가 막혀가고 있음을 의미한다. 이로 인하여 펌프는 유량부족이 되어, 그 결과 캐비테이션과 펌프 소음을 일으킨다.

필터

필터는 막뿐만 아니라 재료로 구성될 수 있다. 필터에 의하여 제거되는 입자 크기는 마이크로 미터(혹은 마이크론)로 측정된다. 그림 12-7에 도시되었듯이 1 μm는 1m의 일백만분의 일, 즉 0.000039 in.이다. 보통 스트레이너에 의하여 제거될 수 있는 최소입자의 크기는 0.0059 in. 혹은 근사적으로 150 μm이다. 반면에 필터는 1 μm의 작은 입자도 제거할 수 있다. 연구결과 크기가 1 μm의 작은 입자는 유압시스템(특히 서보시스템)에 댐핑효과를 가져올 수 있고 오일의 부패를 가속시킬 수 있음이 밝혀졌다. 그림 12-7에는 500배 확대된 마이크로닉 입자들의 상대적 크기가 도시되어 있다. 마이크로미터 크기를 가시화 하는 또 다른 방법으로서 다음과 같은 비교를 주목할 필요가 있다.

- 소금입자는 직경이 대략 100 μm이다.
- 인간의 머리카락의 직경은 대략 70 μm이다.
- 눈으로 볼 수 있는 최소한계는 40 μm이다.
- 1인치의 1/1000은 약 25 μm이다.

미세 입자들의 상대적 크기

500배 확대

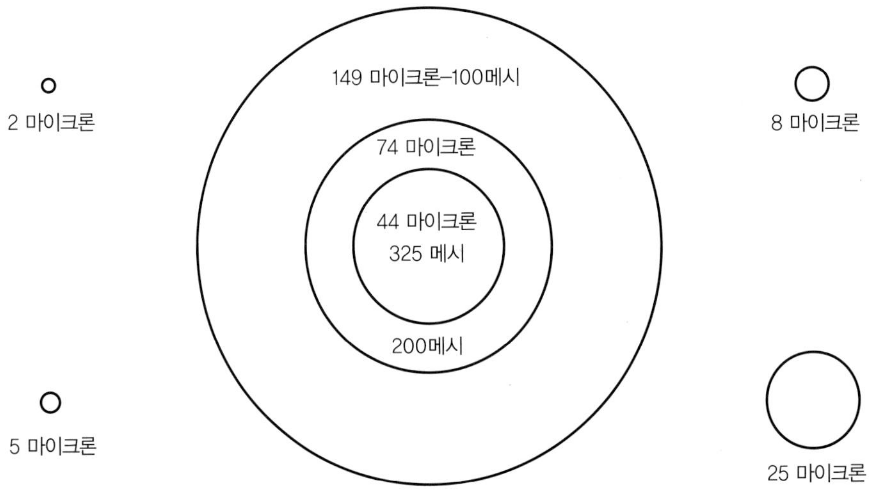

상대적 크기

눈으로 볼 수 있는 최소 한계(육안)	40 마이크론
백혈구	25 마이크론
적혈구	8 마이크론
박테리아	2 마이크론

선형 등가

1 INCH	25.4 MILLIMETERS	25,400 MICRONS
1 MILLIMETER	.0394 INCHES	1,000 MICRONS
1 MICRON	1/25,400 OF AN INCH	.001 MILLIMETERS
1 MICRON	$3.94 \cdot 10^{-5}$ INCHES	.000039 INCHES

스크린 크기

선 인치당 메시	U.S. SIEVE NO.	인치 단위의 개구	마이크론 단위의 개구
52.36	50	.0117	297
72.45	70	.0083	210
101.01	100	.0059	149
142.86	140	.0041	105
200.00	200	.0029	74
270.26	270	.0021	53
323.00	325	.0017	44

그림 12-7 미세 입자들의 상대 및 절대 크기(Courtesy of Sperry Vickers, Sperry Rand Corp., Troy, Michigan.)

유압시스템에서 사용되는 필터링 방법의 세 가지 기본적인 형태로서 기계적, 흡수(absorbent)형, 흡착(adsorbent)형이 있다.

1. **기계식:** 이 형태는 보통 금속 또는 천으로 만들어진 막을 포함하고 있거나 또는 얇은 스페이서(spacer)에 의하여 분리된 일련의 금속판을 포함하고 있다. 기계적-형태의 필터는 유체로부터 비교적 거친 입자들을 제거할 수 있다.
2. **흡수형:** 이러한 필터들은 종이, 목재 펄프, 규조토(diatomaceous earth), 천, 셀룰로스(cellulose), 그리고 석면과 같은 다공질의 투과성 재료이다. 종이 필터들에는 보통 강도를 증가시키기 위하여 수지가 주입된다. 이러한 형태의 필터에서는 유체가 재료에 스며들어감에 따라 입자들이 사실상 흡수된다. 결과적으로 이러한 필터들은 지극히 작은 입자의 필터링에 사용된다.
3. **흡착형:** 흡착은 표면현상으로서 입자들이 필터 표면에 부착하는 경향을 일컫는다. 따라서 그러한 필터의 용량은 사용할 수 있는 표면적의 크기에 의존한다. 사용된 흡착 물질에는 활성점토와 화학적으로 처리된 종이가 포함된다. 숯이나 산성백토(Fuller's earth)는 유압유에 포함된 중요한 첨가제들 중 일부를 제거하기 때문에 사용되어서는 안 된다.

어떤 필터들은 압력관로에 설치되도록 설계되었다. 그리고 시스템에서 펌프보다 부유물에 더 민감한 밸브 같은 고압 부품들이 있는 곳에 보통 사용된다. 압력관로 필터는 따라서 시스템 작동압력을 지탱하도록 설계되었다. 귀환관로필터는 오염물질들을 침전시킬 수 있을 정도의 충분히 큰 저장탱크를 갖추지 못한 시스템에 사용된다. 입력관로 필터는 압력강하의 허용치가 제한되어 있어 1~5 μm 범위의 지극히 작은 입자들은 거를 수 없기 때문에 정밀한 공차의 고성능 펌프가 포함된 시스템에서는 귀환관로필터가 필요하다.

그림 12-8에는 흡입 혹은 귀환관로에 설치하기 위하여 저장탱크에 직접 용접되거나, 또는 압력관로에 응용하기 위하여 배관에 장착될 수 있는 다양한 필터가 도시되어 있다. 이 필터는 3 μm 크기의 입자도 제거할 수 있다. 세척이 필요할 때를 운전자에게 알려주는 지시계가 역시 포함되어 있다. 이 자동상황표시 필터의 작동은 오염물을 트랩하는 기공성의 충전매체를 통과하는 유체에 의존한다. 자동상황표시(tell-tale) 지시계는 부유물에 기인한 압력차 형성을 모니터링하고 필터 요소의 상태를 알려준다. 이 필터는 700 gpm까지의 유량과 흡입에서부터 300 psi까지의 압력을 다룰 수 있다. 이 필터는 바이패스 릴리프밸브의 유무에 상관없이 사용 가능하다. 선택사항에 속하는 바이패스는 필터가 부유물에 의하여 막히더라도 연속된 유량을 보장하여 준다. 바이패스밸브에 의하여 시스템의 필요에 따라 최대허용 가능한 압력강하를 설정할 수 있다.

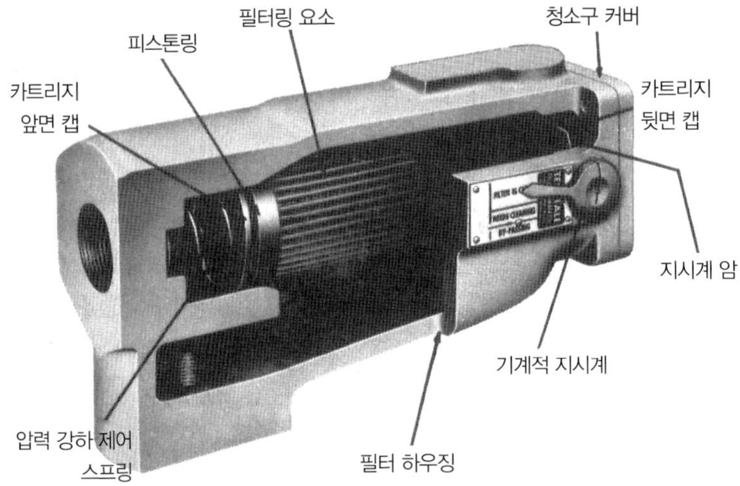

그림 12-8 자동상황표시 필터의 단면도(Courtesy of Parker Hannifin Corp., Hazel Park, Michigan.)

유압회로에서 필터의 위치

그림 12−9는 유압회로에서 네 가지의 대표적인 필터설치위치를 보여주고 있다. 이러한 네 가지 형태의 필터위치를 사용하는 데 있어 고려하여야 할 사항들이 아래에 기술되어 있다.

1. **비례유량 필터의 단일 위치:** 그림 12−9(a)는 비례유량필터의 위치를 나타낸다. 명칭이 시사하듯이 작동하는 동안 전체 시스템 유량의 오직 일부가 비례유량필터를 통과한다. 재순환의 기초하에 시스템 내의 모든 유체가 비례유량필터를 통과하여 혼합 될 것이라는 가능성이 가정되었다. 비례유량필터의 첫 번째 단점은 시스템 내의 어느 특정한 부품을 적극적으로 보호하지 않으므로 필터의 오염시기를 알 수 없다는 데 있다.
2. **전유량(full flow) 필터의 세 가지 위치:** 그림 12−9(b), (c) 그리고 (d)는 펌프의 모든 유량이 유입되는 전유량 여과필터의 세 가지 위치를 나타낸다. 그림 12−9(b)는 펌프 흡입쪽에서의 위치를 나타내고, 그림 12−9(c)와 (d)는 각각 펌프의 압력쪽과 귀환관로쪽의 필터를 나타낸다.

일반적으로 필터를 설치하기에 가장 좋은 단일 장소는 없다. 첫 번째 원칙은 다음과 같다. 부유물이 시스템에 유입하는 곳을 고려하여 필터/필터들이 최상의 역할을 할 수 있는 곳에 설치한다. 성능이 양호한 유압시스템에는 다수의 필터가 설치되어 있다. 펌프 입구에는 필터가 항상 있어야 하며 펌프토출 관로에는 고−압 필터가 있어야 한다. 펌프와 압력 릴리프밸브 사이에 펌프 토출필터를 설치하면 회로의 작동부가 가동하지 않거나 펌프토출이 직접 탱크로 흐를 때, 오일이 필터를 통하여 흐르기 때문에 매우 양호한 필터링이 가능하다.

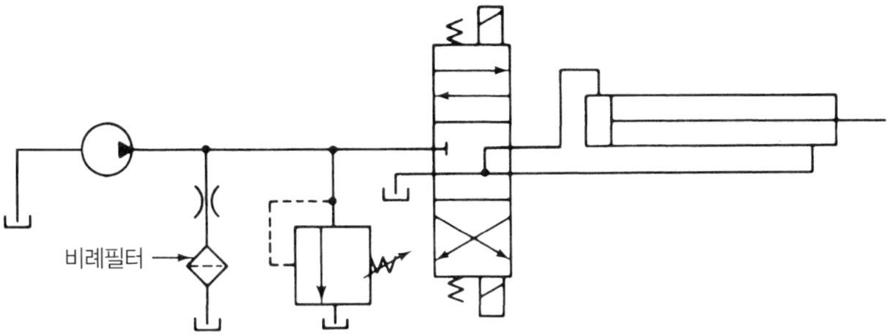

(a) 별개의 누설관로에 위치한 비례유량 필터

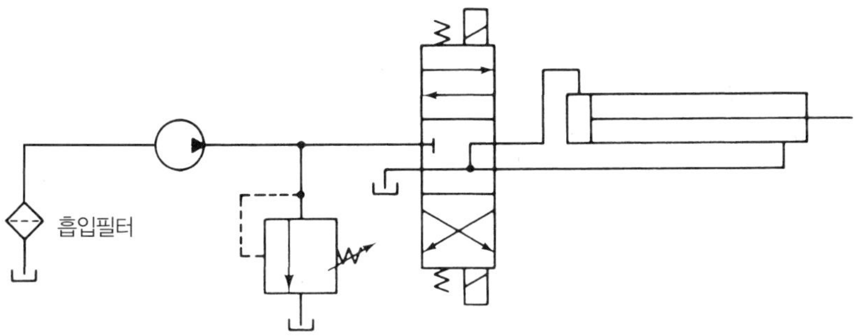

(b) 흡입관로에 위치한 전유량 필터

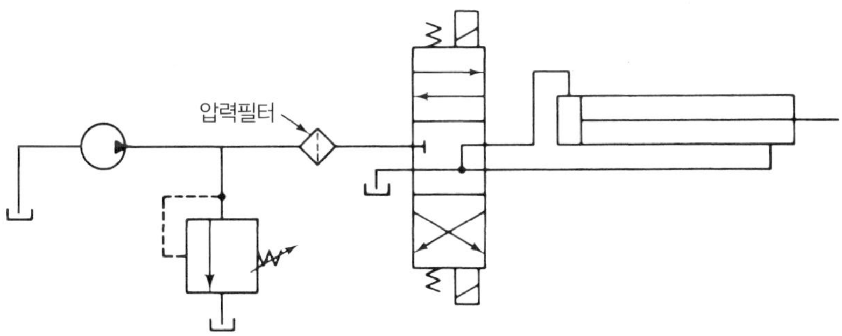

(c) 압력관로에 위치한 전유량 필터

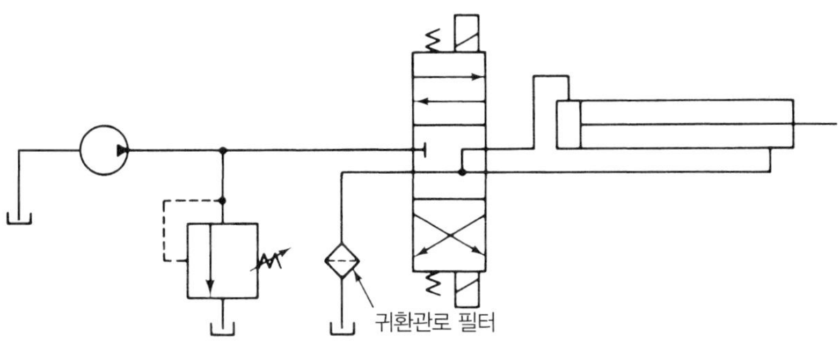

(d) 귀환관로에 위치한 전유량 필터

그림 12-9 공통회로상에서 필터의 네 가지 위치

필터의 유동용량

주어진 용도를 위한 필터 선정에 포함되는 파라미터 가운데 하나는 필터가 핸들링할 수 있도록 설계된 최대유량이다. 이 파라미터는 유동용량으로 불리우며, 필터제작사에 의하여 정해진다. 필터의 정상적인 작동을 보장 하려면 필터를 포함하는 관로의 최대유량을 결정하는 것이 필요하다. 이를 기초로 필터를 통과하는 실제의 최대유량과 동일하거나 또는 더 큰 유동용량을 갖는 필터 선정이 가능하다. 예제 12-1에 도시된 것처럼 필터를 통과하는 유량은 펌프유량을 초과할 수 있다.

예제 12-1

그림 12-9(d)의 귀환 관로 필터의 최소유동용량을 구하시오. 펌프유량은 20 gpm이고 실린더의 피스톤과 로드직경은 각각 5 in와 3 in이다.

풀이

실린더 후진 행정동안 귀환관로필터를 통과하는 유량은 펌프유량을 초과한다는 점을 주목하여라. 따라서 필터의 유동용량은 실린더 후진행정 동안 필터가 받아들이는 유량과 동일하거나 또는 초과한다. 실린더 후진속도를 우선 구한다.

$$v_{\text{ret}} = \frac{Q_{\text{pump}}}{A_p - A_R}$$

여기에서

$$Q_{\text{pump}} = 20\,\frac{\text{gal}}{\text{min}} \times \frac{231\text{ in}^3}{1\text{ gal}} = 4620\text{ in}^3/\text{min}$$

$$A_P = \frac{\pi}{4}(5\text{ in})^2 = 19.63\text{ in}^2 \text{ and } A_R = \frac{\pi}{4}(3\text{ in})^2 = 7.07\text{ in}^2$$

따라서 $v_{\text{ret}} = \dfrac{4620\text{ in}^3/\text{min}}{19.63\text{ in}^2 - 7.07\text{ in}^2} = 368\text{ in/min}$

실린더 후진행정 동안에 필터 통과유량은 다음과 같이 구할 수 있다.

$$Q_{\text{filter}} = A_P v_{\text{ret}} = 19.63\text{ in}^2 \times 368\,\frac{\text{in}}{\text{min}} \times \frac{1\text{ gal}}{231\text{ in}^3} = 31.3\text{ gpm}$$

따라서 필터 유동용량은 펌프유량 20 gpm이 아닌, 적어도 31.3 gpm이 되어야 한다.

12.10 필터의 베타비

필터가 트랩 할 수 있는 가장 작은 입자의 크기에 따라 필터의 규격이 정하여진다. 이는 마이크로미터단위의 호칭 및 절대값에 의하여 식별된다. 호칭정격 10 μm의 필터는 크기가 10 μm보다 큰 유입입자의 95%를 트랩하는 것으로 되어 있다. 절대정격은 필터의 가장 큰 구멍 혹은 기공을 나타내므로 필터를 통과할 수 있는 가장 큰 크기의 입자를 나타낸다. 따라서 10 μm 호칭치수 필터의 절대정격은 10 μm보다 크다.

필터의 입자트랩능력을 결정하는 보다 좋은 매개변수로서 베타비(beta ratio, 혹은 beta rating)가 있다. 베타비는 선택된 입자크기의 미세한 먼지를 포함하는 특정한 정상상태 유동을 거치는 필터실험을 통하여 결정된다. 실험은 깨끗한 필터로 시작하여, 필터에서의 압력강하가 필터가 포화점에 도달하였음을 나타내는 특정한 값에 도달하였을 때 종결된다. 이는 오염용량에 도달하였을 때이며, 실제 작동시스템에서 서비스 수명의 척도 또는 필터요소 교환 사이의 허용될 수 있는 시간 간격을 뜻한다.

수학적 정의에 의하여 베타비는 크기가 N μm보다 큰 상류의 입자수를 N μm보다 큰 하류의 입자수로 나눈 값으로(시험기간 동안에 산정한 대로), 여기에서 N은 주어진 필터에 대하여 선택된 입자의 크기이다. 이 비율은 다음의 식에 의하여 표현된다.

$$\text{베타비} = \frac{\text{입자크기가 } N\ \mu\text{m보다 큰 상류의 입자수}}{\text{입자크기가 } N\ \mu\text{m보다 큰 하류의 입자수} } \tag{12-3}$$

베타비가 1이라는 것은 정해진 크기 N 이상의 입자가 필터에 의하여 전혀 걸러지지 않은 것을 의미한다. 베타비가 50이라는 것은 필터를 통과하는 한개의 입자에 대하여 50 입자가 트랩된 것을 의미한다. N이 절대정격과 동일할 때 모든 필터는 75보다 큰 베타 정격을 갖는다. 필터효율값은 다음 식을 사용하여 계산 될 수 있다.

$$\text{베타효율} = \frac{\text{상류의 입자수} - \text{하류의 입자수}}{\text{상류의 입자수}} \tag{12-4}$$

여기에서 입자의 크기는 특정한 값 N μm보다 크다.

따라서 베타효율(beta efficiency)과 베타비 사이는 다음과 같은 관계식이 성립한다.

$$\text{베타효율} = 1 - \frac{1}{\text{베타비}} \tag{12-5}$$

따라서 베타비 50의 필터는 효율이 $1 - \frac{1}{50}$, 즉 98%이다. 식 (12−5)으로부터 베타비가 높을수록 베타효율이 높아짐을 알 수 있다. 표시 $B_{20} = 50$은 특정 필터에 대하여 입자 크기가 20 μm이고 베타비가 50임을 나타낸다. 따라서 표시 $B_{20}=50$은 20 μm보다 큰 입자들의 98%가 깨끗한 필터가 포화되기까지의 기간동안에 필터에 의하여 트랩됨을 의미한다.

12.11 유체 청정도 수준

유압유의 입자오염을 제어하는 기본 배경은 유체의 청정도 수준을 측정하는 데 있다. 이는 단위체적당 특정한 입자크기 갯수를 세어서, 그 결과를 필요한 청정도수준과 비교하는 것이다. 이렇게 함으로써 주어진 유압시스템을 위한 적당한 필터링 시스템을 선정할 수 있다. 광학장치가 특정치수범위의 입자수를 세는 데 사용된다. 셈 결과는 유체 밀리미터당 특정치수보다 큰 입자 수의 보고이다.

그림 12-10은 국제표준협회(ISO)에서 승인된 청정도수준 표준을 나타내는 표를 나타낸다. 이 테이블은 ISO코드수를 나타내며, 이는 유체 밀리미터당 5 마이크로미터 또는 15 마이크로미터 보다 큰 입자수를 나타내는 데 사용된다. 이 코드의 사용에 있서, 두개의 번호가 슬래시에 의하여 구분되어 사용된다. 맨 좌측 숫자는 5 마이크로미터 보다 큰 입자수 그리고 맨 우측 번호는 15 마이크로미터 보다 큰 입자에 해당한다. 예를들어 코드 표기 ISO 18/15는 유체 밀리미터당 5 마이크로미터 보다 2500개의 입자와 15 마이크로미터 보다 320개의 입자를

코드번호	밀리미터당 입자수	코드번호	밀리미터당 입자수
30	10,000,000	14	160
29	5,000,000	13	80
28	2,500,000	12	40
27	1,300,000	11	20
26	640,000	10	10
25	320,000	9	5
24	160,000	8	2.5
23	80,000	7	1.3
22	40,000	6	0.64
21	20,000	5	0.32
20	10,000	4	0.16
19	5,000	3	0.08
18	2,500	2	0.04
17	1,300	1	0.02
16	640	0.9	0.01
15	320	0.8	0.005

그림 12-10 유체 청정도수준을 위한 ISO 코드번호

나타낸다. 코드 ISO는 대부분의 입자분포를 쉽게 나타낼 수 있으므로 널리 사용된다. 예를 들어 미세입자 농도가 높고, 큰 입자 수가 작은 분포의 유체는 25/10으로 표시될 수 있다.

번호 5 마이크로미터는 부품의 가동부 사이 공간에 대단히 미세입자가 모이는 유체의 실팅상태(silting condition)을 나타낸다. 이로 인하여 솔레노이드 조작 밸브처럼 부품이 멎어서 움직이지 않거나 느리게 동작하게 된다. 번호 15 마이크로미터는 유압실린더나 펌프 같은 부품에서 마모를 일으키는 큰 입자의 양을 나타낸다.

많은 유압장치의 제작자들은 그들이 생산한 부품의 예상수명을 가져가는 데 필요한 유체 청정도 수준을 정하였다. 따라서, 오염수준이 요구치 보다 높은 유체를 사용하면 부품수명이 줄어든다. 여러가지 유압부품에 필요한 대표적인 ISO코드 청정도 수준이 그림 12-11에 제시되어 있다. 이러한 필요한 청정도 수준이 주어진 유압응용의 필터링 시스템 선정에 이용될 수 있다.

부품	ISO 코드
서보밸브	14/11
베인 및 피스톤 펌프/모터	16/13
방향 및 압력제어밸브	16/13
기어펌프/모터	17/14
유량제어밸브 및 실린더	18/15

그림 12-11 유압부품에 필요한 대표적인 유체 청정도 수준

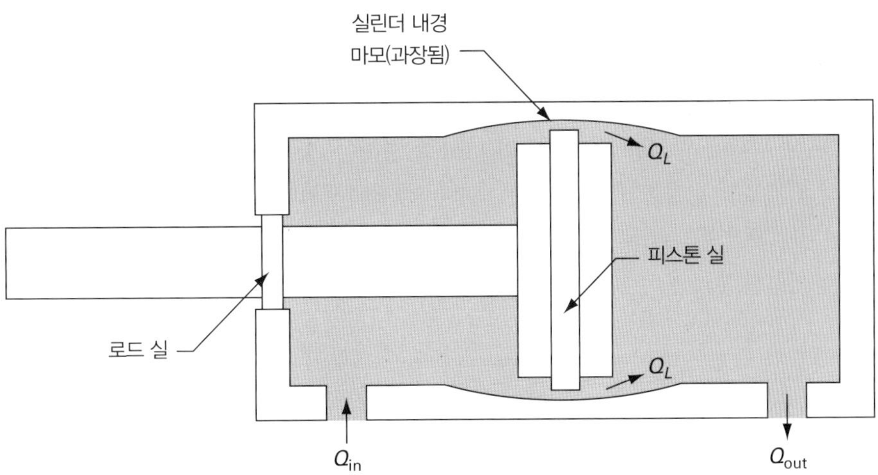

그림 12-12 유체의 고체입자 오염 때문에 내경이 마모된 유압실린더

12.12 유체의 고체-입자오염에 기인한 가동부의 마모

모든 유압유에는 어느 정도의 고체오염(부유물)이 존재한다. 그러나 유압시스템의 정해진 위치에 적당한 필터가 존재해야 할 필요성은 아무리 강조하여도 지나치지 않는다. 사실상 유압유에 과잉의 고체오염이 있으면 아무리 잘 설계된 유압시스템이라도 조기에 고장을 일으킬 수 있다.

고체 오염에 의하여 야기될 수 있는 주요 문제 중의 하나는 고체오염이 펌프, 유압모터, 밸브, 작동기와 같은 유압부품들의 내부운동부위의 적당한 윤활을 방해한다. 예로써 그림 12-12는 실린더 내경과 피스톤 바깥쪽 실린더 표면 사이에 반경방향 틈새가 존재하는 유압 실린더를 나타낸다. 이 그림에서는 유체의 과도한 고체입자 오염 때문에 실린더 내경 표면이 주어진 축방향 길이에 걸쳐 마모된 것을 보여주고 있다. 이러한 마모 문제는 흔히 마찰 흠이 있는 피스톤 실과 실린더 내경을 포함한다. 이 문제는 전형적으로 실의 외부 표면을 통하여 통로가 발생하였고 실린더 내경 표면 속으로 작은 홈이 만들어졌음을 의미한다. 이 마모는 과도한 내부 누설을 야기시키고, 실린더의 정확한 위치제어를 방해하고, 조기의 실린더 고장을 초래한다.

고체오염은 그림 12-12의 유압실린더 피스톤과 내경 사이의 반경방향 틈새와 같은 유압부품의 가동부위들 사이의 틈새에 대한 상대적인 크기로 분류될 수 있다. 틈새보다 작은, 같은, 그리고 큰 세 가지의 상대적인 크기가 있다. 세 가지의 오염물 크기들이 모두 일으킬 수 있다. 틈새보다 작은 오염물들은 유압실린더가 작동하지 않을 때 틈새 내부에 축적될 수 있다. 이 오염물들은 실린더 작동이 시작할 때 틈새를 통한 윤활유동을 방해한다. 틈새와 동일한 크기의 오염물들은 결합부 표면을 문지르고, 그 결과 유체 윤활필름의 파괴를 가져온다. 큰 오염물들은 틈새입구에 모여 결합부표면 사이의 유체 유동을 막음으로써 윤활을 방해한다.

피스톤과 실린더 내경 사이에 내부누설 외에도 이와 유사한 마모와 누설문제가 유압실린더의 로드 실 주위에 발생할 수 있다. 이 마모로 인하여 그 근처에 있는 사람에게 안전사고뿐 아니라 지저분한 누설을 만들 수 있는 외부누설이 발생된다.

유압실린더 고장의 대부분은 유압유의 과도한 오염에 기인한다. 이 오염에 기인한 가동부의 마모는 이러한 고장의 주요한 이유중의 하나이다.

12.13 유압유 중의 기체에 기인한 문제

기체는 유압유(혹은 다른 액체)에 다음의 세 가지 형태로 존재할 수 있다. 자유공기(free air), 혼입기체(entrained gas), 용존공기(dissolved air)이다.

자유공기

유압시스템의 높은 곳(주어진 관로의 가장 높은 곳과 같은)에 위치한 자유 포켓(pocket)에는 공기가 존재할 수 있다. 이 자유공기는 처음부터 포함되어 있거나 혹은 유압유의 자유 포켓 속으로 유입하는 공기거품 때문에 형성되었다. 자유공기는 유압유의 강성(체적탄성계수)을 낮추고 그 결과 유압 작동기는 스폰지 현상을 일으키고 불안전한 작동을 한다.

혼입기체

혼입기체(유압유 내부의 기체거품)는 두 가지 방법으로 형성된다. 공기거품은 유압유의 유동으로 인하여 자유포켓에서 공기가 쓸려나와 유체흐름에 실렸을 때 형성될 수 있다. 혼입기체는 압력이 유압유의 증기압 이하로 떨어졌을 때 역시 발생할 수 있다. 이 현상이 일어나면 유압유 증기의 거품이 유체흐름 내부에서 형성된다. 혼입기체(공기거품 또는 유체증기거품)는 펌프와 밸브에 캐비테이션 문제를 일으킬 수 있다. 혼입기체로 인하여 유체의 유효체적탄성계수가 상당히 감소되고, 그 결과 유압작동기의 스폰지 현상과 불안정한 작동이 발생한다. 혼입기체에 관하여 이해할 필요성이 있는 두 가지 중요한 사항이 있다. 증기압과 캐비테이션이다.

1 증기압

증기압(vapor pressure)은 액체가 끓기(기화)시작하여 증기(기체)로 변하기 시작하는 압력으로 정의된다. 유압유(혹은 다른 액체)의 증기압은 온도의 상승에 따라 증가한다. 석유계 유압유와 인산 에스테르(phosphate ester) 난연성유체는 전형적인 유압시스템의 최대작동온도(150°F, 혹은 65°C)에서도 증기압이 매우 낮다. 그러나 물-글리콜 용액이나 유중물 유화액(water-in-oil emulsion)과 같이 물을 기초로 한 난연성 유체의 경우에는 다르다. 물-글리콜 용액과 유중물 유화액은 물의 함량이 크므로, 작동온도 150°F 혹은 65°C에서 몇 인치 Hg abs의 증기압을 나타낸다. 반면에 석유계 유압유와 인산 에스테르는 0.1인치 Hg abs 이하이다. 결과적으로 물-글리콜 용액과 유중물 유화액은 펌프 흡입관로에서 기화하는 경향이 매우 커서 캐비테이션을 일으킨다.

그림 12-13에는 순수한 물, 물-글리콜 용액 그리고 유중물 유화액에 대한 증기압력 대 온도 곡선이 나타나 있다. 순수한 물과 유중물 유화액의 경우는 본질적으로 동일하므로 하나

의 곡선으로 나타내었다. 우리는 경험적으로 물은 압력이 대기압(30 in Hg abs) 상태일 때 212°F(100°C)에서 끓기 시작한다는 것을 알고 있다. 그러나 그림 12-13에 나타나 있듯이, 물은 압력이 대략 7.7 in Hg abs로 감소되었을 때 150°F에서 끓기 시작한다. 유사하게, 150°F에서, 물-글리콜은 대략 5.5 in Hg abs에서 끓고, 유중물은 대략 7.7 in Hg abs에서 끓는다. 따라서 150°F의 유중물 유화액의 경우 펌프입구의 흡입압력이 7.7 in Hg abs로 되면, 끓기 시작되어 증기거품이 펌프의 입구 포트에 형성된다. 이 끓음은 증기거품의 형성과 붕괴, 즉, 캐비테이션을 야기시킨다.

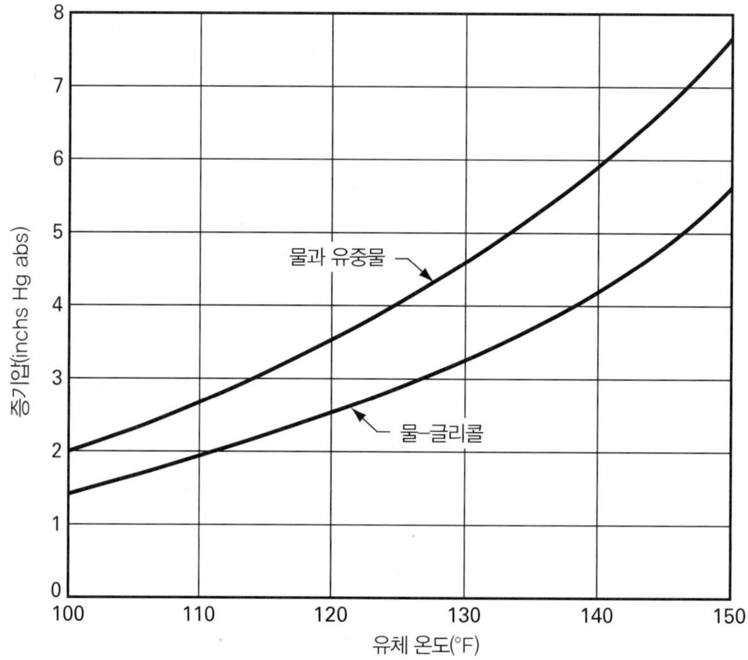

그림 12-13 물, 유중물 유화액 그리고 물-글리콜 용액의 증기압-온도 곡선

2 캐비테이션

캐비테이션(cavitation)은 증기거품이 펌프의 출구포트에서 고압에 노출되어 붕괴하기 때문에 발생하며, 국부적인 유체의 속도가 매우 크게 된다. 이 고속의 유체는 펌프의 내부 금속표면에 충돌한다. 그 결과로 생기는 큰 충돌힘은 기어 이(teeth), 베인 그리고 피스톤과 같은 내부 부품의 표면에 박리(flaking) 혹은 점부식(pitting)을 야기시킨다. 이 손상은 조기의 펌프 고장으로 귀착된다. 뿐만 아니라 금속의 작은 백점(tiny flakes)이나 혹은 입자는 펌프 하류로 이동하여, 유압시스템의 다른 부분으로 유입된 후 다른 부품의 손상을 초래한다. 캐비테이션

은 결합부 가동표면의 윤활을 방해할 수 있고 그 결과 마모의 증가를 가져온다.

펌프 캐비테이션의 징조 중 하나로서 펌프로부터 발산되는 커다란 소음을 들 수 있다. 기체거품의 빠른 붕괴는 펌프부품의 진동을 일으키고, 이것이 펌프소음으로 전달된다. 캐비테이션은 펌프공간이 유압유로 완전히 채워져 있지 못하므로 펌프유량의 감소를 야기시킨다. 그결과 시스템압력에 이상이 발생한다.

자주 혼입공기는 흡입관로의 틈새 혹은 펌프측 실이 새기 때문에 존재하게 된다. 더욱이 유체가 저장탱크 속에 있는 동안에 빠져나가지 못한 혼입공기는 펌프 흡입관로에 유입되어 캐비테이션을 야기한다.

용존공기

용존공기(dissolved air)는 용액상태에 있으므로 눈에 보이지 않고 아울러 유압유의 부피를 증가시키지 않는다. 유압유는 상당히 많은 양의 공기를 용액상태로 저장할 수 있다. 대기압 상태에서 받아진 유압유는 보통 부피의 대략 6 % 정도의 용해 공기를 포함한다. 유압유가 펌프된 후 용존공기의 양은 대략 부피의 10 % 정도로 증가한다.

용존공기는 공기가 용해된 상태로 있는 한 유압시스템에 아무런 문제도 일으키지 않는다. 그러나 만일 용존공기가 용액으로부터 나오면 유압유에 거품을 형성하고 따라서 혼입공기가 된다. 유압유에 용해될 수 있는 공기양은 압력에 따라 증가하고 온도에 따라 감소한다. 따라서 용존공기는 압력이 감소하거나 온도가 증가함에 따라 용액으로부터 나오게 된다.

펌프 캐비테이션을 피하기 위하여 펌프제조업체에서는 펌프입구 포트에서 펌프되는 유체의 형태, 최대작동온도 그리고 정격펌프속도에 기초하여 최소로 허용 가능한 진공압력을 정한다. 다음과 같은 규칙은 흡입압력을 유체의 증기압력보다 크게 유지하여 펌프 캐비테이션을 제어하거나 제거할 것이다.

1. 흡입속도를 4 ft/s(1.2 m/s) 이하로 유지할 것
2. 펌프 입구관로를 가능한 짧게 유지할 것
3. 펌프 입구관로에서 이음쇠의 수를 최소화 할 것
4. 펌프를 가능한 저장탱크에 가까이 설치할 것
5. 압력강하가 낮은 펌프입구 필터 혹은 스트레이너를 사용할 것
6. 혼입공기가 펌프입구 관로에 유입되기전에 유체로부터 제거될 수 있도록 올바로 설계된 저장탱크를 사용할 것
7. 펌프제조업체로부터 추천된 적합한 오일을 사용할 것
8. 오일 온도가 권장된 최대온도 수준(보통 150°F, 또는 65°C)을 초과하지 않도록 할 것

12.14 유압시스템의 문제해결

서론

유압시스템은 펌프로부터의 적합한 유량과 압력에 의존하여 유용한 일의 발생에 필요한 작동기 운동을 제공하여 준다. 따라서 유량과 압력의 측정은 유압회로 오작동 해결을 위한 두 가지의 중요한 수단이다. 온도는 세 번째 매개변수로서, 오일의 점도에 영향을 미치므로 유압시스템의 문제해결시 자주 감지된다. 점도는 차례로 누설, 압력강하 그리고 윤활에 영향을 미친다.

유량계를 사용하여 펌프가 유량을 올바로 생산하는 지를 알 수 있다. 유량계는 또한 특별한 작동기에 예상 유량이 유입되고 있는지를 나타낼 수 있다. 그림 12-14는 유량계를 나타내며, 이는 유압시스템의 점검 혹은 3,000 psi까지 압력관로의 문제해결을 위하여 영구히 설치되거나 사용될 수 있다.

유량계의 눈금에 의하여 유량을 감지하고 이를 이용하여, 펌프의 성능, 유량레귤레이터 설정, 혹은 유압시스템 성능을 결정한다. 이는 차량과 산업용 유압회로에 사용하기 위한 것으로, 압력관로, 귀환관로 혹은 누설관로에 적용될 수 있다. 눈금 위에서 움직이는 지시계는 직접 읽을 수 있으므로, 판독장치에 전기적 연결을 할 필요가 없다. 이러한 유량계는 100 gpm까지의 용량에 사용할 수 있으며, 직경을 아는 파이프에 연결되었을 때 펌프회전수 혹은 ft/s 단위의 유체속도를 읽을 수 있도록 환산될 수 있다.

압력측정을 통하여 펌프, 유량제어밸브, 압력릴리프밸브, 스트레이너 그리고 작동기와 같은 부품들의 누설문제나 고장을 잘 알 수 있다. 관로에서의 과도한 압력강하도 역시 압력측정에 의하여 감지 될 수 있다. 부르동게이지는 가장 공통적으로 사용되는 압력측정 기구이다. 이러한 형태의 게이지는 유압회로의 절대압력 뿐만 아니라, 흡입관로에서의 진공압력을 측정하는데 사용될 수 있다.

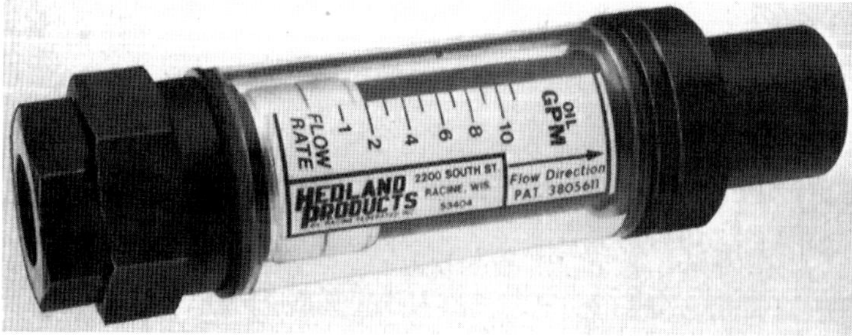

그림 12-14 인라인(in-line) 유량계(Courtesy of Heland Products, Racine,Wisconsin.)

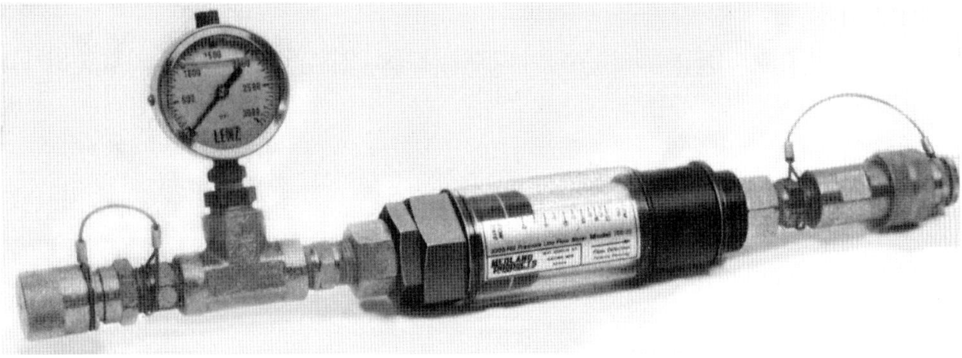

그림 12-15 유량 압력 시험기(Courtesy of Heland Products, Racine,Wisconsin.)

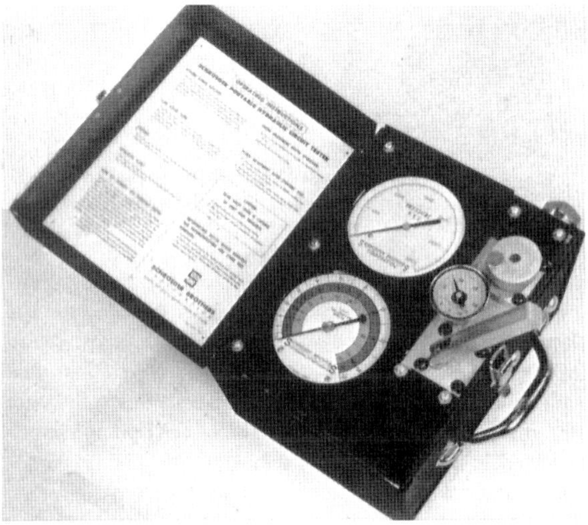

그림 12-16 휴대용 유압회로 시험기(Courtesy of Schroeder Brothers Corp., McKees Rock, Pennsylvania.)

그림 12−15는 결합형의 유량−압력 시험기를 보여주고 있다. 이 장치에 의하여 유량과 압력(부르동게이지를 사용한) 모두를 측정할 수 있으며, 양끝의 신속커플러를 사용하여 유압관로에 신속하게 설치될 수 있다.

휴대용 유압회로 시험기(모든 부품이 운반하기 편리한 케이스 속에 내장되었음)가 그림 12−16에 나타나 있다. 이 기구에 의하여 압력과 유량뿐만 아니라 온도도 측정한다. 이 시험기를 유압회로에 연결시킴으로써 시각적인 방법으로 시스템 효율을 결정하고 아울러 시스템의 어느 부품이 올바로 작동하지 않는지를 알 수 있다. 이 시험기를 사용하여 할 수 있는 유압시스템의 시험 내용은 다음과 같다.

1. 무부하 상태에서 펌프유량을 측정한다.
2. 무부하 유량의 양을 규명하기 위하여 각각의 부품에 시험기 부하밸브를 가지고 원하는 압력을 가한다. 그 이유는
   a. 마모부위에 기인한 펌프내부에서 미끄러짐 때문에 유량이 적게 흐를 수 있기 때문이다.
   b. 시트가 마모되거나 혹은 스프링이 약하게 혹은 부적절하게 설정되어 압력릴리프밸브를 흐르는 유량이 존재할 수 있기 때문이다.
   c. 작업실린더나 모터에는 도달하지 않고 밸브스풀과 시트를 거쳐 유체공급 저장탱크로의 누설이 있을 수 있기 때문이다.
   d. 유용한 일을 하지 않고 실린더 패킹 혹은 모터 부품들을 거쳐 직접 귀환관로에 누설이 있을 수 있기 때문이다.

유압시스템 문제들의 예상원인

유압회로의 문제를 해결할 때, 펌프가 유체유동을 생성하는 것을 명심하여야 한다. 그러나 압력이 형성되려면 유동에 저항이 있어야 한다. 아래에는 유압시스템 작동에서 발생되는 문제를 해결할 때, 조사가 필요한 해당하는 가능원인들이 나열되어 있다.

1. 펌프소음

a. 공기가 펌프입구에 유입
b. 펌프와 구동장치의 어긋남
c. 오일점도가 지나치게 큼
d. 입구 스트레이너의 오염
e. 릴리프밸브의 채터링
f. 펌프의 손상
g. 펌프속도가 지나치게 큼
h. 입구관로의 헐거움 또는 손상

2. 압력이 낮거나 불규칙할 때

a. 유체 내부의 공기
b. 압력릴리프밸브의 설정이 너무 낮음
c. 압력릴리프밸브가 올바로 안착되어 있지 않음
d. 유압관로에서의 누설
e. 펌프의 결함 또는 마모
f. 작동기의 결함 또는 마모

3. 압력이 발생되지 않을 때

a. 펌프 회전방향의 잘못
b. 유압관로의 파열
c. 저장탱크의 오일수위가 낮음
d. 압력릴리프밸브의 개방
e. 펌프축의 파열
f. 밸브 혹은 작동기의 고장 때문에 전체 펌프유량이 저장탱크로 바이패스

4. 작동기가 움직이지 않을 때

a. 펌프고장
b. 방향제어 밸브의 이동 불능
c. 시스템 압력이 너무 낮음
d. 작동기의 결함
e. 압력릴리프밸브의 개방
f. 작동기 부하가 과도함
g. 첵밸브의 방향이 반대로 되어 있음

5. 작동기 운동이 느리거나 혹은 불규칙할 때

a. 시스템 내부의 공기
b. 유체의 점도가 너무 높음
c. 펌프가 마모되거나 손상되었음
d. 펌프속도가 너무 낮음
e. 작동기나 밸브에서의 과도한 누설
f. 유량제어밸브의 고장 혹은 오염
g. 저장탱크의 공기 호흡기가 막힘
h. 저장탱크 내 유체 수위가 낮음
i. 첵밸브의 고장
j. 압력릴리프밸브의 결함

6. 유압유의 과열

a. 열교환기가 꺼져 있거나 또는 고장
b. 부품 또는 배관의 크기가 기준보다 작음
c. 부적당한 유체
d. 압력릴리프밸브의 연속적인 작동

e. 시스템의 과부하
f. 유체의 오염
g. 저장탱크가 너무 작음
h. 저장탱크에 부적합한 오일의 공급
i. 과도한 펌프속도
j. 공기호흡기가 막혔거나 또는 크기가 부적당

12.15 안전의 고려

유압회로를 설계하고, 작동하고 그리고 유지관리할 때 안전에 타협이 있어서는 안된다. 그러나 사람의 실수라는 것은 불가피하므로 사고가 발생하여 작동 및 유지관리하는 사람에게 피해를 초래할 수 있다. 시스템의 작동과 유지관리에 관계된 모든 위험한 조건들을 제거함으로써 피해를 상당히 줄일 수 있다. 많은 안전 조치들을 통하여 건강과 사람의 안전에 해로울 수 있는 안전사고를 효과적으로 방지할 수 있음이 판명되었다.

미국 노동성(Department of labor)의 직업안전보건국(OSHA: Occupation Safety and Health Administration)에서는 유압설비가 작동되는 공업지역에 대하여 안전표준을 설정하고 실시한다. OSHA 표준 및 규정에 대하여 상세한 정보가 필요하면, 독자들은 OSHA출판 2072, 즉 안전과 건강표준을 적용하는 일반적인 산업체 안내서, 29CFR1910의 복사를 요청하여야 한다. 이러한 표준 및 규정에서는 다음의 항목들을 다루고 있다.

1. **작업장소표준:** 바닥, 입구 그리고 출구지역의 안전, 위생시설 그리고 화재방지가 이 범주에 포함된다.
2. **기계와 설비표준:** 중요한 항목으로는 기계감시, 검사 및 유지관리기술, 안전장치 그리고 유압설비의 설치, 고정 그리고 접지가 있다. 작동 설비에 의하여 발생되는 소음 수준이 큰 관심사이다.
3. **재료표준:** 이 표준에는 유독가스, 폭발성의 먼지입자, 그리고 과도한 대기오염과 같은 항목들이 포함된다.
4. **고용인표준:** 여기서의 관심사에는 고용인 교육, 인명보호장치, 그리고 의료와 응급처치 봉사가 포함된다.
5. **동력원표준:** 전기유압, 공압 그리고 스팀공급 시스템과 같은 동력원에 표준이 적용된다.
6. **공정표준:** 용접, 스프레잉(spraying), 연삭 분사가공(abrasive blasting), 부분 담금법(part dipping) 그리고 기계가공과 같은 많은 산업공정이 포함된다.

7. **행정규제:** 산업체는 많은 행정 책임을 충족시켜야 한다. 여기에는 고용주와 고용인 모두의 권리와 책임을 기술하고 있는 OSHA 포스터의 전시가 포함된다. 산업체는 역시 사고, 질병, 그리고 다른 노출형 사고에 대한 안전기록을 유지할 의무가 있다. 매년마다의 요약도 역시 전시되어야 한다.

OSHA 규제의 준수를 공고히 하기 위하여 안전이 유압시스템에 결합되어야 하는 것이 중요하다. 준수해야할 원칙으로서 고용현장에서 근로자의 건강과 안전에 관계될 때 타협이 있어서는 안 된다.

12.16 환경쟁점

유압시스템의 작동과 관련하여 환경법규와 규제들이 수립되었다. 유압산업체에서는 이러한 규제들을 만족시키는 효과적인, 투자 비용가치가 있는 방법을 개발함으로써 이에 대응해 나가고 있으며, 여기에 관계된 네 가지 쟁점들은 다음과 같다: 생분해성 작동유의 개발, 유압유의 유지보수와 폐기, 오일누설 저감, 소음수준 저감

1. **생분해성 작동유의 개발:** 이 문제는 유압시스템에서 누설되는 잠재적으로 해로운 물질로부터 야기되는 환경피해 방지를 다룬다. 유압시스템에서 공통적으로 사용되는 유체는 광유를 기초로하며, 따라서 생분해성이 아니다. 오일 회사에서는 생분해성이면서, 아울러 유압장치에 적합한 식용유를 개발 중이다. 유압-장치 제작업체는 그들의 제품과 새로운 생분해성 유체와의 적합성을 확인하기 위하여 시험 중이다.
2. **유압유의 유지보수와 폐기:** 폐 유압유의 발생을 최소화하고 환경적으로 안전하게 이를 폐기하는 일이 중요하다. 이와 같은 결과들은 다음과 같은 올바른 유체-폐기 프로그램과 아울러 유체-제어와 예방차원의 유지관리 프로그램을 실천함으로써 성취될 수 있다. 유압유를 올바로 유지관리하고 폐기하는 일은 천연자원을 보존하면서 보다 깨끗한 환경을 만드는 투자 비용가치가 있는 방법이다.
3. **오일누설 저감:** 유압유 누설은 유압시스템의 파이프 이음쇠나 공압 시스템의 분무-윤활기(mist-lubricators)에서 발생할 수 있다. 연방환경보호협회(EPA)에서는 오일을 해로운 공기오염물질로 구별하여 놓았으므로 이러한 누설은 환경쟁점을 나타낸다. 이러한 쟁점을 해결하기 위하여 유압산업계는 누설이 영인 시스템을 생산하는 데 총력을 경주하고 있다. 오일누설을 본질적으로 제거할 수 있는 새로운 실과 이음쇠가 설계되었다. 뿐만아니라, 배관-설치형 윤활기의 필요성을 없애고 오일-분무 누설을 방지하기 위하여 선윤활(prelube), 무윤활(nonlube)의 공압부품들이 개발되었다.

4. **소음수준 저감:** 펌프와 모터같은 유압파워 유닛은 직업안전건강관리청(OSHA)에서 설정한 한계를 초과하는 소음수준에서 작동할 수 있다. 옥내 시스템에 대한 새로운 표준안은 펌프와 모터가 동력이나 효율을 줄이지 않고 저감된 소음수준에서 작동해야 할 것을 요구하고 있다. 유압 제작업체에서는 소음수준이 보다 낮은 파워유닛을 제공하고 있다. 뿐만아니라, 유압호스의 설계변경, 음향필터의 추가, 배플(baffles), 혹은 코팅(coatings), 그리고 진동흡수 마운트(mounts)를 갖춘 장치의 설치 등과 같은 소음–저감방법들이 개발 중이다.

보다 엄격한 환경요구조건을 충족시키는 일은 유압산업이 풀어 나가야 할 도전을 나타낸다. 이러한 환경쟁점들은 유압산업에 도전과 자극의 경륜을 쌓게 한다.

12.17 물 수압시스템

정의

웹스터(Webster)에 나와 있는 수압시스템의 정의는 특별히 다음과 같이 물을 언급 한다. '수압 시스템은 물 그리고 운동중인 다른 액체, 그들의 작용법칙 그리고 공학적 용도를 다루는 과학이다.' 하이드로릭스(hydraulics)라는 명칭은 18세기에 수압이 최초로 소개 되었을 때, 작동유체가 물이기 때문에 액체를 사용하는 유체동력시스템을 나타내기 위하여 사용되었다. 20세기 초에 오일이 보다 더 간편하고 고압, 고동력 시스템을 가능하게 하므로 작동유체로서 오일이 물을 대신하였다.

물 수압시스템의 도전

오일 대신에 물 사용은 물의 증기압이 훨씬 높으므로 (150°F에서 대략 7.7 inHg abs 대 0.1 inHg abs) 캐비테이션과 관련된 문제들이 증가한다. 따라서 예를 들어 펌프의 흡입라인에서 기화하는 경향이 훨씬 강하고, 아울러 캐비테이션을 야기시킨다. 캐비테이션은 소음, 진동 그리고 효율저감 뿐만 아니라 금속 부위의 부식을 야기시킨다. 물의 저점도 및 고비중은 금속 부품의 부식 성향을 훨씬 높인다. 이는 유체속도가 결과적으로 보다 더 커지게 되어, 난류유동이 증가하기 때문이다. 부식을 감소시키기 위하여 물–기반 시스템의 부품들은 흔히 고가의 스테인레스강과 세라믹으로 만들어 진다. 그 외에 물은 윤활성을 향상시키고 부식을 줄이고 박테리아의 성장을 제어하기 위하여 첨가제(전체 유체 체적의 대략 5%)와 혼합될 필요가 있다. 물을 사용할 때 또 하나 유념해야 할 사항은 고속–닫힘 밸브의 경우처럼 유체속도가 급격히 변할 때 야기되는 고압의 스파이크(spikes) 생성이다. 이러한 압력 스파이크는 물의 체적탄성계수가 오일의 경우보다 약 40% 정도 더 크기 때문에 물을 사용할 때 더 커지게 된다.

어큐뮬레이터가 유체 가속과 감속을 제어하기 위하여 시프팅(shifting)을 제어할 수 있도록 설계된 밸브와 더불어 이 문제를 해결하기 위하여 사용될 수 있다. 물 수압시스템의 경우에 물의 결빙 온도가 32°F이므로 작동온도가 35°F이하로 떨어져서는 안된다. 결빙상태하의 용도에서는 적당한 양의 결빙방지제가 물에 첨가된다.

물 수압시스템의 장점

물 수압시스템(water hydraulics)은 오일 유압시스템보다 주목할 만한 장점이 많다. 물은 오일보다 점도가 낮으므로, 열 발생이 보다 적게 되어 에너지 손실이 더 적게 된다. 비록 누설량이 보다 더 커지는 대가를 치루더라도, 물은 비용이 적게 들고 비인화성, 환경을 오염시키지 않고 음식과 종이 공정산업과 같은 다수의 용도에 훨씬 적합하다. 뿐만 아니라, 물은 쉽게 얻을 수 있고, 오일과 동일한 방식으로 부패하지 않는다. 물의 폐기나 저장과 연관되어 비용이 역시 더 적게 든다.

물 수압시스템의 장래성 있는 용도

물 수압시스템이 오일 유압시스템을 대체할 가장 큰 잠재력을 갖고 있는 것으로 보이는 분야는 저압시스템(150~750psi)이다. 압력이 1000psi이상에서는 부식을 방지하기 위하여 필요한 스테인레스 강이나 세라믹과 같은 재료비용이 훨씬 크기 때문에 물-기저 시스템이 오일-기저 시스템보다 훨씬 더 비싸다. 저압 시스템을 위하여 플라스틱과 같은 값이 덜 비싼 재료가 사용될 수 있다. 이는 컴팩트(compact)한 오일-기저 유압시스템의 고압(750psi이상)과 공압시스템의 저압(150psi이하)사이의 용도를 위하여는 물-기저 시스템의 사용에서 얻는 이익의 장래성이 보다 더 크다는 것을 의미한다.

12.18 중요한 식들

필터의 베타비:

$$\text{베타비} = \frac{\text{입자크기가 } N\ \mu\text{m보다 큰 상류의 입자수}}{\text{입자크기가 } N\ \mu\text{m보다 큰 하류의 입자수}} \quad \textbf{(12-3)}$$

필터의 베타효율:

$$\text{베타효율} = \frac{\text{상류의 입자수} - \text{하류의 입자수}}{\text{상류의 입자수}} \quad \textbf{(12-4)}$$

$$\text{베타효율} = 1 - \frac{1}{\text{베타비}} \quad \textbf{(12-5)}$$

연습문제

질문, 개념 및 정의

12-1 유압시스템 고장의 가장 일반적인 원인 다섯 가지를 나열하여라.

12-2 유압시스템 문제의 과반수 이상은 어떤 원인에 기인하는가?

12-3 산화와 부식의 차이점은 무엇인가?

12-4 난연성 유체는 어떤 조건하에서 사용되어야 하는가?

12-5 인화점, 발화점, 자가점화온도를 정의하여라.

12-6 난연성 유체의 서로다른 네 가지 형태를 나열하여라.

12-7 난연성 유체의 세 가지 단점을 나열하여라.

12-8 소포성 유체는 무엇이며 왜 사용되는가?

12-9 유압유는 왜 양호한 윤활능력을 가져야 하는가?

12-10 마찰계수를 정의하여라.

12-11 중화수의 중요성은 무엇인가?

12-12 대부분의 유압시스템에서 정상작동온도가 140°F 이하로 제어되는 이유는 무엇인가?

12-13 비중이 보다 높으면 펌프의 입구에 어떤 영향을 미치는가?

12-14 석유계 유체에서 난연성 유체로 바꾸거나 혹은 그 반대로 바꿀 때, 주의가 필요한 이유는 무엇인가?

12-15 유압유의 올바른 유지관리 및 폐기의 환경적인 중요성을 설명하여라.

12-16 유압유를 올바로 유지관리하거나 폐기하기 위하여 지켜야할 여덟 가지 권고사항을 나열하여라.

12-17 유지관리 과정을 다루는 보고서에 포함되어야 할 두 가지 항목을 나열하여라.

12-18 필터와 스트레이너의 차이점은 무엇인가?

12-19 유압유가 오염되는 세 가지 방식을 나열하여라.

12-20 10 μm 필터는 무엇인가?

12-21 필터링 방법의 세 가지 기본유형을 나열하여라.

12-22 지시필터의 목적은 무엇인가?

12-23 유압회로에서 전형적으로 필터가 설치되는 네 가지 위치를 나열하여라.

12-24 유압회로의 문제해결에 전형적으로 사용되는 세 가지 장치는 무엇인가?

12-25 유압시스템의 문제해결 시 이해하여야 할 가장 중요한 개념 한 가지는 무엇인가?

12-26 펌프 소음을 일으키는 다섯 가지 원인을 나열하여라.

12-27 저압 또는 불규칙 압력의 네 가지 원인을 나열하여라.

12-28 압력이 생성되지 않는 네 가지 원인을 나열하여라.

12-29 작동기가 움직이지 않는다면, 다섯 가지 가능한 원인을 나열하여라.

12-30 작동기 운동이 느리거나 불규칙하다면, 다섯 가지 가능한 원인을 나열하여라.

12-31 유압시스템에서 유체가 과열되는 여섯 가지 원인을 나열하여라.

12-32 OSHA는 무엇을 나타내는가? OSHA는 무엇을 목표로 노력하는가?

12-33 OSHA가 표준으로 설정한 일곱 가지 안전범주를 나열하고 간단하게 설명을 하여라.

12-34 유압시스템에서 압력손실은 왜 펌프 작동불량의 징조가 아닌가?

12-35 필터가 오염물로 가득 찼을 때 어떤 현상이 일어나는가?

12-36 어떤 요인들이 실린더 마찰에 영향을 미치는가?

12-37 필터의 호칭정격과 절대정격 사이의 차이는 무엇인가?

12-38 여러 가지 유압부품에 대하여 유압유의 필요한 청정도수준 정하는 중요성은 무었인가 ?

12-39 ISO 청정도수준 표준을 설명하여라.

12-40 유압유 내의 고체 오염물로 인하여 발생하는 중요한 유압시스템의 문제 중의 하나는 무엇인가?

12-41 유압유 내에 있는 고체오염물이 유압부품들의 가동부를 어떻게 마모시키는가?

12-42 유압유 내에 기체가 존재할 수 있는 세 가지 형태는 무엇인가?

12-43 증기압이 의미하는 것은 무엇인가?

12-44 캐비테이션이 유압펌프를 어떻게 손상시키는지 설명하여라.

12-45 펌프 제조업자들이 펌프 캐비테이션을 피하기 위하여 사용자에게 추천하는 것은 무엇인가?

12-46 펌프 캐비테이션을 제어하거나 제거하기 위한 여섯 가지 규율을 나열하여라.

12-47 생분해성 작동유의 개발, 오일누설 저감, 유압유의 유지보수와 폐기, 그리고 소음수준 저감을 다루는 환경쟁점들을 설명하라.

문제

필터의 유동용량

12-48M 그림 12−9(d)에 있는 귀환 관로 필터의 최소유동용량을 구하여라.
펌프유량은 75 Lpm이고 실린더 피스톤과 로드 직경은 각각 125 mm와 75 mm이다.

12-49 그림 12−9(d)의 회로배관이 다음과 같이 변형된다.

우선, 방향제어밸브의 상부 토출포트로 부터의 관로가 실린더 로드 엔드에 연결된다. 다음에는 방향제어밸브의 하부 토출포트로 부터의 관로가 실린더 블랭크 엔드에 연결된다. 이것이 귀환 관로필터의 최소유동용량에 어떠한 영향을 미치는가?

필터의 베타비

12-50 시험작동 동안 20 μm보다 큰 30,000개의 입자가 필터에 유입하여, 그 중 1,050개가 필터를 통과할 때 필터의 베타비를 구하여라.

12-51 연습문제 12−50의 필터에 대하여 베타효율은 얼마인가?

12-52 베타비와 베타효율 사이에는 어떠한 관계가 있는가?

12-53 베타비 표시 $B_{10} = 75$는 무엇을 뜻하는가?

12-54 베타비 75는 필터를 통과하는 매 ________개의 입자에 대하여 75개의 입자가 필터에서 트랩되는 것을 의미한다.

ISO 청정도 수준 표준

12-55 ISO코드 표기 26/9는 무엇을 뜻하는가?

12-56 연습문제 12−55의 ISO코드 표기에서, 슬래시에 의하여 구분된 두개의 번호 각각의 중요성은 무엇인가 ?

13

Chapter

공압: 공기 준비 및 구성요소

학습 목표

이 단원을 공부하고 나면 다음과 같은 내용을 알아야 한다.

1. 기체의 압력, 부피, 온도의 상호 작용을 결정하기 위하여 완전 기체법칙을 적용할 수 있어야 한다.
2. 압축기의 사용목적, 구조 및 작동을 설명할 수 있어야 한다.
3. 시스템 요구사항을 만족시키는 압축기 구동 소요동력을 계산할 수 있어야 한다.
4. 시스템의 소요압력과 유량을 만족시키는 압축기 공기저장기의 치수를 결정할 수 있어야 한다.
5. 필터, 압력조정기, 윤활기, 머플러 및 공기건조기 등 유체 조화기(fluid conditioner)의 사용목적과 작동을 설명할 수 있어야 한다.
6. 공압 관로에서의 압력 손실을 계산할 수 있어야 한다.
7. 후부냉각기와 공기건조기의 사용에 의한 공기 중의 습기제거에 대하여 해석할 수 있어야 한다.
8. 밸브에 의하여 제어되는 공기유량을 구할 수 있어야 한다.
9. 공압 압력제어밸브, 유량제어밸브, 방향제어밸브의 사용목적, 구조 및 작동을 설명할 수 있어야 한다.
10. 공압실린더와 모터의 구조와 작동을 논의할 수 있어야 한다.
11. 공압으로 구동되는 기기의 공기소모율을 구할 수 있어야 한다.

13.1 서론

공압 대 유압

공압시스템은 동력을 전달하고 제어하기 위하여 압축된 기체를 사용한다. 명칭이 말해주듯이, 공압시스템은 유체매체로서 전형적으로(어떤 다른 기체보다도) 공기를 사용한다. 왜냐하면 공기는 안전하고, 저렴하고 또 쉽게 얻을 수 있는 유체이기 때문이다. 전기스파크가 시스템 부품들로 부터의 누설을 점화시킬 수 있는 환경에서 공압시스템은 특히 안전하다.

유압시스템 대신 공압시스템의 사용을 고려하는 여러 가지 이유가 있다. 액체는 기체보다 관성이 크기 때문에 유압시스템에서는 작동기를 가속, 감속할 때 또 밸브를 급격히 열고 닫을 때 오일의 무게가 문제가 될 수 있다. 액체는 또한 기체보다 점도가 크기 때문에 마찰로 인한 압력손실과 동력손실이 커진다. 또한 유압시스템에서는 대기와 다른 유체를 사용하므로 특별한 오일탱크가 필요하고 누설이 생기지 않도록 시스템을 설계해야 한다. 공압시스템에서는 주변 대기로 바로 배출되는 공기를 사용한다. 일반적으로 말해서 공압시스템은 유압시스템보다 비용이 저렴하다.

그러나 공기의 압축성 때문에 공압시스템에서 작동기 속도를 정밀하게 제어하는 것은 불가능하다. 역시 정밀한 위치제어도 얻을 수 없다. 변동부하에 대하여 작동기 동작이 부드럽고(smooth) 일정해야 하는 용도에서는, 일반적으로 작동기에서 나오는 배출공기 유량을 제어한다. 공압시스템에서는 공기탱크 같은 부품의 폭발 위험성 때문에(250 psi 미만) 압력이 매우 낮은 반면에, 유압시스템의 압력은 12,000 psi까지 높힐 수 있다. 따라서 공압은 저-동력의 용도(low-power applications)에 한정된 반면, 유압은 고-동력시스템에 응용될 수 있다.

압축공기의 사용

공압시스템에서 압축기는 필요한 공기량을 압축하여 공급하는 데 사용된다. 압축기는 전형적으로 피스톤형, 베인형, 또는 스크루형이다. 기본적으로 압축기는 완전기체법칙에 의하여 설명된 것처럼 기체 부피를 감소시킴으로써 기체 압력을 증가시킨다. 공압시스템은 보통 커다란 중앙집중식 공기압축기를 사용하는데, 이를 무한한 공기 공급원으로 간주할 수 있다. 이러한 개념은 전기를 사용하기 위하여 전기 콘센트에 단순히 플러그를 꽂는 전기시스템과 유사하다고 볼 수 있다. 이러한 방식으로 압축된 공기는 하나의 공급원으로부터 전체 플랜트의 여러 장소로 관로에 의해 공급된다. 압축공기는 오염물질을 제거하기 위하여 공기필터를 통해 각각의 회로로 공급되는데, 오염물질은 밸브나 실린더 같은 공압부품의 정밀조립 부분에 손상을 줄 수 있다. 그런 다음 공기는 특정한 회로 응용을 위하여 압력을 원하는 수준으로 감소시키는 압력조정기(pressure regulator)를 통하여 공급된다. 공기는 우수한 윤활제가 아니기 때문에 공압시스템에서는 압력조정기로부터 토출되는 공기에 아주 미세한 오일분무(oil mist)를 분사하는 윤활기(lubricator)가 필요하다. 이렇게 함으로써 공압부품의 정밀조립 이동부분의 마모를 방지한다.

대기의 자유공기는 습기를 다양하게 함유하고 있다. 습기는 윤활유를 씻어냄으로써 과도한 마모와 부식을 촉진시킬 수 있어 해롭다. 따라서 몇몇 용도에서는 원하지 않은 습기를 제거하기 위하여 공기건조기(air dryer)가 필요하다. 공압시스템은 공기를 직접 대기로 배출하므로 과도한 소음이 발생할 수 있다. 따라서 공기 밸브와 작동기의 배기포트에 머플러(muffler)를 장착함으로써 소음을 줄이고 또한 작업자가 소음노출과 고속 부유입자들에 의하여 입을 수도 있는 부상을 막아준다.

산업적 용도

공압 시스템의 산업적 용도는 급속도로 성장하고 있다. 전형적인 예로서 스탬핑(stamping), 드릴링(drilling), 호이스팅(hoisting), 펀칭(punching), 클램핑(clamping), 조립, 리벳팅(riveting), 물자운반, 그리고 논리제어 작동이 포함된다. 그림 13-1은 용량이 1600파운드(lb)인 공압으로 구동되는 호이스트 사진을 나타낸다. 이 호이스트는, 90psi공기로 작동되면서 정격부하에서 최대 공기소모량이 매 분당 65 표준입방피트인 공압모터에 의하여 구동된

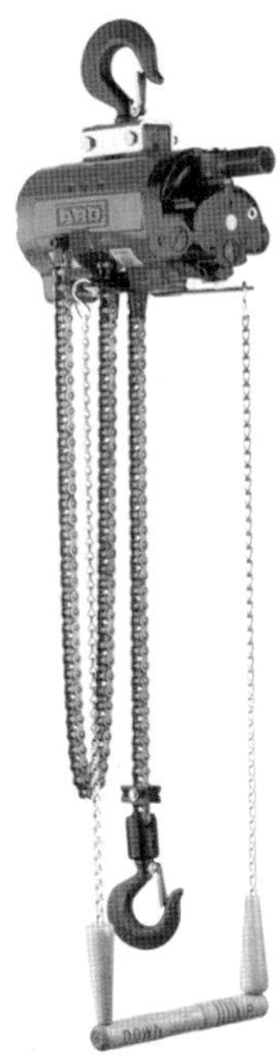

그림 13-1 공압으로 동력이 공급되는 호이스트(Courtesy of Ingersoll-Rand Corp., Southern Pines, North Carolina.)

그림 13-2 공압으로 제어되는 인공 손(Courtesy of Sarcos, Inc., Salt Lake City, Utah.)

다. 부하는 각각 12~25 ft/min의 속도로 상승 그리고 14~51 ft/min의 속도로 하강한다. 그림 13-2는 공압으로 제어되는 인공 손을 나타낸다. 이는 로보틱스와 촉각감지 같은 용도에서 기계의 정교함과 인간의 조작성을 연구하기 위하여 설계되었다. 공압작동기는 그 손에 인간과 같은 움켜잡기와 조작능력을 부여한다. 핵심 작동특성으로서 조작 작업의 고속수행, 다양한 밀도의 손-크기 만한 물체를 용이하게 움켜잡는 강도, 그리고 움켜잡는 힘 제어를 들 수 있다. 손에는 세 개의 손가락과 마주보는 엄지가 달려있다. 각각의 조인트는 고강도 힘줄을 구동하는 두 개의 공압작동기(작동기 팩 내부에 위치)에 의하여 위치가 결정된다.

13.2 공기의 성질

서론

공기는 실제로 대략 21%의 산소, 78%의 질소와 1%의 아르곤, 이산화탄소 등 다른 기체들로 구성된 혼합기체이다. 이러한 비율은 부피에 의해 정하여진다. 또한 공기는 습도에 따라 4%까지의 수증기를 함유하고 있다. 대기중의 수증기 비율은 동일한 장소일지라도 매시간 끊임없이 변화할 수 있다.

지구는 공기담요인 대기에 의하여 둘러싸여 있다. 공기는 무게가 있으므로 대기는 어느 한 점에 그 위에 있는 공기기둥에 의한 압력을 가한다. 기준점은 해수면이며, 대기가 14.7 psia (10 kPa abs)의 압력을 가하는 곳이다. 그림 13–3은 대기압이 고도에 따라 어떻게 감소하는가를 보여준다. 고도 20,000 ft(6.1 km)까지의 영역에서는 1,000 ft의 고도변화마다 대략 0.5 psi (매 km마다 11 kPa)의 압력강하가 생기는 거의 선형적인 관계를 갖는다.

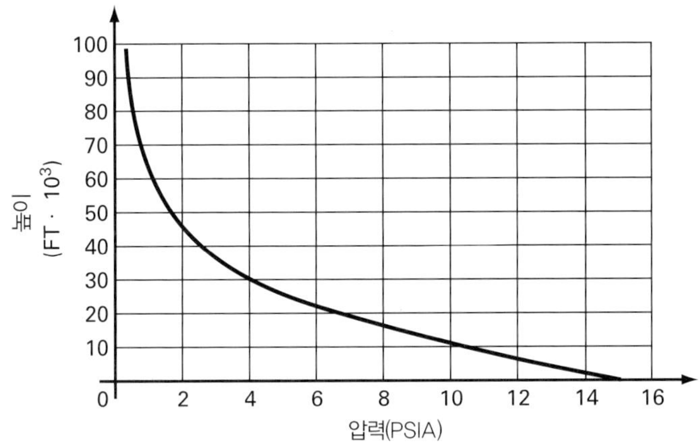

그림 13-3 대기에서의 압력변화

공압회로 계산에서 14.7 psia인 대기압이 표준으로 사용된다. 이에 상응한 공기의 표준비중량(standard specific weight) 값은 14.7 psia, 68°F에서 0.0752 lb/ft^3(101 kPa abs, 20°C에서 11.8 N/m^3)이다. 13.3절의 완전기체법칙 논의에서 보여준 것처럼 기체의 밀도는 압력뿐만 아니라 온도에도 의존한다.

공기분자들은 꽤 많은 내부에너지를 갖고 있고 상호간에 적지 않게 떨어져 있기 때문에 공기는 쉽게 압축될 수 있을 뿐만 아니라 공기의 부피는 담긴 용기를 채우도록 변한다. 공기밀도가 압력과 온도에 민감하게 변하는 것은 이러한 특성 때문이다.

실제의 대기조건에 있는 공기를 자유공기(free air)라 한다. 대기압력과 온도가 매일매일 변하기 때문에, 자유공기의 특성도 상응하여 변한다. 따라서, 공압회로계산을 수행할 때 표준공기(standard air)라는 용어를 사용한다. 표준공기는 온도 68°F, 압력 14.7 psia(20°C, 101 kPa abs), 상대습도 36%를 갖는 해수면에서의 공기이다.

절대압력과 절대온도

공기의 부피와 압력변화를 다루는 회로계산은 절대압력과 절대온도 값을 사용하여 수행되어야 한다. 절대압력과 절대온도는 각각 식 (13–1)과 (13–2)를 이용하여 계산한다.

$$\text{절대압력(psia)} = \text{게이지압력(psig)} + 14.7 \quad \textbf{(13-1)}$$

$$\text{절대압력(Pa abs)} = \text{게이지압력(Pa gage)} + 101{,}000 \quad \textbf{(13-1M)}$$

$$\text{절대온도(°R)} = \text{온도(°F)} + 460 \quad \textbf{(13-2)}$$

$$\text{절대온도(K)} = \text{온도(°C)} + 273 \quad \textbf{(13-2M)}$$

영국시스템에서 절대온도의 단위는 랭킨(Rankine)도, 약자로 °R이다. 온도 0°R(−460°F)는 모든 분자들의 운동이 멈추고, 기체의 부피와 압력은 이론적으로 0이 되는 온도이다. 미터시스템에서 절대온도의 단위는 켈빈(Kelvin)도, 약자로 K이다. 식 (13−2M)으로부터 온도 0K(절대 0도)는 −273°C임을 알 수 있다.

그림 13−4는 수은온도계를 사용하여 상온 68°F(20°C, 528°R, 293K)를 가리키는 네 가지 온도 눈금을 도식적으로 보여주고 있다. 그림에서 볼 수 있듯이, 절대 영도는 0°R = −460°F = −273°C = 0K이다.

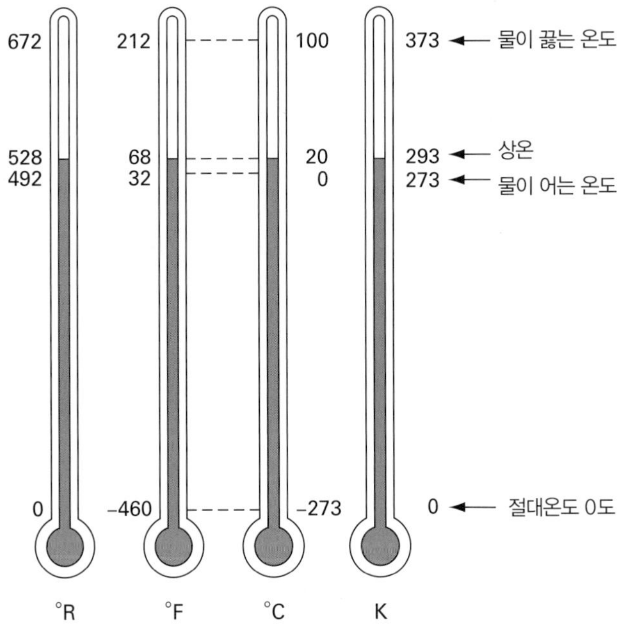

그림 13-4 화씨(°F), 섭씨(°C), 랭킨(°R) 및 켈빈(K) 온도 눈금

13.3 완전기체법칙

서론

16세기에 과학자들은 기체의 압력, 부피 및 온도의 상호작용을 결정하는 법칙들을 발견하였다. 이 법칙들은 완전기체에 근거하여 유도되었기 때문에 완전기체법칙으로 불리운다. 완전기체가 존재하지 않음에도 불구하고 공기는 공압시스템에서 다루는 압력과 온도범위에서 보일의 법칙, 샤를의 법칙, 게이뤼삭의 법칙 및 일반기체법칙에 의하여 예상된 것에 매우 가깝게 거동한다. 이 법칙들은 각각 다음과 같이 정의되고 특정 문제에 적용된다 (이들 법칙에서는 절대압력과 절대온도 값을 사용함).

보일의 법칙

보일의 법칙(Boyle's law)은 주어진 양의 기체 온도가 일정하면 기체의 부피는 기체의 절대압력에 반비례하여 변한다는 것이다.

$$\frac{V_1}{V_2} = \frac{p_2}{p_1} \tag{13-3}$$

그림 13−5의 실린더 피스톤 시스템에서 보일의 법칙이 예시되고 있다. 그림과 같이 피스톤에 가하여진 힘을 F_1에서 F_2로 증가시키면 실린더 내의 공기는 일정한 온도에서 부피 V_1에서 V_2로 압축된다. 부피가 감소하므로, 압력계에 나타난 것처럼 압력은 증가한다.

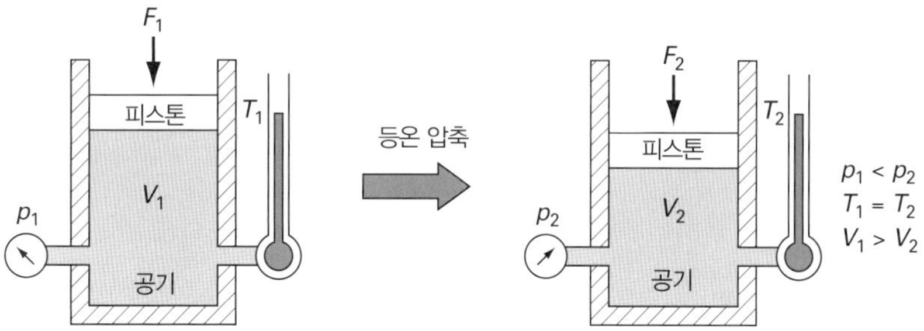

그림 13-5 등온과정이 진행중인 공기

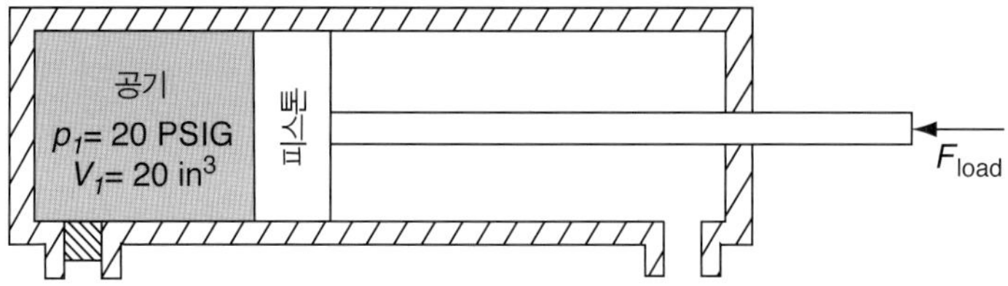

그림 13-6 예제 13-1을 위한 시스템

예제 13-1

그림 13-6의 공압실린더에서 지름 2 in인 피스톤은 로드에 가해진 외부 부하로 인하여 현재의 위치($p_1 = 20$ psig, $V_1 = 20$ in^3)로부터 4 in 후진한다. 실린더 피스톤 헤드부분의 포트가 막혀 있는 경우, 온도가 변하지 않는다는 가정하에 이 때의 압력, p_2를 구하여라.

풀이

$$V_1 = 20 \text{ in}^3$$

$$V_2 = 20 \text{ in}^3 - \frac{\pi}{4}(2)^2(4) = 7.43 \text{ in}^3$$

$$p_1 = 20 + 14.7 = 34.7 \text{ psia}$$

보일의 법칙을 정의한 식 (13–3)에 대입하면 다음과 같다.

$$\frac{20}{7.43} = \frac{p_2}{34.7}$$

$$p_2 = 93.4 \text{ psia} = 78.7 \text{ psig}$$

샤를의 법칙

샤를의 법칙(Charles' law)은 주어진 양의 기체에 작용하는 압력이 일정하면 기체의 부피는 절대온도에 정비례하여 변한다는 것이다.

$$\frac{V_1}{V_2} = \frac{T_1}{T_2} \quad \textbf{(13-4)}$$

그림 13–7의 실린더 피스톤 시스템에서 샤를의 법칙이 예시되어 있다. 그림과 같이 피스톤 로드가 무게 W를 지탱하고 있는 동안에 실린더 내의 공기가 가열되고 있다. 무게가 피스톤

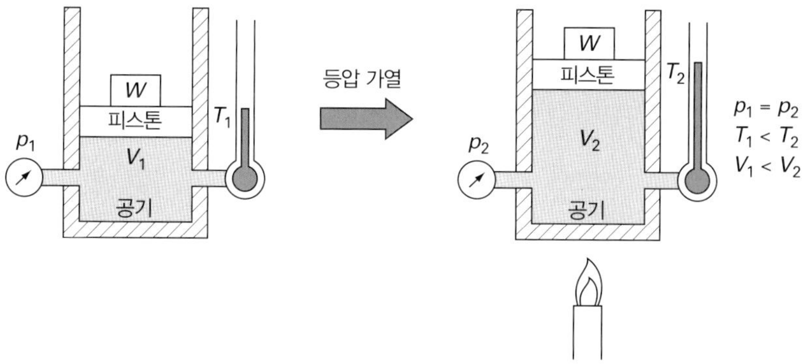

그림 13-7 등압(constant pressure) 과정이 진행중인 공기

에 일정한 힘을 가하고 있기 때문에 압력은 일정하게 유지되고 부피는 증가한다.

예제 13-2

그림 13-6에 있는 실린더의 초기위치는 $p_1 = 20$ psig, $V_1 = 20$ in^{3}이고, 로드에 작용하는 부하에 의하여 제어되고 있다. 공기온도는 60°F이다. 일정한 공기압력을 유지하기 위하여 로드에 작용하는 부하는 일정하다. 공기온도가 120°F로 증가할 때 실린더 피스톤 헤드부분의 공기부피, V_2를 구하여라.

풀이

$$T_1 = 60 + 460 = 520°\text{R}$$
$$T_2 = 120 + 460 = 580°\text{R}$$

샤를의 법칙을 정의한 식 (13-4)에 대입하면 다음과 같은 답을 얻는다.

$$\frac{20}{V_2} = \frac{520}{580}$$
$$V_2 = 22.3 \text{ in}^3$$

게이뤼삭의 법칙

게이뤼삭의 법칙(Gay-Lussac's law)은 주어진 기체의 부피가 일정하면 기체에 의하여 가하여진 압력은 기체의 절대온도에 정비례한다는 것이다.

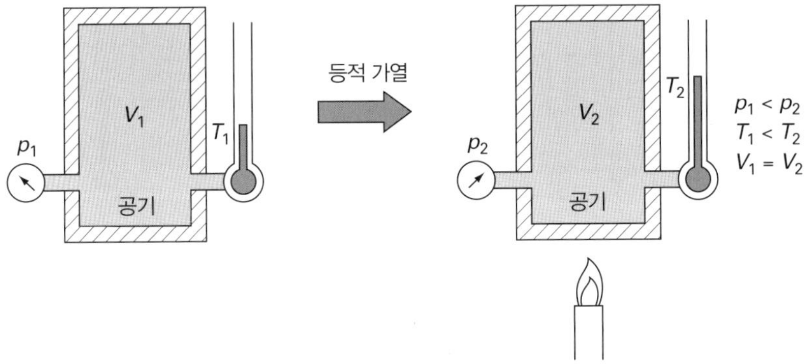

그림 13-8 등적(constant volume) 과정이 진행중인 공기

$$\frac{p_1}{p_2} = \frac{T_1}{T_2} \tag{13-5}$$

그림 13-8의 폐쇄된 실린더에서 게이뤼삭의 법칙이 예시되고 있다. 그림과 같이 일정한 부피의 실린더 내에 있는 공기에 열이 가하여지고 이로 인하여 온도와 압력이 증가한다.

예제 13-3

그림 13-6의 실린더는 위치가 고정(V_1 = 일정)되어 있고 $p_1 = 20$ psig, $T_1 = 60°F$이다. 만일 온도가 160°F로 증가하면 피스톤 헤드부분의 압력은 얼마로 되겠는가?

풀이

$$p_1 = 20 + 14.7 = 34.7 \text{ psia}$$

$$T_1 = 60 + 460 = 520°R \text{과} \quad T_2 = 160 + 460 = 620°R$$

게이뤼삭의 법칙을 정의한 식 (13-5)에 대입하면 다음과 같은 결과를 얻는다.

$$\frac{34.7}{p_2} = \frac{520}{620}$$

또는

$$p_2 = 41.4 \text{ psia} = 26.7 \text{ psig}$$

일반기체법칙

보일, 샤를, 게이뤼삭의 법칙은 다음과 같이 정의되는 하나의 일반기체법칙(general gas law)으로 결합된다.

$$\frac{p_1V_1}{T_1} = \frac{p_2V_2}{T_2} \tag{13-6}$$

상태 1로부터 상태 2로의 과정 동안 세 개의 기체매개변수(압력, 온도, 부피) 중 어느 것도 일정하게 유지되지 않기 때문에 일반기체법칙은 모든 기체매개변수들을 포함한다. T, p 또는 V를 일정하게 유지하면 일반기체법칙은 각각 보일의 법칙, 샤를의 법칙, 게이뤼삭의 법칙으로 된다. 예를 들어, 만일 $T_1 = T_2$이면 일반기체법칙은 $p_1V_1 = p_2V_2$, 즉 보일의 법칙으로 된다.

일반기체법칙은 14장에서 기체형 어큐뮬레이터의 크기를 선정하는 데 사용된다. 추가로, 예제 13–4, 13–5는 일반기체법칙이 어떻게 사용되는지를 보여주고 있다.

예제 13–4

그림 13–9에 있는 부피 2,000 in^3인 실린더에 1,000 psig, 100°F의 기체가 들어 있다. 기체가 200°F로 가열되는 동안 피스톤이 부피를 1,500 in^3으로 압축한다. 실린더 내의 최종압력은 얼마인가?

풀이 식 (13–6)을 p_2에 대하여 풀고 주어진 값들을 대입하면,

$$p_2 = \frac{p_1V_1T_2}{V_2T_1}$$

$$= \frac{(1000 + 14.7)(2000)(200 + 460)}{(1500)(100 + 460)} = \frac{(1014.7)(2000)(660)}{1500(560)}$$

$$= 1594.5 \text{ psia} = 1579.8 \text{ psig}$$

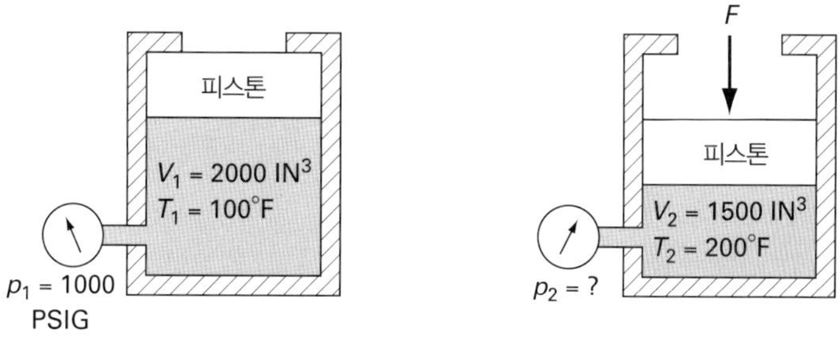

그림 13-9 예제 13-4의 시스템

예제 13-5

그림 13-9에 있는 부피 12,900 cm^3인 실린더에 게이지압력 70 bar, 37.8°C의 기체가 들어 있다. 기체가 93.3°C로 가열되는 동안 피스톤이 부피를 9,680 cm^3로 압축한다. 실린더 내의 최종압력은 얼마인가?

풀이 식 (13-6)을 p_2에 대하여 풀고 주어진 값들을 대입하면,

$$p_2 = \frac{p_1V_1T_2}{V_2T_1} = \frac{(70 \times 10^5 + 1 \times 10^5)(12{,}900)(93.3 + 273)}{(9680)(37.8 + 273)}$$

$$= 111.5 \times 10^5 \text{ Pa absolute} = 111.5 \text{ bars absolute}$$

13.4 압축기

서론

압축기는 공기 또는 다른 기체를 낮은 입구측 압력(보통 대기압)에서 더 높은 필요한 압력으로 압축하는 기계이다. 이러한 일은 기체의 부피를 감소시킴으로써 이루어진다. 공기압축기는 보통 용적식 장치이며 왕복동 피스톤형, 회전 스크루형과 회전 베인형으로 되어 있다.

피스톤압축기

그림 13-10은 피스톤형 압축기의 여러 설계 특징을 보여 주고 있다. 이 압축기는 정밀 보링되고 꼭 끼게 맞추어진 실린더 내에서 작동하는 피스톤링으로 실링된 피스톤을 가지고 있다. 열이 발산하는 것을 도와주기 위하여 공기핀(air fin)들이 실린더에 달려 있는 것에 주목하라. 압축과정중 발생된 열을 발산시키기 위하여 압축기를 냉각하는 것이 필요하다. 공기가 압축될 때 공기 분자들이 좀더 밀착되고 점점 더 빠른 속도로 충돌함에 따라 공기는 열을 받게 된다. 지나친 온도상승은 금속 부품을 손상시키고 구동소요동력을 증가시킨다. 이동식 소형 산업용 압축기는 보통 공냉식이지만 큰 압축기는 수냉식이다. 그림 13-11은 대표적인 소형 2단 압축기장치를 보여 주고 있다. 그림에서 볼 수 있는 것처럼 이 장치는 압축기뿐만 아니라 압축공기탱크(저장탱크), 전기모터, 풀리구동, 압력제어기, 계기판 등을 모두 갖춘 시스템이며 바로 연결하여 사용할 수 있게 되어 있다. 이 압축기는 10 hp 모터에 의해 구동되며 120 gal의 저장탱크를 가지고 있으며 46.3 cfm(분당 ft3)의 용량과 145~175 psi의 압력범위로 운전되도록 설계되어 있다.

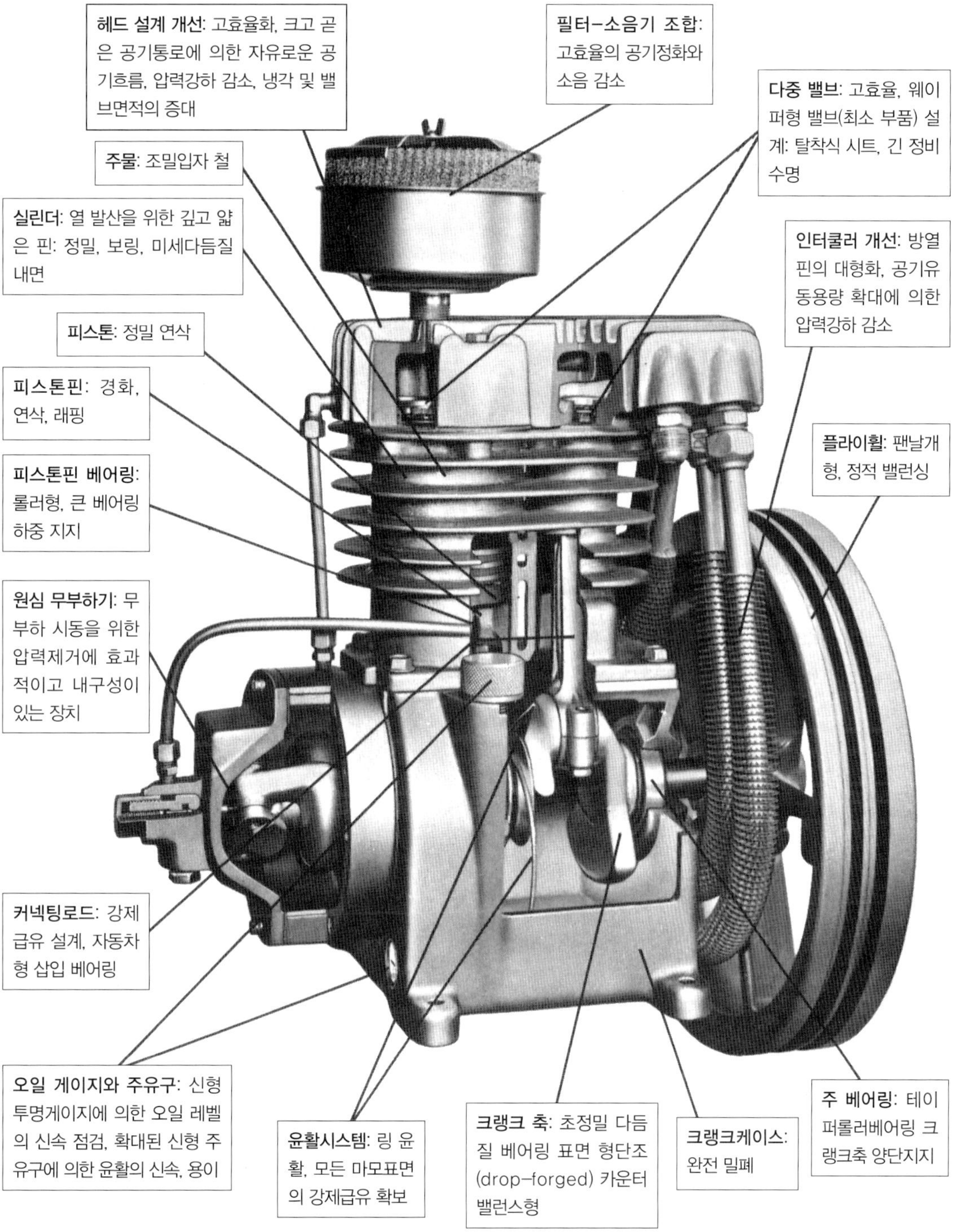

그림 13-10 피스톤형 압축기의 설계 특징(Courtesy of Kellogg-American, Inc., Oakmont, Pennsylvania.)

그림 13-11 완전한 피스톤형 2단 압축기장치(Courtesy of Kellogg-American, Inc., Oakmont, Pennsylvania.)

그림 13-12 직접구동, 팬 냉각, 피스톤형 압축기(Courtesy of Gast Manufacturing Corp., Benton Harbor, Michigan.)

단 수	압력용량(psi)
1	150
2	500
3	2500
4	5000

그림 13-13
압력용량에 미치는 단 수의 영향

그림 13-12는 직접구동, 2-실린더 피스톤형 압축기의 단면도를 보여주고 있다. 전면의 팬은 공기를 강제 순환시켜 압축기의 공냉을 촉진시킨다.

단일 피스톤 압축기는 약 150 psi까지의 압력을 공급할 수 있다. 150 psi가 넘으면 압축실 크기와 압축열이 효율적인 펌프 작업을 못하게 한다. 실린더가 두 개 이상 있는 압축기에서는 펌프 효율을 개선시키기 위하여 다단압축(staging) 방법을 사용한다. 다단압축은 하나의 실린더에서 압축되어 나온 공기를 다음 실린더의 입구측에 다시 공급함으로써 전체 압력을 두 개 이상의 실린더 사이에 균등하게 분배하는 방법이다. 각 단 사이에 효과적인 냉각이 이루어지기 때문에 다단압축기(multistage compressor)는 효율을 굉장히 높여 주고 소요동력을 줄여 준다. 다단 피스톤압축기에서 실린더의 크기는 다음 단으로 갈수록 줄어들고, 내부냉각(intercooling)은 압축열을 상당 부분 제거한다. 이렇게 함으로써 공기밀도와 압축기의 용적효율을 높여 준다. 그림 13-13은 피스톤형 압축기의 여러 가지 단 수에 따른 압력용량(pressure capacity)을 보여주고 있다.

압축기 시동 무부하제어

압축기는 시동, 운전되어 필요한 만큼의 공기를 시스템에 공급하고 정지한 후 재시동을 위한 대기상태로 들어가며 이러한 일은 운전자가 주의를 기울이지 않아도 이루어져야 한다. 이 기능들은 보통 압축공기시스템이 설정압력에 도달한 후에 이루어지기 때문에 자동제어는 압축기에 의해 이미 형성된 공기압력를 이겨내며 임무를 수행해야 한다.

공기압축기가 맨 처음 시동될 때에는 시동에 부하를 주는 압력이 아직 형성되지 않았기 때문에 시동 무부하제어(starting unloader control)가 필요하지 않다. 하지만, 일단 압축공기 관

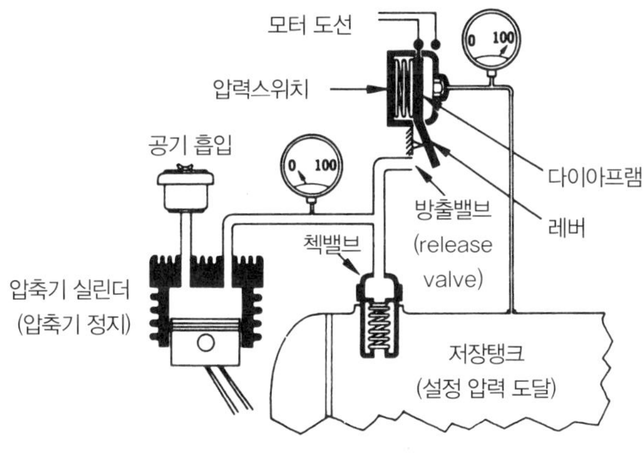

그림 13-14 압력스위치형 무부하제어(Courtesy of Kellogg-American Inc., Oakmont, Pennsylvania)

로에 압력이 형성되면 형성된 공기압력이 압축기를 작동방향과 반대방향으로 밀어서 제 속도를 내지 못하게 하기 때문에 이를 방지하기 위하여 시동 무부하기(starting unloader)가 필요하다. 그림 13–14는 압력스위치형 무부하제어를 보여주고 있다. 압력스위치가 전기 모터의 전원을 차단할 때 압축기 피스톤헤드와 첵밸브 사이의 압력은 방출밸브(release valve)를 통해 대기로 내보내어진다. 그러면 압축기는 필요할 때 언제나 부하가 없는 상태에서 재시동할 수 있다.

그림 13–15는 원심형 무부하제어의 작동을 예시하고 있다. 모터와 구동장치의 보호를 강화하기 위하여 무부하밸브(unloader valve)는 압력스위치에 의하여 작동되지 않고 공기압축기 자체에 의하여 작동된다. 이런 형태는 대형 압축기에서 더 많이 사용된다. 압축기 크랭크축에 설치되고 또 그것에 의해서 작동되는 완전 내장형 원심 무부하기(unloader)가 이러한 목적으로 제일 좋다.

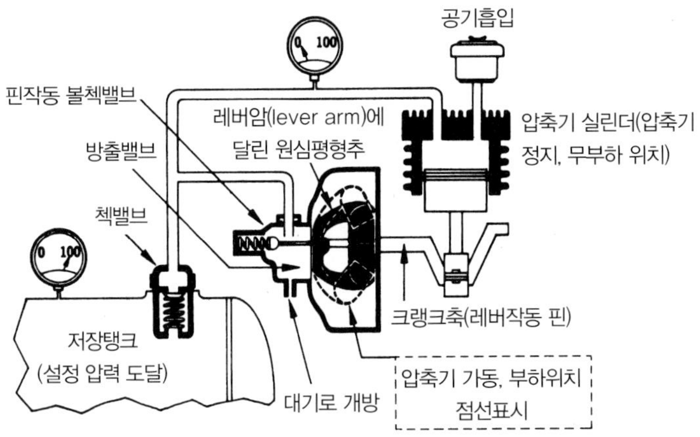

그림 13-15 원심형 무부하제어(Courtesy of Kellogg–American Inc., Oakmont, Pennsylvania)

시동 무부하기가 설치된 공기압축기는 그림 13–16에 묘사된 것처럼 압력스위치에 의해 자동적으로 작동한다. 조절이 가능한 시동–정지 제어스위치를 사용하는 것이 보편적인 방법이다. 압력스위치 제어를 할 때 공기압축기의 작동시간은 보통 전체 운전시간의 50~80% 이다. 너무 자주(매 6분당 한 번 이상) 작동하거나 탱크로 공기를 보내는 시간의 80%이상 작동하는 공기압축기는 일정한 속도로 제어되어 운전하여야 한다.

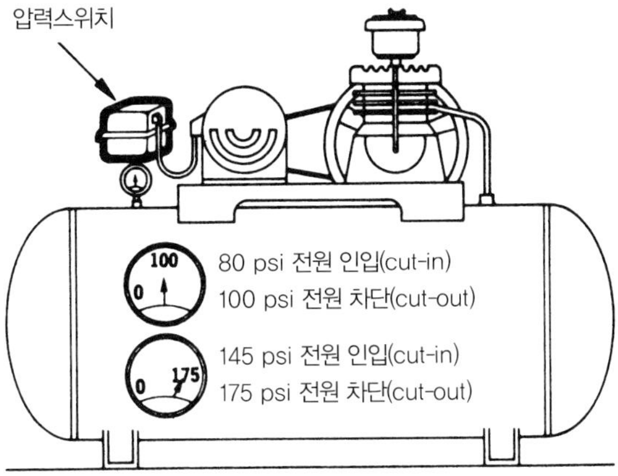

그림 13-16 압력스위치의 대표적인 압력설정(Courtesy of Kellogg-American Inc., Oakmont, Pennsylvania)

스크루압축기

기술 발전에 의하여 개발된 좀더 강한 재료와 개선된 생산공정 덕분에 회전형 압축기의 사용이 증가하는 것이 현재의 추세이다. 그림 13-17은 1단 스크루형 압축기의 단면도인데, 앞에서 언급한 스크루펌프와 매우 유사한 것을 볼 수 있다. 흡입된 공기를 스크루가 회전하면서 점진적으로 더 작은 부피로 밀어넣음으로써 압축이 이루어진다. 그림 13-18은 두 개의 회전자(rotor)의 비대칭 형상을 보여주고 있다. 회전자와 하우징 사이의 틈새는 정밀하게 가공되고 또 유막에 의해 보호되어서 회전자들은 자유롭게 회전한다. 금속끼리의 접촉을 제거하였기 때문에 회전자 마모는 일어나지 않는다. 정밀하게 계량된 양의 정화되고 냉각된 오일이 압축실로 쏘아지고 압축과정에서 공기와 혼합된다. 오일은 회전자들을 윤활하고, 회전자 틈새를

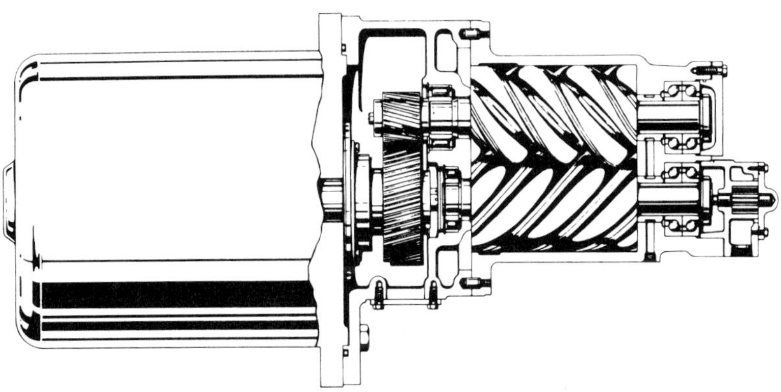

그림 13-17 1단 스크루압축기(Courtesy of Ingersoll-Rand Co., Washington, New Jersey)

그림 13-18 스크루회전자의 비대칭 형상(Courtesy of Ingersoll-Rand Co., Washington, New Jersey)

실링하여 압축효율을 높여 주고, 압축열을 흡수하여 결과적으로 토출공기 온도를 낮게 해 준다. 1단 스크루압축기에서는 1,450 cfm까지의 용량과 120 psi까지의 압력을 얻을 수 있다.

베인압축기

그림 13-19는 미끄럼 베인형(sliding-vane-type) 회전압축기의 단면도이다. 원주방향으로 슬롯(slot)이 만들어져 있는 회전자가 고정된 케이스 내에서 회전하도록 설계되어 있다. 회전자 슬롯은 직사각형 베인(vane)을 갖고 있고 이 베인은 원심력에 의해 슬롯 내외로 미끄럼운동을 한다. 회전자가 돌아가면서 공기는 베인 사이에 차단되고 압축된 후 포트(port)를 통해 저장탱크로 배출된다. 회전미끄럼 베인압축기는 1단형에서 약 50 psi까지, 2단형에서 150 psi까지 운전할 수 있다. 이런 저압, 저용량형 압축기는 보통 계측이나 실험실 용도에 사용된다.

그림 13-19 미끄럼 베인형 회전압축기(Courtesy of Gast Manufacturing Corp., Benton Harbor, Michigan)

압축기의 정격 공기용량

일반적으로 공기압축기의 정격 공기용량(air capacity rating)은 자유공기의 cfm량으로 표시하며, 실제 대기조건에서의 공기를 자유공기라고 정의한다. 압축기 흡입공기가 14.7 psia, 68°F인 표준 대기조건에 있을 때 자유공기의 cfm을 scfm이라 부른다. 약자 scfm은 표준 분당입방피트(standard cubic feet per minute)를 뜻한다. 따라서 주어진 응용에서 압축기 용량을 cfm(자유공기) 또는 scfm으로 구하기 위하여 계산이 필요하다. 미터단위에서는 m^3/min(자유공기) 또는 표준 m^3/min으로 계산하여야 하며 표준 대기조건은 101,000 Pa abs, 20°C이다.

이러한 계산을 위한 식은 일반기체법칙 식 (13–6)을 V_1에 대하여 풀어 다음과 같이 얻는다.

$$V_1 = V_2\left(\frac{p_2}{p_1}\right)\left(\frac{T_1}{T_2}\right)$$

위 식에서 하첨자 1은 압축기 흡입측 대기조건(표준 또는 실제), 하첨자 2는 압축기 토출측 조건을 나타낸다. 이 식의 양변을 시간(t)으로 나누면 부피 V_1과 V_2가 부피유량 Q_1과 Q_2로 각각 변환된다. 따라서 계산에 필요한 식은 다음과 같다.

$$Q_1 = Q_2\left(\frac{p_2}{p_1}\right)\left(\frac{T_1}{T_2}\right) \tag{13-7}$$

식 (13–7)에서 절대압력과 절대온도를 사용하여야 하는 점에 유의하여야 한다.

예제 13–6

90°F, 125 psi인 저장탱크로부터 30 cfm의 비율로 공기를 사용하고 있다. 대기압이 14.7 psia, 대기온도가 70°F일 때 압축기는 자유공기로 얼마의 cfm을 공급하여야 하는가?

풀이 식 (13–7)에 주어진 값들을 대입하면

$$Q_1 = Q_2\left(\frac{p_2}{p_1}\right)\left(\frac{T_1}{T_2}\right) = 30 \times \frac{125 + 14.7}{14.7} \times \frac{70 + 460}{90 + 460}$$
$$= 275 \text{ cfm (자유공기)}$$

바꾸어 말하면, 공기(125 psi, 90°F)를 30 cfm으로 공급하기 위하여 압축기는 대기(14.7 psia, 70°F)를 275 cfm의 비율로 흡입하여야 한다.

공기저장탱크의 치수결정

공기저장탱크(air receiver)의 치수를 결정하기 위하여 시스템의 소요압력과 소요유량, 압축기 출력용량, 운전 형태 등과 같은 여러 인자들을 고려해야 한다. 기본적으로 저장탱크(receiver)는 공기를 저장하는 용기 또는 탱크(air reservoir)이다. 이것의 기능은 공기를 본질적으로 일정 압력으로 공급하는 것이다. 이것은 또한 압축기에서 발생하는 압력펄스 또는 공압시스템에서 밸브 전환이나 구성요소의 작동 중 발생하는 압력펄스를 감소시켜 주는 역할을 한다. 공압시스템에서 압축기 용량을 초과하는 유량을 필요로 하는 경우가 종종 있다. 공기를 저장하는 용기 또는 탱크(air reservoir)는 이러한 과도적인 수요를 수용할 수 있어야 한다.

저장탱크의 치수를 영국단위와 미터단위로 구하기 위하여 식(13−8)과 (13−8M)을 각각 사용한다.

$$V_r = \frac{14.7t(Q_r - Q_c)}{p_{\max} - p_{\min}} \tag{13-8}$$

$$V_r = \frac{101t(Q_r - Q_c)}{p_{\max} - p_{\min}} \tag{13-8M}$$

여기서 t = 저장탱크가 공기소요량을 공급하는 시간(min)

Q_r = 공압시스템의 공기소모율(scfm, 표준 m^3/min)

Q_c = 압축기의 토출유량(scfm, 표준 m^3/min)

$p_{\max}$ = 저장탱크의 최대압력(psi, kPa)

$p_{\min}$ = 저장탱크의 최소압력(psi, kPa)

V_r = 저장탱크 치수(ft^3, m^3)

예제 13-7

a. 80~100 psi의 압력으로 6분 동안 20 scfm의 공기를 사용하는 공압시스템에 압축기가 재가동하지 않는 상태에서 공기를 공급할 수 있는 저장탱크의 치수를 계산하여라.

b. 압축기가 가동중이고 5 scfm의 공기를 공급하고 있다면 필요한 저장탱크의 치수는 얼마인가?

풀이

a. $$V_r = \frac{14.7 \times 6 \times (20 - 0)}{100 - 80} = 88.2\ \text{ft}^3 = 660\ \text{gal}$$

b. $$V_r = \frac{14.7 \times 6 \times (20 - 5)}{100 - 80} = 66.2\ \text{ft}^3 = 495\ \text{gal}$$

저장탱크의 치수를 결정할 때 계산된 크기보다 예상하지 않은 과부하에 대비하여 25%, 향후 설비확장 가능성에 대비하여 추가로 25%를 더 크게 결정하는 것이 관례이다.

압축기 구동 소요동력

또 하나의 중요한 설계사항은 시스템에서 요구되는 압력과 유량을 충족시키기 위하여 공기 압축기 구동에 필요한 소요동력을 결정하는 것이다. 공기 압축기 구동에 필요한 이론동력을 구하기 위하여 식 (13−9)와 (13−9M)을 사용한다.

$$\text{이론마력(hp)} = \frac{p_{in}Q}{65.4}\left[\left(\frac{p_{out}}{p_{in}}\right)^{0.286} - 1\right] \tag{13-9}$$

$$\text{이론동력(kW)} = \frac{p_{in}Q}{17.1}\left[\left(\frac{p_{out}}{p_{in}}\right)^{0.286} - 1\right] \tag{13-9M}$$

여기서 p_{in} = 흡입측 대기압력(psia, kPa abs)

p_{out} = 토출압력(psia, kPa abs)

Q = 유량(scfm, 표준 m^3/min)

실제동력(actual power)은 식 (13−9)에서 얻은 이론동력을 압축기 전효율(overall efficiency) η_o로 나누어서 구한다.

예제 13−8

100 psig로 100 scfm의 공기를 공급하는 압축기를 구동하는 데 필요한 실제동력을 구하여라. 압축기의 전효율은 75%이다.

풀이

식 (13−9)에서 절대압력을 반드시 사용하여야 하므로 p_{in} = 14.7 psia, p_{out} = 114.7 psia이다. 식 (13−9)에 대입하면 소요 이론마력은 다음과 같다.

$$HP_{theor} = \frac{14.7 \times 100}{65.4}\left[\left(\frac{114.7}{14.7}\right)^{0.286} - 1\right] = 18.0 \text{ hp}$$

소요 실제마력은

$$HP_{act} = \frac{HP_{theor}}{\eta_o} = \frac{18.0}{0.75} = 24.0 \text{ hp}$$

13.5 유체 조화기

서론

유체 조화기(fluid conditioner)의 사용목적은 공기를 작업자뿐만 아니라 공압시스템을 위해서도 더욱 적합한 유체 매체로 만드는 것이다. 유체 조화기에는 필터, 압력조정기(pressure regulator 또는 regulator), 윤활기(lubricator), 머플러(muffler), 공기건조기(air dryer) 등이 있다.

공기필터

필터의 기능은 공기가 밸브와 작동기(actuator) 같은 공압요소에 도달하기 전에 오염물질을 제거하는 것이다. 일반적으로, 인라인필터(in-line filter)에는 5~50 μm 범위의 오염물질을 제거하는 필터엘리먼트(filter element)가 들어있다. 그림 13-20은 5 μm 크기의 섬유소 감촉의, 재활용이 가능한 표면형(surface-type) 엘리먼트를 쓰고 있는 필터의 단면도이다. 이 엘리

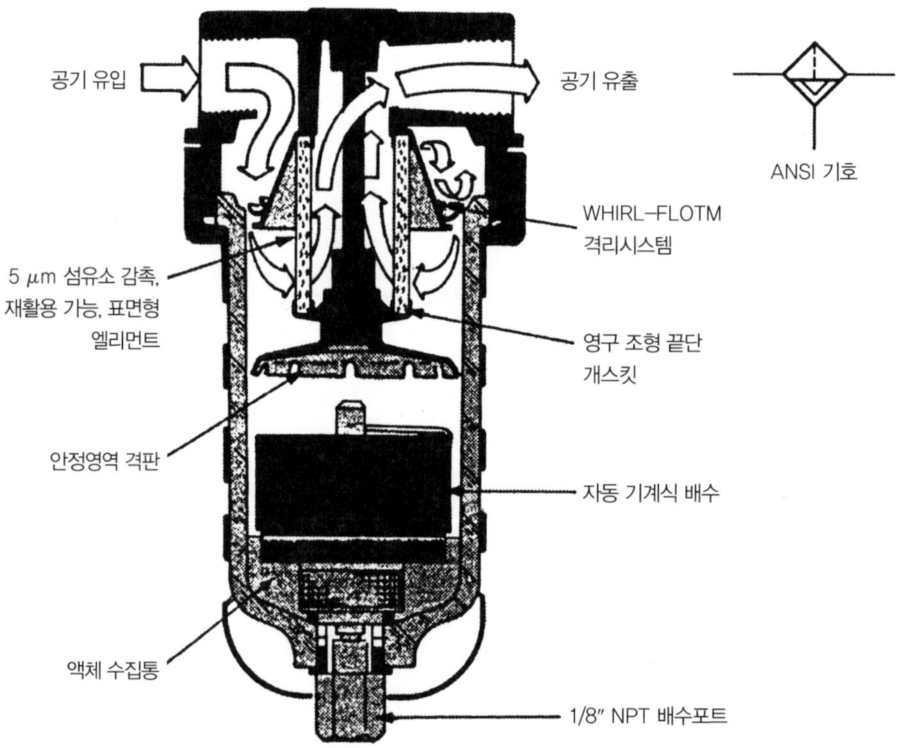

그림 13-20 공기필터의 작동(Courtesy of Wilkerson Corp., Englewood, Colorado)

먼트에는 공기가 바이패스(bypass) 하는 것을 막고 어떤 경우에도 필터기능을 발휘하도록 엘리먼트 양 끝단에 영구히 조형된 개스킷(gasket)이 붙어 있다. 이 엘리먼트는 공기 대 필터매체비(ratio of air to filter media)가 커서 우려할만한 압력 손실 없이 표면에 상당히 많은 양의 오염물질을 수집할 수 있다. 이 필터에 있는 격리시스템(baffling system)은 오염물질이 필터 엘리먼트에 도달하기 전에 이들을 대부분 기계적으로 분리시켜 준다. 그 외에 안정영역(quiet zone)은 용기에 수집된 오염물질이 공기흐름 속으로 다시 들어가는 것을 막아 주는 역할을 한다. 공기필터의 ANSI기호도 그림 13-20에 함께 표시되어 있다.

공기 압력조정기

공압시스템에서 일정한 압력을 얻기 위하여 압력조정기(pressure regulator)를 사용한다. 그림 13-21은 압력조정기의 설계특징을 보여 주고 있는데 그 작동방법은 다음과 같다.

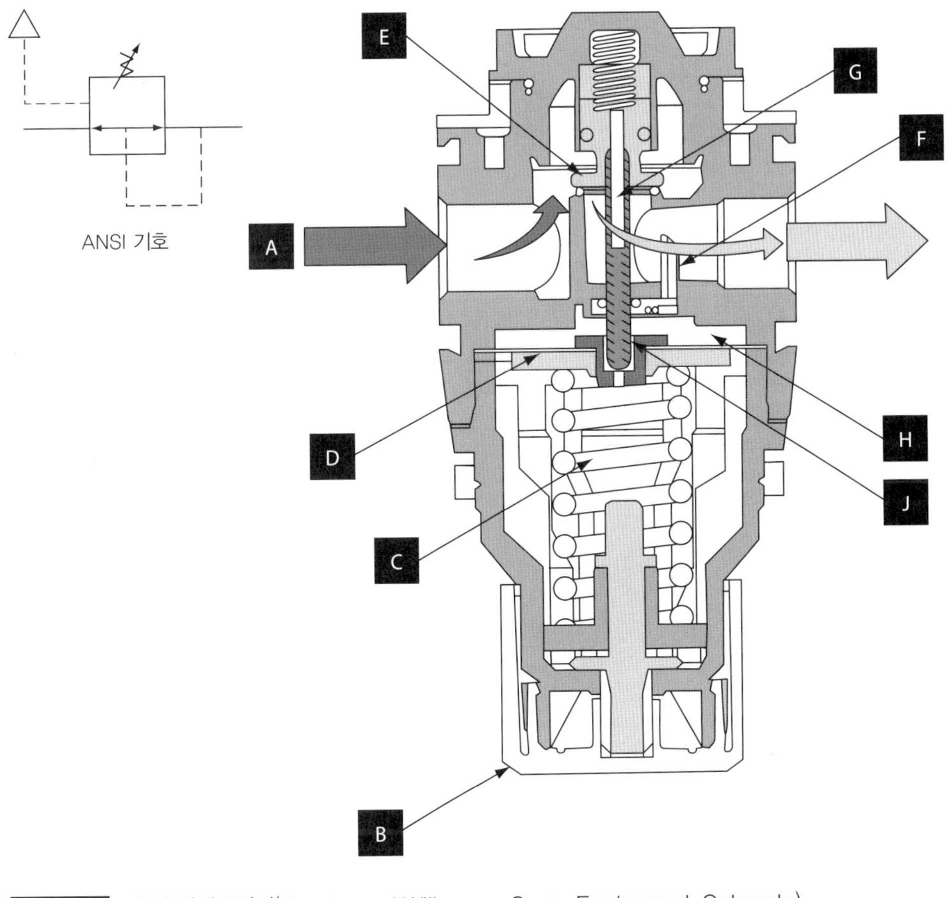

그림 13-21 공기 압력조정기(Courtesy of Wilkerson Corp., Englewood, Colorado)

공기는 압력조정기 A로 들어온다. 조정손잡이 B를 시계방향(손잡이 끝에서 볼 때)으로 돌리면 스프링 C를 압축하고 다이아프램(diaphragm) D와 주밸브(main valve) E를 위로 움직이게 하여 공기가 밸브 시트자리를 넘어 흐른다. 하류측 압력은 숨통튜브(aspirator tube) F를

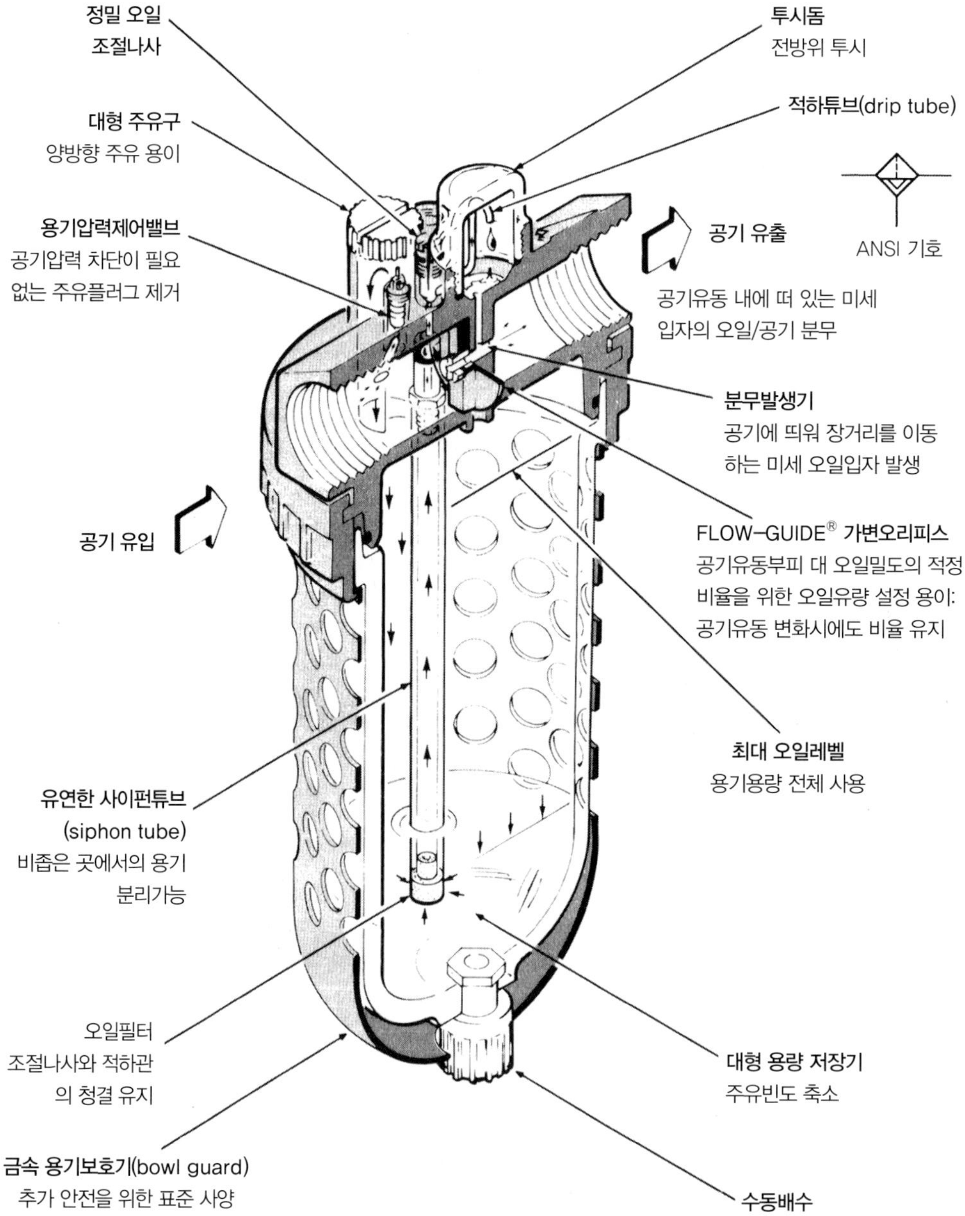

그림 13-22 공기윤활기(Courtesy of Wilkerson Corp., Englewood, Colorado)

통하여 다이아프램 D의 상단부분 H에서 감지된다. 하류압력이 상승하면 스프링 C의 압축 힘을 이겨내고 다이아프램 D와 밸브 E를 밸브시트까지 아래로 움직이게 하여 압력조정기를 통한 공기유동이 멈춘다. 스프링 C가 누르고 있는 압력과 하류압력 H는 출구압력이 감압된 상태에서 평형을 이루고 있다. 하류쪽에서 밸브를 열 때처럼 공기유동이 일어나면 하류압력이 떨어지고, 설정된 하류압력을 유지하기 위하여 스프링 C는 밸브 E를 다시 밀어서 열고 압력을 조절하는 시퀀스를 반복한다. 하류압력이 설정압력보다 높아지면 다이아프램 D가 밸브기둥(valve stem) J의 꼭지와 분리되어 초과압력을 손잡이 B 안쪽으로 통해 있는 대기로 방출한다. 하류압력이 설정압력으로 돌아오면 다이아프램은 밸브기둥에 다시 안착하고 시스템은 평형상태로 돌아간다. 공기 압력조정기의 ANSI 기호가 그림 13-21에 함께 나타나 있다.

공기윤활기

윤활기(lubricator)는 공압부품의 내부 가동부(moving parts)에 윤활을 적절하게 하여 준다. 그림 13-22는 투시돔(sight dome)을 통하여 볼 수 있는 적하튜브(drip tube)에서 떨어지는 오일방울 하나씩을 공기유동 속으로 직접 삽입하는 윤활기의 작동을 보여주고 있다. 이 오일방울은 하류로 이동되기 전에 오일분무(oil mist)로 변형된다. 이 오일분무는 굵은 입자와 미세 입자로 구성되어 있다. 굵은 입자는 윤활기로부터 20 ft 이상 이동하지만 미세 입자는 300 ft 정도의 거리에도 곧잘 도달한다. 윤활기로 들어온 공기의 일부가 가변오리피스의 중앙을 통과한 후 분무발생기(mist generator)에 들어가 적하튜브에서 떨어진 오일과 혼합하면서 오일분무 입자가 생성된다. 그런 다음 이 공기-오일 혼합물은 가변오리피스의 중앙을 바이패스한 공기와 재결합하여 최종 목적지 쪽으로 공기와 함께 흘러간다. 용기(bowl)에 담겨진 오일은 우선 사이펀튜브(siphon tube)를 따라 위로 올려진 후 조절나사(adjustment screw)를 거쳐 투시돔 내에 위치한 적하튜브로 보내진다. 이 일은 용기압력제어밸브(bowl pressure control valve)를 통하여 적은 양의 공기를 본류(mainstream)로부터 분리하여 용기 또는 저장기(reservoir)로 보냄으로써 이루어진다. 이 밸브는 주유플러그(fill plug)가 느슨해지거나 제거되었을 때 잠기어서 공기가 용기로 들어가는 것을 차단하도록 되어 있기 때문에 공기 공급라인을 폐쇄하지 않고도 용기 또는 저장기를 재주유(refilling) 할 수 있게 한다. 주유플러그를 다시 꽂으면 용기압력제어밸브는 자동적으로 열려서 용기가 다시 한번 가압되고 필요한 곳에 윤활을 공급할 수 있도록 한다.

공기윤활기의 ANSI 기호가 그림 13-22에 함께 나타나 있다.

그림 13-23은 날개로 된 필터 한 개, 압력조정기 두 개와 윤활기 한 개를 보여주고 있다. 반면에, 그림 13-24는 필터-압력조정기-윤활기 조합장치(filter-regulator-lubricator unit: FRL)를 ANSI 기호와 함께 보여주고 있다. 그림 13-23과 13-24에서 압력게이지가 부착된 장치는 압력조정기이다.

그림 13-23 낱개의 필터, 압력조정기, 윤활기(Courtesy of C. A. Norgren Co., Littleton. Colorado)

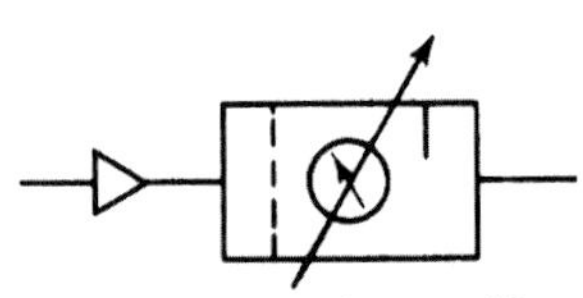

FRL의 ANSI 기호

그림 13-24 필터–압력조정기–윤활기 조합장치(Courtesy of C. A. Norgren Co., Littleton. Colorado)

공압표시기

공기압력이 들어와 있는 것을 시각적으로 표시하여 주는 2색 2위치 형태의 공압표시기(pneumatic indicator)가 그림 13-25(a)에 나타나 있다. 원형 렌즈 모양은 표시기 상태를 180도 방향에서 볼 수 있게 하여 주고 형광색은 전면과 측면에서 볼 수 있게 한다. 이 표시기는 패널(panel)에 쉽게 설치할 수 있으며 표준 전기 파일럿등(pilot light)과 동일한 구멍을 사용한다. 하지만, 이 표시기는 전력을 사용하지 않는 순수한 공압형이다.

공압표시기는 스프링복귀(spring return)가 되는 단일 입력용으로 사용하거나 메모리를 갖는 양 입력용으로 사용할 수 있도록 현장에서 조절 가능하다. 메모리는 마지막 신호입력을 유지하기 위하여 지속적인 압력을 필요로 하지 않는다. 작업 현장에서 작동 모드를 단일 입력 스프링복귀모드(single-input, spring return mode) 또는 양 입력 유지모드(two-input maintained mode)로 전환하는 것이 가능하다. 그림 13-25(b)는 표시기 뒷면에 있는 조절스위치를 보여주고 있다. 조절스위치를 한 쪽 끝에 놓으면 단일 입력모드로 전환되어 두 가지 색깔 중의 하나와 그에 해당하는 입력을 표시한다. 중앙위치에 놓으면 두 개의 입력을 유지(메모리)모드로 표시하며, 두 개의 입력이 동시에 들어온 경우에는 중간 상태로 간주하여 두 가지 색깔을 부분적으로 함께 표시한다.

공압표시기는 여러 가지의 색깔조합으로 생산되고 있으며 어떤 공압시스템과도 잘 어울린다. 사용 압력범위가 0.5~30 psi, 25~150 psi, 45~150 psi이며, 각각의 압력범위에서 최소 압력값(0.5, 25, 45 psi)은 공압표시기가 다른 색깔로 완전히 전환하는 데 필요한 압력을 가리킨다. 작동시간 즉, 공압표시기가 다른 색깔로 완전히 전환하는 데 걸리는 시간은 1초 이내이다.

(a) (b)

그림 13-25 공압표시기, (a)전면도, (b)후면도(Courtesy of Numatics Inc., Highland, Michigan)

공압소음기

공압 배기소음기(pneumatic exhaust silencer) 또는 배기머플러(exhaust muffler)는 대기로 급격하게 배출되는 공기흐름에 의하여 발생하는 소음을 억제하는 데 사용된다. 산업체에서 압축공기의 사용이 증가하면서 소음문제가 야기되어 왔다. 압축공기의 배출은 강도 높은 소리에너지(sound energy)를 발생시키며, 이 소리에너지의 대부분이 사람의 일상 대화와 동일한 주파수 대역에 속해 있다. 이러한 소음에 과도하게 노출되면 특별한 고통이나 불편을 느끼지 않으면서 청각을 잃어버릴 수 있다. 소음노출은 또한 피로를 유발하고 생산성을 저하시키고, 경고음을 차단하여 사고를 불러 일으킨다. 이러한 소음문제는 모든 공압 배기포트에 공압소음기(pneumatic silencer)를 설치함으로써 해결할 수 있다. 그림 13-26은 여러 가지 형태의 배기소음기(exhaust silencer)를 보여 주고 있는데 이러한 배기소음기는 연속적인 사용에도 배압이 형성되지 않도록 설계되어 있다.

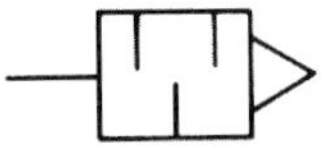
ANSI 기호

그림 13-26 공압소음기(Courtesy of C. A. Norgren Co., Littleton, Colorado)

후부냉각기

대기로부터 흡입된 공기는 수증기 형태의 습기를 다양하게 함유하고 있다. 압축기는 이러한 습기를 제거하지 못한다. 관로에 있는 압축공기를 냉각하면 습기는 응축하여 그 대부분이 관로로 따라 이동하여 결국에는 공기로 작동되는 공구나 기계로 옮겨간다. 물기는 윤활유를 씻어냄으로써 실린더, 밸브, 모터와 같이 움직이는 부분이 있는 부품의 마모를 촉진시킨다. 또한 물기는 금속 표면을 녹슬게 함으로써 도관이나 이음새 같은 배관부품의 손상을 가져온다.

후부냉각기는 두 가지 기능을 가지고 있는 열교환기이다. 첫 번째는 압축기에서 토출된 뜨거운 공기를 저장탱크로 보내기 전에 적정수준(약 80~100°F)으로 냉각시키는 기능이다. 두

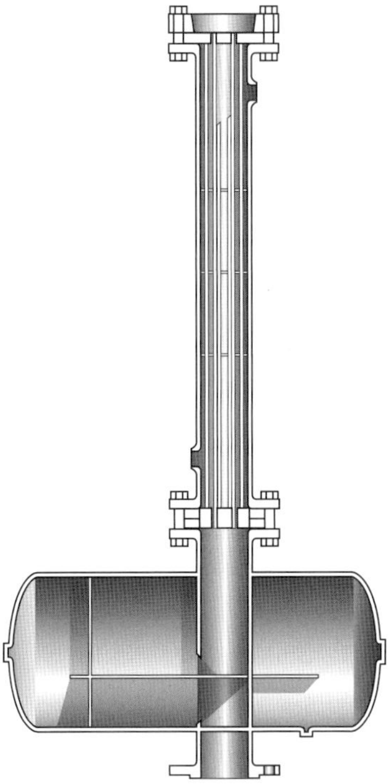

그림 13-27
후부냉각기(Courtesy of Ingersoll-Rand Co., Waxhington, New Jersy)

번째는 압축기 토출공기를 낮은 온도로 냉각시킴으로써 토출공기의 습기를 대부분 제거하는 기능이다. 그림 13-27은 압축기와 공기저장탱크 사이의 공기관로에 설치된 후부냉각기를 보여주고 있다. 이 후부냉각기에서 압축기로부터 나온 습기있는 공기는 냉각수가 흐르는 관 외벽을 지나간다. 냉각수는 공기와 반대방향으로 흐른다. 관 내부에 있는 격판(baffles)은 열전달율을 높이기 위하여 적당한 냉각수 속도와 난류를 만들어 준다. 후부냉각기를 통과한 후 냉각된 공기는 습기분리실로 들어가고 여기서 응축된 습기는 효과적으로 제거된다.

공기건조기

후부냉각기는 압축기에서 나온 공기로부터 약 85%의 습기만 제거한다. 더 많은 습기를 제거할 필요가 있는 경우에는 공기건조기(air dryer)를 후부냉각기 하류에 설치해야 한다. 이렇게 함으로써 압축공기가 공압시스템을 거쳐 흐를 때 포화되지 않는다. 공기건조기에는 세 가지 기본형 즉, 화학식, 흡수식 및 냉장식이 있다.

화학 공기건조기(chemical air dryer)는 수분을 제거한 백악(chalk) 또는 염화칼슘 등과 같은 건조제로 만든 팰릿(pallet)을 사용하여 습기를 제거한다.

흡수 건조기(adsorption dryer)는 활성알루미나(activated alumina) 또는 실리카겔(silica gel) 등과 같은 재료로 만든 침상(bed)을 사용하여 습기를 제거한다. 이 방식은 침상재료의 구멍에 고인 습기를 제거하는 기계식 공정이다. 침상은 미리 계획된 유지관리 일정에 따라 열을 가하거나 건조기 기체에 의하여 다시 활성화되거나 새롭게 된다.

냉장 건조기(refrigeration dryer)는 기본적으로 상용 냉매를 사용하는 냉장고이다. 이 건조기에서 습기있는 공기는 열교환기를 통과하는데, 그곳에서 공기는 액체 냉매가 들어있는 코일 주위를 흘러가면서 냉각된다. 냉장 건조기는 이슬점(dew point)을 낮출 수 있기 때문에 화학식 또는 흡수식 건조기보다 공기의 습기함유량을 적게 만든다. 중소형 냉장 건조기는 통상 습기있는 공기를 냉매코일 위로 바로 통과시킨다. 칠러 건조기(chiller dryer)로 불리우는 대형 냉장 건조기에서는 먼저 물을 냉각시킨 다음 냉각된 물을 코일 내로 순환시키고 그 코일 위로 습기있는 공기를 흐르게 한다.

그림 13-28은 칠러 공기건조기(chiller air dryer)를 보여 주고 있는데, 이 공기건조기는 압축공기의 온도를 이슬점인 40°F까지 낮춤으로써 실질적으로 모든 습기를 제거한다. 이 건조기는 배관과 배선이 완전히 조립된 형태로 납품되며, 공기라인, 전기동력선, 냉각수 배관, 응축수 배수관에 연결만 하면 된다.

그림 13-28 칠러 공기건조기(Courtesy of Ingersoll–Rand Co., Washington, New Jersey)

13.6 공기 중의 습기제거 해석

공기의 습기량은 **습도**로 표기된다. 공기가 주어진 온도에서 함유할 수 있는 최대 습기량을 가지고 있을 때 공기는 **포화**되었다고 말한다. 포화된 공기가 함유할 수 있는 습기량에 대한 공기의 실제습기량의 비를 **상대습도**(relative humidity)라고 정의한다. 상대습도는 공기온도에 좌우된다. 예컨대, 주어진 습기량을 함유하고 있는 공기에서 공기온도가 내려가면 상대습도는 올라가며 그 역도 마찬가지다.

이제 이슬점을 도입하여 설명하자. 공기가 포화되고 따라서 상대습도가 100%인 온도를 **이슬점**(dew point)이라고 정의한다. 공기가 포화되었을 때(공기가 이슬점온도에 있을 때) 온도가 이슬점 아래로 내려가면 공기로부터 물이 응축되어 나온다. 이러한 응축과정이 공기에서 습기를 제거하는 후부냉각기에서 일어난다. 압축기에서 토출된 고압공기는 압축기로 흡입되는 대기보다 단위부피당 습기를 훨씬 많이 함유하고 있다. 압축공기의 입방피트당 실제 습기량은 흡입된 대기의 습기량과 압축기 토출압력에 좌우된다.

그림 13-29는 여러 가지 온도와 압력에서 포화공기가 함유하는 습기량을 보여주는 그래프이다. 여컨대, 80°F, 14.7 psia(0 psig)에서 압축기로 흡입되는 포화상태의 자유공기는 1,000 ft^3 당 1.58 lb의 습기를 함유하고 있다. 이 1.58 값은 그래프의 좌측 상단에서 구할수 있는데 80°F 온도곡선이(게이지압력으로 0값까지) 습기량을 파운드로 표기한 *Y*축과 교차하는 점의 값이다. 압축기가 위에서 말한 포화상태인 자유공기 1,000 ft^3의 압력을 100 psig로 높이고 온도를 다시 80°F로 (후부냉각기에서) 냉각시킨다면 압축공기가 함유할 수 있는 최대 습기량은 0.2 lb로 줄어든다. 이 0.2 값을 다음과 같이 구한다. *X*축의 100 psig 점에서 수직선을 그어 80°F 온도곡선과 교차하는 점을 찾는다. 그점에서 수평선을 그어 습기량을 파운드로 표기한 *Y*축과 교차하는 값을 읽는다.

0.2 값은 포화된 자유공기 1,000 ft^3당 1.58 lb의 습기 중 1.38 lb의 습기(87.3%)가 공기로부터 물로 응축되어 나와 후부냉각기에 의해 배수된다는 것을 의미한다. 이 예는 공기를 압축한 다음 원래 공기온도로 다시 냉각시키는 것이 습기를 제거하는 효과적인 방법임을 보여준다. 압축기가 공기를 압축하면 압축열 때문에 공기온도를 또한 증가시킨다는 것을 유념하여라.

공기건조기는 압축공기로부터 습기를 충분히 제거하여 압축공기가 공장건물 내에 위치한 공압시스템을 거쳐 흐를 때 포화되지 않게 한다. 이것은 압축공기의 상대습도가 매우 낮아서 이슬점에 도달하지 못하고 따라서 응축이 일어나지 않기 때문이다.

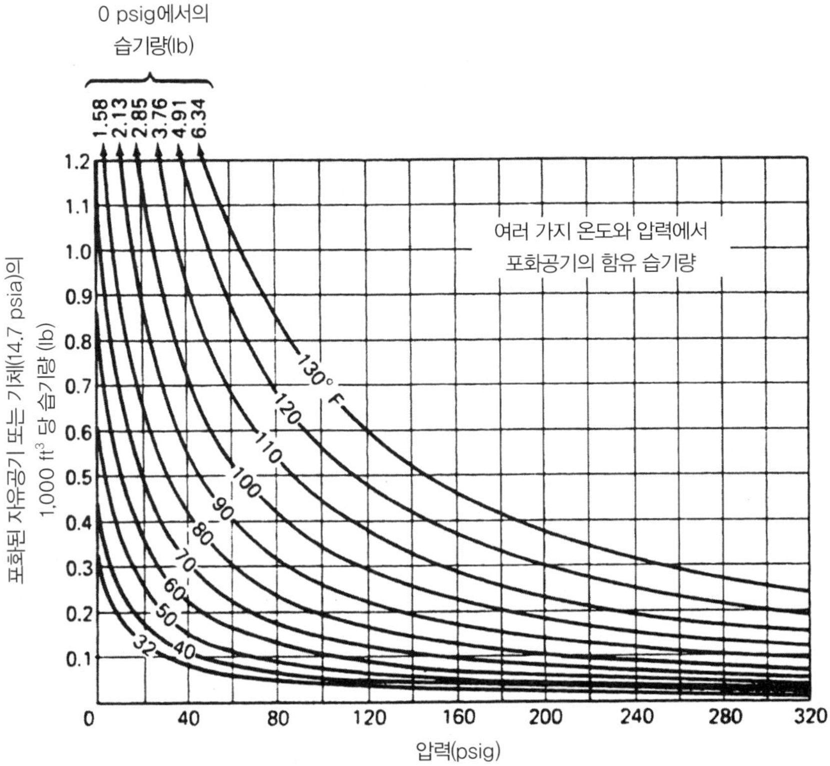

그림 13-29 여러 가지 온도와 압력에서 포화공기가 함유하는 습기량(Courtesy of the Compressed Air and Gas Institude, Compressed Air and Gas Handbook, 5e.)

예제 13-9

압축기가 공압시스템에 100 psig, 100 scfm의 공기를 공급하고 있다. 80°F에서 포화된 대기가 압축기로 흡입되고 있다.

a. 압축기가 하루 8시간 작동할 때 압축기에 의해서 하루에 공압시스템으로 전달되는 습기량을 갤론(gallon)으로 나타내어라.

b. 후부냉각기 설치에 의하여 압축공기를 80°F로 다시 냉각시킨다면 공압시스템에 전달된 일당 습기량은 얼마로 되겠는가 ?

c. 공기건조기 설치에 의하여 압축공기를 40°F로 냉각시킨다면 공압시스템에 전달된 일당 습기량은 얼마로 되겠는가?

풀이

a. 그림 13–29에 의하면 압축기에 흡입된 대기는 1,000 ft^3 당 1.58 lb의 습기를 함유하고 있다. 따라서 압축기에 흡입되는 습기의 비율 즉, 습기율(moisture rate)을 다음과 같이 얻는다.

$$\text{습기율(lb/min)} = \text{흡입 습기량}(lb/ft^3) \times \text{흡입 유량 scfm}(ft^3/min)$$

$$= \frac{1.58}{1000}\ lb/ft^3 \times 100\ ft^3/min = 0.158\ lb/min$$

물의 무게가 8.34 lb/gal이므로 공압시스템에 전달된 일당 습기량(gal/day)은 다음과 같다.

$$gal/day = 0.158\frac{lb}{min} \times \frac{60\ min}{1\ hr} \times \frac{8\ hr}{day} \times \frac{1\ gal}{8.34\ lb} = 9.09\ gal/day$$

b. 그림 13–29에 의하면 압축공기를 다시 80°F로 냉각시키면(후부냉각기를 거친) 압축공기가 1,000 ft^3(자유공기)당 함유할 수 있는 최대 습기량은 0.2 lb이다. (1.58 − 0.20)/1.58 = 0.873이므로 이것은 습기량의 87.3%가 공기로부터 응축되어 후부냉각기에 의하여 배수된다는 것을 의미한다. 공압시스템에 전달된 일당 습기량(gal/day)은 다음과 같다.

$$gal/day = (1 - 0.873)(9.09\ gal/day) = 1.15\ gal/day$$

c. 그림 13–29에 의하면(공기건조기를 거친) 압축공기가 1,000 ft^3(자유공기)당 함유할 수 있는 최대 습기량은 0.05 lb이다. 이는 96.8%의 습기제거율을 나타낸다. 따라서 공압시스템에 전달된 일당 습기량은

$$gal/day = (1 - 0.968)(9.09\ gal/day) = 0.29\ gal/day$$

공기는 건조기를 거쳐 40°F로 공압시스템에 들어간다. 공기온도가 공압시스템에서 40°F 이상만 유지한다면(실내 시스템인 경우 통상적임) 공기중의 습기는 더 이상 물로 응축되지 않는다. 따라서 공압시스템 내로 들어온 0.29 gal/day의 습기는 수증기 형태로 남아 있는다. 물은 액체지만 수증기는 기체이기 때문에 공기중에 있는 수증기 형태의 습기는 공압부품에 해를 주지 않는다. 냉장 공기건조기는 압축공기의 온도를 35°F까지 낮출 수 있다.

13.7 오리피스에 의한 공기유량제어

오리피스 통과 유량

밸브는 가변오리피스이므로 오리피스를 통과하는 공기유량을 구하는 것은 중요한 일이다. 액체 유량에 대한 관계식은 8장에서 다루었지만, 공기의 압축성 때문에 공기유량 관계식은 더 복잡하다. 식 (13−10)과 (13−10M)은 오리피스를 통과하는 공기부피유량을 영국단위와 미터단위로 각각 계산하는 식이다.

$$Q = 22.7C_v\sqrt{\frac{(p_1 - p_2)(p_2)}{T_1}} \tag{13-10}$$

$$Q = 0.0698C_v\sqrt{\frac{(p_1 - p_2)(p_2)}{T_1}} \tag{13-10M}$$

여기서 Q = 부피유량(scfm, 표준 m^3/min)
C_v = 유동용량상수(flow capacity constant)
p_1 = 상류압력(psia, kPa abs)
p_2 = 하류압력(psia, kPa abs)
T_1 = 상류온도(°R, K)

위의 식들은 p_2가 0.53 p_1보다 클 때(또는 p_2가 p_1의 53%보다 클 때) 유효하다. 이 영역 밖에서는 오리피스를 통과하는 유동은 초크(choked)된다고 말한다. 따라서 p_2가 0.53 p_1과 같아질 때까지만 오리피스를 통과하는 유량은 압력강하 $p_1 - p_2$의 증가에 따라 많아진다. p_2가 0.53 p_1보다 작아지면 식 (13−10) 또는 (13−10M)에 의해서 유량증가가 일어날 것으로 예상할 수도 있는데 실제로 유량증가는 일어나지 않는다. 이 현상은 오리피스 하류 유속이 음속에 도달하기 때문이다. 따라서 식 (13−10)과 (13−10M)을 사용하기 전에 유동이 초크되었는지 확인하기 위하여 압력비 p_2/p_1을 계산하여야 한다.

실용적인 관점에서 보면 이것은 밸브를 통하여 작동기로 공기를 보낼 때 상류압력의 53%인 하류압력의 크기가 제한요인이 된다는 것을 의미한다. 예컨대, 라인압력이 100 psia일 때 작동기 입구의 압력이 53 psia로 떨어지면 유속은 최고점에 도달한다. 작동기 입구의 압력이 53 psia 아래로 더 떨어져도 유속은 더 이상 커지지 않는다. 상류압력이 100 psia인 경우 하류압력이 53 psia보다 작아져도 하류압력을 53 psia로 놓고 식 (13−10) 또는 (13−10M)을 사용하여 부피유량을 계산하여야 한다.

다시 말하면, p_2가 0.53p1 보다 작은 경우 p_1 값을 증가시키면 밸브 전후의 압력강하는 크게 되지만 오리피스가 이미 초크되었기 때문에 유속의 증가는 일어나지 않는다. 그러므로 p_1/p_2의 비를 1/0.53(또는 1.89)보다 증가시켜도 부피유량의 증가는 더 이상 일어나지 않는다. 그러나 p_1 값을 $1.89p_2$ 보다 증가시키면 압력 상승에 따라 공기 밀도가 증가하기 때문에 질량유량은 증가한다. 따라서 p_1 값을 $1.89p_2$보다 증가시키면 부피유량은 초크된 값으로 일정하게 유지되지만 질량유량은 증가한다.

유량에 의한 밸브의 치수결정

유동용량상수 C_v의 값은 밸브 제작자에 의해 실험적으로 구하여지고 여러 가지 밸브의 치수에 따라 보통 표 형태로 주어진다. 주어진 응용에서 적절한 치수의 밸브는 제작자의 카탈로그로 부터 선정될 수 있다. 시스템 유량(Q), 상류 공기온도(T_1), 밸브 전후의 최대 허용압력강하($p_1 - p_2$), 작동기 구동에 필요한 밸브 하류압력(p_2) 등을 알면 해당되는 유동유량상수(C_v)를 식 (13−10) 또는 (13−10M)을 사용하여 계산할 수 있다. 관련된 응용에서 적절한 치수의 밸브를 구하려면 식 (13−10) 또는 (13−10M)에 의하여 계산한 C_v 값과 같거나 더 큰 값을 갖는 밸브를 선정하면 된다. 동일한 밸브 압력강하와 밸브 하류압력에서 부피유량은 유동용량상수 C_v에 정비례하여 증가하기 때문에 큰 C_v 값은 치수가 큰 밸브를 가리킨다.

예제 13−10

지름이 in이고 유동용량상수 7.4인 오리피스를 통과하여 온도 80°F인 공기가 흐른다. 상류압력이 80 psi일 때 공기의 최대유량은 몇 scfm 인가?

풀이

$$T_1 = 80 + 460 = 540°\text{R}$$
$$p_1 = 80 + 14.7 = 94.7 \text{ psia}$$

오리피스가 초크($p_2 = 0.53p_1$)되었을 때 최대유량이 흐른다. 따라서

$$p_2 = 0.53 \times 94.7 = 50.2 \text{ psia}$$

식 (13−10)에 바로 대입하면

$$Q = 22.7 \times 7.4\sqrt{\frac{(94.7 - 50.2)(50.2)}{540}} = 22.7 \times 7.4 \times 2.03$$
$$= 341 \text{ scfm (공기)}$$

13.8 공기제어밸브

압력조정기

공기제어밸브(air control valves)는 공압회로에서 공기의 압력, 유량, 방향을 제어하는 데 사용된다. 공압 압력제어밸브(pressure control valve)는 모든 독립된 공압회로의 입구에 설치하는 공기라인조정기(air line regulator)이며, 특정 회로의 작업압력(working pressure)을 형성하여 준다. 때로는 회로 내의 별도 부분들에 두 개 이상의 다른 압력을 공급하기 위하여 회로 내에도 공기라인조정기들을 설치한다. 실제 압력조정기(pressure regulator)의 단면도가 그림 13−30에 주어져 있다(이 압력조정기의 작동원리는 13.5절에 설명되어 있다). 원하는 압력은 T-핸들에 의해서 설정되는데 T-핸들은 스프링에 압축력을 가한다. 스프링은 그 힘을 다이아프램에 전달하고 다이아프램은 제어밸브의 열림과 닫힘을 조정한다. 이런 작동이 공기유량을 조정하여 원하는 하류압력을 형성한다.

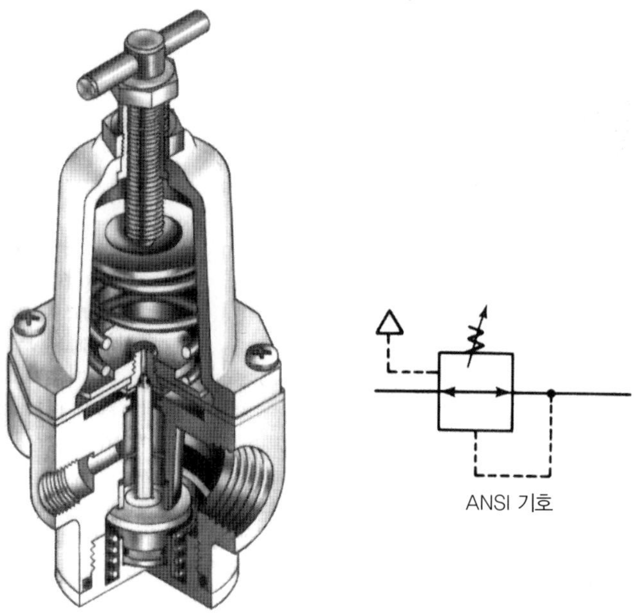

그림 13-30 공압 압력조정기의 단면(Courtesy of Aro Corp., Bryan, Ohio)

첵밸브

그림 13-31은 첵밸브(check valve)를 보여주고 있는데 이 밸브는 역방향 흐름을 순간적으로 차단하고 순방향으로는 낮은 크래킹압력(cracking pressure)에 의해서 열린다. 개략도에서 볼 수 있는 것처럼 첵밸브 내의 디스크는 역류가 흐르기 전에 통로를 막아서 압력차의 역전에 따른 유체충격을 방지한다. 그림에 있는 것은 금속 몸체를 가지고 있으나 경량의 플라스틱 몸체로 된 것도 있으며 후자의 경우 플라스틱튜브나 금속튜브에 맞는 이음쇠(fittings)도 있다.

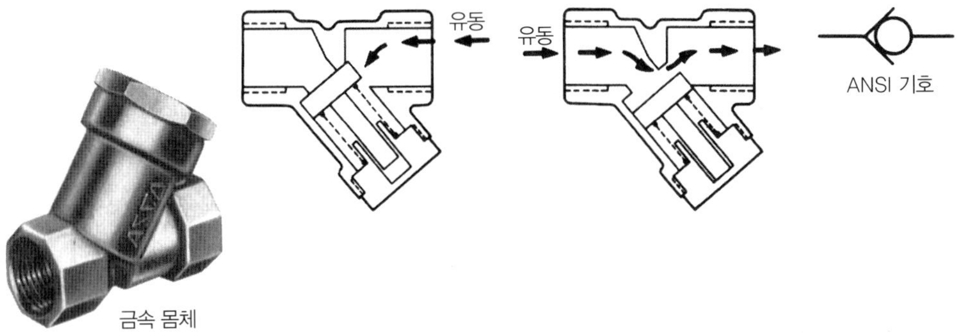

그림 13-31 공압 첵밸브(Courtesy of Automatic Switch Co., Florham Park, New Jersey)

셔틀밸브

그림 13-32(a)는 공압 셔틀밸브(shuttle valve)의 사진을 보여주고 있는데 이 밸브는 두 개의 입력압력 중에서 높은 압력을 자동적으로 선택하여 그 압력을 출력포트로 연결하고 낮은 압력을 차단한다. 이 밸브는 두 개의 입력포트, 하나의 출력포트와 자유롭게 유동하는 스풀을 가지고 있으며 개방중립 작동을 하는 구조로 되어 있다. 스풀이 한 쪽으로 이동하면 밸브는 한 입력과 출력포트를 연결하고, 다른 한 쪽으로 이동하면 두 번째 입력과 출력포트를 연결한다.

압력이 하나의 입력포트에 작용하면 공기는 스풀을 움직이고 슬리브포트(sleeve port)를 통하여 출력포트로 흘러 나간다. 압력이 입력포트에서 제거되면 출력포트에 있던 공기는 셔틀밸브를 거쳐 배기되고 입력포트 중의 하나로 배출된다. 일반적으로 공기는 압력이 가해졌던 입력포트를 통하여 배기되지만 항상 그렇지는 않고 공기는 다른 입력포트를 통하여 배기될 수도 있다. 신호압력이 두 번째 입력포트에 작용하면 동일한 작동이 이루어진다.

하나의 입력이 가해진 동안 두 번째 입력포트가 첫 번째 입력보다 1.5 psig 높은 압력을 받는다면 높은 압력이 출력에 나타난다. 두 번째 입력이 첫 번째 입력과 동일하면 첫 번째 신호가 없어질 때까지 아무 변화가 일어나지 않는다. 첫 번째 입력의 압력이 떨어지면 두 번째 입

(a)

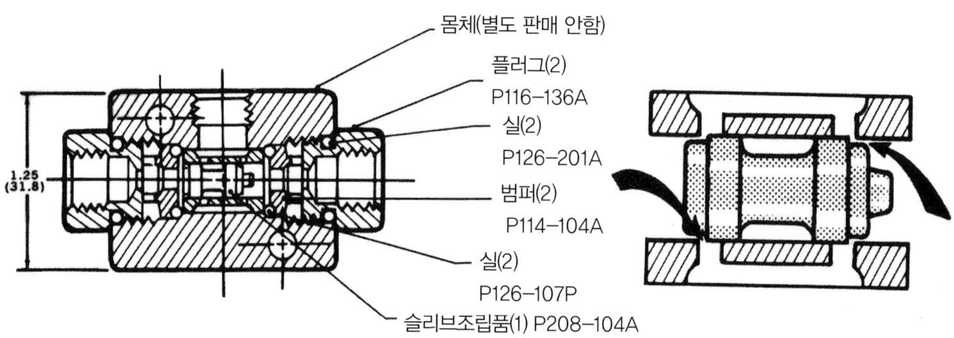

(b)

ANSI 기호

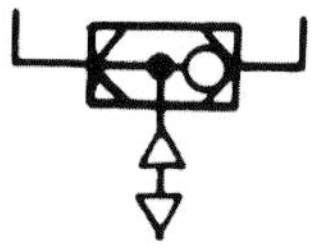

(c)

그림 13-32 셔틀밸브 (a) 외형도 (b) 내면 및 스풀포트의 형상 (c) ANSI 기호(Courtesy of Numatics Incorp., Highland, Michigan)

력이 우세하게 된다.

셔틀밸브의 개방중립 작동이 그림 13-32(b)에 나타나 있는데 여기서 화살은 중립위치에서의 틈새를 가리킨다. 스풀이 중립위치로 이동하여 있을 때 모든 포트를 봉쇄하기에는 몇천분의 일 인치가 부족하다. 따라서 스풀이 모든 배기 작업을 봉쇄할 수 있는 중립위치를 찾기는 불가능하다. 스풀은 항상 한 위치나 다른 위치로 이동할 것이다.

그림 13-32(c)는 셔틀밸브의 ANSI기호를 보여주고 있다.

2방향 방향제어밸브

그림 13-33은 공기조작(공기 파일럿조작), 2방향 공압밸브를 보여준다. 그림에서 볼 수 있는

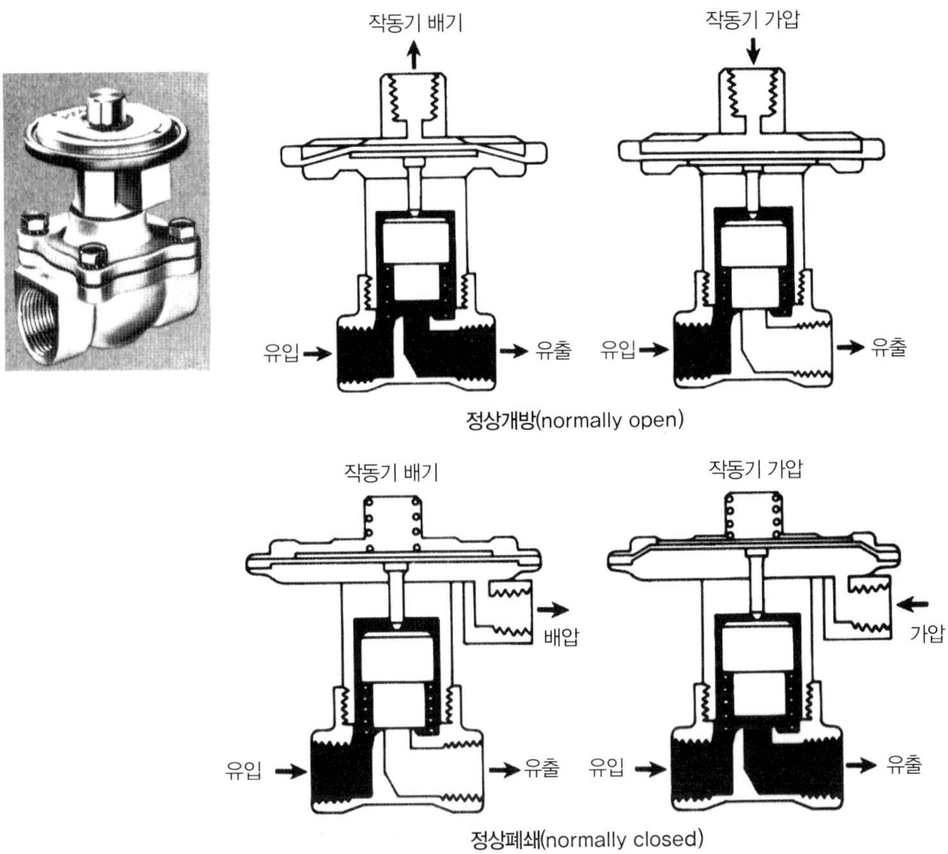

그림 13-33 2방향, 공기 파일럿조작 밸브(Courtesy of Automatic Switch Co., Florham Park, New Jersey)

것처럼 이 밸브는 정상개방(normally open) 또는 정상폐쇄(normally closed)로 작동하는 형태를 가지고 있다. 포핏형 구조는 차단을 확실하게 하여주고 파일럿 공기압력 또는 주 공기라인 압력의 변화가 밸브작동에 영향을 미치지 않게 만든다. 파일럿압력은 일정하지 않아도 된다. 이 밸브는 건조한 공기나 윤활이 된 공기를 사용할 수 있고 사용연한이 길다.

3방향 및 4방향 방향제어밸브

그림 13-34는 다목적 3방향 또는 개방배기 4방향(open-exhaust four-way), 누름버튼(push-button) 방향제어밸브(directional control valve)를 보여주고 있다. 3방향 밸브는 3포트 다목적 밸브이며 어느 포트나 가압될 수 있다. 4방향 밸브는 적절한 실린더 포트를 막음으로써 정상개방 또는 정상폐쇄 3방향 밸브로 사용될 수 있다. 배기는 망(screen)이 설치되어 있는 두 개의 포트를 통하여 이루어진다. 이 밸브들을 작동시키는 데 필요한 힘은 2.5 lb이다.

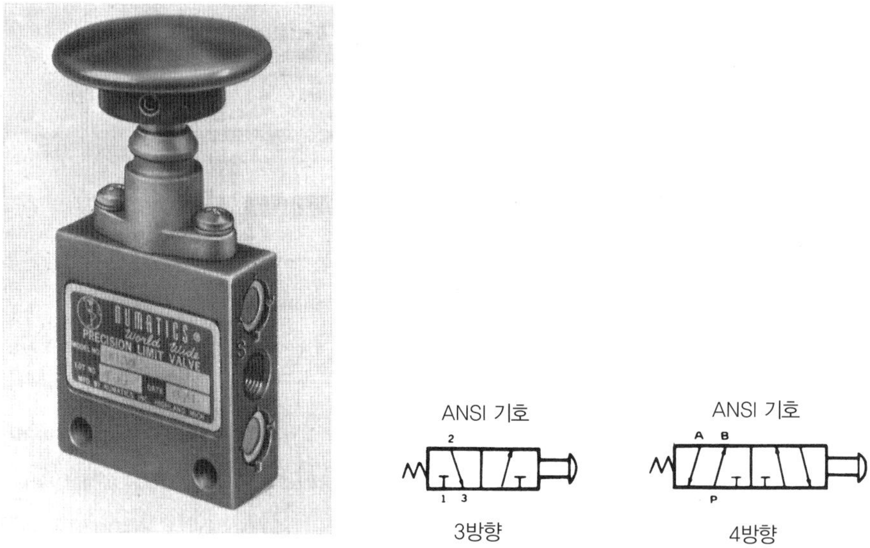

그림 13-34 누름버튼 방향제어밸브(Courtesy of Numatics Incorp., Highland, Michigan)

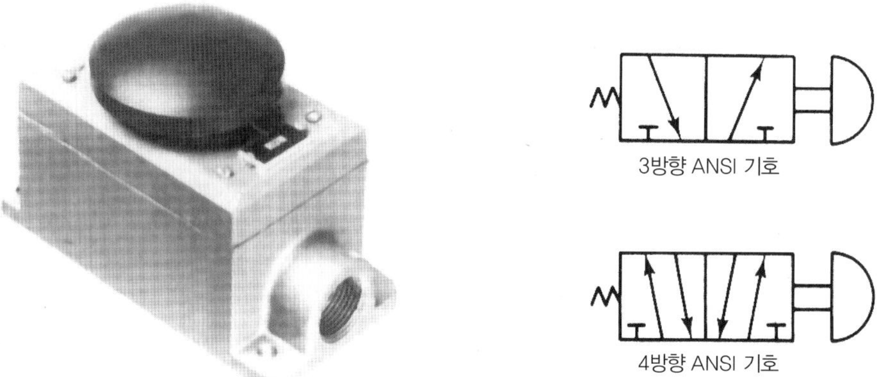

그림 13-35 손바닥버튼 밸브(Courtesy of Numatics Incorp., Highland, Michigan)

그림 13-35는 손바닥버튼(palm-button) 방향제어밸브를 보여준다. 대형 버섯머리는 절단 프레스, 주조, 이와 유사한 작업 등에서 두툼한 장갑을 낀 손이 매일매일 세게 내려치는 것을 견디어 내도록 특별히 설계된 아주 견고한 조작기이다. 크고 둥근 버튼은 작업자의 손을 보호하기 위하여 부드러운 합성고무로 씌운다.

그림 13-36은 롤러레버(roller-lever) 작동기를 사용하는 리밋밸브(limit valve)를 보여준다. 이 방향제어밸브는 다목적 3방향 또는 개방배기 4방향으로 사용된다. 이런 형태의 밸브

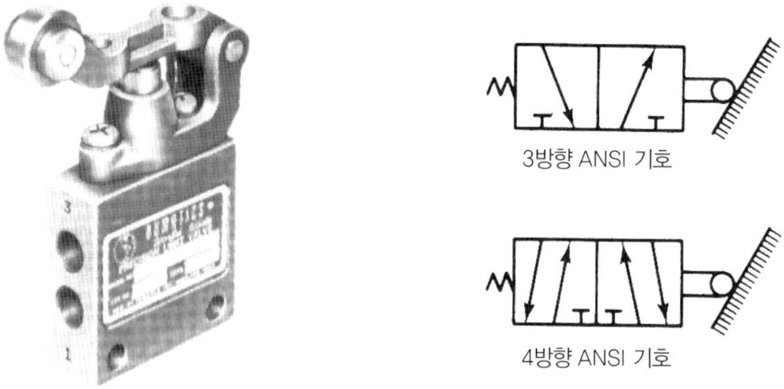

그림 13-36 리밋밸브(Courtesy of Numatics Incorp., Highland, Michigan)

는 일반적으로 실린더 피스톤행정의 양 끝점 또는 전후진 행정의 제한점에서 실린더 피스톤 로드에 의해 작동된다.

그림 13-37은 수동레버조작(hand-lever-operated) 4방향 방향제어밸브를 보여준다. 수동레버는 2위치 또는 3위치 밸브에 사용되는데 레버의 손동작이 스풀을 움직이게 한다. 레버는 스풀에 직접 연결되어 있다. 스풀이 특정위치에 있을 때 확실한 "느낌"을 주는 멈춤쇠(detents)가 달려 있는 것도 있다.

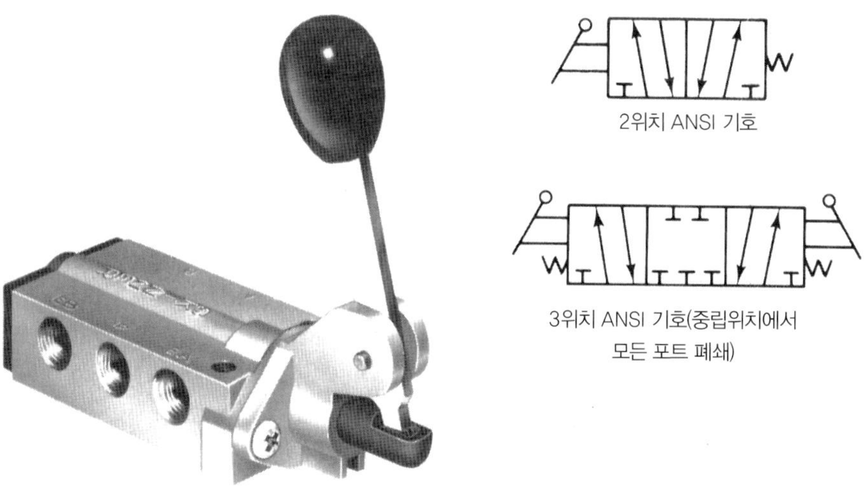

그림 13-37 수동레버조작 4방향 밸브(Courtesy of Skinner Precision Industries, Inc., New Britain, Connecticut)

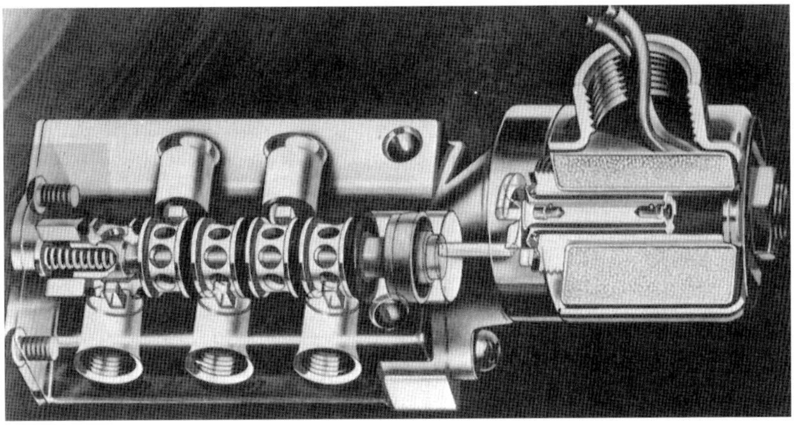

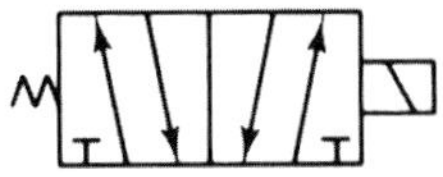

ANSI 기호 2위치
단일 솔레노이드

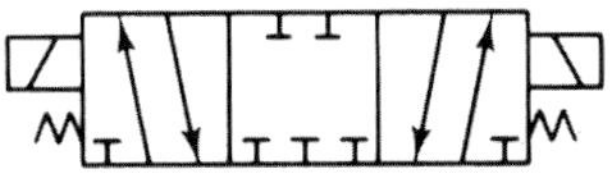

ANSI 기호 3위치
양 솔레노이드

그림 13-38 솔레노이드조작 방향제어밸브(Courtesy of Skinner Precision Industries Inc., New Britain, Connecticut)

그림 13-38은 4방향, 2위치, 솔레노이드조작(solenoid-operated) 방향제어밸브의 내부 구조 모양을 보여주고 있다. 전원을 가하면 그림에 있는 단일 솔레노이드조작기(solenoid operator)가 스풀을 움직이고, 전원을 분리하면 스프링이 스풀을 복귀시킨다.

두 개의 솔레노이드를 사용하는 경우, 2위치 밸브에서 하나의 솔레노이드에 전원을 잠시 가하면 스풀이 변위되고 반대편 솔레노이드에 전원을 가할 때까지 변위된 위치에 남아 있는다.

3위치 밸브는 두 개의 솔레노이드중 하나에 전원을 가할 때까지 스프링중립위치에 머무른다. 솔레노이드에 전원을 가하면 스풀이 변위되고 전원을 분리할 때까지 변위된 위치에 남아 있는다. 솔레노이드에 전원을 분리하면 스풀은 중립위치로 복귀한다.

유량제어밸브

유량제어밸브(flow control valve)가 그림 13-39에 나타나 있다. 그림에서 볼 수 있는 것처럼 스프링 힘을 받는 디스크가 한 쪽 방향으로는 자유 유동을 하게 하고 반대방향으로는 조절된 또는 제어된 유동을 하게 한다. 유량조절은 테이퍼진 청동 스템(stem)이 디스크에 있는 십자 홀을 통과하는 유량을 제어함으로써 이루어진다.

조절손잡이는 플라스틱 유량조정손잡이와 엄지조작래치형 멈추개(thumb latch pawl)로 이루어진 특유한 잠금장치를 가지고 있다. 청동 스템의 위치를 가리키기 위하여 밸브덮개

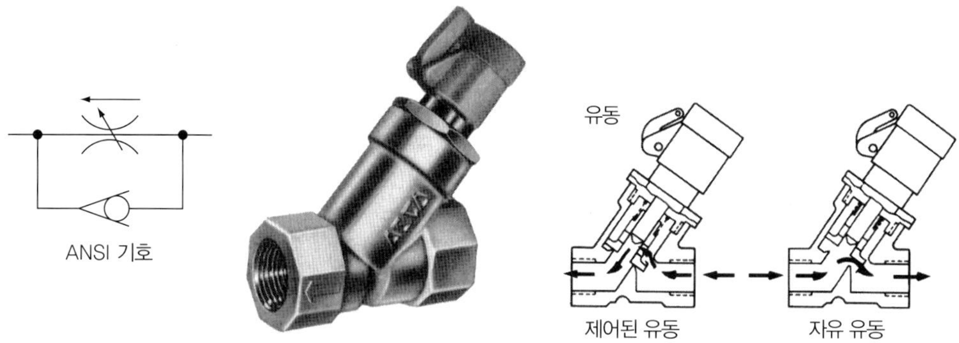

그림 13-39 유량제어밸브(Courtesy of Automatic Switch Co., Florham Park, New Jersey)

(bonnet)에 눈금이 그어져 있다. 멈추개가 위로 향해 있으면 마디 달린 덮개와의 마찰에 의한 잠금이 발생하여 손잡이는 회전할 수 없게 된다. 멈추개가 손잡이와 90°로 되면 손잡이는 자유롭게 회전한다. 밸브를 어떤 위치로 설치하여도 이 잠금작동은 영향을 받지 않는다.

밸브의 치수결정

유압시스템과 마찬가지로 공압시스템에서 밸브의 치수를 적절하게 선정하는 것은 중요하다. 밸브가 너무 작으면 과도한 압력강하가 생겨 높은 운전비용과 시스템의 오동작을 유발시킨다. 마찬가지로 너무 큰 밸브는 높은 부품가격과 설치공간 문제 때문에 바람직하지 않다. 식 (13−10)에 의하면 유동용량상수는 밸브의 치수를 직접적으로 표시하는 값이다. 적절한 치수를 갖는 밸브를 구하려면 식 (13−10)에 의하여 계산된 C_v 값과 같거나 더 큰 값을 갖는 밸브를 제작자의 카탈로그로부터 선정하면 된다. 예제 13−11은 특정 응용에서 이와 같은 계산을 어떻게 수행하는 지를 보여준다.

예제 13−11

공압으로 동력이 공급되는 임팩트 공구는 100 psig에서 50 scfm의 공기를 필요로 한다. 상류공기 온도가 80°F일 때 밸브의 압력강하가 12 psi를 초과하지 않아야 한다면 이 경우 밸브의 치수(C_v)를 얼마로 결정하여야 하는가?

풀이

상류온도와 하류압력을 절대단위로 환산한다.

$$T_1 = 80 + 460 = 540°\text{R}$$

식 (13−10)에 바로 대입하면

$$p_2 = 100 + 14.7 = 114.7 \text{ psia}$$

다음 C_v에 대하여 식 (13−10)을 풀고 주어진 값을 대입하면

$$C_v = \frac{Q}{22.7}\sqrt{\frac{T_1}{(p_1 - p_2)(p_2)}} = \frac{50}{22.7}\sqrt{\frac{540}{12 \times 114.7}} = 1.38$$

따라서 C_v 값이 1.38 이상인 밸브를 선정하면 된다. C_v 값이 1.38보다 작은 밸브를 선정하면 과도한 압력강하가 생겨 시스템의 오작동을 유발시킨다. 그러나 C_v 값이 1.38보다 너무 큰 밸브를 선정하면 필요 이상으로 과도하게 큰 밸브를 선정한 결과가 되어 공압시스템의 비용이 증가한다.

13.9 공압작동기

서론

공압시스템은 유압시스템과 유사한 형태로 작동기를 사용한다. 그러나 유체매체로 유압오일 대신 공기를 사용하기 때문에 작동압력이 낮아서 공압작동기는 가벼운 구조로 되어 있다. 예컨대, 공압실린더는 무게를 줄이고, 열전달 특성을 개선하고 공기의 부식작용을 최소화하기 위하여 알루미늄과 다른 비철합금을 주로 사용한다.

공압실린더

그림 13−40은 대표적인 복동 공압실린더의 내부 구조 특징을 보여주고 있다. 정격 200 psi인 이 실린더에서 저마찰 실링과 덜거덕거림이 없는 부드러운 작동을 위하여 피스톤은 마모보상 가압형(pressure-energized) U컵실(U-cup seal)을 사용하고 있다. 엔드플레이트(end plate)는 무게를 최소화하면서도 강도를 유지하기 위하여 가로보가 달린 알루미늄합금을 사용한다. 자동조심형(self-aligning) 부나N실(Buna-N seal)은 누설이 없는 쿠션(cushion)역할을 하며 실린더가 복귀할 때에는 자유 유동으로 되돌아가는 첵밸브 기능을 가진다. 양 끝에 있는 테이퍼진 자율잠금니들(self-locking needle)에 의해 이루어지는 쿠션조절은 20 in까지 가능한 행정(stroke) 전체에 걸쳐 확실한 제어를 하여 준다.

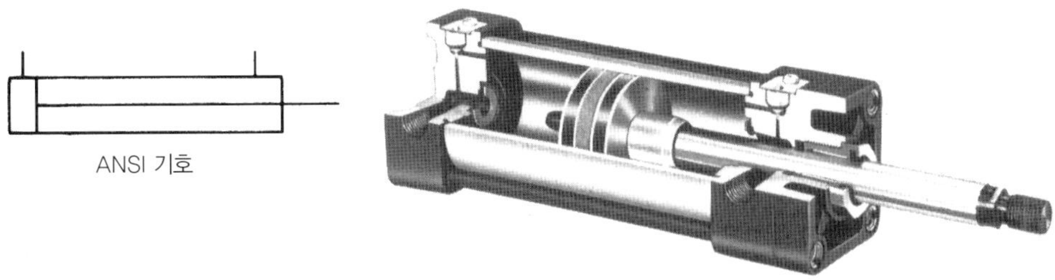

그림 13-40 공압실린더의 구조(Courtesy of Aro Corp., Bryan, Ohio)

그림 13-41 공기실린더에 의해 구동되는 회전 인덱스테이블(Couryesy of Allenair Corp., Mineola, New York)

그림 13-41은 복동 공압실린더에 의해 구동되는 회전 인덱스테이블(rotary index table)을 묘사하고 있다. 부하를 움직이는 데 필요한 만큼의 힘을 주기 위하여 또 우발적인 장애물이 있는 경우의 손상을 방지하기 위하여 입력압력을 조절한다. 랙과 기어 구동은 전 사이클에 걸쳐 공기실린더의 직선운동을 회전운동으로 전체 동력을 전달한다. 여러 가지 캠을 사용함으로써 인덱스테이블은 90°, 60°, 45°, 30° 또는 15°씩 증가하는 인덱스작동을 한다.

공압 회전작동기

그림 13-42는 100 psi인 공기를 사용하며 토크출력 범위가 100~10,000 in · lb인 다섯 가지 기본모델을 가지고 있는 공압 회전작동기(rotary actuator)를 보여준다. 표준 회전은 94°, 184°와 364°이다. 양단의 실린더 헤드는 자유롭게 유동하는 내장 피스톤을 확실하게 정지시키는 내부 멈춤(stop) 역할을 한다. 내구성을 좋게 하기 위하여 경화강으로 만든 랙과 피니언에 의해 피스톤의 선형 운동은 회전운동으로 바뀐다.

그림 13-42 공압 회전작동기(Courtesy of Flo-Tork Inc., Orrville, Ohio)

회전 공기모터

회전 공기모터는 부드러운 동력원으로 사용된다. 이 모터는 과부하 손상이 생기지 않으며 열 발생 문제를 일으키지 않으면서 오랫동안 스톨(stall)상태로 있을 수 있다. 이 모터는 매우 신속하게 시동하고 정지할 수 있으며 압력조정과 유량제어로 토크와 속도를 무단으로 변화시킬 수 있다.

그림 13-43은 베인 공기모터를 보여주고 있는데 이 베인모터는 네 개의 베인을 갖고 있으며 100 psi 공기를 사용하여 1.7 hp까지 동력을 전달할 수 있다. 이 베인들은 마모를 스스로 수용하는 자동실링(self-sealing)기능을 하여 베인모터의 수명이 다할 때까지 변함 없는 출력을 보장하여 준다. 모터에 들어온 압축공기가 베인을 편심장착된 모터의 반경방향 슬롯의 바깥으로 밀어내기 때문에 이러한 자동실링 특성이 존재한다. 이와 같은 방법에 의하여 베인모

그림 13-43 베인 공기모터(Courtesy of Gast Manufacturing, Inc., Benton Harbor, Michigan)

주: 자유 배기 조건의 4베인 모델의 성능 데이터를 나타냄.

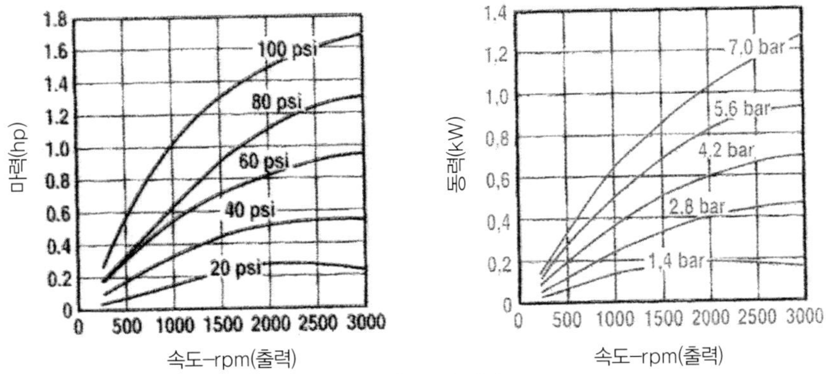

출력동력 대 속도

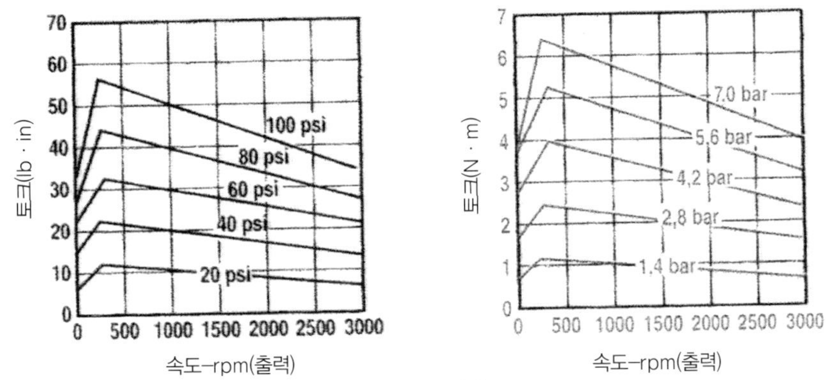

토크 대 속도

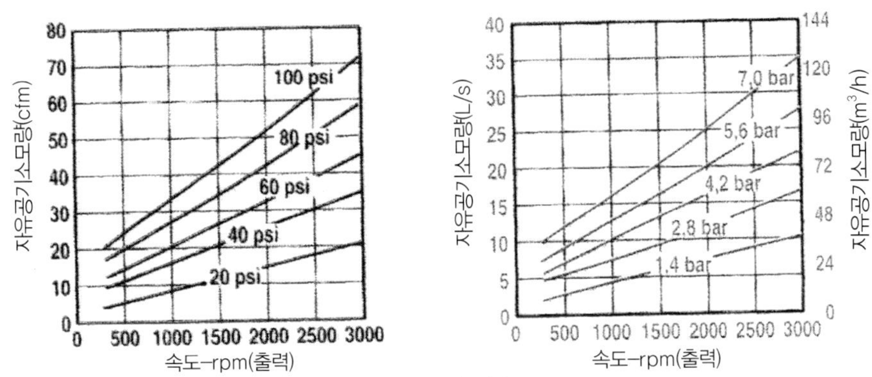

공기소모량 대 속도

그림 13-44 그림 13-43에 있는 베인 공기모터의 성능곡선 (Courtesy of Gast Manufacturing, Inc., Benton Harbor, Michigan)

터의 3,000 rpm 속도범위 전체에 걸쳐 베인 끝단은 하우징 캠링(housing cam ring)과 접촉을 유지한다. 이러한 공기모터는 운전중 열이 발생하지 않기 때문에 실온이 250°F까지인 환경에서 사용될 수 있다. 베인 공기모터의 대표적 용도는 혼합기기(mixing equipmnet), 컨베이어 구동, 식품패킹, 호이트, 인장기구(tension device), 턴테이블 등이다.

그림 13-44는 그림 13-43에 있는 베인모터의 영국단위와 미터단위로 표시된 성능곡선, 즉 출력동력 대 속도, 토크 대 속도와 공기소모량 대 속도 곡선을 보여주고 있다. 다섯 개의 다른 압력에서 주어진 성능곡선은 실제 시험데이터에 의해서 구하여 진 것이다. 출력동력이 속도 또는 압력이 커짐에 따라 증가하는 것을 관찰하여라. 또한 토크는 압력이 커짐에 따라 증가하는 것을 주목하여라. 하지만, 토크 대 속도 곡선은 다른 특성을 나타내고 있다. 주어진 압력에서 속도가 0에서 약 250 rpm까지 증가함에 따라 토크는 증가한다. 250 rpm에서 최대 속도 3,000 rpm까지의 범위에서는 속도가 증가함에 따라 토크는 감소한다. 또한, 속도범위의 대부분에서 시동토크(속도 0에서의 부하토크)가 운전토크보다 작다는 것을 관찰하여라. 결과적으로 큰 부하토크를 시동하는 데 큰 입력압력(압력조정기에 의해 제어됨)이 요구된다. 마지막으로 공기소모량이 속도 또는 압력이 커짐에 따라 증가하는 것을 주목하여라. 100 psi 공기로 최대속도 3,000 rpm으로 운전할 때 모터의 공기소모량은 자유공기로 72 cfm이다.

그림 13-45는 레이디얼 피스톤 공기모터를 보여주고 있다. 5실린더 피스톤 설계는 모터의 매 회전동안 발생하는 다섯 개의 동력충격(power impulse)을 중첩시켜서 모든 속도에서 균등한 토크를 공급한다. 최소한 두 개의 피스톤이 항상 동력행정(power stroke)에 걸쳐 있다. 이러한 부드럽고 중첩된 동력흐름과 정확한 균형은 이 모터를 모든 속도에서 진동없이 돌아가게 한다. 이러한 부드러운 운전은 플라이휠 기능이 미미한 낮은 속도에서 특히 두각을 나타낸다. 이 공기모터의 배기소음은 상대적으로 작은데 배기머플러를 사용하면 더 감소시킬 수 있다. 이 모터는 100 psi의 공기압력으로 연속운전하는데 적합하며 15 hp까지 동력을 전

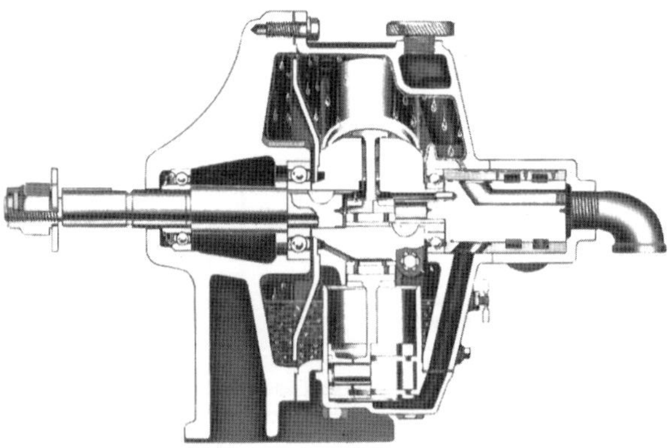

그림 13-45 레이디얼 피스톤 공기모터(Courtesy of Gardner-Denver Co., Quincy, Illinois)

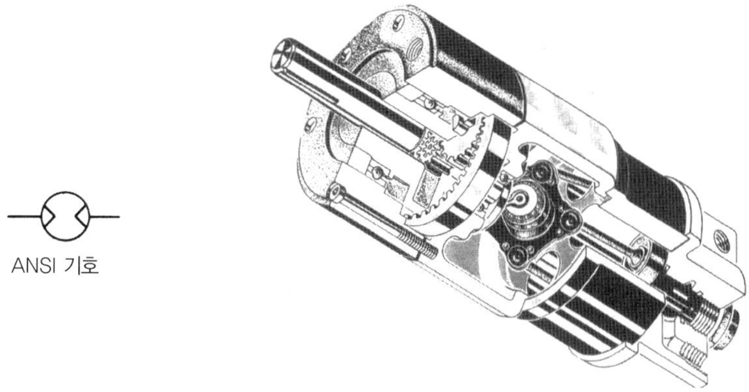

그림 13-46 액시얼 피스톤 공기모터(Courtesy of Gardner–Denver Co., Quincy, Illinois)

달할 수 있다.

그림 13–46에서 100 psi의 공기를 사용하여 3 hp까지 동력을 공급할 수 있는 액시얼 피스톤 공기모터를 볼 수 있다. 5피스톤 액시얼 설계 모터의 동력펄스는 레이디얼 피스톤 설계와 같다. 최소한 두 개의 피스톤이 항상 동력행정에 걸쳐 있어 모든 속도에서 균등한 토크를 공급한다.

공압작동기의 공기소요량

공압작동기는 유용한 작업을 수행하기 위한 여러 가지 동력공구를 구동하는데 사용된다. 유량과 압력으로 나타내는 이들 공구의 공기소요량은 관련된 응용에 달렸다. 그림 13–47은 호

공압공구	scfm	표준 m^3/min
호이스트	5	0.14
페인트 분무기	10	0.28
충격 렌치	10	0.28
해머	20	0.57
그라인더	30	0.85
샌더	40	1.13
회전 드릴	60	1.70
피스톤 드릴	80	2.36

그림 13-47 100 psig(687 kPa gage)에서 작동하도록 설계된 보통 크기의 여러 가지 공압공구의 공기소요량

칭압력 100 psig(687kPa gage)에서 작동하도록 설계된 보통 크기의 여러 가지 공압공구에 필요한 공기소요량을 scfm과 표준 m^3/min으로 나타내고 있다.

예제 13-12

피스톤 지름 1.75 in, 행정 6 in인 단동 공압실린더는 80°F에서 100 psig의 공기를 사용하여 동력공구를 구동한다. 실린더가 30 cycles/min으로 왕복하는 경우의 공기소모율을 scfm(14.7 psia, 68°F인 표준 대기조건에서 공기의 cfm)으로 구하여라.

풀이

우선, 실린더에 의해 소모되는 100 psig, 80°F인 공기의 분당 부피(Q_2)를 구한다.

$$Q_2(\text{ft}^3/\text{min}) = \text{배제용적}(\text{ft}^3) \times \text{왕복률}(\text{cycle/min})$$

$$= \text{피스톤 면적}(\text{ft}^2) \times \text{피스톤 행정}(\text{ft}) \times \text{왕복률}(\text{cycle/min})$$

$$= \frac{\pi}{4}\left(\frac{1.75}{12}\right)^2 \times \frac{6}{12} \times 30 = 0.251\ \text{ft}^3/\text{min}$$

실린더에 의해 소모되는 공기의 분당 부피(Q_1)를 scfm으로 구하기 위하여 식 (13-7)을 사용한다.

$$Q_1 = Q_2\left(\frac{p_2}{p_1}\right)\left(\frac{T_1}{T_2}\right)$$

여기서 $p_2 = 100 + 14.7 = 114.7$ psia
$p_1 = p_{\text{atm}} = 14.7$ psia
$T_2 = 80 + 460 = 540°\text{R}$
$T_1 = 68 + 460 = 528°\text{R}$

위의 값들을 대입하면

$$Q_1 = 0.251\left(\frac{114.7}{14.7}\right)\left(\frac{528}{540}\right) = 1.91\ \text{scfm}$$

표준 대기온도(68°F)에서 실린더 내 공기온도(80°F)까지의 온도 상승을 무시하면 Q_1의 값은 다음과 같다.

$$Q_1 = 0.251\left(\frac{114.7}{14.7}\right)\left(\frac{528}{528}\right) = 1.96\ \text{scfm}$$

따라서 온도의 상승을 무시하면 2%의 오차만 생긴다($\frac{1.96 \times 1.91}{1.91} \times 100\%$). 그러나 공기 온도가 180°F까지 상승한다면 오차는 21%가 될 것이다.

예제 13-13

예제 13−12의 공압실린더 구동 동력공구에서 실린더의 왕복률(reciprocation rate)은 얼마인가? 다음의 미터단위 데이터를 적용한다.

a. 피스톤 지름 = 44.5 mm.

b. 피스톤 행정 = 152 mm.

c. 공기압력, 온도(공압실린더 내) = 687 kPa gage, 27°C.

d. 가용 유량 = 0.0555 표준 m^3/min.(101 kPa abs, 20°C인 표준 대기조건에서 공기의 m^3/min)

풀이

우선, 실린더에 의해 소모되는 687 kPa gage, 27°C인 공기의 분당 부피 Q_2를 구한다. 식(13−7)을 사용하면

$$Q_2 = Q_1\left(\frac{p_1}{p_2}\right)\left(\frac{T_2}{T_1}\right)$$

여기서

$$p_2 = 687 + 101 = 788 \text{ kPa abs}$$
$$p_1 = p_{atm} = 101 \text{ kPa abs}$$
$$T_2 = 27 + 273 = 300 \text{ K}$$
$$T_1 = 20 + 273 = 293 \text{ K}$$
$$Q_1 = 0.0555 \text{ standard m}^3\text{/min of air}$$

이 값들을 대입하면 Q_2가 얻어진다.

$$Q_2 = 0.0555\left(\frac{101}{788}\right)\left(\frac{300}{293}\right) = 0.00728 \text{ m}^3\text{/min}$$

다음 이 값에 해당하는 왕복률을 구한다.

$$Q_2(\text{m}^3\text{/min}) = \text{면적}(\text{m}^2) \times \text{행정}(\text{m}) \times \text{왕복률}(\text{cycle/min})$$

$$0.00728 = \frac{\pi}{4}(0.0445)^2 \times 0.152 \times \text{recip. rate (cycles/min)}$$

$$\text{왕복률} = 30 \text{ cycle/min}$$

13.10 중요한 식들

절대압력

영국단위: 절대압력(psia) = 게이지압력(psig) + 14.7 **(13-1)**

미터단위: 절대압력(Pa abs) = 게이지압력(Pa gage) + 101,000 **(13-1M)**

절대온도

영국단위: 절대온도(°R) = 온도(°F) + 460 **(13-2)**

미터단위: 절대온도(K) = 온도(°C) + 273 **(13-2M)**

일반기체법칙: $$\frac{p_1V_1}{T_1} = \frac{p_2V_2}{T_2}$$ **(13-6)**

압축기의 정격 공기용량: $$Q_1 = Q_2\left(\frac{p_2}{p_1}\right)\left(\frac{T_1}{T_2}\right)$$ **(13-7)**

공기저장탱크 크기

영국단위: $$V_r(\text{ft})^3 = \frac{14.7t(\text{min}) \times (Q_r - Q_c)\text{scfm}}{(p_{\text{max}} - p_{\text{min}})\text{psi}}$$ **(13-8)**

미터단위: $$V_r(\text{m})^3 = \frac{101t(\text{min}) \times (Q_r - Q_c)\ \text{표준 m}^3/\text{min}}{(p_{\text{max}} - p_{\text{min}})\text{kPa}}$$ **(13-8M)**

압축기 구동 소요동력

영국단위: $$\text{이론마력(hp)} = \frac{p_{\text{in}}Q}{65.4}\left[\left(\frac{p_{\text{out}}}{p_{\text{in}}}\right)^{0.286} - 1\right]$$ **(13-9)**

미터단위: $$\text{이론동력(kW)} = \frac{p_{\text{in}}Q}{17.1}\left[\left(\frac{p_{\text{out}}}{p_{\text{in}}}\right)^{0.286} - 1\right]$$ **(13-9M)**

여기서

p_{in} = 흡입측 대기압력(psia, kPa abs)

p_{out} = 토출압력(psia, kPa abs)

Q = 유량(scfm, 표준 m^3/min)

오리피스 통과 공기유량

영국단위: $$Q(\text{scfm}) = 22.7\, C_v\sqrt{\frac{(p_1 - p_2)\text{psi} \times p_2(\text{psia})}{T_1(°\text{R})}}$$ **(13-10)**

미터단위: $$Q(\text{표준 m}^3/\text{min}) = 0.0698C_v\sqrt{\frac{(p_1 - p_2)\text{kPa} \times p_2(\text{kPa abs})}{T_1(\text{K})}}$$ **(13-10M)**

연습문제

질문, 개념과 정의

13-1 유압대신 공압의 사용을 고려하는 세 가지 이유를 나열하여라.

13-2 자유공기와 표준공기의 차이는 무엇인가?

13-3 보일의 법칙, 샤를의 법칙과 게이뤼삭의 법칙을 기술하여라.

13-4 공기압축기의 세 가지 종류를 나열하여라.

13-5 다단압축기(multistage compressor)란 무엇인가?

13-6 공기필터의 기능을 기술하여라.

13-7 공기 압력조정기의 기능을 기술하여라.

13-8 공압시스템에서 윤활기를 사용하는 이유는 무엇인가?

13-9 공압표시기는 무엇인가?

13-10 왜 공압시스템에서 배기소음기를 사용하는가?

13-11 후부냉각기와 칠러 공기건조기의 차이는 무엇인가?

13-12 **이슬점**(dew point)의 의미는 무엇인가?

13-13 실제 공기온도가 이슬점온도와 같을 때 상대습도는 얼마인가?

13-14 공압작동기는 유압작동기와 어떻게 다른가?

13-15 공기압축기의 크기를 선정하는데 필요한 단계를 나열하여라.

13-16 공기저장탱크의 네 가지 기능을 나열하여라.

13-17 공기모터와 관련하여 **시동토크**를 정의하여라.

13-18 밸브유량을 논할 때의 **유동용량상수**를 정의하여라.

문제

주: 문제 번호 뒤의 E는 영국단위를 사용하고 있다는 것을 의미하고, M은 미터단위를 사용하고 있다는 것을 의미한다.

완전기체법칙

13-19E 그림 13-6의 공압실린더에서 지름 2 in인 피스톤은 로드에 가해진 외부 부하로 인하여 현재의 위치($p_1 = 30$ psig, $V_1 = 20$ in^3)로부터 5 in 후진한다. 실린더 피스톤헤드부분의 포트가 막혀있는 경우, 온도가 변하지 않는다는 가정 아래 이때의 압력을 구하여라.

13-20E 그림 13−6에 있는 실린더의 초기위치는 $p_1 = 30$ psig, $V_1 = 20$ in^{3}이고, 로드에 작용하는 부하에 의하여 제어되고 있다. 공기온도는 80°F이다. 일정한 공기압력을 유지하기 위하여 로드에 작용하는 부하는 일정하다. 공기온도가 150°F로 증가할 때 실린더 피스톤헤드부분의 공기부피를 구하여라.

13-21E 그림 13−6의 실린더는 위치가 고정(V_1 = 일정)되어 있고 $p_1 = 30$ psig, $T_1 = 80$°F이다. 만일 온도가 160°F로 증가하면 피스톤헤드부분의 압력은 얼마로 되겠는가?

13-22E 그림 13−9에 있는 부피 2,000 in^{3}인 실린더에 1,200 psig, 120°F의 기체가 들어 있다. 기체가 250°F로 가열되는 동안 피스톤이 부피를 1,500 in^{3}으로 압축한다. 실린더 내의 최종압력은 얼마인가?

13-23M 그림 13−6의 공압실린더에서 지름 50 mm인 피스톤은 로드에 가해진 외부 부하로 인하여 현재의 위치($p_1 = 2$ bar gage, $V_1 = 130$ cm^3)로부터 130 mm 후진한다. 실린더 피스톤헤드부분의 포트가 막혀있는 경우, 온도가 변하지 않는다는 가정 아래 이때의 압력을 구하여라.

13-24M 그림 13−6에 있는 실린더의 초기위치는 $p_1 = 2$ bar gage, $V_1 = 130$ cm^{3}이고, 로드에 작용하는 부하에 의하여 제어되고 있다. 공기온도는 30°C이다. 일정한 공기압력을 유지하기 위하여 로드에 작용하는 부하는 일정하다. 공기온도가 65°C로 증가할 때 실린더 피스톤헤드부분의 공기부피를 구하여라.

13-25M 그림 13−6의 실린더는 위치가 고정(V_1 = 일정)되어 있고 $p_1 = 2$ bar gage, $T_1 =$ 25°C이다. 만일 온도가 70°C로 증가하면 피스톤헤드부분의 압력은 얼마로 되겠는가?

13-26M 그림 13−9에 있는 부피 1,290 cm^{3}인 실린더에 80 bar gage, 50°C의 기체가 들어 있다. 기체가 120°C로 가열되는 동안 피스톤이 부피를 1,000 cm^{3}으로 압축한다. 실린더 내의 최종압력은 얼마인가?

13-27 온도 160°F를 섭씨, 랭킨과 캘빈 온도로 변환하여라.

압축기 유량과 저장탱크 크기

13-28E 100°F, 150 psi인 저장탱크로부터 30 cfm의 비율로 공기가 사용되고 있다. 대기압이 14.7 psia, 대기온도가 80°F일 때 압축기는 자유공기로 얼마의 cfm을 공급하여야 하는가?

13-29E a. 100~120 psi의 압력으로 10분 동안 30 scfm의 공기를 사용하는 공압시스템에 압축기가 재가동하지 않는 상태에서 공기를 공급할 수 있는 저장탱크의 크기를 계산하여라.

b. 압축기가 가동중이고 6 scfm의 공기를 공급하고 있다면 필요한 저장탱크의 크기는 얼마인가?

13-30M 40°C, 1,000 Kpa gage인 저장탱크로부터 1.0 m^3/min의 비율로 공기를 사용하고 있다. 대기압이 101 kPa abs, 대기온도가 20°C일 때 압축기는 자유공기로 얼마의 m^3/min(이 경우 표준 m^3/min)을 공급하여야 하는가?

13-31M 연습문제 13-29E의 데이터를 미터단위로 변환하고 a와 b를 풀어라.

압축기 구동 소요동력

13-32E 120 psig로 200 scfm의 공기를 공급하는 압축기를 구동하는데 필요한 실제동력을 구하여라. 압축기의 전효율은 72%이다.

13-33M 다음의 데이터로 운전하고 있는 압축기의 출력압력을 구하여라.

a. 압축기를 구동하는데 필요한 실제동력은 20 kW이다.

b. 압축기의 전효율은 75%이다.

c. 압축기는 4 표준 m^3/min을 공급한다.

d. 압축기의 흡입압력은 100 kPa abs이다.

공기중의 습기제거

13-34E 압축기가 공압시스템에 125 psig, 50 scfm의 공기를 공급하고 있다. 80°F에서 포화된 대기가 압축기로 흡입되고 있다. 압축기는 하루 16시간 작동한다.

a. 압축기에 의해서 하루에 공압시스템으로 전달되는 습기량을 갤론(gallon)으로 나타내어라.

b. 후부냉각기 설치에 의하여 압축공기를 80°F로 다시 냉각시킨다면 공압시스템에 전달된 일당 습기량은 얼마로 되겠는가?

c. 공기건조기 설치에 의하여 압축공기를 40°F로 냉각시킨다면 공압시스템에 전달된 일당 습기량은 얼마로 되겠는가 ?

13-35E 후부냉각기에 의하여 습기의 85%를 제거하는 데 필요한 압축기 토출압력은 얼마인가? 압축기는 90°F에서 포화된 대기를 흡입하고 있고, 후부냉각기는 압축공기를 다시 90°F로 냉각시킨다.

공기제어밸브 유량

13-36E 지름이 in이고 유동용량상수 7인 오리피스를 통과하여 온도 100°F인 공기가 흐른다. 상류압력이 125 psi일 때 공기의 최대유량은 몇 scfm인가?

13-37M 공압시스템에서 유량제어밸브가 10 표준 m^3/min의 공기를 보내고 있다. 밸브의 상류압력은 400 kPa abs, 하류압력은 180 kPa abs이다. 이 경우 밸브는 초크되었는가?

공압작동기 유량소요량

13-38E 피스톤 지름 $2\frac{1}{2}$ in, 행정 12 in인 단동 공압실린더가 100 psig에서 분당 30 사이클의 왕복운동을 한다. 공기소모량을 scfm으로 구하여라.

13-39M 피스톤 지름 6 cm, 행정 30 cm인 단동 공압실린더가 700 kPa 게이지압력에서 분당 30 사이클의 왕복운동을 한다. 공기소모량을 표준 m^3/min으로 구하여라.

13-40M 피스톤 지름 50 mm, 행정 2.5 cm인 복동 공기실린더가 600 kPa 게이지압력에서 80 cycle/min으로 왕복운동을 한다. 표준 대기조건의 공기 100 m^3을 소모하는 시간을 구하여라.

13-41E 피스톤 지름 2 in, 행정 12 in인 복동 공기실린더가 100 psig에서 200 cycle/min으로 왕복운동을 한다. 실린더에 유입되는 공기유량은 몇 scfm인가? 피스톤로드 단면적을 무시하고 온도는 일정하다고 가정한다.

13-42E 배제용적 4 in^3/rev인 회전 베인 공기모터가 100 psig에서 1,750 rpm으로 작동하고 있다. 모터의 공기소모율 scfm과 출력마력 hp를 계산하여라. 온도는 일정하다고 가정한다.

13-43M 배제용력 80 cm^3/rev인 회전 베인 공기모터가 700 kPa 게이지압력에서 1,750 rpm으로 작동하고 있다. 모터의 공기소모율 표준 m^3/min과 출력동력 kW를 계산하여라. 온도는 일정하다고 가정한다.

공기-유압 증압기

13-44E 12,000 lb의 부하를 움직이는 유압실린더에 공기-유압 증압기가 그림 13-48과 같이 연결되어 있다. 유압실린더의 피스톤 지름은 1.5 in이다. 증압기에 사용된 데이터는 다음과 같다.

공기피스톤 지름 = 8 in
오일피스톤 지름 = 1 in
증압기 행정 = 2 in
증압기 사이클 빈도 = 1 stroke/s

다음을 구하여라.

a. 증압기 오일피스톤의 배제용적
b. 증압기 행정당 유압실린더 피스톤의 배제용적
c. 증압기 행정당 유압실린더 피스톤의 이동거리
d. 증압기 공기실린더 피스톤게이지헤드부분의 배제용적

e. 증압기로부터 토출되는 오일유량

f. scfm로 나타낸 증압기의 공기소모율

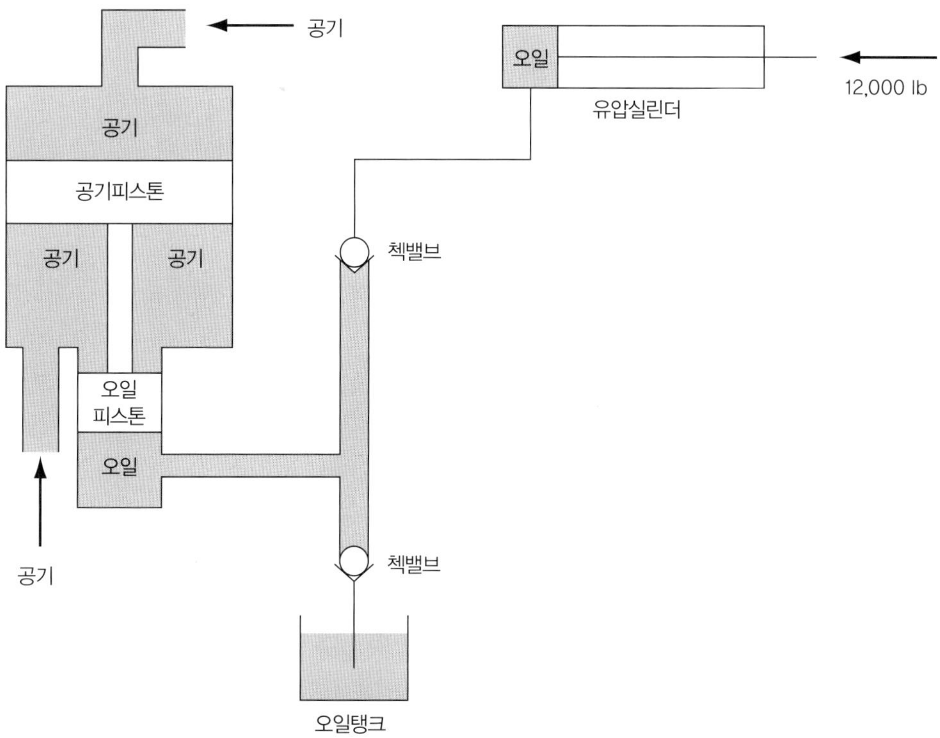

그림 13-48 연습문제 13-44의 시스템

13-45M 연습문제 13−44의 공기−유압 증압기시스템의 데이터를 미터단위로 변환하고 a~f의 문제를 풀어라.

14

Chapter

공압: 회로 및 응용

학습 목표

이 단원을 공부하고 나면 다음과 같은 내용을 알아야 한다.

1. 공압회로를 해석하거나 설계할 때 고려하여야 할 중요한 사항들을 설명할 수 있어야 한다.
2. 공압회로 관로에서의 압력손실을 구할 수 있어야 한다.
3. 공압시스템에서 마찰에 의한 에너지 손실의 경제적 비용을 구할 수 있어야 한다.
4. 공압시스템에서 공기누설의 경제적 비용을 구할 수 있어야 한다.
5. 시스템 오작동의 원인을 알아내기 위하여 공압회로의 문제를 해결할 수 있어야 한다.
6. 공압회로도를 판독하고 해당 시스템의 작동을 설명할 수 있어야 한다.
7. 공압 진공시스템의 작동을 해석할 수 있어야 한다.
8. 기체형 어큐뮬레이터의 크기를 선정할 수 있어야 한다.

14.1 서론

13장에 있는 내용은 공기 준비와 구성요소의 작동에 관하여 공압의 기초를 논의한 것이다. 이 장에서는 공압회로와 응용에 관하여 논하고자 한다. 공압회로는 압축기, 저장탱크, 필터, 압력조정기, 윤활기, 머플러, 공기건조기, 작동기, 제어밸브, 도관 등 여러 가지 요소들로 구성되어 있고, 이들 요소들은 유용한 작업이 수행될 수 있도록 배열되어 있다.

공압시스템에서 실린더가 전달한 힘과 모터가 전달한 토크는 회로 내 적정 위치에 설치한 압력조정기에 의해 형성된 압력 크기에 따라 결정된다. 유사하게, 공압실린더의 선속도와 공기모터의 회전속도는 회로 내 적정 위치에 설치한 유량제어밸브에 의해 결정된다. 여러 유로에서 유동방향은 방향제어밸브의 적절한 배치에 의해 형성된다. 압축공기는 작동기를 구동하는 데 사용된 후 대기로 다시 배출된다.

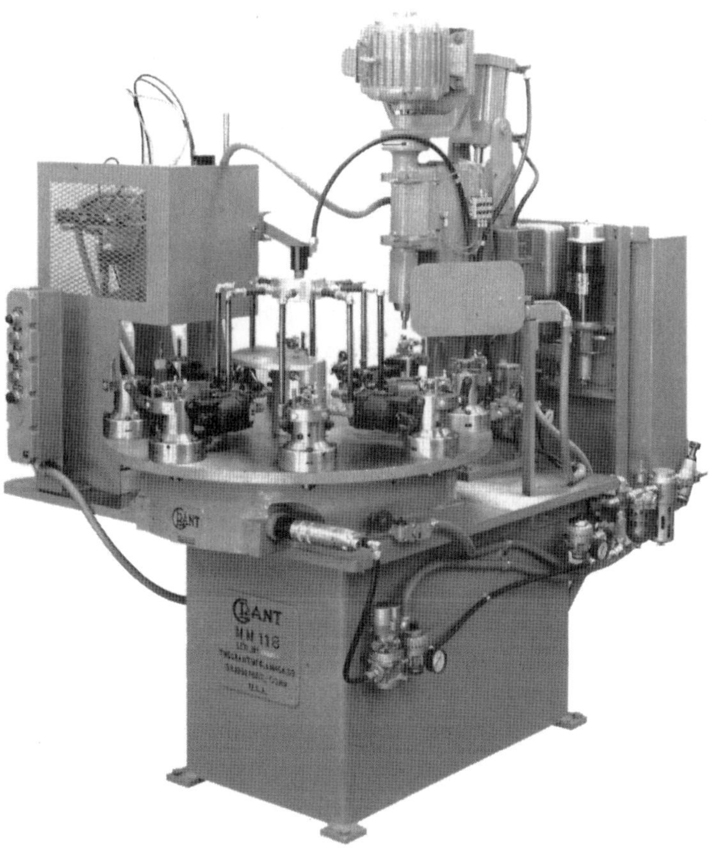

그림 14-1 공압으로 제어되는 리벳조립기계(Courtesy of C. A. Norgren Co., Littleton, Colorado)

그림 14-1은 리벳체결부품을 고속으로 반복하여 연속생산하는 리벳조립기계를 보여주고 있다. 이 기계의 제어시스템은 압력조정기, 필터, 윤활기, 솔레노이드밸브, 실린더 등 여러 공압부품들을 포함하고 있다. 이 기계는 거친 생산라인조건에서 유지관리와 조정을 위한 최소한의 작동불능시간(downtime)을 가지며 운전하도록 설계되어 있다.

그림 14-2는 산업체의 매니큐어 브러시 조립문제를 해결하기 위한 공압 응용을 보여주고 있다. 문제점과 해결방안은 다음과 같다.

화장품 생산업체는 그동안 수작업으로 매니큐어병에 브러시를 삽입하여 왔다. 수작업 공정에서 작업자는 브러시를 하나씩 집어 열려 있는 매니큐어병에 삽입하여야 한다. 매니큐어병들은 컨베이어 시스템에 의해 조립장소로 운반되어 들어오고 나간다. 다음 조립장소에서 매니큐어병에 뚜껑을 얹고 비틀어 잠근다. 이 공정은 노동집약적일뿐만 아니라 매니큐어병의 작은 구멍에 브러시끝을 집어넣기 위하여 작업자 개인의 높은 정확성을 요구한다. 이런 점이 생산라인의 속도를 크게 제한한다.

해결방안으로 그림 14-2에 보여준 것 같이 브러시 조립공정을 자동화하기로 결정하였으며 그 작동은 다음과 같다. 공압으로 작동되는 그리퍼(gripper)가 브러시를 잡는다. 공압실린더는 브러시를 잡고있는 그리퍼를 들어올려 매니큐어병 위로 옮긴다. 그런 다음 실린더가 브

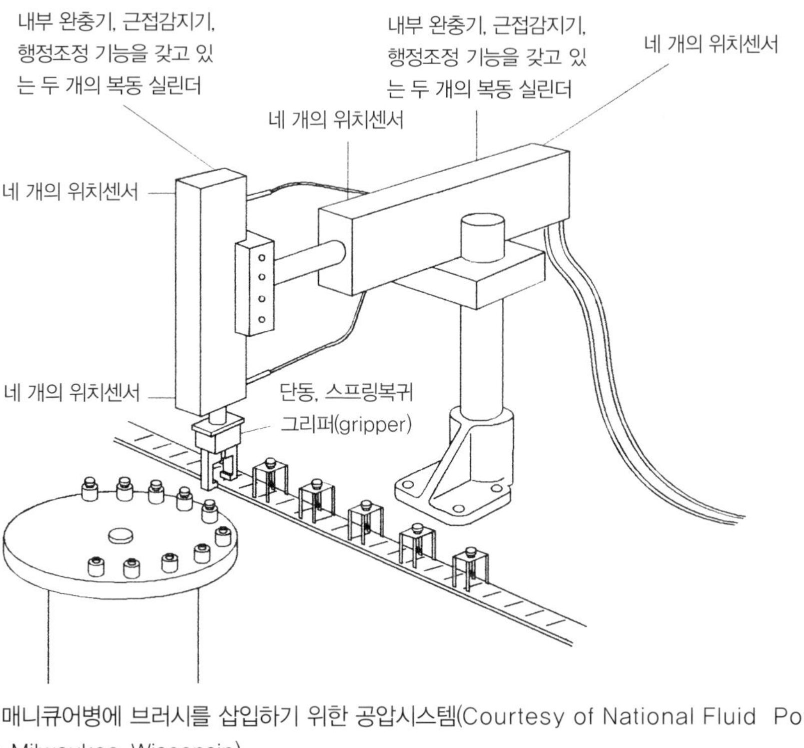

그림 14-2 매니큐어병에 브러시를 삽입하기 위한 공압시스템(Courtesy of National Fluid Power Association, Milwaukee, Wisconsin)

러시를 내려 병에 삽입하고, 그리퍼는 브러시를 놓아준다. 다음 조립장에서 뚜껑이 씌워지고 꽉 잠근다. 동일 조립라인에서 다른 크기의 병과 브러시를 조립할 수 있도록 공압실린더는 조절할 수 있는 내부멈춤(internal stop)을 가지고 있다. 그림 14-2와 같이 매니큐어병을 다음 조립장으로 운반하기 위하여 컨베이어 시스템 대신 인덱스테이블을 사용한다.

14.2 공압회로 설계 고려사항

공압회로를 해석하거나 설계할 때 다음 네 가지의 중요한 사항을 고려하여야 한다.

1. 작업안전
2. 요구된 기능의 성능
3. 운전효율
4. 비용

작업안전은 위험하고 부적절한 작동을 방지하는 안전연동(safety interlock) 장치의 설치와 내장된 비상정지 장치를 사용하여 작업자를 보호하는 것을 의미한다. 압축공기는 조용한 편이지만 기계부품을 갑자기 동작시킬 수 있다. 기술자가 회로를 점검하는 동안 작동기의 동작을 제어하는 유량제어밸브를 무심코 열어서 작동기가 갑자기 움직이면 기술자가 부상을 입을 수도 있다.

요구된 기능의 성능은 반복해서 언제나 달성되어야 한다. 따라서 시스템은 주변의 고온, 습도, 먼지 등과 같은 악조건에 상대적으로 둔감해야 한다. 고장이나 오작동으로 인한 공압시스템의 운전정지(shut down)는 생산라인의 조업중지를 초래할 수 있다. 특히, 문제된 공압시스템을 수리하는 데 어려움이 있어 작동불능시간(downtime)이 길어지면 조업중지 사태는 대단히 큰 비용손실을 초래한다.

운전효율과 비용은 상관된 설계변수이다. 저효율 압축기는 운전하는 데 더 많은 전력을 필요로 하고 이는 시스템 운전비용을 증가시킨다. 대기 중의 공기는 공짜지만 압축공기는 그렇지 않다. 공압시스템이 별다른 소음을 내지 않고 공기를 대기로 누설하면 공기가 깨끗하기 때문에 이는 보통 무시된다. 반면에, 유압누설은 지저분하고 누설주변 사람의 안전에 위협을 주기 때문에 즉각 수리되어야 한다.

여러 누설면적을 합한 면적이 지름 0.25 in인 구멍의 면적과 같은 경우 공압회로의 공기손실은 작동압력 100 psig에서 70 scfm 정도 된다. 이와 같은 누설이 일어나는 곳의 예로 부적절하게 설치된 관이음쇠의 불완전한 실링표면을 들 수 있다. 공기를 100 psig로 압축하는 데 드는 일반적인 비용은 표준공기 1000 ft^3 당 약 0.35 달러이다. 즉 1000 ft^3의 공기를 14.7 psig에서 100 psig로 압축하는 데 약 0.35 달러의 비용이 든다. 그러므로 위의 예와 같이 누설되고 있는 공압시스템을 작동불능시간이 없는 상태로 1년간 운전하는 데 드는 비용은

$$\text{연간 비용} = \frac{\$0.35}{1000\ \text{ft}^3} \times 70\frac{\text{ft}^3}{\text{min}} \times \frac{60\ \text{min}}{1\ \text{hr}} \times \frac{24\ \text{hr}}{1\ \text{day}} \times \frac{365\ \text{days}}{1\ \text{yr}}$$
$$= \$12{,}900/\text{yr}$$

운전비용이 많아지는 또 다른 이유는 적정치수보다 훨씬 작은 크기의 관이나 밸브 같은 부품을 사용하기 때문이다. 이러한 부품은 마찰에 의한 과도한 압력손실을 초래한다. 결과적으로 압축기는 더 높은 압력으로 운전하여야 하고, 이는 더 큰 입력동력을 필요로 한다. 물론 적정치수보다 지나치게 큰 부품을 사용하면 운전효율은 좋아지지만 과도한 초기설치비용이 든다. 따라서 공압시스템의 예상된 수명에 기준하여 높은 초기비용–낮은 운전에너지비용과 낮은 초기비용–높은 운전에너지비용 사이에 절충이 있어야 한다.

14.3 관로에서의 공기 압력손실

액체의 경우와 마찬가지로 공기가 관을 통하여 흐를 때 마찰에 의하여 에너지손실이 생긴다. 에너지손실은 압력손실로 나타나고 이를 다음과 같은 해리스공식(Harris formula)을 사용하여 계산한다.

$$p_f = \frac{cLQ^2}{3600\,(\text{CR}) \times d^5} \qquad \textbf{(14-1)}$$

여기서 p_f = 압력손실(psi)
c = 실험적으로 구한 계수
L = 관 길이(ft)
Q = 유량(scfm)
CR = 압축비 = 관 압력/대기압
d = 관 안지름(in)

스케줄번호 40인 상용관에서 실험적으로 구한 계수 c는 관 안지름의 함수로 표시한다.

$$c = \frac{0.1025}{d^{0.31}} \qquad \textbf{(14-2)}$$

식 (14−2)를 해리스공식에 대입하면 공기 관로에서의 압력강하를 계산하는 데 사용할 수 있는 단일 공식을 얻는다.

$$p_f = \frac{0.1025LQ^2}{3600\,(\mathrm{CR}) \times d^{5.31}} \tag{14-3}$$

그림 14−3은 스케줄번호 40의 일반적인 관의 치수에 대한 d와 $d^{5.31}$값을 표로 만든 것이다.

호칭치수(in)	안지름 d(in)	$d^{5.31}$	호칭치수(in)	안지름 d(in)	$d^{5.31}$
3/8	0.493	0.0234	1 1/2	1.610	12.538
1/2	0.622	0.0804	2	2.067	47.256
3/4	0.824	0.3577	2 1/2	2.469	121.419
1	1.049	1.2892	3	3.068	384.771
1 1/4	1.380	5.5304	3 1/2	3.548	832.550

그림 14-3 스케줄번호 40의 일반적인 관의 치수에 대한 d와 $d^{5.31}$ 값

예제 14−1

압축기가 지름 1 in, 스케줄번호 40인 관을 통하여 150 psig인 저장탱크 압력으로 100 scfm의 공기를 송출하고 있다. 길이 250 ft인 관의 압력손실을 구하여라.

풀이

우선, 압축비를 구한다.

$$\mathrm{CR} = \frac{150 + 14.7}{14.7} = 11.2$$

다음, 그림 14−3으로부터 $d^{5.31}$의 값을 찾는다.

$$d^{5.31} = 1.2892$$

마지막으로, 해리스공식을 이용하여 압력손실을 구한다.

$$p_f = \frac{0.1025 \times 250 \times (100)^2}{3600 \times 11.2 \times 1.2892} = 4.93 \text{ psi}$$

위의 예제에서 1 in치수 대신 3/4 in 관을 사용하면 압력손실은 17.8 psi이다. 이 값은 압력손실이 260% 증가한다는 것을 나타내고, 공압관의 치수를 적절하게 선정하여야 하는 필요성

을 지적하여 준다.

공압이음쇠에서의 마찰손실은 이 이음쇠의 등가길이가 주어지면 해리스공식을 사용하여 계산된다. 해리스공식에 있는 L은 이음쇠를 포함한 관로의 총 등가길이를 나타낸다. 그림 14-4는 여러 가지 이음쇠의 등가길이를 보여주고 있다.

이음쇠	관의 호칭치수(in)						
	3/8	1/2	3/4	1	1 1/4	1 1/2	2
게이트밸브(전개)	0.30	0.35	0.44	0.56	0.74	0.86	1.10
글로브밸브(전개)	14.0	18.6	23.1	29.4	38.6	45.2	58.0
티(통과)	0.50	0.70	1.10	1.50	1.80	2.20	3.30
티(분기)	2.50	3.30	4.20	5.30	7.00	8.10	10.44
90°엘보	1.40	1.70	2.10	2.60	3.50	4.10	5.20
45°엘보	0.50	0.78	0.97	1.23	1.60	1.90	2.40

그림 14-4 여러 가지 이음쇠의 등가길이

예제 14-2

압축기가 120 psig인 저장탱크 압력으로 150 scfm의 공기를 송출하고 있다. 압력손실을 관 길이 단위 ft 당 0.05 psi로 제한한다고 할 때 스케줄번호 40인 관의 최소 치수를 구하여라

풀이 우선, 압축비를 구한다.

$$CR = \frac{120 + 14.7}{14.7} = 9.16$$

다음 식(14-3)로부터 $d^{5.31}$을 구한다.

$$d^{5.31} = \frac{0.0125\,Q^2}{3600 \times (CR) \times P_f/L} = \frac{0.1025 \times 150^2}{3600 \times 9.16 \times 0.05} = 1.398$$

따라서 요구된 최소 내경은 다음과 같다.

$$d = (1.398)^{1/5.31} = (1.398)^{0.188} = 1.065 \text{ in}$$

그림 14-3으로부터 사용한 스케줄번호 40인 관의 최소 치수는 1 1/4 in이며 이 관의 안지름(내경)은 1.380 in이다. 스케줄번호 40인 관의 한 단계 아래 치수는 1 in이며 이 관의 안지름은 1.049 in 밖에 안 된다.

예제 14-3

예제 14-1의 관에 게이트밸브 2개, 글로브밸브 3개, 티(통과) 5개, 90°엘보 4개, 45°엘보 6개가 연결되어 있다. 총 압력손실을 구하여라.

풀이

관의 총 등가길이를 구하면

$$L = 250 + 2(0.56) + 3(29.4) + 5(1.50) + 4(2.60) + 6(1.23)$$
$$= 250 + 1.12 + 88.2 + 7.5 + 10.4 + 7.38 = 364.6 \text{ ft}$$

해리스공식에 대입하여 총 압력손실을 구한다.

$$p_f = \frac{0.1025 \times 364.6 \times (100)^2}{3600 \times 11.2 \times 1.2892} = 7.19 \text{ psi}$$

관, 밸브 및 이음쇠에서의 총 압력손실은 관에서만의 압력손실보다 46% 더 크다. 이는 과도한 압력손실을 피하기 위하여 밸브와 이음쇠의 크기도 적절하게 선정되어야 한다는 것을 보여준다.

14.4 공압시스템 에너지손실의 경제적 비용

14.2절에서 언급한 바와 같이 대기 중의 공기는 공짜지만 압축공기는 그렇지 않다. 압축기 구동에 필요한 에너지가 실제로 부하를 움직이는 공압작동기에 전부 전달되는 것이 아니다. 마찰에 의하여 에너지손실이 발생하는 부품들이 압축기 원동기와 공압작동기 사이에 들어 있다. 에너지손실이 마찰에 의한 것이기 때문에 이 손실은 열 형태로 영원히 없어져 버린다. 낭비된 에너지 비용 외에 서로 맞물려 미끄러지는 부품(공압실린더 벽과 피스톤 사이 등)의 마모가 당연히 있으며 이는 작동불능시간 비용뿐만 아니라 유지관리비용을 증가시킨다. 이 절에서는 공압시스템의 마찰과 공기누설에 의한 에너지손실을 달러로 표시한 비용을 구하고자 한다. 예제 14-3과 14-4는 이러한 비용분석이 어떻게 이루어지는지를 보여준다.

예제 14-4

압축기가 100 psig에서 270 scfm의 공기를 공급하고 있다.

a. 압축기의 전효율이 75%일 때 압축기를 구동하기 위한 실제마력(hp)을 구하여라.
b. 압축기가 관로마찰에 의한 15 psi의 압력손실을 보상하기 위하여 115 psig의 공기를 공급한다고 가정할 때 a번을 다시 풀어라.
c. a번과 b번의 연간 전기료를 각각 구하여라. 단, 압축기를 구동하는 모터의 효율은 92%이고 압축기는 연간 3,000시간 운전한다. 전기료는 \$0.11/kWh이다.

풀이

a. 토출압력 100 psig인 압축기를 구동하는 데 필요한 실제마력은 식 (13-9)를 η_o로 나누어서 구한다.

$$\text{실제마력(토출압력 100 psig)} = \frac{p_{in}Q}{65.4\eta_o}\left[\left(\frac{p_{out}}{p_{in}}\right)^{0.286} - 1\right]$$
$$= \frac{14.7 \times 270}{65.4 \times 0.75}\left[\left(\frac{114.7}{14.7}\right)^{0.286} - 1\right]$$
$$= 64.7 \text{ hp}$$

b. 토출압력 115 psig인 압축기를 구동하는 데 필요한 실제마력은

$$\text{실제마력(토출압력 115 psig)} = \frac{14.7 \times 270}{65.4 \times 0.75}\left[\left(\frac{129.7}{14.7}\right)^{0.286} - 1\right]$$
$$= 69.9 \text{ hp}$$

c. 1 hp = 0.746 kW 이므로 토출압력 100 psig인 압축기를 구동하는 데 필요한 실제동력은

$$64.7 \text{ hp} \times \frac{0.746 \text{ kW}}{1 \text{ hp}} = 48.3 \text{ kW}$$

따라서 100 psig의 공기를 공급하기 위하여 전기모터를 구동하는 데 필요한 전력은

$$\frac{69.9}{0.92} \times 0.746 = 56.7 \text{ kW}$$

압력 100 psig인 운전조건에서의 연간 전기료는 이제 다음과 같이 구한다.

$$\text{연간 전기료} = \text{전력} \times \text{연간 사용시간} \times \text{단위 전기료}$$
$$= 52.5 \text{ kW} \times 3000 \text{ hr/yr} \times \$0.11/\text{kWh} = \$17{,}300/\text{년}$$

115 psig의 공기를 공급하기 위하여 전기모터를 구동하는 데 필요한 전력은

$$\frac{69.9}{0.92} \times 0.746 = 56.7\ \text{kW}$$

압력 115 psig인 운전조건에서의 연간 전기료는 다음과 같이 구한다.

$$\text{연간 전기료} = 56.7\ \text{kW} \times 3000\ \text{hr/yr} \times \$0.11/\text{kWh} = \$18{,}700/\text{년}$$

그러므로 관로에서의 압력손실을 보상하기 위하여 토출압력을 15 psi 더 올리는 데 드는 압축기의 추가 운전비용은 연간 1,400달러이다.

예제 14-5

예제 14-4의 압축기가 100 psig의 공기를 공급하고 있다. 공압회로로부터 대기로의 공기누설을 보상하기 위하여 압축기가 70 scfm의 공기를 추가로 공급한다고 하면 이 공기누설에 의한 연간 전기료는 얼마인가?

풀이

100 psig에서 270 scfm의 공기를 공급하는 압축기를 구동하는 데 필요한 실제동력은 예제 14-4으로부터 64.7 hp이다. 전기모터를 구동하는 데 필요한 해당 전력은 52.5 kW이다. 그러므로 70 scfm의 공기누설을 보상하기 위하여 전기모터를 구동하는 데 추가로 필요한 전력은

$$\frac{70}{270} \times 52.5\ \text{kW} = 13.6\ \text{kW}$$

따라서 공압시스템이 작동불능시간이 없는 상태로 운전한다면 70 scfm의 공기누설에 의한 연간 전기료는

$$\begin{aligned}\text{연간 전기료} &= \text{전력} \times \text{연간 사용시간} \times \text{단위 전기료}\\ &= 13.6\ \text{kW} \times 24\ \text{hr/day} \times 365\ \text{days/yr} \times \$0.11/\text{kWh} = \$13{,}100/\text{년}\end{aligned}$$

14.2절에서도 언급했듯이 70 scfm은 100 psi의 공기가 지름 0.25 in인 구멍의 면적을 통하여 누설하는 양이다. 그러므로 공압회로의 모든 누설면적(불완전하게 실링된 관이음쇠에 존재하는 누설면적 등)을 합한 것이 이 구멍 면적과 같다면 대기로 유출되는 공기의 총 누설량은 70 scfm과 같다. 단지 몇 군데의 관이음쇠에 작은 누설이 있으면 지름 0.25 in인 구멍과 같은 누설면적은 쉽게 생긴다. 70 scfm의 공기누설과 15 psi의 관로 압력손실(예제 14-4로 부터)에 의한 총 비용은 연간 14,500 달러로 대단한 금액이다.

14.5 기본 공압회로

서론

이 절에서는 앞에서 논의하였던 공압부품들을 이용한 몇 가지 기본 공압회로를 소개한다. 공압회로는 유압회로와 유사하다. 한 가지 다른 점은 공압회로에서는 배기를 곧바로 대기로 방출하기 때문에 귀환관로를 사용하지 않는다. 밸브 하나마다 배기포트에 연결된 짧은 파선에 의해서 이를 나타낸다. 또한 대부분의 공압회로는 에너지원으로 중앙집중식 압축기를 사용하기 때문에 입력장치(유압회로에서의 펌프)를 회로에 표시하지 않는다. 회로입력은 편리한 위치에 설치한 매니폴드(manifold)와 연결되어 있고, 매니폴드는 곧바로 필터-압력조정기-윤활기(FRL)장치와 연결되어 있다.

단동 실린더의 작동

그림 14-5는 단동 실린더를 제어하는 3방향 밸브로 구성된 단순한 공압회로를 보여준다. 귀환행정은 실린더 로드부분에 설치된 압축스프링에 의해 이루어진다. 누름버튼밸브에 입력을 가하면 실린더는 전진하고, 입력을 해제하면 후진한다. 니들밸브 *V*1과 *V*2가 각각 실린더 전진과 후진 행정의 속도를 제어한다.

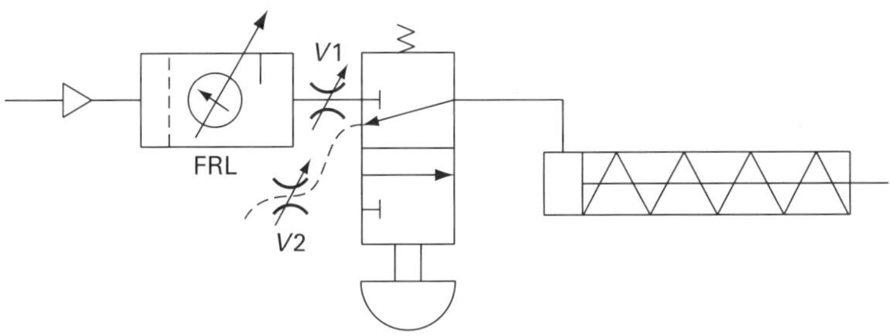

그림 14-5
단동 실린더의 작동

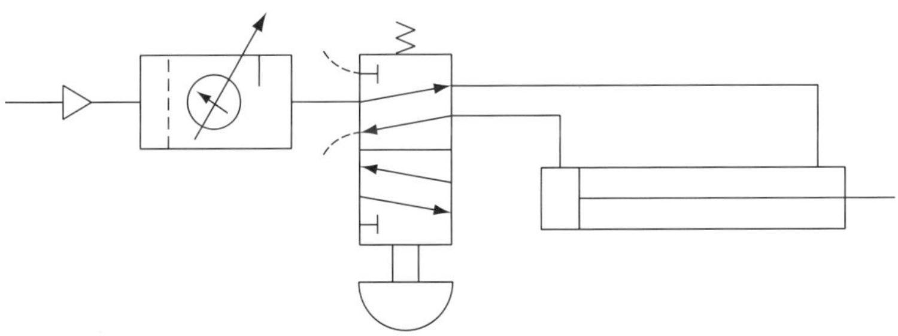

그림 14-6
복동 실린더의 작동

복동 실린더의 작동

그림 14-6은 4방향 밸브를 사용한 복동 실린더의 방향제어를 보여준다. 복동 실린더의 제어는 역할이 다른 네 개의 포트(두 개의 배기포트 각각은 동일한 역할을 함)를 갖는 방향제어밸브(DCV)를 필요로 한다. 따라서 4방향 밸브는 역할이 다른 네 개의 포트를 갖고 있다. 반면에, 단동 스프링복귀 실린더의 제어는 단지 세 개의 포트를 갖는 DCV를 필요로 한다. 그러므로 3방향 밸브는 그림 14-5와 같이 세 개의 포트를 갖고 있다. 누름버튼밸브를 작동시키면 실린더는 전진한다. 스프링옵셋 모드는 공기 동력상태에서 실린더를 후진시킨다.

복동 실린더의 공기 파일럿제어

그림 14-7은 공기 파일럿조작 DCV를 사용하여 복동 실린더를 원격으로 작동시키는 회로를 보여준다. 누름버튼밸브 *V*1과 *V*2는 공기유동(10 psi와 같은 저압으로)을 보내어 공기 파일럿조작 DCV를 작동시키고, DCV는 100 psi와 같은 고압으로 실린더에 공기를 보낸다. 따라서 작업자는 실린더의 작동을 원격제어하기 위하여 저압의 누름버튼밸브를 사용하고, 실린더는 고압의 공기를 사용하여 주어진 역할을 수행할 수 있다. *V*1에 입력을 가하고 *V*2가 스프링옵셋 모드일 때 실린더는 전진한다. *V*1의 입력을 해제하고 *V*2에 입력을 가하면 실린더는 후진한다.

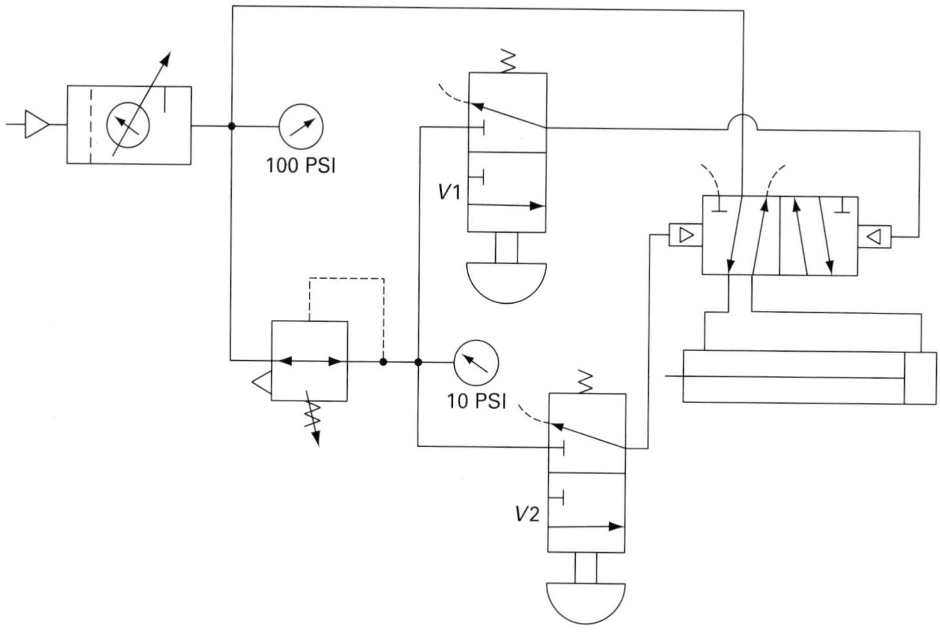

그림 14-7 복동 실린더의 공기 파일럿제어

실린더 사이클시간 조정시스템

그림 14-8은 실린더의 전진 및 후진 사이클시간을 조정하기 위하여 리밋밸브를 채택한 회로를 보여준다. 누름버튼밸브 *V*3에 입력을 잠깐 동안 가하면 밸브 *V*2가 전환하여 실린더를 전진시킨다. 피스톤 로드캠(rod cam)이 리밋밸브 *V*4를 작동시키면 이것이 *V*2를 반대모드로 전환시켜 실린더를 후진시킨다. 유량제어밸브 *V*1은 유량을 제어함으로써 실린더의 속도를 제어한다.

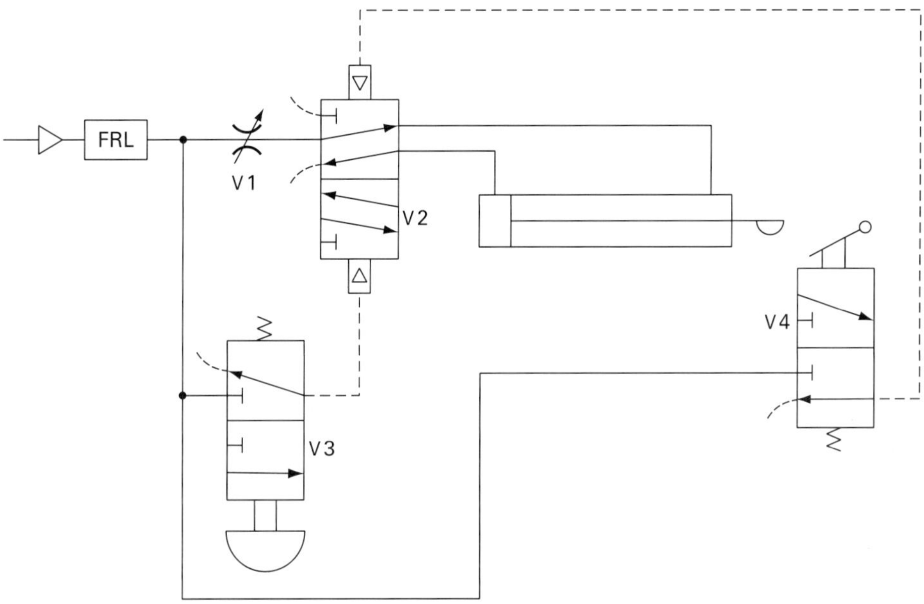

그림 14-8 실린더 사이클시간 조정시스템

2단 속도제어시스템

2단 속도제어시스템이 그림 14-9에 나타나 있다. 유량제어밸브 *V*3가 밸브 *V*4보다 더 많은 유량이 흐르도록 조절되었다고 가정할 때 작동은 다음과 같다. 초기에 실린더는 완전히 후진되어 있다. 누름버튼밸브 *V*1에 입력을 가하면 공기유동이 밸브 *V*2, *V*3와 셔틀밸브 *V*5를 거쳐서 실린더를 고속으로 전진시킨다. 피스톤 로드캠이 밸브 *V*6를 작동시키면 밸브 *V*2가 전환한다. 그러면 공기유동이 바뀌어 밸브 *V*4와 셔틀밸브를 거쳐가게 된다. 그러나 밸브 *V*4의 낮은 유량설정으로 실린더의 전진속도는 감소한다. 실린더가 완전히 전진한 후 실린더를 후진시키기 위하여 작업자는 밸브 *V*1의 입력을 제거한다.

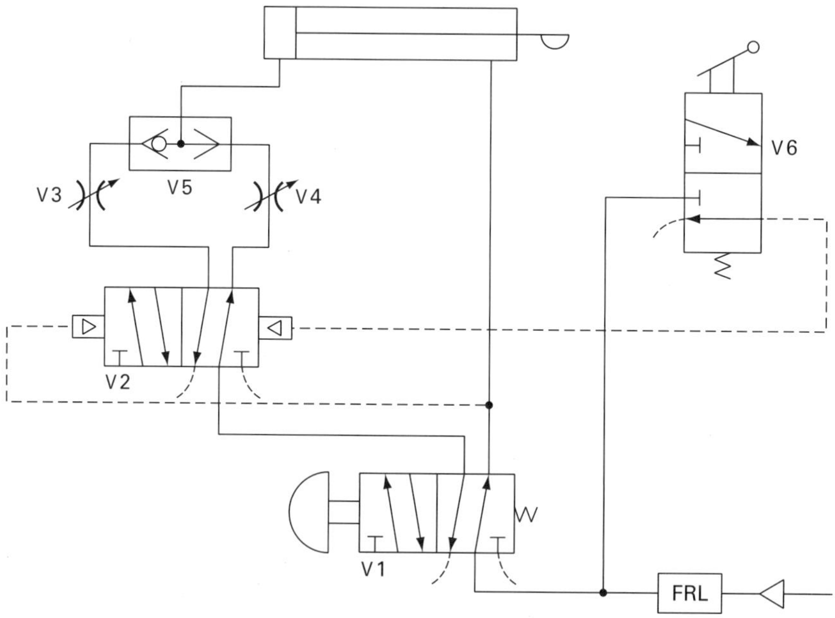

그림 14-9 2단 속도제어시스템

양손 안전제어시스템

그림 14-10은 양손 안전제어회로(two-handed safety control circuit)를 보여준다. 실린더를 전진시키기 위하여 손바닥버튼밸브(*V1*과 *V2*)를 둘 다 작동시켜야 한다. 손바닥버튼을 둘 다 놓아주지 않으면 실린더의 후진은 일어나지 않는다. 두 개의 손바닥버튼밸브가 함께 작동되지 않으면 3위치 밸브로 가는 파일럿공기는 대기로 배출된다. 그렇게 되면 이 3방향 밸브는 스프링중립 모드로 바뀌고 실린더는 잠금상태로 된다.

공기모터의 제어

그림 14-11는 공기모터를 제어하는 데 사용되는 회로를 보여주고 있다. 작동방법은 다음과 같다. 시작 누름버튼밸브를 잠깐 동안 작동시키면 공기 파일럿밸브는 전환하여 모터에 공기를 공급한다. 멈춤 누름버튼밸브를 잠깐 동안 작동시키면 공기 파일럿밸브는 반대모드로 전환하여 모터에 보내던 공기공급을 차단한다. 모터의 속도를 조절하기 위하여 유량제어밸브를 사용한다.

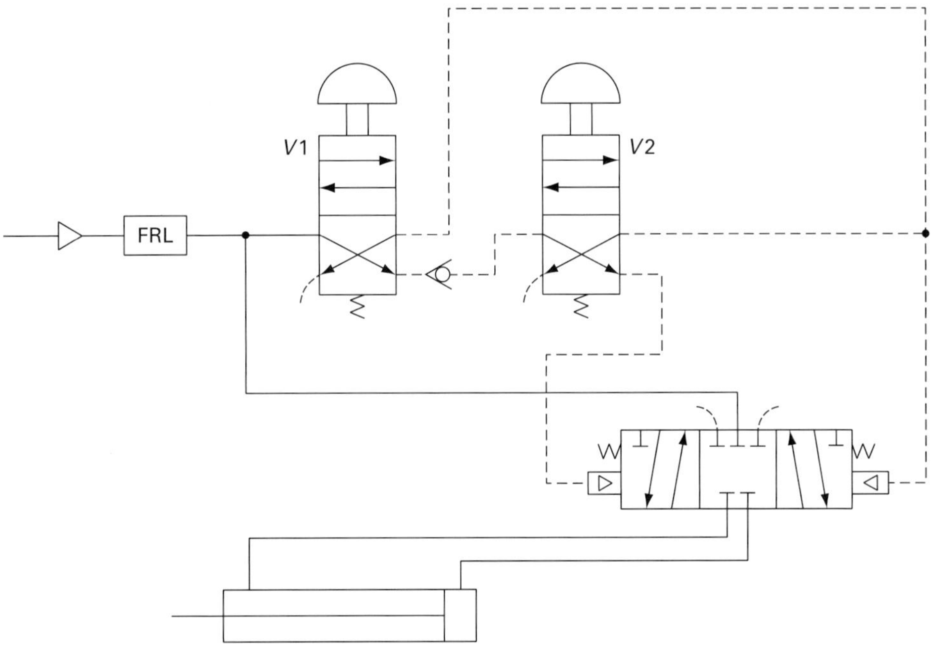

그림 14-10 양손 안전제어회로(two-handed safety control circuit)

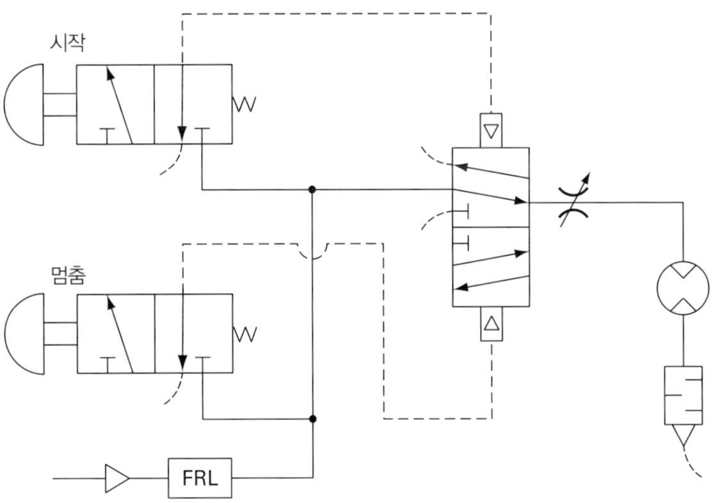

그림 14-11 공기모터의 제어

실린더의 감속공기쿠션

그림 14-12는 큰 중량부하를 구동할 때 실린더의 전, 후진행정 끝에 감속도(deceleration)를 조절할 수 있는 감속공기쿠션(deceleration air cushion)을 제공하는 회로를 보여준다. 작동방법은 다음과 같다.

밸브 *V*1은 실린더 로드부분에 공기를 공급하고 또 유량제어밸브 *V*3를 거쳐 밸브 V5의 파일럿에도 공기를 공급한다. 밸브 *V*5가 파일럿 압력증가로 인해 작동될 때까지 실린더 피스톤 헤드부분으로부터 공기가 자유롭게 배출되어 빠른 실린더 후진행정이 이루어진다. 밸브 *V*5가 작동되면 실린더 피스톤 헤드부분의 공기배출은 밸브 *V*7에 의해 제한된다. 실린더 피스톤 헤드부분에 결과적으로 형성된 압력은 공기쿠션 역할을 하여 큰 중량부하를 점진적으로 감속시킨다. 전진행정에서는 밸브 *V*2, *V*4, *V*6가 밸브 *V*5, *V*7, *V*3와 유사한 형태로 작동한다.

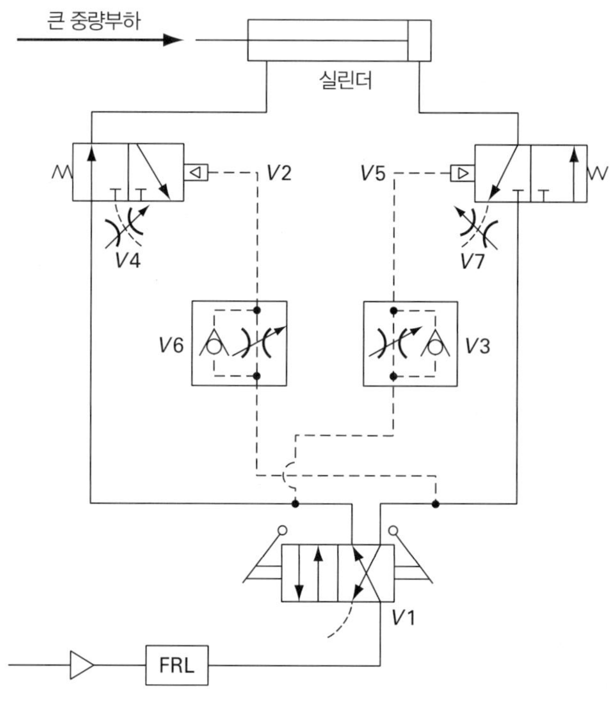

그림 14-12 공압실린더의 감속공기쿠션(deceleration air cushion)

14.6 공압 진공시스템

서론

물체의 표면적에 작용하는 유체압력에 의한 힘을 생각할 때 우리는 보통 대기압보다 큰 압력을 상상한다. 그러나 유용한 역할을 수행하기 위하여 진공 공기압을 사용하는 용도가 여럿 있다. 진공압을 사용하는 산업응용에는 물자운반(materials handling), 클램핑, 실링, 진공성형가공(vacuum forming) 등이 있다.

물자운반 응용에서 공압진공은 무게가 수백 파운드를 넘지 않고, 평면을 가지고 있는 물체를 부드럽게 들어올리는 데 사용된다. 그와 같은 물체의 예로 판유리, 박판, 판종이와 세라믹 타일, 리놀리움(linoleum)판과 같은 바닥재 등이 있다. 최대 흡입압력이 1 대기압의 크기와 같기 때문에 무게제한이 생긴다.

물자운반 응용

그림 14-13은 평판을 들어올리는 힘을 형성하기 위하여 진공컵("흡입컵"이라고도 부름)을 사용한 물자운반 응용을 보여준다. 테두리(lip)가 평판의 표면과 접촉하는 곳에서 실링이 이루어지도록 진공컵(vacuum cup)은 일반적으로 고무와 같은 유연한 재질로 만들어진다.

진공펌프(그림에는 없음)를 가동시켜 평판 윗면과 진공컵 내면 사이의 공동(cavity)에서 공기를 뺀다. 공동 내 압력이 대기압 아래로 떨어지면, 평판 아랫면에 작용하는 대기압이 평판을 컵테두리 쪽으로 밀어올린다. 이러한 작용은 컵과 평판 사이의 공동에 진공압을 만들어주고, 이 진공압은 평판에 윗방향 힘을 가하여 준다.

흡입들어올리기 힘의 해석

흡입들어올리기 힘(suction lift force)의 크기는 평판 상, 하면에 작용하는 압력힘을 대수적으로 합하여 다음과 같이 구한다.

$$F = p_{\text{atm}} A_o - p_{\text{suction}} A_i \tag{14-4}$$

여기서 F = 흡입컵이 평판에 가하는 상향 힘(lb, N)

p_{atm} = 절대단위의 대기압(psia, Pa abs)

A_o = 흡입컵 테두리의 바깥원 면적

$= \frac{\pi}{4} D_o^2 (\text{in}^2, \text{m}^2)$

D_o = 흡입컵 테두리의 바깥지름(in, m)

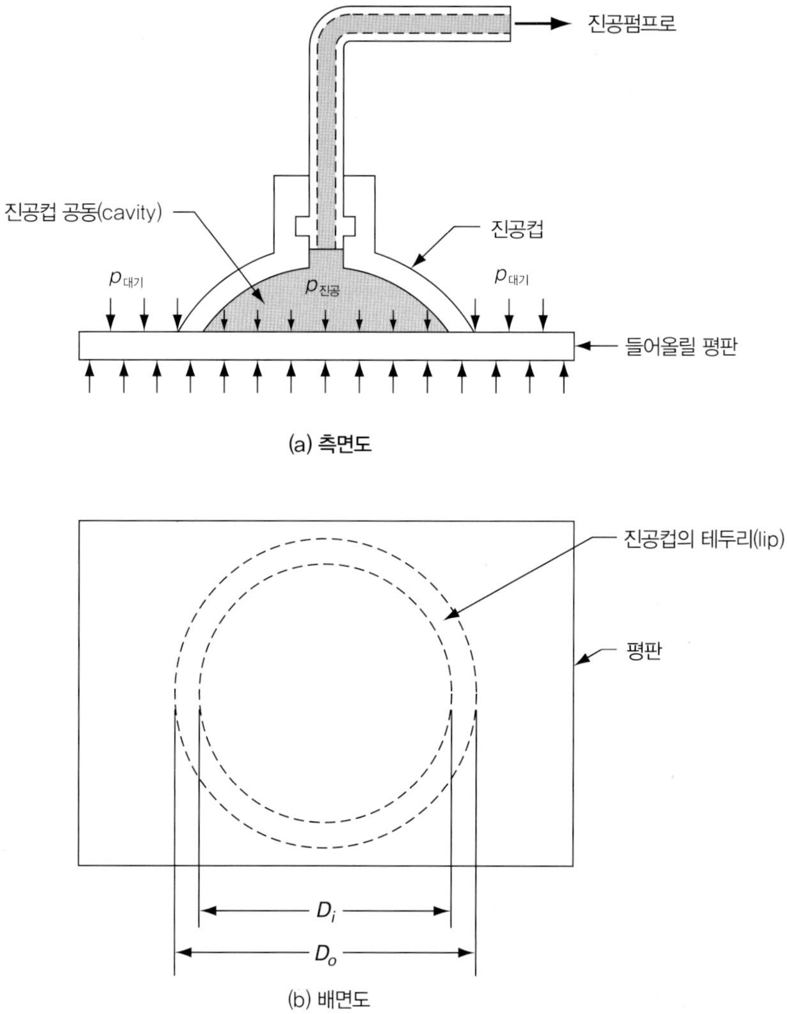

그림 14-13 평판을 들어올릴 때 사용하는 진공컵(vacuum cup)

$p_{suction}$ = 절대단위로 표기한 컵 공동 내의 흡입압력(psia, Pa abs)

A_i = 흡입컵 테두리의 안쪽원 면적

$= \frac{\pi}{4} D_i^2 (\text{in}^2, \text{m}^2)$

D_i = 흡입컵 테두리의 안지름(in, m)

그림 14-13(a)에서 평판 상, 하면에 작용하는 대기압은 진공컵 테두리의 바깥원 외부에서 상쇄되는 것에 주목하라. 진공컵 공동에서 공기를 전부 빼면 완전진공(perfect vacuum)이 되며 흡입압력은 절대단위로 0이 된다. 따라서 완전진공에서 식 (14-4)는 다음과 같이 된다.

$$F = p_{\text{atm}} A_o \tag{14-5}$$

완전진공이 될 때 들어올리는 힘이 최대가 되는데 이는 식 (14−4)와 (14−5)를 비교하면 알 수 있다. 식 (14−5)를 검토해보면 들어올리는 힘은 대기압 값과 흡입컵 크기(컵테두리의 바깥원 면적)에 의해 제한된다는 것을 알 수 있다. 형성된 흡입압력의 정확한 값은 보장될 수 없으며, 결과적으로 발생된 흡입력은 최소한 들어올리려는 물체의 무게만큼은 되어야 한다. 그래서 응용에 따라 2~4의 안전계수를 적용한다. 대형 평판을 들어올리려고 할 때 4~8개의 흡입컵을 사용하며, 이런 방법에 의해 평판을 균일하게 들어올릴 수 있다. 부하들어올리기 용량(load-lifting capacity)은 흡입컵 수의 배수만큼 증가한다.

그림 14−14는 공장에서 흡입컵을 사용하여 대형 금속판을 들어올려 운반하는 공압 진공시스템을 보여주고 있는 사진이다. 이 응용에서 흡입컵은 금속판 위에 설치된 프레임에 장착되어 있다. 이 프레임은 천정크레인에 매달려 있고 풀리와 케이블에 의해 올려지고 내려진다. 그림 14−15는 여러 가지 다른 크기의 실제 흡입컵 사진을 보여주고 있다.

그림 14-14 공압 진공시스템을 이용하여 대형 금속판을 들어올려 운반하고 있는 생산공장의 응용 예 (Courtesy of Schmalz, Inc., Raleigh, North Carolina.)

그림 14-15
여러 가지 다른 크기의 실제 흡입컵(Courtesy of Schmalz, Inc., Raleigh, North Carolina.)

예제 14-6

흡입압력이 각각 다음과 같을 때 테두리의 바깥지름 6 in., 안지름 5 in.인 흡입컵으로 들어올릴 수 있는 물체의 중량을 구하여라.

a. −10 psig = 10 psi 진공 = 10 psi 흡입

b. 절대압력 0(완전진공)

풀이

a. 흡입압력(절대단위이어야 함)은

$$p_{\text{suction}}\,(\text{abs}) = p_{\text{suction}}\,(\text{gage}) + p_{\text{atm}}$$

$$= -10 + 14.7 = 4.7 \text{ psia}$$

들어올릴 수 있는 최대중량은 식 (14−4)를 사용하여 구한다.

$$F = \text{최대중량 } W = p_{\text{atm}}\,A_o - p_{\text{suction}}\,A_i$$

$$= 14.7 \times \frac{\pi}{4}(6)^2 - 4.7 \times \frac{\pi}{4}(5)^2 = 416 - 92 = 324 \text{ lb}$$

b. 식(14−5)에 직접 대입하면

$$F = W = 14.7 \times \frac{\pi}{4}(6)^2 = 416 \text{ lb}$$

안전계수 2를 사용하면 (a)와 (b)의 정답은 각각 162 lb와 208 lb이다.

필요한 진공압에 도달하는 시간

흡입컵이 평판 위에 놓여지고 진공펌프의 스위치를 켰을 때, 필요한 진공압이 형성될 때까지 어느 정도의 시간이 지나야 한다. 필요한 진공압을 형성하는데 걸리는 시간은 식 (14−6)으로부터 구한다.

$$t = \frac{V}{Q} \ln \left(\frac{p_{\text{atm}}}{p_{\text{vaccum}}} \right) \qquad \textbf{(14-6)}$$

여기서 t = 필요한 흡입압력을 형성하는데 걸리는 시간(분)

V = 흡입컵 공동 공간과 진공펌프에 연결된 관로의 총 부피(ft^3, m^3)

ln = e를 밑으로 하는 자연대수, e는 약 2.718임

Q = 진공펌프에 의해 송출된 유량(scfm, 표준 m^3/min)

p_{atm} = 절대단위의 대기압(psia, Pa abs)

p_{vacuum} = 절대단위의 필요한 진공압(psia, Pa abs)

$p_{\text{atm}}/p_{\text{vacuum}}$은 비율이기 때문에 무차원이다. 따라서 단위가 동일하고, 절대단위이기만 하면 p_{atm}와 p_{vacuum}의 단위로 어떤 것을 사용하여도 좋다. 예컨대, psia, Pa abs 대신 in Hg abs를 쓸 수 있다. 따라서 예를 들어, p_{atm}가 p_{vacuum}보다 5배 크다면 압력비는 단위가 동일하고 절대단위이기만 하면 단위종류에 상관없이 5이다.

예제 14-7

진공컵 내부와 진공펌프에 연결된 관로의 총 부피가 6 ft^3인 공압 진공리프트시스템(vacuum lift system)이 있다. 진공펌프는 작동시 4 scfm의 유량을 송출한다. 필요한 흡입압력은 6 in Hg abs이고 대기압은 30 in Hg abs이다. 필요한 진공압에 도달하는 데 걸리는 시간을 구하여라.

풀이 식 (14−6)에 대입하여 해를 구하면

$$t = \frac{V}{Q} \ln \left(\frac{p_{\text{atm}}}{p_{\text{vacuum}}} \right) = \frac{6\ \text{ft}^3}{4\ \text{ft}^3/\text{min}} \ln \left(\frac{30\ \text{in Hg abs}}{6\ \text{in Hg abs}} \right) = 2.41\ \text{min}$$

완전진공이 되면 0으로 나누어야 하기 때문에 식 (14−6)에 대입할 수 없다. 완전진공에 가깝게 도달하는 시간을 근사적으로 구하기 위하여 완전진공압력에 거의 가까운 0.50 in Hg abs(또는 등가압력 0.245 psia)를 사용한다. 이 값을 식 (14−6)에 대입하면 완전진공에 거의 가깝게 도달하는 데 걸리는 시간을 얻는다.

$$t = \frac{6\ \text{ft}^3}{4\ \text{ft}^3/\text{min}} \ln \left(\frac{30\ \text{in Hg abs}}{0.5\ \text{in Hg abs}} \right) = \frac{6\ \text{ft}^3}{4\ \text{ft}^3/\text{min}} \ln \left(\frac{14.7\ \text{psia}}{0.245\ \text{psia}} \right) = 6.14\ \text{min}$$

완전진공에 거의 가깝게 도달하는 데 걸리는 시간은 대기압의 1/5 (6 in Hg/30 in Hg)인 진공압에 도달하는 데 걸리는 시간보다 2.55배(6.14분/2.41분) 더 길다.

14.7 기체형 어큐뮬레이터의 치수결정

예제 14−8은 유압시스템에서 보조동력원으로 사용하는 기체형 어큐뮬레이터(gas-loaded accumulation)의 치수를 결정하는 방법을 예시하고 있다. 어큐뮬레이터내 기체온도 변화가 무시할 만큼 작다고 가정하여 보일의 법칙을 사용한다.

예제 14−8

그림 14−16의 회로는 기체형 어큐뮬레이터와 지름 6 in인 유압실린더를 사용하여 차체를 짐짝크기(bale size)로 찌그러뜨리도록 설계한 것이다. 유압실린더는 10초 동안 100 in 전진한다. 찌그러뜨리기 행정(crushing stroke) 사이의 시간간격은 5분이다. 어큐뮬레이터의 기체 절대압력은 다음과 같다.

p_1 = 기체 예비충전압력 = 1,200 psia

p_2 = 펌프가동 중의 기체 충전압력

= 3,000 psia = 압력릴리프밸브의 설정압력

p_3 = 부하를 작동시키는 데 필요한 최소압력 = 1,800 psia

a. 필요한 어큐뮬레이터의 치수를 구하라.

b. 어큐뮬레이터를 사용하는 경우와 사용하지 않는 경우, 펌프의 소요유압마력과 소요유량은 얼마인가?

풀이

그림 14−17은 어큐뮬레이터의 세 가지 중요한 작동상태를 보여 주고 있다.

1. **예비충전**[그림 14−17(a)] 어큐뮬레이터의 상단으로 기체가 들어온 직후의 상태이다. 피스톤(피스톤형 설계라고 가정하면)이 어큐뮬레이터 바닥까지 다 내려가 있음을 주목하여라.
2. **충전**[그림 14−17(b)] 펌프가 가동되어 펌프로부터의 유압유가 어큐뮬레이터 안으로 들어오면서 p_2가 p_1보다 커지게 된다. 충전단계 동안 4방향 밸브는 스프링옵셋 위치에 있다. 따라서 시스템압력은 압력릴리프밸브의 설정압력인 3,000 psia 수준까지 형성된다.
3. **실린더행정 완료 후 어큐뮬레이터 피스톤의 최종위치**[그림 14−17(c)] 4방향 밸브를 작동시켜 실린더를 부하 쪽으로 전진시킨다. 시스템압력이 3,000 psia 아래로 떨어지면, 어큐뮬레이터 내 3,000 psia 기체압력이 오일을 어큐뮬레이터로부터 시스템으로 밀어내어 실린더의 급전진동안 펌프를 보조한다. 어큐뮬레이터 기체압력은 최소값 p_3로 줄어드는데, 이 값은 부하를 구동하는 데 필요한 최소 압력인 1,800 psia보다는 작지 않아야 한다.

a. 식 (13−3)을 사용하면

$$p_1V_1 = p_2V_2 = p_3V_3$$

여기서 V_1 = 필요한 어큐뮬레이터 크기이며, $V_{\text{hydraulic cylinder}} = V_3 - V_2$ 를 사용한다(펌프로부터의 보조가 미미하다고 가정함). 따라서,

$$V_3 = \frac{p_2V_2}{p_3} = \frac{3000V_2}{1800} = 1.67\ V_2$$

$$V_{\text{hydraulic cylinder}} = \frac{\pi}{4}(6)^2 \times 100 = 2830\ \text{in}^3 = V_3 - V_2$$

앞의 방정식들을 풀면

$$V_2 = 4230\ \text{in}^3 \quad V_3 = 7060\ \text{in}^3$$

따라서, 해는

$$V_1 = \frac{p_2V_2}{p_1} = \frac{(3000)(4230)}{1200} = 10{,}550\ \text{in}^3 = 45.8\ \text{gal}\ \text{크기의 어큐뮬레이터}$$

이것은 매우 큰 어큐뮬레이터인데 이는 수행하여야 하는 일의 규모가 크기 때문이다. 예컨대, 실린더행정이 단지 10 in이면 4.58 gal 크기의 어큐뮬레이터로도 충분하다.

b. 어큐뮬레이터를 사용하는 경우(펌프는 어큐뮬레이터를 5분에 두 번 충전시킨다): 전진과 후진 동안 실린더에서 배제된 부피만큼 펌프는 어큐뮬레이터를 5분 안에 재충전하여야 한다. 유압실린더 로드의 지름을 무시하면, 이 부피는 $2(V_3 - V_2) = 2(2{,}830/231)$ gal = 24.5 gal이다. 따라서,

$$Q_{\text{pump}} = \frac{24.5\ \text{gal}}{5\ \text{min}} = 4.90\ \text{gpm}\ \text{(작은 크기의 펌프)}$$

$$\text{hp}_{\text{pump}} = \frac{(3000)(4.90)}{1714} = 8.58\ \text{hp}\ \text{(작은 소요마력)}$$

어큐뮬레이터를 사용하지 않는 경우(펌프가 실린더를 10초에 전진시킨다):

$$Q_{\text{pump}} = \frac{(\frac{2830}{231})\ \text{gal}}{(\frac{1}{6})\ \text{min}} = 73.4\ \text{gpm}\ \text{(매우 큰 펌프)}$$

$$\text{hp}_{\text{pump}} = \frac{(1800)(73.4)}{1714} = 76.6\ \text{hp}\ \text{(매우 큰 소요동력)}$$

어큐뮬레이터가 많은 양의 과도적인 수요를 처리함으로써 펌프의 크기와 소요동력을 극적으로 줄일 수 있음을 위의 결과는 보여주고 있다.

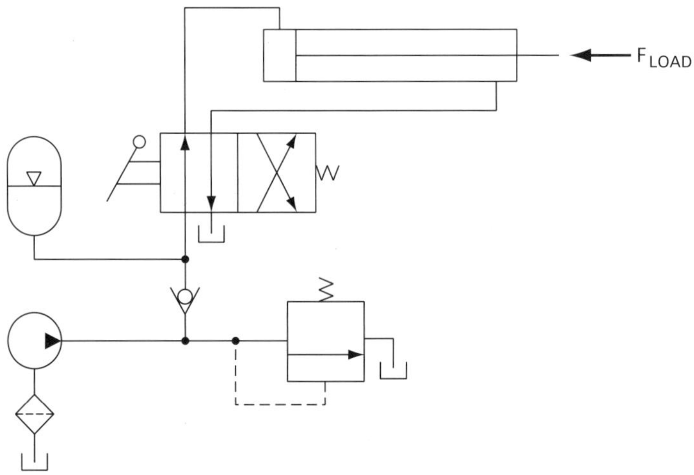

그림 14-16 차체를 찌그러뜨리기 위한 유압시스템에서 기체형 어큐뮬레이터의 이용

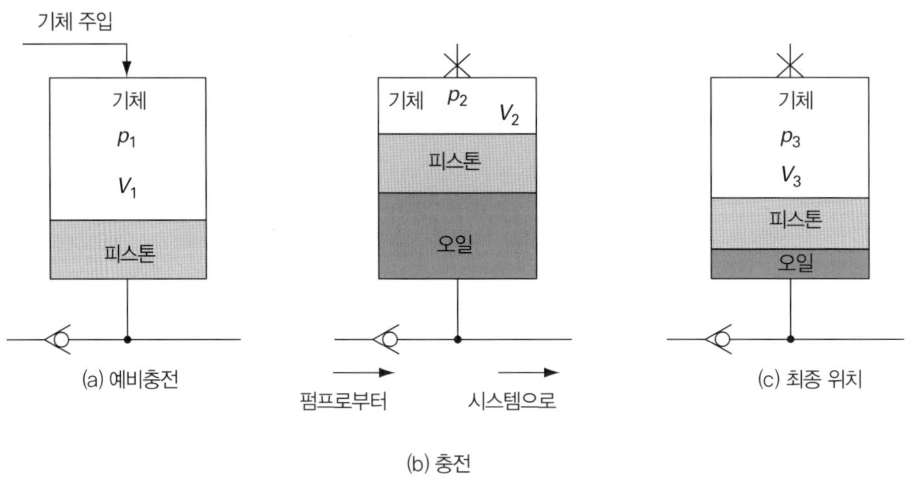

그림 14-17 기체형 피스톤 어큐뮬레이터의 작동

14.8 미터단위를 사용한 공압회로 해석

예제 14-9~14-11은 미터단위를 사용한 공압회로의 해석을 예시하고 있다.

예제 14-9

효율 75%인 압축기가 687 kPa gage에서 7.65 표준 m^3/min의 공기를 공급한다. 압축기를 구동하는 전기모터의 효율이 92%이고 압축기가 연간 3,000시간을 운전한다고 할 때 연간 전기료를 계산하여라. 전기료는 \$0.11/kWh이다.

풀이

식 (13-9M)을 η_o로 나누면, 압축기구동에 필요한 실제동력은

$$\text{실제동력(kW)} = \frac{p_{in}Q}{17.1\eta_o}\left[\left(\frac{p_{out}}{p_{in}}\right)^{0.286} - 1\right]$$

$$= \frac{101 \times 7.65}{17.1 \times 0.75}\left[\left(\frac{788}{101}\right)^{0.286} - 1\right] = 48.2\ \text{kW}$$

따라서, 전기모터를 구동시키는 데 필요한 전력은 48.2/0.92 kW = 52.4 kW이다. 이제 연간 전기료를 다음과 같이 구한다.

$$\text{연간 전기료} = \text{전력} \times \text{연간 사용시간} \times \text{단위 전기료}$$

$$= 52.4\ \text{kW} \times 3000\ \text{hr/yr} \times \frac{\$0.11}{\text{kWh}} = \$17{,}300/\text{yr}$$

예제 14-10

공압 진공리프트시스템은 네 개의 흡입컵을 사용하고 있고 흡입컵 테두리의 바깥지름은 100 mm, 안지름은 80 mm이다. 이 진공시스템은 무게 1,000 N인 대형 철판을 들어올려야 한다. 컵 공동 내부와 진공펌프에 연결된 관로의 총 부피는 0.15 m^3이다. 필요한 진공압을 형성하는 데 걸리는 시간이 1.0분이라 하면 진공펌프가 송출하여야 할 유량은 얼마인가? 단, 안전계수는 2로 한다.

풀이

우선 식(14-4)를 사용하여 필요한 진공압을 구한다.

$$F = p_{\text{atm}} A_o - p_{\text{vacuum}} A_i$$

$$\frac{1000 \times 2}{4} = 101{,}000 \times \frac{\pi}{4}(0.100)^2 - p_{\text{vacuum}} \times \frac{\pi}{4}(0.080)^2$$

$$500 = 793 - 0.00503 p_{\text{vacuum}}$$

$$p_{\text{vacuum}} = 58{,}300 \text{ Pa abs}$$

이제 식 (14−6)을 사용해서 필요한 진공펌프 유량을 구한다.

$$Q = \frac{V}{t} \ln\left(\frac{p_{\text{atm}}}{p_{\text{vacuum}}}\right) = \frac{0.15}{1.0} \ln\left(\frac{101{,}000}{58{,}300}\right)$$

$$= 0.0824 \text{ 표준 m}^3\text{/min (공기)}$$

예제 14−11

그림 14−16의 회로는 지름 152 mm인 유압실린더를 사용하여 차체를 짐짝크기(bale size)로 찌그러뜨리도록 설계한 것이다. 유압실린더는 10초 동안 2.54 m 전진한다. 찌그러뜨리기 행정(crushing stroke) 사이의 시간간격은 5분이다. 어큐뮬레이터의 기체절대압력은 다음과 같다.

p_1 = 기체 예비충전압력 = 84 bar abs
p_2 = 펌프가동 중의 기체 충전압력
= 210 bar abs = 압력릴리프밸브의 설정압력
p_3 = 부하를 작동시키는 데 필요한 최소압력 = 126 bar abs

a. 필요한 어큐뮬레이터의 크기를 구하라.
b. 어큐뮬레이터를 사용하는 경우와 사용하지 않는 경우, 펌프의 소요 유압동력(kW)과 소요유량은 얼마인가?

풀이

그림 14−17은 어큐뮬레이터의 세 가지 중요한 작동상태를 보여준다(예비충전, 충전, 실린더행정 완료 후 어큐뮬레이터 피스톤의 최종 위치).

a. 식 (13−3)을 사용하면

$$p_1 V_1 = p_2 V_2 = p_3 V_3$$

여기서 V_1은 필요한 어큐뮬레이터 크기이며 또한 다음 식을 사용한다.

$$V_{\text{hydraulic cylinder}} = V_3 - V_2$$

따라서

$$V_3 = \frac{p_2 V_2}{p_3} = \frac{210}{126} V_2 = 1.67\, V_2$$

$$V_{\text{hydraulic cylinder}} = \frac{\pi}{4}(0.152)^2 \times 2.54 = 0.0461\ \text{m}^3 = V_3 - V_2$$

앞의 방정식들을 풀면

$$V_2 = 0.0688\ \text{m}^3 \quad V_3 = 0.115\ \text{m}^3$$

따라서, 해는

$$V_1 = \frac{p_2 V_2}{p_1} = \frac{(210)(0.0688)}{84} = 0.172\ \text{m}^3 = 172\ \text{L}$$

b. 어큐뮬레이터를 사용하는 경우(펌프는 어큐뮬레이터를 5분에 두 번 충전시킨다). 유압실린더 로드의 지름을 무시하면(예제 14-8의 풀이 참조)

$$Q_{\text{pump}} = \frac{2(V_3 - V_2)}{300\ \text{s}} = \frac{2(46.1\ \text{L})}{300\ \text{s}} = 0.307\ \text{L/s}\ \text{(작은 크기의 펌프)}$$

$$\text{kW}_{\text{pump}} = \frac{(210 \times 10^5)(30.7 \times 10^{-5})}{1000} = 6.45\ \text{kW}\ \text{(작은 소요 동력)}$$

어큐뮬레이터를 사용하지 않는 경우(펌프가 실린더를 10초에 전진시킨다):

$$Q_{\text{pump}} = \frac{46.1\ \text{L}}{10\ \text{s}} = 4.61\ \text{L/s}\ \text{(매우 큰 펌프)}$$

$$\text{kW}_{\text{pump}} = \frac{(126 \times 10^5)(461 \times 10^{-5})}{1000} = 58.1\ \text{kW}\ \text{(매우 큰 소요 동력)}$$

14.9 중요한 식들

관로에서의 공기 압력손실:

$$p_f(\text{psi}) = \frac{0.1025L(\text{ft}) \times [Q(\text{scfm})]^2}{3600(\text{CR}) \times [d(\text{in})]^{5.31}} \quad \textbf{(14-3)}$$

공압 흡입 들어올리기 힘:

$$F = p_{\text{atm}}A_o - p_{\text{suction}}\,A_i \quad \textbf{(14-4)}$$

진공압에 도달하는 시간

영국단위:

$$t(\text{min}) = \frac{\text{V}(\text{ft}^3)}{Q(\text{scfm})}\ln\left[\frac{p_{\text{atm}}(\text{psia})}{p_{\text{vaccum}}(\text{psia})}\right] \quad \textbf{(14-6)}$$

미터단위:

$$t(\text{min}) = \frac{V(\text{m}^3)}{Q(\text{표준 m}^3/\text{min})}\ln\left[\frac{p_{\text{atm}}(\text{Pa abs})}{p_{\text{vaccum}}(\text{Pa abs})}\right] \quad \textbf{(14-6M)}$$

연습문제

질문, 개념과 정의

14-1 공압회로를 해석하거나 설계할 때 고려하여야 할 네 가지 중요한 사항들을 나열하여라.

14-2 왜 공압시스템으로부터 대기로 누설된 공기는 보통 무시되는가?

14-3 관이나 밸브 같은 공압시스템 부품들의 크기가 적정치수보다 작으면 어떤 바람직하지 못한 결과를 초래하는가?

14-4 관이나 밸브 같은 공압시스템 부품들의 크기가 적정치수보다 크면 어떤 바람직하지 못한 결과를 초래하는가?

14-5 관로에서의 공기 압력손실이 압축기의 운전에 미치는 영향은 무엇인가?

14-6 공압시스템으로부터 대기로의 공기누설이 압축기의 운전에 미치는 영향은 무엇인가?

14-7 "대기 중의 공기는 공짜지만 압축공기는 그렇지 않다"라는 표현이 무엇을 의미하는지 설명하여라.

14-8 공압 진공시스템이란 무엇인가?

14-9 공압 진공시스템의 응용 세 가지를 나열하여라.

14-10 왜 진공리프트시스템(vacuum lift system)을 적용할 때 안전계수를 사용하는가?

14-11 진공리프트시스템을 사용할 때의 단점 하나를 말하여라.

14-12 어큐뮬레이터를 보조동력원으로 사용할 때 얻는 이점은 무엇인가?

14-13 어큐뮬레이터의 세 가지 중요한 작동상태는 무엇인가?

문제

주: 문제 번호 뒤의 E는 영국단위를 사용하고 있다는 것을 의미하고, M은 미터단위를 사용하고 있다는 것을 의미한다.

관로에서의 공기 압력손실

14-14E 압축기가 지름 1 in인 관을 통하여 125 psig인 저장탱크 압력으로 150 scfm의 공기를 송출하고 있다. 길이 150 ft인 관의 압력손실을 구하여라.

14-15E 연습문제 14−14의 관에 게이트밸브 3개, 글로브밸브 2개, 티(통과) 4개, 90°엘보 5개가 연결되어 있다. 압력손실을 구하여라.

14-16M 압축기가 지름 25 mm인 관을 통하여 1,000 kPa gage인 저장탱크 압력으로 3 표준 m^3/min의 공기를 송출하고 있다. 길이 100 m인 관의 압력손실을 구하여라.

14-17M 연습문제 14-16의 관에 게이트밸브 2개, 글로브밸브 3개, 티(통과) 5개, 90°엘보 4개, 45°엘보 6개가 연결되어 있다. 압력손실을 구하여라.

14-18E 압축기가 140 psig인 저장탱크 압력으로 200 scfm의 공기를 송출하고 있다. 압력손실을 관 길이 단위 ft당 0.10 psi로 제한한다고 할 때 스케줄번호 40인 관의 최소 치수를 구하여라.

14-19M 압축기가 800 kPa gage인 저장탱크 압력으로 4 표준 m^3/min의 공기를 송출하고 있다. 압력손실을 관 길이 단위 m당 2 kPa로 제한한다고 할 때 스케줄번호 40인 관의 최소 치수를 구하여라.

에너지손실의 경제적 비용

14-20E 효율 70%인 압축기가 100 psig에서 200 scfm의 공기를 공압시스템에 공급하고 있다. 압축기를 구동하는 전기모터의 효율은 90%이고, 압축기는 연간 4,000시간 운전한다. 전기료가 $0.10/kWh일 때 연간 전기료를 구하여라.

14-21E 연습문제 14-20의 시스템에서 압축기가 관로마찰에 의한 12 psi의 압력손실을 보상하기 위하여 112 psig의 공기를 공급하여야 한다. 그 외에 공압회로로부터 대기로의 공기누설을 보상하기 위하여 압축기가 50 scfm의 공기를 추가로 공급하여야 다. 이 두 가지의 에너지손실 때문에 추가로 지불하는 연간 전기료는 얼마인가?

14-22M 효율 70%인 압축기가 690 kPa gage에서 6 표준 m^3/min의 공기를 공압시스템에 공급하고 있다. 압축기를 구동하는 전기모터의 효율은 90%이고 압축기는 연간 4,000 시간 운전한다. 전기료가 $0.10/kWh일 때 연간 전기료를 구하여라.

14-23M 연습문제 14-22의 시스템에서 압축기가 관로마찰에 의한 100 kPa gage의 압력손실을 보상하기 위하여 790 kPa gage의 공기를 공급하여야 한다. 그 외에 공압회로로부터 대기로의 공기누설을 보상하기 위하여 압축기가 1.5 표준 m^3/min의 공기를 추가로 공급하여야 한다. 이 두 가지의 에너지손실 때문에 추가로 지불하는 연간 전기료는 얼마인가?

공압회로의 작동

14-24 그림 14-18의 회로에서 수동 차단밸브 *V*1을 열었을 때 어떤 작동이 이루어지는가?

14-25 그림 14-19의 회로를 고찰하여 보자.

a. 밸브 *V*4를 누르면 실린더에 무슨 일이 일어나는가?

b. 밸브 *V*5를 누르면 실린더에 무슨 일이 일어나는가?

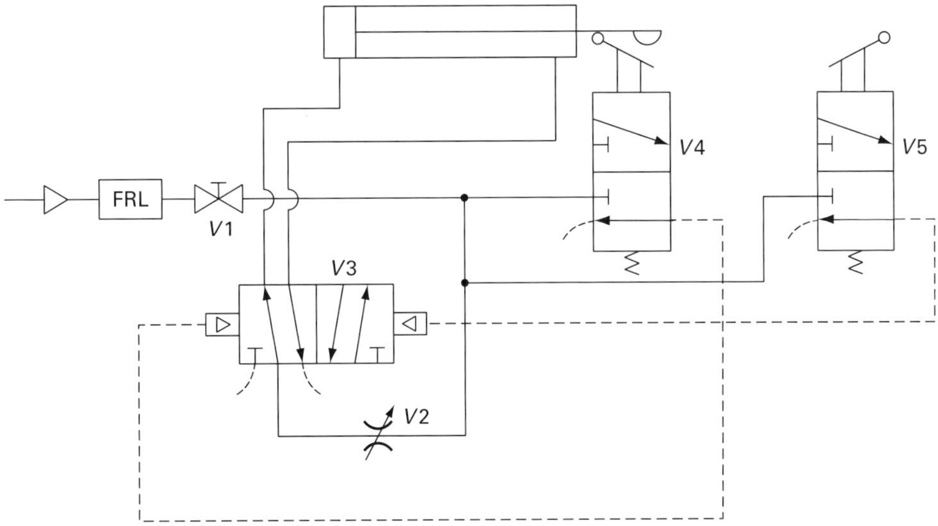

그림 14-18 연습문제 14-24의 회로

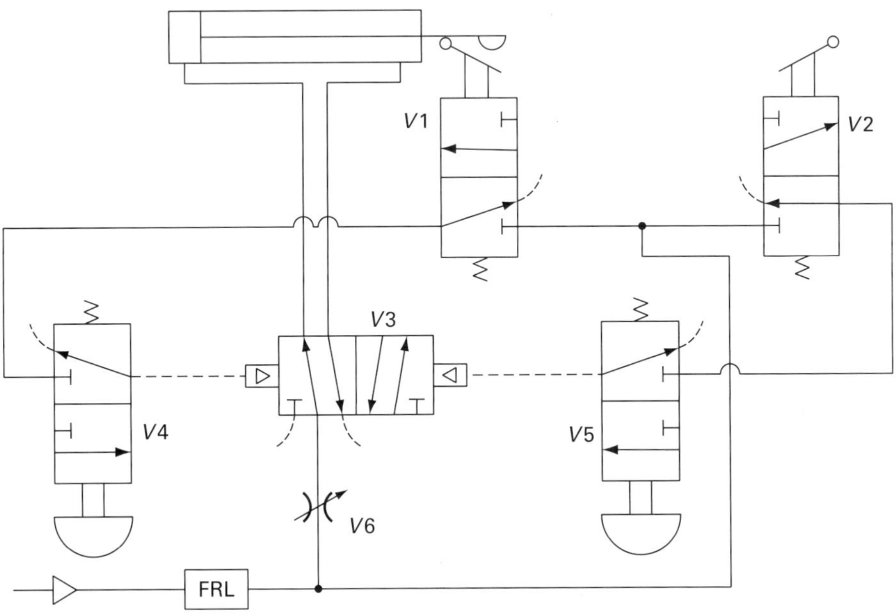

그림 14-19 연습문제 14-25의 회로

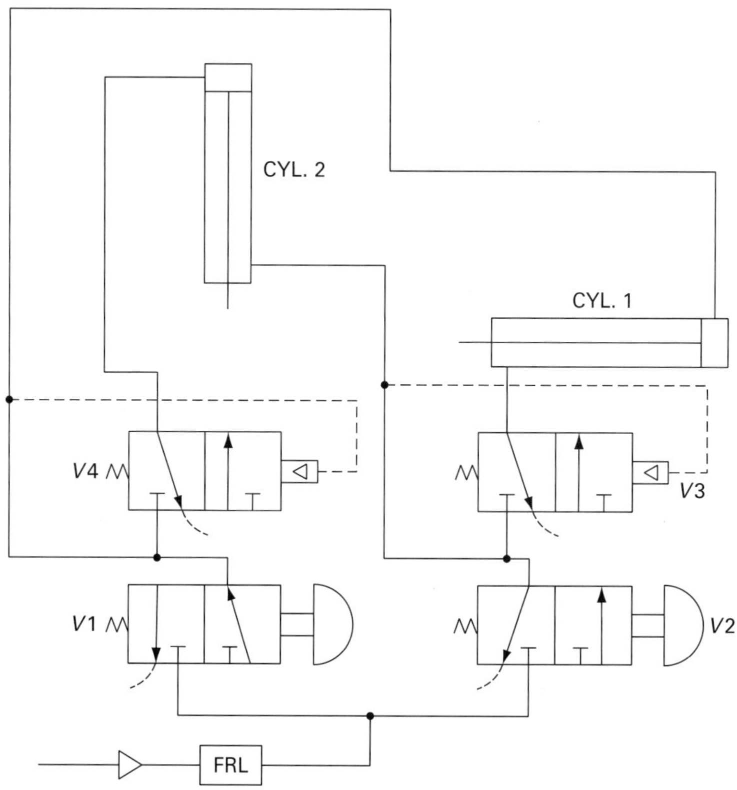

그림 14-20 연습문제 14-26의 회로

14-26 그림 14−20의 회로에서 각각의 경우 실린더 1과 실린더 2에 무슨 일이 일어나는가?

a. 밸브 *V*1에 입력을 가하고 그 상태를 유지한다.

b. 밸브 *V*1의 입력을 해제하며, 밸브 *V*2에 입력을 가하고 그 상태를 유지한다. 밸브 *V*3와 *V*4는 순서밸브이다.

14-27 그림 14−20에 보여준 연습문제 14−26의 회로에서 실린더 2가 후진하는 동안 실린더 1은 부하가 걸린 상태에서 제 위치를 유지하지 못한다. 파일럿조작 첵밸브의 추가와 적절한 배관에 의해 이 회로를 수정하여서 실린더 2가 후진하는 동안 실린더 1이 제 위치를 유지하도록 하여라.

14-28 그림 14−21의 공압시스템에서 양로드 실린더는 두 개의 3방향, 2위치 방향제어밸브에 의해 제어된다. 이 시스템의 네 가지 작동상태를 설명하여라.

14-29 그림 14−21에 보여준 연습문제 14−28의 회로에서 방향제어밸브가 비작동(스프링 옵셋) 위치에 있을 때 실린더는 자유롭게 된다(양단이 대기로 통기됨). 다음의 작동이 이루어지도록 동일한 부품을 사용하여 시스템을 재설계하여라.

a. $V1$만 작동시켰을 때 실린더 로드가 왼쪽으로 이동한다.

b. $V2$만 작동시켰을 때 실린더 로드가 오른쪽으로 이동한다.

c. 작동시킨 밸브 하나의 입력을 해제시켰을 때(두 밸브 모두 비작동상태가 됨) 실린더 로드는 이동을 멈춘다.

d. 밸브를 둘 다 작동시켰을 때 실린더는 자유롭게 된다(양단이 대기로 통기됨).

14-30 그림 14-22의 공압시스템은 병렬로 연결된 단동 실린더를 사용하여 두 개의 부하를 들어올리고 내리기 위하여 설계되었다. 만약 실린더 1에 걸린 부하가 실린더 2에 걸린 부하보다 크다면($F_1 > F_2$) 방향제어밸브를 들어올리기 모드로 전환할 때 무슨 일이 일어나겠는가? 두 개의 실린더가 함께 전진하고 후진하도록(즉, 동일한 속도로 동시에 움직임) 시스템을 재설계하여라.

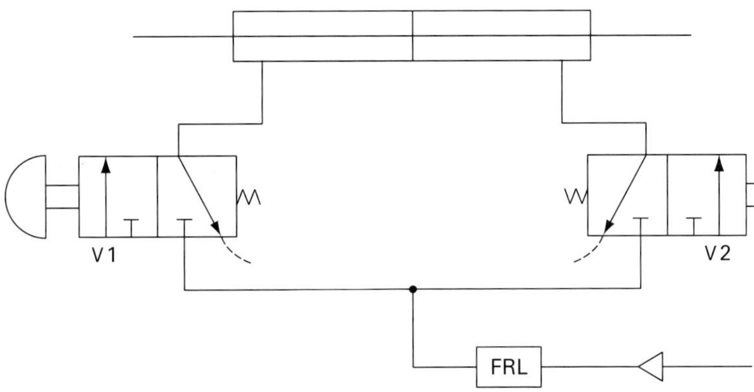

그림 14-21 연습문제 14-28의 시스템

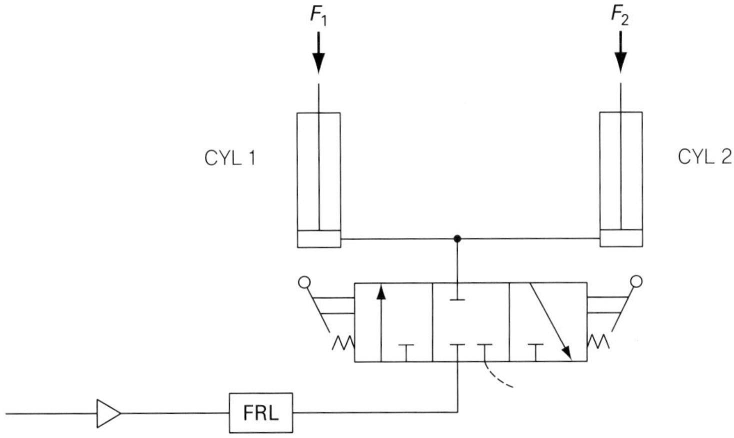

그림 14-22 연습문제 14-30의 시스템

공압 진공시스템

14-31E 진공압이 각각 다음과 같을 때 테두리의 바깥지름 7 in, 안지름 6 in인 흡입컵으로 들어올릴 수 있는 물체의 중량을 구하여라. 단, 안전계수는 3으로 한다.

a. −8 psig

b. 완전진공

14-32E 진공컵 내부와 진공펌프에 연결된 관로의 총 부피가 5 ft^3인 공압 진공리프트시스템이 있다. 진공펌프는 작동시 3 scfm의 유량을 송출한다. 필요한 흡입압력은 5 psia이고 대기압은 30 in Hg abs이다. 필요한 진공압에 도달하는 데 걸리는 시간을 구하여라.

14-33M 흡입압력이 각각 다음과 같을 때 테두리의 바깥지름 100 mm, 안지름 80 mm인 흡입컵으로 들어올릴 수 있는 물체의 중량을 구하여라. 단, 안전계수는 3으로 한다.

a. −50 kPa gage

b. 완전진공

14-34M 공압 진공리프트시스템은 여섯 개의 흡입컵을 사용하고 있고, 흡입컵 테두리의 바깥지름은 100 mm, 안지름은 80 mm이다. 이 진공시스템은 무게 1,500 N인 대형 철판을 들어올려야 한다. 컵 공동과 진공펌프에 연결된 관로내의 총 부피는 0.20 m^3이다. 필요한 진공압을 형성하는 데 걸리는 시간이 2.0분이라고 하면 진공펌프가 송출하여야 할 유량은 얼마인가? 단, 안전계수는 2로 한다.

기체형 어큐뮬레이터의 크기선정

14-35E 그림 14−23의 어큐뮬레이터는 최대압력 3,000 psig, 최소압력 1,800 psig로 450 in^3의 오일을 공급한다. 질소 예비충전압력이 1,200 psig일 때 어큐뮬레이터의 크기를 구하여라.

14-36E 연습문제 14−35의 어큐뮬레이터에서 실린더가 전체 행정에 걸쳐 전달할 수 있는 부하 힘 $F_{부하}$를 구하여라. 어큐뮬레이터에서 내보낸 오일 전체를 사용한다면 실린더의 총 행정은 얼마가 되겠는가?

14-37M 그림 14−23의 어큐뮬레이터는 최대압력 210 bar gage, 최소압력 126 bar gage로 7,370 cm^3의 오일을 공급한다. 질소 예비충전압력이 84 bar gage일 때 어큐뮬레이터의 크기를 구하여라. 유압실린더의 피스톤 지름은 152 mm이다.

14-38M 연습문제 14−37의 어큐뮬레이터에서 실린더가 전체 행정에 걸쳐 전달할 수 있는 부하 힘 $F_{부하}$를 구하여라. 어큐뮬레이터에서 내보낸 오일 전체를 사용한다면 실린더의 총 행정은 얼마가 되겠는가?

14-39M 내부 압력이 10 MPa인 어큐뮬레이터의 부피가 0.04 m^3서 0.03 m^3으로 줄고, 온도가 40°C에서 180°C로 증가하였다. 최종 압력을 구하여라.

14-40E 요동하는(oscillating) 부하가 행정의 중앙(midstroke)에서 멈추었을 때 어큐뮬레이터의 충전기체는 180 in^3에서 275 in^3으로 팽창하고, 충전기체의 온도는 200°F에서 100°F로 낮아졌다. 어큐뮬레이터의 최종 압력이 1,000 psig일 때 충전기체압력을 계산하여라.

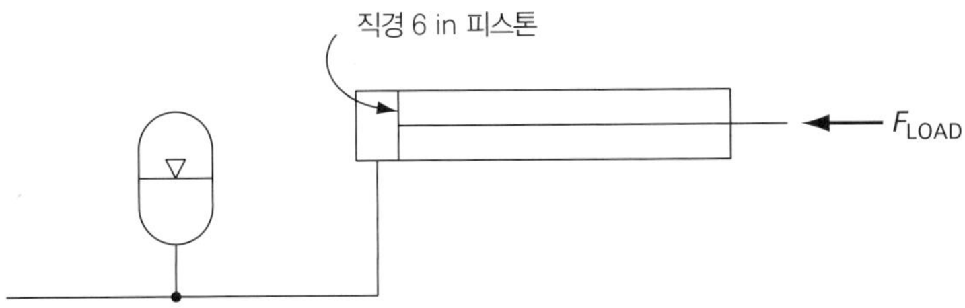

그림 14-23 연습문제 14-35의 회로

15

Chapter

유공압회로의 기본 전기제어

학습 목표

이 단원을 공부하고 나면 다음과 같은 내용을 알아야 한다.

1. 전기기계식 릴레이 제어시스템에서 사용되는 다양한 전기부품들의 작동을 이해하여야 한다.
2. 전기 사다리선도의 작동을 읽고 이해하여야 한다.
3. 전기 사다리논리선도의 작동과 상응하는 유공압회로를 서로 관련시킬 수 있어야 한다.
4. 시스템 오작동의 원인을 규명하기 위하여 기본 전기유압회로 및 전기공압회로의 문제를 해결할 수 있어야 한다.

15.1 서론

전기소자는 유공압시스템의 전반적인 제어유연성을 향상시키는 중요한 수단임이 입증되었다. 요즈음 들어 유공압시스템의 제어가 수동제어에서 벗어나 전기제어로 바뀌어 가고 있는 추세에 있다. 이러한 추세로 가는 이유 중의 하나는 더욱 많은 기계들이 컴퓨터로부터의 전기신호로 제어되어 자동으로 작동하도록 설계되고 있기 때문이다.

기본 전기소자

유공압시스템의 제어에 주로 사용되는 7가지 기본 전기소자는 다음과 같다. 즉, 수동조작 누름버튼스위치, 리밋스위치, 압력스위치, 솔레노이드, 릴레이, 타이머, 온도스위치 등이다. 스위치는 정상개방(normally open, NO) 또는 정상폐쇄(normally closed, NC)로 배선된다. 정상개방 스위치는 스위치가 작동될 때까지 스위치에 전류가 흐를 수 없는 소자이다. 정상폐쇄 스위치에서는 스위치가 작동될 때까지 스위치에 전류가 흐를 수 있다. 이 7가지 전기소자들을 간단히 설명하면 다음과 같다:

1. **누름버튼스위치:** 간단한 누름버튼스위치(push-button switch)를 사용하여 작업자는 정교한 장치가 복잡한 작동을 수행하는 것을 시작하게 한다. 누름버튼스위치는 기계작동의 시작과 멈춤에 주로 사용되지만 비상사태 발생시 수동작동으로 전환하게 만드는 데에도 사용된다.
2. **리밋스위치:** 리밋스위치(limit switch)가 유압이나 공압 실린더의 전진 또는 후진 행정의 끝에서 작동될 때 이 스위치는 회로를 열고 닫는다. 그림 15-1은 리밋스위치가 내장된(실린더의 양단에 하나씩) 유압실린더를 보여주고 있다. 각 스위치는 정상개방 또는 정상폐쇄로 배선된다. 실린더캡 끝부분에 있는 리밋스위치는 로드가 완전히 후진하였을 때 내부 캠에 의하여 작동된다. 캠은 행정의 끝으로부터 3/16 in 정도 거리에 있을 때 리밋스위치를 접촉한다. 실린더 행정의 끝에서 캠은 스위치의 작동이 완전하게 이루어지도록 리밋스위치의 플런저와 스템(stem)을 약 1/16 in 이동시킨다. 실린더헤드 끝부분의 리밋스위치도 유사한 방식으로 작동된다. 이 리밋스위치들은 실린더 엔드플레이트(end plate)에 내장되기 때문에 우발적인 움직임에 의한 오작동을 일으킬 가능성이 적다.
3. **압력스위치:** 압력스위치(pressure switch)는 시스템압력에 따라 접점을 열고 닫는다. 압력스위치는 일반적으로 고압설정과 저압설정을 갖고 있다. 예컨대, 주어진 압력을 유지하기 위하여 펌프를 가동시키거나 정지시키는 것이 필요하다. 저압설정은 펌프를 가동시키고, 고압설정은 펌프를 정지시킨다. 그림 15-2는 스크루단자에 표시된 바와 같이 정상개방(NO) 또는 정상폐쇄(NC)로 배선할 수 있는 압력스위치를 보여준다.

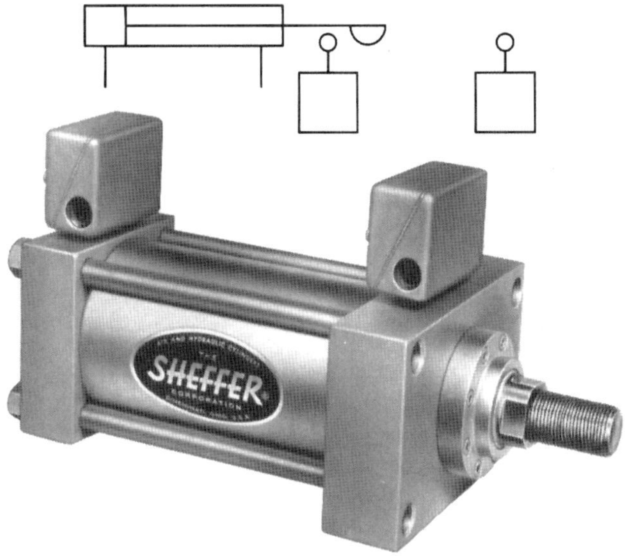

그림 15-1 리밋스위치가 내장된 실린더(Courtesy of Sheffer Corp., Cincinnati, Ohio)

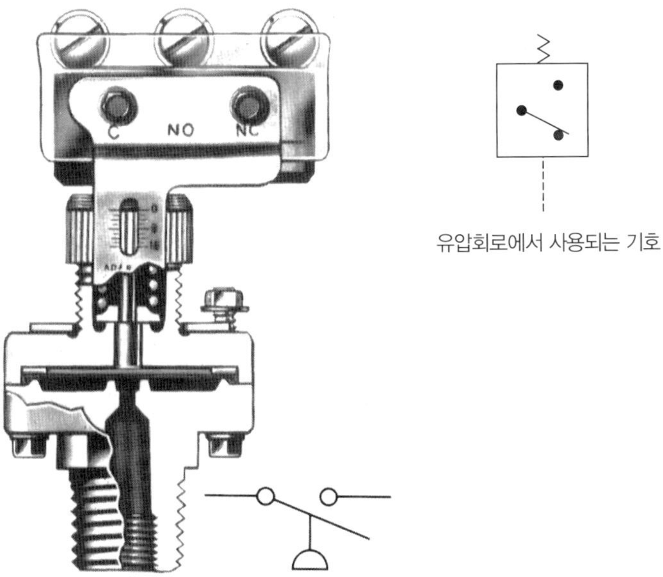

그림 15-2 압력스위치(Courtesy of DeLaval Turbine Inc., Barksdale Control Division, Los Angeles, California.)

압력스위치는 세 개의 전기단자를 가지고 있다. 즉 C(공통), NC(정상폐쇄), NO(정상개방)단자이다. 스위치 배선작업에서 두 개의 단자만 사용한다. 공통단자(common terminal)는 항상 사용되고, 스위치가 정상개방 또는 정상폐쇄로 작동하느냐에 따라 NO 또는 NC 단자가 추가로 사용된다. 그림 15-2에서 압력설정을 시각적으로 확인하는 데 사용되는 정면의 눈금을 주목하여라. 압력설정은 눈금뒤에 위치한 자동잠금, 조정나사에 의하여 이루어진다. 또한 그림 15-2는 유압회로에서 압력스위치를 나타내는 데 사용하는 그림기호(graphic symbol)뿐만 아니라 전기회로에서 사용되는 그림기호를 보여주고 있다.

4. **솔레노이드:** 솔레노이드(solenoid)는 유공압밸브를 원격조작할 수 있도록 밀거나 당기는 힘을 제공하는 전자석이다. 솔레노이드(전기자 주변에 감긴 전기코일)가 통전되면, 생성된 자기력은 전기자(armature)로 하여금 솔레노이드밸브의 스풀을 변위시키게 만든다.
5. **릴레이:** 릴레이(relay)는 자체 코일이 통전되었을 때 접점이 열리거나 닫히는 스위치이다. 솔레노이드가 높은 전류 수준에서 작동되기 때문에 릴레이는 솔레노이드의 통전과 단전에 널리 사용된다. 릴레이를 사용함으로써 수동조작 스위치는 작업자를 보호하기 위하여 저전압에서 작동된다. 솔레노이드회로를 개폐하는 데 고전압 접점을 사용하고, 이 고전압 접점을 제어하는 릴레이 코일을 통전시키기 위하여 이러한 저전압 회로를 사용한다. 릴레이의 사용은 밸브스풀 양 끝단에 있는 두 솔레노이드를 우발적으로 동시에 통전시키는 것을 방지하는 역할의 인터록기능(interlock capability)도 갖게 한다. 이러한 안전기능은 두 솔레노이드중 하나 또는 모두가 타버리는 것을 방지한다.
6. **타이머:** 시간지연 소자(time delay device)는 작업사이클의 지속시간을 제어하기 위하여 사용된다. 이러한 시간지연 소자를 사용하여 잠깐 동안의 머무름(dwell)을 필요한 곳에 만들어 줄 수 있다. 예컨대, 잠깐 동안의 머무름은 드릴링 기계 작동에서 행정이 끝났을 때 구멍을 청소하기 위하여 미리 정해 놓은 시간 동안 드릴을 멈춰서게 하는 데 사용된다. 이송률(feed rate)과 그밖의 시스템변수들의 변화를 수용하기 위하여 대부분의 타이머(timer)는 구체적인 머무름시간을 조정할 수 있다.
7. **온도스위치:** 그림 15-3은 온도스위치(thermal switch)를 보여주고 있다. 이는 자동으로 온도변화를 감지하여 설정온도에 도달하면 전기스위치를 열거나 닫는 계기이다. 이 스위치는 정상개방 또는 정상폐쇄로 배선된다. 작동점을 변화시키기 위한 조절나사가 상단에 있는 것을 주목하여라. 모세관(표준길이 6 ft 또는 12 ft)과 수은구(bulb)는 원격으로 온도를 감지하게 해 준다. 따라서 온도를 감지할 오일로부터 상당한 거리에 실제 온도스위치를 설치할 수 있다.

온도스위치는 펌프, 스트레이너, 냉각기 같은 부품이 오작동하기 시작했을 때 유압시스템을 심각한 손상으로부터 보호하는 데 사용된다. 이러한 오작동에 의한 과도한 오일온도의 상승을 온도스위치가 감지하여 전체 시스템을 차단한다. 이렇게 함으로써 고장난 부품

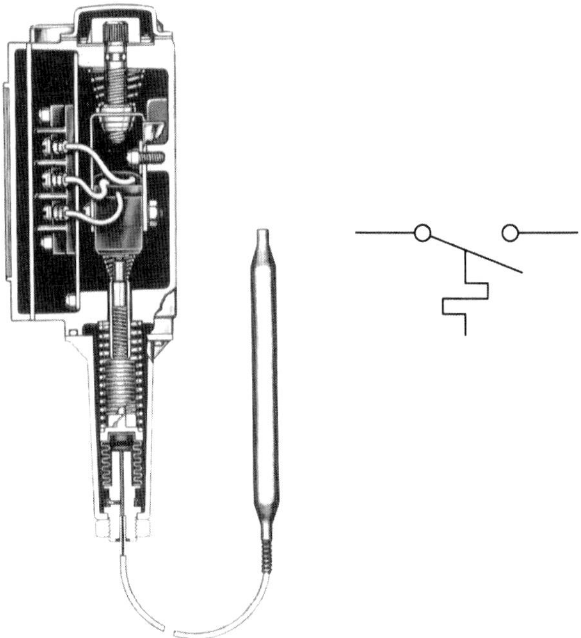

그림 15-3 원격 설치용 온도스위치(Courtesy of DeLaval Turbine Inc., Barksdale Control Division, Los Angeles, California.)

을 수리하거나 교체하기 위한 시스템점검을 가능하게 한다.

회로선도

전기유압 회로 또는 전기공압 회로를 작성할 때 유체시스템과 전기시스템에 대하여 각각 별도의 회로를 작성한다. 두 시스템이 정확히 어떻게 인터페이스되는지 보여주기 위하여 각각의 부품에는 명칭이 표기된다. 전기회로는 사다리선도를 사용하는데 사다리 왼쪽 다리는 동력에 연결되고 오른쪽 다리는 접지된다. 다양한 전기부품을 표현하는 데 사용되는 기호의 이해는 매우 중요하다. 유공압회로와 전기선도가 모든 부품들의 상호작용을 나타내기 때문에 이들을 점검함으로써 전체 시스템의 작동을 확인할 수 있다.

15.2 전기 부품

유공압회로를 전기적으로 제어하는 데 사용되는 전기스위치에는 다섯 가지 기본형이 있다. 즉, 누름버튼스위치, 리밋스위치, 압력스위치, 온도스위치, 릴레이스위치이다.

1. **누름버튼스위치:** 그림 15-4는 누름버튼스위치의 네 가지 일반형을 보여준다. 그림 15-4(a)와 (b)는 싱글폴(single-pole), 싱글스로(single-throw)형을 보여준다. 이들 단일회로 스위치는 정상개방(NO) 또는 정상폐쇄(NC)로 배선된다. 그림 15-4(c)는 더블폴(double-pole), 싱글스로형을 보여준다. 이 이중접점형(double-contact type)은 하나의 정상개방 접점짝(pair of contacts)과 하나의 정상폐쇄 접점짝을 갖는다. 누름버튼을 누르면 정상폐쇄 접점짝은 열리고 정상개방 접점짝은 닫힌다.

   그림 15-4(d)는 더블폴(double-pole), 더블스로(double-throw) 배열을 보여준다. 이 스위치는 하나의 입력으로 두 회로를 전환할 수 있도록 두 개의 정상개방 접점짝과 두 개의 정상폐쇄 접점짝을 갖고 있다.

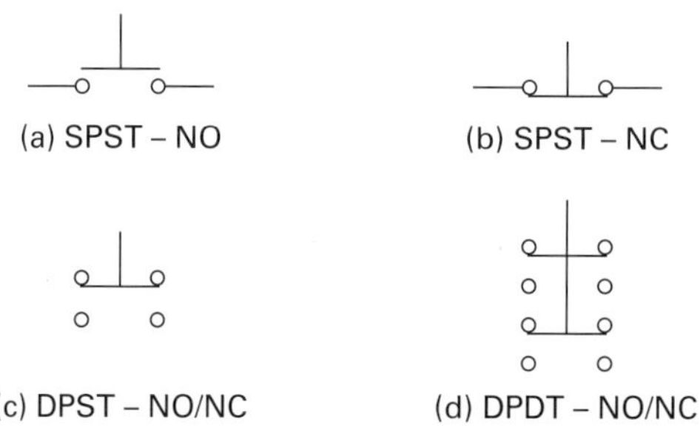

그림 15-4 누름버튼스위치 기호

2. **리밋스위치:** 그림 15-5는 다양한 형태의 리밋스위치를 보여준다. 기본적으로 리밋스위치는 누름버튼스위치와 동일한 기능을 수행한다. 차이점은 리밋스위치가 수동으로 조작되지 않고 기계적으로 조작된다는 데 있다. 그림 15-5(a)는 LS-NO로 약칭하는 정상개방 리밋스위치를 보여준다. 그림 15-5(b)는 닫힌 상태로 유지된 정상개방 스위치를 보여준다. 그림 15-5(c)는 정상폐쇄형을 보여주고, 그림 15-5(d)는 열린 상태로 유지된 정상폐쇄형을 보여주고 있다. 리밋스위치에 사용할 수 있는 조작기의 종류는 다양하게 많다. 캠, 레버, 롤러, 플런저 등이 그 일부이다. 그러나 리밋스위치 기호에는 사용된 조작기의 형태를 표시하지 않는다.

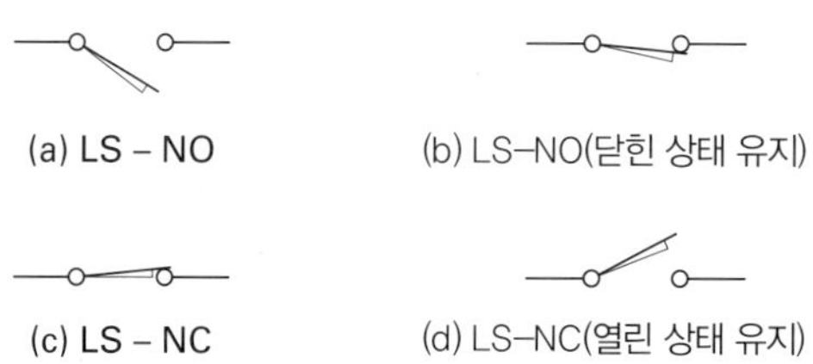

그림 15-5 리밋스위치 기호

3. **압력스위치:** 압력스위치로 사용되는 기호들이 그림 15-6에 주어져 있다. 그림 15-6(a)는 정상개방형, 그림 15-6(b)는 정상폐쇄형의 기호를 나타낸다.

(a) PS – NO (b) PS – NC

그림 15-6 압력스위치 기호

4. **온도스위치:** 그림 15-7에 온도스위치가 기호로 도시되어 있다. 그림 15-7(a)는 정상개방형의 기호, 그림 15-7(b)는 정상폐쇄형의 기호를 나타낸다.

(a) TS – NO (b) TS – NC

그림 15-7 온도스위치 기호

5. **전기 릴레이:** 릴레이는 전기적으로 작동되는 스위치이다. 그림 15-8(a)에 개략적으로 보여준 바와 같이 스위치 1-SW가 닫히면 코일(전자석)이 통전된다. 이것이 스프링힘을 받는 릴레이 팔을 당겨서 위쪽의 정상폐쇄 접점을 열고, 아래쪽의 정상개방 접점을 닫는다. 그림 15-8(b)에는 릴레이 코일의 기호와 정상개방 및 정상폐쇄 접점의 기호를 보여주고 있다.

타이머는 전기제어회로에서 작동순간으로부터 접점이 닫힐 때까지 시간지연이 필요할 때 사용된다. 그림 15-9는 타이머로 사용되는 기호를 보여준다. 그림 15-9(a)는 통전되었을 때 시간이 지연되어 닫혀지는 정상개방 스위치의 기호를 보여준다. 이런 종류는 평소에 열려 있으나 통전이 되면 미리 정해 놓은 시간 후에 닫히는 스위치이다. 그림 15-9(b)는 통전되었을 때 시간이 지연되어 열리는 정상폐쇄 스위치의 기호를 보여준다. 그림 15-9(c)는 단전되었을 때 시간이 지연되어 열리는 정상개방형의 기호를 나타낸다. 이 스위치는 평소에 열려 있으나, 닫는 신호가 제거(단전)되면 미리 정해 놓은 시간 후에 다시 열린다. 그림 15-9(d)는 단전되었을 때 시간이 지연되어 닫히는 정상폐쇄형의 기호를 나타낸다.

밸브를 작동하는데 사용하는 솔레노이드를 표시하는 기호가 그림 15-10(a)에 나타나 있고, 그림 15-10(b)에는 표시등을 나타내는 기호가 주어져 있다. 표시등은 특정 회로부품의 상태를 나타내기 위하여 자주 사용된다. 예컨대, 표시등은 방향제어밸브의 어느 쪽 솔레노이드 작동기가 통전되었는지를 나타내는 데 사용된다. 이들은 또한 유압실린더가 전진 중인지 또는 후진 중인지를 표시하는 데 사용된다. 밸브의 각 솔레노이드 단자에 연결한 표시등은 전기적 기능장애가 생겼을 때 문제를 해결하는 사람에게 고장원인을 신속하고 정확히 지적해 주는 수단을 제공하여 준다. 만약 표시등들을 작업자의 디스플레이 패널에 설치하려면, 이들이 작동되는 것과 같은 순서로 설치하여야 한다. 표시등은 전기시스템의 기능부분이 아니기 때문에 사다리선도에 이들을 포함시키는 것은 설계자의 재량에 달려 있다.

이 단원의 나머지 부분에서는 전기적으로 제어되는 여러 기본 유공압시스템을 논의하고자 한다. 이들 시스템에서 전체 시스템의 작동을 나타내기 위하여 표준 전기기호와 ANSI 유공압기호를 함께 사용하였다. 압력스위치와 리밋스위치 같은 전기소자들이 그림기호들을 사용하여 유공압회로에 표시되어 있는데, 이 그림기호들은 전기선도에 사용된 그림기호들과 상응한다.

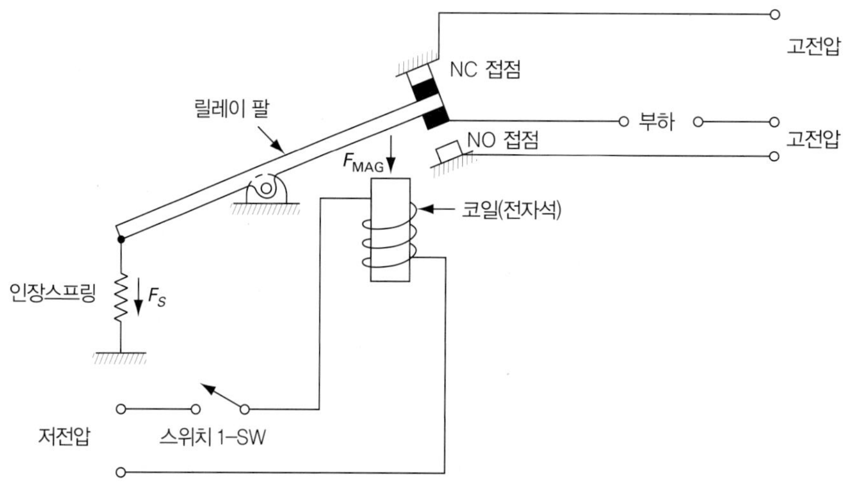

(a) 개략도

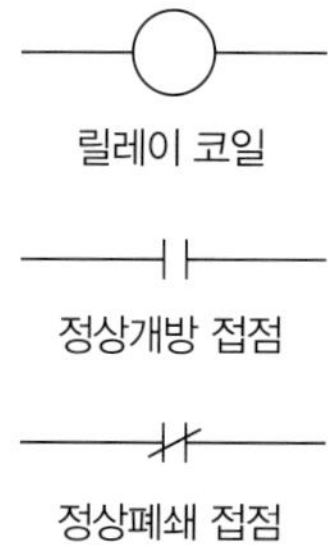

(b) 부품 기호

그림 15-8 전기 릴레이

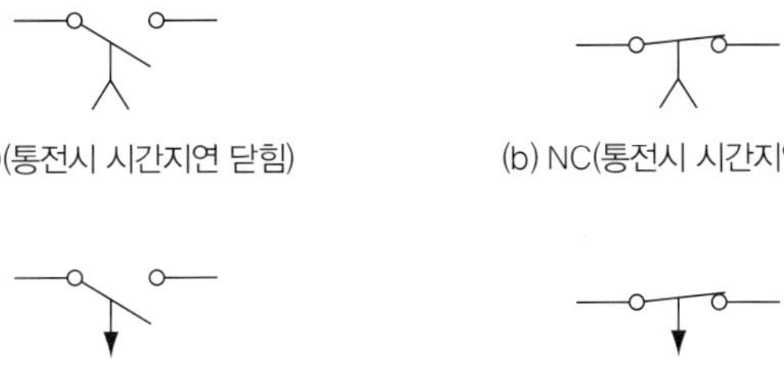

(a) NO(통전시 시간지연 닫힘) (b) NC(통전시 시간지연 열림)

(c) NO(단전시 시간지연 열림) (d) NC(단전시 시간지연 닫힘)

그림 15-9 전기 타이머 기호

(a) 솔레노이드 (b) 표시등

그림 15-10 솔레노이드와 표시등

15.3 단일 리밋스위치를 사용한 실린더의 제어

그림 15-11은 복동 유압실린더를 제어하기 위하여 단일 솔레노이드 밸브와 단일 리밋스위치를 사용한 시스템을 나타낸다. 그림 15-11(a)는 리밋스위치를 1-LS로, 솔레노이드를 SOL A로 표기한 유압회로를 보여준다. 많은 시스템에서 한 개 이상의 리밋스위치 또는 솔레노이드를 필요로 하는 경우가 많기 때문에 이러한 표기 방법이 필요하다.

그림 15-11(b)는 1-CR로 지명된 릴레이 코일과 1-CR(NO)로 표기된 독립된 두 개의 정상개방 접점세트(set of contact)를 사용한 전기선도를 나타낸다. 이 선도에는 1-LS(NC)로 표기된 리밋스위치가 있으며, 멈춤과 시작으로 각각 표기된 정상폐쇄(NC) 누름버튼스위치와 정상개방(NO) 누름버튼스위치가 있다. 이 전기선도는 사다리를 닮았다 하여 “사다리선도(ladder diagram)”라고 부른다. 두 개의 수직으로 된 전력 공급선은 ‘다리(leg)’라고 부르고, 전기부품들을 포함하고 있는 수평선은 ‘단(rung)’이라고 부른다.

시작버튼을 잠깐 동안 누르면 코일 1-CR이 통전되고 이것이 접점세트 1-CR을 둘 다 닫기 때문에 실린더는 전진한다. 따라서 위쪽 접점세트 1-CR은 시작버튼을 놓아주더라도 코일 1-CR이 계속 통전되게 하는 역할을 한다. 아래쪽 접점세트는 닫히고, 솔레노이드 A가 통전되어 실린더를 전진시킨다. 1-LS가 피스톤로드 캠에 의해 작동되면 1-LS는 열려서 코일 1-CR을 단전시킨다. 이는 접점 1-CR을 다시 열어 솔레노이드 A를 단전시킨다. 따라서 밸브는 스프링옵셋 모드로 복귀하고 실린더는 후진한다. 그러면 접점 1-LS가 닫히게 되나, 접점 1−CR과 시작버튼이 정상개방 위치로 복귀하였기 때문에 코일 1−CR은 통전되지 않는다. 실린더는 후진행정이 끝난 후 정지하지만 시작버튼을 잠깐 동안 누를 때마다 사이클은 반복된다. 멈춤버튼은 실제로는 비상버튼이다. 이 버튼을 잠깐 동안 누르면 전진행정을 즉시 멈추게 하고 실린더를 완전히 후퇴시킨다.

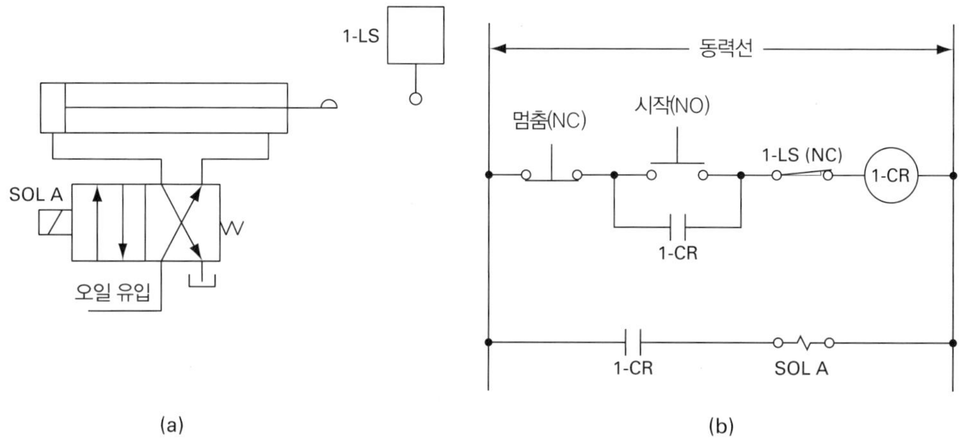

그림 15-11 단일 리밋스위치를 사용한 유압실린더의 제어

15.4 압력스위치 또는 리밋스위치를 사용한 실린더의 왕복운동

그림 15−12는 복동 유압실린더의 작동을 제어하기 위하여 어떻게 압력스위치를 리밋스위치 대신 사용할 수 있는지를 보여주고 있다. 두 개의 압력스위치 각각은 정상개방 접점세트를 가지고 있다. 스위치 1−SW가 닫히면, 실린더는 1−SW가 열릴 때까지 계속적으로 왕복운동을 한다. 솔레노이드 A가 마지막에 통전되었다고 가정하면 작동순서는 다음과 같다: 펌프를 가동하면 오일은 밸브를 거쳐 실린더의 피스톤 헤드부분으로 유입한다. 실린더가 완전히 전진하면, 압력이 올라가 압력스위치 1−PS를 작동시킨다. 이것이 SOL B를 통전시켜 밸브를 전환시킨다. 그러면 오일은 실린더의 로드부분으로 유입한다. 완전히 후진하면, 압력이 올라가 2−PS를 작동시킨다. 그동안 1−PS는 작동이 해지되어 SOL B를 단전시켜 놓았다. 2−PS의 접점이 닫히면 SOL A가 통전되어 실린더는 전진행정을 다시 시작한다.

그림 15−13은 압력스위치가 정상개방 리밋스위치로 바뀐 점을 제외하고는 그림 15−12와 똑같은 제어가 이루어짐을 보여준다. 전기회로에서 스위치들은 항상 비작동 모드로 표시되는 것에 주목하기 바란다.

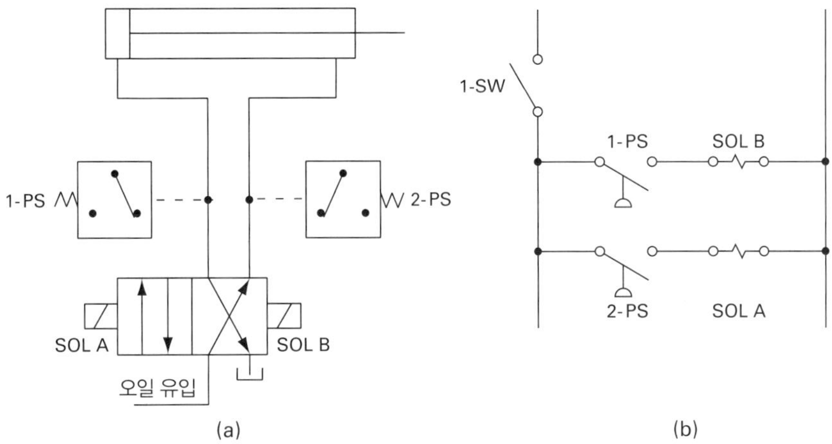

그림 15-12 압력스위치를 사용한 실린더의 왕복운동

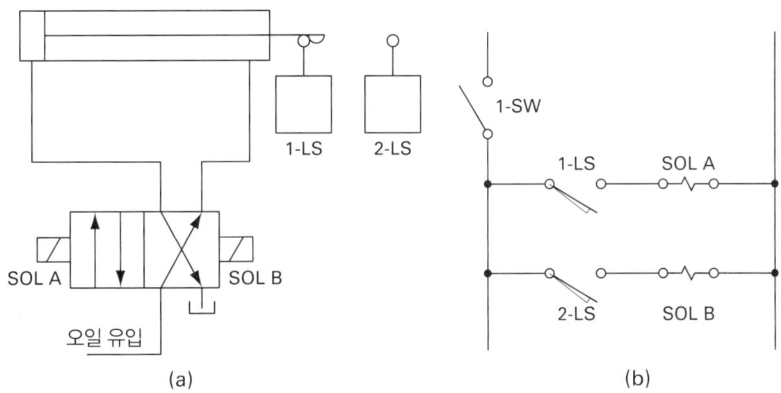

그림 15-13 리밋스위치를 사용한 실린더의 왕복운동

15.5 양 실린더 순서회로

그림 15-14는 공압실린더 두 개의 사이클 순서를 제공하는 회로를 보여준다. 시작버튼을 잠시 누르면, SOL A가 잠깐 동안 통전되어 밸브 *V*1을 전환시켜 실린더 1을 전진시킨다. 1-LS가 작동 되면, SOL C가 통전되어 밸브 *V*2를 좌측 유동경로 모드로 전환시킨다. 이 밸브는 2-LS가 작동될 때 까지 실린더 2를 전진시킨다. 그 결과 SOL B가 통전되어 밸브 *V*1을 우측 유동경로 모드로 전환시킨다. 실린더 1이 후진하기 시작함에 따라 1-LS가 비작동 상태로 되어서 SOL C를 단전시킨다. 그러면 밸브 *V*2가 스프링옵셋 모드로 변환되고 실린더 1과 2는

함께 후진한다. 시작버튼을 잠깐 동안 눌러 형성되는 전체 사이클 순서는 다음과 같다.

1. 실린더 1 전진
2. 실린더 2 전진
3. 양 실린더 후진
4. 사이클 종료

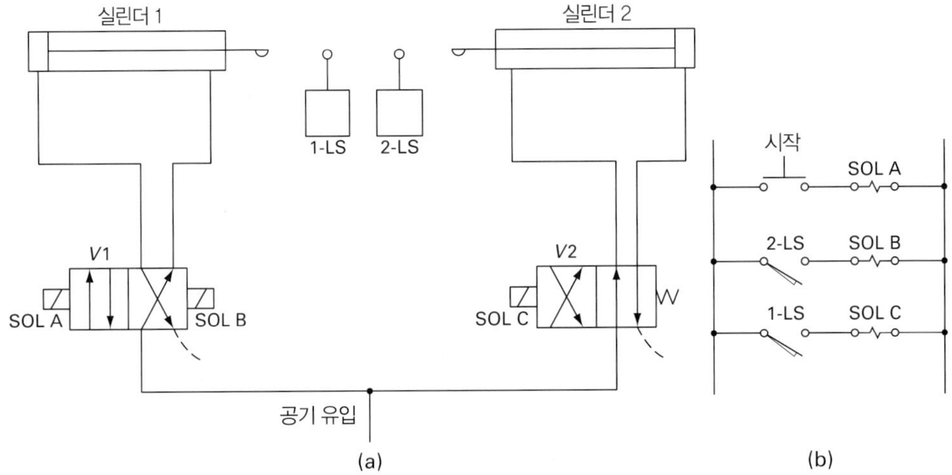

그림 15-14 양 실린더 순서회로

두 번째의 양 실린더 순서회로(dual cylinder sequencing circuit)가 그림 15-15에 도시되어 있다. 작동은 다음과 같다: 시작 버튼을 잠깐 동안 누르면, SOL A가 통전되어 밸브 *V*1을 통하여 유량을 흐르게 하여 실린더 1을 전진시킨다. 1-LS의 작동으로 SOL A는 단전되고 SOL B가 통전된다. 1-LS가 더블폴, 싱글스로형인 것에 주목하여라. 이 스위치의 작동은 릴레이 1-CR의 유지회로(holding circuit)를 열고, 동시에 릴레이 2-CR의 유지회로를 닫는다. 그러면 밸브 *V*1은 스프링옵셋 모드로 복귀하고, 밸브 *V*2는 솔레노이드조작 모드로 전환한다. 그 결과, 실린더 2가 전진하는 동안 실린더 1은 후진한다. 2-LS가 작동되면 SOL B가 단전되어 밸브 *V*2는 스프링옵셋 모드로 복귀하고 실린더 2는 후진한다. 멈춤버튼은 양 실린더를 즉시 후진시킬 때 사용된다. 시작버튼에 의하여 야기되는 전체 사이클은 다음과 같다.

1. 실린더 1 전진
2. 실린더 1이 후진하는 동안 실린더 2 전진
3. 실린더 2 후진

4. 사이클 종료

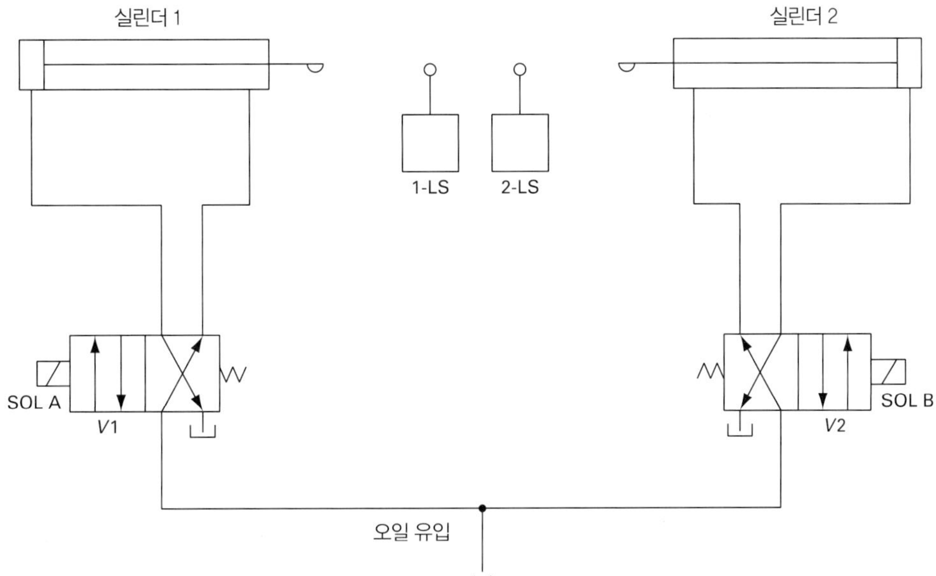

(a)

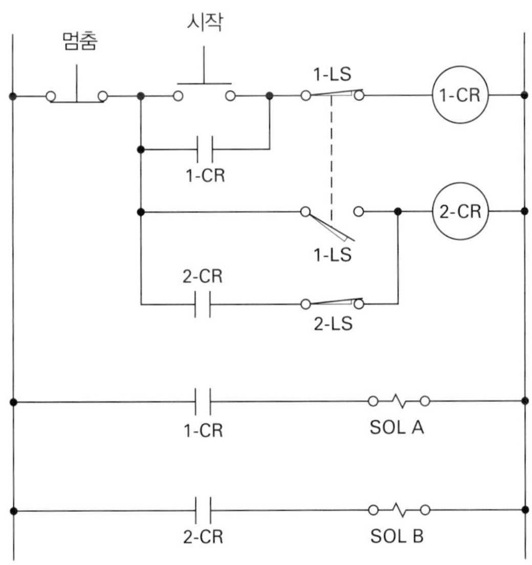

(b)

그림 15-15 두 번째의 양 실린더 순서회로

15.6 상자분류시스템

컨베이어 위에서 이동하는 두 가지 크기의 상자를 분류하기 위한 전기공압시스템이 그림 15-16에 나타나 있다. 낮은 상자는 동일한 컨베이어 위에서 계속 이동하도록 하고, 높은 상자는 공압실린더에 의하여 두 번째 컨베이어 위로 밀려 옮겨진다. 작동은 다음과 같다: 시작버튼을 잠깐 동안 누르면, 코일 2-CR이 통전되어 두 개의 정상개방 접점세트를 닫는다. 그러면 압축기모터와 컨베이어모터가 작동된다. 높은 상자가 1-LS를 작동시키면 코일 1-CR이 통전되어, 접점 1-CR(NO)은 닫히고 접점 1-CR(NC)은 열린다. 그러면 컨베이어모터는 정지하고 SOL A는 통전되어, 공기가 솔레노이드조작 밸브를 통하여 흘러서 분류실린더를 오른쪽으로 전진시켜 높은 상자를 두 번째 컨베이어 위로 밀기 시작한다. 1-LS가 비작동상태로 되어도 접점세트 1-CR(NO)가 닫힌 위치에 있기 때문에 코일 1-CR은 단전되지 않는다. 높은 상자가 두 번째 컨베이어에 완전히 옮겨지게 되면, 2-LS가 작동하게 되고 코일 1-CR과 SOL A가 단전된다. 밸브는 스프링옵셋 모드로 복귀하고, 실린더를 왼쪽으로 후진시킨다. 이는 또한 접점세트 1-CR(NC)를 정상폐쇄 위치로 복귀시켜, 컨베이어 모터를 재가동시키고 상자들을 계속 흘러가게 한다.

다음의 높은 상자가 1-LS를 작동시키면, 위의 사이클은 반복한다. 멈춤버튼을 잠깐 동안 누르면 코일 2-CR을 단전시켜 압축기 모터와 컨베이어 모터의 전원을 차단한다. 시작버튼을 누르면 생산라인은 재가동한다.

15.7 재생회로의 전기제어

그림 15-17은 재생실린더의 전기제어를 위한 회로를 나타낸다. 작동은 다음과 같다: 스위치 1-SW을 수동으로 전진위치에 놓으면, SOL A이 통전되어 실린더는 전진한다. 로드부분으로부터 토출된 오일은 첵밸브 V3을 통과하여 펌프로부터 유입되는 오일과 합류하여 실린더의 빠른 전진을 만들어 준다. 실린더가 예정된 부하를 들어올리기 시작하면, 오일압력이 올라가 정상개방 압력스위치 1-PS를 작동시킨다. 그 결과, 코일 1-CR과 SOL C가 통전되며 이는 로드부분 오일을 밸브 V2를 통하여 오일탱크로 직접 귀환시킨다. 따라서 실린더는 부하를 구동시키며 천천히 전진한다. 압력스위치의 떨림현상(fluttering)을 방지하기 위하여 릴레이 접점 1-CR은 실린더가 느리게 전진하는 동안 SOL C의 통전을 유지한다. 이런 떨림 현상은 재생사이클이 종료될 때 실린더 피스톤 헤드부분에서 유체압력이 강하하기 때문에 발

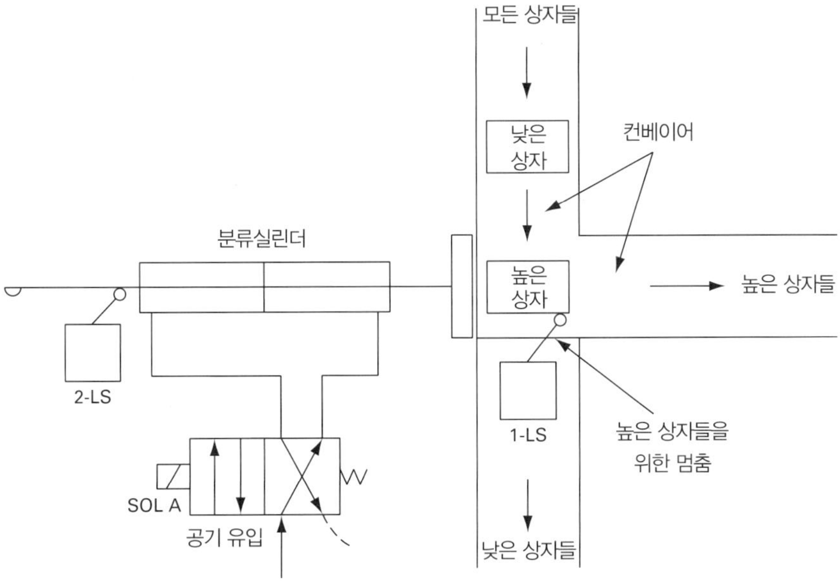

(a)

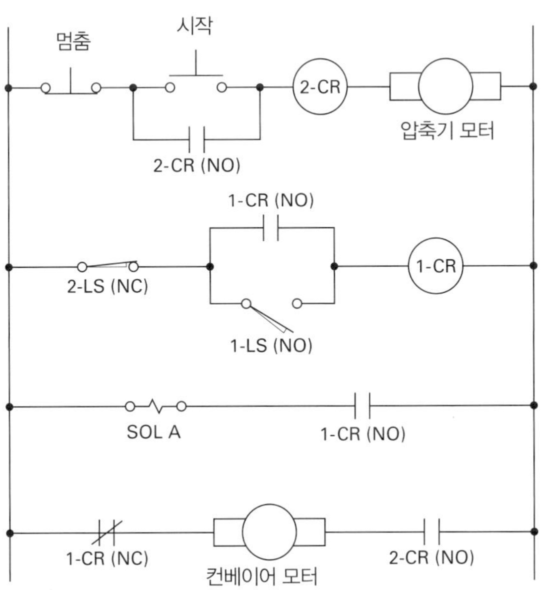

(b)

그림 15-16 전기공압 상자분류시스템

생한다. 이렇게 되면 압력스위치가 SOL C를 통전하고 단전함에 따라 압력스위치에 진동을 유발시킬 수 있다. 이 설계에서 실린더의 저속 전진사이클 동안에 압력스위치는 바이패스(bypass)되었다. 스위치 1-SW를 후진 위치에 놓으면, 릴레이 코일과 SOL C가 단전되는 동안 SOL B는 통전된다. 따라서, 실린더는 정상적으로 완전 후진위치로 후퇴한다. 작업자가 스위치 1-SW를 무부하 위치에 놓으면 모든 솔레노이드와 릴레이 코일은 단전된다. 이는 밸브 V1을 스프링중립 위치로 전환시켜 펌프를 무부하시킨다.

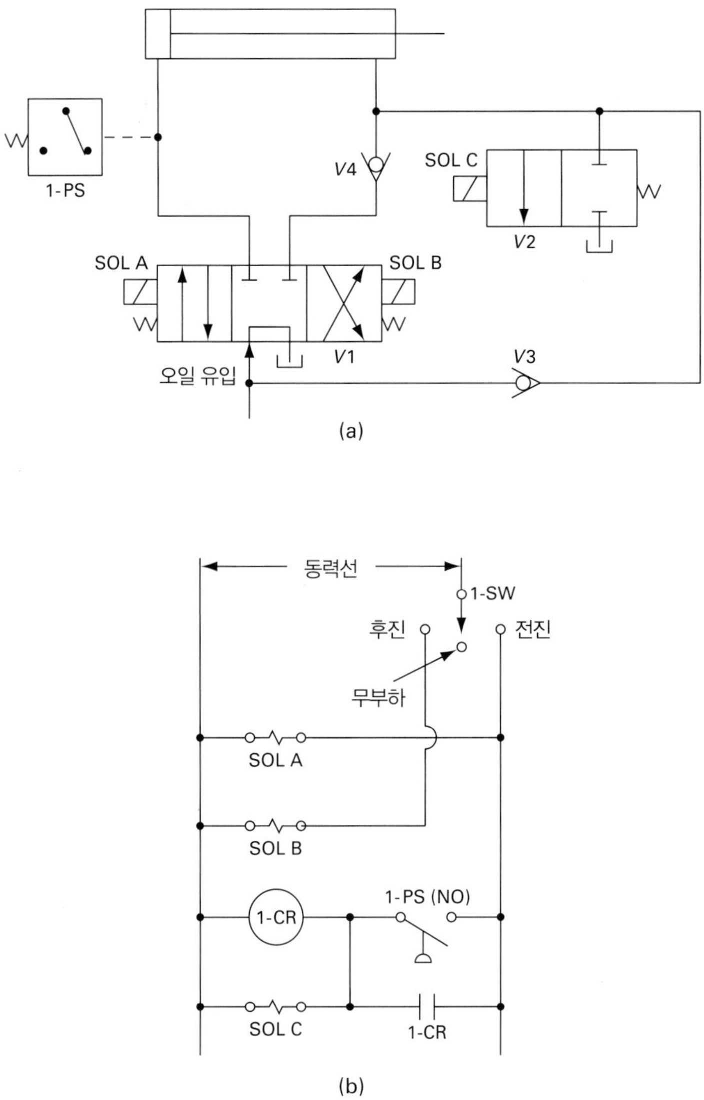

그림 15-17 재생회로의 전기제어

15.8 유압실린더의 카운팅, 타이밍 및 왕복운동

그림 15-18은 다음과 같은 작동 특성을 갖는 전기유압 시스템을 보여주고 있다.

1. 누름버튼을 잠깐 동안 누르면 유압실린더가 계속적으로 왕복운동하는 사이클을 시작한다.
2. 누름버튼을 두 번째 잠깐 동안 누르면 실린더는 운동방향에 관계없이 즉시 정지하고 펌프도 무부하로 된다.
3. 멈춤버튼에 의하여 작동이 종료된 후 시작버튼을 누르면 실린더는 멈추기 전과 동일한 방향으로 계속 움직인다.
4. 시작버튼을 누르고 난 시간부터 멈춤버튼에 의하여 작동이 중단될 때까지의 실린더 행정수를 계수하는 데 전기 카운터가 사용된다. 카운터는 전기적 펄스가 들어오고 나갈 때마다 정수 값을 증가시켜 기록한다.
5. 시작버튼을 누르고 난 후부터 시스템이 얼마나 오랫동안 작동해 왔는지 시간을 재기 위하여 전기 타이머가 시스템에 내장되어 있다. 타이머는 단자에 전압이 존재하는 한 작동을 계속한다. 타이머는 실린더가 왕복운동하는 동안에만 작동한다.
6. 실린더가 전진 중인지 또는 후진 중인지를 나타내기 위하여 두개의 램프($L1$ 과 $L2$)가 회로 안에 배선되어 있다. $L1$이 ON이면 실린더는 전진 중이고, $L2$가 ON이면 실린더는 후진 중이다.
7. 실린더 속도는 압력 및 온도보상 유량제어밸브에 의하여 제어된다.

저항 부품들(램프, 솔레노이드, 코일, 타이머, 카운터) 각각에 동력전압이 100% 인가될 수 있도록 저항 부품들은 동일한 가지(branch)에 병렬로 연결되어 있는 것에 주목하여라. 스위치(릴레이 접점 포함)는 본질적으로 무저항부품인 점에 유념하여야 한다. 따라서 오로지 스위치만 연결되어 있는 선은 합선을 유발함으로 이를 피하여야 한다.

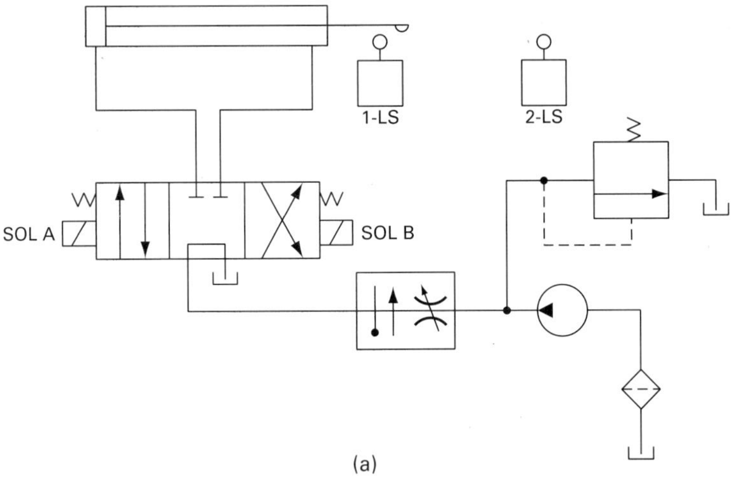

(a)

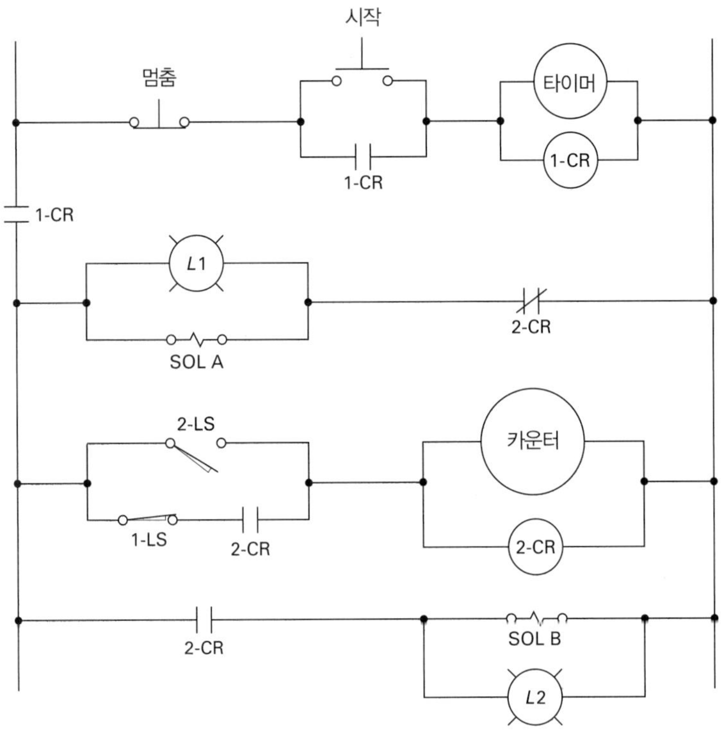

(b)

그림 15-18 유압실린더의 카운팅, 타이밍 및 왕복운동

연습문제

질문, 개념과 정의

15-1 요즈음 들어 유공압시스템의 제어가 수동제어에서 벗어나 전기제어로 바뀌어 가고 있는 추세에 있다. 이러한 추세로 가는 이유 하나를 제시하여라.

15-2 압력스위치와 온도스위치의 차이점은 무엇인가?

15-3 리밋스위치는 누름버튼스위치와 어떻게 다른가?

15-4 전기 릴레이는 무엇인가? 그것은 어떻게 작동하는가?

15-5 전기 타이머의 사용목적은 무엇인가?

15-6 전기 스위치는 얼마나 많은 저항을 가지고 있는가?

15-7 유공압시스템을 위한 전자회로에서 표시등을 사용하는 이유 하나를 제시하여라.

15-8 정상개방 스위치와 정상폐쇄 스위치의 차이점은 무엇인가?

문제

유공압의 전기제어(해석)

15-9 누름버튼을 잠깐 동안 누르면 그림 15-19의 실린더에 무슨 일이 일어나는가?

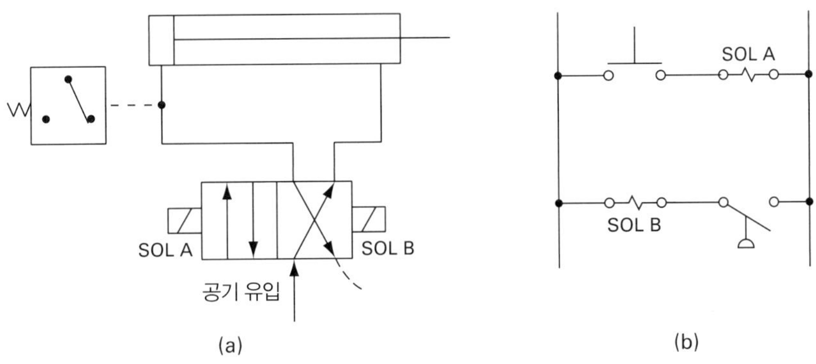

그림 15-19 연습문제 15-9의 회로

15-10 스위치 1-SW가 닫히면 그림 15-20의 실린더 1과 실린더 2에 무슨 일이 일어나는가? 스위치 1-SW가 열리면 무슨 일이 일어나는가?

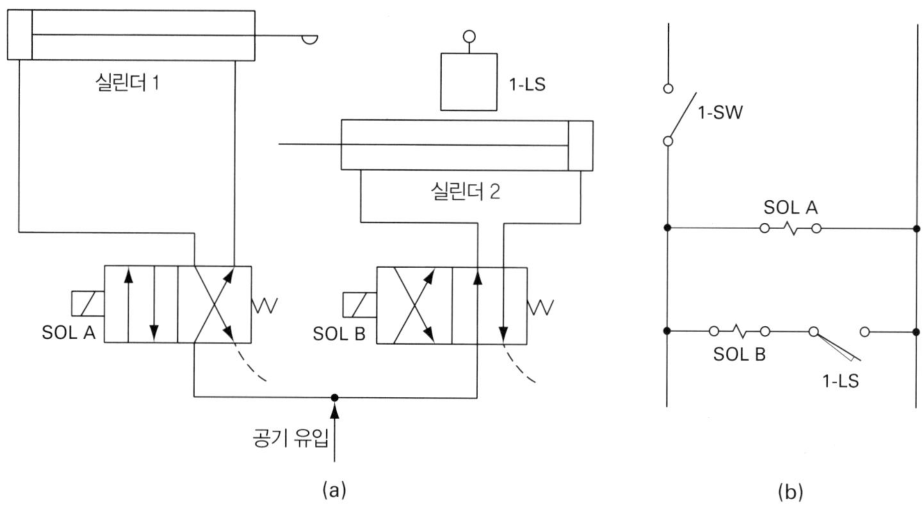

그림 15-20 연습문제 15-10의 회로

15-11 그림 15-21의 시스템에서 다음 각각의 경우 두 실린더에 무슨 일이 일어나는가?

a. 누름버튼 1-PB를 잠깐 동안 누른다.

b. 누름버튼 2-PB를 잠깐 동안 누른다.

실린더 2가 전진행정의 끝에서 1-LS를 작동시키지 않는 것에 주목하여라.

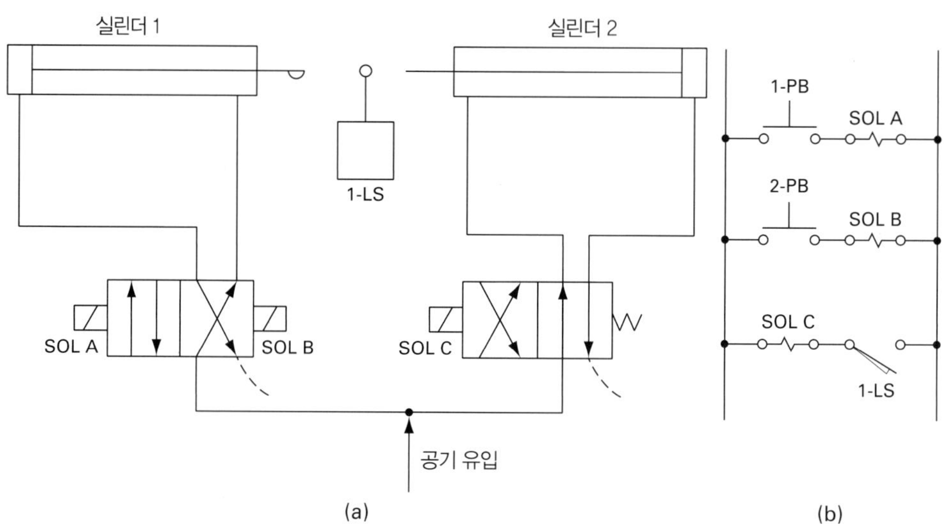

그림 15-21 연습문제 15-11의 회로

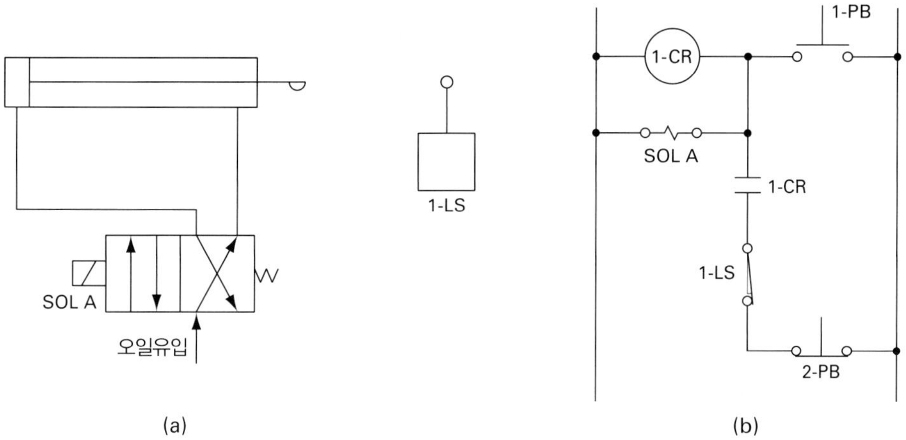

그림 15-22 연습문제 15-12의 회로

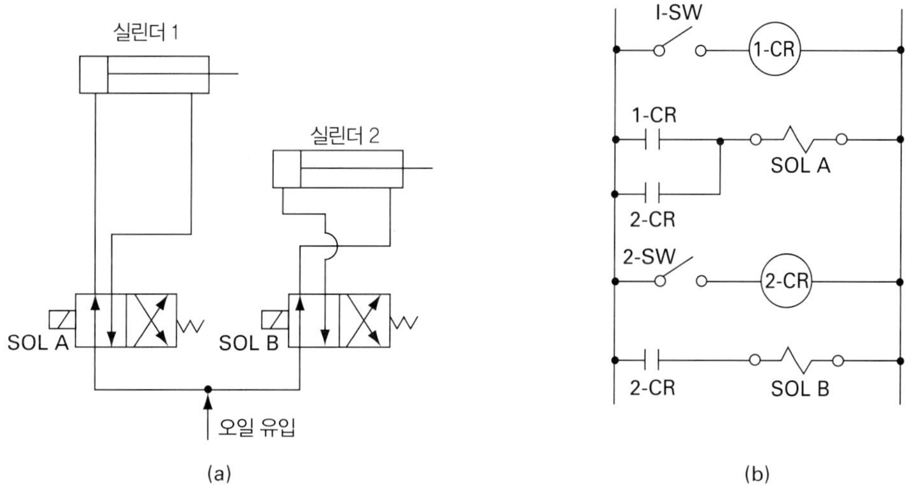

그림 15-23 연습문제 15-13과 15-14의 회로

15-12 그림 15-22에 보여준 시스템의 전체 작동을 설명하여라.

15-13 그림 15-23의 스위치 2-SW가 열린 상태에서 스위치 1-SW가 닫힐 때 실린더 1과 실린더 2에 무슨 일이 일어나는가?

15-14 그림 15-23의 스위치 1-SW가 열린 상태에서 스위치 2-SW가 닫힐 때 실린더 1과 실린더 2에 무슨 일이 일어나는가?

15-15 다음 각각의 경우 그림 15-24의 실린더 1과 실린더 2에 무슨 일이 일어나는가?

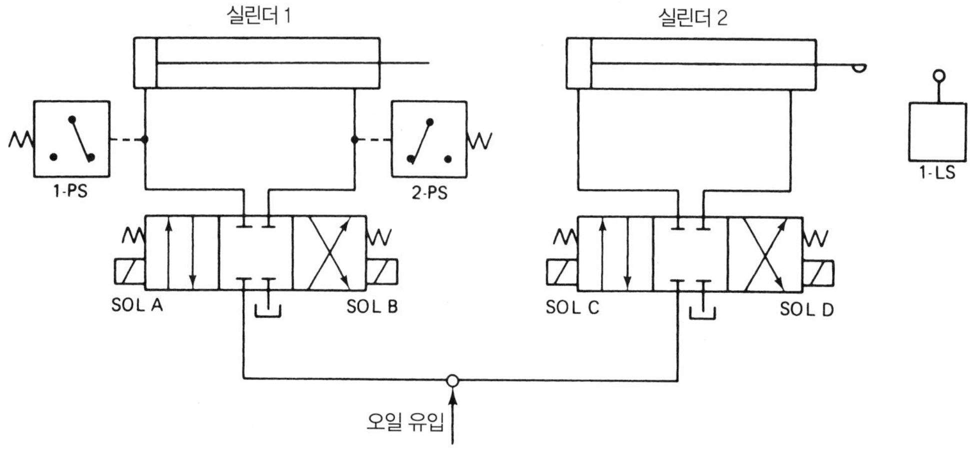

(a)

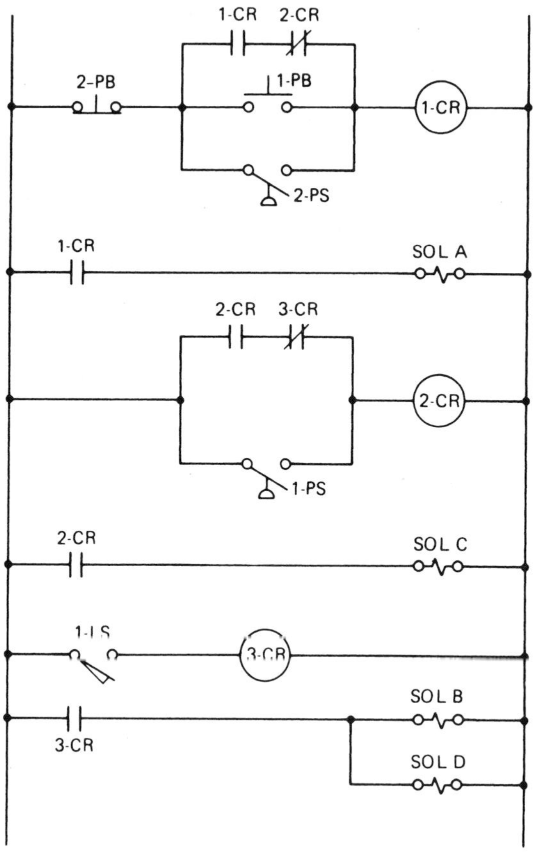

(b)

그림 15-24 연습문제 15-15의 시스템

a. 1−PB를 잠깐 동안 누른다.

b. 2−PB를 잠깐 동안 누른다.

15-16 그림 15−24의 시스템에서 사다리선도의 설계를 변경하여 1−PB를 잠깐 동안 누르면 2개의 실린더 모두가 완전히 후진하도록 만들려고 한다. 각기 다른 설계변경 두 가지를 제시하여라.

15-17 그림 15−25의 재생회로를 다음과 같이 전기제어하기 위한 사다리선도를 설계하여라.

1. 1−LS가 작동될 때까지 실린더를 빠르게 전진시키도록 수동조작 전기스위치를 세 개의 위치 중 하나에 설치한다.
2. 그런 다음 실린더는 완전히 전진할 때까지 느린 속도로 계속 전진한다.
3. 그런 다음 실린더를 완전히 후진시키도록 수동조작 전기스위치를 두 번째 위치에 설치한다.
4. 수동조작 전기스위치가 세 번째 위치에 설치되면 실린더는 유압적으로 잠금상태가 된다.

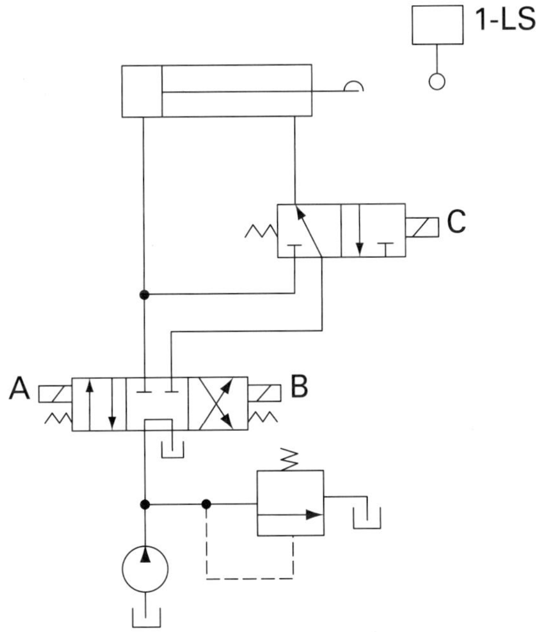

그림 15-25 연습문제 15-17의 유압 회로

16

Chapter

유체논리 제어시스템

학습 목표

이 단원을 공부하고 나면 다음과 같은 내용을 알아야 한다.

1. 가동부 논리(MPL)소자의 작동원리를 설명할 수 있어야 한다.
2. 유공압시스템을 제어하기 위하여 MPL이 어떻게 사용되고 있는지 알아야 한다.
3. MPL제어 유공압회로선도를 읽고 해당 시스템의 작동을 설명할 수 있어야 한다.
4. OR/NOR, AND/NAND, NOT, 배타적(EXCLUSIVE) OR, 플립플롭(FLIP-FLOP) 소자의 진리표를 작성하고 제어함수를 논의할 수 있어야 한다.
5. 제어기술과 관련된 부울대수(Boolean algebra)의 기본 작동을 수행할 수 있어야 한다.
6. 부울대수기법을 제어논리선도에 적용할 수 있어야 한다.
7. 부울대수기법을 유공압시스템의 제어에 응용할 수 있어야 한다.

16.1 서론

유체논리 제어시스템은 논리소자를 사용하며, 논리소자는 소자의 한 출구에서 다른 출구로 유체(일반적으로 공기)의 흐름을 바꾸어 준다. 유체논리소자의 출력은 ON 또는 OFF이며 제어신호에 의해 한 상태에서 다른 상태로 신속하게 전환된다. 유체논리 제어시스템은 전기논리 제어시스템에 비해 몇 가지 장점을 가지고 있다. 예컨대, 유체논리소자는 극한 온도, 진동, 기계적 충격에 의해 나쁜 영향을 받지 않는다. 그 외에 유체논리시스템은 전기 아크(arc) 또는 스파크가 화재 또는 폭발을 일으킬 수 있는 응용에 이상적으로 잘 어울린다. 또한 유체논리소자는 전기 노이즈를 발생시키지 않아서 주변의 전기기기와 간섭을 일으키지 않는다. 제어논리 목적으로 유체를 사용하는 소자는 가동부 논리(moving-part logic, MPL)소자와 플루이딕 소자(fluidic device)로 크게 분류된다.

가동부 논리소자(MPL 소자)는 유체논리 제어회로에서 내부에 있는 구동부의 작용에 의해 스위칭작동을 수행하는 소형밸브(miniature valve)형 소자이다. MPL소자에는 대표적으로 스풀밸브, 포핏밸브(poppet valve), 다이아프램밸브(diaphragm valve)가 있으며, 이들은 기계적 변위, 전압 또는 유체 압력에 의해 작동된다. 가동부 논리회로는 유공압시스템의 작동을 제어하기 위하여 다양한 논리제어 기능을 제공하여 준다.

그림 16-1은 ON/OFF 작동을 위한 누름버튼을 가지고 있는 MPL 공압제어 패키지를 보여준다. 서브플레이트(subplate)와 그 위에 장착된 네 개의 밸브는 단일 누름버튼 입력을 형

그림 16-1 MPL 공압제어 패키지(Courtesy of Clippard Instrument Laboratory Inc., Cincinnati, Ohio)

성하여 2진수의 4방향 밸브출력을 제공하여 준다. 2진수 출력은 압력과 속도이며, 배기포트에 있는 수축(restriction)에 의해 조절된다. 이 패키지는 공기 콜릿바이스(collet vise), 공기클램프, 조립기구, 분할위치기(indexing positioner), 기타 공기로 동력이 공급되는 공구 및 장치를 위한 이상적인 제어기이다.

플루이딕 소자는 MPL소자와 비교해 보면 제어논리 기능을 제공하기 위하여 완전히 다른 기술을 사용한다. 플루이딕스(fluidics)는 센싱, 논리, 타이밍과 같은 다양한 제어 기능을 수행하기 위하여 구성요소 및 회로에서 유동현상을 이용하는 기술이다. 플루이딕스의 개념은 기본적으로 간단하다. 하나의 유체흐름(fluid stream)이 다른 흐름을 만나면 유동방향이 바뀌는 효과와 유체흐름이 벽에 달라붙는 효과가 기본 개념을 이룬다.

플루이딕 구성요소는 구동부분이 없기 때문에 마모가 거의 되지 않는다. 그러나 공급되는 공기 중에 있는 오염물질을 적정한 여과에 의해 제거하지 않으면 중요한 유동통로가 막힘으로써 구성요소의 기능장애가 발생할 수 있다. 플루이딕스는 실용적인 산업응용에 거의 사용되고 있지 않기 때문에 이 교재에서는 다루지 않는다.

부울대수(Boolean algebra)는 2가(0 또는 1) 대수(two-valued algebra)이며, 유공압시스템의 제어를 위한 논리회로의 개발을 도와주는 데 사용된다. 부울대수는 유공압시스템의 제어와 연관된 두 가지 유용한 기능을 제공한다.

1. 논리회로의 작동을 좀더 쉽게 이해할 수 있도록 논리회로를 가장 간단한 형태로 축소시키는 방법을 제시한다.
2. 원하는 논리작동을 수행하는 제어회로의 합성을 빠르게 하여 준다.

이 두 가지 유용한 기능은 MPL제어시스템과 전기제어시스템 둘 다에서 달성될 수 있다.

16.2 가동부 논리(MPL) 제어시스템

서론

가동부 논리(MPL) 제어시스템은 사람의 손에 들어갈 정도로 작은 소형밸브형 소자를 사용한다. 논리소자의 소형화로 인해 MPL 제어시스템 전체를 상대적으로 작은 공간에 설치할 수 있다. 그림 16-2는 소형, 3방향 리밋밸브를 $1\frac{3}{16}$ in(길이) × $\frac{3}{4}$ in × $\frac{1}{2}$ in인 외형치수와 함께 보여주고 있다. 이 밸브는 작고 튼튼한 패키지로 신뢰성 있는 성능을 발휘하도록 설계되었으며, 상단에서 $\frac{1}{8}$ in 올라온 스테인레스강 스템(stem)을 가지고 있다. 밸브는 포핏형으로 설계되어 있고, 100 psi(작동범위: 0~150 psi)에서 7 cfm의 많은 공기유량과 빠른 개방시간을 가

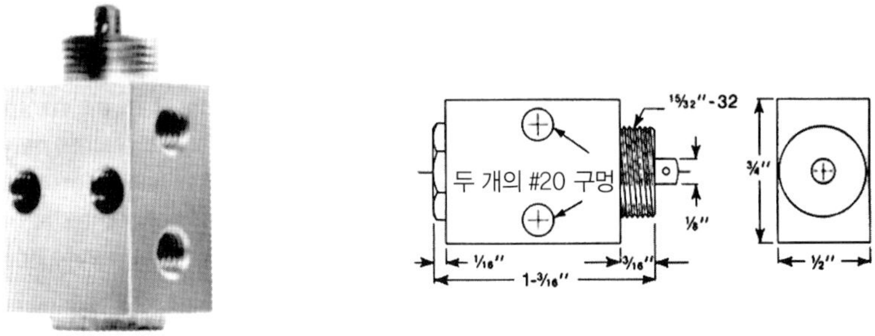

MLV-3 소형, 3방향 리밋밸브

그림 16-2 소형, 3방향 리밋밸브(Courtesy of Clippard Instrument Laboratory Inc., Cincinnati, Ohio)

(a)

(b)

그림 16-3 양손 해방제어를 위한 MPL회로 매니폴드(Courtesy of Clippard Instrument Laboratory Inc., Cincinnati, Ohio)

진다. 밸브는 기계나 고정구에 부착된 상태에서 어떤 구동부가 밸브스템을 접촉하거나 누르면 작동된다.

그림 16-3(a)는 "양손 해방(two-hand-no-tiedown)" 공압회로를 제공하기 위하여 필요한 모든 상호연결을 내장한 모듈 서브플레이트인 MPL회로 매니폴드를 보여주고 있다. 이 매니폴드는 세 개의 모듈형 플러그(plug-in)인 제어밸브를 사용하고, 회로제작에 일반적으로 들어가는 배관 시간과 자재를 없애도록 설계되어 있다. 이 제어시스템의 주 기능은 작업자가 기계를 작동시키기 위하여 양쪽 손을 다 사용하도록 하여, 기계가 작동될 때 작업자의 손이 기계에 의해 상해를 입을 수 있는 위치에 있지 않도록 보장하여 주는 것이다. 보호커버가 씌워진 두 개의 손바닥 버튼밸브(그림 16-3(b) 참조)를 적절한 위치에 설치함으로써 제어시스템은 작업자의 양손이 안전하다는 것을 알려주는 입력신호가 있을 때 기계를 작동시키기 위한 출력을 내보낸다.

가동부 논리회로는 AND, OR, NOT, MEMORY인 네 개의 주요 논리제어함수를 이용한다.

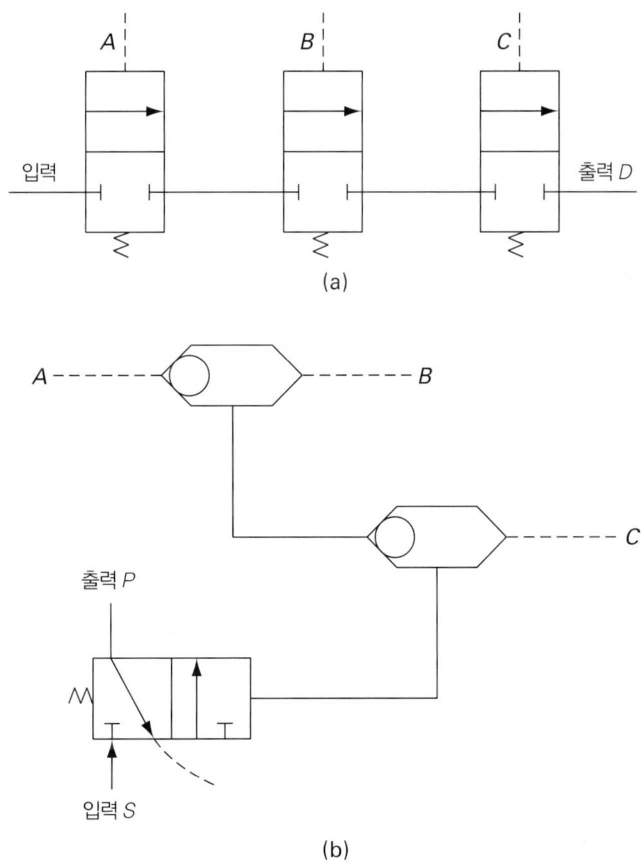

그림 16-4 AND 함수: (a) 복수 방향제어밸브, (b) 단일 방향제어밸브

AND 함수

그림 16-4(a)는 출력을 얻기 위하여 두 개 이상의 제어신호가 있어야 하는 AND 함수를 제공하는 회로를 보여준다. 이 회로는 직렬로 연결된 세 개의 2방향, 2위치, 파일럿조작, 스프링

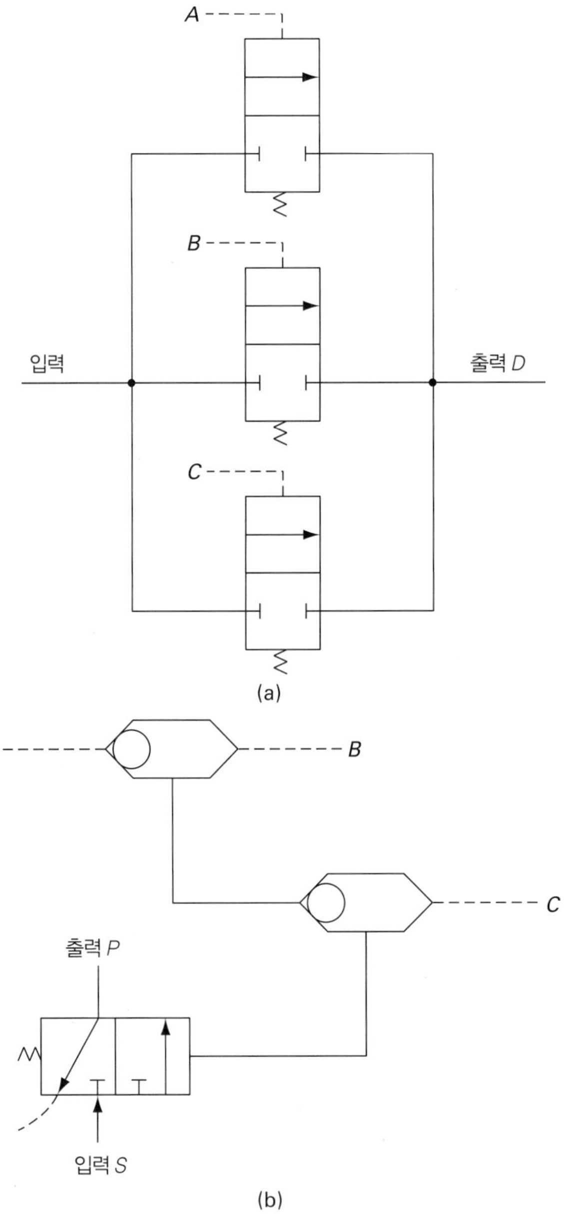

그림 16-5 OR 함수: (a) 복수 방향제어밸브, (b) 단일 방향제어밸브

옵셋 밸브로 구성되어 있다. 세 개의 밸브(*A*, *B*, *C*) 모두에 제어신호가 존재하면 출력 *D*가 존재한다. 파일럿신호 중 하나가 제거되면 출력 *D*도 사라진다.

AND 함수를 구현하는 다른 방법은 그림 16-4(b)에 보여준 것처럼 하나의 방향제어밸브와 두 개의 셔틀밸브를 사용하는 것이다. *S*에서 *P*로의 출력을 차단하기 위하여 파일럿라인 *A*, *B*, *C*는 모두 외부로 배기(vent)되어야 한다.

OR 함수

OR 회로는 밸브 중 하나에 제어신호가 존재하면 출력을 발생시키는 것이다. 따라서 출력이 존재하지 않기 위해서 모든 제어신호가 꺼져 있어야 한다. 그림 16-5(a)와 같이 세 개의 밸브를 병렬로 연결하면 이 OR 회로가 이루어져 있다. 세 개 밸브중 하나가 공기파일럿신호를 받으면 출력 *D*가 생긴다. 하나의 방향제어밸브와 두 개의 셔틀밸브를 사용하여 OR 함수를 구현한 회로가 그림 16-5(b)에 나타나 있다. 이 경우 *A*, *B*, 또는 *C*에 신호가 가하여지면 *S*에서 *P*로의 출력이 생긴다.

NOT 함수

NOT 함수에서는 단일 입력제어신호 A가 OFF일 때만 출력은 ON이며, 그 역도 마찬가지다. 그림 16-6(a)에서 볼 수 있는 것처럼 제어신호 A가 입력되면 출력은 존재하지 않는다. NOT 함수를 구현하는 다른 방법은 그림 16-6(b)에 보여 준 것처럼 3방향 밸브를 사용하는 것이다.

MEMORY 함수

MEMORY는 입력된 신호가 어디에서 온 것인지에 대한 정보를 보유하는 제어시스템의 능력이다. 그림 16-7(a)는 MEMORY 회로를 보여주고 있는데 그 작동방법은 다음과 같다. 제어신호 *A*가 잠깐 동안 가하여지면 출력 *C*가 생기고, 반대로 제어신호 *B*가 잠깐 동안 가하여지면 출력은 *D*에 존재한다. 따라서 출력이 *C*에 있으면 제어신호가 *A*에 가하여졌던 것을 의

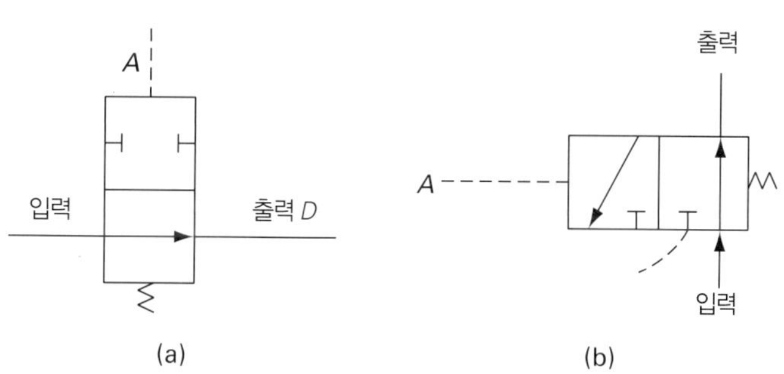

그림 16-6 NOT 함수: (a) 2방향밸브, (b) 3방향밸브

미하고, 출력이 *D*에 있으면 제어신호가 B에 가하여졌던 것을 의미한다. 제어신호 *A*와 *B*가 동시에 가하여지면 출력 파일럿밸브 양단이 동시에 파일럿작동되기 때문에 MEMORY 회로는 기능을 다하지 못한다. MEMORY 함수를 구현하는 다른 방법은 그림 16-7(b)에 보여준 것처럼 두 개의 3방향, 양 파일럿(double-piloted)밸브를 사용하는 것이다.

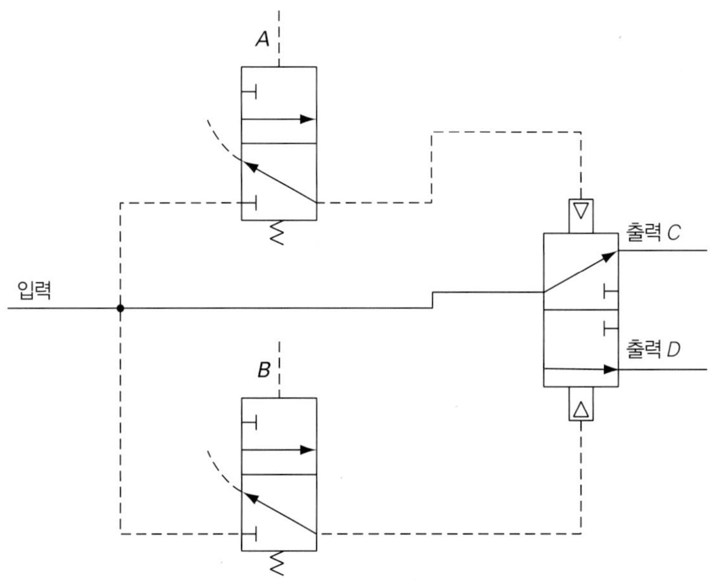

(a)

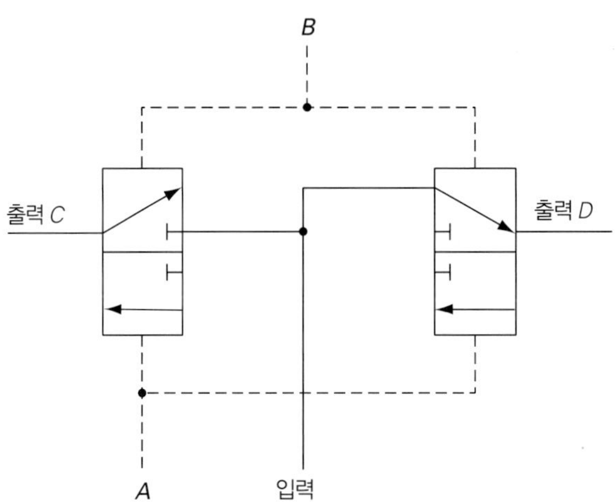

(b)

그림 16-7 MEMORY 함수: (a) 세 개의 방향제어밸브, (b) 두 개의 방향제어밸브

16.3 유공압회로의 MPL 제어

복동 실린더 두 개의 순서제어

이 절에서는 유공압회로에서 MPL 제어의 사용에 대하여 다룬다. 그림 16-8은 복동 실린더 두 개의 전진, 후진 행정을 제어하는 MPL 회로를 보여준다. 실린더 둘 다 초기에 완전 후진 상태에 있다고 가정하였을 때 작동은 다음과 같다. 시작 밸브 *V*1을 잠깐 동안 누르면, 파일럿 밸브 *V*2가 전환하여 실린더 1을 전진시킨다. 실린더 1이 완전히 전진하면, 리밋밸브 *V*4가 작동되어 밸브 *V*5를 전환시키고, 실린더 2를 전진시킨다. 실린더 2가 완전히 전진하면, 리밋밸브 *V*6가 작동되어 밸브 *V*2를 전환시키고, 실린더 1을 후진시킨다. 실린더 1이 완전히 후진하면 리밋밸브 *V*3가 작동되고, 이것이 밸브 *V*5를 전환시켜 실린더 2를 완전히 후진시킨다. 따라서 실린더 작동순서(sequence)는 다음과 같다. 실린더 1 전진, 실린더 2 전진, 실린더 1 후진, 마지막으로 실린더 2 후진. 시작 누름버튼밸브를 뒤이어 잠깐씩 작동시키면 이 사이클은

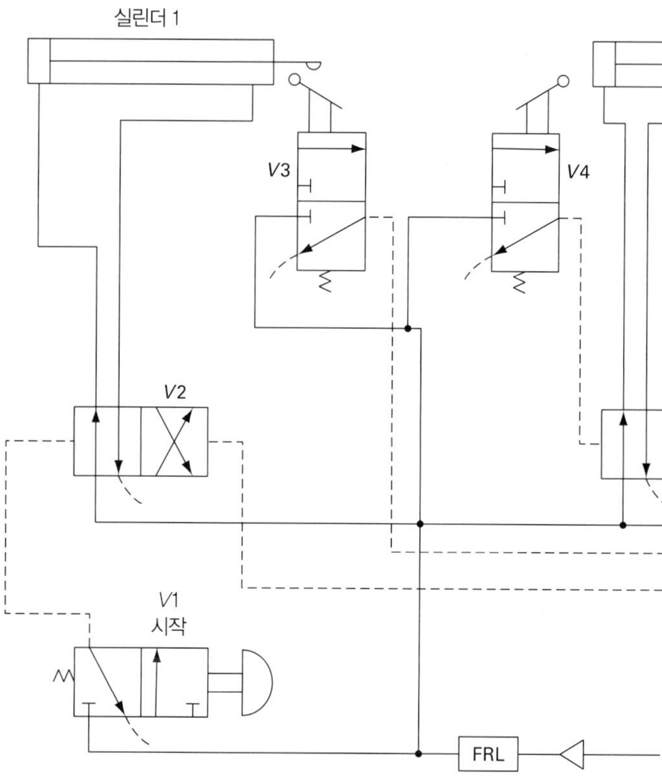

그림 16-8 MPL 실린더 순서회로

반복된다. 시작 밸브를 제거하고 실린더 2의 후진 끝부분에 리밋스위치를 추가하면, 시퀀스는 연속적으로 진행된다. 실린더 2가 완전히 후진하면 이 리밋스위치가 작동되고, 이것이 밸브 *V*2를 파일럿작동시켜 다음 사이클을 시작하게 만든다.

연동된 실린더제어

그림 16–9는 다음과 같은 특징을 갖는 복동 실린더의 전진을 제어하는 MPL 회로를 보여 준다.

1. 시스템은 연동(interlocks)과 대안제어(alternative control) 위치를 제공한다.
2. 실린더를 전진시키기 위하여 두 수동조작밸브(*A* 또는 *B*) 중 하나가 작동되고, 또한 밸브 *C*(프레스의 보호기구 같은 재해방지장치에 의해 제어됨)가 작동되어야 한다.
3. 실린더가 전진하는 동안 출력신호는 기억된다.
4. 행정의 끝에서 MEMORY에 입력된 신호는 해제된다.

회로작동에 대한 설명은 다음과 같다:

1. 입력신호 *A*와 *B*가 OR 게이트에 연결되어 *A* 또는 *B* 신호 중 하나가 실린더를 전진시킨다. OR 게이트는 하나의 셔틀밸브와 두 개의 3방향, 버튼조작 방향제어밸브로 구성되어 있다.

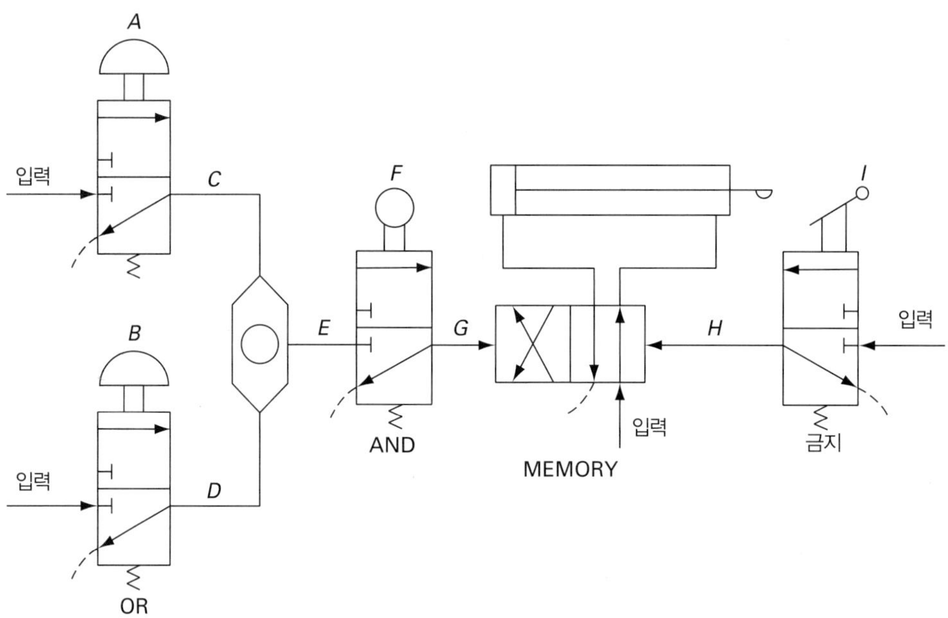

그림 16-9 단일 실린더의 MPL제어

2. OR 게이트의 출력(C 또는 D)은 기계적 제어신호 F(프레스 보호기구는 밸브를 작동시킴)와 더불어 AND 게이트에 연결된다. 이 시스템에서 단일 3방향 방향제어밸브가 AND 게이트 기능을 한다.
3. AND 게이트의 출력이 MEMORY 소자에 연결되고, MEMORY 소자는 전진행정 동안 실린더 피스톤 헤드부분의 압력을 유지해야 하는 것을 기억한다.
4. 행정의 끝에서 금지[(해제), inhibit] 리밋밸브가 작동되어 MEMORY에 입력된 신호가 해제된다. 이것이 실린더의 전진운동을 멈추게 하고 후진시킨다.

하나의 방향제어밸브(4방향, 양 파일럿조작)가 MEMORY 소자로 기능할 수 있다는 것은 흥미로운 일이다. 리밋밸브가 금지(해제)기능을 제공하기 위하여 작업자는 수동입력 A와 B를 놓아 주어야 한다.

16.4 부울대수 개론

서론

형식논리의 기초는 B.C. 3세기경 그리스의 철학자 아리스토텔레스(Aristotle)에 의해 개발되었다. 아리스토텔레스 논리의 기본 전제는 '하나의 명제(statement)는 참 또는 거짓이어야 한다. 이것은 참과 거짓 두 가지 다 일 수 없고, 또 두 가지 다 아닐 수도 없다.'이다. 많은 철학자들이 아리스토텔레스의 논리적 추론과정에 근거하여 위의 문장에 대한 적당한 수학적 모델을 만들려고 노력해왔으나 성공하지 못하였다. 이것은 결국 1854년 영국의 수학자 조지 불(George Boole)이 참-거짓 명제(proposition)를 표현하는데 사용할 수 있는 2가 대수(two-valued algebra)를 개발하였을 때 이루어졌다.

부울대수(Boolean algebra)라고 불리우는 이 논리대수를 개발하면서 불(Boole)은 명제(statement)가 참 또는 거짓인지를 A와 같은 변수로 표현하게 하였다. '밸브가 닫혀 있다.'가 이러한 명제의 한 예이다. 변수 A는 영(0) 또는 일(1)의 값을 가진다. 이 명제가 참이면 A의 값은 일과 같고($A = 1$), 역으로 명제가 거짓이면 A의 값은 영과 같다($A = 0$).

부울대수는 유공압시스템의 제어와 연관된 두 가지 유용한 기능을 제공한다.

1. 논리회로의 작동을 좀더 쉽게 이해할 수 있도록 논리회로를 가장 간단한 형태로 축소시키는 방법을 제시한다.
2. 원하는 논리작동을 수행하는 제어회로의 합성을 빠르게 하여 준다.

부울대수에서 모든 변수들은 단지 두 가지 가능한 상태만 가진다(0 또는 1). 변수들의 곱하기, 더하기는 허용되지만 나누기와 빼기는 정의되지 않아 수행할 수 없다.

기본적인 논리함수들(OR, AND, NOT, NOR, NAND, 배타적 OR, MEMORY)을 나타내기 위하여 부울대수를 어떻게 사용하는지를 아래에서 설명하고 있다. 이런 함수를 수행하는 소자들을 게이트(gate)라고 부른다.

OR 함수

그림 16−10(a)에 보여준 것처럼 OR 함수는 유체유동시스템에서 입력신호 A와 B에 의해 제어되는 MPL밸브를 가지고 있는 두 개의 라인으로부터 출력관이 유체유동을 받는 경우로 나타낼 수 있다.

입력신호 A가 ON, 또는(OR) 입력신호 B가 ON, 또는(OR) 입력신호가 둘 다 ON이면, 출력관에 유체가 흐른다(출력 존재). 출력관의 유동을 Z로 표현하면 다음과 같다.

$$Z = A + B \tag{16-1}$$

여기서 더하기 기호(+)는 OR 함수를 표현하는 데 사용된다. 이 경우 가능한 출력상태는 두 가지(유체가 흐르고 있다 또는 아니다)뿐이다. 출력유체가 흐르는 상태에 논리값 일(1)을 주며, 출력유체가 흐르지 않는 상태에 영(0)을 준다. 그래서 출력유체가 흐르면 $Z=1$이고, 그렇지 않으면 $Z=0$이다. 또한 신호 A가 ON일 때 $A=1$이고, 신호 A가 OFF일 때 $A=0$이다. B신호도 마찬가지이다. 입력신호 A, B에 대한 모든 가능한 상태값을 논리식 (13−1)에 적용하면 다음과 같다.

A OFF, B OFF;　$Z=0+0=0$
A OFF, B ON;　$Z=0+1=1$
A ON, B OFF;　$Z=1+0=1$
A ON, B ON;　$Z=1+1=1$

두 입력에 대한 논리식은 $Z=A+B$이다. X개의 입력에 대한 논리식은 다음과 같다.

$$Z = A + B + \cdots + W + X \tag{16-2}$$

각각의 입력변수는 두 가지 가능한 상태(ON과 OFF)만 가지기 때문에, 입력변수가 n개인 경우 MPL밸브 설정에 2^n개의 조합이 가능하다. 그림 16−10(b)의 진리표(truth table)에서 볼 수 있는 것처럼, 입력변수가 두 개인 경우 $2^2=4$개의 조합이 가능하다. 진리표는 특정 소자가 어떻게 작동하는지를 말해 준다. 진리표에서 숫자 0은 모든 소자의 OFF를, 숫자 1은 ON을 의미한다. 따라서 진리표에 의해 보여준 것처럼 입력신호 A가 ON, 또는(OR) 입력신호 B가 ON, 또는(OR) 입력신호가 둘 다 ON이면, OR 게이트의 출력은 존재한다. 그림 16−10(c)

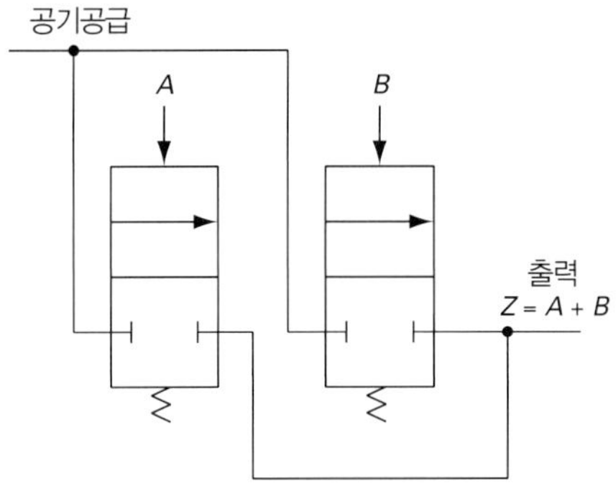

입력		출력
A	B	Z = A + B
0	0	0
0	1	1
1	0	1
1	1	1

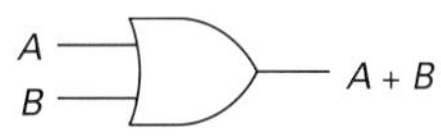

(a) (b) (c)

그림 16-10 OR 함수: (a) MPL 소자, (b) 진리표, (c) 기호

는 OR 게이트를 나타내는 데 사용하는 기호를 보여준다. 이것은 논리시스템에 쓰여진 소자의 종류(전기 부품 또는 MPL밸브)와 상관없이 사용하는 일반 기호이다.

AND 함수

AND 함수는 유체유동시스템에서 관로에 직렬로 연결된 몇 개의 MPL밸브로 나타낼 수 있다. 그림 16–11(a)에 보여준 것처럼 가장 간단한 경우가 입력신호 A와 B를 가지는 두 개의 밸브로 이루어진 것이다.

그림에서 볼 수 있는 것처럼 밸브신호 중 하나가 OFF이거나 두 밸브신호 모두 OFF일 때, 출력유동은 영($Z = 0$)이다. 그래서 A, B 모두 ON일 때에만 출력관에 유체가 흐른다(출력 존재). 그림 16–11(b)와 (c)는 각각 진리표와 AND 게이트의 일반 기호를 보여준다. 두 변수에 대한 논리 AND 함수는 다음과 같은 식으로 표현된다.

$$Z = A \cdot B \tag{16-3}$$

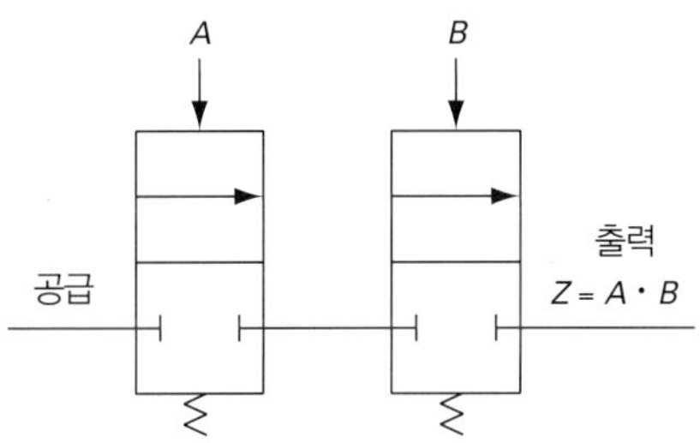

입력		출력
A	B	Z = A · B
0	0	0
0	1	0
1	0	0
1	1	1

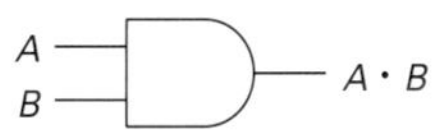

(a) (b) (c)

그림 16-11 AND 함수: (a) MPL 소자, (b) 진리표, (c) 기호

X개의 변수에 대한 논리식은 다음과 같다.

$$Z = A \cdot B \cdots W \cdot X \tag{16-4}$$

점(·)은 연결된 논리 AND를 표시하는 데 사용하며, 이런 식을 논리곱 함수(logic product function)라고 한다. 진리표에서 각 행을 조사하여 보면 논리곱 함수의 수치는 변수들을 산술적으로 곱한 수치와 같다는 것을 알 수 있다.

NOT 함수

NOT 함수는 논리역(inversion) 과정이다. 이것은 출력신호가 입력신호와 같지 않다(NOT equal)는 것이다. 두 개의 신호상태(0과 1)만이 존재하기 때문에 1의 입력은 0의 출력을 만들며, 그 역도 그와 같다. 그림 16-12는 NOT 게이트의 MPL밸브, 진리표와 일반 기호를 보여준다.

NOT기능은 논리역 외에 논리보완(complementing) 또는 논리부정(negation)으로도 알려져 있다. 부울대수에서는 다음과 같이 변수 위에 줄(bar)을 그음으로써 NOT을 표시한다.

$$Z = \text{NOT } A = \overline{A} \tag{16-5}$$

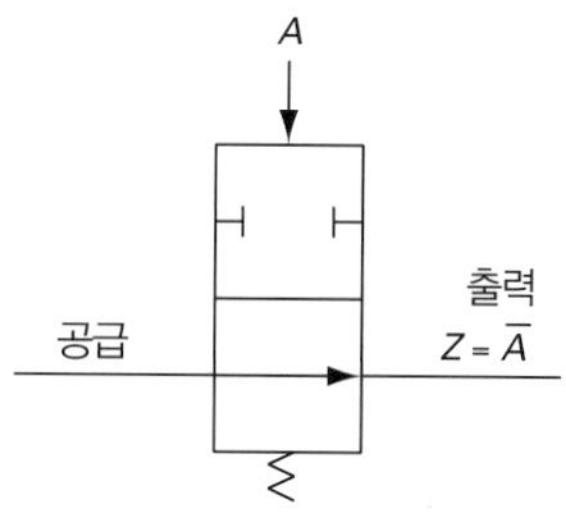

입력 A	출력 $Z = \overline{A}$
0	1
1	0

(b)

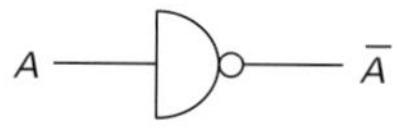

그림 16-12 NOT 함수: (a) MPL 소자, (b) 진리표, (c) 기호

NOR 함수

NOR 함수는 다음의 관계식으로부터 나온 이름이다.

$$\text{NOR} = \text{NOT OR} = \overline{\text{OR}} \tag{16-6}$$

즉, NOR 함수는 OR 함수의 부정이다. 그림 16-13에 NOR 함수의 MPL밸브시스템, 진리표와 일반 기호가 주어져 있다. 또한 그림 16-13(d)에 보여준 것처럼 NOR 함수는 NOT 게이트를 OR 게이트에 직렬로 연결함으로써 만들어 질 수 있다.

$$Z = \text{NOT}\,(A + B) = \overline{A + B} \tag{16-7}$$

진리표에서 알 수 있는 것처럼 모든 입력이 OFF (0)일 때만 NOR 게이트의 출력은 ON (1)이다. NOR 게이트의 중요한 특징 하나는 NOR 게이트들만을 사용해서 어떤 논리함수 (AND, OR, NOT, MEMORY)도 만들어 낼 수 있다는 점이다.

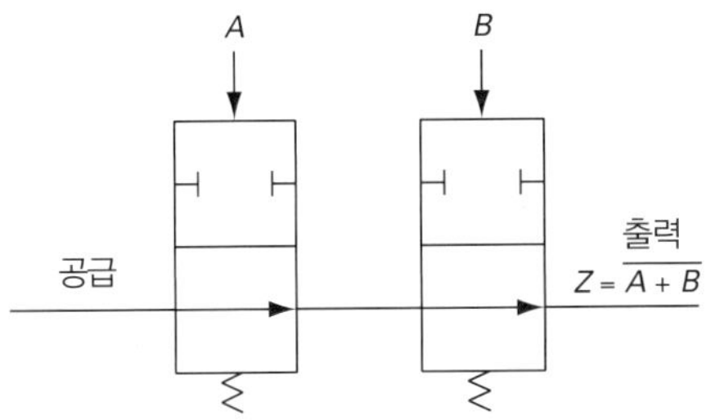

(a)

입력		출력
A	B	$Z = \overline{A + B}$
0	0	1
0	1	0
1	0	0
1	1	0

(b)

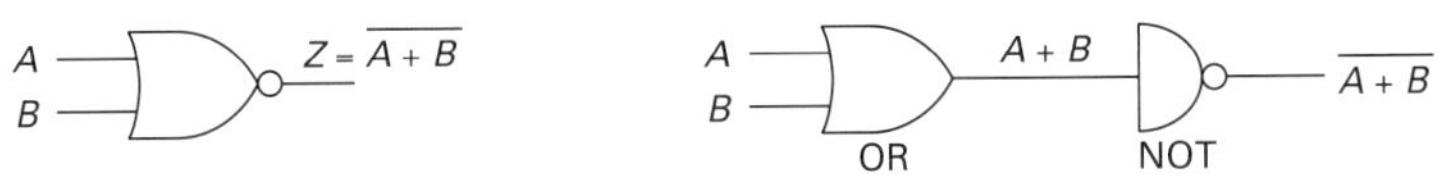

(c) (d)

그림 16-13 NOR 함수: (a) MPL 소자, (b) 진리표, (c) 기호, (d) OR/NOT 조합 = NOR

NAND 함수

NAND 함수는 다음의 관계식으로부터 나온 이름이다.

$$\text{NAND} = \text{NOT AND} = \overline{\text{AND}} \tag{16-8}$$

즉, NAND 함수는 AND 함수의 부정이다. 그림 16−14에 NAND 함수의 MPL밸브시스템, 진리표와 일반 기호가 주어져 있다. 진리표에서 볼 수 있는 것처럼 출력을 없애기 위해서 입력신호가 둘 다 ON이어야 한다. 또한 그림 16−14(d)에 보여준 것처럼 NAND 함수는 NOT 게이트를 AND 게이트에 직렬로 연결함으로써 만들어 질 수 있다. 부울 관계식은 다음과 같다.

$$Z = \text{NOT}\,(A \cdot B) = \overline{A \cdot B} \tag{16-9}$$

부울대수의 법칙

유체논리시스템의 해석과 설계에 사용하는 여러 가지 부울대수 법칙이 있다. 이 법칙들은 다음과 같다.

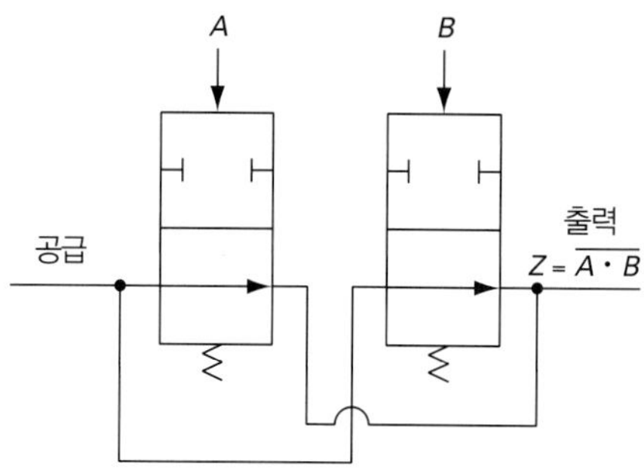

(a)

입력		출력
A	B	$Z = \overline{A \cdot B}$
0	0	1
0	1	1
1	0	1
1	1	0

(b)

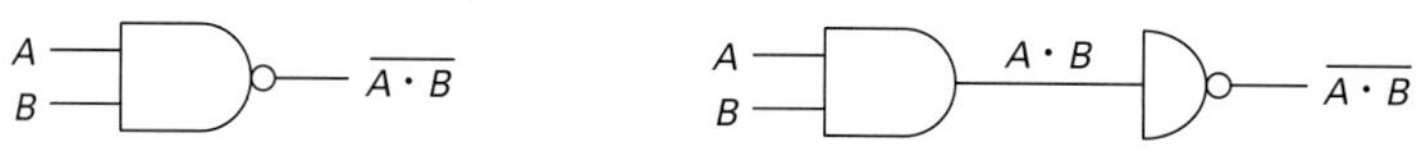

(c) (d)

그림 16-14 NAND 함수: (a) MPL 소자, (b) 진리표, (c) 기호, (d) AND/NOT 조합 = NAND

1. 교환법칙:

$$A + B = B + A$$
$$A \cdot B = B \cdot A$$

2. 결합법칙:

$$A + B + C = (A + B) + C = A + (B + C) = (A + C) + B$$
$$A \cdot B \cdot C = (A \cdot B) \cdot C = A \cdot (B \cdot C) = (A \cdot C) \cdot B$$

3. 분배법칙:

$$A + (B \cdot C) = (A + B) \cdot (A + C)$$
$$A \cdot (B + C) = (A \cdot B) + (A \cdot C)$$

4. 드모르강의 정리(DeMorgan's theorem):

$$\overline{A + B + C} = \overline{A} \cdot \overline{B} \cdot \overline{C}$$
$$\overline{A \cdot B \cdot C} = \overline{A} + \overline{B} + \overline{C}$$

논리시스템에서 복잡한 논리식을 간단하게 만들고, 필요한 소자의 숫자를 최소화할 때 사용하는 추가적인 정리는 다음과 같다.

5. $A + A = 1$
6. $A \cdot A = 0$
7. $A + 1 = 1$
8. $A + 0 = A$
9. $A \cdot 0 = 0$
10. $A \cdot 1 = A$
11. $A + (A \cdot B)$
12. $A \cdot (A + B)$
13. $(\overline{\overline{A}}) = A$
14. $A \cdot \overline{A} = 0$
15. $A + \overline{A} = 1$

위의 모든 법칙들을 진리표를 사용하여 증명할 수 있음을 유념하여야 한다. 진리표 내에 변수들의 모든 조합을 나열한 후 증명하려고 하는 논리식 양변의 값들을 연산자의 정의를 사용하여 계산한다. 입력의 모든 조합에 대해 논리식 양변이 정확히 같은 값을 가지면 그 정리는 증명된 것이다.

16.5 부울대수 이용 예제

이 절에서는 유공압 논리제어를 위한 부울대수의 이용방법을 보여준다.

예제 16-1

진리표를 이용하여 $A + (A \cdot B) = A$를 증명하여라

풀이

A	B	$A \cdot B$	$A + (A \cdot B)$
0	0	0	0
1	0	0	1
0	1	0	0
1	1	1	1

$A \cdot B$열은 AND 함수에 의해 얻고, $A + (A \cdot B)$열은 OR 함수에 의해 얻는다.

예제 16-2

두 개의 변수를 사용하여 드모르강의 첫 번째 정리를 증명하여라. $(\overline{A+B}) = \overline{A} \cdot \overline{B}$.

풀이

A	B	$\overline{A}$	$\overline{B}$	$\overline{A} \cdot \overline{B}$	$A + B$	$\overline{A+B}$
0	0	1	1	1	0	1
1	0	0	1	0	1	0
0	1	1	0	0	1	0
1	1	0	0	0	1	0

예제 16-3

함수 $Z = A \cdot \overline{B} + \overline{A} \cdot B$에 대한 진리표를 작성하여라. OR, AND, NOT 게이트를 사용하여 이 함수를 나타내는 논리회로도를 작성하여라.

풀이

변수가 A, B 두 개이므로 $2^2 = 4$가지의 입력변수 조합이 있다. 이들 조합이 중간값 $A \cdot \overline{B}$, $\overline{A} \cdot B$, 출력값 Z와 함께 아래 표에 나타나 있다.

입력				출력
A	B	$A \cdot \overline{B}$	$\overline{A} \cdot B$	$Z = A \cdot \overline{B} + \overline{A} \cdot B$
0	0	0	0	0
0	1	0	1	1
1	0	1	0	1
1	1	0	0	0

이 진리표의 첫 번째 행을 살펴보자. $A = 0$이므로 $A \cdot \overline{B} = 0$이다. 마찬가지로, $B = 0$이므로 $\overline{A} \cdot B = 0$이며, 출력값은 $Z = 0$이 된다. 두 번째 행에서 $A = 0$이므로 $A \cdot \overline{B}$은 그대로 0이다. 하지만 $\overline{A} = 1$이므로 $\overline{A} \cdot B = 1$이 된다(정리 10에서). 최종적으로 정리 8에 의하여 $Z = 0 + 1 = 1$이 된다. 진리표의 나머지 부분도 유사한 방법으로 완성한다.

배타적 OR(EXCLUSIVE-OR) 함수

예제 16-3의 진리표를 좀더 살펴보면 그 함수가 배타적 OR(EXCLUSIVE-OR) 함수임을 알 수 있다. 이는 입력 A 또는 B가 ON일 때만 배타적 OR 함수가 출력을 내기 때문이다. 이것은 입력 A 또는 B가 ON이거나 A와 B 모두 ON일 때 출력을 내는 OR 함수[포함적 OR(INCLUSIVE-OR) 함수라고도 함]와는 다르다. 배타적 OR 게이트의 부울대수 관계식은

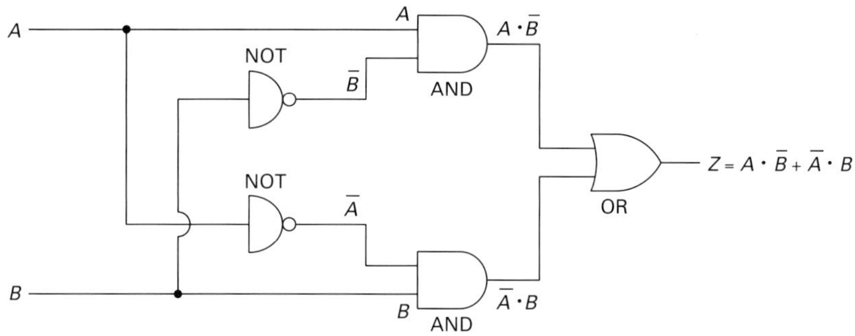

그림 16-15 배타적 OR 논리회로

다음과 같다.

$$Z = A \cdot \overline{B} + \overline{A} \cdot B$$

반면에, OR 게이트(포함적 OR)의 관계식은 다음과 같다.

$$Z = A + B$$

Z 함수를 나타내는 논리회로도가 그림 16-15에 주어져 있다. 입력 A와 $\overline{B}$가 위쪽의 AND 게이트에 가하여져 그 출력이 $A \cdot \overline{B}$ 함수로 되는 것에 주목하여라. 위쪽과 아래 쪽 AND 게이트로부터 나온 두 신호가 OR 게이트에 가하여져 시스템 출력 $Z = A \cdot \overline{B} + \overline{A} \cdot B$를 만든다.

예제 16-4

그림 16-16의 회로에 의해 생성되는 논리함수를 구하여라. 정리와 논리대수의 법칙을 이용하여 논리함수를 최대한 단순화시켜라.

풀이

우선, 중간 출력들을 설정한다.

$$01 = A + B$$
$$02 = \overline{C}$$
$$03 = (01) \cdot (02) = (A + B) \cdot \overline{C}$$
$$04 = A \cdot B$$
$$05 = \overline{04} = \overline{A \cdot B}$$
$$06 = A \cdot (02) = A \cdot \overline{C}$$

그러면 전체 회로의 출력은

$$Z = 03 + 05 + 06$$
$$Z = (A + B)\cdot\overline{C} + \overline{A\cdot B} + A\cdot\overline{C}$$

구한 함수의 단순화는 다음과 같이 이루어진다.

$$
\begin{aligned}
Z &= A\cdot\overline{C} + B\cdot\overline{C} + \overline{A\cdot B} + A\cdot\overline{C} && \text{(분배법칙)}\\
&= A\cdot\overline{C} + B\cdot\overline{C} + \overline{A\cdot B} && \text{(정리 5)}\\
&= A\cdot\overline{C} + B\cdot\overline{C} + \overline{A} + \overline{B} && \text{(드모르강의 정리)}\\
&= (\overline{A} + A\cdot\overline{C}) + (\overline{B} + B\cdot\overline{C}) && \text{(결합법칙)}\\
&= (\overline{A} + A)\cdot(\overline{A} + \overline{C}) + (\overline{B} + B)\cdot(\overline{B} + \overline{C}) && \text{(분배법칙)}\\
&= 1\cdot(\overline{A} + \overline{C}) + 1\cdot(\overline{B} + \overline{C}) && \text{(정리 15)}\\
&= \overline{A} + \overline{C} + \overline{B} + \overline{C} && \text{(정리 10)}\\
&= \overline{A} + \overline{B} + \overline{C} && \text{(정리 5)}
\end{aligned}
$$

그림 16-17에 보여준 것처럼 $\overline{A}+\overline{B}+\overline{C}$는 단지 네 개의 게이트(세 개의 NOT과 한 개의 OR)만을 필요로 하기 때문에, 전체 회로가 많은 여분의(redundant) 논리소자를 가지고 있을 수 있음을 이 예제는 보여 준다.

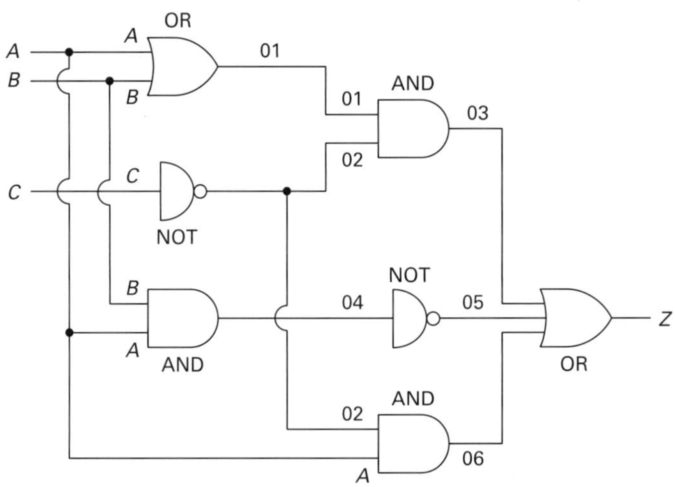

그림 16-16 예제 16-4의 논리회로

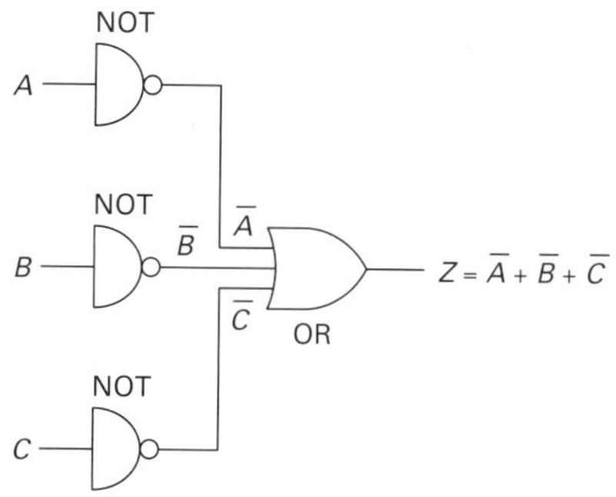

그림 16-17 예제 16-4의 단순화 된 회로

MEMORY 함수

MEMORY 함수[SR 플립플롭(FLIP-FLOP)]는 그림 16−18(a)에 보여준 것처럼 두 개의 NOR 게이트를 사용하여 얻을 수 있다. 입력은 S[설정(SET)]와 R[복귀(RESET)]이고, 출력은 P와 $\overline{P}$이다.

SR 플립플롭(Flip Flop)의 진리표가 그림 16−18(b)에 주어져 있으며, 일반 기호는 그림 16−18(c)에 주어져 있다. 진리표를 보면 S가 ON(R은 OFF)일 때, 출력은 $P(P = 1, \overline{P} = 0)$이다. S를 OFF시킨 다음 ON시키는 것을 반복하여도 출력 P는 변하지 않는다(시스템이 메모리를 가지고 있다). S를 OFF시키고 R을 ON시키면 출력은 $\overline{P}(\overline{P} = 1, P = 0)$로 전환하며, 이는 SR 플립플롭이 가지고 있는 두 개의 안정한 상태 중 두 번째 상태를 나타낸다.

그림 16−19는 양손을 사용한 프레스안전제어에 유체논리를 적용한 예를 보여준다. 안전을 생각해서, 프레스작업을 시작하기 위하여 작업자의 양손을 반드시 사용하게 할 필요가 있다. 프레스사이클 작업 동안 한손이라도 떼면 실린더는 후진한다. 다음 작업이 시작되기 전에 누름버튼제어 A와 B에서 양손을 모두 떼어야 한다. 누름버튼 A와 B는 배압감지기를, C는 젯 차단센서(interruptible jet sensor)를, P_s는 유체압력 공급원을 나타낸다.

17.4절에서 프로그램가능 논리제어기(PLC)를 구현하기 위하여 부울대수가 어떻게 이용되는지를 설명한다.

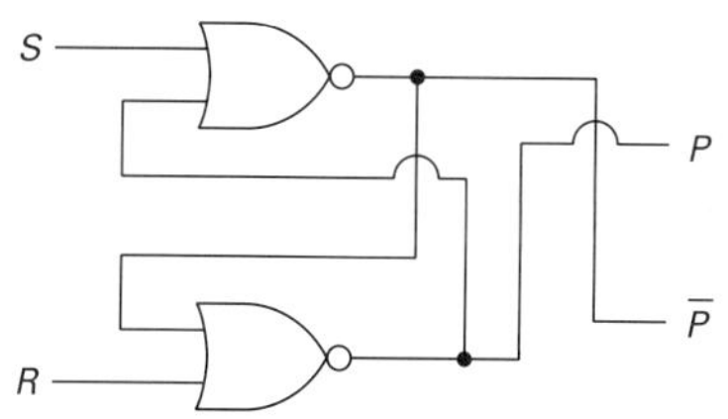

(a)

S	R	P	$\overline{P}$
1	0	1	0
0	0	1	0
0	1	0	1
0	0	0	1

(b)

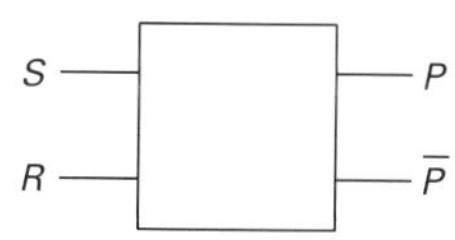

(c)

그림 16-18 MEMORY 함수(SR FLIP−FLOP) : (a) 두 개의 NOR 게이트 조합, (b) 진리표, (c) 기호

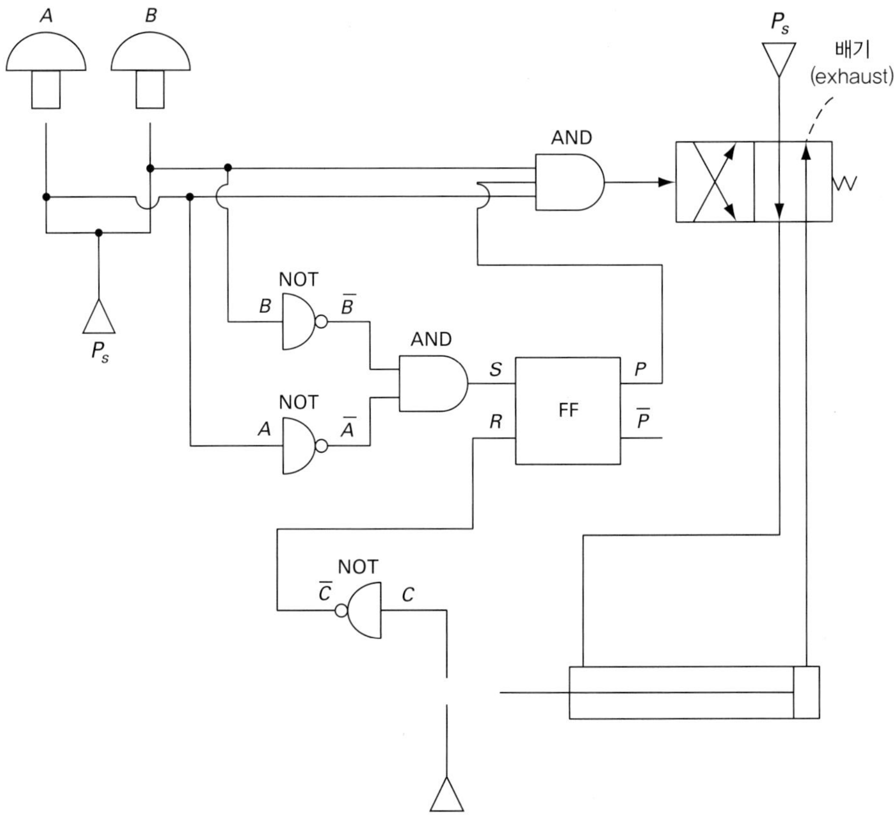

그림 16-19 양손 프레스제어시스템

16.6 중요한 식들

OR 함수: $$Z = A + B + \cdots + W + X \quad \textbf{(16-2)}$$

AND 함수: $$Z = A \cdot B \cdots W \cdot X \quad \textbf{(16-4)}$$

NOT 함수: $$Z = \text{NOT } A = \overline{A} \quad \textbf{(16-5)}$$

NOR 함수: $$\text{NOR} = \text{NOT OR} = \overline{\text{OR}} \quad \textbf{(16-6)}$$

NAND 함수: $$\text{NAND} = \text{NOT AND} = \overline{\text{AND}} \quad \textbf{(16-8)}$$

부울대수의 법칙

1. 교환법칙:

$$A + B = B + A$$
$$A \cdot B = B \cdot A$$

2. 결합법칙:

$$A + B + C = (A + B) + C = A + (B + C) = (A + C) + B$$
$$A \cdot B \cdot C = (A \cdot B) \cdot C = A \cdot (B \cdot C) = (A \cdot C) \cdot B$$

3. 분배법칙:

$$A + (B \cdot C) = (A + B) \cdot (A + C)$$
$$A \cdot (B + C) = (A \cdot B) + (A \cdot C)$$

4. 드모르강의 정리:

$$\overline{A + B + C} = \overline{A} \cdot \overline{B} \cdot \overline{C}$$
$$\overline{A \cdot B \cdot C} = \overline{A} + \overline{B} + \overline{C}$$

연습문제

질문, 개념과 정의

16-1 가동부 논리소자란 무엇인가?

16-2 가동부 논리소자를 작동시키는 세가지 방법을 열거하여라.

16-3 플루이딕스란 무엇인가?

16-4 AND 함수를 정의하여라.

16-5 OR 함수를 정의하여라.

16-6 플립플롭(FLIP-FLOP)이란 무엇인가? 이것의 작동 방법에 대하여 설명하여라.

16-7 OR 게이트와 배타적 OR 게이트의 차이는 무엇인가?

16-8 MEMORY 함수를 정의하여라.

16-9 부울대수에 의해 제공되는 유용한 함수 두 개를 열거하여라.

16-10 부울대수에서 허용되는 대수연산은 무엇인가?

16-11 논리역(logic inversion)을 정의하여라.

16-12 교환법칙과 결합법칙의 차이점은 무엇인가?

16-13 드모르강의 정리에 대하여 기술하여라.

문제

부울대수

16-14 진리표를 사용하여 $A \cdot (A + B) = A$를 증명하여라.

16-15 진리표를 사용하여, 첫 번째 결합법칙 $A + (B + C) = (A + B) + C$를 증명하여라.

16-16 진리표를 사용하여, 드모르강의 정리 2인 $\overline{A \cdot B} = \overline{A} + \overline{B}$를 증명하여라.

16-17 진리표를 사용하여, 두 번째 분배법칙 $A \cdot (B + C) = (A \cdot B) + (A \cdot C)$를 증명하여라.

16-18 진리표를 사용하여 $A \cdot (\overline{A} + B) = A \cdot B$를 증명하여라.

16-19 드모르강의 정리를 사용하여 NOR 게이트만으로 어떻게 AND 함수를 만들어 낼 수 있는지를 보여라.

16-20 드모르강의 정리를 사용하여 $Z = \overline{A} + \overline{B} + \overline{C}$ 함수를 발생시키는 NOR 회로를 설계하여라.

유공압의 일반 논리제어

16-21 그림 16-20에 있는 유체논리시스템의 작동을 설명하여라.

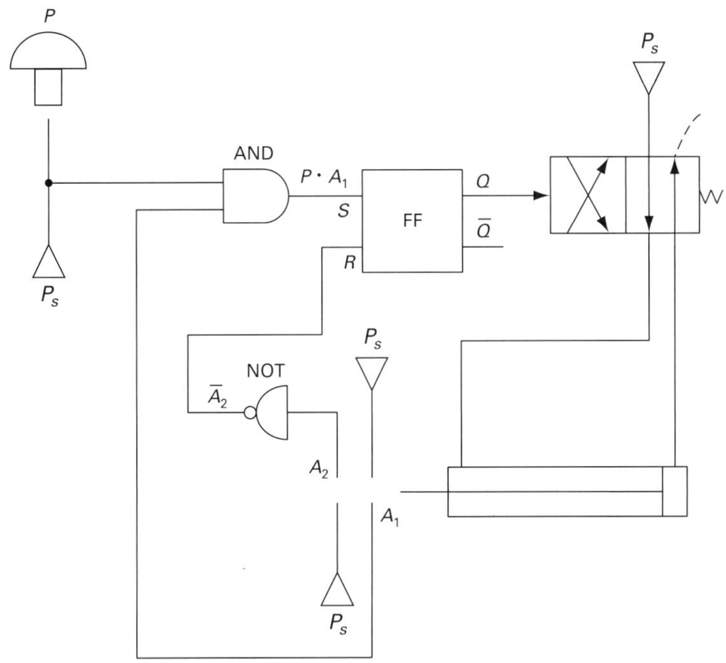

그림 16-20 연습문제 16-21의 회로

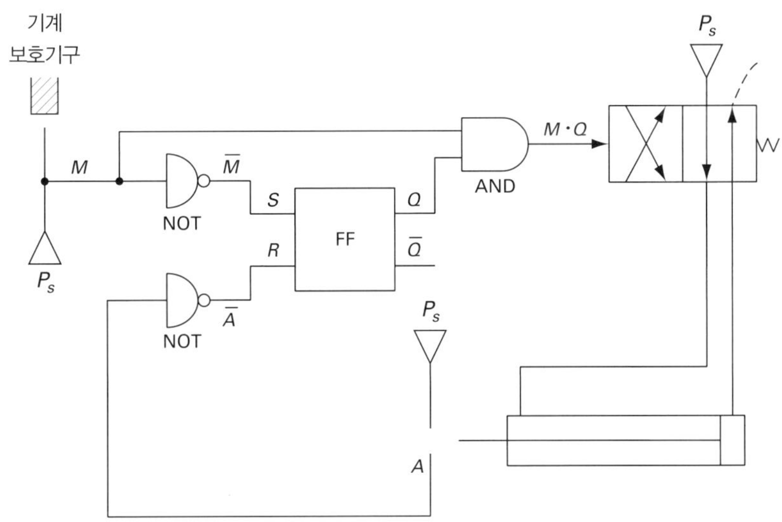

그림 16-21 연습문제 16-22의 회로

16-22 그림 16−21에서 기계 보호기구(guard)가 배압센서를 가로막은 다음 열어 주었을 때 유체논리회로시스템의 작동을 설명하여라.

16-23 그림 16−22의 논리회로에서 부울대수를 사용하여 밸브 3이 필요하지 않음을 보여라.

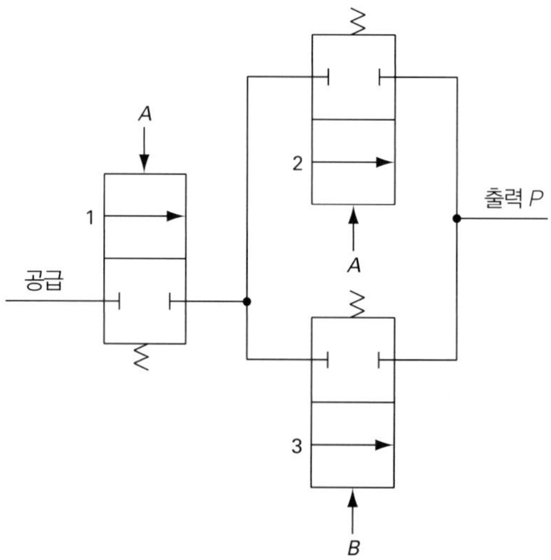

그림 16-22 연습문제 16-23의 회로

17

Chapter

유압시스템의 고급 전기제어

학습 목표

이 단원을 공부하고 나면 다음과 같은 내용을 알아야 한다.

1. 서보밸브와 변환기의 작동을 이해하여야 한다.
2. 전기유압 서보시스템의 작동을 설명할 수 있어야 한다.
3. 전기유압 폐루프시스템에서 블록선도의 의미를 논의할 수 있어야 한다.
4. 전기유압 서보시스템의 성능을 해석할 수 있어야 한다.
5. 프로그램가능 논리제어기(PLC)의 작동을 설명할 수 있어야 한다.
6. PLC가 전기기계식 릴레이제어시스템보다 유리한 점을 이해할 수 있어야 한다.
7. 부울대수와 사다리논리선도를 유공압시스템의 프로그램가능 논리제어에 적용할 수 있어야 한다.

17.1 서론

전기유압 서보시스템

전기유압 서보시스템이 산업체에 폭넓게 사용되는데, 이는 폐루프(closed-loop) 시스템이 앞장들에서 다룬 개루프(open-loop) 시스템보다 부하의 위치와 속도를 더 정밀하게 제어해 주기 때문이다. 그림 17-1은 이와 같은 서보시스템의 블록선도를 보여주고 있는데, 지령모듈(command module)에서 보내온 전기 입력신호와 부하를 구동하는 유압작동기에서 보내온 기계적 출력사이의 폐루프에 주목하여라. 전기유압 서보시스템의 전체 작동에 대한 설명은 다음과 같다.

합산기(summer)를 사용하여 지령모듈 전기 입력신호에서 되먹임변환기(유압작동기의 출력축에 기계적으로 연결되어 있음)로부터의 전기적 되먹임 신호를 뺀다(입력신호에 음의 되먹임 신호를 더한다). 이 두 신호 사이의 차(오차신호)는 전자회로에 의해 높은 전력 수준으로 증폭되어, 서보밸브의 토크모터를 구동한다. 토크모터는 서보밸브의 스풀을 움직여, 부하 작동기를 구동하기 위한 유압유동을 발생시킨다. 부하의 위치 또는 속도는 위치용으로 전위차계(potentiometer), 속도용으로 타코미터(tachometer)를 보통 사용하는 **되먹임변환기**(feedback transducer)를 통하여 전기적 형태로 되먹임된다. 되먹임 장치는 기계적 신호를 그에 상응하는 전기적 신호로 변환하기 때문에 변환기(transducer)라고 불리어진다.

되먹임 신호(부하의 위치 또는 속도를 전기적으로 측정한 신호)는 지령모듈 입력신호와 연속적으로 비교된다. 만약 부하의 위치 또는 속도가 지령모듈에서 요구한 것과 다르면, 합산기가 오차신호를 발생시켜 불일치를 수정하게 만든다. 원하는 출력이 얻어지면, 되먹임 신호와 지령모듈 신호가 같아져서 오차신호는 영이 된다. 따라서 입력 지령모듈 신호를 바꾸지 않는 한 출력 변화는 생기지 않는다. 그러므로 부하의 위치나 속도를 정확하게 제어하는 폐루프 시스템의 능력은 압력 변화(부하 변화)와 오일점도 변화(온도 변화)에 의해 생긴 내부누설의

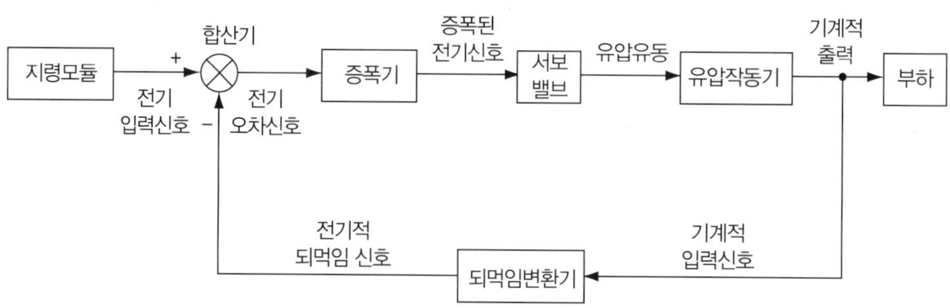

그림 17-1 전기유압 서보시스템의 블록선도(폐루프 시스템)

영향을 받지 않는다.

그림 17-2는 전기유압 서보제어 로봇팔을 보여주고 있다. 이 로봇팔은 손가락으로 볼트를 체결할 수 있는 힘과 능숙함을 가지고 있을 뿐 아니라 계란껍질을 조심스럽게 잡을 수 있다. 또 망치, 전기드릴, 족집게 등의 연장을 능숙하게 사용할 수 있고, 심지어 야구공을 칠 수도 있다. 이 팔은 엄지와 두 손가락을 가진 손, 손목, 팔꿈치, 어깨로 구성되어 있다. 그리고 사람처럼 능숙하게 연장과 기타 물체를 다룰 수 있게 설계된 10 자유도를 갖고 있으며 3 자유도의 손을 포함하고 있다. 이 서보제어시스템은 컴퓨터나 작업자의 제어입력을 받아들일 수 있다. 이 시스템은 해저, 공공시설, 핵시설과 같은 위험한 환경에 활용할 수 있도록 설계되었다. 이 시스템은 사람 정도의 크기에서부터 6 ft 되는 것까지 있다.

그림 17-3은 트랙터가 거친 땅에서 쟁기, 스프레더(spreader), 경운기(cultivator) 같은 농기구를 끄는 동안 히치(hitch)의 위치를 제어하는 데에 폐루프 전기유압시스템을 사용한 응용을 보여준다. 농기구 리프트장치(lifting gear)의 최적위치와 트랙터의 전진속도를 유지함으로써 트랙터의 히치를 불균형 힘과 손상을 줄 수 있는 부하로부터 보호한다.

리프트장치의 높이는 위치변환기로 감지되고, 끄는 힘은 힘센서에 의해 측정된다. 위치변환기와 힘센서의 전자 출력신호는 운전석의 전자식 작동콘솔(operating console)로 되먹임된다. 이것이 비례압력제어밸브에 들어가는 전기신호를 변화시키고, 마찬가지로 트랙터 속도제어 스로틀(throttle)시스템에 들어가는 전기신호를 변화시킨다. 결과적으로, 새로운 위치로 리

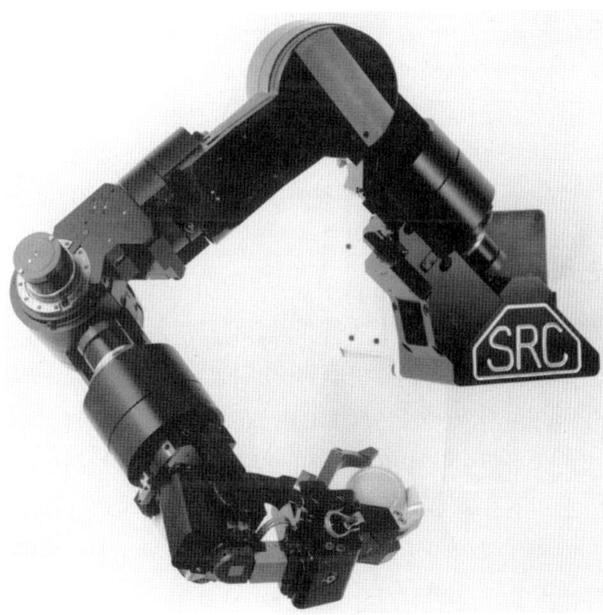

그림 17-2 유압구동 만능 팔(Courtesy of Sarcos, Inc., Salt Lake City, Utah.)

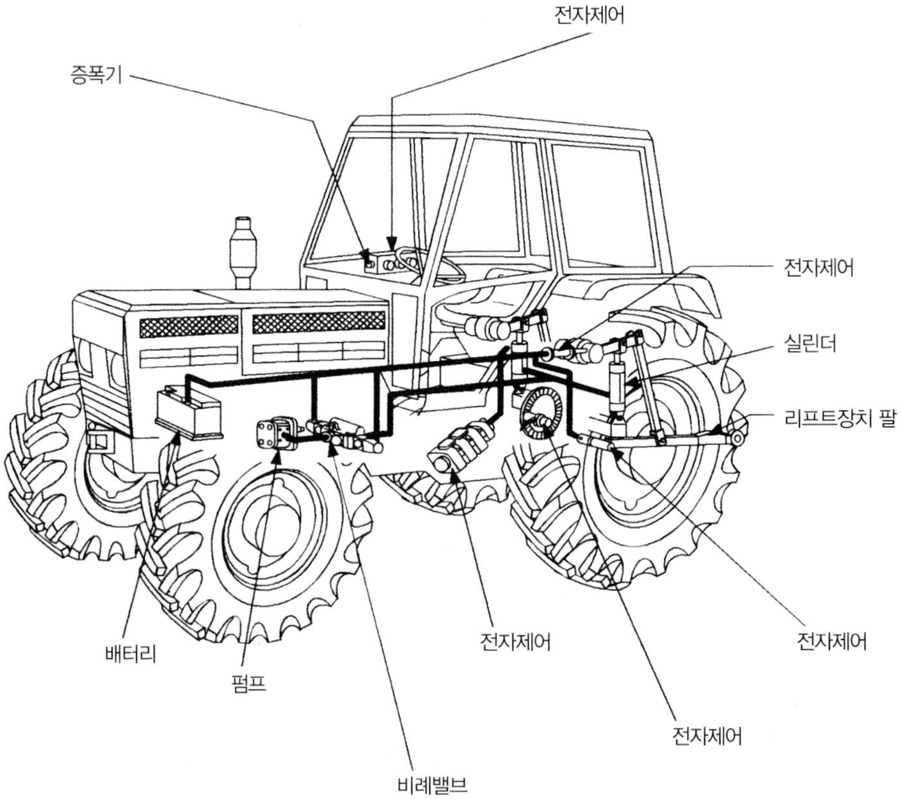

그림 17-3 전기유압 서보시스템을 사용한 트랙터의 히치제어(hitch control) (Courtesy of National Fluid Power Association, Milwaukee, Wisconsin)

프트장치를 들어올리거나 내리기 위하여 리프트장치 실린더의 압력은 비례압력제어밸브에 의해 변하고, 최적의 끄는 힘을 유지하기 위하여 트랙터의 속도는 증가하거나 감소한다.

프로그램 가능 논리제어기

요즈음 들어, 유공압시스템을 제어하는 데에 프로그램가능 논리제어기(programmable logic controller, PLC)가 전기기계식 릴레이를 대신하여 점점 많이 사용되고 있다. PLC는 산업 기기와 공정의 작동을 제어하기 위하여 AND, OR, NOT과 같은 논리함수를 수행하도록 설계된 사용자 친화형 전자컴퓨터이다. PLC는 논리 결정을 내리고, 그에 따른 출력을 내보내기 위한 반도체 디지털 논리소자로 구성되어 있다. 범용 컴퓨터와 달리 PLC는 높은 주위온도와 습도가 존재하는 산업 환경에서 작동하도록 설계되어 있다. PLC는 전기기계식 릴레이 제어 시스템보다 많은 장점이 있다. 전기기계식 릴레이와 달리, PLC는 특정 기능을 수행하기 위하여 배선작업을 하지 않는다. 그래서 시스템의 작동 요구조건이 바뀌면 물리적으로 릴레이를

그림 17-4 PLC 동기 리프트시스템(Courtesy of Enerpac, Applied Power Inc., Butler, Wisconsin)

재배선하는 것 대신에, 소프트웨어 프로그램을 쉽게 변경한다. 더불어, PLC는 신뢰성이 더 높고, 작동이 더 빠르며, 크기가 더 작고, 쉽게 확장할 수 있다.

그림 17-4는 PLC를 사용한 동기 리프트시스템(synchronous lift system)을 보여주고 있다. 이 시스템은 건설 작업현장에서 아주 무거운 물체를 정교하게 들어올리거나 내리는 일을 수행한다. 복잡하고 값비싼 전자 리프트시스템과는 달리, 이 유압시스템은 작은 개수의 부품으로 이루어져 있고, 한 사람에 의해서도 효과적이고 효율적으로 작동될 수 있다. PLC를 사용함으로써 작업자는 한 위치에서 빠르고 쉽게 리프트점의 개수, 행정 한계, 시스템 정확도 및 다른 작동 파라미터를 지정할 수 있다. PLC는 각 리프트점에 설치된 센서로부터 입력신호를 받아, 솔레노이드밸브에 출력신호를 내 보내어 각 유압실린더의 유동을 제어함으로써, 작업자가 선정한 위치와 정확도를 유지하게 한다. 센서가 직접 부하에 부착되어 있기 때문에 부하의 움직임을 정확하게 측정할 수 있다. 이 시스템은 넓은 범위의 부하에 적용할 수 있고, ±0.040 in(1 mm)의 정확도를 가진다.

그림 17-5 동기 리프트시스템의 PLC 장치(Courtesy of Enerpac, Applied Power Inc., Butler, Wisconsin)

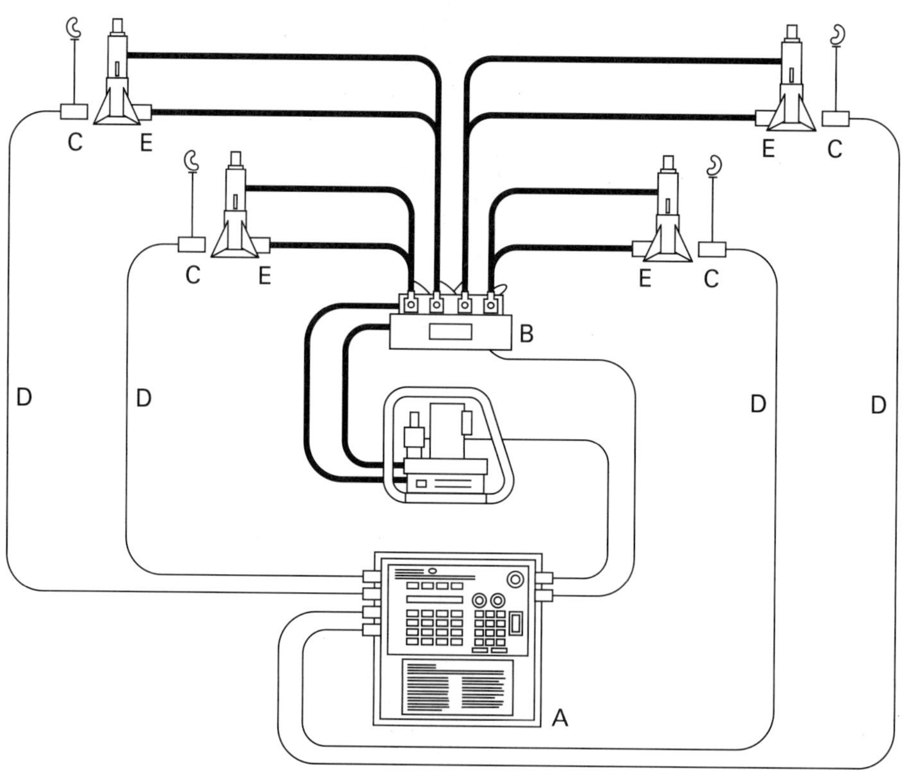

그림 17-6 PLC 동기 리프트시스템의 선도(Courtesy of Enerpac, Applid Power Inc., Butler, Wisconsin.)

이 시스템의 PLC 장치(그림 17–5 참조)는 각 리프트점의 부하위치와 시스템의 모든 작동상태를 보여주는 LCD 디스플레이를 가지고 있어서, 작업자가 리프트 중의 모든 상세한 정보를 볼 수 있게 되어 있다. 37 파운드의 무게에 16 in × 16 in × 15 in 크기를 가진 이 PLC 장치는 8개까지의 리프트점을 제어할 수 있다. 이 시스템에 대한 선도를 그리면 그림 17–6과 같다. 그림에서 각 구성요소의 문자가 의미하는 것은 다음과 같다.

A: 프로그램가능 논리제어기
B: 솔레노이드 방향제어밸브
C: 전자식 부하변위 센서
D: 센서 케이블
E: 움직임을 조절할 수 있는 유량제어밸브를 가진 유압실린더

17.2 전기유압 서보시스템

유압회로의 주 목적은 작동기의 위치 또는 속도를 제어하는 것이다. 이전 장들에서 다룬 모든 회로에서는 개루프 제어를 사용하여 이 목적을 달성한다. 개루프 시스템에서 정확한 속도제어는 불가능하다. 부하가 증가하면 속도는 감소한다. 이는 압력이 높아지면 펌프, 작동기, 밸브에서 내부누설이 증가되기 때문이다. 온도변화는 유체점도에 영향을 미치고, 이에 따른 누설 또한 개루프 시스템의 정확도에 영향을 준다.

그림 17–7은 폐루프(서보) 전기유압 제어시스템을 보여준다. 이 시스템은 솔레노이드조작 방향제어밸브와 유량제어밸브가 그림 17–8에 도시된 전기유압 서보밸브로 대체된 것을 제외하고는 15장의 개루프 전기유압시스템과 유사하다. 전기유압 서보밸브는 전기 토크모터를 내장하고 있는데, 이 토크모터는 요구된 유량을 발생시키기 위하여 밸브 내 미끄럼 스풀의 위치를 제어한다. 스풀 위치는 토크모터 코일에 가하는 전기신호에 비례한다(전기유압 서보밸브의 개략적인 단면도를 보여준 그림 17–9 참조).

그림 17–7의 시스템은 작동기에 부착된 되먹임 장치(feedback device)에 의하여 루프가 닫혀 있기 때문에 서보시스템이다. 직선형(linear) 또는 그림 17–7과 같은 회전형(rotary)의 되먹임 장치는 작동기의 위치나 속도를 감지하여 상응하는 전기 되먹임 신호를 전달한다. 이 신호는 전자회로에 의하여 입력 전기신호와 비교된다. 작동기 위치나 속도가 목표하였던 값과 같지 않으면 전자식 합산기에 의하여 오차신호가 발생한다. 이 오차신호는 증폭되어 토크모터에 가하여져 작동기의 위치나 속도를 보정한다. 그러므로 폐루프 시스템의 정확도는 압력 변화와 온도 변화에 의해 생긴 내부누설의 영향을 받지 않는다.

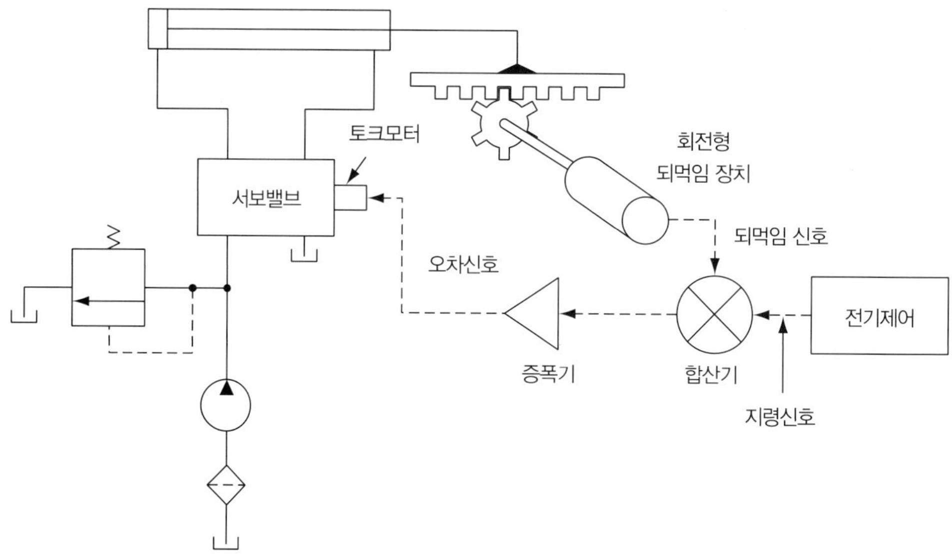

그림 17-7 전기유압 서보시스템

그림 17-8 전기유압 서보밸브 (Courtesy of Moog Inc., Industrial Division, Eas Aurora, New York)

되먹임 장치는 기계적 에너지를 전기적 에너지로 변환하는 것처럼, 한 에너지원을 다른 에너지원으로 변환하는 기능을 수행하기 때문에 이 장치를 변환기(transducer)라고 부른다. 속도변환기는 시스템 출력의 선속도 또는 각속도를 감지하고, 측정된 속도에 비례한 신호를 발

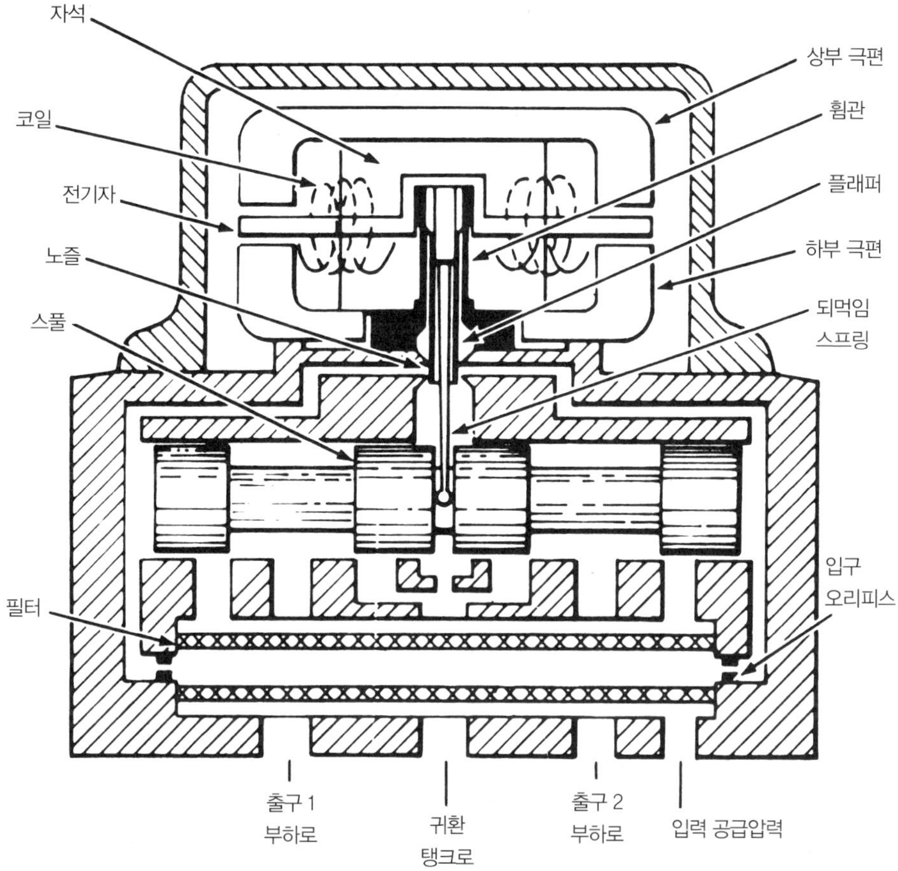

그림 17-9 전기유압 서보밸브의 개략적 단면도(Courtesy of Moog Inc., Industrial Division, East Aurora, New York)

생한다. 가장 보편적으로 사용되는 형태는 타코미터/발전기(tachometer/generator)로서, 이는 회전속도에 비례하는 전압(AC 또는 DC)을 발생한다. 그림 17-10은 DC 타코미터/발전기를 보여준다. 위치변환기는 시스템출력의 직선 위치 또는 각도를 감지하고, 측정된 위치에 비례한 신호를 발생한다. 가장 보편적으로 사용되는 전기식 위치변환기 형태는 전위차계(potentiometer)로서, 선운동형 또는 회전운동형으로 되어 있다. 그림 17-11은 회전형 전위차계(rotary potentiometer)를 보여주고 있는데, 이 전위차계에는 와이퍼(wiper)가 기계의 운동부에, 몸체가 고정부에 부착되어 있다. 위치신호는 와이퍼와 한 끝단으로부터 얻어진다.

지령신호를 발생시키는 전기제어상자(그림 17-7 참조)에 그림 17-12에 보여준 것과 같은 수동제어 장치를 사용할 수도 있다. 눈금은 유압작동기의 원하는 위치나 속도를 나타낸다. 작업자는 수동레버를 원하는 위치 또는 속도에 놓으면 된다.

그림 17-10 DC 타코미터/발전기(Courtesy of Oil Gear Co., Milwaukee, Wisconsin.)

그림 17-11 회전형 되먹임 전위차계(Courtesy of Bourns Inc., Riverside, California.)

그림 17-12 원격 수동제어 장치(Courtesy of Oil Gear Co., Milwaukee, Wisconsin.)

17.3 전기유압 서보시스템의 해석

단일 요소의 블록선도

서보시스템의 성능 해석은 각 요소를 사각형(블럭)으로 표현한 블럭선도를 이용하여 수행된다. 단일 요소의 블록선도 표시는 다음과 같이 단일 사각형이다.

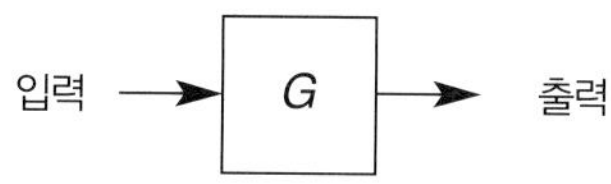

요소의 이득(gain) G 또는 전달함수는 출력을 입력으로 나눈 것으로 정의된다.

$$G = \text{이득} = \text{전달함수} = \frac{\text{출력}}{\text{입력}} \tag{17-1}$$

예컨대, 펌프의 블록선도는 다음과 같다. 이 선도에서 펌프입력은 축속도 N(rpm)이고 펌프 출력은 유량 Q(gpm)이다. 펌프가 2,000 rpm으로 운전할 때 10 gpm을 토출한다면 펌프 이득은 다음과 같다.

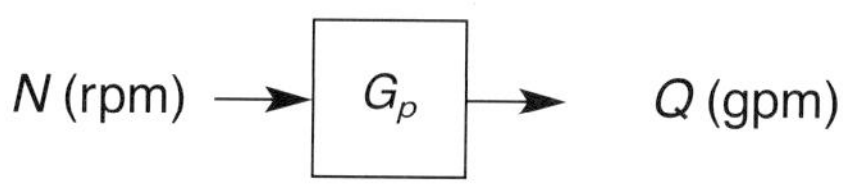

$$G_p = \text{펌프 이득} = \text{펌프 전달함수}$$
$$= \frac{Q\ (\text{gpm})}{N\ (\text{rpm})} = \frac{10}{2000} = 0.005\ \text{gpm/rpm}$$

전체 시스템의 일반적인 블록선도

전체 페루프 서보시스템(또는 단순히 서보시스템)의 블록선도가 그림 17-13에 나타나 있다. 블록 G는 오차신호와 출력사이에 있는 모든 시스템 요소들의 총 이득을 표시한다. 이 총 이득(전달함수)은 전방경로(forward path)에 있기 때문에 일반적으로 '전방 전달함수(forward transfer function)'라고 부른다. 블록 H는 출력과 합산기(오차 감지기) 사이에 있는 되먹임 요소의 이득을 표시한다. 이 전달함수는 되먹임경로에 있기 때문에 일반적으로 '되먹임 전달함수(feedback transfer function)'라고 부른다. 입력 신호와 음의 되먹임 신호의 합은 오차신호를 나타낸다.

서보시스템의 다른 중요한 매개변수는 오차신호에서 되먹임 신호까지의 이득으로 정의되는 개루프 이득(전달함수)이다. 이는 전방경로 이득과 되먹임경로 이득의 곱이다.

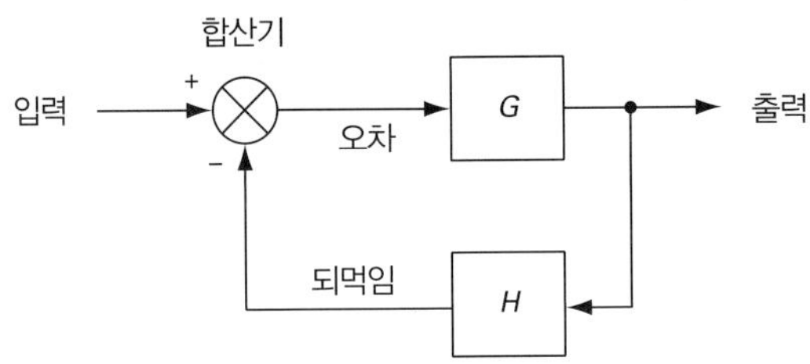

그림 17-13 폐루프 시스템의 블록선도

$$\text{개루프 이득} = GH \tag{17-2}$$

폐루프 이득(전달함수)은 시스템출력을 시스템입력으로 나눈 것이라고 정의한다.

$$\text{폐루프 전달함수} = \frac{\text{시스템 출력}}{\text{시스템 입력}} \tag{17-3}$$

폐루프 전달함수(시스템 출력이 시스템 입력과 어떻게 비교되는지를 보여준다)는 전방이득을, 전방 이득과 되먹임 이득의 곱에 1을 더한 식으로 나눈 것과 같다.

$$\text{폐루프 전달함수} = \frac{G}{1 + GH} \tag{17-4}$$

따라서 다음 식을 얻는다.

$$\text{폐루프 전달함수} = \frac{\text{전방 이득}}{1 + \text{개루프 이득}} \tag{17-5}$$

주파수응답 및 과도응답

서보시스템의 각 요소들은 진폭이득(amplitude gain)과 위상뒤짐(phase lag)을 발생시킨다. 사인파 입력지령(서보시스템의 주파수응답을 구하는데 사용함)의 경우, 입력 신호에 대한 되먹임 신호의 위상차가 180°일 때의 개루프 이득이 1보다 크면 시스템은 불안정해진다. 그 이유는 되먹임 사인파가 입력 사인파와 위상이 일치하여, 파괴가 일어나거나 보정작동이 취하여질 때까지 출력진동이 점점 더 커지기 때문이다.

그림 17−14(b)와 (c)는 계단입력 지령에 대하여 각각 안정한 서보시스템과 불안정한 서보시스템의 과도응답을 보여준다. 그림 17−14(a)는 계단입력 지령을 보여주고 있는데, 이는 원하는 출력을 얻기 위하여 t = 0일 때 가하여진 일정한 입력전압이다. 안정한 시스템도 오버슈트현상을 나타내지만 출력의 진동은 출력이 정상상태 목표값에 접근하면서 신속히 감쇠하는 것에 주목하여라. 불안정한 시스템은 반복적인 비감쇠 진동을 나타내어 원하는 정상상태 출력값을 얻을 수 없는 시스템이다.

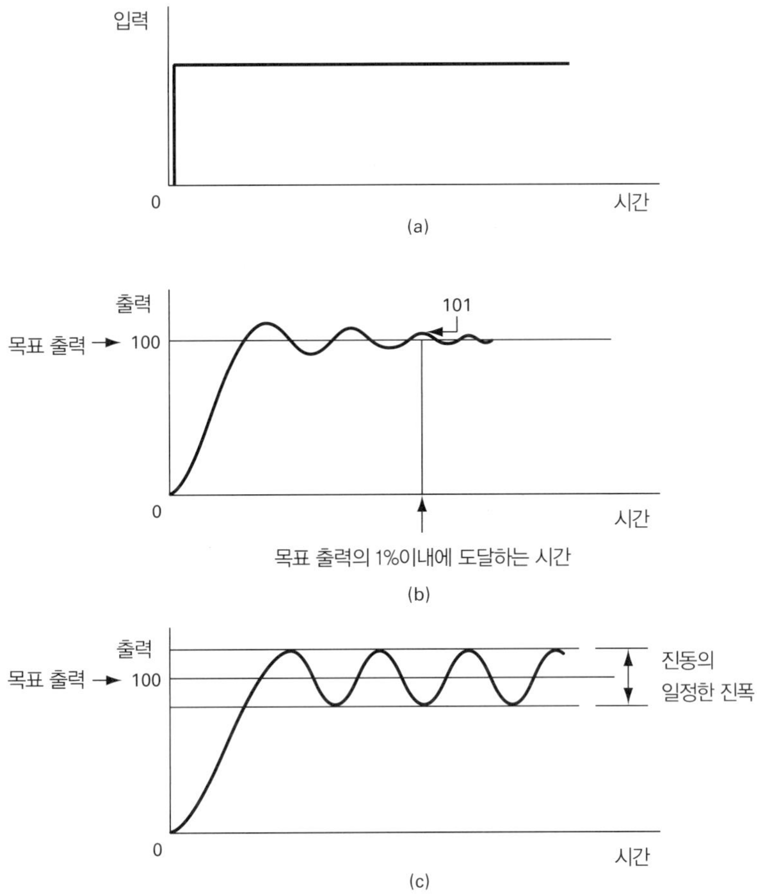

그림 17-14 계단입력 지령에 대한 안정된 과도응답과 불안정한 과도응답 (a) 계단입력 지령 (b) 안정(출력이 감쇠 함) (c) 불안정(출력의 진동이 반복함)

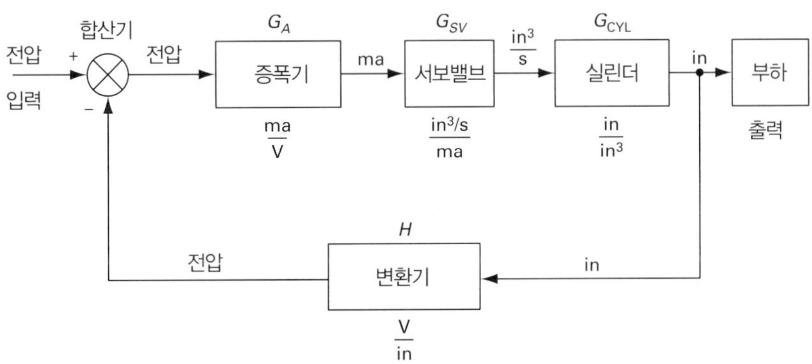

그림 17-15 전기유압 위치 폐루프 시스템의 상세 블록선도

전체 시스템의 상세 블록선도

그림 17-15는 전기유압 위치 폐루프 시스템의 상세 블록선도를 나타낸다. 전방경로에 있는 요소는 증폭기, 서보밸브, 유압 실린더 등이다. 각 요소의 이득은 다음과 같다:

G_A = 증폭기 이득(volt당 milliamp, 또는 mA/V)
G_{SV} = 서보밸브 이득(milliamp당 in^3/s, 또는 $\frac{in^3/s}{mA}$)
G_{cyl} = 실린더 이득(in/in^3)
H = 되먹임변환기 이득(in당 volts, 또는 V/in)

개루프 이득은 각 요소의 이득을 곱하여 구한다.

$$\text{개루프 이득} = GH = G_A \times G_{SV} \times G_{cyl} \times H$$
$$= \frac{mA}{V} \times \frac{in^3/s}{mA} \times \frac{in}{in^3} \times \frac{V}{in} = \frac{1}{s} \quad (17\text{-}6)$$

따라서 위치시스템에 대한 개루프 이득의 단위는 시간의 역수이다.

불감대와 이력현상

전기유압 서보시스템의 정확도는 시스템 불감대(deadband)와 개루프 이득에 의존한다. 시스

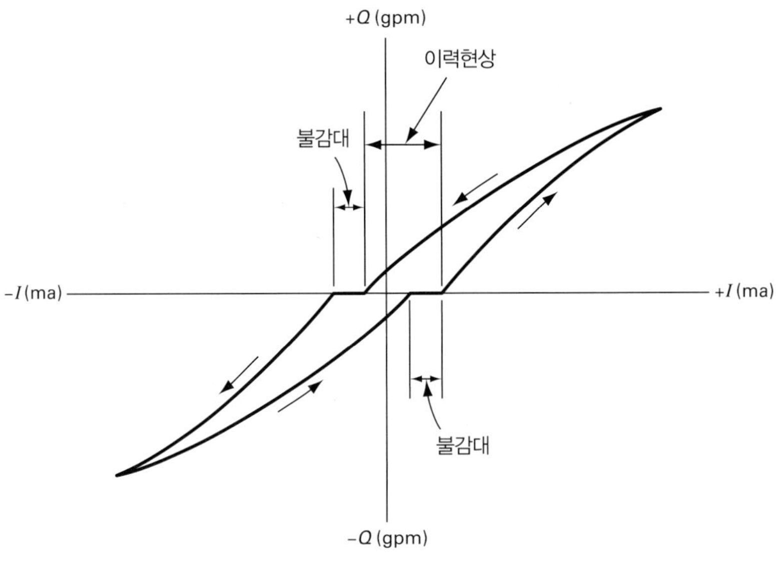

그림 17-16 서보밸브의 불감대와 이력현상을 나타내는 유량곡선

템 불감대는 시스템 내에 있는 모든 요소들의 합성 불감대이다. 불감대는 입력신호가 출력을 야기시키지 않는 무응답 영역 또는 밴드로 정의된다. 예컨대, 서보밸브에서 토크모터에 가한 전류가 최소 한계치(threshold minium valve)에 도달하기 전까지 유량이 흐르지 않는다. 그림 17−16은 서보밸브를 정격 입력전류 범위에 걸쳐 순환 작동시켜, 입력전류 한 사이클에 대한 출력유량을 기록하여 얻은 것이다. 결과로 얻은 유량곡선은 서보밸브의 불감대 영역과 이력현상을 보여 준다. 이력현상(hysteresis)은 증가하는 신호에 대한 밸브응답과 감소하는 신호에 대한 밸브응답 사이의 차로 정의된다.

시스템 정확도(반복오차)

반복오차(프로그램된 출력위치와의 불일치)는 식 (17−7)에 의하여 구한다.

$$\text{반복오차} = \text{RE(in)} = \frac{\text{시스템 불감대(mA)}}{G_A\text{(mA/V)} \times H\text{(V/in)}} \tag{17-7}$$

변환기 이득(H)의 단위가 V/cm이면 반복오차(repeatable error; RE)의 단위는 cm이다.

시스템 출력을 정확하게 제어하기 위해서는 개루프 이득이 충분히 커야 한다. 그러나 개루프 이득은 루프 내에서 가장 낮은 고유진동수를 갖는 요소에 의하여 제한을 받는다. 유압유(거의 비압축성이지만)가 철보다 압축성이 더 크기 때문에, 압축상태의 오일은 가장 낮은 고유진동수를 갖는 요소이다. 다음의 방정식은 스프링−질량 시스템처럼 거동하는 오일의 고유진동수를 계산하는 데에 사용한다.

$$\omega_H = A\sqrt{\frac{2\beta}{VM}} \tag{17-8}$$

여기에서 ω_H = 고유진동수(rad/s)
A = 실린더 면적(in^2, m^2)
β = 오일의 체적탄성계수(lb/in^2, Pa)
V = 압축상태의 오일부피(in^3, m^3)
M = 부하질량(lb · s^2/in, kg)

압축상태의 오일부피는 서보밸브와 실린더 사이의 관로에 있는 압축된 오일의 부피와 같다. 대표적인 서보시스템에서 개루프 이득의 근사치는 압축상태 오일의 고유진동수의 삼분의 일이다.

$$\text{개루프 이득} = \frac{\omega_H\text{(rad/s)}}{3} \tag{17-9}$$

사용할 수 있는 개루프 이득의 크기에 한계가 있다는 점을 주목하여야 한다. 그 이유는 너무 큰 값을 갖는 되먹임 신호가 입력 지령신호에 직접 더하여지면 시스템이 불안정하여지기 때문이다.

예제 17-1과 17-2는 전기유압 서보시스템의 정확도를 구하는 방법을 보여준다.

예제 17-1

전기유압 서보시스템이 다음과 같은 특성을 가지고 있다.

a. $G_{SV} = (0.15\ \text{in}^3/\text{s})/\text{mA}$. 서보밸브는 300 mA에서 포화(saturate)되고 최대유량 45 in^3/s를 공급한다.

b. $G_{\text{cyl}} = 0.20\ \text{in}/\text{in}^3$. 실린더 피스톤 면적은 5 in^2, 최대속도는 9 in/s, 실린더 행정은 6 in이다.

c. $H = 4$ V/in. 최대 되먹임 전압은 24 V이다.

d. 압축상태의 오일부피 = 50 in^3.

e. 부하 무게 = 1,000 lb.

$$질량 = \frac{1000\ \text{lb}}{386\ (\text{in}/\text{s}^2)} = 2.59\ \text{lb} \cdot \text{s}^2/\text{in}$$

f. 시스템 데드밴드 = 4mA.

g. 오일의 체적탄성계수 = 175,000 lb/in^2.

시스템의 정확도를 구하여라.

풀이

우선, 오일의 고유진동수를 계산한다. 이는 공진주파수로서 오일이 스프링-질량 시스템처럼 자유롭게 진동할 때의 주파수이다.

$$\omega_H = 5\sqrt{\frac{(2)(175{,}000)}{(50)(2.59)}} = 260\ \text{rad/s}$$

개루프 이득은 다음과 같다.

$$\omega_H/3 = 86.7/s$$

식 (17-6)으로부터 증폭기 이득을 구하면 다음과 같다.

$$G_A = \frac{개루프\ 이득}{G_{SV} \times G_{\text{cyl}} \times H} = \frac{86.7}{0.15 \times 0.20 \times 4} = 723\ \text{mA/V}$$

반복오차(RE)는 식(17-7)을 사용하여 계산된다.

$$\text{RE} = \frac{4}{723 \times 4} = 0.00138 \text{ in}$$

예제 17-2

다음과 같은 특성을 갖는 서보시스템에서 시스템의 정확도를 구하여라(이 시스템은 영국단위 대신에 미터단위를 사용한 것을 제외하고는 예제 17-1과 동일하다).

a. $G_{SV} = (2.46 \text{ cm}^3/\text{s})/\text{mA}$.
b. $G_{\text{cyl}} = 0.031 \text{ cm/cm}^3$, 실린더 면적 $= 32.3 \text{ cm}^2$.
c. $H = 1.57 \text{ V/cm}$.
d. $V_{\text{oil}} = 819 \text{ cm}^3$.
e. 부하 질량 = 450 kg.
f. 시스템 데드밴드 = 4 mA.
g. 오일의 체적탄성계수 = 1,200 MPa.

풀이

$$\omega_H = 32.3 \times 10^{-4}\sqrt{\frac{(2)(1200 \times 10^6)}{(819 \times 10^{-6})(450)}} = 260 \text{ rad/s}$$

$$\text{개루프 이득} = \frac{260}{3} = 86.7/\text{s}$$

$$G_A = \frac{86.7}{2.46 \times 0.031 \times 1.57} = 724 \text{ mA/V}$$

$$\text{RE} = \frac{4}{(724)(1.57)} = 0.00352 \text{ cm} = 0.00138 \text{ in}$$

추적오차

서보시스템의 성능을 나타내는 또 다른 매개변수로 추적오차(tracking error, TE)가 있는데, 이는 부하가 움직이는 동안 출력이 입력지령신호에 뒤지는 거리이다. 최대 추적오차(TE)는 수학적으로 다음과 같이 정의된다.

$$\text{TE(in)} = \frac{\text{서보밸드 최대 전류(mA)}}{G_A(\text{mA/V}) \times H(\text{V/in})} \tag{17-10}$$

변환기 이득(H)의 단위가 V/cm이면, 최대 추적오차(TE)의 단위는 cm이다.

위치 대 속도시스템

여기에서 제시된 실린더 위치시스템에 대한 해석은 모터구동 위치시스템에 적용될 수 있다. 그외에, 속도(각속도 또는 선속도)를 제어한다면 거리단위 대신에 속도단위를 사용한다.

그림 17-15의 블록선도는 속도시스템 대신 위치시스템을 나타내므로, 실린더의 속도 대신 위치가 제어된다. 따라서 변환기는 실린더의 속도 대신 위치를 감지한다. 그러나, 서보밸브의 출력은 실린더의 입력인 부피유량이다. 서보밸브의 출력 유량이 영으로 되어야만 실린더의 목표위치가 얻어진다. 주어진 서보밸브 출력 유량에 대하여 다음의 식에서 알 수 있듯이, 실린더 출력은 정해진 위치가 아니라 속도이다.

$$v_{\text{cyl}} = \frac{Q_{SV}}{A_{\text{cyl}}} = \frac{\text{in}^3/\text{s}}{\text{in}^2} = \text{in/s}$$

그러나 그림 17-15에서 위치시스템을 나타내기 위하여 실린더 출력은 in/s 단위의 속도 대신 in 단위의 위치로 표기되었음을 주목하여라. 따라서 변환기 이득도 V/in/s 대신 V/in의 단위로 표기되었다. 변환기는 실린더의 위치를 in 단위로 감지하여 그에 상응하는 전압을 합산기로 보낸다.

예제 17-3

예제 17-1과 17-2에서 최대 추적오차를 구하여라.

풀이

a. 영국단위:

$$\text{TE} = \frac{300 \text{ mA}}{724 \text{ mA/V} \times 4 \text{ V/in}} = 0.104 \text{ in}$$

따라서 유압실린더가 최대속도 9 in/s로 움직일 때, 유압실린더의 위치는 지령신호 기준으로 목표 위치보나 0.104 in.만큼 뒤신다.

b. 미터단위:

$$\text{TE} = \frac{300 \text{ mA}}{724 \text{ mA/V} \times 1.57 \text{ V/cm}} = 0.264 \text{ cm} = 0.104 \text{ in}$$

17.4 프로그램가능 논리제어기(PLC)

서론

프로그램가능 논리제어기(PLC)는 산업기기와 공정의 작동을 제어하기 위하여 AND, OR, NOT과 같은 논리함수를 수행하도록 설계된 사용자 친화 전자컴퓨터이다. 전기기계식 릴레이(15장에 서술됨)를 대신하여 사용되는 PLC는 논리 결정을 내리고, 그에 따른 출력을 내보내기 위한 반도체 디지털 논리요소로 구성되어 있다. 범용 컴퓨터와 달리 PLC는 높은 주위온도와 습도가 존재하는 산업환경에서 작동하도록 설계되어 있다. 그 외에도 PLC는 산업공장에 흔히 있는 전기노이즈에 의해 영향을 받지 않도록 설계되어 있다.

그림 17-17은 다양한 자동화 작업을 위하여 설계된 PLC를 보여준다. 이 PLC는 설치에서부터 고장수리 및 유지관리에 이르기까지 사용자 친화적 서비스를 제공한다. PLC의 크기(3.1 in × 5.1 in × 2.4 in)가 소형이어서 설치판넬에 직접 탑재할 수 있다.

PLC는 전기기계식 릴레이 제어시스템에 비해 다음과 같은 장점이 있다.

1. 전기기계식 릴레이(15장 참조)는 특정 기능을 수행하기 위하여 배선작업을 해야 한다. 따라서 시스템의 작동 요구조건이 바뀌면 릴레이를 재배선해야 한다.

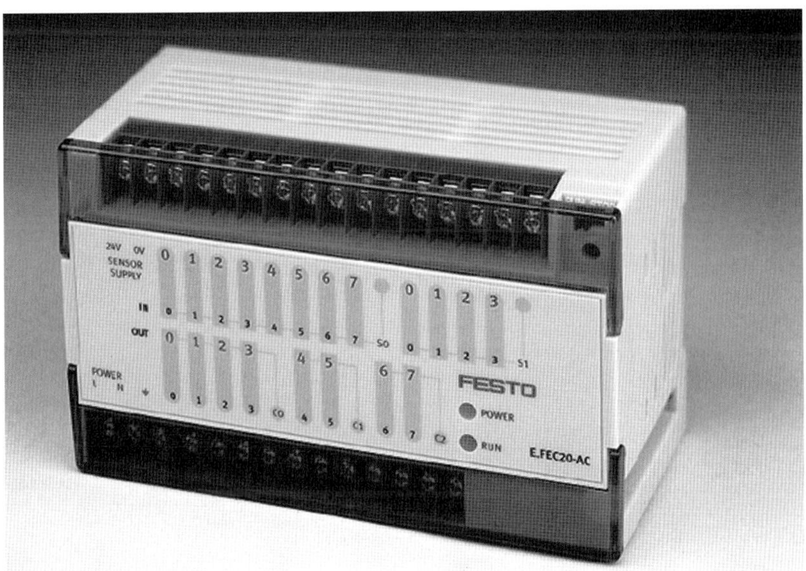

그림 17-17 프로그램가능 논리제어기(PLC)(Courtesy of Festo Corp., Hauppauge, New York)

2. PLC는 신뢰성이 더 높고, 작동이 더 빠르다.
3. PLC는 크기가 더 작고, 쉽게 확장할 수 있다.
4. 제어기능의 수가 같을 때 PLC는 전력소요량이 더 적고, 가격이 더 싸다.

PLC의 주요 장치

그림 17-18에서 보는 바와 같이 PLC는 다음과 같은 세 개의 주요 장치들로 구성되어 있다.

1. **중앙처리장치(CPU)**: 이장치는 PLC의 "두뇌"에 해당된다. 이 장치에는 고정메모리와 가변메모리를 가진 마이크로 프로세서가 있다. 고정메모리에는 제작자가 설치한 프로그램이 들어 있다. 프로그램은 **읽기전용메모리**(read only memory, ROM)로 불리는 집적회로(IC)칩에 심어져 있으며, 이 메모리는 운전중에 변경될 수 없고 CPU에 전력 공급이 차단되어도 지워지지 않는다. 가변메모리는 IC칩에 저장되며, 사용자에 의해 프로그램되고 또 변경될 수 있다. 이 메모리는 임의접근메모리(random access memory, RAM)칩에 저장되고, RAM칩에 저장된 정보는 전력이 차단되었을 때 없어진다(휘발성 메모리). 일반적으로 CPU는 스위치와 같은 여러 감지기로부터 입력데이터를 받고, 저장된 프로그램을 수행하고, 릴레이코일, 솔레노이드와 같은 여러 부하제어장치에 상응하는 출력신호를 전달한다.

   그림 17-17의 PLC는 안전을 위하여 사용자 프로그램을 비휘발성 플래시메모리(nonvolatile flash memory)에 저장한다. 따라서 전력이 차단되어도 사용자 프로그램의 손실을 방지하기 위한 배터리가 필요하지 않다.

2. **프로그래머/모니터(PM)**: 사용자는 이 장치를 통하여 원하는 프로그램을 CPU의 RAM메모리에 입력할 수 있다. 릴레이 사다리논리(15장에서 다룬 릴레이 사다리논리선도와 유

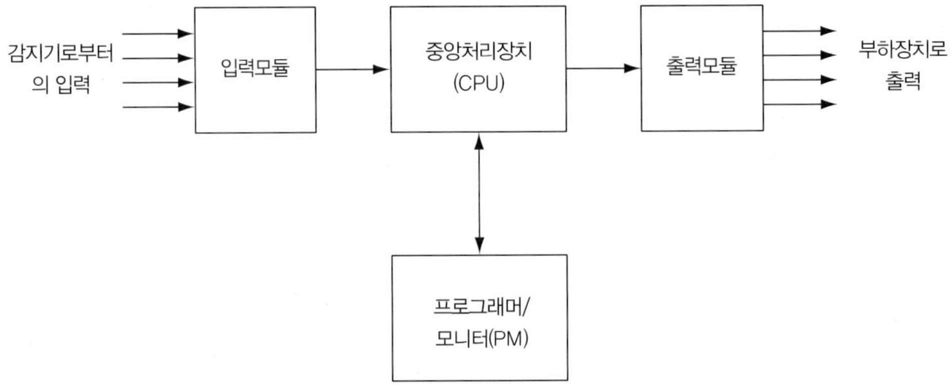

그림 17-18 PLC의 블록선도

사함)에 입력된 프로그램은 제어하려고 하는 유공압시스템의 작동순서를 결정한다. PM은 프로그램을 입력할 때나 모니터링할 때만 CPU에 연결할 필요가 있다. PM 키패드(key pad)의 키를 눌러서 프로그램작업을 한다. 프로그래머/모니터는 발광다이오드(light-emitting diode, LED)를 갖춘 휴대용 장치이거나, 음극선관(cathode-ray tube, CRT) 디스플레이를 갖춘 탁상용 장치이다.

그림 17-19는 그림 17-17의 PLC에 사용되는 원격 키패드 인터페이스패널을 보여준다. 이 원격 키패드 패널(keypad panel)은 기계의 초기설정과 작업 중에 운전자가 PLC와 상호작용하도록 하여 준다. 이 패널은 저장된 메시지를 넓은 각도에서 선명하게 볼 수 있게 디

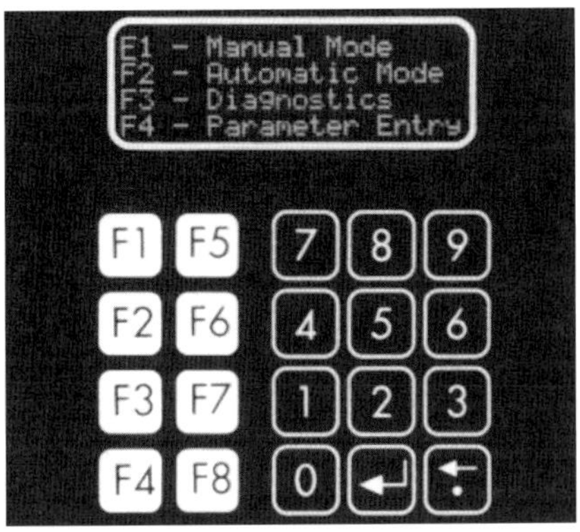

그림 17-19 PLC용 원격 키패드 인터페이스 패널(Courtesy of Festo Corp., Hauppauge, New York)

스플레이하여 준다. 키패드는 작업자가 프로그램을 연속적으로 또는 단일 스텝 모드로 수행하게 하며, 모든 실시간 기능을 모니터하게 하고, 프로그램을 편집 또는 모니터하게 하며, 프로그램과 출력코드(code)를 프린터하게 해준다. 그림 17-20은 공압 클램핑시스템을 사용하여 자동차에 문을 조립하는 PLC의 응용을 보여주는 사진이다.

3. 입력/출력 모듈(I/O): 이 모듈은 유공압시스템의 입력 감지장치 및 출력 부하장치와 CPU 사이의 인터페이스이다. I/O모듈의 목적은 누름버튼스위치, 압력스위치, 리밋스위치, 모터 릴레이 코일, 솔레노이드 코일, 표시등과 같은 유공압 인터페이스 장치로부터 받거나 또는 보내는 여러 신호들을 변환하는 데 있다. 이러한 인터페이스 장치들은 I/O모듈의 단자에 배선 연결된다.

그림 17-17의 PLC는 강력한 16 bit, 20 MHz 프로세서를 내장하고 있다. 최대 64개 프로그램의 다중작업은 사용자로 하여금 제어작업을 관리가능한 객체로 분리할 수 있게 하여 준다. 그림 17-17에 보여준 것과 같이 이 PLC는 12개의 입력과 8개의 출력을 갖고 있고, 각

그림 17-20 PLC의 자동차조립 응용(Courtesy of Festo Corp., Hauppauge, New York)

각은 발광 다이오드에 의하여 모니터된다. 이 PLC의 프로그램은 마이크로컴퓨터를 사용하여 오프라인상에서 사다리논리선도로 짜여질 수 있다. 프로젝트 창출, 프로그램 편집, 로딩(loading), 문서화가 가능하다. 이 PLC 시스템은 사용자로 하여금 작동기간 동안 제어된 공정을 모니터하게 하고, 타이머, 카운터, 입력 및 출력의 상태들에 관한 즉석 정보를 제공한다.

유압실린더의 PLC제어

PLC가 어떻게 작동하는지를 보기 위하여, 단일 리밋스위치를 사용한 유압실린더의 제어를 나타내는 그림 15-11(그림 17-21에 재도시)의 시스템을 주목해 보자.

이 시스템의 입력과 출력 모듈을 위한 배선 연결이 그림 17-22(a)와 (b)에 각각 도시되어 있다. 세 개의 감지 입력장치가 입력 모듈에 연결되고, 한 개의 출력 제어/부하 장치가 출력 모듈에 연결된 것에 주목하여라. 내부의 PLC 제어릴레이가 그 기능을 대신하기 때문에 전기릴레이는 I/O 연결선도에 포함되어 있지 않다.

프로그램해서 CPU의 메모리에 입력해야 하는 PLC 사다리논리선도가 그림 17-23(a)에 도시되어 있다. PLC 사다리선도의 배치도[그림 17-23(a)]가 배선작업형 릴레이 사다리선도의 배치도(그림 17-21)와 유사함을 주목하여라. 릴레이 사다리선도에 있는 두 개의 단은 PLC 사다리논리선도의 두 개의 단으로 변환되었다. I/O 연결선도에 사용된 단자 번호들은 PLC 사다리논리선도의 전기 소자들을 식별하는데 사용된 숫자와 동일하다. 기호 ──|/|── 는 정상폐쇄(NC) 접점세트를 나타내고, 기호 ──| |── 는 정상개방(NO) 접점세트를 나타낸다. 숫자 030가 쓰여진 기호 ──( )── 는 030로 표기된 두 개의 접점세트를

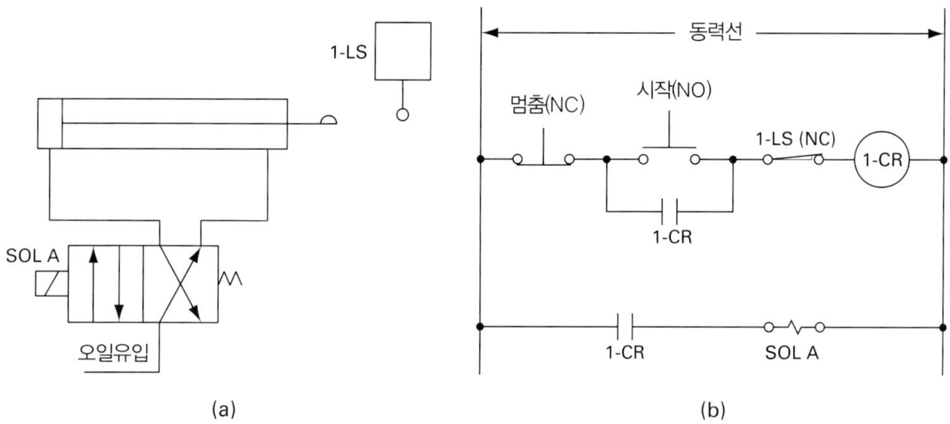

그림 17-21 단일 리밋스위치를 사용한 유압실린더의 제어

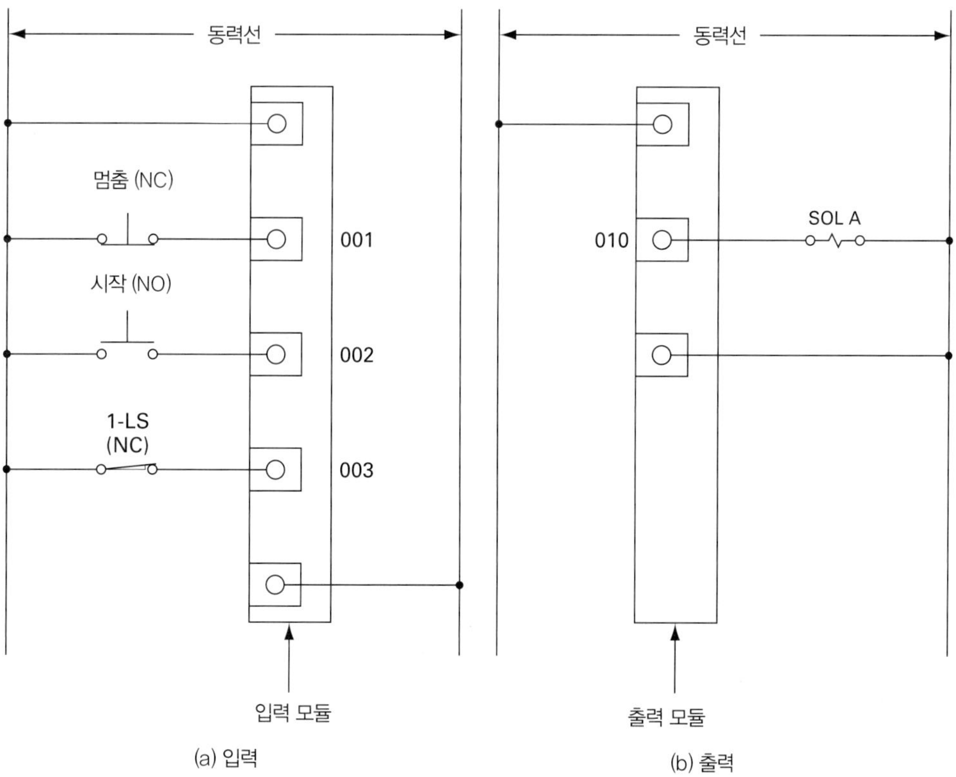

그림 17-22 I/O 연결선도

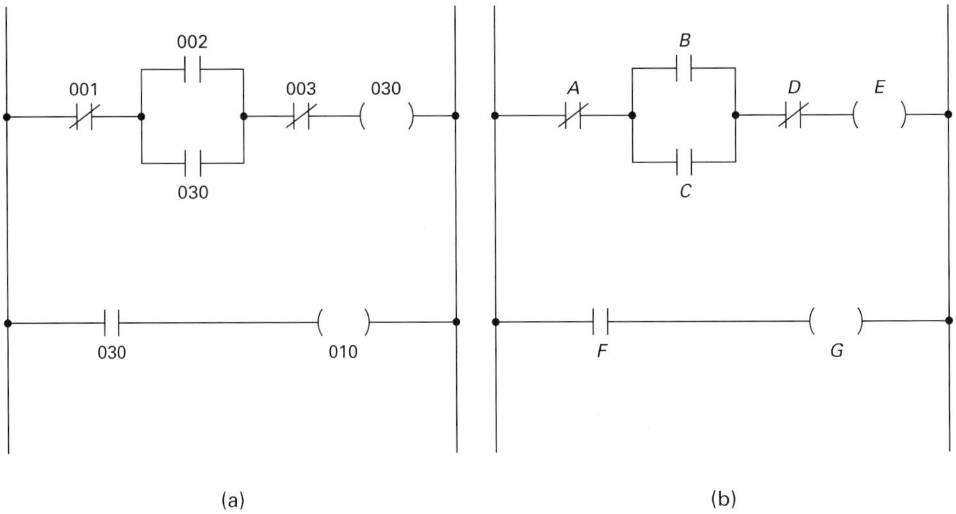

그림 17-23 PLC 사다리 논리선도

제어하는 릴레이 코일을 나타내며, 숫자 030은 내부 릴레이의 메모리내 주소이다. 릴레이 코일과 두개의 접점세트를 내부 릴레이와 동등한 것으로 프로그램 한다. 숫자 010가 표기된 기호——( )——는 솔레노이드를 나타낸다.

PLC는 디지털 반도체장치이며 세 가지 기본 논리함수인 AND, OR, NOT에 기초한 작동을 수행한다. 사다리선도의 각 단은 불방정식(Boolean equation)에 의하여 표시된다. 배선형 사다리선도 논리는 고정되어 있어 논리를 변경하려면 전기소자들의 배선을 뜯어 고쳐야 한다. 그러나 PLC 사다리선도는 프로그램할 수 있고, 따라서 쉽게 바꿀 수 있는 논리함수들을 갖고 있다. 그림 17−23(b)는 그림17−23(a)의 PLC 사다리논리선도를 보여주며, 여기서 대문자는 각각의 전기소자를 나타낸다. 문자표식을 사용하여 각 단에 대한 불방정식을 문자표기로 기술할 수 있다.

상단(top rung): $\overline{A} \cdot (B + C) \cdot \overline{D} = E$

이 방정식의 의미는 "NOT *A* AND (*B* OR *C*) AND NOT *D*는 *E*와 같다"이다. 0이 오프 상태이고 1이 ON 상태임을 유념하면, 이를 또 다음과 같은 명제로 나타낼 수 있다. *A*가 작동하지 않고(NOT), 그리고(AND) *B* 또는(OR) *C*가 작동하고, 그리고(AND) *D*가 작동하지 않으면(NOT) *E*는 통전된다.

하단(bottom rung): $F = G$

*F*가 작동할 때 *G*는 통전된다.

PLC는 논리사다리선도를 사용하기 때문에 기존의 전기 릴레이 논리를 프로그램 논리로 변환하는 것은 쉽게 된다. 각 단은 왼쪽으로부터 오른쪽으로 연결된 소자들을 갖고 있으며, 맨 오른쪽에 있는 소자가 출력이다. 소자들은 요구된 논리 결과를 생성하기 위하여 직렬 또는 병렬로 연결된다. 따라서 PLC 프로그램은 특정 유공압시스템을 위한 요구된 제어기능을 제공하도록 쉽게 구현될 수 있다.

전기 유압 서보시스템의 PLC제어

그림 17-24는 부하를 신속하고, 부드럽게 또 정확하게 정해진 위치로 이동시키기 위하여 설계된 PLC제어 전기유압 선형 서보작동기를 보여주고 있다. 그림 17-25의 단면도에 나타나 있듯이 선형 작동기는 그 기본 구성으로 전기유압밸브와 제어전자회로를 완비한 유압 서보 실린더(전자 변화기 내장형)를 가지고 있어 하나의 일체식 기계요소를 형성한다. 그림 17-26의 블록선도에서 볼 수 있듯이 제어 전자회로는 폐루프 형태로 되어 있고, 프로그램가능 논리사이클은 기준 지령신호를 생성하는 역할을 한다. 이러한 시스템의 대표적인 응용에는 판금 펀칭 및 굽힘, 운반하역, 레이더 및 통신 제어시스템, 블로성형(blow molding)기계, 공작기계, 수송기계류 등이 있다.

그림 17-24 PLC제어 전기유압 선형 서보작동기(Courtesy of Atos Systems, Incs., East , New Jersey)

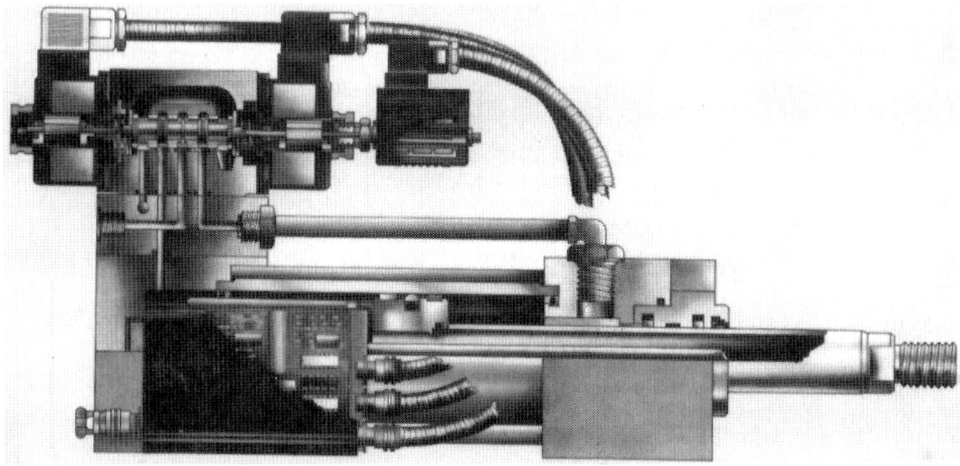

그림 17-25 PLC제어 전기유압 선형 서보작동기의 단면도(Courtesy of Atos Systems, Incs., East Brunswick, New Jersey)

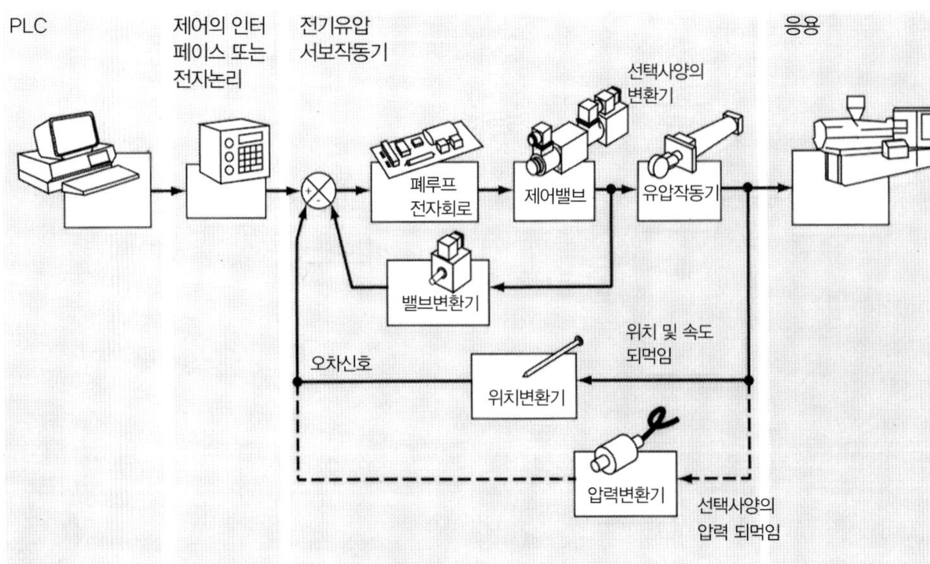

그림 17-26 전기유압 선형 서보작동기를 위한 PLC제어의 블록선도(Courtesy of Atos Systems, Incs., East Brunswick, New Jersey)

잭나이프 카-로더(Jackknife Carloader)의 PLC제어

그림 17-27은 전기유압 로봇시스템이 자동차를 트레일러에 싣는 데에 사용되고 있는 응용을 보여주고 있다. 재래식 차량운반 트레일러에서는 차량의 선적과 고정이 어렵고, 선적된 차

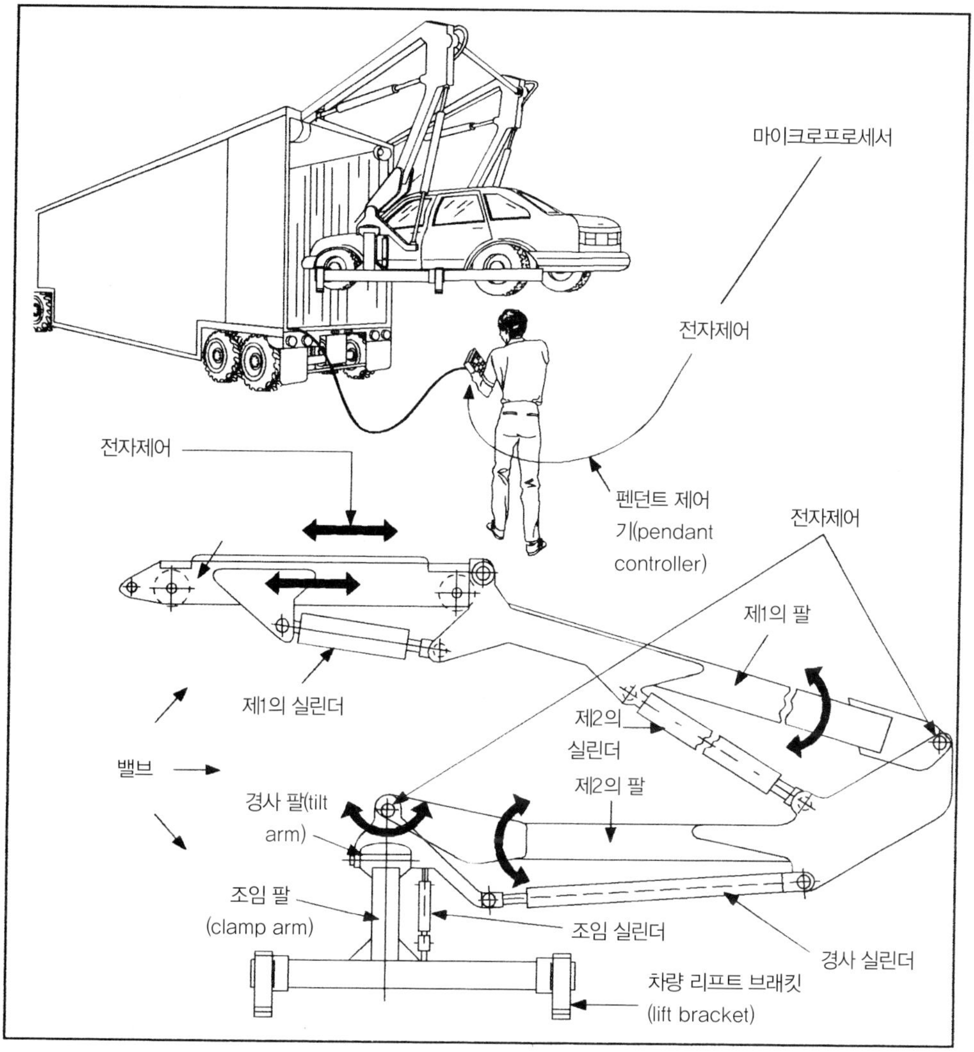

그림 17-27 잭나이프 카-로더(Jackknife carloader)의 PLC제어(Courtesy of National Fluid Power Association, Milwaukee, Wisconsin.)

량은 주위환경에 무방비로 노출되어 있다. 이 시스템은 이러한 모든 문제들을 해결한다. 이것은 전기유압시스템을 내장하고 있는 밀폐형 트레일러를 사용하고, 전기유압시스템이 자동차를 들어올려 트레일러 안으로 집어넣는다. 이 일은 트레일러 내부벽으로 접어 넣을 수 있는 관절로봇팔에 의해서 수행된다. 로봇캐리지(robot carriage)는 트레일러 지붕 바로 아래에 있는 수평궤도를 따라 이동한다. 로봇캐리지는 목표위치로 이동하여, 자동적으로 뻗쳐 나온 튼튼한 핀 위에 자동차를 싣는다.

여덟 개의 유압실린더가 링크장치에 동력을 공급하고, 유압실린더는 정해진 작업을 수행하도록 프로그램이 된 집적회로 마이크로컴퓨터에 의해서 지령을 받는다. 펜던트(pendant)에 있는 키보드는 플러그인 형태로 된 선을 통하여 전기유압시스템과 연결되어 있다. 작업자는 카-로더(carloader) 옆에 서서, 들어올리기부터 완전히 집어넣기까지 완전자동으로 작동을 시킬 수도 있고, 또는 들어올리기, 앞으로 기울이기 등 단계별로 작동을 선택하여 시킬 수도 있다. 비례방향제어밸브는 각 실린더에 들어가는 유압유량을 조절한다. 밸브 솔레노이드로 보내어지는 전자신호는 링크장치 운동의 가속도와 감속도를 제어하기 위하여 마이크로컴퓨터에 의해 신호 전후가 완만하게 되도록 경사화(ramped)하였다.

17.5 중요한 식들

전기유압 서보시스템:

$$\text{개루프 이득} = GH \qquad \textbf{(17-2)}$$

$$\text{폐루프 전달함수} = \frac{\text{시스템 출력}}{\text{시스템 입력}} \qquad \textbf{(17-3)}$$

$$\text{폐루프 전달함수} = \frac{\text{전방 이득}}{1 + \text{개루프 이득}} = \frac{G}{1 + GH} \qquad \textbf{(17-4, 17-5)}$$

$$\text{개루프 이득} = GH = G_A \times G_{SV} \times G_{\text{cyl}} \times H \qquad \textbf{(17-6)}$$

$$\text{RE} = \text{반복오차(in)} = \frac{\text{시스템 불감대(mA)}}{G_A(\text{mA/V}) \times H(\text{V/in})} \qquad \textbf{(17-7)}$$

$$\text{오일의 고유진동수} = \omega_H = A\sqrt{\frac{2\beta}{VM}} \qquad \textbf{(17-8)}$$

$$\text{개루프 이득} = \frac{\omega_H(\text{rad/s})}{3} \qquad \textbf{(17-9)}$$

$$\text{추적오차} = \text{TE(in)} = \frac{\text{서보밸드 최대 전류(mA)}}{G_A(\text{mA/V}) \times H(\text{V/in})} \qquad \textbf{(17-10)}$$

연습문제

질문, 개념과 정의

17-1 개루프 시스템이 출력 작동기를 완전히 정확하게 제어하지 못하는 두 가지 이유를 나열하여라.

17-2 폐루프 시스템에 사용되는 되먹임 장치의 두 가지 형태를 나열하여라. 각각의 장치에 의해 무엇이 이루어지는가?

17-3 되먹임변환기의 정의는 무엇인가?

17-4 서보밸브를 대체하는 개루프 시스템의 두 가지 기본 요소는 무엇인가?

17-5 전달함수는 무엇인가?

17-6 불감대와 이력현상의 차이는 무엇인가?

17-7 개루프 이득을 정의하여라.

17-8 폐루프 전달함수를 정의하여라.

17-9 반복오차는 무엇을 의미하는가?

17-10 추적오차는 무엇을 의미하는가?

17-11 폐루프에서 전방경로와 되먹임경로의 차이는 무엇인가?

17-12 프로그램가능 논리제어기는 무엇인가?

17-13 PLC는 범용 컴퓨터와 어떻게 다른가?

17-14 프로그램가능 논리제어기와 전기기계식 릴레이제어의 차이는 무엇인가?

17-15 PLC가 전기기계식 릴레이 제어시스템에 비해 좋은 장점 세 가지를 나열하여라.

17-16 PLC의 다음 요소들 각각의 주요 기능을 서술하여라.

a. CPU

b. 프로그래머/모니터

c. I/O 모듈

17-17 읽기전용메모리(ROM)와 임의접근메모리(RAM)의 차이는 무엇인가?

문제

주: 문제 번호 뒤의 E는 영국단위를 사용하고 있다는 것을 의미하고, M은 미터단위를 사용하고 있다는 것을 의미한다.

전기유압 서보시스템의 성능

17-18E 전기유압 서보시스템의 특성은 다음과 같다.

G_{cyl} = 0.15 in/in^3, 실린더 피스톤 면적 = 6.67 in^2
H = 3.5 V/in
V_{oil} = 40 in^3
부하 중량 = 750 lb
시스템 불감대 = 3.5 mA
오일 체적탄성계수 = 200,000 lb/in^2
시스템 정확도 = 0.002 in

서보밸브의 이득을 (in^3/s)/mA 단위로 구하여라.

17-19E 연습문제 17−18 시스템의 폐루프 전달함수는 무엇인가?

17-20M 전기유압 서보시스템의 특성은 다음과 같다.

G_{cyl} = 0.04 cm/cm^3, 실린더 피스톤 면적 = 25 cm^2
H = 1.75 V/cm
V_{oil} = 750 cm^3
부하 중량 = 300 kg
시스템 불감대 = 3.5 mA
오일 체적탄성계수 = 1400 MPa
시스템 정확도 = 0.004 cm

서보밸브의 이득을 (cm^3/s)/mA 단위로 구하여라.

17-21M 연습문제 17−20 시스템의 폐루프 전달함수는 무엇인가?

17-22E 연습문제 17−18의 시스템에서 최대 증폭기 전류가 250 mA일 때 최대 추적오차를 구하여라.

17-23M 연습문제 17−20의 시스템에서 최대 증폭기 전류가 250 mA일 때 최대 추적오차를 구하여라.

유공압의 프로그램가능 논리제어

17-24 그림 15−12에 있는 배선형 릴레이 사다리선도에 대하여 PLC 논리사다리선도를 작성하고, 불방정식(Boolean equation)과 불명제(Boolean statement)를 기술하여라.

17-25 그림 15−14에 있는 배선형 릴레이 사다리선도에 대하여 PLC 논리사다리선도를 작성하고, 불방정식과 불명제를 기술하여라.

17-26 그림 15−20에 있는 배선형 릴레이 사다리선도에 대하여 PLC 논리사다리선도를 작성하고, 불방정식과 불명제를 기술하여라.

17-27 그림 15−21에 있는 배선형 릴레이 논리선도를 대체할 I/O 연결선도와 PLC 논리사다리선도를 작성하여라.

17-28 그림 15−24에 있는 배선형 릴레이 논리선도를 대체할 I/O 연결선도와 PLC 논리사다리선도를 작성하여라.

17-29 다음의 부울대수방정식 각각에 대하여 PLC 논리사다리선도 단(rung)을 작성하여라.

a. $Z = A + B$

b. $Z = A \cdot B$

c. $Z = A \cdot (B + C)$

d. $Z = (A + B) \cdot C \cdot D$

e. $Z = A \cdot \overline{B} \cdot C + \overline{D} + E$

Appendix

부록

부록 A 강관의 치수(영국단위)

관의 호칭치수(in)	바깥지름(in)	안지름(in)	벽두께(in)	내부넓이(in²)
		스케줄 40		
⅛	0.405	0.269	0.068	0.0568
¼	0.540	0.364	0.088	0.1041
⅜	0.675	0.493	0.091	0.1910
½	0.840	0.622	0.109	0.304
¾	1.050	0.824	0.113	0.533
1	1.315	1.049	0.133	0.864
1¼	1.660	1.380	0.140	1.496
1½	1.900	1.610	0.145	2.036
2	2.375	2.067	0.154	3.36
2½	2.875	2.469	0.203	4.79
3	3.500	3.068	0.216	7.39
3½	4.000	3.548	0.226	9.89
4	4.500	4.026	0.237	12.73
		스케줄 80		
⅛	0.405	0.215	0.095	0.0364
¼	0.540	0.302	0.119	0.0716
⅜	0.675	0.423	0.126	0.1405
½	0.840	0.546	0.147	0.2340
¾	1.050	0.742	0.154	0.432
1	1.315	0.957	0.179	0.719
1¼	1.660	1.278	0.191	1.283
1½	1.900	1.500	0.200	1.767
2	2.375	1.939	0.218	2.953
2½	2.875	2.323	0.276	4.24
3	3.500	2.900	0.300	6.61
3½	4.000	3.364	0.318	8.89
4	4.500	3.826	0.337	11.50

부록 B 강관의 치수(미터단위)

관의 호칭치수(mm)	바깥지름(mm)	안지름(mm)	벽두께(mm)	내부넓이(mm^2)
		스케줄 40		
⅛	10.3	6.8	1.7	36.6
¼	13.7	9.2	2.2	67.1
⅜	17.1	12.5	2.3	123.1
½	21.3	15.8	2.8	195.9
¾	26.7	20.9	2.9	343.9
1	33.4	26.6	3.4	557.3
1¼	42.2	35.1	3.6	964.5
1½	48.3	40.9	3.7	1312.8
2	60.3	52.5	3.9	2163.8
2½	73.0	62.7	5.2	3087.3
3	88.9	77.9	5.5	4767.0
3½	101.6	90.1	5.7	6375.4
4	114.3	102.3	6.0	8208.9
		스케줄 80		
⅛	10.3	5.5	2.4	23.4
¼	13.7	7.7	3.0	46.2
⅜	17.1	10.7	3.2	90.6
½	21.3	13.9	3.7	151.0
¾	26.7	18.8	3.9	278.8
1	33.4	24.3	4.5	463.8
1¼	42.2	32.5	4.9	827.2
1½	48.3	38.1	5.1	1139.5
2	60.3	49.3	5.5	1904.1
2½	73.0	59.0	7.0	2733.0
3	88.9	73.7	7.6	4259.2
3½	101.6	85.4	8.1	5731.2
4	114.3	97.2	8.6	7413.6

부록 C 강튜브의 치수(영국단위)

바깥지름 (in)	벽두께 (in)	안지름 (in)	내부넓이 (in^2)	바깥지름 (in)	벽두께 (in)	안지름 (in)	내부넓이 (in^2)
⅛	0.028	0.069	0.00374	½	0.035	0.430	0.1452
	0.032	0.061	0.00292		0.049	0.402	0.1269
	0.035	0.055	0.00238		0.065	0.370	0.1075
					0.083	0.334	0.0876
3/16	0.032	0.1235	0.01198				
	0.035	0.1175	0.01084	⅝	0.035	0.555	0.2419
					0.049	0.527	0.2181
¼	0.035	0.180	0.02544		0.065	0.495	0.1924
	0.049	0.152	0.01815		0.083	0.459	0.1655
	0.065	0.120	0.01131				
				¾	0.049	0.652	0.3339
5/16	0.035	0.2425	0.04619		0.065	0.620	0.3019
	0.049	0.2145	0.03614		0.083	0.584	0.2679
	0.065	0.1825	0.02616		0.109	0.532	0.2223
				⅞	0.049	0.777	0.4742
⅜	0.035	0.305	0.07306		0.065	0.709	0.4359
	0.049	0.277	0.06026		0.083	0.709	0.3948
	0.065	0.245	0.04714		0.109	0.657	0.3390
1	0.049	0.902	0.6390	1¾	0.065	1.620	2.061
	0.065	0.870	0.5945		0.083	1.584	1.971
	0.083	0.834	0.5463		0.109	1.532	1.843
	0.109	0.782	0.4803		0.134	1.482	1.725
1¼	0.049	1.152	1.0423	2	0.065	1.870	2.746
	0.065	1.120	0.9852		0.083	1.834	2.642
	0.085	1.084	0.9229		0.109	1.782	2.494
	0.109	1.032	0.8365		0.134	1.732	2.356
1½	0.065	1.370	1.474				
	0.083	1.334	1.398				
	0.109	1.282	1.291				

부록 D

강튜브의 치수(미터단위)

바깥지름 (mm)	벽두께 (mm)	안지름 (mm)	내부넓이 (mm²)	바깥지름 (mm)	벽두께 (mm)	안지름 (mm)	내부넓이 (mm²)
4	0.5	3	7.1	20	2.0	16	201.0
6	1.0	4	12.6	20	2.5	15	176.6
6	1.5	3	7.1	22	3.0	14	153.9
8	1.0	6	28.3	22	1.0	20	314.0
8	1.5	5	19.6	22	1.5	19	283.4
8	2.0	4	12.6	22	2.0	18	254.3
10	1.0	8	50.2	25	3.0	19	283.4
10	1.5	7	38.5	25	4.0	17	226.9
10	2.0	6	28.3	28	2.0	24	452.2
12	1.0	10	78.5	28	2.5	23	415.3
12	1.5	9	63.4	30	3.0	24	452.2
12	2.0	8	50.2	30	4.0	22	380.0
14	2.0	10	78.5	35	2.0	31	754.4
15	1.5	12	113.0	35	3.0	29	660.2
15	2.0	11	95.0	38	4.0	30	706.5
16	2.0	12	113.0	38	5.0	28	615.4
16	3.0	10	78.5	42	2.0	38	1133.5
18	1.5	15	176.6	42	3.0	36	1017.4

부록 E

단위환산계수

영국단위에서 미터단위로 변환

파라미터	영국단위	미터단위
넓이	1 in^2	6.452 cm^2
	1 ft^2	0.0929 m^2
밀도	1 slug/ft^3	515 kg/m^3
에너지	1 ft · lb	1.356 J
유량	1 ft^3/s	0.0284 m^3/s
	1 gpm	0.06309 Lps
힘	1 lb	4.448 N
길이	1 ft	0.3048 m
	1 in	2.540 cm
질량	1 slug	14.59 kg
동력	1 ft · lb/s	1.356 W
	1 hp	745.7 W
	1 Btu/min	0.0176 kW
압력	1 psi	6895 Pa
	1 psi	0.06895 bars
	1 standard atmosphere (14.7 psia)	101.3 kPa abs
비중량	1 lb/ft^3	157 N/m^3
속도	1 ft/s	0.3048 m/s
절대점도	1 lb · s/ft^2	47.88 Pa · s
동점도	1 ft^2/s	0.0929 m^2/s
부피	1 in^3	16.39 cm^3
	1 gal	3.785 L

영국단위에서 영국단위로 변환

파라미터	영국단위	다른 영국단위
에너지	1 Btu	778 ft · lb
유량	1 ft^3/s	449 gpm
동력	1 hp	550 ft · lb/s
	1 hp	42.4 Btu/min
각속도	1 rpm	0.1047 rad/s
부피	1 gal	231 in^3
	1 gal	0.135 ft^3

미터단위에서 미터단위로 변환

파라미터	미터단위	다른 미터단위
힘	1 N	10^5 dyn
압력	1 bar	10^5 Pa
각속도	1 rpm	0.1047 rad/s
절대점도	1 N · s/m^2	10 poise
	1 poise	1 dyn · s/cm^2
동점도	1 m^2/s	10,000 stokes
	1 stoke	1 cm^2/s
부피	1 m^3	1000 L
	1 cm^3	0.001 L

온도 변환

$$T(°F) = 1.8\,T(°C) + 32 \qquad T(°C) = \frac{T(°F) - 32}{1.8}$$

$$T(°R) = 1.8\,T(K) \qquad T(K) = \frac{T(°R)}{1.8}$$

$$T(°R) = T(°F) + 460 \qquad T(K) = T(°C) + 273$$

부록 F

기호 설명

로마문자 기호

기호	정의	단위
a	가속도(acceleration)	in/s^2, ft/s^2, cm/s^2, m/s^2
A	넓이(area)	in^2, ft^2, cm^2, m^2
BP	파열압력(burst pressure)	psi (lb/in^2), MPa
C	유량계수(flow coefficient)	없음
CF	마찰계수(coefficient of friction)	없음
CR	압축비(compression ratio)	없음
C_v	공기 유동용량상수(air flow capacity constant)	없음
C_v	액체 용량상수(liquid capacity coefficient)	gpm/$\sqrt{\text{psi}}$, Lpm/$\sqrt{\text{kPa}}$
D	지름(diameter)	in, ft, cm, m
D_i	안지름(inside diameter)	in, ft, cm, m
D_o	바깥지름(outside diameter)	in, ft, cm, m
E	에너지(energy)	lb · in, lb · ft, N · cm, N · m
F	힘(force)	lb, N
FS	안전율(factor of safety)	없음
f	마찰인자(friction factor)	없음
g	중력가속도(acceleration of gravity)	in/s^2, ft/s^2, cm/s^2, m/s^2
G	이득(gain), 전달함수(transfer function)	in/V, cm/V, mm/V
G_A	증폭기 이득(amplifier gain)	mA/V
G_{SV}	서보밸브 이득(servo valve gain)	(in^3/s)/mA, (cm^3/s)/mA
G_{cyl}	실린더 이득(cylinder gain)	in/in^3, cm/cm^3
H	되먹임변환기(feedback transducer) 이득	V/in, V/cm, V/mm
H	수두(head)	in, ft, cm, m
HP	마력(horsepower)	hp
H_L	수두손실(head loss)	in, ft, cm, m
H_m	모터수두(motor head)	in, ft, cm, m

로마문자 기호(계속)

기호	정의	단위
H_p	펌프수두(pump head)	in, ft, cm, m
ID	안지름(inside diameter)	in, ft, cm, m
J	줄(Joule)	N · m
K	*K* 인자(*K* factor)	없음
KE	운동에너지(kinetic energy)	lb · in, lb · ft, N · cm, N · m
L	길이(length)	in, ft, cm, m
L_e	등가길이(equivalent length)	in, ft, cm, m
m	질량(mass)	Slugs, kg
n	회전속도(rotational speed)	rpm (rev/min), rad/s
N	뉴튼단위의 힘(force in newtons)	kg · m/s^2
N_R	레이놀즈수(Reynolds number)	없음
OD	바깥지름(outside diameter)	in, ft, cm, m
p	압력(pressure)	lb/in^2, lb/ft^2, N/m^2, bars
Pa	파스칼(pascal)	N/m^2
Q	부피유량(volume flow-rate)	in^3/s, ft^3/s, cm^3/s, m^3/s, gpm, Lps
Q_A	실제유량(actual flow-rate)	in^3/s, ft^3/s, cm^3/s, m^3/s, gpm, Lps
Q_T	이론유량(theoretical flow-rate)	in^3/s, ft^3/s, cm^3/s, m^3/s, gpm, Lps
RE	반복오차(repeatable error)	in, cm, mm
s	인장강도(tensile strength)	lb/in^2 (psi), N/m^2 (Pa)
S	거리(distance)	in, ft, cm, m
SG	비중(specific gravity)	없음
t	시간(time)	s
T	온도(temperature)	°F, °R, °C, K
T	토크(torque)	lb · in, lb · ft, N · cm, N · m
T_A	실제토크(actual torque)	lb · in, lb · ft, N · cm, N · m
T_T	이론토크(theoretical torque)	lb · in, lb · ft, N · cm, N · m
TE	추종오차(tracking error)	in, cm, mm
υ	속도(velocity)	in/s, ft/s, cm/s, m/s
V	부피(volume)	in^3, ft^3, cm^3, m^3, L
V_D	배제용적(volumetric displacement)	in^3, ft^3, cm^3, m^3, L
VI	점도지수(viscosity index)	없음
w	무게유량(weight flow-rate)	lb/s, lb/min, N/s, N/min
W	와트(watt)	J/s
WP	사용압력(working pressure)	lb/in^2 (psi), N/m^2 (Pa)
Z	높이(elevation)	in, ft, cm, m
Δp	압력강하(pressure drop)	lb/in^2, lb/ft^2, N/cm^2, N/m^2

그리스문자 기호

기호	발음	정의	단위
β	Beta	체적탄성계수(bulk modulus)	lb/in^2 (psi), Pa
γ	Gamma	비중량(specific weight)	lb/in^3, lb/ft^3, N/cm^3, N/m^3
η	Eta	효율(efficiency)	없음
η_m	—	기계적 효율(mechanical efficiency)	없음
η_o	—	전효율(overall efficiency)	없음
η_v	—	용적효율(volumetric efficiency)	없음
θ	Theta	각도(angle)	Degrees, radians
ω	Omega	고유진동수(natural frequency)	rads/s
μ	Mu	절대점도(absolute viscosity)	$lb \cdot s/ft^2$, poise, cP, $N \cdot s/m^2$
ν	Nu	동점도(kinematic viscosity)	ft^2/s, cm^2/s, stoke, cS, m^2/s
π	Pi	상수(constant)	없음
ρ	Rho	밀도(density)	$slugs/ft^3$, kg/m^3
τ	Tau	전단응력(shear stress)	lb/in^2, lb/ft^2, N/m^2

미터법 접두사

기호	정의	단위
T	tera	10^{12}
G	giga	10^{9}
M	mega	10^{6}
k	kilo	10^{3}
c	centi	10^{-2}
m	milli	10^{-3}
μ	micro	10^{-6}
n	nano	10^{-9}
p	pico	10^{-12}

부록 G

유공압 도면기호

이 기호는 미국표준협회(ANSI)의 규격에 따른 것이다. 기본적인 기호는 여러 가지로 조합될 수 있다. 여기서 조합의 모든 형태를 보여 주지는 않는다.

관로와 관로의 기능	
작동 관로	
파일럿 관로(L > 20W)	
드레인 관로(L < 5W)	
접속점	
유연 관로	
접속 관로	
교차 관로	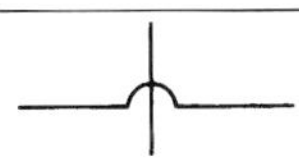

관로와 관로의 기능(계속)	
유동의 방향, 유압 공압	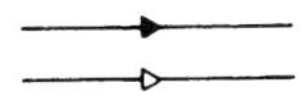
오일탱크에 연결된 관로, 유면 위 유면 아래	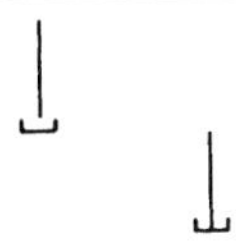
통기 관로	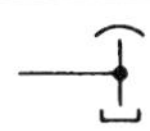
플러그 접속점	
고정 교축	

펌프	
일방향 펌프 정용량형	
일방향 펌프 가변용량형	
모터와 실린더	
회전형 모터, 정용량형	
회전형 모터, 가변용량형	
요동형 모터	
단동실린더	
복동실린더	
차동로드 실린더	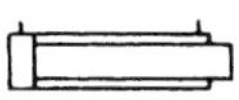
양로드 실린더	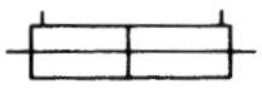
양쿠션붙이 실린더	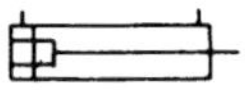
기타 기기	
회전방향(축 전면에서 본 화살표)	
부품 포위선	
통기식 오일탱크	
밀폐식 오일탱크	
압력계	

기타 기기(계속)	
온도계	
유량계	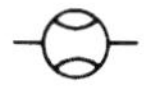
전기모터	
어큐뮬레이터, 스프링형	
어큐뮬레이터, 기체형	
필터 또는 스트레이너	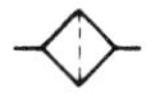
가열기	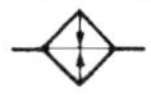
냉각기	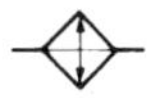
온도제어기	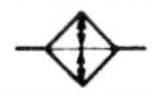
증압기	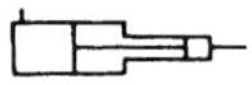
압력스위치	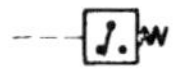
기본적인 밸브기호	
첵밸브	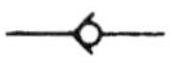
수동 차단밸브	
기본적인 밸브기호 요소	
단일유로 밸브, 상시 닫힘	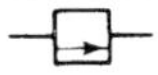
단일유로 밸브, 상시 열림	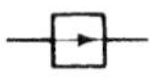
최대압력밸브(릴리프밸브)	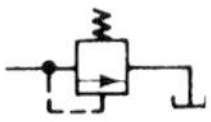
기본 밸브기호, 다중유로	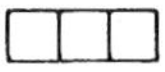
중립위치에서 유로 막힘	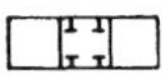
다중유로(화살표는 유동방향을 표시)	

밸브 예	
무부하밸브, 내부 드레인, 원격조작	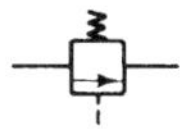
디셀러레이션밸브, 상시 열림	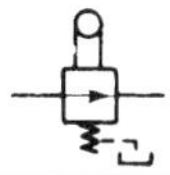
순서밸브, 직접조작, 외부 드레인	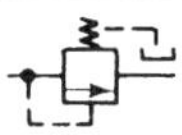
감압밸브	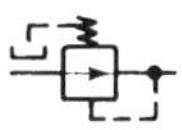
첵밸브를 가진 카운터밸런스 밸브	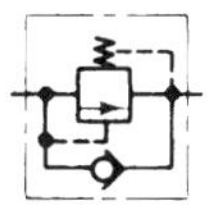
첵밸브를 가진 온도보상 및 압력보상 유량제어밸브	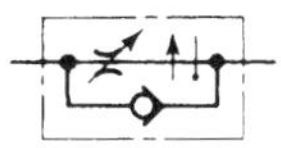
방향제어밸브, 2위치, 3포트	
방향제어밸브, 3위치, 4포트	
비례방향제어밸브, 무한가변 교축(두 수평선에 의해 표시)	

조작 방법	
압력보상	
멈춤쇠	
수동	
기계	
페달	
푸시버튼	
레버	
파일럿압	
솔레노이드	
솔레노이드, 파일럿압 조작	
스프링	
서보	

부록 H 주요 식의 유도과정

1. 액체기둥 밑면에서의 압력(식 2-9)

식 (2−9)의 유도과정은 다음과 같다.

그림 H-1과 같이, 액체높이가 H이면서 윗면이 열린 원통용기를 고려해 보자. 넓이가 A인 원통용기의 밑면은 액체기둥(column of liquid)의 무게 W를 받고 있다. 액체의 비중량은 γ이고 부피는 V이다. 식 (2−8)을 사용하여 용기 밑면의 압력 p를 구할 수 있다.

$$p = \frac{F}{A} = \frac{W}{A} = \frac{\gamma V}{A} = \frac{\gamma(AH)}{A} = \gamma H \qquad \textbf{(2-8)}$$

이 식에서 액체기둥의 단면적 A는 분모와 분자에 모두 존재하므로 약분된다. 따라서 액체기둥 밑면에서의 압력은 액체기둥의 단면적에 무관하다는 것을 알 수 있다.

2. 제동마력(식 3-7)

그림 H-2는 축에 설치된 풀리에 줄을 감고, 힘 F를 작용시키는 모습을 보여주고 있다. 축은 베어링으로 지지되어 있어서, 펌프와 같은 부하를 각속도 N rpm으로 구동할 수 있다. 힘 F에 의하여 발생되는 토크 T의 크기는 힘 F에 풀리 반지름에 해당하는 모멘트팔 R을 곱한 것과 같다. 축을 통해 부하까지 전달되는 마력(제동마력이라고 함)의 크기를 다음과 같이 구할 수 있다.

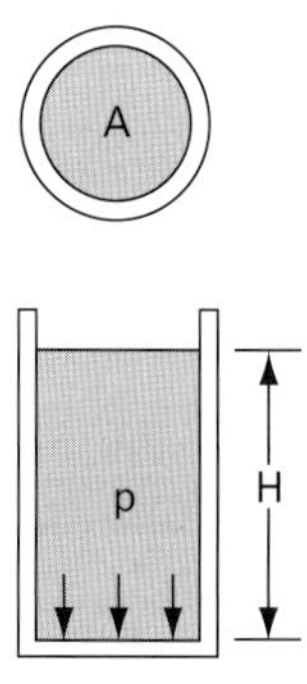

그림 H-1 높이 H인 액체기둥 밑면에서의 압력 p

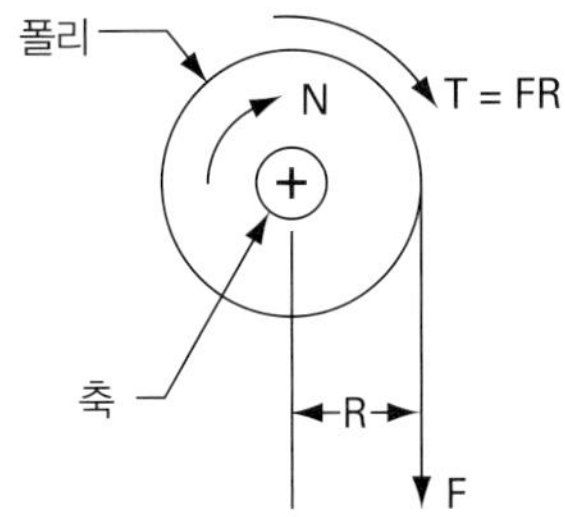

그림 H-2 풀리에 작용하는 힘 F는 펌프와 같은 부하를 각속도 N으로 구동할 수 있는 토크 T를 생성

식 (3−3)으로부터, 힘 F에 의하여 거리 S만큼 움직였을 때 행해진 일 W는 다음과 같이 주어진다.

$$W(\text{in}\cdot\text{lb}) = F(\text{lb}) \times S(\text{in})$$

풀리가 1회전 할 때 힘 F는 풀리의 원주에 해당하는 거리 S를 움직인다.

$$S(\text{in}) = 2\pi R\ (\text{in})$$

풀리가 1회전하는데 걸리는 시간 t는 다음과 같다.

$$t(\text{min}) = \frac{1}{N(\text{rev/min})} = \frac{1}{N(\text{rpm})}$$

동력은 단위시간당 한 일이므로

$$\text{동력}\left(\frac{\text{in}\cdot\text{lb}}{\text{min}}\right) = \frac{F(\text{lb}) \times S(\text{in})}{t(\text{min})} = F(\text{lb}) \times 2\pi R\ (\text{in}) \times N\ (\text{rpm})$$

$$= 2\pi T(\text{in}\cdot\text{lb}) \times N(\text{rpm})$$

그런데 $1\ \text{HP} = 33{,}000\,\frac{\text{ft}\cdot\text{lb}}{\text{min}} \times \frac{12\ \text{in}}{1\ \text{ft}} = 396{,}000\,\frac{\text{in}\cdot\text{lb}}{\text{min}}$

이므로 다음과 같은 결과를 얻을 수 있다.

$$\text{HP} = 2\pi T\ (\text{in}\cdot\text{lb}) \times N\ (\text{rpm}) \times \frac{1\ \text{HP}}{396{,}000\ \text{in}\cdot\text{lb/min}} = \frac{T\ (\text{in}\cdot\text{lb}) \times N\ (\text{rpm})}{63{,}000} \qquad \textbf{(3-7)}$$

3. 유동의 연속성(식 3-17)

그림 H-3은 무게유량 w로 유체가 흐르고 있는 관을 보여주고 있다. w는 단위시간당 무게의 단위를 가진다. 관은 ①과 ②지점에서 서로 다른 단면적을 가지고 있다. 관로의 ①과 ②지점 사이에서 유체가 첨가되거나 제거되지 않는다면, ①과 ②지점에서 무게유량은 같아야 한다. 즉,

$$w_1 = w_2$$

이것은 t 시간 동안 ①지점을 통과하는 원통모양의 유체덩어리 무게 W_1과 ②지점을 통과하는 원통모양의 유체덩어리 무게 W_2가 같다는 것을 의미한다.

$$W_1 = W_2$$

원통모양의 유체덩어리 무게는 그 부피 V와 유체의 비중량 γ를 곱한 것과 같다. 따라서

$$\gamma_1 V_1 = \gamma_2 V_2$$

원통의 부피는 단면적 A와 길이 L을 곱한 것이므로

$$\gamma_1 A_1 L_1 = \gamma_2 A_2 L_2$$

이 식의 양변을 시간 t로 나누어 주면 다음과 같다.

$$\gamma_1 A_1 (L_1/t) = \gamma_2 A_2 (L_2/t)$$

L/t가 속도 v이므로 다음과 같은 결과를 얻을 수 있다.

$$\gamma_1 A_1 v_1 = \gamma_2 A_2 v_2 \tag{3-17}$$

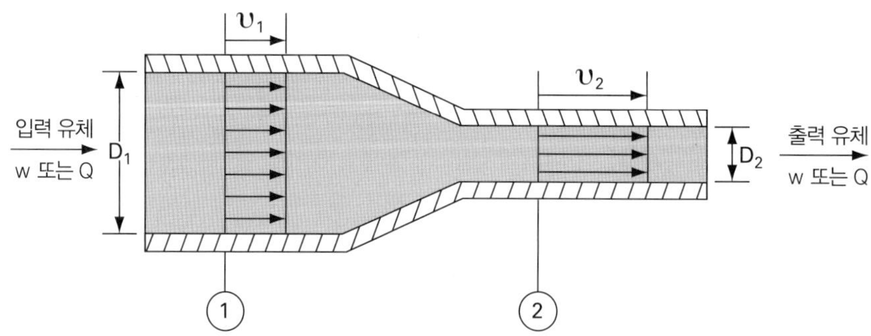

그림 H-3 유동의 연속성

4. 펌프수두(식 3-29)

펌프수두 H_p를 구하는 식은 식 (2-9)와 (3-25)로부터 유도될 수 있다.

식 (2-9)는 다음과 같다.

$$p = \gamma H$$

식 (3-25)는 다음과 같다.

$$\text{HHP} = \frac{p(\text{psi}) \times Q(\text{gpm})}{1714}$$

식 (2-9)로부터

$$H_p(\text{ft}) = \frac{p(\text{lb/in}^2)}{\gamma(\text{lb/in}^3)} \times \frac{1\ \text{ft}}{12\ \text{in}} = \frac{p(\text{psi})}{12\gamma_{H_2O}(\text{lb/in}^3) \times (SG)}$$

식 (3-25)를 이용하여 다음과 같은 결과를 얻을 수 있다.

$$H_p(\text{ft}) = \frac{1714 \times (\text{HHP})/Q(\text{gpm})}{12 \times 0.0361 \times (SG)} = \frac{3950 \times (\text{HHP})}{Q(\text{gpm}) \times (SG)} \qquad \textbf{(3-29)}$$

5. 제동동력(식 3-37)

그림 H-4는 축에 설치된 풀리에 줄을 감고, 힘 F를 작용시키는 모습을 보여주고 있다. 축은 베어링으로 지지되어 있어서, 펌프와 같은 부하를 각속도 N rpm으로 구동할 수 있다. 힘 F에 의하여 발생되는 토크 T의 크기는 힘 F에 풀리 반지름에 해당하는 모멘트팔 R을 곱한 것과 같다. 축을 통해 부하에 전달되는 동력(제동동력이라고 함)의 크기를 다음과 같이 구할 수 있다.

힘 F로 거리 S만큼 움직일 때 한 일 W는 다음과 같다.

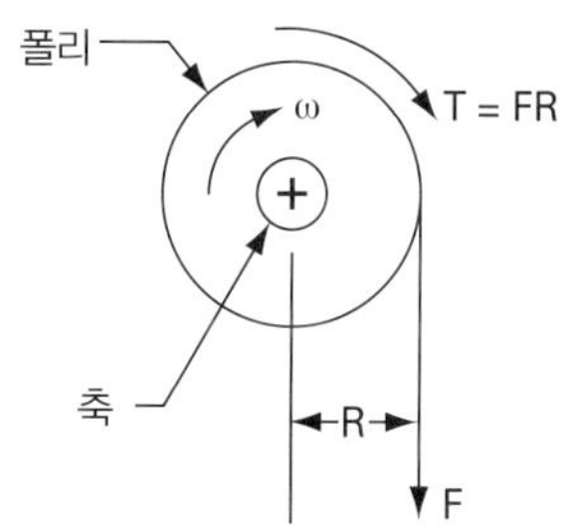

그림 H-4 풀리에 작용하는 힘 F는 펌프 등의 부하를 각속도 N으로 구동할 수 있는 토크 T를 생성

$$W(\mathrm{N \cdot m}) = F(\mathrm{N}) \times S(\mathrm{m})$$

여기서 거리 S는 1회전당 움직인 거리이므로 $2\pi R$(m)이다. 또한

$$1회전당\ 걸리는\ 시간\ t(\mathrm{min}) = \frac{1}{N(\mathrm{rev/min})} = \frac{1}{N(\mathrm{rpm})}$$

이다. 따라서 동력은 다음과 같이 구해진다.

$$동력\left(\frac{\mathrm{N \cdot m}}{\mathrm{min}}\right) = \frac{F(\mathrm{N}) \times S(\mathrm{m})}{t(\mathrm{min})} = F(\mathrm{N}) \times 2\pi R(\mathrm{m}) \times N(\mathrm{rpm})$$

$$= 2\pi T(\mathrm{N \cdot m}) \times N(\mathrm{rpm})$$

또는

$$동력\left(\frac{\mathrm{N \cdot m}}{\mathrm{s}}\right) = 동력(\mathrm{W})$$

$$= \frac{2\pi T\ (\mathrm{N \cdot m}) \times N\ (\mathrm{rpm})}{60} = \frac{T\ (\mathrm{N \cdot m}) \times N(\mathrm{rpm})}{9.55}$$

그리고 1 회전 = 2π 라디안이므로

$$N\ (\mathrm{rpm}) = \omega(\mathrm{rad/s}) \times \frac{1\ \mathrm{rev}}{2\pi \mathrm{rad}} \times \frac{60\ \mathrm{s}}{1\ \mathrm{min}} = \frac{60}{2\pi}\omega(\mathrm{rad/s}) = 9.55\,\omega(\mathrm{rad/s})$$

그러므로

$$동력(\mathrm{kW}) = \frac{T\ (\mathrm{N \cdot m}) \times \omega\ (\mathrm{rad/s})}{1000} = \frac{T(\mathrm{N \cdot m}) \times N(\mathrm{rpm})}{9550} \qquad \textbf{(3-37)}$$

부록 I 일부 홀수번 연습문제의 해답

Chapter 2

2-21. 0.881, 1.71 slugs/ft^3
2-23. 896 kg/m^3
2-25. **(a)** 0.00123, **(b)** 813
2-27. **(a)** 8700 N/m^3, **(b)** 888 kg/m^3, **(c)** 0.889
2-29. 11.4 psi
2-31. 99 kPa abs
2-33. 19.5 psi
2-35. −0.0633 in^3
2-37. 507,000 psi
2-39. 43.3 cS, 39.0 cP
2-41. 1 lb · s/ft^2 = 47.88 N · s/m^2
2-43. 0.0145 ft^2/s
2-45. 0.00115 lb · s/ft^2

Chapter 3

3-15. 1000 N
3-17. 15,700 N
3-19. 900 lb
3-21. 26,565 N, 1.63%
3-23. 320.4 lb, 0.0437 hp
3-25. 30 in^2
3-27. 0.015 m^2
3-29. −1.56 psig
3-31. 0.0881 cm
3-33. 24.5 gpm
3-35. 0.0188 m
3-37. 1.273
3-39. 3.27 s
3-41. 20.4 gpm
3-43. v_2 = 5.12 m/s, v_3 = 6.97 m/s
3-45. 8.57 gpm
3-47. Derivation
3-49. 0.5 m/s
3-51. **(a)** 0.004 m^2, **(b)** 0.0015 m^3/s, **(c)** 15 kW, **(d)** 15 kW, **(e)** 0.00404 m^2, 0.00153 m^3/s, 15.3 kW, 15 kW, 98.0%
3-53. **(a)** 33,200 N · m, **(b)** 481 kPa, **(c)** 3.32 kW, **(d)** 0.0259 m/s, **(e)** 0.00518 m^3/s
3-55. 3590 Pa gage
3-57. 51.8 ft · lb
3-59. 0.00618 m^3/s
3-61. **(a)** 13.7 psig, **(b)** 3.94 psig
3-63. 27.4 kPa
3-65. Q_{in} = 0.00190 m^3/s, **(a)** $p_B - p_A = 0$, **(b)** $p_B - p_A$ = 781 kPa

Chapter 4

4-9. 3096
4-11. Increase
4-13. **(a)** 0.0735, **(b)** 0.0245
4-15. **(a)** 0.16, **(b)** 0.032
4-17. Square
4-19. 0.0274 bars
4-21. 0.473, 4.43
4-23. 0.313 ft
4-25. 231.7 psi
4-27. 1600 kPa
4-29. −65.1 psi
4-31. 91.4 psi
4-33. 38,400 lb
4-35. 0.340 ft/s
4-37. 4.15 kW

Chapter 5

5-37. 0.371 in
5-39. 0.00106 m^3/s
5-41. 9.9°
5-43. $Q(m^3/min) = V_D(m^3) \times N(rpm)$
5-45. 86.1%
5-47. η_m = 96%, frictional HP = 0.96
5-49. 10 dB
5-51. **(a)** η_o = 80.2%, **(b)** T_T = 956 in · lb
5-53. **(a)** 81.8%, **(b)** 109.6 N · m
5-55. 504.2 in · lb
5-57. **(a)** 5.47 in^3, **(b)** 25.2 hp, **(c)** 882 in · lb, **(d)** 72.2%
5-59. **(a)** $11,820/yr, **(b)** 0.30 years

Chapter 6

6-15. **(a)** Force does not change. Time increases by a factor of 2, **(b)** Force increases by a factor of 4. Time increases by a factor of 4, **(c)** Force increases by a factor of 4. Time increases by a factor of 8.
6-17. 6.00 gpm
6-19. **(a)** 3.98 MPa, **(b)** 1.27 m/s, **(c)** 6.37 kW, **(d)** 5.31 MPa, **(e)** 1.70 m/s, **(f)** 8.50 kW
6-21. $1/4 \times p \times A_{piston}$
6-23. 354 psi
6-25. 2.19 in
6-27. **(a)** 4444 N, 2222 N, 8888 N, **(b)** 4444 N, 2222 N, 8888 N
6-29. 8480 lb
6-31. 816 psi

Chapter 7

7-19. 1423 psi
7-21. 1654 in · lb
7-23. **(a)** 577.5 rpm, **(b)** 1911 in · lb, **(c)** 17.5 hp
7-25. 8.16 gpm, 4.76 hp
7-27. 93.3 hp
7-29. Friction
7-31. 144 in · lb
7-33. **(a)** 1339 in · lb, **(b)** 80.9%
7-35. **(a)** 92.4%, **(b)** 94.2%, **(c)** 87.0%, **(d)** 57.1 hp
7-37. 82.4%
7-39. **(a)** 8.01 in^3, **(b)** 1756 in · lb

Chapter 8

8-43. **(a)** 462 psi, **(b)** 769 psi
8-45. **(a)** 3.81 MPa, **(b)** 6.10 MPa
8-47. 29.2 hp
8-49. 22.4 kW
8-51. 713 gpm
8-53. Quicker to use but not as accurate.
8-55. Valve no. 1
8-57. 60.8 Lpm
8-59. **(a)** v_p = 37.2 in/s, **(b)** v_p = 27.4 in/s
8-61. **(a)** v_p = 0.938 m/s, **(b)** v_p = 0.691 m/s

Chapter 9

9-13. 785 lb, 9.81 in/s
9-15. **(a)** 9.63 in/s, 15,000 lb, **(b)** 9.63 in/s, 15,000 lb
9-19. As cylinder 1 extends, cylinder 2 does not move.
9-21. Cylinder 1 extends, cylinder 2 extends. Cylinder 1 retracts, cylinder 2 retracts. Cycle repeats.
9-23. Both cylinder strokes would be synchronized.
9-25. 1000 psi
9-27. 1030 psi
9-29. 12.57 MPa
9-31. Unloading Valve (1480 kPa) Pressure Relief Valve (10,860 kPa)
9-33. 47,900 lb
9-35. 2750 BTU/hr
9-37. 0.835 kW
9-39. 11,600 N
9-41. 4.20 hp, 10,700 BTU/hr
9-43. Upper position of DCV (2.96 in/s) Spring centered position of DCV (11.8 in/s) Lower position of DCV (3.95 in/s)
9-45. $1.15 \dfrac{\text{gpm}}{\sqrt{\text{psi}}}$
9-47. **(a)** $p_1 = 1600$ psi, $p_2 = 1560$ psi, $p_3 = 0$ **(b)** $p_1 = 1600$ psi, $p_2 = 3470$ psi, $p_3 = 0$

Chapter 10

10-27. 0.639-in ID
10-29. 22-mm ID
10-31. Square
10-33. $C_1 = 0.321$, $C_2 = 1$
10-35. Inlet: need larger size than maximum given in Figure 10-7, Outlet: 28-mm OD, 23-mm ID
10-37. 1680 psi
10-39. **(a)** 0.75-in OD, 0.049-in wall thickness, **(b)** 0.75-in OD, 0.049-in wall thickness
10-41. 40 MPa
10-43. 1.145 in

Chapter 11

11-27. 0.18 m^3
11-29. 0.000333 m^3/s, 210 bars
11-31. 68.7°C
11-33. 12.31 kW
11-35. 19,000 BTU
11-37. 48 kJ/min

Chapter 12

12-49. None
12-51. 96.5%
12-53. Identifies a particle size of 10 μm and a Beta ratio of 75
12-55. Per milliliter of fluid there are 640,000 particles of size greater than 5 μm and 5 particles of size greater than 15 μm.

Chapter 13

13-19. 193.7 psig
13-21. 36.6 psig
13-23. 19 bars gage
13-25. 2.45 bars gage
13-27. 71.1°C, 620°R, 344.1°K
13-29. 221 ft^3, 176 ft^3
13-31. **(a)** 6.22 m^3, **(b)** 4.98 m^3
13-33. 566 kPa abs
13-35. 80 psig
13-37. Valve is choked.
13-39. 0.203 std m^3/min
13-41. 68.0 scfm
13-43. 1.11 std m^3/min, 1.63 kW
13-45. **(a)** 0.0257 L, **(b)** 0.0257 L, **(c)** 22.5 mm, **(d)** 1.64 L, **(e)** 0.0257 L/s, **(f)** 0.811 std m^3/min

Chapter 14

14-15. 12.0 psi
14-17. 97.6 kPa
14-19. 23.7 mm
14-21. $9600/yr
14-23. $6280/yr
14-25. **(a)** Nothing if fully extended. Extends and stops if fully retracted. **(b)** Cylinder extends and retracts continuously.
14-27. Insert a pilot check valve in the line connected to the blank end of cylinder 1.
14-31. **(a)** 126 lb, **(b)** 189 lb
14-33. **(a)** 179 N, **(b)** 264 N
14-35. 7.27 gal
14-37. 27.5 L
14-39. 19.3 MPa

Chapter 15

15-9. The cylinder extends, retracts, and stops.
15-11. **(a)** Cylinder 1 extends, cylinder 2 extends. **(b)** Cylinder 1 and 2 retract together.
15-13. Initially cylinder 1 is fully retracted and cylinder 2 is fully extended. Cylinder 1 fully extends while cylinder 2 fully retracts. End of cycle.
15-15. **(a)** Cylinder 1 extends, cylinder 2 extends. **(b)** If 2-PB is depressed while cylinder 1 is extending, cylinder 1 stops. If 2-PB is depressed while cylinder 2 is extending, cylinder 2 continues to extend.

Chapter 16

16-15. 3 variables produce $2^3 = 8$ possible combinations.

A	B	C	$A + B$	$B + C$	$(A + B) + C$	$A + (B + C)$
0	0	0	0	0	0	0
1	0	0	1	0	1	1
1	1	0	1	1	1	1
1	0	1	1	1	1	1
0	1	0	1	1	1	1
0	0	1	0	1	1	1
0	1	1	1	1	1	1
1	1	1	1	1	1	1

16-17.

A	B	C	$B + C$	$A \cdot (B + C)$	$A \cdot B$	$A \cdot C$	$(A \cdot B) + (A \cdot C)$
0	0	0	0	0	0	0	0
1	0	0	0	0	0	0	0
1	1	0	1	1	1	0	1
1	0	1	1	1	0	1	1
0	1	0	1	0	0	0	0
0	0	1	1	0	0	0	0
0	1	1	1	0	0	0	0
1	1	1	1	1	1	1	1

16-19. From DeMorgan's theorem we have

$$\overline{A \cdot B \cdot C} = \overline{A} + \overline{B} + \overline{C}$$

hence

$$A \cdot B \cdot C = \overline{\overline{(A \cdot B \cdot C)}}$$

$$= \overline{(\overline{A} + \overline{B} + \overline{C})}$$

$$= \text{NOT}\,(\overline{A} + \overline{B} + \overline{C})$$

16-21. When the cylinder is fully retracted, the signals from A_1 and A_2 are both ON. The extension stroke begins when push-button A is pressed, since the output $P \cdot A_1$ of the AND gate produces an output Q from the flip-flop. The push button can be released because the flip-flop maintains its Q output even though $P \cdot A_1$ is OFF. When the cylinder is fully extended, A_2 is OFF, causing $\overline{A}_2$ to go ON switching the flip-flop to output $\overline{Q}$. This removes the signal to the DCV, which retracts the cylinder. The push button must be pressed again to produce another cycle. If the push button is held depressed, the cycle repeats continuously.

16-23. $P = A \cdot (A + B)$
$P = A \cdot A + A \cdot B$
$P = A + A \cdot B$
(using Theorem 6)
Thus, output P is ON when A is ON, or A and B are ON. Therefore, control signal B (applied to valve 3) is not needed.

Chapter 17

17-19. 0.283 in/V
17-21. 0.565 in/V
17-23. 0.286 cm

17-25.

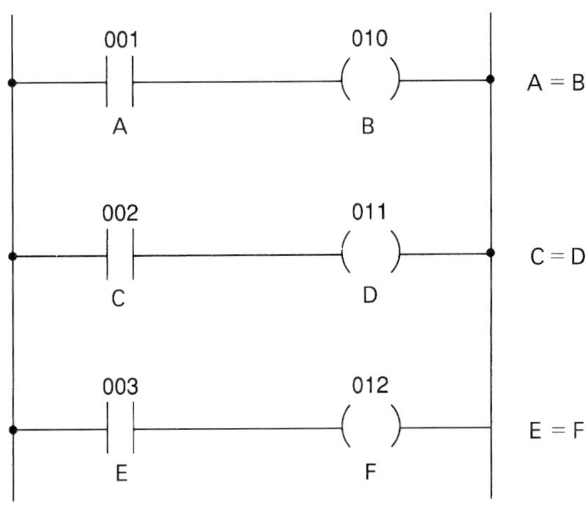

Index 찾아보기

ㄹ

ㅁ

ㅂ

ㅅ

ㅇ